Dieudonné · Grundzüge der modernen Analysis

Band 9

J. Dieudonné

Grundzüge der modernen Analysis

Band 1	1.	Anfangsgründe der Mengenlehre
	2.	Reelle Zahlen
	3.	Metrische Räume
	4.	Weitere Eigenschaften der reellen Zahlengeraden
	5.	Normierte Räume
	6.	Hilberträume
	7.	Räume stetiger Funktionen
	8.	Differentialrechnung
	9.	Analytische Funktionen
	9'.	Anwendungen analytischer Funktionen auf die Topologie der Ebene
	10.	Existenzsätze
	11.	Elementare Spektraltheorie
Band 2	12.	Topologie und topologische Algebra
	13.	Integration
	14.	Integration auf lokal kompakten Gruppen
	15.	Normierte Algebren und Spektraltheorie
Band 3	16.	Differenzierbare Mannigfaltigkeiten
	17.	Differentialrechnung auf einer differenzierbaren Mannigfaltigkeit: I. Distributionen und Differentialoperatoren
Band 4	18.	Differentialrechnung auf einer differenzierbaren Mannigfaltigkeit: II. Elementare globale Theorie der Differentialgleichungen erster und zweiter Ordnung. Elementare lokale Theorie differenzierbarer Systeme
	19.	Liesche Gruppen und Liesche Algebren
	20.	Hauptzusammenhänge und Riemannsche Geometrie
Band 5/6	21.	Kompakte Liesche Gruppen und halbeinfache Liesche Gruppen
	22.	Harmonische Analysis
Band 7	23.	Lineare Funktionalgleichungen: I. Pseudodifferentialoperatoren
Band 8	23.	Lineare Funktionalgleichungen: II. Randwertprobleme
Band 9	24.	Algebraische Topologie und Differentialtopologie

J. Dieudonné

Grundzüge der modernen Analysis

Band 9

Friedr. Vieweg & Sohn Braunschweig/Wiesbaden

J. Dieudonné
Eléments d'Analyse
Tome IX, Chapitre XXIV

Übersetzung aus dem Französischen:
Horst Antelmann

1987

Softcover reprint of the hardcover 1st edition 1987
ISBN 978-3-322-90010-4 ISBN 978-3-322-90009-8 (eBook)
DOI 10.1007/978-3-322-90009-8

Inhalt

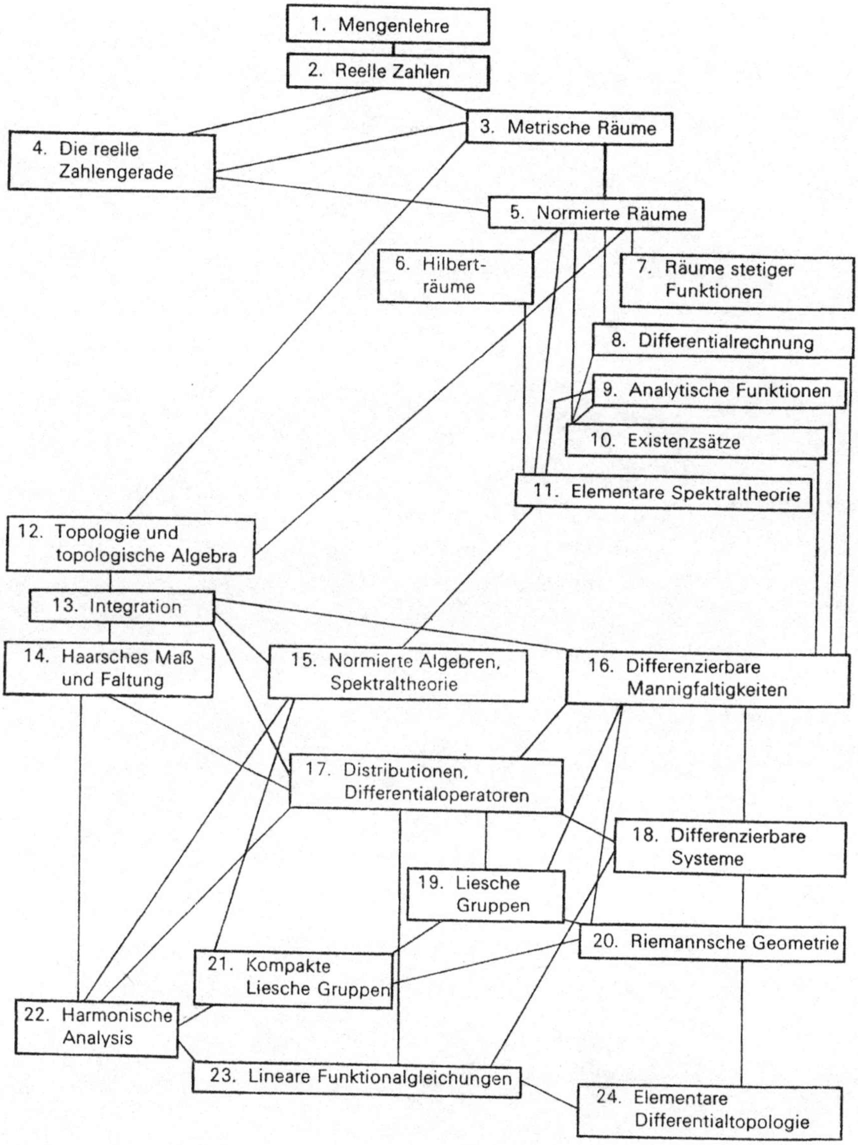
1. Mengenlehre
2. Reelle Zahlen
3. Metrische Räume
4. Die reelle Zahlengerade
5. Normierte Räume
6. Hilberträume
7. Räume stetiger Funktionen
8. Differentialrechnung
9. Analytische Funktionen
10. Existenzsätze
11. Elementare Spektraltheorie
12. Topologie und topologische Algebra
13. Integration
14. Haarsches Maß und Faltung
15. Normierte Algebren, Spektraltheorie
16. Differenzierbare Mannigfaltigkeiten
17. Distributionen, Differentialoperatoren
18. Differenzierbare Systeme
19. Liesche Gruppen
20. Riemannsche Geometrie
21. Kompakte Liesche Gruppen
22. Harmonische Analysis
23. Lineare Funktionalgleichungen
24. Elementare Differentialtopologie

24. Algebraische Topologie und Differentialtopologie

Die Entwicklung der algebraischen Topologie und der Differentialtopologie sowie die immer fruchtbareren Anwendungen dieser beiden Theorien auf die verschiedensten Fragen stellen zweifellos die wichtigsten Beiträge des 20. Jahrhunderts zur Mathematik dar. Der ununterbrochene Zustrom an neuen Ideen seit 50 Jahren macht es auch zum gegenwärtigen Zeitpunkt unmöglich, eine Darstellung zu finden, die alle Aspekte dieser Theorien erfaßte (dazu bedürfte es zweifellos vieler Bände) und die nicht bereits am Erscheinungstag überholt wäre.[1]) Damit ist schon gesagt, daß das vorliegende Kapitel jedem Spezialisten in dieser Hinsicht nur als bescheidener Versuch erscheinen kann; sein Ziel — um vieles anspruchloser — ist, die Analytiker mit den einfachsten Aspekten des gewaltigen topologischen Gebäudes bekannt zu machen, wobei versucht wird, der Gesamtanlage dieses Werkes entsprechend dem Geist der Analysis so nahe wie möglich zu bleiben.

Der elementare Charakter des behandelten Stoffes sei durch die folgenden Hinweise verdeutlicht:

1° Mehr und mehr setzt sich die Auffassung durch, daß in der algebraischen Topologie der Homotopiebegriff von grundlegender Bedeutung ist. Davon ist in diesem Kapitel praktisch aber kaum die Rede; es baut vielmehr auf dem weniger wichtigen, jedoch zugänglicheren Begriff der Homologie (bzw. Kohomologie) auf.

2° Die wirksamsten Werkzeuge der Homologietheorie (wie Steenrodsche Potenzen, Garbenkohomologie, Spektralsequenzen) werden nicht behandelt; außer der linearen und der multilinearen Algebra sind exakte Sequenzen das einzige verwendete Hilfsmittel aus der homologischen Algebra (vgl. (A.30.7)).

3° Da die moderne Analysis die Analysis auf differenzierbaren Mannigfaltigkeiten ist, werden nahezu ausschließlich diese und ihre am häufigsten vorkommenden Teilmengen (Untermannigfaltigkeiten sowie deren Komplemente) untersucht, und das Hauptziel besteht in der Berechnung ihrer Homologie (vgl. das Verzeichnis am Schluß dieser Einleitung). Systematisch wurden daher alle Konstruktionen von allgemeineren Räumen vermieden (wie Schleifenräume, induktive Limites von Räumen, Postnikovsche Türme usw.), obwohl gerade diese Räume die spektakulärsten Fortschritte ermöglichten, und zwar auch bei der ausschließlichen Behandlung von Mannigfaltigkeiten.

Das Kapitel ist so angelegt, daß die homologischen Begriffe, beginnend mit den einfachsten, *nach und nach* sowie *in natürlicher Weise* eingeführt und die damit jeweils erzielbaren Resultate beschrieben werden. Das macht Längen und Wiederholungen unvermeidlich; aber so ist es wenistens auch nicht nötig, 150 Seiten über

---

[1]) Vgl. die Bibliographie zu diesem Kapitel.

Kategorien, homologische Algebra und simpliziale Komplexe durcharbeiten zu müssen, um die Homologie der Sphären berechnen zu können.

Den Ausgangspunkt stellt, wie bei RIEMANN und POINCARÉ, die Absicht dar, den „Exaktheitsdefekt" geschlossener p-Differentialformen auf einer von $\boldsymbol{R}^n$ verschiedenen Mannigfaltigkeit in gewisser Weise zu „messen"; hiervon wird oft als von der de-Rhamschen Kohomologie (mit reellen Koeffizienten) gesprochen. Bemerkenswert ist, daß man ohne die geringste „kombinatorische" Technik kompakten Mannigfaltigkeiten unabhängig von der Differenzierbarkeitsstruktur unmittelbar kohomologische Invarianten zuordnen kann, sie für solche Mannigfaltigkeiten wie $\boldsymbol{S}_n$, $\boldsymbol{T}^n$ und $\boldsymbol{P}_n(\boldsymbol{R})$ berechnen kann und die berühmten Sätze von BROUWER erhält, welche die Aufmerksamkeit der Mathematiker auf die algebraische Topologie lenkten — und das alles auf weniger als 60 Seiten (vgl. die Abschnitte 24.1 bis 24.9).

Über die kanonische Dualität zwischen Differentialformen und Strömen (vgl. Abschnitt 17.3) leitet man aus der de-Rhamschen Kohomologie unmittelbar den Begriff der Homologie von Strömen her, auch dies frei von „kombinatorischen" Konzepten. Außerdem gestattet es die Regularisierung von Strömen (vgl. Abschnitt 24.12) auf einer orientierten Mannigfaltigkeit, wie bereits von DE RHAM gezeigt, den Schnitt zweier geschlossener Ströme (und sogar von gewissen nicht geschlossenen Strömen) in ganz natürlicher Weise zu definieren, frei von den sonst üblichen peinlichen Verrenkungen „vom allgemeinen Standpunkt aus" (vgl. Abschnitt 24.13).

Die Regularisierung von Strömen zeigt auch, daß die Kohomologie der Formen auf einer orientierten Mannigfaltigkeit tatsächlich zur Kohomologie der Ströme mit kompaktem Träger dual ist (vgl. (24.12.10)), wobei es sich um eine Version der Poincaré-Dualität handelt. Es gibt aber noch manche andere interessanten Ströme außer den durch Differentialformen definierten (siehe beispielsweise [208] und [259]); diejenigen unter ihnen, welche in der jüngsten Entwicklung der Homologie die wichtigste Rolle spielen, werden mit gewissen relativ kompakten offenen Mengen in einer orientierten Mannigfaltigkeit identifiziert, nämlich solchen mit einem Rand, deren Punkte alle regulär sind (oder in dem die nichtregulären Punkte wenigstens auf einer Untermannigfaltigkeit von einer Kodimension $\geqq 2$ liegen). Die Bedeutung dieser Ströme resultiert aus der Tatsache, daß im Gegensatz zur Situation bei allgemeinen Strömen, wo der Begriff des Randes keine intuitive geometrische Interpretation zuläßt, der Rand hier mit dem *Rand* der betrachteten offenen Menge identifiziert werden kann, versehen mit einer geeigneten Orientierung; das drückt gerade die *Stokessche Formel* aus (vgl. (24.14.4)).

Das Wesentliche an den berühmten de-Rhamschen Sätzen besteht darin, daß man die Homologie der Ströme mit Hilfe dieser speziellen Ströme und ihrer Bilder vermöge der Klasse C^∞ angehörender Abbildungen berechnen kann (vgl. die Abschnitte 24.23 bis 24.26). In diesem Zusammenhang kommt zum ersten Mal die *singuläre Homologie* ins Spiel, wobei die in „Ketten" linear kombinierten Elemente die stetigen (oder differenzierbaren) Abbildungen eines festen „Standardsimplexes" sind und nicht ihre Bilder und der dabei gebrauchte Begriff des „Randes" durch die Stokessche Formel *festgelegt* ist (vgl. Abschnitt 24.20).

Das Interesse an einer solchen traditionellen Herangehensweise an die Homologie rührt zum einen daher, daß sie sich auf alle Hausdorffschen Räume und nicht nur auf differenzierbare Mannigfaltigkeiten anwenden läßt; zum anderen führt sie für die Mannigfaltigkeiten selbst zu neuen topologischen Invarianten, die sich auf die Kohomologie der Differentialformen übertragen lassen, indem man „Ketten" mit ganzzahligen Koeffizienten (oder allgemeiner mit Koeffizienten in einem kommutativen Ring) heranzieht und nicht nur Ketten mit reellen Koeffizienten betrachtet. Selbstverständlich werden hier solche klassischen Hilfsmittel wie simpliziale Zerlegung (vgl. Abschnitt 24.24) und simpliziale Approximation (vgl. die Abschnitt 24.18 und 24.21) benutzt, jedoch werden diese nur im benötigen Umfang, als technische Hilfsmittel eben, und nicht um ihrer selbst willen behandelt.

Die singuläre Homologie führt ihrerseits zur singulären Kohomologie (vgl. die Abschnitte 24.29 bis 24.33) und schließlich zu den *relativen* Homologien und Kohomologien (vgl. die Abschnitte 24.35 bis 24.37). Mit Hilfe dieser Werkzeuge kann man nun wieder den zentralen Gegenstand dieses Kapitels, die Kohomologie der Mannigfaltigkeiten und einige ihrer Beziehungen zur Theorie der Zusammenhänge sowie zur Theorie der linearen partiellen Differentialgleichungen näher untersuchen: charakteristische Klassen und die Methode von CHERN-WEIL (vgl. die Abschnitte 24.40 bis 24.47), die Theorie von HODGE und die Formel von ATIYAH-BOTT-LEFSCHETZ (vgl. die Abschnitte 24.48 bis 24.51) sowie schließlich die Kohomologie Liescher Gruppen (vgl. die Abschnitte 24.52 und 24.53).

Übersicht über Ergebnisse zur Homologie spezieller Räume

(de-Rhamsche) Kohomologie:

einer kontrahierbaren Mannigfaltigkeit, eines Vektorbündels: 24.2.7
einer Überlagerung einer Mannigfaltigkeit: 24.1.4, 24.6, Aufgabe 1 und 24.9, Aufgabe 31
von $\boldsymbol{S}_n$: 24.4.1
von $\boldsymbol{P}_n(\boldsymbol{R})$: 24.4.2
von $\boldsymbol{R}^n$ (mit kompakten Trägern): 24.4.4
von $\boldsymbol{T}^n$: 24.5.5
des Möbiusschen Bandes: 24.5, Aufgabe 2
der Kleinschen Flasche: 24.5, Aufgabe 3
des Komplements eines Torus in $\boldsymbol{R}^3$: 24.5, Aufgabe 4 und 24.7, Aufgabe 2
einer reellen projektiven Quadrik: 24.5, Aufgabe 7
einer symplektischen Mannigfaltigkeit: 24.6, Aufgabe 4
von $X \setminus F$ (X eine Mannigfaltigkeit, F eine endliche Menge): 24.7.9
einer zusammenhängenden Summe: 24.7, Aufgabe 1
von $\boldsymbol{T}^n \setminus \boldsymbol{T}^p$: 24.7, Aufgabe 4
von $\boldsymbol{S}_n \setminus E_r$ (E_r homöomorph zu einem Kubus): 24.8.1
von $\boldsymbol{S}_n \setminus \Sigma_r$ (Σ_r homöomorph zu $\boldsymbol{S}_r$): 24.8.2
von $\boldsymbol{R}^n \setminus D$ (D eine abzählbare Menge): 24.7, Aufgabe 6
einer Stiefelschen Mannigfaltigkeit $\boldsymbol{S}_{n,k}(\boldsymbol{R})$: 24.39, Aufgabe 6
der kompakten Gruppen $\boldsymbol{SO}(n)$, $\boldsymbol{U}(n, \boldsymbol{C})$, $\boldsymbol{U}(n, \boldsymbol{H})$: 24.50, Aufgabe 1

Singuläre Homologie:

eines kontrahierbaren Raumes: 24.22.3
von $\boldsymbol{S}_n$: 24.22.9
eines Bouquets von Mannigfaltigkeiten: 24.22.11
einer Verheftung von Kugeln: 24.22.12
von $\boldsymbol{P}_2(\boldsymbol{R})$: 24.22.13
von $\boldsymbol{P}_n(\boldsymbol{C})$: 24.22.14
einer Überlagerung: 24.22.15
eines Linsenraumes: 24.22, Aufgabe 6
von $\boldsymbol{P}_n(\boldsymbol{H})$: 24.22, Aufgabe 7
des Ikosaederraumes: 24.22, Aufgabe 14
eines Faktorraumes der Einheitsscheibe: 24.28, Aufgabe 3
einer Phamschen Mannigfaltigkeit: 24.28, Aufgabe 23
einer Aufblasung: 24.37, Aufgabe 22
eines Zellenkomplexes: 24.37, Aufgabe 28

Singuläre Kohomologie:

torsionsfreier Räume: 24.30.4
von $\boldsymbol{R}^n$ (mit kompakten Trägern): 24.36.4

von $\boldsymbol{P}_n(\boldsymbol{R})$: 24.30.8 und 24.36.5
einer differenzierbaren Mannigfaltigkeit: 24.33
von X/A (A ein in einen Punkt kontrahierter abgeschlossener Teilraum von X): 24.36, Aufgabe 3
von SX (Einhängung von X): 24.36, Aufgabe 4
eines abgeschlossenen Halbraumes, des Komplements einer endlichen Menge in einem abgeschlossenen Halbraum: 24.36, Aufgabe 9
einer Aufblasung: 24.37, Aufgabe 22
von $\boldsymbol{S}_{n,k}(\boldsymbol{C})$ und $\boldsymbol{S}_{n,k}(\boldsymbol{H})$: 24.38, Aufgabe 7
von $\boldsymbol{S}_{n,2}(\boldsymbol{R})$: 24.39, Aufgabe 4
einer reellen projektiven Quadrik: 24.39, Aufgabe 10
einer komplexen projektiven Quadrik: 24.40, Aufgabe 4
einer reellen Graßmannschen Mannigfaltigkeit: 24.43, Aufgabe 5

Relative Homologie $H_{\bullet}(X;\, X \setminus \{x\};\, \boldsymbol{Z})$**:**
für eine differenzierbare Mannigfaltigkeit X: 24.37.5
für einen euklidischen simplizialen Komplex X: 24.37, Aufgabe 6

Relative Kohomologie $H^{\bullet}(X, X \setminus \{x\};\, \boldsymbol{Z})$**:**
für eine differenzierbare Mannigfaltigkeit X: 24.35.12 und 24.37.12

Singulärer Kohomologiering:
von $\boldsymbol{P}_n(\boldsymbol{R})$: 24.36, Aufgabe 2
von $\boldsymbol{P}_n(\boldsymbol{C})$: 24.40.6
von $\boldsymbol{G}_{p+q,p}(\boldsymbol{C})$: 24.40.8
von $\boldsymbol{P}_n(\boldsymbol{R})$ (mit Koeffizienten in $\boldsymbol{F}_2$): 24.40.12
von $\boldsymbol{G}_{p+q,p}(\boldsymbol{R})$ (mit Koeffizienten in $\boldsymbol{F}_2$): 24.40.14
von $\boldsymbol{G}'_{p+q,p}(\boldsymbol{R})$ (mit Koeffizienten in $\boldsymbol{F}_2$): 24.40, Aufgabe 5
von $\boldsymbol{G}'_{p+q,p}(\boldsymbol{R})$ (mit Koeffizienten in einem Körper): 24.43, Aufgabe 4

24.1. Kohomologie und Kohomologie mit kompakten Trägern einer differenzierbaren Mannigfaltigkeit

24.1.1. Es sei X eine reine differenzierbare Mannigfaltigkeit der Dimension n. Für $0 \leq p \leq n$ bezeichnet $\mathscr{E}_{p,\boldsymbol{R}}(X)$ (bzw. $\mathscr{E}_{p,\boldsymbol{C}}(X)$) den reellen (bzw. komplexen) Vektorraum *der p-Differentialformen der Klasse* C^{∞} auf X (bzw. den Raum $\mathscr{E}_{p,\boldsymbol{R}}(X) \otimes_{\boldsymbol{R}} \boldsymbol{C}$ der komplexwertigen p-Differentialformen); ist ein Irrtum ausgeschlossen, so schreiben wir für jeden dieser beiden Räume einfach $\mathscr{E}_p(X)$. Der Teilraum der p-Differentialformen der Klasse C^{∞} *mit kompaktem Träger* von $\mathscr{E}_{p,\boldsymbol{R}}(X)$ (bzw. $\mathscr{E}_{p,\boldsymbol{C}}(X)$) wird mit $\mathscr{D}_{p,\boldsymbol{R}}(X)$ (bzw. $\mathscr{D}_{p,\boldsymbol{C}}(X)$) oder einfach $\mathscr{D}_p(X)$ bezeichnet.

Offenbar sind die direkten Summen

$$\mathscr{A}^{\bullet}_{\boldsymbol{R}}(X) = \bigoplus_{p=0}^{n} \mathscr{E}_{p,\boldsymbol{R}}(X), \qquad \mathscr{A}^{\bullet}_{\boldsymbol{C}}(X) = \bigoplus_{p=0}^{n} \mathscr{E}_{p,\boldsymbol{C}}(X)$$

bezüglich des äußeren Produkts und des äußeren Differentials d (vgl. (17.15.2)) *graduierte Differentialalgebren* (vgl. (A.30.8)) über $\boldsymbol{R}$ bzw. $\boldsymbol{C}$, deren Einselement die konstante Funktion mit dem Wert 1 ist. (Sind Irrtümer ausgeschlossen, so werden sie auch mit $\mathscr{A}^{\bullet}(X)$ bezeichnet.) Die direkten Summen

$$\mathscr{A}^{\bullet}_{c,\boldsymbol{R}}(X) = \bigoplus_{p=0}^{n} \mathscr{D}_{p,\boldsymbol{R}}(X), \qquad \mathscr{A}^{\bullet}_{c,\boldsymbol{C}}(X) = \bigoplus_{p=0}^{n} \mathscr{D}_{p,\boldsymbol{C}}(X)$$

(die auch mit $\mathcal{A}_c^{\cdot}(X)$ bezeichnet werden) sind graduierte Differentialunteralgebren (*ohne Einselement*, wenn X nicht kompakt ist) und zweiseitige Ideale von $\mathcal{A}_{\boldsymbol{R}}^{\cdot}(X)$ bzw. $\mathcal{A}_{\boldsymbol{C}}^{\cdot}(X)$.

Daher lassen sich die Definitionen der Kohomologie von graduierten Differentialalgebren anwenden (vgl. (A.30.2)). Die graduierte Unteralgebra $Z^{\cdot}(X)$ der *Kozyklen* von $\mathcal{A}^{\cdot}(X)$ ist gleich

$$Z^{\cdot}(X) = \bigoplus_{p=0}^{n} Z^p(X),$$

wobei $Z^p(X)$ der Vektorraum der p-Formen α mit $d\alpha = 0$ ist; man nennt diese Formen auch *geschlossen*. Das graduierte zweiseitige Ideal $B^{\cdot}(X)$ der *Koränder* von $\mathcal{A}^{\cdot}(X)$ ist gleich

$$B^{\cdot}(X) = \bigoplus_{p=0}^{n} B^p(X);$$

hierin ist $B^p(X)$ für $p \geqq 1$ der Vektorraum der p-Formen $d\beta$, wobei β den Raum $\mathcal{E}_{p-1}(X)$ durchläuft; diese Formen werden *exakt* genannt. Für $p = 0$ wird $B^0(X) = \{0\}$ gesetzt.

Die graduierte Algebra

$$H^{\cdot}(X) = \bigoplus_{p=0}^{n} H^p(X) \quad \text{mit} \quad H^p(X) = Z^p(X)/B^p(X)$$

ist die *Kohomologiealgebra* von X. $H^p(X)$ heißt der *p-te Kohomologieraum* von X, und seine Elemente werden Elemente *vom Grad* p genannt; für $a \neq 0$ aus $H^{\cdot}(X)$ bezeichnet $\deg(a)$ den *Grad* von a; es wird $H^p(X) = \{0\}$ gesetzt, wenn $p > n$ oder $p < 0$ ist. Will man auf den Grundkörper hinweisen, so schreibt man $H^{\cdot}(X; \boldsymbol{R})$ und $H^p(X; \boldsymbol{R})$ für die Kohomologie von $\mathcal{A}_{\boldsymbol{R}}^{\cdot}(X)$ sowie $H^{\cdot}(X; \boldsymbol{C})$ und $H^p(X; \boldsymbol{C})$ für die Kohomologie von $\mathcal{A}_{\boldsymbol{C}}^{\cdot}(X)$; es ist

$$H^p(X; \boldsymbol{C}) = H^p(X; \boldsymbol{R}) \otimes_{\boldsymbol{R}} \boldsymbol{C}.$$

Wird im weiteren Verlauf dieses Kapitels die Kohomologie von X mit $H^{\cdot}(X)$ bezeichnet, so handelt es sich dabei stets um $H^{\cdot}(X; \boldsymbol{R})$.

Für $a \in H^p(X)$, $b \in H^q(X)$ wird mit $a \smile b \in H^{p+q}(X)$ das Produkt von a und b in der Algebra $H^{\cdot}(X)$ bezeichnet; $a \smile b$ wird auch das *Cup-Produkt* von a und b genannt. Wenn a (bzw. b) die Kohomologieklasse der p-Form α (bzw. der q-Form β) ist, dann ist $a \smile b$ die Kohomologieklasse der $(p + q)$-Form $\alpha \wedge \beta$, und es gilt also $b \smile a = (-1)^{pq} a \smile b$.

Ist $H^p(X)$ endlichdimensional, so wird diese Dimension mit b_p bezeichnet und die *p-te Bettische Zahl* von X genannt. Ist $H^{\cdot}(X)$ endlichdimensional, so wird das Polynom

$$P_X(T) = \sum_{p=0}^{n} b_p T^p$$

das *Poincarésche Polynom* von X genannt, und die ganze Zahl

$$\chi(X) = \sum_{p=0}^{n} (-1)^p \, b_p = P_X(-1)$$

heißt die *Euler-Poincaré-Charakteristik* von X.

Die Kohomologie von $\mathcal{A}_c^{\cdot}(X)$ ergibt sich analog, wenn man von den Kozyklen mit kompaktem Träger und den Korändern von Formen mit kompakten Trägern ausgeht, d. h. von den Räumen

$$Z_c^p(X) = Z^p(X) \cap \mathcal{D}_p(X), \qquad B_c^p(X) = d\big(\mathcal{D}_{p+1}(X)\big).$$

Diese Kohomologiealgebra ist $H_c^{\cdot}(X) = \bigoplus_{p=0}^{n} H_c^p(X)$, wobei

$$H_c^p(X) = Z_c^p(X)/B_c^p(X)$$

ist; sie heißt die *Kohomologiealgebra mit kompakten Trägern* von X. Wiederum ist $H_c^p(X) = \{0\}$ für $p > n$ und $p < 0$. Ist X kompakt, dann gilt $H^{\cdot}(X) = H_c^{\cdot}(X)$.

24.1.1.1. Bemerkungen. Aus $Z_c^p(X) \subset Z^p(X)$ und $B_c^p(X) \subset B^p(X)$ folgt unmittelbar, daß die kanonische injektive Abbildung $Z_c^{\cdot}(X) \to Z^{\cdot}(X)$ bei Faktorisierung einen *Algebrenhomomorphismus* $H_c^{\cdot}(X) \to H^{\cdot}(X)$ liefert; dieser ist im allgemeinen *weder injektiv noch surjektiv*.

Ist ferner $\alpha \in Z^{\cdot}(X)$ und $\beta \in Z_c^{\cdot}(X)$, so liegt $\alpha \wedge \beta$ in $Z_c^{\cdot}(X)$; ebenso folgt aus $\alpha \in Z^{\cdot}(X)$ und $\beta \in B_c^{\cdot}(X)$, daß $\alpha \wedge \beta$ zu $B_c^{\cdot}(X)$ gehört, denn ist $\beta = d\gamma$, so gilt $\alpha \wedge \beta = \pm d(\alpha \wedge \gamma)$; schließlich ergibt sich für $\alpha \in B^{\cdot}(X)$ und $\beta \in Z_c^{\cdot}(X)$, daß $\alpha \wedge \beta$ zu $B_c^{\cdot}(X)$ gehört, denn ist $\alpha = d\gamma$, so gilt $\alpha \wedge \beta = \pm d(\gamma \wedge \beta)$. Hieraus erhält man, daß die Abbildung $(\alpha, \beta) \to \alpha \wedge \beta$ bei Faktorisierung auf $H_c^{\cdot}(X)$ die kanonische Struktur eines *graduierten* $H^{\cdot}(X)$*-Moduls* definiert.

24.1.2. Beispiele. I. Für jede *zusammenhängende* differenzierbare Mannigfaltigkeit X ist der Raum $Z^0(X)$ eindimensional, da er aus den Funktionen $f \in \mathcal{E}(X)$ besteht, für die $df = 0$ gilt; daraus folgt, daß f konstant ist (vgl. (16.5.5)). Da $B^0(X) = \{0\}$ ist, findet man $H^0(X) \cong \boldsymbol{R}$[1]) und

$$H_c^0(X) \cong \boldsymbol{R}, \qquad \text{wenn } X \text{ kompakt ist,}$$

$$H_c^0(X) = \{0\}, \qquad \text{wenn } X \text{ nicht kompakt ist.}$$

II. Wir nehmen an, X sei Vereinigung einer Familie (X_λ) von *paarweise disjunkten* nichtleeren offenen Mengen. Für jede p-Differentialform α auf X ist die Einschränkung $\alpha \mid X_\lambda$ von α auf X_λ eine p-Form, und umgekehrt gibt es zu jeder Familie (α_λ), wobei α_λ eine p-Form auf X_λ ist, genau eine p-Form α auf X derart, daß $\alpha \mid X_\lambda = \alpha_\lambda$ für jedes λ gilt; darüber hinaus ist $d\alpha \mid X_\lambda = d\alpha_\lambda$. Damit ist gezeigt, daß der Vektorraum $\mathcal{E}_p(X)$ mit dem *Produktraum* $\prod_\lambda \mathcal{E}_p(X_\lambda)$ identifiziert werden kann und seine Unterräume $Z^p(X)$ bzw. $B^p(X)$ mit $\prod_\lambda Z^p(X_\lambda)$ bzw. $\prod_\lambda B^p(X_\lambda)$. Folglich sind $H^p(X)$ und $\prod_\lambda H^p(X_\lambda)$ kononisch identifizierbar. Da eine kompakte Menge nur endlich viele offene Mengen X_λ schneiden kann, findet man analog, daß $\mathcal{D}_p(X)$ mit der *direkten Summe* $\bigoplus_\lambda \mathcal{D}_p(X_\lambda)$ identifiziert werden kann und demzufolge $Z_c^p(X)$ mit $\bigoplus_\lambda Z_c^p(X_\lambda)$ und $B_c^p(X)$ mit $\bigoplus_\lambda B_c^p(X_\lambda)$, so daß $H_c^p(X)$ und $\bigoplus_\lambda H_c^p(X_\lambda)$ kanonisch identifizierbar sind.

[1]) Die Bezeichnung $E \cong F$ besagt, daß die Vektorräume E und F isomorph sind.

24.1.3. Es seien X, Y zwei reine differenzierbare Mannigfaltigkeiten, und $u: X \to Y$ sei eine Abbildung der Klasse C^∞. Für jede ganze Zahl $p \geqq 0$ ist $\alpha \to {}^t u(\alpha)$ eine lineare Abbildung von $\mathscr{E}_p(Y)$ in $\mathscr{E}_p(X)$ (vgl. (16.20.8)), und es gilt $d({}^t u(\alpha)) = {}^t u(d\alpha)$ (vgl. (17.15.3)). Somit gibt es eine Abbildung

$${}^t u: \mathscr{A}^\cdot(Y) \to \mathscr{A}^\cdot(X),$$

die auf jedem Teilraum $\mathscr{E}_p(Y)$ gleich ${}^t u$ und aufgrund von (16.20.9.5) ein *Homomorphismus von graduierten Differentialalgebren* (vgl. (A.30.8)) ist. Hieraus ergibt sich kanonisch ein Homomorphismus graduierter Algebren (vgl. (A.30.8))

$$u^*: H^\cdot(Y) \to H^\cdot(X)$$

(dessen Einschränkung auf $H^p(Y)$ auch mit $H^p(u)$ bezeichnet wird) derart, daß $u^*(a)$ die Klasse von ${}^t u(\alpha)$ in $H^p(X)$ ist, wenn $a \in H^p(Y)$ die Klasse einer geschlossenen p-Differentialform α ist.

Ist u außerdem eine *eigentliche* Abbildung (vgl. (17.3.7)), so wird $Z_c^p(Y)$ (bzw. $B_c^p(Y)$) durch ${}^t u$ in $Z_c^p(X)$ (bzw. $B_c^p(X)$) abgebildet, d. h., man erhält wiederum einen Homomorphismus graduierter Algebren, der mit

$$u_c^*: H_c^\cdot(Y) \to H_c^\cdot(X)$$

bezeichnet wird und in gleicher Weise definiert ist.

Für jede Abbildung $v: Y \to Z$ der Klasse C^∞ gilt $(v \circ u)^* = u^* \circ v^*$; sind u und v eigentlich, so ist $(v \circ u)_c^* = u_c^* \circ v_c^*$.

Beispiel. Wenn Y nur aus einem Punkt besteht und u die einzige Abbildung $X \to Y$ ist, dann bildet u^* die graduierte Algebra $H^\cdot(Y) = H^0(Y) \cong \mathbf{R}$ auf den Vektorteilraum von $H^0(X)$ ab, der aus den reellen Vielfachen des Einselements (den konstanten Funktionen auf X) besteht.

24.1.4. *Kohomologie nichtorientierbarer Mannigfaltigkeiten.* Es sei X_0 eine reine Mannigfaltigkeit, X eine zweiblättrige Überlagerung von X_0 und $\pi: X \to X_0$ ihre Projektion. Diese Situation ist insbesondere dann gegeben, wenn X_0 zusammenhängend und nicht orientierbar und X die kanonische orientierbare Überlagerung von X_0 (vgl. (16.21.16)) ist. Für jedes $z \in X$ sei $s(z) \in X$ der von z verschiedene eindeutig bestimmte Punkt mit der Eigenschaft $\pi(z) = \pi(s(z))$. Offenbar ist $s^2(z) = z$, so daß s ein *Isomorphismus* von X auf sich ist (die sogenannte *kanonische Involution* von X), wie man sofort erkennt, wenn man für jedes $z \in X$ eine offene Umgebung V von $\pi(z)$ betrachtet derart, daß $\pi^{-1}(V)$ Vereinigung von zwei disjunkten offenen Mengen U_1, U_2 und die Einschränkung von π auf U_1 (bzw. U_2) ein Diffeomorphismus von U_1 (bzw. U_2) auf V ist.

Für jede p-Differentialform α_0 auf X_0 hat die p-Form $\alpha = {}^t\pi(\alpha_0)$ auf X die Eigenschaft, daß $\langle \alpha(z), \mathbf{h}_z \rangle = \langle \alpha_0(\pi(z)), T_z(\pi) \cdot \mathbf{h}_z \rangle$ für jedes $z \in X$ und jeden Tangentialvektor $\mathbf{h}_z$ in diesem Punkt gilt; es ist also ${}^t s(\alpha) = \alpha$. Umgekehrt sei α eine p-Differentialform auf X derart, daß ${}^t s(\alpha) = \alpha$ gilt. Zu jedem $x \in X_0$ gibt es dann genau einen p-Kotangentialvektor $\alpha_0(x)$ in x, so daß $\langle \alpha_0(x), T_z(\pi) \cdot \mathbf{h}_z \rangle = \langle \alpha(z), \mathbf{h}_z \rangle$ ist für *jeden* der beiden Punkte $z \in X$, für die $\pi(z) = x$ gilt. Unmittelbar ergibt sich (indem man eine wie oben definierte offene Umgebung V von x wählt), daß die so definierte p-Form α_0 auf X_0 der Klasse C^∞ angehört, wenn dies für α zutrifft.

Bezeichnet $\mathscr{A}_+^\cdot(X)$ die graduierte Unteralgebra von $\mathscr{A}^\cdot(X)$, die aus den *gegenüber* ${}^t s$ *invarianten* Elementen besteht, so ist der Homomorphismus ${}^t\pi: \mathscr{A}^\cdot(X_0) \to \mathscr{A}^\cdot(X)$

injektiv, und sein Bild ist $\mathcal{A}^{\cdot}_{+}(X)$. Da $({}^t s)^2 = 1_{\mathcal{A}^{\cdot}(X)}$ ist, läßt sich $\mathcal{A}^{\cdot}(X)$ übrigens in der Form $\mathcal{A}^{\cdot}(X) = \mathcal{A}^{\cdot}_{+}(X) \oplus \mathcal{A}^{\cdot}_{-}(X)$ schreiben, wobei $\mathcal{A}^{\cdot}_{-}(X)$ die Menge der $\alpha \in \mathcal{A}^{\cdot}(X)$ ist, für die ${}^t s(\alpha) = -\alpha$ gilt. Außerdem findet man, da $d({}^t s(\alpha)) = {}^t s(d\alpha)$ ist, daß $Z^{\cdot}(X)$ direkte Summe von $Z^{\cdot}_{+}(X) = Z^{\cdot}(X) \cap \mathcal{A}^{\cdot}_{+}(X)$ und $Z^{\cdot}_{-}(X) = Z^{\cdot}(X) \cap \mathcal{A}^{\cdot}_{-}(X)$ ist und $B^{\cdot}(X)$ direkte Summe von $B^{\cdot}_{+}(X) = B^{\cdot}(X) \cap \mathcal{A}^{\cdot}_{+}(X)$ und $B^{\cdot}_{-}(X) = B^{\cdot}(X) \cap \mathcal{A}^{\cdot}_{-}(X)$, woraus $B^{\cdot}(X) \cap Z^{\cdot}_{+}(X) = B^{\cdot}_{+}(X)$ folgt. Hieraus ergibt sich $H^{\cdot}(X) = H^{\cdot}_{+}(X) \oplus H^{\cdot}_{-}(X)$, wobei $H^{\cdot}_{+}(X)$ die graduierte Unteralgebra von $H^{\cdot}(X)$ ist, die aus den *gegenüber* s^* *invarianten* Kohomologieklassen besteht, und $H^{\cdot}_{-}(X)$ der Vektorraum der Kohomologieklassen, für die $s^*(a) = -a$ gilt. Darüber hinaus bildet ${}^t\pi$ die Unteralgebra $Z^{\cdot}(X_0)$ auf $Z^{\cdot}_{+}(X)$ und $B^{\cdot}(X_0)$ auf $B^{\cdot}_{+}(X)$ ab, so daß *der Homomorphismus*

24.1.4.1. $\quad \pi^*\colon H^{\cdot}(X_0) \to H^{\cdot}(X)$

injektiv ist und $H^{\cdot}(X_0)$ *auf* $H^{\cdot}_{+}(X)$ *abbildet.* Ein analoges Resultat läßt sich für die Kohomologie mit kompakten Trägern herleiten.

Aufgaben

1. a) Es sei X_0 eine reine Mannigfaltigkeit, X eine *Galoissche* Überlagerung von X_0 (vgl. Abschnitt 16.28, Aufgabe 2) mit der Gruppe G. Für jedes $s \in G$ ist s^* ein Automorphismus der Kohomologiealgebra $H^{\cdot}(X)$, und G operiert also auf $H^{\cdot}(X)$ vermöge $(s, a) \to s^*(a)$. Bezeichnet $\pi\colon X \to X_0$ die kanonische Projektion, so zeige man, daß für eine *endliche* Gruppe G der Homomorphismus $\pi^*\colon H^{\cdot}(X_0) \to H^{\cdot}(X)$ injektiv ist und als Bild die Unteralgebra von $H^{\cdot}(X)$ besitzt, die aus den gegenüber G invarianten Elementen besteht. (Bezeichnet r die Ordnung von G, so beachte man, daß $\alpha \to \frac{1}{r} \sum_{s \in G} {}^t s(\alpha)$ eine Projektion von $\mathcal{A}^{\cdot}(X)$ auf die Unteralgebra der gegenüber G invarianten Differentialformen ist.)

b) Es sei G endlich, und $H^p(X)$ habe die endliche Dimension b_p; bezeichnet $\varrho_p(s)$ die lineare Abbildung $a \to s^*(a)$ von $H^p(X)$ in sich, so zeige man, daß die Bettische Zahl b_p^0 von X_0 gegeben ist durch

$$b_p^0 = (\operatorname{Card}(G))^{-1} \Big(b_p + \sum_{s \in G, s \neq e} \operatorname{Tr}(\varrho_p(s))\Big).$$

(Man benutze die Orthogonalität der Charaktere (vgl. (21.3.2.6).)

2. Es sei A eine *filtrierende* geordnete Menge, d. h., zu je zwei Elementen α, β aus A existiert ein Element $\gamma \in A$, so daß $\alpha \leqq \gamma$ und $\beta \leqq \gamma$ ist. Für einen gegebenen kommutativen Ring Λ ist ein *induktives System* von durch A indizierten Λ-Moduln eine Familie $(M_\alpha, f_{\beta\alpha})$, wobei $(M_\alpha)_{\alpha \in A}$ eine Familie von Λ-Moduln und $f_{\beta\alpha}$ für jedes Paar (α, β) mit der Eigenschaft $\alpha \leqq \beta$ ein Λ-Homomorphismus von M_α in M_β ist; dabei wird vorausgesetzt, daß $f_{\alpha\alpha} = \mathrm{Id}$ und $f_{\gamma\beta} \circ f_{\beta\alpha} = f_{\gamma\alpha}$ für $\alpha \leqq \beta \leqq \gamma$ ist.

Der folgendermaßen definierte Λ-Modul heißt *induktiver Limes* des induktiven Systems $(M_\alpha, f_{\beta\alpha})$ und wird mit $M = \varinjlim M_\alpha$ bezeichnet: Ist $L = \bigoplus_{\alpha \in A} M_\alpha$ die direkte Summe der M_α und identifiziert man jedes M_α mit seinem kanonischen Bild in L, so wird $M = L/N$ gesetzt, wobei N der Untermodul von L ist, der von allen Elementen $f_{\beta\alpha}(x_\alpha) - x_\alpha$ für alle Paare (α, β) mit $\alpha \leqq \beta$ und alle $x_\alpha \in M_\alpha$ erzeugt wird.

a) Mit f_α werde die Einschränkung des kanonischen Homomorphismus $L \to M = L/N$ auf M_α bezeichnet. Man zeige, daß für $\alpha \leqq \beta$ die Beziehung $f_\beta \circ f_{\beta\alpha} = f_\alpha$ gilt und daß M Summe der Untermoduln $f_\alpha(M_\alpha)$ ist. Ferner zeige man: Ist $f_\alpha(x_\alpha) = 0$ für ein $x_\alpha \in M_\alpha$, dann gibt es ein Element $\beta \geqq \alpha$, so daß $f_{\beta\alpha}(x_\alpha) = 0$ gilt.

b) Es sei M' ein A-Modul. Für jedes $\alpha \in A$ sei $u_\alpha: M_\alpha \to M'$ ein A-Homomorphismus derart, daß $u_\alpha = u_\beta \circ f_{\beta\alpha}$ für $\alpha \leqq \beta$ gilt. Man zeige, daß es genau einen A-Homomorphismus $u: \varinjlim M_\alpha \to M'$ gibt, so daß $u_\alpha = u \circ f_\alpha$ ist für jedes $\alpha \in A$.

c) Es sei $(M'_\alpha, f'_{\beta\alpha})$ ein zweites induktives System mit derselben Indexmenge wie $(M_\alpha, f_{\beta\alpha})$. Für jedes α sei $u_\alpha: M_\alpha \to M'_\alpha$ ein A-Homomorphismus derart, daß $f'_{\beta\alpha} \circ u_\alpha = u_\beta \circ f_{\beta\alpha}$ für $\alpha \leqq \beta$ gilt. Man zeige, daß es genau einen A-Homomorphismus $u: \varinjlim M_\alpha \to \varinjlim M'_\alpha$ gibt, so daß $u \circ f_\alpha = f'_\alpha \circ u_\alpha$ für jedes α gilt; man nennt (u_α) ein induktives System von Homomorphismen und u dessen induktiven Limes; dieser wird auch mit $\varinjlim u_\alpha$ bezeichnet.

d) Es seien $(M_\alpha, f_{\beta\alpha})$, $(M'_\alpha, f'_{\beta\alpha})$ und $(M''_\alpha, f''_{\beta\alpha})$ drei induktive Systeme mit derselben Indexmenge und (u_α), (v_α) zwei induktive Systeme von Homomorphismen $u_\alpha: M'_\alpha \to M_\alpha$, $v_\alpha: M_\alpha \to M''_\alpha$. Man zeige: Ist jede Sequenz $M'_\alpha \xrightarrow{u_\alpha} M_\alpha \xrightarrow{v_\alpha} M''_\alpha$ exakt, so ist die Sequenz $M' \xrightarrow{u} M \xrightarrow{v} M''$ exakt, wobei $M' = \varinjlim M'_\alpha$, $M = \varinjlim M_\alpha$, $M'' = \varinjlim M''_\alpha$, $u = \varinjlim u_\alpha$ und $v = \varinjlim v_\alpha$ gesetzt wurde.

3. Es sei X eine reine Mannigfaltigkeit, die Vereinigung einer wachsenden Folge von offenen Mengen X_n ist. Man zeige, daß es einen kanonischen Isomorphismus $\varinjlim H^{\bullet}_c(X_n) \xrightarrow{\sim} H^{\bullet}_c(X)$ gibt.

4. Es sei U eine offene Menge des $\boldsymbol{R}^n$ derart, daß $H^p(U) = \{0\}$ ist für jedes $p > 0$. Für ein $p > 1$ sei ω eine p-Differentialform der Klasse C^∞ auf $\boldsymbol{R}^n$ mit $d\omega = 0$. Dann gibt es eine $(p-1)$-Form α auf $\boldsymbol{R}^n$, so daß $\omega = d\alpha$ ist, und eine $(p-1)$-Form β auf U, so daß $\omega \mid U = d\beta$ ist. Man zeige, daß eine $(p-2)$-Form γ auf U existiert derart, daß $\beta - (\alpha \mid U) = d\gamma$ gilt. Hieraus leite man ein Beispiel her, worin β nicht zu einer auf $\boldsymbol{R}^n$ stetigen p-Form fortgesetzt werden kann. Ist V eine in U enthaltene offene Menge, so zeige man, daß es eine $(p-1)$-Form λ der Klasse C^∞ auf $\boldsymbol{R}^n$ gibt derart, daß $\beta \mid V = \lambda \mid V$ und $d\lambda = \omega$ ist.

24.2. Die Homotopieformel

24.2.1. Es sei X eine reine differenzierbare Mannigfaltigkeit der Dimension n und E ein *Vektorbündel* mit der Basis X. Eine Familie $(\sigma_s)_{s\in I}$ von *Schnitten* des Vektorbündels E über X, deren Indexmenge ein offenes Intervall I aus $\boldsymbol{R}$ ist, heißt *glatt*, wenn die Abbildung $(s, x) \to \sigma_s(x)$ von $I \times X$ in E der Klasse C^∞ angehört. Für jedes $x \in X$ ist die Abbildung $s \to \sigma_s(x)$ von I in die Faser E_x eine Abbildung der Klasse C^∞ und besitzt somit eine Ableitung $s \to \frac{\partial}{\partial s}\big(\sigma_s(x)\big)$. Es gibt eine glatte Familie $(\sigma'_s)_{s\in I}$ von Schnitten des Bündels E über X derart, daß $\sigma'_s(x) = \frac{\partial}{\partial s}\big(\sigma_s(x)\big)$ ist für $(s, x) \in I \times X$; da das Problem über X lokal ist, genügt es nämlich, den Fall zu betrachten, daß $E = X \times F$ trivial ist und die Abbildung $(s, x) \to \sigma_s(x)$ in der Form $(s, x) \to \big(x, \sigma(s, x)\big)$ geschrieben werden kann, wobei σ eine Abbildung der Klasse C^∞ von $I \times X$ in F ist; dann geht $(s, x) \to \frac{\partial}{\partial s}\big(\sigma_s(x)\big)$ über in $(s, x) \to \left(x, \frac{\partial}{\partial s}\sigma(s, x)\right)$, woraus die Behauptung folgt. Ebenso findet man für jedes in I enthaltene kompakte Intervall $[a, b]$ und jedes $x \in E$, daß $\int_a^b \sigma_s(s)\, ds$ ein Vektor aus E_x ist und daß ein Schnitt

τ der Klasse C^∞ von E über X existiert derart, daß $\tau(x) = \int\limits_a^b \sigma_s(x)\,ds$ ist für jedes $x \in X$; damit ist man wiederum zu dem Fall gelangt, in dem $E = X \times F$ ist und nun $\tau(x) = \left(x, \int\limits_a^b \sigma(s,x)\,ds\right)$, was die Behauptung erneut bestätigt; man schreibt $\tau = \int\limits_a^b \sigma_s\,ds$. Aus diesen Definitionen ergibt sich offenbar auch die Formel

24.2.1.1. $$\sigma_b - \sigma_a = \int\limits_a^b \sigma_s'\,ds.$$

24.2.2. Wir betrachten insbesondere den Fall, in dem $E = \bigwedge^p T(X)^*$ das Faserbündel der p-Kotangentialvektoren an X ist. Es sei $(\omega_s)_{s\in I}$ eine glatte Familie von p-Differentialformen auf X. Dann ist $(d\omega_s)_{s\in I}$ eine glatte Familie von $(p+1)$-Differentialformen auf X, und es gilt

24.2.2.1. $$d\left(\int\limits_a^b \omega_s\,ds\right) = \int\limits_a^b (d\omega_s)\,ds.$$

Es handelt sich dabei um ein auf X lokales Problem. Man kann also annehmen, daß X eine offene Teilmenge des $\boldsymbol{R}^n$ ist sowie (aus Linearitätsgründen) daß $\omega_s(x)$ Summe einer endlichen Anzahl von p-Formen des Typs $f(s,x)\,d\xi^{i_1} \wedge d\xi^{i_2} \wedge \cdots \wedge d\xi^{i_p}$ ist, und es genügt, die Behauptung für eine dieser Formen zu beweisen; in diesem Fall ist aber die linke Seite von (24.2.2.1) gleich

$$d\left(\int\limits_a^b f(s,x)\,ds\right) \wedge d\xi^{i_1} \wedge \cdots \wedge d\xi^{i_p},$$

und die rechte Seite ist gleich

$$\sum_{j=1}^n \left(\int\limits_a^b \frac{\partial f}{\partial \xi^j}(s,x)\,ds\right) d\xi^j \wedge d\xi^{i_1} \wedge \cdots \wedge d\xi^{i_p};$$

die Gleichheit dieser beiden Ausdrücke ergibt sich aus der Ableitungsformel unter dem Integralzeichen.

24.2.3. Wir betrachten jetzt eine reine differenzierbare Mannigfaltigkeit X der Dimension n und auf der Produktmannigfaltigkeit $I \times X$ eine p-Differentialform ω der Klasse C^∞. Für jedes $s \in I$ bezeichne j_s die Abbildung $x \to (s,x)$ von X in $I \times X$; die Familie $\left({}^tj_s(\omega)\right)_{s\in I}$ von p-Differentialformen auf X ist dann *glatt*. Um sich davon zu überzeugen, führt man das Problem wieder auf den Fall zurück, in dem X eine offene Teilmenge des $\boldsymbol{R}^n$ ist, so daß ω als Summe einer endlichen Anzahl von p-Formen dargestellt werden kann, die entweder vom Typ

24.2.3.1. $$f(s,x)\,ds \wedge d\xi^{i_1} \wedge \cdots \wedge d\xi^{i_{p-1}}$$

oder vom Typ

24.2.3.2. $$g(s,x)\,d\xi^{i_1} \wedge \cdots \wedge d\xi^{i_p}$$

sind. Nun ist aber ${}^t j_s(\omega)$ gleich 0, wenn ω vom ersten Typ ist, und gleich der p-Form $x \to \omega(s, x)$ auf X, wenn ω vom zweiten Typ ist (vgl. (16.20.9.2)), woraus die Behauptung folgt.

Unter denselben Voraussetzungen wie oben sei E das Vektorfeld auf $I \times X$, für das $\mathrm{E}(s, x)$ der Vektor mit der Komponente $\tau_s^{-1}(1)$ in $T_s(I)$ und mit der Komponente 0 in $T_x(X)$ ist, wenn man $T_{(s,x)}(I \times X)$ mit $T_s(I) \times T_x(X)$ identifiziert (vgl. (16.6.2)); das ist gleichbedeutend mit der Aussage, daß $(\theta_{\mathrm{E}} \cdot f)\,(s, x) = \frac{\partial}{\partial s} f(s, x)$ ist (vgl. (17.14.1)) für jede Funktion $(s, x) \to f(s, x)$ der Klasse C^∞ auf $I \times X$. In den Bezeichnungen aus (24.2.1) erhält man somit für jedes kompakte Intervall $[a, b] \subset I$

24.2.3.3. $${}^t j_b(\omega) - {}^t j_a(\omega) = \int_a^b {}^t j_s(\theta_{\mathrm{E}} \cdot \omega)\, ds.$$

Aufgrund von (24.2.1.1) genügt es nämlich zu zeigen, daß

24.2.3.4. $$\left({}^t j_s(\omega)\right)' = {}^t j_s(\theta_{\mathrm{E}} \cdot \omega)$$

ist. Dabei kann vorausgesetzt werden, daß ω entweder vom Typ (24.2.3.1) oder vom Typ (24.2.3.2) ist. Nun stimmt der Typ von ω mit dem von $\theta_{\mathrm{E}} \cdot \omega$ überein, wenn ω vom Typ (24.2.3.1) ist; das folgt aus der Beziehung $\theta_{\mathrm{E}} \cdot (ds) = 0$ und der Tatsache, daß θ_{E} eine Ableitung ist (vgl. (17.14.7.5)); beide Seiten von (24.2.3.4) sind also 0. Ist ω dagegen vom Typ (24.2.3.2), so sind die beiden Seiten von (24.2.3.4) gleich $\frac{\partial g}{\partial s}\, d\xi^{i_1} \wedge \cdots \wedge d\xi^{i_p}$.

24.2.4. Es sei jetzt daran erinnert (vgl. (17.15.3.4)), daß $\theta_{\mathrm{E}} \cdot \omega = i_{\mathrm{E}} \cdot d\omega + d(i_{\mathrm{E}} \cdot \omega)$ ist. Es werde

24.2.4.1. $$\mathrm{L} \cdot \omega = \int_a^b {}^t j_s(i_{\mathrm{E}} \cdot \omega)\, ds$$

gesetzt, so daß L für jedes p eine lineare Abbildung von $\mathscr{E}_p(I \times X)$ in $\mathscr{E}_{p-1}(X)$ ist. Andererseits ist der Träger von $i_{\mathrm{E}} \cdot \omega$ im Träger von ω enthalten, weshalb die Vereinigung der Träger der Formen ${}^t j_s(i_{\mathrm{E}} \cdot \omega)$ für $a \leqq s \leqq b$ in der abgeschlossenen Hülle der Projektion von $\operatorname{Supp}(\omega) \cap ([a, b] \times X)$ auf X enthalten ist. Hieraus ergibt sich, daß L auch $\mathscr{D}_p(I \times X)$ in $\mathscr{D}_{p-1}(X)$ abbildet.

Unter Berücksichtigung von Formel (24.2.2.1) läßt sich die Formel (24.2.3.3) nun umschreiben in

24.2.4.2. $${}^t j_b(\omega) - {}^t j_a(\omega) = d(\mathrm{L} \cdot \omega) + \mathrm{L} \cdot (d\omega)$$

(*Homotopieformel*). In gewissem Sinne liefert diese Formel ein Maß für die „stetige Variation" einer p-Differentialform auf X „in Abhängigkeit von einem Parameter".

Diese Formel ermöglicht es, die fundamentale Aussage über die *Homotopieinvarianz* der Kohomologie zu beweisen:

24.2.5. *Es seien X, Y zwei reine differenzierbare Mannigfaltigkeiten und u, v zwei Abbildungen der Klasse C^∞ von X in Y. Sind u und v homotop von der Klasse C^∞, so stimmen die Homomorphismen graduierter Algebren u^* und v^* von $H^\cdot(Y)$ in $H^\cdot(X)$ überein.*

Ist α eine p-Differentialform auf Y mit $d\alpha = 0$, so müssen wir zeigen, daß sich *die p-Form ${}^t u(\alpha) - {}^t v(\alpha)$ auf X in der Gestalt $d\beta$ schreiben läßt, wobei β eine $(p-1)$-Form ist.* Nach Voraussetzung gibt es ein offenes Intervall I in $\boldsymbol{R}$ und eine Abbildung $F: I \times X \to Y$ der Klasse C^∞ derart, daß für zwei Zahlen $a \leqq b$ aus I die Beziehungen $F(a, x) = u(x)$ und $F(b, x) = v(x)$ für $x \in X$ gelten. In den Bezeichnungen aus (24.2.3) kann dafür auch $u = F \circ j_a$ und $v = F \circ j_b$ geschrieben werden; setzt man $\omega = {}^t F(\alpha)$ — dies ist eine p-Form auf $I \times X$ —, so kann daher aufgrund der Homotopieformel

24.2.5.1. $\quad {}^t v(\alpha) - {}^t u(\alpha) = {}^t j_b(\omega) - {}^t j_a(\omega) = d(\mathrm{L} \cdot \omega) + \mathrm{L} \cdot (d\omega)$

geschrieben werden. Nun gilt aber $d\omega = {}^t F(d\alpha) = 0$ (vgl. (17.15.3.2)), so daß $\beta = \mathrm{L} \cdot \omega$ das Gewünschte leistet.

24.2.6. Bemerkung. In den obigen Bezeichnungen findet man: Ist die Homotopie F *eigentlich* (woraus folgt, daß u und v eigentlich sind) und der Träger der Form α kompakt, dann trifft das auch für ω und somit auch für $\beta = \mathrm{L} \cdot \omega$ zu (vgl. (24.2.4)); die Homomorphismen u_c^* und v_c^* von $H_c^{\cdot}(Y)$ in $H_c^{\cdot}(X)$ stimmen also ebenfalls überein.

24.2.7. Beispiele. Es werde $X = Y$ gesetzt und angenommen, daß die identische Abbildung 1_X zu der Abbildung $r: X \to \{x_0\}$, $x_0 \in X$, homotop von der Klasse C^∞ sei. Für jede p-Form α auf X $(p \geqq 1)$ ist dann offenbar ${}^t r(\alpha) = 0$, und für jede Funktion $f \in \mathscr{E}(X)$ gilt ${}^t r(f) = f(x_0)$. Aus (24.2.5) erhält man damit, daß $H^p(X) = \{0\}$ ist für $p \geqq 1$ und $H^0(X) \cong \boldsymbol{R}$.

Diese Voraussetzungen sind insbesondere dann erfüllt, wenn man für X ein *offenes sternförmiges Gebiet* in $\boldsymbol{R}^n$ wählt, d. h., wenn aus den Beziehungen $0 \leqq t \leqq 1$ und $\mathbf{x} \in X$ folgt, daß $t\mathbf{x}$ zu X gehört. Ist dann g eine Abbildung der Klasse C^∞ von $\boldsymbol{R}$ in $[0, 1]$, so daß $g(t) = 0$ ist für $t \leqq 0$ und $g(t) = 1$ für $t \geqq 1$, so ist die Abbildung $F(t, \mathbf{x}) = g(t)\,\mathbf{x}$ eine Homotopie der Klasse C^∞ von 1_X auf die Abbildung $\mathbf{x} \to 0$. Die Tatsache, daß dann $H^p(X) = \{0\}$ für $p \geqq 1$ gilt, ist als *Poincarésches Lemma* bekannt.

Es sei E ein *Vektorbündel* mit einer reinen differenzierbaren Mannigfaltigkeit Y als Basis und π als Projektion; Y werde mit dem Nullschnitt von E identifiziert (vgl. (16.15.1)). Es sei $X \supset Y$ eine offene Menge aus E derart, daß aus $\mathbf{h}_y \in X$ die Beziehung $t\mathbf{h}_y \in X$ folgt für $0 \leqq t \leqq 1$. Ist dann $i: Y \to X$ die kanonische injektive Abbildung, so ist die Abbildung $i \circ \pi$ von X in sich zur identischen Abbildung homotop in der Klasse C^∞. Wählt man nämlich für g eine wie oben definierte Abbildung von $\boldsymbol{R}$ in $[0, 1]$, dann ist die durch $F(t, \mathbf{h}_y) = g(t)\,\mathbf{h}_y$ für $\mathbf{h}_y \in X$ gegebene Abbildung $F: \boldsymbol{R} \times X \to X$ eine Homotopie von $i \circ \pi$ in 1_X. Man erhält somit $\pi^* \circ i^* = 1_{H^{\cdot}(X)}$; da andererseits $\pi \circ i = 1_Y$ ist, ergibt sich $i^* \circ \pi^* = 1_{H^{\cdot}(Y)}$; daher kann *$H^{\cdot}(X)$ kanonisch mit $H^{\cdot}(Y)$ identifiziert werden* (Verallgemeinerung des Poincaréschen Lemmas).

24.2.8. Bemerkung. Es seien X, Y zwei reine differenzierbare Mannigfaltigkeiten, von denen X als *kompakt* vorausgesetzt wird, und es sei $u: X \to Y$ eine Abbildung, von der wir nur annehmen, sie sei *stetig*. Ist d ein die Topologie von Y definierender Abstand, so gibt es ein $\varepsilon > 0$ derart, daß 1° eine Abbildung $v: X \to Y$ der Klasse C^∞ existiert mit $d\big(u(x), v(x)\big) \leqq \varepsilon$ für alle $x \in X$; 2° v zu u homotop ist; 3° wenn $v_1: X \to Y$ eine zweite, der Bedingung 1° genügende Abbildung der Klasse C^∞ ist, dann v zu v_1 homotop in der Klasse C^∞ ist (vgl. (16.26.4) sowie (16.26.6)). Für alle der Bedingung 1° genügenden Abbildungen v ist daher die Abbildung

$v^*: H^{\cdot}(Y) \to H^{\cdot}(X)$ *dieselbe.* Diese Abbildung wird nach Definition mit u^* bezeichnet. Ist $u': X \to Y$ eine weitere zu u homotope stetige Abbildung, so folgt aus (16.26.6), daß $u'^* = u^*$ gilt.

Es werde nun auch Y als kompakt vorausgesetzt, und es sei $w: Y \to Z$ eine stetige Abbildung. Ist $u_1: X \to Y$ bzw. $w_1: Y \to Z$ zu u bzw. w homotop, so stellt man unmittelbar fest, daß $w \circ u$ zu $w_1 \circ u_1$ homotop ist. Hieraus folgt $(w \circ u)^* = u^* \circ w^*$. Ist $u: X \to Y$ insbesondere ein *Homöomorphismus* und $w: Y \to X$ der inverse Homöomorphismus, so sind u^* und w^* inverse bijektive Abbildungen, mit anderen Worten, $H^{\cdot}(X)$ hängt nur von der *Topologie* von X ab und nicht von der Mannigfaltigkeitsstruktur. Weiter unten wird gezeigt, daß diese Aussage für jede nichtkompakte reine Mannigfaltigkeit gilt (vgl. (24.27.1)).

24.3. Die Mayer-Vietoris-Sequenzen

24.3.1. Es sei X eine reine differenzierbare Mannigfaltigkeit, und es seien U_1, U_2 zwei nichtleere offene Mengen aus X derart, daß $U_1 \cup U_2 = X$ und $U_1 \cap U_2$ nicht leer ist. Mit

$$j_1: U_1 \cap U_2 \to U_1, \quad j_2: U_1 \cap U_2 \to U_2,$$
$$i_1: U_1 \to X, \quad i_2: U_2 \to X$$

werden die kanonischen injektiven Abbildungen bezeichnet. Ausgehend von diesen Abbildungen, gelangt man zu einer Sequenz von homogenen linearen Abbildungen vom Grad 0

24.3.1.1. $$0 \to \mathcal{A}^{\cdot}(X) \xrightarrow{u} \mathcal{A}^{\cdot}(U_1) \oplus \mathcal{A}^{\cdot}(U_2) \xrightarrow{v} \mathcal{A}^{\cdot}(U_1 \cap U_2) \to 0,$$

und zwar in folgender Weise: Für jede Differentialform $\omega \in \mathcal{A}^{\cdot}(X)$ wird

24.3.1.2. $$u(\omega) = \left({}^t i_1(\omega), {}^t i_2(\omega)\right)$$

gesetzt und für jedes Paar von Differentialformen $\omega_1 \in \mathcal{A}^{\cdot}(U_1)$, $\omega_2 \in \mathcal{A}^{\cdot}(U_2)$

24.3.1.3. $$v(\omega_1, \omega_2) = {}^t j_1(\omega_1) - {}^t j_2(\omega_2).$$

24.3.2. In diesen Bezeichnungen wird nun gezeigt, daß *die Sequenz* (24.3.1.1) *exakt ist.*

1. *u ist injektiv:* Ist nämlich $u(\omega) = 0$, dann gilt ${}^t j_1(\omega) = 0$ und ${}^t j_2(\omega) = 0$, was bedeutet, daß die Einschränkungen von ω auf U_1 und U_2 gleich 0 sind, und da $X = U_1 \cup U_2$ ist, erhält man $\omega = 0$.

2. *Es ist* $\operatorname{Ker}(v) = \operatorname{Im}(u)$. Wegen $i_1 \circ j_1 = i_2 \circ j_2$ gilt offenbar $v \circ u = 0$, also $\operatorname{Im}(u) \subset \operatorname{Ker}(v)$. Nehmen wir nun umgekehrt an, es sei $(\omega_1, \omega_2) \in \operatorname{Ker}(v)$. Das bedeutet, daß die Einschränkungen von ω_1 und ω_2 auf $U_1 \cap U_2$ gleich sind; es gibt somit eine eindeutig bestimmte Differentialform ω auf X, so daß ${}^t i_1(\omega) = \omega_1$ und ${}^t i_2(\omega) = \omega_2$ ist, d. h., es ist $(\omega_1, \omega_2) \in \operatorname{Im}(u)$.

3. *v ist surjektiv.* Es sei $\omega \in \mathcal{A}^{\cdot}(U_1 \cap U_2)$, und es werde eine Zerlegung der Einheit (f_1, f_2) betrachtet, die der Überdeckung $\{U_1, U_2\}$ von X untergeordnet ist und aus Funktionen der Klasse C^∞ besteht. Die Differentialform ω_1 auf U_1, die gleich $f_2\omega$

in $U_1 \cap U_2$ und gleich 0 in $U_1 \setminus (U_1 \cap U_2)$ ist, gehört zur Klasse C^∞; dasselbe gilt für die Differentialform ω_2 auf U_2, die in $U_1 \cap U_2$ gleich $f_1\omega$ und 0 in $U_2 \setminus (U_1 \cap U_2)$ ist. Da $f_1 + f_2 = 1$ ist, erhält man $\omega = v(\omega_1, -\omega_2)$.

24.3.3. Mit d_1, d_2, d_{12} und d werden die äußeren Differentiale auf $U_1, U_2, U_1 \cap U_2$ bzw. X bezeichnet. Aus den Definitionen (24.3.1.2) und (23.3.1.3) ergibt sich (17.15.3.2) zufolge

$$u \circ d = (d_1 \oplus d_2) \circ u, \qquad v \circ (d_1 \oplus d_2) = d_{12} \circ v;$$

die Abbildungen u und v sind also homogene lineare Abbildungen vom Grad 0 von *Differentialmoduln*. Hieraus leiten sich (vgl. (A.30.3)) zwei homogene lineare Abbildungen vom Grad 0 ab:

24.3.3.1. $u_*: H^\cdot(X) \to H^\cdot(U_1) \oplus H^\cdot(U_2), \qquad v_*: H^\cdot(U_1) \oplus H^\cdot(U_2) \to H^\cdot(U_1 \cap U_2),$

und die Exaktheit der Sequenz (24.3.1.1) zieht die Existenz einer homogenen linearen Abbildung vom Grad $+1$

$$\partial: H^\cdot(U_1 \cap U_2) \to H^\cdot(X)$$

nach sich, so daß die (mit $0 \to H^0(X)$ beginnende) *Sequenz*

24.3.3.2. $\cdots \to H^p(X) \xrightarrow{u_*} H^p(U_1) \oplus H^p(U_2) \xrightarrow{v_*} H^p(U_1 \cap U_2) \xrightarrow{\partial} H^{p+1}(X) \to \cdots$

exakt ist (vgl. (A.30.5)). Diese Sequenz wird die *Mayer-Vietorissche Kohomologiesequenz* genannt. Es sei daran erinnert (*l. c.*), daß die Abbildung ∂ folgendermaßen definiert ist: Ist c die Kohomologieklasse einer geschlossenen p-Form γ auf $U_1 \cap U_2$ und sind $\gamma_1 \in \mathcal{E}_p(U_1)$, $\gamma_2 \in \mathcal{E}_p(U_2)$ zwei p-Formen derart, daß $\gamma = v(\gamma_1, \gamma_2)$ ist, dann besitzen die Formen $d\gamma_1$ ind $d\gamma_2$ dieselbe Einschränkung auf $U_1 \cap U_2$. Sie sind daher die Einschränkungen von ein und derselben geschlossenen $(p+1)$-Form β auf Y, und ∂c ist die Klasse von β.

24.3.4. Es sei Y eine zweite reine differenzierbare Mannigfaltigkeit, und V_1, V_2 seien zwei nichtleere offene Mengen aus Y derart, daß $V_1 \cup V_2 = Y$ ist. Ferner sei $h: X \to Y$ eine Abbildung der Klasse C^∞ derart, daß $h(U_1) \subset V_1$, $h(U_2) \subset V_2$ und $h(U_1 \cap U_2) \subset V_1 \cap V_2$ gilt. Mit h_1, h_2 und h_{12} werden die Einschränkungen von h auf U_1, U_2 bzw. $U_1 \cap U_2$ bezeichnet. Offenbar ist dann das Diagramm

$$\begin{array}{ccccccccc}
0 \to & \mathcal{A}^\cdot(X) & \xrightarrow{u_X} & \mathcal{A}^\cdot(U_1) \oplus \mathcal{A}^\cdot(U_2) & \xrightarrow{v_X} & \mathcal{A}^\cdot(U_1 \cap U_2) & \to 0 \\
& \uparrow {}^t h & & \uparrow {}^t h_1 \oplus {}^t h_2 & & \uparrow {}^t h_{12} & \\
0 \to & \mathcal{A}^\cdot(Y) & \xrightarrow[u_Y]{} & \mathcal{A}^\cdot(V_1) \oplus \mathcal{A}^\cdot(V_2) & \xrightarrow[v_Y]{} & \mathcal{A}^\cdot(V_1 \cap V_2) & \to 0
\end{array}$$

kommutativ. Hieraus ergibt sich die Kommutativität des Diagramms von exakten Sequenzen (vgl. (A.30.6))

24.3.4.1.

$$\begin{array}{ccccccccc}
\cdots \to & H^p(X) & \to & H^p(U_1) \oplus H^p(U_2) & \to & H^p(U_1 \cap U_2) & \to & H^{p+1}(X) & \to \cdots \\
& \uparrow h^* & & \uparrow h_1^* \oplus h_2^* & & \uparrow h_{12}^* & & \uparrow h^* & \\
\cdots \to & H^p(Y) & \to & H^p(V_1) \oplus H^p(V_2) & \to & H^p(V_1 \cap V_2) & \to & H^{p+1}(Y) & \to \cdots .
\end{array}$$

24.3.5. Es seien X eine reine differenzierbare Mannigfaltigkeit, U eine nichtleere offene Teilmenge von X und $j: U \to X$ die kanonische injektive Abbildung. Für jede p-Differentialform α der Klasse C^∞ *mit kompaktem Träger* auf U gehört die p-Form auf X, die man erhält, indem man α durch 0 auf $X \setminus U$ fortsetzt, ebenfalls zur Klasse C^∞, und ihr Träger ist kompakt. Damit ist eine injektive lineare Abbildung $j^c: \mathcal{D}_p(U) \to \mathcal{D}_p(X)$ definiert, und man erhält eine injektive lineare Abbildung

$$j^c: \mathcal{A}_c^{\cdot}(U) \to \mathcal{A}_c^{\cdot}(X),$$

die auf jedem Teilraum $\mathcal{D}_p(U)$ mit j^c übereinstimmt und ein Homomorphismus von graduierten Differentialalgebren ist.

24.3.6. Unter den Voraussetzungen und in den Bezeichnungen von (24.3.1) wird unter Verwendung von (24.3.5) folgendermaßen eine Sequenz homogener linearer Abbildungen vom Grad 0

24.3.6.1. $$0 \to \mathcal{A}_c^{\cdot}(U_1 \cap U_2) \xrightarrow{v_c} \mathcal{A}_c^{\cdot}(U_1) \oplus A_c^{\cdot}(U_2) \xrightarrow{u_c} \mathcal{A}_c^{\cdot}(X) \to 0$$

definiert: Für $\alpha \in \mathcal{A}_c^{\cdot}(U_1 \cap U_2)$ wird

24.3.6.2. $$v_c(\alpha) = \big(j_1^c(\alpha), -j_2^c(\alpha)\big)$$

gesetzt, und für jedes Paar von p-Differentialformen $\alpha_1 \in \mathcal{A}_c^{\cdot}(U_1)$, $\alpha_2 \in \mathcal{A}_c^{\cdot}(U_2)$ sei

24.3.6.3. $$u_c(\alpha_1, \alpha_2) = i_1^c(\alpha_1) + i_2^c(\alpha_2).$$

Diese Sequenz ist wiederum *exakt*. Denn v_c ist offenbar injektiv, und aus der Beziehung $i_1 \circ j_1 = i_2 \circ j_2$ folgt $u_c \circ v_c = 0$, also $\operatorname{Im}(v_c) \subset \operatorname{Ker}(u_c)$. Ist umgekehrt $(\alpha_1, \alpha_2) \in \operatorname{Ker}(u_c)$, so ist $i_1^c(\alpha_1) = -i_2^c(\alpha_2)$; hieraus folgt, daß $\alpha_1(x) = 0$ ist auf $X \setminus \operatorname{Supp}(\alpha_2)$, $\alpha_2(x) = 0$ auf $X \setminus \operatorname{Supp}(\alpha_1)$ und schließlich $\alpha_1(x) = -\alpha_2(x)$ auf $\operatorname{Supp}(\alpha_1) \cap \operatorname{Supp}(\alpha_2)$. Da $\operatorname{Supp}(\alpha_1) \cap \operatorname{Supp}(\alpha_2)$ kompakt und in $U_1 \cap U_2$ enthalten ist, gehört die Differentialform α auf $U_1 \cap U_2$, die auf $\operatorname{Supp}(\alpha_1) \cap \operatorname{Supp}(\alpha_2)$ gleich $\alpha_1(x) = -\alpha_2(x)$ ist und sonst 0, zur Klasse C^∞, und es ist $v_c(\alpha) = (\alpha_1, \alpha_2)$, also $\operatorname{Ker}(u_c) \subset \operatorname{Im}(v_c)$. Abschließend zeigen wir, daß u_c surjektiv ist. Es sei (f_1, f_2) eine Zerlegung der Einheit, die der Überdeckung $\{U_1, U_2\}$ untergeordnet ist und aus Funktionen der Klasse C^∞ besteht. Für jede Differentialform $\alpha \in \mathcal{A}_c^{\cdot}(X)$ sind $f_1\alpha$ und $f_2\alpha$ Differentialformen, deren Träger kompakt und in U_1 bzw. U_2 enthalten sind. Darüber hinaus gilt $f_1\alpha + f_2\alpha = \alpha$. Sind α_1 und α_2 die Einschränkungen von $f_1\alpha$ auf U_1 bzw. von $f_2\alpha$ auf U_2, so ist $\alpha = u_c(\alpha_1, \alpha_2)$.

24.3.7. In den Bezeichnungen von (24.3.3) erhält man

$$v_c \circ d_{12} = (d_1 \oplus d_2) \circ v_c, \qquad u_c \circ (d_1 \oplus d_2) = d \circ u_c.$$

Ausgehend von v_c und u_c, gelangt man daher zu zwei homogenen linearen Abbildungen vom Grad 0

24.3.7.1. $$v_{c*}: H_c^{\cdot}(U_1 \cap U_2) \to H_c^{\cdot}(U_1) \oplus H_c^{\cdot}(U_2),$$
$$u_{c*}: H_c^{\cdot}(U_1) \oplus H_c^{\cdot}(U_2) \to H_c^{\cdot}(X).$$

Aus der Exaktheit der Sequenz (24.3.6.1) resultiert die Existenz einer homogenen linearen Abbildung vom Grad $+1$

$$\partial_c: H_c^{\cdot}(X) \to H_c^{\cdot}(U_1 \cap U_2)$$

derart, daß *die* (mit $0 \to H_c^0(U_1 \cap U_2)$ beginnende) *Sequenz*

24.3.7.2.

$$\cdots \to H_c^p(U_1 \cap U_2) \xrightarrow{v_{c*}} H_c^p(U_1) \oplus H_c^p(U_2) \xrightarrow{u_{c*}} H_c^p(X) \xrightarrow{\partial_c} H_c^{p+1}(U_1 \cap U_2) \to \cdots$$

exakt ist. Diese Sequenz wird *die Mayer-Vietorissche Kohomologiesequenz mit kompakten Trägern* genannt. Die Abbildung ∂_c ist folgendermaßen definiert: Ist a die Kohomologieklasse einer geschlossenen p-Form α mit kompaktem Träger auf X und sind $\alpha_1 \in \mathcal{D}_p(U_1)$ sowie $\alpha_2 \in \mathcal{D}_p(U_2)$ zwei p-Formen derart, daß $\alpha = \alpha_1 + \alpha_2$ gilt, dann ist $\partial_c a$ die Kohomologieklasse von $d\alpha_1 = -d\alpha_2$, aufgefaßt als $(p+1)$-Formen auf $U_1 \cap U_2$.

24.3.8. In den Bezeichnungen von (24.3.4) werde angenommen, die Abbildungen $h_1 \colon U_1 \to V_1$ und $h_2 \colon U_2 \to V_2$ seien eigentlich, woraus folgt, daß auch h und h_{12} eigentlich sind. Man erhält somit das folgende kommutative Diagramm:

$$\begin{array}{ccccccccc}
0 \to & \mathcal{A}_c^{\cdot}(U_1 \cap U_2) & \to & \mathcal{A}_c^{\cdot}(U_1) \oplus \mathcal{A}_c^{\cdot}(U_2) & \to & \mathcal{A}_c^{\cdot}(X) & \to 0 \\
& \uparrow {}^t h_{12} & & \uparrow {}^t h_1 \oplus {}^t h_2 & & \uparrow {}^t h & \\
0 \to & \mathcal{A}_c^{\cdot}(V_1 \cap V_2) & \to & \mathcal{A}_c^{\cdot}(V_1) \oplus \mathcal{A}_c^{\cdot}(V_2) & \to & \mathcal{A}_c^{\cdot}(Y) & \to 0
\end{array}$$

wovon ausgehend sich ein kommutatives Diagramm von exakten Sequenzen ergibt (vgl. (A.30.6)):

24.3.8.1.

$$\begin{array}{ccccccccc}
\cdots \to & H_c^p(U_1 \cap U_2) & \to & H_c^p(U_1) \oplus H_c^p(U_2) & \to & H_c^p(X) & \to & H_c^{p+1}(U_1 \cap U_2) & \to \cdots \\
& \uparrow h_{12,c}^* & & \uparrow h_{1,c}^* \oplus h_{2,c}^* & & \uparrow h_c^* & & \uparrow h_{12,c}^* & \\
\cdots \to & H_c^p(V_1 \cap V_2) & \to & H_c^p(V_1) \oplus H_c^p(V_2) & \to & H_c^p(Y) & \to & H_c^{p+1}(V_1 \cap V_2) & \to \cdots
\end{array}$$

24.4. Kohomologie der Sphären

24.4.1. *Für jede ganze Zahl $n \geqq 1$ gilt*

$$H^0(\boldsymbol{S}_n) \cong H^n(\boldsymbol{S}_n) \cong \boldsymbol{R},$$

$$H^p(\boldsymbol{S}_n) = \{0\} \quad \textit{für} \quad 1 \leqq p \leqq n-1.$$

Insbesondere sieht man, daß die Sphäre $\boldsymbol{S}_n$ für $n \geqq 1$ nicht kontrahierbar ist.

Da $\boldsymbol{S}_n$ für $n \geqq 1$ zusammenhängend ist, gilt $H^0(\boldsymbol{S}_n) \cong \boldsymbol{R}$ (vgl. (24.1.2)), während sich für $\boldsymbol{S}_0 = \{-1, 1\}$ ergibt, daß $H^0(\boldsymbol{S}_0) \cong \boldsymbol{R}^2$ ist (vgl. (24.1.2)). Der Beweis wird durch Induktion nach n geführt. In den Bezeichnungen von (16.2.3) sei U die durch $\xi^0 > -1/2$ definierte offene Teilmenge von $\boldsymbol{S}_n$ und V die durch $\xi^0 < 1/2$ definierte offene Teilmenge; U und V sind vermöge stereographischer Projektion (vgl. (16.2.3)) zu einer offenen Scheibe in $\boldsymbol{R}^n$ diffeomorph, und es ist daher (vgl. (24.2.7))

$$H^0(U) = H^0(V) \cong \boldsymbol{R}$$

sowie

$$H^p(U) = H^p(V) = \{0\} \qquad \text{für} \qquad p \geqq 1.$$

Andererseits ist $U \cap V$, definiert durch $-1/2 < \xi^0 < 1/2$, diffeomorph zu $\boldsymbol{S}_{n-1} \times]-1/2, 1/2[$; schreibt man nämlich einen Punkt von $\boldsymbol{S}_n$ in der Form $(\xi^0, \mathbf{z})$ mit $\mathbf{z} = (\xi^1, \ldots, \xi^n)$ und $(\xi^0)^2 + \|\mathbf{z}\|^2 = 1$, so ist die Abbildung $(\xi^0, \mathbf{z}) \to (\mathbf{z}/\|\mathbf{z}\|, \xi^0)$ von $U \cap V$ in $\boldsymbol{S}_{n-1} \times]-1/2, 1/2[$ bijektiv und gehört zur Klasse C^∞. Die dazu inverse Abbildung ist $(\mathbf{z}, \xi^0) \to \left(\xi^0, \left(1 - (\xi^0)^2\right)^{1/2} \mathbf{z}\right)$, die somit ebenfalls zur Klasse C^∞ gehört. Vermittels (24.2.7) ergibt sich hieraus, daß $H^p(U \cap V) \simeq H^p(\boldsymbol{S}_{n-1})$ für jedes $p \geqq 0$ gilt. Auf U und V wird nun die Mayer-Vietoris-Sequenz (24.3.3.2) angewendet; diese zerfällt in exakte Sequenzen

$$0 \to H^0(\boldsymbol{S}_n) \to \boldsymbol{R}^2 \to H^0(\boldsymbol{S}_{n-1}) \to H^1(\boldsymbol{S}_n) \to 0$$

und

$$0 \to H^p(\boldsymbol{S}_{n-1}) \to H^{p+1}(\boldsymbol{S}_n) \to 0 \qquad \text{für} \qquad p \geqq 1.$$

Für $n = 1$ liefert die erste exakte Sequenz $H^1(\boldsymbol{S}_1) \simeq \boldsymbol{R}$, da die Abbildung $\boldsymbol{R}^2 \to H^0(\boldsymbol{S}_0) \simeq \boldsymbol{R}^2$ einen eindimensionalen Kern besitzt. Für $n > 1$ ist dagegen $H^0(\boldsymbol{S}_{n-1}) \simeq \boldsymbol{R}$, also $H^1(\boldsymbol{S}_n) = \{0\}$. Die zweite exakte Sequenz zeigt dann, daß $H^{p+1}(\boldsymbol{S}_n)$ für $p \geqq 1$ zu $H^p(\boldsymbol{S}_{n-1})$ isomorph ist, womit der Beweis von (24.4.1) durch Induktion nach n abgeschlossen ist.

Das Poincarésche Polynom und die Euler-Poincaré-Charakteristik der Sphären sind daher für $n \geqq 1$ gegeben durch

24.4.1.1. $\quad P_{\boldsymbol{S}_n}(T) = 1 + T^n,$

24.4.1.2. $\quad \begin{cases} \chi(\boldsymbol{S}_n) = 0, & \text{wenn } n \text{ ungerade ist,} \\ \chi(\boldsymbol{S}_n) = 2, & \text{wenn } n \text{ gerade ist.} \end{cases}$

24.4.2. Bemerkung. Für die Raumwinkelform $\sigma^{(n)}$ auf $\boldsymbol{S}_n$ gilt $\int_{\boldsymbol{S}_n} \sigma^{(n)} \neq 0$ (vgl. (16.24.9)). Sie kann also nicht von der Form $d\beta$ für eine $(n-1)$-Form β sein (vgl. (17.15.5.1)). Ihre Kohomologieklasse ist daher eine *Basis* des eindimensionalen Raumes $H^n(\boldsymbol{S}_n)$.

24.4.3. *Kohomologie von* $\boldsymbol{P}_n(\boldsymbol{R})$. Für $n \geqq 1$ ist $\boldsymbol{S}_n$ eine zweiblättrige Überlagerung von $\boldsymbol{P}_n(\boldsymbol{R})$ (vgl. (16.14.10)). Auf $X = \boldsymbol{S}_n$ und $X_0 = \boldsymbol{P}_n(\boldsymbol{R})$ lassen sich daher die Ergebnisse von (24.1.4) anwenden, wobei s die Abbildung $\mathbf{x} \to -\mathbf{x}$ ist. Damit folgt bereits, daß $H^0(\boldsymbol{P}_n(\boldsymbol{R})) \simeq \boldsymbol{R}$ und $H^p(\boldsymbol{P}_n(\boldsymbol{R})) = \{0\}$ für $1 \leqq p \leqq n-1$ ist. Darüber hinaus ist bekanntlich ${}^t s(\sigma^{(n)}) = (-1)^{n+1} \sigma^{(n)}$ (vgl. (16.21.10.2)), woraus sich $H^n_+(\boldsymbol{S}_n) = \{0\}$, $H^n_-(\boldsymbol{S}_n) \simeq \boldsymbol{R}$ für geradzahliges n und $H^n_+(\boldsymbol{S}_n) \simeq \boldsymbol{R}$, $H^n_-(\boldsymbol{S}_n) = \{0\}$ für ungeradzahliges n ergibt. Hieraus folgt

24.4.3.1. $\quad \begin{cases} H^n(\boldsymbol{P}_n(\boldsymbol{R})) = \{0\}, & \text{wenn } n \text{ gerade ist,} \\ H^n(\boldsymbol{P}_n(\boldsymbol{R})) \simeq \boldsymbol{R}, & \text{wenn } n \text{ ungerade ist.} \end{cases}$

Man beachte, daß $\boldsymbol{P}_n(\boldsymbol{R})$ und $\boldsymbol{S}_n$ für jedes ungerade $n \geqq 3$ dieselbe Kohomologie besitzen, jedoch nicht homöomorph sind, da $\boldsymbol{P}_n(\boldsymbol{R})$ nicht einfach zusammenhängend ist (vgl. (16.28.5)). Für gerade $n \geqq 2$ sind alle $H^p(\boldsymbol{P}_n(\boldsymbol{R}))$ gleich 0 für $p \geqq 1$, doch $\boldsymbol{P}_n(\boldsymbol{R})$ ist nicht kontrahierbar, da $\boldsymbol{P}_n(\boldsymbol{R})$ nicht einfach zusammenhängend ist.

24.4.4. *Kohomologie mit kompakten Trägern von $\boldsymbol{R}^n$.* Vermittels stereographischer Projektion kann $\boldsymbol{R}^n$ mit der offenen Teilmenge $\boldsymbol{S}_n \setminus \{\mathbf{e}_0\}$ von $\boldsymbol{S}_n$ identifiziert werden (vgl. (16.2.3)). Offenbar ist $\mathcal{A}_c^\cdot(\boldsymbol{S}_n \setminus \{\mathbf{e}_0\})$ ein *graduiertes Differentialideal* der graduierten Differentialalgebra $\mathcal{A}^\cdot(\boldsymbol{S}_n)$. Mit $\mathcal{B}^\cdot$ bezeichnen wir die Faktoralgebra $\mathcal{A}^\cdot(\boldsymbol{S}_n)/\mathcal{A}_c^\cdot(\boldsymbol{S}_n \setminus \{\mathbf{e}_0\})$. Ist also $\omega \to \tilde{\omega}$ der kanonische Homomorphismus von $\mathcal{A}^\cdot(\boldsymbol{S}_n)$ auf $\mathcal{B}^\cdot$, dann gilt für das Differential δ von $\mathcal{B}^\cdot$ die Beziehung $\delta\tilde{\omega} = (d\omega)^\sim$. Man erhält daher eine exakte Sequenz

24.4.4.1. $$\cdots \to H_c^p(\boldsymbol{R}^n) \to H^p(\boldsymbol{S}_n) \to H^p(\mathcal{B}^\cdot) \to H_c^{p+1}(\boldsymbol{R}^n) \to \cdots,$$

die es erlaubt, die $H_c^p(\boldsymbol{R}^n)$ zu berechnen, wenn man die Kohomologieräume von $\mathcal{B}^\cdot$ kennt (vgl. (24.35.8)).

24.4.5. Zunächst sei festgestellt, daß $H^0(\mathcal{B}^\cdot)$ aus den Klassen $\tilde{f}$ von Funktionen $f \in \mathcal{E}(\boldsymbol{S}_n)$ mit der Eigenschaft $\delta\tilde{f} = 0$ besteht, d. h., für die $df = 0$ ist in einer Umgebung von $\mathbf{e}_0$. Die Funktion f ist also in einer Umgebung von $\mathbf{e}_0$ konstant. Folglich sind die Klassen $\tilde{f}$ ebenfalls die Klassen der Konstanten, d. h., es ist $H^0(\mathcal{B}^\cdot) \cong \boldsymbol{R}$.

Für $p \geqq 1$ werde nun eine Klasse $\tilde{\omega}$ einer p-Differentialform ω der Klasse C^∞ auf $\boldsymbol{S}_n$ betrachtet derart, daß $\delta\tilde{\omega} = 0$ ist. Dann gibt es eine offene Umgebung von $\mathbf{e}_0$, in der $d\omega = 0$ ist, und man kann annehmen, daß diese Umgebung V zu $\boldsymbol{R}^n$ diffeomorph ist. Wie das Poincarésche Lemma zeigt, gibt es auf V eine $(p-1)$-Form β derart, daß $\omega = d\beta$ ist *in* V. Es sei f eine Funktion aus $\mathcal{E}(\boldsymbol{S}_n)$, die in einer Umgebung $W \subset V$ von $\mathbf{e}_0$ gleich 1 ist und deren Träger in V liegt; ferner sei α die $(p-1)$-Form auf $\boldsymbol{S}_n$, die in V gleich $f\beta$ und außerhalb von V gleich 0 ist. Offenbar gilt $\omega = d\alpha$ *in* W und somit $\tilde{\omega} = \delta\tilde{\alpha}$. Damit ist gezeigt, daß $H^p(\mathcal{B}^\cdot) = \{0\}$ ist.

24.4.6. Die exakte Sequenz (24.4.4.1) zerfällt daher für $n \geqq 1$ in die exakten Sequenzen

$$0 \to H_c^0(\boldsymbol{R}^n) \to H^0(\boldsymbol{S}_n) \to \boldsymbol{R} \to H_c^1(\boldsymbol{R}^n) \to H^1(\boldsymbol{S}_n) \to 0$$

und

$$0 \to H_c^p(\boldsymbol{S}^n) \to H^p(\boldsymbol{S}_n) \to 0 \qquad \text{für} \qquad p \geqq 2.$$

Da $H_c^0(\boldsymbol{R}^n) = \{0\}$ ist (vgl. (24.1.2)) und $H^0(\boldsymbol{S}_n) \cong \boldsymbol{R}$, reduziert sich die erste exakte Sequenz auf $0 \to H_c^1(\boldsymbol{R}^n) \to H^1(\boldsymbol{S}_n) \to 0$, und man erkennt, daß $H_c^p(\boldsymbol{R}^n)$ *zu* $H^p(\boldsymbol{S}_n)$ *für* $p > 0$ *isomorph ist*; daraus folgt

24.4.6.1. $$\begin{cases} H_c^p(\boldsymbol{R}^n) = \{0\} & \text{für} \quad p < n, \\ H_c^n(\boldsymbol{R}^n) \cong \boldsymbol{R}. \end{cases}$$

Ist $f \in \mathcal{D}(\boldsymbol{R}^n)$ eine nicht identisch verschwindende Funktion $\geqq 0$, so gilt

$$\int_{\boldsymbol{R}^n} f(\mathbf{x})\, d\xi^1\, d\xi^2 \cdots d\xi^n > 0,$$

da der Träger des Lebesgueschen Maßes der ganze Raum $\boldsymbol{R}^n$ ist. Aufgrund von (17.15.5.1) kann daher die n-Form $v = f(\mathbf{x})\, d\xi^1 \wedge d\xi^2 \wedge \cdots \wedge d\xi^n$ nicht gleich einer exakten Form $d\alpha$ für eine $(n-1)$-Form α *mit kompaktem Träger* sein. Damit ist gezeigt, daß die Kohomologieklasse von v eine Basis von $H_c^n(\boldsymbol{R}^n)$ ist.

24.5. Der Satz von Künneth

24.5.1. Es seien X, Y zwei reine differenzierbare Mannigfaltigkeiten. Es werde die Produktmannigfaltigkeit $X \times Y$ betrachtet, und $\pi_X: X \times Y \to X$, $\pi_Y: X \times Y \to Y$ seien die beiden Projektionen. Für beliebige ganze Zahlen $p \geqq 0$, $q \geqq 0$ definiert die Formel

24.5.1.1. $(\alpha, \beta) \to ({}^t\pi_X(\alpha)) \wedge ({}^t\pi_Y(\beta))$

eine bilineare Abbildung von $\mathscr{E}_p(X) \times \mathscr{E}_q(Y)$ in $\mathscr{E}_{p+q}(X \times Y)$ und folglich eine lineare Abbildung

24.5.1.2. $k_{p,q}: \mathscr{E}_p(X) \otimes \mathscr{E}_q(Y) \to \mathscr{E}_{p+q}(X \times Y)$

derart, daß $k_{p,q}(\alpha \otimes \beta) = ({}^t\pi_X(\alpha)) \wedge ({}^t\pi_Y(\beta))$ ist. Auf $\mathscr{A}^{\cdot}(X) \otimes \mathscr{A}^{\cdot}(Y)$ werde eine *Graduierung* definiert, indem man für jedes $r \geqq 0$

$$\mathscr{P}_r = \bigoplus_{p+q=r} (\mathscr{E}_p(X) \otimes E_q(Y))$$

wählt. Die lineare Abbildung

$$k: \mathscr{A}^{\cdot}(X) \otimes \mathscr{A}^{\cdot}(Y) \to \mathscr{A}^{\cdot}(X \times Y),$$

die auf jedem Teilraum $\mathscr{E}_p(X) \otimes \mathscr{E}_q(Y)$ gleich $k_{p,q}$ ist, stellt dann eine homogene Abbildung vom Grad 0 dar. Auf $\mathscr{A}^{\cdot}(X) \otimes \mathscr{A}^{\cdot}(Y)$ werde die Struktur eines *Linkstensorprodukts graduierter antikommutativer Algebren* (vgl. (A.30.9)) betrachtet. Es sei daran erinnert, daß diese Struktur durch die Formel

24.5.1.3. $(\alpha_p \otimes \beta_q) \cdot (\gamma_r \otimes \delta_s) = (-1)^{qr} (\alpha_p \wedge \gamma_r) \otimes (\beta_q \wedge \delta_s)$

definiert ist mit $\alpha_p \in \mathscr{E}_p(X)$, $\beta_q \in \mathscr{E}_q(Y)$, $\gamma_r \in \mathscr{E}_r(X)$ und $\delta_s \in \mathscr{E}_s(Y)$ und daß die so definierte graduierte Algebra mit $\mathscr{A}^{\cdot}(X) \,{}^g\!\!\otimes \mathscr{A}^{\cdot}(Y)$ bezeichnet wird. Die Abbildung

24.5.1.4. $k: \mathscr{A}^{\cdot}(X) \,{}^g\!\!\otimes \mathscr{A}^{\cdot}(Y) \to \mathscr{A}^{\cdot}(X \times Y)$

ist dann ein *Homomorphismus graduierter Algebren*, wie aus der Definition (24.5.1.1) folgt.

24.5.2. Definiert man nun durch die Formel

24.5.2.1. $d(\alpha_p \otimes \beta_q) = (d\alpha_p) \otimes \beta_q + (-1)^p (\alpha_p \otimes (d\beta_q))$

für $\alpha_p \in \mathscr{E}_p(X)$ und $\beta_q \in \mathscr{E}_q(Y)$ einen Endomorphismus d von $\mathscr{A}^{\cdot}(X) \,{}^g\!\!\otimes \mathscr{A}^{\cdot}(Y)$, so ist diese Abbildung eine *Antiderivation vom Grad* $+1$ in dieser graduierten Algebra; ist $\xi = \alpha_p \otimes \beta_q$, $\eta = \gamma_r \otimes \delta_s$, so ergibt sich nämlich die Beziehung

$$d(\xi \cdot \eta) = (d\xi) \cdot \eta + (-1)^{p+q} \xi \cdot (d\eta)$$

aus den Formeln (24.5.1.3) und (24.5.2.1), denn beide Seiten sind gleich

$$(-1)^{qr} (d\alpha_p \wedge \gamma_r) \otimes (\beta_q \wedge \delta_s) + (-1)^{p+r+qr} (\alpha_p \wedge \gamma_r) \otimes (d\beta_q \wedge \delta_s)$$
$$+ (-1)^{p+qr} (\alpha_p \wedge d\gamma_r) \otimes (\beta_q \wedge \delta_s) + (-1)^{p+q+r+qr} (\alpha_p \wedge \gamma_r) \otimes (\beta_q \wedge d\delta_s).$$

Schließlich gilt $d^2 = 0$ in $\mathscr{A}^{\cdot}(X) \,{}^g\!\!\otimes \mathscr{A}^{\cdot}(Y)$; dies folgt aus (24.5.2.1) und den Beziehungen $d^2\alpha_p = 0$, $d^2\beta_q = 0$. Damit ist auf $\mathscr{A}^{\cdot}(X) \,{}^g\!\!\otimes \mathscr{A}^{\cdot}(Y)$ die Struktur einer *gradu-*

ierten Differentialalgebra definiert, und Formel (24.5.1.1) zusammen mit den Regeln für die äußere Ableitung beweist unmittelbar, daß, berücksichtigt man die Definition (24.5.2.1), die Abbildung k ein *Homomorphismus graduierter Differentialalgebren* ist.

Ferner bemerken wir: Sind α und β Differentialformen auf X bzw. Y, dann ist der Träger von $({}^t\pi_X(\alpha)) \wedge ({}^t\pi_Y(\beta))$ in $\operatorname{Supp}(\alpha) \times \operatorname{Supp}(\beta)$ enthalten und folglich *kompakt*, da die Träger von α und β kompakt sind. Hieraus ergibt sich, daß die Einschränkung von k auf $\mathcal{A}_c^{\cdot}(X) \,{}^g\!\otimes \mathcal{A}_c^{\cdot}(Y)$ ebenfalls ein *Homomorphismus graduierter Differentialalgebren*

24.5.2.2. $k_c\colon \mathcal{A}_c^{\cdot}(X) \,{}^g\!\otimes \mathcal{A}_c^{\cdot}(Y) \to \mathcal{A}_c^{\cdot}(X \times Y)$

ist.

24.5.3. Aus (24.5.2.2) erhält man einen *Homomorphismus graduierter Algebren*

24.5.3.1. $k_c^*\colon H_c^{\cdot}(X) \,{}^g\!\otimes H_c^{\cdot}(Y) \to H_c^{\cdot}(X \times Y)$,

der *Künneth-Homomorphismus* genannt wird. Sind $u\colon X \to X_1$ und $v\colon Y \to Y_1$ zwei eigentliche Abbildungen der Klasse C^∞, dann ist das Diagramm

$$\begin{array}{ccc} \mathcal{A}_c^{\cdot}(X) \,{}^g\!\otimes \mathcal{A}_c^{\cdot}(Y) & \xrightarrow{k_c} & \mathcal{A}_c^{\cdot}(X \times Y) \\ \uparrow {\scriptstyle ({}^tu) \otimes ({}^tv)} & & \uparrow {\scriptstyle {}^t(u \times v)} \\ \mathcal{A}_c^{\cdot}(X_1) \,{}^g\!\otimes \mathcal{A}_c^{\cdot}(Y_1) & \xrightarrow[k_c]{} & \mathcal{A}_c^{\cdot}(X_1 \times Y_1) \end{array}$$

aufgrund der Beziehungen $u \circ \pi_X = \pi_{X_1} \circ (u \times v)$ und $v \circ \pi_Y = \pi_{Y_1} \circ (u \times v)$ offenbar kommutativ. Folglich ist

24.5.3.2.
$$\begin{array}{ccc} H_c^{\cdot}(X) \,{}^g\!\otimes H_c^{\cdot}(Y) & \xrightarrow{k_c^*} & H_c^{\cdot}(X \times Y) \\ \uparrow {\scriptstyle u_c^* \otimes v_c^*} & & \uparrow {\scriptstyle (u \times v)_c^*} \\ H_c^{\cdot}(X_1) \,{}^g\!\otimes H_c^{\cdot}(Y_1) & \xrightarrow[k_c^*]{} & H_c^{\cdot}(X_1 \times Y_1) \end{array}$$

ein kommutatives Diagramm.

24.5.4. (Satz von Künneth). *Der Künneth-Homomorphismus ist bijektiv.*

Der Beweis beruht auf drei Hilfssätzen.

24.5.4.1. *Es sei X Vereinigung einer Familie (X_λ) von paarweise disjunkten nichtleeren offenen Mengen. Wenn jeder Künneth-Homomorphismus*

$$H_c^{\cdot}(X_\lambda) \,{}^g\!\otimes H_c^{\cdot}(Y) \to H_c^{\cdot}(X_\lambda \times Y)$$

bijektiv ist, dann ist auch der Künneth-Homomorphismus

$$H_c^{\cdot}(X) \,{}^g\!\otimes H_c^{\cdot}(Y) \to H_c^{\cdot}(X \times Y)$$

bijektiv.

Da nämlich $H_c^{\cdot}(X)$ kanonisch mit $\bigoplus_\lambda H_c^{\cdot}(X_\lambda)$ identifiziert werden kann (vgl. (24.1.2)), läßt sich das Tensorprodukt $H_c^{\cdot}(X) \otimes H_c^{\cdot}(Y)$ mit $\bigoplus_\lambda \big(H_c^{\cdot}(X_\lambda) \otimes H_c^{\cdot}(Y)\big)$ dentifizieren, und ebenso kann $H_c^{\cdot}(X \times Y)$ kanonisch mit $\bigoplus_\lambda H_c^{\cdot}(X_\lambda \times Y)$ identifiziert werden, da $X \times Y$ Vereinigung der disjunkten offenen Mengen $X_\lambda \times Y$ ist. Darüber hinaus zeigt die Definition (24.5.1.1), daß die Einschränkung des Künneth-Homomorphismus $H_c^\cdot(X) \otimes H_c^\cdot(Y) \to H_c^\cdot(X \times Y)$ auf jedes $H_c^\cdot(X_\lambda) \otimes H_c^\cdot(Y)$ der Künneth-Homomorphismus

$$H_c^\cdot(X_\lambda) \otimes H_c^\cdot(Y) \to H_c^\cdot(X_\lambda \times Y)$$

ist, womit der Hilfssatz bewiesen ist.

24.5.4.2. *Es sei X Vereinigung von zwei nichtleeren offenen Mengen U, V, und es werde $W = U \cap V$ gesetzt; ist W nicht leer und ist jeder der nachstehenden Künneth-Homomorphismen*

$$H_c^\cdot(U) \,{}^g\!\otimes H_c^\cdot(Y) \to H_c^\cdot(U \times Y),$$

$$H_c^\cdot(V) \,{}^g\!\otimes H_c^\cdot(Y) \to H_c^\cdot(V \times Y), \qquad H_c^\cdot(W) \,{}^g\!\otimes H_c^\cdot(Y) \to H_c^\cdot(W \times Y)$$

bijektiv, dann ist auch der Künneth-Homomorphismus

$$H_c^\cdot(X) \,{}^g\!\otimes H_c^\cdot(Y) \to H_c^\cdot(X \times Y)$$

bijektiv.

Zunächst stellt man nämlich fest, daß die Sequenzen

$$0 \to \mathcal{A}_c^\cdot(W) \to \mathcal{A}_c^\cdot(U) \oplus \mathcal{A}_c^\cdot(V) \to \mathcal{A}_c^\cdot(X) \to 0$$

und

$$0 \to \mathcal{A}_c^\cdot(W \times Y) \to \mathcal{A}_c^\cdot(U \times Y) \oplus \mathcal{A}_c^\cdot(V \times Y) \to \mathcal{A}_c^\cdot(X \times Y) \to 0$$

exakt sind (vgl. (24.3.6.1)). Aus den Definitionen (24.3.6.2) und (24.3.6.3) der Pfeile in diesen Diagrammen sowie aus der von der Abbildung (24.5.1.1) ausgehenden Definition des Homomorphismus k_c (vgl. (24.5.2.2)) folgt unmittelbar, daß sich aus den beiden vorhergehenden exakten Sequenzen nach tensorieller Multiplikation der ersten mit $\mathcal{A}_c^\cdot(Y)$ das nachstehende kommutative Diagramm ergibt:

$$\begin{array}{ccccccc}
0 \to \mathcal{A}_c^\cdot(W) \,{}^g\!\otimes \mathcal{A}_c^\cdot(Y) & \to & \big(\mathcal{A}_c^\cdot(U) \,{}^g\!\otimes \mathcal{A}_c^\cdot(Y)\big) \oplus \big(\mathcal{A}_c^\cdot(V) \,{}^g\!\otimes \mathcal{A}_c^\cdot(Y)\big) & \to & \mathcal{A}_c^\cdot(X) \,{}^g\!\otimes \mathcal{A}_c^\cdot(Y) \to 0 \\
\downarrow k_c & & \downarrow k_c \oplus k_c & & \downarrow k_c \\
0 \to \mathcal{A}_c^\cdot(W \times Y) & \longrightarrow & \big(\mathcal{A}_c^\cdot(U \times Y)\big) \oplus \big(\mathcal{A}_c^\cdot(V \times Y)\big) & \longrightarrow & \mathcal{A}_c^\cdot(X \times Y) \to 0.
\end{array}$$

Hiervon ausgehend gelangt man zu einem kommutativen Diagramm von exakten Kohomologiesequenzen

$$\begin{array}{ccccc}
\cdots \to \big(H_c^\cdot(W) \,{}^g\!\otimes H_c^\cdot(Y)\big)^p & \to & \big(H_c^\cdot(U) \,{}^g\!\otimes H_c^\cdot(Y)\big)^p \oplus \big(H_c^\cdot(V) \,{}^g\!\otimes H_c^\cdot(Y)\big)^p & \to \\
\downarrow & & \downarrow & \\
\cdots \longrightarrow H_c^p(W \times Y) & \longrightarrow & H_c^p(U \times Y) \oplus H_c^p(V \times Y) & \longrightarrow
\end{array}$$

$$\begin{array}{ccccc}
\to \big(H_c^\cdot(X) \,{}^g\!\otimes H_c^\cdot(Y)\big)^p & \to & \big(H_c^\cdot(W) \,{}^g\!\otimes H_c^\cdot(Y)\big)^{p+1} & \to \cdots \\
\downarrow & & \downarrow & \\
\longrightarrow H_c^p(X \times Y) & \longrightarrow & H_c^{p+1}(W \times Y) & \longrightarrow \cdots
\end{array}$$

worin die vertikalen Pfeile die Künneth-Homomorphismen sind. Die Behauptung des Lemmas folgt dann aus den Voraussetzungen und dem Fünferlemma (vgl. (A.29.4.))

24.5.4.3. *Es sei $\mathfrak{B}$ eine Basis der Topologie von X derart, daß der Durchschnitt von zwei Mengen aus $\mathfrak{B}$ zu $\mathfrak{B}$ gehört. Wenn der Künneth-Homomorphismus $H_c^{\cdot}(U) \,{}^g\!\otimes H_c^{\cdot}(Y) \to H_c^{\cdot}(U \times Y)$ für jede offene Menge $U \in \mathfrak{B}$ bijektiv ist, dann ist der Künneth-Homomorphismus $H_c^{\cdot}(X) \,{}^g\!\otimes H_c^{\cdot}(Y) \to H_c^{\cdot}(X \times Y)$ bijektiv.*

Es sei $\mathfrak{B}'$ die Menge der *endlichen* Vereinigungen von Mengen aus $\mathfrak{B}$. Offenbar gehört der Durchschnitt von zwei Mengen aus $\mathfrak{B}'$ wieder zu $\mathfrak{B}'$, und es ist klar, daß für jede offene Menge $V \in \mathfrak{B}'$ der Künneth-Homomorphismus $H_c^{\cdot}(V) \,{}^g\!\otimes H_c^{\cdot}(Y) \to H_c^{\cdot}(V \times Y)$ bijektiv ist, wie Induktion über die Anzahl der Mengen aus $\mathfrak{B}$, deren Vereinigung V ist, und Anwendung von (24.5.4.2) oder (24.5.4.1) ergibt.

Es sei jetzt (G_j) eine wachsende Folge von relativ kompakten offenen Mengen aus X, deren Vereinigung gleich X ist und für die $\overline{G}_j \subset G_{j+1}$ für $j \geqq 0$ gilt (vgl. (3.18.3)). Es wird eine Folge (V_j) von zu $\mathfrak{B}'$ gehörenden offenen Mengen definiert derart, daß $V_j \supset \overline{G}_j \setminus G_{j-1}$ gilt und $V_j \cap V_k = \emptyset$ ist, sobald $|k - j| > 1$ ist. Als V_0 wird die Vereinigung der Mengen einer endlichen Überdeckung von G_0 durch offene Mengen aus $\mathfrak{B}$ gewählt, die der Bedingung genügen, daß ihre abgeschlossenen Hüllen in G_1 enthalten sind. Allgemein wird V_j induktiv bestimmt, und zwar als Vereinigung der Mengen einer endlichen Überdeckung von $\overline{G}_j \setminus G_{j-1}$ durch offene Mengen aus $\mathfrak{B}$, die der Bedingung genügen, daß ihre abgeschlossenen Hüllen in G_{j+1} enthalten sind und $\overline{V}_{j-2} \subset G_{j-1}$ nicht schneiden.

Hiervon ausgehend bezeichne U die Vereinigung der V_{2j} $(j \geqq 0)$ und U' die Vereinigung der V_{2j+1} $(j \geqq 0)$. Wie die Konstruktion der V_j und Lemma (24.5.4.1) zeigen, sind die Künneth-Homomorphismen $H_c^{\cdot}(U) \,{}^g\!\otimes H_c^{\cdot}(Y) \to H_c^{\cdot}(U \times Y)$ und $H_c^{\cdot}(U') \,{}^g\!\otimes H_c^{\cdot}(Y) \to H_c^{\cdot}(U' \times Y)$ bijektiv. Andererseits ist $U \cap U'$ Vereinigung der Mengen $V_j \cap V_{j+1}$ für $j \geqq 0$, die nach Konstruktion paarweise disjunkt sind und zu $\mathfrak{B}'$ gehören. Daher ist auch der Künneth-Homomorphismus

$$H_c^{\cdot}(U \cap U') \,{}^g\!\otimes H_c^{\cdot}(Y) \to H_c^{\cdot}\big((U \cap U') \times Y\big)$$

bijektiv. Die Behauptung folgt dann aus (24.5.4.2).

24.5.4.4. Der Satz von KÜNNETH wird jetzt bewiesen, indem nacheinander die folgenden Fälle betrachtet werden.

A) $X = \boldsymbol{R}^m$, $Y = \boldsymbol{R}^n$; dann ist $H_c^{\cdot}(X) = H_c^m(X) \cong \boldsymbol{R}$, $H_c^{\cdot}(Y) = H_c^n(Y) \cong \boldsymbol{R}$ und $H_c^{\cdot}(X \times Y) = H_c^{m+n}(X \times Y) \cong \boldsymbol{R}$ (vgl. (24.4.6.1)). Es bleibt daher nur noch zu zeigen, daß die Einschränkung des Künneth-Homomorphismus auf $H_c^m(X) \otimes H_c^n(Y)$ nicht identisch 0 ist. Dazu seien $f \in \mathcal{D}(\boldsymbol{R}^m)$ und $g \in \mathcal{D}(\boldsymbol{R}^n)$ zwei nicht identisch verschwindende Funktionen mit Werten $\geqq 0$, und es werde die m-Form $\alpha = f(x)\, d\xi^1 \wedge d\xi^2 \wedge \cdots \wedge d\xi^m$ auf X sowie die n-Form $\beta = g(y)\, d\eta^1 \wedge d\eta^2 \wedge \cdots \wedge d\eta^n$ auf Y betrachtet, deren Kohomologieklassen $a \in H_c^m(X)$ und $b \in H_c^n(Y)$ nicht 0 sind; da $k_c(\alpha \otimes \beta)$ die $(m + n)$-Form $f(x)\, g(y)\, d\xi^1 \wedge \cdots \wedge d\xi^m \wedge d\eta^1 \wedge \cdots \wedge d\eta^n$ auf $X \times Y$ ist, verschwindet die zugehörige Kohomologieklasse $k_{c*}(a \otimes b)$ nicht (vgl. (24.4.6)), woraus der Satz in diesem Fall folgt.

B) *X ist eine offene Teilmenge von $\boldsymbol{R}^m$ und $Y = \boldsymbol{R}^n$.* Es gibt eine aus offenen Quadern bestehende Basis der Topologie von X, und der Durchschnitt von zwei solchen Quadern ist wieder ein offener Quader. Da ein offener Quader aus $\boldsymbol{R}^n$ zu $\boldsymbol{R}^n$ diffeomorph ist, erhält man den Satz in diesem Fall aus Fall A) und Lemma (24.5.4.3).

C) *X ist eine reine Mannigfaltigkeit der Dimension m, $Y = \boldsymbol{R}^n$.* Es sei $\mathfrak{B}$ die Menge der Definitionsbereiche der Karten von X. Damit ist eine Basis der Topologie von X

gegeben, und der Durchschnitt zweier Mengen von $\mathfrak{B}$ gehört wieder zu $\mathfrak{B}$. Der Satz folgt somit aus (24.5.4.3) und dem Fall B).

D) *X ist eine reine Mannigfaltigkeit der Dimension m, Y eine offene Menge aus $\boldsymbol{R}^n$.* Offenbar sind die Hilfssätze (24.5.4.1), (24.5.4.2) und (24.5.4.3) wieder anwendbar, wenn man darin die Rollen von X und Y vertauscht. Der Satz ergibt sich dann aus (24.5.4.3) und dem Fall C), indem man eine aus offenen Quadern bestehende Basis der Topologie von Y betrachtet.

E) *Allgemeiner Fall.* Er ergibt sich aus (24.5.4.3) und dem Fall D), wenn man eine aus den Definitionsbereichen der Karten von Y bestehende Basis der Topologie von Y betrachtet.

24.5.5. Sind X und Y zwei *kompakte* Mannigfaltigkeiten, so besteht zwischen den Poincaréschen Polynomen die Beziehung

24.5.5.1. $P_{X\times Y}(T) = P_X(T)\, P_Y(T)$,

und für die Euler-Poincaré-Charakteristik ergibt sich folglich

24.5.5.2. $\chi(X \times Y) = \chi(X) \cdot \chi(Y)$.

So ist beispielsweise das Poincarésche Polynom des Torus $\boldsymbol{T}^n$ gegeben durch

24.5.5.3. $P_{\boldsymbol{T}^n}(T) = (1 + T)^n$;

dies ergibt sich durch Induktion über n aus (24.5.5.1), wenn man berücksichtigt, daß das Poincarésche Polynom von $\boldsymbol{T}$ gleich $1 + T$ ist (vgl. (24.4.1.1)). Hieraus gewinnt man den Ausdruck $b_p = \binom{n}{p}$ $(0 \leqq p \leqq n)$ für die Bettischen Zahlen von $\boldsymbol{T}^n$ und den Wert $\chi(\boldsymbol{T}^n) = 0$ für die Euler-Poincaré-Charakteristik.

24.5.6. Bemerkungen. (i) Es sei y_0 ein Punkt von Y; ist $i\colon X \to X \times Y$ die Abbildung $x \to (x, y_0)$, dann ist die entsprechende Abbildung $i^*\colon H^{\cdot}(X \times Y) \to H^{\cdot}(X)$ *surjektiv*. Für jede geschlossene p-Form α der Klasse C^∞ auf X hat nämlich die geschlossene p-Form $\omega = {}^t\mathrm{pr}_1(\alpha)$ auf $X \times Y$ die Eigenschaft ${}^ti(\omega) = \alpha$.

(ii) Es sei X eine zusammenhängende kompakte Mannigfaltigkeit, und es sei $\delta\colon x \to (x, x)$ die zur Klasse C^∞ gehörende Diagonalabbildung von X in $X \times X$. Die zusammengesetzte Abbildung

$$\mu\colon H^{\cdot}(X) \,{}^g\!\otimes H^{\cdot}(X) \xrightarrow{k^*} H^{\cdot}(X \times X) \xrightarrow{\delta^*} H^{\cdot}(X)$$

ist offensichtlich ein Homomorphismus *graduierter Algebren*; wir zeigen, daß

$$\mu(a \otimes b) = a \smile b$$

gilt. Da $a \otimes b = (a \otimes 1)(1 \otimes b)$ ist, genügt es, die angegebene Beziehung für den Fall $b = 1$ oder $a = 1$ zu beweisen. Ist nun $a \in H^p(X)$ die Klasse der p-Differentialform α, dann ist $k^*(a \otimes 1)$ die Klasse der p-Form ${}^t\mathrm{pr}_1(\alpha)$ und $\delta^*\big(k^*(a \otimes 1)\big)$ die der p-Form ${}^t\delta\big({}^t\mathrm{pr}_1(\alpha)\big)$; da aber $\mathrm{pr}_1 \circ \delta$ die identische Abbildung auf X ist, ergibt sich $\delta^*\big(k^*(a \otimes 1)\big) = a$, und ebenso zeigt man, daß $\delta^*\big(k^*(1 \otimes b)\big) = b$ ist.

24.5.7. Wenn die Mannigfaltigkeiten X und Y *orientiert* sind, lassen sich in kanonischer Weise Abbildungen $H_c^{\cdot}(X \times Y) \to H_c^{\cdot}(X)$ und $H_c^{\cdot}(X \times Y) \to H_c^{\cdot}(Y)$

definieren. Es seien m und n die Dimensionen von X und Y; diese Abbildungen ergeben sich beim Übergang zur Kohomologie aus linearen Abbildungen

$$\mathcal{D}_{p+n}(X \times Y) \to \mathcal{D}_p(X) \qquad \text{und} \qquad \mathcal{D}_{p+m}(X \times Y) \to \mathcal{D}_p(Y),$$

die jetzt definiert werden sollen.

Es sei ω eine $(p + n)$-Differentialform auf $X \times Y$. Wird $T_{(x,y)}(X \times Y)$ mit dem Produkt $T_x(X) \times T_y(Y)$ identifiziert (vgl. (16.6.2)), dann ist für jedes System $(\mathbf{k}_1, \mathbf{k}_2, \ldots, \mathbf{k}_n)$ von Tangentialvektoren in $T_y(Y)$ die Abbildung

$$(\mathbf{h}_1, \ldots, \mathbf{h}_p) \to \langle \omega(x, y), \mathbf{k}_1 \wedge \mathbf{k}_2 \wedge \cdots \wedge \mathbf{k}_n \wedge \mathbf{h}_1 \wedge \mathbf{h}_2 \wedge \cdots \wedge \mathbf{h}_p \rangle$$

eine *alternierende p-Linearform* auf $(T_x(X))^p$, mit anderen Worten, ein *p-Kovektor* $\mathbf{f}(x, y, \mathbf{k}_1, \ldots, \mathbf{k}_n)$ in $\overset{p}{\wedge} (T_x(X)^*)$. Offenbar ist

$$(\mathbf{k}_1, \ldots, \mathbf{k}_n) \to \mathbf{f}(x, y, \mathbf{k}_1, \ldots, \mathbf{k}_n)$$

eine *alternierende n-lineare* Abbildung; bezeichnet man diese Abbildung mit $\omega_x(y)$, dann kann ω_x als eine *vektorwertige n-Differentialform auf Y mit Werten in* $\overset{p}{\wedge} (T_x(X)^*)$ aufgefaßt werden (vgl. (16.20.15)). Gehört ω zur Klasse C^r (r ganz $\geqq 0$ oder ∞), so gilt das offenbar auch für ω_x, und besitzt ω einen kompakten Träger, so auch ω_x. Wenn also ω *zur Klasse* C^r *gehört und einen kompakten Träger hat*, dann ist das Integral $\int_Y \omega_x$ auf der orientierten Mannigfaltigkeit Y definiert (vgl. (16.24.2)) und stellt einen p-Kovektor von $\overset{p}{\wedge} (T_x(X)^*)$ dar. Folglich ist die Abbildung

24.5.7.1. $\quad \displaystyle ⨍_Y \omega : x \to \int_Y \omega_x$

eine (skalare) *p-Differentialform* auf X, die das *partielle Integral von* ω *über* Y genannt wird.

24.5.8. Es sei (U, φ, m) eine orientierungserhaltende Karte von X; gesucht wird die $⨍_Y \omega$ entsprechende lokale Darstellung. Es gibt eine endliche Anzahl orientierungserhaltender Karten (V_i, ψ_i, n) von Y derart, daß die Mengen $U \times V_i$ eine Überdeckung des Durchschnitts von $\pi_X^{-1}(U)$ mit dem Träger von ω bilden. Ist (g_i) eine der aus den V_i gebildeten Überdeckung untergeordnete und aus Funktionen der Klasse C^∞ bestehende Zerlegung der Einheit, dann gilt $⨍_Y \omega = \sum_i ⨍_Y g_i \omega$. Es kann $\varphi(U) = \boldsymbol{R}^m$ und $\psi_i(V_i) = \boldsymbol{R}^n$ vorausgesetzt werden; bezüglich der Karte $(U \times V_i, \varphi \times \psi_i, m + n)$ läßt sich die lokale Darstellung von $g_i \omega$ eindeutig in der Gestalt

24.5.8.1. $\quad \displaystyle \sum_{K,H} c_{KH}(\mathbf{x}, \mathbf{y})\, dy^K \wedge dx^H$

schreiben, wobei die c_{KH} in $\boldsymbol{R}^{m+n}$ der Klasse C^r angehören und $\mathbf{y} \to c_{KH}(\mathbf{x}, \mathbf{y})$ für jedes $\mathbf{x} \in \boldsymbol{R}^m$ einen kompakten Träger besitzt; das Paar (H, K) durchläuft die Menge der Paare von Teilmengen $H \subset \{1, 2, \ldots, m\}$, $K \subset \{1, 2, \ldots, n\}$ derart, daß Card (H) + Card $(K) = p + n$ ist, und für $H = \{i_1, i_2, \ldots, i_q\}$ mit $i_1 < i_2 < \cdots < i_q$, $K = \{j_1, j_2, \ldots, j_r\}$ mit $j_1 < j_2 < \cdots < j_r$ wird $dx^H = dx^{i_1} \wedge dx^{i_2} \wedge \cdots \wedge dx^{i_q}$, $dy^K = dy^{j_1}$

$\wedge\, dy^{j_2} \wedge \cdots \wedge dy^{j_r}$ gesetzt. Wie die Definition von $(g_i\omega)_x$ zeigt, ist die lokale Darstellung dafür

24.5.8.2. $$\sum_H \alpha_{K_0H}(\mathbf{x})\, \mathbf{e}_H^*$$

mit $K_0 = \{1, 2, \ldots, n\}$, so daß H aus p Elementen besteht,

24.5.8.3. $$\alpha_{K_0H}(\mathbf{x}) = c_{K_0H}(\mathbf{x}, \mathbf{y})\, dy^1 \wedge dy^2 \wedge \cdots \wedge dy^n$$

und $\mathbf{e}_H^*$ das H entsprechende Element der kanonischen Basis des zu $\bigwedge^p \boldsymbol{R}^m$ dualen Raumes ist (vgl. (A.14.1)). Man beachte, daß daraus $(g_i\omega)_x = 0$ folgt, wenn die c_{K_0H} sämtlich 0 sind.

Die lokale Darstellung von $\displaystyle\fint_Y g_i\omega$ ist daher

24.5.8.4. $$\sum_H \Bigl(\int_{\boldsymbol{R}^n} c_{K_0H}(\mathbf{x}, \mathbf{y})\, d\mu(\mathbf{y})\Bigr)\, dx^H$$

(μ ist das Lebesguesche Maß auf $\boldsymbol{R}^n$), denn die Karten ψ_i erhalten die Orientierung. Hieraus gewinnt man die lokale Darstellung von $\displaystyle\fint_Y \omega$, und aus (13.8.6) ergibt sich dann, daß *die p-Form* $\displaystyle\fint_Y \omega$ *der Klasse* C^r *angehört* und offensichtlich einen kompakten Träger besitzt.

24.5.9. Für $r \geqq 1$ wird jetzt die folgende Eigenschaft bewiesen:

24.5.9.1. $$d\Bigl(\fint_Y \omega\Bigr) = \fint_Y d\omega.$$

Das Problem ist lokal auf X, und unter Berücksichtigung von (17.15.3.2) kann man sich auf den Fall beschränken, daß $X = \boldsymbol{R}^m$, $Y = \boldsymbol{R}^n$ und ω von der Form (24.5.8.1) ist. Man erhält dann

$$d\omega = \sum_{K,H} dc_{KH}(\mathbf{x}, \mathbf{y}) \wedge dy^K \wedge dx^H.$$

Wir setzen $dc_{KH} = \sum_{j=1}^{m} \mathrm{D}_j c_{KH} dx^j + d_Y c_{KH}$, wobei $d_Y c_{KH}$ die Summe der die Differentiale dy^k enthaltenden Glieder ist, und schreiben $d_Y\alpha_{KH}(\mathbf{x}) = \sum_K d_Y c_{KH} \wedge dy^K$. Nach Definition ist dann

24.5.9.2. $$(d\omega)_x = \sum_H \Bigl(\sum_{j\notin H} \varrho(j, H)\, \bigl(\mathrm{D}_j c_{K_0H}(\mathbf{x}, \mathbf{y})\, dy^1 \wedge dy^2 \wedge \cdots \wedge dy^n\bigr)\Bigr)\, \mathbf{e}_{H\cup\{j\}}^* + \sum_{H'} \Bigl(\sum_{k=1}^{n} \varepsilon_k d_Y \alpha_{K_0\setminus\{k\}, H'}(\mathrm{x})\Bigr)\, \mathbf{e}_{H'}^*,$$

wobei H in der ersten Summe die Menge der p-elementigen Teilmengen von $\{1, 2, \ldots, m\}$ durchläuft und $\varrho(j, H) = \pm 1$ ist; in der zweiten Summe durchläuft H' die Menge der $(p + 1)$-elementigen Teilmengen von $\{1, 2, \ldots, m\}$, und es ist $\varepsilon_k = \pm 1$. Nun ist $d_Y\alpha_{KH}(\mathbf{x})$ für festes $\mathbf{x}$ das äußere Differential einer $(n - 1)$-Differentialform auf $\boldsymbol{R}^n$ mit kompaktem Träger, weshalb (17.15.5.1) zufolge $\int_{\boldsymbol{R}^n} d_Y\alpha_{K_0\setminus\{k\}, H'}(\mathbf{x}) = 0$ gilt für jedes $k \in K_0$ und jede $(p + 1)$-elementige Teilmenge H' von $\{1, 2, \ldots, m\}$; folglich ist

24.5.9.3. $$\int_{\boldsymbol{R}^n} (d\omega)_x = \sum_H \Bigl(\sum_{j\notin H} \varrho(j, H) \Bigl(\int_{\boldsymbol{R}^n} \mathrm{D}_j c_{K_0H}(\mathbf{x}, \mathbf{y})\, d\mu(\mathbf{y})\Bigr)\, dx^{H\cup\{j\}}\Bigr).$$

Andererseits ist jedoch nach (13.8.6)

$$d\left(\int_{\boldsymbol{R}^n} \alpha_{K_0 H}(\mathbf{x})\right) = \sum_{j=1}^{m} \left(\int_{\boldsymbol{R}^n} \mathrm{D}_j c_{K_0 H}(\mathbf{x}, \mathbf{y})\, d\mu(\mathbf{y})\right) dx^j,$$

und $d\left(\displaystyle\fint_Y \omega\right)$ ist daher gleich der rechten Seite von (24.5.9.3), womit (24.5.9.1) bewiesen ist.

Aus (24.5.9.1) ergibt sich, daß das Bild von $Z_c^{p+n}(X \times Y)$ (bzw. $B_c^{p+n}(X \times Y)$) bei der Abbildung $\fint_Y$ in $Z_c^p(X)$ (bzw. $B_c^p(X)$) enthalten ist. Bei der Faktorisierung definiert diese Abbildung daher für jedes $p \geqq 0$ eine kanonische $\boldsymbol{R}$-lineare Abbildung

24.5.9.4. $\fint_Y : H_c^{p+n}(X \times Y) \to H_c^p(X)$.

Durch Vertauschung der Rollen von X und Y wird die partielle Integration $\fint_X$ über X ebenso definiert wie auch die Abbildung $\fint_X : H_c^{p+m}(X \times Y) \to H_c^p(Y)$.

24.5.10. *Für beliebiges $a \in H_c^p(X)$ und $b \in H_c^{q+n}(X \times Y)$ gilt*

24.5.10.1. $(-1)^{pn} \overset{*}{\fint_Y} \pi_X^*(a) \cup b = a \cup \overset{*}{\fint_Y} b$.

Ist α eine p-Form der Klasse a und ω eine $(q+n)$-Form der Klasse b, dann genügt es offenbar zu beweisen, daß

24.5.10.2. $(-1)^{pn} \fint_Y {}^t\pi_X(\alpha) \wedge \omega = \alpha \wedge \fint_Y \omega$

gilt. In den Bezeichnungen von (24.5.8) heißt das, diese Beziehung dadurch zu beweisen, daß man ω durch jede der Formen $g_i\omega$ ersetzt, wobei $X = \boldsymbol{R}^m$ und $Y = \boldsymbol{R}^n$ ist; darüber hinaus kann man sich auf den Fall beschränken, daß $\alpha = f(\mathbf{x})\, dx^L$ ist für eine p-elementige Teilmenge L von $\{1, 2, \ldots, m\}$. In den Bezeichnungen von (24.5.9) erkennt man dann unmittelbar, daß die beiden Seiten von (24.5.10.2) gleich

$$f(\mathbf{x}) \cdot \sum_H \left(\int_{\boldsymbol{R}^n} c_{K_0 H}(\mathbf{x}, \mathbf{y})\, d\mu(\mathbf{y})\right) dx^L \wedge dx^H$$

sind.

Aufgaben

1. Es seien X und Y zwei reine differenzierbare Mannigfaltigkeiten. Aus (24.5.1.4) ergibt sich ein Homomorphismus graduierter Algebren

$$k^*: H^{\cdot}(X)\; {}^g\!\otimes H^{\cdot}(Y) \to H^{\cdot}(X \times Y).$$

Man zeige: Ist eine der Algebren $H^{\cdot}(X)$, $H^{\cdot}(Y)$ endlichdimensional, dann ist der Homomorphismus k^* bijektiv. (Wenn X und Y orientierbar sind, benutze man die Poincaré-Dualität (vgl. (24.6.2)); anderenfalls führe man die Aufgabe mit Hilfe von (24.1.4) auf den Fall zurück, daß X und Y orientierbar sind.)

Man gebe ein Beispiel an, in dem k^* nicht bijektiv ist. (Man wähle für X und Y Mannigfaltigkeiten, von denen jede eine unendliche Anzahl zusammenhängender Komponenten enthält.)

2. Es sei X das Möbiussche Band (vgl. (16.14.10)).

a) Man zeige, daß $H_c^0(X) = H_c^1(X) = H_c^2(X) = \{0\}$ ist. (Unter Verwendung des Satzes von KÜNNETH bestimme man Differentialformen, deren Kohomologieklassen Basen für die Kohomologieräume mit kompakten Trägern der zweiblättrigen orientierbaren Überlagerung $\boldsymbol{S}_1 \times \boldsymbol{R}$ von X sind; danach wende man (24.1.4) an.)

b) Man zeige, daß $H^0(X) \cong \boldsymbol{R}$, $H^1(X) \cong \boldsymbol{R}$ und $H^2(X) = \{0\}$ ist.

3. Es sei X der Kleinsche Schlauch (vgl. (16.14.10)). Man zeige, daß $H^0(X) \cong \boldsymbol{R}$, $H^1(X) \cong \boldsymbol{R}$ und $H^2(X) = \{0\}$ ist. (Man bediene sich dazu derselben Methode wie in Aufgabe 2, wobei hier $\boldsymbol{S}_1 \times \boldsymbol{S}_1$ die zweiblättrige orientierbare Überlagerung von X ist.)

4. Man zeige, daß die Kohomologiealgebra $H^{\cdot}(\boldsymbol{T}^n)$ des Torus $\boldsymbol{T}^n$ zur äußeren Algebra $\Lambda(\boldsymbol{R}^n)$ isomorph ist.

5. Es sei Y ein im $\boldsymbol{R}^3$ eingebetteter gewundener Torus und X die beschränkte zusammenhängende Komponente von $\boldsymbol{R}^3 \setminus Y$. Man zeige, daß $H_c^0(X) = H_c^1(X) = \{0\}$ und $H_c^2(X) \cong H_c^3(X) \cong \boldsymbol{R}$ gilt.

6. Es sei $(E, \boldsymbol{S}_n, \pi)$ ein Faserbündel mit der Sphäre $\boldsymbol{S}_n$ $(n \geqq 1)$ als Basis und dem Fasertyp F. Man zeige, daß die (mit $0 \to H^0(E)$ beginnende) Sequenz

$$\cdots \to H^p(E) \to H^p(F) \to H^{p-n+1}(F) \to H^{p+1}(E) \to \cdots$$

exakt ist (*exakte Wangsche Sequenz*). (Man betrachte die über den Mengen U und V aus (24.4.1) induzierten Fasern. Man benutze die Tatsache, daß ein Faserbündel mit kontrahierbarer Basis trivialisierbar ist (vgl. Abschnitt 16.26, Aufgabe 7). Man beachte, daß die kanonischen Homomorphismen

$$H^{\cdot}(\pi^{-1}(U)) \to H^{\cdot}(\pi^{-1}(U \cap V)) \quad \text{und} \quad H^{\cdot}(\pi^{-1}(V)) \to H^{\cdot}(\pi^{-1}(U \cap V))$$

injektiv sind und dasselbe Bild besitzen; man benutze dazu den Satz von KÜNNETH.)

7. Es seien p, q zwei ganze Zahlen $\geqq 2$; mit $Q_{p,q}$ werde die projektive reelle Quadrik bezeichnet, eine Untermannigfaltigkeit der Dimension $p + q - 2$ im projektiven Raum $\boldsymbol{P}_{p+q-1}(\boldsymbol{R})$, die durch die Gleichung (in homogenen Koordinaten)

$$\xi_0^2 + \xi_1^2 + \cdots + \xi_{p-1}^2 - \xi_p^2 - \xi_{p+1}^2 - \cdots - \xi_{p+q}^2 = 0$$

definiert ist.

a) Man zeige, daß $\boldsymbol{S}_{p-1} \times \boldsymbol{S}_{q-1}$ eine zweiblättrige Überlagerung von $Q_{p,q}$ ist derart, daß $\pi_1(Q_{p,q}) = \boldsymbol{Z}/2\boldsymbol{Z}$ gilt.

b) Für die Orientierbarkeit von $Q_{p,q}$ ist notwendig und hinreichend, daß $p + q$ gerade ist. (Man schließe wie in (16.21.11) und (16.21.12).)

c) Man zeige, daß $H^j(Q_{p,q}) = \{0\}$ gilt für $j \geqq 1$, ausgenommen vielleicht für $j = p - 1$, $j = q - 1$ und $j = p + q - 2$; für $p \neq q$ ist $H^{p-1}(Q_{p,q}) = \{0\}$, wenn p ungerade ist, $H^{p-1}(Q_{p,q}) \cong \boldsymbol{R}$, wenn p gerade ist, $H^{q-1}(Q_{p,q}) = \{0\}$, wenn q ungerade ist, $H^{q-1}(Q_{p,q}) \cong \boldsymbol{R}$, wenn q gerade ist, $H^{p+q-2}(Q_{p,q}) = \{0\}$, wenn $p + q$ ungerade ist, $H^{p+q-2}(Q_{p,q}) \cong \boldsymbol{R}$, wenn $p + q$ gerade ist; für $p = q$ ist $H^{p-1}(Q_{p,q}) = \{0\}$, wenn p ungerade ist, $H^{p-1}(Q_{p,q}) \cong \boldsymbol{R}^2$, wenn p gerade ist, $H^{2p-2}(Q_{p,q}) \cong \boldsymbol{R}$.

24.6. Die Poincaré-Dualität

24.6.1. Es sei X eine *orientierte* reine Mannigfaltigkeit der Dimension n. Für jede ganze Zahl p, $0 \leqq p \leqq n$, jede p-Form $\alpha_p \in \mathscr{E}_p(X)$ und jede $(n-p)$-Form mit *kompaktem* Träger $\beta_{n-p} \in \mathscr{D}_{n-p}(X)$ hat die n-Form $\beta_{n-p} \wedge \alpha_p$ einen kompakten Träger, ist also integrierbar, und man definiert daher durch

24.6.1.1. $$(\alpha_p, \beta_{n-p}) \to \mathcal{B}(\alpha_p, \beta_{n-p}) = \int_X \beta_{n-p} \wedge \alpha_p$$

auf $\mathcal{E}_p(X) \times \mathcal{D}_{n-p}(X)$ eine *kanonische Bilinearform*. Wir betrachten die *Einschränkung* dieser Form auf die *geschlossenen* Differentialformen; dann ist $\mathcal{B}(\alpha_p, \beta_{n-p}) = 0$, wenn eine der Differentialformen *geschlossen* und die andere *exakt* ist. Um sich davon zu überzeugen, werde zunächst angenommen, es sei $d\alpha_p = 0$ und $\beta_{n-p} = d\omega_{n-p-1}$, wobei ω_{n-p-1} eine $(n-p-1)$-Form mit kompaktem Träger ist. Hieraus leitet man mit (17.15.2.1) die Beziehung $\beta_{n-p} \wedge \alpha_p = d(\omega_{n-p-1} \wedge \alpha_p)$ her; da die Form $\omega_{n-p-1} \wedge \alpha_p$ einen kompakten Träger besitzt, folgt die Behauptung aus (17.15.5.1). Ebenso ergibt sich im Fall $d\beta_{n-p} = 0$ und $\alpha_p = d\omega_{p-1}$ mit $\omega_{p-1} \in \mathcal{E}_{p-1}(X)$, daß

$$\beta_{n-p} \wedge \alpha_p = (-1)^{p-1} d(\beta_{n-p} \wedge \omega_{p-1})$$

gilt; die Form $\beta_{n-p} \wedge \omega_{p-1}$ besitzt wieder einen kompakten Träger, und man schließt wie oben.

Damit ist gezeigt, daß der Wert von $\mathcal{B}(\alpha_p, \beta_{n-p})$ für $\alpha_p \in Z^p(X)$ und $\beta_{n-p} \in Z_c^{n-p}(X)$ nur von den *Kohomologieklassen* $a \in H^p(X)$ bzw. $b \in H_c^{n-p}(X)$ von α_p bzw. β_{n-p} abhängt, und man hat somit eine *kanonische Bilinearform*

24.6.1.2. $$(a, b) \to B(a, b) = \int_X \beta_{n-p} \wedge \alpha_p$$

auf $H^p(X) \times H_c^{n-p}(X)$ definiert.

Offensichtlich kann $B(a, b) = \langle D_X a, b \rangle$ geschrieben werden, wobei $D_X a$ ein wohlbestimmtes Element aus dem zu $H_c^{n-p}(X)$ *dualen* Vektorraum $(H_c^{n-p}(X))^*$ ist; auf diese Weise hat man eine *kanonische lineare Abbildung* definiert

24.6.1.3. $$D_X : H^p(X) \to (H_c^{n-p}(X))^*.$$

Man nennt D_X die *Poincarésche Abbildung*, und wir beweisen jetzt den fundamentalen *Dualitätssatz*:

24.6.2. *Es sei X eine orientierte reine Mannigfaltigkeit der Dimension n. Dann ist die Poincarésche Abbildung* (vgl. (24.6.1.3)) *für $0 \leq p \leq n$ bijektiv.*

Ebenfalls mit D_X werde die lineare Abbildung $H^{\cdot}(X) \to (H_c^{\cdot}(X))^*$ bezeichnet, die auf jedem $H^p(X)$ mit der Poincaréschen Abbildung übereinstimmt; es ist also zu beweisen, daß diese Abbildung bijektiv ist. Das Hauptwerkzeug beim Beweis sind die beiden Mayer-Vietoris-Sequenzen (24.3.3.2) und (24.3.7.2). Durch Dualisierung gelangt man von der zweiten dieser Sequenzen zu der exakten Sequenz der *transponierten* linearen Abbildungen (vgl. (A.29.6))

$$\cdots \xrightarrow{{}^t\partial_c} (H_c^{n-p}(X))^* \xrightarrow{{}^t u_{c*}} (H_c^{n-p}(U_1))^* \oplus (H_c^{n-p}(U_2))^*$$

$$\xrightarrow{{}^t v_{c*}} (H_c^{n-p}(U_1 \cap U_2))^* \xrightarrow{{}^t\partial_c} (H_c^{n-p-1}(X))^* \to \cdots.$$

Ferner kann in der ersten exakten Sequenz (24.3.3.2) ∂ durch $(-1)^{n-p}\,\partial$ ersetzt werden, ohne die Exaktheit der Sequenz zu beeinflussen. Dann gilt das folgende

Lemma:

24.6.2.1. *Das Diagramm von exakten Sequenzen*

$$\begin{array}{ccccc}
\cdots & \xrightarrow{(-1)^{n-p+1}\partial} & H^p(X) & \xrightarrow{u_*} & H^p(U_1)\oplus H^p(U_2) \\
 & & \downarrow{\scriptstyle D_X} & & \downarrow{\scriptstyle D_{U_1}\oplus D_{U_2}} \\
\cdots & \xrightarrow[{}^t\partial_c]{} & \left(H_c^{n-p}(X)\right)^* & \xrightarrow[{}^t u_{c*}]{} & \left(H_c^{n-p}(U_1)\right)^*\oplus\left(H_c^{n-p}(U_2)\right)^*
\end{array}$$

$$\begin{array}{ccccc}
\xrightarrow{v_*} & H^p(U_1\cap U_2) & \xrightarrow{(-1)^{n-p}\partial} & H^{p+1}(X) & \to\cdots \\
 & \downarrow{\scriptstyle D_{U_1\cap U_2}} & & \downarrow{\scriptstyle D_X} & \\
\xrightarrow[{}^t v_{c*}]{} & \left(H_c^{n-p}(U_1\cap U_2)\right)^* & \xrightarrow[{}^t\partial_c]{} & \left(H_c^{n-p-1}(X)\right)^* & \to\cdots
\end{array}$$

ist kommutativ.

Drei Kommutativitäten sind zu verifizieren:

1° Ausgegangen wird von der Kohomologieklasse $a \in H^p(X)$ einer geschlossenen p-Form $\alpha_p \in Z^p(X)$, und man betrachtet die Klassen $a_1 \in H^p(U_1)$ und $a_2 \in H^p(U_2)$ der Einschränkungen $\alpha_p^{(1)}$ bzw. $\alpha_p^{(2)}$ von α_p auf U_1 bzw. U_2. Ferner seien $b_1 \in H_c^{n-p}(U_1)$ und $b_2 \in H_c^{n-p}(U_2)$ die Klassen von geschlossenen $(n-p)$-Formen $\beta_{n-p}^{(1)} \in Z_c^{n-p}(U_1)$ und $\beta_{n-p}^{(2)} \in Z_c^{n-p}(U_2)$, und es werde angenommen, daß diese $(n-p)$-Formen durch 0 zu $(n-p)$-Formen auf $X = U_1 \cup U_2$ fortgesetzt worden sind. Ist b die Klasse von $\beta_{n-p}^{(1)} + \beta_{n-p}^{(2)}$ in $H_c^{n-p}(X)$, so ist nachzuweisen, daß

$$\langle D_X a, b\rangle = \langle D_{U_1} a_1, b_1\rangle + \langle D_{U_2} a_2, b_2\rangle$$

gilt. Den Definitionen aus (24.6.1) zufolge führt das aber auf die Beziehung

$$\int\limits_X \left(\beta_{n-p}^{(1)} + \beta_{n-p}^{(2)}\right) \wedge \alpha_p = \int\limits_{U_1} \beta_{n-p}^{(1)} \wedge \alpha_p + \int\limits_{U_2} \beta_{n-p}^{(2)} \wedge \alpha_p,$$

die offensichtlich gilt.

2° Ausgegangen wird von den Kohomologieklassen $a_1 \in H^p(U_1)$, $a_2 \in H^p(U_2)$ von geschlossenen p-Formen $\alpha_p^{(1)} \in Z^p(U_1)$, $\alpha_p^{(2)} \in Z^p(U_2)$, und man betrachtet die Klasse a_{12} der p-Form $\alpha_p^{(12)} = \left(\alpha_p^{(1)} \mid (U_1 \cap U_2)\right) - \left(\alpha_p^{(2)} \mid (U_1 \cap U_2)\right)$ in $H^p(U_1 \cap U_2)$. Es sei ferner $b_{12} \in H_c^{n-p}(U_1 \cap U_2)$ die Klasse einer geschlossenen $(n-p)$-Form $\beta_{n-p}^{(12)} \in Z_c^{n-p}(U_1 \cap U_2)$, und $b_1 \in H_c^{n-p}(U_1)$ sowie $b_2 \in H_c^{n-p}(U_2)$ seien die Klassen von $(n-p)$-Formen $\beta_{n-p}^{(1)} \in Z_c^{n-p}(U_1)$ sowie $\beta_{n-p}^{(2)} \in Z_c^{n-p}(U_2)$, die man durch Fortsetzung von $\beta_{n-p}^{(12)}$ durch 0 in U_1 bzw. U_2 erhält; es ist nachzuweisen, daß

$$\langle D_{U_1} a_1, b_1\rangle - \langle D_{U_2} a_2, b_2\rangle = \langle D_{U_1\cap U_2} a_{12}, b_{12}\rangle$$

gilt. Auch hier zeigt der Rückgriff auf die Definitionen, daß diese Beziehung nichts weiter besagt als

$$\int\limits_{U_1} \beta_{n-p}^{(1)} \wedge \alpha_p^{(1)} - \int\limits_{U_2} \beta_{n-p}^{(2)} \wedge \alpha_p^{(2)} = \int\limits_{U_1\cap U_2} \beta_{n-p}^{(12)} \wedge \alpha_p^{(12)},$$

was wieder offensichtlich ist.

3° Diesmal wird von der Kohomologieklasse $c_{12} \in H^p(U_1 \cap U_2)$ einer geschlossenen p-Form $\gamma_p^{(12)} \in Z^p(U_1 \cap U_2)$ ausgegangen, die immer als Differenz $\gamma_p^{(1)} \mid (U_1 \cap U_2) - \gamma_p^{(2)} \mid (U_1 \cap U_2)$ geschrieben werden kann mit $\gamma_p^{(1)} \in \mathscr{E}_p(U_1)$ und $\gamma_p^{(2)} \in \mathscr{E}_p(U_2)$ (vgl. (24.3.2)). Dann ist ∂c_{12} die Kohomologieklasse der geschlossenen $(p+1)$-Form $\alpha_{p+1} \in Z^{p+1}(X)$ derart, daß $\alpha_{p+1} \mid U_1 = d\gamma_p^{(1)}$ und $\alpha_{p+1} \mid U_2 = d\gamma_p^{(2)}$ gilt. Es sei ferner $b \in H_c^{n-p-1}(X)$ die Klasse einer geschlossenen $(n-p-1)$-Form $\beta_{n-p-1} \in Z_c^{n-p-1}(X)$, die in der Gestalt $\beta_{n-p-1} = \beta_{n-p-1}^{(1)} + \beta_{n-p-1}^{(2)}$ geschrieben wird, wobei $\beta_{n-p-1}^{(1)} \in \mathscr{D}_{n-p-1}(U_1)$ und $\beta_{n-p-1}^{(2)} \in \mathscr{D}_{n-p-1}(U_2)$ ist; $\partial_c b$ ist die Klasse von $d\beta_{n-p-1}^{(1)} = -d\beta_{n-p-1}^{(2)}$, deren Träger in $U_1 \cap U_2$ enthalten ist und die als eine Form ω_{n-p} aus $\mathscr{D}_{n-p}(U_1 \cap U_2)$ angesehen wird. Nach diesen Vorbereitungen ist zu beweisen, daß

24.6.2.2. $$(-1)^{n-p} \langle D_X(\partial c_{12}), b\rangle = \langle D_{U_1\cap U_2} c_{12}, \partial_c b\rangle$$

gilt. Nun ist die linke Seite nach Definition gleich

24.6.2.3. $$(-1)^{n-p} \int_X \beta_{n-p-1} \wedge \alpha_{p+1}$$
$$= (-1)^{n-p} \int_{U_1} \beta_{n-p-1}^{(1)} \wedge d\gamma_p^{(1)} + (-1)^{n-p} \int_{U_2} \beta_{n-p-1}^{(2)} \wedge d\gamma_p^{(2)}.$$

Da aber

$$(-1)^{n-p} \beta_{n-p-1}^{(1)} \wedge d\gamma_p^{(1)} = -d(\beta_{n-p-1}^{(1)} \wedge \gamma_p^{(1)}) + (d\beta_{n-p-1}^{(1)} \wedge \gamma_p^{(1)}),$$
$$(-1)^{n-p} \beta_{n-p-1}^{(2)} \wedge d\gamma_p^{(2)} = -d(\beta_{n-p-1}^{(2)} \wedge \gamma_p^{(2)}) + (d\beta_{n-p-1}^{(2)} \wedge \gamma_p^{(2)})$$

ist und da $\beta_{n-p-1}^{(1)}$ und $\beta_{n-p-1}^{(2)}$ kompakte Träger besitzen, folgt aus (17.15.5.1), daß die rechte Seite von (24.6.2.3) auch in der Form

$$\int_{U_1} (d\beta_{n-p-1}^{(1)}) \wedge \gamma_p^{(1)} + \int_{U_2} (d\beta_{n-p-1}^{(2)}) \wedge \gamma_p^{(2)}$$
$$= \int_{U_1\cap U_2} \omega_{n-p} \wedge (\gamma_p^{(1)} - \gamma_p^{(2)}) = \int_{U_1\cap U_2} \omega_{n-p} \wedge \gamma_p^{(12)}$$

geschrieben werden kann, was nach Definition nichts weiter ist als die rechte Seite von (24.6.2.2).

Ausgehend hiervon gelangt man zu der folgenden Aussage:

24.6.2.4. *Es sei $\mathfrak{B}$ eine Basis der Topologie von X derart, daß der Durchschnitt von je zwei Mengen $\mathfrak{B}$ zu $\mathfrak{B}$ gehört. Ist für jede offene Menge $U \in \mathfrak{B}$ die Poincarésche Abbildung D_U bijektiv, dann ist die Poincarésche Abbildung D_X bijektiv.*

Aus (24.6.2.1) und dem Fünferlemma folgt, daß die Abbildung $D_{U_1\cup U_2}$ bijektiv ist, wenn die Abbildungen D_{U_1}, D_{U_2} und $D_{U_1\cap U_2}$ diese Eigenschaft besitzen. Ist $\mathfrak{B}'$ die Menge der *endlichen* Vereinigungen von Mengen aus $\mathfrak{B}$, so folgt hieraus, daß D_V für jede Menge $V \in \mathfrak{B}'$ bijektiv ist; dies ergibt sich unter Berücksichtigung der vorhergehenden Bemerkung durch Induktion über die Anzahl der Mengen von $\mathfrak{B}$, deren Vereinigung V ist.

Zweitens werde angenommen, daß X Vereinigung einer Familie (X_λ) von paarweise disjunkten nichtleeren offenen Mengen ist. Dann (vgl. (24.1.2)) kann $H^{\cdot}(X)$ kanonisch mit $\prod_\lambda H^{\cdot}(X_\lambda)$ identifiziert werden und $H_c^{\cdot}(X)$ mit $\bigoplus_\lambda H_c^{\cdot}(X_\lambda)$; folglich (vgl. (A.27.3)) läßt sich $(H_c^{\cdot}(X))^*$ kanonisch mit $\prod_\lambda (H_c^{\cdot}(X_\lambda))^*$ identifizieren. Unmittelbar aus der Definition der Poincaréschen Abbildung folgt, daß D_X mit der Abbildung

$(a_\lambda) \to (D_{X_\lambda} a_\lambda)$ von $\prod_\lambda H^\cdot(X_\lambda)$ in $\prod_\lambda \big(H_c^\cdot(X_\lambda)\big)^*$ identifiziert werden kann. Daher ist D_X bijektiv, wenn die Abbildungen D_{X_λ} bijektiv sind.

Zum Abschluß des Beweises von (24.6.2.4) konstruiert man wie in (24.5.4.3) eine Folge (V_j) von zu $\mathfrak{B}'$ gehörenden offenen Mengen derart, daß X Vereinigung der V_j ist und daß $V_j \cap V_k = \emptyset$ gilt für $|k - j| > 1$. Es sei U die Vereinigung der V_{2j} $(j \geqq 0)$ und U' die Vereinigung der V_{2j+1} $(j \geqq 0)$. Dem Vorhergehenden zufolge sind die Poincaréschen Abbildungen D_U und $D_{U'}$ bijektiv. Andererseits ist $U \cap U'$ Vereinigung der $V_j \cap V_{j+1}$ für $j \geqq 0$, die paarweise disjunkt sind und zu $\mathfrak{B}'$ gehören; wie man sieht, ist also auch $D_{U \cap U'}$ bijektiv. Die Behauptung folgt daher aus (24.6.2.1) und dem Fünferlemma.

24.6.2.5. Um den Beweis von (24.6.2) abzuschließen, werden nacheinander die folgenden Fälle betrachtet.

A) $X = \boldsymbol{R}^n$. Dann ist $H^\cdot(\boldsymbol{R}^n) = H^0(\boldsymbol{R}^n) \cong \boldsymbol{R}$ und $H_c^\cdot(\boldsymbol{R}^n) = H_c^n(\boldsymbol{R}^n) \cong \boldsymbol{R}$; es muß nur gezeigt werden, daß die Poincarésche Abbildung $H^0(\boldsymbol{R}^n) \to \big(H_c^n(\boldsymbol{R}^n)\big)^*$ von 0 verschieden ist. Wenn aber $f \in \mathcal{D}(\boldsymbol{R}^n)$ eine nicht identisch verschwindende Funktion $\geqq 0$ ist und β_n die n-Form $f(x)\, d\xi^1 \wedge d\xi^2 \wedge \cdots \wedge d\xi^n$, gilt $\int_{\boldsymbol{R}^n} 1 \wedge \beta_n = \int_{\boldsymbol{R}^n} f(x)\, d\xi^1 \cdots d\xi^n > 0$; damit ist die Behauptung bewiesen.

B) *X ist eine offene Menge des $\boldsymbol{R}^n$.* Es gibt eine Basis der Topologie von X, die aus offenen Quadern besteht, und der Durchschnitt von zwei solchen Quadern ist wieder ein offener Quader. Da ein offener Quader des $\boldsymbol{R}^n$ zu $\boldsymbol{R}^n$ diffeomorph ist, ergibt sich der Satz aus Fall A) und (24.6.2.4).

C) *Allgemeiner Fall.* Man betrachte eine Basis der Topologie von X, die von den Definitionsbereichen der Karten von X gebildet wird, und wende (24.6.2.4) sowie den Fall B) an.

24.6.3. *Ist X eine orientierte reine Mannigfaltigkeit der Dimension n, so ist die Dimension des Raumes $H_c^n(X)$ gleich der Anzahl der zusammenhängenden Komponenten von X. (Die Dimension von $H_c^n(X)$ ist unendlich, wenn die Menge dieser Komponenten unendlich ist.)*

Aufgrund von (24.1.2) genügt es nämlich zu beweisen, daß $H_c^n(X) \cong \boldsymbol{R}$ gilt, wenn X zusammenhängend ist; das folgt aber durch Dualisierung aus der Beziehung $H^0(X) \cong \boldsymbol{R}$.

24.6.3.1. Bemerkungen. Es sei X eine *orientierte* reine Mannigfaltigkeit der Dimension n; die lineare Abbildung $\omega \to \int_X \omega$ von $\mathcal{D}_n(X) = Z_c^n(X)$ in $\boldsymbol{R}$ ist *surjektiv*; denn ist v eine zur Orientierung von X gehörende n-Form und $f \in \mathcal{D}(X)$ eine nicht identisch verschwindende Funktion mit Werten $\geqq 0$, so gilt $\int_X fv > 0$. Aufgrund von (17.15.5.1) enthält der Kern dieser Linearform $B_c^n(X) = d\big(\mathcal{D}_{n-1}(X)\big)$. Mit (24.6.3) schließt man daher, daß X genau dann *zusammenhängend* ist, wenn *jede n-Form α mit kompaktem Träger, für die $\int_X \alpha = 0$ gilt, von der Form $d\beta$ ist für eine $(n-1)$-Form β mit kompaktem Träger.* Für *zusammenhängendes X* erhält man daher durch Faktorisierung, ausgehend von der kanonischen linearen Abbildung $\omega \to \int_X \omega$, eine *kanonische bijektive Abbildung*

24.6.3.2. $i_X\colon H_c^n(X) \to \boldsymbol{R}$.

Das Element e_X^* von $H_c^n(X)$, dessen Bild bei i_X gleich 1 ist, wird die *Kohomologiefundamentalklasse* (oder *Orientierungsklasse*) der zusammenhängenden Mannigfaltigkeit X bezüglich der auf X gewählten Orientierung genannt. Ändert man die Orientierung von X, so ändert die Fundamentalklasse das Vorzeichen (vgl. (16.24.4)).

In den Bezeichnungen von (16.21.10) ergibt sich beispielsweise, daß die Kohomologiefundamentalklasse für die nach außen orientierte Sphäre $\boldsymbol{S}_n$ aufgrund der Formel (16.24.9.3) die zu der n-Form

$$\frac{\Gamma\left(\frac{n+3}{2}\right)}{(n+1)\,\pi^{(n+1)/2}}\,\sigma^{(n)}$$

gehörende Klasse ist.

24.6.3.3. Ist X eine differenzierbare Mannigfaltigkeit derart, daß die identische Abbildung 1_X zu der Abbildung $X \to \{x_0\}$ $(x_0 \in X)$ homotop in der Klasse C^∞ ist, so ist X einfach zusammenhängend (vgl. (16.27.7)) und somit orientierbar (vgl. (16.21.16)). Aus der Poincaré-Dualität und aus (24.2.7) folgt daher für n-dimensionales X

24.6.3.4. $H_c^p(X) = \{0\}$ für $p \neq n$, $H_c^n(X) \cong \boldsymbol{R}$.

24.6.4. *Für jede reine kompakte Mannigfaltigkeit X der Dimension n ist die Kohomologiealgebra $H^\cdot(X)$ endlichdimensional. Ist X darüber hinaus orientierbar, dann gilt $b_p = b_{p-n}$ für $0 \leqq p \leqq n$ für die Bettischen Zahlen von X.*

Weiter unten (vgl. (24.29.1) und (24.48.9)) werden zwei voneinander unabhängige Beweise dafür gegeben, daß $H^\cdot(X)$ endlichdimensional ist, wenn X kompakt ist. Hier sei das unter Verwendung mengentheoretischer Überlegungen bewiesen. Es ist $H_c^\cdot(X) = H^\cdot(X)$; ist X orientierbar, so ist $H^p(X)$ für $0 \leqq p \leqq n$ zu dem dualen Raum $\left(H^{n-p}(X)\right)^*$ isomorph und $H^{n-p}(X)$ zu $\left(H^p(X)\right)^*$, so daß $H^p(X)$ zum bidualen Raum $\left(H^p(X)\right)^{**}$ isomorph ist. Nun zeigt man, daß in einem unendlichdimensionalen Vektorraum zwei Basen dieselbe Mächtigkeit besitzen und daß, wenn ein Vektorraum über $\boldsymbol{R}$ eine unendliche Basis B besitzt, für die Mächtigkeit seines dualen Raumes $(\mathrm{Card}\,\boldsymbol{R})^{\mathrm{Card}(B)} \geqq 2^{\mathrm{Card}(B)} > \mathrm{Card}\,(B)$ gilt (Satz von Erdös-Kaplansky, vgl. [17], S. 247); damit ist ausgeschlossen, daß ein Vektorraum von unendlicher Dimension zu seinem bidualen Raum isomorph sein kann. Ist X nicht orientierbar und ist $\tilde{X}$ die zweiblättrige orientierbare Überlagerung von X, dann ist $\tilde{X}$ kompakt, und aufgrund von (24.1.4) ergibt sich, daß $H^\cdot(X)$ mit einem Teilraum von $H^\cdot(\tilde{X})$ identifiziert werden kann, also endlichdimensional ist.

24.6.5. *Es sei X eine orientierbare zusammenhängende Mannigfaltigkeit der Dimension n. Dann gilt*

$$H^n(X) \cong \boldsymbol{R}, \quad \textit{wenn } X \textit{ kompakt ist,}$$

$$H^n(X) = \{0\}, \quad \textit{wenn } X \textit{ nicht kompakt ist.}$$

Bekanntlich ist $H_c^0(X)$ eindimensional, wenn X kompakt ist, und gleich $\{0\}$ im entgegengesetzten Fall (vgl. (24.1.2)).

Eine orientierbare kompakte zusammenhängende Mannigfaltigkeit einer Dimension $\geqq 1$ *ist daher niemals kontrahierbar.*

24.6.6. Bemerkung. Es sei X eine *orientierte zusammenhängende kompakte* Mannigfaltigkeit. In der Orientierung von X gibt es dann (vgl. (16.21.2)) eine n-Differentialform v derart, daß $\int_X v = 1$ ist; alle n-Formen mit dieser Eigenschaft haben dieselbe Kohomologieklasse, und diese ist gleich der *Fundamentalklasse* von X (vgl. (24.6.3)).

24.6.7. Es sei X eine orientierte reine kompakte Mannigfaltigkeit von gerader Dimension $n = 2m$. Aus der Definition (24.6.1.2) der *kanonischen Bilinearform*

$$(a, b) \to B(a, b) = \int_X \alpha_m \wedge \beta_m$$

folgt, daß $B(b, a) = (-1)^m B(a, b)$ in $H^m(X) \times H^m(X)$ ist. Da die Poincarésche Abbildung eine bijektive Abbildung von $H^m(X)$ auf sich ist, findet man, daß B für ungerades m eine *nichtausgeartete alternierende* Form und für gerades m eine *nichtausgeartete symmetrische* Form ist. In letzterem Fall wird die *Signatur* dieser Form (die Differenz der Anzahl r der positiven und der Anzahl s der negativen Elemente in der Diagonale der Matrix von B bezüglich einer orthogonalen Basis) auch die *Signatur von* X genannt und mit Sig (X) bezeichnet. Da $r + s = b_m$ gilt, erhält man für Sig (X) die Beziehung Sig $(X) \equiv b_m \pmod 2$.

24.6.8. *Es sei X eine orientierte kompakte reine Mannigfaltigkeit der Dimension n. Ist n ungerade, so gilt $\chi(X) = 0$. Ist $n = 2m$ gerade, so gilt $\chi(X) \equiv b_m \pmod 2$; ist außerdem m ungerade, dann sind b_m und $\chi(X)$ gerade.*

Nach Definition ist $\chi(X) = \sum_{p=0}^{n} (-1)^p b_p = \sum_{p=0}^{n} (-1)^p b_{n-p} = (-1)^n \chi(X)$, woraus sich die erste Behauptung ergibt. Für $n = 2m$ kann man $\chi(X)$ auch in der Gestalt

$$\chi(X) = 2 \sum_{p=0}^{m-1} (-1)^p b_p + (-1)^m b_m$$

schreiben; folglich ist $\chi(X) \equiv b_m \pmod 2$. Ist *$m$ ungerade,* so ist die Form B auf $H^m(X) \times H^m(X)$ bekanntlich nichtausgeartet und alternierend; daher ist die Dimension b_m von $H^m(X)$ notwendigerweise gerade (vgl. (A.16.1)).

24.6.9. Bemerkung. Das Beispiel der projektiven Räume $\boldsymbol{P}_{2n}(\boldsymbol{R})$ von gerader Dimension (vgl. (24.4.3)) zeigt, daß die Poincaré-Dualität nicht ohne weiteres auf nichtorientierbare Mannigfaltigkeiten übertragen werden kann.

24.6.10. Es sei X eine *orientierte kompakte* reine Mannigfaltigkeit der Dimension n, und es bezeichne $\delta^*: H^n(X \times X) \to H^n(X)$ die der Diagonalabbildung $\delta: x \to (x, x)$ entsprechende kanonische lineare Abbildung. Im folgenden wird in kanonischer Weise eine Kohomologieklasse $l_X \in H^n(X \times X)$ definiert derart, daß sich in den Bezeichnungen von (24.6.3.2)

24.6.10.1. $i_X(\delta^*(l_X)) = \chi(X)$

ergibt, d. h. die Euler-Poincaré-Charakteristik von X. Dazu sei bemerkt, daß die Poincarésche Abbildung für $0 \leqq p \leqq n$ einen Isomorphismus von Vektorräumen

$$1 \otimes D_X: H^p(X) \otimes H^{n-p}(X) \xrightarrow{\sim} H^p(X) \otimes (H^p(X))^*$$

definiert und daß es andererseits einen kanonischen Isomorphismus (vgl. (A.10.5.5))

$$H^p(X) \otimes \big(H^p(X)\big)^* \xrightarrow{\sim} \operatorname{End}\big(H^p(X)\big)$$

gibt; setzt man diese beiden Abbildungen zusammen, so erhält man einen *kanonischen Isomorphismus* von Vektorräumen

$$\sigma_p\colon H^p(X) \otimes H^{n-p}(X) \xrightarrow{\sim} \operatorname{End}\big(H^p(X)\big).$$

Genauer gesagt ist $\sigma_p(a \otimes b)$ für $a \in H^p(X)$, $b \in H^{n-p}(X)$ der Endomorphismus

$$c \to \langle D_X b, c\rangle\, a.$$

Hieraus leitet man aufgrund von (24.6.1.2)

$$\operatorname{Tr}\big(\sigma_p(a \otimes b)\big) = \langle D_X b, a\rangle = i_X(a \smile b)$$

her; da nach (24.5.6) $a \smile b = \delta^*\big(k^*(a \otimes b)\big)$ gilt, erhält man schließlich für jeden Endomorphismus $u \in \operatorname{End}\big(H^p(X)\big)$

$$\operatorname{Tr}(u) = i_X\Big(\delta^*\big(k^*(\sigma_p^{-1}(u))\big)\Big).$$

Wird diese Formel auf die identische Abbildung $1_{H^p(X)}$ angewandt, so ergibt sich die Formel (24.6.10.1), wenn man

24.6.10.2. $$l_X = k^*\Big(\sum_{p=0}^{n} (-1)^p\, \sigma_p^{-1}(1_{H^p(X)})\Big)$$

setzt. Diese Kohomologieklasse aus $H^p(X \times X)$ wird die *Lefschetzsche Klasse* von X genannt. Sie kann auch durch die folgende Eigenschaft charakterisiert werden:

24.6.11. *Die Lefschetzsche Klasse l_X ist die einzige zu $H^n(X \times X)$ gehörende Klasse derart, daß für alle $a \in H^{\cdot}(X)$*

24.6.11.1. $$\overset{*}{\underset{X}{⨍}} l_X \smile \operatorname{pr}_2^*(a) = a$$

gilt. (In dieser Formel wird die partielle Integration über den *zweiten* Faktor von $X \times X$ erstreckt.)

Allgemeiner genügt es zu zeigen, daß für $p \geqq 0$, $q \geqq 0$, $a \in H^q(X)$ und $u \in \operatorname{End}\big(H^p(X)\big)$ die Beziehungen

24.6.11.2. $$\begin{cases} \overset{*}{\underset{X}{⨍}} k^*\big(\sigma_p^{-1}(u)\big) \smile \operatorname{pr}_2^*(a) = 0, & \text{wenn } q \neq p \text{ ist,} \\ (-1)^p \underset{X}{⨍} k^*\big(\sigma_p^{-1}(u)\big) \smile \operatorname{pr}_2^*(a) = u(a), & \text{wenn } q = p \text{ ist,} \end{cases}$$

gelten; wird dann für u die identische Abbildung von $H^p(X)$ gewählt, so erhält man (24.6.11.1) für jedes $a \in H^{\cdot}(X)$; die Eindeutigkeit ergibt sich daraus, daß σ_p ein Isomorphismus ist. Aus Linearitätsgründen kann man sich auf den Fall beschränken, daß $u = \sigma_p(b \otimes c)$ ist mit $b \in H^p(X)$ und $c \in H^{n-p}(X)$. Dann gilt nach Definition $k^*(b \otimes c) \smile \operatorname{pr}_2^*(a) = \operatorname{pr}_1^*(b) \smile \operatorname{pr}_2^*(c) \smile \operatorname{pr}_2^*(a)$, und Formel (24.5.10.1) ergibt

$$\underset{X}{⨍}\big(k^*(b \otimes c) \smile \operatorname{pr}_2^*(a)\big) = (-1)^{pn}\Big(b \smile \underset{X}{⨍}\big(\operatorname{pr}_2^*(c) \smile \operatorname{pr}_2^*(a)\big)\Big).$$

Ist α (bzw. γ) eine q-Form (bzw. eine $(n - p)$-Form) aus der Klasse a (bzw. c), so ist $\overset{*}{\underset{X}{⨍}} (\mathrm{pr}_2^* (c) \smile \mathrm{pr}_2^* (a))$ die Klasse der $(q - p)$-Form $\underset{X}{⨍} {}^t\mathrm{pr}_2(\gamma \wedge \alpha)$. Nun folgt aber unmittelbar aus den Definitionen (24.5.8), daß diese Form für $q \neq p$ gleich 0 ist, womit bereits die erste Beziehung in (24.6.11.2) bewiesen ist. Für $q = p$ findet man wegen $\gamma \wedge \alpha = (-1)^{p(n-p)} \alpha \wedge \gamma$, daß die linke Seite der zweiten Formel in (24.6.11.2) gleich

$$\left(\int_X \alpha \wedge \gamma\right) b = \langle D_X c, a\rangle\, b = u(a)$$

ist, was zu beweisen war.

Eine andere Interpretation der Lefschetzschen Klasse wird in (24.39.25) gegeben.

Aufgaben

1. Es sei X_0 eine nichtorientierbare zusammenhängende Mannigfaltigkeit der Dimension n. Man zeige, daß $H_c^n(X_0) = \{0\}$ ist. (Es sei X die zweiblättrige orientierbare Überlagerung von X_0, s die kanonische Involution von X; man beachte, daß s die Orientierung von X umkehrt, und leite daraus her, daß $\int_X \alpha = 0$ ist, wenn α eine n-Form mit kompaktem Träger auf X mit ${}^ts(\alpha) = \alpha$ ist.)

2. Es sei X eine orientierbare zusammenhängende kompakte Mannigfaltigkeit der durch 4 teilbaren Dimension $n = 4k$. Man zeige: Ist $\mathrm{Sig}\,(X) \neq 0$, dann gibt es keinen Diffeomorphismus von X auf sich, der die Orientierung umkehrt.

3. a) Es seien v_1, v_2 zwei n-Differentialformen der Klasse C^∞ auf $\boldsymbol{R}^n$, die bezüglich der kanonischen Orientierung von $\boldsymbol{R}^n$ positiv sind (vgl. (16.21.2)). Es werde angenommen, daß es eine $(n - 1)$-Differentialform ω auf $\boldsymbol{R}^n$ gibt, die der Klasse C^∞ angehört und einen kompakten Träger besitzt derart, daß $v_1 - v_2 = d\omega$ ist. Man zeige, daß es einen Diffeomorphismus u von $\boldsymbol{R}^n$ auf sich mit der Eigenschaft gibt, daß $u(\mathbf{x}) = \mathbf{x}$ außerhalb einer Kugel von hinreichend großem Radius ist und $v_1 = {}^tu(v_2)$ gilt. (Man zeige, daß $u = (u^1, u^2, \ldots, u^n)$ so gewählt werden kann, daß $u^j(\mathbf{x}) = \xi^j$ ist für $j \geqq 2$.)

b) Es sei X eine orientierte zusammenhängende kompakte Mannigfaltigkeit der Dimension n, und es seien v_1, v_2 zwei n-Differentialformen der Klasse C^∞ auf X, die der Orientierung von X angehören. Man zeige: Sind v_1 und v_2 kohomolog, dann gibt es einen Diffeomorphismus u von X auf sich derart, daß $v_1 = {}^tu(v_2)$ gilt. (Vermittels einer Zerlegung der Einheit führe man das Problem auf die Lösung von a) zurück.)

4. Auf einer reinen Mannigfaltigkeit X ist eine *symplektische* oder *Hamiltonsche* Struktur definiert durch die Angabe einer *geschlossenen* 2-Differentialform ω der Klasse C^∞ auf X derart, daß $\omega(x)$ in jedem Punkt $x \in X$ nicht ausgeartet ist. Das Kotangentialbündel $T(M)^*$ einer reinen Mannigfaltigkeit M ist mit einer kanonischen symplektischen Struktur versehen, die durch die 2-Form $-d\kappa_M$ (vgl. (17.15.2.4)) definiert ist.

a) Man zeige, daß eine mit einer symplektischen Struktur versehene Mannigfaltigkeit orientierbar und von gerader Dimension ist.

b) Es sei X eine zusammenhängende kompakte Mannigfaltigkeit der Dimension $2n$, und X sei mit einer durch eine 2-Form ω definierten symplektischen Struktur versehen. Man zeige: Ist a die Klasse von ω in $H^2(X)$, dann sind die Potenzen a^p im Ring $H^\cdot(X)$ für $p \leqq n$ alle von 0 verschieden.

5. Es seien X, Y zwei reine, kompakte und orientierte Mannigfaltigkeiten, deren Dimensionen Vielfache von 4 sind. Man zeige: Wenn man die Mannigfaltigkeit $X \times Y$ mit der Produktorientierung (vgl. (16.21.5)) versieht, dann ist

$$\mathrm{Sig}\,(X \times Y) = \mathrm{Sig}\,(X)\,\mathrm{Sig}\,(Y).$$

24.7. Kohomologie kompakter Untermannigfaltigkeiten

24.7.1. *Es sei X eine n-dimensionale reine differenzierbare Mannigfaltigkeit und Y eine p-dimensionale kompakte reine Untermannigfaltigkeit von X. Zu jeder offenen Umgebung U von Y in X gibt es eine offene Umgebung $V \subset U$ von Y, so daß für die kanonische injektive Abbildung $j_V\colon Y \to V$ der Homomorphismus $j_V^*\colon H^{\cdot}(V) \to H^{\cdot}(Y)$ bijektiv ist.*

Auf X werde die Struktur einer Riemannschen Mannigfaltigkeit (vgl. (20.7.13)) definiert; für jedes $x \in X$ und jeden Vektor $\mathbf{h}_x \in T_x(M)$ bezeichne $\|\mathbf{h}_x\|$ dessen Länge (vgl. (20.8.2)). Es sei daran erinnert, daß eine offene Umgebung Ω von X in $T(X)$ (wobei X mit dem Nullschnitt identifiziert wird) und die Exponentialabbildung $\exp\colon \Omega \to X$ definiert sind (vgl. (18.4.3) und (20.16.3)).

Wir betrachten das *Normalenbündel* N von Y bezüglich X, dessen Rang gleich $n - p$ (vgl. (20.12.2)) und dessen Dimension gleich n ist, und bezeichnen für jedes $\varepsilon > 0$ mit $N(\varepsilon)$ die offene Umgebung von Y in N, die aus den Vektoren $\mathbf{h}_y \in N$ mit $\|\mathbf{h}_y\| < \varepsilon$ besteht. Man erhält das folgende Lemma:

24.7.1.1. *Es gibt eine Zahl $\delta > 0$ derart, daß für $0 < \varepsilon < \delta$ die Einschränkung von* exp *auf $N(\varepsilon)$ ein Diffeomorphismus von $N(\varepsilon)$ auf eine offene Umgebung Y in X ist.*

Wie nämlich die Definition von N unmittelbar zeigt, ist für jedes $y \in Y$ die lineare Tangentialabbildung an die Einschränkung von exp auf $N \cap \Omega$ in y eine Bijektion auf $T_y(X)$ (vgl. (18.4.5)). Daher gibt es eine offene Umgebung W_y von y in N derart, daß die Einschränkung von exp auf W_y ein Diffeomorphismus auf eine offene Umgebung von y in X ist (vgl. (16.5.6)). Es genügt zu zeigen, daß die Einschränkung von exp auf $N(\delta)$ für hinreichend kleines δ *injektiv* ist. Anderenfalls gäbe es zu jeder ganzen Zahl m zwei verschiedene Punkte $\mathbf{u}_m$, $\mathbf{v}_m$ in $N(1/m)$ derart, daß $\exp \mathbf{u}_m = \exp \mathbf{v}_m$ ist. Da $\overline{N(\delta)}$ für hinreichend kleines δ kompakt ist, kann angenommen werden, daß die Folgen $(\mathbf{u}_m)$ und $(\mathbf{v}_m)$ konvergieren, notwendigerweise gegen Punkte y, z aus Y. Da sich aber beim Grenzübergang $\exp(y) = \exp(z)$ ergibt sowie $y = \exp(y)$ und $z = \exp(z)$, wäre $y = z$, und für hinreichend großes m wäre $\mathbf{u}_m \in W_y$ und $\mathbf{v}_m \in W_y$, was der Injektivität von exp in W_y widerspricht.

Ausgehend davon kann ε so klein vorausgesetzt werden, daß das Bild von $N(\varepsilon)$ vermöge exp eine offene Umgebung $V \subset U$ von Y ist. Ist $r_V\colon V \to Y$ die Submersion, die man aus der Projektion $\pi\colon N(\varepsilon) \to Y$ durch Strukturübertragung vermöge exp erhält, dann ist $r_V \circ j_V = \mathrm{id}_Y$, und $j_V \circ r_V$ ist homotop zu id_V (vgl. (24.2.7)), womit (24.7.1) bewiesen ist.

24.7.2. Bezüglich eines die Topologie von X definierenden Abstands sei U_m die Menge der $x \in U$, deren Abstand von Y kleiner als $1/m$ ist. Wendet man auf jede der Mengen U_m das Ergebnis von (24.7.1) an, so erhält man eine abnehmende Folge (V_m) von offenen Umgebungen von Y derart, daß $\bigcap_m V_m = Y$ gilt und der Homomorphismus $j^*_{V_m}\colon H^\cdot(V_m) \to H^\cdot(Y)$ für jedes m bijektiv ist. Unter Berücksichtigung des Beweises von (24.7.1) kann darüber hinaus angenommen werden, daß die „Kontraktionen" r_{V_m} sämtlich Einschränkungen von r_{V_1} sind.

Es seien ω_1 und ω_2 zwei p-Differentialformen, deren jede auf einer Umgebung von Y in X definiert ist. Da die V_m ein Fundamentalsystem von Umgebungen von Y (vgl. (3.17.11)) bilden, gibt es ein m derart, daß ω_1 und ω_2 beide in V_m definiert sind; die beiden Formen werden *äquivalent* genannt, wenn es ein m gibt derart, daß ω_1 und ω_2 *dieselbe Einschränkung* auf V_m besitzen. Man sieht unmittelbar, daß damit eine Äquivalenzrelation definiert ist; die Äquivalenzklassen heißen die *Keime* von p-Differentialformen *längs* Y. Für zwei Keime $\tilde{\omega}_1$, $\tilde{\omega}_2$ wird die Summe $\tilde{\omega}_1 + \tilde{\omega}_2$ (bzw. das Produkt $\lambda\tilde{\omega}_1$ mit einem Skalar bzw. das äußere Produkt $\tilde{\omega}_1 \wedge \tilde{\omega}_2$ bzw. das Differential $d\tilde{\omega}_1$) als der Keim einer Form definiert, die gleich $\omega_1 + \omega_2$ (bzw. $\lambda\omega_1$ bzw. $\omega_1 \wedge \omega_2$ bzw. $d\omega_1$) ist in einer Umgebung, in der ω_1 und ω_2 beide definiert sind. Man erkennt unmittelbar, daß die Menge $\mathcal{A}^\cdot(X, Y)$ der Keime von Differentialformen, wenn sie mit diesen Operationen versehen wird, eine *graduierte Differentialalgebra* bildet.

Es wird nun ein Homomorphismus $u\colon \mathcal{A}_c^\cdot(X) \to \mathcal{A}^\cdot(X, Y)$ von graduierten Differentialalgebren definiert, indem jeder Form $\omega \in \mathcal{A}_c^\cdot(X)$ ihr Keim $\tilde{\omega}$ in $\mathcal{A}^\cdot(X, Y)$ zugeordnet wird. Andererseits gibt es eine kanonische injektive Abbildung

$$v\colon \mathcal{A}_c^\cdot(X \setminus Y) \to \mathcal{A}_c^\cdot(X),$$

die jeder Form mit kompaktem Träger, der Y nicht schneidet, ihre Fortsetzung durch 0 in Y zuordnet (vgl. (24.3.5)).

24.7.3. *Die Sequenz von Homomorphismen graduierter Differentialalgebren*

24.7.3.1. $$0 \to \mathcal{A}_c^\cdot(X \setminus Y) \xrightarrow{v} \mathcal{A}_c^\cdot(X) \xrightarrow{u} \mathcal{A}^\cdot(X, Y) \to 0$$

ist exakt.

Ist $\omega \in \mathcal{A}_c^\cdot(X \setminus Y)$, so gibt es eine Umgebung V_m, die den Träger von ω nicht schneidet; daher ist $\omega \mid V_m = 0$, woraus $u \circ v = 0$ folgt. Ist umgekehrt $\alpha \in \mathcal{A}_c^\cdot(X)$ gegeben mit $u(\alpha) = 0$, so gilt $\alpha \mid V_m = 0$ für ein m, und folglich ist der Träger von α in $X \setminus V_m$ enthalten, also $\alpha \in \mathcal{A}_c^\cdot(X \setminus Y)$. Ist $\tilde{\omega}$ schließlich Keim einer p-Differentialform ω, die in einer offenen Umgebung W von Y definiert ist, und ist f eine Funktion der Klasse C^∞, die in einem V_m gleich 1 ist und einen kompakten, in W enthaltenen Träger besitzt, so ist $\tilde{\omega}$ auch Keim von $f\omega$, einer Form aus $\mathcal{A}_c^\cdot(X)$, wenn man sie durch 0 außerhalb von W fortsetzt.

Aus der Sequenz (24.7.3.1) gewinnt man somit die exakte Kohomologiesequenz der graduierten Differentialalgebren (vgl. (A.30.5))

24.7.3.2. $$\cdots \to H_c^p(X \setminus Y) \xrightarrow{v^*} H_c^p(X) \xrightarrow{u^*} H^p(\mathcal{A}^\cdot(X, Y)) \to H_c^{p+1}(X \setminus Y) \to \cdots.$$

24.7.4. Haben zwei Differentialformen, die beide auf einer Umgebung von Y in X definiert sind, denselben Keim, so besitzen sie dieselbe Einschränkung auf Y, wodurch ein kanonischer Homomorphismus von graduierten Differentialalgebren ${}^t j\colon \mathcal{A}^\cdot(X, Y) \to \mathcal{A}^\cdot(Y)$ definiert ist und folglich ein Homomorphismus $j^*\colon H^\cdot(\mathcal{A}^\cdot(X, Y)) \to H^\cdot(Y)$ der Kohomologiealgebren; wie wir sehen werden, ist j^* ein *Isomorphismus.*

Zunächst sei bemerkt, daß sich ${}^t j_{V_m}\colon \mathcal{A}^\cdot(V_m) \to \mathcal{A}^\cdot(Y)$ für jedes m faktorisieren läßt in $\mathcal{A}^\cdot(V_m) \to \mathcal{A}^\cdot(X, Y) \xrightarrow{{}^t j} \mathcal{A}^\cdot(Y)$, wobei der erste Pfeil die Abbildung $\omega \to \tilde{\omega}$ ist, die einer Form ihren Keim zuordnet. Hieraus leitet man eine Faktorisierung

$$j_{V_m}^*: H^\cdot(V_m) \to H^\cdot(\mathscr{A}^\cdot(X, Y)) \xrightarrow{j^*} H^\cdot(Y)$$

in Homomorphismen von Kohomologiealgebren her. Aus der Tatsache, daß $j_{V_m}^*$ ein Isomorphismus ist, folgt die Surjektivität von j^*.

Es sei andererseits $\tilde{\alpha} \in \mathscr{A}^\cdot(X, Y)$ ein Keim derart, daß $d\tilde{\alpha} = 0$ ist und ${}^t j(\tilde{\alpha}) = d\omega$ gilt für eine Form $\omega \in \mathscr{A}^\cdot(Y)$; es gibt einen Index m derart, daß $\tilde{\alpha}$ der Keim einer Form $\alpha \in \mathscr{A}^\cdot(V_m)$ mit $d\alpha = 0$ ist. Da ${}^t j_{V_m}$ bekanntlich (vgl. (24.7.1)) surjektiv ist, gibt es ein $\beta \in \mathscr{A}^\cdot(V_m)$, so daß $\omega = {}^t j_{V_m}(\beta)$ gilt, woraus ${}^t j_{V_m}(\alpha - d\beta) = 0$ folgt. Das bedeutet aber, daß das Bild der Kohomologieklasse von $\alpha - d\beta$ (die gleich der Klasse von α ist) vermöge $j_{V_m}^*$ gleich 0 ist. Da $j_{V_m}^*$ ein Isomorphismus ist, ergibt sich hieraus, daß die Klasse von α gleich 0 ist, also auch die Klasse von $\tilde{\alpha}$, was beweist, daß j^* injektiv ist.

Ausgehend von diesem Ergebnis und von (24.7.3.2) gelangt man daher zu der (mit $0 \to H_c^0(X \setminus Y)$ beginnenden) *exakten Kohomologiesequenz*

24.7.4.1. $$\cdots \to H_c^p(X \setminus Y) \xrightarrow{v^*} H_c^p(X) \xrightarrow{i^*} H^p(Y) \xrightarrow{\partial} H_c^{p+1}(X \setminus Y) \to \cdots,$$

wobei $i: Y \to X$ die kanonische injektive Abbildung ist und ∂ der folgendermaßen definierte Homomorphismus: Ist $a \in H^p(Y)$, dann gibt es eine geschlossene Form α aus der Klasse a, die sich in der Gestalt $\alpha = {}^t j_{V_m}(\beta)$ für eine Form $\beta \in \mathscr{A}^p(V_m)$ schreiben läßt, und multipliziert man β mit einer Funktion aus $\mathscr{D}(V_m)$, die in einer Umgebung von Y gleich 1 ist, so kann $\beta \in \mathscr{A}_c^p(V_m)$ vorausgesetzt werden; es ist also $d\beta \in \mathscr{A}_c^{p+1}(V_m \setminus Y)$, da $d\alpha = 0$ ist, und ∂a ist in $H_c^{p+1}(X \setminus Y)$ die Klasse der Einschränkung von $d\beta$ auf $X \setminus Y$.

Insbesondere ergeben sich aus der exakten Sequenz (24.7.4.1) die folgenden Korollare:

24.7.5. *Es sei Y eine kompakte reine differenzierbare Untermannigfaltigkeit des $\mathbf{R}^n$ einer Dimension $\leqq n - 1$. Dann sind die folgenden Isomorphismen gegeben:*

24.7.5.1. $$\begin{cases} H_c^j(\mathbf{R}^n \setminus Y) \cong H^{j-1}(Y) & \textit{für} \quad 1 \leqq j \leqq n-1, \\ H_c^n(\mathbf{R}^n \setminus Y) \cong H^{n-1}(Y) \oplus \mathbf{R}. \end{cases}$$

Es genügt nämlich, in der Sequenz (24.7.4.1) $X = \mathbf{R}^n$ zu setzen, da $H_c^j(\mathbf{R}^n) = \{0\}$ ist für $j < n$ und $H_c^n(\mathbf{R}^n) \cong \mathbf{R}$ (vgl. (24.4.6.1)).

24.7.6. *Es sei X eine n-dimensionale reine Mannigfaltigkeit, Y eine kompakte reine differenzierbare Untermannigfaltigkeit von X einer Dimension $k \leqq n - 1$. Dann ist*

24.7.6.1. $$H_c^j(X \setminus Y) \cong H_c^j(X) \quad \textit{für} \quad k + 2 \leqq j \leqq n.$$

Ist insbesondere $k \leqq n - 2$ sowie X zusammenhängend und orientierbar, so ist $X \setminus Y$ zusammenhängend.

Die Beziehung (24.7.6.1) ergibt sich aus der Sequenz (24.7.4.1), da nämlich $H^j(Y) = \{0\}$ ist für $j \geqq k + 1$. Die letzte Behauptung folgt aus (24.7.6.1), wenn man $j = n$ setzt, und aus (24.6.3).

24.7.7. *Es sei Y eine reine $(n - 1)$-dimensionale orientierbare kompakte Mannigfaltigkeit in $\mathbf{R}^n$ mit r zusammenhängenden Komponenten. Dann umfaßt $\mathbf{R}^n \setminus Y$ $r + 1$ zusammenhängende Komponenten.*

Vermittels Poincaré-Dualität und (24.1.2) erhält man nämlich $H^{n-1}(Y) \cong H^0(Y) \cong \boldsymbol{R}^r$. Die Behauptung folgt aus (24.7.5.1) und (24.6.3).

24.7.8. Bemerkung. Tatsächlich ist die Voraussetzung, Y sei orientierbar, überflüssig, da man zeigen kann, daß sich eine nichtorientierbare reine kompakte Mannigfaltigkeit der Dimension $n - 1$ nicht in $\boldsymbol{R}^n$ einbetten läßt (vgl. Abschnitt 24.37, Aufgabe 16).

24.7.9. *Es sei X eine zusammenhängende Mannigfaltigkeit einer Dimension $n \geqq 1$, F eine aus r Punkten bestehende endliche Teilmenge von X; dann ist*

24.7.9.1.
$$\begin{cases} H_c^j(X \setminus F) \cong H_c^j(X) & \textit{für } j \geqq 2, \\ H_c^1(X \setminus F) \cong H_c^1(X) \oplus \boldsymbol{R}^{r-1}, & \textit{wenn } X \textit{ kompakt ist,} \\ H_c^1(X \setminus F) \cong H_c^1(X) \oplus \boldsymbol{R}^r, & \textit{wenn } X \textit{ nicht kompakt ist.} \end{cases}$$

Die erste Beziehung ist ein Spezialfall von (24.7.6). Die beiden übrigen ergeben sich aus der exakten Sequenz (vgl. (24.7.4.1))

$$0 \to H_c^0(X) \to H^0(F) \to H_c^1(X \setminus F) \to H_c^1(X) \to 0,$$

da $H^0(F) \cong \boldsymbol{R}^r$, $H_c^0(X) = \{0\}$ ist, wenn X nicht kompakt ist, und $H_c^0(X) \cong \boldsymbol{R}$, wenn X kompakt ist (vgl. (24.1.2)).

Aufgaben

1. Es seien X_1, X_2 zwei zusammenhängende Mannigfaltigkeiten einer Dimension $n \geqq 2$, die beide nichtorientierbar oder orientierbar sind und für die es einen Diffeomorphismus auf sich gibt. der die Orientierung umkehrt; die zusammenhängende Summe $X_1 \# X_2$ ist dann bis auf einen Diffeomorphismus definiert (vgl. Abschnitt 16.26, Aufgabe 15).

a) Man zeige unter Benutzung von (24.7.9.1), daß für $2 \leqq p \leqq n - 2$ die Beziehung $H_c^p(X_1 \# X_2) \cong H_c^p(X_1) \oplus H_c^p(X_2)$ gilt.

b) Man zeige, daß $X_1 \# X_2$ genau dann orientierbar ist, wenn X_1 und X_2 diese Eigenschaft besitzen. (Man benutze (24.7.9.1) und Aufgabe 1 aus Abschnitt 24.6.) Hieraus leite man her, daß für $n \geqq 3$

$$H_c^{n-1}(X_1 \# X_2) \cong H_c^{n-1}(X_1) \oplus H_c^{n-1}(X_2)$$

ist, ausgenommen, X_1 und X_2 sind beide nicht orientierbar; in diesem Fall gilt

$$H_c^{n-1}(X_1 \# X_2) \cong H_c^{n-1}(X_1) \oplus H_c^{n-1}(X_2) \oplus \boldsymbol{R}.$$

c) Man zeige, daß für $n \geqq 3$ die Beziehung $H_c^1(X_1 \# X_2) \cong H_c^1(X_1) \oplus H_c^1(X_2)$ gilt, ausgenommen, X_1 und X_2 sind beide nicht kompakt; in diesem Fall ist $H_c^1(X_1 \# X_2) \cong H_c^1(X_1) \oplus H_c^1(X_2) \oplus \boldsymbol{R}$.

d) Es werde $n = 2$ vorausgesetzt. Man zeige, daß $H_c^1(X_1 \# X_2) \cong H_c^1(X_1) \oplus H_c^1(X_2)$ ist, ausgenommen in den folgenden Fällen:

α) Wenigstens eine der Mannigfaltigkeiten X_1, X_2 ist kompakt, und beide sind nicht orientierbar; dann ist

$$H_c^1(X_1 \# X_2) \cong H_c^1(X_1) \oplus H_c^1(X_2) \oplus \boldsymbol{R}.$$

β) X_1 und X_2 sind nicht kompakt, wenigstens eine der Mannigfaltigkeiten ist orientierbar; dann ist

$$H_c^1(X_1 \# X_2) \cong H_c^1(X_1) \oplus H_c^1(X_2) \oplus \boldsymbol{R}.$$

γ) X_1 und X_2 sind nicht kompakt und nicht orientierbar; dann ist

$$H_c^1(X_1 \# X_2) \cong H_c^1(X_1) \oplus H_c^1(X_2) \oplus \boldsymbol{R}^2.$$

e) Man bestimme die Kohomologie einer zusammenhängenden Summe $X_1 \# X_2 \# \cdots \# X_k$, falls die X_j eine der Flächen $\boldsymbol{R}^2$, $\boldsymbol{T}^2$, $\boldsymbol{P}_2(\boldsymbol{R})$ oder das Komplement eines Punktes in $\boldsymbol{P}_2(\boldsymbol{R})$ sind.

2. Es sei Y ein in $\boldsymbol{R}^3$ eingebetteter gewundener Torus, und es sei X' die nichtbeschränkte zusammenhängende Komponente von $\boldsymbol{R}^3 \setminus Y$. Man zeige, daß $H_c^0(X') = \{0\}$ ist und $H_c^1(X') \cong H_c^2(X') \cong H_c^3(X') \cong \boldsymbol{R}$ gilt. (Man benutze Aufgabe 4 aus Abschnitt 24.5.) Betrachtet man Y als eingebettet in $\boldsymbol{S}_3$, so leite man hieraus die Kohomologie der zusammenhängenden Komponente $\mathring{\bar{X}}'$ von $\boldsymbol{S}_3 \setminus Y$ her. Man gewinne dieses Ergebnis erneut, indem man zeigt, daß $\mathring{\bar{X}}'$ zu der beschränkten zusammenhängenden Komponente von $\boldsymbol{R}^3 \setminus Y$ diffeomorph ist. (Man benutze eine Inversion.)

3. Man zeige: Werden die Sphären $\boldsymbol{S}_{n-1}$ und $\boldsymbol{S}_n$ nach außen orientiert, dann ist das Bild der Fundamentalklasse von $\boldsymbol{S}_{n-1}$ vermöge der kanonischen Abbildung $H^{n-1}(\boldsymbol{S}_{n-1}) \to H^n(\boldsymbol{S}_n)$ (vgl. 24.4.1)) die Fundamentalklasse von $\boldsymbol{S}_n$. (In den Bezeichnungen von (24.4.1) betrachte man die Abbildung $(\xi^0, \mathbf{z}) \to \mathbf{z}/\|\mathbf{z}\|$ von $U \cap V$ auf $\boldsymbol{S}_{n-1}$ als Produkt der beiden Abbildungen $(\xi^0, \mathbf{z}) \to (\mathbf{z}/\|\mathbf{z}\|, \xi^0)$ und pr_1 und verwende die in (24.3.3) angegebene Definition der Abbildung ∂.)

4. Die kanonische Einbettung $\mathbf{x} \to (\mathbf{x}, 0)$ von $\boldsymbol{R}^p$ in $\boldsymbol{R}^n = \boldsymbol{R}^p \times \boldsymbol{R}^{n-p}$ definiert für $n > p$ durch Faktorisierung eine kanonische Einbettung $\boldsymbol{T}^p \to \boldsymbol{T}^n$. Man berechne die Kohomologiealgebra $H_c^{\cdot}(\boldsymbol{T}^n \setminus \boldsymbol{T}^p)$ und die Kohomologiealgebra $H^{\cdot}(\boldsymbol{T}^n \setminus \boldsymbol{T}^p)$. (Man beachte, daß

$$\boldsymbol{T}^n \setminus \boldsymbol{T}^p = \boldsymbol{T}^p \times (\boldsymbol{T}^{n-p} \setminus \{0\})$$

ist.)

5. Es sei Y eine kompakte Untermannigfaltigkeit von $\boldsymbol{T}^2$, die zu $\boldsymbol{S}_1 = \boldsymbol{T}$ diffeomorph ist. Man zeige: $\boldsymbol{T}^2 \setminus Y$ ist entweder zusammenhängend, und dann ist $H_c^1(\boldsymbol{T}^2 \setminus Y) \cong \boldsymbol{R}$, oder enthält zwei zusammenhängende Komponenten, und dann ist $H_c^1(\boldsymbol{T}^2 \setminus Y) \cong \boldsymbol{R}^2$. Man gebe für beide Fälle Beispiele an. Hieraus leite man ein Beispiel für eine zusammenhängende offene Menge U in $\boldsymbol{T}^2$ her, die nicht zu $\boldsymbol{R}^2$ homöomorph ist und einen zu $\boldsymbol{S}_1$ homöomorphen regulären Rand besitzt.

6. In $\boldsymbol{R}^n$ ($n \geqq 2$) sei D eine unendliche, diskrete und abgeschlossene Teilmenge (beispielsweise ein $\boldsymbol{Z}^p$ für $1 \leqq p \leqq n$). Man zeige, daß der Vektorraum $H_c^1(\boldsymbol{R}^n \setminus D)$ eine abzählbar unendliche Basis besitzt. (Es sei (a_m) die Folge der Punkte von D, und für jedes m sei V_m eine offene Umgebung von a_m derart, daß die V_m paarweise disjunkt sind. Man betrachte für jedes m eine Funktion $f_m \in \mathcal{D}(\boldsymbol{R}^n)$, deren Träger in V_m liegt und die in einer Umgebung von a_m gleich 1 ist.)

7. Es sei X eine kompakte Mannigfaltigkeit und U eine nichtleere offene Teilmenge von X. Man zeige, daß das Bild des kanonischen Homomorphismus $H_c^{\cdot}(U) \to H^{\cdot}(U)$ (vgl. (24.1.1.1)) endlichdimensional ist. (Man benutze, daß $H^{\cdot}(X)$ endlichdimensional ist.) Hieraus leite man her, daß es keine kompakte Mannigfaltigkeit X gibt, die eine offene Menge U enthält, welche Vereinigung einer unendlichen Anzahl von paarweise disjunkten offenen und für ein $n \geqq 2$ zu $\boldsymbol{T}^n \setminus \{0\}$ diffeomorphen Mengen ist.)

24.8. Die Sätze von Brouwer

24.8.1. *Es sei I das Intervall* $[0, 1]$ *in* $\boldsymbol{R}$ *und* I *der Kubus, den man als Produkt von r Räumen, die gleich I sind, erhält. (Für* $r = 0$ *wird vereinbart, daß* I^0 *nur aus einem Punkt besteht.) Es sei f ein Homöomorphismus von* I^r *auf einen Teilraum* E_r *von* $\boldsymbol{S}_n$ *für* $n \geqq 1$. *Dann ist* $\boldsymbol{S}_n \setminus E_r$ *nicht leer, und es gilt*

$$\text{24.8.1.1.}\quad \begin{cases} H_c^p(\boldsymbol{S}_n \setminus E_r) = \{0\} & \text{für } p < n, \\ H_c^n(\boldsymbol{S}_n \setminus E_r) \cong \boldsymbol{R}. \end{cases}$$

(Wie wir weiter unten (vgl. (24.8.2)) sehen werden, folgt aus den Voraussetzungen notwendig die Ungleichung $r \leqq n$.)

Die Tatsache, daß $E_r \neq \boldsymbol{S}_n$ ist, ergibt sich daraus, daß I^r (also auch E_r) kontrahierbar ist, $\boldsymbol{S}_n$ jedoch nicht (vgl. (24.4.1)). Wir beweisen (24.8.1.1) in mehreren Schritten.

I. Für $p = 0$ ergibt sich die Gleichung $H_c^0(\boldsymbol{S}_n \setminus E_r) = \{0\}$ daraus, daß $\boldsymbol{S}_n \setminus E_r$ eine offene Teilmenge von $\boldsymbol{S}_n$ ist, deren zusammenhängende Komponenten also in $\boldsymbol{S}_n$ offen sind (vgl. (3.19.5)) und folglich nicht kompakt, da von $\boldsymbol{S}_n$ verschieden; daher kann (24.1.2) angewendet werden.

II. Für $r = 0$ ist $\boldsymbol{S}_n \setminus E_0$, das Komplement eines Punktes in $\boldsymbol{S}_n$, diffeomorph zu $\boldsymbol{R}^n$. Daher stimmen die Beziehungen (24.8.1.1) mit den Beziehungen (24.4.6.1) überein.

III. Wir nehmen an, es sei $1 \leqq p < n$; wir beweisen den Satz durch Induktion nach $r \geqq 1$. Der Satz sei für E_{r-1} bewiesen. Es sei α eine geschlossene p-Differentialform mit kompaktem Träger auf der nichtleeren offenen Menge $\boldsymbol{S}_n \setminus E_r$; es muß bewiesen werden, daß es auf $\boldsymbol{S}_n \setminus E_r$ eine $(p-1)$-Form β mit kompaktem Träger gibt, für die $\alpha = d\beta$ gilt. Für jedes $t \in I$ ist die Abbildung $s \to f(t, s)$ ein Homöomorphismus von I^{r-1} auf $E_{r-1}(t) = f(\{t\} \times I^{r-1})$, und es ist $\boldsymbol{S}_n \setminus E_{r-1}(t) \supset \boldsymbol{S}_n \setminus E_r$; aus der Induktionsvoraussetzung folgt daher, daß es eine $(p-1)$-Form β_t auf $\boldsymbol{S}_n \setminus E_{r-1}(t)$ mit kompaktem Träger gibt, für die $\alpha = d\beta_t$ gilt. Aufgrund der gleichmäßigen Stetigkeit von f in I^r existiert folglich eine Umgebung J_t von t in I derart, daß $f(J_t \times I^{r-1})$ den Träger von β_t nicht schneidet. Somit gibt es eine Zahl $\varrho > 0$ derart, daß jedes in I enthaltene Intervall einer Länge $\leqq \varrho$ zu einem der Intervalle J_t gehört (vgl. (3.16.6)). Es sei m eine ganze Zahl mit $1/m < \varrho$, und wir betrachten in I die abgeschlossenen Intervalle $H_k = \left[\frac{k-1}{m}, \frac{k}{m}\right]$ für $1 \leqq k \leqq m$ sowie die Bilder $E_{r,k} = f(H^k \times I^{r-1})$; nach dem Vorhergehenden gibt es für $1 \leqq k \leqq m$ eine $(p-1)$-Form β_k mit kompaktem Träger auf $\boldsymbol{S}_n \setminus E_{r,k}$, für die $\alpha = d\beta_k$ gilt. Durch Induktion nach k wird klar, daß man nun das folgende Lemma zu beweisen hat:

24.8.1.2. *Es seien* J', J'' *zwei in I enthaltene abgeschlossene Intervalle mit* $J' \cap J'' = \{t\}$, *und es sei* $E' = f(J' \times I^{r-1})$, $E'' = f(J'' \times I^{r-1})$. *Wir nehmen an, daß es zwei* $(p-1)$*-Formen* β', β'' *mit kompakten Trägern auf* $\boldsymbol{S}_n \setminus E'$ *bzw.* $\boldsymbol{S}_n \setminus E''$ *gibt, für die* $\alpha = d\beta' = d\beta''$ *gilt. Dann gibt es auf* $\boldsymbol{S}_n \setminus (E' \cup E'')$ *eine* $(p-1)$*-Form* β *mit kompaktem Träger, für die* $\alpha = d\beta$ *gilt.*

Wir setzen $U' = \boldsymbol{S}_n \setminus E'$, $U'' = \boldsymbol{S}_n \setminus E''$, so daß $U' \cap U'' = \boldsymbol{S}_n \setminus (E' \cup E'')$ und $U' \cup U'' = \boldsymbol{S}_n \setminus E_{r-1}(t)$ ist. Man erhält die exakte Mayer-Vietoris-Sequenz (vgl. (24.3.7.2))

$$0 \to H_c^p(U' \cap U'') \to H_c^p(U') \oplus H_c^p(U''),$$

da nach Induktionsvoraussetzung $H_c^{p-1}(\boldsymbol{S}_n \setminus E_{r-1}(t)) = \{0\}$ gilt. Bezeichnet dann a die Kohomologieklasse von α in $H_c^p(U' \cap U'')$, so sind die Bilder von a in $H_c^p(U')$ und $H_c^p(U'')$ nach Voraussetzung 0; also ist $a = 0$, und das Lemma sowie die Beziehungen (24.8.1.1) für $p < n$ sind bewiesen.

IV. Um den Beweis abzuschließen, genügt es aufgrund von (24.6.3.1) folgendes zu zeigen: Ist α eine n-Form mit kompaktem Träger auf $\boldsymbol{S}_n \setminus E_r$ *mit* $\int \alpha = 0$, dann existiert eine $(n-1)$-Form β mit kompaktem Träger auf $\boldsymbol{S}_n \setminus E_r$, für die $\alpha = d\beta$ gilt. Man schließt wie in III. und hat dann dieselbe Aussage wie in (24.8.1.2) zu beweisen, nur für $p = n$ und unter der Voraussetzung $\int \alpha = 0$; der Beweis bleibt unverändert, denn wieder ist $H_c^{n-1}(\boldsymbol{S}_n \setminus E_{r-1}(t)) = \{0\}$ zufolge III. Damit ist der Beweis abgeschlossen.

Unter Berücksichtigung von (24.6.3.1) erkennt man, daß $\boldsymbol{S}_n \setminus E_r$ stets *zusammenhängend* ist.

24.8.2. *Es sei f ein Homöomorphismus von $\boldsymbol{S}_r$ auf einen Teilraum Σ_r von $\boldsymbol{S}_n$ für $n \geqq 1$. Dann gilt:*

(i) *Notwendigerweise ist $r \leqq n$, und für $r = n$ ist $\Sigma_n = \boldsymbol{S}_n$.*

(ii) *Für $r < n$ ist $\boldsymbol{S}_n \setminus \Sigma_r$ nicht leer, und es gilt*

24.8.2.1.
$$\begin{cases} H_c^p(\boldsymbol{S}_n \setminus \Sigma_r) = \{0\}, & \textit{wenn } p < n \textit{ und } p \neq r+1 \textit{ ist,} \\ H_c^{r+1}(\boldsymbol{S}_n \setminus \Sigma_r) \cong \boldsymbol{R}, & \textit{wenn } r \leqq n-2 \textit{ ist,} \\ H_c^n(\boldsymbol{S}_n \setminus \Sigma_r) \cong \boldsymbol{R}, & \textit{wenn } r \leqq n-2 \textit{ ist,} \\ H_c^n(\boldsymbol{S}_n \setminus \Sigma_{n-1}) \cong \boldsymbol{R}^2. \end{cases}$$

Die durch die Gleichung $(\xi^0)^2 + (\xi^1)^2 + \cdots + (\xi^r)^2 = 1$ in $\boldsymbol{R}^{r+1}$ definierte Sphäre $\boldsymbol{S}_r$ ist Vereinigung der beiden abgeschlossenen Hemisphären D_r^+ und D_r^-, den Durchschnitten von S_r mit den durch $\xi^0 \geqq 0$ bzw. $\xi^0 \leqq 0$ definierten Halbräumen. Die stereographische Projektion mit dem Pol $-\mathbf{e}_0$ (bzw. $\mathbf{e}_0$) (vgl. (16.2.3)) überführt D_r^+ (bzw. D_r^-) in die abgeschlossene Kugel B: $\|\mathbf{x}\| \leqq 1$ in $\boldsymbol{R}^r$, und die Abbildung $\mathbf{x} \to \lambda(\mathbf{x})\, \mathbf{x}$ mit $\lambda(\mathbf{x}) = \left(\sup\limits_{1 \leqq i \leqq r} |\xi^i|\right) / \|\mathbf{x}\|$ ist ein Homöomorphismus von B auf I^r. Daher lassen sich die Ergebnisse von (24.8.1) anwenden, wenn man E_r durch D_r^+ oder D_r^- ersetzt. Wir wenden die exakte Mayer-Vietoris-Sequenz (24.3.7.2) auf die offenen Mengen $U_1 = \boldsymbol{S}_n \setminus D_r^+$ und $U_2 = \boldsymbol{S}_n \setminus D_r^-$ an, für die $U_1 \cap U_2 = \boldsymbol{S}_n \setminus \Sigma_r$ und $U_1 \cup U_2 = \boldsymbol{S}_n \setminus \Sigma_{r-1}$ ist, wobei mit Σ_{r-1} das Bild von $\boldsymbol{S}_{r-1} = D_r^+ \cap D_r^-$ vermöge f bezeichnet wurde. Aufgrund von (24.8.1) folgt die Behauptung aus der Voraussetzung, daß U_1 und U_2 nicht leer sind; *nimmt man* darüber hinaus *an*, daß $\boldsymbol{S}_n \setminus \Sigma_r$ nicht leer ist, so erhält man die exakten Sequenzen

24.8.2.2. $$0 \to H_c^p(\boldsymbol{S}_n \setminus \Sigma_{r-1}) \to H_c^{p+1}(\boldsymbol{S}_n \setminus \Sigma_r) \to 0 \quad \text{für} \quad p \leqq n-2,$$

24.8.2.3. $$0 \to H_c^{n-1}(\boldsymbol{S}_n \setminus \Sigma_{r-1}) \to H_c^n(\boldsymbol{S}_n \setminus \Sigma_r) \to \boldsymbol{R}^2 \to H_c^n(\boldsymbol{S}_n \setminus \Sigma_{r-1}) \to 0.$$

Es werden zwei Fälle unterschieden, nämlich $r \leqq n-1$ und $r = n$.

A) Wir nehmen an, es sei $0 \leqq r \leqq n-1$, und beweisen die Beziehungen (24.8.2.1) durch Induktion nach r. Für $r = 0$ besteht Σ_0 aus zwei Punkten; daher ist $\boldsymbol{S}_n \setminus \Sigma_0$ zu $\boldsymbol{R}^n \setminus \{0\}$ diffeomorph, und die Beziehungen (24.8.2.1) sind gerade die aus (24.7.8). Wir nehmen jetzt an, diese Beziehungen seien für $r \leqq n-2$ erfüllt. Der dritten Beziehung zufolge ist $\boldsymbol{S}_n \setminus \Sigma_r$ zusammenhängend (vgl. (24.6.3)), und folglich kann

$S_n \setminus \Sigma_{r+1}$ nicht leer sein; wie nämlich bereits bemerkt wurde, sind $S_n \setminus D^+_{r+1}$ und $S_n \setminus D^-_{r+1}$ nichtleere offene Teilmengen von S_n, und wäre ihr Durchschnitt leer, dann wäre ihre Vereinigung $S_n \setminus \Sigma_r$ nicht zusammenhängend. Aus (24.8.2.2) schließt man daher, daß $H_c^{p+1}(S_n \setminus \Sigma_{r+1})$ für $p \leqq n-2$ zu $H_c^p(S_n \setminus \Sigma_r)$ isomorph ist. Die Induktionsvoraussetzung zeigt dann, daß die ersten beiden Beziehungen (24.8.2.1) erfüllt sind, wenn man darin r durch $r+1$ ersetzt. Für $r \leqq n-3$ ergibt die Beziehung (24.8.2.3) die exakte Sequenz

$$0 \to H_c^n(S_n \setminus \Sigma_{r+1}) \to R^2 \to R \to 0,$$

woraus man die dritte Beziehung (24.8.2.1) herleitet, indem r durch $r+1$ ersetzt wird. Ist dagegen $r = n-2$, so ergibt Beziehung (24.8.2.3) die exakte Sequenz

$$0 \to R \to H_c^n(S_n \setminus \Sigma_{n-1}) \to R^2 \to R \to 0,$$

woraus man die vierte Beziehung (24.8.2.1) erhält.

B) Wir setzen $r = n$ voraus und führen den Beweis indirekt, wobei wir annehmen, daß $S_n \setminus \Sigma_n$ nicht leer ist. Für $r = n$ ergäbe die exakte Sequenz (24.8.2.3) eine exakte Sequenz

$$0 \to H_c^n(S_n \setminus \Sigma_n) \to R^2 \to R^2 \to 0,$$

also $H_c^n(S_n \setminus \Sigma_n) = \{0\}$, im Widerspruch zu (24.6.3); daher ist notwendigerweise $S_n = \Sigma_n$, womit gleichzeitig bewiesen ist, daß es keinen Homöomorphismus f von S_r auf einen Teilraum von S_n für $r > n$ geben kann.

24.8.3. (Satz von JORDAN-BROUWER). *Es sei f ein Homöomorphismus von S_{n-1} auf einen Teilraum Σ_{n-1} von S_n für $n \geqq 1$. Dann besitzt $S_n \setminus \Sigma_{n-1}$ zwei zusammenhängende Komponenten, die beide S_{n-1} als Rand haben.*

Die Tatsache, daß $S_n \setminus \Sigma_{n-1}$ zwei zusammenhängende Komponenten besitzt, ergibt sich aus der letzten Beziehung (24.8.2.1) und aus (24.6.3). Sind U_1, U_2 diese Komponenten, dann ist der Rand jeder dieser offenen Mengen offenbar in Σ_{n-1} enthalten. Es bleibt zu zeigen, daß umgekehrt jeder Punkt $x \in \Sigma_{n-1}$ ein Randpunkt von U_1 und von U_2 ist, oder auch, daß jede offene Umgebung V von x gleichzeitig U_1 und U_2 schneidet. Es sei $x' = f^{-1}(x) \in S_{n-1}$. Da $f^{-1}(V)$ eine offene Umgebung von x' in S_{n-1} ist, gibt es in S_{n-1} eine offene Kugel B' mit dem Mittelpunkt x', die in $f^{-1}(V)$ enthalten ist und deren Komplement C' in S_{n-1} zu I^{n-1} homöomorph ist; daher ist die Menge $E_{n-1} = f(C') \subset \Sigma_{n-1}$ homöomorph zu I^{n-1}, und $B = f(B')$ ist eine offene Umgebung von x in Σ_{n-1}, die zu E_{n-1} komplementär und in V enthalten ist. Aus (24.8.1.1) ergibt sich, daß $H_c^n(S_n \setminus E_{n-1}) \cong R$, die offene Menge $S_n \setminus E_{n-1}$ also zusammenhängend ist (vgl. (24.6.3)). Es seien nun $y_1 \in U_1$, $y_2 \in U_2$; aus (16.26.10) folgt, daß es eine stetige Abbildung g von I in $S_n \setminus E_{n-1}$ gibt derart, daß $g(0) = y_1$ und $g(1) = y_2$ ist. Da aber y_1 und y_2 zu verschiedenen Komponenten von $S_n \setminus \Sigma_{n-1}$ gehören, ist die Menge $g(I) \cap \Sigma_{n-1}$ abgeschlossen und nicht leer (vgl. (3.19.9)). Die abgeschlossene Menge $g^{-1}(g(I) \cap \Sigma_{n-1})$ des Intervalls I ist daher abgeschlossen und nicht leer; es seien t_1 und t_2 die obere und die untere Grenze dieser Menge. Da $g(0) = y_1 \in U_1$ ist, gilt $g([0, t_1[) \subset U_1$, und strebt t gegen t_1 über Werte $< t_1$, so geht $g(t)$ gegen $g(t_1) \in \Sigma_{n-1} \cap V$; ebenso findet man, da $g(1) = y_2 \in U_2$ ist, daß $g(]t_2, 1]) \subset U_2$ gilt und daß $g(t)$ gegen $g(t_2) \in \Sigma_{n-1} \cap V$ geht, wenn t über Werte $> t_2$ gegen t_2 strebt. Damit ist der Beweis abgeschlossen.

24.8.4. *Es sei f ein Homöomorphismus von $\boldsymbol{S}_{n-1}$ auf einen Teilraum Σ_{n-1} von $\boldsymbol{R}^n$ für $n \geqq 2$. Dann besitzt $\boldsymbol{R}^n \setminus \Sigma_{n-1}$ zwei zusammenhängende Komponenten, die beide Σ_{n-1} als Rand haben.*

Da $\boldsymbol{R}^n$ nämlich mit dem Komplement eines Punktes in $\boldsymbol{S}_n$ identifiziert werden kann, genügt es in den Bezeichnungen von (24.8.3) zu bemerken, daß $U_1 \setminus \{x_0\}$ wegen $n \geqq 2$ zusammenhängend ist für $x_0 \in U_1$ (vgl. (24.7.6)).

Da Σ_{n-1} in einer abgeschlossenen Kugel von $\boldsymbol{R}^n$ enthalten ist, deren Äußeres zusammenhängend ist, erkennt man, daß eine der beiden zusammenhängenden Komponenten von $\boldsymbol{R}^n \setminus \Sigma_{n-1}$ beschränkt ist und die andere nicht.

24.8.5. (Brouwer). *Für $m > n$ gibt es keine injektive stetige Abbildung einer nichtleeren offenen Teilmenge von $\boldsymbol{R}^m$ auf einen Teilraum von $\boldsymbol{R}^n$* (Invarianz der Dimension).

Betrachtet man nämlich eine in der fraglichen offenen Teilmenge enthaltene abgeschlossene Kugel, so ließe sich ein Homöomorphismus von $\boldsymbol{S}_{m-1}$ auf einen kompakten Teilraum von $\boldsymbol{R}^n$ angeben (vgl. (3.17.12)), der als von $\boldsymbol{S}_n$ verschiedener kompakter Teilraum von $\boldsymbol{S}_n$ aufgefaßt werden kann, da sich $\boldsymbol{R}^n$ mit dem Komplement eines Punktes in $\boldsymbol{S}_n$ identifizieren läßt. Das widerspräche aber (24.8.2), da $m - 1 \geqq n$ ist.

24.8.6. *Für $n \geqq 2$ sei f ein Homöomorphismus der abgeschlossenen Kugel $B_n: \|\mathbf{x}\| \leqq 1$ in $\boldsymbol{R}^n$ auf einen Teilraum von $\boldsymbol{R}^n$. Dann ist das Bild der offenen Kugel $\mathring{B}_n$ vermöge f die beschränkte zusammenhängende Komponente von $\boldsymbol{R}^n \setminus f(\boldsymbol{S}_{n-1})$.*

Faßt man $\boldsymbol{R}^n$ als das Komplement eines Punktes x_0 in $\boldsymbol{S}_n$ auf, so ist nach (24.6.3) die offene Menge $\boldsymbol{S}_n \setminus f(B_n)$ zusammenhängend, denn B_n ist homöomorph zu I^n und folglich $H_c^n(\boldsymbol{S}_n \setminus f(B_n)) \cong \boldsymbol{R}$ (vgl. (24.8.1.1)); da $x_0 \notin f(B_n)$ und $n \geqq 2$ ist, findet man, daß auch $\boldsymbol{R}^n \setminus f(B_n)$ zusammenhängend ist (vgl. (24.7.6)). Da die offene Menge $\boldsymbol{R}^n \setminus f(B_n)$ nicht beschränkt ist, ist sie in der nichtbeschränkten zusammenhängenden Komponente von $\boldsymbol{R}^n \setminus f(\boldsymbol{S}_{n-1})$ enthalten; ist A die beschränkte zusammenhängende Komponente von $\boldsymbol{R}^n \setminus f(\boldsymbol{S}_{n-1})$, so gilt folglich $A \subset f(B_n)$, und da $f(B_n) = f(\mathring{B}_n) \cup f(\boldsymbol{S}_{n-1})$ ist sowie $f(\mathring{B}_n) \cap f(\boldsymbol{S}_{n-1}) = \emptyset$, erhält man $A \subset f(\mathring{B}_n)$. Da aber $\mathring{B}_n$ zusammenhängend ist, gilt dasselbe für $f(\mathring{B}_n)$, und daher ist $A = f(\mathring{B}_n)$ nach Definition einer zusammenhängenden Komponente.

24.8.7. (Brouwer). *Für $n \geqq 2$ sei U eine nichtleere zusammenhängende offene Teilmenge von $\boldsymbol{R}^n$. Ist f eine injektive stetige Abbildung von U in $\boldsymbol{R}^n$, so ist $f(U)$ offen in $\boldsymbol{R}^n$, und f ist ein Homöomorphismus von U auf $f(U)$* (Invarianz des Gebietes).

Es genügt zu zeigen, daß für jedes $x \in U$ und jede Umgebung V von x in U das Bild $f(V)$ eine Umgebung von $f(x)$ in $\boldsymbol{R}^n$ ist. Ist aber B eine in V enthaltene abgeschlossene Kugel mit dem Mittelpunkt x, dann ist die Einschränkung von f auf B ein Homöomorphismus auf $f(B)$ (vgl. (3.17.12)); aufgrund von (24.8.6) ist daher $f(\mathring{B})$ offen in $\boldsymbol{R}^n$.

Aufgaben

1. Es seien X und Y zwei n-dimensionale reine Mannigfaltigkeiten der Klasse C^0 (vgl. Abschnitt 16.1, Aufgabe 2) und $f: X \to Y$ eine stetige sowie *lokal injektive* Abbildung, d. h., jedes $x \in X$ besitzt eine offene Umgebung derart, daß die Einschränkung von f auf diese offene Menge injektiv ist. Man zeige, daß für jede offene Menge $U \subset X$ das Bild $f(U)$ offen in Y ist.

2. Es seien X, Y zwei reine Mannigfaltigkeiten der Klasse C^0 und der Dimensionen m bzw. n.

a) Man zeige, daß es für $m > n$ keine lokal injektive stetige Abbildung (vgl. Aufgabe 1) von X in Y gibt. Insbesondere kann eine Mannigfaltigkeit der Klasse C^0 nicht gleichzeitig m-dimensional und n-dimensional sein.

b) Man zeige: Ist $m < n$ und $f: X \to Y$ eine injektive stetige Abbildung von X in Y, so ist der innere Kern von $f(X)$ leer.

24.9. Grad einer Abbildung

24.9.1. Es seien X, Y zwei *orientierte kompakte zusammenhängende* differenzierbare Mannigfaltigkeiten *derselben Dimension* n; die Kohomologieräume $H^n(X)$ und $H^n(Y)$ sind also beide isomorph zu $\boldsymbol{R}$ (vgl. (24.6.3)). Ferner (vgl. (24.6.3.1)) sei daran erinnert, daß es zwei *kanonische Isomorphismen* $i_X: H^n(X) \to \boldsymbol{R}$ und $i_Y: H^n(Y) \to \boldsymbol{R}$ gibt, die man aus den linearen Abbildungen $\alpha \to \int_X \alpha$ und $\beta \to \int_Y \beta$ von $\mathcal{D}_n(X)$ und $\mathcal{D}_n(Y)$ in $\boldsymbol{R}$ durch Faktorisierung erhält. Wir betrachten nun eine Abbildung $f: X \to Y$ der Klasse C^∞ und die entsprechende lineare Abbildung $f^*: H^n(Y) \to H^n(X)$ (vgl. (24.1.3)). Der Abbildung f^* ist somit eine lineare Abbildung von $\boldsymbol{R}$ in sich zugeordnet, nämlich

24.9.1.1. $i_X \circ f^* \circ i_Y^{-1}: t \to ct.$

Die so bestimmte reelle Zahl c heißt der *Grad von* f und wird mit $\deg f$ bezeichnet. Aus der Definition von f^* (vgl. (24.1.3)) und den vorhergehenden Definitionen von i_X und i_Y folgt, daß für jede n-Differentialform ω der Klasse C^∞ auf Y

24.9.1.2. $\int_X {}^tf(\omega) = \deg f \cdot \int_Y \omega$

gilt.

Man beachte, daß der Grad von f von den auf X und Y gewählten *Orientierungen* abhängt; ersetzt man eine dieser Orientierungen durch die entgegengesetzte, so wechselt $\deg f$ das Vorzeichen (vgl. (16.24.4)).

24.9.2. (i) *Ist $f: X \to Y$ ein Diffeomorphismus, so ist $\deg f = +1$, wenn f die Orientierung erhält, und $\deg f = -1$, wenn f die Orientierung umkehrt.*

(ii) *Sind $f: X \to Y$ und $g: X \to Y$ homotop in der Klasse C^∞, so ist*

$$\deg f = \deg g.$$

(iii) *Es sei Z eine dritte n-dimensionale orientierte, kompakte und zusammenhängende Mannigfaltigkeit. Für jedes Paar von Abbildungen $f: X \to Y$, $g: Y \to Z$ der Klasse C^∞ gilt*

$$\deg (g \circ f) = \deg g \cdot \deg f.$$

Die Behauptung (i) ergibt sich aus (24.9.1.2) und (16.24.5.1); die Behauptung (iii) folgt aus (24.9.1.2) und daraus, daß ${}^t(g \circ f) = {}^tf \circ {}^tg$ ist; schließlich erhält man (ii) aus der Definition des Grades und dem Satz von der Homotopieinvarianz (vgl. (24.2.5)).

24.9.3. Wir zeigen jetzt, daß der Grad einer Abbildung stets eine (positive oder negative) *ganze Zahl* ist, indem wir für den Grad eine andere Darstellung angeben. Dazu betrachten wir einen *regulären* Wert $b \in Y$ von f, der aufgrund des Satzes von SARD (vgl. (16.23.1)) existiert: In jedem Punkt $x \in f^{-1}(b)$ ist f eine Submersion, und da die Dimensionen von X und Y übereinstimmen, ist die lineare Tangentialabbildung $T_x(f)$ bijektiv; folglich gibt es eine zusammenhängende offene Umgebung U_x von x in X derart, daß die Einschränkung von f auf U_x ein Diffeomorphismus von U_x auf eine offene Umgebung V_x von b ist (vgl. (16.7.4)). Der Punkt x liegt daher in $f^{-1}(b)$ isoliert; folglich ist der Raum $f^{-1}(b)$ diskret, und da er kompakt ist, ist er *endlich* (vgl. (3.16.3)). Ist $f^{-1}(b)$ nicht leer, so setzen wir $\varepsilon(x) = +1$ für jedes $x \in f^{-1}(b)$, wenn die Einschränkung von f auf U_x die Orientierung erhält, und $\varepsilon(x) = -1$ im entgegengesetzten Fall. Man erhält dann das folgende Resultat:

24.9.4. *Es sei $b \in Y$ ein regulärer Wert* (vgl. Abschnitt 16.23) *für die Abbildung $f\colon X \to Y$.*

(i) *Ist $b \notin f(X)$, so ist* $\deg f = 0$.

(ii) *Ist $b \in f(X)$ und sind $x_1, \ldots, x_r$ die Punkte von $f^{-1}(b)$, so gilt*

24.9.4.1. $$\deg f = \sum_{j=1}^{r} \varepsilon(x_j).$$

(i) Da $f(X)$ in Y abgeschlossen ist, gibt es auf Y eine n-Form ω mit einem Träger, der in einer Umgebung von b enthalten ist, die $f(X)$ nicht schneidet derart, daß $\int_Y \omega \neq 0$ ist. Da ${}^t f(\omega) = 0$ ist, gilt nach (24.9.1.2) $\deg f = 0$.

(ii) Für jeden Index j sei U_j eine offene Umgebung von x_j derart, daß die Einschränkung von f auf U_j ein Diffeomorphismus auf eine offene Umgebung $f(U_j)$ von b ist; die r Mengen U_j können übrigens als paarweise disjunkt vorausgesetzt werden. Ist A das Komplement der Vereinigung der U_j von X, so ist $f(A)$ kompakt und $b \notin f(A)$; es gibt also eine offene Umgebung V von b, die $f(A)$ nicht schneidet, und folglich ist $f^{-1}(V) \subset \bigcup_j U_j$. Wählt man V so, daß es in sämtlichen $f(U_j)$ enthalten ist, dann ist $f^{-1}(V)$ also disjunkte Vereinigung der $W_j = U_j \cap f^{-1}(V)$, und die Einschränkung von f auf jedes W_j ist ein Diffeomorphismus von W_j auf V. Es sei ω eine n-Form der Klasse C^∞ auf Y, deren Träger in V enthalten ist und für die $\int_Y \omega = 1$ gilt; nach (24.9.1.2) ergibt sich dann

$$\deg f = \int_X {}^t f(\omega) = \sum_j \int_{W_j} {}^t f(\omega);$$

nach (16.24.5.1) ist aber $\int_{W_j} {}^t f(\omega) = \varepsilon(x_j) \int_V \omega = \varepsilon(x_j)$. Damit ist die Behauptung bewiesen.

24.9.5. Beispiele. I. Wir setzen $X = Y = \boldsymbol{S}_n$; wie wir gesehen haben, gilt für die Raumwinkelform σ (vgl. (16.20.10)) ${}^t s(\sigma) = (\det s)\,\sigma$, wenn $s \in \boldsymbol{O}(n+1, \boldsymbol{R})$ eine orthogonale Transformation ist; es ist also $\deg s = \det s$. Insbesondere hat die Symmetrie $\mathbf{x} \to -\mathbf{x}$ den Grad $(-1)^{n+1}$.

II. Wir setzen $X = Y = \boldsymbol{S}_1$, wobei $\boldsymbol{S}_1$ mit dem Einheitskreis $\boldsymbol{U}\colon |z| = 1$ in $\boldsymbol{C}$ identifiziert wird; jede Abbildung f der Klasse C^∞ von $\boldsymbol{U}$ in sich kann in der Gestalt

$e^{it} \to e^{i\psi(t)}$ geschrieben werden, wobei $t \in \boldsymbol{R}$ ist und ψ eine Abbildung der Klasse C^∞ von $\boldsymbol{R}$ in sich derart, daß $\psi(t + 2\pi) = \psi(t) + 2n\pi$ gilt für eine ganze Zahl $n \in \boldsymbol{Z}$ und jedes $t \in \boldsymbol{R}$ (vgl. (9.8.1)). Um $\deg f$ zu berechnen, wendet man die Formel (24.9.1.2) an, wobei als 1-Form ω die Einschränkung von dz/z auf $\boldsymbol{U}$ gewählt wird, deren inverses Bild $i dt$ vermöge der Abbildung $\varphi: t \to e^{it}$ ist; ${}^t f(\omega)$ besitzt daher als inverses Bild vermöge φ die Form $i\psi'(t)\,dt$, und es ist $\int_{\boldsymbol{U}} \omega = 2\pi i$, $\int_{\boldsymbol{U}} {}^t f(\omega) = 2n\pi i$, woraus sich $\deg f = n$ ergibt; $\deg f$ ist also gleich dem *Index* $j(0; \gamma)$ des in $[0, 2\pi]$ definierten Weges $t \to e^{i\psi(t)}$ (vgl. (9.8.2)).

III. Es seien f, g zwei Abbildungen der Klasse C^∞ von $\boldsymbol{S}_n$ in $\boldsymbol{S}_n$ mit $f(\mathbf{x}) \neq -g(\mathbf{x})$ für jedes $\mathbf{x} \in \boldsymbol{S}_n$. Wir zeigen, daß f und g *homotop* sind und folglich $\deg f = \deg g$ gilt. Dazu betrachten wir die Funktion

$$F(t, \mathbf{x}) = \frac{tg(\mathbf{x}) + (1-t)\,f(\mathbf{x})}{\|tg(\mathbf{x}) + (1-t)\,f(\mathbf{x})\|}.$$

Da wegen $f(\mathbf{x}) \neq -g(\mathbf{x})$ die $f(\mathbf{x})$ und $g(\mathbf{x})$ verbindende Gerade niemals durch den Ursprung von $\boldsymbol{R}^{n+1}$ gehen kann, erkennt man, daß F für jedes Paar $(t, \mathbf{x}) \in [0, 1] \times \boldsymbol{S}_n$ definiert ist und eine Homotopie von f in g darstellt.

Gilt insbesondere $f(\mathbf{x}) \neq -\mathbf{x}$ für jedes $\mathbf{x} \in \boldsymbol{S}_n$, so ist $\deg f = 1$, und gilt $f(\mathbf{x}) \neq \mathbf{x}$ für jedes $\mathbf{x} \in \boldsymbol{S}_n$, so ist $\deg f = (-1)^{n+1}$.

IV. Wir nehmen an, die Abbildung $f: X \to Y$ habe *einen Grad* $\neq 0$; dann ist der kanonische Homomorphismus $f^*: H^\cdot(Y) \to H^\cdot(X)$ *injektiv*. Zum Beweis sei α eine geschlossene p-Form auf Y derart, daß die Kohomologieklasse von ${}^t f(\alpha)$ gleich 0 ist; man hat zu zeigen, daß dasselbe für die Kohomologieklasse a von α zutrifft. Nun gilt für jede $(n-p)$-Form β auf Y, wenn man (24.9.1.2) auf die n-Form $\omega = \alpha \wedge \beta$ anwendet,

24.9.5.1. $$\deg f \cdot \int_Y \alpha \wedge \beta = \int_X {}^t f(\alpha) \wedge {}^t f(\beta),$$

und da nach Voraussetzung ${}^t f(\alpha) = d\gamma$ ist für eine $(p-1)$-Form γ auf X, ist die rechte Seite von (24.9.5.1) für jede *geschlossene* Form β gleich 0; dann ist nämlich $\omega = {}^t f(\beta)$ eine geschlossene $(n-p)$-Form auf X, und es gilt

$$d\gamma \wedge \omega = d(\gamma \wedge \omega) - (-1)^{p-1}\gamma \wedge d\omega = d(\gamma \wedge \omega),$$

da $d\omega = 0$ ist; bekanntlich ist aber $\int_X d(\gamma \wedge \omega) = 0$ (vgl. (17.15.5.1)). Die Beziehung $\int_Y \alpha \wedge \beta = 0$ für jede Form $\beta \in Z^{n-p}(Y)$ bedeutet, daß $D_Y a = 0$ ist (vgl. (24.6.1)), und aufgrund der Poincaré-Dualität (vgl. (24.6.2)) erhält man schließlich $a = 0$.

Insbesondere *kann es keine Abbildung f der Klasse C^∞ von $\boldsymbol{S}_n$ in eine orientierbare zusammenhängende kompakte Mannigfaltigkeit X der Dimension n mit* $\deg f \neq 0$ *geben, außer wenn $H^p(X) = \{0\}$ ist für $1 \leq p \leq n-1$.*

V. Es sei X eine n-dimensionale orientierte kompakte zusammenhängende Mannigfaltigkeit. Wir zeigen, daß *für jede ganze Zahl $m \in \boldsymbol{Z}$ eine Abbildung $f: X \to \boldsymbol{S}_n$ der Klasse C^∞ mit* $\deg f = m$ *existiert.*

Wir versehen X mit einer Orientierung und betrachten m verschiedene Punkte $a_1, \ldots, a_{|m|}$ von X sowie für jeden Index j eine offene Umgebung U_j von a_j in X derart, daß die abgeschlossenen Hüllen $\overline{U}_j$ paarweise disjunkt sind und ein Diffeomorphismus g_j von U_j auf $\boldsymbol{R}^n$ existiert, der die Orientierung erhält (bzw. umkehrt), wenn $m \geqq 0$ (bzw. $m \leqq 0$) ist; außerdem setzen wir $g_j(a_j) = 0$ voraus. Ferner betrachten wir die stereographische Projektion $\varphi_2 \colon \boldsymbol{S}_n \setminus \{-\mathbf{e}_0\} \to \boldsymbol{R}^n$ mit dem Pol $-\mathbf{e}_0$ (vgl. (16.2.3)); für jedes j ist daher die Abbildung $\varphi_2^{-1} \circ g_j$ ein Diffeomorphismus von U_j auf $\boldsymbol{S}_n \setminus \{-\mathbf{e}_0\}$, und versehen wir $\boldsymbol{S}_n$ mit einer solchen Orientierung, daß φ_2 die Orientierungen erhält, so erhält auch jeder Diffeomorphismus $\varphi_2^{-1} \circ g_j$ die Orientierung (bzw. kehrt sie um), wenn $m \geqq 0$ (bzw. $m \leqq 0$) ist.

Andererseits gilt das folgende Lemma:

24.9.5.2. *Für jede Umgebung V von $\mathbf{e}_0$ in $\boldsymbol{S}_n$ gibt es eine zur identischen Abbildung homotope Abbildung $\psi \colon \boldsymbol{S}_n \to \boldsymbol{S}_n$ der Klasse C^∞ derart, daß $\psi(\mathbf{z}) = \mathbf{z}$ in einer in V enthaltenen Umgebung von $\mathbf{e}_0$ gilt und $\psi(\mathbf{z}) = -\mathbf{e}_0$ ist für jedes $\mathbf{z} \in \boldsymbol{S}_n \setminus V$.*

Wenden wir dieses Lemma auf eine $-\mathbf{e}_0$ nicht enthaltende Umgebung V an, so erkennt man, daß jede Abbildung $f_j = \psi \circ \varphi_2^{-1} \circ g_j$ von U_j in $\boldsymbol{S}_n$ die Eigenschaft besitzt, daß $f_j(a_j) = \mathbf{e}_0$ ist und eine Umgebung W_j von a_j existiert derart, daß $\overline{W}_j \subset U_j$ ist und $f_j(x) = -\mathbf{e}_0$ für $x \in U_j \setminus \overline{W}_j$. Daher gibt es eine Abbildung $f \colon X \to \boldsymbol{S}_n$ der Klasse C^∞, die mit f_j in jedem U_j übereinstimmt und gleich $-\mathbf{e}_0$ ist in $X \setminus \bigcup_j U_j$. Da $f^{-1}(\mathbf{e}_0) = \{a_1, a_2, \ldots, a_{|m|}\}$ ist, folgt aus der Wahl der g_j und aus (24.9.4) die Beziehung $\deg f = m$.

Es bleibt das Lemma (24.9.5.2) zu beweisen. Es existiert ein $\varepsilon > 0$ derart, daß $\varepsilon > {}^1/_2$ ist und für einen Punkt $\mathbf{z} = (\zeta^0, \zeta^1, \ldots, \zeta^n)$ von $\boldsymbol{S}_n \subset \boldsymbol{R}^{n+1}$ aus der Beziehung $\zeta^0 > 1 - 2\varepsilon$ folgt, daß $\mathbf{z}$ zu V gehört; es sei λ eine Abbildung der Klasse C^∞ von $\boldsymbol{R}$ in $[0, 1]$, die gleich 1 ist für $t \leqq 1 - 2\varepsilon$ und gleich 0 für $t \geqq 1 - \varepsilon$; wie man leicht nachprüft, leistet die Funktion

$$\psi(z) = \frac{\big(1 - \lambda(\zeta^0)\big)\,\mathbf{z} - \lambda(\zeta^0)\,\mathbf{e}_0}{\big\|\big(1 - \lambda(\zeta^0)\big)\,\mathbf{z} - \lambda(\zeta^0)\,\mathbf{e}_0\big\|}$$

das Gewünschte. (Ersetzt man λ durch $s\lambda$, $0 \leqq s \leqq 1$, so definiert man den gesuchten Homomorphismus.)

24.9.6. Es seien X, Y zwei orientierbare zusammenhängende kompakte differenzierbare Mannigfaltigkeiten derselben Dimension n; ebenso wie in (24.2.8) kann man die Definition des Grades auf eine Abbildung $f \colon X \to Y$ ausweiten, von der nur *Stetigkeit* vorausgesetzt wird. Ist nämlich d ein die Topologie von Y definierender Abstand, so existiert ein $\varepsilon > 0$ derart, daß es Abbildungen $u \colon X \to Y$ der Klasse C^∞ gibt, für die $d\big(f(x), u(x)\big) \leqq \varepsilon$ ist für jedes $x \in X$, und zwei beliebige solche Abbildungen sind in der Klasse C^∞ homotop. Die Zahl $\deg u$ hängt also nur von f ab; man nennt diese Zahl wieder den *Grad* von f und bezeichnet sie mit $\deg f$. Ist $f_1 \colon X \to Y$ eine zweite, zu f homotope stetige Abbildung von X in Y, so ergibt sich aus (16.26.6), daß $\deg f_1 = \deg f$ ist. Schließlich sei Z eine n-dimensionale orientierte zusammenhängende kompakte Mannigfaltigkeit, und es sei $g \colon Y \to Z$ eine stetige Abbildung; ist $(t, x) \to F(t, x)$ (bzw. $(t, y) \to G(t, y)$) eine Homotopie von f in eine Abbildung $u \colon X \to Y$ der Klasse C^∞ (bzw. von g in eine Abbildung $v \colon Y \to Z$ der Klasse C^∞), so ist offenbar $(t, x) \to G\big(t, F(t, x)\big)$ eine Homotopie von $g \circ f$ in $v \circ u$, und es gilt wieder $\deg (g \circ f) = \deg g \cdot \deg f$.

Man beachte noch, daß die Aussage von Beispiel III in (24.9.5) ohne Modifikation gültig bleibt, wenn man f und g nur als stetig voraussetzt.

24.9.7. Anwendungen. I. *Fixpunktsätze*

24.9.7.1. (Brouwer). (i) *Für jede stetige Abbildung f der Sphäre S_n in sich mit* $\deg f \neq (-1)^{n+1}$ *existiert ein* $\mathbf{x} \in S_n$ *mit* $f(\mathbf{x}) = \mathbf{x}$.

(ii) *Für jede stetige Abbildung f der abgeschlossenen Kugel B_n: $\|\mathbf{x}\| \leqq 1$ in $\boldsymbol{R}^n$ in sich existiert ein $\mathbf{x} \in B_n$ mit $f(\mathbf{x}) = \mathbf{x}$.*

(i) Berücksichtigt man (24.9.6), so wurde bereits in (24.9.5, III) gezeigt, daß $\deg f = (-1)^{n+1}$ gilt, wenn $f(\mathbf{x}) \neq \mathbf{x}$ ist für jedes $\mathbf{x} \in S_n$.

(ii) Wir führen den Beweis indirekt und nehmen an, es sei $f(\mathbf{x}) \neq \mathbf{x}$ für jedes $\mathbf{x} \in B_n$; dann wäre die Abbildung $\mathbf{x} \to g(\mathbf{x}) = \dfrac{f(\mathbf{x}) - \mathbf{x}}{\|f(\mathbf{x}) - \mathbf{x}\|}$ von B_n in S_{n-1} definiert und stetig in B_n. Wir zeigen zunächst, daß die Einschränkung $g_1: S_{n-1} \to S_{n-1}$ von g auf S_{n-1} vom Grad 0 ist. Die Abbildung $(t, \mathbf{y}) \to g(t\mathbf{y})$ von $[0, 1] \times S_{n-1}$ in S_{n-1} ist nämlich eine Homotopie von g_1 in die konstante Abbildung $g_0: \mathbf{y} \to g(0)$. Andererseits ist in $[0, 1] \times S_{n-1}$ die Abbildung

$$F: (t, \mathbf{y}) \to \frac{(1-t)\, f(\mathbf{y}) - \mathbf{y}}{\|(1-t)\, f(\mathbf{y}) - \mathbf{y}\|}$$

definiert und stetig; für $0 < t < 1$ gilt nämlich $(1-t)^{-1}\, \mathbf{y} \notin B_n$, und für $t = 0$ gilt $F(0, \mathbf{y}) = g_1(\mathbf{y})$. Da $F(1, \mathbf{y}) = -\mathbf{y}$ ist, erhält man aus (24.9.6), daß $\deg g_1 = (-1)^n$ ist; der so gefundene Widerspruch beweist den Satz.

24.9.7.2. (Brouwer). *Für jedes stetige Vektorfeld X auf einer Sphäre S_n gerader Dimension existiert ein $\mathbf{x} \in S_n$ mit $X(\mathbf{x}) = 0$.*

Wir nehmen das Gegenteil an; für jedes $\mathbf{x} \in S_n \subset \boldsymbol{R}^{n+1}$ betrachten wir den Tangentialraum $T_{\mathbf{x}}(S_n)$ als kanonisch eingebettet in $T_{\mathbf{x}}(\boldsymbol{R}^{n+1})$ (vgl. (16.8.6)), so daß $X'(\mathbf{x}) = \tau_{\mathbf{x}}\big(X(\mathbf{x})\big)$ ein von 0 verschiedener zu $\mathbf{x}$ orthogonaler Vektor in $\boldsymbol{R}^{n+1}$ ist (denn in S_n ist $\sum_{j=1}^{n+1} \xi^j d\xi^j = 0$). Wir setzen $f(\mathbf{x}) = X'(\mathbf{x})/\|X'(\mathbf{x})\|$, so daß f eine stetige Abbildung von S_n in sich ist mit $\big(\mathbf{x} \,|\, f(\mathbf{x})\big) = 0$. Hieraus ergibt sich insbesondere, daß $f(\mathbf{x}) \neq \mathbf{x}$ und $f(\mathbf{x}) \neq -\mathbf{x}$ ist für jedes $\mathbf{x} \in S_n$; dann wäre aber (vgl. (24.9.5, III)) $\deg f$ sowohl gleich 1 als auch gleich $(-1)^{n+1} = -1$, was ausgeschlossen ist.

Für ungerades n dagegen ist es einfach, auf S_n ein Vektorfeld X der Klasse C^∞ zu definieren mit $X(\mathbf{x}) \neq 0$ für jedes $\mathbf{x} \in S_n$ (Aufgabe 21).

24.9.8. Anwendungen. II. *Das Kroneckerintegral*

Es sei X eine orientierte zusammenhängende kompakte differenzierbare Mannigfaltigkeit der Dimension $n - 1 \geqq 1$ und f eine Abbildung der Klasse C^∞ von X in $\boldsymbol{R}^n \setminus \{0\}$. Ist p die surjektive Abbildung $\mathbf{z} \to \mathbf{z}/\|\mathbf{z}\|$ von $\boldsymbol{R}^n \setminus \{0\}$ auf S_{n-1}, so ist $p \circ f$ eine Abbildung der Klasse C^∞ von X in S_{n-1}. Wir orientieren S_{n-1} nach außen; für jede $(n-1)$-Differentialform ω auf S_{n-1} gilt dann nach (24.9.1.2)

$$\int_X {}^t f({}^t p(\omega)) = \deg(p \circ f) \cdot \int_{S_{n-1}} \omega.$$

Wählen wir für ω die Form „Raumwinkel“ $\sigma^{(n-1)}$ auf S_{n-1} (vgl. (16.24.7)), so erhält man daher als Ausdruck für den Grad von $p \circ f$ das *Kroneckerintegral*

24.9.8.1. $$\deg(p \circ f) = \frac{1}{\Omega_n} \int_X {}^t f(\tau^{(n)}),$$

wobei $\tau^{(n)}$ die $(n-1)$-Form ${}^t p(\sigma^{(n-1)})$ auf $\boldsymbol{R}^n \setminus \{0\}$ ist. Ein expliziter Ausdruck läßt sich für diese Form leicht angeben: Sie ist nämlich invariant gegenüber den Drehungen aus $\boldsymbol{SO}(n, \boldsymbol{R})$, und nach Definition (vgl. (16.20.8.3)) kann sie im Punkt $t\mathbf{e}_1$ von $\boldsymbol{R}^n \setminus \{0\}$ (mit $t > 0$) in der Gestalt $-tg(t)\, d\zeta^2 \wedge d\zeta^3 \wedge \cdots \wedge d\zeta^n$ geschrieben werden, wobei g eine Funktion der Klasse C^∞ in $\boldsymbol{R}_+ \setminus \{0\}$ ist; berücksichtigt man die Darstellung (16.21.10.1) der Form σ_0, so kann man dafür auch $g(t)\, \sigma_0(t)$ schreiben, und da die Form σ_0 gegenüber Drehung invariant ist, sieht man, daß $\tau^{(n)}(\mathbf{z}) = g(r(\mathbf{z}))\, \sigma_0(\mathbf{z})$ für jedes $\mathbf{z} \in \boldsymbol{R}^n \setminus \{0\}$ geschrieben werden kann mit $r(\mathbf{z}) = \left(\sum_{j=1}^{n} (\zeta^j)^2\right)^{1/2}$. Andererseits gilt $d\tau^{(n)} = {}^t p(d\sigma^{(n-1)}) = 0$, denn es ist $d\sigma^{(n-1)} = 0$, weil die Dimension von $\boldsymbol{S}_{n-1}$ gleich $n-1$ ist; wie die Definition von σ_0 (vgl. (16.21.10.1)) zeigt, ist $d\sigma_0 = nv$, und unter erneuter Verwendung der Definition von σ_0 erhält man

$$\begin{aligned} d\big((g \circ r)\, \sigma_0\big) &= d(g \circ r) \wedge \sigma_0 + n(g \circ r)\, v \\ &= (g' \circ r) \left(\sum_{j=1}^{n} \frac{\zeta^j}{r}\, d\zeta^j \right) \wedge \sigma_0 + n(g \circ r)\, v = (g' \circ r + ng \circ r)\, v. \end{aligned}$$

Für g erhält man somit die Differentialgleichung $g'(t) + ng(t) = 0$, woraus sich $g(t) = c/t^n$ ergibt (c ist eine Konstante). Ist jedoch $j: \boldsymbol{S}_{n-1} \to \boldsymbol{R}^n \setminus \{0\}$ die kanonische injektive Abbildung, so ist $p \circ j$ die identische Abbildung von $\boldsymbol{S}_{n-1}$, also ${}^t j(\tau^{(n)}) = \sigma^{(n-1)}$, was $c = 1$ nach sich zieht. Man erhält schließlich den Ausdruck

24.9.8.2. $$\tau^{(n)}(\mathbf{z}) = \frac{1}{r^n(\mathbf{z})}\, \sigma_0(\mathbf{z})$$

als explizite Darstellung des Kroneckerintegrals.

24.9.9. Anwendungen. III. *Die Verschlingungszahl*

Es seien X, Y zwei orientierte zusammenhängende kompakte Untermannigfaltigkeiten von $\boldsymbol{R}^n$. Wir nehmen an, es sei $X \cap Y = \emptyset$ und $\dim X + \dim Y = n - 1$, so daß $X \times Y$, versehen mit dem Produkt der Orientierungen von X und Y (vgl. (16.21.5)), eine orientierte zusammenhängende kompakte Mannigfaltigkeit der Dimension $n - 1$ ist. Aus der Voraussetzung $X \cap Y = \emptyset$ folgt darüber hinaus, daß

$$f: (\mathbf{x}, \mathbf{y}) \to \mathbf{y} - \mathbf{x}$$

eine Abbildung der Klasse C^∞ von $X \times Y$ in $\boldsymbol{R}^n \setminus \{0\}$ ist. In den Bezeichnungen von (24.9.8) wird die ganze Zahl

24.9.9.1. $$\operatorname{entrel}(X, Y) = \deg(p \circ f)$$

die *Verschlingungszahl* von X und Y genannt; diese Zahl läßt sich daher durch ein Kroneckerintegral berechnen. Es gilt

$$\operatorname{entrel}(Y, X) = (-1)^{(1+\dim X)(1+\dim Y)} \operatorname{entrel}(X, Y),$$

wie aus (16.21.5), (24.9.2, (i)) und Beispiel I in (24.9.5) folgt. Es seien X', Y' zwei weitere Untermannigfaltigkeiten von $\boldsymbol{R}^n$ derart, daß Homotopien

$$F: [0, 1] \times X \to \boldsymbol{R}^n, \qquad G: [0, 1] \times Y \to \boldsymbol{R}^n$$

existieren, für die $F(0, .)$ (bzw. $G(0, .)$) die identische Abbildung von X (bzw. Y) ist und $F(1, .)$ (bzw. $G(1, .)$) ein Diffeomorphismus von X auf X' (bzw. von Y auf Y'), der die Orientierung erhält; ferner werde vorausgesetzt, daß das Bild von X vermöge $F(t, .)$ das Bild Y vermöge $G(t, .)$ *für kein* $t \in [0, 1]$ *schneidet*. Dann ergibt sich aus (24.9.2, (ii) und (iii))

$$\text{entrel}\,(X, Y) = \text{entrel}\,(X', Y').$$

24.9.9.2. Beispiele. Wir betrachten in $\boldsymbol{R}^3$ zwei ebene Kurven X, Y, die keinen Punkt gemeinsam haben und *in derselben Ebene* liegen; dann ist entrel $(X, Y) = 0$, denn das Bild von $X \times Y$ vermöge der Abbildung $p \circ f$ ist in einem Großkreis von $\boldsymbol{S}_2$ enthalten, und folglich ist $p \circ f$ nicht surjektiv, woraus sich mit (24.9.4, (i)) die Behauptung ergibt.

Im Gegensatz dazu wählen wir für X den Kreis $x_1^2 + x_2^2 - 1 = 0$, $x_3 = 0$, und für Y den Kreis $(x_1 - 1)^2 + x_3^2 = 1$, $x_2 = 0$. Das inverse Bild des Vektors $-\mathbf{e}_1 \in \boldsymbol{S}_2$ vermöge $p \circ f$ besteht nur aus dem Punkt $(\mathbf{e}_1, 0)$ von $X \times Y$, und die Berechnung der partiellen Ableitungen von $y - x$ zeigt, daß $p \circ f$ in diesem Punkt eine Submersion ist; daher gilt entrel $(X, Y) = \pm 1$ in Abhängigkeit von der gewählten Orientierung (vgl. (24.9.4, (ii)).

Ist für zwei Kurven X, Y in $\boldsymbol{R}^3$, die keinen Punkt gemeinsam haben, entrel $(X, Y) \neq 0$, so existiert daher kein Paar von Homotopien (F, G) des weiter oben beschriebenen Typs derart, daß X' und Y' in derselben Ebene lägen; allerdings ist diese hinreichende Bedingung nicht notwendig.

Aufgaben

1. Es sei X eine n-dimensionale reine Mannigfaltigkeit, U eine relativ kompakte offene Teilmenge von X, f eine stetige Abbildung von $\overline{U}$ in $\boldsymbol{S}_n$ und $\mathbf{z}$ ein Punkt von $\boldsymbol{S}_n$, der nicht zum Bild $f(\text{Fr}\,(U))$ des (kompakten) Randes von U in X gehört. Man zeige, daß eine stetige Abbildung $F\colon X \to \boldsymbol{S}_n$ existiert, die f fortsetzt und für die $\mathbf{z}$ nicht zu $\overline{F(X \setminus U)}$ gehört; ist $F_1\colon X \to \boldsymbol{S}_n$ eine zweite stetige Abbildung, die f fortsetzt und für die $\mathbf{z}$ nicht zu $\overline{F_1(X \setminus U)}$ gehört, so sind F und F_1 überdies homotop. (Es sei h ein Homöomorphismus von $\boldsymbol{S}_n \setminus \{\mathbf{z}\}$ auf $\boldsymbol{R}^n$. Man wende den Satz von Tietze-Urysohn (vgl. (4.5.1)) auf die abgeschlossene Teilmenge Fr (U) von $X \setminus U$ und auf die Abbildung $h \circ f$ von Fr (U) in $\boldsymbol{R}^n$ an.)

2. Es sei U eine offene Teilmenge von $\boldsymbol{S}_n$, f eine stetige Abbildung von $\overline{U}$ in $\boldsymbol{S}_n$ und $\mathbf{z}$ ein Punkt von $\boldsymbol{S}_n$, der nicht zu $f(\text{Fr}\,(U))$ gehört. Es werde $d(f, U, \mathbf{z}) = \deg F$ gesetzt, wobei F eine Fortsetzung von f auf $\boldsymbol{S}_n$ ist derart, daß $\mathbf{z}$ nicht zu $F(\boldsymbol{S}_n \setminus U)$ gehört (vgl. Aufgabe 1); diese Zahl hängt nur von f, U und $\mathbf{z}$ ab und nicht von der gewählten Fortsetzung F.

a) Man zeige, daß $d(f, U, \mathbf{z}) = 0$ gilt für $\mathbf{z} \notin f(U)$.

b) Wenn $j\colon \overline{U} \to \boldsymbol{S}_n$ die kanonische injektive Abbildung ist, zeige man, daß $d(j, U, \mathbf{z}) = 0$ gilt für $\mathbf{z} \notin U$ und $d(j, U, \mathbf{z}) = 1$ für $\mathbf{z} \in U$.

c) Es seien f_0, f_1 zwei stetige Abbildungen von $\overline{U}$ in $\boldsymbol{S}_n$; es werde vorausgesetzt, daß eine Homotopie $\Phi\colon \overline{U} \times [0, 1] \to \boldsymbol{S}_n$ von f_0 in f_1 existiert und daß $\mathbf{z} \in \boldsymbol{S}_n$ nicht von der Gestalt $\Phi(x, t)$ ist für ein $x \in \text{Fr}\,(U)$ und $t \in [0, 1]$. Man zeige, daß $d(f_0, U, \mathbf{z}) = d(f_1, U, \mathbf{z})$ gilt.

d) Es seien f, f_1 zwei stetige Abbildungen von $\overline{U}$ in $\boldsymbol{S}_n$ derart, daß sich für den kanonischen Riemannschen Abstand δ auf $\boldsymbol{S}_n$ ergibt, daß $\delta(f(x), f_1(x)) < \varepsilon$ ist für jedes $x \in \overline{U}$, wobei ε den Ungleichungen $0 < \varepsilon < \pi$ genügt. Man zeige: Ist $\mathbf{z} \in \boldsymbol{S}_n$ so gewählt, daß $\delta(f(x), \mathbf{z}) > \varepsilon$ ist für jedes $x \in \text{Fr}\,(U)$, so gilt

$$d(f, U, \mathbf{z}) = d(f_1, U, \mathbf{z}).$$

(Man benutze c), wobei Φ so gewählt werde, daß $\Phi(x, t)$ zu dem Großkreisbogen $< \pi$ gehört, der $f(x)$ und $f_1(x)$ verbindet.)

e) Für jede stetige Abbildung f von $\overline{U}$ in $\boldsymbol{S}_n$ zeige man, daß die Abbildung $\mathbf{z} \to d(f, U, \mathbf{z})$ in jeder zusammenhängenden Komponente von $\boldsymbol{S}_n \setminus f(\mathrm{Fr}(U))$ konstant ist. (Man vergleiche $d(f, U, \mathbf{z})$ und $d(r \circ f, U, \mathbf{z})$, wobei r eine der Identität hinreichend benachbarte Drehung ist.)

3. Es sei U eine offene Teilmenge von $\boldsymbol{S}_n$, (U_j) eine (endliche oder unendliche) Folge von paarweise disjunkten Teilmengen von U, f eine stetige Abbildung von $\overline{U}$ in $\boldsymbol{S}_n$, $\mathbf{z}$ ein Punkt von $\boldsymbol{S}_n$, der nicht zum Bild von $\overline{U} \setminus \bigcup_j U_j$ vermöge f gehört.

a) Man zeige, daß $f^{-1}(\mathbf{z}) \cap U_j = \emptyset$ gilt, ausgenommen für eine endliche Anzahl von Werten von j. (Man führe den Beweis indirekt.)

b) Man zeige, daß $d(f, U, \mathbf{z}) = \sum_j d(f, U_j, \mathbf{z})$ gilt. (Man beginne mit dem Fall, daß die Anzahl der U_j endlich ist, betrachte danach den Fall, daß f die Einschränkung einer Abbildung der Klasse C^∞ auf $\overline{U}$ ist, wobei man (16.26.5) benutze, und führe das Problem schließlich, unter Benutzung von Aufgabe 2e) auf den Fall zurück, daß $f^{-1}(\mathbf{z})$ eine endliche Menge ist.)

4. Es sei U eine offene Teilmenge von $\boldsymbol{S}_n$, f eine stetige Abbildung von $\overline{U}$ in $\boldsymbol{S}_n$, (Δ_j) die Familie der zusammenhängenden Komponenten von $\boldsymbol{S}_n \setminus f(\mathrm{Fr}(U))$; mit $d(f, U, \Delta_j)$ werde der gemeinsame Wert der Zahlen $d(f, U, \mathbf{y})$ für $\mathbf{y} \in \Delta_j$ bezeichnet (vgl. Aufgabe 2e)). Es sei g eine stetige Abbildung von $\boldsymbol{S}_n$ in $\boldsymbol{S}_n$, und wir setzen voraus, $\mathbf{z} \in \boldsymbol{S}_n$ sei so gewählt, daß sich $g^{-1}(\mathbf{z})$ und $f(\mathrm{Fr}(U))$ nicht schneiden. Wir wollen zeigen, daß

$$d(g \circ f, U, \mathbf{z}) = \sum_j d(f, U, \Delta_j)\, d(g, \Delta_j, \mathbf{z})$$

gilt.

a) Man zeige, daß man das Problem auf den Fall zurückführen kann, in dem g eine Abbildung der Klasse C^∞ ist.

b) Man zeige, daß $g^{-1}(\mathbf{z}) \cap \Delta_j = \emptyset$ ist, ausgenommen für eine endliche Anzahl von Werten von j.

c) Für jedes j mit $\Delta_j \cap g^{-1}(\mathbf{z}) \neq \emptyset$ sei V_j eine offene Umgebung von $\Delta_j \cap g^{-1}(\mathbf{z})$ derart, daß $\overline{V}_j \subset \Delta_j$ ist. Man zeige, daß eine Abbildung f_1 von $\overline{U}$ in $\boldsymbol{S}_n$ existiert, die Einschränkung einer zu f_1 homotopen Abbildung der Klasse C^∞ ist und für die für jedes j mit $\Delta_j \cap g^{-1}(\mathbf{z}) \neq \emptyset$

$$d(f, U, \Delta_j) = d(f_1, U, V_j)$$

gilt.

d) Man zeige, daß ein beliebig nahe bei $\mathbf{z}$ gelegenes $\mathbf{y}$ existiert derart, daß $g^{-1}(\mathbf{y})$ in der Vereinigung der V_j enthalten ist und $g^{-1}(\mathbf{y})$ sowie $f^{-1}(g^{-1}(\mathbf{y}))$ endliche Mengen sind. (Man benutze die folgende Tatsache: Wenn E die Menge der kritischen Punkte von f, eingeschränkt auf U, ist und E_1 die Menge der kritischen Punkte von g, so sind $g(E_1)$ und $g(f(E))$ Mengen vom Maß 0 (vgl. Abschnitt 16.22, Aufgabe 1c)).)

5. Es sei A eine nichtleere Teilmenge von $\boldsymbol{R}^n$; man nennt eine Abbildung φ von A in $\boldsymbol{R}^n$ *zulässig*, wenn sie stetig ist und wenn die Abbildung $\mathbf{x} \to \varphi(\mathbf{x}) - \mathbf{x}$ von A in $\boldsymbol{R}^n$ beschränkt ist.

a) Es sei $h: \boldsymbol{S}_n \setminus \{\mathbf{e}_0\} \to \boldsymbol{R}^n$ die stereographische Projektion mit dem Pol $\mathbf{e}_0$ (vgl. (16.2.3)), und es sei A_S die Vereinigung von $h^{-1}(A)$ mit $\{\mathbf{e}_0\}$. Man zeige: Damit die Abbildung φ zulässig ist, muß sich die Abbildung $h^{-1} \circ \varphi \circ h$ von $h^{-1}(A)$ in $\boldsymbol{S}_n$ zu einer stetigen Abbildung φ_S von A_S in $\boldsymbol{S}_n$ fortsetzen lassen, für die $\varphi_S(\mathbf{e}_0) = \mathbf{e}_0$ gilt.

b) Ist A kompakt, so ist jede stetige Abbildung von A in $\boldsymbol{R}^n$ zulässig.

c) Man zeige, daß jede zulässige Abbildung einer abgeschlossenen Menge $A \subset \boldsymbol{R}^n$ zu einer zulässigen Abbildung von $\boldsymbol{R}^n$ in sich fortgesetzt werden kann.

d) Man zeige, daß jede zulässige Abbildung einer abgeschlossenen Menge $A \subset \boldsymbol{R}^n$ eigentlich ist (vgl. Abschnitt 17.3.7).

e) Ist φ eine zulässige Abbildung von $A \subset \boldsymbol{R}^n$ in $\boldsymbol{R}^n$ und ψ eine zulässige Abbildung von $\varphi(A)$ in $\boldsymbol{R}^n$, so ist $\psi \circ \varphi$ eine zulässige Abbildung von A in $\boldsymbol{R}^n$. Ist φ ein Homöomorphismus von A auf $\varphi(A)$, so ist φ^{-1} zulässig.

6. Wir übernehmen die Bezeichnungen von Aufgabe 5 und setzen A als offen in $\boldsymbol{R}^n$ voraus. Ist φ eine zulässige Abbildung von $\bar{A}$ in $\boldsymbol{R}^n$ und gehört $\mathbf{z} \in \boldsymbol{R}^n$ nicht zu $\varphi(\mathrm{Fr}\,(A))$, so ist die Zahl $d(\varphi_S, h^{-1}(A), h^{-1}(\mathbf{z}))$ definiert (vgl. Aufgabe 2); man setze $d(\varphi, A, \mathbf{z}) = d(\varphi_S, h^{-1}(A), h^{-1}(\mathbf{z}))$.

Es sei φ_1 eine zweite zulässige Abbildung von $\bar{A}$ in $\boldsymbol{R}^n$ mit $\varphi_1(\mathbf{x}) = \varphi(\mathbf{x})$ in $\mathrm{Fr}\,(A)$. Man zeige unter Benutzung von Aufgabe 2c), daß $d(\varphi_1, A, \mathbf{z}) = d(\varphi, A, \mathbf{z})$ gilt.

7. Es seien F eine abgeschlossene Teilmenge von $\boldsymbol{R}^n$, φ eine zulässige Abbildung von F in $\boldsymbol{R}^n$ und ψ eine stetige Fortsetzung von φ in eine zulässige Abbildung von $\boldsymbol{R}^n$ in sich. Dann ist für jede zusammenhängende Komponente D_i von $\boldsymbol{R}^n \setminus F$ und jeden Punkt $\mathbf{z} \notin \varphi(F)$ die Zahl $d(\psi, D_i, \mathbf{z})$ definiert. Man zeige, daß diese Zahl nicht von der zulässigen Fortsetzung ψ von φ abhängt; man bezeichnet sie mit $d(\varphi, D_i, \mathbf{z})$. Man zeige, daß die Abbildung $\mathbf{z} \to d(\varphi, D_i, \mathbf{z})$ in $\boldsymbol{R}^n \setminus \varphi(F)$ stetig ist und daher nur von der zusammenhängenden Komponente Δ_j von $\boldsymbol{R}^n \setminus \varphi(F)$ abhängt, zu der $\mathbf{z}$ gehört; man schreibt dann $d(\varphi, D_i, \Delta_j)$ anstelle von $d(\varphi, D_i, \mathbf{z})$. Man zeige: Für einen gegebenen Index j ist $d(\varphi, D_i, \Delta_j) = 0$, ausgenommen für eine *endliche* Anzahl von Werten von i.

8. Es seien F eine abgeschlossene Teilmenge von $\boldsymbol{R}^n$, f eine zulässige Abbildung von F in $\boldsymbol{R}^n$ und g eine zulässige Abbildung von $f(F)$ in $\boldsymbol{R}^n$, so daß $g \circ f$ eine zulässige Abbildung von F in $\boldsymbol{R}^n$ ist. Es sei (D_i) (bzw. (D'_j), (D''_k)) die Familie der zusammenhängenden Komponenten von $\boldsymbol{R}^n \setminus F$ (bzw. $\boldsymbol{R}^n \setminus f(F)$, $\boldsymbol{R}^n \setminus g(f(F))$). Man zeige (in den Bezeichnungen von Aufgabe 7), daß

$$d(g \circ f, D_i, D''_k) = \sum_j d(f, D_i, D'_j)\, d(g, D'_j, D''_k)$$

gilt. (Man benutze Aufgabe 4.)

Insbesondere werde angenommen, f sei ein (zulässiger) *Homöomorphismus* von F auf $f(F)$. Dann zeige man, daß die Menge der zusammenhängenden Komponenten von $\boldsymbol{R}^n \setminus F$ und die Menge der zusammenhängenden Komponenten von $\boldsymbol{R}^n \setminus f(F)$ gleichmächtig sind. (Verallgemeinerung des Satzes von JORDAN-BROUWER; setzt man $\alpha_{ij} = d(f, D_i, D'_j)$, $\beta_{ij} = d(f^{-1}, D'_j, D_i)$, so gilt $\sum_j \alpha_{ij}\beta_{jk} = \delta_{ik}$ und $\sum_i \beta_{ji}\alpha_{ik} = \delta_{jk}$; man beachte, daß es keine bijektive Abbildung eines endlichdimensionalen Vektorraumes auf einen unendlichdimensionalen Vektorraum geben kann.)

9. Es seien X, Y zwei orientierte zusammenhängende kompakte Mannigfaltigkeiten derselben Dimension. Es sei f eine injektive Abbildung der Klasse C^∞ von X in Y. Man zeige, daß $\deg f = \pm 1$ und f folglich bijektiv ist. Man gebe ein Beispiel an, worin $X = Y = \boldsymbol{S}_1$ und f bijektiv, f^{-1} jedoch in gewissen Punkten nicht differenzierbar ist.

10. a) Man fasse die Sphäre $\boldsymbol{S}_3$ als Menge der Quaternionen mit der Norm 1 auf. Für jedes $p \in \boldsymbol{Z}$ ist $f\colon \mathbf{z} \to \mathbf{z}^p$ eine Abbildung der Klasse C^∞ von $\boldsymbol{S}_3$ in $\boldsymbol{S}_3$; man zeige, daß ihr Grad gleich p ist. (Man schreibe die Punkte von $\boldsymbol{S}_3$ in der Form $\cos\varphi\cos\psi\cos\theta + i\cos\varphi\cos\psi\sin\theta + j\cos\varphi\sin\psi + k\sin\varphi$ und betrachte das Urbild $f^{-1}(\mathbf{z})$ für einen Punkt $\mathbf{z}$, der den Werten $\varphi = 0$, $\psi = 0$ und θ verschieden von 0 und π entspricht.)

b) Der Körper der Quaternionen $\boldsymbol{H}$ $(= \boldsymbol{R}^4)$ werde mit dem Komplement des Pols $\mathbf{e}_0$ der stereographischen Projektion $\boldsymbol{S}_4 \setminus \{\mathbf{e}_0\} \to \boldsymbol{R}^4$ identifziert. Man zeige, daß die Abbildung $\mathbf{z} \to \mathbf{z}^p$ von $\boldsymbol{H}$ in sich für $p > 0$ zu einer stetigen Abbildung g von $\boldsymbol{S}_4$ in $\boldsymbol{S}_4$ fortgesetzt werden kann und daß $\deg g = p$ gilt.

c) Aus b) leite man her, daß für jede ganze Zahl $p \geqq 1$ die Gleichung $\mathbf{a}_0\mathbf{x}^p + \mathbf{a}_1\mathbf{x}^{p-1} + \cdots + \mathbf{a}_p = 0$ in $\boldsymbol{H}$ mindestens eine Wurzel besitzt, wobei die $\mathbf{a}_j$ Quaternionen sind und $\mathbf{a}_0 \neq 0$ gilt.

11. Es sei f eine Abbildung der Klasse C^∞ von $\boldsymbol{S}_n$ in $\boldsymbol{S}_n$ (für $n \geqq 2$); ist D^+ (bzw. D^-) die durch $\xi^0 \geqq 0$ (bzw. $\xi^0 \leqq 0$) definierte abgeschlossene Hemisphäre von $\boldsymbol{S}_n$, so zeige man, daß f zu einer Abbildung g der Klasse C^∞ von $\boldsymbol{S}_n$ in $\boldsymbol{S}_n$ homotop ist, für die $g(D^+)$ in $\boldsymbol{S}_n \setminus \{-\mathbf{e}_0\}$ und $g(D^-)$ in $\boldsymbol{S}_n \setminus \{\mathbf{e}_0\}$ enthalten ist. Dazu betrachte man zwei verschiedene reguläre Werte $\mathbf{a}$, $\mathbf{b}$ von f; es sei $f^{-1}(\mathbf{a}) = \{\mathbf{a}_1, \ldots, \mathbf{a}_p\}$, $f^{-1}(\mathbf{b}) = \{\mathbf{b}_1, \ldots, \mathbf{b}_q\}$. Man zeige, daß ein zur identischen Abbildung homotoper Diffeomorphismus φ von $\boldsymbol{S}_n$ auf sich existiert derart, daß $\varphi(\mathbf{a}_j) \in \boldsymbol{S}_n \setminus D^-$ (innerer Kern von D^+) gilt für $1 \leqq j \leqq p$ und $\varphi(\mathbf{b}_k) \in \boldsymbol{S}_n \setminus D^+$ (innerer Kern von D^-) für $1 \leqq k \leqq q$ (vgl. (16.26.10) und (16.26.8)). Ebenso existiert ein zur identischen Abbildung homotoper Diffeomorphismus ψ von $\boldsymbol{S}_n$ auf sich mit $\psi(\mathbf{a}) = \mathbf{e}_0$ und $\psi(\mathbf{b}) = -\mathbf{e}_0$. Man zeige, daß $g = \psi \circ f \circ \varphi^{-1}$ das Gewünschte leistet.

12. a) Für jede Zahl a, $0 < a < 1$, sei U_a (bzw. V_a) die durch $\xi^0 > -a$ (bzw. $\xi^0 < a$) definierte offene Teilmenge von $\boldsymbol{S}_n$ (für $n \geqq 1$). Man zeige, daß eine zur identischen Abbildung homotope Abbildung θ von $\boldsymbol{S}_n$ in sich der Klasse C^∞ existiert, die sich in einer Umgebung von $\mathbf{e}_0$ und in einer Umgebung von $-\mathbf{e}_0$ auf die identische Abbildung reduziert und für die $\theta(U_a \setminus D^+) \subset \boldsymbol{S}_{n-1}$, $\theta(V_a \setminus D^-) \subset \boldsymbol{S}_{n-1}$ gilt.

b) Es sei f eine Abbildung der Klasse C^∞ von $\boldsymbol{S}_n$ in $\boldsymbol{S}_n$ (für $n \geqq 2$). Man zeige, daß f zu einer Abbildung h der Klasse C^∞ von $\boldsymbol{S}_n$ in $\boldsymbol{S}_n$ homotop ist derart, daß $h(D^+) \subset D^+$ und $h(D^-) \subset D^-$ gilt und folglich $h(\boldsymbol{S}_{n-1}) \subset \boldsymbol{S}_{n-1}$. (Man benutze Aufgabe 11 und zeige, daß für eine geeignet gewählte Zahl $a < 1$ die in a) definierte Abbildung θ zusammen mit g eine Abbildung $h = \theta \circ g$ ergibt, die das Gewünschte leistet.)

13. Es sei f eine Abbildung der Klasse C^∞ von $\boldsymbol{S}_n$ in $\boldsymbol{S}_n$ (für $n \geqq 2$) mit $f(D^+) \subset D^+$ und $f(D^-) \subset D^-$, woraus $f(\boldsymbol{S}_{n-1}) \subset \boldsymbol{S}_{n-1}$ folgt; ihre Einschränkung f_0 auf $\boldsymbol{S}_{n-1}$ ist eine Abbildung der Klasse C^∞ von $\boldsymbol{S}_{n-1}$ in $\boldsymbol{S}_{n-1}$. Man zeige, daß $\deg f = \deg f_0$ gilt. (Man beachte, daß zwei Zahlen a, b existieren derart, daß $0 < a < b < 1$ ist und $f(U_a) \subset U_b$ sowie $f(V_a) \subset V_b$ gilt. Man benutze das kommutative Diagramm von exakten Sequenzen (24.3.4.1), wobei man darin $X = Y = \boldsymbol{S}_n$, $h = f$, $U_1 = U_a$, $V_1 = U_b$, $U_2 = V_a$ und $V_2 = V_b$ setze. Ferner benutze man Aufgabe 3 aus Abschnitt 24.7.)

14. a) Es sei f eine Abbildung der Klasse C^∞ von $\boldsymbol{S}_n$ in $\boldsymbol{S}_n$ (für $n \geqq 2$) derart, daß $f(D^+) \subset D^+$ und $f(D^-) \subset D^-$ gilt, und es sei g eine zweite Abbildung von $\boldsymbol{S}_n$ in $\boldsymbol{S}_n$ mit denselben Eigenschaften. Man zeige, daß die Abbildungen f und g homotop sind, wenn die Einschränkungen von f und g auf $\boldsymbol{S}_{n-1}$ übereinstimmen. (Man benutze Beispiel 24.9.5, III.)

b) Es seien f_0, g_0 zwei Abbildungen der Klasse C^∞ von $\boldsymbol{S}_{n-1}$ in $\boldsymbol{S}_{n-1}$. Man zeige: Sind f_0 und g_0 homotop, so existieren zwei Abbildungen f, g von $\boldsymbol{S}_n$ in $\boldsymbol{S}_n$, die f_0 bzw. g_0 fortsetzen, für die $f(D^+) \subset D^+$, $g(D^+) \subset D^+$, $f(D^-) \subset D^-$, $g(D^-) \subset D^-$ gilt und die homotop sind.

15. Es seien f, g zwei Abbildungen der Klasse C^∞ von $\boldsymbol{S}_n$ in $\boldsymbol{S}_n$ (für $n \geqq 1$). Man zeige, daß f und g homotop sind, wenn $\deg f = \deg g$ gilt (*Satz von H. Hopf*). (Man führe den Beweis durch vollständige Induktion nach n unter Verwendung der Aufgaben 12b), 13 und 14. Für $n = 1$ benutze man Beispiel 24.9.5, II.)

16. a) Es sei f eine Abbildung der Klasse C^∞ von $\boldsymbol{S}_n$ in $\boldsymbol{S}_n$ mit $f(-\mathbf{x}) \neq f(\mathbf{x})$ für $\mathbf{x} \in \boldsymbol{S}_n$. Man zeige, daß eine Abbildung g der Klasse C^∞ von $\boldsymbol{S}_n$ in $\boldsymbol{S}_n$ existiert, die zu f homotop ist und für die $g(-\mathbf{x}) = -g(\mathbf{x})$ gilt für jedes $\mathbf{x} \in \boldsymbol{S}_n$. (Man betrachte den Geodätischenbogen einer Länge $< \pi$, der $f(\mathbf{x})$ und $-f(-\mathbf{x})$ verbindet, sowie die Umgebung dieses Bogens.)

b) Es werde $f(\mathbf{x}) = -f(\mathbf{x})$ für jedes $\mathbf{x} \in \boldsymbol{S}_n$ vorausgesetzt. Man zeige, daß es eine zu f homotope Abbildung g der Klasse C^∞ von $\boldsymbol{S}_n$ in $\boldsymbol{S}_n$ gibt derart, daß $g(-\mathbf{x}) = -g(\mathbf{x})$ ist für jedes $\mathbf{x} \in \boldsymbol{S}_n$ und $g(D^+) \subset D^+$ sowie $g(D^-) \subset D^-$ gilt. (Man gehe wie in den Aufgaben 11 und 12a) vor; um jedoch zu Abbildungen φ und θ zu gelangen mit $\varphi(-\mathbf{x}) = -\varphi(\mathbf{x})$ und $\theta(-\mathbf{x}) = -\theta(\mathbf{x})$, benutze man $\boldsymbol{P}_n(\boldsymbol{R})$.)

c) Man zeige: Ist f eine Abbildung der Klasse C^∞ von $\boldsymbol{S}_n$ in $\boldsymbol{S}_n$ mit $f(-\mathbf{x}) \neq f(\mathbf{x})$, so ist $\deg f$ eine ungerade Zahl und f folglich surjektiv. (Man führe den Beweis durch Induktion nach n unter Verwendung von a) und b).)

17. Es sei f eine Abbildung der Klasse C^∞ von $\boldsymbol{S}_n$ in $\boldsymbol{R}^n$. Man zeige, daß ein $\mathbf{x} \in \boldsymbol{S}_n$ existiert mit $f(-\mathbf{x}) = f(\mathbf{x})$ (*Satz von Borsuk-Ulam*). (Man betrachte $\boldsymbol{R}^n$ eingebettet in $\boldsymbol{S}_n$ und benutze Aufgabe 16c).) Man verallgemeinere das Ergebnis auf den Fall, daß f nur stetig ist.

18. Es sei $\{A_1, A_2, \ldots, A_{n+1}\}$ eine aus abgeschlossenen Mengen bestehende Überdeckung von $\boldsymbol{S}_n$. Man zeige, daß ein Index j existiert derart, daß A_j zwei einander gegenüberliegende Punkte $\mathbf{x}$ und $-\mathbf{x}$ enthält. (Man führe den Beweis indirekt; wäre die Behauptung nicht wahr, so zeigt man zunächst, daß der Durchschnitt

$$A_1 \cap A_2 \cap \cdots \cap A_{n+1} = \emptyset$$

ist; für jedes j betrachte man eine Abbildung f_j der Klasse C^∞ von $\boldsymbol{S}_n$ in $[0, 1]$ derart, daß $f_j(\mathbf{x}) = 0$ in A_j und $f_j(\mathbf{x}) > 0$ in $\boldsymbol{S}_n \setminus A_j$ gilt (vgl. Abschnitt 16.25, Aufgabe 2a)); danach benutze man den Satz von Borsuk-Ulam, um zu einem Widerspruch zu gelangen.) (*Satz von Ljusternik-Schnirelmann-Borsuk*).

19. Es seien X, Y zwei orientierte zusammenhängende kompakte Mannigfaltigkeiten derselben Dimension, und es sei $f: X \to Y$ eine Abbildung der Klasse C^∞, die in jedem Punkt ein lokaler Diffeomorphismus ist. Man zeige: Ist $\deg f = 1$, so ist f ein die Orientierung erhaltender Diffeomorphismus von X auf Y. (In den Bezeichnungen von (24.9.3) zeige man, daß $\varepsilon(x) = 1$ ist in jedem Punkt $x \in X$.)

20. Es seien X_1, Y_1 (bzw. X_2, Y_2) zwei orientierte zusammenhängende kompakte Mannigfaltigkeiten derselben Dimension und $f_1: X_1 \to Y_1$, $f_2: X_2 \to Y_2$ zwei Abbildungen der Klasse C^∞. Man zeige: Versieht man $X_1 \times X_2$ und $Y_1 \times Y_2$ mit den Produktorientierungen (vgl. (16.21.5)), so gilt $\deg(f_1 \times f_2) = \deg f_1 \cdot \deg f_2$.

21. Identifiziert man $\boldsymbol{R}^{2n+2}$ mit $\boldsymbol{C}^{n+1}$, so identifiziert man für jeden Punkt $\mathbf{z} \in \boldsymbol{S}_{2n+1}$ den Tangentialraum $T_{\mathbf{z}}(\boldsymbol{S}_{2n+1})$ mit einem Teilraum von $T_{\mathbf{z}}(\boldsymbol{R}^{2n+2}) = \boldsymbol{C}^{n+1} \times \boldsymbol{C}^{n+1}$; für jedes $\mathbf{z} \in \boldsymbol{S}_{2n+2}$ zeige man, daß $X(\mathbf{z}) = (\mathbf{z}, i\mathbf{z})$ ein zu $\boldsymbol{S}_{2n+1}$ tangentialer Vektor $\neq 0$ ist.

22. Es sei X ein in $\boldsymbol{R}^3$ eingebetteter gewundener Torus, der Bild von $[0, 2\pi] \times [0, 2\pi]$ vermöge der Abbildung

$$(\theta, \varphi) \to ((a + r\cos\theta)\cos\varphi, (a + r\cos\theta)\sin\varphi, r\sin\theta)$$

ist mit $0 < r < a$. Es bezeichne Y_m die durch $\theta = m\varphi$ definierte Kurve in X, wobei m eine ganze rationale Zahl $\neq 0$ ist. Man zeige, daß sämtliche Mannigfaltigkeiten $X \setminus Y_m$ diffeomorph sind, daß aber für $m \neq n$ keine Homotopie von Y_m in Y_n mit Werten in X existiert (vgl. Abschnitt 24.7, Aufgabe 5). (Man berechne die Verschlingungszahl von Y_m und des Kreises $\varphi \to (a\cos\varphi, a\sin\varphi, 0)$.)

23. Es sei X das Bild von $[0, 4\pi] \times [0, 3/4]$ in $\boldsymbol{R}^3$ vermöge der Abbildung

$$(\theta, r) \to \left(\left(1 + r\cos\frac{\theta}{2}\right)\cos\theta, \left(1 + r\cos\frac{\theta}{2}\right)\sin\theta, r\sin\frac{\theta}{2}\right);$$

X ist eine zum Möbiusschen Band diffeomorphe Untermannigfaltigkeit (vgl. (16.14.10)). Auf X betrachte man die beiden Kurven C_1, C_2, die durch die Gleichungen $r = 1/4$ und $r = 1/2$ definiert sind. Man zeige, daß $\operatorname{entrel}(C_1, C_2) = \pm 2$ ist.

24. Es sei f eine Immersion der Klasse C^1 (vgl. (16.7.8)) von $\boldsymbol{S}_1$ in $\boldsymbol{R}^2 = \boldsymbol{C}$. Ist $g(s) = f(e^{is})$, so setze man $v(e^{is}) = g'(s)/|g'(s)|$, womit man einen normierten Tangentialvektor an die Kurve $f(\boldsymbol{S}_1)$ im Punkte $f(e^{is})$ erhält; v ist eine stetige Abbildung von $\boldsymbol{S}_1$ in sich. Die Zahl $\operatorname{enroul}(f) = \deg(v)$ wird die *Windungszahl* von f genannt. Für jeden Diffeomorphismus h von $\boldsymbol{S}_1$ auf sich, der die Orientierung erhält, ist $\operatorname{enroul}(f \circ h) = \operatorname{enroul}(f)$.

Sind f_1, f_2 zwei Immersionen der Klasse C^1 von $\boldsymbol{S}_1$ in $\boldsymbol{R}^2$, so wird eine Abbildung F der Klasse C^1 von $[0, 1] \times \boldsymbol{S}_1$ in $\boldsymbol{R}^2$ eine *reguläre Homotopie* von f_1 in f_2 genannt, wenn $F(0, t) = f_1(t)$, $F(1, t) = f_2(t)$ gilt und für jedes $\lambda \in [0, 1]$ die Abbildung $t \to F(\lambda, t)$ eine Immersion von $\boldsymbol{S}_1$ in $\boldsymbol{R}^2$ ist. Man zeige, daß f_1 und f_2 genau dann regulär homotop sind, wenn $\operatorname{enroul}(f_1) = \operatorname{enroul}(f_2)$

gilt (*Satz von Whitney-Graustein*). (Um nachzuweisen, daß die Bedingung hinreichend ist, kann man sich auf den Fall beschränken, daß $f_j(e^{is}) = g_j(s)$ ist ($j = 1, 2$) mit $|g_j'(s)| = 1$ für $0 \leqq s \leqq 2\pi$ und $g_1'(0) = g_2'(0)$; darüber hinaus kann vorausgesetzt werden, daß $g_j'(s) = \exp(ih_j(s))$ ist, wobei $h_j(0) = 0$ und $h_1(2\pi) = h_2(2\pi) = 2k\pi$ gilt und k die Windungszahl von f_1 und f_2 bezeichnet. Man betrachte die Funktion $H(\lambda, s) = \exp\big(i((1 - \lambda)\, h_1(s) + h_2(s))\big)$ für $0 \leqq \lambda \leqq 1$, $0 \leqq s \leqq 2\pi$, und zeige, daß $F(\lambda, s) = \int_0^s H(\lambda, u)\, du - \frac{s}{2\pi} \int_0^{2\pi} H(\lambda, u)\, du$ eine reguläre Homotopie von f_1 in f_2 definiert.

25. Es sei f eine Abbildung der Klasse C^∞ von $\boldsymbol{S}_n$ in $\boldsymbol{S}_n$. Man zeige, daß ein $\mathbf{x} \in \boldsymbol{S}_n$ existiert derart, daß $f(-\mathbf{x}) = -f(\mathbf{x})$ in den folgenden beiden Fällen gilt: 1° n ist gerade und $\deg f \neq 0$; 2° $\deg f$ ist ungerade. (Man beweise die Behauptung indirekt, indem man das Problem auf den Fall zurückführt, daß $f(-\mathbf{x}) = f(\mathbf{x})$ für jedes $\mathbf{x}$ ist, wie in Aufgabe 16a).)

26. Mit $\mathbf{e}_0, \mathbf{e}_1, \ldots, \mathbf{e}_n$ werde die kanonische Basis von $\boldsymbol{R}^{n+1}$ bezeichnet, und man identifiziere $\boldsymbol{R}^n$ mit der durch $\mathbf{e}_1, \mathbf{e}_2, \ldots, \mathbf{e}_n$ erzeugten Hyperebene. Für jedes $\mathbf{x} \in \boldsymbol{S}_n$ bezeichne $D^+(\mathbf{x})$ den $\mathbf{x}$ enthaltenden Halbraum, der durch die affine Hyperebene bestimmt ist, die durch den Punkt $^1/_2\mathbf{e}_0$ geht und zu $\mathbf{x}$ orthogonal ist.

a) Es sei λ das Lebesguesche Maß in $\boldsymbol{R}^n$. Man zeige, daß für jede integrierbare Teilmenge A von $\boldsymbol{R}^n$ die Funktion $u\colon \mathbf{x} \to \lambda(A \cap D^+(\mathbf{x}))$ in $\boldsymbol{S}_n$ stetig ist und $u(\mathbf{x}) + u(-\mathbf{x}) = \lambda(A)$ gilt.

b) Es seien $A_1, \ldots, A_n$ n integrierbare Teilmengen von $\boldsymbol{R}^n$. Man zeige, daß in $\boldsymbol{R}^n$ eine affine Hyperebene H existiert derart, daß für die beiden durch H in $\boldsymbol{R}^n$ bestimmten Halbräume Δ^+ und Δ^- für $1 \leqq i \leqq n$ die Gleichung $\lambda(A_i \cap \Delta^+) = \lambda(A_i \cap \Delta^-)$ gilt („Sandwichsatz"). (Unter Benutzung von a) wende man den Satz von BORSUK-ULAM (vgl. Aufgabe 17) an.)

27. Es seien $f_0, \ldots, f_n$ $n + 1$ in $\boldsymbol{R}^{n+1}$ definierte stetige Funktionen mit Werten $\geqq 0$, die vom selben Grade $m \geqq 1$ homogen sind und folgende Eigenschaft besitzen: Aus den Beziehungen $x_0 \geqq 0, \ldots, x_n \geqq 0$ und $f_j(x_0, \ldots, x_n) = 0$ für jeden Index j folgt $x_0 = x_1 = \cdots = x_n = 0$. Weiterhin sei $\|\mathbf{x}\|$ eine Norm auf $\boldsymbol{R}^{n+1}$. Man zeige, daß in $\boldsymbol{R}^{n+1}$ ein Punkt $\mathbf{x} = (x_0, \ldots, x_n)$ existiert, der von 0 verschieden ist und dessen Koordinaten $x_0 \geqq 0, \ldots, x_n \geqq 0$ sind, sowie eine Zahl $\lambda > 0$ derart, daß $f_j(\mathbf{x}) = \lambda \|\mathbf{x}\|^{m-1} x_j$ gilt für $0 \leqq j \leqq n$. (Man betrachte in $\boldsymbol{P}_n(\boldsymbol{R})$ die Menge der Punkte mit homogenen Koordinaten $\geqq 0$.) (Für $m = 1$ vergleiche man auch Aufgabe 6 in Abschnitt 11.1.)

28. Es sei $(\mathbf{e}_j)_{1 \leqq j \leqq 3}$ die kanonische Basis von $\boldsymbol{R}^3$, und es sei K ein nichtleere kompakte Teilmenge des $\boldsymbol{R}^2$ (der mit dem von $\mathbf{e}_2$ und $\mathbf{e}_3$ erzeugten Teilraum identifiziert werde) derart, daß die Untergruppe H der Gruppe I aller Isometrien von $\boldsymbol{R}^3$, die K global invariant lassen, endlich ist. Es werde vorausgesetzt, daß jedem Vektor $\mathbf{x} \in \boldsymbol{S}_2$ eine kompakte Teilmenge $A(\mathbf{x})$ der in $\boldsymbol{R}^3$ zu $\mathbf{x}$ orthogonalen Ebene mit der Gleichung $(\mathbf{x} \mid \mathbf{y}) = 0$ entspricht derart, daß eine Isometrie von $\boldsymbol{R}^3$ existiert, die K in $A(\mathbf{x})$ überführt. Damit ist eine Abbildung $\mathbf{x} \to s(\mathbf{x})$ von $\boldsymbol{S}_2$ in den homogenen Raum I/H definiert; man zeige, daß diese Abbildung nicht stetig sein kann. (Man beachte, daß man sonst zu einer stetigen Abbildung $\mathbf{x} \to f(\mathbf{x})$ von $\boldsymbol{S}_2$ in sich gelangte mit $(\mathbf{x} \mid f(\mathbf{x})) = 0$.) Man verallgemeinere das Ergebnis.

29. a) Es sei K eine nichtleere kompakte Teilmenge von $\boldsymbol{R}^3$. Es werde vorausgesetzt, daß ein Punkt $\mathbf{a} \in \boldsymbol{R}^3$ existiert derart, daß sich die Durchschnitte von K mit allen durch $\mathbf{a}$ gehenden Ebenen aus einem solchen Durchschnitt vermöge einer Isometrie von $\boldsymbol{R}^3$ herleiten lassen. Man zeige, daß jeder dieser Durchschnitte notwendigerweise eine Vereinigung von konzentrischen Kreisen ist (sowie eventuell ihrer Mittelpunkte). (Man benutze Aufgabe 28, Aufgabe 4 aus Abschnitt 3.20 und die Tatsache, daß eine unendliche abgeschlossene Untergruppe von $\boldsymbol{SO}(3)$ einen maximalen Torus enthält.)

b) Es werde außerdem vorausgesetzt, daß K eine konvexe Menge mit einem inneren Punkt ist. Man zeige dann, daß K eine abgeschlossene Euklidische Kugel ist. (Man betrachte die Paare von Punkten $\mathbf{b}, \mathbf{c}$ aus K, deren Abstand $\|\mathbf{b} - \mathbf{c}\|$ gleich dem Durchmesser von K ist, sowie eine $\mathbf{a}, \mathbf{b}, \mathbf{c}$ enthaltende Ebene, wobei man Aufgabe 2 aus Abschnitt 6.3 benutze.)

30. Man beweise die zu den Eigenschaften in Aufgabe 29 analogen Eigenschaften für den Fall, daß die Durchschnitte von K mit den durch $\mathbf{a}$ gehenden Ebenen ersetzt werden durch die orthogonalen Projektionen von K auf alle Ebenen von $\boldsymbol{R}^3$.

31. Unter den Voraussetzungen von Aufgabe 1b) aus Abschnitt 24.1 werde zusätzlich angenommen, daß X eine zusammenhängende orientierte kompakte Mannigfaltigkeit der Dimension n ist.

a) Man zeige, daß für $0 \leqq p \leqq n$

$$\operatorname{Tr}(\varrho_p(s)) = \deg s \cdot \operatorname{Tr}(\varrho_{n-p}(s^{-1}))$$

gilt (wobei notwendigerweise $\deg s = \pm 1$ gilt).

b) Man nehme an, daß X eine zweiblättrige Überlagerung von X_0 ist, und X_0 sei nicht orientierbar, so daß G eine aus zwei Elementen $\{e, s\}$ bestehende Gruppe ist mit $\deg s = -1$. Wird $r_p = \operatorname{Tr}(\varrho_p(s))$ gesetzt, so zeige man, daß zwischen den Bettischen Zahlen von X und X_0 die folgenden Beziehungen bestehen:

$$b_p^0 + b_{n-p}^0 = b_p, \qquad b_p^0 - b_{n-p}^0 = r_p.$$

24.10. Homologie der Ströme

24.10.1. Es sei X eine reine differenzierbare Mannigfaltigkeit der Dimension n. Für $0 \leqq p \leqq n$ bezeichnen wir mit $\mathscr{E}'_{p,\boldsymbol{R}}(X)$ (bzw. $\mathscr{E}'_{p,\boldsymbol{C}}(X)$) den $\boldsymbol{R}$-Vektorraum (bzw. $\boldsymbol{C}$-Vektorraum) *der reellen p-Ströme* (vgl. (17.6.1)) (bzw. *der p-Ströme*) *mit kompaktem Träger*; er kann als Raum der *stetigen Linearformen* auf dem Fréchetraum $\mathscr{E}_{p,\boldsymbol{R}}(X)$ (bzw. $\mathscr{E}_{p,\boldsymbol{C}}(X)$) aller reellen (bzw. komplexen) p-Differentialformen der Klasse C^∞ auf X (vgl. (17.7.1)) angesehen werden; es gilt $\mathscr{E}'_{p,\boldsymbol{C}}(X) = \mathscr{E}'_{p,\boldsymbol{R}}(X) \otimes_{\boldsymbol{R}} \boldsymbol{C} = \mathscr{E}'_{p,\boldsymbol{R}} \oplus i\mathscr{E}'_{p,\boldsymbol{R}}(X)$. Bis zum Abschnitt 24.48 werden nur *reelle* p-Differentialformen und *reelle* p-Ströme betrachtet werden, und wir schreiben daher einfach $\mathscr{E}_p(X)$ und $\mathscr{E}'_p(X)$ anstelle von $\mathscr{E}_{p,\boldsymbol{R}}(X)$ und $\mathscr{E}'_{p,\boldsymbol{R}}(X)$.

24.10.2. Für $1 \leqq p \leqq n$ und für *jeden* p-Strom T haben wir in (17.15.4) den *Rand* $\mathfrak{b}T$ von T als den $(p-1)$-Strom definiert, für den die Gleichung

24.10.2.1. $\langle \mathfrak{b}T, \alpha\rangle = \langle T, d\alpha\rangle$

für jede $(p-1)$-Differentialform α der Klasse C^∞ mit kompaktem Träger erfüllt ist. Man nennt T einen *Zyklus* (oder *geschlossen*), wenn $\mathfrak{b}T = 0$ ist.

Ist $L = \operatorname{Supp}(T)$, so gilt $\langle T, d\alpha\rangle = 0$ für jede p-Form α mit kompaktem Träger, der L nicht schneidet, also $\operatorname{Supp}(\mathfrak{b}T) \subset \operatorname{Supp}(T)$. Die Abbildung $\mathfrak{b}$ ist daher eine lineare Abbildung von $\mathscr{E}'_p(X)$ in $\mathscr{E}'_{p-1}(X)$; wie man weiterhin feststellt, bleibt Formel (24.10.2.1) auch für Ströme T mit kompaktem Träger sinnvoll und ist daher für *jede* $(p-1)$-Differentialform α der Klasse C^∞ gültig, und nicht nur für solche mit kompaktem Träger.

Nach Definition setzen wir $\mathfrak{b}T = 0$ für jeden 0-*Strom* (für jede Distribution) auf X. (Nach Vereinbarung wird $\mathscr{E}'_{-1}(X) = \{0\}$ gesetzt.)

24.10.3. Für $p \geqq 2$ gilt, wie wir gesehen haben, $\mathfrak{b}(\mathfrak{b}T) = 0$ für jeden p-Strom T (vgl. (17.15.4.3)), und die oben getroffene Vereinbarung erweitert diese Formel auf die Fälle $p = 1$ und $p = 0$. Hinsichtlich der Randabbildung ist daher der graduierte Vektorraum

$$\mathscr{A}'_{\bullet}(X) = \bigoplus_{p=0}^{n} \mathscr{E}'_p(X)$$

ein *graduierter Kodifferentialraum* über $\boldsymbol{C}$ bezüglich eines Differentialoperators $\mathfrak{b}$ vom Grad -1 (vgl. (A.30.7)). Also lassen sich auf ihn die Homologiedefinitionen für solche Räume anwenden (vgl. (A.30.7)): Der graduierte Teilraum $Z'_{\cdot}(X)$ der *Zyklen* von $\mathcal{A}'_{\cdot}(X)$ ist gleich

$$Z'_{\cdot}(X) = \bigoplus_{p=0}^{n} Z'_p(X),$$

wobei $Z'_p(X)$ der Vektorraum der p-Ströme mit kompaktem Träger ist, für die $\mathfrak{b}T = 0$ gilt. Der graduierte Teilraum $B'_{\cdot}(X)$ der *Ränder* von $\mathcal{A}'_{\cdot}(X)$ ist gleich

$$B'_{\cdot}(X) = \bigoplus_{p=0}^{n} B'_p(X),$$

wobei $B'_p(X)$ der Vektorraum der p-Ströme T von der Form $\mathfrak{b}S$ ist, $S \in \mathcal{E}'_{p+1}(X)$. Der graduierte Vektorraum

$$H'_{\cdot}(X) = \bigoplus_{p=0}^{n} H'_p(X) \qquad \text{mit} \qquad H'_p(X) = Z'_p(X)/B'_p(X)$$

ist der (*totale*) *Homologieraum* von X (bezüglich der Ströme), und $H'_p(X)$ heißt der *p-te Homologieraum* von X (bezüglich der Ströme); für $p > n$ oder $p < 0$ wird $H'_p(X)$ gleich $\{0\}$ gesetzt. Zwei Ströme werden *homolog* genannt, wenn ihre Differenz der Rand eines Stromes ist.

24.10.4. Es seien X, Y zwei reine differenzierbare Mannigfaltigkeiten und $u: X \to Y$ eine Abbildung der Klasse C^∞; dann ist $u(T)$ für jeden p-Strom mit kompaktem Träger $T \in \mathcal{E}'_p(X)$ definiert und ein p-Strom mit kompaktem Träger auf Y (der im Bild von Supp (T) vermöge u enthalten ist) (vgl. (17.7.1)). In denselben Bezeichnungen erhält man überdies $u(\mathfrak{b}T) = \mathfrak{b}\big(u(T)\big)$ (vgl. (17.15.4.2)); damit hat man eine Abbildung

$$u: \mathcal{A}'_{\cdot}(X) \to \mathcal{A}'_{\cdot}(Y)$$

definiert, die sich in jedem Raum $\mathcal{E}'_p(X)$ auf $T \to u(T)$ reduziert und eine *homogene lineare Abbildung von graduierten Kodifferentialräumen* ist (vgl. (A.30.7)). In kanonischer Weise ergibt sich hieraus eine homogene lineare Abbildung von graduierten Räumen

$$u_*: H'_{\cdot}(X) \to H'_{\cdot}(Y)$$

mit der Eigenschaft, daß das Bild $u_*(a)$ der Klasse $a \in H'_p(X)$ eines p-Stromes T mit kompaktem Träger, der ein Zyklus ist, die Klasse des Zyklus $u(T)$ in $H'_p(Y)$ ist.

Darüber hinaus erhält man einen Satz über die *Homotopieinvarianz* für die Homologie der Ströme:

24.10.5. *Es seien X und Y zwei reine differenzierbare Mannigfaltigkeiten, u und v zwei Abbildungen der Klasse C^∞ von X in Y. Sind u und v homotop in der Klasse C^∞, so stimmen die homogenen linearen Abbildungen graduierter Räume u_* und v_* von $H'_{\cdot}(X)$ in $H'_{\cdot}(Y)$ überein.*

Es muß gezeigt werden, daß für einen p-Strom T mit kompaktem Träger auf X, für den $\mathfrak{b}T = 0$ gilt, der p-Strom $u(T) - v(T)$ auf Y in der Gestalt $\mathfrak{b}S$ geschrieben werden kann, wobei S ein $(p+1)$-Strom auf Y mit kompaktem Träger ist. Unter Beibehaltung der Bezeichnungen von (24.2.4) und (24.2.5) findet man für jede p-Differentialform α der Klasse C^∞ auf Y Formel (24.2.5.1) zufolge

24.10.5.1. $\langle u(T), \alpha\rangle - \langle v(T), \alpha\rangle$

$$= \langle T, {}^t u(\alpha) - {}^t v(\alpha)\rangle = \langle T, d(L\cdot\omega)\rangle + \langle T, L\cdot(d\omega)\rangle$$

mit $\omega = {}^t F(\alpha)$. Wir setzen $L_F\cdot\alpha = L\cdot\big({}^t F(\alpha)\big)$; für eine feste Homotopie F und für jedes p ist die lineare Abbildung L_F von $\mathscr{E}_p(Y)$ in $\mathscr{E}_{p-1}(X)$ bezüglich der Fréchetraumtopologien dieser beiden Räume *stetig*. Wie man nämlich aufgrund der Definition (16.20.9.2) und des Satzes (17.1.5) unmittelbar erkennt, ist $\alpha \to {}^t F(\alpha)$ eine stetige lineare Abbildung von $\mathscr{E}_p(Y)$ in $\mathscr{E}_p(I\times X)$. Die Abbildung $\omega \to i_E\cdot\omega$ von $\mathscr{E}_p(I\times X)$ in $\mathscr{E}_{p-1}(I\times X)$ ist nach (17.2.3) stetig; konvergiert in $\mathscr{E}_{p-1}(I\times X)$ eine Folge (β_k) gegen β, so konvergiert die Folge der ${}^t j_s(\beta_k)$ in $\mathscr{E}_{p-1}(X)$ *gleichmäßig* gegen ${}^t j_s(\beta)$ für $s\in[a, b]$, was zusammen mit Formel (24.2.4.1) die Stetigkeit von L_F beweist. Diese Abbildung besitzt daher (für jedes p) eine Transponierte ${}^t L_F\colon \mathscr{E}'_{p-1}(X)\to\mathscr{E}'_p(Y)$, die bezüglich der schwachen Topologien (vgl. (12.15.3)) stetig ist, und die Formel (24.10.5.1) kann für jede p-Form α in der Gestalt

$$\langle u(T) - v(T), \alpha\rangle = \langle {}^t L_F\cdot(\mathfrak{b}T), \alpha\rangle + \langle \mathfrak{b}({}^t L_F\cdot T), \alpha\rangle$$

geschrieben werden, denn es ist $L(d\omega) = L\big({}^t F(d\alpha)\big) = L_F\cdot d\alpha$; mit anderen Worten,

24.10.5.2. $u(T) - v(T) = {}^t L_F\cdot(\mathfrak{b}T) + \mathfrak{b}({}^t L_F\cdot T)$;

ist $\mathfrak{b}T = 0$, so gilt daher $u(T) - v(T) = \mathfrak{b}S$ mit $S = {}^t L_F\cdot T$.

24.10.6. Bemerkung. Wir nehmen an, die Homotopie F sei *eigentlich* (was nach sich zieht, daß u und v eigentlich sind); für *jeden* p-Strom T auf X sind dann $u(T)$ und $v(T)$ auf Y definiert (vgl. (17.3.7)), und für jede p-Form α mit kompaktem Träger gilt wieder Formel (24.10.5.1), da $L\cdot\omega$ und $L\cdot(d\omega)$ kompakte Träger besitzen (vgl. (24.2.4)). Die Herleitung des Ergebnisses von (24.10.5) weist zugleich die Existenz der Transponierten ${}^t L_F\colon \mathscr{D}'_{p-1}(X)\to\mathscr{D}'_p(Y)$ nach, und ist $\mathfrak{b}T = 0$, so gilt folglich wieder $u(T) - v(T) = \mathfrak{b}S$ mit $S = {}^t L_F\cdot T$.

24.11. Homologie der Ströme auf einer orientierten Mannigfaltigkeit

24.11.1. Wir setzen jetzt voraus, daß X eine *orientierte* reine differenzierbare Mannigfaltigkeit der Dimension n ist. Für jedes p, $0\leqq p\leqq n$, ist dann (vgl. (17.5.1)) eine kanonische lineare Abbildung

24.11.1.1. $j_p\colon \beta\to T_\beta$

des Raumes $\mathscr{E}_{n-p}(X)$ der (reellen) $(n-p)$-Differentialformen der Klasse C^∞ in den Raum $\mathscr{D}'_p(X)$ der p-Ströme auf X definiert; nach Definition gilt

24.11.1.2. $\langle T_\beta, \alpha\rangle = \int\limits_X \beta\wedge\alpha$

für jede p-Form α der Klasse C^∞ mit kompaktem Träger auf X. Offenbar ist diese Abbildung *injektiv*; außerdem ist das Diagramm

24.11.1.3.
$$\begin{array}{ccc} \mathscr{E}_{n-p}(X) & \xrightarrow{j_p} & \mathscr{D}'_p(X) \\ {\scriptstyle (-1)^{n-p+1}d}\big\downarrow & & \big\downarrow{\scriptstyle \mathfrak{b}} \\ \mathscr{E}_{n-p+1}(X) & \xrightarrow[j_{p-1}]{} & \mathscr{D}'_{p-1}(X) \end{array}$$

kommutativ. Für jedes $\alpha \in \mathscr{D}_{p-1}(X)$ gilt nämlich

$$\langle \mathfrak{b}T_\beta, \alpha\rangle = \langle T_\beta, d\alpha\rangle = \int_X \beta \wedge d\alpha.$$

Andererseits ist aber (vgl. (17.15.2.1))

$$d(\beta \wedge \alpha) = (d\beta) \wedge \alpha + (-1)^{n-p}\, \beta \wedge d\alpha,$$

und da $\beta \wedge \alpha$ einen kompakten Träger hat, gilt $\int_X d(\beta \wedge \alpha) = 0$ (vgl. (17.15.5.1)), womit unsere Behauptung für $p > 0$ bewiesen ist. Für $p = 0$ besteht die zweite Zeile von (24.11.1.3) aus Räumen, die gleich $\{0\}$ sind, und die Kommutativität folgt wieder aus der Definition des Randes $\mathfrak{b}$ für 0-Ströme.

Offenbar ist T_β ein p-Strom *der Ordnung* 0 (vgl. (17.3.2)).

Abschließend sei bemerkt, daß j_p, eingeschränkt auf den Raum $\mathscr{D}_{n-p}(X)$ der $(n-p)$-Differentialformen mit kompaktem Träger, eine Abbildung dieses Raumes in den Raum $\mathscr{E}'_p(X)$ der p-Ströme mit kompaktem Träger ist.

24.11.2. Aus der Kommutativität des Diagramms (24.11.1.3) ergibt sich unmittelbar, daß $j_p\big(Z_c^{n-p}(X)\big) \subset Z'_p(X)$ und $j_p\big(B_c^{n-p}(X)\big) \subset B'_p(X)$ gilt, so daß man durch Faktorisierung aus j_p eine kanonische *lineare Abbildung*

24.11.2.1. $j_p^*\colon H_c^{n-p}(X) \to H'_p(X)$

erhält.

Im nächsten Abschnitt wollen wir den folgenden Satz beweisen:

24.11.3. (Satz von DE RHAM). *Für jede n-dimensionale orientierte reine Mannigfaltigkeit X ist die lineare Abbildung j_p^* eine bijektive Abbildung von $H_c^{n-p}(X)$ auf $H'_p(X)$.*

24.12. Die Regularisierung von Strömen

24.12.1. Es sei daran erinnert, daß der Raum $\mathscr{E}_p(\boldsymbol{R}^n)$ der p-Formen der Klasse C^∞ auf $\boldsymbol{R}^n$ ein freier $\mathscr{E}(\boldsymbol{R}^n)$-Modul vom Rang $\binom{n}{p}$ mit den p-Formen

24.12.1.1. $\zeta_H = d\xi^{i_1} \wedge d\xi^{i_2} \wedge \cdots \wedge d\xi^{i_p}$

als Basis ist, wobei H die Menge der p-elementigen Teilmengen von $[1, n]$ durchläuft und mit $i_1 < i_2 < \cdots < i_p$ die Elemente von H in wachsender Größenordnung bezeichnet wurden. Mit H' werde das Komplement von H in $[1, n]$ bezeichnet, und wir setzen

24.12.1.2. $\zeta_H \wedge \zeta_{H'} = \varrho(H, H')\, d\xi^1 \wedge d\xi^2 \wedge \cdots \wedge d\xi^n$

mit $\varrho(H, H') = \pm 1$. Jeder p-Strom S auf $\boldsymbol{R}^n$ läßt sich dann in eindeutiger Weise für $(f_H) \in \big(\mathcal{D}(\boldsymbol{R}^n)\big)^{\binom{n}{p}}$ in folgender Form schreiben:

24.12.1.3. $\sum\limits_H f_H \zeta_H \to \sum\limits_H \langle S_H, f_H \rangle$,

wobei die S_H Distributionen auf $\boldsymbol{R}^n$ sind und die Abbildung $S \to (S_H)$ ein *Isomorphismus* des mit der schwachen Topologie versehenen Raumes $\mathcal{D}'_p(\boldsymbol{R}^n)$ der p-Ströme auf $\boldsymbol{R}^n$ auf den Produktraum $\big(\mathcal{D}'(\boldsymbol{R}^n)\big)^{\binom{n}{p}}$ ist, wobei der Raum der Distributionen $\mathcal{D}'(\boldsymbol{R}^n)$ mit der schwachen Topologie versehen ist (vgl. (17.5.4)). Die Abbildung S hat genau dann einen kompakten Träger, wenn jedes S_H einen kompakten Träger besitzt.

24.12.2. Es sei jetzt g eine Funktion aus $\mathcal{D}(\boldsymbol{R}^n)$; für jeden Strom $S \in \mathcal{D}'_p(\boldsymbol{R}^n)$ definieren wir den p-Strom $g \ast S$, die *Faltung von g und S*, als den p-Strom, der vermöge des vorhergehenden Isomorphismus der Familie von Distributionen $(g \ast S_H)$ entspricht. Da jede der Distributionen $g \ast S_H$ mit einer Funktion der Klasse C^∞ identifiziert werden kann (vgl. (17.12.1)), ist der p-Strom $g \ast S$ von der Form $j_p(\beta)$, wobei β die $(n-p)$*-Form der Klasse* C^∞

$$\sum_H \varrho(H', H)\, (g \ast S_H)\, \zeta_{H'}$$

ist. Außerdem ergibt sich (17.12.5.2) zufolge, wenn man für jede p-Form $\alpha = \sum\limits_H f_H \zeta_H$ mit kompaktem Träger $\check{g} \ast \alpha = \sum\limits_H (\check{g} \ast f_H)\, \zeta_H$ setzt,

24.12.2.1. $\langle g \ast S, \alpha \rangle = \sum\limits_H \langle g \ast S_H, f_H \rangle = \sum\limits_H \langle S_H, \check{g} \ast f_H \rangle = \langle S, \check{g} \ast \alpha \rangle$.

In jedem Raum $\mathcal{D}_p(\boldsymbol{R}^n; K)$ (K kompakt in $\boldsymbol{R}^n$) ist $\alpha \to \check{g} \ast \alpha$ eine stetige lineare Abbildung dieses Fréchetraumes in den Fréchetraum $\mathcal{D}_p(\boldsymbol{R}^n; K \setminus \overline{V})$, wenn Supp (g) in der relativ kompakten offenen Menge V enthalten ist; die Abbildung $S \to g \ast S$ von $\mathcal{D}'_p(\boldsymbol{R}^n)$ in sich kann also als *Transponierte* der Abbildung $\alpha \to \check{g} \ast \alpha$ angesehen werden (vgl. (12.15.4)).

24.12.3. Um die Regularisierung von Strömen auf eine beliebige Mannigfaltigkeit verallgemeinern zu können, muß zunächst die oben definierte Faltung „lokalisiert" werden. Es sei B die offene Kugel $r(\mathbf{x}) < 1$ in $\boldsymbol{R}^n$ (mit $r(\mathbf{x}) = \left(\sum\limits_{j=1}^n (\xi^j)^2\right)^{1/2}$); ist Φ ein Diffeomorphismus von B auf $\boldsymbol{R}^n$, $\Psi = \Phi^{-1}$ der inverse Diffeomorphismus, so kann man vermöge Ψ die Faltung mit einer Funktion aus $\mathcal{D}(\boldsymbol{R}^n)$ *übertragen*: Für jede p-Form α *mit in B enthaltenem Träger* definiert man die p-Form $\mathrm{R}'_g \cdot \alpha$ *mit in B enthaltenem Träger* durch die Formel

24.12.3.1. $\mathrm{R}'_g \cdot \alpha = {}^t\Phi\big(\check{g} \ast {}^t\Psi(\alpha)\big)$,

oder, für $\alpha = f_H \zeta_H$ explizit geschrieben,

24.12.3.2. $\mathrm{R}'_g \cdot (f_H \zeta_H) = \left(\int\limits_{\boldsymbol{R}^n} g(-\mathbf{y})\, f_H\big(\Psi(\Phi(.) - \mathbf{y})\big)\, d\mathbf{y}\right) \zeta_H.$

24.12.4. Für die weiteren Überlegungen macht es sich jedoch erforderlich, den Operator R'_g auf *alle* p-Formen mit kompaktem Träger auf $\boldsymbol{R}^n$ anwenden zu können, so daß, wenn $\bar{B}$ den Träger von α *nicht schneidet*, $\mathrm{R}'_g \cdot \alpha = \alpha$ *gilt*. Um das zu erreichen, wählen wir Φ in spezieller Weise, und zwar

24.12.4.1. $\Phi(\mathbf{x}) = h(r(\mathbf{x}))\,\mathbf{x}$,

mit

24.12.4.2. $h(t) = \exp\left(\frac{1}{(1-t)^2} - 1\right)$ für $0 \leqq t < 1$.

Wir benutzen das folgende Lemma:

24.12.5. *Definiert man in* $\boldsymbol{R}^n \times \boldsymbol{R}^n$ *die Funktion* Θ *durch die folgenden Bedingungen:*

24.12.5.1.
$$\begin{cases} \Theta(\mathbf{x}, \mathbf{y}) = \Psi(\Phi(\mathbf{x}) - \mathbf{y}), & \text{wenn } \mathbf{x} \in B \text{ ist,} \\ \Theta(\mathbf{x}, \mathbf{y}) = \mathbf{x}, & \text{wenn } \mathbf{x} \notin B \text{ ist,} \end{cases}$$

so gehört die Funktion Θ *in ganz* $\boldsymbol{R}^n \times \boldsymbol{R}^n$ *der Klasse* C^∞ *an.*

Es genügt zu zeigen, daß Θ eine Funktion der Klasse C^∞ in der Umgebung jedes Punktes $(\mathbf{x}_0, \mathbf{y}_0)$ *mit* $r(\mathbf{x}_0) = 1$ ist. Nun ist die Ableitung $\mathrm{D}_2\Theta(\mathbf{x}, \mathbf{y})$ gleich

$$-\mathrm{D}\Psi(\Phi(\mathbf{x}) - \mathbf{y}) = -\mathrm{D}\Psi(\Phi(\Theta(\mathbf{x}, \mathbf{y}))) \quad \text{für} \quad \mathbf{x} \in B$$

und gleich 0 für $\mathbf{x} \notin \bar{B}$. Unter Benutzung von (10.9.5), angewandt auf die Gleichung $\mathbf{z}' = U(\mathbf{z})$, wobei $U(\mathbf{z}) = 0$ ist für $\mathbf{z} \notin B$ und $U(\mathbf{z}) = -\mathrm{D}\Psi(\Phi(\mathbf{z}))$ für $\mathbf{z} \in B$, genügt es zu zeigen, daß U in der Umgebung von $\mathbf{x}_0$ eine Funktion der Klasse C^∞ ist. Schreibt man nun für die zu $r \to rh(r)$ inverse Funktion $\varrho \to \varphi(\varrho)$, so ist die Beziehung $\mathbf{u} = \Phi(\mathbf{z})$ mit $\mathbf{u} = (u^j)$, $\mathbf{z} = (z^j)$ äquivalent zu $u^j = h(r)\,z^j$ für $1 \leqq j \leqq n$ oder zu $z^j = \frac{\varphi(\varrho)}{\varrho}\,u^j$ (wobei zur Abkürzung $r = r(\mathbf{z})$ sowie $\varrho = r(\mathbf{u})$ gesetzt wurde), und da $\varrho = rh(r)$ ist, gilt $\frac{\varphi(\varrho)}{\varrho} = \frac{1}{h(r)}$. Es ist also

$$\mathrm{D}_j\Psi^i(\mathbf{u}) = \delta_{ij}\,\frac{\varphi(\varrho)}{\varrho} + \varphi'(\varrho)\,\frac{u^i u^j}{\varrho^2} - \varphi(\varrho)\,\frac{u^i u^j}{\varrho^3}$$

und $\varphi'(\varrho) = 1/(rh'(r) + h(r))$, woraus sich für die Elemente der Matrix $U(\mathbf{z})$

$$-\mathrm{D}_j\Psi^i(\Phi(\mathbf{z})) = -\delta_{ij}\,\frac{1}{h(r)} + \frac{1}{h(r)}\,\frac{z^i z^j}{r^2} - \frac{1}{rh'(r) + h(r)}\,\frac{z^i z^j}{r^2}$$

ergibt.

Durch vollständige Induktion überzeugt man sich leicht, daß für $\mathbf{z} \in B$ jede Ableitung vom Multiindex λ einer solchen Funktion die Gestalt

$$\frac{Q_\lambda(r, \mathbf{z})}{(1-r)^{3|\lambda|}\,h(r)}$$

besitzt, wobei Q_λ eine für $r = 1$ und $\mathbf{z} = \mathbf{x}_0$ definierte rationale Funktion in r und den z^j ist; die Behauptung des Lemmas folgt somit daraus, daß $(1-t)^k\,h(t)$ gegen $+\infty$ strebt, wenn t gegen 1 geht, und dies unabhängig von der Wahl der ganzen Zahl $k > 0$.

24.12.6. Wir definieren $\mathrm{R}'_g \cdot \alpha$ nun für *jede* p-Form α aus $\mathcal{D}_p(\boldsymbol{R}^n)$, indem wir

24.12.6.1. $$\mathrm{R}'_g \cdot (f_H \zeta_H) = \left(\int_{\boldsymbol{R}^n} g(-\mathbf{y})\, f_H(\Theta(.,\mathbf{y}))\, d\mathbf{y}\right) \zeta_H$$

setzen; dieser Ausdruck genügt offenbar den Bedingungen von (24.12.4). Da Θ für jedes kompakte $K \subset \boldsymbol{R}^n$ und jede kompakte Umgebung L von K stetig ist, gibt es eine symmetrische Umgebung V von 0 in $\boldsymbol{R}^n$ derart, daß aus den Beziehungen $\Theta(\mathbf{x}, \mathbf{y}) \in K$ und $\mathbf{y} \in V$ auch $\mathbf{x} \in L$ folgt; ist $\operatorname{Supp}(\alpha) \subset K$ und $\operatorname{Supp}(g) \subset V$, so ist daher $\operatorname{Supp}(\mathrm{R}'_g \cdot \alpha) \subset L$. Da Θ eine Funktion der Klasse C^∞ ist, ergibt sich aus (13.8.6), daß R'_g dann eine stetige lineare Abbildung des Fréchetraumes $\mathcal{D}_p(\boldsymbol{R}^n; K)$ in den Fréchetraum $\mathcal{D}_p(\boldsymbol{R}^n; L)$ ist. Man kann also die *Transponierte* R_g von R'_g betrachten, eine bezüglich der schwachen Topologien stetige lineare Abbildung von $\mathcal{D}'_p(\boldsymbol{R}^n)$ in sich, die definiert ist durch die Beziehung

24.12.6.2. $$\langle \mathrm{R}_g \cdot S, \alpha \rangle = \langle S, \mathrm{R}'_g \cdot \alpha \rangle$$

für jeden p-Strom S. In den vorhergehenden Bezeichnungen sieht man, daß der Träger von $R_g \cdot S$ in L enthalten ist, wenn der Träger von S in K liegt; ist der Träger von S *in B enthalten,* so kann $\mathrm{R}_g \cdot S$ in der Gestalt $j_p(\beta)$ geschrieben werden für eine $(n-p)$*-Fonm β der Klasse* C^∞ (bildlich gesprochen „regularisiert" R_g die Ströme mit in B enthaltenem Träger); haben schließlich der Träger von S und $\overline{B}$ einen *leeren* Durchschnitt, so gilt $\mathrm{R}_g \cdot S = S$. Außerdem ergibt sich:

24.12.7. *Wir nehmen an, es sei* $\int_{\boldsymbol{R}^n} g(\mathbf{y})\, d\mathbf{y} = 1$.

(i) *Für jede ganze Zahl p, $0 \leqq p \leqq n$, existiert eine bezüglich der schwachen Topologien stetige lineare Abbildung A_g des Raumes der $(p-1)$-Ströme $\mathcal{D}'_{p-1}(\boldsymbol{R}^n)$ in den Raum der p-Ströme $\mathcal{D}'_p(\boldsymbol{R}^n)$ derart, daß für jeden p-Strom $S \in \mathcal{D}'_p(\boldsymbol{R}^n)$*

24.12.7.1. $$\mathrm{R}_g \cdot S - S = \mathrm{A}_g \cdot (\mathfrak{b}S) + \mathfrak{b}(\mathrm{A}_g \cdot S)$$

gilt.

(ii) *Kann S in der Gestalt $j_{p-1}(\beta)$ für eine $(n-p+1)$-Form β der Klasse C^∞ geschrieben werden, so gilt $\mathrm{A}_g \cdot S = j_p(\gamma)$ für eine $(n-p)$-Form γ der Klasse C^∞.*

(iii) *Haben der Träger von S und $\overline{B}$ einen leeren Durchschnitt, so gilt $\mathrm{A}_g \cdot S = 0$.*

(iv) *In den Bezeichnungen von* (24.12.6) *gilt* $\operatorname{Supp}(\mathrm{A}_g \cdot S) \subset L$, *wenn* $\operatorname{Supp}(S) \subset K$ *ist.*

(v) *Ist (g_m) eine regularisierende Folge* (vgl. (17.1.2)), *so konvergiert die Folge* $(\mathrm{A}_{g_m} \cdot S)$ *bezüglich der schwachen Topologie von $\mathcal{D}'_p(\boldsymbol{R}^n)$ gegen* 0.

Für jede p-Form α der Klasse C^∞ mit kompaktem Träger gilt

24.12.7.2. $$\langle \mathrm{R}_g \cdot S - S, \alpha \rangle = \langle S, \mathrm{R}'_g \cdot \alpha - \alpha \rangle.$$

Für die Differenz $\mathrm{R}'_g \cdot \alpha - \alpha$ wollen wir einen anderen Ausdruck angeben; dazu genügt es, den Fall zu betrachten, daß $\alpha = f_H \zeta_H$ ist, oder anders gesagt, $\alpha(\mathbf{x}) = f_H(\mathbf{x})\, d\xi^{i_1} \wedge d\xi^{i_2} \wedge \cdots \wedge d\xi^{i_p}$. Zunächst bemerken wir, daß für jede p-Form $\beta_{\mathbf{y}}(\mathbf{x}) = \sum_H f_H(\mathbf{x}, \mathbf{y})\, \zeta_H(\mathbf{x})$ auf $\boldsymbol{R}^n$, die von einem Parameter $\mathbf{y} \in U$ abhängt, wobei U eine offene Menge in $\boldsymbol{R}^k$ ist und die f_H Funktionen der Klasse C^∞ in $\boldsymbol{R}^n \times U$ sind, das Integral $\int_K \beta_{\mathbf{y}} d\mathbf{y}$ für jede kompakte Menge $K \subset U$ mit der p-Form $\sum_H \left(\int_K f_H(\mathbf{x}, \mathbf{y})\, d\mathbf{y}\right) \zeta_H(\mathbf{x})$

gleichgesetzt werden kann; man erhält wieder die Beziehung

24.12.7.3. $d\left(\int_K \beta_{\mathbf{y}} d\mathbf{y}\right) = \int_K (d\beta_{\mathbf{y}})\, d\mathbf{y}$,

wie sie sich aus (13.8.6) ergibt. Da der Träger von g kompakt und $\int g(-\mathbf{y})\, d\mathbf{y} = 1$ ist, kann man

24.12.7.4. $\mathrm{R}_g' \cdot \alpha - \alpha = \int_{\boldsymbol{R}^n} g(-\mathbf{y})\, (\alpha_{\mathbf{y}} - \alpha)\, d\mathbf{y}$

schreiben, wobei $\alpha_{\mathbf{y}}(\mathbf{x}) = f_H(\Theta(\mathbf{x}, \mathbf{y}))\, \zeta_H(\mathbf{x})$ ist. Um die Differenz $\alpha_{\mathbf{y}} - \alpha$ zu berechnen, bedienen wir uns der Homotopieformel (24.2.5.1): Für u wählen wir darin die identische Abbildung $1_{\boldsymbol{R}^n}$ und für v die Abbildung $\mathbf{x} \to \Theta(\mathbf{x}, \mathbf{y})$; man erhält so eine in $[0, 1] \times \boldsymbol{R}^n$ definierte Homotopie von u in v

$$F_y(s, \mathbf{x}) = \Theta(\mathbf{x}, s\mathbf{y}).$$

Schreiben wir in den Bezeichnungen von (24.2.3) und (24.2.4) $\omega_{\mathbf{y}}$ anstelle von ω für die Form ${}^tF_{\mathbf{y}}(\alpha)$, so haben wir $L \cdot \omega_{\mathbf{y}}$ für diese p-Form auszudrücken. Nach Definition ist

$$\omega_{\mathbf{y}}(s, \mathbf{x}) = f_H(\Theta(\mathbf{x}, s\mathbf{y}))\, {}^tF_{\mathbf{y}}(d\xi^{i_1}) \wedge \cdots \wedge {}^tF_{\mathbf{y}}(d\xi^{i_p}).$$

Wir setzen $\mathbf{y} = (\eta^1, \ldots, \eta^n)$, $\Theta = (\Theta^1, \ldots, \Theta^n)$ und bezeichnen mit D_j' die Ableitungen bezüglich der Koordinaten von $\mathbf{x}$, mit D_j'' die Ableitungen bezüglich der Koordinaten von $\mathbf{y}$; für $1 \leqq i \leqq n$ erhält man dann

24.12.7.5. ${}^tF_{\mathbf{y}}(d\xi^i) = \sum_{r=1}^{n} \left(\mathrm{D}_r'\Theta^i(\mathbf{x}, s\mathbf{y})\, d\xi^r + \eta^r \mathrm{D}_r''\Theta^i(\mathbf{x}, s\mathbf{y})\, ds\right)$.

Zur Abkürzung setzen wir

24.12.7.6. $\lambda_{i,s\mathbf{y}}(\mathbf{x}) = \sum_{r=1}^{n} \mathrm{D}_r'\Theta^i(\mathbf{x}, s\mathbf{y})\, d\xi^r$,

und für $1 \leqq k \leqq p$ führen wir die $(p-1)$-Formen

24.12.7.7. $\mu_{k,s\mathbf{y}} = \lambda_{i_1,s\mathbf{y}} \wedge \cdots \wedge \widehat{\lambda_{i_k,s\mathbf{y}}} \wedge \cdots \wedge \lambda_{i_p,s\mathbf{y}}$

ein, die nicht von f_H abhängen. Nach Definition ist dann

$$(i_E \cdot \omega_{\mathbf{y}})\,(s, \mathbf{x}) = \sum_{k=1}^{p} (-1)^{k-1} f_H(\Theta(\mathbf{x}, s\mathbf{y})) \left(\sum_{r=1}^{n} \eta^r \mathrm{D}_r''\Theta^{i_k}(\mathbf{x}, s\mathbf{y})\right) \mu_{k,s\mathbf{y}}$$

und schließlich

$$(\mathrm{L} \cdot \omega_{\mathbf{y}})\,(\mathbf{x}) = \sum_{k=1}^{p} (-1)^{k-1} \left(\int_0^1 f_H(\Theta(\mathbf{x}, s\mathbf{y})) \left(\sum_{r=1}^{n} \eta^r \mathrm{D}_r''\Theta^{i_k}(\mathbf{x}, s\mathbf{y})\right) \mu_{k,s\mathbf{y}}(\mathbf{x})\, ds\right)$$

Aus der Homotopieformel ergibt sich

$$\alpha_{\mathbf{y}} - \alpha = d(\mathrm{L} \cdot \omega_{\mathbf{y}}) + \mathrm{L} \cdot (d\omega_{\mathbf{y}}),$$

und aus (24.12.7.4) erhält man unter Berücksichtigung von (24.12.7.3)

24.12.7.8. $$\mathrm{R}'_g \cdot \alpha - \alpha = d\Big(\int_{\boldsymbol{R}^n} (\mathrm{L} \cdot \omega_{\mathbf{y}})\, g(-\mathbf{y})\, d\mathbf{y}\Big) + \int_{\boldsymbol{R}^n} \big(\mathrm{L} \cdot (d\omega_{\mathbf{y}})\big)\, g(-\mathbf{y})\, d\mathbf{y}.$$

Da $d\omega_{\mathbf{y}} = {}^tF_{\mathbf{y}}(d\alpha)$ ist, erlaubt es die Darstellung von $\mathrm{L} \cdot \omega_{\mathbf{y}}$, diese Formel in der Gestalt

24.12.7.9. $$\mathrm{R}'_g \cdot \alpha - \alpha = d(\mathrm{A}'_g \cdot \alpha) + \mathrm{A}'_g \cdot (d\alpha)$$

zu schreiben, wobei die lineare Abbildung A'_g durch lineare Fortsetzung und durch

24.12.7.10. $$\big(\mathrm{A}'_g \cdot (f_H \zeta_H)\big)(\mathbf{x}) = \sum_{k=1}^{p} (-1)^{k-1} \Bigg(\int_{\boldsymbol{R}^n} g(-\mathbf{y})\, d\mathbf{y} \int_0^1 f_H\big(\Theta(\mathbf{x}, s\mathbf{y})\big) \Big(\sum_{r=1}^{n} \eta^r \mathrm{D}''_r \Theta^{i_k}(\mathbf{x}, s\mathbf{y})\Big) \mu_{k,s\mathbf{y}}(\mathbf{x})\, ds\Bigg)$$

definiert ist.

Aus (13.8.6) folgt unmittelbar, daß A'_g in jedem Raum $\mathscr{D}_p(\boldsymbol{R}^n, K)$ (K kompakt in $\boldsymbol{R}^n$) eine stetige lineare Abbildung dieses Fréchetraumes in den Fréchetraum $\mathscr{D}_{p-1}(\boldsymbol{R}^n; K \setminus \overline{V})$ ist, wenn $\operatorname{Supp}(g) \subset V$ gilt. Setzt man für jede p-Form α mit kompaktem Träger und jeden $(p-1)$-Strom S

24.12.7.11. $$\langle \mathrm{A}_g \cdot S, \alpha \rangle = \langle S, \mathrm{A}'_g \cdot \alpha \rangle,$$

so wird damit eine *transponierte* Abbildung A_g von $\mathscr{D}'_{p-1}(\boldsymbol{R}^n)$ in $\mathscr{D}'_p(\boldsymbol{R}^n)$ definiert. Aufgrund der den Rand eines Stromes definierenden Formel (24.10.2.1) ergibt sich aus (24.12.7.9) offenbar Formel (24.12.7.1) sowie die Beziehung $\operatorname{Supp}(\mathrm{A}_g \cdot S) \subset \operatorname{Supp}(S) \setminus V$. Da die Ableitungen $\mathrm{D}''_r \Theta^i(\mathbf{x}, \mathbf{y})$ für $\mathbf{x} \notin B$ alle 0 sind, erhält man aus (24.12.7.10), daß die rechte Seite dieser Formel für $\mathbf{x} \notin B$ gleich 0 ist; folglich gilt $\mathrm{A}_g \cdot S = 0$, wenn der Durchschnitt von $\operatorname{Supp}(S)$ und $\overline{B}$ leer ist.

Wir nehmen an, es sei $S = j_{p-1}(\beta)$ für eine $(n-p+1)$-Form β der Klasse C^∞; wir haben zu zeigen, daß die Distribution T_H in der Formel

$$\langle \mathrm{A}_g \cdot j_{p-1}(\beta), f_H \zeta_H \rangle = \langle j_{p-1}(\beta), \mathrm{A}'_g \cdot (f_H \zeta_H) \rangle = \langle T_H, f_H \rangle$$

tatsächlich gleich (identifiziert mit) einer Funktion der Klasse C^∞ ist. Da aber $\langle j_{p-1}(\beta), \mathrm{A}'_g \cdot (f_H \zeta_H) \rangle = \int_{\boldsymbol{R}^n} \beta \wedge \big(\mathrm{A}'_g \cdot (f_H \zeta_H)\big)$ ist, ergibt sich das aus Formel (24.12.7.10); wir schreiben nämlich

$$(\beta \wedge \mu_{k,s\mathbf{y}})(\mathbf{x}) = u_k(\mathbf{x}, s\mathbf{y})\, d\xi^1 \wedge \cdots \wedge d\xi^n,$$

wobei die u_k Funktionen der Klasse C^∞ sind; ferner beachten wir, daß die Funktionalmatrix des Diffeomorphismus $\mathbf{x} \to \Theta(\mathbf{x}, s\mathbf{y})$ immer invertierbar und gleich der Identität für $\mathbf{x} \notin B$ ist; die Funktionaldeterminante $J(\mathbf{z}, s\mathbf{y})$ des inversen Diffeomorphismus $\mathbf{z} \to \Xi(\mathbf{z}, s\mathbf{y})$ ist also immer ungleich 0, von der Klasse C^∞ und gleich 1 für $\mathbf{z} \notin B$. Somit erhält man aus der Formel für die Variablentransformation (vgl. (16.22.1.1))

$$\langle T_H, f_H \rangle = \int_{\boldsymbol{R}^n} f_H(\mathbf{z})\, v_H(\mathbf{z})\, d\mathbf{z},$$

wobei

$$v_H(\mathbf{z}) = \sum_{k=1}^{p} (-1)^{k-1} \int_{\boldsymbol{R}^n} g(-\mathbf{y})\, d\mathbf{y} \int_0^1 \Big(\sum_{r=1}^{n} \eta^r \mathrm{D}''_r \Theta^{i_k}\big(\Xi(\mathbf{z}, s\mathbf{y}), s\mathbf{y}\big)\, u_k\big(\Xi(\mathbf{z}, s\mathbf{y}), s\mathbf{y}\big)\, |J(\mathbf{z}, s\mathbf{y}|\Big)\, ds$$

aufgrund von (13.8.6) eine Funktion der Klasse C^∞ ist; damit ist unsere Behauptung bewiesen.

Ist schließlich (g_m) eine regularisierende Folge, so liegt der Träger von g_m in einer Kugel mit dem Mittelpunkt 0 und einem mit $1/m$ gegen 0 strebenden Radius; da $\int_{\boldsymbol{R}^n} g_m(-\mathbf{y})\,d\mathbf{y} = 1$ ist, strebt jedes Integral $\int_{\boldsymbol{R}^n} \eta^r g_m(-\mathbf{y})\,d\mathbf{y}$ mit $1/m$ gegen 0; die Formel (24.12.7.10) zeigt also, daß $\mathrm{A}'_{g_m} \cdot (f_H \zeta_H)$ in dem Fréchetraum $\mathcal{D}_{p-1}(\boldsymbol{R}^n; K \setminus \overline{V})$ gegen 0 und folglich $\mathrm{A}_{g_m} \cdot S$ für jeden p-Strom S schwach gegen 0 strebt.

Die Regularisierung von Strömen mit kompaktem Träger kann jetzt auf jeder orientierten reinen Mannigfaltigkeit X definiert werden:

24.12.8. *Es sei X eine orientierte reine differenzierbare Mannigfaltigkeit der Dimension n. Für jede ganze Zahl p, $0 \leqq p \leqq n$, existiert eine Folge (R_m) von linearen Abbildungen des Raumes der p-Ströme mit kompaktem Träger $\mathcal{E}'_p(X)$ in sich und eine Folge (A_m) von linearen Abbildungen von $\mathcal{E}'_{p-1}(X)$ in $\mathcal{E}'_p(X)$ mit den folgenden Eigenschaften:*

(i) *Für jeden p-Strom $S \in \mathcal{E}'_p(X)$ gilt*

24.12.8.1. $\mathrm{R}_m \cdot S - S = \mathrm{A}_m \cdot (\mathfrak{b} S) + \mathfrak{b}(\mathrm{A}_m \cdot S)$,

und es existiert (in Abhängigkeit von S) ein m_0 derart, daß $\mathrm{R}_m \cdot S$ für $m \geqq m_0$ in der Gestalt $j_p(\beta)$ geschrieben werden kann, wobei β eine $(n-p)$-Differentialform der Klasse C^∞ mit kompaktem Träger ist. R_m und A_m sind darüber hinaus bezüglich der schwachen Topologien stetig.

(ii) *Kann S in der Gestalt $j_{p-1}(\beta)$ für eine $(n-p+1)$-Form β der Klasse C^∞ geschrieben werden, so ist $\mathrm{A}_m \cdot S = j_p(\gamma)$ für eine $(n-p)$-Form γ der Klasse C^∞.*

(iii) *Für jeden Strom S und jede Umgebung U von* Supp (S) *sind die Träger von $\mathrm{R}_m \cdot S$ und $\mathrm{A}_m \cdot S$ für hinreichend großes m in U enthalten.*

(iv) *Für jeden Strom S strebt $\mathrm{A}_m \cdot S$ bezüglich der schwachen Topologie mit $1/m$ gegen 0.*

Jeder Punkt $x \in X$ gehört zum Definitionsbereich V_x einer Karte φ_x derart, daß $\varphi_x(V_x)$ die Kugel $\|\mathbf{z}\| < 2$ in $\boldsymbol{R}^n$ ist; es sei U_x das Urbild der Kugel B: $\|\mathbf{z}\| < 1$ vermöge φ_x^{-1}. Die Ausführungen in (12.6.1) zeigen, daß eine abzählbare Familie (φ_j) von Karten der Form φ_{x_j} existiert derart, daß die entsprechenden offenen Mengen U_j eine *lokal endliche* Überdeckung von X bilden; mit V_j werde der Definitionsbereich von φ_j bezeichnet, und mit $h_j \in \mathcal{D}(X)$ eine Funktion, deren Träger zu V_j gehört und die in einer Umgebung von $\overline{U}_j$ gleich 1 ist. Für jeden Index j setzen wir unter Verwendung der Bezeichnungen von (24.12.7) für jeden p-Strom $S \in \mathcal{E}'_p(X)$

$$\mathrm{R}_{j,m} \cdot S = \varphi_j^{-1}\big(\mathrm{R}_{g_m} \cdot \varphi_j(h_j \cdot S)\big) + (1 - h_j) \cdot S, \qquad \mathrm{A}_{j,m} \cdot S = \varphi_j^{-1}\big(\mathrm{A}_{g_m} \cdot \varphi_j(h_j \cdot S)\big),$$

wobei der Strom $\varphi_j(h_j \cdot S)$ auf $\varphi_j(V_j)$ mit einem Strom auf $\boldsymbol{R}^n$ identifiziert wird und sein Bild vermöge R_{g_m} oder A_{g_m} mit einem Strom auf $\varphi_j(V_j)$. Aus (24.12.7) ergibt sich $\mathrm{R}_{j,m} \cdot S = S$ und $\mathrm{A}_{j,m} \cdot S = 0$ für jeden Strom, dessen Träger $\overline{U}_j$ nicht schneidet; insbesondere gilt $\mathrm{A}_{j,m} \cdot \big((1 - h_j) \cdot S\big) = 0$ für jeden Strom S, und man erhält folglich aus (24.12.7.1)

24.12.8.2. $\mathrm{R}_{j,m} \cdot S - S = \mathrm{A}_{j,m} \cdot (\mathfrak{b} S) + \mathfrak{b}(\mathrm{A}_{j,m} \cdot S)$.

Wir setzen

$$R_m^{(j)} = R_{1,m}R_{2,m}\cdots R_{j,m} \qquad \text{und} \qquad A_m^{(j)} = R_{1,m}R_{2,m}\cdots R_{j-1,m}A_{j,m}.$$

Für jede kompakte Teilmenge K von X gibt es einen Index j_0 derart, daß $\overline{U}_j$ die Menge K für jedes $j > j_0$ nicht schneidet. Für jeden Strom S mit in K enthaltenem Träger gilt daher $R_m^{(j)} \cdot S = R_m^{(j_0)} \cdot S$ und $A_m^{(j)} \cdot S = 0$ für jedes $j > j_0$. Für diese Ströme kann man also $R_m \cdot S$ als den gemeinsamen Wert der $R_m^{(j)} \cdot S$ für $j \geqq j_0$ definieren und $A_m \cdot S$ als die Summe $\sum_{j=1}^{\infty} A_m^{(j)} \cdot S$, denn in dieser Summe sind nur endlich viele Glieder von 0 verschieden. Ist ferner $K' \supset K$ eine zweite kompakte Teilmenge von X, so stimmen die Werte von $R_m \cdot S$ und $A_m \cdot S$ überein, gleichgültig, ob der Träger von S als Teilmenge von K oder K' aufgefaßt wird. Auf diese Weise sind die linearen Abbildungen R_m und A_m in jedem Raum $\mathscr{E}'_p(X)$ wohldefiniert, und ihre Stetigkeit bezüglich der schwachen Topologien ist offensichtlich. Außerdem erhält man aus (24.12.8.2) durch vollständige Induktion

$$R_m^{(j)} \cdot S - R_m^{(j-1)} \cdot S = A_m^{(j)} \cdot (\mathfrak{b}S) + \mathfrak{b}(A_m^{(j)} \cdot S),$$

woraus sich unter Berücksichtigung des Vorhergehenden die Beziehung (24.12.8.1) für jeden Strom mit kompaktem Träger ergibt.

Es sei (f_j) eine der Überdeckung (U_j) untergeordnete Zerlegung der Einheit, die aus Funktionen der Klasse C^∞ besteht (vgl. (16.4.1)). Unter Beibehaltung der vorhergehenden Bezeichnungen kann für jeden Strom mit in K enthaltenem Träger $S = \sum_{j=1}^{j_0} f_j \cdot S$ geschrieben werden. Aufgrund von (24.12.7) existiert für $1 \leqq j \leqq j_0$ eine ganze Zahl m_j derart, daß der Träger von $(R_{j+1,m}R_{j+2,m}\cdots R_{j_0,m})\cdot(f_j \cdot S)$ für $m > m_j$ in U_j enthalten ist. Hieraus ergibt sich (vgl. (24.12.6)), daß $R_m \cdot (f_j \cdot S)$ in der Gestalt $j_p(\beta)$ für eine $(n-p)$-Form β der Klasse C^∞ und mit kompaktem Träger geschrieben werden kann. Wählen wir für m_0 die größte unter den ganzen Zahlen m_j $(1 \leqq j \leqq j_0)$, so sieht man, daß $R_m \cdot S$ für $m \geqq m_0$ dieselbe Eigenschaft besitzt.

Aufgrund von (24.12.7) gelten die Eigenschaften (ii), (iii) und (iv) auch, wenn man darin R_m und A_m durch $R_{j,m}$ und $A_{j,m}$ ersetzt, woraus man unmittelbar herleitet, daß sie nach Definition der Operatoren R_m und A_m auch für diese gültig sind. Damit ist der Beweis abgeschlossen.

24.12.8.3. B e m e r k u n g. Geht man auf beiden Seiten der Gleichung (24.12.8.1) zu den Rändern über, so erhält man

$$\mathfrak{b}(R_m \cdot S) - \mathfrak{b}S = \mathfrak{b}\big(A_m \cdot (\mathfrak{b}S)\big);$$

andererseits gilt, wenn man (24.12.8.1) auf den $(p-1)$-Strom $\mathfrak{b}S$ anwendet,

$$R_m \cdot (\mathfrak{b}S) - \mathfrak{b}S = \mathfrak{b}\big(A_m \cdot (\mathfrak{b}S)\big)$$

(R_m und A_m werden hier als Abbildungen von $\bigoplus_{p=0}^{n} \mathscr{E}'_p(X)$ in sich aufgefaßt); der Vergleich dieser Formeln ergibt

24.12.8.4. $\mathfrak{b}(R_m \cdot S) = R_m(\mathfrak{b}S)$,

und insbesondere $\mathfrak{b}(R_m \cdot S) = 0$ für $\mathfrak{b}S = 0$.

24.12.9. *Beweis von* (24.11.3).

Wir zeigen zunächst, daß die Abbildung j_p^* von $H_c^{n-p}(X)$ in $H'_p(X)$ surjektiv ist. Dazu sei S ein p-Strom mit kompaktem Träger, der ein *Zyklus* ist, d. h., es gilt $\mathfrak{b}S = 0$. Aus (24.12.8.1) erhält man dann $S = \mathrm{R}_m \cdot S - \mathfrak{b}(\mathrm{A}_m \cdot S)$, und die Klasse von S in $H'_p(X)$ stimmt also mit der Klasse von $\mathrm{R}_m \cdot S$ überein. Für hinreichend großes m aber ist $\mathrm{R}_m \cdot S$ von der Gestalt $j_p(\beta)$ für eine $(n-p)$-Form β der Klasse C^∞.

Hierauf beweisen wir, daß j_p^* injektiv ist; es sei also β eine $(n-p)$-Form der Klasse C^∞ mit kompaktem Träger derart, daß $j_p(\beta) = \mathfrak{b}T$ gilt, wobei T ein $(p+1)$-Strom mit kompaktem Träger ist. Man kann

$$\mathrm{R}_m \cdot T - T = \mathrm{A}_m(\mathfrak{b}T) + \mathfrak{b}(\mathrm{A}_m \cdot T)$$

schreiben, woraus sich

$$\mathfrak{b}T = \mathfrak{b}(\mathrm{R}_m \cdot T) - \mathfrak{b}\big(\mathrm{A}_m \cdot (\mathfrak{b}T)\big)$$

ergibt. Wegen $\mathfrak{b}T = j_p(\beta)$ ist $\mathrm{A}_m \cdot (\mathfrak{b}T) = j_{p+1}(-\lambda)$, wobei λ eine $(n-p-1)$-Form der Klasse C^∞ mit kompaktem Träger ist; andererseits kann man m als hinreichend groß gewählt voraussetzen, so daß $\mathrm{R}_m \cdot T = j_{p+1}(\mu)$ gilt, wobei μ eine $(n-p-1)$-Form der Klasse C^∞ mit kompaktem Träger ist. Daher ergibt sich aus dem kommutativen Diagramm (24.11.1.3), daß $j_p(\beta) = \mathfrak{b}\big(j_{p+1}(\lambda + \mu)\big) = j_p\Big(d\big((-1)^{n-p}(\lambda + \mu)\big)\Big)$ gilt, und schließlich, da j_p injektiv ist, $\beta = d\big((-1)^{n-p}(\lambda + \mu)\big)$, womit der Beweis abgeschlossen ist.

Der Satz von DE RHAM (vgl. (24.11.3)) und die Poincaré-Dualität (vgl. (24.6.2)) führen auf den folgenden Dualitätssatz:

24.12.10. *Für jede orientierte reine Mannigfaltigkeit X existiert für jedes $p \geqq 0$ ein kanonischer Isomorphismus*

24.12.10.1. $D'_X \colon H^p(X) \to \big(H'_p(X)\big)^*$

des Raumes $H^p(X)$ auf den zu $H'_p(X)$ dualen Raum derart, daß für jede Abbildung $f \colon X \to Y$ der Klasse C^∞ von X in eine orientierte reine Mannigfaltigkeit Y folgende das Diagramm kommutativ ist:

24.12.10.2.
$$\begin{array}{ccc} H^p(Y) & \xrightarrow{D'_Y} & \big(H'_p(Y)\big)^* \\ {\scriptstyle f^*}\downarrow & & \downarrow{\scriptstyle {}^t(f_*)} \\ H^p(X) & \xrightarrow[D'_X]{} & \big(H'_p(X)\big)^* \end{array}$$

Wir definieren die lineare Abbildung (24.12.10.1) zunächst für eine *beliebige* (orientierbare oder nicht orientierbare) reine differenzierbare Mannigfaltigkeit X. Für jede p-Differentialform $\gamma \in \mathscr{E}_p(X)$ ist die Zahl $\langle T, \gamma\rangle$ für jeden p-Strom T mit kompaktem Träger definiert, und offenbar ist $T \to \langle T, \gamma\rangle$ eine Linearform $\tilde{\gamma}$ auf dem Raum $\mathscr{E}'_p(X)$ dieser p-Ströme. Ist γ eine *geschlossene* p-Form, so bezeichnen wir wieder mit $\tilde{\gamma}$ die *Einschränkung* dieser Linearform auf den Raum $Z'_p(X)$ der *Zyklen*; ist außerdem $T = \mathfrak{b}S$ ein *Rand*, so gilt $\langle \tilde{\gamma}, T\rangle = \langle \mathfrak{b}S, \gamma\rangle = \langle S, d\gamma\rangle = 0$, so daß $\langle \tilde{\gamma}, T\rangle$ also nur von der *Homologieklasse* $a \in H'_p(X)$ von T abhängt. Ist $\gamma = d\beta$ ein *Korand*, so gilt $\langle \tilde{\gamma}, T\rangle = \langle T, d\beta\rangle = \langle \mathfrak{b}T, \beta\rangle = 0$, da T ein Zyklus ist; mit anderen Worten, $\langle \tilde{\gamma}, T\rangle$ hängt auch nur von der *Kohomologieklasse* c von γ ab, und bezeichnet man diese Zahl mit $\langle c, a\rangle$, so stellt man fest, daß man damit auf $H'_p(X)$ eine Linearform $\tilde{c}: a \to \langle c, a\rangle$ definiert hat. Die Abbildung $D'_X: c \to \tilde{c}$ ist die kanonische Abbildung (24.12.10.1); ferner ist das Diagramm (24.12.10.2) für diese Abbildung kommutativ. Ist nämlich a die Homologieklasse von $T \in Z'_p(X)$ und c' die Kohomologieklasse von $\gamma' \in Z^p(Y)$, so gilt

$$\big\langle \big(f^*(c')\big)^\sim, a\big\rangle = \langle {}^t f(\gamma'), T\rangle = \langle \gamma', f(T)\rangle = \langle \tilde{c}', f_*(a)\rangle = \langle {}^t(f_*)(\tilde{c}'), a\rangle.$$

Ist X nun orientiert und n-dimensional, so genügt es zum Beweis von (24.12.10) aufgrund von (24.11.3) und (24.6.2) zu zeigen, daß das Diagramm

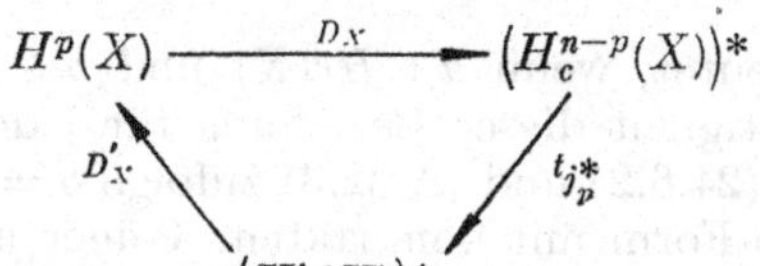

kommutativ ist. Ist c die Kohomologieklasse von $\gamma \in Z^p(X)$ und b die Kohomologieklasse von $\beta \in Z_c^{n-p}(X)$, so erhält man den Definitionen von D'_X, j_p (vgl. (24.11.2)) und D_X (vgl. (24.6.1.3)) zufolge

$$\langle {}^t j_p^*(D'_X c), b\rangle = \langle D'_X c, j_p^*(b)\rangle = \langle \gamma, j_p(\beta)\rangle = \int_X \beta \wedge \gamma = \langle D_X c, b\rangle.$$

Weiter unten (vgl. (24.30.5) und (24.33.1)) werden wir zeigen, daß D'_X auch für eine *nichtorientierbare* Mannigfaltigkeit ein Isomorphismus ist.

24.12.10.3. Bemerkung. Es sei X eine *orientierte* und *kompakte* reine Mannigfaltigkeit der Dimension n; dann gibt es für $0 \leqq p \leqq n$ einen kanonischen Isomorphismus

$$j_p^*: H^{n-p}(X) \to H'_p(X),$$

und da $H^p(X)$ andererseits ein endlichdimensionaler Vektorraum ist, kann $H'_p(X)$ mit dem *dualen* Raum $\big(H^p(X)\big)^*$ vermöge des Isomorphismus ${}^t D'_X$ identifiziert werden.

Insbesondere werde vorausgesetzt, daß X n-dimensional, *orientiert, kompakt* und *zusammenhängend* sei; dann ist die Klasse der konstanten Funktion 1 eine Basis des Vektorraumes $H^0(X)$ (vgl. (24.1.2)); das Bild dieser Funktion vermöge j_n^* ist daher eine Basis des Vektorraumes $H'_n(X)$, die sogenannte *Homologiefundamentalklasse der Ströme* von X, die man gelegentlich auch mit $[X]$ bezeichnet; identifiziert man $H'_n(X)$ mit dem zu $H^n(X)$ dualen Raum, so erhält man daher für jede Kohomologieklasse $c \in H^n(X)$

24.12.10.4. $\langle c, [X]\rangle = \int_X \gamma,$

wenn γ eine beliebige n-Form aus der Klasse c ist ($[X]$ ist also die Klasse des n-Stromes T_{φ_X} (vgl. (17.5.2)), der ein Zyklus ist). Ist e_X^* insbesondere die *Kohomologiefundamentalklasse* von X (vgl. (24.6.3.1)), die eine Basis von $H^n(X)$ ist, so gilt $\langle e_X^*, [X]\rangle = 1$, mit anderen Worten, e_X^* und $[X]$ sind *duale Basen*.

Aus dem Regularisierungssatz (24.12.8) ergibt sich unter anderem die folgende Schlußfolgerung:

24.12.11. *Es sei X eine orientierte reine Mannigfaltigkeit. Ein p-Strom T mit kompaktem Träger auf X ist genau dann von der Gestalt $\mathfrak{b}S$, wobei S ein $(p+1)$-Strom* *mit kompaktem Träger ist, wenn T ein Zyklus ist und wenn $\langle T, \alpha \rangle = 0$ für jede geschlossene p-Form α gilt.*

Die Bedingung ist offensichtlich notwendig, denn es gilt $\langle \mathfrak{b}S, \alpha \rangle = \langle S, d\alpha \rangle = 0$, wenn α geschlossen ist. Nehmen wir nun umgekehrt an, es sei $\mathfrak{b}T = 0$; wie in (24.12.9) kann dann $T = j_p(\beta) + \mathfrak{b}S_1$ geschrieben werden, wobei β eine $(n-p)$-Form mit kompaktem Träger und S_1 ein $(p+1)$-Strom mit kompaktem Träger ist. Für jede geschlossene p-Form α gilt daher $\langle T, \alpha \rangle = \int_X \beta \wedge \alpha + \langle \mathfrak{b}S_1, \alpha \rangle$, und es ist $\langle \mathfrak{b}S_1, \alpha \rangle = \langle S_1, d\alpha \rangle = 0$. Ist $\langle T, \alpha \rangle = 0$ für jede geschlossene p-Form α, so ergibt sich hieraus, daß für diese Formen $\int_X \beta \wedge \alpha = 0$ ist, was wiederum, in den Bezeichnungen von (24.6.1), $B(a, b) = 0$ bedeutet, wenn $a \in H^p(X)$ und $b \in H_c^{n-p}(X)$ die Klasse von α bzw. β ist. Aus der Gültigkeit dieser Beziehung für jedes $a \in H^p(X)$ leitet man her, daß dem Dualitätssatz (24.6.2) und (A.32.3) zufolge $b = 0$ ist. Somit gilt $\beta = d\gamma$, wobei γ eine $(n-p-1)$-Form mit kompaktem Träger ist, und nach (24.11.1.3) ergibt sich hieraus $T = \mathfrak{b}\big((-1)^{n-p} j_{p+1}(\gamma) + S_1\big)$.

24.12.12. Bemerkung. Es sei X eine orientierte reine Mannigfaltigkeit, Y eine orientierte reine Untermannigfaltigkeit von X und $j\colon Y \to X$ die kanonische injektive Abbildung. Ist T auf X ein p-Strom der *Ordnung* 0 mit einem *in Y enthaltenen* Träger, so existiert *auf* Y genau ein p-Strom T_0 mit der Eigenschaft $j_*(T_0) = T$. Da nämlich T ein Strom der Ordnung 0 ist, sind die in seiner lokalen Darstellung (17.5.4) auftretenden Distributionen T_H *Maße, deren Träger Y ist*; für jede p-Form β der Klasse C^∞ auf Y ist, wenn man mit β^0 die auf X *unstetige* p-Form bezeichnet, die sich bei Fortsetzung von β durch 0 in $X \setminus Y$ ergibt, $\langle T, \beta^0 \rangle$ definiert, und die Abbildung $\beta \to \langle Z, \beta^0 \rangle$ ist nach Definition eines Maßes stetig in $\mathscr{E}_p(Y)$; damit haben wir offensichtlich die gesuchte Distribution T_0 gefunden.

Unter den vorhergehenden Voraussetzungen gilt ferner, daß C_0 ein Zyklus ist, wenn T ein *Zyklus* ist. Jede $(p-1)$-Form α der Klasse C^∞ auf Y ist nämlich die Einschränkung ${}^t j(\omega)$ einer $(p-1)$-Form ω der Klasse C^∞ auf X (vgl. (16.12.11)); daher gilt nach Voraussetzung

$$\langle \mathfrak{b}T_0, \alpha \rangle = \langle T_0, d\alpha \rangle = \langle T_0, {}^t j(d\omega) \rangle = \langle T, d\omega \rangle = 0,$$

woraus sich $\mathfrak{b}T_0 = 0$ ergibt.

Dagegen ist T_0 im allgemeinen *kein* Rand auf Y, wenn T ein Rand auf X ist. Wenn die kanonische Abbildung $j^*\colon H^\cdot(X) \to H^\cdot(Y)$ jedoch *surjektiv* ist, dann ist für jeden Strom T der Ordnung 0 mit kompaktem Träger, der ein Rand auf X ist, T_0 ein Rand auf Y. Der Strom T_0 ist nämlich ein Zyklus auf Y, und aufgrund von (24.12.11) genügt es zu zeigen, daß $\langle T_0, \alpha \rangle = 0$ ist für jede geschlossene p-Form α auf Y. Die vorausgesetzte Surjektivität zieht aber nach sich, daß α zu einer Form ${}^t j(\beta)$ kohomolog ist, wobei β eine *geschlossene* p-Form der Klasse C^∞ auf X ist; da $T = \mathfrak{b}S$ ist, wobei S ein $(p+1)$-Strom auf X ist, erhält man $\langle T_0, \alpha \rangle = \langle T_0, {}^t j(\beta) \rangle = \langle T, \beta \rangle = \langle \mathfrak{b}S, \beta \rangle = \langle S, d\beta \rangle = 0$.

Ein Beispiel, in dem j^* surjektiv ist, erhält man, wenn man für Y eine kompakte Untermannigfaltigkeit einer orientierten kompakten Mannigfaltigkeit Z und für X eine hinreichend kleine offene Umgebung von Y in Z wählt. Man kann Z nämlich eingebettet in einen $\boldsymbol{R}^n$ voraussetzen (vgl. (16.25.1)), und es existiert dann eine „Tubenumgebung" V von Y in $\boldsymbol{R}^n$ sowie eine Projektion $\pi\colon V \to Y$ der Klasse C^∞ derart, daß $\pi(y) = y$ für $y \in Y$ gilt (vgl. (16.25.4)). Für jede geschlossene p-Form α

auf Y ist dann die p-Form $\beta = {}^t\pi(\alpha)$ auf V geschlossen, und ihre Einschränkung auf Y ist α; die Einschränkung von β auf $X = V \cap Z$ besitzt dieselben Eigenschaften, woraus die Behauptung folgt.

Aufgabe

Es seien X, Y zwei n-dimensionale orientierte kompakte zusammenhängende Mannigfaltigkeiten, und es sei $f\colon X \to Y$ eine Abbildung der Klasse C^∞. Man zeige, daß $f_*([X]) = \deg f \cdot [Y]$ ist.

24.13. Der Schnittring

24.13.1. Es sei X eine n-dimensionale *orientierte* reine Mannigfaltigkeit. Die kanonischen Isomorphismen j_p^* (vgl. (24.11.3)) definieren eine bijektive lineare Abbildung des graduierten Vektorraumes $H_c^{\boldsymbol{\cdot}}(X) = \bigoplus_{p=0}^{n} H_c^{n-p}(X)$ auf den graduierten Vektorraum $H_{\boldsymbol{\cdot}}'(X) = \bigoplus_{p=0}^{n} H_p'(X)$, und man kann daher vermöge dieser Abbildung die Struktur der *graduierten Algebra* $H_c^{\boldsymbol{\cdot}}(X)$ (vgl. (24.1.1)) auf $H_{\boldsymbol{\cdot}}'(X)$ *übertragen*. Die erste dieser Strukturen ist aus der Struktur einer graduierten Algebra auf $\mathcal{A}_c^{\boldsymbol{\cdot}}(X) = \bigoplus_{p=0}^{n} \mathcal{D}_p(X)$ hervorgegangen; letztere kann auch vermöge der kanonischen injektiven Abbildung j_p (vgl. (24.11.1.1)) auf die direkte Summe der Bilder $j_p(\mathcal{D}_{n-p}(X))$ übertragen werden, so daß man auch hierauf die Struktur einer graduierten Algebra erhält. Es gibt aber kein „vernünftiges" Verfahren, diese Struktur auf die ganze direkte Summe $\bigoplus_{p=0}^{n} \mathcal{E}_p'(X)$ der Räume von Strömen mit kompaktem Träger auszuweiten. Wie wir jedoch sehen werden, ist es in zahlreichen Fällen möglich, ein „Produkt" $S \cdot T$ von *Strömen* zu definieren, das für *Zyklen* S und T mit kompakten Trägern auf $H_{\boldsymbol{\cdot}}'(X)$ gerade das Produkt liefert, das sich bei der Übertragung des Produktes von $H_c^{\boldsymbol{\cdot}}(X)$ ergibt.

24.13.2. Der Regularisierungssatz (24.12.8) zeigt, daß das Bild des Raumes $\mathcal{D}_{n-p}(X)$ der $(n-p)$-Differentialformen der Klasse C^∞ mit kompaktem Träger vermöge der kanonischen injektiven Abbildung j_p (vgl. (24.11.1)) im Raum $\mathcal{E}_p'(X)$ der p-Ströme mit kompaktem Träger bezüglich der schwachen Topologie von $\mathcal{D}_p'(X)$ *überall dicht* ist. Außerdem kann jeder p-Strom T auf X (mit beliebigem Träger) bezüglich der schwachen Topologie von $\mathcal{D}_p'(X)$ durch einen p-Strom mit kompaktem Träger (beispielsweise einen Strom $h \cdot T$, wobei die Funktion $h \in \mathcal{D}(X)$ in einer hinreichend großen kompaktem Menge gleich 1 ist) beliebig approximiert werden; hieraus ergibt sich, daß $j_p(\mathcal{D}_{n-p}(X))$ bezüglich der schwachen Topologie auch in $\mathcal{D}_p'(X)$ dicht ist.

Es seien p, q zwei ganze Zahlen $\geqq 0$ mit $p + q \geqq n$. Für jeden p-Strom S auf X und jede $(n-q)$-Differentialform $\beta \in \mathcal{D}_{n-q}(X)$ ist der $(p+q-n)$-Strom $S \wedge \beta$ definiert (vgl. (17.3.5)); kann S selbst in der Form $j_p(\alpha)$ für eine $(n-p)$-Form

$\alpha \in \mathcal{E}_{n-p}(X)$ geschrieben werden, so ist $j_p(\alpha) \wedge \beta = j_{p+q}(\alpha \wedge \beta)$, denn es gilt für jede $(p + q - n)$-Form γ der Klasse C^∞

$$\langle j_p(\alpha) \wedge \beta, \gamma \rangle = \langle j_p(\alpha), \beta \wedge \gamma \rangle = \int_X \alpha \wedge \beta \wedge \gamma = \langle j_{n+q}(\alpha \wedge \beta), \gamma \rangle.$$

Das legt nahe, $j_p(\alpha) \wedge \beta$ als „Produkt" $j_p(\alpha) \cdot j_q(\beta)$ aufzufassen und allgemeiner folglich $S \wedge \beta$ als „Produkt" $S \cdot j_q(\beta)$; die der Definition eines Produktes $S \cdot T$ von S mit einem beliebigen q-Strom T zugrunde liegende Idee besteht nun darin, die Abbildung $j_q(\beta) \to S \wedge \beta$ von $j_q(\mathcal{D}_{n-q}(X))$ in $\mathcal{D}'_{p+q-n}(X)$ nach Möglichkeit stetig bis zum Punkt T fortzusetzen. Wie einfache Beispiele zeigen, ist das nicht immer möglich (vgl. die Aufgaben 1 und 2); wir werden jedoch zeigen, daß man, dieser Idee folgend, in sehr vielen Fällen einen $(p + q - n)$-Strom $S \cdot T$ definieren kann.

Wir benutzen das folgende elementare Lemma:

24.13.3. *Für jeden p-Strom S und jede q-Differentialform β der Klasse C^∞ mit $q \leqq p - 1$ gilt*

24.13.3.1. $\mathfrak{b}(S \wedge \beta) = (-1)^q (\mathfrak{b}S \wedge \beta - S \wedge d\beta)$.

Für jede $(p - q - 1)$-Form γ der Klasse C^∞ mit kompaktem Träger gilt nämlich

$$\langle \mathfrak{b}(S \wedge \beta), \gamma \rangle = \langle S \wedge \beta, d\gamma \rangle = \langle S, \beta \wedge d\gamma \rangle;$$

nun ist $\beta \wedge d\gamma = (-1)^q \big(d(\beta \wedge \gamma) - (d\beta) \wedge \gamma\big)$ und daher

$$\begin{aligned} \langle \mathfrak{b}(S \wedge \beta), \gamma \rangle &= (-1)^q \big(\langle S, d(\beta \wedge \gamma)\rangle - \langle S, (d\beta) \wedge \gamma\rangle\big) \\ &= (-1)^q (\langle \mathfrak{b}S, \beta \wedge \gamma\rangle - \langle S \wedge d\beta, \gamma\rangle) = (-1)^q (\langle \mathfrak{b}S \wedge \beta, \gamma\rangle - \langle S \wedge d\beta, \gamma\rangle). \end{aligned}$$

Hieraus folgt, daß $S \cdot j_q(\beta)$ ein Zyklus ist, wenn S und $j_q(\beta)$ Zyklen sind, und daß $S \cdot j_q(\beta)$ Rand eines Stromes mit kompaktem Träger ist, wenn dies für einen der Ströme S, $j_q(\beta)$ zutrifft; da außerdem jeder p-Strom S mit kompaktem Träger, der ein Zyklus ist, zu einem Zyklus $j_p(\beta)$ homolog ist (vgl. (24.11.3)), erkennt man, daß die Homologieklasse des Produkts $S \cdot j_q(\beta)$ zweier Zyklen in $H'_{p+q-n}(X)$ gerade das Produkt der Homologieklassen dieser beiden Zyklen bezüglich des aus $H^{\cdot}_c(X)$ übertragenen Produktes ist.

24.13.4. Für die weiteren Untersuchungen müssen wir auch den Begriff des singulären Trägers (vgl. (17.5.14)) auf Ströme verallgemeinern. Da die Abbildung $j_p: \mathcal{E}_{n-p}(X) \to \mathcal{D}'_p(X)$ injektiv ist, gilt für eine Familie (W_λ) offener Teilmengen von X derart, daß die Einschränkung eines p-Stromes S auf jede Menge W_λ in der Gestalt $j_p(\beta_\lambda)$ für eine $(n - p)$-Form $\beta_\lambda \in \mathcal{E}_{n-p}(W_\lambda)$ geschrieben werden kann, daß die β_λ die Einschränkungen auf W_λ von einer eindeutig bestimmten $(n - p)$-Form β der Klasse C^∞ auf $W = \bigcup_\lambda W_\lambda$ sind und die Einschränkung von S auf W gleich $j_p(\beta)$ ist. Es gibt also eine *größere* offene Menge V derart, daß die Einschränkung von S auf V in der Gestalt $j_p(\beta)$ für eine $(n - p)$-Form $\beta \in \mathcal{E}_{n-p}(V)$ geschrieben werden kann; das Komplement von V in X wird der *singuläre Träger* von S genannt und mit Supp sing (S) bezeichnet. Offenbar ist Supp sing $(S) \subset$ Supp (S), und aus der Kommutativität des Diagramms (24.11.1.3) folgt

24.13.4.1. Supp sing $(\mathfrak{b}S) \subset$ Supp sing (S).

Schließlich ergibt sich unmittelbar aus der Definition für jede Funktion $h \in \mathscr{E}(X)$

24.13.4.2. $\operatorname{Supp}\operatorname{sing}(h \cdot S) \subset \operatorname{Supp}\operatorname{sing}(S)$.

24.13.5. Können die Produkte $S_1 \cdot T$ und $S_2 \cdot T$ durch stetige Fortsetzung definiert werden, so trifft das auch auf $(S_1 + S_2) \cdot T$ zu, und dieser Ausdruck ist dann gleich $S_1 \cdot T + S_2 \cdot T$. Es sei (W_λ) eine lokal endliche offene Überdeckung von X und (S_λ) eine Familie von p-Strömen mit $\operatorname{Supp}(S_\lambda) \subset W_\lambda$ für jedes λ; dann ist die Summe $S = \sum_\lambda S_\lambda$ definiert, und wenn jedes Produkt $S_\lambda \cdot T$ durch stetige Fortsetzung definiert werden kann, so auch $S \cdot T$, und es gilt $S \cdot T = \sum_\lambda S_\lambda \cdot T$. Da sich jeder p-Strom stets in der Form $\sum_\lambda S_\lambda$ schreiben läßt, wobei die W_λ relativ kompakt sind (man wähle eine Zerlegung der Einheit), kann man sich immer auf den Fall beschränken, daß S einen kompakten Träger besitzt, wenn man nachprüfen will, ob ein Produkt $S \cdot T$ durch stetige Fortsetzung definierbar ist.

Es sei schließlich (h_λ) eine Zerlegung der Einheit in X, die aus Funktionen der Klasse C^∞ besteht. Läßt sich jedes Produkt $S \cdot (h_\lambda \cdot T)$ durch stetige Fortsetzung definieren, so gilt das auch für $S \cdot T$, und es ist $S \cdot T = \sum_\lambda S \cdot (h_\lambda \cdot T)$; das ergibt sich aus der schwachen Stetigkeit der Abbildung $T \to h_\lambda \cdot T$ in $\mathscr{D}'_q(X)$.

24.13.6. *Es sei S ein p-Strom mit kompaktem Träger und T ein q-Strom mit $p + q \geqq n$. Wenn sich die singulären Träger von S und T nicht schneiden, dann können die $(p + q - n)$-Ströme $S \cdot T$ und $T \cdot S$ durch stetige Fortsetzung definiert werden, und es gilt*

24.13.6.1. $T \cdot S = (-1)^{(n-p)(n-q)} S \cdot T$,

24.13.6.2. $\operatorname{Supp}(S \cdot T) \subset \operatorname{Supp}(S) \cap \operatorname{Supp}(T)$.

Wir beschränken uns von vornherein auf den Fall, daß auch der Träger von T kompakt ist. Zunächst werde angenommen, es sei $\operatorname{Supp}(S) \cap \operatorname{Supp}(T) = \emptyset$; da der q-Strom T durch einen Strom $j_q(\beta)$ beliebig approximiert werden kann, wobei β eine $(n - q)$-Form ist, deren Träger in einer beliebigen Umgebung von $\operatorname{Supp}(T)$ liegt, kann $\operatorname{Supp}(S) \cap \operatorname{Supp}(\beta) = \emptyset$ vorausgesetzt werden, woraus sich $S \wedge \beta = 0$ ergibt (vgl. (17.4.3)); das Produkt $S \cdot T$ ist dann durch stetige Fortsetzung definiert und gleich 0.

Als nächstes wollen wir annehmen, daß $\operatorname{Supp}\operatorname{sing}(S) = \emptyset$ ist, also $S = j_p(\alpha)$ für eine $(n - p)$-Form α mit kompaktem Träger. Wir setzen voraus, daß der q-Strom $j_q(\beta)$ schwach gegen T strebt. Dann ist $S \wedge \beta = j_p(\alpha) \wedge \beta = (-1)^{(n-p)(n-q)} j_q(\beta) \wedge \alpha$ (vgl. (17.5.2.2)); dieser Ausdruck strebt schwach gegen $(-1)^{(n-p)(n-q)} T \wedge \alpha$, und nach Definition ist $T \wedge \alpha$ das Produkt $T \cdot S$. Damit ist der Satz für diesen Fall bewiesen.

Wenden wir uns nun dem allgemeinen Fall zu; es sei V eine relativ kompakte Umgebung von $\operatorname{Supp}\operatorname{sing}(S)$ und W eine relativ kompakte Umgebung von $\operatorname{Supp}\operatorname{sing}(T)$ mit $V \cap W = \emptyset$; es sei g (bzw. h) eine Funktion aus $\mathscr{D}(X)$ mit einem in V (bzw. W) enthaltenen Träger, die in einer Umgebung von $\operatorname{Supp}\operatorname{sing}(S)$ (bzw. $\operatorname{Supp}\operatorname{sing}(T)$) gleich 1 ist. Wir schreiben $S = g \cdot S + (1 - g) \cdot S$ und $T = h \cdot T + (1 - h) \cdot T$; offenbar sind die singulären Träger von $(1 - g) \cdot S$ und $(1 - h) \cdot T$ leer, und die Träger von $g \cdot S$ und $h \cdot T$ schneiden sich nicht; damit ist das Problem auf die beiden vorhergehenden Fälle zurückgeführt, und (24.13.6) ist bewiesen.

24.13.7. Neben dem in (24.13.6) betrachteten Fall scheint es keinen allgemeineren Fall zu geben, in dem ein Produkt $S \cdot T$ durch stetige Fortsetzung auf *innere* Weise definiert werden könnte; mit anderen Worten, es kann vorkommen, daß für zwei Folgen (β_k), (β'_k) von $(n-q)$-Formen mit der Eigenschaft, daß $(j_q(\beta_k))$ und $(j_q(\beta'_k))$ beide schwach gegen T streben und jede der Folgen $(S \wedge \beta_k)$, $(S \wedge \beta'_k)$ einen Limes besitzt, diese Grenzwerte jedoch verschieden sind (vgl. Aufgabe 1).

Wie wir allerdings sehen werden, läßt sich ein auf jeden Strom T anwendbares (und von T *unabhängiges*) lineares Verfahren angeben, mit dessen Hilfe T durch eine wohlbestimmte Folge $(j_q(\beta_k))$ von Bildern von $(n-q)$-Formen approximiert werden kann, und das erlaubt, $S \cdot T$ in weitreichenden Fällen so zu definieren, daß die folgenden Bedingungen erfüllt sind:

1° Sind S und T *Zyklen* aus $Z'_.(X)$, so ist auch $S \cdot T$ ein Zyklus, und die Homologieklasse von $S \cdot T$ in $H'_{p+q-n}(X)$ ist gleich dem Produkt der Klassen von S und T bezüglich der in (24.13.1) definierten Algebrastruktur;

2° Das Produkt $S \cdot T$ bleibt unter hinreichend allgemeinen Bedingungen sinnvoll, selbst wenn $\mathfrak{b}S$ und $\mathfrak{b}T$ nicht 0 sind, wo es möglich wird, in zahlreichen Fällen das Produkt der Homologieklassen von zwei Zyklen zu berechnen, indem man diese in eine Summe von Strömen zerlegt, die *keine Zyklen sind.*

24.13.8. Die allgemeine Methode besteht in einer lokalen Regularisierung von T, ohne dabei jedoch so präzise Ergebnisse anzustreben wie in (24.12.8). Man betrachtet eine lokal endliche Überdeckung (W_λ) von X durch Definitionsbereiche von Karten $(W_\lambda, \psi_\lambda, n)$ von X, die relativ kompakt sind; ferner betrachtet man eine der Überdeckung (W_λ) untergeordnete Zerlegung der Einheit (h_λ) auf X, die aus Funktionen der Klasse C^∞ besteht, sowie die Bilder $T_\lambda = \psi_\lambda(h_\lambda \cdot T)$, wobei T_λ ein q-Strom auf $\boldsymbol{R}^n$ mit kompaktem, in $\psi_\lambda(W_\lambda)$ enthaltenem Träger ist. Unter diesen Voraussetzungen sei $(g_{k,\lambda})$ eine regularisierende Folge auf $\boldsymbol{R}^n$ derart, daß der Träger des q-Stroms $g_{k,\lambda} * T_\lambda$ in $\psi_\lambda(W_\lambda)$ liegt; dieser ist dann von der Gestalt $j_q(\beta_{k,\lambda})$, wobei $\beta_{k,\lambda}$ eine $(n-q)$-Form der Klasse C^∞ mit in $\psi_\lambda(W_\lambda)$ enthaltenem Träger ist (vgl. (24.12.2)). Strebt die Folge von $(p+q-n)$-Strömen $\psi_\lambda(S \mid W_\lambda) \wedge \beta_{k,\lambda}$ auf $\boldsymbol{R}^n$ gegen einen schwachen Limes, so trifft das auch für die Folge der $(p+q-n)$-Ströme $S \wedge {}^t\psi_\lambda(\beta_{k,\lambda})$ auf X zu; gilt das für *jedes* λ und setzt man $L_k \cdot T = \sum_\lambda {}^t\psi_\lambda(\beta_{k,\lambda})$ für jedes k, so hat auch die Folge der $(p+q-n)$-Ströme $S \wedge L_k \cdot T$ einen schwachen Limes, denn der Träger einer $(p+q-n)$-Form $\gamma \in \mathcal{D}_{p+q-n}(X)$ schneidet nur eine endliche Anzahl offener Mengen W_λ. Wir sagen dann, daß der Limes dieser Folge *das durch das Approximationsverfahren* (L_k) *erhaltene Produkt* $S \cdot T$ ist. Ein wesentlicher Punkt in dieser Methode ist die Beziehung

24.13.8.1. $d(L_k \cdot T) = (-1)^{n-q+1} L_k(\mathfrak{b}T)$.

Um diese zu beweisen, genügt es zu zeigen, daß $\mathfrak{b}(g_{k,\lambda} * T_\lambda) = g_{k,\lambda} * (\mathfrak{b}T_\lambda)$ ist, was sich aber unmittelbar aus Formel (24.12.2.1) und der Tatsache ergibt, daß $d(\check{g}_{k,\lambda} * \alpha) = \check{g}_{k,\lambda} * (d\alpha)$ ist für jede p-Form α (vgl. (17.11.11.1)).

24.13.9. *Es sei S ein p-Strom und T ein q-Strom mit $p + q \geqq n$. Läßt sich das Produkt $S \cdot T$ durch ein Approximationsverfahren definieren und sind S und T Zyklen, so ist $S \cdot T$ ein Zyklus. Nehmen wir darüber hinaus an, daß S ein Zyklus mit kompaktem Träger ist und T ein Rand, oder daß S der Rand eines Stromes mit kompaktem Träger ist und T ein Zyklus, so ist $S \cdot T$ Rand eines Stromes mit kompaktem Träger.*

Angenommen, es ist $\mathfrak{b}S = 0$ und $\mathfrak{b}T = 0$; wir haben zu zeigen, daß für jede $(p + q - n - 1)$-Form α mit kompaktem Träger $\langle S \cdot T, d\alpha \rangle = 0$ gilt (wobei wir uns offenbar auf den Fall $p + q - n \geqq 1$ beschränken können). Wir setzen $\beta_k = L_k \cdot T$; (24.13.8.1) zufolge gilt nach Voraussetzung $d\beta_k = 0$, also $d(\beta_k \wedge \alpha) = (-1)^q \beta_k \wedge d\alpha$; folglich ist $\langle S \wedge \beta_k, d\alpha \rangle = \langle S, \beta_k \wedge d\alpha \rangle = (-1)^q \langle S, d(\beta_k \wedge \alpha) \rangle = (-1)^q \langle \mathfrak{b}S, \beta_k \wedge \alpha \rangle = 0$; geht man zum Limes über, so erhält man gerade $\langle S \cdot T, d\alpha \rangle = 0$. Angenommen, es ist $\mathfrak{b}S = 0$, $T = \mathfrak{b}T'$ und S hat einen kompakten Träger; dann ist $S \cdot T$ ein Zyklus mit kompaktem Träger, und um zu zeigen, daß es sich dabei um den Rand eines Stromes mit kompaktem Träger handelt, genügt es nachzuweisen, daß $\langle S \cdot T, \alpha \rangle = 0$ ist für jede geschlossene $(p + q - n)$-Form α (mit beliebigem Träger) (vgl. (24.12.11)). Ist $\beta'_k = L_k \cdot T'$, so gilt $L_k \cdot T = (-1)^{n-q+1} d\beta'_k$, also $\langle S, (d\beta'_k) \wedge \alpha \rangle = \langle S, d(\beta'_k \wedge \alpha) \rangle = \langle \mathfrak{b}S, \beta'_k \wedge \alpha \rangle = 0$, denn es ist $d\alpha = 0$; geht man zum Limes über, so erhält man gerade $\langle S \cdot T, d\alpha \rangle = 0$. Ist $S = \mathfrak{b}S'$, wobei der Träger S' kompakt ist, und $\mathfrak{b}T = 0$, so gilt $\langle S, \beta_k \wedge \alpha \rangle = \langle \mathfrak{b}S', \beta_k \wedge \alpha \rangle = \langle S', d(\beta_k \wedge \alpha) \rangle = 0$, denn es ist $d\alpha = 0$ und $d\beta_k = 0$; hieraus leitet man wiederum $\langle S \cdot T, \alpha \rangle = 0$ her.

24.13.10. *Unter den Voraussetzungen von* (24.13.9) *seien S und T Zyklen (mit kompakten Trägern), und das Produkt $S \cdot T$ lasse sich durch ein Approximationsverfahren definieren. Dann ist die Homologieklasse von $S \cdot T$ das (in* (24.13.1) *definierte) Produkt der Homologieklasse von S und der Homologieklasse von T.*

Ist $S = j_p(\alpha)$ und $T = j_q(\beta)$, wobei α (bzw. β) eine geschlossene $(n - p)$-Form (bzw. eine geschlossene $(n - q)$-Form) mit kompaktem Träger ist, so ist das gerade die Definition. Wir nehmen nun an, daß S ein beliebiger Zyklus und $T = j_q(\beta)$ ist; (24.12.8.1) zufolge kann man $S = j_p(\alpha) + \mathfrak{b}S'$ schreiben für eine geschlossene $(n - p)$-Form α und einen $(p + 1)$-Strom S' mit kompaktem Träger; da $(\mathfrak{b}S') \cdot j_q(\beta)$ nach (24.13.9) Rand eines Stroms mit kompaktem Träger ist, ist $S \cdot T$ homolog zu $j_p(\alpha) \cdot j_q(\beta)$, und die Behauptung ergibt sich daraus, daß S zu $j_p(\alpha)$ homolog ist. Wir betrachten schließlich den allgemeinen Fall; nach (24.12.8.1) gilt dann $T = j_q(\beta) + \mathfrak{b}T'$, wobei β eine geschlossene $(n - q)$-Form ist und T' ein $(q + 1)$-Strom mit kompaktem Träger. Nach Voraussetzung kann $S \cdot T$ durch ein Approximationsverfahren definiert werden, und dasselbe gilt daher für $S \cdot (\mathfrak{b}T)'$, das folglich aufgrund von (24.13.9) Rand eines Stroms mit kompaktem Träger ist; also ist $S \cdot T$ homolog zu $S \cdot j_q(\beta)$, und da $j_q(\beta)$ zu T homolog ist, hat man das Problem auf den vorhergehenden Fall zurückgeführt.

24.13.11. Wir wollen zunächst ein einfaches Beispiel untersuchen, das auf zahlreiche Fälle führen wird, in denen das Produkt $S \cdot T$ durch ein Approximationsverfahren definiert werden kann. Es seien p, q zwei ganze Zahlen mit $p + q \geqq n$; im Raum $\boldsymbol{R}^n$ schreiben wir für die n Koordinaten

$$x_1, \ldots, x_{p+q-n}, y_1, \ldots, y_{n-q}, z_1, \ldots, z_{n-p};$$

die Orientierung des $\boldsymbol{R}^n$ sei so gewählt, daß die n-Form

$$dx_1 \wedge \cdots \wedge dx_{p+q-n} \wedge dy_1 \wedge \cdots \wedge dy_{n-q} \wedge dz_1 \wedge \cdots \wedge dz_{n-p}$$

positiv ist. Mit $\boldsymbol{R}^p$ (bzw. $\boldsymbol{R}^q$, $\boldsymbol{R}^{p+q-n}$) bezeichnen wir den Vektorteilraum, der durch die ersten p (bzw. die ersten $p + q - n$ und die letzten $n - p$ bzw. die ersten $p + q - n$) Vektoren der kanonischen Basis erzeugt wird, so daß $\boldsymbol{R}^{p+q-n} = \boldsymbol{R}^p \cap \boldsymbol{R}^q$ ist; die

Orientierungen auf den drei Teilräumen sind so gewählt, daß die Formen

$$dx_1 \wedge \cdots \wedge dx_{p+q-n} \wedge dy_1 \wedge \cdots dy_{n-q},$$

$$dx_1 \wedge \cdots \wedge dx_{p+q-n} \wedge dz_1 \wedge \cdots \wedge dz_{n-p} \quad \text{und} \quad dx_1 \wedge \cdots \wedge dx_{p+q-n}$$

positiv sind. Die Vektoren

$$(x_1, \ldots, x_{p+q-n}) \in \boldsymbol{R}^{p+q-n}, \quad (y_1, \ldots, y_{n-q}) \quad \text{und} \quad (z_1, \ldots, z_{n-p})$$

bezeichnen wir auch mit $\mathbf{x}$, $\mathbf{y}$ und $\mathbf{z}$.

Es sei dann $(\mathbf{x}, \mathbf{y}) \to A(\mathbf{x}, \mathbf{y})$ eine in $\boldsymbol{R}^p$ definierte stetige reellwertige Funktion, $(\mathbf{x}, \mathbf{z}) \to B(\mathbf{x}, \mathbf{z})$ eine in $\boldsymbol{R}^q$ definierte stetige reellwertige Funktion, und wir betrachten auf $\boldsymbol{R}^n$ den p-Strom S und den q-Strom T, die definiert sind durch

24.13.11.1. $S\colon \alpha \to \int\limits_{\boldsymbol{R}^p} A \cdot \alpha,$

24.13.11.2. $T\colon \beta \to \int\limits_{\boldsymbol{R}^q} B \cdot \beta.$

Dann gilt:

24.13.12. *Das Produkt $S \cdot T$ kann durch ein Approximationsverfahren definiert werden und ist der $(p + q - n)$-Strom*

24.13.12.1. $\omega \to \int\limits_{\boldsymbol{R}^{p+q-n}} C \cdot \omega,$

mit $C(\mathbf{x}) = A(\mathbf{x}, 0)\, B(\mathbf{x}, 0)$.

In den Bezeichnungen von (24.12.1) bemerken wir zuerst, daß $\langle S, \zeta_H \rangle = 0$ gilt, ausgenommen für die p-Formen

$$\alpha = f(\mathbf{x}, \mathbf{y}, \mathbf{z})\, dx_1 \wedge \cdots \wedge dx_{p+q-n} \wedge dy_1 \wedge \cdots \wedge dy_{n-q},$$

für die

$$\langle S, \alpha \rangle = \int\limits_{\boldsymbol{R}^p} A(\mathbf{x}, \mathbf{y})\, f(\mathbf{x}, \mathbf{y}, 0)\, d\lambda_p(\mathbf{x}, \mathbf{y})$$

ist (λ_r bezeichnet das Lebesguesche Maß auf $\boldsymbol{R}^r$); ebenso gilt $\langle T, \zeta_H \rangle = 0$, ausgenommen für die q-Formen

$$\beta = g(\mathbf{x}, \mathbf{y}, \mathbf{z})\, dx_1 \wedge \cdots \wedge dx_{p+q-n} \wedge dz_1 \wedge \cdots \wedge dz_{n-p},$$

für die

$$\langle T, \beta \rangle = \int\limits_{\boldsymbol{R}^q} B(\mathbf{x}, \mathbf{z})\, g(\mathbf{x}, 0, \mathbf{z})\, d\lambda_q(\mathbf{x}, \mathbf{z})$$

ist. Es sei (h_k) eine regularisierende Folge auf $\boldsymbol{R}^n$, und wir berechnen die $(n - q)$-Form γ_k mit $h_k * T = j_q(\gamma_k)$; es gilt $\langle h_k * T, \beta \rangle = \langle T, \check{h}_k * \beta \rangle$ und

$$\check{h}_k * \beta = \Bigl(\int\limits_{\boldsymbol{R}^n} h_k(\mathbf{x}' - \mathbf{x}, \mathbf{y}' - \mathbf{y}, \mathbf{z}' - \mathbf{z})\, g(\mathbf{x}', \mathbf{y}', \mathbf{z}')\, d\lambda_n(\mathbf{x}', \mathbf{y}', \mathbf{z}')\Bigr)\, dx_1 \wedge \cdots \wedge dz_{n-p};$$

nach Definition ist $\langle T, \check{h}_k * \beta \rangle = \int\limits_{\boldsymbol{R}^n} \gamma_k \wedge \beta$, woraus sich

$$\gamma_k = (-1)^{(p+q-n)(n-q)} \Bigl(\int\limits_{\boldsymbol{R}^q} B(\mathbf{x}', \mathbf{z}')\, h_k(\mathbf{x} - \mathbf{x}', \mathbf{y}, \mathbf{z} - \mathbf{z}')\, d\lambda_q(\mathbf{x}', \mathbf{z}')\Bigr)\, dy_1 \wedge \cdots \wedge dy_{n-q}$$

ergibt. Ist $\omega = u(\mathbf{x}, \mathbf{y}, \mathbf{z})\, dx_1 \wedge \cdots \wedge dx_{p+q-n}$ eine $(p+q-n)$-Form mit kompaktem Träger, so erhält man folglich für $\langle S, \gamma_k \wedge \omega \rangle$ den Ausdruck

$$\int_{\mathbf{R}^p} A(\mathbf{x}, \mathbf{y})\, u(\mathbf{x}, \mathbf{y}, 0)\, d\lambda_p(\mathbf{x}, \mathbf{y}) \int_{\mathbf{R}^q} B(\mathbf{x}', \mathbf{z}')\, h_k(\mathbf{x} - \mathbf{x}', \mathbf{y}, -\mathbf{z}')\, d\lambda_q(\mathbf{x}', \mathbf{z}'),$$

wofür man auch

$$\int_{\mathbf{R}^{p+q-n}} d\lambda_{p+q-n}(\mathbf{x}) \int_{\mathbf{R}^n} A(\mathbf{x}, \mathbf{y}')\, B(\mathbf{x}', \mathbf{z}')\, u(\mathbf{x}, \mathbf{y}', 0)\, h_k(\mathbf{x} - \mathbf{x}', \mathbf{y}', -\mathbf{z}')\, d\lambda_n(\mathbf{x}', \mathbf{y}', \mathbf{z}')$$

schreiben kann. Nach Definition einer regularisierenden Folge strebt das innere Integral gegen $A(\mathbf{x}, 0)\, B(\mathbf{x}, 0)\, u(\mathbf{x}, 0, 0)$; die Behauptung ergibt sich daher aus dem Satz von der normalen Konvergenz (u ist eine Funktion aus $\mathcal{D}(\mathbf{R}^n)$).

24.13.13. In den vorhergehenden Bezeichnungen sind S, T und $S \cdot T$ offenbar Ströme nullter Ordnung (vgl. (17.3.2)). Für jede kompakte Menge $K \subset \mathbf{R}^n$ ist der Raum $\mathcal{D}_r^{(0)}(\mathbf{R}^n; K)$ der r-Formen der Klasse C^∞ mit Träger in K ein Banachraum bezüglich der Norm, die für eine r-Form $\sum_H f_H \zeta_H$ durch $\sup_H \left(\sup_{t \in K} |f_H(t)| \right)$ definiert ist. Die Berechnungen aus (24.13.12) zeigen daher, daß für jede $(p+q-n)$-Form ω mit Träger in K und für jeden Index k

$$|\langle S \wedge \gamma_k, \omega \rangle| \leqq \sup_{(\mathbf{x},\mathbf{y}) \in K \cap \mathbf{R}^p} |A(\mathbf{x}, \mathbf{y})| \cdot \sup_{(\mathbf{x},\mathbf{z}) \in K \cap \mathbf{R}^q} |B(\mathbf{x}, \mathbf{z})| \cdot \lambda_{p+q-n}(K \cap \mathbf{R}^{p+q-n}) \cdot \|\omega\|$$

gilt.

24.13.14. Wir betrachten in X jetzt zwei *abgeschlossene orientierte reine Untermannigfaltigkeiten* Y, Z der Dimensionen p bzw. q mit $p + q \geqq n$. Wir wollen voraussetzen, daß sich diese Mannigfaltigkeiten *transversal schneiden*; nach Definition bedeutet das, daß der Durchschnitt der Tangentialteilräume $T_x(Y)$ und $T_x(Z)$ der Dimensionen p bzw. q in jedem Punkt $x \in Y \cap Z$ *$(p+q-n)$-dimensional* ist. Dann ist *$Y \cap Z$ eine reine abgeschlossene Untermannigfaltigkeit der Dimension $p+q-n$, die orientierbar ist.*

Für jedes $x \in Y \cap Z$ gibt es nämlich eine Karte ψ einer offenen Umgebung V von x in X auf eine offene Teilmenge $\psi(V)$ in $\mathbf{R}^n$ derart, daß $\psi(x) = 0$ gilt und (identifiziert man den Tangentialraum an $\mathbf{R}^n$ im Punkt 0 mit dem Raum $\mathbf{R}^n$ selbst) die Bilder von $T_x(Y)$ und $T_x(Z)$ vermöge $T_x(\Psi)$ mit $\mathbf{R}^p$ bzw. $\mathbf{R}^q$ (unter Berücksichtigung der in (24.13.11) getroffenen Vereinbarungen) übereinstimmen. Aus (16.8.3.2) ergibt sich dann, daß man annehmen kann, $\psi(Y \cap V)$ (bzw. $\psi(Z \cap V)$) sei in $\psi(V)$ durch die Gleichungen

$$z_k - u_k(x_1, \ldots, x_{p+q-n}, y_1, \ldots, y_{n-q}) = 0 \qquad \text{für} \quad 1 \leqq k \leqq n-p$$

$$(\text{bzw. } y_j - v_j(x_1, \ldots, x_{p+q-n}, z_1, \ldots, z_{n-p}) = 0 \qquad \text{für} \quad 1 \leqq j \leqq n-q)$$

definiert mit $du_k(0) = 0$ für $1 \leqq k \leqq n-p$ (bzw. $dv_j(0) = 0$ für $1 \leqq j \leqq n-q$). Da die Funktionaldeterminante der n Funktionen

$$x_i' = x_i \qquad (1 \leqq i \leqq p+q-n),$$

$$y_j' = y_j - v_j(x_1, \ldots, x_{p+q-n}, z_1, \ldots, z_{n-p}) \qquad (1 \leqq j \leqq n-q),$$

$$z_k' = z_k - u_k(x_1, \ldots, x_{p+q-n}, y_1, \ldots, y_{n-q}) \qquad (1 \leqq k \leqq n-p)$$

im Punkt 0 gleich 1 ist, erlaubt ein Diffeomorphismus von einer in $\psi(V)$ enthaltenen Umgebung von 0, sich auf die Betrachtung des Falls

$$\psi(Y \cap V) = \psi(V) \cap \mathbf{R}^p, \qquad \psi(V \cap Z) = \psi(V) \cap \mathbf{R}^q$$

und damit auf $\psi(Y \cap Z \cap V) = \psi(V) \cap \mathbf{R}^{p+q-n}$ zu beschränken, womit bereits bewiesen ist, daß $Y \cap Z$ eine reine Untermannigfaltigkeit der Dimension $p + q - n$ ist.

Zum Nachweis der Orientierbarkeit von $Y \cap Z$ wählen wir zu den Orientierungen von X, Y bzw. Z gehörende Differentialformen ν, ϱ bzw. σ (wobei wir uns, was immer möglich ist, auf den Fall beschränken, daß diese Mannigfaltigkeiten zusammenhängend sind). Für jedes $x \in Y \cap Z$ sei $\mathbf{v}(x)$ (bzw. $\mathbf{r}(x)$, $\mathbf{s}(x)$) der n-Vektor aus $\bigwedge^n T_x(X)$ (bzw. der p-Vektor aus $\bigwedge^p T_x(Y)$, der q-Vektor aus $\bigwedge^q T_x(Z)$) mit $\langle \nu(x), \mathbf{v}(x) \rangle = 1$ (bzw. $\langle \varrho(x), \mathbf{r}(x) \rangle = 1$, $\langle \sigma(x), \mathbf{s}(x) \rangle = 1$). Da $\mathbf{r}(x)$ (bzw. $\mathbf{s}(x)$) Produkt von p Vektoren aus $T_x(Y)$ (bzw. q Vektoren aus $T_x(Z)$) ist, kann dieser p-Vektor (bzw. q-Vektor) mit einem p-Vektor aus $\bigwedge^p T_x(X)$ (bzw. einem q-Vektor aus $\bigwedge^q T_x(X)$) identifiziert werden; wir setzen

$$\varrho'(x) = \mathbf{r}(x) \lrcorner\, \nu(x) \qquad (\text{bzw. } \sigma'(x) = \mathbf{s}(x) \lrcorner\, \nu(x)),$$

womit wir einen $(n - p)$-Kovektor aus $\bigwedge^{n-p} T_x(X)^*$ (bzw. $(n - q)$-Kovektor aus $\bigwedge^{n-q} T_x(X)^*$) erhalten. Dann ist $\varrho'(x) \wedge \sigma'(x)$ ein $\big(2n - (p + q)\big)$-Kovektor aus $\bigwedge^{2n-p-q} T_x(X)^*$ und folglich $\mathbf{m}(x) = \big(\varrho'(x) \wedge \sigma'(x)\big) \lrcorner\, \mathbf{v}(x)$ ein $(p + q - n)$-Vektor aus $\bigwedge^{p+q-n} T_x(X)$; aus (A.15.3.2) ergibt sich unmittelbar, daß dieser $(p + q - n)$-Vektor Produkt von $p + q - n$ Vektoren ist, die eine Basis von $T_x(Y \cap Z)$ bilden. Unter Verwendung der Karte ψ bemerkt man ferner, daß der Schnitt $x \to \mathbf{m}(x)$ in $Y \cap Z$ stetig ist; ist $\mu(x)$ der $(p + q - n)$-Kovektor aus $\bigwedge^{p+q-n} T_x(Y \cap Z)^*$ mit $\langle \mu(x), \mathbf{m}(x) \rangle = 1$, so ist $x \to \mu(x)$ ebenfalls stetig, $Y \cap Z$ also orientierbar, und man hat ein inneres Verfahren gefunden, um ausgehend von vorgegebenen Orientierungen auf X, Y und Z eine Orientierung von $Y \cap Z$ herzuleiten. Wir wollen annehmen, wir hätten diese Orientierung gewählt.

Es sei dann $y \to A(y)$ eine stetige komplexwertige Funktion in Y, $z \to B(z)$ eine stetige komplexwertige Funktion in Z und S der p-Strom bzw. T der q-Strom *auf* X, der definiert ist durch

24.13.14.1. $S\colon \alpha \to \int\limits_Y A \cdot \alpha$

bzw.

24.13.14.2. $T\colon \beta \to \int\limits_Z B \cdot \beta$

(vgl. (17.5.2.4)). Dann läßt sich *das Produkt $S \cdot T$ durch ein Approximationsverfahren definieren; dieses Produkt ist der $(p + q - n)$-Strom*

24.13.14.3. $\omega \to (-1)^t \int\limits_{Y \cap Z} AB \cdot \omega$

mit $t = p(n - p) + q(n - q)$; das Produkt hängt also nicht von dem Approximationsverfahren ab.

Wir wählen eine lokal endliche Überdeckung von $Y \cap Z$ durch Definitionsbereiche V_λ von Karten ψ_λ von X mit $\psi_\lambda(Y \cap V_\lambda) = \psi_\lambda(V_\lambda) \cap \boldsymbol{R}^p$, $\psi_\lambda(Z \cap V_\lambda) = \psi_\lambda(V_\lambda) \cap \boldsymbol{R}^q$; man kann voraussetzen, daß die Träger von S und T in der Vereinigung der V_λ enthalten sind (vgl. (24.13.6)). Somit läßt sich für jedes λ das Ergebnis von (24.13.12) anwenden, woraus sich die Behauptung ergibt (vgl. (24.13.8)); das Vorzeichen $(-1)^t$ wird unter Benutzung von (A.15.3.2) bestimmt.

Wählt man für A und B die Funktion, die gleich *der Konstanten* 1 ist, so werden die Ströme S und T die durch Y und Z definierten *Integrationsströme* (auf X) genannt und mit I_Y und I_Z bezeichnet, oder etwas mißverständlich auch einfach mit Y und Z; aufgrund von (17.15.5.1) sind Y und Z *Zyklen*, und das vorhergehende Ergebnis kann in der folgenden Gestalt geschrieben werden:

24.13.14.4. $Y \cdot Z = (-1)^t \, Y \cap Z.$

Dieses Beispiel ist der Anlaß dafür, daß die in (24.13.1) definierte graduierte Algebra $H^{\cdot}(X)$ die *Schnittalgebra* auf X heißt.

24.13.15. Wir nehmen an, X sei *zusammenhängend*, so daß eine kanonische bijektive Abbildung $H_c^n(X) \to \boldsymbol{R}$ existiert (vgl. (24.6.3.2)), und folglich, verknüpft man diese mit der kanonischen bijektiven Abbildung $(j_0^*)^{-1}\colon H_0'(X) \to H_c^n(X)$, eine kanonische bijektive Abbildung $i_X'\colon H_0'(X) \to \boldsymbol{R}$; die Definitionen (24.6.3.2) und (24.11.1.2) zeigen: Ist $c \in H_0'(X)$ die Homologieklasse eines 0-Stroms (d. h. einer Distribution) T mit kompaktem Träger, so gilt $i_X'(c) = \langle T, 1\rangle$.

Wir nehmen an, es sei $p + q = n$; ist S ein p-Strom, T ein q-Strom, und kann das Produkt $S \cdot T$ durch ein Approximationsverfahren definiert werden, so ist $S \cdot T$ eine Distribution; ist der Träger des Produkts kompakt, so wird

24.13.15.1. $(S \cdot T) = \langle S \cdot T, 1\rangle$

gesetzt, und $(S \cdot T)$ wird die *Schnittzahl* von S und T genannt.

Es seien nun Y, Z zwei orientierte abgeschlossene reine Untermannigfaltigkeiten von X der Dimensionen p bzw. $q = n - p$ derart, daß sich Y und Z *in einer endlichen Anzahl von Punkten* $\{x_1, \ldots, x_r\}$ *transversal schneiden*. In den Bezeichnungen von (24.13.14) ist für jedes x_j offenbar $\varrho(x_j) \wedge \sigma(x_j)$ proportional zu $\nu(x_j)$; ist der Proportionalitätsfaktor > 0 (bzw. < 0), so wird die vermittels des Verfahrens aus (24.13.14) aus den Orientierungen von Y und Z abgeleitete Orientierung von $\{x_j\}$ aus reellen Zahlen > 0 (bzw. < 0) bestehen. Wir betrachten dann den p-Strom S und den $(n - p)$-Strom T, die man erhält, wenn man in (24.13.14) die stetigen Funktionen mit kompaktem Träger A und B gleich der *Konstanten* 1 *in einer Umgebung jedes Punktes* x_j wählt. Offenbar hängt die Schnittzahl $(S \cdot T)$ nicht von der Wahl von A und B ab, wenn diese nur den genannten Bedingungen genügen; sie wird mit $(Y \cdot Z)$ bezeichnet und die (*algebraische*) *Schnittzahl der orientierten Untermannigfaltigkeiten* Y *und* Z genannt; die Formel (24.13.15.1) ergibt daher

24.13.15.2. $(Y \cdot Z) = \sum\limits_{j=1}^{r} \varepsilon(x_j)$

mit $\varepsilon(x_j) = 1$ (bzw. $\varepsilon(x_j) = -1$), wenn die oben definierte Orientierung von $\{x_j\}$ aus Zahlen > 0 (bzw. < 0) besteht. Offenbar ist

24.13.15.3. $(Z \cdot Y) = (-1)^{p(n-p)} \, (Y \cdot Z).$

Mit einem besonders wichtigen Fall haben wir es zu tun, wenn X, Y, Z *holomorphe*, mit der *kanonischen* Orientierung (vgl. (16.21.13)) versehene *Mannigfaltigkeiten* sind; unter diesen Voraussetzungen erkennt man unmittelbar, daß die Orientierung von $\{x_j\}$ für jedes j aus Zahlen > 0 besteht und $(Y \cdot Z)$ in diesem Fall folglich die *Anzahl der Punkte* des Durchschnitts $Y \cap Z$ angibt.

24.13.16. Wir beschränken uns auch weiterhin auf den Fall, daß $p + q = n$ ist; es kann eintreten, daß sich das Produkt $S \cdot T$ für einen p-Strom S mit kompaktem Träger und einen $(n - p)$-Strom T auf X nicht durch ein Approximationsverfahren definieren läßt, daß man aber die *Schnittzahl* $(S \cdot T)$ durch ein solches Verfahren bestimmen kann. In den Bezeichnungen von (24.13.8) genügt es nämlich, daß die Folge der *Zahlen* $\langle S \wedge L_k \cdot T, 1\rangle$ einen Limes besitzt, der dann *nach Definition* die Schnittzahl $(S \cdot T)$ ist. Ein solcher Fall liegt insbesondere dann vor, *wenn S der Rand eines Stromes mit kompaktem Träger ist und T ein Zyklus, oder wenn S ein Zyklus ist und T ein Rand; in beiden Fällen gilt* $(S \cdot T) = 0$. Zum Beweis wollen wir zunächst annehmen, es sei $S = \mathfrak{b}S'$, wobei S' einen kompakten Träger hat, und $\mathfrak{b}T = 0$; ist dann $\beta_k = L_k \cdot T$, so gilt $d\beta_k = 0$, und $\langle S \wedge \beta_k, 1\rangle = \langle S, \beta_k\rangle = \langle \mathfrak{b}S', \beta_k\rangle = \langle S', d\beta_k\rangle = 0$ für jedes k. Ebenso findet man: Ist $\mathfrak{b}S = 0$ und $T = \mathfrak{b}T'$, so kann $\beta_k = d\beta'_k$ geschrieben werden, und daher gilt

$$\langle S, \beta_k\rangle = \langle S, d\beta'_k\rangle = \langle \mathfrak{b}S, \beta'_k\rangle = 0.$$

Hieraus lassen sich allgemeinere Fälle herleiten, in denen $(S \cdot T)$ definiert ist:

24.13.17. *Es seien S ein p-Strom mit kompaktem Träger und T ein $(n - p)$-Strom. Wenn der singuläre Träger von S bzw. T den singulären Träger des Randes von T bzw. S nicht schneidet* (und sind S und T insbesondere *Zyklen*), *dann kann die Schnittzahl $(S \cdot T)$ durch ein Approximationsverfahren definiert werden.*

Man kann sich auf den Fall beschränken, daß der Träger von T kompakt ist (vgl. (24.13.6)). Wendet man (24.12.8) auf T an, so kann man $T = j_{n-p}(\beta) + T_1 + \mathfrak{b}T_2$ schreiben, wobei β eine p-Form der Klasse C^∞ ist, der singuläre Träger von T_1 dem singulären Träger von $\mathfrak{b}T$ beliebig benachbart ist und der singuläre Träger des Stromes T_2 mit kompaktem Träger dem singulären Träger von T beliebig benachbart ist. Daher kann angenommen werden, daß sich die singulären Träger von S und T_1 nicht schneiden, und aufgrund von (24.13.6) bleibt zu beweisen, daß die Schnittzahl $(S \cdot \mathfrak{b}T_2)$ definiert ist. Ebenso kann man S in der Gestalt $S = j_p(\alpha) + S_1 + \mathfrak{b}S_2$ schreiben, wobei α eine $(n - p)$-Form der Klasse C^∞ ist, S_2 einen kompakten Träger besitzt und der singuläre Träger von S_1 dem singulären Träger von $\mathfrak{b}S$ beliebig benachbart ist; daher kann angenommen werden, daß sich die singulären Träger von S_1 und $\mathfrak{b}T_2$ nicht schneiden. Aufgrund von (24.13.6) bleibt schließlich noch zu zeigen, daß die Schnittzahl $(\mathfrak{b}S_2 \cdot \mathfrak{b}T_2)$ definiert ist, was sich aus (24.13.16) (für den Wert 0) ergibt.

Unter den Bedingungen von (24.13.17) gilt wiederum

24.13.17.1. $(T \cdot S) = (-1)^{p(n-p)}(S \cdot T)$.

Ist S' ein $(p + 1)$-Strom derart, daß der singuläre Träger von $\mathfrak{b}S'$ den singulären Träger von T nicht schneidet, so ist das Produkt $\mathfrak{b}S' \cdot T$ definiert (vgl. (24.13.6)), also *a fortiori* auch die Schnittzahl $(\mathfrak{b}S' \cdot T)$; darüber hinaus ist dann die Schnittzahl $(S' \cdot \mathfrak{b}T)$ durch ein Approximationsverfahren definiert, und es gilt

24.13.17.2. $(\mathfrak{b}S' \cdot T) = (S' \cdot \mathfrak{b}T)$.

In den Bezeichnungen von (24.13.16) ist nämlich $\langle S', d\beta_k \rangle = \langle \mathfrak{b}S', \beta_k \rangle$, das nach Voraussetzung gegen $(\mathfrak{b}S' \cdot T)$ strebt. In gleicher Weise findet man: Ist T' ein $(n - p + 1)$-Strom derart, daß der singuläre Träger von $\mathfrak{b}T'$ den singulären Träger von S nicht schneidet, so ist die Schnittzahl $(\mathfrak{b}S \cdot T')$ definiert, und es gilt

24.13.17.3. $(\mathfrak{b}S \cdot T') = (S \cdot \mathfrak{b}T')$.

Aufgaben

1. Man betrachte auf $\boldsymbol{R}^2$ die beiden 1-Ströme S, T, die für u_1, u_2 in $\mathcal{D}(\boldsymbol{R}^2)$ definiert sind durch

$$\langle S, u_1\,dx_1 + u_2\,dx_2 \rangle = \int_{\boldsymbol{R}} u_1(x_1, 0)\,dx_1,$$

$$\langle T, u_1\,dx_1 + u_2\,dx_2 \rangle = \int_{\boldsymbol{R}} u_2(0, x_2)\,dx_2.$$

Es sei (g_k) eine regularisierende Folge auf $\boldsymbol{R}$, und es sei (h_k) eine Folge von Funktionen aus $\mathcal{D}(\boldsymbol{R})$ derart, daß $|h_k| \leqq 1$ ist und der Träger von h_k zum Intervall $\left[-\frac{1}{k}, \frac{1}{k}\right]$ gehört; man setze $\alpha_k = g_k(x_1)\,(1 - h_k(x_2))\,dx_1$. Man zeige, daß die Folge der Ströme $j_1(\alpha_k)$ in $\mathcal{D}_1'(\boldsymbol{R}^2)$ bezüglich der schwachen Topologie gegen T konvergiert, daß die Folge der Distributionen $S \wedge \alpha_k$ je nach Wahl der Folge (h_k) gegen einen Limes in $\mathcal{D}'(\boldsymbol{R}^2)$ konvergiert oder nicht und gegen Grenzwerte konvergieren kann, die von (h_k) abhängen.

2. Man betrachte auf $\boldsymbol{R}^2$ die beiden 1-Ströme S, T, die definiert sind durch

$$\langle S, u_1\,dx_1 + u_2\,dx_2 \rangle = u_1(0, 0),$$

$$\langle T, u_1\,dx_1 + u_2\,dx_2 \rangle = u_2(0, 0).$$

Es sei (g_k) eine regularisierende Folge auf $\boldsymbol{R}^2$. Setzt man $g_k * T = j_1(\beta_k)$, so konvergiert die Folge der Distributionen $S \wedge \beta_k$ oder konvergiert nicht gegen einen Limes in $\mathcal{D}'(\boldsymbol{R}^2)$, je nach Wahl der regularisierenden Folge (g_k), und kann gegen Grenzwerte konvergieren, die von (g_k) abhängen.

24.14. Die Stokessche Formel

24.14.1. Es sei X eine n-dimensionale *orientierte* reine Mannigfaltigkeit, und U sei eine offene Teilmenge von X; dann ist der *reguläre Rand* $\operatorname{Frr}(U)$ von U in X (vgl. (23.48.1)) eine orientierbare Mannigfaltigkeit der Dimension $n - 1$. Wir versehen $\operatorname{Frr}(U)$ mit der kanonischen Orientierung (oder der Orientierung nach innen) (vgl. (23.48.2)), wenn n *gerade* ist, und mit der entgegengesetzten Orientierung (der Orientierung nach außen), wenn n *ungerade* ist. Es sei (V, ψ, n) eine Karte von X in einem regulären Punkt x von $\operatorname{Frr}(U)$ derart, daß $\psi(x) = 0$ gilt, $\psi(V)$ die offene Kugel $\sum_{j=1}^{n} (\xi^j)^2 < \varrho^2$ und $\psi(U \cap V)$ die durch $\sum_{j=1}^{n} (\xi^j)^2 < \varrho^2$ und $\xi^n > 0$ definierte Halbkugel ist; gehört dann das inverse Bild von $d\xi^1 \wedge d\xi^2 \wedge \cdots \wedge d\xi^n$ vermöge ψ zu der durch die Orientierung von X induzierten Orientierung von V, so gehört das inverse Bild von $(-1)^n\,d\xi^1 \wedge d\xi^2 \wedge \cdots \wedge d\xi^{n-1}$ vermöge der Einschränkung von ψ auf $V \cap \operatorname{Fr}(U)$ zu der durch die Orientierung von $\operatorname{Frr}(U)$ induzierten Orientierung von $V \cap \operatorname{Fr}(U)$.

Ist auf X eine $(n-1)$-Differentialform ζ gegeben derart, daß das inverse Bild ${}^t j(\zeta)$ vermöge der kanonischen injektiven Abbildung $j\colon \operatorname{Frr}(U) \to X$ *integrierbar* ist (vgl. (16.24.2)), so nennen wir ζ *in* $\operatorname{Frr}(U)$ *integrierbar* und schreiben für das Integral $\int_{\operatorname{Frr}(U)} \zeta$ anstelle von $\int_{\operatorname{Frr}(U)} {}^t j(\zeta)$. In diesen Bezeichnungen gilt der folgende Satz:

24.14.2. *Es sei ζ eine $(n-1)$-Differentialform der Klasse C^1 auf X. Wenn der Durchschnitt von $\overline{U}$ mit dem Träger von ζ kompakt ist und nur reguläre Punkte von* $\operatorname{Fr}(U)$ *enthält, dann ist $d\zeta$ in U integrierbar, ζ in* $\operatorname{Frr}(U)$ *integrierbar, und es gilt*

24.14.2.1. $$\int_U d\zeta = \int_{\operatorname{Frr}(U)} \zeta$$

(*Stokessche Formel*).

Nach Voraussetzung kann man eine kompakte Umgebung V des Durchschnitts von $\overline{U}$ mit $\operatorname{Supp}(\zeta)$ durch eine endliche Anzahl relativ kompakter offener Mengen W_k $(1 \leqq k \leqq N)$ mit folgenden Eigenschaften überdecken: Entweder ist $\overline{W}_k$ in U enthalten, oder W_k enthält einen regulären Randpunkt a_k von U, und es gibt eine die Orientierung erhaltende Karte $\psi_k = (\psi_k^1, \ldots, \psi_k^n)$ von W_k auf den durch $-1 < \xi^i < 1$ $(1 \leqq i \leqq n)$ definierten Kubus K derart, daß $\psi_k(a_k) = 0$ ist und $U \cap W_k$ aus allen $z \in W_k$ mit $\psi_k^n(z) > 0$ besteht. Es sei (h_k) $(0 \leqq k \leqq N)$ eine Zerlegung der Einheit der Klasse C^∞, die der aus den W_k und $\complement V$ (mit $\operatorname{Supp}(h_0) \subset \complement V$) gebildeten Überdekkung untergeordnet ist. Da der Träger von $d\zeta$ im Träger von ζ enthalten ist, ist sein Durchschnitt mit $\overline{U}$ kompakt; $d\zeta$ ist daher in U integrierbar, denn es ist eine Form der Klasse C^0, und es gilt $\int_U d\zeta = \sum_{k=0}^{N} \int_U d(h_k\zeta)$. Aus der Kompaktheit des Durchschnitts von $\operatorname{Supp}(\zeta)$ mit $\operatorname{Frr}(U)$ folgt, daß ζ in $\operatorname{Frr}(U)$ integrierbar ist und analog zum Vorhergehenden $\int_{\operatorname{Frr}(U)} \zeta = \sum_{k=0}^{N} \int_{\operatorname{Frr}(U)} (h_k\zeta)$ gilt. Wir brauchen die Stokessche Formel also nur noch für den Fall zu beweisen, daß der Träger von ζ in einer Menge W_k enthalten ist, die wir einfach mit W bezeichnen wollen. Ist $W \subset U$, so gilt aufgrund von (17.15.5.1) $\int_U d\zeta = \int_X d\zeta = 0$ (der Beweis von (17.15.5.1) gilt für jede Form der Klasse C^1 mit kompaktem Träger); außerdem ist in diesem Fall ${}^t j(\zeta) = 0$, woraus sich (24.14.2.1) ergibt. Enthält W einen Punkt von $\operatorname{Frr}(U)$, so bezeichnen wir diesen Punkt mit a und mit $\psi = (\psi^1, \ldots, \psi^n)$ die entsprechende Karte. Man kann dann

$$ {}^t\psi^{-1}(\zeta) = \sum_{i=1}^{n} g_i\, d\xi^1 \wedge \cdots \wedge \widehat{d\xi^i} \wedge \cdots \wedge d\xi^n $$

schreiben, wobei die g_i Funktionen der Klasse C^1 in $\boldsymbol{R}^n$ sind mit in K enthaltenem kompaktem Träger; daher gilt

$$ d\big({}^t\psi^{-1}(\zeta)\big) = \left(\sum_{i=1}^{n} (-1)^{i-1} \frac{\partial g_i}{\partial \xi^i}\right) d\xi^1 \wedge d\xi^2 \wedge \cdots \wedge d\xi^n $$

und folglich, da ψ die Orientierung erhält (vgl. (16.24.5.1)),

24.14.2.2. $$\int_U d\zeta = \sum_{i=1}^{n} (-1)^{i-1} \int_P \frac{\partial g_i}{\partial \xi^i}\, d\xi^1\, d\xi^2 \cdots d\xi^n,$$

wobei P der Schnittquader von K mit dem Halbraum $\xi^n > 0$ ist. Andererseits ist die Einschränkung ψ' von ψ auf $\operatorname{Frr}(U) \cap W$ eine Karte dieser offenen Menge auf den Durchschnitt K' von K und der Hyperebene $\xi^n = 0$, die mit $\boldsymbol{R}^{n-1}$ identifiziert wird. Aufgrund der Definition der Orientierung von $\operatorname{Frr}(U)$ (vgl. (24.14.1)) hat das Bild einer Form $\geqq 0$ vom Grad $n-1$ auf $\operatorname{Frr}(U) \cap W$ vermöge ψ' das Vorzeichen $(-1)^n$ auf $\boldsymbol{R}^{n-1}$ (bei kanonischer Orientierung von $\boldsymbol{R}^{n-1}$). Da

$$^t\psi'^{-1}({}^tj(\zeta)) = g_n(\xi^1, \ldots, \xi^{n-1}, 0)\, d\xi^1 \wedge d\xi^2 \wedge \cdots \wedge d\xi^{n-1}$$

gilt (vgl. (16.20.8)), erhält man

24.14.2.3. $$\int_{\operatorname{Frr}(U)} \zeta = (-1)^n \int_{K'} g_n(\xi^1, \ldots, \xi^{n-1}, 0)\, d\xi^1\, d\xi^2 \cdots d\xi^{n-1}.$$

Um auf Formel (24.14.2.1) zu gelangen, genügt es daher, die beiden folgenden Formeln zu beweisen:

24.14.2.4. $$\int_P \frac{\partial g_i}{\partial \xi^i}\, d\xi^1\, d\xi^2 \cdots d\xi^n = 0 \qquad \text{für} \qquad 1 \leqq i \leqq n-1;$$

24.14.2.5. $$\int_P \frac{\partial g_n}{\partial \xi^n}\, d\xi^1\, d\xi^2 \cdots d\xi^n = -\int_{K'} g_n(\xi^1, \ldots, \xi^{n-1}, 0)\, d\xi^1\, d\xi^2 \cdots d\xi^{n-1}.$$

Nun gilt aufgrund des Satzes von LEBESGUE-FUBINI für $1 \leqq i \leqq n-1$

$$\int_P \frac{\partial g_i}{\partial \xi^i}\, d\xi^1\, d\xi^2 \cdots d\xi^n = \int_0^1 dt \int_{K'} \frac{\partial g_i}{g\xi^i}(\xi^1, \ldots, \xi^{n-1}, t)\, d\xi^1\, d\xi^2 \ldots d\xi^{n-1}.$$

Für $0 \leqq t \leqq 1$ ist die Differentialform

$$\frac{\partial g_i}{\partial \xi^i}(\xi^1, \ldots, \xi^{n-1}, t)\, d\xi^1 \wedge d\xi^2 \wedge \cdots \wedge d\xi^{n-1}$$

auf $\boldsymbol{R}^{n-1}$ aber bis auf das Vorzeichen die äußere Ableitung der $(n-2)$-Differentialform

$$g_i(\xi^1, \ldots, \xi^{n-1}, t)\, d\xi^1 \wedge \cdots \wedge \widehat{d\xi^i} \wedge \cdots \wedge d\xi^{n-1},$$

deren Träger in einer kompakten Teilmenge von K' enthalten ist. Nach (17.15.5.1) ergibt sich daher

$$\int_{K'} \frac{\partial g_i}{\partial \xi^i}(\xi^1, \ldots, \xi^{n-1}, t)\, d\xi^1\, d\xi^2 \cdots d\xi^{n-1} = 0,$$

woraus Formel (24.14.2.4) folgt.

Schließlich zeigt der Satz von LEBESGUE-FUBINI, daß

$$\begin{aligned}\int_P \frac{\partial g_n}{\partial \xi^n}\, d\xi^1\, d\xi^2 \ldots d\xi^n &= \int_{K'} d\xi^1 \cdots d\xi^{n-1} \int_0^1 \frac{\partial g_n}{\partial \xi^n}(\xi^1, \ldots, \xi^{n-1}, t)\, dt \\ &= -\int_{K'} g_n(\xi^1, \ldots, \xi^{n-1}, 0)\, d\xi^1\, d\xi^2 \cdots d\xi^{n-1}\end{aligned}$$

gilt, denn nach Voraussetzung ist $g_n(\xi^1, \ldots, \xi^{n-1}, 1) = 0$. Damit ist der Beweis von (24.14.2.5) und zugleich von Satz (24.14.2) abgeschlossen.

24.14.2.6. Bemerkung. Für $X = \boldsymbol{R}^n$ mit $n = 2$ bzw. $n = 3$ kann die Stokessche Formel in der Gestalt

24.14.2.7. $$\int\limits_{\mathrm{Frr}(U)} P_1\, dx^1 + P_2\, dx^2 = \iint\limits_U \left(\frac{\partial P_2}{\partial x^1} - \frac{\partial P_1}{\partial x^2}\right) dx^1\, dx^2$$

(*Greensche Formel*) bzw.

24.14.2.8. $$\iint\limits_{\mathrm{Frr}(U)} (P_1\, dx^2 \wedge dx^3 + P_2\, dx^3 \wedge dx^1 + P_3\, dx^1 \wedge dx^2)$$
$$= \iiint\limits_U \left(\frac{\partial P_1}{\partial x^1} + \frac{\partial P_2}{\partial x^2} + \frac{\partial P_3}{\partial x^3}\right) dx^1\, dx^2\, dx^3$$

(*Ostrogradskische Formel*) geschrieben werden.

24.14.3. Wir wollen jetzt zeigen, daß man die Stokessche Formel auf allgemeinere Fälle als den in (24.14.2) betrachteten Fall ausdehnen kann. Es sei ν_0 eine zur Orientierung von X gehörende n-Differentialform der Klasse C^∞, so daß sich jede integrierbare n-Differentialform ν auf X in der Gestalt $\nu = g\nu_0$ schreiben läßt, wobei g bezüglich des durch ν_0 definierten Maßes μ_{ν_0} (vgl. (16.24.2)) integrierbar ist. Wir setzen
$$\|\nu\| = \|g \cdot \mu_{\nu_0}\| = \int |g|\, d\mu_{\nu_0};$$
diese Definition ist von der in der Orientierung von X gewählten n-Form ν_0 unabhängig (vgl. (16.24.2)). Im weiteren werden wir $\left\|\int \nu\right\|$ anstelle von $\|\nu\|$ schreiben, und für jede integrierbare Teilmenge A von X wird $\left\|\int\limits_A \nu\right\| = \left\|\int \varphi_A \cdot \nu\right\|$ gesetzt; ist B eine integrierbare Teilmenge von A, so gilt $\left\|\int\limits_B \nu\right\| \leqq \left\|\int\limits_A \nu\right\|$.

Hiervon ausgehend werden wir eine kompakte Teilmenge N von X eine *Differentialnullmenge*[1]) nennen, wenn eine Folge (u_k) von Funktionen der Klasse C^1 auf X existiert, welche die folgenden Eigenschaften besitzt:

(i) *Die Werte jeder Funktion u_k liegen in* $[0, 1]$, *und u_k ist in einer Umgebung von N gleich* 0; *ferner existiert für jede Umgebung V von N ein k_0 derart, daß u_k für $k \geqq k_0$ in $\complement V$ gleich* 1 *ist.*

(ii) *Für jede* $(n-1)$-*Differentialform ζ der Klasse C^∞ auf X gilt* $\lim\limits_{k\to\infty} \|(du_k) \wedge \zeta\| = 0$.

(Diese Relation ist sinnvoll, denn nach (i) besitzt $(du_k) \wedge \zeta$ für hinreichend großes k einen kompakten Träger.)

Eine Folge (u_k) mit den beiden obenstehenden Eigenschaften wird *Näherungsfolge* der Differentialnullmenge N genannt.

24.14.4. *Es sei ζ eine* $(n-1)$-*Differentialform der Klasse C^1 auf X, die den folgenden Bedingungen genügt:*

a) *Der Durchschnitt von $\overline{U}$ mit dem Träger von ζ ist kompakt, und der* (*kompakte*) *Durchschnitt N des Trägers von ζ mit der Menge der nichtregulären Punkte von* Fr (U) *ist eine Differentialnullmenge.*

[1]) Im Original „ensemble différentiellement négligeable". — *Anm. d. Ü.*

b) *ζ ist in* Frr (U) *integrierbar.*

Dann gilt wieder die Stokessche Formel (24.14.2.1).

Es sei nämlich (u_k) eine Näherungsfolge von N; für jeden Index k enthält der Durchschnitt von $\overline{U}$ mit dem Träger der $(n-1)$-Form $u_k\zeta$ nur reguläre Punkte aus Fr (U); (24.14.2.1) zufolge gilt dann

$$\int_U d(u_k\zeta) = \int_{\mathrm{Frr}(U)} u_k\zeta.$$

Nun ist aber $d(u_k\zeta) = (du_k) \wedge \zeta + u_k\, d\zeta$. Da $\lim\limits_{k\to\infty} \|(du_k) \wedge \zeta\| = 0$ und

$$\left|\int_U (du_k) \wedge \zeta\right| = \left|\int_X \varphi_U\big((du_k) \wedge \zeta\big)\right| \leqq \|(du_k) \wedge \zeta\|$$

ist, gilt $\lim\limits_{k\to\infty} \int_U (du_k) \wedge \zeta = 0$. Offenbar ist $d\zeta$ in U integrierbar; da die Funktionen u_k sämtlich beschränkt sind und $u_k(z)$ in jedem Punkt $z \in U$ gegen 1 strebt, ergibt sich aus dem Satz von der normalen Konvergenz, daß $\lim\limits_{k\to\infty} \int_U u_k\, d\zeta = \int_U d\zeta$ ist. Schließlich strebt $u_k(z)$ auch in jedem Punkt z von Frr (U) gegen 1; da ζ nach Voraussetzung in Frr (U) integrierbar ist, zeigt der Satz von der normalen Konvergenz, daß $\lim\limits_{k\to\infty} \int_{\mathrm{Frr}(U)} u_k\zeta = \int_{\mathrm{Frr}(U)} \zeta$ ist. Damit ist der Satz bewiesen.

Um (24.14.4) anwenden zu können, benötigen wir bequeme Kriterien, die uns eine Menge als Differentialnullmenge erkennen lassen.

24.14.5. *Sind N' und N'' zwei Differentialnullmengen, so ist auch $N' \cup N''$ eine Differentialnullmenge.*

Es seien (u'_k) bzw. (u''_k) Näherungsfolgen von N' bzw. N''; es genügt nachzuweisen, daß die $u_k = u'_k u''_k$ eine Näherungsfolge von $N' \cup N''$ bilden. Offenbar ist jede Funktion u_k in einer Umgebung von $N' \cup N''$ gleich 0; gilt andererseits für eine Umgebung V von $N' \cup N''$, daß $u'_k(z) = 1$ ist in $\complement V$ für $k \geqq k_1$ und $u''_k(z) = 1$ in $\complement V$ für $k \geqq k_2$, so ist $u_k(z) = 1$ in $\complement V$ für $k \geqq \sup(k_1, k_2)$. Ist ζ schließlich eine $(n-1)$-Differentialform der Klasse C^0 auf X, so gilt

$$(du_k) \wedge \zeta = u'_k\big((du''_k) \wedge \zeta\big) + u''_k\big((du'_k) \wedge \zeta\big),$$

und da $|u'_k| \leqq 1$ und $|u''_k| \leqq 1$ ist, folgt

$$\|(du_k) \wedge \zeta\| \leqq \|(du'_k) \wedge \zeta\| + \|(du''_k) \wedge \zeta\|,$$

woraus sich $\lim\limits_{k\to\infty} \|(du_k) \wedge \zeta\| = 0$ ergibt.

24.14.6. Ist f ein Diffeomorphismus von X auf eine orientierte Mannigfaltigkeit X', so wird durch Strukturübertragung klar, daß N genau dann eine Differentialnullmenge in X ist, wenn $f(N)$ Differentialnullmenge in X' ist. Unter Berücksichtigung dieser Bemerkung und von (24.14.5) führt man die Untersuchung der Differentialnullmengen auf den Fall zurück, daß $X = \mathbf{R}^n$ ist. Jede kompakte Teilmenge N einer n-dimensionalen Mannigfaltigkeit X ist nämlich Vereinigung einer endlichen Anzahl kompakter Mengen, von denen jede im Definitionsbereich einer Karte von X enthalten ist, und es genügt, daß jede dieser Mengen eine Differentialnullmenge ist, damit auch N diese Eigenschaft besitzt.

24.14.7. *Es sei N eine kompakte Teilmenge von $\mathbf{R}^n$, und für jedes $\varrho > 0$ sei $V_\varrho(N)$ die Menge der Punkte aus $\mathbf{R}^n$ mit einem Abstand $< \varrho$ von N. Gilt $\lim\limits_{\varrho \to 0} \frac{1}{\varrho} \lambda(V_\varrho(N)) = 0$ (λ ist das Lebesguesche Maß), so ist N eine Differentialnullmenge.*

Der Satz ergibt sich aus dem folgenden Lemma:

24.14.7.1. *Für jede ganze Zahl $k \geqq 1$ sei $U_k = V_{2/k}(N)$. Es existiert eine Funktion u_k der Klasse C^∞ in $\mathbf{R}^n$ mit Werten in $[0, 1]$, die in einer Umgebung von N gleich 0 ist sowie im Komplement von U_k gleich 1 und für die $\|\mathrm{D}_i u_k\| \leqq Ck$ gilt $(1 \leqq i \leqq n)$, wobei C eine nur von n abhängende Konstante ist.*

Nehmen wir einmal an, das Lemma sei bewiesen, und es sei

$$\zeta = \sum_{i=1}^{n} g_i \, d\xi^1 \wedge \cdots \wedge \widehat{d\xi^i} \wedge \cdots \wedge d\xi^n$$

eine $(n-1)$-Differentialform der Klasse C^0 auf $\mathbf{R}^n$. Für jede stetige Funktion h mit kompaktem Träger und $|h| \leqq 1$ gilt

$$\left| \int h((du_k) \wedge \zeta) \right| = \left| \sum_{i=1}^{n} (-1)^{i-1} \int h g_i \mathrm{D}_i u_k \, d\xi^1 \cdots d\xi^n \right| \leqq anCk\lambda(U_k),$$

wobei a eine obere Schranke der $|g_i|$ in $V_2(N)$ ist. Aus der Bedingung des Satzes folgt dann gerade, daß (u_k) eine Näherungsfolge für N ist.

Wir beweisen jetzt Lemma (24.14.7.1). Es sei v eine Funktion der Klasse C^∞ in $\mathbf{R}$ mit Werten in $[0, 1]$, die für $t \leqq 1/2$ gleich 0 und für $t \geqq 1$ gleich 1 ist; in $\mathbf{R}^n$ definieren wir die Funktion v_k der Klasse C^∞ durch $v_k(\mathbf{x}) = v(k\|\mathbf{x}\|)$. Man erkennt unmittelbar, daß es eine nur von v und n abhängende Konstante C_1 gibt derart, daß $|\mathrm{D}_i v_k| \leqq C_1 k$ ist für $1 \leqq i \leqq n$ und jede ganze Zahl k. Für jedes $\mathbf{m} = (m^1, \ldots, m^n) \in \mathbf{Z}^n$ betrachten wir die Funktion $\mathbf{x} \to v_k\left(\mathbf{x} - \frac{\mathbf{m}}{k\sqrt{n}}\right)$, und es wird

24.14.7.2. $$u_k(\mathbf{x}) = \prod_m v_k\left(\mathbf{x} - \frac{m}{k\sqrt{n}}\right)$$

gesetzt, wobei das Produkt über alle Punkte $\mathbf{m} \in \mathbf{Z}^n$ mit $d\left(\frac{\mathbf{m}}{k\sqrt{n}}, N\right) \leqq \frac{1}{k}$ erstreckt wird (d bezeichnet den euklidischen Abstand auf $\mathbf{R}^n$). Als erstes zeigen wir, daß $u_k(\mathbf{x}) = 0$ gilt, wenn $d(\mathbf{x}, N) \leqq \frac{1}{4k}$ ist. Es gibt nämlich ein $\mathbf{m} \in \mathbf{Z}^n$ mit $d\left(\mathbf{x}, \frac{\mathbf{m}}{k\sqrt{n}}\right) \leqq \frac{1}{2k}$, so daß $d\left(\frac{\mathbf{m}}{k\sqrt{n}}, N\right) \leqq \frac{1}{2k} + \frac{1}{4k} < \frac{1}{k}$ gilt und folglich $v_k\left(\mathbf{x} - \frac{\mathbf{m}}{k\sqrt{n}}\right)$ im Produkt (24.14.7.2) vorkommt; da aber $\left\|\mathbf{x} - \frac{\mathbf{m}}{k\sqrt{n}}\right\| \leqq \frac{1}{2k}$ ist, gilt $v_k\left(\mathbf{x} - \frac{\mathbf{m}}{k\sqrt{n}}\right) = 0$ für diesen Punkt $\mathbf{m}$ und somit $u_k(\mathbf{x}) = 0$. Weiterhin stellt man fest: Ist $d(\mathbf{x}, N) \geqq 2/k$, dann gilt für *jedes* $\mathbf{m} \in \mathbf{Z}^n$ derart, daß $v_k\left(\mathbf{x} - \frac{\mathbf{m}}{k\sqrt{n}}\right)$ im Produkt (24.14.7.2) vorkommt,

$$\left\|\mathbf{x} - \frac{\mathbf{m}}{k\sqrt{n}}\right\| \geqq d(\mathbf{x}, N) - d\left(\frac{\mathbf{m}}{k\sqrt{n}}, N\right) \geqq \frac{1}{k},$$

woraus sich $v_k\left(\mathbf{x} - \frac{\mathbf{m}}{k\sqrt{n}}\right) = 1$ ergibt und folglich $u_k(\mathbf{x}) = 1$. Um schließlich die ersten Ableitungen von u_k in einem Punkt $\mathbf{x}_0$ nach oben abzuschätzen, kann angenommen werden, daß es eine Umgebung von $\mathbf{x}_0$ gibt, in der $u_k(\mathbf{x})$ nicht identisch gleich 1 ist, d. h., daß es ein $\mathbf{m}_0 \in \boldsymbol{Z}^n$ gibt mit $\left\|\mathbf{x}_0 - \frac{\mathbf{m}_0}{k\sqrt{n}}\right\| < \frac{1}{k}$. Die einzigen Faktoren $v_k\left(\mathbf{x} - \frac{\mathbf{m}}{k\sqrt{n}}\right)$, die nicht notwendig in einer Umgebung von $\mathbf{x}_0$ gleich 1 sind, sind die Faktoren mit

$$\left\|\mathbf{x}_0 - \frac{\mathbf{m}}{k\sqrt{n}}\right\| < \frac{1}{k},$$

woraus $\|\mathbf{m} - \mathbf{m}_0\| \leqq 2\sqrt{n}$ folgt. Das ist offenbar nur möglich, wenn eine der Differenzen $|m^j - m_0^j| \leqq 2\sqrt{n}$ ist; die Anzahl der entsprechenden Punkte $\mathbf{m} \in \boldsymbol{Z}^n$ ist also höchstens gleich $\left(4[\sqrt{n}] + 5\right)^n = C_2$. Eine Ableitung $\mathrm{D}_i u_k(\mathbf{x}_0)$ ist daher Summe von höchstens C_2 Termen, von denen jeder Produkt einer Ableitung $\mathrm{D}_i v_k\left(\mathbf{x}_0 - \frac{\mathbf{m}}{k\sqrt{n}}\right)$ und von Faktoren mit einem Absolutbetrag $\leqq 1$ ist, woraus $|\mathrm{D}_i u_k(\mathbf{x}_0)| \leqq C_2 C_1 k$ folgt. Damit ist das Lemma bewiesen.

24.14.8. *In einer n-dimensionalen orientierten reinen Mannigfaltigkeit X ist jede in einer Untermannigfaltigkeit Y einer Dimension $\leqq n - 2$ enthaltene kompakte Menge N eine Differentialnullmenge.*

Man kann N nämlich mit einer endlichen Anzahl von kompakten Mengen überdecken, deren jede in einer offenen Menge V_j enthalten ist, dem Definitionsbereich einer Karte, welche $Y \cap V_j$ in eine offene Teilmenge von $\boldsymbol{R}^p$ mit $p \leqq n - 2$ überführt. Unter Berücksichtigung von (24.14.5) kann man sich also auf den Fall beschränken, daß $X = \boldsymbol{R}^n$ und $Y = \boldsymbol{R}^{n-2}$ ist. In den Bezeichnungen von (24.14.7) gilt: Ist N in $\boldsymbol{R}^{n-2}$ in einem Kubus der Seitenlänge a enthalten, so ist $V_\varrho(N)$ im Produkt einer abgeschlossenen Scheibe vom Radius ϱ in $\boldsymbol{R}^2$ und des Würfels in $\boldsymbol{R}^{n-2}$ mit demselben Mittelpunkt und der Seitenlänge $2a$ enthalten, sobald $\varrho < a$ ist; daher gilt $\lambda\left(V_\varrho(N)\right) \leqq b\varrho^2$, wobei b eine von ϱ unabhängige Konstante bezeichnet, sobald ϱ hinreichend klein ist, und man kann das Kriterium aus (24.14.7) anwenden.

24.14.9. Man beachte, daß in Satz (24.14.4) die Bedingung b) nicht aus a) folgt. Sie wird jedoch zu einer Folgerung aus a), wenn der Rand von U in der Vereinigung einer *endlichen* Anzahl von *abgeschlossenen Untermannigfaltigkeiten* Y_j $(1 \leqq j \leqq m)$ der *Dimension* $n - 1$ enthalten ist; dann ist $Y_j \cap \mathrm{Frr}\,(U)$ nämlich eine Menge, deren Durchschnitt mit dem Träger von ζ in Y_j relativ kompakt ist; ζ als Form der Klasse C^1 ist in dieser Menge integrierbar, also auch in $\mathrm{Frr}\,(U)$, das nach Voraussetzung gleich der Vereinigung der $Y_j \cap \mathrm{Frr}\,(U)$ ist.

Zur Abkürzung nennen wir eine offene Menge $U \subset X$ *Stokessche* Menge, wenn sie die folgenden beiden Bedingungen erfüllt:

(i) *Der Rand von U ist in der Vereinigung einer endlichen Anzahl abgeschlossener $(n - 1)$-dimensionalen Untermannigfaltigkeiten von X enthalten.*

(ii) *Die Menge der nichtregulären Punkte von* $\mathrm{Fr}\,(U)$ *ist in der Vereinigung einer endlichen Anzahl von Untermannigfaltigkeiten einer Dimension $\leqq n - 2$ von X enthalten.*

Aus (24.14.4), (24.14.8) und den obigen Bemerkungen ergibt sich dann, daß *die Stokessche Formel für jede Stokessche offene Teilmenge U von X und jede $(n-1)$-Form ζ der Klasse C^1 auf X gilt, für die* $\overline{U} \cap \operatorname{Supp}(\zeta)$ *kompakt ist.*

24.14.10. Jede offene Menge mit regulärem Rand ist offenbar eine Stokessche Menge, z. B. jede offene Kugel in $\boldsymbol{R}^n$. Ein anderes Beispiel für Stokessche Mengen, das im weiteren Verlauf dieses Kapitels noch eine grundlegende Rolle spielen wird, stellen die *n-dimensionalen offenen konvexen Polyeder* in einer *n-dimensionalen affinen linearen Untermannigfaltigkeit E eines $\boldsymbol{R}^N$* dar. Darunter verstehen wir *jeden nichtleeren Durchschnitt U einer endlichen Anzahl verschiedener offener Halbräume D_k* in E, die Ungleichungen $f_k(\mathbf{x}) < a_k$ genügen $(1 \leq k \leq p)$, wobei die f_k in E nichtkonstante Linearformen auf $\boldsymbol{R}^N$ sind. Für jeden Randpunkt $\mathbf{x}_0$ von U gilt nämlich offenbar $f_k(\mathbf{x}_0) = a_k$ für mindestens einen Index k; zwei mögliche Fälle sind zu unterscheiden:

1° Entweder gilt $f_k(\mathbf{x}_0) = a_k$ für einen *einzigen* Index k; der Punkt $\mathbf{x}_0$ ist dann ein *regulärer* Randpunkt. Mit Hilfe einer Bewegung kann man das Problem nämlich auf den Fall $\mathbf{x}_0 = 0$ in $E = \boldsymbol{R}^n$, $f_k(\mathbf{x}) = -\xi^n$ in $\boldsymbol{R}^n$ und $a_k = 0$ zurückführen; für hinreichend kleines $\varrho > 0$ erfüllen die Punkte der offenen Kugel B: $\|\mathbf{x}\| < \varrho$ für alle $h \neq k$ die Bedingung $f_h(\mathbf{x}) < a_h$, so daß $U \cap B$ die aus den Punkten von B mit $\xi^n > 0$ bestehende Halbkugel ist.

2° Oder es ist $f_h(\mathbf{x}_0) = a_h$ und $f_k(\mathbf{x}_0) = a_k$ für zwei verschiedene Indizes; da alle Halbräume D_j als verschieden vorausgesetzt waren und U nicht leer ist, sind die beiden affinen Hyperebenen von E mit den Gleichungen $f_h(\mathbf{x}) = a_h$ und $f_k(\mathbf{x}) = a_k$ verschieden und besitzen einen nichtleeren Durchschnitt W_{hk}, der daher eine affine lineare Untermannigfaltigkeit *der Dimension* $n-2$ von E ist. Damit ist nachgewiesen, daß U eine Stokessche Menge ist.

24.14.11. In den Bezeichnungen und unter den Voraussetzungen von (24.14.10) nehmen wir der Einfachheit halber an (was immer möglich ist), es sei $E = \boldsymbol{R}^n$ sowie $0 \in U$, und wir setzen $\overline{U}$ als *kompakt* voraus. Der *reguläre Rand* $\operatorname{Frr}(U)$ ist dann die Menge der zu *einer einzigen* affinen Hyperebene P_k: $f_k(\mathbf{x}) = a_k$ gehörenden Punkte. Wie wir nämlich bereits gesehen haben, sind diese Randpunkte regulär; die davon zu P_k gehörenden Punkte genügen in dieser Hyperebene den Beziehungen $f_h(\mathbf{x}) < a_h$ für $h \neq k$, so daß die Menge F_k dieser Punkte ein in P_k *offenes* konvexes Polyeder der Dimension $n-1$ darstellt; man nennt F_k die in P_k enthaltene *Seite* von U. Wie man feststellt, können gewisse der in der Definition von U vorkommenden affinen Hyperebenen P_h keine Seite enthalten; man kann voraussetzen, daß die eine Seite F_k enthaltenden P_k gerade die Hyperebenen mit $1 \leq k \leq q$ sind. Wir zeigen, daß jeder Randpunkt $\mathbf{x}_0$ einer Seite F_k *in bezug auf* P_k kein regulärer Randpunkt von U ist. Der Punkt $\mathbf{x}_0$ gehört nämlich zu einem W_{hk} mit $h \neq k$; ist $\mathbf{x}_1 \in F_k$, so ist die Strecke mit den Endpunkten $\mathbf{x}_0$ und $\mathbf{x}_1$ in $\operatorname{Fr}(U)$ enthalten; die vom Punkt $\mathbf{x}_0$ ausgehende offene Halbgerade Δ, die durch den zu $\mathbf{x}_1$ bezüglich $\mathbf{x}_0$ symmetrisch liegenden Punkt $\mathbf{x}_2$ verläuft, ist nach Definition in $E \setminus \overline{D}_h$ enthalten, also im Äußeren von $\overline{U}$. Folglich gibt es in diesem Äußeren einen Kegelstumpf mit Δ als Achse und $\mathbf{x}_0$ als Spitze; hieraus schließt man, daß es keine in $\operatorname{Fr}(U)$ enthaltene Kurve geben kann, die durch $\mathbf{x}_0$ geht und als Tangente in diesem Punkt die Δ enthaltende Gerade besitzt; damit ist gezeigt, daß $\mathbf{x}_0$ nicht regulär ist.

Andererseits existiert ein Homöomorphismus von $\boldsymbol{R}^n$ auf sich, der $\overline{U}$ in die abgeschlossene Kugel $\|\mathbf{x}\| \leq 1$ in $\boldsymbol{R}^n$ und $\operatorname{Fr}(U) = \overline{U} \setminus U$ in die Sphäre $\mathbf{S}_{n-1}$ überführt

Der Durchschnitt von $\overline{U}$ mit jeder im Punkte 0 beginnenden und durch einen Punkt $\mathbf{z} \in S_{n-1}$ gehenden Halbgeraden ist nämlich eine abgeschlossene Strecke mit den Endpunkten 0 und $\mathbf{g}(\mathbf{z}) \in \operatorname{Fr}(U)$ mit $\mathbf{g}(\mathbf{z}) = t(\mathbf{z})\,\mathbf{z}$, wobei $t(\mathbf{z})$ die kleinste der p Zahlen $t_h > 0$ mit $t_h\mathbf{z} \in P_h$ für $1 \leqq h \leqq p$ ist. Nun gilt $t_h = a_h/f_h(\mathbf{z})$, so daß $\mathbf{g}$ offensichtlich in S_{n-1} stetig, also ein Homöomorphismus von S_{n-1} auf $\operatorname{Fr}(U)$ ist (vgl. (3.17.12)); außerdem kann $\mathbf{g}$ zu einem Homöomorphismus $\mathbf{g}_0$ von $\boldsymbol{R}^n$ auf sich fortgesetzt werden, der durch $\mathbf{g}_0(0) = 0$ und $\mathbf{g}_0(\mathbf{z}) = \|\mathbf{z}\|\,\mathbf{g}(\mathbf{z}/\|\mathbf{z}\|)$ für $\mathbf{z} \neq 0$ definiert ist; $\mathbf{g}_0$ bildet die Kugel $\|\mathbf{z}\| \leqq 1$ auf $\overline{U}$ ab.

Wir bemerken dann, daß das Komplement der Vereinigung der durch die $W_{hk} \cup \{0\}$ (für die Paare (h, k) mit $W_{hk} \neq \emptyset$) erzeugten Hyperebenen in $\boldsymbol{R}^n$ *überall dicht* ist (vgl. (12.16.1)). Damit ist gezeigt, daß

a) die Vereinigung der F_k $(1 \leqq k \leqq q)$ gleich $\operatorname{Frr}(U)$ ist, und $\operatorname{Fr}(U)$ ist die Vereinigung der $\overline{F}_k$;

b) U der Durchschnitt der offenen Halbräume D_k ist, welche *allein* den die Seiten von U enthaltenden P_k entsprechen $(1 \leqq k \leqq q)$.

24.14.12. Wir behalten die Voraussetzungen und Bezeichnungen von (24.14.11) bei. Für jede nichtleere Teilmenge L von $\{1, 2, \ldots, q\}$ sei V_L der Durchschnitt der affinen Hyperebenen P_k für die Indizes $k \in L$; diese Mannigfaltigkeiten können *leer* sein, und sie sind im allgemeinen *nicht alle verschieden*. Es sei $\mathfrak{L}$ die Menge der nichtleeren Teilmengen L von $\{1, 2, \ldots, q\}$ derart, daß: 1° der Durchschnitt $\operatorname{Fr}(U) \cap V_L$ nicht leer ist; 2° es keine von L verschiedene Teilmenge $L' \supset L$ von $\{1, 2, \ldots, q\}$ gibt mit $V_{L'} = V_L$. Offenbar gehört jeder Punkt $\mathbf{x} \in \operatorname{Fr}(U)$ zu genau einem V_L mit $L \in \mathfrak{L}$: L ist die Menge der Indizes k mit $f_k(\mathbf{x}) = a_k$. Ist andererseits P_L die durch $\operatorname{Fr}(U) \cap V_L$ erzeugte affine lineare Mannigfaltigkeit, so sind die $\mathbf{x} \in \operatorname{Fr}(U)$, welche *in bezug auf den Raum* P_L innere Punkte von $\operatorname{Fr}(U) \cap V_L$ sind, gerade die Punkte des Durchschnitts von P_L mit den offenen Halbräumen D_k derart, daß k nicht zu L gehört und $D_k \cap P_L$ von P_L verschieden ist. $\operatorname{Fr}(U)$ ist also *disjunkte Vereinigung konvexer Polyeder* F_L *einer Dimension* $\leqq n - 1$; man nennt sie die *Flächen* von U, wobei die Flächen der Dimension $n - 1$ die *Seiten* F_k sind $(1 \leqq k \leqq q)$; man sagt auch, U sei die einzige *n-dimensionale Fläche* von U. Der Rand jeder Fläche F_L ist, bezogen auf die affine lineare Mannigfaltigkeit P_L (die sie erzeugt), disjunkte Vereinigung von Flächen $F_{L'}$ für L enthaltende $L' \in \mathfrak{L}$.

24.14.13. Das einfachste Beispiel für konvexe Polyeder sind die *n-dimensionalen Kuben* K: $|\xi^k - \alpha^k| < a$ $(1 \leqq k \leqq n)$ in $\boldsymbol{R}^n$; der reguläre Rand $\operatorname{Frr}(K)$ ist Vereinigung der $2n$ Seiten, Kuben der Dimension $n - 1$, die durch $\xi^k = \alpha^k \pm a$, $|\xi^j - \alpha^j| < a$ für $j \neq k$ und $1 \leqq k \leqq n$ definiert sind. Durch vollständige Induktion nach n leitet man hieraus her, daß $\operatorname{Fr}(K)$ disjunkte Vereinigung einer endlichen Familie von Kuben ist, deren Dimensionen von 0 bis $n - 1$ variieren. Genauer gesagt, man betrachtet für jede ganze Zahl p, $0 \leqq p \leqq n - 1$, und jede p-elementige Teilmenge H von $\{1, 2, \ldots, n\}$ die durch

$$\begin{aligned} \xi^k &= \alpha^k \pm a \qquad &&\text{für} \qquad k \in H, \\ |\xi^j - \alpha^j| &< a \qquad &&\text{für} \qquad j \notin H \end{aligned}$$

definierten 2^p p-dimensionalen Kuben. Läßt man p und H variieren, so erhält man die $\sum_{p=0}^{n-1} 2^p \binom{n}{p} = 3^n - 1$ Kuben, deren disjunkte Vereinigung $\operatorname{Fr}(K)$ ist.

Aufgaben

1. In den Bezeichnungen von (24.14.1) sei N die Menge der nichtregulären Punkte von Fr (U); man nehme an, daß N kompakt ist und daß es für jeden Punkt von N eine Karte (V, φ, n) von X in diesem Punkt gibt derart, daß die Menge $\overline{\varphi(V \cap N)} \subset \boldsymbol{R}^n$ die Bedingung von (24.14.7) erfüllt. Man zeige, daß die Stokessche Formel auch unter den folgenden Voraussetzungen gilt: 1° ζ ist in $\overline{U} \setminus N$ definiert und stetig sowie in der Umgebung jedes Punktes von N beschränkt; 2° ζ ist in Frr $(U) = \text{Fr}(U) \setminus N$ integrierbar; 3° ζ ist eine Form der Klasse C^1 in U und $d\zeta$ ist in U integrierbar.

2. Für U werde der Quader $0 < x < 1$, $0 < y < 1$ in $\boldsymbol{R}^2$ gewählt, und man betrachte die 1-Form $\zeta = (x\,dy - y\,dx)/(x^2 + y^2)$, die der Klasse C^1 angehört, in $\overline{U} \setminus \{0\}$ stetig ist, in Fr $(U) \setminus \{0\}$ beschränkt und für die $d\zeta = 0$ in U gilt; es ist aber $\int\limits_U d\zeta \neq \int\limits_{\text{Frr}(U)} \zeta$, obwohl die Menge der nichtregulären Punkte von Fr (U) eine Differentialnullmenge bildet.

3. Für U werde der Quader $0 < x < 1$, $0 < y < 1$ in $\boldsymbol{R}^2$ gewählt, und man betrachte im Intervall $0 \leqq x \leqq 1$ von $\boldsymbol{R}$ eine nirgends dichte abgeschlossene Menge A vom Maß $\alpha > 0$ (vgl. Abschnitt 13.8, Aufgabe 4a)). Man zeige, daß in $\overline{U}$ eine Funktion $f(x, y)$ mit den folgenden Eigenschaften existiert: Es ist $0 \leqq f(x, y) \leqq 1$; $f(x, y)$ ist in A gleich 1, in $[0, 1] \setminus A$ gleich 0, stetig in allen Punkten von $\overline{U} \setminus A$, von der Klasse C^1 in U, und es gilt $\dfrac{\partial f}{\partial y} \geqq 0$ in U. (Man könnte in der Menge $]-1, 1] \times [0, +\infty[$ die Funktion betrachten, welche für $y \geqq 1 - x^2$ gleich 1 ist und gleich $2t - t^2$ mit $t = y/(1 - x^2)$ für $0 \leqq y \leqq 1 - x^2$.)

Man betrachte in $\overline{U}$ die Form $\zeta = f(x, y)\,dx$; man zeige, daß $d\zeta$ in U integrierbar ist, daß aber $\int\limits_U d\zeta \neq \int\limits_{\text{Frr}(U)} \zeta$ gilt.

4. Es sei U eine relativ kompakte offene Menge in einer orientierten reinen Mannigfaltigkeit X der Dimension n derart, daß Fr (U) regulär und zusammenhängend ist. Es sei g eine Abbildung der Klasse C^∞ von X in eine kompakte zusammenhängende orientierte Mannigfaltigkeit Y der Dimension $n - 1$. Ist f: Fr $(U) \to Y$ die Einschränkung von g auf Fr (U), so zeige man, daß $\deg f = 0$ gilt. (Man benutze den Satz von Stokes.)

5. Im Raum $\boldsymbol{C}^N$ sei $H(\mathbf{x}, \mathbf{y}) = A(\mathbf{x}, \mathbf{x}) + iB(\mathbf{x}, \mathbf{y})$ eine nichtausgeartete positive hermitesche Form, wobei A bzw. B den Realteil bzw. den Imaginärteil von H bezeichnet, so daß A auf $\boldsymbol{R}^{2N}$ eine nichtausgeartete positive symmetrische Bilinearform und B eine alternierende Form ist.

a) Es seien $\mathbf{x}, \mathbf{y}$ zwei Vektoren mit $A(\mathbf{x}, \mathbf{x}) = A(\mathbf{y}, \mathbf{y}) = 1$, $A(\mathbf{x}, \mathbf{y}) = 0$. Man zeige, daß $|B(\mathbf{x}, \mathbf{y})| \leqq 1$ gilt, wobei Gleichheit nur eintreten kann, wenn $\mathbf{y} = \lambda\mathbf{x}$ ist für ein $\lambda \in \boldsymbol{C}$ (vgl. Abschnitt 6.2, Aufgabe 3).

b) Es sei E ein *reeller* Vektorteilraum von $\boldsymbol{C}^N$ der geraden Dimension $2k$. Die Einschränkung von B auf E wird mit einer 2-Form ω auf E identifiziert; mit $\omega^{\wedge k}$ bezeichnen wir das äußere Produkt von k Formen, die gleich ω sind. Es sei $(\mathbf{e}_1, \ldots, \mathbf{e}_{2k})$ eine orthonormale Basis von E bezüglich der Form A. Man zeige, daß

$$|\langle \omega^{\wedge k}, \mathbf{e}_1 \wedge \mathbf{e}_2 \wedge \cdots \wedge \mathbf{e}_{2k} \rangle| \leqq k!$$

ist und daß genau dann Gleichheit gilt, wenn E ein k-dimensionaler *komplexer* Vektorteilraum von $\boldsymbol{C}^N$ ist (vgl. (A.33.1)).

6. Auf dem Tangentialbündel an den komplexen Vektorraum $\boldsymbol{C}^N$ betrachte man die hermitesche Struktur (vgl. (23.27.2)), die durch den komplexen kovarianten Tensor der Ordnung 2

$$\mathsf{H}_0 = dz_1 \otimes d\bar{z}_1 + dz_2 \otimes d\bar{z}_2 + \cdots + dz_N \otimes d\bar{z}_N$$

auf C^N definiert ist; sein Realteil ist die kanonische Riemannsche Metrik (vgl. (20.11.2))

$$g_0 = dx_1 \otimes dx_1 + dy_1 \otimes dy_1 + \cdots + dx_N \otimes dx_N + dy_N \otimes dy_N$$

auf R^{2N}, und sein Imaginärteil wird mit der 2-Form

$$\Omega_0 = \frac{i}{2}\,(dz_1 \wedge d\bar{z}_1 + \cdots + dz_N \wedge d\bar{z}_N)$$

auf R^{2N} identifiziert.

a) Es sei M eine reine Untermannigfaltigkeit von R^{2N} der geraden Dimension $2k$; M sei orientierbar, und es sei v_g die kanonische Volumenform auf M, die der auf M durch g_0 induzierten Riemannschen Metrik g entspricht (vgl. (20.8.6)). Man zeige: Ist Ω die durch Ω_0 auf M induzierte 2-Form, so gilt für jedes $\mathbf{x} \in M$

$$\left| \frac{1}{k!}\,\Omega^{\wedge k}(\mathbf{x}) \right| \leqq v_g(\mathbf{x}).$$

Gleichheit kann dabei für jedes $\mathbf{x} \in M$ nur dann gelten, wenn M eine *holomorphe* Untermannigfaltigkeit von C^N ist (man benutze Aufgabe 5); in diesem Fall ist die $2k$-Form $\frac{1}{k!}\,\Omega^{\wedge k}$ positiv, wenn man M mit seiner kanonischen Orientierung versieht. (Man benutze die Tatsache, daß die Form H_0 gegenüber der unitären Gruppe $SU(N)$ invariant ist, und führe das Problem so auf den Fall zurück, daß M durch $N - k$ Gleichungen $z_{k+j} = f_j(z_1, \ldots, z_k)$ für $1 \leqq j \leqq N - k$ definiert ist, wobei die f_j in einer Umgebung von 0 in C^k holomorph sind und $df_j(0) = 0$ gilt für $1 \leqq j \leqq N - k$.)

b) Es seien X, X' zwei reine orientierbare Untermannigfaltigkeiten von R^{2N} derselben geraden Dimension $2k$; ferner seien $U \subset X$, $U' \subset X'$ zwei relativ kompakte offene Mengen mit demselben Rand, von dem angenommen werde, daß seine nichtregulären Punkte eine Differentialnullmenge bilden. Mit vol (U) bzw. vol (U') werde das Maß von U bzw. U' bezüglich des Riemannschen Volumens auf X bzw. X' bezeichnet, das den durch g_0 induzierten Metriken entspricht. Man zeige: Ist X eine holomorphe Mannigfaltigkeit, so gilt vol $(U) \leqq$ vol (U'), wobei Gleichheit nur eintreten kann, wenn U' ebenfalls eine holomorphe Mannigfaltigkeit ist (*Wirtingersche Ungleichung*). (Man beachte, daß auf C^N eine $(2k-1)$-Form Φ_k mit $\Omega_0^{\wedge k} = d\Phi_k$ existiert, und benutze die Stokessche Formel.)

7. In R^n, der für $2 \leqq p \leqq n - 1$ mit $R^p \times R^{n-p}$ identifiziert werde, sei Y die Sphäre $S_{p-1} \subset R^p$, und Z sei eine kompakte zusammenhängende orientierbare Untermannigfaltigkeit von R^n der Dimension $n - p$, deren Durchschnitt mit der Kugel $\|\mathbf{x}\| < 2$ in R^n gleich dem Durchschnitt Z_1 dieser Kugel mit R^{n-p} sei. Man fasse Y als Rand der Kugel B: $\|\mathbf{x}\| < 1$ in R^p auf und versehe B mit der kanonischen Orientierung von R^p, Y mit der Orientierung, die sich daraus nach der Regel in (24.14.1) ergibt, und Z mit der Orientierung, die mit der kanonischen Orientierung von R^{n-p} auf Z_1 übereinstimmt. Man zeige, daß dann für die Schnittzahl $(B \cdot Z) = 1$ gilt (vgl. (24.13.15)). Ferner zeige man, daß auch entrel $(Y, Z) = 1$ gilt. (Mit Hilfe des Kronecker-Integrals weise man nach, daß $Z \setminus Z_1$ durch das Bild von Z_1 vermöge der stereographischen Projektion ersetzt werden kann, deren Pol ein Punkt von $2S_{p-1}$ ist; dieses Bild ist eine Teilmenge der Sphäre $2S_{n-1}$. Man benutze die Tatsache, daß entrel $(M, N) = 0$ gilt, wenn M und N zwei orientierte zusammenhängende kompakte, durch eine Sphäre aus R^n separierte Untermannigfaltigkeiten von R^n sind und $\dim M + \dim N = n - 1$ gilt.)

8. Es sei X eine orientierte reine Untermannigfaltigkeit von R^n der Dimension p mit $2 \leqq p \leqq n - 1$, und es sei U eine relativ kompakte offene Menge in X derart, daß Fr (U) zusammenhängend und regulär ist. Es sei Y eine kompakte zusammenhängende orientierte Untermannigfaltigkeit von R^n der Dimension $n - p$; es werde vorausgesetzt, daß sich Y und Fr (U) nicht schneiden, daß der Durchschnitt $Y \cap U$ endlich ist und daß sich Y und U in jedem ihrer Schnittpunkte transversal schneiden. Man zeige, daß dann $(U \cdot Y)$

$=$ entrel (Fr (U), Y) gilt. (Man benutze die Stokessche Formel zur Berechnung von entrel (Fr (U), Y) mit Hilfe des Kronecker-Integrals, indem man für jeden Punkt x_j von $U \cap Y$ eine kleine Umgebung von x_j in U betrachtet und so das Problem auf den in Aufgabe 7 untersuchten Fall zurückführt.

9. a) Es sei $j: \boldsymbol{S}_{n-1} \to \boldsymbol{R}^n \setminus \{0\}$ für $n \geqq 2$ die kanonische injektive Abbildung; ist c die Kohomologiefundamentalklasse von $\boldsymbol{S}_{n-1}$ (vgl. (24.6.3.1)), so ist $b = j^*(c)$ eine Basis des Raumes $H^{n-1}(\boldsymbol{R}^n \setminus \{0\})$. Es sei β eine geschlossene $(n-1)$-Form auf $\boldsymbol{R}^n \setminus \{0\}$; ist λb die Kohomologieklasse von β, so zeige man, daß für jede Funktion $f \in \mathscr{E}(\boldsymbol{R}^n)$, die in einer Umgebung von 0 gleich 0 ist und außerhalb einer kompakten Teilmenge von $\boldsymbol{R}^n$ gleich 1, $\int_{\boldsymbol{R}^n} df \wedge \beta = \lambda$ gilt. (Man zeige zuerst, daß dieses Integral nicht von der Wahl von f abhängt, und wende danach die Stokessche Formel auf eine Funktion f an, die in $\boldsymbol{S}_{n-1}$ gleich 1 ist.)

b) Es sei u eine Abbildung der Klasse C^∞ von $\boldsymbol{R}^n$ in sich mit $u(0) = 0$ und $u(\boldsymbol{R}^n \setminus \{0\}) \subset \boldsymbol{R}^n \setminus \{0\}$, so daß u einen Endomorphismus u^* von $H^{n-1}(\boldsymbol{R}^n \setminus \{0\})$ definiert; man setze $u^*(b) = (\deg_0 u)\, b$. Ist $p: \mathbf{z} \to \mathbf{z}/\|\mathbf{z}\|$ die kanonische surjektive Abbildung von $\boldsymbol{R}^n \setminus \{0\}$ auf $\boldsymbol{S}_{n-1}$, so zeige man, daß $\deg_0 u = \deg(p \circ u \circ j)$ gilt; das beweist, daß $\deg_0 u$ eine ganze Zahl ist.

c) Man zeige: Ist die Funktionaldeterminante J von u im Punkt 0 von 0 verschieden, so gilt $\deg_0 u = 1$ für $J > 0$ und $\deg_0 u = -1$ für $J < 0$. (Man beachte, daß eine offene Umgebung U von 0 existiert derart, daß $u \mid U$ ein Diffeomorphismus von U auf eine offene Umgebung V von 0 ist.)

10. Es seien X, Y zwei orientierte reine Mannigfaltigkeiten derselben Dimension $n \geqq 2$, und es sei $f: X \to Y$ eine Abbildung der Klasse C^∞. Ein Punkt $a \in X$ wird *bezüglich f isoliert* genannt, wenn eine offene Umgebung U von a in X existiert derart, daß $f(x) \neq f(a)$ für $x \in \overline{U} \setminus \{a\}$ gilt. Es kann angenommen werden, daß U der Definitionsbereich einer Karte (U, φ, n) von X ist mit $\varphi(U) = \boldsymbol{R}^n$, $\varphi(a) = 0$ und daß eine Karte (V, ψ, n) von Y existiert mit $f(U) \subset V$, $\psi(V) = \boldsymbol{R}^n$ und $\psi(f(a)) = 0$. Man setze dann $\deg_a f = \deg_0 (\psi \circ f \circ \varphi^{-1})$ (vgl. Aufgabe 9).

a) Man zeige, daß die Zahl $\deg_a f$ nicht von der Wahl von U, V, φ und ψ abhängt, wenn diese den obigen Bedingungen genügen.

b) Ist $T_a(f)$ eine Bijektion von $T_a(X)$ auf $T_{f(a)}(Y)$, so gilt $\deg_a f = 1$, wenn $T_a(f)$ die Orientierung erhält, und $\deg_a f = -1$ im entgegengesetzten Fall.

c) Es sei $g: Y \to Z$ eine Abbildung der Klasse C^∞ von Y in eine n-dimensionale orientierte reine Mannigfaltigkeit Z derart, daß $f(a)$ bezüglich g isoliert ist. Dann ist a bezüglich $g \circ f$ isoliert, und es gilt $\deg_a (g \circ f) = \deg_{f(a)} g \cdot \deg_a f$.

d) Es existiert eine in V enthaltene kompakte Umgebung V_1 von $f(a)$, für die $U_1 = U \cap f^{-1}(V_1)$ eine in U enthaltene *kompakte* Umgebung von a ist. Ist v eine Funktion aus $\mathscr{D}(Y)$ mit in V_1 enthaltenem Träger und ist v in einer Umgebung von $f(a)$ gleich 1, so ist $v \circ (f \mid U)$ eine Funktion aus $\mathscr{D}(X)$ mit kompaktem Träger in U_1, die in einer Umgebung von a gleich 1 ist. Man zeige dann, daß für jede $(n-1)$-Form β der Klasse C^∞ auf Y die Beziehung

$$\int_U {}^t f(dv \wedge \beta) = (\deg_a f) \int_V dv \wedge \beta$$

gilt.

e) Man nehme an, X und Y seien kompakte, zusammenhängende und orientierte Mannigfaltigkeiten. Man zeige: Existiert ein Punkt $y_0 \in Y$ derart, daß $f^{-1}(y_0)$ eine endliche Menge $\{x_1, \ldots, x_r\}$ ist, so sind die x_j bezüglich f isoliert, und es gilt $\deg f = \sum_{j=1}^{r} \deg_{x_j} f$. (Man benutze d).)

11. Es sei G die Bewegungsgruppe des Euklidischen Raumes $\boldsymbol{R}^n$, die mit der Gruppe der Matrizen der Ordnung $n + 1$

$$\begin{pmatrix} \mathrm{U} & \mathbf{z} \\ 0 & 1 \end{pmatrix} \tag{1}$$

identifiziert werde, mit $\mathrm{U} \in \boldsymbol{SO}(n, \boldsymbol{R})$, $\mathbf{z} \in \boldsymbol{R}^n$ ($\mathbf{z}$ werde mit einer Spaltenmatrix vom Typ $(n, 1)$ identifiziert). Es sei s_0 die Symmetrie bezüglich der Geraden $\boldsymbol{R}\mathbf{e}_1$ und σ der involutive Automorphismus $t \to s_0 t s_0^{-1}$ von G; die neutrale Komponente H_0 der Untergruppe H von G, die aus den gegenüber σ invarianten Elementen besteht, ist die Gruppe der Bewegungen, welche die Gerade $\boldsymbol{R}\mathbf{e}_1$ invariant lassen und ihre Orientierung erhalten; sie werde mit der Gruppe der Matrizen

$$\begin{pmatrix} 1 & 0 & a \\ 0 & \mathrm{V} & 0 \\ 0 & 0 & 1 \end{pmatrix}$$

identifiziert, mit $a \in \boldsymbol{R}$ und $\mathrm{V} \in \boldsymbol{SO}(n-1, \boldsymbol{R})$. Der Raum $D'_{1,n} = G/H_0$ ist der symmetrische homogene Raum (vgl. (20.4.3)) der *orientierten Geraden* von $\boldsymbol{R}^n$, dessen Dimension gleich $2(n-1)$ ist. Die Gruppe G wird mit dem Repèrebündel von $\boldsymbol{R}^n$ bezüglich seiner kanonischen Riemannschen Struktur identifiziert (vgl. (20.11.2)), wobei (20.7.9) zufolge die Repères über dem Punkt $\mathbf{z} \in \boldsymbol{R}^n$ von den Spalten $\mathbf{e}_1, \ldots, \mathbf{e}_n$ der Matrix U gebildet werden; man kann (vgl. Abschnitt 20.12, Aufgabe 5)

$$d\mathbf{z} = \sum_{i=1}^{n} \sigma_i \mathbf{e}_i, \qquad d\mathbf{e}_i = \sum_{j=1}^{n} \omega_{ji} \mathbf{e}_j$$

schreiben, wobei die σ_i und ω_{ji} 1-Formen auf G mit $\omega_{ij} + \omega_{ji} = 0$ sind, die den Strukturgleichungen

$$d\sigma_i = -\sum_{j=1}^{n} \omega_{ij} \wedge \sigma_j, \qquad d\omega_{ij} = -\sum_{k=1}^{n} \omega_{ik} \wedge \omega_{kj}$$

genügen.

a) Die Gruppe G werde ebenfalls mit dem Repèrebündel von $D'_{1,n}$ bezüglich der H_0-Struktur identifiziert, die dem symmetrischen Paar (G, H_0) entspricht (vgl. (20.7.10)). Man zeige, daß die Faser von G über einer orientierten Geraden $l \in D'_{1,n}$ von Repères gebildet wird derart, daß $\mathbf{z} \in l$ ist und $\mathbf{e}_1$ ein zu l paralleler, bezüglich seiner Orientierung positiver Vektor.

b) Es seien $l \to \mathsf{R}(l)$ und $l \to \mathsf{R}'(l)$ zwei in einer offenen Menge V von $D'_{1,n}$ definierte Repèrefelder; bezeichnet man sie mit $(\mathbf{z}, \mathbf{e}_1, \ldots, \mathbf{e}_n)$ und $(\mathbf{z}', \mathbf{e}'_1, \ldots, \mathbf{e}'_n)$, so gilt also $\mathbf{e}'_1 = \mathbf{e}_1$ und $\mathbf{z}' - \mathbf{z} = f \cdot \mathbf{e}_1$, wobei f eine skalare Funktion der Klasse C^∞ in V ist. Hieraus leite man her, daß $d\sigma_1^{(\mathsf{R})} = d\sigma_1^{(\mathsf{R}')}$ gilt und folglich die 2-Form

$$\overline{\omega} = \omega_{12}^{(\mathsf{R})} \wedge \sigma_2^{(\mathsf{R})} + \cdots + \omega_{1n}^{(\mathsf{R})} \wedge \sigma_n^{(\mathsf{R})}$$

vom betrachteten Repèrefeld R *unabhängig* ist, d. h., daß es sich dabei um eine 2-Form der Klasse C^∞ auf $D'_{1,n}$ handelt, die bezüglich G *invariant* ist. Hieraus leite man her, daß $v = \overline{\omega}^{\wedge(n-1)}$ eine bezüglich G invariante $(2n-2)$-Form $\neq 0$ und $D'_{1,n}$ folglich orientierbar ist.

c) Es sei f eine periodische injektive Immersion von $\boldsymbol{R}$ in $\boldsymbol{R}^n$ mit der Periode 1, so daß ihr Bild C eine geschlossene glatte Kurve ist. In dem durch die Ungleichungen $0 < t_1 < t_2 < 1$ definierten offenen Dreieck $\triangle \subset \boldsymbol{R}^2$ betrachte man die Abbildung F, die jedem Paar $(t_1, t_2) \in \triangle$ die orientierte Gerade zuordnet, welche $f(t_1)$ und $f(t_2)$ verbindet, wobei der Vektor $f(t_2) - f(t_1)$ positiv sei. Man zeige unter Verwendung der Stokesschen Formel, daß das Integral $\int_\triangle {}^tF(\overline{\omega})$ gleich der Länge der Kurve C ist.

24.15. Anwendungen: I. Die Anzahl der Wurzeln einer Gleichung

24.15.1. Es sei X eine orientierte reine Mannigfaltigkeit einer Dimension $n \geqq 2$ und U eine relativ kompakte zusammenhängende offene Menge in X, deren Rand *regulär* und *zusammenhängend*, also eine $(n-1)$-dimensionale kompakte Mannigfaltigkeit ist. Es sei $\mathbf{f}$ eine Abbildung der Klasse C^∞ von einer offenen Umgebung U_0 von $\bar{U}$ in $\boldsymbol{R}^n$. Wir werden sehen, daß sich die Anzahl der Lösungen der Gleichung $\mathbf{f}(x) = 0$ in U unter gewissen Bedingungen mit Hilfe eines Integrals berechnen läßt.

24.15.2. *Unter den Voraussetzungen von* (24.15.1) *werde angenommen, es sei* $\mathbf{f}(x) \neq 0$ *für* $x \in \operatorname{Fr}(U)$, *und* 0 *sei ein regulärer Wert* (vgl. Abschnitt 16.23) *von* $\mathbf{f}$. *Dann ist* $U \cap \mathbf{f}^{-1}(0)$ *eine endliche Teilmenge* $\{x_1, x_2, \ldots, x_r\}$ *von* U; *in der Umgebung jedes Punktes* x_j *ist* $\mathbf{f}$ *ein lokaler Diffeomorphismus, und bezeichnet* $\mathbf{p}$ *die surjektive Abbildung* $\mathbf{z} \to \mathbf{z}/\|\mathbf{z}\|$ *von* $\boldsymbol{R}^n \setminus \{0\}$ *auf* $\boldsymbol{S}_{n-1}$, *so gilt*

24.15.2.1. $$(-1)^{n-1} \sum_{j=1}^{r} \varepsilon(x_j) = \deg\big(\mathbf{p} \circ (\mathbf{f} \mid \operatorname{Fr}(U))\big)$$

mit $\varepsilon(x_j) = 1$ (*bzw.* $\varepsilon(x_j) = -1$), *wenn* $\mathbf{f}$ *in der Umgebung von* x_j *die Orientierung erhält* (*bzw. umkehrt*).

Nach Definition sind die Punkte von $\mathbf{f}^{-1}(0)$ isoliert (vgl. (16.7.4)); da $U \cap \mathbf{f}^{-1}(0)$ in U abgeschlossen ist, gäbe es, wenn diese Menge unendlich wäre, in $\bar{U}$ einen Berührungspunkt, der nicht zu dieser Menge gehört; dieser Punkt läge daher in $\operatorname{Fr}(U)$; in einem solchen Punkt x_0 wäre aber aus Stetigkeitsgründen $\mathbf{f}(x_0) = 0$ entgegen der Voraussetzung. Es existiert eine hinreichend kleine Zahl $\varrho > 0$ derart, daß die offene Kugel B mit dem Mittelpunkt 0 und dem Radius ϱ in $\boldsymbol{R}^n$ die Menge $\mathbf{f}\big(\operatorname{Fr}(U)\big)$ nicht schneidet, ferner $\mathbf{f}^{-1}(B)$ die disjunkte Vereinigung von r offenen Mengen V_j $(1 \leqq j \leqq r)$ mit $x_j \in V_j$ für jedes j enthält und darüber hinaus die Einschränkung von $\mathbf{f}$ auf V_j ein Diffeomorphismus von V_j auf B ist. Für jedes j bezeichne W_j den Durchschnitt von V_j und $\mathbf{f}^{-1}(^1/_2 B)$; ist S die Sphäre $\|\mathbf{z}\| = {}^1/_2\varrho$, so ist die Einschränkung von $\mathbf{f}$ auf $\operatorname{Fr}(W_j)$ ein Diffeomorphismus von dieser Mannigfaltigkeit auf S.

Hiervon ausgehend ergibt sich, da man die Umgebung U_0 von $\bar{U}$ so wählen kann, daß $\mathbf{f}$ in $U_0 \setminus \bar{U}$ nicht verschwindet, daß das inverse Bild ${}^t\mathbf{f}(\tau^{(n)})$ (zu den Bezeichnungen vgl. (24.9.8)) eine $(n-1)$-Form der Klasse C^∞ auf $U_0 \setminus \{x_1, \ldots, x_r\}$ ist, die wegen $d\tau^{(n)} = 0$ *geschlossen* ist. Wie wir gesehen haben (vgl. (24.9.8.1)) gilt

24.15.2.2. $$\deg\big(\mathbf{p} \circ (\mathbf{f} \mid \operatorname{Fr}(U))\big) = \frac{1}{\Omega_n} \int_{\operatorname{Fr}(U)} {}^t\mathbf{f}(\tau^{(n)}).$$

Wir wenden nun auf die *geschlossene* Form ${}^t\mathbf{f}(\tau^{(n)})$ die Stokessche Formel in der offenen Menge $U \setminus \left(\bigcup_{j=1}^{r} \bar{W}_j\right)$ an, deren Rand disjunkte Vereinigung der $(n-1)$-dimensionalen Untermannigfaltigkeiten $\operatorname{Fr}(U)$ und $\operatorname{Fr}(W_j)$ für $1 \leqq j \leqq r$ ist. Mit den in (24.14.1) definierten Orientierungen von $\operatorname{Fr}(U)$ und $\operatorname{Fr}(W_j)$ erhält man daher

24.15.2.3. $$\deg\big(\mathbf{p} \circ (\mathbf{f} \mid \operatorname{Fr}(U))\big) = \sum_{j=1}^{r} \deg(\mathbf{p} \circ \mathbf{f}_j),$$

wobei mit $\mathbf{f}_j$ die Einschränkung von $\mathbf{f}$ auf $\operatorname{Fr}(W_j)$ bezeichnet wurde. Nun ist aber $\mathbf{p} \circ \mathbf{f}_j$ ein Diffeomorphismus von $\operatorname{Fr}(W_j)$ auf $\boldsymbol{S}_{n-1}$; da $\boldsymbol{S}_{n-1}$ nach außen orientiert ist, während $\operatorname{Fr}(W_j)$ für gerades n nach innen und für ungerades n nach außen orientiert ist, erkennt man: Erhält $\mathbf{f}$ die Orientierung in der Umgebung von x_j (bzw. kehrt sie um), so erhält $\mathbf{p} \circ \mathbf{f}_j$ die Orientierung (bzw. kehrt sie um), wenn n ungerade ist, kehrt die Orientierung aber um (bzw. erhält sie), wenn n gerade ist; es ist also $\deg(\mathbf{p} \circ \mathbf{f}_j) = (-1)^{n-1} \varepsilon(x_j)$ (vgl. (24.9.2)); damit ist (24.15.2.1) bewiesen.

Man beachte, daß die Formel (24.15.2.1) auch gilt, wenn $U \cap \mathbf{f}^{-1}(0)$ leer ist, da in diesem Fall die rechte Seite aufgrund der Stokesschen Formel, angewandt auf U, gleich 0 ist.

24.15.2.4. Bemerkung. Die vorhergehenden Überlegungen lassen sich auf den Fall übertragen, daß $\mathrm{Fr}(U)$ nicht mehr als regulär vorausgesetzt ist, sondern nur noch angenommen wird, die Menge der nichtregulären Punkte von $\mathrm{Fr}(U)$ sei eine Differentialnullmenge (vgl. (24.14.3)). Die Formel (24.15.2.1) wird dann ersetzt durch

24.15.2.5. $$(-1)^{n-1} \sum_{j=1}^{r} \varepsilon(x_j) = \frac{1}{\Omega_n} \int_{\mathrm{Frr}(U)} {}^t\mathbf{f}(\tau^{(n)}).$$

24.15.3. *Es seien* $\mathbf{b}_1$ *und* $\mathbf{b}_2$ *zwei reguläre Werte von* $\mathbf{f}$ *derart, daß ein in* $[0, 1]$ *definierter Weg* $\gamma: t \to \mathbf{b}(t)$ *mit Werten in* $\boldsymbol{R}^n \setminus \mathbf{f}(\mathrm{Fr}(U))$ *existiert, für den* $\mathbf{b}(0) = \mathbf{b}_1$, $\mathbf{b}(1) = \mathbf{b}_2$ *gilt und* $\mathbf{b}(t)$ *für jedes* $t \in [0, 1]$ *regulärer Wert von* $\mathbf{f}$ *ist. Dann sind die Mengen* $\mathbf{f}^{-1}(\mathbf{b}_1) = \{x_1, \ldots, x_r\}$ *und* $\mathbf{f}^{-1}(\mathbf{b}_2) = \{y_1, \ldots, y_r\}$ *endlich, bestehen aus gleichviel Elementen, und es gilt* $\sum_{j=1}^{r} \varepsilon(x_j) = \sum_{j=1}^{r} \varepsilon(y_j)$.

Um zu zeigen, daß die Anzahl $n(t)$ der Elemente von $\mathbf{f}^{-1}(\mathbf{b}(t))$ konstant ist, genügt es nachzuweisen, daß sie lokal konstant ist (vgl. (3.19.7)). Es sei daher $t_0 \in [0, 1]$, und wir setzen $\mathbf{f}^{-1}(\mathbf{b}(t_0)) = \{a_1, \ldots, a_r\}$ mit $r = n(t_0)$; es gibt also eine offene Umgebung B_0 von $\mathbf{b}(t_0)$ in $\boldsymbol{R}^n \setminus \mathbf{f}(\mathrm{Fr}(U))$ derart, daß $\mathbf{f}^{-1}(B_0)$ die disjunkte Vereinigung von r offenen Mengen V_j $(1 \leqq j \leqq r)$ enthält, so daß $a_j \in V_j$ für jedes j gilt und die Einschränkung von $\mathbf{f}$ auf V_j ein Diffeomorphismus auf B_0 ist. Damit ist bereits gezeigt, daß $n(t) \geqq n(t_0)$ für hinreichend nahe bei t_0 gelegenes t gilt. Das Bild der kompakten Menge $\overline{U} \setminus \left(\bigcup_j V_j\right)$ ist eine kompakte Teilmenge von $\boldsymbol{R}^n$, die $\mathbf{b}(t_0)$ nicht enthält; es gibt folglich eine Umgebung von t_0 in $[0, 1]$, deren Bild vermöge $\mathbf{b}$ die Menge $\mathbf{f}\left(\overline{U} \setminus \left(\bigcup_j V_j\right)\right)$ nicht schneidet, und in dieser Umgebung gilt dann gerade $n(t) = n(t_0)$.

Um den Beweis abzuschließen, genügt es zu bemerken, daß $(x, t) \to \mathbf{f}(x) - \mathbf{b}(t)$ eine Homotopie von $\mathbf{f} - \mathbf{b}_1$ in $\mathbf{f} - \mathbf{b}_2$ ist, und die Invarianz des Grades bezüglich Homotopie zu benutzen (vgl. (24.9.6)).

24.15.4. Die Formel (24.15.2.1) ist besonders interessant, wenn sämtliche $\varepsilon(x_j)$ gleich sind, da die rechte Seite dann, bis auf das Vorzeichen, die *Anzahl der Elemente* von $\mathbf{f}^{-1}(0)$ angibt. Das ist immer dann der Fall, wenn $\mathbf{f}$ der folgenden Bedingung genügt:

(P) *Für jede orientierungserhaltende Karte* (V, φ, n) *von* U *in* $\boldsymbol{R}^n$ *ist die Funktionaldeterminante der lokalen Darstellung* $\mathbf{F} = \mathbf{f} \circ \varphi^{-1}$ *von* $\mathbf{f}$ *bezüglich dieser Karte* $\geqq 0$.

Diese Bedingung ist insbesondere immer dann erfüllt, wenn $n = 2m$ gerade, X eine holomorphe Mannigfaltigkeit der komplexen Dimension m und $\mathbf{f}$ eine holomorphe Abbildung von U_0 in $\boldsymbol{C}^m$ ist, wobei X und $\boldsymbol{C}^m$ mit den kanonischen Orientierungen versehen sind (vgl. (16.21.13)).

Wenn die Bedingung (P) erfüllt ist, kann man das Ergebnis von (24.15.2) präzisieren, indem man nur voraussetzt, $\mathbf{f}^{-1}(0)$ sei *endlich*, ohne daß 0 notwendig ein regulärer Wert von $\mathbf{f}$ zu sein braucht:

24.15.5. *Wir nehmen an,* $\mathbf{f}$ *erfülle die Bedingung* (P), *und es sei* $\mathbf{f}(x) \neq 0$ *in* $\mathrm{Fr}(U)$ *sowie* $U \cap \mathbf{f}^{-1}(0) = \{a_1, \ldots, a_p\}$ *endlich; es sei* V_j *eine offene Umgebung von* a_j *in* U

$(1 \leqq j \leqq p)$, *so daß die* V_j *paarweise disjunkt sind. Dann existiert eine offene Umgebung* B *von* 0 *in* $\boldsymbol{R}^n \setminus \mathbf{f}(\mathrm{Fr}\,(U))$ *derart, daß* $\mathbf{f}^{-1}(\mathbf{b})$ *für* $\mathbf{b} \in B$ *in der Vereinigung der* V_j *enthalten ist; darüber hinaus existiert für jedes* j *eine ganze Zahl* $q_j \geqq 0$ *mit der Eigenschaft, daß für jedes* $\mathbf{b} \in B$, *welches regulärer Wert von* $\mathbf{f}$ *ist, die Anzahl der Elemente von* $\mathbf{f}^{-1}(\mathbf{b}) \cap V_j$ *gleich* q_j *ist, und bei geeigneter Wahl der Orientierung von* $\mathrm{Fr}\,(U)$ *gilt*

24.15.5.1. $$\sum_{j=1}^{p} q_j = \frac{1}{\Omega_n} \int_{\mathrm{Fr}(U)} {}^t\mathbf{f}(\tau^{(n)}).$$

Offenbar kann man annehmen, daß der Rand $\mathrm{Fr}\,(V_j)$ für $1 \leqq j \leqq p$ regulär ist; nach Voraussetzung gilt $\mathbf{f}(x) \neq 0$ in $\mathrm{Fr}\,(V_j)$; für jeden nicht zu $\mathrm{Fr}\,(V_j)$ gehörenden Punkt $\mathbf{b} \in \boldsymbol{R}^n$, der ein regulärer Wert von $\mathbf{f}$ ist, ergibt sich aus (24.15.2), daß die Anzahl der Punkte von $\mathbf{f}^{-1}(\mathbf{b}) \cap V_j$ gleich

24.15.5.2. $$\frac{1}{\Omega_n} \int_{\mathrm{Fr}(V_j)} {}^t\mathbf{f}_{\mathbf{b}}(\tau^{(n)})$$

ist (bei geeigneter Wahl der Orientierung von $\mathrm{Fr}\,(V_j)$), wobei $\mathbf{f}_{\mathbf{b}}(x) = \mathbf{f}(x) - \mathbf{b}$ gesetzt wurde. Nach (16.20.8.3) und (13.8.6) ist das Integral (24.15.5.2) in der Umgebung von 0 offenbar eine stetige Funktion von $\mathbf{b}$; da sein Wert eine ganze Zahl $\geqq 0$ ist, wenn $\mathbf{b}$ regulärer Wert von $\mathbf{f}$ ist, und da die Menge der regulären Werte von $\mathbf{f}$ in $\boldsymbol{R}^n$ überall dicht ist (vgl. (16.23.1)), ist dieses Integral in einer Umgebung von 0 *konstant* und gleich einer ganzen Zahl $q_j \geqq 0$. Die Tatsache, daß $\mathbf{f}^{-1}(\mathbf{b})$ für zu 0 benachbartes $\mathbf{b}$ in der Vereinigung der V_j enthalten ist, wird wie in (24.15.3) bewiesen, und Formel (24.15.5.1) ergibt sich durch Anwendung der Stokesschen Formel wie in (24.15.2).

24.15.6. Es kann der Fall eintreten, daß unter den Voraussetzungen von (24.15.5) $q_j = 0$ für alle j gilt, wie das Beispiel der Abbildung $(x, y) \to (x^2 + y^2, 0)$ von $\boldsymbol{R}^2$ in sich zeigt. In diesem Fall sind alle Punkte von U kritisch. Ergänzt man dagegen die Voraussetzungen von (24.15.5) um die Annahme, daß es in jeder Umgebung eines jeden a_j nichtkritische Punkte von $\mathbf{f}$ gibt (womit $\mathbf{f}$ ein lokaler Diffeomorphismus wäre), so gilt $q_j \geqq 1$ für jedes j. Man nennt q_j dann die *Vielfachheit* der Wurzel a_j von $\mathbf{f}(x) = 0$, und die linke Seite von (24.15.5.1) gibt die Anzahl der *entsprechend ihrer Vielfachheit gezählten* Wurzeln von $\mathbf{f}(x) = 0$ in U an. Diese Zahl ist für die Gleichung $\mathbf{f}(x) = \mathbf{b}$ mit $\mathbf{b} \in B$ dieselbe, vorausgesetzt, die Menge $\mathbf{f}^{-1}(\mathbf{b})$ ist in U endlich.

24.15.7. Ist X insbesondere eine *holomorphe* Mannigfaltigkeit der komplexen Dimension m und $\mathbf{f}$ eine *holomorphe* Abbildung von U_0 in $\boldsymbol{C}^m$ derart, daß die Punkte von U nicht alle kritisch sind, so bilden die nichtkritischen Punkte eine *überall dichte offene* Menge in U, da die Funktionaldeterminante einer lokalen Darstellung von $\mathbf{f}$ eine holomorphe Funktion ist. Der Begriff der *Vielfachheit* der Wurzeln einer Gleichung $\mathbf{f}(x) = \mathbf{b}$ in U hat daher einen Sinn, wenn $\mathbf{f}^{-1}(\mathbf{b})$ *endlich* ist. Ist $\mathbf{f}$ beispielsweise die Abbildung $(z_1, z_2) \to (z_1^2, z_2^2)$ von $\boldsymbol{C}^2$ in sich, so ist die Vielfachheit der einzigen Wurzel von $\mathbf{f}(x) = 0$ gleich 4. Es darf aber nicht vergessen werden, daß es unter diesen Bedingungen Punkte $\mathbf{b} \in \boldsymbol{C}^m$ geben kann, für die $\mathbf{f}^{-1}(\mathbf{b})$ *unendlich* ist (vgl. Abschnitt 16.11, Aufgabe 3).

Aufgaben

1. Es sei $\mathbf{f}$ eine Abbildung der Klasse C^∞ von einer Umgebung der Kugel $\|\mathbf{x}\| \leqq 1$ im $\boldsymbol{R}^n$ in $\boldsymbol{R}^n$. Es werde angenommen, daß $(\mathbf{x} \mid \mathbf{f}(\mathbf{x})) < 0$ gilt für jedes $\mathbf{x} \in \boldsymbol{S}_{n-1}$ und daß die Menge $\mathbf{f}^{-1}(0)$ endlich ist sowie aus Punkten $\mathbf{x}_j$ $(1 \leqq j \leqq r)$ der Kugel $\|\mathbf{x}\| < 1$ besteht. Man zeige, daß (unter Verwendung der Definition aus Aufgabe 9, Abschnitt 24.14)

$$\sum_{j=1}^{r} \deg_{\mathbf{x}_j}(\mathbf{f}) = (-1)^n$$

gilt. (Man beachte, daß die Einschränkung von $\mathbf{f}$ auf $\boldsymbol{S}_{n-1}$ zu der Abbildung $\mathbf{x} \to -\mathbf{x}$ von $\boldsymbol{S}_{n-1}$ auf sich homotop ist.)

2. In dieser Aufgabe wird unter einer *geschlossenen Kurve* in $\boldsymbol{R}^2$ eine (nicht notwendig injektive) *Immersion* $\mathbf{v}: \boldsymbol{R} \to \boldsymbol{R}^2$ verstanden, die periodisch ist mit der kleinsten Periode $L > 0$ und für die $\|\mathbf{v}'(s)\| = 1$ für alle $s \in \boldsymbol{R}$ gilt. Mit $\mathbf{n}(s)$ werde der zu $\mathbf{v}'(s)$ orthogonale Vektor der Länge 1 bezeichnet, für den das Repère $(\mathbf{v}'(s), \mathbf{n}(s))$ direkt ist; dann gilt $\mathbf{v}''(s) = k(s)\,\mathbf{n}(s)$, wobei $k(s)$ die Krümmung (mit beliebigem Vorzeichen) im Punkt der Bogenlänge s bezeichnet. Es sei T_s die *affine Tangente* (vgl. (16.8.5)) im Punkt der Bogenlänge s, d. h. die affine Gerade, die Bild von $t \to \mathbf{v}(s) + t\mathbf{v}'(s)$ ist (für $t \in \boldsymbol{R}$).

Unter einem *mehrfachen Punkt* der Kurve versteht man einen Punkt $\mathbf{v}(s)$, zu dem ein $s' \in \boldsymbol{R}$ existiert derart, daß $s' - s$ kein ganzzahliges Vielfaches von L ist und $\mathbf{v}(s') = \mathbf{v}(s)$ gilt; wenn nur ein einziger derartiger Punkt s' im Intervall $]s, s + L[$ existiert, wird $\mathbf{v}(s)$ ein *Doppelpunkt* der Kurve genannt; gilt in einem Doppelpunkt außerdem $T_{s'} \neq T_s$, so heißt er *gewöhnlich*.

Unter einer *mehrfachen Tangente* T versteht man eine Tangente T_s, zu der ein $s' \in \boldsymbol{R}$ existiert derart, daß $s' - s$ kein ganzzahliges Vielfaches von L ist und $T_s = T_{s'}$ gilt; wenn nur ein einziges derartiges s' im Intervall $]s, s + L[$ existiert, heißt T_s eine *Doppeltangente*, und diese wird *gewöhnlich* genannt, wenn außerdem $\mathbf{v}(s') \neq \mathbf{v}(s)$ und $k(s)\,k(s') \neq 0$ gilt. T_s heißt *äußere innere* gewöhnliche Doppeltangente, wenn überdies $\mathbf{n}(s) = \mathbf{n}(s')$ ist, bzw. *innere* gewöhnliche Doppeltangente, wenn $\mathbf{n}(s) = -\mathbf{n}(s')$ ist.

Unter einem *Wendepunkt* der Kurve wird ein Punkt $\mathbf{v}(s)$ verstanden, für den $k(s) = 0$ ist. Ein *gewöhnlicher* Wendepunkt liegt vor, wenn außerdem $k'(s) \neq 0$ gilt.

Man betrachte in $\boldsymbol{R}^2$ eine geschlossene Kurve, deren einzige mehrfachen Punkte gewöhnliche Doppelpunkte, deren einzige mehrfachen Tangenten gewöhnliche Doppeltangenten sind und die nur gewöhnliche Wendepunkte besitzt. Es soll gezeigt werden, daß die Menge N^+ der äußeren Doppeltangenten, die Menge N^- der inneren Doppeltangenten, die Menge D der Doppelpunkte sowie die Menge I der Wendepunkte endlich sind und daß

$$\operatorname{Card}(N^+) = \operatorname{Card}(N^-) + \operatorname{Card}(D) + \frac{1}{2}\operatorname{Card}(I)$$

gilt (*Formel von Fabricius-Bjerre-Halpern*).

Für zwei Vektoren $\mathbf{u}_1$, $\mathbf{u}_2$ aus $\boldsymbol{R}^2$ bezeichne $\det(\mathbf{u}_1, \mathbf{u}_2)$ die Determinante der Matrix mit den beiden Spalten $\mathbf{u}_1$, $\mathbf{u}_2$. Man betrachte die Abbildung von $\boldsymbol{R}^2$ in $\boldsymbol{R}^2$

$$\mathbf{w}(t, s) = \big(\det(\mathbf{v}'(t), \mathbf{v}(t) - \mathbf{v}(s)), \det(\mathbf{v}'(s), \mathbf{v}(s) - \mathbf{v}(t))\big).$$

a) Für die Menge der zu $[0, L[\times [0, L[$ gehörenden Paare (s, t) mit $s \neq t$ und $\mathbf{w}(t, s) = 0$ gilt, daß $\mathbf{v}(s)$ ein Doppelpunkt ist oder T_s eine Doppeltangente. Ist $J(s, t)$ die Funktionaldeterminante von $\mathbf{w}$ in einem solchen Punkt, so zeige man, daß $J(s, t) > 0$ gilt, wenn $\mathbf{v}(s)$ ein Doppelpunkt ist oder T_s eine innere Doppeltangente, und $J(s, t) < 0$, wenn T_s eine äußere Doppeltangente ist.

b) Man zeige, daß eine Zahl $\varepsilon > 0$ existiert derart, daß für jedes $t \in \boldsymbol{R}$ die folgenden Bedingungen gelten: 1° Die Einschränkung von $\mathbf{v}$ auf $[t, t + \varepsilon]$ ist injektiv; 2° die Krümmung k

verschwindet für höchstens einen Wert aus $[t, t+\varepsilon]$; 3° ist $t \leqq s \leqq t+\varepsilon$, so gilt $(\mathbf{v}'(s) \mid \mathbf{v}'(t)) > 0$. Hieraus leite man her, daß $\mathbf{w}(t, s) \neq 0$ für $t < s \leqq t + \varepsilon$ gilt. (Um zu zeigen, daß $T_s = T_t$ nicht eintreten kann, betrachte man die relativen Maxima und Minima der Funktion $(\mathbf{v} \mid \mathbf{n}(s))$ im Intervall $[t, t+\varepsilon]$.)

c) Aus b) leite man her, daß die Menge $N^+ \cup N^- \cup D$ endlich ist. Bezeichnet U in $\boldsymbol{R} \times \boldsymbol{R}$ die durch die Beziehungen $t_0 < t < t_0 + L$, $t + \varepsilon < s < t + L - \varepsilon$ definierte offene Menge, so zeige man ferner, daß für geeignetes t_0 die Menge $\mathbf{w}^{-1}(0)$ die Menge $\operatorname{Fr}(U)$ nicht schneidet, $\mathbf{w}^{-1}(0) \cap U$ eine endliche Menge $\{\mathbf{x}_1, \ldots, \mathbf{x}_r\}$ ist und

$$\sum_{j=1}^{r} \varepsilon(\mathbf{x}_j) = 2(\operatorname{Card}(N^-) + \operatorname{Card}(D) - \operatorname{Card}(N^+))$$

gilt.

d) Man setze

$$\frac{\mathbf{w}(t, t+\varepsilon)}{\|\mathbf{w}(t, t+\varepsilon)\|} = \mathbf{h}(e^{2\pi i t/L}),$$

wobei $\mathbf{h}$ eine Abbildung der Klasse C^∞ von $\boldsymbol{S}_1$ in $\boldsymbol{S}_1$ ist. Man zeige unter Benutzung von (24.15.2.5), daß $\sum_{j=1}^{r} \varepsilon(\mathbf{x}_j) = 2 \deg \mathbf{h}$ gilt.

e) Mit Q_1 werde der offene Quadrant $x_1 > 0$, $x_2 > 0$ von $\boldsymbol{R}^2$ bezeichnet, mit Q_2 der abgeschlossene Quadrant $x_1 \leqq 0$, $x_2 > 0$, mit Q_3 der offene Quadrant $-Q_1$ und mit Q_4 der abgeschlossene Quadrant $-Q_2$. Man zeige, daß die folgenden Aussagen gelten, wenn $\mathbf{v}(t)$ und $\mathbf{v}(t+\varepsilon)$ keine Wendepunkte sind:

1° Ist $\mathbf{w}(t, t+\varepsilon) \in Q_1$, so gilt $k(s) < 0$ für $t \leqq s \leqq t + \varepsilon$, und entweder ist $\mathbf{w}(s, s+\varepsilon) \in Q_1$ für jedes $s \in [t, t+\varepsilon]$ oder es existiert ein $s_0 \in [t, t+\varepsilon]$ derart, daß $\mathbf{w}(s, s+\varepsilon) \in Q_1$ ist für $t \leqq s < s_0$ und $\mathbf{w}(s, s+\varepsilon) \in Q_4$ für $s_0 \leqq s \leqq t+\varepsilon$.

2° Ist $\mathbf{w}(t, t+\varepsilon) \in Q_4$, so gilt $k(t) < 0$, $k(t+\varepsilon) > 0$, und es existiert entweder ein $s_0 \in [t, t+\varepsilon]$ derart, daß $\mathbf{w}(s, s+\varepsilon) \in Q_4$ für $t \leqq s \leqq s_0$ und $\mathbf{w}(s, s+\varepsilon) \in Q_3$ für $s_0 < s \leqq t+\varepsilon$ gilt, oder es existieren s_1, s_2 in $[t, t+\varepsilon]$ derart, daß $\mathbf{w}(s, s+\varepsilon) \in Q_4$ für $t < s \leqq s_1$, $\mathbf{w}(s, s+\varepsilon) \in Q_3$ für $s_1 < s < s_2$ und $\mathbf{w}(s, s+\varepsilon) \in Q_2$ für $s_2 \leqq s \leqq t+\varepsilon$ gilt.

3° Ist $\mathbf{w}(t, t+\varepsilon) \in Q_3$, so gilt $k(s) > 0$ für $t \leqq s \leqq t+\varepsilon$, und entweder ist $\mathbf{w}(s, s+\varepsilon) \in Q_3$ für jedes $s \in [t, t+\varepsilon]$ oder es existiert ein $s_0 \in [t, t+\varepsilon]$ derart, daß $\mathbf{w}(s, s+\varepsilon) \in Q_3$ für $t \leqq s < s_0$ und $\mathbf{w}(s, s+\varepsilon) \in Q_2$ für $s_0 \leqq s \leqq t+\varepsilon$ gilt.

4° Ist $\mathbf{w}(t, t+\varepsilon) \in Q_2$, so gilt $k(t) > 0$, $k(t+\varepsilon) < 0$, und entweder existiert ein $s_0 \in [t, t+\varepsilon]$ derart, daß $\mathbf{w}(s, s+\varepsilon) \in Q_2$ für $t \leqq s \leqq s_0$ und $\mathbf{w}(s, s+\varepsilon) \in Q_1$ für $s_0 < s \leqq t+\varepsilon$ gilt, oder es existieren s_1, s_2 in $[t, t+\varepsilon]$ derart, daß $\mathbf{w}(s, s+\varepsilon) \in Q_2$ für $t \leqq s \leqq s_1$, $\mathbf{w}(s, s+\varepsilon) \in Q_1$ für $s_1 < s < s_2$ und $\mathbf{w}(s, s+\varepsilon) \in Q_4$ für $s_2 \leqq s \leqq t+\varepsilon$ gilt.

(Ist $\mathbf{e}$ ein zu $\mathbf{v}(t+\varepsilon) - \mathbf{v}(t)$ orthogonaler Vektor, so betrachte man die Maxima und Minima von $(\mathbf{v}(s) \mid \mathbf{e})$ für $s \in [t, t+\varepsilon]$ unter Benutzung der Bedingungen aus b) für die Zahl ε.)

f) Es kann $\mathbf{h}(e^{2\pi i t/L}) = e^{ig(t)}$ geschrieben werden, wobei g eine Abbildung der Klasse C^∞ von $\boldsymbol{R}$ in $\boldsymbol{R}$ ist (vgl. (9.8.1)). Es seien $t_1 < \cdots < t_m$ die Werte von t in $[t_0, t_0 + L]$ derart, daß $\mathbf{v}(t_j)$ $(1 \leqq j \leqq m)$ die Wendepunkte sind. Man kann annehmen, daß $t_0 < t_1 < t_0 + \varepsilon$ ist und $\mathbf{w}(t_0, t_0+\varepsilon) \in Q_4$; aus e) leite man dann her, daß $g(t_1) \in \left[-\frac{\pi}{2}, 0\right]$, $g(t_2) \in \left[-\frac{3\pi}{2}, -\pi\right]$, …, $g(t_m) \in \left[-(m-1)\pi - \frac{\pi}{2}, -(m-1)\pi\right]$ gilt. Man folgere, daß $2 \deg \mathbf{h} = -m$ ist.

24.16. Anwendungen: II. Schnitte von algebraischen Kurven auf einer algebraischen Fläche

Als ein Beispiel für die Anwendung des Begriffs der (*algebraischen*) *Schnittzahl* (vgl. (24.13.15)) wollen wir die Schnitte von algebraischen Kurven auf einer algebraischen Fläche untersuchen. Dabei greifen wir auf eine gewisse Anzahl elementarer Ergebnisse aus der komplexen projektiven algebraischen Geometrie zurück, auf die wir bei der Behandlung der Probleme im Text hinweisen werden.

24.16.1. Unter einer *algebraischen Fläche* verstehen wir die Menge der Punkte des komplexen projektiven Raumes $\boldsymbol{P}_3(\boldsymbol{C})$, deren homogene Koordinaten (z_1, z_2, z_3, z_4) einer Gleichung der Form $P(z_1, z_2, z_3, z_4) = 0$ genügen, wobei P ein nicht identisch verschwindendes irreduzibles homogenes Polynom von einem Grad > 0 ist. Man erhält auf diese Weise eine kompakte Menge Σ, worin die Menge der Punkte, in denen die vier partiellen Ableitungen von P gleichzeitig verschwinden, eine nirgends dichte abgeschlossene Menge S ist (die auch leer sein kann), deren Punkte *singuläre Punkte* von Σ genannt werden; ihr Komplement $\Sigma \setminus S$ bezüglich Σ ist eine *holomorphe Untermannigfaltigkeit* der komplexen Dimension 2 (also der reellen Dimension 4) von $\boldsymbol{P}_3(\boldsymbol{C})$. Man nennt Σ eine *glatte* algebraische Fläche, wenn $S = \emptyset$ ist; Σ ist dann eine *kompakte* holomorphe Untermannigfaltigkeit von $\boldsymbol{P}_3(\boldsymbol{C})$. (Man kann zeigen, daß jede kompakte holomorphe Untermannigfaltigkeit von $\boldsymbol{P}_3(\boldsymbol{C})$ der komplexen Dimension 2 eine glatte algebraische Fläche ist.)

24.16.2. In diesem ganzen Abschnitt bezeichnet Σ eine *glatte* algebraische Fläche; diese ist notwendigerweise *zusammenhängend* (vgl. Aufgabe 1). Eine *algebraische Kurve* auf Σ ist eine Vereinigung von nicht nur aus einem Punkt bestehenden zusammenhängenden Komponenten des Durchschnitts von Σ und einer endlichen Anzahl (glatter oder nicht glatter) algebraischer Flächen; beispielsweise ist auf einer Quadrik Σ eine Gerade (aus einem Erzeugendensystem) der Durchschnitt von Σ und von *zwei* durch diese Gerade gehenden Ebenen.

Wir setzen die folgenden Eigenschaften voraus: Ist Γ eine algebraische Kurve auf Σ, so gibt es eine endliche (eventuell leere) Menge S von Punkten, die *singulär* genannt werden, derart, daß das Komplement $\Gamma \setminus S$ eine *holomorphe Mannigfaltigkeit der komplexen Dimension* 1 ist (und somit der reellen Dimension 2); ist S leer, so ist Γ eine kompakte holomorphe Untermannigfaltigkeit von Σ der komplexen Dimension 1; in diesem Fall wird Γ eine *glatte* algebraische Kurve genannt. Allgemein gilt: Ist M ein singulärer Punkt von Γ, so existiert eine offene Umgebung V von M in Σ derart, daß $V \cap \Gamma$ Vereinigung einer endlichen Anzahl von *Zweigen* ist, die paarweise nur den Punkt M gemeinsam haben, und jeder Zweig B Bild der Scheibe $D\colon |t| < 1$ aus $\boldsymbol{C}$ vermöge einer injektiven holomorphen Abbildung u von D in Σ ist, die bezüglich eines (in Abhängigkeit von B) geeignet gewählten Systems holomorpher lokaler Koordinaten (x, y) in V in der Gestalt

24.16.2.1. $$x(u(t)) = at^p, \qquad y(u(t)) = bt^q + \cdots$$

beschrieben werden kann, wobei p und $q \geqq p$ teilerfremde ganze Zahlen sind, a und b komplexe Zahlen $\neq 0$ sowie $bt^q + \cdots$ eine in D konvergente Potenzreihe mit dem ersten Term bt^q ist (vgl. Abschnitt 23.15, Aufgabe 5); man beachte, daß für jede abgeschlossene Umgebung W von M in Σ und für jeden Zweig $B \subset V$ von Γ das Komplement $B \setminus (B \cap W)$ eine holomorphe Mannigfaltigkeit der komplexen Dimension 1 ist.

24.16.3. Es sei daran erinnert (vgl. (16.21.13)), daß jede holomorphe Mannigfaltigkeit mit einer *kanonischen* Orientierung versehen ist; wenn wir im weiteren eine holomorphe Mannigfaltigkeit als orientierte Mannigfaltigkeit betrachten, dann meinen wir stets diese Orientierung, falls nicht ausdrücklich etwas anderes vereinbart wird.

Bekanntlich definiert eine *glatte* algebraische Kurve Γ auf Σ, das mit der kanonischen Orientierung versehen sei, auf Σ einen 2-Strom der Ordnung 0, den *Integrationsstrom* I_Γ derart, daß für jede 2-Form β der Klasse C^∞ auf Σ (vgl. (24.13.14))

24.16.3.1. $\langle I_\Gamma, \beta\rangle = \int_\Gamma \beta$

gilt.

Sind Mißverständnisse ausgeschlossen, so wird anstelle von I_Γ häufig Γ geschrieben werden.

Wir erinnern daran, daß dieser 2-Strom ein *Zyklus* ist (vgl. (24.13.14)).

24.16.4. Wie wir sehen werden, lassen sich diese Eigenschaften auf eine *beliebige* algebraische Kurve Γ auf Σ übertragen. Den Betrachtungen in (24.16.2) zufolge handelt es sich um ein lokales Problem in der Umgebung eines singulären Punktes M von Γ: Man hat sich zu überzeugen, ob für jede 2-Form β auf Σ und jeden durch M gehenden *Zweig* B von Γ die Einschränkung von β auf die (nicht abgeschlossene) Untermannigfaltigkeit $B \setminus \{M\}$ auf dieser Mannigfaltigkeit *integrierbar* ist (vgl. (16.24.2)). Nun läßt sich die Form β bezüglich des in (24.16.2) betrachteten holomorphen lokalen Koordinatensystems (x, y) im Punkt M in der Gestalt

24.16.4.1.
$$c_1(x, y)\, dx \wedge d\bar{x} + c_2(x, y)\, dx \wedge dy + c_3(x, y)\, dx \wedge d\bar{y} + c_4(x, y)\, dy \wedge d\bar{y} + c_5(x, y)\, d\bar{x} \wedge d\bar{y} + c_6(x, y)\, d\bar{x} \wedge dy$$

schreiben, wobei die c_j beschränkte Funktionen der Klasse C^∞ sind, und es bleibt nur noch nachzuweisen, daß man eine in der Scheibe D: $|t| < 1$ integrierbare Differentialform $f(t, \bar{t})\, dt \wedge d\bar{t}$ erhält, wenn man in dieser Darstellung x, y durch die in (24.16.2.1) definierten Funktionen von t und $\bar{x}, \bar{y}$ durch die konjugiert komplexen Funktionen von $\bar{t}$ ersetzt; das ist aber offensichtlich, da f stetig ist und beschränkt durch die größte unter den Schranken der c_j, multipliziert mit einem von β unabhängigen Faktor; im Ergebnis definiert die Formel (24.16.3.1) wieder einen 2-Strom der Ordnung 0 auf Σ, der ebenfalls durch die Kurve Γ definierter *Integrationsstrom* heißt.

Wir zeigen jetzt, daß dieser Strom wieder ein *Zyklus* ist, d. h., daß für jede 1-Form α der Klasse C^∞ auf Σ wieder $\int_\Gamma d\alpha = 0$ gilt. Es sei $S = \{M_1, \ldots, M_r\}$ die Menge der singulären Punkte von Γ; es genügt zu zeigen, daß es eine Folge von Funktionen v_k der Klasse C^∞ auf Σ gibt, die Werte in $[0, 1]$ annehmen, in jedem von den M_j verschiedenen Punkt von Σ gegen 1 streben, von denen jede in einer Umgebung von S gleich 0 ist und für die $\int_\Gamma v_k\, d\alpha$ gegen 0 strebt. Da $v_k\, d\alpha = d(v_k\alpha) - (dv_k) \wedge \alpha$ gilt und $\int_\Gamma d(v_k\alpha) = \int_{\Gamma\setminus S} d(v_k\alpha) = 0$ ist, denn die Einschränkung der Form $v_k\alpha$ auf die Untermannigfaltigkeit $\Gamma \setminus S$ besitzt einen kompakten Träger (vgl. (17.15.5.1)), genügt es zu zeigen, daß $\int_\Gamma (dv_k) \wedge \alpha$ gegen 0 strebt. Der Einfachheit halber nehmen wir zunächst an, es gäbe nur einen einzigen singulären Punkt M und einen einzigen durch M gehenden Zweig B (zu den Bezeichnungen vergleiche (24.16.2)). Es sei v eine wachsende Funktion der Klasse C^∞ in $[0, +\infty[$ mit Werten in $[0, 1]$, die für $0 \leqq s \leqq 1/4$ gleich 0 ist und für $s \geqq 3/4$ gleich 1; man wähle die Einschränkung von v_k auf B gleich $v(k|u^{-1}(z)|)$ für jedes $z \in B$ und setze danach v_k so auf Σ fort, daß es in $\Sigma \setminus V$ gleich 1 ist und in einer Umgebung von M gleich 0 (vgl. (16.4.3)). Dann ergibt sich für $\varrho = |t|$

$$\int_\Gamma (dv_k) \wedge \alpha = \int_D kv'(k\varrho)\, d\varrho \wedge \big(f(t)\, dt + g(t)\, d\bar{t}\big),$$

wobei f und g in D stetig und beschränkt sind. Setzt man $t = \varrho e^{i\theta}$, so geht dieses Integral über in

$$\int_0^{2\pi} d\theta \int_0^1 kv'(k\varrho)\, h(\varrho, \theta)\, \varrho\, d\varrho,$$

worin h stetig und beschränkt ist; das Integral ist daher durch $C \int_0^1 kv'(k\varrho)\, \varrho\, d\varrho$ majorisiert, wobei C eine von k unabhängige Konstante ist. Nun ist aber $\int_0^1 kv'(k\varrho)\, \varrho\, d\varrho$ $= \dfrac{1}{k} \int_0^1 sv'(s)\, ds$, weil v für $s \geqq 1$ konstant ist; damit ist unsere Behauptung in diesem Fall bewiesen. Im allgemeinen Fall definiert man in gleicher Weise die Einschränkung von v_k auf jeden der durch die verschiedenen singulären Punkte gehenden Zweige und setzt danach v_k auf Σ fort, so daß v_k in einer Umgebung von S gleich 0 ist und gleich 1 in $\Sigma \setminus V$, wobei V die Vereinigung der Umgebungen der M_j bezeichnet, worin die betrachteten Zweige definiert sind (vgl. (16.4.3) sowie Aufgabe 12).

24.16.5. Für jede algebraische Kurve Γ auf Σ ist also die Homologieklasse des 2-Stroms I_Γ in $H_2(\Sigma)$ definiert; sie wird mit $[\Gamma]$ bezeichnet und die *Homologieklasse der Kurve* Γ genannt. Zwei algebraische Kurven mit derselben Homologieklasse heißen *homolog*. Sind Γ_1 und Γ_2 zwei algebraische Kurven auf Σ, deren Durchschnitt eine endliche Punktmenge ist, so ist die Vereinigung $\Gamma_1 \cup \Gamma_2$ eine algebraische Kurve, und es gilt $I_{\Gamma_1 \cup \Gamma_2} = I_{\Gamma_1} + I_{\Gamma_2}$, folglich $[\Gamma_1 \cup \Gamma_2] = [\Gamma_1] + [\Gamma_2]$. Da die Ränder von I_{Γ_1} und I_{Γ_2} gleich 0 sind, ist ferner die Schnittzahl $(I_{\Gamma_1} \cdot I_{\Gamma_2})$ stets definiert, *selbst wenn* $\Gamma_1 = \Gamma_2$ ist (vgl. (24.13.17)); diese Zahl heißt wieder die *Schnittzahl der Kurven* Γ_1 und Γ_2 und wird mit $(\Gamma_1 \cdot \Gamma_2)$ bezeichnet; hierbei handelt es sich um das Bild des Produktes $[\Gamma_1] \cdot [\Gamma_2]$ der Homologieklassen der beiden Kurven (Element von $H_0'(\Sigma)$) vermöge der kanonischen Abbildung von $H_0'(\Sigma)$ in $\boldsymbol{R}$ (vgl. (24.13.15)); wenn $\Gamma_1 = \Gamma_2$ $= \Gamma$ ist, wird für diese Zahl auch (Γ^2) geschrieben. Haben Γ_1 und Γ_2 einen *endlichen* Durchschnitt, dessen Punkte auf Γ_1 und auf Γ_2 nicht singulär sind, und schneiden sich Γ_1 und Γ_2 in jedem dieser Punkte transversal (was hier gleichbedeutend ist damit, daß ihre Tangenten verschiedene komplexe Geraden sind), dann ist $(\Gamma_1 \cdot \Gamma_2)$ gleich der Anzahl dieser Punkte, denn man kann I_{Γ_1} und I_{Γ_2} durch die Ströme $\alpha \to \int_{\Gamma_1} A \cdot \alpha$ und $\alpha \to \int_{\Gamma_2} B \cdot \alpha$ ersetzen, wobei A und B Funktionen der Klasse C^∞ sind, von denen nur verlangt wird, daß sie in der Umgebung jedes Punktes von $\Gamma_1 \cap \Gamma_2$ gleich 1 sind, ohne mit dieser Ersetzung das Schnittprodukt $I_{\Gamma_1} \cdot I_{\Gamma_2}$ (vgl. (24.13.15)) zu ändern, zumal die Existenz singulärer Punkte unter den getroffenen Voraussetzungen keine Rolle spielt.

Wir werden aber noch Beispiele kennenlernen, in denen diese Voraussetzungen nicht erfüllt sind und wo die Schnittzahl zweier algebraischer Kurven *Werte* < 0 annehmen kann.

24.16.6. *Für jede von einer Ebene verschiedene glatte algebraische Fläche Σ in $\boldsymbol{P}_3(\boldsymbol{C})$ sind die ebenen algebraischen Kurven, die sich als Schnitte von Σ mit Ebenen aus $\boldsymbol{P}_3(\boldsymbol{C})$ ergeben, sämtlich homolog.*

Man kann zeigen, daß aus der Voraussetzung, Σ sei glatt, folgt, daß eine Ebene von $\boldsymbol{P}_3(\boldsymbol{C})$ nur in einer *endlichen* Anzahl von Punkten zu Σ tangential sein kann (vgl. Aufgabe 2).

Es seien $\Gamma_1 = \Sigma \cap H_1$ und $\Gamma_2 = \Sigma \cap H_2$ zwei algebraische Kurven, die sich als Schnitte von Σ mit zwei verschiedenen Ebenen H_1, H_2 ergeben. Man kann annehmen, daß die Gerade Δ, der Durchschnitt von H_1 und H_2, nicht in Σ enthalten ist. Im entgegengesetzten Fall betrachte man nämlich einen Punkt A von Δ, einen nicht zu Σ gehörenden Punkt A_1 von H_1 sowie einen nicht zu Σ gehörenden Punkt A_2 von H_2. Ist Δ_1 (bzw. Δ_2) die durch A und A_1 (bzw. A und A_2) gehende Gerade und H_3 die A, A_1 und A_2 enthaltende Ebene, so findet man, wenn man gezeigt hat, daß $\Gamma_3 = \Sigma \cap H_3$ und Γ_1 sowie Γ_3 und Γ_2 homolog sind, daß Γ_1 und Γ_2 homolog sind.

Ebenso kann vorausgesetzt werden, daß *sich Σ und Δ transversal schneiden.* Ist das nämlich nicht der Fall, so nimmt man diesmal einen nicht auf Σ gelegenen Punkt A von Δ und betrachtet in H_1 (bzw. H_2) eine zu Γ_1 (bzw. Γ_2) nicht tangentiale Gerade Δ_1 (bzw. Δ_2), die Σ also transversal schneidet. Ist H_3 die Δ_1 und Δ_2 enthaltende Ebene, so bleibt nur noch zu zeigen, daß $\Gamma_3 = \Sigma \cap H_3$ und Γ_1 sowie Γ_3 und Γ_2 homolog sind, um nachzuweisen, daß Γ_1 und Γ_2 homolog sind.

Es sei also Δ eine Gerade, die Σ transversal in N Punkten A_j $(1 \leqq j \leqq N)$ schneidet, wobei N der Grad von Σ ist; es sei Δ' eine Gerade aus $\boldsymbol{P}_3(\boldsymbol{C})$, die Δ nicht schneidet. Die Projektion $p\colon \complement\Delta \to \Delta'$, die jedem Punkt $M \notin \Delta$ den Punkt s zuordnet, in dem die durch M und Δ gehende Ebene Δ' schneidet, ist eine Submersion der offenen Menge $\complement\Delta$ auf Δ'; mit H_s bezeichnen wir die s und Δ enthaltende Ebene, mit Γ_s die algebraische Kurve $\Sigma \cap H_s$. Zum Beweis von Satz (24.16.6) genügt es, für jedes $s_0 \in \Delta'$ zu zeigen, daß in Δ' eine Umgebung W von s_0 existiert derart, daß für jedes $s \in W$ die Kurve Γ_s zu Γ_{s_0} homolog ist; aus Kompaktheitsgründen kann man Δ' mit einer endlichen Anzahl solcher Umgebungen überdecken, was beweist, daß alle Kurven Γ_s homolog sind; denn da Δ' zu $\boldsymbol{S}_2$ homöomorph ist, ist es zusammenhängend (vgl. (16.11.12)).

Es gibt nur eine endliche Anzahl von Werten $s_1, \ldots, s_r$ für s derart, daß die Ebenen H_{s_j} an Σ tangential sind, und die Anzahl der Berührungspunkte B_{jk} von H_{s_j} und Σ ist endlich $(1 \leqq k \leqq n_j)$. Ist s von s_j verschieden, so schneiden sich daher H_s und Σ längs Γ_s transversal, und Γ_s ist folglich eine glatte Kurve. Ist dagegen $s = s_j$, so sind die B_{jk} die singulären Punkte von Γ_{s_j}. Man hat dann zwei Fälle zu unterscheiden, je nachdem, ob s_0 von den s_j verschieden ist oder nicht.

A) *Γ_{s_0} ist glatt.* Als erstes wählen wir eine offene Umgebung U von Σ in $\boldsymbol{P}_3(\boldsymbol{C})$ derart, daß sich jede geschlossene 2-Form der Klasse C^∞ auf Σ zu einer *geschlossenen* 2-Form der Klasse C^∞ auf U fortsetzen läßt (vgl. (24.12.12)). Danach werden eine offene Umgebung W von s_0 in Δ' und eine offene Umgebung $V \subset U$ von Γ_{s_0} in

$\boldsymbol{P}_3(\boldsymbol{C})$ definiert, welche die folgenden Eigenschaften besitzen:

1° $\overline{W}$ enthält kein s_j $(1 \leqq j \leqq r)$, und für jedes $s \in \overline{W}$ enthält die offene Teilmenge $L_s = H_s \cap V$ von H_s die Kurve Γ_s.

2° Für jedes $s \in W$ existiert eine Homotopie der Klasse C^∞, $F: I \times L_{s_0} \to V$ (wobei I ein $[0, 1]$ enthaltendes offenes Intervall von $\boldsymbol{R}$ ist) derart, daß $F(0, .)$ die kanonische injektive Abbildung $j_0: L_{s_0} \to V$ ist und $F(t, .)$ für jedes $t \in I$ einen orientierungserhaltenden Diffeomorphismus von L_{s_0} auf $L_{\gamma(t)}$ darstellt und γ eine Abbildung der Klasse C^∞ von I in W mit $\gamma(0) = s_0$ und $\gamma(1) = s$ ist.

3° Durchläuft s die Menge $\overline{W}$, so ist die Vereinigung der Mengen Γ_s eine in V enthaltene kompakte Teilmenge K von Σ.

Es muß gezeigt werden, daß für jede geschlossene 2-Form ω der Klasse C^∞ auf Σ die Beziehung $\int_{\Gamma_{s_0}} \omega = \int_{\Gamma_s} \omega$ gilt (vgl. (24.12.11)); nun läßt sich ω zu einer geschlossenen 2-Form α der Klasse C^∞ auf V fortsetzen, und es genügt zu zeigen, daß die Integrationsströme Γ_{s_0} und Γ_s mit kompaktem Träger als *Ströme auf* V homolog sind. Da sich L_s und $V \cap \Sigma$ in V für jedes $s \in \overline{W}$ transversal schneiden, kann für den Integrationsstrom $\Gamma_s = L_s \cdot (V \cap \Sigma)$ geschrieben werden (vgl. (24.13.14)). Nun sind die Integrationsströme L_s und L_{s_0} auf V nach Voraussetzung 2° und nach (24.10.6) homolog; da $V \cap \Sigma$ nicht kompakt ist, kann man jedoch (24.13.9) nicht direkt nutzen, um daraus herzuleiten, daß Γ_s und Γ_{s_0} als Ströme auf V homolog sind. Jedoch lassen sich die Überlegungen aus (24.13.9) wieder anwenden, wenn man $S = V \cap \Sigma$ und $T = L_s \setminus L_{s_0}$ (Integrationsströme) setzt. In den bekannten Bezeichnungen ist nämlich der Träger der Formen β'_k zur Vereinigung $L_s \cup L_{s_0}$ beliebig benachbart; daher ist der Durchschnitt des Trägers von $\beta'_k \wedge \alpha$ mit $V \cap \Sigma$ in einer kompakten Umgebung von K in V enthalten und folglich $\langle S, d(\beta'_k \wedge \alpha)\rangle = 0$ für jedes k (vgl. (17.15.5.1)). Daraus folgt durch Grenzübergang $\langle S \cdot T, \alpha\rangle = 0$, also $\int_{\Gamma_{s_0}} \alpha = \int_{\Gamma_s} \alpha$ für jede geschlossene 2-Form α der Klasse C^∞ auf V.

Um V mit den oben angegebenen Eigenschaften 1°, 2° und 3° zu definieren, betrachten wir auf Δ' einen von s_0 verschiedenen Punkt v, von dem wir annehmen können, daß er nicht in U liegt (falls nötig, ersetzen wir U durch eine kleinere Umgebung); zum anderen wählen wir eine abnehmende Folge (M_n) offener Umgebungen von Γ_{s_0} in H_{s_0} derart, daß $\overline{M}_n \subset U$ ist und der Durchschnitt der $\overline{M}_n$ nur aus Γ_{s_0} besteht; schließlich wählen wir in Δ' eine abnehmende Folge zusammenhängender offener Umgebungen W_n von s_0 derart, daß der Durchschnitt der $\overline{W}_n$ nur aus s_0 besteht. Es sei C_n die Vereinigung der v mit den Punkten von M_n verbindenden komplexen projektiven Geraden, und es sei D_n die Vereinigung der durch Δ und die Punkte von W_n definierten komplexen projektiven Ebenen. Offenbar sind die Mengen $\overline{C}_n \cap \overline{D}_n$ kompakt, und ihr Durchschnitt ist Γ_{s_0}; es existiert daher eine ganze Zahl n derart, daß $\overline{C}_n \cap \overline{D}_n \subset U$ ist. Man setze $V = C_n \cap U$; da der Durchschnitt der $\overline{D}_m \cap \Sigma$ gleich Γ_{s_0} ist, existiert ein $m > n$ derart, daß $\overline{D}_m \cap \Sigma$ in V enthalten ist; setzt man $W = W_m$, dann sind die Bedingungen 1° und 3° offenbar erfüllt. Schließlich gilt $L_{s_0} = M_n$; ist γ eine Abbildung der Klasse C^∞ von I in W, so genügt es, für $F(t, z)$ den Schnittpunkt von $H_{\gamma(t)}$ mit der komplexen projektiven Geraden zu wählen, die v mit $z \in M_n$ verbindet, um die Bedingung 2° zu erfüllen.

B) *Γ_{s_0} ist nicht glatt.* Die Konstruktion von V, W und der Homotopie F ist dieselbe wie in A). In denselben Bezeichnungen findet man für jedes Approximationsverfahren (L_k) und jede geschlossene 2-Form α auf V, daß $\langle S \wedge (d\beta'_k), \alpha\rangle = 0$ ist, aber durch nichts wird garantiert, daß diese Zahlenfolge gegen die Differenz $\int_{\Gamma_{s_0}} \alpha - \int_{\Gamma_s} \alpha$ strebt, da sich H_{s_0} und Σ nicht mehr transversal schneiden. Ist E jedoch die endliche Menge der Berührungspunkte $B_1, \ldots, B_m$ von H_{s_0} und Σ, so ist die kanonische Abbildung $H_c^2(\Sigma \setminus E) \to H^2(\Sigma)$ bekanntlich bijektiv (vgl. (24.7.9)); folglich ist jede geschlossene 2-Form ω der Klasse C^∞ auf Σ kohomolog zu einer geschlossenen 2-Form ω_1 der Klasse C^∞, deren Träger E *nicht schneidet*, und man kann sich daher auf den Beweis der Gleichung

$$\int_{\Gamma_{s_0}} \omega_1 = \int_{\Gamma_s} \omega_1$$

beschränken. Darüber hinaus läßt sich ω_1 offenbar zu einer geschlossenen 2-Form α_1 auf Σ fortsetzen, deren Träger E nicht schneidet (vgl. (24.12.12)). Für eine solche, festgehaltene Form α_1 kann man aber ein Approximationsverfahren (L_k) wählen derart, daß die Folge der $\langle S \wedge (d\beta'_k), \alpha_1 \rangle$ gegen $\int_{\Gamma_{s_0}} \alpha_1 - \int_{\Gamma_s} \alpha_1$ konvergiert. Dazu genügt es, in der Konstruktion von (24.13.8) die einen Punkt von E enthaltenden W_λ hinreichend klein zu wählen, damit sie den Träger von α_1 nicht schneiden, so daß ihr Beitrag in $\langle S \wedge L_k \cdot T, \alpha_1 \rangle$ gleich 0 ist; die Behauptung folgt dann daraus, daß sich H_{s_0} und Σ in den anderen W_λ transversal schneiden. Damit ist (24.16.6) bewiesen.

24.16.7. Wir nehmen an, daß die glatte Fläche Σ vom Grad $N \geqq 2$ *eine Gerade* Δ *enthält*: Dies ist beispielsweise der Fall für eine Fläche mit der Gleichung

24.16.7.1. $x_3 P(x_1, x_2, x_3) - x_4 Q(x_1, x_2, x_3) = 0,$

wobei P und Q zwei homogene Polynome vom Grad $N - 1$ ohne mehrfachen Faktor und ohne gemeinsamen Faktor sind, derart, daß sich in $\boldsymbol{P}_2(\boldsymbol{C})$ die (irreduziblen oder nicht irreduziblen) algebraischen Kurven mit den Gleichungen $P = 0$ und $Q = 0$ in allen ihren Schnittpunkten transversal schneiden; darüber hinaus werde vorausgesetzt, daß weder einer dieser Punkte noch einer der singulären Punkte der Kurve mit der Gleichung $Q = 0$ auf der Geraden $x_3 = 0$ liegt. Wir berechnen die Schnittzahl (Δ^2) von Δ mit sich. Dazu betrachten wir zunächst zwei verschiedene, durch Δ gehende Ebenen H_1 und H_2; da sie in keinem Punkt von Δ tangential zu Δ sind, ist der Durchschnitt von H_1 (bzw. H_2) mit Δ die Vereinigung von Δ mit einer algebraischen Kurve Γ_1 (bzw. Γ_2) vom Grad $N - 1$; wir nehmen an, daß sich zwei verschiedene Ebenen H_1 und H_2 finden lassen derart, daß $\Delta \cap \Gamma_1$ und $\Delta \cap \Gamma_2$ Mengen mit $N - 1$ Punkten sind, so daß $(\Delta \cdot \Gamma_1) = (\Delta \cdot \Gamma_2) = N - 1$ ist (vgl. Aufgabe 3). Weiterhin sei Δ' eine Gerade der Ebene H_1, die $\Delta \cup \Gamma_1$ in N verschiedenen Punkten schneidet, H_3 eine durch Δ' gehende, von H_1 verschiedene Ebene und Γ_3 die algebraische Kurve $\Sigma \cap H_3$. Aufgrund von (24.16.6) gilt $\big((\Delta + \Gamma_1) \cdot (\Delta + \Gamma_2)\big) = \big((\Delta + \Gamma_1) \cdot \Gamma_3\big) = N$, da sich $\Delta \cup \Gamma_1$ und Γ_3 transversal schneiden. Nun gilt aber $(\Gamma_1 \cdot \Gamma_2) = 0$, denn der Durchschnitt $\Gamma_1 \cap \Gamma_2$ ist leer; daher ist $\big((\Delta + \Gamma_1) \cdot (\Delta + \Gamma_2)\big) = (\Delta^2) + 2(N - 1)$, woraus sich

24.16.7.2. $(\Delta^2) = 2 - N$

ergibt, was immer $\leqq 0$ ist und gleich 0 nur dann, wenn Σ eine Quadrik ist.

24.16.8. *Der Satz von Bezout in* $\boldsymbol{P}_2(\boldsymbol{C})$. Wir betrachten in $\boldsymbol{P}_2(\boldsymbol{C})$ zwei (irreduzible oder nichtirreduzible, glatte oder nichtglatte) algebraische Kurven Γ_1, Γ_2 mit den Gleichungen $P(x_1, x_2, x_3) = 0$ bzw. $Q(x_1, x_2, x_3) = 0$, wobei P und Q homogene Polynome vom Grad N sind, von denen keines einen mehrfachen Faktor enthält und die keinen Faktor gemeinsam haben; es werde ferner vorausgesetzt, daß sich Γ_1 und Γ_2 in jedem ihrer Schnittpunkte transversal schneiden und daß keiner dieser Schnittpunkte und auch kein singulärer Punkt von Γ_2 auf der Geraden mit der Gleichung $x_3 = 0$ liegt. Dann ist die Fläche Σ mit der Gleichung

24.16.8.1. $x_4 P(x_1, x_2, x_3) - (x_4 - x_3)\, Q(x_1, x_2, x_3) = 0$

in $\boldsymbol{P}_3(\boldsymbol{C})$ eine glatte Fläche vom Grad $N + 1$. Es sei Δ die Gerade mit den Gleichungen $x_3 = x_4 = 0$ in $\boldsymbol{P}_3(\boldsymbol{C})$, H_1 die Ebene mit der Gleichung $x_4 - x_3 = 0$, H_2 die Ebene mit der Gleichung $x_4 = 0$; $\Sigma \cap H_1$ ist die Vereinigung von Δ mit einer Kurve Γ_1', $\Sigma \cap H_2$ die Vereinigung von Δ mit einer Kurve Γ_2'. Ist A der Punkt von Σ mit den Koordinaten $(0, 0, 0, 1)$, so ist die Abbildung $p\colon (x_1, x_2, x_3, x) \to (x_1, x_2, x_3)$ in $\Sigma \setminus \{A\}$ definiert und ist eine Abbildung der Klasse C^∞ von $\Sigma \setminus \{A\}$ auf $\boldsymbol{P}_2(\boldsymbol{C})$ derart, daß das Bild von Γ_1' (bzw. Γ_2') vermöge p die Kurve Γ_1 (bzw. Γ_2) ist. Aus (24.11.3) und (24.7.9) ergibt sich, daß $H_2'(\Sigma)$ und $H_2'(\Sigma \setminus \{A\})$ kanonisch isomorph sind. Da die Kurven Γ_1' und Γ_2' in Σ homolog sind (vgl. (24.16.6)), sind sie es auch in $\Sigma \setminus \{A\}$. Hieraus läßt sich ableiten, daß *Γ_1 und Γ_2 in $\boldsymbol{P}_2(\boldsymbol{C})$ homolog sind.* Ist nämlich β eine geschlossene 2-Form auf $\boldsymbol{P}_2(\boldsymbol{C})$, so ist $\beta' = {}^t p(\beta)$ eine geschlossene 2-Form auf $\Sigma \setminus \{A\}$; da die Einschränkung von p auf Γ_1' (bzw. Γ_2') ohne seine singulären Punkte ein Diffeomorphismus von dieser Mannigfaltigkeit auf Γ_1 (bzw. Γ_2) ohne seine singulären Punkte ist, der die Orientierung erhält, gilt $\int_{\Gamma_1'} \beta' = \int_{\Gamma_1} \beta$ sowie $\int_{\Gamma_2'} \beta' = \int_{\Gamma_2} \beta$, und da Γ_1' und Γ_2' in $\Sigma \setminus \{A\}$ homolog sind, ergibt sich hieraus gerade $\int_{\Gamma_1} \beta = \int_{\Gamma_2} \beta$.

Wir bemerken jetzt, daß für *jede* algebraische Kurve Γ_1 vom Grad N in $\boldsymbol{P}_2(\boldsymbol{C})$ eine Kurve Γ_2 existiert, die Vereinigung von N verschiedenen Geraden ist und den oben genannten Bedingungen genügt. Da zwei verschiedene Geraden in $\boldsymbol{P}_2(\boldsymbol{C})$ Bilder voneinander vermöge eines Automorphismus von $\boldsymbol{P}_2(\boldsymbol{C})$ sind, erkennt man, daß für *jede* algebraische Kurve Γ vom Grad N in $\boldsymbol{P}_2(\boldsymbol{C})$

24.16.8.2. $[\Gamma] = N[\Delta]$

gilt. Sind Δ und Δ' zwei verschiedene Geraden in $\boldsymbol{P}_2(\boldsymbol{C})$, so ist andererseits offenbar $(\Delta \cdot \Delta') = 1$. Daher gilt für zwei *beliebige* algebraische Kurven Γ, Γ' in $\boldsymbol{P}_2(\boldsymbol{C})$ vom Grad N bzw. N' aufgrund von (24.16.8.2)

24.16.8.3. $(\Gamma \cdot \Gamma') = NN'$

(*Satz von Bezout*); schneiden sich Γ und Γ' in jedem ihrer Schnittpunkte transversal, so ist die Anzahl dieser Punkte also gleich NN'.

Aufgaben

1. In dem komplexen projektiven Raum $\boldsymbol{P}_n(\boldsymbol{C})$ ist eine *algebraische Hyperebene* die Menge Σ der Punkte, die einer Gleichung $P(x_1, \ldots, x_{n+1}) = 0$ genügen, wobei P ein irreduzibles homogenes Polynom von einem Grad > 0 ist.

Die *singulären Punkte* von Σ sind diejenigen Punkte, in denen die $n + 1$ ersten Ableitungen von P gleichzeitig verschwinden. Man zeige, daß die Menge S der singulären Punkte eine nirgends dichte abgeschlossene Menge in Σ ist derart, daß $\Sigma \setminus S$ eine zusammenhängende holomorphe

Mannigfaltigkeit der Dimension $n - 1$ ist. (Durch eine lineare Tranformation führe man das Problem auf den Fall zurück, daß in P ein Monom cx_1^m mit $c \neq 0$ existiert, wenn P vom Grad m ist. Man benutze dann Aufgabe 3 aus Abschnitt 16.29.)

2. Es sei Σ eine *glatte* algebraische Hyperfläche in $\boldsymbol{P}_n(\boldsymbol{C})$. Man zeige, daß keine komplexe Hyperebene H existieren kann derart, daß H in allen Punkten einer algebraischen Mannigfaltigkeit der Dimension $n - 2$ zu Σ tangential ist. (Man führe das Problem auf den Fall zurück, daß H durch $x_{n+1} = 0$ definiert ist; schreibt man die Gleichung für Σ in der Gestalt $x_{n+1}Q(x_1, \ldots, x_{n+1}) + R(x_1, \ldots, x_n) = 0$, so zeige man, daß das Quadrat eines irreduziblen Faktors von R das Polynom R teilt.)

3. In den Bezeichnungen von (24.16.7) zeige man, daß nur eine endliche Anzahl von Ebenen H existiert, die durch Δ gehen und die folgende Eigenschaft besitzen: Ist der Durchschnitt von Σ und H Vereinigung von Δ und einer Kurve Γ, so enthält der Durchschnitt $\Delta \cap \Gamma$ weniger als $N - 1$ Punkte. (Man führe das Problem auf den Fall zurück, daß in P und Q ein Monom in x_2^{N-1} mit von 0 verschiedenem Koeffizienten vorkommt.)

4. Unter den Voraussetzungen von (24.16.6) zeige man, daß alle ebenen algebraischen Kurven, die sich als Durchschnitt von Σ und von Ebenen aus $\boldsymbol{P}_3(\boldsymbol{C})$ ergeben und die *glatt* sind, *diffeomorph* sind. In den Bezeichnungen von (24.16.6) könnte man zunächst zeigen, daß für jeden Punkt $M \in \Gamma_{s_0}$ eine offene Umgebung S_M von M in Γ_{s_0} und eine offene Umgebung W_M von s_0 in Δ' existiert sowie für jedes $s \in W_M$ ein orientierungserhaltender Diffeomorphismus $u_{M,s}$ von S_M auf eine offene Teilmenge von Γ_s, so daß zwei verschiedenen Punkten M, M' von Γ_{s_0} entsprechende derartige Diffeomorphismen in $S_M \cap S_{M'}$ übereinstimmen. Man könnte (16.25.1) und (16.25.4) benutzen, um eine Umgebung V von Γ_{s_0} in Σ und eine surjektive Submersion π von V auf Γ_{s_0} zu definieren. Ist M keiner der Punkte A_j, so stellt man fest, daß die Einschränkung der Abbildung $N \to (p(N), \pi(N))$ auf eine Umgebung von M in Σ ein Diffeomorphismus auf das Produkt einer Umgebung von M in Γ_{s_0} und einer Umgebung von s_0 in Δ' ist. Ist M einer der Punkte A_j, so könnte man eine Umgebung von M in Σ parallel zu der komplexen Geraden Δ auf die Tangentialebene an Σ in M projizieren.

5. Es sei Σ eine abgeschlossene holomorphe Untermannigfaltigkeit der (komplexen) Dimension $m \leqq n - 1$ in dem komplexen projektiven Raum $\boldsymbol{P}_n(\boldsymbol{C})$, die in keiner Hyperebene enthalten ist.

a) Es sei L eine projektive lineare Mannigfaltigkeit der Dimension $n - m - k$ (für eine ganze Zahl k mit $2 \leqq k \leqq n - m$), die Σ nicht schneidet. Man zeige, daß eine projektive lineare Mannigfaltigkeit $L' \supset L$ der Dimension $n - m - k + 1$ existiert, die Σ nicht schneidet. (Man wende den Satz von Sard (vgl. (16.23.1)) an auf die Projektion von Σ auf eine projektive lineare Mannigfaltigkeit der Dimension $m + k - 1$, ausgehend von L.) Hieraus leite man her, daß durch jeden nicht auf Σ gelegenen Punkt von $\boldsymbol{P}_n(\boldsymbol{C})$ eine projektive lineare Mannigfaltigkeit L_0 der Dimension $n - m - 1$ geht, die Σ nicht schneidet.

b) Es sei L_0 eine projektive lineare Mannigfaltigkeit der Dimension $n - m - 1$, die Σ nicht schneidet, und es sei S die Menge der Punkte $x \in \Sigma$ mit der Eigenschaft, daß die durch x und L_0 bestimmte projektive lineare Mannigfaltigkeit der Dimension $n - m$ die Mannigfaltigkeit Σ im Punkt x nicht transversal schneidet. Man zeige, daß es in S keinen in bezug auf Σ inneren Punkt geben kann. (Unter der Annahme, die Mannigfaltigkeit L_0 wäre „unendlich fern", sowie unter Benutzung von (16.8.3.2) und des Prinzips der Isoliertheit der Nullstellen (vgl. (9.1.5)) zeige man, daß im entgegengesetzten Fall eine komplexe projektive Gerade existierte, die in Σ liegt und L_0 schneidet.)

Daraus leite man her: Ist M_0 eine L_0 nicht schneidende projektive lineare Mannigfaltigkeit der Dimension m, so enthält das Bild von Σ vermöge der Projektion von L_0 aus auf M_0 eine nichtleere, in M_0 offene Menge. Hiervon ausgehend weise man nach, daß es projektive Mannigfaltigkeiten L der Dimension $n - m$ gibt, die L_0 enthalten und Σ transversal schneiden; die Menge $L \cap \Sigma$ ist endlich, und die Anzahl ihrer Elemente bleibt ungeändert, wie immer man L_0 und L mit den genannten Eigenschaften wählt (man benutze den Satz von Sard und die Gradtheorie); diese Zahl wird der *Grad* von Σ genannt. Da die Projektion von Σ auf M_0 von L_0 aus surjektiv ist (vgl. (24.9.4)), schneidet jede projektive lineare Mannigfaltigkeit der Dimension $n - m$ die Mannigfaltigkeit Σ.

c) Es sei L_0 eine projektive lineare Mannigfaltigkeit der Dimension $n - m + k$ mit $0 \leqq k \leqq m - 2$, die Σ transversal schneidet. Man zeige, daß projektive lineare Mannigfaltigkeiten L der Dimension $n - m + k - 1$ existieren, die L_0 enthalten und Σ transversal schneiden. (Man betrachte die offene Teilmenge $\Sigma \cap \complement L_0$ von Σ und die Projektion dieser offenen Menge von L_0 aus auf eine projektive lineare Mannigfaltigkeit M_0 der Dimension $m - k - 1$, die L_0 nicht schneidet; man zeige, daß diese Abbildung surjektiv ist, indem man eine Umgebung eines Schnittpunktes von L_0 und Σ betrachtet.)

6. Es sei Σ eine glatte algebraische Untermannigfaltigkeit der (komplexen) Dimension $m \leqq n - 1$ in $\boldsymbol{P}_n(\boldsymbol{C})$, die in keiner Hyperebene enthalten ist.

a) Es sei L_0 eine Σ transversal schneidende projektive lineare Mannigfaltigkeit der Dimension $n - 2$ (vgl. Aufgabe 5c)). Ist Δ eine L_0 nicht schneidende projektive Gerade, so zeige man, daß die Menge der Punkte $s \in \Delta$ endlich ist, für welche die durch L_0 und s gehende Hyperebene tangential zu Σ ist. (Aufgrund des Satzes von Sard ist diese Menge in Δ nirgends dicht; man zeige darüber hinaus, daß ihr inverses Bild in Σ eine (im allgemeinen nicht zusammenhängende) algebraische Untermannigfaltigkeit von Σ ist. Man könnte dazu die nicht zu Σ gehörenden Punkte von L_0 und die Berührungspunkte der von diesen Punkten ausgehenden Tangenten an Σ betrachten.)

b) Aus a) leite man her, daß alle $(m - 1)$-dimensionalen Untermannigfaltigkeiten von Σ, die sich als Schnitte von Σ mit Σ transversal schneidenden Hyperebenen ergeben, homolog sind (aufgefaßt als Integrationsströme). (Man gehe wie in (24.16.6) vor.)

7. Unter denselben Voraussetzungen wie in Aufgabe 6 zeige man, daß die Homologiegruppen $H_{2k}(\Sigma)$ für $0 \leqq k \leqq m$ nicht gleich 0 sind. (Ist x_0 ein Punkt von Σ, so zeige man, daß zwei projektive lineare Mannigfaltigkeiten der (komplexen) Dimensionen $n - m - k$ bzw. $n - k$ existieren, die Σ transversal schneiden und durch x_0 gehen; sind V und W ihre Schnitte mit Σ, so ist $(V \cdot W) > 0$.)

8. Die diskrete Gruppe $\boldsymbol{Z}$ operiert analytisch, eigentlich und frei in $\boldsymbol{C}^n \setminus \{0\}$ vermöge der Vorschrift $(m, z) \to c^m z$, wobei c eine reelle Zahl > 1 ist. Die Orbitmannigfaltigkeit $\Sigma = (\boldsymbol{C}^n \setminus \{0\})/\boldsymbol{Z}$ ist eine zusammenhängende kompakte holomorphe Mannigfaltigkeit (*Hopfsche Mannigfaltigkeit*), für die $\boldsymbol{C}^n \setminus \{0\}$ eine galoissche Überlagerung ist (vgl. Abschnitt 16.28, Aufgabe 4) (bzw. eine universelle Überlagerung für $n \geqq 2$). Man zeige, daß Σ zu $\boldsymbol{S}_1 \times \boldsymbol{S}_{2n-1}$ diffeomorph ist; aus Aufgabe 7 leite man her, daß Σ für $n \geqq 2$ nicht zu einer glatten algebraischen Untermannigfaltigkeit eines komplexen projektiven Raumes homöomorph ist.

9. Im Raum $\boldsymbol{C}^n$ ist eine *affine algebraische Mannigfaltigkeit* definiert als Menge der Punkte, die eine Familie von Polynomen aus $\boldsymbol{C}[T_1, \ldots, T_n]$ annulliert; ist V eine derartige Mannigfaltigkeit und wird $\boldsymbol{C}^n$ als eine in $\boldsymbol{P}_n(\boldsymbol{C})$ überall dichte offene Menge aufgefaßt, so ist die abgeschlossene Hülle $\overline{V}$ von V in $\boldsymbol{P}_n(\boldsymbol{C})$ eine projektive algebraische Mannigfaltigkeit, die Menge der Punkte, in denen die V definierenden, nun homogenen Polynome verschwinden. Es werde angenommen, daß in $\overline{V}$ eine überall dichte offene Menge W existiert, die eine reine holomorphe Mannigfaltigkeit der komplexen Dimension $p < n$ ist (welche die *Dimension* von $\overline{V}$ oder V genannt wird), und daß das Komplement $\overline{V} \setminus W$ eine projektive algebraische Mannigfaltigkeit einer Dimension $< p$ ist [201, S. 151]; die Punkte von W werden die *glatten* Punkte von $\overline{V}$ genannt, und W heißt der glatte Teil von $\overline{V}$. Wenn V durch eine einzige Gleichung definiert ist (vgl. Aufgabe 1), dann gilt $p = n - 1$.

Es sei $\mathbf{a} \in V$, und für jedes $\mathbf{z} \neq \mathbf{a}$ in V sei $D_{\mathbf{a},\mathbf{z}}$ die durch $\mathbf{a}$ und $\mathbf{z}$ gehende komplexe Gerade; der *Tangentialkegel* $C_{\mathbf{a}}$ an V im Punkt $\mathbf{a}$ ist nach Definition die Vereinigung der Grenzgeraden von $\mathbf{z} \to D_{\mathbf{a},\mathbf{z}}$, wenn $\mathbf{z}$ in V gegen $\mathbf{a}$ strebt. Man zeige: Ist $p = n - 1$ und (der Einfachheit halber) $\mathbf{a} = 0$, so ist der Tangentialkegel im Punkt $\mathbf{a}$ an die Hyperfläche V durch die Gleichung

$P_m(\mathbf{z}) = 0$ definiert, wobei P_m das nicht identisch verschwindende homogene Polynom kleinsten Grades in der Gleichung $P(\mathbf{z}) = 0$ von V ist.

Es werde weiter $p = n - 1$ vorausgesetzt. Man zeige: Es kann angenommen werden, daß (erforderlichenfalls nach einer unitären Transformation im gewöhnlichen Hilbertraum $\boldsymbol{C}^n$) keine Koordinatenachse von $\boldsymbol{C}^n$ zu einer in $C_{\mathbf{a}}$ enthaltenen Geraden parallel ist; hieraus leite man her, daß eine Ganze Zahl $N > 0$ existiert derart, daß jeder Punkt einer der Hyperebenen $z_j = 0$ $(1 \leqq j \leqq n)$ orthogonale Projektion von höchstens N Punkten aus V auf diese Hyperebene ist. (Man führe den Beweis mittels vollständiger Induktion nach n.)

Man folgere, daß eine Zahl $M > 0$ existiert derart, daß für jedes $r > 0$ das Riemannsche Volumen des Durchschnitts $W \cap B(\mathbf{a}; r)$ von W und der Kugel mit dem Mittelpunkt $\mathbf{a}$ und dem Radius r der Ungleichung $\operatorname{vol}(W \cap B(\mathbf{a}; r)) \leqq Mr^{2(n-1)}$ genügt. (Man benutze den Ausdruck für das Riemannsche Volumen einer holomorphen Mannigfaltigkeit in $\boldsymbol{C}^n$, wie er durch Aufgabe 6a) aus Abschnitt 24.14 geliefert wird.)

10. In den Bezeichnungen von Aufgabe 9 zeige man, daß für $p < n - 1$ der Tangentialkegel $C_{\mathbf{a}}$ eine algebraische Mannigfaltigkeit der Dimension p ist. (Man führe den Beweis mittels vollständiger Induktion über $n - p$, indem man unter den Hyperflächen, deren Durchschnitt V ist, eine algebraische Hyperfläche S betrachtet und auf diese das Ergebnis von Aufgabe 9 anwendet; man nehme an, die orthogonale Projektion von V auf eine Hyperebene von $\boldsymbol{C}^n$ sei in einer algebraischen Mannigfaltigkeit der Dimension p, die in dieser Hyperebene liegt, überall dicht [201, S. 77], und wende die Induktionsvoraussetzung auf diese algebraische Mannigfaltigkeit an.)

Aus diesem Ergebnis leite man her, daß (erforderlichenfalls nach einer unitären Transformation von $\boldsymbol{C}^n$) angenommen werden kann, der Durchschnitt von $C_{\mathbf{a}}$ mit irgendeiner der $\binom{n}{n-p}$ affinen linearen Mannigfaltigkeiten, die durch $\mathbf{a}$ gehen und zu den Koordinatenmannigfaltigkeiten der Dimension $n - p$ parallel sind, bestehe nur aus dem Punkt $\mathbf{a}$. (Man betrachte in der Stiefelschen Mannigfaltigkeit $\boldsymbol{S}_{n,n-p}(\boldsymbol{C})$ (vgl. (16.11.6)) die Menge der Systeme $(\mathbf{z}_k)_{1 \leqq k \leqq n-p}$ derart, daß keine Erzeugende von $C_{\mathbf{a}}$ zu dem von den $\mathbf{z}_k$ erzeugten Teilraum parallel ist, und zeige, daß es sich dabei um eine in $\boldsymbol{S}_{n,n-p}(\boldsymbol{C})$ überall dichte offene Menge handelt.)

Man nehme an, daß daraus die Existenz einer Kugel B_0 mit dem Mittelpunkt $\mathbf{a}$ in $\boldsymbol{C}^n$ und einer ganzen Zahl $N > 0$ folgt derart, daß jeder Punkt irgendeiner der Koordinatenmannigfaltigkeiten der Dimension p, der zur orthogonalen Projektion von B_0 auf diese Mannigfaltigkeit gehört, orthogonale Projektion von höchstens N Punkten aus $B_0 \cap V$ ist [201, S. 115].

Man folgere, daß eine Zahl $M > 0$ existiert derart, daß für jedes $r > 0$ mit $B(\mathbf{a}; r) \subset B_0$ für das Riemannsche Volumen des Durchschnitts $W \cap B(\mathbf{a}; r)$ die Ungleichung $\operatorname{vol}(W \cap B(\mathbf{a}; r)) \leqq Mr^{2p}$ gilt. (Man gehe wie in Aufgabe 9 vor.) (*Lemma von Lelong*).

11. In denselben Bezeichnungen wie oben sei L eine affine lineare Mannigfaltigkeit von $\boldsymbol{R}^{2n}$ der *reellen* Dimension q, und es sei K eine kompakte Teilmenge von L; ferner sei $T(K; r)$ die Menge der Punkte von $\boldsymbol{C}^n$, deren Abstand von K höchstens gleich r ist. Man zeige, daß es zwei Zahlen $r_0 > 0$, $M > 0$ gibt derart, daß für $r \leqq r_0$ die Beziehung $\operatorname{vol}(W \cap T(K; r)) \leqq M^{2p-q}$ gilt. (Man betrachte eine kubische Unterteilung von L, die aus Kuben der Seitenlänge r besteht; auf jeden Kubus wende man das Lemma von LELONG an und beachte, daß die Anzahl der K schneidenden Kuben durch Ar^{-q} nach oben beschränkt ist (A eine Konstante).)

Man verallgemeinere dieses Ergebnis auf den Fall, daß L eine differenzierbare Mannigfaltigkeit der (reellen) Dimension q ist. (Man führe das Problem auf den Fall zurück, daß es eine Umgebung U von L und einen Diffeomorphismus von U auf eine offene Teilmenge von $\boldsymbol{C}^n$ gibt, der L in eine Teilmenge einer affinen linearen Mannigfaltigkeit überführt.)

Es sei U eine offene Teilmenge von $\boldsymbol{C}^n$ derart, daß in U der Abstand $\varrho(\mathbf{z})$ eines Punktes $\mathbf{z}$ von L eine Funktion der Klasse C^1 in $U \setminus (L \cap U)$ ist und die Differentialform $d\varrho$ in dieser Menge beschränkt ist. Ferner sei f eine reellwertige Funktion der Klasse C^∞ in $\boldsymbol{R}$, die für $t > 1$ gleich 0 ist und gleich 1 für $t < {}^1/_2$. Schließlich sei ω eine $(2p - 1)$-Form der Klasse C^∞ mit kompaktem, in U enthaltenen Träger. Man zeige, daß eine Konstante $M > 0$ existiert derart, daß für gegen 0 strebendes r

$$\left| \int_W d\left(f\left(\frac{\varrho(\mathbf{z})}{r}\right)\omega\right)\right| \leqq Mr^{2p-q-1}$$

gilt. Man beachte, daß es eine kompakte Teilmenge K von L gibt derart, daß die integrierte Form außerhalb von $T(K; r)$ gleich 0 ist.)

12. In denselben Bezeichnungen wie oben wird W_k induktiv als der glatte Anteil der zu $W_0 \cup W_1 \cup \cdots \cup W_{k-1}$ in V komplementären algebraischen Mannigfaltigkeit definiert mit $W_0 = W$; W_k ist eine holomorphe Mannigfaltigkeit einer komplexen Dimension $\leqq p - k$, und $W_{p+1} = \emptyset$ (vgl. Aufgabe 9).

a) Es sei α eine der Klasse C^∞ angehörende $2p$-Differentialform auf $\boldsymbol{C}^n$ mit kompaktem Träger. Man zeige, daß ihre Einschränkung auf die differenzierbare Mannigfaltigkeit W der reellen Dimension $2p$ integrierbar ist. (Man benutze das Lemma von Lelong.) Die Abbildung $\alpha \to \int_W \alpha$ ist wieder ein $2p$-Strom auf $\boldsymbol{C}^n$; er wird der durch V definierte *Integrationsstrom* genannt und mit I_V oder auch nur mit V bezeichnet.

b) Es sei ω eine der Klasse C^∞ angehörende $(2p - 1)$-Differentialform auf $\boldsymbol{C}^n$ mit kompaktem Träger. Man zeige: Schneiden sich $\overline{W}_k$ und der Träger S von ω nicht, so gilt $\int_W d\omega = 0$. (Den Beweis führe man mittels vollständiger Induktion nach k. Durch eine Zerlegung der Einheit führe man das Problem auf den in Aufgabe 11 betrachteten Fall mit $q \leqq 2p - 2k$ zurück; man beachte, daß nach Induktionsvoraussetzung

$$\int_W d\left(\left(1 - f\left(\frac{\varrho(\mathbf{z})}{r}\right)\right)\omega\right) = 0$$

gilt und benutze Aufgabe 11, um zu zeigen, daß $\int_W d\omega$ beliebig klein ist.)

c) Man folgere, daß der Integrationsstrom I_V ein *Zyklus* ist (*Satz von Lelong*).

24.17. Homologie zellularer Ströme

24.17.1. Wie in (24.11.3) gezeigt wurde, kann man sich bei der Berechnung der Homologie $H_\cdot'(X)$ der Ströme mit kompaktem Träger auf einer orientierten reinen Mannigfaltigkeit X auf Ströme beschränken, die kanonische Bilder von Differentialformen mit kompaktem Träger sind, für welche sich der Rand mit Hilfe des äußeren Differentials berechnen läßt. Wir werden jetzt ein anderes Berechnungsverfahren kennenlernen, dem eine andere Art von Strömen zugrunde liegt, deren Natur stärker „geometrisch" ist, als es die Bilder von Differentialformen sind, und für welche die Berechnung des Randes auf der Stokesschen Formel beruht.

24.17.2. Wir betrachten ein relativ kompaktes offenes *konvexes Polyeder* U in einem Raum $\boldsymbol{R}^p$ oder allgemeiner in einer affinen linearen Mannigfaltigkeit E der Dimension p in einem Raum $\boldsymbol{R}^N$ für $N > p$ (vgl. (24.14.10)). Nicht ganz korrekt sagen wir, eine Abbildung s von $\overline{U}$ in eine differenzierbare Mannigfaltigkeit X gehöre *der Klasse* C^∞ an, wenn sie die *Einschränkung* auf $\overline{U}$ einer Abbildung der Klasse C^∞ von einer *offenen Umgebung* V von $\overline{U}$ (in bezug auf E) in X ist; s ist daher auch in $\operatorname{Fr}(U)$ definiert, und dem in (24.14.10) Gesagten zufolge ist die Einschränkung von s auf jede *Seite* von U eine Abbildung der Klasse C^∞ von der abgeschlossenen Hülle dieses konvexen Polyeders in X.

Wir nehmen an, X sei rein, nicht notwendig orientierbar und von einer Dimension $n \geqq p$; wir wählen eine Orientierung auf E, wodurch auf der offenen Teilmenge U von E in kanonischer Weise eine Orientierung induziert wird. Die Abbildung s definiert dann in kanonischer Weise einen *p-Strom* $\tilde{s}$ auf X, der durch

24.17.2.1. $\langle \tilde{s}, \alpha \rangle = \int_U {}^t s(\alpha)$

für jede p-Differentialform $\alpha \in \mathscr{E}_p(X)$ gegeben ist; diese Definition ist sinnvoll, da ${}^t s(\alpha)$ eine p-Differentialform der Klasse C^∞ auf V und $\overline{U}$ kompakt ist. Man kann wieder sagen, daß $\tilde{s}$ das *Bild* des p-Stromes $T_{\varphi_U} = T_{\varphi_{\overline{U}}}$ (zu den Bezeichnungen vgl. (17.5.1)) auf V *vermöge* s ist (denn der Rand von U ist bezüglich jedes Lebesgueschen Maßes eine Nullmenge). Dabei beachte man jedoch, daß der p-Strom $\tilde{s}$ nicht nur von der Abbildung s abhängt, sondern auch von der auf E gewählten *Orientierung*; ersetzt man letztere durch die entgegengesetzte Orientierung, so *ändert* der s entsprechende p-Strom *das Vorzeichen.*

Jede Seite F_k von U $(1 \leqq k \leqq r)$ ist in einer affinen Hyperebene H_k von E enthalten, wobei die H_k paarweise verschieden sind und $\overline{F}_k$ der Durchschnitt von $\overline{U}$ und H_k ist. Orientiert man jedes F_k ausgehend von der Orientierung von E entsprechend der in (24.14.1) präzisierten Regel, so ergibt sich aus der Stokesschen Formel (vgl. (24.14.9)), daß für jede $(p-1)$-Differentialform β der Klasse C^∞ auf X

$$\langle \mathfrak{b}\tilde{s}, \beta \rangle = \langle \tilde{s}, d\beta \rangle = \sum_{k=1}^{r} \int_{F_k} {}^t s_k(\beta) = \sum_{k=1}^{r} \langle \tilde{s}_k, \beta \rangle$$

geschrieben werden kann, wobei mit s_k die *Einschränkung von s auf $\overline{F}_k$* bezeichnet wurde; hieraus erhält man für den Rand des Stromes $\tilde{s}$ die Darstellung (*Stokessche Formel für die zellularen Ströme*)

24.17.2.2. $\mathfrak{b}\tilde{s} = \sum_{k=1}^{r} \tilde{s}_k .$

Ist $f\colon X \to Y$ eine Abbildung der Klasse C^∞ von X in eine reine Mannigfaltigkeit Y einer Dimension $\geqq p$, so ist offenbar für jede der Klasse C^∞ angehörende Abbildung s von $\overline{U}$ in X die Verknüpfung $f \circ s$ eine der Klasse C^∞ angehörende Abbildung von $\overline{U}$ in Y; da für jede p-Differentialform γ der Klasse C^∞ auf Y die Beziehung ${}^t(f \circ s)(\gamma) = {}^t s({}^t f(\gamma))$ gilt, ergibt sich hieraus

24.17.2.3. $f(\tilde{s}) = (f \circ s)^{\sim} .$

24.17.3. Gegeben sei eine reine Mannigfaltigkeit X der Dimension n; für jede ganze Zahl p $(0 \leqq p \leqq n)$ wollen wir unter einem *zellularen p-Strom* auf X jede *Linearkombination* mit reellen Koeffizienten von p-Strömen der Form $\tilde{s}$ verstehen, wobei s eine den Bedingungen aus (24.17.2) genügende Abbildung ist (für ein von s abhängendes Polyeder U). Ist $f\colon X \to Y$ eine Abbildung der Klasse C^∞ von X in eine reine Mannigfaltigkeit Y einer Dimension $\geqq p$, so ergibt sich aus (24.17.2.3), daß das Bild eines zellularen p-Stromes auf X vermöge f ein zellularer p-Strom auf Y ist.

Die zellularen p-Ströme auf X bilden einen *Vektorteilraum* $\mathscr{E}''_p(X)$ des Raumes $\mathscr{E}'_p(X)$ der p-Ströme mit kompaktem Träger. Außerdem folgt aus (24.17.2.2), daß die Randabbildung $\mathfrak{b}\colon \mathscr{E}'_p(X) \to \mathscr{E}'_{p-1}(X)$ den Teilraum $\mathscr{E}''_p(X)$ *in* $\mathscr{E}''_{p-1}(X)$ *abbildet.* Daher kann man für die Randabbildung den graduierten Kodifferentialraum über $\boldsymbol{R}$

$$\mathcal{A}''_{\cdot}(X) = \bigoplus_{p=0}^{n} \mathcal{E}''_p(X)$$

betrachten und darauf die allgemeine Theorie anwenden (vgl. (A.30.7)): Es wird der graduierte Teilraum $Z''_{\cdot}(X)$ der *Zyklen* von $\mathcal{A}''_{\cdot}(X)$ betrachtet, der direkte Summe der $Z''_p(X)$ ist, wobei $Z''_p(X)$ den Raum der zellularen p-Ströme T mit $\mathfrak{b}T = 0$ bezeichnet; mit anderen Worten, es ist

24.17.3.1. $Z''_p(X) = Z'_p(X) \cap \mathcal{E}''_p(X)$.

Andererseits wird der Teilraum $B''_{\cdot}(X)$ der *Ränder* von $\mathcal{A}''_{\cdot}(X)$ betrachtet, der direkte Summe der $B''_p(X)$ ist, wobei $B''_p(X)$ den Raum der p-Ströme von der Form $\mathfrak{b}T$ bezeichnet; T ist hierbei ein zellularer $(p+1)$-Strom (es wird $B''_n(X) = \{0\}$ gesetzt). Offenbar ist

24.17.3.2. $B''_p(X) \subset B'_p(X)$,

und es gibt daher eine kanonische lineare Abbildung $H''_p(X) \to H'_p(X)$ mit

$$H''_p(X) = Z''_p(X)/B''_p(X).$$

Es wird $H''_{\cdot}(X) = \bigoplus_{p>0} H''_p(X)$ gesetzt.

In den folgenden Abschnitten werden neue Begriffe und neue topologische Invarianten eingeführt, die uns eine andere Interpretation der Vektorräume $H''_p(X)$ gestatten.

24.18. Zellenzerlegungen und simpliziale Zerlegungen

24.18.1. Eins der wesentlichen Hilfsmittel, dessen wir uns im weiteren bedienen, ist der Begriff der *Zellenzerlegung* einer Teilmenge X eines Raumes $\boldsymbol{R}^N$. Darunter wird eine Menge $\mathfrak{S}$ von *beschränkten konvexen Polyedern* aus $\boldsymbol{R}^N$ von einer Dimension $\leqq N$ verstanden (vgl. (24.14.10)), welche die folgenden Bedingungen erfüllen:

I. *Die Polyeder aus $\mathfrak{S}$ sind paarweise disjunkt und ihre Vereinigung ergibt X.*

II. *Jede Seite eines Polyeders aus $\mathfrak{S}$ ist Vereinigung von Polyedern aus $\mathfrak{S}$.*

III. *Jede kompakte Teilmenge von X schneidet nur eine endliche Anzahl von Polyedern aus $\mathfrak{S}$.*

Aus II. ergibt sich durch vollständige Induktion über die Dimension, daß der Rand jedes Polyeders $U \in \mathfrak{S}$ Vereinigung von Polyedern aus $\mathfrak{S}$ ist, und da dieser Rand kompakt ist, stellt er eine *endliche* Vereinigung von Polyedern aus $\mathfrak{S}$ dar. Ist X selbst kompakt, so ist die Menge $\mathfrak{S}$ endlich; ist X offen, so besitzt jeder Punkt von X eine kompakte Umgebung in $\boldsymbol{R}^N$, die in X enthalten ist und daher nur eine endliche Anzahl von Polyedern aus $\mathfrak{S}$ schneidet; $\mathfrak{S}$ ist somit höchstens abzählbar und eine *lokal endliche* Menge von Teilmengen von X (vgl. (12.2.3)). Aufgrund des vorher Gesagten trifft das übrigens auch auf die Menge der *abgeschlossenen Hüllen* in $\boldsymbol{R}^N$ der Polyeder $U \in \mathfrak{S}$ zu; ist X offen, so ist jede (endliche oder unendliche) Vereinigung dieser abgeschlossenen Hüllen daher eine *in X abgeschlossene* Menge, denn ein Punkt von X hat eine in X enthaltene kompakte Umgebung, die folglich nur eine endliche Anzahl dieser abgeschlossenen Hüllen schneidet.

Eine mit einer Zellenzerlegung $\mathfrak{S}$ versehene Teilmenge X von $\boldsymbol{R}^N$ wird ein *euklidischer Zellenkomplex* genannt.

24.18.1.1. Beispiele. Die *Flächen* eines beschränkten konvexen Polyeders U einschließlich der Menge U (vgl. (24.14.12)) bilden eine Zellenzerlegung von $\overline{U}$.

Allgemeiner betrachten wir ein solches offenes Polyeder U der Dimension n in einem Raum $\boldsymbol{R}^n$, und es seien $H_1, \ldots, H_p$ verschiedene, U schneidende affine Hyperebenen. Dann sind die zusammenhängenden Komponenten des Durchschnitts W von U mit dem offenen Komplement von $H_1 \cup H_2 \cup \cdots \cup H_p$ beschränkte konvexe Polyeder der Dimension n, und die Menge der Flächen aller dieser Polyeder ist eine *Zellenzerlegung* von $\overline{U}$. Offensichtlich gilt der Satz nämlich für $n = 1$, und allgemein ergibt sich die Aussage durch vollständige Induktion nach n: Man betrachtet die affinen Hyperebenen $H_1', \ldots, H_q'$, welche die Seiten von U enthalten, und für jedes $p < n$ die affinen linearen Mannigfaltigkeiten der Dimension $n - p$, die sich als Durchschnitte einer gewissen Anzahl von Hyperebenen H_j oder H_k' ergeben; ist $\mathfrak{B}_p$ die Menge dieser affinen linearen Mannigfaltigkeiten, so wird die Induktionsvoraussetzung auf jedes $V \in \mathfrak{B}_p$ angewandt, indem man die zusammenhängenden Komponenten der (bezüglich V) offenen Menge betrachtet, die aus denjenigen $x \in V \cap \overline{U}$ besteht, welche zu keiner Hyperebene H_j oder H_k' gehören, die V nicht enthalten; wenn V die Menge $\mathfrak{B}_p$ durchläuft, sind diese Polyeder der Dimension $n - p$ gerade die Polyeder aus der betrachteten Zellenzerlegung. Aufgrund der Induktionsvoraussetzung genügt es nämlich zu bemerken, daß die Seiten eines der konvexen Polyeder, das eine zusammenhängende Komponente von W ist, unter den so (für $p = 1$) definierten Polyedern der Dimension $n - 1$ vorkommen. Wie man feststellt, sind die in U enthaltenen Polyeder der Dimension $n - 1$ die Seiten von *zwei* zusammenhängenden Komponenten von W.

24.18.2. Ist $\mathfrak{S}$ eine Zellenzerlegung einer offenen oder kompakten Teilmenge X von $\boldsymbol{R}^N$, so entspricht jedem konvexen Polyeder $U \in \mathfrak{S}$ der Dimension p, das in der von ihm erzeugten p-dimensionalen affinen linearen Mannigfaltigkeit eine offene Menge ist, in kanonischer Weise der *p-Strom* $\tilde{\imath}_U$ auf $\boldsymbol{R}^N$, wobei $i_U\colon U \to \boldsymbol{R}^N$ die kanonische Einbettung ist (vgl. (24.17.2)). Diese p-Ströme sind durch die wichtige Eigenschaft ausgezeichnet, daß sie eine *freie Familie* in dem Vektorraum $\mathscr{E}_p''(\boldsymbol{R}^N)$ der zellularen p-Ströme auf $\boldsymbol{R}^N$ bilden, wenn U die Menge der p-dimensionalen Polyeder aus $\mathfrak{S}$ durchläuft. Ist x_0 nämlich ein Punkt von U, der bezüglich der von U erzeugten affinen linearen Mannigfaltigkeit innerer Punkt für U ist, so gehört x_0 *nicht* zur abgeschlossenen Hülle eines der zu $\mathfrak{S}$ gehörenden konvexen Polyeder $U' \neq U$ der Dimension p, denn diese abgeschlossene Hülle ist endliche Vereinigung von U' mit Polyedern aus $\mathfrak{S}$ einer Dimension $< p$. Da die Vereinigung dieser abgeschlossenen Hüllen abgeschlossen ist, gibt es also eine offene Umgebung V von x_0 in $\boldsymbol{R}^N$, die kein Polyeder $U' \neq U$ der Dimension p aus $\mathfrak{S}$ schneidet. Hieraus folgt, daß es eine reelle p-Form α der Klasse C^∞ mit kompaktem Träger auf $\boldsymbol{R}^N$ gibt mit $\langle \tilde{\imath}_U, \alpha \rangle \neq 0$ und $\langle \tilde{\imath}_{U'}, \alpha \rangle = 0$ für jedes p-dimensionale Polyeder $U' \neq U$ aus $\mathfrak{S}$. Um sich davon zu überzeugen, kann man nach einer Bewegung annehmen, daß $V \cap U$ eine Umgebung eines Punktes aus $\boldsymbol{R}^p$ in diesem Teilraum von $\boldsymbol{R}^N$ ist, und es genügt dann, $\alpha = g(x)\, d\xi^1 \wedge d\xi^2 \wedge \cdots \wedge d\xi^p$ zu wählen, wobei $g \geqq 0$ auf dem in V enthaltenen Träger ist.

Liegt nun eine lineare Beziehung $\sum_j \lambda_j \tilde{\imath}_{U_j} = 0$ vor, wobei die λ_j reelle Zahlen und die $U_j \in \mathfrak{S}$ verschieden und von der Dimension p sind, so erhält man hieraus

$\sum_j \lambda_j \langle \tilde{\imath}_{U_j}, \alpha \rangle = 0$ für jede p-Form α der Klasse C^∞ mit kompaktem Träger auf $\boldsymbol{R}^N$, und wählt man für jedes j eine p-Form α_j mit den oben angegebenen Eigenschaften, so findet man $\lambda_j = 0$ für alle j, womit die Behauptung bewiesen ist.

24.18.3. Die Zellenzerlegungen, die im folgenden die größte Rolle spielen werden, sind die *simplizialen Zerlegungen*, die wir nun definieren wollen.

Im Raum $\boldsymbol{R}^{n+1}$ bezeichnen wir mit $\mathbf{e}_0, \mathbf{e}_1, \ldots, \mathbf{e}_n$ die $n+1$ Vektoren der kanonischen Basis, mit $(\xi^0, \xi^1, \ldots, \xi^n)$ die Koordinaten eines Punktes $\mathbf{x}$ und mit E_n die durch die Gleichung

$$\xi^0 + \xi^1 + \cdots + \xi^n = 1$$

definierte affine Hyperebene, die durch die $n+1$ Punkte $\mathbf{e}_0, \mathbf{e}_1, \ldots, \mathbf{e}_n$ erzeugt wird. Das durch die $n+1$ Ungleichungen

24.18.3.1. $\xi^0 > 0, \quad \xi^1 > 0, \ldots, \xi^n > 0$

definierte n-dimensionale konvexe Polyeder in E_n bzw. die Menge der Linearkombinationen $\xi^0\mathbf{e}_0 + \xi^1\mathbf{e}_1 + \cdots + \xi^n\mathbf{e}_n$ derart, daß die ξ^j sämtlich > 0 sind und $\xi^0 + \xi^1 + \cdots + \xi^n = 1$ gilt, wird *n-dimensionales Standardsimplex* genannt und mit Δ_n bezeichnet. Für $n \geqq 1$ legen wir ein für alle Mal auf Δ_n eine *Orientierung* fest, indem wir fordern, daß die auf Δ_n durch $d\xi^1 \wedge d\xi^2 \wedge \cdots \wedge d\xi^n$ induzierte n-Form *positiv* ist (vgl. (16.21.2)). Für $n = 0$ besteht Δ_0 nur aus dem einen Punkt $\mathbf{e}_0 = 1$ in $\boldsymbol{R}$; es wird durch die Bedingung orientiert, daß die Funktionen mit $f(\mathbf{e}_0) > 0$ zur Orientierung von Δ_0 gehören.

24.18.4. Eine *affine lineare* Abbildung σ von E_n in einen $\boldsymbol{R}^N$ ist vollständig durch die $n+1$ Punkte $\mathbf{a}_j = \sigma(\mathbf{e}_j)$ $(0 \leqq j \leqq n)$ bestimmt, die in $\boldsymbol{R}^N$ beliebig gewählt werden können; es gilt nämlich

$$\sigma(\xi^0\mathbf{e}_0 + \xi^1\mathbf{e}_1 + \cdots + \xi^n\mathbf{e}_n) = \xi^0\mathbf{a}_0 + \xi^1\mathbf{a}_1 + \cdots + \xi^n\mathbf{a}_n.$$

Wir schreiben $\sigma = (\mathbf{a}_0\,\mathbf{a}_1 \ldots \mathbf{a}_n)$ und bezeichnen das Bild $\sigma(\Delta_n)$ mit $\operatorname{Im}(\mathbf{a}_0\,\mathbf{a}_1 \ldots \mathbf{a}_n)$. Ist σ *injektiv* (mit anderen Worten, erzeugen $\mathbf{a}_0, \mathbf{a}_1, \ldots, \mathbf{a}_n$ eine affine lineare Mannigfaltigkeit der Dimension n), so nennen wir $\operatorname{Im}(\mathbf{a}_0\,\mathbf{a}_1 \ldots \mathbf{a}_n)$ ein *geometrisches Simplex* (oder einfach ein *Simplex*) *der Dimension n*, und die $\mathbf{a}_j$ heißen die *Ecken* dieses Simplexes. $\operatorname{Im}(\mathbf{a}_0\,\mathbf{a}_1 \ldots \mathbf{a}_n)$ ist in diesem Fall ein konvexes Polyeder mit $n+1$ Seiten, die gleich den Simplexen $\operatorname{Im}(\mathbf{a}_0 \ldots \hat{\mathbf{a}}_j \ldots \mathbf{a}_n)$ für $0 \leqq j \leqq n$ sind, worin wie üblich $\mathbf{a}_j$ weggelassen wird; der Rand von $\operatorname{Im}(\mathbf{a}_0\,\mathbf{a}_1 \ldots \mathbf{a}_n)$ ist disjunkte Vereinigung seiner Flächen einer Dimension $< n$, d. h. der $2^{n+1} - 2$ Simplexe $\operatorname{Im}(\mathbf{a}_{i_0}\,\mathbf{a}_{i_1} \ldots \mathbf{a}_{i_p})$ der Dimensionen $p \leqq n - 1$, wobei die Menge H der $p+1$ Indizes $i_0 < i_1 < \cdots < i_p$ die Menge der von $\emptyset$ und $\{0, 1, \ldots, n\}$ verschiedenen Teilmengen von $\{0, 1, \ldots, n\}$ durchläuft. Die abgeschlossene Hülle eines geometrischen Simplexes in $\boldsymbol{R}^N$ wird auch *abgeschlossenes Simplex* genannt.

Nach Definition ist $\Delta_n = \operatorname{Im}(\mathbf{e}_0\,\mathbf{e}_1 \ldots \mathbf{e}_n)$, und auch für jede Permutation π der Menge $\{0, 1, \ldots, n\}$ ist $\Delta_n = \operatorname{Im}(\mathbf{e}_{\pi(0)}\,\mathbf{e}_{\pi(1)} \ldots \mathbf{e}_{\pi(n)})$; man beachte aber, daß die affine lineare Abbildung $(\mathbf{e}_{\pi(0)}\,\mathbf{e}_{\pi(1)} \ldots \mathbf{e}_{\pi(n)})$ die Orientierung von Δ_n erhält, wenn π eine *gerade* Permutation ist, und sie umkehrt, wenn π *ungerade* ist; das ergibt sich unmittelbar aus (16.21.3) und den Eigenschaften der Determinanten (vgl. (24.19.3)).

Eine Zellenzerlegung $\mathfrak{S}$ heißt *simpliziale* Zerlegung, wenn die konvexen Polyeder von $\mathfrak{S}$ *Simplexe* sind und wenn *jede Seite eines Simplexes aus $\mathfrak{S}$ zu $\mathfrak{S}$ gehört*. Das aus einer Teilmenge X eines Raumes $\boldsymbol{R}^N$ und einer simplizialen Zerlegung $\mathfrak{S}$ von X bestehende Paar (manchmal auch ungenau die Menge X selbst) wird *euklidischer simplizialer Komplex* genannt.

24.18.4.1. Bemerkungen. Es sei $\mathfrak{S}$ eine simpliziale Zerlegung von $X \subset \boldsymbol{R}^N$. Dann ist der Durchschnitt der abgeschlossenen Hüllen zweier verschiedener Simplexe U, V der Dimensionen p und q aus $\mathfrak{S}$ leer oder gleich der abgeschlossenen Hülle einer gemeinsamen Fläche von U und V. (Diese Fläche ist daher ein Simplex aus $\mathfrak{S}$ von einer Dimension $\leqq \inf(p, q)$.) Jeder Punkt von $\overline{U} \cap \overline{V}$ gehört nämlich zu genau einer Fläche von U und zu genau einer Fläche von V, und da zwei Simplexe aus $\mathfrak{S}$ einen Punkt nur gemeinsam haben können, wenn sie gleich sind, ist $\overline{U} \cap \overline{V}$ Vereinigung gemeinsamer Flächen von U und V. Angenommen, $\overline{U} \cap \overline{V}$ sei nicht leer, und es sei F eine U und V gemeinsame Fläche, deren Dimension r größtmöglich ist. Dann gilt $\overline{U} \cap \overline{V} = \overline{F}$, denn $\overline{U} \cap \overline{V}$ ist eine $\overline{F}$ enthaltende konvexe Menge; enthielte sie eine zu U und V gehörende, jedoch nicht in $\overline{F}$ liegende Ecke, so würde sie auch die Fläche der Dimension $r + 1$ enthalten, die diesen Punkt und die Ecken von F als Ecken besitzt, was ein Widerspruch ist.

Darüber hinaus sei bemerkt, daß für eine *offene* Teilmenge X in $\boldsymbol{R}^n$ jedes $(n - 1)$-dimensionale Simplex $F \in \mathfrak{S}$ eine *gemeinsame Seite* zweier n-dimensionaler Simplexe aus $\mathfrak{S}$ ist. Es kann nämlich $F \subset \boldsymbol{R}^{n-1}$ und $0 \in F$ vorausgesetzt werden, so daß es eine in X enthaltene offene Kugel B mit dem Mittelpunkt 0 gibt und $B \cap \boldsymbol{R}^{n-1} \subset F$ gilt. Da ferner 0 zu keinem von F verschiedenen Simplex einer Dimension $\leqq n - 1$ aus $\mathfrak{S}$ gehört, kann man annehmen, daß B keines dieser Simplexe schneidet. Es seien dann B^+ und B^- die Durchschnitte von B mit den durch $\xi^n > 0$ und $\xi^n < 0$ definierten Halbräumen; die so erhaltenen zusammenhängenden offenen Mengen schneiden kein Simplex einer Dimension $\leqq n - 1$ aus $\mathfrak{S}$; nach Definition (vgl. (24.18.1)) gibt es daher zwei n-dimensionale Simplexe U, V in $\mathfrak{S}$ derart, daß $B^+ \subset U$ und $B^- \subset V$ gilt. Da $\overline{U} \cap \overline{V}$ die abgeschlossene Hülle einer gemeinsamen Fläche von U und V ist, die $B \cap F$ enthält, kann diese gemeinsame Fläche nur F sein. Wir bemerken weiterhin, daß für eine offene Menge X die Vereinigung der Simplexe einer Dimension $\leqq n - 1$ aus $\mathfrak{S}$ eine *nirgends dichte* Menge und daher jeder Punkt dieser Menge Berührungspunkt eines n-dimensionalen Simplexes aus $\mathfrak{S}$ ist; mit anderen Worten ist jedes Simplex einer Dimension $\leqq n - 1$ *Fläche* eines (mindestens) n-dimensionalen Simplexes.

24.18.5. *Für jedes n-dimensionale beschränkte konvexe Polyeder $U \subset \boldsymbol{R}^n$ existiert eine (notwendigerweise endliche) simpliziale Zerlegung $\mathfrak{S}$ von $\overline{U}$ derart, daß U und jede seiner Flächen Vereinigung von Simplexen aus $\mathfrak{S}$ ist.*

Durch vollständige Induktion nach $p \leqq n$ wird eine endliche wachsende Folge $(\mathfrak{S}_p)$ konstruiert, wobei $\mathfrak{S}_p$ eine endliche Menge von paarweise disjunkten Simplexen einer Dimension $\leqq p$ ist derart, daß jede Seite eines Simplex aus $\mathfrak{S}_p$ zu $\mathfrak{S}_p$ gehört und jede Fläche (vgl. (24.13.12)) einer Dimension $\leqq p$ von U Vereinigung von Simplexen aus $\mathfrak{S}_p$ ist; die Menge $\mathfrak{S} = \mathfrak{S}_n$ ist dann die gesuchte Unterteilung. Für $\mathfrak{S}_0$ wird die Menge der (nur aus einem Punkt bestehenden) nulldimensionalen Flächen von U gewählt; daraufhin nehmen wir an, $\mathfrak{S}_p$ sei (für $p < n$) definiert, und definieren $\mathfrak{S}_{p+1}$. Es sei F eine Fläche der Dimension $p + 1$ von U, und es sei $\mathbf{b}$ ein Punkt von F; jeder von $\mathbf{b}$ verschiedene Punkt aus F kann eindeutig in der Form $t\mathbf{x} + (1 - t)\,\mathbf{b}$ mit $0 < t < 1$ und $\mathbf{x} \in \operatorname{Fr}(F)$ geschrieben werden ($\operatorname{Fr}(F)$ bezeichnet den Rand in bezug auf die von F erzeugte affine lineare Mannigfaltigkeit der Dimension $p + 1$). Bekanntlich (vgl. (24.13.12)) ist Fr (F) disjunkte Vereinigung einer endlichen Anzahl von Flächen einer Dimension $\leqq p$ von U; nach Induktionsvoraussetzung ist Fr (F) Vereinigung von zu $\mathfrak{S}_p$ gehörenden Simplexen. Ist Im $(\mathbf{a}_0\, \mathbf{a}_1 \ldots \mathbf{a}_q)$ ein solches Simplex (mit $q \leqq p$), so ist die Menge der $t\mathbf{x} + (1 - t)\,\mathbf{b}$ für $0 < t < 1$ und $\mathbf{x} \in$ Im $(\mathbf{a}_0\, \mathbf{a}_1 \ldots \mathbf{a}_q)$ das Simplex Im $(\mathbf{b}\, \mathbf{a}_0\, \mathbf{a}_1 \ldots \mathbf{a}_q)$, dessen Seiten Im $(\mathbf{a}_0\, \mathbf{a}_1 \ldots \mathbf{a}_q)$ und die Simplexe Im $(\mathbf{b}\, \mathbf{a}_0 \ldots \hat{\mathbf{a}}_j \ldots \mathbf{a}_q)$ für $0 \leqq j \leqq q$ sind. Es sei $\mathfrak{S}_{p+1}(F)$ die Menge, deren Elemente $\{\mathbf{b}\}$ und sämtliche aufgeführten Simplexe Im $(\mathbf{b}\, \mathbf{a}_0 \ldots \mathbf{a}_q)$ sind; offenbar besitzt die Menge $\mathfrak{S}_{p+1}$, die sich aus der Vereinigung von $\mathfrak{S}_p$ mit allen $\mathfrak{S}_{p+1}(F)$ ergibt, wobei F die Menge der $(p + 1)$-dimensionalen Flächen von U durchläuft, die gewünschten Eigenschaften.

24.18.5.1. Bemerkung. Dieselbe Methode wird angewendet, um eine simpliziale Zerlegung von $\overline{U}$ zu definieren, ausgehend von einer Zellenzerlegung $\mathfrak{S}$ des in (24.18.1.1) beschriebenen Typs, die durch eine endliche Anzahl U schneidender affiner Hyperebenen definiert ist. Dazu genügt es, die Flächen von U durch die Polyeder der Zerlegung $\mathfrak{S}$ in der Konstruktion aus (24.18.5) zu ersetzen.

24.18.6. *Für jede beschränkte offene Menge X in $\boldsymbol{R}^n$ existiert eine simpliziale Zerlegung von X.*

Den Beweis führen wir in zwei Schritten. Zuerst wird eine „kubische" Zerlegung von X, d. h. eine aus Kuben des $\boldsymbol{R}^n$ bestehende Zellenzerlegung von X konstruiert.

A) Induktiv definieren wir offene Teilmengen X_m $(m \geqq 0)$ von $\boldsymbol{R}^n$ in folgender Weise: Wir setzen $X_0 = \emptyset$, und X_{m+1} sei Vereinigung von X_m und aller offenen Kuben der Gestalt

24.18.6.1. $K_{\mathbf{h},m}\colon 2^{-m}h_j < \xi^j < 2^{-m}(h_j + 1) \quad$ für $\quad 1 \leqq j \leqq n$

mit $\mathbf{h} = (h_j) \in \boldsymbol{Z}^n$, die außerdem *in der offenen Menge $X \setminus \overline{X}_m$ enthalten* sind. Offenbar ist $\overline{X}_{m+1}$ Vereinigung aller abgeschlossenen Kuben der Seitenlänge 2^{-m}, die in X enthalten sind und deren Ecken zu $2^{-m}\boldsymbol{Z}^n$ gehören. Es bezeichne $\mathfrak{S}_{m+1}$ die Menge, die aus Kuben einer Dimension $\leqq n$ der folgenden Art besteht: 1° aus den in $X \setminus \overline{X}_m$ enthaltenen n-dimensionalen Kuben $K_{\mathbf{h},m}$; 2° für jeden solchen Kubus $K_{\mathbf{h},m}$ aus denjenigen der insgesamt $3^n - 1$ Flächen einer Dimension $< n$ von $K_{\mathbf{h},m}$, die darüber hinaus im *inneren Kern von $\overline{X}_{m+1}$* liegen. Der Durchschnitt der Ränder von zwei Kuben $K_{\mathbf{h},m}$, $K_{\mathbf{h}',m}$ ist disjunkte Vereinigung von diesen beiden Kuben gemeinsamen Flächen. Um sich davon zu überzeugen, bezeichnen wir für $\mathbf{h} = (h_j)$, $\mathbf{h}' = (h'_j)$ mit J die Menge der Indizes j mit $h_j \neq h'_j$; $\overline{K}_{\mathbf{h},m} \cap \overline{K}_{\mathbf{h}',m}$ ist genau dann nicht leer, wenn $h_j = h'_j \pm 1$ für jedes $j \in J$ gilt; der Durchschnitt $\overline{K}_{\mathbf{h},m} \cap \overline{K}_{\mathbf{h}',m}$ ist dann die Menge aller $\mathbf{x} = (\xi^j)$ mit $2^{-m}h_j < \xi^j < 2^{-m}(h_j + 1)$ für $j \notin J$ und $2^{-m}h_j = \xi^j$ für $h'_j = h_j - 1$, $2^{-m}h'_j = \xi^j$ für $h'_j = h_j + 1$. Eine Fläche von $K_{\mathbf{h},m}$ und eine Fläche von $K_{\mathbf{h}',m}$ sind daher entweder identisch oder sie schneiden sich nicht. Also ist $\mathfrak{S}_{m+l}$ eine Menge von paarweise disjunkten Kuben, von denen keiner den inneren Kern von $\overline{X}_m$ schneidet; daher gehört keiner dieser Kuben zu einer Menge $\mathfrak{S}_j$ für $j \leqq m$. Ist $\mathbf{x}$ nun ein Punkt aus Fr $(\overline{X}_m)$, so existiert eine ganze Zahl k mit $2^{-m-k}\sqrt{n} < d(\mathbf{x}, \boldsymbol{R}^n \setminus X)$; also ist $\mathbf{x}$ innerer Punkt von $\overline{X}_{m+k+1}$, und es gibt eine kleinere ganze Zahl l derart, daß $1 \leqq l \leqq k + 1$ ist und $\mathbf{x}$ zu einem Kubus der Menge $\mathfrak{S}_{m+l}$ gehört. Aus Kompaktheitsgründen ergibt sich daher, daß für jedes m eine ganze Zahl k existiert, so daß $\overline{X}_m$ im inneren Kern von $\overline{X}_{m+k}$ enthalten ist, und jede in X enthaltene kompakte Menge ist in einem der $\overline{X}_m$ enthalten. Liegt schließlich $\overline{X}_{m+1}$ im inneren Kern von $\overline{X}_{m+k}$, so gehört jeder Randpunkt eines in $X \setminus \bar{X}_m$ enthaltenen Kubus $K_{\mathbf{h},m}$ zu einem (und nur einem) Kubus einer Menge $\mathfrak{S}_{m+l}$ mit $l \leqq k+1$; ist $\mathfrak{S}$ in $\mathfrak{P}(\boldsymbol{R}^n)$ die Vereinigung der (disjunkten) Mengen $\mathfrak{S}_m$ für $m \geqq 1$, so ist daher jede Seite eines Kubus aus $\mathfrak{S}$ endliche Vereinigung von Kuben aus $\mathfrak{S}$. Damit ist gezeigt, daß $\mathfrak{S}$ eine *kubische Zerlegung* von X ist.

B) Ausgehend von der vorhergehenden Zerlegung $\mathfrak{S}$, wird induktiv eine endliche wachsende Folge $(\mathfrak{S}'_p)$ konstruiert, wobei $\mathfrak{S}'_p$ eine höchstens abzählbare Menge von paarweise disjunkten Simplexen einer Dimension $\leqq p$ ist derart, daß: 1° jede Seite eines Simplex aus $\mathfrak{S}'_p$ zu $\mathfrak{S}'_p$ gehört; 2° jeder Kubus aus $\mathfrak{S}$ einer Dimension $\leqq p$ Vereinigung einer endlichen Anzahl von Simplexen aus $\mathfrak{S}'_p$ ist. Die Menge $\mathfrak{S}' = \mathfrak{S}'_n$ ist dann eine simpliziale Zerlegung von X. Wir definieren $\mathfrak{S}'_0$ als die Menge der (nur aus einem Punkt bestehenden) nulldimensionalen, zu $\mathfrak{S}$ gehörenden Kuben; wir nehmen an, $\mathfrak{S}'_p$ sei für $p < n$ definiert, und definieren $\mathfrak{S}'_{p+1}$. Es sei K ein zu $\mathfrak{S}$ gehörender Kubus der Dimension $p+1$; wir verfahren wie in (24.15.5), wenn wir in K einen Punkt $\mathbf{b}$ wählen und für jedes Simplex $\operatorname{Im}(\mathbf{a}_0\,\mathbf{a}_1 \ldots \mathbf{a}_q)$, deren Vereinigung nach Induktionsvoraussetzung $\operatorname{Fr}(K)$ ist, das Simplex $\operatorname{Im}(\mathbf{b}\,\mathbf{a}_0\,\mathbf{a}_1 \ldots \mathbf{a}_q)$ betrachten. Ist $\mathfrak{S}'_{p+1}(K)$ die aus $\{\mathbf{b}\}$ und allen vorhergehenden Simplexen $\operatorname{Im}(\mathbf{b}\,\mathbf{a}_0\,\mathbf{a}_1 \ldots \mathbf{a}_q)$ bestehende Menge, so leistet die Menge $\mathfrak{S}'_{p+1}$ das Gewünschte, die sich als Vereinigung von $\mathfrak{S}'_p$ mit allen $\mathfrak{S}'_{p+1}(K)$ ergibt, wenn K die Menge der zu $\mathfrak{S}$ gehörenden $(p+1)$-dimensionalen Kuben durchläuft.

24.18.6.2. Bemerkung. Die vorhergehende Konstruktion zeigt, daß jedes Simplex aus $\mathfrak{S}$ einer Dimension $\leqq n-1$ Seite von (wenigstens) einem Simplex aus $\mathfrak{S}$ ist.

24.18.7. *Für jedes $\varepsilon > 0$ existiert eine (notwendig endliche) simpliziale Zerlegung $\mathfrak{S}$ von $\bar{\Delta}_n$ mit folgender Eigenschaft: Δ_n und jede seiner Flächen ist Vereinigung von Simplexen aus $\mathfrak{S}$, der Durchmesser jedes Simplex aus $\mathfrak{S}$ ist höchstens gleich ε und $\mathfrak{S}$ invariant bezüglich jeder affinen linearen Abbildung* $(\mathbf{e}_{\pi(0)}\,\mathbf{e}_{\pi(1)} \ldots \mathbf{e}_{\pi(n)})$, *wobei π eine beliebige Permutation von* $\{0, 1, \ldots, n\}$ *ist.*

Eine klassische Methode zur Angabe von Zerlegungen eines Simplexes, die bezüglich Permutationen der Ecken invariant sind, ist die *baryzentrische Unterteilung.* Unter dem *Schwerpunkt* eines Simplex $\operatorname{Im}(\mathbf{a}_0\,\mathbf{a}_1 \ldots \mathbf{a}_p)$ verstehen wir den Punkt $\frac{1}{p+1}(\mathbf{a}_0 + \mathbf{a}_1 + \cdots + \mathbf{a}_p)$. Wir betrachten ein Simplex $A = \operatorname{Im}(\mathbf{a}_0\,\mathbf{a}_1 \ldots \mathbf{a}_n)$ der Dimension n, und für jede aus $p+1$ Elementen $i_0 < i_1 < \cdots < i_p$ bestehende Teilmenge H von $J = \{0, 1, \ldots, n\}$ (mit $0 \leqq p \leqq n$) bezeichnen wir mit $\mathbf{a}_H$ den Schwerpunkt $\frac{1}{p+1}(\mathbf{a}_{i_0} + \mathbf{a}_{i_1} + \cdots + \mathbf{a}_{i_p})$ von $\operatorname{Im}(\mathbf{a}_{i_0}\,\mathbf{a}_{i_1} \ldots \mathbf{a}_{i_p})$. Wir zeigen, daß die Menge $\mathfrak{S}_1(\bar{A})$ aller Simplexe $\operatorname{Im}(\mathbf{a}_{H_0}\,\mathbf{a}_{H_1} \ldots \mathbf{a}_{H_q})$, wobei $H_0 \subset H_1 \subset \cdots \subset H_q$ eine *streng wachsende* Folge von nichtleeren Teilmengen aus J ist, eine simpliziale Zerlegung von $\bar{A}$ darstellt, so daß A und jede seiner Flächen Vereinigung von Simplexen aus $\mathfrak{S}_1(\bar{A})$ ist. Man nennt $\mathfrak{S}_1(\bar{A})$ die *erste baryzentrische Unterteilung* von A; die aus in A enthaltenen Simplexen von $\mathfrak{S}_1(\bar{A})$ gebildete Zerlegung von A wird mit $\mathfrak{S}_1(A)$ bezeichnet, und man spricht auch in diesem Fall von der *ersten baryzentrischen Unterteilung von A*; offenbar sind $\mathfrak{S}_1(\bar{A})$ und $\mathfrak{S}_1(A)$ *invariant* bezüglich jeder Permutation der Ecken von A.

Den Beweis führen wir durch vollständige Induktion nach n; für $n = 0$ ist nichts zu beweisen, da in diesem Fall $\mathfrak{S}_1(A) = \{A\}$ gilt. Wir nehmen an, die Behauptung sei für die Simplexe einer Dimension $\leqq n - 1$ bewiesen. Jede der Flächen von A ist dann disjunkte Vereinigung von Simplexen aus seiner ersten baryzentrischen Unterteilung, die nach Definition zu $\mathfrak{S}_1(\bar{A})$ gehören. Wir betrachten nun den Schwerpunkt $\mathbf{a}_J$ von A. Offenbar ist A disjunkte Vereinigung von $\{\mathbf{a}_J\}$ und allen Simplexen $\operatorname{Im}(\mathbf{a}_{H_0}\mathbf{a}_{H_1}\ldots\mathbf{a}_{H_q}\mathbf{a}_J)$, wobei $H_0 \subset H_1 \subset \cdots \subset H_q$ die Menge der streng wachsenden Folgen von *höchstens n-elementigen* Teilmengen von J durchläuft; nach Definition durchlaufen nämlich die Simplexe $\operatorname{Im}(\mathbf{a}_{H_0}\mathbf{a}_{H_1}\ldots\mathbf{a}_{H_q})$ dann die Menge der in $\operatorname{Fr}(A)$ enthaltenen Simplexe aus $\mathfrak{S}_1(\bar{A})$.

Ausgehend von $\mathfrak{S}_1(\bar{A})$ definiert man induktiv die *k-te baryzentrische Unterteilung* $\mathfrak{S}_k(\bar{A})$ für jede ganze Zahl $k > 1$; in $\mathfrak{P}(\bar{A})$ ist das die Vereinigung der ersten baryzentrischen Unterteilungen $\mathfrak{S}_1(M)$, wobei M die Menge der zu der Unterteilung $\mathfrak{S}_{k-1}(\bar{A})$ gehörenden Simplexe durchläuft. Offenbar ist $\mathfrak{S}_k(\bar{A})$ invariant bezüglich jeder Permutation der Ecken von A. Um den Beweis von (24.18.7) abzuschließen, genügt es zu zeigen, daß für hinreichend großes k die Durchmesser aller Simplexe aus $\mathfrak{S}_k(\bar{A})$ höchstens gleich ε sind. Das ergibt sich aus dem folgenden Lemma:

24.18.7.1. *Ist $\delta(A)$ der Durchmesser von A, so ist der Durchmesser der Simplexe aus $\mathfrak{S}_1(\bar{A})$ höchstens gleich $\frac{n}{n+1}\,\delta(A)$.*

Jedes Simplex aus $\mathfrak{S}_1(\bar{A})$ ist in einem Simplex $\operatorname{Im}(\mathbf{a}_{H_0}\mathbf{a}_{H_1}\ldots\mathbf{a}_{H_n})$ der Dimension n aus $\mathfrak{S}_1(\bar{A})$ enthalten, und vermöge einer Permutation der Ecken kann man sich auf den Fall beschränken, daß $H_j = \{0, 1, \ldots, j\}$ für $0 \leqq j \leqq n$ ist. Jeder Punkt $\xi^0\mathbf{a}_{H_0} + \xi^1\mathbf{a}_{H_1} + \cdots + \xi^n\mathbf{a}_{H_n}$ dieses Simplex läßt sich dann in der Gestalt $\eta^0\mathbf{a}_0 + \eta^1\mathbf{a}_1 + \cdots + \eta^n\mathbf{a}_n$ schreiben mit

$$\eta^j = \frac{1}{j+1}\,\xi^j + \frac{1}{j+2}\,\xi^{j+1} + \cdots + \frac{1}{n+1}\,\xi^n$$

für $0 \leqq j \leqq n$. Es genügt zu zeigen, daß dieser Punkt auch in der Gestalt

$$\frac{1}{n+1}\,\mathbf{a}_0 + \frac{n}{n+1}\,(\zeta^0\mathbf{a}_0 + \zeta^1\mathbf{a}_1 + \cdots + \zeta^n\mathbf{a}_n)$$

geschrieben werden kann mit $\zeta^0\mathbf{a}_0 + \zeta^1\mathbf{a}_1 + \cdots + \zeta^n\mathbf{a}_n \in A$. Nun gilt für $j \geqq 1$ offenbar $\zeta^j = \frac{n+1}{n}\,\eta^j > 0$, und es ist $\zeta^0 + \zeta^1 + \cdots + \zeta^n = 1$; andererseits gilt $\zeta^0 = \frac{n+1}{n}\left(\eta^0 - \frac{1}{n+1}\right)$; es ist aber $\eta^0 = \xi^0 + {}^1/_2\xi^1 + \cdots + \frac{1}{n+1}\,\xi^n > \frac{1}{n+1} \times (\xi^0 + \xi^1 + \cdots + \xi^n) = \frac{1}{n+1}$, also $\zeta^0 > 0$, was zu beweisen war.

24.18.8. (Prismenlemma). *Es sei $\mathfrak{S}$ eine bezüglich jeder Permutation der Ecken von Δ_n invariante simpliziale Zerlegung von $\bar{\Delta}_n$ mit der Eigenschaft, daß Δ_n und jede seiner Flächen Vereinigung von Simplexen aus $\mathfrak{S}$ ist. Dann existiert eine simpliziale Zerlegung $\mathfrak{S}'$ des „Prismas" $\bar{\Delta}_n \times [0, 1]$ derart, daß*

1° *das konvexe Polyeder $\Delta_n \times \,]0, 1[$ und jede seiner Flächen Vereinigung von Simplexen aus $\mathfrak{S}'$ ist;*

2° *$\mathfrak{S}'$ bezüglich jeder Abbildung der Form $(\mathbf{e}_{\pi(0)}\ldots\mathbf{e}_{\pi(n)}) \times 1_{\boldsymbol{R}}$ von $E_n \times \boldsymbol{R}$ auf* *sich für jede Permutation* π *von* $\{0, 1, \ldots, n\}$ *invariant ist* (oder, wie wir kurz sagen wollen, „invariant bezüglich Permutation der Ecken von Δ_n“);

3° $\mathfrak{S}'$ *einerseits die aus* $\Delta_n \times \{0\}$ *und seinen Flächen bestehende Menge und andererseits die aus den Simplexen* $T \times \{1\}$ *bestehende Menge enthält, wobei* T *die Menge* $\mathfrak{S}$ *durchläuft.*

Induktiv definieren wir eine wachsende Folge $\mathfrak{S}'_0, \mathfrak{S}'_1, \ldots, \mathfrak{S}'_n$ von Mengen paarweise disjunkter Simplexe, wobei die Simplexe in $\mathfrak{S}'_q$ von einer Dimension $\leqq q + 1$ und wie folgt beschaffen sind: 1° jede Seite eines Simplexes aus $\mathfrak{S}'_q$ gehört zu $\mathfrak{S}'_q$; 2° $\mathfrak{S}'_q$ ist bezüglich jeder Permutation der Ecken von Δ_n invariant; 3° die Simplexe $U \times \{0\}$ gehören zu $\mathfrak{S}'_q$, wobei U die Menge der q-dimensionalen Flächen von Δ_n durchläuft; 4° die Simplexe $T \times \{1\}$ gehören zu $\mathfrak{S}'_q$, wobei T die Menge der q-dimensionalen Simplexe von $\mathfrak{S}$ durchläuft; 5° für jede q-dimensionale Fläche U von Δ_n ist die Menge $U \times]0, 1[$ Vereinigung von Simplexen aus $\mathfrak{S}'_q$. Die Menge $\mathfrak{S}' = \mathfrak{S}'_n$ leistet dann das Gewünschte.

Für $\mathfrak{S}'_0$ wählen wir die aus den Simplexen $\{\mathbf{e}_j\} \times \{0\}$, $\{\mathbf{e}_j\} \times]0, 1[$ $(0 \leqq j \leqq n)$ und $\{\mathbf{x}\} \times \{1\}$ bestehende Menge, wobei $\mathbf{x}$ die Menge der nulldimensionalen Simplexe von $\mathfrak{S}$ durchläuft. Wir nehmen an, $\mathfrak{S}'_q$ sei für $q < n$ definiert, und betrachten eine Fläche U der Dimension $q + 1$ von Δ_n; der Rand von $U \times]0, 1[$ (in bezug auf die von ihm erzeugte affine lineare Mannigfaltigkeit) ist disjunkte Vereinigung von $U \times \{0\}$, der $U' \times \{0\}$, wobei U' die Menge der höchstens q-dimensionalen Flächen von U durchläuft, der $T \times \{1\}$, wobei T die Menge der Simplexe von $\mathfrak{S}$ durchläuft, deren Vereinigung $\overline{U}$ ergibt, sowie schließlich, für jede höchstens q-dimensionale Fläche U' von U, der Simplexe aus $\mathfrak{S}'_q$, deren Vereinigung $U' \times]0, 1[$ ist; nach Induktionsvoraussetzung gehören alle diese Simplexe zu $\mathfrak{S}'_q$. Wir wählen nun in $U \times]0, 1[$ den Punkt $\mathbf{b} = (\mathbf{a}_U, {}^1/_2)$, wobei $\mathbf{a}_U$ den Schwerpunkt von U bezeichnet; wie in (24.18.5) wird für jedes Simplex $\operatorname{Im}(\mathbf{a}_0 \mathbf{a}_1 \ldots \mathbf{a}_r)$ aus $\mathfrak{S}'_q$, deren Vereinigung $\operatorname{Fr}(U \times]0, 1[)$ ist, das Simplex $\operatorname{Im}(\mathbf{b}\, \mathbf{a}_0 \mathbf{a}_1 \ldots \mathbf{a}_r)$ betrachtet. Danach wird $\mathfrak{S}'_{q+1}$ definiert als Vereinigung von $\mathfrak{S}'_q$, der Menge der Simplexe $U \times \{0\}$, wobei U die Menge der $(q + 1)$-dimensionalen Flächen von Δ_n durchläuft, der Menge der Simplexe $T \times \{1\}$, wobei T die Menge der $(q + 1)$-dimensionalen Simplexe von $\mathfrak{S}$ durchläuft, sowie schließlich der Menge aller der Simplexe (nämlich $\{\mathbf{b}\}$ und $\operatorname{Im}(\mathbf{b}\, \mathbf{a}_0 \mathbf{a}_1 \ldots \mathbf{a}_r)$ in den obigen Bezeichnungen), in die jedes $U \times]0, 1[$ zerlegt wurde, wobei U die Menge der $(q + 1)$-dimensionalen Flächen von Δ_n durchläuft. Man überzeugt sich unmittelbar, daß $\mathfrak{S}'_{q+1}$ den oben formulierten fünf Bedingungen genügt.

Aufgaben

1. Man zeige, daß ein euklidischer Zellenkomplex $X \subset \boldsymbol{R}^N$ eine lokal abgeschlossene Teilmenge von $\boldsymbol{R}^N$ ist. (Für jeden Berührungspunkt $\mathbf{x}_0$ von X betrachte man eine gegen $\mathbf{x}_0$ strebende Folge von Punkten aus X; jeder Punkt dieser Folge gehört nach Definition zu einem Polyeder von $\mathfrak{S}$.)

2. Es sei K eine kompakte Teilmenge von $\boldsymbol{R}^n$. Man zeige, daß für jede offene Umgebung U von K in $\boldsymbol{R}^n$ ein kompakter euklidischer simplizialer Komplex X existiert derart, daß $K \subset X \subset U$ gilt.

3. Es seien $(X_1, \mathfrak{S}_1)$, $(X_2, \mathfrak{S}_2)$ zwei *kompakte* euklidische simpliziale Komplexe, wobei X_1 und X_2 Teilmengen desselben Raumes $\boldsymbol{R}^N$ sind; es sei m_1 (bzw. m_2) die größte Dimension der

Simplexe von $\mathfrak{S}_1$ (bzw. $\mathfrak{S}_2$). Man zeige, daß simpliziale Zerlegungen $\mathfrak{S}_3$, $\mathfrak{S}_4$ bzw. $\mathfrak{S}_5$ von $X_1 \cup X_2$, $X_1 \cap X_2$ bzw. der abgeschlossenen Hülle von $X_1 \cap \complement X_2$ existieren; darüber hinaus gilt für die größten Dimensionen m_3, m_4, m_5 der Simplexe dieser Zerlegungen jeweils $m_3 = \sup(m_1, m_2)$, $m_4 \leqq \inf(m_1, m_2)$, $m_5 \leqq m_1$. (Für $X_1 \cup X_2$ beachte man, daß diese Menge in der Vereinigung einer endlichen Anzahl von affinen linearen Mannigfaltigkeiten der Dimension $m = \sup(m_1, m_2)$ enthalten ist, und führe den Beweis durch vollständige Induktion nach m.)

4. Es seien $(X_1, \mathfrak{S}_1)$, $(X_2, \mathfrak{S}_2)$ zwei kompakte euklidische simpliziale Komplexe. Man zeige: Ist m_1 (bzw. m_2) die größte Dimension der Simplexe von $\mathfrak{S}_1$ (bzw. $\mathfrak{S}_2$), so existiert eine simpliziale Zerlegung von $X_1 \times X_2$ derart, daß die größte Dimension der Simplexe dieser Zerlegung gleich $m_1 + m_2$ ist.

5. Aus Aufgabe 3 leite man her, daß jeder kompakte Teilraum eines euklidischen Raumes, für den es eine Zellenzerlegung gibt, auch eine simpliziale Zerlegung besitzt.

24.19. Ränder von simplizialen Strömen

24.19.1. Aus (24.18.5) ergibt sich, daß man sich in der Definition von zellularen p-Strömen (vgl. (24.17.3)) auf Linearkombinationen mit reellen Koeffizienten von speziellen p-Strömen der Form $\tilde{s}$ beschränken kann, wobei s eine *Abbildung der Klasse C^∞ von der abgeschlossenen Hülle $\overline{\Delta}_p$ des* mit der in (24.15.2) gewählten Orientierung versehenen *p-dimensionalen Standardsimplexes in X* ist; wir nennen einen derartigen Strom $\tilde{s}$ einen *simplizialen p-Strom.*

Ist nämlich $U \subset \boldsymbol{R}^p$ ein p-dimensionales beschränktes konvexes Polyeder und u eine Abbildung der Klasse C^∞ von $\overline{U}$ in X, so stellt man fest, daß der p-Strom $\tilde{u}$ Linearkombination von simplizialen p-Strömen mit *ganzen* Koeffizienten ist. Dazu sei $\mathfrak{S}$ eine (24.18.5) genügende simpliziale Zerlegung von $\overline{U}$, und es seien $U_1, \ldots, U_r$ die p-dimensionalen Simplexe aus $\mathfrak{S}$, von denen jedes mit der durch die Orientierung von U induzierten Orientierung versehen ist. Für jedes U_j gibt es eine affine lineare bijektive Abbildung v_j von E_p auf $\boldsymbol{R}^p$, die Δ_p in U_j überführt und die Orientierung erhält. Für jede p-Form α der Klasse C^∞ auf X gilt dann (16.24.5.1) zufolge $\int_{U_j} {}^t u(\alpha)$ $= \int_{\Delta_p} {}^t v_j({}^t u(\alpha))$. Setzt man $s_j = u \circ v_j$ für $1 \leqq j \leqq r$, so gilt daher $\tilde{u} = \sum_{j=1}^{r} \tilde{s}_j$, da ein Simplex einer Dimension $< p$ in $\boldsymbol{R}^p$ bezüglich des Lebesgueschen Maßes eine Nullmenge ist (vgl. Abschnitt 16.22).

24.19.2. In (24.17.2.2) wurde ein allgemeiner Ausdruck für den Rand eines Stromes $\tilde{u}$ hergeleitet, falls u eine Abbildung der Klasse C^∞ von $\overline{U}$ in X ist, wobei $U \subset \boldsymbol{R}^p$ ein beschränktes konvexes Polyeder bezeichnet; hierin kommen die Einschränkungen von u auf $\overline{F}_k$ vor, wobei die F_k die Seiten von U sind. Diese Formel muß für die simplizialen Ströme abgewandelt werden, da eine Seite des Standardsimplexes Δ_p nicht in jedem Fall wieder ein Standardsimplex ist. Genauer gesagt, betrachtet man für jede Seite $F_j = \operatorname{Im}(\mathbf{e}_0 \ldots \hat{\mathbf{e}}_j \ldots \mathbf{e}_p)$ von Δ_p $(0 \leqq j \leqq p)$ die affine lineare Abbildung $\sigma_j = (\mathbf{e}_0 \ldots \hat{\mathbf{e}}_j \ldots \mathbf{e}_p)$, die $\overline{\Delta}_{p-1}$ in $\overline{F}_j$ überführt, und bezeichnet mit s_j die der Klasse C^∞ angehörende *zusammengesetzte* Abbildung $s_j = s \circ \sigma_j$: $\overline{\Delta}_{p-1} \to X$. In diesen Bezeichnungen erhält man das folgende Ergebnis:

24.19.3. *Für jede Abbildung $s\colon \overline{\Delta}_p \to X$ der Klasse C^∞ gilt*

24.19.3.1. $\mathfrak{b}\tilde{s} = \sum_{j=0}^{p} (-1)^j \tilde{s}_j.$

Wie die Überlegungen aus (24.17.2) nämlich zeigen, ist $\mathfrak{b}\tilde{s} = \sum_{j=0}^{p} \pm \tilde{s}_j$, wobei das Vorzeichen $+$ (bzw. das Vorzeichen $-$) gewählt werden muß, wenn die affine lineare Abbildung $\sigma_j = (\mathbf{e}_0 \ldots \hat{\mathbf{e}}_j \ldots \mathbf{e}_p)$ die Orientierung erhält (bzw. umkehrt), falls Δ_{p-1} mit der in (24.18.3) angegebenen Orientierung und F_j mit der Orientierung versehen ist, wie sie in (24.14.1) ausgehend von der Orientierung von Δ_p auf Frr (Δ_p) definiert wurde. Da die Form $d\xi^1 \wedge \cdots \wedge d\xi^{p-1}$ bezüglich der Orientierung von Δ_{p-1} positiv ist, bleibt das Vorzeichen ihres Bildes vermöge σ_j bezüglich der Orientierung von Frr (Δ_p) zu bestimmen; für $j > 0$ ist dieses Bild die Einschränkung der Form $\omega_j = d\xi^1 \wedge \cdots \wedge \widehat{d\xi^j} \wedge \cdots \wedge d\xi^p$ auf F_j. Es sei nun τ der Diffeomorphismus von $\boldsymbol{R}^{p+1}$, der ξ^j und ξ^p vertauscht und die Koordinaten ξ^k für die übrigen Indizes invariant läßt; dieser Diffeomorphismus kehrt die Orientierung um und führt die Einschränkung von ω_j auf F_j in die Einschränkung von $(-1)^{p-1-j}\, d\xi^1 \wedge \cdots \wedge d\xi^{p-1}$ auf F_p über. Andererseits führt die orthogonale Projektion π der Hyperebene E_p auf die mit $\boldsymbol{R}^p$ identifizierte, der Gleichung $\xi^0 = 0$ genügende Hyperebene E_{p-1} in $\boldsymbol{R}^{p-1}$ über, und das Bild der Einschränkung der Form $d\xi^1 \wedge \cdots \wedge d\xi^p$ (bzw. $d\xi^1 \wedge \cdots \wedge d\xi^{p-1}$) auf E_p (bzw. E_{p-1}) vermöge π ist die Einschränkung eben dieser Form auf $\boldsymbol{R}^p$ (bzw. $\boldsymbol{R}^{p-1}$). Die Definition (24.14.1) zeigt somit, daß die Einschränkung von $(-1)^p\, d\xi^1 \wedge \cdots \wedge d\xi^{p-1}$ auf F_p zu der durch die Orientierung von Frr (Δ_p) induzierten Orientierung gehört. Berücksichtigt man, daß τ die Orientierung umkehrt, so erkennt man, daß die Einschränkung von $(-1)^j\, \omega_j$ auf F_j zu der durch die Orientierung von Frr (Δ_p) induzierten Orientierung gehört; daher erhält σ_j die Orientierung, wenn j *gerade* ist, und kehrt sie um, wenn j *ungerade* ist. Zu untersuchen bleibt der Fall $j = 0$, in dem das Bild von $d\xi^1 \wedge \cdots \wedge d\xi^{p-1}$ vermöge σ_0 die Einschränkung von $d\xi^2 \wedge \cdots \wedge \xi^p$ auf F_0 ist; da in F_0 aber $\xi^0 = 0$ und $\xi^1 + \xi^2 + \cdots + \xi^p = 1$ gilt, ist diese Einschränkung auch die von $-d\xi^2 \wedge \cdots \wedge \xi^{p-1} \wedge d\xi^1 = (-1)^{p-1}\, d\xi^1 \wedge d\xi^2 \wedge \cdots \wedge d\xi^{p-1}$. Man kann nun den Beweis wie oben zu Ende führen.

24.20. Formale simpliziale Ketten und singuläre Homologie

24.20.1. Die Formel (24.19.3.1) gestattet die Einführung neuer Begriffe, mit deren Hilfe sich das Anwendungsfeld der Homologie erweitern läßt und die (selbst für differenzierbare Mannigfaltigkeiten) zu *neuen topologischen Invarianten* führen.

Es sei X ein beliebiger *separierter topologischer Raum*, und es sei Λ ein beliebiger *kommutativer Ring* (mit Einselement). Für jede ganze Zahl $p \geqq 0$ bezeichnen wir mit $S_p(X; \Lambda)$ den freien Λ-Modul der *formalen Linearkombinationen der stetigen Abbildungen von $\bar{\Delta}_p$ in X*, dessen Elemente die Familien $(\lambda_s)_{s \in \mathscr{C}(\bar{\Delta}_p; X)}$ sind, wobei $\mathscr{C}(\bar{\Delta}_p; X)$ die Menge der stetigen Abbildungen von $\bar{\Delta}_p$ in X und $\lambda_s \in \Lambda$ für jedes s mit $\lambda_s = 0$ für fast alle s ist; die Addition dieser Elemente und ihre Multiplikation mit einem Skalar aus Λ erfolgen gliedweise. Die Elemente von $S_p(X; \Lambda)$ heißen die *formalen simplizialen p-Ketten* (oder *singulären p-Ketten* oder einfach *p-Ketten*) *in X mit Koeffizienten in Λ*, und sie werden mit $\sum_s \lambda_s s$ bezeichnet. Die Elemente von $\mathscr{C}(\bar{\Delta}_p; X)$ werden *p-dimensionale singuläre Simplexe* genannt; die Menge $\mathscr{C}(\bar{\Delta}_p; X)$ bildet also eine (*kanonisch* genannte) *Basis* des Λ-Moduls $S_p(X; \Lambda)$. (Im weiteren sind die singulären p-Ketten sorgfältig von den Abbildungen von $\bar{\Delta}_p$ in X zu unterscheiden, *ausgenommen* für die singulären Simplexe.)

Der *Träger* einer p-Kette $\sum \lambda_s s$ ist nach Definition die Vereinigung der Mengen $s(\bar{\Delta}_p)$ für alle s mit $\lambda_s \neq 0$; außer im Fall der Kette 0 ist der Träger daher eine nichtleere *kompakte* Menge. Nach Vereinbarung wird $S_{-1}(X; \Lambda) = \{0\}$ und $S_p(\emptyset; \Lambda) = \{0\}$ für alle p gesetzt.

Der Λ-Modul $S_p(X; \Lambda)$ kann auch als der Λ-Modul $S_p(X; \mathbf{Z}) \otimes_{\mathbf{Z}} \Lambda$ angesehen werden, den man durch *Erweiterung des Skalarbereichs* von $\mathbf{Z}$ auf Λ ausgehend von dem freien $\mathbf{Z}$-Modul $S_p(X; \mathbf{Z})$ erhält, da diese Moduln *dieselbe Basis* besitzen (vgl. (A.28.6)). Für jeden Ringhomomorphismus $\Lambda' \to \Lambda$ ergibt sich daher ein kanonischer Homomorphismus $S_p(X; \Lambda') \to S_p(X; \Lambda)$, der injektiv (bzw. surjektiv) ist, wenn der Homomorphismus $\Lambda' \to \Lambda$ injektiv (bzw. surjektiv) ist.

Ist $f: X \to Y$ eine stetige Abbildung von X in einen separierten Raum Y, so ist $f \circ s$ eine stetige Abbildung von $\bar{\Delta}_p$ in Y für jedes singuläre Simplex $s \in \mathscr{C}(\Delta_p; X)$, oder mit anderen Worten, ein singuläres Simplex von Y. Man erhält daher in kanonischer Weise eine Λ-lineare Abbildung $S_p(f)$ von $S_p(X; \Lambda)$ in $S_p(Y; \Lambda)$, wenn man für jedes Element von $S_p(X; \Lambda)$

24.20.1.1. $S_p(f)\left(\sum_s \lambda_s s\right) = \sum_s \lambda_s (f \circ s)$

setzt. Ist $g: Y \to Z$ eine stetige Abbildung von Y in einen separierten Raum Z, so gilt offenbar

24.20.1.2. $S_p(g \circ f) = S_p(g) \circ S_p(f)$.

Ist $f: X \to Y$ *injektiv*, so ist $s \to f \circ s$ offenbar eine injektive Abbildung von $\mathscr{C}(\bar{\Delta}_p; X)$ in $\mathscr{C}(\bar{\Delta}_p; Y)$ und $S_p(f)$ daher ebenfalls *injektiv*; ist X ein Teilraum von Y und f die kanonische injektive Abbildung, so wird der Λ-Modul $S_p(X; \Lambda)$ oft mit Hilfe von $S_p(f)$ mit einem freien Untermodul von $S_p(Y; \Lambda)$ identifiziert, der ein *freies Komplement* besitzt.

24.20.2. Wir nehmen an, X sei eine *reine differenzierbare Mannigfaltigkeit*, so daß die Abbildungen der Klasse C^∞ von $\bar{\Delta}_p$ in X definiert sind (vgl. (24.17.2)) und eine Teilmenge $\mathscr{E}(\bar{\Delta}_p; X)$ von $\mathscr{C}(\bar{\Delta}_p; X)$ bilden; der *freie Unter-Λ-Modul* von $S_p(X; \Lambda)$, der $\mathscr{E}(\bar{\Delta}_p; X)$ als Basis hat, wird mit $S_p^\infty(X; \Lambda)$ bezeichnet, und seine Elemente heißen die *glatten p-Ketten* in X mit Koeffizienten in Λ. Für jede Abbildung $f: X \to Y$ *der Klasse* C^∞ ist die Einschränkung der Abbildung $S_p(f)$ (vgl. (24.20.1.1)) auf $S_p^\infty(X; \Lambda)$ eine Λ-lineare Abbildung von $S_p^\infty(X; \Lambda)$ in $S_p^\infty(Y; \Lambda)$.

Wir wenden uns nun dem Fall zu, daß Λ ein *Unterring* von $\mathbf{R}$ ist; dann ist für jede Abbildung $s \in \mathscr{E}(\bar{\Delta}_p; X)$ der p-Strom $\tilde{s}$ auf X definiert (vgl. (24.17.2)); hieraus erhält man eine kanonische Λ-lineare Abbildung $S_p^\infty(X; \Lambda) \to \mathscr{E}_p''(X)$, die mit $u \to \tilde{u}$ bezeichnet wird und definiert ist durch

24.20.2.1. $\sum_s \lambda_s s \to \sum_s \lambda_s \tilde{s}$.

Die folgende elementare Bemerkung ist für das weitere von Nutzen: Angenommen, X sei eine kompakte oder offene Teilmenge eines $\mathbf{R}^n$ und $\mathfrak{S}$ eine *simpliziale Zerlegung* von X; es sei $\mathfrak{S}_p$ die Menge der p-dimensionalen Simplexe von $\mathfrak{S}$, und für jedes Simplex U daraus sei s_U eine *bijektive* affine lineare Abbildung von $\bar{\Delta}_p$ auf $\bar{U}$; dann ist die

Einschränkung der Abbildung (24.20.2.1) auf den aus den Linearkombinationen der s_U (mit Koeffizienten in $\Lambda \subset \boldsymbol{R}$) bestehenden Unter-$\Lambda$-Modul *injektiv*; das ergibt sich daraus, daß die p-Ströme $\tilde{s}_U$ für $U \in \mathfrak{S}_p$ über $\boldsymbol{R}$ linear unabhängig sind (vgl. (24.18.2)). Die als Linearkombinationen der $\tilde{s}_U$ erhaltenen p-Ströme sind die sogenannten *p-Ströme der Zerlegung* $\mathfrak{S}$.

24.20.3. Für jede stetige Abbildung $s\colon \bar{\Delta}_p \to X$ ist die zusammengesetzte Abbildung $s_j = s \circ \sigma_j\colon \bar{\Delta}_{p-1} \to X$ (in den Bezeichnungen von (24.19.2)) offensichtlich stetig. Die Formel (24.19.3.1) führt für $p \geqq 1$ und für *jeden* Ring Λ auf die Definition des *formalen Randes* (oder einfach des *Randes*) des singulären Simplex $s \in \mathscr{C}(\bar{\Delta}_p; X)$ (aufgefaßt als Element von $S_p(X; \Lambda)$) als dem Element

24.20.3.1. $\mathfrak{b}_0 s = \sum_{j=0}^{p} (-1)^j s_j$

von $S_{p-1}(X; \Lambda)$, was wegen $-1 \in \Lambda$ sinnvoll ist. Im Anschluß daran erweitert man $\mathfrak{b}_0$ zu einer Λ-linearen Abbildung von $S_p(X; \Lambda)$ in $S_{p-1}(X; \Lambda)$

$$\mathfrak{b}_0 \Big(\sum_s \lambda_s s\Big) = \sum_s \lambda_s(\mathfrak{b}_0 s).$$

Für $p = 0$ setzt man nach Vereinbarung $\mathfrak{b}_0 s = 0$ für jedes $s \in S_0(X; \Lambda)$.

Zwei p-Ketten werden *homolog* genannt, wenn ihre Differenz *Rand* einer $(p + 1)$-Kette ist.

Sind X und Y separierte Räume und ist $f\colon X \to Y$ eine *stetige* Abbildung, so folgt unmittelbar aus der obigen Definition, daß das Diagramm

24.20.3.2.
$$\begin{array}{ccc} S_p(X;\Lambda) & \xrightarrow{\mathfrak{b}_0} & S_{p-1}(X;\Lambda) \\ {\scriptstyle S_p(f)}\downarrow & & \downarrow{\scriptstyle S_{p-1}(f)} \\ S_p(Y;\Lambda) & \xrightarrow[\mathfrak{b}_0]{} & S_{p-1}(Y;\Lambda) \end{array}$$

kommutativ ist.

24.20.4. Die fundamentale Eigenschaft des formalen Randes ist, daß

24.20.4.1. $\mathfrak{b}_0 \circ \mathfrak{b}_0 = 0$

gilt oder, was dasselbe ist, für jede Abbildung $s \in \mathscr{C}(\bar{\Delta}_p; X)$

24.20.4.2. $\mathfrak{b}_0(\mathfrak{b}_0 s) = 0$.

Da man $s = s \circ 1_{\Delta_p}$ schreiben kann, gelangt man mit (24.20.3.2) auf den Fall, daß s die identische Abbildung von $\bar{\Delta}_p$ und folglich $s_j = \sigma_j$ ist. In diesem Fall rechnet man (24.20.4.2) leicht direkt nach, was aber nicht nötig ist. Es gelten nämlich die folgenden beiden Bedingungen:

1° Ist X eine reine differenzierbare Mannigfaltigkeit, so wird $S_p^\infty(X; \Lambda)$ vermöge $\mathfrak{b}_0$ in $S_{p-1}^\infty(X; \Lambda)$ abgebildet.

2° Ist darüber hinaus Λ ein Unterring von $\boldsymbol{R}$, so ist das Diagramm

24.20.4.3.
$$\begin{array}{ccc} S_p^\infty(X;\Lambda) & \xrightarrow{\mathfrak{b}_0} & S_{p-1}^\infty(X;\Lambda) \\ \sim\downarrow & & \downarrow\sim \\ \mathscr{E}_p''(X) & \xrightarrow[\mathfrak{b}]{} & \mathscr{E}_{p-1}''(X) \end{array}$$

aufgrund von (24.19.3.1) *kommutativ*, wobei die vertikalen Pfeile die in (24.20.2) definierten kanonischen Abbildungen sind. Davon ausgehend kann man sich für $p \geqq 2$ auf den Fall beschränken, in dem $\Lambda = \boldsymbol{Z}$ ist; die identische Abbildung von $\bar{\Delta}_p$ ist eine Abbildung der Klasse C^∞, und $\mathfrak{b}_0(\mathfrak{b}_0(1_{\bar{\Delta}_p}))$ ist Linearkombination mit Koeffizienten in $\boldsymbol{Z}$ der kanonischen injektiven Abbildungen der $(p-2)$-dimensionalen Flächen von Δ_p. Da die entsprechenden $(p-2)$-Ströme linear unabhängig über $\boldsymbol{R}$ sind (vgl. (24.20.2)) und $\mathfrak{b}(\mathfrak{b}(\tilde{1}_{\bar{\Delta}_p})) = 0$ ist, gilt auch $\mathfrak{b}_0(\mathfrak{b}_0(1_{\bar{\Delta}_p})) = 0$.

24.20.5. Bezüglich der Λ-linearen Abbildung $\mathfrak{b}_0$ ist der Λ-Modul

$$S_.(X;\Lambda) = \bigoplus_{p=0}^{\infty} S_p(X;\Lambda)$$

daher ein graduierter Kodifferentialmodul, auf den die allgemeine Theorie angewendet werden kann (vgl. (A.30.7)): Man betrachtet den graduierten Untermodul $Z_.(X;\Lambda)$ der *Zyklen* von $S_.(X;\Lambda)$, welcher direkte Summe der $Z_p(X;\Lambda)$ ist, wobei $Z_p(X;\Lambda)$ der Λ-Modul der p-Ketten $u \in S_p(X;\Lambda)$ mit $\mathfrak{b}_0 u = 0$ ist; ferner wird der Untermodul $B_.(X;\Lambda)$ der *Ränder* von $S_.(X;\Lambda)$ betrachtet, welcher direkte Summe der $B_p(X;\Lambda)$ ist, wobei $B_p(X;\Lambda)$ den Modul der p-Ketten von der Form $\mathfrak{b}_0 v$ bezeichnet und v eine $(p+1)$-Kette ist. Man definiert dann den graduierten Λ-Modul

$$H_.(X;\Lambda) = \bigoplus_{p=0}^{\infty} H_p(X;\Lambda)$$

wobei

$$H_p(X;\Lambda) = Z_p(X;\Lambda)/B_p(X;\Lambda)$$

der *p-te singuläre Homologie-Λ-Modul des topologischen Raumes X* genannt wird; $H_.(X;\Lambda)$ ist der *(totale) singuläre Homologiemodul* von X. Es ist $H_.(\emptyset;\Lambda) = \{0\}$.

Für jeden Ringhomomorphismus $\Lambda' \to \Lambda$ ist das Diagramm

$$\begin{array}{ccc} S_p(X;\Lambda') & \xrightarrow{\mathfrak{b}_0} & S_{p-1}(X;\Lambda') \\ \downarrow & & \downarrow \\ S_p(X;\Lambda) & \xrightarrow[\mathfrak{b}_0]{} & S_{p-1}(X;\Lambda) \end{array}$$

offensichtlich kommutativ; das Bild von $Z_p(X;\Lambda')$ (bzw. $B_p(X;\Lambda')$) ist daher in $Z_p(X;\Lambda)$ (bzw. $B_p(X;\Lambda)$) enthalten, und man erhält durch Faktorisierung einen kanonischen Homomorphismus von Λ'-Moduln

24.20.5.1. $H_p(X;\Lambda') \to H_p(X;\Lambda)$,

der im allgemeinen weder injektiv noch surjektiv ist, wenn dies für den Homomorphismus $\Lambda' \to \Lambda$ gilt.

Sind X und Y zwei separierte Räume, $f\colon X \to Y$ eine *stetige* Abbildung, so definieren die Λ-linearen Abbildungen $S_p(f)$ (vgl. (24.20.1.1)) aufgrund der Kommutativität des Diagramms (24.20.3.2) eine Λ-lineare homogene Abbildung von graduierten Kodifferential-Λ-Moduln

$$S_.(f)\colon S_.(X;\Lambda) \to S_.(Y;\Lambda).$$

Hieraus ergibt sich daher in kanonischer Weise eine homogene Λ-lineare Abbildung von graduierten Λ-Moduln

$$f_*: H_.(X;\Lambda) \to H_.(Y;\Lambda)$$

(die auch mit $H_.(f)$ bezeichnet wird); ist $a \in H_p(X;\Lambda)$ die Homologieklasse eines p-*Zyklus* $u \in Z_p(X;\Lambda)$, so ist $f_*(a)$ die Homologieklasse von $S_p(f)(u)$. Ist $g: Y \to Z$ eine stetige Abbildung von Y in einen separierten Raum Z, so gilt $(g \circ f)_* = g_* \circ f_*$.

24.20.6. Es seien X eine reine differenzierbare Mannigfaltigkeit und Λ ein *Unterring* von $\boldsymbol{R}$. Die mit $Z_p^\infty(X;\Lambda)$ bzw. $B_p^\infty(X;\Lambda)$ bezeichneten Untermoduln von $S_p^\infty(X;\Lambda)$ werden als der Durchschnitt $Z_p(X;\Lambda) \cap S_p^\infty(X;\Lambda)$ bzw. als das Bild von $S_{p+1}^\infty(X;\Lambda)$ vermöge $\mathfrak{b}_0$ definiert; offenbar ist $B_p^\infty(X;\Lambda)$ ein Unter-Λ-Modul von $B_p(X;\Lambda)$. Danach werden die Λ-Moduln

$$H_p^\infty(X;\Lambda) = Z_p^\infty(X;\Lambda)/B_p^\infty(X;\Lambda)$$

definiert, und offenbar gibt es eine kanonische Λ-lineare Abbildung

24.20.6.1. $H_p^\infty(X;\Lambda) \to H_p(X;\Lambda)$.

Andererseits folgt aus der Kommutativität der Diagramme (24.20.4.3), daß die kanonische Abbildung $u \to \tilde{u}$ von $S_p^\infty(X;\Lambda)$ in $\mathscr{E}_p''(X)$ den Modul $Z_p^\infty(X;\Lambda)$ in $Z_p''(X)$ und $B_p^\infty(X;\Lambda)$ in $B_p''(X)$ abbildet; durch Faktorisierung erhält man hieraus eine kanonische Λ-lineare Abbildung

24.20.6.2. $H_p^\infty(X;\Lambda) \to H_p''(X)$,

und nach Zusammensetzung mit der Abbildung $H_p''(X) \to H_p'(X)$ eine kanonische Λ-lineare Abbildung

24.20.6.3. $H_p^\infty(X;\Lambda) \to H_p'(X)$.

In den folgenden Abschnitten werden wir zeigen, daß (24.20.6.1) unter diesen Bedingungen ein *Isomorphismus* ist und daß für $\Lambda = \boldsymbol{R}$ die kanonische Abbildung

$$H_p^\infty(X;\boldsymbol{R}) \to H_p'(X)$$

ein *Isomorphismus* ist (*Sätze von de Rham*). Andererseits werden wir Beispiele für Mannigfaltigkeiten angeben, in denen für eine positive ganze Zahl p zwar $H_p^\infty(X;\boldsymbol{R}) = \{0\}$, jedoch $H_p^\infty(X;\boldsymbol{Z}) \neq \{0\}$ ist (vgl. (24.22.12)).

24.21. Zerlegungslemma

24.21.1. Im weiteren benötigen wir einige Hilfssätze über die p-Ketten in einem Raum $\boldsymbol{R}^N$. Nach Definition stimmen zwei affine lineare Abbildungen $(\mathbf{a}_0\,\mathbf{a}_1 \ldots \mathbf{a}_p)$ und $(\mathbf{b}_0\,\mathbf{b}_1 \ldots \mathbf{b}_p)$ nur dann überein, wenn $\mathbf{a}_j = \mathbf{b}_j$ für $0 \leqq j \leqq p$ ist; die $(\mathbf{a}_0\,\mathbf{a}_1 \ldots \mathbf{a}_p)$, wobei $(\mathbf{a}_j)_{0\leqq j\leqq p}$ die Menge $(\boldsymbol{R}^N)^{p+1}$ aller Folgen von $p+1$ Punkten aus $\boldsymbol{R}^N$ durchläuft, bilden eine *Basis* eines Unter-$\boldsymbol{Z}$-Moduls $S_p'(\boldsymbol{R}^N;\boldsymbol{Z})$ des $\boldsymbol{Z}$-Moduls $S_p(\boldsymbol{R}^N;\boldsymbol{Z})$ der p-Ketten in $\boldsymbol{R}^N$. Ausgehend davon betrachten wir einen beliebigen Punkt $\mathbf{c} \in \boldsymbol{R}^N$; wir definieren eine $\boldsymbol{Z}$-lineare Abbildung $C_{\mathbf{c}}: S_p'(\boldsymbol{R}^N;\boldsymbol{Z}) \to S_{p+1}'(\boldsymbol{R}^N;\boldsymbol{Z})$ („Kegel“ mit der Spitze $\mathbf{c}$), indem wir für jede Folge $(\mathbf{a}_j)_{0\leqq j\leqq p}$ von Punkten aus $\boldsymbol{R}^N$

24.21.1.1. $C_{\mathbf{c}}(\mathbf{a}_0\,\mathbf{a}_1 \cdots \mathbf{a}_p) = (\mathbf{c}\,\mathbf{a}_0\,\mathbf{a}_1 \cdots \mathbf{a}_p)$

setzen. Für jedes $p \geqq 1$ gilt

24.21.1.2. $\mathfrak{b}_0\big(C_{\mathbf{c}}(z)\big) = z - C_{\mathbf{c}}(\mathfrak{b}_0 z)$ für jedes $z \in S'_p(\boldsymbol{R}^N; \boldsymbol{Z})$.

Diese Aussage braucht tatsächlich nur für $z = (\mathbf{a}_0\,\mathbf{a}_1 \ldots \mathbf{a}_p)$ bewiesen zu werden, und in diesem Fall ergibt sie sich aus Definition (24.20.3.1). Man beachte dabei, daß für jede *affine lineare* Abbildung f von $\boldsymbol{R}^N$ in sich

24.21.1.3. $S_{p+1}(f)\big(C_{\mathbf{c}}(z)\big) = C_{f(\mathbf{c})}\big(S_p(f)\,(z)\big)$

gilt, denn für $z = (\mathbf{a}_0\,\mathbf{a}_1 \ldots \mathbf{a}_p)$ ist das offensichtlich der Fall.

24.21.2. *Für jedes $p \geqq 0$ existiert eine $\boldsymbol{Z}$-lineare Abbildung Sd von $S'_p(\boldsymbol{R}^N; \boldsymbol{Z})$ in sich mit den folgenden Eigenschaften:*

(i) *Ist $A = \mathrm{Im}\,(\mathbf{a}_0\,\mathbf{a}_1 \ldots \mathbf{a}_p)$ ein p-dimensionales Simplex und ist $(T_h)_{1 \leqq h \leqq r}$ die Folge der verschiedenen zur baryzentrischen Unterteilung $\mathfrak{S}_1(A)$ gehörenden p-dimensionalen Simplexe, so gilt*

24.21.2.1. $Sd(\mathbf{a}_0\,\mathbf{a}_1 \ldots \mathbf{a}_p) = \sum\limits_{h=1}^{r} \varepsilon_h(\mathbf{a}_0^{(h)}\,\mathbf{a}_1^{(h)} \ldots \mathbf{a}_p^{(h)})$,

wobei $\varepsilon_h = \pm 1$ und $\mathrm{Im}\,(\mathbf{a}_0^{(h)}\,\mathbf{a}_1^{(h)} \ldots \mathbf{a}_p^{(h)}) = T_h$ für $1 \leqq h \leqq r$ ist. Außerdem gilt im Raum der p-Ströme $\mathscr{E}''_p(\boldsymbol{R}^N)$

24.21.2.2. $\big(Sd(\mathbf{a}_0\,\mathbf{a}_1 \ldots \mathbf{a}_p)\big)^{\sim} = \tilde{\imath}_A$,

wobei $i_A : A \to \boldsymbol{R}^N$ die kanonische injektive Abbildung ist und A mit der Orientierung versehen wurde, die Bild der Orientierung von Δ_p vermöge der Abbildung $(\mathbf{a}_0\,\mathbf{a}_1 \ldots \mathbf{a}_p)$ ist.

(ii) *Für jedes $z \in S'_p(\boldsymbol{R}^N; \boldsymbol{Z})$ gilt*

24.21.2.3. $\mathfrak{b}_0\big(Sd(z)\big) = Sd(\mathfrak{b}_0 z)$.

(iii) *Für jede affine lineare Abbildung f von $\boldsymbol{R}^N$ in sich gilt*

24.21.2.4. $S_p(f)\,\big(Sd(z)\big) = Sd\big(S_p(f)\,(z)\big)$ *für alle* $z \in S'_p(\boldsymbol{R}^N; \boldsymbol{Z})$.

Der Beweis wird durch vollständige Induktion nach p geführt. Setzt man $Sd(z) = z$ in $S'_0(\boldsymbol{R}^N; \boldsymbol{Z})$, so verifiziert man ohne weiteres die Bedingungen der Aussage. Wir nehmen nun an, Sd sei in allen $S'_q(\boldsymbol{R}^N, \boldsymbol{Z})$ für $q < p$ definiert und erfülle die genannten Bedingungen. Für jede affine lineare Abbildung $(\mathbf{a}_0\,\mathbf{a}_1 \ldots \mathbf{a}_p)$ setzen wir dann

24.21.2.5. $Sd(\mathbf{a}_0\,\mathbf{a}_1 \ldots \mathbf{a}_p) = C_{\mathbf{b}}\Big(Sd\big(\mathfrak{b}_0(\mathbf{a}_0\,\mathbf{a}_1 \ldots \mathbf{a}_p)\big)\Big)$,

wobei wir mit $\mathbf{b}$ das Bild des *Schwerpunktes* von Δ_p vermöge $(\mathbf{a}_0\,\mathbf{a}_1 \ldots \mathbf{a}_p)$ bezeichnen. Da $\mathfrak{b}_0(\mathbf{a}_0\,\mathbf{a}_1 \ldots \mathbf{a}_p) = \sum\limits_{j=0}^{p} (-1)^j\,(\mathbf{a}_0\,\mathbf{a}_1 \ldots \hat{\mathbf{a}}_j \ldots \mathbf{a}_p)$ ist, zeigt die Induktionsvoraussetzung, daß für p-dimensionales $A = \mathrm{Im}\,(\mathbf{a}_0\,\mathbf{a}_1 \ldots \mathbf{a}_p)$ das Bild $Sd\big(\mathfrak{b}_0(\mathbf{a}_0\,\mathbf{a}_1 \ldots \mathbf{a}_p)\big)$ Summe von Gliedern der Gestalt $(\mathbf{c}_0\,\mathbf{c}_1 \ldots \mathbf{c}_{p-1})$ ist, versehen mit den Koeffizienten ± 1, wobei $\mathrm{Im}\,(\mathbf{c}_0\,\mathbf{c}_1 \ldots \mathbf{c}_{p-1})$ die Familie der in $\mathrm{Fr}\,(A)$ enthaltenen $(p-1)$-dimensionalen Simplexe von $\mathfrak{S}_1(\bar{A})$ durchläuft; dann durchläuft aber $\mathrm{Im}\,(\mathbf{b}\,\mathbf{c}_0\,\mathbf{c}_1 \ldots \mathbf{c}_{p-1})$ die Familie der T_h (vgl. (24.18.7)), womit die erste Behauptung von (i) bewiesen ist.

Zweitens bemerken wir, daß $\tilde{\imath}_A = \sum_{h=1}^{r} \tilde{\imath}_{T_h}$ gilt, wenn jedes T_h mit der durch die Orientierung von A induzierten Orientierung versehen ist (abkürzend sagt man auch, T_h habe „dieselbe" Orientierung wie A), da die Vereinigung der T_h bezüglich A ein Komplement besitzt, das als endliche Vereinigung von Teilmengen von Untermannigfaltigkeiten, deren Dimensionen $< p$ sind, eine Nullmenge ist. Berücksichtigt man die lineare Unabhängigkeit der $\tilde{\imath}_{T_h}$ (vgl. (24.18.2)), so besagt die Beziehung (24.21.2.2), daß $\varepsilon_h = 1$ ist, wenn die als Bild der Orientierung von Δ_p vermöge $(\mathbf{a}_0^{(h)}\, \mathbf{a}_1^{(h)} \ldots \mathbf{a}_p^{(h)})$ definierte Orientierung mit der von A übereinstimmt, und $\varepsilon_h = -1$ im entgegengesetzten Fall.

Wir nehmen nun an, es sei $\varepsilon(\mathbf{c}_0\, \mathbf{c}_1 \ldots \mathbf{c}_{p-1})$, mit $\varepsilon = \pm 1$, eines der Glieder in dem Ausdruck für $Sd(\mathbf{a}_0 \ldots \hat{\mathbf{a}}_j \ldots \mathbf{a}_p)$. Es gilt $\big(Sd(\mathbf{a}_0 \ldots \hat{\mathbf{a}}_j \ldots \mathbf{a}_p)\big)^{\sim} = \tilde{\imath}_{F_j}$ nach Induktionsvoraussetzung wobei $F_j = \operatorname{Im}(\mathbf{a}_0 \ldots \hat{\mathbf{a}}_j \ldots \mathbf{a}_p)$ mit der Orientierung versehen ist, die sich als Bild der Orientierung von Δ_{p-1} vermöge $(\mathbf{a}_0 \ldots \hat{\mathbf{a}}_j \ldots \mathbf{a}_p)$ ergibt. Dem Vorhergehenden zufolge stimmt die Orientierung, die man als Bild der Orientierung von Δ_p vermöge $(\mathbf{b}\, \mathbf{c}_0 \ldots \mathbf{c}_{p-1})$ erhält, mit dem Bild der Orientierung von Δ_p vermöge $(\mathbf{b}\, \mathbf{a}_0 \ldots \hat{\mathbf{a}}_j \ldots \mathbf{a}_p)$ überein, wenn $\varepsilon = 1$ ist, und ist anderenfalls die entgegengesetzte Orientierung. Nun erhält die affine lineare Abbildung, welche die $\mathbf{a}_k$ für Indizes $k \neq j$ invariant läßt und $\mathbf{b}$ in $\mathbf{a}_j$ überführt, die Orientierung, denn $\mathbf{b}$ und $\mathbf{a}_j$ liegen auf derselben Seite der von F_j erzeugten affinen Hyperebene; in der vorhergehenden Aussage kann man daher

$$(\mathbf{b}\, \mathbf{a}_0 \ldots \hat{\mathbf{a}}_j \ldots \mathbf{a}_p) \quad \text{durch} \quad (\mathbf{a}_j\, \mathbf{a}_0 \ldots \hat{\mathbf{a}}_j \ldots \mathbf{a}_p) = (\mathbf{a}_j\, \mathbf{a}_0 \ldots \mathbf{a}_{j-1}\, \mathbf{a}_{j+1} \ldots \mathbf{a}_p)$$

ersetzen; das Bild der Orientierung von Δ_p vermöge dieser Abbildung stimmt mit der Orientierung von A überein, wenn j gerade ist, und ist die entgegengesetzte Orientierung für ungerades j. Daher findet man schließlich, daß das Bild der Orientierung von Δ_p vermöge $(\mathbf{b}\, \mathbf{c}_0 \ldots \mathbf{c}_{p-1})$ mit der Orientierung von A übereinstimmt, wenn $(-1)^j \varepsilon = 1$ ist, und die entgegengesetzte Orientierung ergibt, wenn $(-1)^j \varepsilon = -1$ ist. Damit ist (24.21.2.2) bewiesen.

Um (24.21.2.3) zu beweisen, beschränken wir uns auf den Fall, daß $z = (\mathbf{a}_0\, \mathbf{a}_1 \ldots \mathbf{a}_p)$ ist, und führen den Beweis durch vollständige Induktion nach p. Nach (24.21.2.5) und (24.21.1.1) gilt

$$\mathfrak{b}_0\big(Sd(z)\big) = \mathfrak{b}_0\Big(C_{\mathbf{b}}\big(Sd(\mathfrak{b}_0 z)\big)\Big) = Sd(\mathfrak{b}_0 z) - C_{\mathbf{b}}\Big(\mathfrak{b}_0\big(Sd(\mathfrak{b}_0 z)\big)\Big),$$

und nach Induktionsvoraussetzung ist $\mathfrak{b}_0\big(Sd(\mathfrak{b}_0 z)\big) = Sd\big(\mathfrak{b}_0(\mathfrak{b}_0 z)\big) = 0$, woraus (24.21.2.3) folgt.

Um schließlich (24.21.2.4) zu beweisen, beschränkt man sich wiederum auf den Fall, daß $z = (\mathbf{a}_0\, \mathbf{a}_1 \ldots \mathbf{a}_p)$ ist, und die Behauptung ergibt sich aus (24.21.2.5), (24.21.1.2) sowie der Kommutativität des Diagramms (24.30.3.2).

24.21.3. Durch vollständige Induktion nach $m > 1$ überzeugt man sich, daß die iterierte Abbildung Sd^m von $S'_p(\boldsymbol{R}^N; \boldsymbol{Z})$ in sich analoge Eigenschaften besitzt: Ist $(T_h)_{1 \leq h \leq r}$ diesmal die Folge der verschiedenen zu $\mathfrak{S}_m(A)$ gehörenden p-dimensionalen Simplexe, so gilt

24.21.3.1. $Sd^m(\mathbf{a}_0\, \mathbf{a}_1 \ldots \mathbf{a}_p) = \sum_{h=1}^{r} \varepsilon_h(\mathbf{a}_0^{(h)}\, \mathbf{a}_1^{(h)} \ldots \mathbf{a}_p^{(h)}),$

wobei $\varepsilon_h = \pm 1$ und $\operatorname{Im}(\mathbf{a}_0^{(h)}\, \mathbf{a}_1^{(h)} \ldots \mathbf{a}_p^{(h)}) = T_h$ für jedes h ist; außerdem gilt

24.21.3.2. $\big(Sd^m(\mathbf{a}_0\, \mathbf{a}_1 \ldots \mathbf{a}_p)\big)^{\sim} = \tilde{\imath}_A,$

24.21.3.3. $\mathfrak{b}_0\big(Sd^m(z)\big) = Sd^m(\mathfrak{b}_0 z)$

sowie

24.21.3.4. $S_p(f)\big(Sd^m(z)\big) = Sd^m\big(S_p(f)\,(z)\big)$

für $z \in S_p'(\boldsymbol{R}^N; \boldsymbol{Z})$ und jede *affine lineare* Abbildung f von $\boldsymbol{R}^N$ in sich.

24.21.3.5. Allgemeiner kann für jeden separierten topologischen Raum X und jeden kommutativen Ring Λ eine Λ-lineare Abbildung Sd^m von $S_p(X; \Lambda)$ in sich definiert werden, die für $X = \boldsymbol{R}^N$ und $\Lambda = \boldsymbol{Z}$ eine Einschränkung auf $S_p'(\boldsymbol{R}^N; \boldsymbol{Z})$ besitzt, welche gleich der in (24.21.3) definierten Abbildung ist. Es genügt darauf hinzuweisen, daß jede stetige Abbildung $s\colon \bar{\Delta}_p \to X$ in der Gestalt $s = S_p(s)\,(1_{\Delta_p})$ geschrieben und $Sd^m(s) = S_p(s)\big(Sd^m(1_{\Delta_p})\big)$ gesetzt werden kann. Anhand dieser Definition erkennt man unmittelbar, daß die Beziehungen (24.21.3.3) und (24.21.3.4) weiterhin gelten.

24.21.4. Aufgrund von (24.21.3.4) läßt sich die Berechnung von $Sd^m(z) - z$ nach Definition der p-Ketten aus dem Spezialfall herleiten, daß $s = (\mathbf{e}_0\, \mathbf{e}_1 \ldots \mathbf{e}_p) = 1_{\Delta_p}$ ist. Diese Berechnung ergibt sich (vgl. (24.22.7.2)) aus einem etwas allgemeineren Lemma, in dem wir nicht mehr die baryzentrische Unterteilung $\mathfrak{S}_m(\bar{\Delta}_p)$ betrachten, sondern eine simpliziale Zerlegung $\mathfrak{S}$ von $\bar{\Delta}_p$, die der einzigen Bedingung unterworfen ist, *invariant* bezüglich Permutationen der Ecken von Δ_p zu sein (vgl. (24.18.7)). Für eine derartige Zerlegung läßt sich die Kette $Sd^m(1_{\Delta_p})$ in folgender Weise verallgemeinern: Ist $(T_h)_{1 \leq h \leq r}$ wieder die Folge der verschiedenen zu $\mathfrak{S}$ gehörenden p-dimensionalen Simplexe und ist $T_h = \operatorname{Im}(\mathbf{a}_0^{(h)}\, \mathbf{a}_1^{(h)} \ldots \mathbf{a}_p^{(h)})$ für jedes h, so setzen wir

$$R(1_{\Delta_p}) = \sum_{h=1}^{r} \varepsilon_h(\mathbf{a}_0^{(h)}\, \mathbf{a}_1^{(h)} \ldots \mathbf{a}_p^{(h)}),$$

wobei die $\varepsilon_h = \pm 1$ derart gewählt werden, daß für die entsprechenden Ströme

24.21.4.1. $\big(R(1_{\Delta_p})\big)^{\sim} = \tilde{\imath}_{\Delta_p}$

gilt. Ferner betrachten wir die „Parallelverschobene" dieser Kette in $E_p \times \boldsymbol{R}$

$$R(1_{\Delta_p} \times \{1\}) = \sum_{h=1}^{r} \varepsilon_h\big((\mathbf{a}_0^{(h)}, 1)\, (\mathbf{a}_1^{(h)}, 1) \ldots (\mathbf{a}_p^{(h)}, 1)\big),$$

die der aus $\mathfrak{S}$ durch Parallelverschiebung gewonnenen Zerlegung der „Oberfläche" des „Prismas" $\bar{\Delta}_p \times [0, 1]$ entspricht. Wir ordnen der Zerlegung $\mathfrak{S}$ die entsprechende simpliziale Zerlegung $\mathfrak{S}'$ dieses Prismas zu, welche die Bedingungen von (24.18.8) erfüllt. Für jede Seite $U_j = \operatorname{Im}(\mathbf{e}_0 \ldots \hat{\mathbf{e}}_j \ldots \mathbf{e}_p)$ von Δ_p $(0 \leq j \leq p)$ bilden die zu $\mathfrak{S}'$ gehörenden und in $\bar{U}_j \times [0, 1]$ enthaltenen Simplexe eine simpliziale Zerlegung dieser Menge, die wir mit $\mathfrak{S}_j'$ bezeichnen.

Ist $\mathbf{c}$ der Schwerpunkt von Δ_p und $\mathbf{b} = (\mathbf{c}, 1/2)$, so sind die zu $\mathfrak{S}'$ gehörenden $(p+1)$-dimensionalen Simplexe von der Gestalt $\operatorname{Im}(\mathbf{b}\, \mathbf{a}_0\, \mathbf{a}_1 \ldots \mathbf{a}_p)$, wobei $T = \operatorname{Im}(\mathbf{a}_0\, \mathbf{a}_1 \ldots \mathbf{a}_p)$ eines der in $\operatorname{Fr}(\Delta_p \times]0, 1[)$ enthaltenen p-dimensionalen Simplexe ist; zur Abkürzung bezeichnen wir sie mit Im $(\mathbf{b}T)$. Es gibt daher drei Arten solcher Simplexe:

1° das Simplex $A' = \mathrm{Im}\,(\mathbf{b}\,\Delta_p)$;

2° die Simplexe $A'_h = \mathrm{Im}\,(\mathbf{b}\,V_h)$, wobei $(V_h)_{1 \leqq h \leqq r}$ die endliche Folge der Simplexe $T_h \times \{1\}$ ist, wenn T_h die Folge der p-dimensionalen Simplexe der Zerlegung $\mathfrak{S}$ durchläuft;

3° die Simplexe $A'_{jk} = \mathrm{Im}\,(\mathbf{b}\,T_{jk})$, wobei $(T_{jk})_{1 \leqq k \leqq q}$ für jedes j mit $0 \leqq j \leqq p$ die endliche Folge der p-dimensionalen Simplexe der Zerlegung $\mathfrak{S}'_j$ ist. Aufgrund der Invarianz von $\mathfrak{S}'$ bezüglich Permutationen der Ecken von Δ_p kann außerdem die folgende Bedingung als erfüllt vorausgesetzt werden: Setzt man wie in (24.16.2) $\sigma_j = (\mathbf{e}_0 \ldots \hat{\mathbf{e}}_j \ldots \mathbf{e}_p)$ und $\sigma'_j = \sigma_j \times 1_{\boldsymbol{R}}$, womit man eine bijektive affine lineare Abbildung von $E_{p-1} \times \boldsymbol{R}$ auf die von $U_j \times]0, 1[$ erzeugte affine lineare Mannigfaltigkeit erhält, so findet man für jeden Index k mit $1 \leqq k \leqq q$ und für beliebige Indizes i und j

24.21.4.2. $T_{jk} = \sigma'_j(\sigma'^{-1}_i(T_{ik}))$.

24.21.5. Wir definieren jetzt *bijektive affine lineare Abbildungen* ϱ', ϱ'_h $(1 \leqq h \leqq r)$ bzw. ϱ'_{jk} $(0 \leqq j \leqq p,\ 1 \leqq k \leqq q)$ von Δ_{p+1} auf die Simplexe A', A'_h bzw. A'_{jk} sowie bijektive affine lineare Abbildungen von Δ_p auf deren jeweilige Seiten. Für die Seiten der *in* $P = \Delta_p \times]0, 1[$ *enthaltenen* vorhergehenden Simplexe wird eine bijektive affine lineare Abbildung von Δ_p auf jede dieser Seiten beliebig gewählt. Für die Seite Δ_p von A' wählt man als bijektive Abbildung die identische Abbildung 1_{Δ_p} und setzt dann $\varrho' = C_{\mathbf{b}}(1_{\Delta_p}) = (\mathbf{b}\,\mathbf{e}_0\,\mathbf{e}_1 \ldots \mathbf{e}_p)$. Für eine Seite $T_h \times \{1\}$ wählt man als bijektive Abbildung $\varrho_h\colon \Delta_p \to T_h \times \{1\}$ die Abbildung $\big((\mathbf{a}_0^{(h)}, 1)\,(\mathbf{a}_1^{(h)}, 1) \ldots (\mathbf{a}_p^{(h)}, 1)\big)$ und setzt danach $\varrho'_h = C_{\mathbf{b}}(\varrho_h)$. Ist dann $\varepsilon_h = 1$ (bzw. $\varepsilon_h = -1$), so sind die Bilder der Orientierung von Δ_{p+1} vermöge ϱ' und ϱ'_h *entgegengesetzt* (bzw. *gleich*); die Bilder der Orientierung von Δ_{p+1} vermöge ϱ'_h und vermöge $\big(\mathbf{b}\,(\mathbf{e}_0, 1) \ldots (\mathbf{e}_p, 1)\big)$ sind nämlich gleich (bzw. entgegengesetzt), wie wir im Beweis von (24.21.2) gesehen haben; die bijektive Abbildung $\big(\mathbf{b}\,(\mathbf{e}_0, 1) \ldots (\mathbf{e}_p, 1)\big)$ setzt sich aber aus der Abbildung $(x, t) \to (x, 1 - t)$ (welche die Orientierung umkehrt) und aus ϱ' zusammen.

Schließlich versehen wir $U'_j = U_j \times]0, 1[$ für jedes j, $0 \leqq j \leqq p$, mit einer Orientierung derart, daß für jede die Orientierung erhaltende bijektive Abbildung $(\mathbf{a}_0\,\mathbf{a}_1 \ldots \mathbf{a}_p)$ von Δ_p auf ein Simplex aus $\mathfrak{S}'_j$ die Bilder der Orientierung von Δ_{p+1} vermöge der bijektiven Abbildung $(\mathbf{b}\,\mathbf{a}_0\,\mathbf{a}_1 \ldots \mathbf{a}_p)$ und vermöge ϱ' entgegengesetzt sind. Für jedes p-dimensionale Simplex T_{0k} aus $\mathfrak{S}'_j$ wählen wir dann eine Bijektion $\varrho_{0k} = (\mathbf{a}_0\,\mathbf{a}_1 \ldots \mathbf{a}_p)$, welche die Orientierung erhält; für $1 \leqq j \leqq p$ wählt man danach unter Berücksichtigung von (24.21.4.2) $\varrho_{jk} = \sigma'_j \circ \sigma'^{-1}_0 \circ \varrho_{0k}$ $(1 \leqq k \leqq q)$, so daß für zwei beliebige Indizes i, j

24.21.5.1. $\varrho_{jk} = \sigma'_j \circ \sigma'^{-1}_i \circ \varrho_{ik} \qquad (1 \leqq k \leqq q)$

gilt; abschließend setzt man $\varrho'_{jk} = C_{\mathbf{b}}(\varrho_{jk})$. Aufgrund von (24.13.1) sind die auf den U'_j gewählten Orientierungen entweder alle durch die Orientierung von Frr (P) induziert, oder sie sind alle zu letzterer entgegengesetzt; folglich sind die Bilder der Orientierung von Δ_{p+1} vermöge ϱ' und ϱ'_{jk} entgegengesetzt (bzw. gleich), wenn ϱ_{jk} die Orientierung erhält (bzw. umkehrt). Nun haben wir in (24.16.3) gesehen, daß σ_j die Orientierung erhält (bzw. umkehrt), wenn j gerade (bzw. ungerade) ist; das trifft daher auch auf σ'_j zu, und folglich erhält ϱ_{jk} aufgrund von (24.21.5.1) die Orientierung (bzw. kehrt sie um), wenn j gerade (bzw. ungerade) ist.

Wir können jetzt das „Prismenkettenlemma" formulieren:

24.21.6. *Setzt man unter Verwendung der Definitionen aus* (24.21.5) *in* $S_{p+1}(E_p \times \boldsymbol{R}; \boldsymbol{Z})$

24.21.6.1. $$\theta' = \sum_{h=1}^{r} \varepsilon_h \varrho_h' - \varrho' + \sum_{k=1}^{q} \sum_{j=0}^{p} (-1)^j \varrho_{jk}',$$

so gilt in $S_p(E_p \times \boldsymbol{R}; \boldsymbol{Z})$

24.21.6.2. $$\mathfrak{b}_0 \theta' = R(1_{\Delta_p} \times \{1\}) - 1_{\Delta_p} + \sum_{k=1}^{q} \sum_{j=0}^{p} (-1)^j \varrho_{jk}.$$

Im Raum der Ströme $\mathscr{E}_{p+1}''(E_p \times \boldsymbol{R})$ gilt nämlich

$$\tilde{\theta}' = \sum_{h=1}^{r} \varepsilon_h \tilde{\varrho}_h' - \tilde{\varrho}' + \sum_{k=1}^{q} \sum_{j=0}^{p} (-1)^j \tilde{\varrho}_{jk}',$$

und dieser Strom ist gerade *der Strom* $\tilde{\imath}_P$, wobei $i_P\colon P \to E_p \times \boldsymbol{R}$ die kanonische injektive Abbildung ist und P mit der zum Bild der Orientierung von Δ_{p+1} vermöge ϱ' entgegengesetzten Orientierung versehen wurde; aufgrund von (24.14.2) ergibt sich das nämlich aus der in (24.21.5) geführten Diskussion über die Orientierungen sowie aus der Wahl der Vorzeichen in (24.21.6.1). Die Stokessche Formel für die zellularen Ströme (vgl. (24.17.2.2)) zeigt, daß $\mathfrak{b}\tilde{\imath}_P$ Summe von *durch* Fr (P) *getragenen* Strömen ist. Nun ergibt aber die Anwendung des Operators $\mathfrak{b}_0$ auf θ' nach Definition und wegen der Darstellungen von ϱ', ϱ_h' und ϱ_{jk}, daß die rechte Seite von (24.21.6.2), *vermehrt* um eine Linearkombination mit ganzzahligen Koeffizienten von bijektiven Abbildungen von Δ_p auf die zu $\mathfrak{S}'$ gehörenden p-dimensionalen Simplexe, *in P enthalten* ist. Wie wir aber soeben gesehen haben, ist das Bild dieser Linearkombination vermöge der kanonischen Abbildung $S_p^\infty(E_p \times \boldsymbol{R}; \boldsymbol{Z}) \to \mathscr{E}_p''(E_p \times \boldsymbol{R})$ *gleich* 0; aufgrund der Injektivität der kanonischen Abbildung $z \to \tilde{z}$ ist daher, schränkt man diese auf Ketten ein, die sich für $U \in \mathfrak{S}'$ als Linearkombinationen der s_U ergeben, die betrachtete Linearkombination selbst gleich 0 (vgl. (24.20.2.1)), was zu beweisen war.

24.21.6.3. Bemerkungen. (i) Die vorhergehenden Überlegungen lassen sich auch auf den Fall $m = 0$ anwenden, wobei die baryzentrische Unterteilung „der Ordnung 0" nach Definition die aus Δ_p und seinen Flächen bestehende simpliziale Zerlegung ist.

(ii) Für jeden kommutativen Ring Λ bleiben die Formeln aus (24.21.6) ungeändert, wenn man darin alle Elemente aus $S_{p+1}(E_p \times \boldsymbol{R}; \boldsymbol{Z})$ (bzw. $S_p(E_p \times \boldsymbol{R}; \boldsymbol{Z})$) durch ihre kanonischen Bilder in $S_{p+1}(E_p \times \boldsymbol{R}; \Lambda)$ (bzw. $S_p(E_p \times \boldsymbol{R}; \Lambda)$) ersetzt.

24.22. Eigenschaften der singulären Homologie

24.22.1. Wie aufgrund von (24.11.3) nicht anders zu erwarten war, sind die Eigenschaften der singulären Homologie für separierte topologische Räume völlig analog zu den Eigenschaften der Kohomologie mit kompakten Trägern für orientierte differenzierbare Mannigfaltigkeiten, müssen aber natürlich unabhängig bewiesen werden.

Eine fundamentale Eigenschaft ist die *Homotopieinvarianz* der singulären Homologie:

24.22.2. *Es seien X, Y zwei separierte topologische Räume sowie f, g zwei stetige Abbildungen von X in Y. Sind f und g homotop* (vgl. (16.25.1)), *so stimmen die Λ-linearen Abbildungen $H_p(f)$ und $H_p(g)$ von $H_p(X; \Lambda)$ in $H_p(Y; \Lambda)$ für jedes $p \geqq 0$ überein.*

Das ergibt sich aus dem folgenden Lemma:

24.22.2.1. *Es existieren eine Λ-lineare Abbildung $h_p\colon S_p(X; \Lambda) \to S_{p+1}(Y; \Lambda)$ und eine Λ-lineare Abbildung $h'_{p-1}\colon S_{p-1}(X; \Lambda) \to S_p(Y; \Lambda)$ mit*

24.22.2.2. $S_p(g) - S_p(f) = \mathfrak{b}_0 \circ h_p + h'_{p-1} \circ \mathfrak{b}_0$.

Hieraus folgt nämlich, daß für jeden p-Zyklus $z \in Z_p(X; \Lambda)$

$$S_p(g)\,(z) - S_p(f)\,(z) = \mathfrak{b}_0 h_p(z)$$

gilt; ist c die Homologieklasse von z, so ist daher $H_p(g)\,(c) = H_p(f)\,(c)$.

Zum Beweis des Lemmas gehen wir aus von einer stetigen Abbildung $F\colon X \times I \to Y$ mit $I = [0, 1]$ sowie $F(x, 0) = f(x)$ und $F(x, 1) = g(x)$ für alle $x \in X$. Wir wenden das Prismenkettenlemma an (vgl. (24.21.6)), wobei wir für $\mathfrak{S}$ die baryzentrische Unterteilung der Ordnung 0 (vgl. (24.21.6.3)) wählen, die aus Δ_p und seinen Flächen besteht; in (24.21.6.2) muß $R(1_{\Delta_p} \times \{1\})$ durch die Abbildung $\varrho_1 = \big((\mathbf{e}_0, 1)\,(\mathbf{e}_1, 1) \ldots (\mathbf{e}_p, 1)\big)$ ersetzt werden. Für jedes $z = \sum_l \lambda_l s_l$ aus $S_p(X; \Lambda)$, wobei die λ_l zu Λ gehören und jedes s_l eine stetige Abbildung von $\bar{\Delta}_p$ in X ist, gilt nach Definition

$$S_p(f)\,(z) = \sum_l \lambda_l F \circ (s_l \times 1_{\boldsymbol{R}}) \circ 1_{\Delta_p}, \qquad S_p(g)\,(z) = \sum_l \lambda_l F \circ (s_l \times 1_{\boldsymbol{R}}) \circ \varrho_1.$$

Wir bestimmen den Wert der linearen Abbildung $\sum_l \lambda_l S_p\big(F \circ (s_l \times 1_{\boldsymbol{R}})\big)$ für jede der beiden Seiten von (24.21.6.2); unter Ausnutzung der Kommutativität des Diagramms (24.20.3.2) erhält man

$$\begin{aligned} &S_p(g)\,(z) - S_p(f)\,(z) \\ &= \mathfrak{b}_0 \Big(\sum_l \lambda_l S_{p+1}\big(F \circ (s_l \times 1_{\boldsymbol{R}})\big)\,(\theta')\Big) - \sum_{k,l} \sum_{j=0}^{p} (-1)^j \lambda_l F \circ (s_l \times 1_{\boldsymbol{R}}) \circ \varrho_{jk}. \end{aligned}$$

Der erste Ausdruck auf der rechten Seite läßt sich auch in der Gestalt $\mathfrak{b}_0(h_p(z))$ schreiben mit

$$h_p\Big(\sum_l \lambda_l s_l\Big) = \sum_l \lambda_l S_{p+1}\big(F \circ (s_l \times 1_{\boldsymbol{R}})\big)\,(\theta').$$

Um h'_{p-1} ebenso zu definieren, bemerken wir, daß in den Bezeichnungen von (24.21.5) für jeden Index k mit $1 \leqq k \leqq q$ und für jedes $\mathbf{x} \in \Delta_p$ die Beziehung $\varrho_{ik}(\mathbf{x}) = \big(\sigma_i(y_k(\mathbf{x})), t_k(\mathbf{x})\big)$ gilt, wobei y_k eine affine lineare Abbildung von E_p in E_{p-1} ist und t_k eine affine lineare Abbildung von E_p in $\boldsymbol{R}$; der *entscheidende Punkt* ist, daß für jeden anderen Index j, $0 \leqq j \leqq p$, aufgrund der Wahl der ϱ_{jk} (vgl. (24.21.5.1)) $\varrho_{jk}(\mathbf{x}) = \big(\sigma_j(y_k(\mathbf{x})), t_k(\mathbf{x})\big)$ gilt, und zwar mit *denselben* Abbildungen y_k und t_k. Setzt man für jedes Element $u = \sum_\alpha \mu_\alpha s'_\alpha$ aus $S_{p-1}(X; \Lambda)$, wobei die μ_α aus Λ sind und jedes s'_α eine stetige Abbildung von $\bar{\Delta}_{p-1}$ in X ist,

24.22.2.3. $\quad -h'_{p-1}(u) = \sum_{k,\alpha} \mu_\alpha F \circ \big((s'_\alpha \circ y_k) \times t_k\big),$

so leistet, wie wir sehen werden, die Λ-lineare Abbildung h'_{p-1} von $S_{p-1}(X; \Lambda)$ in $S_p(Y; \Lambda)$ das Gewünschte.

Es gilt nämlich $\mathfrak{b}_0 z = \sum_{l,j} (-1)^j \lambda_l s_l \circ \sigma_j$, wofür auch $\sum_\alpha \mu_\alpha s'_\alpha$ geschrieben werden kann, wobei die s'_α *verschieden* sind, $\mu_\alpha = \sum (-1)^j \lambda_l$ für jedes α ist und über alle Paare (l, j) mit $s_l \circ \sigma_j = s'_\alpha$ summiert wird. Nun gilt nach Definition

$$(s_l \times 1_{\mathbf{R}}) \circ \varrho_{jk} = (s_l \times 1_{\mathbf{R}}) \circ \big((\sigma_j \circ y_k) \times t_k\big) = (s_l \circ \sigma_j \circ y_k) \times t_k$$

und folglich

$$\begin{aligned}\sum_{k,l,j} (-1)^j \lambda_l F \circ (s_l \times 1_{\mathbf{R}}) \circ \varrho_{jk} &= \sum_{k,l,j} (-1)^j \lambda_l F \circ \big((s_l \circ \sigma_j \circ y_k) \times t_k\big) \\ &= \sum_{k,\alpha} \mu_\alpha F \circ \big((s'_\alpha \circ y_k) \times t_k\big) = -h'_{p-1}(\mathfrak{b}_0 z),\end{aligned}$$

was zu beweisen war.

24.22.3. Beispiele. Für jeden *kontrahierbaren* (zur Definition vergleiche man (16.27.7)) separierten topologischen Raum X gilt

24.22.3.1. $\quad \begin{cases} H_0(X; \Lambda) \cong \Lambda, \\ H_p(X; \Lambda) = \{0\} \quad \text{für} \quad p \geqq 1. \end{cases}$

Aufgrund von (24.22.2) genügt es nämlich, den Beweis für den Fall zu führen, daß X nur aus einem einzigen Punkt x_0 besteht. Nun ist in diesem Fall für jedes $p \geqq 0$ die einzige Abbildung von $\bar{\Delta}_p$ in X die konstante Abbildung c_p, die in $\bar{\Delta}_p$ gleich x_0 ist, und nach Definition (vgl. (24.20.3.1)) gilt $\mathfrak{b}_0 c_p = 0$, wenn p gerade ist, und $\mathfrak{b}_0 c_p = c_{p-1}$, wenn p ungerade ist; folglich ist $Z_p(X; \Lambda) \cong \Lambda c_p$, wenn p gerade ist, und $Z_p(X; \Lambda) = \{0\}$, wenn p ungerade ist, $B_p(X; \Lambda) = \{0\}$, wenn p ungerade oder gleich 0 ist, $B_p(X; \Lambda) \cong \Lambda c_p$, wenn p gerade und > 0 ist; hieraus ergibt sich (24.22.3.1).

24.22.4. Es sei X eine *zusammenhängende* differenzierbare Mannigfaltigkeit; dann gilt

24.22.4.1. $\quad H_0(X; \Lambda) \cong \Lambda.$

Nach Definition ist nämlich $S_0(X; \Lambda) = Z_0(X; \Lambda)$, und da die Abbildungen $\{\mathbf{e}_0\} \to x$ für ein beliebiges $x \in X$ eine Basis dieses freien Λ-Moduls bilden, kann man $Z_0(X; \Lambda)$ mit dem Λ-Modul der formalen Linearkombinationen $\sum_{x \in X} \lambda_x x$ von Punkten aus X mit Koeffizienten in Λ identifizieren (oder, was auf dasselbe hinausläuft, mit dem Λ-Modul $\Lambda^{(X)}$ der Familien $(\lambda_x)_{x \in X}$ von Elementen aus Λ mit $\lambda_x = 0$, ausgenommen für eine endliche Anzahl von $x \in X$ (vgl. (A.1.5))). Außerdem kann $\mathfrak{b}_0 s$ für jede stetige Abbildung $s: \bar{\Delta}_1 \to X$ mit der Differenz $s(\mathbf{e}_1) - s(\mathbf{e}_0)$ identifiziert werden, und sind x_0, x zwei beliebige Punkte von X, so existiert immer eine stetige Abbildung $s: \bar{\Delta}_1 \to X$ mit $s(\mathbf{e}_1) = x$ und $s(\mathbf{e}_0) = x_0$ (vgl. (16.26.10)); hieraus folgt, daß die Linearkombinationen $x - x_0$ für $x \in X \setminus \{x_0\}$ eine Basis von $B_0(X; \Lambda)$ bilden. Offenbar ist dann der Untermodul Λx_0 in $Z_0(X; \Lambda)$ komplementär zu $B_0(X; \Lambda)$, woraus sich (24.22.4.1) ergibt.

Ist Y ein *beliebiger* nichtleerer separierter topologischer Raum, so wird $Z_0(Y; \Lambda)$ wieder mit dem Λ-Modul der formalen Linearkombinationen $\sum_{y \in Y} \lambda_y y$ der Punkte von Y mit Koeffizienten in Λ identifiziert, und da $B_0(Y; \Lambda)$ durch gewisse der Differenzen $y_1 - y_2$ in diesem Modul erzeugt wird, kann auf jeden Fall gesagt werden, daß für jede zu $B_0(Y; \Lambda)$ gehörende Linearkombination $\sum_{y \in Y} \lambda_y y$ die Beziehung $\sum_{y \in Y} \lambda_y = 0$ gilt. Hieraus leitet man her, daß für *jede* stetige Abbildung $f: X \to Y$ einer *zusammenhängenden* differenzierbaren Mannigfaltigkeit X in einen beliebigen separierten topologischen Raum Y die Abbildung $f_*: H_0(X; \Lambda) \to H_0(Y; \Lambda)$ *injektiv* ist, denn das Bild von λx_0 vermöge $S_0(f)$ ist $\lambda f(x_0)$, was nach dem Gesagten nur dann in $B_0(Y; \Lambda)$ liegen kann, wenn $\lambda = 0$ ist.

24.22.5. In einem separierten topologischen Raum X sei $(X_\alpha)_{\alpha \in A}$ eine Familie von *paarweise disjunkten* offenen Mengen, deren Vereinigung X ergibt. Das Bild jeder stetigen Abbildung $s: \bar{\Delta}_p \to X$ ist also in einem der Teilräume X_α enthalten, da $\bar{\Delta}_p$ zusammenhängend ist (vgl. (3.19.7)); sie kann folglich kanonisch mit einer stetigen Abbildung von $\bar{\Delta}_p$ in X_α identifiziert werden, und $S_p(X; \Lambda)$ läßt sich daher kanonisch mit der *direkten Summe* $\bigoplus_{\alpha \in A} S_p(X_\alpha; \Lambda)$ identifizieren. Bei dieser Identifizierung wird $Z_p(X; \Lambda)$ kanonisch mit $\bigoplus_{\alpha \in A} Z_p(X_\alpha; \Lambda)$ identifiziert und $B_p(X; \Lambda)$ mit $\bigoplus_{\alpha \in A} B_p(X_\alpha; \Lambda)$, denn $\mathfrak{b}_0 s$ ist Linearkombination von singulären Simplexen, deren Werte in derselben Menge X_α liegen wie die von s; hieraus leitet man her, daß $H_p(X; \Lambda)$ für jedes $p \geqq 0$ *kanonisch mit* $\bigoplus_{\alpha \in A} H_p(X_\alpha; \Lambda)$ *identifiziert werden kann.*

24.22.6. Es sei $\mathfrak{U} = (U_\alpha)_{\alpha \in A}$ eine beliebige *offene Überdeckung* eines separierten Raumes X. Für jede ganze Zahl $p \geqq 0$ bezeichnen wir mit $\mathscr{C}^{\mathfrak{U}}(\bar{\Delta}_p; X)$ die Menge der stetigen Abbildungen von $\bar{\Delta}_p$ in X, *deren Bild in einer Menge von* $\mathfrak{U}$ *enthalten ist*; $\mathscr{C}^{\mathfrak{U}}(\bar{\Delta}_p; X)$ ist eine Teilmenge von $\mathscr{C}(\bar{\Delta}_p; X)$ und bildet daher die Basis eines (freien) Untermoduls $S_p^{\mathfrak{U}}(X; \Lambda)$ von $S_p(X; \Lambda)$; aus der Definition von $\mathfrak{b}_0$ (vgl. (24.20.3.1)) folgt außerdem, daß $\mathfrak{b}_0 s \in S_{p-1}^{\mathfrak{U}}(X; \Lambda)$ für $s \in \mathscr{C}^{\mathfrak{U}}(\bar{\Delta}_p; X)$ ist. Die Menge $Z_p^{\mathfrak{U}}(X; \Lambda)$ (bzw. $B_p^{\mathfrak{U}}(X; \Lambda)$) der Elemente $u \in S_p^{\mathfrak{U}}(X; \Lambda)$ mit $\mathfrak{b}_0 u = 0$ (bzw. für die ein $v \in S_{p+1}^{\mathfrak{U}}(X; \Lambda)$ existiert mit $u = \mathfrak{b}_0 v$), bildet daher einen *Unter-Λ-Modul* von $Z_p(X; \Lambda)$ (bzw. $B_p(X; \Lambda)$); durch Faktorisierung leitet man hieraus eine kanonische Λ-lineare Abbildung

24.22.6.1. $r_p^{\mathfrak{U}}: H_p^{\mathfrak{U}}(X; \Lambda) \to H_p(X; \Lambda)$

her, wobei $H_p^{\mathfrak{U}}(X; \Lambda) = Z_p^{\mathfrak{U}}(X; \Lambda)/B_p^{\mathfrak{U}}(X; \Lambda)$ gesetzt wurde.

24.22.7. *Die Abbildung $r_p^{\mathfrak{U}}$ ist für jedes $p \geqq 0$ bijektiv.*

Man muß zweierlei beweisen: I. Für jeden Zyklus $z \in Z_p(X; \Lambda)$ existiert ein Zyklus $z' \in Z_p^{\mathfrak{U}}(X; \Lambda)$ mit $z' - z \in B_p(X; \Lambda)$; II. Für jeden Rand $v = \mathfrak{b}_0 z$, wobei $v \in Z_p^{\mathfrak{U}}(X; \Lambda)$ ist, existiert ein $z' \in S_{p+1}^{\mathfrak{U}}(X; \Lambda)$ mit $v = \mathfrak{b}_0 z'$.

Beweis von I. Es sei $z = \sum_{l=1}^{n} \lambda_l s_l$, wobei jedes s_l eine stetige Abbildung von $\bar{\Delta}_p$ in X ist. Für jedes l bilden die Mengen $s_l^{-1}(U_\alpha)$ eine offene Überdeckung des kompakten Raumes $\bar{\Delta}_p$; daher existiert eine Zahl $\varepsilon > 0$ derart, daß jede abgeschlossene Kugel mit dem Radius ε in $\bar{\Delta}_p$ bei geeigneter Wahl der Indizes α_l $(1 \leqq l \leqq n)$ im Durchschnitt von n Mengen $s_l^{-1}(U_{\alpha_l})$ enthalten ist (vgl. (3.16.6)). Wir betrachten eine baryzentrische

Unterteilung $\mathfrak{S}$ von $\bar{\Delta}_p$ einer hinreichend hohen Ordnung m, so daß die Durchmesser der Simplexe von $\mathfrak{S}$ alle $\leqq \varepsilon$ sind (vgl. (24.18.7)), und ausgehend von dieser Unterteilung betrachten wir die Unterteilung $\mathfrak{S}'$ von $\bar{\Delta}_p \times [0, 1]$ sowie die in (24.21.5) definierten bijektiven Abbildungen von Δ_{p+1} und Δ_p auf die Simplexe von $\mathfrak{S}'$. Bezeichnen wir die erste Projektion in $E_p \times \boldsymbol{R}$ mit pr_1, so ist offenbar $\mathrm{pr}_1 \circ Sd^m(1_{\Delta_p} \times \{1\}) = Sd^m(1_{\Delta_p})$; wir zeigen, daß die p-Kette

24.22.7.1. $z' = Sd^m(z) = \sum_{l=1}^{n} \lambda_l s_l \circ Sd^m(1_{\Delta_p}),$

die nach Konstruktion zu $S_p^{\mathfrak{U}}(X; \Lambda)$ gehört, das Gewünschte leistet.

Das ergibt sich aus dem folgenden allgemeineren Lemma:

24.22.7.2. *Es existiert eine Λ-lineare Abbildung $h_p: S_p(X; \Lambda) \to S_{p+1}(X; \Lambda)$ und eine Λ-lineare Abbildung $h'_{p-1}: S_{p-1}(X; \Lambda) \to S_p(X; \Lambda)$ mit*

24.22.7.3. $Sd^m - 1 = \mathfrak{b}_0 \circ h_p + h'_{p-1} \circ \mathfrak{b}_0.$

Hieraus ergibt sich nämlich, daß $z' - z = \mathfrak{b}_0(h_p(z))$ gilt und z' ein die Bedingung von I. erfüllender p-Zyklus ist.

Man geht wie beim Beweis von (24.22.2.1) vor, indem man für jede p-Kette $z = \sum_l \lambda_l s_l$ den Wert der linearen Abbildung $\sum_l \lambda_l S_p(s_l \circ \mathrm{pr}_1)$ für jede der beiden Seiten von (24.21.6.2) berechnet (wobei R durch Sd^m ersetzt wird); unter Ausnutzung der Kommutativität des Diagramms (24.20.3.2) findet man

$$Sd^m(z) - z = \mathfrak{b}_0\Big(\sum_l \lambda_l S_{p+1}(s_l \circ \mathrm{pr}_1)\,(\theta')\Big) - \sum_{k,j,l} (-1)^j \lambda_l (s_l \circ \mathrm{pr}_1 \circ \varrho_{jk}).$$

Der erste Ausdruck auf der rechten Seite läßt sich auch in der Gestalt $\mathfrak{b}_0(h_p(z))$ schreiben mit

$$h_p\Big(\sum_l \lambda_l s_l\Big) = \sum_l \lambda_l S_{p+1}(s_l \circ \mathrm{pr}_1)\,(\theta').$$

Um h'_{p-1} ebenso zu definieren, setzt man für jedes $u = \sum_\alpha \mu_\alpha s'_\alpha$ von $S_{p-1}(X; \Lambda)$, wobei die μ_α aus Λ sind und jedes s'_α eine stetige Abbildung von $\bar{\Delta}_{p-1}$ in X ist,

24.22.7.4. $-h'_{p-1}(u) = \sum_{k,\alpha} \mu_\alpha (s'_\alpha \circ y_k)$

(zu den Bezeichnungen vgl. man den Beweis von (24.22.2.1)). Es wird $\mathfrak{b}_0 z = \sum_\alpha \mu_\alpha s'_\alpha$ gesetzt, wobei die s'_α *verschieden* sind, $\mu_\alpha = \sum (-1)^j \lambda_l$ für jedes α ist und über alle Paare (l, j) summiert wird derart, daß $s_l \circ \sigma_j = s'_\alpha$ ist. Nach Definition gilt

$$s_l \circ \mathrm{pr}_1 \circ \varrho_{jk} = s_l \circ \mathrm{pr}_1 \circ \big((\sigma_j \circ y_k) \times t_k\big) = s_l \circ \sigma_j \circ y_k,$$

also

$$\sum_{k,j,l} (-1)^j \lambda_l (s_l \circ \mathrm{pr}_1 \circ \varrho_{jk}) = \sum_{k,j,l} (-1)^j \lambda_l (s_l \circ \sigma_j \circ y_k) = \sum_{k,\alpha} \mu_\alpha (s'_\alpha \circ y_k) = -h'_{p-1}(\mathfrak{b}_0 z),$$

was zu beweisen war.

Man beachte, daß diesen Definitionen zufolge $h_p(z)$ zu $S_{p+1}^{\mathfrak{U}}(X; \Lambda)$ gehört, wenn $z \in Z_p^{\mathfrak{U}}(X; \Lambda)$ ist, denn der Träger von $s_l \circ \mathrm{pr}_1$ ist im Träger von s_l enthalten.

Beweis von II. Wir behalten die obigen Bezeichnungen bei, ersetzen jedoch p durch $p+1$ und wählen $z' = Sd^m(z)$, das zu $S^{\mathfrak{U}}_{p+1}(X; \Lambda)$ gehörte. Aufgrund von (24.21.3.3) ist $\mathfrak{b}_0(z' - z) = Sd^m v - v$; da v aber nach Voraussetzung bereits zu $Z^{\mathfrak{U}}_p(X; \Lambda)$ gehört, gilt dasselbe für $Sd^m v$ (m beliebig), und man erkennt darüber hinaus, wenn man das Ergebnis von I. auf v anwendet, daß $Sd^m v - v = \mathfrak{b}_0 w$ ist, wobei w wegen $v \in Z^{\mathfrak{U}}_p(X; \Lambda)$ zu $S^{\mathfrak{U}}_{p+1}(X; \Lambda)$ gehört. Damit erhält man schließlich $v = \mathfrak{b}_0(z' - w)$, und II. ist bewiesen.

24.22.8. Aus (24.22.7) leiten wir eine zu (24.3.7.2) analoge *exakte Mayer-Vietoris-Sequenz* her. Dazu betrachten wir eine offene Überdeckung $\mathfrak{U}$ von X, die aus zwei nichtleeren offenen Mengen U_1, U_2 besteht derart, daß $U_1 \cap U_2$ nicht leer ist. Es wird eine Folge von Λ-linearen Abbildungen graduierter Kodifferentialmoduln

24.22.8.1. $0 \to S^{\mathfrak{U}}_{\bullet}(U_1 \cap U_2; \Lambda) \xrightarrow{v} S^{\mathfrak{U}}_{\bullet}(U_1; \Lambda) \oplus S^{\mathfrak{U}}_{\bullet}(U_2; \Lambda) \xrightarrow{u} S^{\mathfrak{U}}_{\bullet}(X; \Lambda) \to 0$

definiert, und zwar in folgender Weise: Für $z = \sum_l \lambda_l s_l$, wobei die $s_l(\bar{\Delta}_p)$ in $U_1 \cap U_2$ enthalten sind, wird

24.22.8.2. $v(z) = (z, -z)$

gesetzt, wobei z mit seinen kanonischen Bildern in $S^{\mathfrak{U}}_p(U_1; \Lambda)$ und $S^{\mathfrak{U}}_p(U_2; \Lambda)$ identifiziert wird; für jedes Paar von p-Ketten $z_1 \in S^{\mathfrak{U}}_p(U_1; \Lambda)$, $z_2 \in S^{\mathfrak{U}}_p(U_2; \Lambda)$ setzen wir

24.22.8.3. $u(z_1, z_2) = z_1 + z_2$,

wobei z_1 und z_2 mit ihren kanonischen Bildern in $S^{\mathfrak{U}}_p(X; \Lambda)$ identifiziert werden.

Die Sequenz (24.22.8.1) ist wieder *exakt*, was sich hier unmittelbar verifizieren läßt, da die Surjektivität von u aus der Definition der Überdeckung $\mathfrak{U}$ folgt. Da außerdem $v(\mathfrak{b}_0 z) = (\mathfrak{b}_0 z, -\mathfrak{b}_0 z)$ und $u(\mathfrak{b}_0 z_1, \mathfrak{b}_0 z_2) = \mathfrak{b}_0(z_1 + z_2)$ gilt, kann man aus u und v zwei homogene lineare Abbildungen vom Grad 0 ableiten:

$$v_*: H^{\mathfrak{U}}_{\bullet}(U_1 \cap U_2; \Lambda) \to H^{\mathfrak{U}}_{\bullet}(U_1; \Lambda) \oplus H^{\mathfrak{U}}_{\bullet}(U_2; \Lambda),$$
$$u_*: H^{\mathfrak{U}}_{\bullet}(U_1; \Lambda) \oplus H^{\mathfrak{U}}_{\bullet}(U_2; \Lambda) \to H^{\mathfrak{U}}_{\bullet}(X; \Lambda),$$

und die Exaktheit der Sequenz (24.22.8.1) zieht die Existenz einer homogenen linearen Abbildung vom Grad -1

$$\partial_{\mathfrak{U}}: H^{\mathfrak{U}}_{\bullet}(X; \Lambda) \to H^{\mathfrak{U}}_{\bullet}(U_1 \cap U_2; \Lambda)$$

nach sich derart, daß *die* (mit $H^{\mathfrak{U}}_0(X; \Lambda) \to 0$ endende) *Sequenz*

$$\cdots \to H^{\mathfrak{U}}_p(U_1 \cap U_2; \Lambda) \xrightarrow{v_*} H^{\mathfrak{U}}_p(U_1; \Lambda) \oplus H^{\mathfrak{U}}_p(U_2; \Lambda)$$
$$\xrightarrow{u_*} H^{\mathfrak{U}}_p(X; \Lambda) \xrightarrow{\partial_{\mathfrak{U}}} H^{\mathfrak{U}}_{p-1}(U_1 \cap U_2; \Lambda) \to \cdots$$

exakt ist. Die Abbildung $\partial_{\mathfrak{U}}$ ist folgendermaßen definiert (vgl. (A.30.4)): Ist $\bar{z}$ die Homologieklasse eines p-Zyklus $z \in Z^{\mathfrak{U}}_p(X; \Lambda)$ und schreibt man $z = z_1 + z_2$ mit $z_1 \in S^{\mathfrak{U}}_p(U_1; \Lambda)$, $z_2 \in S^{\mathfrak{U}}_p(U_2; \Lambda)$, so daß $\mathfrak{b}_0 z_1 = -\mathfrak{b}_0 z_2$ gilt, dann ist $\mathfrak{b}_0 z_1 = -\mathfrak{b}_0 z_2$ ein $(p-1)$-Zyklus aus $S^{\mathfrak{U}}_{p-1}(U_1 \cap U_2; \Lambda)$, und $\partial_{\mathfrak{U}} \bar{z}$ ist seine Homologieklasse.

Wir bemerken jetzt, daß nach Definition von $\mathfrak{U}$ die Beziehungen $S_{\bullet}(U_1; \Lambda) = S^{\mathfrak{U}}_{\bullet}(U_1; \Lambda)$, $S_{\bullet}(U_2; \Lambda) = S^{\mathfrak{U}}_{\bullet}(U_2; \Lambda)$ und $S_{\bullet}(U_1 \cap U_2; \Lambda) = S^{\mathfrak{U}}_{\bullet}(U_1 \cap U_2; \Lambda)$ gelten; folglich stimmen $H^{\mathfrak{U}}_{\bullet}(U_1; \Lambda)$, $H^{\mathfrak{U}}_{\bullet}(U_2; \Lambda)$ und $H^{\mathfrak{U}}_{\bullet}(U_1 \cap U_2; \Lambda)$ mit $H_{\bullet}(U_1; \Lambda)$, $H_{\bullet}(U_2; \Lambda)$ bzw. $H_{\bullet}(U_1 \cap U_2; \Lambda)$ überein; unter Benutzung des kanonischen Isomorphismus

$r_p^{\mathfrak{U}}$ (vgl. (24.22.6.1)) erhält man daher eine (mit $H_0(X; \Lambda) \to 0$ endende) exakte Sequenz

24.22.8.4. $$\cdots \to H_p(U_1 \cap U_2; \Lambda) \xrightarrow{v_*} H_p(U_1; \Lambda) \oplus H_p(U_2; \Lambda)$$
$$\xrightarrow{u_*} H_p(X; \Lambda) \xrightarrow{\partial} H_{p-1}(U_1 \cap U_2; \Lambda) \to \cdots,$$

wobei $\partial = \partial_{\mathfrak{U}} \circ (r_p^{\mathfrak{U}})^{-1}$ ist; diese Sequenz wird die *Mayer-Vietoris-Sequenz für die singuläre Homologie* genannt.

24.22.9. Beispiel. *Singuläre Homologie der Sphären.* Für jeden kommutativen Ring Λ und jede ganze Zahl $n \geqq 1$ gilt

24.22.9.1. $$\begin{cases} H_0(\mathbf{S}_n; \Lambda) \cong H_n(\mathbf{S}_n; \Lambda) \cong \Lambda, \\ H_p(\mathbf{S}_n; \Lambda) = \{0\} \quad \text{für} \quad p \neq 0, n. \end{cases}$$

Da $\mathbf{S}_n$ für $n \geqq 1$ eine zusammenhängende differenzierbare Mannigfaltigkeit ist, gilt (24.22.4) zufolge $H_0(\mathbf{S}_n; \Lambda) \cong \Lambda$, während sich für $\mathbf{S}_0 = \{-1, 1\}$ die Beziehung $H_0(\mathbf{S}_0; \Lambda) \cong \Lambda^2$ ergibt (vgl. (24.22.3) und (24.22.5)). Sind die offenen Mengen U und V wie in (24.4.1) definiert, so ergibt sich aus den Überlegungen in (24.4.1) und (24.22.4), daß (für $n \geqq 1$) $H_0(U; \Lambda) \cong H_0(V; \Lambda) \cong \Lambda$ gilt und $H_p(U; \Lambda) = H_p(V; \Lambda) = \{0\}$ für $p \geqq 1$ sowie $H_p(U \cap V; \Lambda) \cong H_p(\mathbf{S}_{n-1}; \Lambda)$ für jedes $p \geqq 0$ ist. Die Mayer-Vietoris-Sequenz für die Überdeckung (U, V) von $\mathbf{S}_n$ zerfällt dann in die exakten Sequenzen

$$0 \to H_1(\mathbf{S}_n; \Lambda) \xrightarrow{\partial} H_0(U \cap V; \Lambda) \xrightarrow{v_*} H_0(U; \Lambda) \oplus H_0(V; \Lambda)$$

und

$$0 \to H_p(\mathbf{S}_n; \Lambda) \xrightarrow{\partial} H_{p-1}(\mathbf{S}_{n-1}; \Lambda) \to 0 \quad \text{für} \quad p \geqq 2 \quad \text{und} \quad n \geqq 1.$$

Die zweite exakte Sequenz zeigt zunächst, daß $H_p(\mathbf{S}_n; \Lambda) = \{0\}$ ist für $p > n$, denn dieser Λ-Modul ist (24.22.3) und (24.22.5) zufolge gleich $H_{p-n}(\mathbf{S}_0; \Lambda) = \{0\}$. Für $2 \leqq p \leqq n$ wird durch eben diese exakte Sequenz die Bestimmung der $H_p(\mathbf{S}_n; \Lambda)$ auf den Fall $p = 1$ zurückgeführt. Ist $n > 1$, so ist $U \cap V$ wie U und V zusammenhängend, und ist $a \in U \cap V$, so bilden folglich die Klassen $\bar{a}, \bar{a}_1$ und $\bar{a}_2$ von a in $H_0(U \cap V; \Lambda)$, $H_0(U; \Lambda)$ und $H_0(V; \Lambda)$ jeweils Basen dieser freien Λ-Moduln (vgl. (24.22.4)), und v_* ist die injektive Abbildung $\lambda\bar{a} \to (\lambda\bar{a}_1, -\lambda\bar{a}_2)$, also gilt $H_1(\mathbf{S}_n; \Lambda) = \{0\}$. Ist $n = 1$, so enthält $U \cap V$ zwei zusammenhängende Komponenten, U und V sind zusammenhängend. Es seien a, b zwei zu verschiedenen zusammenhängenden Komponenten von $U \cap V$ gehörende Punkte; die Homologieklassen $\bar{a}$ und $\bar{b}$ dieser Punkte bilden dann eine Basis von $H_0(U \cap V; \Lambda)$, und andererseits gehören a und b in $H_0(U; \Lambda)$ (bzw. $H_0(V; \Lambda)$) zur selben Klasse $\bar{a}_1$ (bzw. $\bar{a}_2$). Hieraus folgt, daß v_* die Abbildung $\lambda\bar{a} + \mu\bar{b} \to \big((\lambda + \mu)\,\bar{a}_1, -(\lambda + \mu)\,\bar{a}_2\big)$ ist, und der Kern von v_* (das Bild von ∂ also) ist daher der Λ-Modul der $\lambda\bar{a} + \mu\bar{b}$ mit $\lambda + \mu = 0$; da dieser Untermodul frei ist und $\bar{a} - \bar{b}$ als Basis besitzt, ergibt sich $H_1(\mathbf{S}_1; \Lambda) \cong \Lambda$, was zu beweisen war.

24.22.10. In einem separierten topologischen Raum X heißt ein Teilraum Y ein *Homotopieretrakt* von X, wenn eine stetige Abbildung $F: X \times [0, 1] \to X$ (eine sogenannte *Homotopieretraktion* von X auf Y) existiert, welche die folgenden Eigenschaften besitzt:

1. $F(x, 0) = x$ für jedes $x \in X$;
2. $F(y, t) = y$ für jedes $y \in Y$ und für $0 \leqq t \leqq 1$;
3. $F(x, 1) \in Y$ für jedes $x \in X$.

Bezeichnet $i: Y \to X$ die kanonische injektive Abbildung, so ist $i_*: H_{.}(Y, \Lambda) \to H_{.}(X, \Lambda)$ für jeden kommutativen Ring Λ ein *Isomorphismus von graduierten Λ-Moduln*. Zum Beweis setzen wir $r(x) = F(x, 1)$, wobei r als Abbildung von X in Y aufgefaßt wird; die Bedingungen 2 und 3 ziehen $r \circ i = 1_Y$ nach sich. Andererseits sind die Abbildungen $i \circ r$ und 1_X von X in sich *homotop*, denn es gilt $F(x, 0) = x$ und $F(x, 1) = i(r(x))$ für jedes $x \in X$. Hieraus folgt, daß für die Abbildungen i_* und $r_*: H_{.}(X, \Lambda) \to H_{.}(Y, \Lambda)$ gilt, daß $i_* \circ r_*$ und $r_* \circ i_*$ die identischen Abbildungen sind, woraus sich die Behauptung ergibt. Beispielsweise haben wir in (24.7.2) bewiesen, daß für jede *kompakte Untermannigfaltigkeit* Y einer differenzierbaren Mannigfaltigkeit X eine fallende Folge (U_m) von Umgebungen von Y in X existiert, die ein Fundamentalsystem von Umgebungen von Y bildet mit der Eigenschaft, daß Y Homotopieretrakt einer jeden Umgebung U_m ist.

24.22.11. Beispiel. *Homologie von Bouquets differenzierbarer Mannigfaltigkeiten.* Unter einem *Bouquet differenzierbarer Mannigfaltigkeiten* wird ein separierter topologischer Raum X verstanden, der Vereinigung von abgeschlossenen Teilräumen $X_1, \ldots, X_r$ ist, die *einen einzigen* Punkt gemeinsam haben und von denen jedes X_j zu einer differenzierbaren Mannigfaltigkeit homöomorph ist (ohne daß die Dimensionen der X_j übereinstimmen müssen). Wir betrachten zuerst den Fall, daß X Vereinigung von zwei derartigen Räumen X_1, X_2 ist; a sei deren gemeinsamer Punkt. In X_j $(j = 1, 2)$ gibt es eine offene Umgebung V_j von a derart, daß $\{a\}$ ein Homotopieretrakt von V_j in X_j ist. Setzt man $U_1 = V_1 \cup X_2$ und $U_2 = V_2 \cup X_1$, so sind U_1, U_2 offene Mengen in X, X_2 ist Homotopieretrakt von U_1 und X_1 Homotopieretrakt von U_2; schließlich ist $\{a\}$ Homotopieretrakt von $U_1 \cap U_2 = V_1 \cup V_2$. In der Mayer-Vietoris-Sequenz (24.22.8.4) für U_1, U_2 und $X = U_1 \cup U_2$ kann man also $H_p(U_1 \cap U_2; \Lambda)$ für $p > 0$ durch 0, für $p = 0$ durch Λ ersetzen, und $H_p(U_1; \Lambda)$ (bzw. $H_p(U_2; \Lambda)$) durch $H_p(X_2; \Lambda)$ (bzw. $H_p(X_1; \Lambda)$); damit erhält man bereits

24.22.11.1. $H_p(X; \Lambda) \cong H_p(X_1; \Lambda) \oplus H_p(X_2; \Lambda)$ für $p \geqq 2$.

Sind darüber hinaus X_1 und X_2 *zusammenhängend* (also auch X), so zeigen die Überlegungen von (24.22.4), daß $H_0(X; \Lambda) \cong \Lambda$ gilt und daß die Abbildung

$$H_0(U_1 \cap U_2; \Lambda) \to H_0(U_1; \Lambda) \oplus H_0(U_2; \Lambda)$$

injektiv ist; die Beziehung (24.22.11.1) gilt somit *für jedes* $p \geqq 1$.

Ist X ein Bouquet von zusammenhängenden Mannigfaltigkeiten $X_1, \ldots, X_r$, so erkennt man mittels vollständiger Induktion, daß

24.22.11.2. $H_p(X; \Lambda) \cong H_p(X_1; \Lambda) \oplus H_p(X_2; \Lambda) \oplus \cdots \oplus H_p(X_r; \Lambda)$

für jedes $p \geqq 1$ ist, und es gilt $H_0(X; \Lambda) \cong \Lambda$.

24.22.12. Beispiel. *Verheftung von Kugeln.* Es sei D_n die abgeschlossene Kugel $\|\mathbf{z}\| \leqq 1$ in $\boldsymbol{R}^n$ $(n \geqq 2)$ und $f: D_n \to X$ eine stetige Abbildung von D_n in einen metrisierbaren Raum X derart, daß die Einschränkung von f auf die offene Kugel $\mathring{D}_n$: $\|\mathbf{z}\| < 1$, das Innere von D_n, *ein Homöomorphismus von $\mathring{D}_n$ auf eine offene Teilmenge V*

von X *ist*. Hieraus folgt $f(\boldsymbol{S}_{n-1}) \subset X \setminus V$; wäre nämlich $f(\mathbf{z}) \in V$ für einen Punkt $\mathbf{z} \in \boldsymbol{S}_{n-1}$, so gäbe es, da nach Voraussetzung ein $\mathbf{z}' \in \mathring{D}_n$ mit $f(\mathbf{z}') = f(\mathbf{z})$ existiert, für jeden zu $\mathbf{z}$ beliebig benachbarten Punkt $\mathbf{z}_1 \in \mathring{D}_n$ einen zu $\mathbf{z}'$ beliebig benachbarten Punkt $\mathbf{z}_1' \in \mathring{D}_n$ derart, daß $f(\mathbf{z}_1) = f(\mathbf{z}_1')$ gilt, was der Injektivität von f in $\mathring{D}_n$ widerspräche. Man sagt dann, man habe X *durch Verheftung von* D_n *mit* $Y = X \setminus V$ *vermittels* f erhalten.

Es sei B die offene Kugel $\|\mathbf{z}\| < 1/2$ in $\boldsymbol{R}^n$, $U_1 = f(B)$ eine zu B homöomorphe offene Teilmenge von X und U_2 die zum Punkt $f(0)$ in X komplementäre offene Teilmenge; (U_1, U_2) ist also eine offene Überdeckung von X. Wir zeigen nun, daß Y ein Homotopieretrakt von U_2 in X ist. Dazu genügt es, $F(x, t)$ für $x \in U_2$ und $0 \leqq t \leqq 1$ folgendermaßen zu definieren: $F(x, t) = x$ für $x \in Y$ und jedes t; ist $x = f(r\mathbf{u})$ mit $0 < r < 1$ und $\mathbf{u} \in \boldsymbol{S}_{n-1}$, so sei $F(x, t) = f\big((1 - t)\, r\mathbf{u} + t\mathbf{u}\big)$. Es bleibt nur noch nachzuprüfen, ob F in einem Punkt (x_0, t_0) stetig ist, wenn $x_0 = f(\mathbf{u}_0)$ ist mit $\mathbf{u}_0 \in \boldsymbol{S}_{n-1}$; ist (x_m) eine gegen x_0 strebende Folge von Punkten aus X und (t_m) eine gegen t_0 strebende Folge von Punkten aus $[0, 1]$, so kann man sich auf den Fall beschränken, daß $x_m = f(r_m \mathbf{u}_m)$ ist mit $0 < r_m < 1$ und $\mathbf{u}_m \in \boldsymbol{S}_{n-1}$. Aus Kompaktheitsgründen kann angenommen werden, daß $(\mathbf{u}_m)$ einen Limes $\mathbf{u}_0$ in $\boldsymbol{S}_{n-1}$ und (r_m) einen Limes r_0 in $[0, 1]$ besitzt. Da die Einschränkung von f auf $\mathring{D}_n$ ein Homöomorphismus auf V ist, gilt notwendigerweise $r_0 = 1$ und $f(\mathbf{u}_0) = x_0$; dann strebt aber $F(x_m, t_m) = f\big((1 - t_m)\, r_m \mathbf{u}_m + t_m \mathbf{u}_m\big)$ gerade gegen $f(\mathbf{u}_0) = F(x_0, t_0)$.

Schließlich ist $U_1 \cap U_2$ homöomorph zu $B \setminus \{0\}$, so daß $f(\tfrac{1}{4}\boldsymbol{S}_{n-1})$, das zu $\boldsymbol{S}_{n-1}$ homöomorph ist, ein Homotopieretrakt von $U_1 \cap U_2$ ist. In der Mayer-Vietoris-Sequenz (24.22.8.4) kann man daher, ausgenommen für $p = 0$, $H_p(U_1; \Lambda)$ durch 0 ersetzen, während $H_0(U_1; \Lambda) \cong \Lambda$ ist, $H_p(U_2; \Lambda)$ durch $H_p(Y; \Lambda)$ und schließlich $H_p(U_1 \cap U_2; \Lambda)$ durch 0, ausgenommen für $p = 0$ oder $p = n - 1$, wo es durch Λ ersetzt werden muß. Man erhält dann die folgenden Ergebnisse, wenn man berücksichtigt, daß die Abbildung $H_0(U_1 \cap U_2; \Lambda) \to H_0(U_1; \Lambda) \oplus H_0(U_2; \Lambda)$ injektiv ist, da $U_1 \cap U_2$ eine zusammenhängende Mannigfaltigkeit ist (vgl. (24.22.4)):

a) *Für* $n \geqq 2$, $1 \leqq p \leqq n - 1$ *oder* $p > n$ *ist die Abbildung*

24.22.12.1. $j_*: H_p(Y; \Lambda) \to H_p(X; \Lambda)$

bijektiv (j: $Y \to X$ *ist die kanonische injektive Abbildung*).

b) *Die Sequenz*

24.22.12.2. $0 \to H_n(Y; \Lambda) \xrightarrow{j_*} H_n(X; \Lambda) \xrightarrow{\partial} \Lambda \cong H_{n-1}(\boldsymbol{S}_{n-1}; \Lambda)$

$$\xrightarrow{f_*} H_{n-1}(Y; \Lambda) \xrightarrow{j_*} H_{n-1}(X; \Lambda) \to 0$$

ist exakt.

24.22.12.3. Bemerkung. In der vorhergehenden Beschreibung von X wird D_n oft durch einen zu D_n *homöomorphen* Raum Z ersetzt, und man spricht dann davon, daß X *durch Verheftung von* Z *mit* Y *vermittels* f erhalten wurde.

24.22.13. Beispiel. *Singuläre Homologie der projektiven Ebene* $\boldsymbol{P}_2(\boldsymbol{R})$. Wie wir wissen (vgl. (16.14.10)), ist $\boldsymbol{S}_2$ eine zweiblättrige Überlagerung von $\boldsymbol{P}_2(\boldsymbol{R})$; es sei $\pi: \boldsymbol{S}_2 \to \boldsymbol{P}_2(\boldsymbol{R})$ die kanonische Projektion, vermöge der zwei verschiedene Punkte $\mathbf{x}$, $\mathbf{y}$ von $\boldsymbol{S}_2$ genau dann dasselbe Bild haben, wenn $\mathbf{y} = -\mathbf{x}$ ist. Es sei f die Einschränkung von π auf die abgeschlossene Hemisphäre D_2^+ von $\boldsymbol{S}_2$, die durch $x_3 \geqq 0$ definiert ist und zu D_2 vermöge orthogonaler Projektion auf $\boldsymbol{R}^2$ homöomorph ist; offenbar gilt

$f(D_2^+) = \boldsymbol{P}_2(\boldsymbol{R})$, und die Einschränkung von f auf den (zu $\mathring{D}_2$ homöomorphen) offenen Kern $\mathring{D}_2^+$ ist ein Homöomorphismus auf sein Bild V, das die zu $f(\boldsymbol{S}_1) = \boldsymbol{P}_1(\boldsymbol{R})$ komplementäre offene Teilmenge von $\boldsymbol{P}_2(\boldsymbol{R})$ ist. Da $\boldsymbol{P}_1(\boldsymbol{R})$ zu $\boldsymbol{S}_1$ homöomorph ist (vgl. (16.11.12)), erhält man daher aus (24.22.12), angewandt auf $X = \boldsymbol{P}_2(\boldsymbol{R})$ und $Y = \boldsymbol{P}_1(\boldsymbol{R})$, daß $H_p(X; \Lambda) = \{0\}$ ist für $p \geqq 3$, sowie eine exakte Sequenz

$$0 \to H_2(\boldsymbol{P}_2(\boldsymbol{R}); \Lambda) \to \Lambda \cong H_1(\boldsymbol{S}_1; \Lambda) \xrightarrow{f_*} H_1(\boldsymbol{P}_1(\boldsymbol{R}); \Lambda)$$
$$\to H_1(\boldsymbol{P}_2(\boldsymbol{R}); \Lambda) \to 0,$$

und es bleibt nur noch die Abbildung f_* zu bestimmen. Dazu betrachten wir die Abbildung $g: \zeta \to \zeta^2$ von $\boldsymbol{S}_1 = \boldsymbol{U}$ auf sich; sie läßt sich in $\boldsymbol{S}_1 \xrightarrow{f} \boldsymbol{P}_1(\boldsymbol{R}) \xrightarrow{h} \boldsymbol{S}_1$ faktorisieren, wobei h ein Diffeomorphismus ist, und nach Identifizierung von $\boldsymbol{P}_1(\boldsymbol{R})$ und $\boldsymbol{S}_1$ vermittels h kann in der vorhergehenden exakten Sequenz $\boldsymbol{P}_1(\boldsymbol{R})$ durch $\boldsymbol{S}_1$ und f_* durch g_* ersetzt werden. Wir erinnern daran (vgl. (24.22.9)), daß der Λ-Modul $H_1(\boldsymbol{S}_1; \Lambda)$ die Klasse $\bar{z}_0$ des Fundamentalzyklus $z_0: t\mathbf{e}_0 + (1-t)\,\mathbf{e}_1 \to e^{2\pi i t}$ als Basis besitzt, und zeigen, daß $g_*(\bar{z}_0) = 2\bar{z}_0$ gilt, oder, was dasselbe ist, daß $S_1(g)\,(z_0) - 2z_0$ ein Rand ist. Nun stellt man sogleich fest, daß $2z_0 = S_1(g)\big(Sd(z_0)\big)$ geschrieben werden kann, und aufgrund von Lemma (24.22.7.3) ist $Sd(z_0) - z_0$ ein Rand, da z_0 ein Zyklus ist.

Der Kern der Abbildung g_* ist daher der *Annullator* $\mathfrak{n}$ des Ideals 2Λ in dem Ring Λ, und ihr Bild in dem freien Λ-Modul $H_1(\boldsymbol{S}_1; \Lambda) = \Lambda\bar{z}_0$ ist $2\Lambda\bar{z}_0$; daher gilt

24.22.13.1.
$$\begin{cases} H_0(\boldsymbol{P}_2(\boldsymbol{R}); \Lambda) \cong \Lambda, \\ H_1(\boldsymbol{P}_2(\boldsymbol{R}); \Lambda) \cong \Lambda/2\Lambda, \\ H_2(\boldsymbol{P}_2(\boldsymbol{R}); \Lambda) \cong \mathfrak{n}. \end{cases}$$

24.22.14. Beispiel. *Singuläre Homologie der komplexen projektiven Räume* $\boldsymbol{P}_n(\boldsymbol{C})$. Es sei daran erinnert (vgl. (16.11.12)), daß $\boldsymbol{P}_1(\boldsymbol{C})$ homöomorph zu $\boldsymbol{S}_2$ ist; ausgehend von diesem Ergebnis, wollen wir durch vollständige Induktion nach n die singuläre Homologie von $\boldsymbol{P}_n(\boldsymbol{C})$ bestimmen. Dazu machen wir von der Tatsache Gebrauch, daß $\boldsymbol{S}_{2n+1}$ ein Hauptfaserbündel mit $\boldsymbol{P}_n(\boldsymbol{C})$ als Basis und $\boldsymbol{U}$ als Strukturgruppe ist (vgl. (16.14.10)); es sei $\pi: \boldsymbol{S}_{2n+1} \to \boldsymbol{P}_n(\boldsymbol{C})$ die kanonische Projektion dieses Faserbündels, die jedem Punkt $\mathbf{z} = (z_j)_{1 \leqq j \leqq n+1}$ von $\boldsymbol{S}_{2n+1}$ (der also der Bedingung $\sum_{j=1}^{n+1} |z_j|^2 = 1$ genügt) den Punkt $\pi(\mathbf{z})$ mit den homogenen Koordinaten $z_1, \ldots, z_{n+1}$ zuordnet. Die abgeschlossene Hemisphäre D_{2n}^+ von $\boldsymbol{S}_{2n}$, die aus den Punkten $\mathbf{z} \in \boldsymbol{S}_{2n+1}$ besteht, für die z_{n+1} reell und $\geqq 0$ ist, ist zur abgeschlossenen Kugel D_{2n} in $\boldsymbol{C}^n = \boldsymbol{R}^{2n}$ homöomorph (vermöge Projektion von $\boldsymbol{C}^{n+1}$ auf $\boldsymbol{C}^n$), und die Einschränkung f von π auf D_{2n}^+ ist wieder surjektiv; außerdem ist die Einschränkung von f auf den offenen Kern $\mathring{D}_{2n}^+$ von D_{2n}^+ in bezug auf $\boldsymbol{S}_{2n}$ ein Homöomorphismus von $\mathring{D}_{2n}^+$ auf die offene Teilmenge V von $\boldsymbol{P}_n(\boldsymbol{C})$, die aus allen den Punkten besteht, deren $(n+1)$-te homogene Koordinate $z_{n+1} \neq 0$ ist; V wird mit $\boldsymbol{C}^n$ identifiziert. Das Komplement von V in $\boldsymbol{P}_n(\boldsymbol{C})$ wird mit $\boldsymbol{P}_{n-1}(\boldsymbol{C})$ identifiziert, das Komplement von $\mathring{D}_{2n}^+$ in D_{2n}^+ ist $\boldsymbol{S}_{2n-1}$, und die Einschränkung von f auf $\boldsymbol{S}_{2n-1}$ ist die kanonische Projektion. Daher kann man (24.22.12) auf $X = \boldsymbol{P}_n(\boldsymbol{C})$, $Y = \boldsymbol{P}_{n-1}(\boldsymbol{C})$ und f anwenden; man erhält die Isomorphismen

24.22.14.1. $H_p(\boldsymbol{P}_n(\boldsymbol{C}); \Lambda) \cong H_p(\boldsymbol{P}_{n-1}(\boldsymbol{C}); \Lambda)$ für $1 \leqq p < 2n - 1$ und $p > 2n$

sowie eine exakte Sequenz

24.22.14.2. $0 \to H_{2n}(\boldsymbol{P}_{n-1}(\boldsymbol{C}); \Lambda) \to H_{2n}(\boldsymbol{P}_n(\boldsymbol{C}); \Lambda) \to \Lambda$
$$\to H_{2n-1}(\boldsymbol{P}_{n-1}(\boldsymbol{C}); \Lambda) \to H_{2n-1}(\boldsymbol{P}_n(\boldsymbol{C}); \Lambda) \to 0.$$

Durch vollständige Induktion nach n findet man nun leicht

24.22.14.3. $$\begin{cases} H_p(\boldsymbol{P}_n(\boldsymbol{C}); \Lambda) \cong \Lambda & \text{für} \quad p = 0, 2, 4, \ldots, 2n, \\ H_p(\boldsymbol{P}_n(\boldsymbol{C}); \Lambda) = \{0\} & \text{für die anderen Werte von } p > 0. \end{cases}$$

Diese Beziehungen gelten nämlich für $n = 1$; setzt man sie als wahr für $n - 1$ voraus, so leitet man aus der exakten Sequenz (24.22.14.2) her, daß $H_{2n-1}(\boldsymbol{P}_n(\boldsymbol{C}); \Lambda) = \{0\}$ und $H_{2n}(\boldsymbol{P}_n(\boldsymbol{C}); \Lambda) \cong \Lambda$ ist, und die Werte von $H_p(\boldsymbol{P}_n(\boldsymbol{C}); \Lambda)$ für die übrigen ganzen Zahlen $p \geqq 1$ ergeben sich ausgehend von (24.22.14.1); da $\boldsymbol{P}_n(\boldsymbol{C})$ zusammenhängend ist, findet man schließlich $H_0(\boldsymbol{P}_n(\boldsymbol{C}); \Lambda) \cong \Lambda$.

24.22.15. Bemerkung. Es sei X_0 eine reine differenzierbare Mannigfaltigkeit, X eine zweiblättrige Überlagerung von X_0, $\pi: X \to X_0$ ihre Projektion und s der Isomorphismus von X auf sich, der die beiden Blätter vertauscht (vgl. (24.1.4)). Für jedes $x \in X_0$ existiert eine offene Umgebung V_x von x in X_0 derart, daß $\pi^{-1}(V_x)$ disjunkte Vereinigung von zwei offenen Mengen V'_x, V''_x ist und die Einschränkung von π auf jede dieser offenen Mengen ein Diffeomorphismus auf V_x (vgl. (16.12.4.1)). Mit $\mathfrak{U}$ bezeichnen wir die offene Überdeckung von X, die aus den Mengen V'_x und V''_x besteht (x durchläuft X_0); aufgrund von (24.22.7) kann die singuläre Homologie von X (bzw. X_0) ausgehend von dem Λ-Modul $S^{\mathfrak{U}}(X; \Lambda)$ (bzw. dem Λ-Modul $S^{\mathfrak{U}_0}(X_0; \Lambda)$, wobei $\mathfrak{U}_0$ die aus den V_x bestehende offene Überdeckung von X_0 ist) berechnet werden. Wir nehmen an, daß in dem Ring Λ zu jedem Element α genau ein Element β existiert mit $2\beta = \alpha$. (Für β schreiben wir $^1/_2\alpha$). Dann läßt sich jedes Element $z \in S^{\mathfrak{U}}_p(X; \Lambda)$ in der Gestalt $z = {}^1/_2(z + S_p(s)(z)) + {}^1/_2(z - S_p(s)(z))$ schreiben, und $S^{\mathfrak{U}}_p(X; \Lambda)$ ist daher direkte Summe der beiden Untermoduln S^+_p und S^-_p, die jeweils aus den $z \in S^{\mathfrak{U}}_p(X; \Lambda)$ bestehen, für die $S_p(s)(z) = z$ bzw. $S_p(s)(z) = -z$ gilt. Offenbar ist die Abbildung $S_p(\pi)$ in S^-_p gleich 0; ihre Einschränkung auf S^+_p ist eine *bijektive* Abbildung von diesem Λ-Modul auf $S^{\mathfrak{U}_0}_p(X_0; \Lambda)$. Für jede p-Kette $y = \sum_l \lambda_l f_l$, wobei λ_l zu Λ gehört und jedes f_l eine stetige Abbildung von $\bar{\Delta}_p$ in eine Menge V_x aus $\mathfrak{U}_0$ ist, existieren nämlich für jedes l zwei wohlbestimmte stetige Abbildungen f'_l, f''_l von Δ_p in V'_x bzw. V''_x mit $f_l = \pi \circ f'_l = \pi \circ f''_l$; setzt man $z = \sum_l {}^1/_2\lambda_l(f'_l + f''_l)$, so ist z daher das einzige Element von S^+_p derart, daß $S_p(\pi)(z) = y$ gilt (denn man kann offenbar voraussetzen, daß die f_l paarweise verschieden sind). Aufgrund der Kommutativität des Diagramms (24.20.3.2) erhält man hieraus durch Faktorisierung, daß $H_p(X; \Lambda)$ *direkte Summe* von zwei Untermoduln $H^+_p(X; \Lambda)$ und $H^-_p(X; \Lambda)$ ist, die durch die Beziehungen $H_p(s)(c) = c$ bzw. $H_p(s)(c) = -c$ charakterisiert sind, und daß $H_p(\pi)$ eine *bijektive Abbildung von* $H^+_p(X; \Lambda)$ *auf* $H_p(X_0; \Lambda)$ ist.

Aufgaben

1. Ein separierter Raum X heißt ein *Umgebungsretrakt*, wenn es zu jedem metrisierbaren Raum Y und jeder stetigen Abbildung f eines abgeschlossenen Teilraumes B von Y in X eine Umgebung U von B in Y und eine f fortsetzende stetige Abbildung von U in X gibt.

a) Jede offene Teilmenge eines Umgebungsretrakts ist ein Umgebungsretrakt. Jedes endliche Produkt von Umgebungsretrakten ist ein Umgebungsretrakt.

b) Man zeige, daß jede nichtleere offene Teilmenge eines Raumes $\boldsymbol{R}^n$ ein Umgebungsretrakt ist. (Man benutze den Satz von TIETZE-URYSOHN (vgl. (4.5.1)).)

c) Ist X ein Teilraum eines metrisierbaren Raumes Y und X ein Umgebungsretrakt, so existiert eine offene Umgebung U von X in Y und eine stetige Abbildung $r\colon U \to X$ derart, daß $r(x) = x$ für jedes $x \in X$ gilt.

d) Es sei X ein metrisierbarer Raum, der ein Umgebungsretrakt ist, und A ein abgeschlossener Teilraum von X, der ebenfalls ein Umgebungsretrakt ist. Es sei U eine offene Umgebung von A in X und $r\colon U \to A$ eine stetige Abbildung von U in A mit $r(x) = x$ für jedes $x \in A$ (vgl. c)). Man zeige, daß eine offene Umgebung $V \subset U$ von A mit folgender Eigenschaft existiert: Ist $r'\colon V \to A$ die Einschränkung von r und $i\colon A \to V$ die kanonische injektive Abbildung, dann sind $i \circ r'$ und 1_V homotop, oder anders ausgedrückt, A ist *Homotopieretrakt* von V. (Man betrachte die abgeschlossene Teilmenge $W = (U \times \{0\}) \cup (A \times [0, 1]) \cup (U \times \{1\})$ in $U \times [0, 1]$ und benutze die Tatsache, daß U ein Umgebungsretrakt ist, um die Homotopieretraktion von V auf A als Einschränkung einer stetigen Abbildung einer Umgebung von W in $U \times [0, 1]$ zu definieren.)

e) Es sei X ein metrisierbarer Raum, der ein Umgebungsretrakt ist, Y ein metrisierbarer Raum, B ein abgeschlossener Teilraum von Y sowie f eine stetige Abbildung von B in X. Man zeige: Existiert eine stetige Abbildung g von Y in X derart, daß f zur Einschränkung von g auf B homotop ist, dann existiert eine stetige Abbildung von Y in X, die f fortsetzt. (In dem Produktraum $Y \times [0, 1]$ betrachte man die abgeschlossene Menge $(B \times [0, 1]) \cup (Y \times \{0\})$ und eine stetige Abbildung F dieser Menge in X mit $F(y, 1) = f(y)$ für $y \in B$ und $F(y, 0) = g(y)$ für $y \in Y$. Man benutze die Tatsache, daß X ein Umgebungsretrakt ist, sowie den Satz von TIETZE-URYSOHN (vgl. (4.5.1)).)

2. Man zeige, daß eine kompakte topologische Mannigfaltigkeit (vgl. (16.1.6)) ein Umgebungsretrakt ist. (Man verallgemeinere (16.25.1) auf topologische Mannigfaltigkeiten.)

3. Es sei X der kompakte Teilraum von $\boldsymbol{R}^2$, der zum einen aus den Paaren (x, y) mit $0 \leqq x \leqq 1$ und $y = 0$ besteht und zum anderen aus den Paaren (x, y) mit $x = 0$ oder $x = 1/n$ und $0 \leqq y \leqq 1$ (n eine beliebige ganze Zahl > 0) („Kammraum“). Man zeige, daß X zwar kontrahierbar, jedoch kein Umgebungsretrakt ist. (Man betrachte X als Teilraum von $\boldsymbol{R}^2$ und benutze Aufgabe 1c).)

4. Es sei X ein metrisierbarer und separabler Raum sowie a ein Punkt von X. Der Raum $\mathscr{P}_n(X, a)$, der zur Einführung der Homotopiegruppe $\pi_n(X, a)$ diente (Abschnitt 16.30, Aufgabe 3), kann mit dem Teilraum von $\mathscr{C}(\overline{\Delta}_n, X)$ identifiziert werden, der aus den stetigen Abbildungen von $\overline{\Delta}_n$ in X besteht, die in jedem Punkt von $\operatorname{Fr}(\Delta_n)$ gleich a sind; es sei $[s]$ die Klasse einer solchen Abbildung s in der Gruppe $\pi_n(X, a)$. Man zeige, daß man in dieser Gruppe das Produkt $[s'] \cdot [s'']$ von zwei Elementen auf folgende Weise erhält: Mit σ' werde die affine lineare Abbildung $(\mathbf{e}_0\, \mathbf{e}_1 \ldots \mathbf{e}_{n-1}\; 1/2(\mathbf{e}_{n-1} + \mathbf{e}_n))$ und mit σ'' die affine lineare Abbildung $(\mathbf{e}_0\, \mathbf{e}_1 \ldots 1/2(\mathbf{e}_{n-1} + \mathbf{e}_n)\; \mathbf{e}_n)$ bezeichnet; man betrachte nun die stetige Abbildung, die in $\operatorname{Im}(\sigma')$ gleich $s' \circ \sigma'^{-1}$ und in $\operatorname{Im}(\sigma'')$ gleich $s'' \circ \sigma''^{-1}$ ist; ihre Klasse ist $[s'] \cdot [s'']$.

a) Es seien t', t'' zwei homotope Elemente aus $\mathscr{P}_{n-1}(X, a)$. Man zeige, daß eine stetige Abbildung von $\overline{\Delta}_n$ in X existiert, die auf der Seite F_i gleich $t' \circ \sigma_i$ ist, auf der Seite F_j gleich $t'' \circ \sigma_j$ und in allen anderen Seiten von Δ_n gleich a.

b) Mit a_n werde das Element aus $\mathscr{P}_n(X, a)$ bezeichnet, das in jedem Punkt von $\overline{\Delta}_n$ gleich a ist. Man zeige: Für jedes $s \in \mathscr{P}_n(X, a)$ gilt $\mathfrak{b}_0 s = 0$, wenn n ungerade ist, und $\mathfrak{b}_0 s = a_{n-1}$, wenn n gerade ist.

c) Sind zwei Elemente s', s'' aus $\mathscr{P}_n(X, a)$ homotop (vermöge einer Homotopie F mit $F(\mathbf{x}, t) = a$ für $t \in [0, 1]$ und $\mathbf{x} \in \operatorname{Fr}(\Delta_n)$), so zeige man, daß $s' - s''$ ein zu $B_n(X; \boldsymbol{Z})$ gehörender Rand ist. (Man wende a) auf s' und s'' an, wobei man die stetige Abbildung von $\overline{\Delta}_{n+1}$ in X mit Hilfe der Homotopie F konstruiere.)

d) Es seien s', s'' zwei Elemente aus $\mathcal{P}_n(X, a)$, und es sei s das oben konstruierte Element von $\mathcal{P}_n(X, a)$, dessen Klasse in $\pi_n(X, a)$ gleich $[s'] \cdot [s'']$ ist. Man zeige: Ist n ungerade, so ist $s' + s'' - s$ ein Rand aus $B_n(X; \boldsymbol{Z})$, und ist n gerade, so ist $(s' - a_n) + (s'' - a_n) - (s - a_n)$ ein Rand aus $B_n(X; \boldsymbol{Z})$. (Man benutze a).)

e) Für jedes $s \in \mathcal{P}_n(X, a)$ hängt die Klasse von s in $H_n(X; \boldsymbol{Z})$ für ungerades n bzw. die Klasse von $s - a_n$ in $H_n(X; \boldsymbol{Z})$ für gerades n nur von der Klasse $[s]$ von s in $\pi_n(X, a)$ ab (man benutze c)); hieraus leite man einen kanonischen Homomorphismus (den sogenannten *Hurewiczschen Homomorphismus*) von $\pi_n(X, a)$ in $H_n(X; \boldsymbol{Z})$ her. (Man benutze d).) Für $n \geqq 2$ ist dieser Homomorphismus im allgemeinen weder injektiv noch surjektiv (vgl. Abschnitt 16.30, Aufgabe 9c)).

5. Es sei X ein metrisierbarer, separabler und bogenzusammenhängender (vgl. Abschnitt 16.27, Aufgabe 1) Raum, und es sei $a \in X$. Für jedes $x \in X$ werde mit $\gamma(x)$ ein Weg $\Delta_1 \to X$ bezeichnet mit $\gamma(x)(\mathbf{e}_0) = a$ und $\gamma(x)(\mathbf{e}_1) = x$.

a) Es sei $z = \sum_l \lambda_l f_l$ ein 1-Zyklus aus $Z_l(X; \boldsymbol{Z})$, wobei die λ_l also zu $\boldsymbol{Z}$ gehören. Für jedes l setze man $s_l = \gamma(f_l(\mathbf{e}_0))\, f_l \gamma(f_l(\mathbf{e}_1))^{-1}$; s_l gehört zu $\mathcal{P}_1(X, a)$. Man zeige, daß das Bild von $\prod_l [s_l]^{\lambda_l}$ vermöge der kanonischen Abbildung von $\pi_1(X, a)$ in $H_1(X; \boldsymbol{Z})$ (vgl. Aufgabe 4) die Homologieklasse von z ist.

b) Es sei z ein Element von $\mathcal{P}_1(X, a)$, das ein 1-Rand aus $B_1(X; \boldsymbol{Z})$ ist; z kann also in der Gestalt

$$z = \sum_l \lambda_l (f_{l0} - f_{l1} + f_{l2})$$

geschrieben werden, wobei die λ_l zu $\boldsymbol{Z}$ gehören und die f_{lj} $(j = 0, 1, 2)$ singuläre Simplexe der Dimension 1 sind derart, daß $f_{l0}(\mathbf{e}_0) = f_{l2}(\mathbf{e}_1)$, $f_{l1}(\mathbf{e}_0) = f_{l2}(\mathbf{e}_0)$ und $f_{l1}(\mathbf{e}_1) = f_{l0}(\mathbf{e}_1)$ gilt. Man setze

$$s_{l0} = \gamma(f_{l0}(\mathbf{e}_0))\, \gamma(f_{l0}(\mathbf{e}_1))^{-1}, \qquad s_{l1} = \gamma(f_{l1}(\mathbf{e}_0))\, f_{l1}\gamma(f_{l1}(\mathbf{e}_1))^{-1}, \qquad s_{l2} = \gamma(f_{l2}(\mathbf{e}_0))\, f_{l2}\gamma(f_{l2}(\mathbf{e}_1))^{-1};$$

die s_{lj} $(j = 0, 1, 2)$ sind Elemente von $\mathcal{P}_1(X, a)$. Man zeige, daß das Element $[s_{l0}] \cdot [s_{l1}]^{-1} \cdot [s_{l2}]$ aus $\pi_1(X, a)$ das neutrale Element ist. Man zeige, daß das Bild von $[z]$ in der Faktorgruppe $\pi_1(X, a)/\mathcal{D}(\pi_1(X, a))$ von $\pi_1(X, a)$ nach seiner Kommutatorgruppe gleich dem Produkt der Bilder der Elemente $[s_{l0}]^{\lambda_l} \cdot [s_{l1}]^{-\lambda_l} \cdot [s_{l2}]^{\lambda_l}$ in dieser Faktorgruppe ist, und leite hieraus her, daß $[z]$ zur Kommutatorgruppe $\mathcal{D}(\pi_1(X, a))$ gehört.

c) Aus a) und b) leite man her, daß der Hurewiczsche Homomorphismus von $\pi_1(X, a)$ in $H_1(X; \boldsymbol{Z})$ (vgl. Aufgabe 4) surjektiv ist und sein Kern die Kommutatorgruppe $\mathcal{D}(\pi_1(X, a))$, so daß $H_1(X; \boldsymbol{Z})$ *zu* $\pi_1(X, a)/\mathcal{D}(\pi_1(X, a))$ *isomorph* ist.

6. Man betrachte die Sphäre $\boldsymbol{S}_3$ als die durch $|z_1|^2 + |z_2|^2 = 1$ definierte Untermannigfaltigkeit von $\boldsymbol{C}^2$. Sind p, q zwei ganze Zahlen derart, daß $1 \leqq q < p$ gilt und p und q teilerfremd sind, so operiert die zyklische Gruppe $G = \boldsymbol{Z}/p\boldsymbol{Z}$ differenzierbar und frei in $\boldsymbol{S}_3$ vermöge der Aktion $(k, (z_1, z_2)) \to (\omega^k z_1, \omega^{qk} z_2)$, wobei $\omega = \exp(2\pi i/p)$ ist. Der Orbitraum $L(p, q) = \boldsymbol{S}_3/G$ ist dann eine kompakte zusammenhängende Mannigfaltigkeit (ein sogenannter *Linsenraum*), für welche die $\boldsymbol{S}_3$ eine Überdeckung ist; es sei $h: \boldsymbol{S}_3 \to L(p, q)$ die kanonische Projektion (vgl. Aufgabe 4 in Abschnitt 16.28). Man setze $X_0 = \{h(1, 0)\}$, $X_1 = h(S_1)$, wobei S_1 die Menge der $(z_1, z_2) \in \boldsymbol{S}_3$ mit $z_2 = 0$ ist, und $X_2 = h(D_2^+)$, wobei D_2^+ die Menge der Punkte (z_1, z_2) von $\boldsymbol{S}_3$ ist, für die $|z_1| \leqq 1$, $z_2 = (1 - |z_1|^2)^{1/2}$ gilt.

a) Man zeige: X_1 erhält man durch Verheftung von $I = [-1, 1]$ mit X_0 vermittels $f_1: \theta \to h(e^{\pi i\theta/p})$; X_2 erhält man durch Verheftung von $B: |z| \leqq 1$ mit X_1 vermittels $f_2: z \to h(z, (1 - |z|^2)^{1/2})$; $L(p, q)$ erhält man durch Verheftung von $B \times I$ mit X_2 vermittels $f_3: (z, \theta) \to h(z, e^{q\pi i\theta/p}(1 - |z|^2)^{1/2})$.

b) Aus a) leite man her, daß $H_0(L(p, q); \boldsymbol{Z}) \cong \boldsymbol{Z}$, $H_1(L(p, q); \boldsymbol{Z}) \cong \boldsymbol{Z}/p\boldsymbol{Z}$, $H_2(L(p,q); \boldsymbol{Z}) = \{0\}$, $H_3(L(p, q); \boldsymbol{Z}) \cong \boldsymbol{Z}$ gilt.

7. Man zeige, daß $H_p(\boldsymbol{P}_n(\boldsymbol{H}); \Lambda) \cong \Lambda$ ist für $p = 0, 4, \ldots, 4n$ und $H_p(\boldsymbol{P}_n(\boldsymbol{H}); \Lambda) = \{0\}$ für alle anderen Werte von p.

8. a) Es sei X ein topologischer Raum, R eine Äquivalenzrelation in X und $\pi: X \to X/R$ die kanonische Abbildung. Man zeige, daß die Menge der Teilmengen V von X/R derart, daß $\pi^{-1}(V)$ offen in X ist, eine Topologie auf X/R darstellt, die sogenannte *Faktortopologie*; X/R, versehen mit dieser Topologie, heißt *Faktorraum* von X bezüglich der Relation R; π ist eine stetige Abbildung von X auf X/R.

b) Man nehme an, daß X kompakt und metrisierbar und die Äquivalenzrelation R abgeschlossen ist, d. h., daß für jede abgeschlossene Teilmenge K von X die Menge $\pi^{-1}(\pi(K))$ abgeschlossen ist. Eine Teilmenge A von X heißt bezüglich R *gesättigt*, wenn $A = \pi^{-1}(\pi(A))$ gilt, mit anderen Worten, wenn A Vereinigung von R entsprechenden Äquivalenzklassen ist. Man zeige, daß für jede gesättigte abgeschlossene Teilmenge K von X und jede offene Umgebung U von K eine offene Umgebung $W \subset U$ von K existiert, die gesättigt ist.

c) Unter den Voraussetzungen von b) zeige man, daß die Topologie von X/R eine abzählbare Basis besitzt. (Es sei (U_n) eine abzählbare Basis der Topologie von X. Für jedes $z \in X/R$ und jede Umgebung V von z in X/R überdecke man $\pi^{-1}(z)$ mit einer endlichen Anzahl offener Mengen U_{n_k}, die in $\pi^{-1}(V)$ enthalten sind, und benutze b).)

d) Man zeige, daß unter den Voraussetzungen von b) zu jedem Paar (F, V), das aus einer abgeschlossenen Teilmenge F von X/R und einer offenen Umgebung V von F besteht, eine stetige Abbildung von X/R in $[0, 1]$ existiert, die in F den Wert 1 und im Komplement von V den Wert 0 annimmt. (Man schließe wie in Aufgabe 5 aus Abschnitt 12.10.)

e) Aus c) und d) leite man her, daß X/R ein metrisierbarer kompakter Raum ist. (Man schließe wie in Aufgabe 5 aus Abschnitt 12.10.)

9. In den Bezeichnungen von (24.22.12) sei R_0 eine abgeschlossene Äquivalenzrelation in $\boldsymbol{S}_n$ und R die Äquivalenzrelation in D_n, deren Äquivalenzklassen die Klassen von R_0 und die Mengen $\{\mathbf{x}\}$ für $\mathbf{x} \in \mathring{D}_n$ sind; $X = D_n/R$ ist dann ein metrisierbarer kompakter Raum (vgl. Aufgabe 8), und ist $\pi: D_n \to X$ die kanonische Abbildung, so ergibt sich X durch Verheftung von D_n mit $Y = \pi(\boldsymbol{S}_n) = \boldsymbol{S}_n/R_0$ vermittels π.

Man zeige, daß es abgeschlossene Äquivalenzrelationen R_0 in $\boldsymbol{S}_1$ gibt derart, daß $Y = \boldsymbol{S}_1/R_0$ zu einer Sphäre $\boldsymbol{S}_N$ für beliebig großes N homöomorph ist, und leite hieraus her, daß es metrisierbare kompakte Räume X gibt, in denen eine zu $\boldsymbol{R}^2$ homöomorphe überall dichte offene Menge existiert, für die aber $H_N(X; \boldsymbol{Z})$ nicht nur aus 0 besteht. (Man benutze Aufgabe 3 aus Abschnitt 4.2.)

10. In $\boldsymbol{R}^n$ sei Y_p die Vereinigung der $p + 1$ Kugeln $\|\mathbf{x} - 3k\mathbf{e}_1\| \leqq 1$ für $0 \leqq k \leqq p$. Man betrachte in Y_p die Äquivalenzrelation R, deren Äquivalenzklassen die Mengen $\{\mathbf{x}\}$ für innere Punkte $\mathbf{x}$ von Y_p sind, sowie die Mengen $\{\mathbf{x}, \mathbf{x} + 3\mathbf{e}_1, \ldots, \mathbf{x} + 3p\mathbf{e}_1\}$, wobei $\mathbf{x}$ die Sphäre $\|\mathbf{x}\| = 1$ durchläuft. Man zeige, daß für den metrisierbaren Faktorraum $X_p = Y_p/R$ (vgl. Aufgabe 8) die Beziehungen $H_0(X_p; \boldsymbol{Z}) \cong \boldsymbol{Z}$, $H_j(X_p; \boldsymbol{Z}) = \{0\}$ für $1 \leqq j \leqq n - 1$ und $H_n(X_p; \boldsymbol{Z}) \cong \boldsymbol{Z}^p$ gelten. (Man benutze (24.22.12).)

11. In $\boldsymbol{R}^2$ sei A_n der Kreis $\left\|\mathbf{x} - \frac{1}{n}\,\mathbf{e}_1\right\| = \frac{1}{n}$ für $n \geqq 1$, und es sei X die kompakte Menge, die sich als Vereinigung der A_n für $n \geqq 1$ ergibt („Hawaï-Gehänge"). Man zeige, daß $H_1(X; \boldsymbol{Z})$ zu $H_1(X; \boldsymbol{Z}) \oplus \boldsymbol{Z}$ isomorph ist, und leite daraus her, daß $H_1(X; \boldsymbol{Z})$ kein $\boldsymbol{Z}$-Modul endlichen Typs ist. (Man beachte, daß die Vereinigung der A_n für $n \geqq 2$ zu X homöomorph ist, und benutze (24.22.12).)

12. Es sei X ein bogenzusammenhängender hausdorffscher Raum, für den außerdem $H_1(X; \boldsymbol{Z}) = \{0\}$ gilt. Man zeige: Sind A und B zwei nichtleere abgeschlossene und disjunkte Mengen in X derart, daß $X \setminus A$ und $X \setminus B$ bogenzusammenhängend sind, so ist $X \setminus (A \cup B)$ bogenzusammenhängend. (Man benutze die exakte Mayer-Vietoris-Sequenz.)

13. Es sei X ein Raum mit den in Aufgabe 12 genannten Eigenschaften, der darüber hinaus lokal bogenzusammenhängend ist (vgl. Abschnitt 16.27, Aufgabe 1).

a) Es sei (U_α) eine unendliche Familie von paarweise disjunkten offenen Mengen aus X. Man zeige: Ist ein Punkt, der zu keiner der Mengen U_α gehört, Berührungspunkt ihrer Vereinigung, so ist er Berührungspunkt der Vereinigung aller Ränder der U_α.

b) Es seien A und B zwei disjunkte abgeschlossene Mengen in X. Es sei (U_α) eine Familie von zusammenhängenden Komponenten in $X \setminus A$, und A' sei die abgeschlossene Hülle der Vereinigung von A mit den U_α. Man zeige: Ist B' das Komplement (in B) der Vereinigung der Mengen $B \cap U_\alpha$, so sind A' und B' zwei disjunkte abgeschlossene Mengen. (Man benutze a).)

c) Es seien A und B zwei disjunkte abgeschlossene Mengen in X. Man zeige: Sind x und y zwei Punkte aus X, die zur selben zusammenhängenden Komponente von $X \setminus A$ gehören sowie zur selben zusammenhängenden Komponente von $X \setminus B$, so gehören sie zur selben Komponente von $X \setminus (A \cup B)$. (Man benutze b) und die Aufgabe 12.)

d) Ist A eine in X abgeschlossene und zusammenhängende Menge, so besitzt jede zusammenhängende Komponente vnn $X \setminus A$ einen zusammenhängenden Rand. (Man betrachte zuerst den Fall, daß $X \setminus A$ zusammenhängend ist. Wäre $\operatorname{Fr}(X \setminus A)$ Vereinigung von zwei nichtleeren abgeschlossenen Mengen M, N, so zeige man, daß der innere Kern $\mathring{A}$ von A nicht leer ist und daß der Rand von mindestens einer seiner zusammenhängenden Komponenten sowohl M als auch N schneidet; daraus leite man her, daß es einen Punkt $x \in M$ sowie zwei zu x hinreichend benachbarte Punkte $y' \in X \setminus A$ und $y'' \in \mathring{A}$ gäbe, die zur selben zusammenhängenden Komponente von $X \setminus M$ gehörten; weiter schließe man mit Hilfe von c). Wenn $X \setminus A$ nicht zusammenhängend ist, zeige man zunächst für eine zusammenhängende Komponente C dieser Menge, daß $X \setminus C$ zusammenhängend ist.)

e) Es seien A und B zwei zusammenhängende, in X abgeschlossene Mengen, die von X verschieden sind und für die $X = A \cup B$ gilt. Man zeige, daß $A \cap B$ zusammenhängend ist. (Ist C eine zusammenhängende Komponente von $X \setminus A$ oder $X \setminus B$, so zeige man unter Verwendung von d): Ist $A \cap B$ Vereinigung von zwei nichtleeren abgeschlossenen Mengen M und N, so ist der Rand von C in M oder in N enthalten; hieraus folgere man, daß X nicht zusammenhängend ist.)

f) Es sei A eine in X abgeschlossene Menge. Sind C_1 und C_2 zwei nichtleere, von $X \setminus A$ verschiedene zusammenhängende Komponenten und haben beide denselben Rand B, so zeige man, daß B zusammenhängend ist. (Man benutze c).) (*Satz von Phragmén-Brouwer*).

Man gebe ein Beispiel für eine zusammenhängende Mannigfaltigkeit X an derart, daß $H_1(X; \boldsymbol{Z}) \neq 0$ gilt und die vorhergehenden Bedingungen nicht erfüllt sind.

14. Es sei G die Produktgruppe $\mathfrak{A}_4 \times \{-1, 1\}^4$ der Ordnung 192; sie operiere im Raum $\boldsymbol{R}^4$ in folgender Weise: Ist $s = (\pi, (\varepsilon_1, \varepsilon_2, \varepsilon_3, \varepsilon_4))$, wobei die ε_j gleich 1 oder -1 sind, so ist $s \cdot (x_j) = (\varepsilon_j x_{\pi^{-1}(j)})$.

a) In dem mit $\boldsymbol{R}^4$ identifizierten Körper der Quaternionen $\boldsymbol{H}$ betrachte man die drei Quaternionen 1, $q = \cos\dfrac{\pi}{5} - \dfrac{1}{2}i + \left(\cos\dfrac{3\pi}{5}\right)j$ und $r = {}^1/_2(1 + i + j + k)$. Man zeige, daß die Vereinigung der Orbits von 1, q, r bezüglich der Aktion der Gruppe G eine Untergruppe I_0 der Sphäre $\boldsymbol{S}_3$, der multiplikativen Gruppe der Quaternionen mit der Norm 1, ist; die Ordnung von I_0 beträgt 120. (Man benutze die Tatsache, daß $\cos \pi/5$ und $\cos 3\pi/5$ die beiden Wurzeln der Gleichung $4z^2 - 2z - 1 = 0$ sind.)

b) Man identifiziere $\boldsymbol{R}^3$ mit dem Raum der reinen Quaternionen $z = x_1 i + x_2 j + x_3 k$, für die $\bar{z} = -z$ gilt. Für die Quaternionen $t = \alpha + r$ mit $\alpha \in \boldsymbol{R}$ und $r \neq 0$ rein ist die Abbildung $u_t\colon z \to tzt^{-1}$ eine Drehung in $\boldsymbol{R}^3$, deren Achse die 0 und r verbindende Gerade D ist und für deren Winkel $\theta > 0$ (bezüglich einer geeignet gewählten Orientierung von D) $\tan \theta/2 = \|r\|/\alpha$ für $\alpha \neq 0$ und $\theta = \pi$ für $\alpha = 0$ gilt. Das Bild I der Gruppe I_0 vermöge des Homomorphismus $t \to u_t$ ist eine Untergruppe der Ordnung 60 von $\boldsymbol{SO}(3)$, die zur Faktorgruppe von I_0 nach der Gruppe $\{-1, 1\}$ isomorph ist; sie enthält sechs Drehungen um $2\pi/5$, zehn Drehungen um $2\pi/3$ und 15 Drehungen um π (*Ikosaedergruppe*). Letztere verteilen sich auf fünf Systeme, von denen jedes aus drei Drehungen um π besteht, deren Achsen ein rechtwinkliges Trieder bilden; die Menge dieser fünf Trieder werde mit $\mathfrak{T}$ bezeichnet.

c) Die Gruppe I vertauscht die Trieder von $\mathfrak{T}$ miteinander, und der neutrale Operator ist der einzige, der jedes dieser fünf Trieder (global) invariant läßt. Hieraus leite man her, daß I_0 zu der einfachen alternierenden Gruppe $\mathfrak{A}_5$ isomorph ist. (Man beachte, daß $\mathfrak{A}_m$ für jedes $m \geqq 2$ die einzige Untergruppe der symmetrischen Gruppe $\mathfrak{S}_m$ vom Index 2 ist.) Man zeige, daß I_0 gleich seiner Kommutatorgruppe ist. (Man beachte, daß -1 ein Kommutator ist.)

d) Aus c) leite man her, daß eine orientierbare, kompakte und zusammenhängende Mannigfaltigkeit X der Dimension 3 existiert derart, daß $H_0(X;\boldsymbol{Z}) \cong H_3(X;\boldsymbol{Z}) \cong \boldsymbol{Z}$ und $H_1(X;\boldsymbol{Z}) = H_2(X;\boldsymbol{Z}) = \{0\}$ gilt, aber $\pi_1(X) \cong I_0$ ist („*Ikosaederraum*"). (Man benutze Aufgabe 5 sowie die Poincarésche Dualität (vgl. Abschnitt 24.37, Aufgabe 12).)

15. Wie in Aufgabe 14 behandle man den Fall, in dem q durch $\frac{1}{\sqrt{2}}(1+i)$ ersetzt ist; die Vereinigung der Orbits von 1, q, r bezüglich der Aktion von G ist dann eine Gruppe C_0 der Ordnung 48, deren Faktorgruppe C nach $\{-1, 1\}$ („*Kubusgruppe*") zur symmetrischen Gruppe $\mathfrak{S}_4$ isomorph ist. Man kann zeigen, daß außer den zyklischen Gruppen und den Diedergruppen die einzigen endlichen Untergruppen von $\boldsymbol{SO}(3)$ die Untergruppen von I oder von C oder deren Konjugierte sind.

16. Es sei M eine reine differenzierbare Mannigfaltigkeit der Dimension n, f eine reellwertige Funktion der Klasse C^∞ in M, und es seien $a < b$ zwei reelle Zahlen derart, daß das Urbild $f^{-1}([a, b])$ kompakt ist und einen einzigen kritischen Punkt x_0 von f enthält; weiter werde vorausgesetzt, daß x_0 *nicht ausgeartet* ist (vgl. Abschnitt 16.5, Aufgabe 4) und daß der *Morse-Index* von f im Punkt x_0 (vgl. Abschnitt 16.5, Aufgabe 3) gleich k ist. Es kann $f(x_0) = 0$ angenommen werden, so daß im Punkt x_0 ein lokales Koordinatensystem $(u_1, \ldots, u_n)$ existiert derart, daß die entsprechende lokale Darstellung von f

$$F(u_1, \ldots, u_n) = -u_1^2 - \cdots - u_k^2 + u_{k+1}^2 + \cdots + u_n^2$$

ist (vgl. Abschnitt 16.5, Aufgabe 4). Für $\mathbf{u} = (u_1, \ldots, u_n)$ setze man in $\boldsymbol{R}^n$

$$Q_1(\mathbf{u}) = u_1^2 + \cdots + u_k^2, \qquad Q_2(\mathbf{u}) = u_{k+1}^2 + \cdots + u_n^2.$$

a) Es sei $\varepsilon > 0$ so klein gewählt, daß das Bild (in $\boldsymbol{R}^n$) des Definitionsbereichs U der betrachteten Karte die Kugel $\|\mathbf{u}\| \leqq (2\varepsilon)^{1/2}$ enthält. Es sei m eine in $\boldsymbol{R}$ definierte Funktion der Klasse C^∞ mit

$$m(0) > \varepsilon, \qquad m(t) = 0 \quad \text{für} \quad t \geqq 2\varepsilon, \qquad -1 < m'(t) \leqq 0 \quad \text{für jedes } t \in \boldsymbol{R}.$$

Es sei g die in M definierte Funktion der Klasse C^∞, die in $M \setminus U$ gleich f ist und deren lokale Darstellung in U definiert ist durch

$$G(\mathbf{u}) = F(\mathbf{u}) - m(Q_1(\mathbf{u}) + 2Q_2(\mathbf{u})) = -Q_1(\mathbf{u}) + Q_2(\mathbf{u}) - m(Q_1(\mathbf{u}) + 2Q_2(\mathbf{u})).$$

Man zeige, daß die Menge der Punkte $x \in M$, in denen $f(x) \leqq \varepsilon$ gilt, mit der Menge der Punkte identisch ist, in denen $g(x) \leqq \varepsilon$ gilt, und daß x_0 der einzige kritische Punkt von g in $f^{-1}([a, b])$ ist.

b) Mit M_t (bzw. N_t) werde die Menge der $x \in M$ bezeichnet, für die $f(x) \leqq t$ (bzw. $g(x) \leqq t$) gilt. Man zeige, daß in M eine Homotopieretraktion von M_ε auf $N_{-\varepsilon}$ existiert. (Man beachte, daß in der Menge $g^{-1}([-\varepsilon, \varepsilon])$ kein kritischer Punkt von g liegt; man benutze a) und Aufgabe 5 aus Abschnitt 20.8.)

c) Es sei A der „Henkel", die abgeschlossene Hülle von $g^{-1}([a, -\varepsilon]) \setminus M_{-\varepsilon}$ in M, so daß $N_{-\varepsilon} = M_{-\varepsilon} \cup A$ ist. Andererseits sei D die durch die Beziehungen $Q_1(\mathbf{u}) \leqq \varepsilon$, $Q_2(\mathbf{u}) = 0$ definierte Teilmenge von U. Man zeige, daß $D \subset A$ ist und daß in $M_{-\varepsilon} \cup A$ eine Homotopieretraktion $(x, t) \to h(x, t)$ von $M_{-\varepsilon} \cup A$ auf $M_{-\varepsilon} \cup D$ existiert. (Man definiere die lokale Darstellung von h durch

$$(u_1, \ldots, u_n, t) \to (u_1, \ldots, u_k, \varphi(\mathbf{u}, t)\, u_{k+1}, \ldots, \varphi(\mathbf{u}, t)\, u_n),$$

wobei φ eine geeignet gewählte reellwertige Funktion ist.)

d) Man folgere, daß in M eine Homotopieretraktion von M_ε auf einem Raum existiert, der zu dem durch Verheftung von $M_{-\varepsilon}$ *mit einer Kugel der Dimension* k erhaltenen Raum homöomorph ist.

e) Man verallgemeinere die Aufgabe auf den Fall, daß es in $f^{-1}([a, b])$ eine endliche Anzahl nichtausgearteter kritischer Punkte gibt, in denen die Werte von f übereinstimmen.

24.23. Die Sätze von de Rham: I. Zu einer simplizialen Zerlegung assoziierte Ströme

24.23.1. Wir verwenden die Bezeichnungen von (24.20.6). Zuerst wollen wir zeigen, daß die in (24.20.6.3) definierte kanonische Abbildung

24.23.1.1. $H_p^\infty(X; \boldsymbol{R}) \to H'_p(X)$

für jede n-dimensionale reine Mannigfaltigkeit X und jede ganze Zahl $p \geqq 0$ ein *Isomorphismus* ist.

Dazu genügt es, die beiden folgenden Sätze zu beweisen:

24.23.2. *Jeder p-Strom mit kompaktem Träger auf X, der ein Zyklus ist, ist zum kanonischen Bild eines Zyklus aus $Z_p^\infty(X; \boldsymbol{R})$ homolog.*

24.23.3. *Ist das kanonische Bild eines Zyklus aus $Z_p^\infty(X; \boldsymbol{R})$ in $Z'_p(X)$ ein p-Strom, der ein Rand ist, so gehört er zu $B_p^\infty(X; \boldsymbol{R})$.*

24.23.4. Die Beweise dieser Sätze werden in mehreren Schritten geführt. Während dem Beweis von (24.23.2) dieser Abschnitt gewidmet ist, sind dem Beweis von (24.23.3) die folgenden drei Abschnitte vorbehalten.

24.23.4.1. A) *Reduktion von* (24.23.2) *auf den Fall, daß X eine beschränkte offene Teilmenge von $\boldsymbol{R}^n$ ist.*

Wir setzen (24.23.2) als bewiesen voraus, wenn X eine beschränkte offene Teilmenge von $\boldsymbol{R}^n$ ist. Es sei X eine beliebige n-dimensionale reine Mannigfaltigkeit sowie S ein p-Strom mit kompaktem Träger auf X, für den $\mathfrak{b}S = 0$ gilt. Man kann annehmen, daß eine relativ kompakte offene Umgebung V von Supp (S) eine Untermannigfaltigkeit eines $\boldsymbol{R}^N$ ist (vgl. (16.25.1)); es gibt dann eine relativ kompakte offene Umgebung W von V in $\boldsymbol{R}^N$ sowie eine Submersion $\pi\colon W \to V$ der Klasse C^∞ mit den Eigenschaften aus (16.25.4). Es sei $j\colon V \to W$ die kanonische injektive Abbildung, so daß $j(S)$ ein p-Strom mit kompaktem Träger auf W ist, der ein Zyklus ist und nach Voraussetzung homolog zu dem Strom $\tilde{c}$, welcher kanonisches Bild eines p-Zyklus $c \in S_p^\infty(W; \boldsymbol{R})$ ist; da $\pi(j(S)) = S$ gilt, ist S zu dem p-Strom $\pi(\tilde{c})$, dem kanonischen Bild des p-Zyklus $S_p(\pi)\,(c)$, homolog.

24.23.4.2. B) *Zu einer simplizialen Zerlegung assoziierte Ströme.*

Von jetzt an setzen wir voraus, daß X eine beschränkte offene Teilmenge von $\boldsymbol{R}^n$ ist, und wir bezeichnen mit $\mathfrak{S}$ eine simpliziale Zerlegung von X (vgl. 24.18.6)); wir ordnen die Simplexe (aller Dimensionen $\leqq n$) von $\mathfrak{S}$ in einer Folge (U_i) an, und für jedes p-dimensionale U_i sei $s_i = (\mathbf{a}_0\, \mathbf{a}_1 \ldots \mathbf{a}_p)$ eine bijektive affine lineare Abbildung von $\bar{\Delta}_p$ auf $\bar{U}_i$, deren Wahl für $p < n$ beliebig ist und für $p = n$ der einzigen Einschränkung unterliegt, daß s_i die Orientierung erhält, wenn U_i mit der durch die Orientierung von $\boldsymbol{R}^n$ induzierten Orientierung versehen ist. Ist U_i p-dimensional und bezeichnet $h_i\colon U_i \to \boldsymbol{R}^n$ die kanonische injektive Abbildung, so ist $s_i \in \mathscr{E}(\bar{\Delta}_p; X)$, und der p-Strom $\tilde{s}_i$ auf X ist gegeben durch die Beziehung

24.23.4.3. $\langle \tilde{s}_i, \beta \rangle = \int\limits_{U_i} {}^t h_i(\beta)$

für jede Differentialform β der Klasse C^∞ auf X.

Es sei daran erinnert, daß (in den bekannten Bezeichnungen) für jede q-Differentialform α der Klasse C^∞ auf X mit $q \leqq p$ der $(p-q)$-Strom $\tilde{s}_i \wedge \alpha$ auf X definiert ist (vgl. (17.3.5)), und zwar durch die Formel

24.23.4.4. $\langle \tilde{s}_i \wedge \alpha, \gamma \rangle = \langle \tilde{s}_i, \alpha \wedge \gamma \rangle = \int\limits_{U_i} {}^t h_i(\alpha \wedge \gamma)$

für jede $(p-q)$-Form γ der Klasse C^∞; wir sagen, $\tilde{s}_i \wedge \alpha$ sei ein $(p-q)$-Strom *des Typs* (p, q) und nennen jeden r-Strom auf X, der Linarkombination von Strömen des Typs $(r + k, k)$ (für beliebiges ganzzahliges $k \leqq n - r$) ist, einen *zur Zerlegung* $\mathfrak{S}$ *assoziierten Strom.* Ein derartiger Strom ist daher von der Gestalt $\sum\limits_i \tilde{s}_i \wedge \alpha_i$, wobei die U_i mindestens r-dimensional sind und α_i für jedes i eine k-Form der Klasse C^∞ auf X ist mit $k = \dim(U_i) - r$; darüber hinaus ist *die Beziehung* $\sum\limits_i \tilde{s}_i \wedge \alpha_i = 0$ *äquivalent zu der Tatsache, daß* ${}^t h_i(\alpha_i) = 0$ *ist für jedes* i.

Da nämlich für jede r-Form γ der Klasse C^∞ auf X

$$\sum_i \langle \tilde{s}_i \wedge \alpha_i, \gamma \rangle = \sum_i \int\limits_{U_i} {}^t h_i(\alpha_i) \wedge {}^t h_i(\gamma)$$

gilt, folgt aus ${}^t h_i(\alpha_i) = 0$ für jedes i gerade $\sum\limits_i \tilde{s}_i \wedge \alpha_i = 0$. Wir nehmen nun umgekehrt an, daß $\sum\limits_i \tilde{s}_i \wedge \alpha_i = 0$ gilt, und es sei $r + k$ die größte Dimension der U_i, für die $\alpha_i \neq 0$ ist. Wie in (24.18.2) erkennt man, daß es für jedes i mit $\dim(U_i) = r + k$ eine r-Form γ der Klasse C^∞ gibt, deren Träger kompakt ist und U_i schneidet, jedoch keines der Simplexe U_j mit einem Index $j \neq i$; dann gilt $\int\limits_{U_i} {}^t h_i(\alpha_i) \wedge {}^t h_i(\gamma) = 0$, und da dies für alle r-Formen γ mit der oben genannten Eigenschaft gelten muß, erkennt man wie in (24.18.2), daß daraus ${}^t h_i(\alpha_i) = 0$ folgt. Man ist damit auf die ursprüngliche Problemstellung zurückgeführt worden, jedoch ist k durch $k - 1$ ersetzt, und es genügt nun, durch absteigende Induktion nach $k \geqq 0$ zu schließen.

Der Begriff des zur Zerlegung $\mathfrak{S}$ assoziierten p-Stroms verallgemeinert den Begriff des *p-Stroms der Zerlegung* $\mathfrak{S}$ (vgl. (24.20.2)): Letztere sind gerade die zu $\mathfrak{S}$ assoziierten Ströme, welche sich als Linearkombinationen von Strömen des Typs $(p, 0)$ $\tilde{s}_i \wedge a_i = a_i \tilde{s}_i$ ergeben, wobei die a_i *Konstanten* sind.

24.23.4.5. *Der Rand eines zu* $\mathfrak{S}$ *assoziierten Stroms ist wieder ein zu* $\mathfrak{S}$ *assoziierter Strom.*

Um uns davon zu überzeugen, bemerken wir zunächst, daß allgemein für jeden p-Strom T und jede q-Form α der Klasse C^∞ mit $q \leqq p$

24.23.4.6. $\mathfrak{b}(T \wedge \alpha) = (-1)^q (\mathfrak{b}T) \wedge \alpha + (-1)^{q+1} T \wedge (d\alpha)$

ist. Für jede $(p - q - 1)$-Form β der Klasse C^∞ mit kompaktem Träger gilt nämlich

$$\langle \mathfrak{b}(T \wedge \alpha), \beta \rangle = \langle T \wedge \alpha, d\beta \rangle = \langle T, \alpha \wedge d\beta \rangle,$$

und es genügt, in dieser Beziehung $\alpha \wedge d\beta$ durch seinen Wert

$$(-1)^q d(\alpha \wedge \beta) + (-1)^{q+1} (d\alpha) \wedge \beta$$

(vgl. (17.15.2.1)) zu ersetzen, um Formel (24.23.4.6) zu erhalten. Insbesondere gilt daher

24.23.4.7. $\mathfrak{b}(\tilde{s}_i \wedge \alpha) = (-1)^q (\mathfrak{b}\tilde{s}_i) \wedge \alpha + (-1)^{q+1} \tilde{s}_i \wedge (d\alpha)$,

und da $\mathfrak{b}\tilde{s}_i$ eine Summe $\sum_k \pm \tilde{s}_k$ ist, wobei die U_k Simplexe der Dimension $p - 1$ aus $\mathfrak{S}$ sind (vgl. (24.17.2.2)), ist damit unsere Behauptung bewiesen, oder, um es genauer zu sagen: $\mathfrak{b}(\tilde{s}_i \wedge \alpha)$ *ist Summe von Strömen des Typs* $(p - 1, q)$ *und eines Stroms des Typs* $(p, q + 1)$, *deren Träger in* $\overline{U}_i$ *enthalten sind.*

Es sei α nun eine $(n - p)$-Form der Klasse C^∞ mit kompaktem Träger auf X; in den Bezeichnungen von (24.11.1) ist $j_p(\alpha)$ ein p-Strom auf X mit kompaktem Träger; wir zeigen, daß in den obigen Bezeichnungen

24.23.4.8. $j_p(\alpha) = \sum_{i \in I} \tilde{s}_i \wedge \alpha$

ist, wobei I *die endliche Menge der Indizes bezeichnet, für die das abgeschlossene Simplex* $\overline{U}_i$ *n-dimensional ist und den Träger von* α *schneidet.*

Für jede p-Form β der Klasse C^∞ auf X gilt nämlich nach Definition (vgl. (24.11.1.2)) $\langle j_p(\alpha), \beta \rangle = \int_X \alpha \wedge \beta$, und da der Träger von $\alpha \wedge \beta$ in der Vereinigung F der abgeschlossenen Simplexe $\overline{U}_i$ für $i \in I$ enthalten ist, gilt $\int_X \alpha \wedge \beta = \int_F \alpha \wedge \beta$. Nun ist F aber Vereinigung der paarweise disjunkten (offenen) Simplexe U_i für $i \in I$ mit höchstens $(n - 1)$-dimensionalen Simplexen aus $\mathfrak{S}$, die bezüglich des Lebesgueschen Maßes Nullmengen sind (vgl. Abschnitt 16.22); daher gilt $\int_F \alpha \wedge \beta = \sum_{i \in I} \int_{U_i} \alpha \wedge \beta$; aufgrund der bei der Definition der singulären Simplexe s_i für $i \in I$ getroffenen Wahl der Orientierungen ergibt sich $\int_{U_i} \alpha \wedge \beta = \langle \tilde{s}_i, \alpha \wedge \beta \rangle = \langle \tilde{s}_i \wedge \alpha, \beta \rangle$; damit ist (24.23.4.8) bewiesen.

24.23.4.9. C) *Schluß des Beweises von* (24.23.2).

Da die offene Teilmenge $X \subset \boldsymbol{R}^n$ eine orientierte Mannigfaltigkeit ist, ergibt sich aus (24.11.3), daß man sich zum Beweis der Aussage, jeder p-Strom mit kompaktem Träger, der ein Zyklus ist, sei zu einem p-Strom homolog, welcher kanonisches Bild einer glatten p-Kette ist, auf den Fall der p-Ströme *von der Form* $j_p(\alpha)$ beschränken kann, wobei α eine *geschlossene* $(n - p)$-Form der Klasse C^∞ mit kompaktem Träger ist. Berücksichtigt man jetzt (24.23.4.8), so sieht man, daß sich diese Aussage als Folgerung aus dem nächsten Satz ergibt:

24.23.4.10. *Jeder p-Strom* T, *der zu* $\mathfrak{S}$ *assoziiert ist und für den* $\mathfrak{b}T = 0$ *gilt, ist zu einem p-Strom der Zerlegung* $\mathfrak{S}$ *homolog.*

Es sei $T = \sum_{i \in J} \tilde{s}_i \wedge \alpha_i$, wobei U_i für jeden Index $i \in J$ ein Simplex der Dimension $p + k$ und α_i eine k-Form $\neq 0$ mit $k \leqq n - p$ ist; es sei l die größte unter den ganzen Zahlen k. Der p-Strom T kann in der Gestalt $T = \sum_{i \in J'} \tilde{s}_i \wedge \alpha_i + \sum_{i \in J''} \tilde{s}_i \wedge \alpha_i$ geschrieben werden, wobei J' die Menge der Indizes $i \in J$ bezeichnet, für die U_i $(p + l)$-dimensional, und $J'' = J \setminus J'$ ist. Der Rand $\mathfrak{b}T$ ist (24.23.4.7) zufolge Summe von $(-1)^{l+1} \sum_{i \in J'} \tilde{s}_i \wedge (d\alpha_i)$ und von Strömen *des Typs* $(p + k - 1, k)$ *mit* $k \leqq l$. Aus der Beziehung $\mathfrak{b}T = 0$ folgt daher *für jedes* $i \in J'$ die Beziehung ${}^t h_i(d\alpha_i) = 0$.

Weiter schließen wir mittels vollständiger Induktion nach l. Für $l = 0$ ist $J'' = \emptyset$; die α_i sind *Funktionen* aus $\mathscr{E}(X)$, und die Beziehung ${}^t h_i(d\alpha_i) = 0$ besagt, daß die Einschränkung von α_i auf U_i ein Differential besitzt, das gleich 0 ist, und α_i daher konstant ist, denn U_i ist zusammenhängend; die Aussage (24.23.4.10) ist also für diesen Fall bewiesen.

Zum Abschluß der Überlegung genügt es, das folgende Lemma zu beweisen:

24.23.4.11. *Es sei V eine sternförmige offene Teilmenge von $\boldsymbol{R}^l$, die in $\boldsymbol{R}^n$ eingebettet sei (mit $n \geqq l$), und es sei $h\colon V \to \boldsymbol{R}^n$ die kanonische injektive Abbildung. Ist α eine l-Differentialform der Klasse C^∞ auf $\boldsymbol{R}^n$ mit ${}^t h(d\alpha) = 0$, so existiert eine $(l-1)$-Differentialform β der Klasse C^∞ auf $\boldsymbol{R}^n$ mit ${}^t h(d\beta - \alpha) = 0$.*

Nehmen wir einmal an, das Lemma sei bereits bewiesen; dann ergibt sich daraus nämlich, daß für jeden Index $i \in J'$ eine $(l-1)$-Differentialform β_i auf X existiert mit ${}^t h_i(d\beta_i - \alpha_i) = 0$; wir setzen $T_1 = \sum_{i \in J'} \tilde{s}_i \wedge \beta_i$. Nach Konstruktion ist $T - (-1)^{l+1} \mathfrak{b}T_1$ zur Zerlegung $\mathfrak{S}$ assoziiert und Summe von Strömen des Typs $(p + k, k)$ *mit* $k \leqq l - 1$. Da $\mathfrak{b}\big(T - (-1)^{l+1}\mathfrak{b}T_1\big) = 0$ ist, kann man die Induktionsvoraussetzung anwenden, um (24.23.4.10) und folglich (24.23.2) zu beweisen.

Es bleibt das Lemma zu beweisen. Wir betrachten zuerst den Fall $l = n$ und setzen $F(s, \mathbf{x}) = s\mathbf{x}$ für $s \in \boldsymbol{R}$ und $\mathbf{x} \in \boldsymbol{R}^n$; da $F(0, \mathbf{x}) = 0$ und $F(1, \mathbf{x}) = \mathbf{x}$ ist, kann man α mit Hilfe der Homotopieformel (24.2.5.1) ausdrücken, indem man $\omega = {}^t F(\alpha)$ setzt:

$$\alpha = d(\mathrm{L} \cdot \omega) + \mathrm{L} \cdot (d\omega),$$

und es muß nun nur noch gezeigt werden, daß ${}^t h\big(\mathrm{L} \cdot (d\omega)\big) = 0$ gilt. Ist

$$d\alpha = \sum_H f_H(\mathbf{x})\, d\xi^{i_1} \wedge d\xi^{i_2} \wedge \cdots \wedge d\xi^{i_{l+1}}$$

(mit $H = \{i_1, i_2, \ldots, i_{l+1}\}$), so läßt sich die Form $d\omega = {}^t F(d\alpha)$ in der Gestalt

$$d\omega(s, \mathbf{x}) = \sum_H s^{l+1} f_H(s\mathbf{x})\, d\xi^{i_1} \wedge \cdots \wedge d\xi^{i_{l+1}}$$
$$+ \sum_H s^l f_H(s\mathbf{x}) \left(\sum_{k=1}^{l+1} (-1)^{k-1} \xi^{i_k}\, ds \wedge d\,\xi^{i_1} \wedge \cdots \wedge \widehat{d\xi^{i_k}} \wedge \cdots \wedge d\xi^{i_{l+1}} \right)$$

schreiben, und folglich gilt (in den Bezeichnungen von (24.2.4))

$$\big(\mathrm{L} \cdot (d\omega)\big)(\mathbf{x}) = \sum_H \left(\int_0^1 s^l f_H(s\mathbf{x})\, ds \right) \left(\sum_{k=1}^{l+1} (-1)^{k-1} \xi^{i_k}\, d\,\xi^{i_1} \wedge \cdots \wedge \widehat{d\xi^{i_k}} \wedge \cdots \wedge d\xi^{i_{l+1}} \right).$$

Hiervon ausgehend besagt die Voraussetzung ${}^t h(d\alpha) = 0$, daß für jede aus $l + 1$ Elementen von $[1, n]$ bestehende Teilmenge H die Beziehung $f_H(\mathbf{x}) = 0$ *für* $\mathbf{x} \in V$ gilt; da V aber sternförmig ist, gilt auch $f_H(s\mathbf{x}) = 0$ für $\mathbf{x} \in V$ und $0 \leqq s \leqq 1$; also ist $(\mathrm{L} \cdot (d\omega))(\mathbf{x}) = 0$ für $\mathbf{x} \in V$, und die Form $\beta = \mathrm{L} \cdot \omega$ erfüllt die Bedingungen des Lemmas.

Wir gehen nun zum allgemeinen Fall $l < n$ über; es sei $\pi: \boldsymbol{R}^n \to \boldsymbol{R}^l$ die kanonische Projektion und $i: \boldsymbol{R}^l \to \boldsymbol{R}^n$ die kanonische injektive Abbildung. Die Anwendung der vorhergehenden Überlegungen auf die l-Differentialform $\alpha_1 = {}^t i(\alpha)$ *auf* $\boldsymbol{R}^l$ zeigt, daß es eine $(l-1)$-Differentialform β_1 *auf* $\boldsymbol{R}^l$ gibt mit ${}^t h_1(d\beta_1 - \alpha_1) = 0$, wobei $h_1: V \to \boldsymbol{R}^l$ die kanonische injektive Abbildung ist. Die $(l-1)$-*Form* $\beta = {}^t\pi(\beta_1)$ leistet dann das Gewünschte. Es gilt nämlich $h = i \circ h_1$, und $\pi \circ i$ ist die identische Abbildung in $\boldsymbol{R}^l$; da $d\beta = {}^t\pi(d\beta_1)$ ist, gilt ${}^t h(d\beta) = {}^t h_1({}^t i({}^t\pi(d\beta_1))) = {}^t h_1(d\beta_1)$ und ${}^t h(\alpha) = {}^t h_1({}^t i(\alpha)) = {}^t h_1(\alpha_1)$, also ${}^t h(d\beta - \alpha) = {}^t h_1(d\beta_1 - \alpha_1) = 0$.

24.23.4.12. Bemerkung. Es sei T ein p-Strom auf X, der ein Zyklus ist, und V eine (in X) relativ kompakte offene Umgebung von Supp (T); wie die obigen Überlegungen zeigen, ist T dann zu einem p-Strom der Zerlegung $\mathfrak{S}$ homolog, dessen Träger *in der Vereinigung der* $\overline{U}_i$ *enthalten* ist, wobei U_i die endliche Menge der Simplexe von $\mathfrak{S}$ durchläuft, die V *schneiden*. Man kann nämlich annehmen, daß T zu einem Strom $j_p(\alpha)$ homolog ist, wobei α eine geschlossene $(n-p)$-Form mit in V enthaltenem Träger ist (vgl. (24.12.8)).

24.24. Die Sätze von de Rham: II. Approximation eines Stromes durch die Ströme einer simplizialen Zerlegung

24.24.1. A) *Reduktion von* (24.23.3) *auf den Fall, daß X eine beschränkte offene Teilmenge von* $\boldsymbol{R}^n$ *ist.*

Wir wollen (24.23.3) für den Fall als bewiesen ansehen, daß X eine beschränkte offene Teilmenge von $\boldsymbol{R}^n$ ist. Es sei X eine beliebige reine n-dimensionale Mannigfaltigkeit S ein zellularer p-Strom auf X, der kanonisches Bild eines *glatten p-Zyklus* $z \in Z_p^\infty(X; \boldsymbol{R})$ ist, und wir nehmen an, es sei $S = \mathfrak{b}T$, wobei T ein $(p+1)$-Strom auf X mit kompaktem Träger ist. Es kann vorausgesetzt werden, daß eine relativ kompakte offene Umgebung V von Supp $(S) \cup$ Supp (T) eine Untermannigfaltigkeit eines $\boldsymbol{R}^N$ ist (vgl. (16.25.1)); es gibt daher eine relativ kompakte offene Umgebung W von V in $\boldsymbol{R}^N$ sowie eine Submersion $\pi: W \to V$ der Klasse C^∞, welche die in (16.25.4) genannten Eigenschaften besitzt. Es sei $j: V \to W$ die kanonische injektive Abbildung, so daß $j(S)$ der p-Strom auf W ist, welcher sich als kanonisches Bild von $S_p(j)\,(z)$ ergibt; dieser p-Strom ist wiederum ein glatter p-Zyklus. Andererseits gilt $j(S) = \mathfrak{b}(j(T))$; es gibt daher nach Voraussetzung eine glatte $(p+1)$-Kette $w \in S_{p+1}^\infty(W; \boldsymbol{R})$ mit $j(S) = \mathfrak{b}R$, wobei $R = \tilde{w}$ der $(p+1)$-Strom auf W ist, den man als kanonisches Bild von w erhält; da $\pi(j(S)) = S$ ist, gilt $S = \pi(\mathfrak{b}(R)) = \mathfrak{b}(\pi(R))$, und $\pi(R)$ ist der $(p+1)$-Strom auf W, der sich als kanonisches Bild der glatten $(p+1)$-Kette $S_{p+1}(\pi)\,(w)$ ergibt.

24.24.2. Von jetzt ab setzen wir voraus, daß X eine beschränkte offene Teilmenge von $\boldsymbol{R}^n$ ist. Wir betrachten eine *simpliziale Zerlegung* $\mathfrak{S}$ von X, deren Ecken (nulldimensionale Simplexe aus $\mathfrak{S}$) *in einer Folge* $(\mathbf{c}_k)_{k \geq 1}$ *angeordnet* seien; für jedes p-dimensionale Simplex U_i aus $\mathfrak{S}$ seien $k_0 < k_1 < \cdots < k_p$ die der Größe nach geordneten Indizes seiner Ecken; wir setzen $s_i = (\mathbf{c}_{k_0}\,\mathbf{c}_{k_1} \ldots \mathbf{c}_{k_p})$. Für jedes $p \geq 0$ und jeden kommutativen Ring Λ bezeichnen wir mit $L_p(\mathfrak{S}; \Lambda)$ den Unter-Λ-Modul von $S_p^\infty(X; \Lambda)$, der die Elemente $(\mathbf{v}_0\,\mathbf{v}_1 \ldots \mathbf{v}_p)$ als Basis besitzt, wobei $(\mathbf{v}_j)_{0 \leq j \leq p}$ eine Folge ist, die aus $p + 1$ *nicht notwendig verschiedenen*, zum *selben* Simplex von $\mathfrak{S}$ gehörenden Ecken besteht; $L_p(\mathfrak{S}; \Lambda)$ wird der Λ-Modul der *p-Ketten der Zerlegung* $\mathfrak{S}$ (mit Koeffizienten in Λ) genannt.

Für jede p-Kette $z \in L_p(\mathfrak{S}; \boldsymbol{R})$ ist $\tilde{z}$ ein *p-Strom der Zerlegung* $\mathfrak{S}$. Es genügt, das für $z = (\mathbf{v}_0\, \mathbf{v}_1 \dots \mathbf{v}_p)$ zu zeigen. Sind nun die $\mathbf{v}_j$ paarweise verschieden, so ist $\tilde{z}$ gleich $\pm \tilde{s}_i$, wobei U_i das Simplex mit den Ecken $\mathbf{v}_0, \mathbf{v}_1, \dots, \mathbf{v}_p$ aus $\mathfrak{S}$ ist, *und im entgegengesetzten Fall gilt* $\tilde{z} = 0$, denn die Einschränkung einer p-Form auf eine affine lineare Mannigfaltigkeit einer Dimension $\leqq p - 1$ ist *gleich* 0.

Der Beweis von (24.23.3) umfaßt daher drei Hauptetappen:

B) *Für jede glatte p-Kette* $z \in Z_p^\infty(X; \boldsymbol{R})$ *(für die also* $\mathfrak{b}_0 z = 0$ *gilt) existiert eine p-Kette* $z' \in L_p(\mathfrak{S}; \boldsymbol{R})$ *und eine glatte* $(p+1)$*-Kette u mit* $z' - z = \mathfrak{b}_0 u$.

C) *Existiert für eine p-Kette* $z \in L_p(\mathfrak{S}; \boldsymbol{R})$ *ein* $(p+1)$*-Strom T auf X mit kompaktem Träger, für den* $\tilde{z} = \mathfrak{b}T$ *gilt, dann gibt es eine* $(p+1)$*-Kette* $w \in L_{p+1}(\mathfrak{S}; \boldsymbol{R})$ *mit* $\tilde{z} = \mathfrak{b}\tilde{w}$.

D) *Existiert für eine p-Kette* $z \in L_p(\mathfrak{S}; \boldsymbol{R})$ *mit* $\mathfrak{b}_0 z = 0$ *eine* $(p+1)$*-Kette* $w \in L_{p+1}(\mathfrak{S}; \boldsymbol{R})$, *für die* $\tilde{z} = \mathfrak{b}\tilde{w}$ *gilt, dann gibt es eine* $(p+1)$*-Kette* $u \in L_{p+1}(\mathfrak{S}; \boldsymbol{R})$ *mit* $z = \mathfrak{b}_0 u$.

Dieser Abschnitt ist dem Beweis von B) gewidmet.

24.24.3. *Reduktion auf den Fall, daß die Träger der in z vorkommenden singulären Simplexe hinreichend klein sind.*

Für jede Ecke $\mathbf{v}$ eines Simplex aus $\mathfrak{S}$ (anders gesagt, für ein nulldimensionales Simplex aus $\mathfrak{S}$) bezeichnen wir mit St $(\mathbf{v})$ die Vereinigung der (endlich vielen) Simplexe aus $\mathfrak{S}$, für die $\mathbf{v}$ Ecke ist (oder, was dasselbe bedeutet, die Simplexe, für die $\mathbf{v}$ Berührungspunkt ist). Die Menge St $(\mathbf{v})$ ist das Komplement der Vereinigung der abgeschlossenen Hüllen (in X) aller Simplexe aus $\mathfrak{S}$, für die $\mathbf{v}$ keine Ecke ist; da die Menge dieser abgeschlossenen Hüllen lokal endlich ist (vgl. (24.18.1)), ist diese Vereinigung *abgeschlossen* in X (vgl. Abschnitt 12.6); folglich ist St $(\mathbf{v})$ eine *offene Umgebung* von $\mathbf{v}$, und die Menge der St $(\mathbf{v})$ bildet, wenn $\mathbf{v}$ die Menge der Ecken aller Simplexe aus $\mathfrak{S}$ durchläuft, eine *offene Überdeckung* von X. Sind $\mathbf{v}_1, \mathbf{v}_2, \dots, \mathbf{v}_k$ Ecken von paarweise disjunkten Simplexen aus $\mathfrak{S}$ derart, daß der Durchschnitt der St $(\mathbf{v}_j)$ für $1 \leqq j \leqq k$ *nicht leer* ist, so gibt es nach Definition wenigstens ein Simplex in $\mathfrak{S}$, für das $\mathbf{v}_1, \dots, \mathbf{v}_k$ Ecken sind (denn die Simplexe von $\mathfrak{S}$ sind paarweise disjunkt); folglich ist $V = \mathrm{Im}\,(\mathbf{v}_1\, \mathbf{v}_2 \dots \mathbf{v}_k)$ ein Simplex der Dimension $k - 1$ aus $\mathfrak{S}$ (also ist $k \leqq n + 1$), und der Durchschnitt der St $(\mathbf{v}_j)$ ist die Vereinigung der Simplexe, deren abgeschlossene Hülle V enthält (oder, was dasselbe bedeutet, der Simplexe mit V als Fläche).

Es sei $z = \sum\limits_{l=1}^{r} \lambda_l f_l$, und es bezeichne K den Träger von z, also die Vereinigung der $f_l(\bar{\Delta}_p)$. Es gibt eine endliche Anzahl von Ecken $\mathbf{v}_1, \dots, \mathbf{v}_q$ von Simplexen aus $\mathfrak{S}$ derart, daß die offenen Mengen aus St $(\mathbf{v}_k)$ für $1 \leqq k \leqq q$ eine offene Überdeckung von K bilden; folglich gibt es eine Zahl $\varrho > 0$ derart, daß jede Kugel mit dem Radius ϱ und dem Mittelpunkt in K in einer der Mengen St $(\mathbf{v}_k)$ enthalten ist (vgl. (3.16.6)). Wie wir beim Beweis von (24.22.7) gesehen haben, existiert eine baryzentrische Unterteilung von $\bar{\Delta}_p$ einer hinreichend hohen Ordnung m, so daß die p-Kette $z'' = Sd^m(z)$ Linearkombination von singulären Simplexen ist, von denen jedes einen Träger *mit einem Durchmesser* $< \varrho$ besitzt, und der Beweis von (24.22.7.3) zeigt (da $\mathfrak{b}_0 z = 0$ ist), daß $z'' - z = \mathfrak{b}_0 w$ gilt, wobei w eine glatte $(p+1)$-Kette ist. Um die Aussage B) zu beweisen, kann man daher z durch z'' ersetzen.

24.24.4. *Simpliziale Approximation eines p-Zyklus durch einen p-Zyklus aus $\mathfrak{S}$.*

Wir nehmen also an, daß für $z = \sum_{l=1}^{r} \lambda_l f_l$ jede der Mengen $f_l(\bar{\Delta}_p)$ einen Durchmesser $< \varrho$ besitzt. Es werde $f_l(\mathbf{e}_j) = \mathbf{a}_{jl}$ für $0 \leqq j \leqq p$ und $1 \leqq l \leqq r$ gesetzt, und es sei $(\mathbf{b}_\alpha)$ die Familie der *verschiedenen* Punkte $\mathbf{a}_{jl}$ für alle Paare (j, l). Für jedes α existiert eine Ecke $\mathbf{v}_{\psi(\alpha)}$ eines Simplex aus $\mathfrak{S}$ derart, daß die Kugel mit dem Mittelpunkt $\mathbf{b}_\alpha$ und dem Radius ϱ in $\mathrm{St}(\mathbf{v}_{\psi(\alpha)})$ enthalten ist (für $\mathbf{v}_{\psi(\alpha)}$ kann man die erste Ecke $\mathbf{c}_k$ wählen derart, daß $\mathrm{St}(\mathbf{c}_k)$ diese Eigenschaft besitzt). Für jedes l und für $0 \leqq j \leqq p$ sei α_j der Index, für den $\mathbf{a}_{jl} = \mathbf{b}_{\alpha_j}$ gilt, und es sei g_l das singuläre Simplex $(\mathbf{v}_{\psi(\alpha_0)}\ \mathbf{v}_{\psi(\alpha_1)} \ldots \mathbf{v}_{\psi(\alpha_j)})$; nach Definition ist $f_l(\bar{\Delta}_p)$ im Durchschnitt der offenen Mengen $\mathrm{St}(\mathbf{v}_{\psi(\alpha_j)})$ für $0 \leqq j \leqq p$ enthalten; die $p+1$ Ecken $\mathbf{v}_{\psi(\alpha_j)}$ $(0 \leqq j \leqq p)$ sind daher (*nicht notwendig verschiedene*) Ecken eines höchstens p-dimensionalen Simplexes aus $\mathfrak{S}$; folglich ist $z' = \sum_{l=1}^{r} \lambda_l g_l$ eine p-Kette aus $L_p(\mathfrak{S}; \boldsymbol{R})$. Wie wir sehen werden, erfüllt z' die Bedingungen von B).

Dazu betrachten wir für jeden Index $l \leqq r$ die Abbildung F_l des „Prismas" $\bar{\Delta}_p \times [0, 1]$ in $\boldsymbol{R}^n$, die durch

$$F_l(\mathbf{x}, t) = (1 - t)\, f_l(\mathbf{x}) + t g_l(\mathbf{x})$$

definiert ist; die Werte von F_l liegen in X, denn jeder Punkt von $f_l(\bar{\Delta}_p)$ gehört zu einem Simplex aus $\mathfrak{S}$, für das $g_l(\bar{\Delta}_p)$ eine Fläche ist; darüber hinaus zeigen die Voraussetzung über f_l und die Definition von g_l, daß F_l zur Klasse C^∞ gehört.

In den Bezeichnungen des Beweises von (24.22.2) kann

$$z = \sum_{l=1}^{r} \lambda_l F_l \circ 1_{\Delta_p}, \qquad z' = \sum_{l=1}^{r} \lambda_l F_l \circ \varrho_1$$

geschrieben werden, und man erhält daher, wenn man für jede der beiden Seiten von (24.21.6.2) den Wert der linearen Abbildung $\sum_{l=1}^{r} \lambda_l S_p(F_l)$ berechnet,

$$z' - z = \mathfrak{b}_0 u - \sum_{k,l} \sum_{j=0}^{p} (-1)^j \lambda_l F_l \circ \varrho_{jk},$$

mit $u = \sum_{l=1}^{r} \lambda_l S_{p+1}(F_l)\,(\theta')$. Da u eine glatte $(p+1)$-Kette ist, genügt es zu zeigen, daß aus der Beziehung $\mathfrak{b}_0 z = 0$

$$\sum_{k,l} \sum_{j=0}^{p} (-1)^j \lambda_l F_l \circ \varrho_{jk} = 0$$

folgt. Dazu betrachten wir die Zerlegung (H_μ) der Menge der Paare (j, l), die aus den Mengen besteht, in denen die Abbildung $(j, l) \to f_l \circ \sigma_j$ jeweils einen ihrer verschiedenen Wert annimmt. Da $\mathfrak{b}_0 z = \sum_{j,l} (-1)^j \lambda_l (f_l \circ \sigma_j)$ ist, besagt die Beziehung $\mathfrak{b}_0 z = 0$, daß $\sum_{(j,l) \in H_\mu} (-1)^j \lambda_l = 0$ für jeden Index μ gilt. In den Bezeichnungen des Beweises von (24.22.2.1) gilt aber

$$F_l \circ \varrho_{jk} = (1 - t_k)\,(f_l \circ \sigma_j \circ y_k) + t_k (g_l \circ \sigma_j \circ y_k),$$

und es genügt nachzuweisen, daß $g_l \circ \sigma_i = g_{l'} \circ \sigma_j$ gilt, wenn (i, l) und (j, l') zwei Paare mit $f_l \circ \sigma_i = f_{l'} \circ \sigma_j$ sind; nach Definition hängt aber $g_l \circ \sigma_i$ nur von den Werten von $f_l \circ \sigma_i$ *in den Ecken von* Δ_{p-1} ab, womit die Behauptung bewiesen ist.

Aufgaben

1. Es sei $\mathfrak{S}$ eine simpliziale Zerlegung von $\overline{\Delta}_p$ derart, daß jede Fläche von Δ_p Vereinigung von Simplexen aus $\mathfrak{S}$ ist. Für jedes $\mathbf{x} \in \overline{\Delta}_p$ werde mit $F(\mathbf{x})$ die Fläche von Δ_p bezeichnet, zu der $\mathbf{x}$ gehört. Man betrachte eine Abbildung f der Menge aller Ecken von Simplexen aus $\mathfrak{S}$ in die Menge $\{\mathbf{e}_0, \mathbf{e}_1, \ldots, \mathbf{e}_p\}$ der Ecken von $\overline{\Delta}_p$ derart, daß $f(\mathbf{v})$ für jede Ecke $\mathbf{v}$ eines Simplexes aus $\mathfrak{S}$ zu $\overline{F(\mathbf{v})}$ gehört. Man zeige, daß ein p-dimensionales Simplex $\operatorname{Im}(\mathbf{v}_0\, \mathbf{v}_1 \ldots \mathbf{v}_p)$ in $\mathfrak{S}$ existiert mit $\operatorname{Im}(f(\mathbf{v}_0)\, f(\mathbf{v}_1) \ldots f(\mathbf{v}_p)) = \Delta_p$ (*Spernersches Lemma*). (Für jedes singuläre Simplex $(\mathbf{v}_0 \mathbf{v}_1 \ldots \mathbf{v}_k)$, wobei $k \leqq p$ ist und die $\mathbf{v}_j$ die Ecken eines k-dimensionalen Simplex aus $\mathfrak{S}$ sind, setze man $f_k((\mathbf{v}_0\, \mathbf{v}_1 \ldots \mathbf{v}_k)^{\sim}) = (f(\mathbf{v}_0)\, f(\mathbf{v}_1) \ldots f(\mathbf{v}_k)^{\sim})$, womit man einen k-Strom erhält; danach definiere man f_k durch lineare Fortsetzung im Vektorraum der k-Ströme der Zerlegung $\mathfrak{S}$. Für $k = p$ ist $f_p((\mathbf{v}_0\, \mathbf{v}_1 \ldots \mathbf{v}_p)^{\sim})$ stets gleich $\pm \tilde{1}_{\Delta_p}$ oder 0. Man zeige, daß $\mathfrak{b} f_k(z) = f_{k-1}(\mathfrak{b} z)$ für jeden k-Strom z der Zerlegung $\mathfrak{S}$ gilt; mit Hilfe von vollständiger Induktion nach p zeige man, daß für den p-Strom $\tilde{1}_{\Delta_p}$, der ein Strom der Zerlegung $\mathfrak{S}$ ist, $f_p(\tilde{1}_{\Delta_p}) = \tilde{1}_{\Delta_p}$ gilt.)

2. Es seien X ein metrischer kompakter Raum sowie $F_1, F_2, \ldots, F_r$ abgeschlossene Teilmengen von X. Man zeige: Es existiert eine Zahl $\sigma > 0$ derart, daß für jede Teilmenge J von $\{1, 2, \ldots, r\}$ und jede Menge M mit einem Durchmesser $< \sigma$, für die $M \cap F_j \neq \emptyset$ für jedes $j \in J$ ist, $M \cap \bigcap_{j \in J} F_j \neq \emptyset$ gilt. (Es seien J_k $(1 \leqq k \leqq s)$ die Teilmengen von $\{1, 2, \ldots, r\}$ mit $\bigcap_{j \in J_k} F_j = \emptyset$; für jedes k existiert eine Zahl σ_k derart, daß jede Menge M mit einem Durchmesser $< \sigma_k$ im Komplement einer der Mengen F_j mit $j \in J_k$ enthalten ist (vgl. (3.16.6)). Man zeige, daß $\sigma = \inf \sigma_k$ gewählt werden kann.)

3. Es seien $A_0, A_1, \ldots, A_p$ $p + 1$ kompakte Teilmengen der durch Δ_p in $\boldsymbol{R}^{p+1}$ erzeugten affinen linearen Mannigfaltigkeit, die eine Überdeckung von $\overline{\Delta}_p$ bilden. Ferner nehme man an, daß für jede Teilmenge $J = \{j_0, j_1, \ldots, j_q\}$ von $\{0, 1, \ldots, p\}$

$$\overline{\operatorname{Im}(\mathbf{e}_{j_0}\, \mathbf{e}_{j_1} \ldots \mathbf{e}_{j_q})} \subset A_{j_0} \cup A_{j_1} \cup \cdots \cup A_{j_q}$$

gilt. Man zeige, daß $A_0 \cap A_1 \cap \cdots \cap A_p \neq \emptyset$ ist. (Es sei $\mathfrak{S}$ eine simpliziale Zerlegung von $\overline{\Delta}_p$ derart, daß jede Fläche von Δ_p Vereinigung von Simplexen aus $\mathfrak{S}$ ist. Man zeige, daß man eine Abbildung f der Eckenmenge von $\mathfrak{S}$ in $\{0, 1, \ldots, p\}$ definieren kann derart, daß $\mathbf{e}_{f(\mathbf{v})}$ für jede Ecke $\mathbf{v}$ aus $\mathfrak{S}$ zu $\overline{F(\mathbf{v})}$ gehört und $\mathbf{v} \in A_{f(\mathbf{v})}$ gilt. Unter Benutzung von Aufgabe 1 zeige man, daß in $\mathfrak{S}$ ein p-dimensionales Simplex $\operatorname{Im}(\mathbf{v}_0\, \mathbf{v}_1 \ldots \mathbf{v}_p)$ existiert mit $\overline{\operatorname{Im}(\mathbf{v}_0\, \mathbf{v}_1 \ldots \mathbf{v}_p)} \cap A_j \neq \emptyset$ für $0 \leqq j \leqq p$. Weiter schließe man mit Hilfe von Aufgabe 2.)

4. Es seien $A_0, A_1, \ldots, A_p$ $p + 1$ kompakte Teilmengen der durch Δ_p in $\boldsymbol{R}^{p+1}$ erzeugten affinen linearen Mannigfaltigkeit, die eine Überdeckung von $\overline{\Delta}_p$ bilden. Ferner nehme man an, daß $A_j \cap \overline{F}_j = \emptyset$ für $0 \leqq j \leqq p$ gilt, wenn $F_0, F_1, \ldots, F_p$ die Seiten von Δ_p sind. Man zeige, daß $A_0 \cap A_1 \cap \cdots \cap A_p \neq \emptyset$ ist. (Man benutze Aufgabe 3.)

5. Man zeige, daß eine Zahl $\sigma > 0$ existiert derart, daß für *jede* aus kompakten Mengen mit einem Durchmesser $< \sigma$ bestehende endliche Überdeckung $\mathfrak{R} = \{A_1, A_2, \ldots, A_m\}$ von $\overline{\Delta}_p$ mindestens ein Punkt $\mathbf{x} \in \overline{\Delta}_p$ existiert, der zu $p + 1$ Mengen A_j gehört (*Lemma von Lebesgue*). (Unter Verwendung von Aufgabe 2 zeige man, daß man zunächst σ so klein voraussetzen kann, daß für *jedes* A_j mindestens eine Seite F_k $(0 \leqq k \leqq p)$ von Δ_p existiert mit $A_j \cap \overline{F}_k = \emptyset$. Für jeden Index k $(0 \leqq k \leqq p)$ sei $\mathfrak{R}_k$ die Menge der A_j mit $A_j \cap \overline{F}_h \neq \emptyset$ für $h < k$ und $A_j \cap \overline{F}_k = \emptyset$. Es sei B_k die Vereinigung der zu $\mathfrak{R}_k$ gehörenden A_j. Unter Benutzung von Aufgabe 4 zeige man, daß $B_0 \cap B_1 \cap \cdots \cap B_p \neq \emptyset$ ist.)

6. Es sei X ein metrisierbarer kompakter Raum. Unter der *Ordnung* einer endlichen offenen Überdeckung $\mathfrak{R}$ von X verstehen wir die größte Zahl p derart, daß es einen zu $p+1$ Mengen von $\mathfrak{R}$ gehörenden Punkt in X gibt. Es sei $n(\mathfrak{R})$ die untere Grenze der Ordnungen aller endlichen offenen Überdeckungen von X, die feiner sind als $\mathfrak{R}$. Unter der *topologischen Dimension* von X verstehen wir die obere Grenze (die endlich oder $+\infty$ sein kann) der ganzen Zahlen $n(\mathfrak{R})$, wenn $\mathfrak{R}$ die Menge der endlichen offenen Überdeckungen von X durchläuft. Sind Mißverständnisse ausgeschlossen, so spricht man auch nur von der „Dimension" anstelle von der „topologischen Dimension" und bezeichnet diese Dimension mit $\dim(X)$. Für jeden abgeschlossenen Teilraum Y von X gilt $\dim(Y) \leqq \dim(X)$.

Ist Y ein metrisierbarer und separabler lokal kompakter Raum, so versteht man unter der *topologischen Dimension* (oder einfach der *Dimension*) von Y die obere Grenze der Dimensionen aller kompakten Teilräume von Y.

a) Es sei $(\mathbf{e}_j)_{1\leqq j\leqq n}$ die kanonische Basis von $\boldsymbol{R}^n$; für $1 \leqq m < n$ werde $\boldsymbol{R}^m$ mit dem Vektorteilraum von $\boldsymbol{R}^n$ identifiziert, dessen Basis $\mathbf{e}_1, \ldots, \mathbf{e}_m$ ist. Rekursiv über m werde eine aus abgeschlossenen Kuben bestehende Überdeckung $\mathfrak{F}_m$ von $\boldsymbol{R}^m$ definiert, und zwar in folgender Weise. Die Überdeckung $\mathfrak{F}_1$ bestehe aus den Intervallen $[p, p+1]$ von $\boldsymbol{R}$ mit $p \in \boldsymbol{Z}$. Für $m \geqq 2$ setze man

$$\mathbf{u}_m = \frac{1}{m}\,\mathbf{e}_1 + \frac{1}{m-1}\,\mathbf{e}_2 + \cdots + \frac{1}{2}\,\mathbf{e}_{m-1}$$

und bezeichne die Menge der $t\mathbf{e}_m$ für $p \leqq t \leqq p+1$ $(p \in \boldsymbol{Z})$ mit I_p. Die Überdeckung $\mathfrak{F}_m$ wird von den Kuben $C + I_{2p}$ gebildet, wobei C die Überdeckung $\mathfrak{F}_{m-1}$ durchläuft und $p \in \boldsymbol{Z}$ ist, sowie von den Kuben $C + \mathbf{u}_m + I_{2p+1}$, wobei C die Überdeckung $\mathfrak{F}_{m-1}$ durchläuft und $p \in \boldsymbol{Z}$ ist. Man zeige, daß jeder Punkt von $\boldsymbol{R}^m$ zu höchstens $m+1$ Kuben von $\mathfrak{F}_m$ gehört.

b) Aus a) und Aufgabe 5 leite man her, daß die topologische Dimension von $\boldsymbol{R}^n$ gleich n ist.

c) Es sei X der metrisierbare kompakte Raum, der sich als Produkt von abzählbar unendlich vielen Faktoren ergibt, die gleich dem Intervall $[0, 1]$ in $\boldsymbol{R}$ sind. Man zeige, daß die topologische Dimension von X gleich $+\infty$ ist.

24.25. Die Sätze von de Rham: III. Fortsetzungen von p-Formen

24.25.1. Dieser Abschnitt ist dem Beweis von C) (vgl. (24.24.2)) gewidmet. Es sei $\tilde{L}_p(\mathfrak{S})$ der Vektorraum (über $\boldsymbol{R}$) der p-Ströme der Zerlegung $\mathfrak{S}$, dessen *Basis* also die Menge der $\tilde{s}_i$ für die p-dimensionalen Simplexe U_i von $\mathfrak{S}$ ist; mit I_p bezeichnen wir die Menge der entsprechenden Indizes i. Wie wir gesehen haben, ist $\tilde{L}_p(\mathfrak{S})$ das Bild von $L_p(\mathfrak{S}; \boldsymbol{R})$ vermöge der linearen Abbildung $z \to \tilde{z}$. Ferner bezeichnen wir mit $\mathcal{E}_p(\mathfrak{S})$ die Menge der *p-Differentialformen* der Klasse C^∞ auf X, deren Träger *kein Simplex einer Dimension $< p$ von $\mathfrak{S}$ schneidet*. Für jede p-Form $\alpha \in \mathcal{E}_p(\mathfrak{S})$ ist $\tilde{u} \to \langle \alpha, \tilde{u}\rangle$ eine Linearform auf $\tilde{L}_p(\mathfrak{S})$, mit anderen Worten, ein Element $\pi(\alpha)$ des zu diesem Vektorraum *dualen* Raumes $\tilde{L}_p(\mathfrak{S})^*$; wir wollen uns zuerst davon überzeugen, daß die lineare Abbildung $\pi\colon \mathcal{E}_p(\mathfrak{S}) \to \tilde{L}_p(\mathfrak{S})^*$ *surjektiv* ist.

Es ist zu beweisen, daß zu einer *beliebig* vorgegebenen Familie $(a_i)_{i\in I_p}$ reeller Zahlen eine p-Form $\alpha \in \mathcal{E}_p(\mathfrak{S})$ existiert derart, daß $\langle \alpha, \tilde{s}_i\rangle = a_i$ für *jedes* $i \in I_p$ gilt. Dazu genügt es, in X eine Familie paarweise disjunkter nichtleerer offener Mengen $(V_i)_{i\in I_p}$ zu wählen derart, daß V_i das Simplex U_i schneidet, jedoch kein Simplex U_j einer Dimension $< p$ sowie kein von U_i verschiedenes Simplex U_j der Dimension p. Eine solche Familie existiert immer, da die $\overline{U}_j$ eine lokal endliche Familie bilden und keines der $\overline{U}_j$ das Simplex U_i schneidet; die V_i können daher (nach Anordnung der Indizes $i \in I_p$ in einer Folge) rekursiv definiert werden. Außerdem kann vorausgesetzt werden, daß die Familie $(\overline{V}_i)$ lokal endlich ist. Darauf betrachtet man für jedes $i \in I_p$ eine p-Form α_i der Klasse C^∞, deren Träger in V_i enthalten ist und U_i schneidet derart, daß $\langle \alpha_i, \tilde{s}_i \rangle = a_i$ gilt. Nach Konstruktion gilt $\langle \alpha_i, \tilde{s}_j \rangle = 0$ für die von i verschiedenen Indizes $j \in I_p$, und die Summe $\alpha = \sum_{i \in I_p} \alpha_i$ ist definiert und stellt eine p-Form dar, die das Gewünschte leistet.

24.25.2. Es sei $\tilde{B}_p(\mathfrak{S})$ der Vektorteilraum von $\tilde{L}_p(\mathfrak{S})$, der aus den Rändern aller $(p+1)$-Ströme der Zerlegung $\mathfrak{S}$ besteht, also das Bild von $\tilde{L}_{p+1}(\mathfrak{S})$ vermöge $\mathfrak{b}$ ist. Um C) zu beweisen, muß folgendes gezeigt werden: Besitzt $z \in L_p(\mathfrak{S}; \boldsymbol{R})$ die Eigenschaft, daß $\tilde{z} = \mathfrak{b}T$ für einen $(p+1)$-Strom T mit kompaktem Träger auf X gilt, so ist $\tilde{z} \in \tilde{B}_p(\mathfrak{S})$. Dazu bezeichne $\tilde{B}_p^0(\mathfrak{S})$ das orthogonale Komplement dieses Teilraumes im dualen Raum $\tilde{L}_p(\mathfrak{S})^*$, d. h. den Teilraum der in $\tilde{B}_p(\mathfrak{S})$ verschwindenden Linearformen; es genügt zu zeigen, daß für jede Linearform $f \in \tilde{B}_p^0(\mathfrak{S})$ die Beziehung $f(\tilde{z}) = 0$ gilt (vgl. (A.32.3)). Es sei $\tilde{z} = \sum_{i \in I_p} \lambda_i \tilde{s}_i$; mit J bezeichnen wir die endliche Menge der Indizes i mit $\lambda_i \neq 0$, und für jedes $i \in J$ setzen wir $f(\tilde{s}_i) = a_i$. Unsere Behauptung ist bewiesen, wenn wir zeigen, daß eine p-Form $\beta \in \mathcal{E}_p(\mathfrak{S})$ mit folgenden Eigenschaften existiert:

1° $d\beta = 0$; 2° für jedes $i \in J$ ist $\langle \beta, \tilde{s}_i \rangle = a_i$.

Dann wäre nämlich $\langle \beta, \tilde{z} \rangle = \langle \beta, \mathfrak{b}T \rangle = \langle d\beta, T \rangle = 0$, also

$$0 = \sum_i \lambda_i a_i = f(\tilde{z}).$$

24.25.3. Um β zu definieren, betrachten wir eine p-Form $\alpha \in \mathcal{E}_p(\mathfrak{S})$ mit $\pi(\alpha) = f$. Da f nach Voraussetzung zu $\tilde{B}_p^0(\mathfrak{S})$ gehört, gilt für jedes $(p+1)$-dimensionale Simplex U_j aus $\mathfrak{S}$

24.25.3.1. $\langle d\alpha, \tilde{s}_j \rangle = \langle \alpha, \mathfrak{b}\tilde{s}_j \rangle = f(\mathfrak{b}\tilde{s}_j) = 0.$

Für jede ganze Zahl q $(p \leqq q \leqq n)$ bezeichnen wir mit X_q die Vereinigung der Simplexe einer Dimension $\leqq q$ aus $\mathfrak{S}$; X_q ist eine abgeschlossene Teilmenge von X; es gilt $X_n = X$. Wir definieren nun rekursiv eine Folge von p-Formen $\beta_{p+1}, \beta_{p+2}, \ldots, \beta_n$ der Klasse C^∞ derart, daß

1° β_{p+k} in einer offenen Umgebung von X_{p+k} definiert und $d\beta_{p+k} = 0$ ist;

2° β_{p+k+1} in einer offenen Umgebung von X_{p+k} mit β_{p+k} übereinstimmt;

3° die Einschränkung von β_{p+1} auf X_p gleich der Einschränkung von α ist.

Dann entspricht $\beta = \beta_n$ offenbar den Bedingungen von (24.25.2).

24.25.4. Die Konstruktion der β_{p+k} beruht auf den folgenden Fortsetzungsbedingungen:

$(\mathrm{A}_{r,s})$ *Es sei U ein euklidisches Simplex einer Dimension $s \geqq 1$ in $\boldsymbol{R}^n$, und es sei ω_0 eine r-Form der Klasse C^∞, die in einer Umgebung (in $\boldsymbol{R}^n$) der Vereinigung* Fr (U) *der abgeschlossenen Hüllen aller Seiten von U definiert ist. Es werde $d\omega_0 = 0$ vorausgesetzt, und ist darüber hinaus $r = s - 1$, so werde angenommen, es sei $\langle \omega_0, \mathfrak{b}\tilde{\imath}_U \rangle = 0$ (wobei i_U die kanonische injektive Abbildung von U in $\boldsymbol{R}^n$ bezeichnet). Dann existiert eine geschlossene r-Form ω der Klasse C^∞, die in einer Umgebung von $\overline{U}$ definiert und in einer Umgebung von* Fr (U) *gleich ω_0 ist.*

($B_{r,s}$) *Es sei U ein euklidisches Simplex einer Dimension $s \geqq 1$ in $\boldsymbol{R}^n$, und es sei ω eine in einer Umgebung von $\overline{U}$ definierte $(r + 1)$-Form der Klasse C^∞. Es sei ξ_0 eine in einer Umgebung von* Fr (U) *definierte r-Form der Klasse C^∞. Es werde vorausgesetzt, daß $d\xi_0 = \omega$ in einer Umgebung von* Fr (U) *gilt, und ist darüber hinaus $r = s - 1$, so werde $\langle \xi_0, \mathfrak{b}\tilde{\imath}_U \rangle = \langle \omega, \tilde{\imath}_U \rangle$ angenommen. Dann existiert eine in einer Umgebung von $\overline{U}$ definierte r-Form ξ der Klasse C^∞ derart, daß $d\xi$ in einer Umgebung von $\overline{U}$ gleich ω und ξ in einer Umgebung von* Fr (U) *gleich ξ_0 ist.*

Wir setzen diese Bedingungen als bewiesen voraus und definieren zunächst β_{p+1}. Für jedes p-dimensionale Simplex U_j aus $\mathfrak{S}$ sei E_j die von U_j erzeugte affine lineare Mannigfaltigkeit und $C_j(\varrho_j)$ der aus den Punkten des $\boldsymbol{R}^n$ mit einem Abstand $< \varrho_j$ von E_j bestehende „Tubus". Es sei α_0 die (notwendig geschlossene) p-Form, die sich durch Einschränkung von α auf die p-*dimensionale Mannigfaltigkeit* ergibt, welche man als Vereinigung der p-dimensionalen Simplexe U_j von $\mathfrak{S}$ erhält. Ist $\alpha_0^{(j)}$ die Einschränkung von α_0 auf U_j und $\pi_j: C_j(\varrho_j) \to E_j$ die orthogonale Projektion, so kann $\alpha_0^{(j)}$ als eine p-Form auf E_j angesehen werden, da ihr Träger den Rand von U_j nicht schneidet, und man gelangt hiervon ausgehend daher zu einer geschlossenen p-Form ${}^t\pi_j(\alpha_0^{(j)})$ auf $C_j(\varrho_j)$. Wählt man die ϱ_j hinreichend klein, so schneiden sich die Träger der Formen ${}^t\pi_j(\alpha_0^{(j)})$ nicht, und ist V die sich aus der Vereinigung der $C_j(\varrho_j)$ ergebende Umgebung von X_p, so gibt es eine p-Form β_p der Klasse C^∞, die in V definiert und in jedem $C_j(\varrho_j)$ gleich ${}^t\pi_j(\alpha_0^{(j)})$ ist. Diese Form ist geschlossen, und aus (24.25.3.1) folgt, daß $\langle \beta_p, \mathfrak{b}\tilde{\imath}_{U_j} \rangle = 0$ für jedes p-dimensionale Simplex U_j aus $\mathfrak{S}$ gilt. Man wendet nun ($A_{p,p+1}$) mit $\omega_0 = \beta_p$ auf jedes $(p + 1)$-dimensionale Simplex U_j' aus $\mathfrak{S}$ an und erhält eine geschlossene p-Form $\beta_{p+1}^{(j)}$ der Klasse C^∞, die in einer Umgebung W_j von $\overline{U}_j'$ definiert ist und in einer Umgebung von Fr (U_j') mit β_p übereinstimmt. Da aber jedes p-dimensionale Simplex aus $\mathfrak{S}$ zu den abgeschlossenen Hüllen von nur endlich vielen $(p + 1)$-dimensionalen Simplexen gehört, kann man mittels Ersetzung der W_j durch kleinere Umgebungen erreichen, daß zwei p-Formen $\beta_{p+1}^{(j)}, \beta_{p+1}^{(k)}$ auf dem Durchschnitt $W_j \cap W_k$ übereinstimmen, wie immer j und k gewählt seien; die $\beta_{p+1}^{(j)}$ sind daher die Einschränkungen einer in einer Umgebung von X_{p+1} definierten geschlossenen p-Form β_{p+1}.

Im weiteren setzen wir β_{p+h} für ein $h \geqq 1$ als definiert voraus und definieren β_{p+h+1}, indem wir wie oben vorgehen: Es wird ($A_{p,p+h+1}$) mit $\omega_0 = \beta_{p+h}$ auf jedes $(p + h + 1)$-dimensionale Simplex U_j' aus $\mathfrak{S}$ angewandt, wodurch man zu einer geschlossenen p-Form $\beta_{p+h+1}^{(j)}$ der Klasse C^∞ gelangt, die in einer Umgebung W_j von $\overline{U}_j'$ definiert ist und in einer Umgebung von Fr (U_j') mit β_{p+h} übereinstimmt. Eventuell ersetzt man danach die W_j durch kleinere Umgebungen derart, daß die $\beta_{p+h+1}^{(j)}$ Einschränkungen derselben, in einer Umgebung von X_{p+h+1} definierten geschlossenen p-Form β_{p+h+1} sind. Für $h = n - p - 1$ erhält man so die gesuchte Form $\beta = \beta_n$.

24.25.5. Die Bedingungen ($A_{r,s}$) und ($B_{r,s}$) sind noch zu beweisen. Diesen Beweis führen wir mit Hilfe vollständiger Induktion nach r, und zwar in drei Etappen:

I. Beweis von ($A_{0,s}$) für jedes s.

II. Beweis, daß ($A_{r,s}$) für jedes s die Bedingung ($B_{r,s}$) für jedes s nach sich zieht.

III. Beweis, daß ($B_{r,s}$) für jedes s die Bedingung ($A_{r+1,s}$) für jedes s nach sich zieht.

Etappe I. Hier ist ω_0 eine Funktion, und $d\omega_0 = 0$ besagt, daß diese Funktion in jeder zusammenhängenden Teilmenge ihres Definitionsbereiches konstant ist. Da Fr (U) für $s \geqq 2$ zusammenhängend ist, kann man voraussetzen, daß ω_0 in einer zusammenhängenden Umgebung von Fr (U) definiert ist, und ω also gleich derselben Konstante in einer Umgebung von $\overline{U}$ wählen. Im Fall $s = 1$ ist $U = \operatorname{Im}(\mathbf{b}_0\, \mathbf{b}_1)$ für zwei verschiedene Punkte; aus der Voraussetzung folgt $\omega_0(\mathbf{b}_1) - \omega_0(\mathbf{b}_0) = 0$, und man wählt ω in einer Umgebung von $\overline{U}$ gleich $\omega_0(\mathbf{b}_0) = \omega_0(\mathbf{b}_1)$.

Etappe II. Es kann angenommen werden, daß ω in einer konvexen Umgebung von $\overline{U}$ definiert ist; aus dem Lemma von POINCARÉ (vgl. (24.2.6)) folgt dann, daß eine in derselben Umgebung definierte r-Form ξ_1 der Klasse C^∞ existiert mit $d\xi_1 = \omega$. Daher ist die Form $\eta_0 = \xi_0 - \xi_1$ in einer Umgebung von Fr (U) definiert und *geschlossen*. Für $s \neq r + 1$ ergibt sich aus $(\mathrm{A}_{r,s})$, daß eine *geschlossene* r-Form η existiert, die in einer Umgebung von $\overline{U}$ definiert und in einer Umgebung von Fr (U) gleich η_0 ist; für die r-Form $\xi = \xi_1 + \eta$ gilt daher $d\xi = \omega$ in einer Umgebung von $\overline{U}$, und sie ist gleich ξ_0 in einer Umgebung von Fr (U). Dieser Schluß gilt auch für $s = r + 1$, denn dann ist nach Voraussetzung

$$\langle \eta_0, \mathfrak{b}\tilde{\imath}_U\rangle = \langle \xi_0, \mathfrak{b}\tilde{\imath}_U\rangle - \langle \xi_1, \mathfrak{b}\tilde{\imath}_U\rangle = \langle \omega, \tilde{\imath}_U\rangle - \langle d\xi_1, \tilde{\imath}_U\rangle = 0,$$

und $(\mathrm{A}_{r,r+1})$ ist daher anwendbar.

Etappe III. Es sei $U = \operatorname{Im}(\mathbf{b}_0\, \mathbf{b}_1 \ldots \mathbf{b}_s)$, und wir betrachten für $0 \leqq j \leqq s$ die Seiten

$$F_j = \operatorname{Im}(\mathbf{b}_0 \ldots \hat{\mathbf{b}}_j \ldots \mathbf{b}_s)$$

von U; ist $V_j(\varepsilon)$ die Menge der Punkte von $\boldsymbol{R}^n$, deren Abstand von $\overline{F}_j$ kleiner als ε ist, so kann man annehmen, daß ω_0 in der Vereinigung der $V_j(\varepsilon)$ für $0 \leqq j \leqq s$ definiert ist. Man prüft unmittelbar nach, daß die Vereinigung W_0 der $V_j(\varepsilon)$ für $1 \leqq j \leqq s$ eine offene *sternförmige* Menge in bezug auf $\mathbf{b}_0$ als Ursprung ist (vgl. (24.2.7)); das Lemma von POINCARÉ zeigt daher, daß in W_0 eine r-Form ξ_0 der Klasse C^∞ existiert, für die in dieser Menge $d\xi_0 = \omega_0$ gilt. Ist $s \neq r + 2$, so erhält man aus $(\mathrm{B}_{r,s-1})$, angewandt auf das Simplex F_0 und die in der Umgebung $W_0 \cap V_0(\varepsilon)$ von Fr (F_0) definierte Form ξ_0 (wobei ε eventuell durch eine kleinere Zahl ersetzt werden muß), daß eine in $V_0(\varepsilon)$ definierte r-Form ξ_1 der Klasse C^∞ existiert, für die in dieser Umgebung $d\xi_1 = \omega_0$ und $\xi_1 = \xi_0$ in $W_0 \cap V_0(\varepsilon)$ gilt. Dann existiert in einer Umgebung von $\overline{U}$ eine r-Form ξ der Klasse C^∞, die in W_0 mit ξ_0 und in $V_0(\varepsilon)$ mit ξ_1 übereinstimmt (vgl. (16.4.3)); es genügt, in dieser Umgebung $\omega = d\xi$ zu wählen, um die Frage zu beantworten. Der Schluß gilt auch für $s = r + 2$; man kann nämlich $\mathfrak{b}\tilde{\imath}_U - \tilde{\imath}_{F_0} = \sum_{j=1}^{s}(-1)^j\, \tilde{\imath}_{F_j}$ schreiben (vgl. (24.19.3)). Der Träger dieses $(s-1)$-Stroms T liegt daher in W_0, und es ist $\mathfrak{b}T = -\mathfrak{b}\tilde{\imath}_{F_0}$. Aufgrund der Voraussetzung gilt folglich

$$\langle \xi_0, \mathfrak{b}\tilde{\imath}_{F_0}\rangle = -\langle \xi_0, \mathfrak{b}T\rangle = -\langle d\xi_0, T\rangle = -\langle \omega_0, \mathfrak{b}\tilde{\imath}_U\rangle + \langle \omega_0, \tilde{\imath}_{F_0}\rangle = \langle \omega_0, \tilde{\imath}_{F_0}\rangle,$$

so daß $(\mathrm{B}_{r,r+1})$ wieder anwendbar ist.

24.26. Die Sätze von de Rham: IV. Schluß des Beweises

24.26.1. Wir verwenden wieder die Bezeichnungen aus (24.24.2); zunächst bemerken wir, daß nach Definition von $\mathfrak{b}_0$ (vgl. (24.20.3.1))

24.26.1.1. $\mathfrak{b}_0\big(L_p(\mathfrak{S}; \Lambda)\big) \subset L_{p-1}(\mathfrak{S}; \Lambda)$

gilt. Andererseits ist offenbar

24.26.1.2. $L_p(\mathfrak{S}; \Lambda) = L'_p(\mathfrak{S}; \Lambda) \oplus L''_p(\mathfrak{S}; \Lambda)$,

wobei $L'_p(\mathfrak{S}; \Lambda)$ der freie Untermodul ist, für welchen die den *p-dimensionalen* Simplexen U_i von $\mathfrak{S}$ entsprechenden s_i eine Basis bilden, und $L''_p(\mathfrak{S}; \Lambda)$ der freie Untermodul mit einer Basis, die aus folgenden Elementen besteht:

1° aus allen $(\mathbf{v}_0\ \mathbf{v}_1 \ldots \mathbf{v}_p)$, wobei in der Folge $(\mathbf{v}_j)$ mindestens zwei gleiche Glieder vorkommen;

2° aus allen Elementen $s_i - \varepsilon_\pi \pi(s_i)$, wobei $s_i = (\mathbf{c}_{k_0}\ \mathbf{c}_{k_1} \ldots \mathbf{c}_{k_p})$ ein Basiselement von $L'_p(\mathfrak{S}; \Lambda)$ ist, π eine von der Identität verschiedene Permutation von $\{0, 1, \ldots, p\}$, ε_π ihre Signatur und

$$\pi(s_i) = (\mathbf{c}_{k_{\pi(0)}}\ \mathbf{c}_{k_{\pi(1)}} \ldots \mathbf{c}_{k_{\pi(p)}})$$

gesetzt wurde. Für $p > n$ gilt daher $L'_p(\mathfrak{S}; \Lambda) = \{0\}$, und die $(\mathbf{v}_0\ \mathbf{v}_1 \ldots \mathbf{v}_p)$, worin die $\mathbf{v}_j$ Ecken desselben Simplex aus $\mathfrak{S}$ sind, bilden eine Basis von $L''_p(\mathfrak{S}; \Lambda) = L_p(\mathfrak{S}; \Lambda)$; in der Folge $(\mathbf{v}_j)$ kommen hier notwendig wenigstens zwei gleiche Glieder vor.

Ist $\Lambda \subset \boldsymbol{R}$ und $p \leqq n$, so zeigt die lineare Unabhängigkeit der Ströme $\tilde{s}_i$, wobei s_i die Basis von $L'_p(\mathfrak{S}; \Lambda)$ durchläuft (vgl. (24.18.2)), daß die Einschränkung der linearen Abbildung $z \to \tilde{z}$ auf $L'_p(\mathfrak{S}; \Lambda)$ *injektiv* ist und als Bild den Λ-Modul besitzt, dessen Basis von den p-Strömen $\tilde{s}_i$ gebildet wird; andererseits ist die Einschränkung von $z \to \tilde{z}$ auf $L''_p(\mathfrak{S}; \Lambda)$ *gleich* 0. Das ergibt sich nämlich aus (24.24.2), wenn in $z = (\mathbf{v}_0\ \mathbf{v}_1 \ldots \mathbf{v}_p)$ zwei der $\mathbf{v}_j$ übereinstimmen, sowie aus (24.17.2) und (24.18.4), wenn $z = s_i - \varepsilon_\pi \pi(s_i)$ ist. Damit ist gezeigt, daß $L''_p(\mathfrak{S}; \Lambda)$ der *Kern* der Abbildung $z \to \tilde{z}$ von $L_p(\mathfrak{S}; \Lambda)$ in $\mathscr{E}'_p(X)$ ist.

Hieraus leitet man her, daß für jedes $p \geqq 0$ und jeden kommutativen Ring Λ

24.26.1.3. $\mathfrak{b}_0(L''_p(\mathfrak{S}; \Lambda)) \subset L''_{p-1}(\mathfrak{S}; \Lambda)$

gilt. Entsprechend den Definitionen von $\mathfrak{b}_0$ und $L''_p(\mathfrak{S}; \Lambda)$ genügt es nämlich, diese Beziehung für $\Lambda = \boldsymbol{Z} \subset \boldsymbol{R}$ zu beweisen; in diesem Fall folgt (24.26.1.3) aber aus der vorhergehenden Bemerkung und der Kommutativität des Diagramms (24.20.4.3).

24.26.2. Um die Aussage D) von (24.24.2) zu beweisen, kann man nach Ersetzung von z durch $z - \mathfrak{b}_0 w$ davon ausgehen, daß $\tilde{z} = 0$ ist, d. h. $z \in L''_p(\mathfrak{S}; \boldsymbol{R})$, und es muß daher gezeigt werden, daß *alle Zyklen aus* $L''_p(\mathfrak{S}; \boldsymbol{R})$ *Ränder von Ketten aus* $L_{p+1}(\mathfrak{S}; \boldsymbol{R})$ sind. Das ergibt sich aus dem folgenden allgemeineren Satz:

24.26.3. *Es sei Λ ein kommutativer Ring. Für jedes $p \geqq 0$ sei $\mathfrak{f}_p$ die lineare Abbildung von $L_p(\mathfrak{S}; \Lambda)$ in sich, die in $L''_p(\mathfrak{S}; \Lambda)$ gleich 0 ist und für die $\mathfrak{f}_p(z) = z$ in $L'_p(\mathfrak{S}; \Lambda)$ gilt. Dann existiert für jedes $p \geqq 0$ eine lineare Abbildung h_p von $L_p(\mathfrak{S}; \Lambda)$ in $L_{p+1}(\mathfrak{S}; \Lambda)$ derart, daß für jedes $z \in L_p(\mathfrak{S}; \Lambda)$*

24.26.3.1. $z - \mathfrak{f}_p(z) = h_{p-1}(\mathfrak{b}_0 z) + \mathfrak{b}_0(h_p(z))$

gilt und für jedes singuläre Simplex $s \in L_p(\mathfrak{S}; \Lambda)$ der Träger von $h_p(s)$ im Träger von s enthalten ist.

Ist $z \in L''_p(\mathfrak{S}; \Lambda)$ und $\mathfrak{b}_0 z = 0$, so folgt aus diesem Satz nämlich $z = \mathfrak{b}_0(h_p(z))$.

Zunächst bemerken wir, daß für jedes $z \in L_p(\mathfrak{S}; \Lambda)$

24.26.3.2. $\mathfrak{b}_0(\mathfrak{f}_p(z)) = \mathfrak{f}_{p-1}(\mathfrak{b}_0 z)$.

gilt.

Ist nämlich $z \in L'_p(\mathfrak{S}; \Lambda)$, so ist auch $\mathfrak{b}_0 z \in L'_{p-1}(\mathfrak{S}; \Lambda)$, was aus der Definition von $\mathfrak{b}_0$ und aus der Definition der s_i mit Hilfe der auf der Eckenmenge von $\mathfrak{S}$ gewählten Ordnung folgt, und damit ist (24.26.3.2) in diesem Fall bewiesen. Ist dagegen $z \in L''_p(\mathfrak{S}; \Lambda)$, so sind beide Seiten von (24.26.3.2) aufgrund von (24.26.1.3) gleich 0.

Die Abbildungen h_p werden rekursiv über p definiert. Offenbar ist (24.26.3.1) für $p = 0$ erfüllt, wenn man $h_0(z) = 0$ in $L_0(\mathfrak{S}; \Lambda)$ setzt, da dann $f_0(z) = z$ in $L_0(\mathfrak{S}; \Lambda)$ gilt ($L_{-1}(\mathfrak{S}; \Lambda)$ wird gleich $\{0\}$ gesetzt). Wir nehmen an, die h_j seien für $j < p$ definiert; es genügt, $h_p(z)$ für jedes singuläre Simplex $z = (\mathbf{v}_0\, \mathbf{v}_1 \ldots \mathbf{v}_p)$ zu definieren, wobei $(\mathbf{v}_j)$ eine Folge von $p + 1$ Ecken desselben Simplex aus $\mathfrak{S}$ ist. Wir setzen

$$y = z - f_p(z) - h_{p-1}(\mathfrak{b}_0 z);$$

da $f_p(z) = 0$ ist oder $f_p(z) = \varepsilon_\pi \pi(z)$ für eine Permutation π, ergibt sich aus der Rekursionsvoraussetzung, daß der Träger von y im Träger von z enthalten ist. Wir zeigen, daß $\mathfrak{b}_0 y = 0$ gilt. Der Beziehung (24.26.3.2) zufolge ist nämlich

$$\mathfrak{b}_0 y = \mathfrak{b}_0 z - f_{p-1}(\mathfrak{b}_0 z) - \mathfrak{b}_0\big(h_{p-1}(\mathfrak{b}_0 z)\big),$$

und aufgrund von (24.26.3.1), wenn man darin p durch $p - 1$ und z durch $\mathfrak{b}_0 z$ ersetzt, ist dieser Ausdruck gleich $h_{p-2}\big(\mathfrak{b}_0(\mathfrak{b}_0 z)\big) = 0$. Wir betrachten dann die Abbildung „Kegel mit der Spitze $\mathbf{v}_0$“ (vgl. (24.21.1.1)); es genügt, $h_p(z) = C_{\mathbf{v}_0}(y)$ zu setzen. Der Träger von $h_p(z)$ ist dann nämlich im Träger von z enthalten, und (24.21.1.2) zufolge ist $y = \mathfrak{b}_0\big(C_{\mathbf{v}_0}(y)\big)$, was sich in der Gestalt $z - f_p(z) - h_{p-1}(\mathfrak{b}_0 z) = \mathfrak{b}_0\big(h_p(z)\big)$ schreiben läßt.

Damit ist der Beweis von (24.23.3) abgeschlossen und folglich gezeigt, daß der de-Rhamsche Homomorphismus (24.23.1.1) ein *Isomorphismus* ist.

24.26.3.3. Bemerkung. Der Satz (24.26.3) läßt sich ohne Modifikationen anwenden, wenn $\mathfrak{S}$ eine simpliziale Zerlegung einer *abgeschlossenen* Menge in $\boldsymbol{R}^n$ ist.

Wir beweisen jetzt noch die angekündigte Ergänzung (vgl. (24.20.6.1)) zum Satz von de Rham.

24.26.4. *Es sei Λ ein kommutativer Ring; für jede reine differenzierbare Mannigfaltigkeit X der Dimension n ist die kanonische Abbildung*

24.26.4.1. $H_p^\infty(X; \Lambda) \to H_p(X; \Lambda)$

für jedes $p \geqq 0$ ein Isomorphismus.

Es ist zu beweisen, daß

I. für jeden Zyklus $z \in Z_p(X; \Lambda)$ ein glatter Zyklus $z' \in Z_p^\infty(X; \Lambda)$ existiert mit $z' - z \in B_p(X; \Lambda)$;

II. für jedes $u = \mathfrak{b}_0 z$ mit $u \in Z_p^\infty(X; \Lambda)$ und $z \in S_{p+1}(X; \Lambda)$ ein $z' \in S_{p+1}^\infty(X; \Lambda)$ existiert mit $u = \mathfrak{b}_0 z'$.

Die zum Beweis verwendeten Methoden sind ganz analog zu denen in den Beweisen von (24.23.2) und (24.23.3), so daß wir nicht auf alle Einzelheiten eingehen werden.

Beweis von I. Zunächst wird das Problem auf den Fall zurückgeführt, daß X eine offene Teilmenge von $\boldsymbol{R}^n$ ist, wobei wir unter Beibehaltung der Bezeichnungen wie in (24.23.4.1) vorgehen: $S_p(j)\,(z)$ ist ein p-Zyklus in W, so daß nach Voraussetzung ein glatter p-Zyklus z'' in W existiert mit $z'' - S_p(j)\,(z) = \mathfrak{b}_0 u$, wobei u eine $(p + 1)$-

Kette in W ist; hieraus schließt man, daß $S_p(\pi)(z'') - z = \mathfrak{b}_0(S_{p+1}(\pi)(u))$ gilt, und $S_p(\pi)(z'')$ ist ein glatter p-Zyklus in X.

Unter der Voraussetzung also, daß X eine offene Teilmenge von $\boldsymbol{R}^n$ ist, wird wie in (24.24.3) und unter Beibehaltung der dortigen Bezeichnungen eine simpliziale Zerlegung $\mathfrak{S}$ von X betrachtet; ersetzt man z für hinreichend großes m durch $Sd^m(z)$ (einen zu z homologen Zyklus), so kann man annehmen, daß $z = \sum_l \lambda_l f_l$ gilt, wobei jedes f_l ein (nicht notwendig glattes) singuläres Simplex ist derart, daß $f_l(\bar{\Delta}_p)$ in wenigstens einer der offenen Mengen St $(\mathbf{v}_k)$ enthalten ist und die λ_l zu Λ gehören. Hieraus erhält man wie in (24.24.4) einen *glatten* p-Zyklus $z' = \sum_l \lambda_l g_l$ der Zerlegung $\mathfrak{S}$ sowie für jedes l eine Abbildung F_l von $\bar{\Delta}_p \times [0, 1]$ in X, die hier im allgemeinen nur *stetig* ist; die Überlegungen von (24.24.4) lassen sich aber wieder anwenden und zeigen, daß $z' - z = \mathfrak{b}_0 u$ gilt, wobei u eine (nicht notwendig glatte) $(p + 1)$-Kette ist.

Beweis von II. Man beginnt wieder mit der Rückführung des Problems auf den Fall, daß X eine offene Teilmenge von $\boldsymbol{R}^n$ ist: In den Bezeichnungen von (24.23.4.1) gilt $S_p(j)(u) = \mathfrak{b}_0(S_{p+1}(j)(z))$, so daß nach Voraussetzung eine glatte $(p + 1)$-Kette z'' in W existiert mit $S_p(j)(u) = \mathfrak{b}_0 z''$, woraus $u = \mathfrak{b}_0(S_{p+1}(\pi)(z''))$ folgt, und $S_{p+1}(\pi)(z'')$ ist eine glatte $(p + 1)$-Kette in X.

Unter der Voraussetzung also, daß X eine offene Teilmenge von $\boldsymbol{R}^n$ ist, wird wie in (24.24.3) und in den dortigen Bezeichnungen eine simpliziale Zerlegung $\mathfrak{S}$ von X betrachtet; zunächst beachtet man, daß für einen glatten p-Zyklus u in X aus (24.24.4) folgt, daß es einen (nach Definition glatten) p-Zyklus u'' von $\mathfrak{S}$ mit Koeffizienten in Λ gibt mit $u'' - u = \mathfrak{b}_0 w$, wobei w eine *glatte* $(p + 1)$-Kette ist; man kann also u durch u'' ersetzen, mit anderen Worten, man kann annehmen, daß u ein Zyklus der Zerlegung $\mathfrak{S}$ ist. Wie der Beweis von (24.22.7.2) zeigt, ist $Sd^m(u) - u$ der Rand einer glatten $(p + 1)$-Kette, und man kann daher u durch $Sd^m(u)$ ersetzen. Außerdem ist $Sd^m(u) = \mathfrak{b}_0(Sd^m(z))$; man kann daher annehmen, daß $z = \sum_l \lambda_l f_l$ ist, wobei jedes singuläre Simplex der Bedingung genügt, daß $f_l(\bar{\Delta}_p)$ in einer in X enthaltenen Kugel liegt. Dann gilt

$$u = \mathfrak{b}_0 z = \sum_{l,j} (-1)^j \lambda_l (f_l \circ \sigma_j);$$

ist (H_α) die Zerlegung der Menge aller Paare (l, j), die aus denjenigen Teilmengen besteht, in denen die Abbildung $(l, j) \to f_l \circ \sigma_j$ jeweils einen ihrer verschiedenen Werte annimmt, so gilt $\sum_{(l,j)\in H_\alpha} (-1)^j \lambda_l = 0$, *wenn* $f_l \circ \sigma_j$ *keine affine lineare Abbildung ist*, da u ein Zyklus der Zerlegung $\mathfrak{S}$ ist. Wir setzen $f_l(\mathbf{e}_j) = \mathbf{a}_{lj}$, und für jeden Index l betrachten wir die affine lineare Abbildung $g_l = (\mathbf{a}_{l0}\, \mathbf{a}_{l1} \ldots \mathbf{a}_{lp})$ von $\bar{\Delta}_p$ in $\boldsymbol{R}^n$, für die nach Konstruktion $g_l(\bar{\Delta}_p)$ wieder in X enthalten ist. Dann gilt $g_l \circ \sigma_j = f_l \circ \sigma_j$, außer wenn $f_l \circ \sigma_j$ keine affine lineare Abbildung ist. Für $z' = \sum_l \lambda_l g_l$ ergibt sich folglich aus dem Vorhergehenden, daß wieder $u = \mathfrak{b}_0 z'$ gilt, womit (24.26.4) bewiesen ist.

24.26.5. Bemerkung. Es seien X, Y zwei reine differenzierbare Mannigfaltigkeiten und $h: X \to Y$ eine Abbildung der Klasse C^∞. Wie in (24.20.5) beschrieben, leitet man hieraus für jedes $p \geqq 0$ in kanonischer Weise eine Λ-lineare Abbildung $h_*: H_p^\infty(X; \Lambda) \to H_p^\infty(Y; \Lambda)$ her, und aus den Definitionen ergibt sich, daß die Diagramme

24.26.5.1.
$$\begin{array}{ccccccc} H_p(X;\boldsymbol{R}) & \leftarrow & H_p^\infty(X;\boldsymbol{R}) & \rightarrow & H_p''(X) & \rightarrow & H_p'(X) \\ \downarrow h_* & & \downarrow h_* & & \downarrow h_* & & \downarrow h_* \\ H_p(Y;\boldsymbol{R}) & \leftarrow & H_p^\infty(Y;\boldsymbol{R}) & \rightarrow & H_p''(Y) & \rightarrow & H_p'(Y) \end{array}$$

kommutativ sind, wobei die horizontalen Pfeile die kanonischen Abbildungen bezeichnen.

24.27. Struktur der Homologiemoduln

Die vorhergehenden Ergebnisse und die zu ihrem Beweis verwendeten Methoden ziehen die folgenden Korollare nach sich:

24.27.1. *Für jede reine differenzierbare Mannigfaltigkeit X der Dimension n gilt:*

(i) *Der Raum $H_.'(X)$ der Homologie der Ströme auf X hängt nur von der Topologie von X und nicht von dessen Struktur als differenzierbare Mannigfaltigkeit ab.*

(ii) *Ist X kompakt* (bzw. *beliebig*), *so besitzt jeder $\boldsymbol{Z}$-Modul $H_p(X;\boldsymbol{Z})$ ein endliches* (bzw. *endliches oder abzählbares*) *Erzeugendensystem.*

(iii) *Für jedes $p > n$ ist $H_p(X;\boldsymbol{Z}) = \{0\}$.*

Die Aussage (i) ist eine offensichtliche Folgerung aus den Sätzen von DE RHAM, da $H_.(X;\boldsymbol{R})$ nur von der Topologie von X abhängt. Ist X kompakt, so kann man annehmen, daß *ganz* X eine Untermannigfaltigkeit eines $\boldsymbol{R}^N$ ist, und eine relativ kompakte offene Umgebung W von X in $\boldsymbol{R}^N$ sowie eine Submersion $\pi\colon W \to X$ der Klasse C^∞ mit den Eigenschaften aus (16.25.4) betrachten. Es sei $\mathfrak{S}$ eine simpliziale Zerlegung von W, und es sei $\mathfrak{S}'$ die endliche Teilmenge von $\mathfrak{S}$, die aus denjenigen Simplexen von $\mathfrak{S}$ besteht, welche X schneiden, sowie aus deren Flächen; sind $\mathbf{v}_1, \ldots, \mathbf{v}_r$ die Ecken (d. h. der nulldimensionalen Simplexe) aus $\mathfrak{S}'$, so ist die Menge $\mathfrak{S}''$ der Simplexe von $\mathfrak{S}$, von denen eine Ecke in einem der $\mathbf{v}_j$ liegt, sowie deren Flächen wieder endlich. Die offenen Mengen St $(\mathbf{v}_j)$ bilden eine Überdeckung von X, und die Überlegungen aus (24.24.3) sowie (24.24.4) zeigen, daß für jeden p-Zyklus z aus $Z_p(X;\boldsymbol{Z})$ ein zu $S_p(j)\,(z)$ homologer p-Zyklus (mit ganzzahligen Koeffizienten) z' der Zerlegung $\mathfrak{S}''$ existiert ($j\colon X \to W$ ist die kanonische injektive Abbildung); folglich ist $S_p(\pi)\,(z')$ zu z homolog. Die Menge der p-Ketten mit ganzzahligen Koeffizienten der Zerlegung $\mathfrak{S}''$ ist aber ein $\boldsymbol{Z}$-Modul endlichen Typs, und das gilt daher auch für dessen aus den Zyklen bestehenden Untermodul, das Bild dieses Untermoduls vermöge $S_p(\pi)$ und für $H_p(X;\boldsymbol{Z})$, einen Faktormodul dieses Bildes.

Ist X jetzt eine beliebige reine Mannigfaltigkeit, so existiert eine wachsende Folge relativ kompakter offener Mengen V_j aus X derart, daß X Vereinigung der V_j (vgl. (3.18.3)) und der Träger jedes p-Zyklus aus $Z_p(X;\boldsymbol{Z})$ in einer der Mengen V_j enthalten ist. Wendet man die oben für eine kompakte Mannigfaltigkeit angestellten Überlegungen auf jedes $\overline{V}_j$ an, so erkennt man, daß für jedes j eine endliche Anzahl Zyklen aus $Z_p(X;\boldsymbol{Z})$ existiert derart, daß jeder p-Zyklus aus $Z_p(X;\boldsymbol{Z})$ mit in V_j enthaltenem Träger zu einer Linearkombination dieser Zyklen mit ganzzahligen Koeffizienten homolog ist. Das zeigt, daß $H_p(X;\boldsymbol{Z})$ ein endliches oder abzählbares Erzeugendensystem besitzt.

Um schließlich zu beweisen, daß für $p > n$ jeder p-Zyklus ein Rand ist, zeigt man unter Verwendung derselben Methoden, daß das für jeden Zyklus aus $L_p(\mathfrak{S};\boldsymbol{Z})$ zutrifft, wobei $\mathfrak{S}$ eine simpliziale Zerlegung einer offenen Menge aus $\boldsymbol{R}^n$ ist. Dann gilt aber (in den Bezeichnungen von (24.26.1)) $L_p(\mathfrak{S}; \boldsymbol{Z}) = L_p''(\mathfrak{S}; \boldsymbol{Z})$, und die Behauptung folgt aus (24.26.3).

24.27.2. In der homologischen Algebra wird gezeigt, inwieweit für jeden hausdorffschen topologischen Raum X der Modul $H_p(X; \Lambda)$ für jeden kommutativen Ring Λ durch die $\boldsymbol{Z}$-Moduln $H_p(X; \boldsymbol{Z})$ und $H_{p-1}(X; \boldsymbol{Z})$ bestimmt ist [197]. Wir beschränken uns hierbei auf die Betrachtung zweier Spezialfälle.

24.27.3. *Es sei X ein hausdorffscher topologischer Raum. Sind $H_p(X; \boldsymbol{Z})$ und $H_{p-1}(X; \boldsymbol{Z})$ freie $\boldsymbol{Z}$-Moduln, so ist der kanonische Homomorphismus* (vgl. (24.20.5) und (A.28.6))

24.27.3.1. $H_p(X; \boldsymbol{Z}) \otimes_{\boldsymbol{Z}} \Lambda \to H_p(X; \Lambda)$

für jeden kommutativen Ring Λ bijektiv.

Da die $S_p(X; \boldsymbol{Z})$ *freie $\boldsymbol{Z}$-Moduln* sind, ergibt sich (24.27.3) aus (A.31.4).

24.27.3.2. Bemerkung. Ist unter den Voraussetzungen von (24.27.3) der kanonische Homomorphismus $\boldsymbol{Z} \to \Lambda$ außerdem *injektiv*, so kann $H_p(X; \boldsymbol{Z})$ in kanonischer Weise mit einem *Unter-$\boldsymbol{Z}$-Modul* von $H_p(X; \Lambda)$ identifiziert werden.

Ein hausdorffscher Raum X heißt *torsionsfrei*, wenn alle Homologiemoduln $H_p(X; \boldsymbol{Z})$ frei sind; das trifft zu für *kontrahierbare* Räume, *Sphären, komplexe projektive Räume, Bouquets von torsionsfreien Mannigfaltigkeiten* (vgl. (24.22.3), (24.22.9), (24.22.11), (24.22.14)). Für einen torsionsfreien Raum X sind also alle $H_p(X; \Lambda)$ freie Λ-Moduln, und ist der Homomorphismus $\boldsymbol{Z} \to \Lambda$ injektiv, so ist jeder Modul $H_p(X; \boldsymbol{Z})$ ein Unter-$\boldsymbol{Z}$-Modul von $H_p(X; \Lambda)$.

24.27.4. Als nächstes betrachten wir den Fall, daß X eine *kompakte reine differenzierbare Mannigfaltigkeit* der Dimension n ist, und zeigen, wie sich $H_p(X; \Lambda)$ explizit durch $H_p(X; \boldsymbol{Z})$ und $H_{p-1}(X; \boldsymbol{Z})$ ausdrücken läßt.

Zuerst beweisen wir, daß für jede ganze Zahl p, $0 \leqq p \leqq n$, ein *freier* Unter-$\boldsymbol{Z}$-Modul endlichen Typs E_p von $S_p(X; \boldsymbol{Z})$ existiert (mit $E_p = \{0\}$ für $p < 0$ oder $p > n$) derart, daß für $F_p = E_p \cap Z_p(X; \boldsymbol{Z})$ und $G_p = F_p \cap B_p(X; \boldsymbol{Z})$ die Beziehungen $G_p = \mathfrak{b}_0(E_{p+1})$ und $H_p(X; \boldsymbol{Z}) \cong F_p/G_p$ gelten. Unter Verwendung der Definitionen und Bezeichnungen aus (24.27.1) wählt man nämlich für E_0 das Bild des $\boldsymbol{Z}$-Moduls der 0-Ketten der Zerlegung $\mathfrak{S}''$ vermöge der Abbildung $S_0(\pi)$; unter der Voraussetzung, daß E_p (und folglich auch F_p und G_p) rekursiv definiert ist, wählt man dann für E_{p+1} den Unter-$\boldsymbol{Z}$-Modul von $S_{p+1}(X; \boldsymbol{Z})$, der erzeugt wird durch

1° das Bild des $\boldsymbol{Z}$-Moduls der $(p+1)$-Zyklen von $\mathfrak{S}''$ vermöge $S_{p+1}(\pi)$ (der von endlichem Typ ist);

2° eine (endliche) Menge von $(p+1)$-Ketten, deren Bilder vermöge $\mathfrak{b}_0$ ein Erzeugendensystem von G_p bilden.

Da jeder Zyklus von $Z_p(X; \boldsymbol{Z})$ dann zu einem Zyklus von F_p homolog ist (vgl. (24.27.1)), ist $H_p(X; \boldsymbol{Z})$ zu $(F_p + B_p(X; \boldsymbol{Z}))/B_p(X; \boldsymbol{Z})$, d. h. zu $F_p/(F_p \cap B_p(X; \boldsymbol{Z})) = F_p/G_p$ kanonisch isomorph.

Da jeder Unter-$\boldsymbol{Z}$-Modul von E_p frei von endlichem Typ ist (vgl. (A.26.2)), ist E_p/F_p, das zu G_{p-1} isomorph ist, frei, und F_p besitzt folglich (vgl. (A.29.2)) in E_p einen *freien komplementären $\boldsymbol{Z}$-Modul F_p'*, so daß die Einschränkung von $\mathfrak{b}_0$ auf F_p'

eine bijektive Abbildung dieses $\mathbf{Z}$-Moduls auf G_{p-1} ist. Bekanntlich (vgl. (A.26.3)) existiert für F_p eine Basis

$$a_1^{(p)}, \ldots, a_r^{(p)}, a_{r+1}^{(p)}, \ldots, a_{r+s}^{(p)}, a_{r+s+1}^{(p)}, \ldots, a_{r+s+t}^{(p)}$$

derart, daß

$$a_1^{(p)}, \ldots, a_r^{(p)}, \alpha_1^{(p)} a_{r+1}^{(p)}, \ldots, \alpha_s^{(p)} a_{r+s}^{(p)}$$

eine Basis von G_p bilden, wobei $\alpha_1^{(p)}, \ldots, \alpha_s^{(p)}$ von 1 verschiedene ganze Zahlen > 0 sind, von denen jede die folgende *teilt*. Daher gilt

24.27.4.1. $H_p(X; \mathbf{Z}) \cong (\mathbf{Z}/\alpha_1^{(p)}\mathbf{Z}) \oplus \cdots \oplus (\mathbf{Z}/\alpha_s^{(p)}\mathbf{Z}) \oplus \mathbf{Z}^t$.

Ebenso gibt es eine Basis von F_{p-1}

$$a_1^{(p-1)}, \ldots, a_u^{(p-1)}, a_{u+1}^{(p-1)}, \ldots, a_{u+v}^{(p-1)}, a_{u+v+1}^{(p-1)}, \ldots, a_{u+v+w}^{(p-1)}$$

derart, daß

$$a_1^{(p-1)}, \ldots, a_u^{(p-1)}, \alpha_1^{(p-1)} a_{u+1}^{(p-1)}, \ldots, \alpha_v^{(p-1)} a_{u+v}^{(p-1)}$$

eine Basis von G_{p-1} bilden, wobei $\alpha_1^{(p-1)}, \ldots, \alpha_v^{(p-1)}$ von 1 verschiedene ganze Zahlen > 0 sind, von denen jede die folgende teilt, so daß

24.27.4.2. $H_{p-1}(X; \mathbf{Z}) \cong (\mathbf{Z}/\alpha_1^{(p-1)}\mathbf{Z}) \oplus \cdots \oplus (\mathbf{Z}/\alpha_v^{(p-1)}\mathbf{Z}) \oplus \mathbf{Z}^w$

gilt. Darüber hinaus kann man für F'_p eine Basis

$$a_1'^{(p)}, \ldots, a_u'^{(p)}, a_{u+1}'^{(p)}, \ldots, a_{u+v}'^{(p)}$$

wählen derart, daß

24.27.4.3. $\mathfrak{b}_0 a_1'^{(p)} = a_1^{(p-1)}, \ldots, \mathfrak{b}_0 a_u'^{(p)} = a_u^{(p-1)}$,

$$\mathfrak{b}_0 a_{u+1}'^{(p)} = \alpha_1^{(p-1)} a_{u+1}^{(p-1)}, \ldots, \mathfrak{b}_0 a_{u+v}'^{(p)} = \alpha_v^{(p-1)} a_{u+v}^{(p-1)}$$

gilt. Formel (24.27.4.1) zeigt, daß die Zahlen s, t sowie die $\alpha_j^{(p)}$ nur von der Topologie der kompakten Mannigfaltigkeit X abhängen und nicht von der Wahl von E_p, F_p, G_p oder der Basen in diesen $\mathbf{Z}$-Moduln (vgl. (A.26.4)).

24.27.5. Unter Berücksichtigung der obigen Ergebnisse erhält man aus (24.27.1) außerdem, daß für jeden kommutativen Ring Λ jeder Zyklus aus $Z_p(X; \Lambda)$ zu einem Zyklus aus $E_p \otimes_{\mathbf{Z}} \Lambda$ homolog ist, und jeder Zyklus aus $E_p \otimes_{\mathbf{Z}} \Lambda$, der ein Rand ist, auch Rand einer Kette aus $E_{p+1} \otimes_{\mathbf{Z}} \Lambda$ ist; um $H_p(X; \Lambda)$ zu berechnen, muß man daher den freien Λ-Modul $E_p \otimes_{\mathbf{Z}} \Lambda$ betrachten und den Kern der Abbildung $\mathfrak{b}_0$ von $E_p \otimes_{\mathbf{Z}} \Lambda$ in $E_{p-1} \otimes_{\mathbf{Z}} \Lambda$ nach dem Bild der Abbildung $\mathfrak{b}_0$ von $E_{p+1} \otimes_{\mathbf{Z}} \Lambda$ in $E_p \otimes_{\mathbf{Z}} \Lambda$ faktorisieren. Der in (24.27.4) getroffenen Basiswahl zufolge ist das Bild von $E_{p+1} \otimes_{\mathbf{Z}} \Lambda$ vermöge $\mathfrak{b}_0$ *direkte Summe* der Λ-Moduln

$$\Lambda a_1^{(p)}, \ldots, \Lambda a_r^{(p)}, \Lambda \alpha_1^{(p)} a_{(r+1)}^{p}, \ldots, \Lambda \alpha_s^{(p)} a_{r+s}^{(p)}.$$

Andererseits ist der Kern von $\mathfrak{b}_0$ in $E_p \otimes_{\mathbf{Z}} \Lambda$ *direkte Summe von* $F_p \otimes_{\mathbf{Z}} \Lambda$ *und dem Kern von* $\mathfrak{b}_0$ *in* $F'_p \otimes_{\mathbf{Z}} \Lambda$ (vgl. (A.31.3)); ist das Ideal $\mathfrak{n}_j^{(p-1)}$ von Λ *Annullator des Ideals* $\Lambda \alpha_j^{(p-1)}$, so ist letzterer Kern *direkte Summe* der $\mathfrak{n}_j^{(p-1)} a_{u+j}'^{(p)}$ für $1 \leq j \leq v$. Damit erhält man die folgende Regel zur Bestimmung von $H_p(X; \Lambda)$, ausgehend von den Ausdrücken (24.27.4.1) und (24.27.4.2):

24.27.6. *Der singuläre Homologie-Λ-Modul $H_p(X;\Lambda)$ von X mit Koeffizienten in einem kommutativen Ring Λ ist, ausgehend von den Darstellungen für $H_p(X;\boldsymbol{Z})$ und $H_{p-1}(X;\boldsymbol{Z})$, gegeben durch*

24.27.6.1. $H_p(X;\Lambda) \cong (\Lambda/\alpha_1^{(p)}\Lambda) \oplus \cdots \oplus (\Lambda/\alpha_s^{(p)}\Lambda) \oplus \Lambda^t \oplus \mathfrak{n}_1^{(p-1)} \oplus \cdots \oplus \mathfrak{n}_v^{(p-1)}$,

wobei $\mathfrak{n}_j^{(p-1)}$ das Annullatorideal des Ideals $\alpha_j^{(p-1)}\Lambda$ in Λ ist $(1 \leqq j \leqq v)$.

Hieraus ergeben sich die folgenden Korollare:

24.27.7. (i) *Ist K ein Körper der Charakteristik 0, so ist $H_p(X;K)$ ein t-dimensionaler K-Vektorraum.*

(ii) *Ist K ein Körper einer Charakteristik $q > 0$, so ist $H_p(X;K)$ ein K-Vektorraum der Dimension $s' + t + v'$, wobei s' die Anzahl der durch q teilbaren ganzen Zahlen $\alpha_j^{(p)}$ und v' die Anzahl der durch q teilbaren ganzen Zahlen $\alpha_j^{(p-1)}$ ist.*

Ist K nämlich ein Körper der Charakteristik 0, so gilt $\alpha K = K$ für jede ganze Zahl $\alpha \neq 0$. Ist $q > 0$ die Charakteristik von K, so ist $K/\alpha K = \{0\}$, ausgenommen, q teilt α (in diesem Fall gilt $K/\alpha K = K$), und der Annullator von αK ist $\{0\}$, ausgenommen, q teilt α (dann ist K dieser Annullator).

Später werden wir sehen, daß die ganze Zahl t die *p-te Bettische Zahl* (vgl. (24.1.1)) von X ist (vgl. (24.33.2)).

24.28. Homologie der kompakten euklidischen simplizialen Komplexe

24.28.1. Es sei daran erinnert (vgl. (24.18.4)), daß ein kompakter euklidischer simplizialer Komplex ein mit einer (notwendig *endlichen*) simplizialen Zerlegung $\mathfrak{S}$ versehener kompakter Teilraum X eines Raumes $\boldsymbol{R}^N$ ist. In den Bezeichnungen von (24.26) ergibt sich aus (24.26.3.2) und (24.26.3.3), daß $L'_{\cdot}(\mathfrak{S};\boldsymbol{Z}) = \bigoplus_{p \geqq 0} L'_p(\mathfrak{S};\boldsymbol{Z})$ ein *graduierter Kodifferentialuntermodul* des graduierten Kodifferentialmoduls $S_{\cdot}(X;\boldsymbol{Z})$ ist; mit $H_{\cdot}(\mathfrak{S};\boldsymbol{Z})$ bezeichnen wir seine Homologie (vgl. (A.30.7)).

24.28.2. *Die kanonische injektive Abbildung $j' : L'_{\cdot}(\mathfrak{S};\boldsymbol{Z}) \to S_{\cdot}(X;\boldsymbol{Z})$ ergibt einen Isomorphismus $j'_* : H_{\cdot}(\mathfrak{S};\boldsymbol{Z}) \to H_{\cdot}(X;\boldsymbol{Z})$.*

Es sei n die größte Dimension der Simplexe von $\mathfrak{S}$ und d die Anzahl der n-dimensionalen Simplexe von $\mathfrak{S}$; wir beweisen den Satz durch vollständige Induktion nach n, und für jedes n durch vollständige Induktion nach d. Die Aussage gilt offensichtlich für $n = 0$, denn dann ist $L'_0(\mathfrak{S};\boldsymbol{Z}) \cong S_0(X;\boldsymbol{Z}) \cong S_{\cdot}(X;\boldsymbol{Z})$.

Wir betrachten daher ein Simplex $U_1 \in \mathfrak{S}$ der Dimension n; dann sind $X_1 = \overline{U}_1$, $X_2 = X \setminus U_1$ und $X_3 = X_1 \cap X_2 = \operatorname{Fr}(U_1)$ (Rand in bezug auf die durch U_1 erzeugte affine lineare Mannigfaltigkeit) bezüglich der zu diesen Mengen gehörenden Simplexe von $\mathfrak{S}$ kompakte euklidische simpliziale Komplexe. Die simpliziale Zerlegung $\mathfrak{S}_1 \subset \mathfrak{S}$ von X_1 besteht aus U_1 und seinen Flächen einer Dimension $< n$; die simpliziale Zerlegung $\mathfrak{S}_2 \subset \mathfrak{S}$ von X_2 besteht aus allen von U_1 verschiedenen Simplexen aus $\mathfrak{S}$; die simpliziale Zerlegung $\mathfrak{S}_3 = \mathfrak{S}_1 \cap \mathfrak{S}_2$ von X_3 schließlich besteht aus den Flächen von U_1 einer Dimension $< n$. Aus der Induktionsvoraussetzung folgt daher, daß der Satz für $\mathfrak{S}_2$ und X_2 sowie für $\mathfrak{S}_3$ und X_3 gilt; wir zeigen, daß er auch für $\mathfrak{S}_1$ und X_1 wahr ist. Dazu seien $\mathbf{c}_0, \mathbf{c}_1, \ldots, \mathbf{c}_n$ die in einer bestimmten Reihenfolge angeordneten Ecken von U_1; $L'_n(\mathfrak{S}_1; \boldsymbol{Z})$ besteht dann aus den ganzzahligen Vielfachen von $s_1 = (\mathbf{c}_0 \mathbf{c}_1 \dots \mathbf{c}_n)$, und es ist $L'_p(\mathfrak{S}_1; \boldsymbol{Z}) = L'_p(\mathfrak{S}_3; \boldsymbol{Z})$ für $p < n$. Damit ist bereits gezeigt, daß die Homomorphismen $H_p(\mathfrak{S}_1; \boldsymbol{Z}) \to H_p(X_1; \boldsymbol{Z})$ für $p \leqq n - 2$ bijektiv sind: Dann ist nämlich $H_p(\mathfrak{S}_1; \boldsymbol{Z}) = H_p(\mathfrak{S}_3; \boldsymbol{Z})$, und die Homomorphismen $H_p(\mathfrak{S}_3; \boldsymbol{Z}) \to H_p(X_3; \boldsymbol{Z})$ sind nach Induktionsvoraussetzung bijektiv; außerdem gilt $H_p(X_1; \boldsymbol{Z}) = H_p(X_3; \boldsymbol{Z})$ für $p \leqq n - 2$, da X_1 kontrahierbar und X_3 zur Sphäre $\boldsymbol{S}_{n-1}$ homöomorph ist; hieraus folgt die Behauptung.

Für $p = n - 1$ ergibt sich $H_{n-1}(\mathfrak{S}_3; \boldsymbol{Z}) = L'_{n-1}(\mathfrak{S}_3; \boldsymbol{Z}) \cap Z_{n-1}(X_3; \boldsymbol{Z}) \cong \boldsymbol{Z}$ durch Induktion; $\mathfrak{b}_0 s_1$ gehört zu $L'_{n-1}(\mathfrak{S}_3; \boldsymbol{Z}) \cap Z_{n-1}(X_3; \boldsymbol{Z})$ und ist daher ein ganzzahliges Vielfaches einer Erzeugenden dieses zyklischen $\boldsymbol{Z}$-Moduls; da $\mathfrak{b}_0 s_1$ aber Summe von $(n - 1)$-dimensionalen Simplexen aus $\mathfrak{S}_3$ *mit Koeffizienten* ± 1 ist, ist $\mathfrak{b}_0 s_1$ notwendigerweise selbst *eine Erzeugende*; damit ist gezeigt, daß

$$L'_{n-1}(\mathfrak{S}_1; \boldsymbol{Z}) \cap Z_{n-1}(X_1; \boldsymbol{Z}) = L'_{n-1}(\mathfrak{S}_1; \boldsymbol{Z}) \cap B_{n-1}(X_1; \boldsymbol{Z}),$$

also $H_{n-1}(\mathfrak{S}_1; \boldsymbol{Z}) = \{0\} = H_{n-1}(X_1; \boldsymbol{Z})$ ist. Da $\mathfrak{b}_0 s_1 \neq 0$ ist, findet man schließlich

$$L'_n(\mathfrak{S}_1; \boldsymbol{Z}) \cap Z_n(X_1; \boldsymbol{Z}) = \{0\},$$

woraus $H_n(\mathfrak{S}_1; \boldsymbol{Z}) = \{0\} = H_n(X_1; \boldsymbol{Z})$ folgt.

Wir definieren nun in X eine offene Umgebung V_1 von X_1 und eine offene Umgebung V_2 von X_2 derart, daß X_1, X_2 und X_3 *Homotopieretrakte* (vgl. (24.22.10)) von V_1, V_2 bzw. $V_1 \cap V_2$ sind. Nach Induktionsvoraussetzung sind dann die zusammengesetzten Homomorphismen

$$H_\cdot(\mathfrak{S}_1; \boldsymbol{Z}) \to H_\cdot(X_1; \boldsymbol{Z}) \xrightarrow{\sim} H_\cdot(V_1; \boldsymbol{Z}),$$
$$H_\cdot(\mathfrak{S}_2; \boldsymbol{Z}) \to H_\cdot(X_2; \boldsymbol{Z}) \xrightarrow{\sim} H_\cdot(V_2; \boldsymbol{Z})$$

sowie

$$H_\cdot(\mathfrak{S}_3; \boldsymbol{Z}) \to H_\cdot(X_3; \boldsymbol{Z}) \xrightarrow{\sim} H_\cdot(V_1 \cap V_2; \boldsymbol{Z})$$

Isomorphismen. Ausgehend davon erhält man ein kommutatives Diagramm von exakten Sequenzen

$$\begin{array}{ccccccccc}
0 & \longrightarrow & L'_\cdot(\mathfrak{S}_3; \boldsymbol{Z}) & \to & L'_\cdot(\mathfrak{S}_1; \boldsymbol{Z}) \oplus L'_\cdot(\mathfrak{S}_2; \boldsymbol{Z}) & \to & L'_\cdot(\mathfrak{S}; \boldsymbol{Z}) & \to & 0 \\
 & & \downarrow & & \downarrow & & \downarrow & & \\
0 & \to & S^{\mathfrak{U}}_\cdot(V_1 \cap V_2; \boldsymbol{Z}) & \to & S^{\mathfrak{U}}_\cdot(V_1; \boldsymbol{Z}) \oplus S^{\mathfrak{U}}_\cdot(V_2; \boldsymbol{Z}) & \to & S^{\mathfrak{U}}_\cdot(X; \boldsymbol{Z}) & \to & 0
\end{array}$$

wobei die zweite Zeile die Sequenz (24.22.8.1) für die offene Überdeckung $\mathfrak{U} = (V_1, V_2)$ von X ist und die vertikalen Pfeile die kanonischen injektiven Abbildungen sind; die Exaktheit der ersten Zeile resultiert aus der Tatsache, daß $\mathfrak{S}_3 = \mathfrak{S}_1 \cap \mathfrak{S}_2$ und $\mathfrak{S} = \mathfrak{S}_1 \cup \mathfrak{S}_2$ ist. Für die Homologien leitet man hieraus ein kommutatives Diagramm von exakten Sequenzen her, das sich aufgrund der exakten Mayer-Vietoris-Sequenz (24.22.8.4) und der Wahl von V_1 und V_2 in der Gestalt

$$\begin{array}{ccccccccccc}
\cdots \to & H_p(\mathfrak{S}_3; \boldsymbol{Z}) & \to & H_p(\mathfrak{S}_1; \boldsymbol{Z}) \oplus H_p(\mathfrak{S}_2; \boldsymbol{Z}) & \to & H_p(\mathfrak{S}; \boldsymbol{Z}) & \to & H_{p-1}(\mathfrak{S}_3; \boldsymbol{Z}) & \to \cdots \\
 & \downarrow & & \downarrow & & \downarrow & & \downarrow & \\
\cdots \to & H_p(X_3; \boldsymbol{Z}) & \to & H_p(X_1; \boldsymbol{Z}) \oplus H_p(X_2; \boldsymbol{Z}) & \to & H_p(X; \boldsymbol{Z}) & \to & H_{p-1}(X_3; \boldsymbol{Z}) & \to \cdots
\end{array}$$

schreiben läßt; damit ergibt sich Satz (24.28.2) aus der Induktionsvoraussetzung und dem Fünferlemma.

Es müssen daher nur noch die Umgebungen V_1 und V_2 definiert werden. Für V_1 wählen wir die Vereinigung von $\overline{U}_1$ mit allen Simplexen aus $\mathfrak{S}$, *deren abgeschlossene Hülle* $\overline{U}_1$ *schneidet*; für V_2 das Komplement (in X) des Schwerpunktes $\mathbf{b}$ von U_1. Wie man unmittelbar sieht, ist V_2 eine offene Umgebung von X_2 in X, und man definiert eine Homotopieretraktion F_2 von V_2 auf X_2, indem man $F_2(\mathbf{x}, t) = \mathbf{x}$ setzt für $\mathbf{x} \in X_2$ und

$$F_2\big(s\mathbf{y} + (1 - s)\,\mathbf{b}, t\big) = t\mathbf{y} + (1 - t)\big(s\mathbf{y} + (1 - s)\,\mathbf{b}\big)$$

für $0 \leqq s \leqq 1$, $0 \leqq t \leqq 1$ und $\mathbf{y} \in \operatorname{Fr}(U_1)$.

Da $X \setminus V_1$ die Vereinigung der abgeschlossenen Hüllen aller Simplexe aus $\mathfrak{S}$ ist, deren abgeschlossene Hülle $\overline{U}_1$ nicht schneidet, ist $X \setminus V_1$ abgeschlossen, und V_1 ist daher eine offene Umgebung von X_1 in X. Um eine Homotopieretraktion F_1 von V_1 auf X_1 zu definieren, genügt es, diese für jedes Simplex $U \not\subset \overline{U}_1$ aus $\mathfrak{S}$, dessen abgeschlossene Hülle $\overline{U}_1$ schneidet, in $U \times [0, 1]$ zu definieren. In kanonischer Weise läßt sich nämlich eine stetige Abbildung F_U von $U \times [0, 1]$ in V_1 definieren, die stetig auf $(\overline{U} \cap V_1) \times [0, 1]$ fortgesetzt werden kann derart, daß für eine Fläche U' von U, deren abgeschlossene Hülle $\overline{U}_1$ schneidet und nicht in $\overline{U}_1$ enthalten ist, die Einschränkung der (fortgesetzten) Abbildung F_U auf U' gleich $F_{U'}$ ist. Hieraus folgt, daß die Abbildung F_1 von $V_1 \times [0, 1]$ in V_1 derart, daß $F_1(\mathbf{x}, t) = \mathbf{x}$ für $\mathbf{x} \in \overline{U}_1$ gilt und F_1 mit F_U in $U \times [0, 1]$ für jedes Simplex $U \not\subset \overline{U}_1$ aus $\mathfrak{S}$ übereinstimmt, dessen abgeschlossene Hülle $\overline{U}_1$ schneidet, *stetig* ist; daß es sich dabei um eine Homotopieretraktion auf $X_1 = \overline{U}_1$ handelt, folgt aus der Konstruktion der F_U.

Zur Ausführung dieser Konstruktion kann angenommen werden, daß $U = \Delta_m$ ist,

$$\overline{U} \cap \overline{U}_1 = \operatorname{Im}(\mathbf{e}_0\, \mathbf{e}_{01} \ldots \mathbf{e}_p)$$

für ein $p < m$ sowie $\overline{U} \cap V_1 = W$ die Menge der

$$\mathbf{x} = \xi^0\mathbf{e}_0 + \cdots + \xi^p\mathbf{e}_p + \xi^{p+1}\mathbf{e}_{p+1} + \cdots + \xi^m\mathbf{e}_m \in \overline{\Delta}_m$$

(für die ξ^j gilt also $\xi^j \geqq 0$ und $\xi^0 + \xi^1 + \cdots + \xi^m = 1$) derart, daß *wenigstens ein Koeffizient* ξ^j *für* $0 \leqq j \leqq p$ *größer als* 0 *ist*. Es wird dann

$$\mathbf{y}(\mathbf{x}) = (\xi^0\mathbf{e}_0 + \cdots + \xi^p\mathbf{e}_p)/(\xi^0 + \xi^1 + \cdots + \xi^p)$$

gesetzt (dieser Punkt gehört zu $\overline{U} \cap \overline{U}_1$) und $F_U(\mathbf{x}, t) = t\mathbf{y}(\mathbf{x}) + (1 - t)\,\mathbf{x}$ für jedes $\mathbf{x} \in W$; offenbar besitzt F_U die geforderten Eigenschaften.

Um schließlich eine Homotopieretraktion F_3 von $V_1 \cap V_2$ auf X_3 zu definieren, genügt es, $F_3(\mathbf{x}, t) = \mathbf{x}$ für $\mathbf{x} \in X_3$, $F_3(\mathbf{x}, t) = F_2(\mathbf{x}, t)$ für $\mathbf{x} \in V_2 \setminus X_2$ und $F_3(\mathbf{x}, t) = F_1(\mathbf{x}, t)$ für $\mathbf{x} \in V_1 \setminus X_1$ zu wählen. Damit ist der Beweis abgeschlossen.

24.28.2.1. Bemerkung. Aus (24.26.1.3) und (24.26.3) folgt, daß jeder Zyklus aus $L_p(\mathfrak{S}; \boldsymbol{Z})$ zu einem Zyklus aus $L'_p(\mathfrak{S}; \boldsymbol{Z})$ homolog ist und daß ein Zyklus aus $L'_p(\mathfrak{S}; \boldsymbol{Z})$, der ein Rand aus $L_p(\mathfrak{S}; \boldsymbol{Z})$ ist, auch ein Rand in $L'_p(\mathfrak{S}; \boldsymbol{Z})$ ist; die kanonische injektive Abbildung $L'_{.}(\mathfrak{S}; \boldsymbol{Z}) \to L_{.}(\mathfrak{S}; \boldsymbol{Z})$ ergibt daher für die Homologien einen *Isomorphismus*, und man kann in (24.28.2) $L'_{.}(\mathfrak{S}; \boldsymbol{Z})$ durch $L_{.}(\mathfrak{S}; \boldsymbol{Z})$ ersetzen.

24.28.3. Anwendung. *Homologiefundamentalklasse von* $\mathbf{S}_n$. Der $\boldsymbol{Z}$-Modul $H_n(\mathbf{S}_n; \boldsymbol{Z})$ ist zyklisch; wir wollen darin eine *kanonische Erzeugende* c_n definieren, die sogenannte *singuläre Homologiefundamentalklasse von* $\mathbf{S}_n$. Dazu empfiehlt es sich, $\mathbf{S}_n$ durch den „Hohlwürfel" A_n zu ersetzen, der in $\boldsymbol{R}^{n+1}$ durch die Gleichung $|\mathbf{x}|_\infty = 1$

definiert ist, wobei $|\mathbf{x}|_\infty = \sup_j |\xi^j|$ für $\mathbf{x} = \xi^0\mathbf{e}_0 + \xi^1\mathbf{e}_1 + \cdots + \xi^n\mathbf{e}_n$ gesetzt wird; die „Zentralprojektion" $\mathbf{x} \to \mathbf{x}/|\mathbf{x}|_\infty$ ist ein Homöomorphismus von S_n auf A_n, und $\mathbf{x} \to \mathbf{x}/\|\mathbf{x}\|$ ist der dazu inverse Homöomorphismus. Wir definieren nun auf A_n einen n-Zyklus y_n, dessen Homologieklasse eine Basis von $H_n(A_n; \boldsymbol{Z})$ ist.

Dazu sei Γ die Menge der Paare $\big((\varepsilon_0, \varepsilon_1, \ldots, \varepsilon_n), \sigma\big)$, wobei die ε_j gleich 1 oder -1 sind und σ eine Permutation der Menge $\{0, 1, \ldots, n\}$ ist (Γ besteht also aus $2^{n+1}(n+1)!$ Elementen). Für jedes $\gamma = \big((\varepsilon_0, \ldots, \varepsilon_n), \sigma\big) \in \Gamma$ und jeden Index i, $0 < i < n$, setzen wir

$$\mathbf{a}_i^\gamma = \varepsilon_0\mathbf{e}_{\sigma(0)} + \varepsilon_1\mathbf{e}_{\sigma(1)} + \cdots + \varepsilon_i\mathbf{e}_{\sigma(i)}$$

(Mittelpunkt einer $(n-i)$-dimensionalen Fläche von A_n). Dann bilden die Simplexe $\operatorname{Im}(\mathbf{a}_0^\gamma\, \mathbf{a}_1^\gamma \ldots \mathbf{a}_n^\gamma)$ und ihre Flächen eine simpliziale Zerlegung $\mathfrak{S}$ von A_n, und die entsprechenden „Kegel" mit der Spitze 0, $\operatorname{Im}(0\, \mathbf{a}_0^\gamma\, \mathbf{a}_1^\gamma \ldots \mathbf{a}_n^\gamma)$, sowie deren Flächen eine simpliziale Zerlegung $\mathfrak{S}_0$ des durch $|\mathbf{x}|_\infty \leqq 1$ definierten „Quaders" B_{n+1}. Davon überzeugt man sich durch vollständige Induktion nach n: $\mathfrak{S}$ und $\mathfrak{S}_0$ sind nämlich invariant bezüglich jeder Permutation der Vektoren $\mathbf{e}_j$ der kanonischen Basis von $\boldsymbol{R}^{n+1}$; die abgeschlossene Hülle der in der Hyperebene $\xi^0 = 1$ liegenden Seite von A_n ergibt sich vermöge der Translation $\mathbf{e}_0$ ausgehend von B_n, und schließlich stammen die in dieser Seite enthaltenen Simplexe von $\mathfrak{S}$ vermöge der Translation $\mathbf{e}_0$ aus der simplizialen Zerlegung von B_n.

Für jedes $\gamma = \big((\varepsilon_0, \varepsilon_1, \ldots, \varepsilon_n), \sigma\big) \in \Gamma$ betrachten wir das singuläre $(n+1)$-Simplex $(0\, \mathbf{a}_0^\gamma\, \mathbf{a}_1^\gamma \ldots \mathbf{a}_n^\gamma)$ und setzen $\eta_\sigma = 1$, wenn diese affine lineare Abbildung von Δ_{n+1} in $\boldsymbol{R}^{n+1}$ die Orientierung erhält ($\boldsymbol{R}^{n+1}$ sei mit seiner kanonischen Orientierung (vgl. (16.21.4)) versehen), anderenfalls sei $\eta_\sigma = -1$. Wie wir sehen werden, besitzt die $(n+1)$-Kette auf B_{n+1}

24.28.3.1. $$x_{n+1} = \sum_{\gamma\in\Gamma} \eta_\sigma(0\, \mathbf{a}_0^\gamma\, \mathbf{a}_1^\gamma \cdots \mathbf{a}_n^\gamma)$$

den n-Zyklus

24.28.3.2. $$y_n = \sum_{\gamma\in\Gamma} \eta_\sigma(\mathbf{a}_0^\gamma\, \mathbf{a}_1^\gamma \cdots \mathbf{a}_n^\gamma)$$

auf A_n als Rand, und die Homologieklasse dieses n-Zyklus ist eine Erzeugende von $H_n(A_n; \boldsymbol{Z})$.

Um zu beweisen, daß $\mathfrak{b}_0 x_{n+1} = y_n$ gilt, genügt es nach Definition des Randes zu verifizieren, daß die Simplexe, in denen 0 eine Ecke ist, in dem Ausdruck für $\mathfrak{b}_0 x_{n+1}$ verschwinden. Man könnte das ausrechnen, doch ist das überflüssig; ist nämlich $i_{B_{n+1}}$ die kanonische injektive Abbildung von B_{n+1} in $\boldsymbol{R}^{n+1}$, so gilt aufgrund der Wahl der η_σ (vgl. (24.19.1)) $\tilde{\imath}_{B_{n+1}} = \tilde{x}_{n+1}$ in $\mathscr{E}'_{n+1}(\boldsymbol{R}^{n+1})$, und $\mathfrak{b}\tilde{\imath}_{B_{n+1}}$ ist Summe von *durch* A_n *getragenen* Strömen (vgl. (24.17.2.2)); die Injektivität der kanonischen Abbildung (24.20.2.1) zeigt daher wie in (24.21.6), daß der Ausdruck für $\mathfrak{b}_0 x_{n+1}$ keine singulären Simplexe enthalten kann, deren Träger das Innere von B_{n+1} schneidet.

Die Menge der Ecken von $\mathfrak{S}$ ordnen wir jetzt so an, daß $\mathbf{a}_i^\gamma < \mathbf{a}_j^{\gamma'}$ gilt, wenn $i < j$ ist, unabhängig von γ und γ'; in den Bezeichnungen von Abschnitt 24.26 gehört der n-Zyklus y_n dann zu $L'_n(\mathfrak{S}; \boldsymbol{Z})$. Unter Verwendung von (24.28.1) findet man, daß die Homologieklasse von y_n ein ganzzahliges Vielfaches einer Erzeugenden von $H_n(\mathfrak{S}; \boldsymbol{Z})$ ist; da aber die Koeffizienten der singulären Simplexe (welche die Basis von $L'_n(\mathfrak{S}; \boldsymbol{Z})$ bilden) in y_n gleich ± 1 sind, ist diese Homologieklasse selbst *eine Erzeugende* von

$H_n(\mathfrak{S}; \boldsymbol{Z})$; ihr Bild c_n in $H_n(A_n; \boldsymbol{Z})$ oder in $H_n(\boldsymbol{S}_n; \boldsymbol{Z})$ wird die *singuläre Homologiefundamentalklasse* genannt.

24.28.4. Bemerkung. Da $H_n(\boldsymbol{S}_n; \boldsymbol{R}) = H_n(\boldsymbol{S}_n; \boldsymbol{Z}) \otimes_{\boldsymbol{Z}} \boldsymbol{R}$ gilt (vgl. (24.27.3)), kann $H_n(\boldsymbol{S}_n; \boldsymbol{Z})$ mit einem Unter-$\boldsymbol{Z}$-Modul des $\boldsymbol{R}$-Vektorraumes $H_n(\boldsymbol{S}_n; \boldsymbol{R})$ identifiziert werden; daher ist die Einschränkung des de-Rhamschen Isomorphismus $H_n(\boldsymbol{S}_n; \boldsymbol{R}) \to H'_n(\boldsymbol{S}_n)$ auf $H_n(\boldsymbol{S}_n; \boldsymbol{Z})$ *injektiv*. Wir zeigen, daß das Bild der Fundamentalklasse $c_n \in H_n(\boldsymbol{S}_n; \boldsymbol{Z})$ vermöge dieser injektiven Abbildung die Klasse $(-1)^n [\boldsymbol{S}_n]$ ist, wobei $[\boldsymbol{S}_n]$ die Homologiefundamentalklasse der Ströme ist (vgl. (24.12.10.3)). Aus der Beziehung $\mathfrak{b}_0 x_{n+1} = y_n$ ergibt sich nämlich in $\mathscr{E}'_n(\boldsymbol{R}^{n+1})$ die Beziehung $\mathfrak{b}\tilde{x}_{n+1} = \tilde{y}_n$. Aus der Stokesschen Formel für die zellularen Ströme (vgl. (24.17.2.2)) leitet man her: Ist F_γ die $U_\gamma = \operatorname{Im}(\mathbf{a}_0^\gamma \mathbf{a}_1^\gamma \ldots \mathbf{a}_n^\gamma)$ enthaltende Seite von $\mathring{B}_{n+1}$, so ist der Strom $\eta_\sigma(\mathbf{a}_0^\gamma \mathbf{a}_1^\gamma \ldots \mathbf{a}_n^\gamma)^\sim$ das Bild des n-Stroms $\tilde{\imath}_{U_\gamma}$ auf F_γ ($i_{U_\gamma}: U_\gamma \to F_\gamma$ sei die kanonische injektive Abbildung) in $\mathscr{E}'_n(\boldsymbol{R}^{n+1})$ vermöge der kanonischen injektiven Abbildung $F_\gamma \to \boldsymbol{R}^{n+1}$, falls F_γ für ungerades n mit der Orientierung nach innen von B_{n+1} und mit der Orientierung nach außen von B_{n+1} für gerades n versehen ist (vgl. (24.14.1)). Das Bild des Stromes $\tilde{y}_n$ vermöge der Projektion $\mathbf{x} \to \mathbf{x}/\|\mathbf{x}\|$ ist daher der n-Strom auf der (nach außen orientierten) Sphäre $\boldsymbol{S}_n$, welcher der konstanten Funktion -1 entspricht, wenn n ungerade ist, und der konstanten Funktion 1 für gerades n (vgl. (17.5.1.1)).

Aufgaben

1. Unter einem (*endlichen*) *abstrakten simplizialen Komplex* versteht man ein Paar $(A, \mathfrak{S}_0)$, das aus einer endlichen Menge A (deren Elemente die *Ecken* des Komplexes heißen) und einer Teilmenge $\mathfrak{S}_0$ von $\mathfrak{P}(A)$ besteht derart, daß aus $X \in \mathfrak{S}_0$ und $Y \subset X$ folgt, daß Y zu $\mathfrak{S}_0$ gehört. Die nichtleeren Elemente von $\mathfrak{S}_0$ werden die *abstrakten Simplexe* des Komplexes genannt. Für nichtleeres $X \in \mathfrak{S}_0$ heißt $\operatorname{Card}(X) - 1$ die *Dimension* von X. Man kann annehmen, daß A die Menge der nulldimensionalen Simplexe ist.

Es sei X ein kompakter euklidischer simplizialer Komplex, $\mathfrak{S}$ seine simpliziale Zerlegung und A die Menge seiner Ecken. Jedem euklidischen Simplex $U \in \mathfrak{S}$ werde die aus den Ecken von U bestehende Teilmenge $\Sigma_0(U)$ zugeordnet. Ist $\mathfrak{S}_0$ die aus der leeren Menge und den $\Sigma_0(U)$ bestehende Menge, wobei U die Zerlegung $\mathfrak{S}$ durchläuft, so ist das Paar $(A, \mathfrak{S}_0)$ ein abstrakter simplizialer Komplex, der zu $(X, \mathfrak{S})$ *assoziiert* heißt.

Umgekehrt sei $(A, \mathfrak{S}_0)$ ein nichtleerer abstrakter simplizialer Komplex sowie $N + 1$ die Anzahl seiner Ecken; man identifiziere A mit der Menge der ganzen Zahlen j, $0 \leqq j \leqq N$. Dem Komplex $(A, \mathfrak{S}_0)$ wird der Teilraum X von Δ_N zugeordnet, der aus den Punkten $\mathbf{x} = (\xi^0, \xi^1, \ldots, \xi^N)$ besteht, welche der folgenden Bedingung genügen: Die Menge der Indizes j mit $\xi^j > 0$ gehört zu $\mathfrak{S}_0$. Für jedes nichtleere $Z \in \mathfrak{S}_0$ sei $\Sigma(Z)$ die Menge derjenigen $\mathbf{x} \in X$, für welche die Indizes j mit $\xi^j > 0$ genau die Elemente von Z sind. Man zeige, daß $\Sigma(Z)$ ein euklidisches Simplex ist und daß die $\Sigma(Z)$, wenn Z die Menge $\mathfrak{S}_0 \setminus \{\emptyset\}$ durchläuft, eine simpliziale Zerlegung $\mathfrak{S}$ von X bilden, wobei X bezüglich der Zerlegung $\mathfrak{S}$ ein kompakter euklidischer simplizialer Komplex ist; schließlich zeige man, daß $(A, \mathfrak{S}_0)$ zu $(X, \mathfrak{S}_0)$ assoziiert ist. Das Paar $(X, \mathfrak{S})$ wird die *kanonische Realisierung* von $(A, \mathfrak{S}_0)$ genannt.

Ein kompakter euklidischer simplizialer Komplex $(X, \mathfrak{S})$, dem ein abstrakter Komplex $(A, \mathfrak{S}_0)$ assoziiert ist, heißt eine *Realisierung* von $(A, \mathfrak{S}_0)$. Jeder (endliche) abstrakte simpliziale Komplex besitzt also eine Realisierung; man zeige, daß alle Realisierungen eines abstrakten simplizialen Komplexes homöomorph sind.

2. Es sei $(X, \mathfrak{S})$ ein kompakter euklidischer simplizialer Komplex. In der Menge $\mathfrak{S} \times \mathfrak{S}$ sei $\mathfrak{R}$ der Graph einer Äquivalenzrelation derart, daß aus $(U, V) \in \mathfrak{R}$ folgt, daß U und V Simplexe derselben Dimension sind. Für jedes Paar $(U, V) \in \mathfrak{R}$ nehme man darüber hinaus an, daß eine bijektive Abbildung h_{UV} von U auf V existiert, die eine affine lineare Abbildung ist und sich daher zu einer affinen linearen Abbildung von $\overline{U}$ auf $\overline{V}$ fortsetzen läßt, welche ebenfalls mit h_{UV} bezeichnet werde. Man nehme an, daß

1° h_{UU} für jedes $U \in \mathfrak{S}$ die identische Abbildung ist;

2° $h_{UW} = h_{VW} \circ h_{UV}$ gilt für $(U, V) \in \mathfrak{R}$ und $(V, W) \in \mathfrak{R}$;

3° $(U', V') \in \mathfrak{R}$ und $h_{U'V'}$ die Einschränkung von h_{UV} auf U' ist, wenn U' eine Seite von U ist derart, daß $h_{UV}(U') = V'$ eine Seite von V ist.

Für jedes $\mathbf{x} \in X$ sei $F(\mathbf{x})$ das (eindeutig bestimmte) $\mathbf{x}$ enthaltende Simplex aus $\mathfrak{S}$. Auf X wird eine Graphrelation R_X definiert derart, daß $(\mathbf{x}, \mathbf{y}) \in R_X$ gilt, wenn das Paar $(F(\mathbf{x}), F(\mathbf{y})) \in \mathfrak{R}$ und $\mathbf{y} = h_{F(\mathbf{x})F(\mathbf{y})}(\mathbf{x})$ ist. Man zeige, daß R_X der Graph einer abgeschlossenen Äquivalenzrelation auf X ist (vgl. Abschnitt 24.22, Aufgabe 8); man zeige, daß X/R_X zu einem kompakten euklidischen simplizialen Komplex homöomorph ist.

a) Es sei $\pi: X \to X/R_X$ die kanonische Abbildung. Zunächst nehme man an, daß R_X den folgenden Bedingungen genügt:

α) Zwei verschiedene Ecken eines Simplexes aus $\mathfrak{S}$ sind bezüglich R_X nicht äquivalent.

β) Sind $U = \operatorname{Im}(\mathbf{a}_0\, \mathbf{a}_1 \ldots \mathbf{a}_p)$ und $V = \operatorname{Im}(\mathbf{b}_0\, \mathbf{b}_1 \ldots \mathbf{b}_p)$ zwei Simplexe aus S mit $(\mathbf{a}_j, \mathbf{b}_j) \in R_X$ für $0 \leqq j \leqq p$, so ist $(U, V) \in \mathfrak{R}$.

Es sei dann $(A, \mathfrak{S}_0)$ der zu $(X, \mathfrak{S})$ assoziierte abstrakte simpliziale Komplex; es sei $A' = \pi(A)$ und $\mathfrak{S}_0'$ die Menge der Teilmengen $\pi(Z)$, wobei Z die Menge $\mathfrak{S}_0$ durchläuft. Man zeige, daß X/R_X zu einer Realisierung des abstrakten simplizialen Komplexes $(A', \mathfrak{S}_0')$ homöomorph ist.

b) Man zeige: Wird die Zerlegung $\mathfrak{S}$ durch $Sd^2(\mathfrak{S})$ ersetzt, so sind die Bedingungen α) und β) für die Äquivalenzrelation R_X in bezug auf $Sd^2(\mathfrak{S})$ erfüllt.

3. a) In dem Kreis $\boldsymbol{U}$: $|z| = 1$ sei $\mathfrak{A}$ die Menge der m offenen Bögen L_k, die für $z = e^{i\theta}$ durch $\frac{2k\pi}{m} < \theta < \frac{2(k+1)\pi}{m}$ mit $0 \leqq k \leqq m-1$ definiert sind. Man betrachte eine Zerlegung $\{\mathfrak{A}_1, \mathfrak{A}_2, \ldots, \mathfrak{A}_h\}$ von $\mathfrak{A}$ in h nichtleere Teilmengen, wobei die Anzahl der Elemente von $\mathfrak{A}_j$ gleich m_j sei mit $m = m_1 + m_2 + \cdots + m_h$. Für jedes j sei C_j ein Element von $\mathfrak{A}_j$, und p_j sowie q_j seien zwei ganze Zahlen $\geqq 0$ mit $p_j \geqq 1$, $p_j + q_j = m_j$. Man definiere in $\boldsymbol{U}$ folgendermaßen eine Äquivalenzrelation R_0: Die Punkte $\exp(2k\pi i/m)$, $0 \leqq k \leqq m-1$, bilden eine Äquivalenzklasse. Für jedes j seien $C_j^{(1)} = C_j, C_j^{(2)}, \ldots, C_j^{(p_j)}, C_j^{(p_j+1)}, \ldots, C_j^{(p_j+q_j)}$ die Elemente von $\mathfrak{A}_j$, und für jedes $x \in C_j$ sei $R_0(x)$ diejenige Menge, die aus x, den $p_j - 1$ Punkten, die sich aus x vermöge der C_j in die $C_j^{(l)}$ für $2 \leqq l \leqq p_j$ überführenden Drehungen ergeben, und den q_j Punkten besteht, die sich aus x vermöge der C_j in die $C_j^{(l)}$ für $p_j + 1 \leqq l \leqq p_j + q_j$ überführenden Symmetrien ergeben. Die von den Äquivalenzklassen der Punkte $\exp(2k\pi i/m)$ verschiedenen Klassen sind die $R_0(x)$ für $x \in C_j$, $1 \leqq j \leqq h$.

Es sei R in der abgeschlossenen Scheibe D: $|z| \leqq 1$ die Äquivalenzrelation, deren Äquivalenzklassen die Klassen von R_0 und die Mengen $\{z\}$ für $|z| < 1$ sind. Man zeige, daß der Raum $X = D/R$ zu einem kompakten euklidischen Komplex homöomorph ist. (Man benutze Aufgabe 2.)

b) Es sei $n_j = |p_j - q_j|$ sowie d der größte gemeinsame Teiler von $n_1, \ldots, n_h$, wenn diese Zahlen nicht alle gleich 0 sind. Man zeige, daß $H_0(X; \boldsymbol{Z}) \cong \boldsymbol{Z}$, $H_1(X; \boldsymbol{Z}) \cong \boldsymbol{Z}^h$ und $H_2(X; \boldsymbol{Z}) \cong \boldsymbol{Z}$ gilt, wenn sämtliche n_j gleich 0 sind, und $H_1(X; \boldsymbol{Z}) \cong \boldsymbol{Z}^{h-1} \oplus (\boldsymbol{Z}/d\boldsymbol{Z})$ sowie $H_2(X; \boldsymbol{Z}) = \{0\}$ im entgegengesetzten Fall. (Man betrachte X als Verheftungsergebnis einer Scheibe mit dem Raum G_h, dem Bouquet von h Kreisen (vgl. (24.22.11) und (24.22.12)).)

c) Man betrachte den Fall, daß $m = 4$ und $h = 2$ ist, $\mathfrak{A}_1$ aus den Bögen L_0 und L_2, $\mathfrak{A}_2$ aus den Bögen L_1 und L_3 besteht und $p_1 = q_1 = p_2 = q_2 = 1$ gilt. Man zeige, daß X dann zum Torus $\boldsymbol{T}^2$ homöomorph ist.

d) Man wähle $m = 5$, $h = 3$, $\mathfrak{A}_1$ bestehe aus den Bögen L_0 und L_2, $\mathfrak{A}_2$ aus den Bögen L_1 und L_4, $\mathfrak{A}_3$ nur aus dem Bogen L_3, und es gelte $p_1 = q_1 = p_2 = q_2 = p_3 = 1$. Man zeige, daß

X dann zum Komplement (in $\boldsymbol{T}^2$) einer zu $\boldsymbol{R}^2$ homöomorphen offenen Umgebung eines Punktes homöomorph ist.

e) Man wähle $m = 4g$ für eine ganze Zahl $g \geqq 1$ und $h = 2g$; für $0 \leqq j \leqq g-1$ wähle man $\mathfrak{A}_{2j+1} = \{L_{4j}, L_{4j+2}\}$, $\mathfrak{A}_{2j+2} = \{L_{4j+1}, L_{4j+3}\}$ sowie alle p_j und q_j gleich 1. Man zeige, daß X zur zusammenhängenden Summe (vgl. Abschnitt 16.26, Aufgabe 15) von g Flächen $\boldsymbol{T}^2$ homöomorph ist. (Man führe den Beweis durch vollständige Induktion nach g und benutze dabei c) und d).)

4. Ein metrisierbarer kompakter Raum X heißt *triangulierbar*, wenn er zu einem kompakten euklidischen simplizialen Komplex $(Y, \mathfrak{S})$ homöomorph ist; die Bilder der Simplexe von $\mathfrak{S}$ vermöge eines Homöomorphismus von Y auf X bilden eine *Triangulation* von X, und man nennt diese Bilder die (krummlinigen) *Simplexe* der Triangulation. Man zeige, daß ein kompakter Raum X genau dann triangulierbar ist, wenn ein abstrakter simplizialer Komplex $(A, \mathfrak{S}_0)$ existiert und für jedes j-dimensionale Z aus $\mathfrak{S}_0$ ein singuläres Simplex $s_Z\colon \bar{\Delta}_j \to X$, das eine injektive Abbildung mit den folgenden Eigenschaften ist: 1° Die Bilder $s_Z(\Delta_j)$ sind paarweise disjunkt; 2° die Vereinigung dieser Bilder ergibt X; 3° ist $Z' \subset Z$ $(j-1)$-dimensional, so gilt $s_{Z'} = s_Z \circ \sigma_i$ für ein $i \leqq j$. (Man betrachte eine Realisierung von $(A, \mathfrak{S}_0)$.)

5. Es sei $(X, \mathfrak{S})$ ein kompakter euklidischer simplizialer Komplex. Man zeige, daß für jede endliche Teilmenge F von X eine Zerlegung $\mathfrak{S}'$ von $\mathfrak{S}$ existiert derart, daß alle Punkte von F Ecken von $\mathfrak{S}'$ sind.

6. In der komplexen projektiven Ebene $\boldsymbol{P}_2(\boldsymbol{C})$ betrachte man eine irreduzible algebraische Kurve X, die durch eine Gleichung

$$y^n + a_1(x, z)\, y^{n-1} + \cdots + a_n(x, z) = 0$$

in homogenen Koordinaten definiert ist, wobei das Polynom auf der linken Seite der Gleichung als irreduzibel vorausgesetzt werde; es sei $\Delta(x, z)$ ihre Diskriminante und S die endliche Menge der Punkte $(x, z) \in \boldsymbol{P}_1(\boldsymbol{C})$ mit $\Delta(x, z) = 0$. Es soll gezeigt werden, daß X *triangulierbar* ist (vgl. Aufgabe 4).

a) Man kann annehmen, daß der unendlich ferne Punkte $(1, 0)$ von $\boldsymbol{P}_1(\boldsymbol{C})$ nicht zu S gehört. Für jeden Punkt $(x, y, z) \in X$ setze man $f(x, y, z) = (x, z)$. Für jeden Punkt $s = (x,z) \notin S$ existiert eine offene Umgebung V_s von s in $\boldsymbol{P}_1(\boldsymbol{C})$ derart, daß $f^{-1}(V_s)$ disjunkte Vereinigung von n offenen Mengen $U_s^{(j)}$ ist, so daß die Einschränkung von f auf $U_s^{(j)}$ für $1 \leqq j \leqq n$ ein Diffeomorphismus von $U_s^{(j)}$ auf V_s ist. Für jeden Punkt $s \in S$ besteht $f^{-1}(s)$ aus m verschiedenen Punkten $t_1, \ldots, t_m$ mit $m < n$; es existiert eine offene Umgebung V_s in $\boldsymbol{P}_1(\boldsymbol{C})$ derart, daß $f^{-1}(V_s)$ Vereinigung von $p \leqq m$ offenen Mengen $U_s^{(j)}$ ist, von denen je zwei nur einen der Punkte t_k gemeinsam haben können; für jedes j existiert eine bijektive holomorphe Abbildung der Scheibe $|u| < 1$ von $\boldsymbol{C}$ auf $U_s^{(j)}$ der Gestalt $u \to (u^{p_j}, au^{q_j} + \ldots, 1)$, wobei $p_j > 1$ und $q_j \geqq 1$ relativ prim sind (vgl. Abschnitt 23.15, Aufgabe 5).

b) Aus a) leite man her, daß eine Triangulation von $\boldsymbol{P}_1(\boldsymbol{C})$ existiert, für welche die Punkte von S Ecken sind und für die darüber hinaus gilt, daß für jedes von einem Punkt aus S verschiedene Simplex Z dieser Triangulation $f^{-1}(Z)$ disjunkte Vereinigung von n Mengen Z_k in X ist derart, daß die Einschränkung von f auf jedes Z_k einen Diffeomorphismus von Z_k auf Z ergibt. (Man überdecke $\boldsymbol{P}_1(\boldsymbol{C})$ durch eine endliche Anzahl offener Mengen V_s und benutze Aufgabe 5, um zu einer Triangulation von $\boldsymbol{P}_1(\boldsymbol{C})$ zu gelangen, von der jedes Simplex in einer dieser offenen Mengen enthalten ist.)

c) Man zeige, daß die Z_k und die Punkte von $f^{-1}(S)$ die gesuchte Triangulation von X bilden.[1])

---

[1]) Man zeigt, daß jede kompakte differenzierbare Mannigfaltigkeit triangulierbar ist [259] ebenso wie jeder Durchschnitt (glatter oder nicht glatter) algebraischer Hyperflächen in einem komplexen projektiven Raum [212].

7. a) Es sei $(X, \mathfrak{S})$ ein in einem $\boldsymbol{R}^N$ enthaltener kompakter euklidischer simplizialer Komplex. Man nehme an, daß eine offene Umgebung V von X in $\boldsymbol{R}^N$ sowie eine stetige Abbildung $r\colon V \to X$ existieren mit $r(x) = x$ für jedes $x \in X$. Ist $U \subset X$ ein *in* X offenes Simplex aus $\mathfrak{S}$ (was besagt, daß U keine Fläche eines anderen Simplex aus $\mathfrak{S}$ ist), so zeige man, daß eine offene Umgebung W von $X \setminus U$ und eine stetige Abbildung r' von W in $X \setminus U$ existieren mit $r'(x) = x$ für jedes $x \in X \setminus U$. (Man beachte, daß es in $\overline{U}$ eine offene Umgebung T von $\operatorname{Fr}(U)$ und eine stetige Abbildung r'' von T in $\operatorname{Fr}(U)$ gibt mit $r''(x) = x$ in $\operatorname{Fr}(U)$.)

b) Aus a) leite man her, daß jeder kompakte euklidische simpliziale Komplex ein Umgebungsretrakt ist (vgl. Abschnitt 24.22, Aufgabe 1). (Für $\overline{\Delta}_p$ ist das offensichtlich; ausgehend von $\overline{\Delta}_p$, wende man a) rekursiv unter Benutzung von Aufgabe 1 an, um festzustellen, daß man auf diese Weise jeden kompakten euklidischen simplizialen Komplex erhalten kann.)

8. Es sei $(X, \mathfrak{S})$ ein kompakter euklidischer simplizialer Komplex sowie F eine abgeschlossene Teilmenge von X. Es sei U ein Simplex aus $\mathfrak{S}$ derart, daß 1° kein von U verschiedenes Simplex aus $\mathfrak{S}$, das U als Fläche besitzt, Punkte von F enthält; 2° $F \cap U \neq U$ gilt. Man zeige, daß dann eine stetige Abbildung f von F in X existiert mit $f(\mathbf{x}) = \mathbf{x}$ in allen Punkten von F, die zu keinem Simplex aus $\mathfrak{S}$ mit U als Fläche gehören, und daß $f(F \cap U)$ im Rand von U enthalten ist.

9. Es sei $(X, \mathfrak{S})$ ein kompakter euklidischer simplizialer Komplex. Ist n die größte Dimension der Simplexe von $\mathfrak{S}$, so zeige man, daß die topologische Dimension (vgl. Abschnitt 24.24, Aufgabe 6) von X gleich n ist. (Ist $X \subset \boldsymbol{R}^N$, so projiziere man X orthogonal auf einen n-dimensionalen Vektorteilraum V von $\boldsymbol{R}^N$ derart, daß die Projektion einer beliebigen, durch die Simplexe von $\mathfrak{S}$ erzeugten linearen Mannigfaltigkeit auf V injektiv ist.)

10. Es seien X, Y zwei metrische kompakte Räume, d, d' die Abstände auf X bzw. Y.

a) Gegeben sei eine reelle Zahl $\varepsilon > 0$; eine stetige Abbildung f von X in Y wird eine *ε-Abbildung* genannt, wenn der Durchmesser von $f^{-1}(y)$ für jedes $y \in Y$ kleiner als ε ist. Man zeige, daß dann ein $\delta > 0$ existiert derart, daß das Urbild bezüglich f jeder Menge mit einem Durchmesser $< \delta$ in Y einen Durchmesser $< \varepsilon$ besitzt.

b) Man zeige: Ist die topologische Dimension von Y gleich n und existiert für jedes $\varepsilon > 0$ eine stetige ε-Abbildung von X in Y, so ist die topologische Dimension von X höchstens gleich n.

11. Es sei X ein metrisierbarer kompakter Raum sowie $(U_\alpha)_{\alpha \in A}$ eine endliche offene Überdeckung von X. Es sei $\mathfrak{S}_0$ die aus den Mengen $H \subset A$ bestehende Teilmenge von $\mathfrak{P}(A)$ derart, daß der Durchschnitt der U_α für $\alpha \in H$ nicht leer ist. Das Paar $(A, \mathfrak{S}_0)$ ist ein abstrakter simplizialer Komplex, der sogenannte *Nerv* der Überdeckung (U_α); die kanonische Realisierung $(N, \mathfrak{S})$ von $(A, \mathfrak{S}_0)$ (vgl. Aufgabe 1) heißt der *euklidische Nerv* von (U_α).

a) Es sei $(f_\alpha)_{\alpha \in A}$ eine der Überdeckung (U_α) untergeordnete stetige Zerlegung der Einheit, und es sei f die Abbildung $x \to (f_\alpha(x))_{\alpha \in A}$ von X in $\boldsymbol{R}^A$. Man zeige, daß f eine stetige Abbildung von X in den euklidischen Nerv N von (U_α) ist; haben die U_α alle einen Durchmesser $< \varepsilon$, so ist f darüber hinaus eine ε-Abbildung (vgl. Aufgabe 10).

b) Aus a) sowie den Aufgaben 9 und 10 leite man her, daß X genau dann höchstens n-dimensional ist, wenn für jedes $\varepsilon > 0$ eine ε-Abbildung von X in einen kompakten euklidischen simplizialen Komplex einer Dimension $\leqq n$ existiert.

c) Aus b) leite man her, daß für zwei metrisierbare kompakte Räume X und Y

$$\dim(X \times Y) \leqq \dim(X) + \dim(Y)$$

gilt, wobei Gleichheit eintritt, wenn X und Y kompakte euklidische simpliziale Komplexe sind.

12. Es sei X ein metrisierbarer kompakter Raum, $(P, \mathfrak{S})$ ein in einem $\boldsymbol{R}^N$ enthaltener kompakter euklidischer simplizialer Komplex der topologischen Dimension n, g eine stetige

Abbildung von X in P sowie f eine stetige Abbildung von X in den Rand Y des Simplexes Δ_{n+1} in bezug auf die von ihm erzeugte lineare Mannigfaltigkeit E in $\boldsymbol{R}^{n+2}$.

a) Für jede Abbildung φ der Eckenmenge von $\mathfrak{S}$ in die Eckenmenge von Δ_{n+1} existiert genau eine stetige Abbildung Φ von P in Y, die φ fortsetzt und deren Einschränkung auf ein Simplex U von $\mathfrak{S}$ eine affine lineare Abbildung von U in eine Fläche von Δ_{n+1} ist.

b) Man zeige, daß eine Abbildung φ der Eckenmenge einer geeignet gewählten baryzentrischen Unterteilung $\mathfrak{S}_m$ von $\mathfrak{S}$ in die Eckenmenge von Δ_{n+1} existiert derart, daß f und $\Phi \circ g$ homotop sind, wenn Φ die entsprechende Abbildung von P in Y ist. (Man wähle m so groß, daß $f(g^{-1}(U))$ für jedes Simplex U aus $\mathfrak{S}_m$ in einer Menge St ($\mathbf{v}_k$) enthalten ist, wobei die $\mathbf{v}_k$ die Ecken von Δ_{n+1} sind.)

13. Es sei X ein metrisierbarer kompakter Raum einer topologischen Dimension $\leqq n$. Man zeige, daß jede stetige Abbildung f eines abgeschlossenen Teilraumes A von X in $\boldsymbol{S}_n$ zu einer stetigen Abbildung von X in $\boldsymbol{S}_n$ fortgesetzt werden kann. (Man benutze Aufgabe 1e) aus Abschnitt 24.22 sowie die Aufgaben 11b) und 12 oben.)

14. Es sei X ein metrisierbarer kompakter Raum, A eine abgeschlossene Teilmenge von X und f eine stetige Abbildung von A in $\boldsymbol{S}_n$. Man zeige: Ist die topologische Dimension des lokal kompakten Raumes $X \setminus A$ höchstens gleich n, so kann f zu einer stetigen Abbildung von X in $\boldsymbol{S}_n$ fortgesetzt werden. (Man benutze die Tatsache, daß $\boldsymbol{S}_n$ ein Umgebungsretrakt ist, sowie Aufgabe 13.)

15. Es sei X ein metrisierbarer kompakter Raum. Man nehme an, daß jede stetige Abbildung einer beliebigen abgeschlossenen Teilmenge von X in $\boldsymbol{S}_n$ zu einer stetigen Abbildung von X in $\boldsymbol{S}_n$ fortgesetzt werden kann. Man zeige, daß sich jede stetige Abbildung einer abgeschlossenen Teilmenge von X in $\boldsymbol{S}_{n+1}$ zu einer stetigen Abbildung von X in $\boldsymbol{S}_{n+1}$ fortsetzen läßt. (Es sei f eine stetige Abbildung einer abgeschlossenen Teilmenge A von X in $\boldsymbol{S}_{n+1}$ und $B = f^{-1}(\boldsymbol{S}_n)$. Die Einschränkung g von f auf B läßt sich zu einer stetigen Abbildung h von X in $\boldsymbol{S}_n$ fortsetzen. Man zeige, daß f und die Einschränkung von h auf A homotop sind, und benutze Aufgabe 1e) aus Abschnitt 24.22.)

16. Es sei X ein metrisierbarer kompakter Raum einer endlichen topologischen Dimension. Man nehme an, daß sich jede stetige Abbildung einer beliebigen abgeschlossenen Teilmenge von X in $\boldsymbol{S}_n$ zu einer stetigen Abbildung von X in $\boldsymbol{S}_n$ fortsetzen läßt.

a) Es sei f eine ε-Abbildung von X in einen kompakten euklidischen simplizialen Komplex $(P, \mathfrak{S})$ einer Dimension $N > n$, und es sei $\delta > 0$ so gewählt, daß das Urbild bezüglich f von jeder Menge mit einem Durchmesser $< \delta$ in P einen Durchmesser $< \varepsilon$ besitzt. Es sei $\mathfrak{S}_m$ eine baryzentrische Unterteilung von $\mathfrak{S}$ derart, daß der Durchmesser der Simplexe von $\mathfrak{S}_m$ kleiner als δ ist. Ist U ein N-dimensionales Simplex von $\mathfrak{S}_m$, so zeige man, daß eine stetige Abbildung g von X in P existiert, die eine ε-Abbildung ist, mit f im Komplement von $f^{-1}(U)$ übereinstimmt und für die $g^{-1}(U) = \emptyset$ gilt. (Man wende Aufgabe 15 auf die abgeschlossene Teilmenge $f^{-1}(\mathrm{Fr}\,(U))$ von X an, wobei man n durch $N - 1$ und $\boldsymbol{S}_n$ durch Fr (U) ersetzt.)

b) Aus a) leite man her, daß die topologische Dimension von X höchstens n ist.

c) Man zeige, daß die topologische Dimension eines metrisierbaren kompakten Raumes X genau dann höchstens gleich n ist, wenn sich jede stetige Abbildung einer beliebigen abgeschlossenen Teilmenge von X in $\boldsymbol{S}_n$ zu einer stetigen Abbildung von X in $\boldsymbol{S}_n$ fortsetzen läßt.

17. Es sei A ein abgeschlossener Teilraum eines metrisierbaren und separablen lokal kompakten Raumes X. Man zeige: Ist dim $(A) \leqq n$ und dim $(X \setminus A) \leqq n$, so gilt dim $(X) \leqq n$. (Man betrachte den Fall, daß X kompakt ist, und benutze die Aufgaben 16c) und 14.)

Hieraus leite man her, daß dim $(X) \leqq n$ gilt, wenn X endliche Vereinigung von abgeschlossenen Teilräumen einer topologischen Dimension $\leqq n$ ist.

18. Es sei X ein metrisierbarer und separabler lokal kompakter Raum; für jedes $x \in X$ wird die untere Grenze (die endlich oder $+\infty$ sein kann) der topologischen Dimensionen aller kompakten Umgebungen von x in X die *Dimension von X im Punkt x* genannt. Die topolo-

gische Dimension von X ist die obere Grenze der Dimensionen in den Punkten von X. Die Menge der Punkte von X, in denen die Dimension $\geqq n$ ist, heißt *Kern der Ordnung* n von X.

a) Man zeige: Ist dim $(X) \geqq n$, so ist der Kern der Ordnung n von X ein nichtleerer abgeschlossener Teilraum, dessen Dimension in jedem seiner Punkte $\geqq n$ ist. (Ist N der Kern der Ordnung n von X und V eine kompakte Umgebung von $x \in N$ in X, so beachte man, daß $V \cap \complement N$ höchstens von der Dimension $n - 1$ ist, und benutze Aufgabe 17.)

b) Ist X Vereinigung einer Folge von abgeschlossenen Teilräumen X_i einer Dimension $\leqq n$, so zeige man, daß dim $(X) \leqq n$ gilt. (Wäre dim $(X) > n$, so wäre der Kern N der Ordnung $n + 1$ nicht leer; hieraus leite man her, daß $N \cap X_i$ einen bezüglich N inneren Punkt für wenigstens einen Index i enthielte und folglich dim $(X_i) \geqq n + 1$ wäre.)

c) Aus b) leite man her, daß die topologische Dimension einer n-dimensionalen (im Sinne von (16.1.5)) reinen differenzierbaren Mannigfaltigkeit gleich n ist.

19. Es sei X ein metrisierbarer kompakter Raum einer topologischen Dimension $\leqq n$, und es seien A, B zwei nichtleere disjunkte abgeschlossene Teilräume von X. Ist d ein die Topologie von X definierender Abstand, so sei $a = d(A, B) > 0$.

a) Es sei $\mathfrak{R}$ eine endliche offene Überdeckung von X, deren Mengen einen Durchmesser $< a/2$ besitzen und deren euklidischer Nerv $(N, \mathfrak{S})$ (vgl. Aufgabe 11) höchstens n-dimensional ist. Es sei f eine stetige Abbildung von X in N, wie sie durch das in Aufgabe 11a) beschriebene Verfahren definiert ist. Ferner sei P_1 die Vereinigung der Simplexe aus $\mathfrak{S}$, deren abgeschlossene Hülle $f(A)$ schneidet, Q die Vereinigung der Flächen derjenigen Simplexe, deren abgeschlossene Hülle $f(A)$ nicht schneidet, und P_2 die Vereinigung der übrigen Simplexe aus $\mathfrak{S}$. Man zeige, daß $f^{-1}(P_1)$ und $f^{-1}(P_2)$ offen sind und daß die Einschränkungen der Mengen von $\mathfrak{R}$ auf $f^{-1}(Q)$ eine Überdeckung bilden, deren Nerv höchstens $(n - 1)$-dimensional ist.

b) Aus a) leite man her, daß es zwei offene Mengen A', B' gibt, die A bzw. B enthalten und deren abgeschlossene Hüllen sich nicht schneiden, sowie eine offene Überdeckung $\mathfrak{R}'$ von X, die feiner als $\mathfrak{R}$ ist derart, daß die zu $X \setminus (A' \cup B')$ gehörenden Teile von Mengen aus $\mathfrak{R}'$ eine Überdeckung bilden, deren Nerv höchstens $(n - 1)$-dimensional ist. (Man benutze (12.6.2) und betrachte eine hinreichend kleine abgeschlossene Umgebung von $f^{-1}(Q)$.)

c) Man folgere, daß eine abgeschlossene Menge $C \subset X$ einer Dimension $\leqq n - 1$ existiert, die A und B *trennt*, d. h., $X \setminus C$ ist Vereinigung von zwei disjunkten offenen Mengen, die A bzw. B enthalten. (Man wende b) auf eine Folge von Überdeckungen $(\mathfrak{R}_n)$ von X an derart, daß der maximale Durchmesser der Mengen von $\mathfrak{R}_n$ hinreichend schnell gegen 0 strebt.)

20. Es sei X ein metrisierbarer kompakter Raum mit der folgenden Eigenschaft: Zwei verschiedene Punkte von X können durch eine abgeschlossene Menge einer Dimension $\leqq n - 1$ *getrennt* werden (vgl. Aufgabe 19). Jeder Punkt von X besitzt dann ein Fundamentalsystem von offenen Umgebungen, deren Rand höchstens $(n - 1)$-dimensional ist.

a) Es sei $\mathfrak{R}$ eine endliche offene Überdeckung von X. Man zeige, daß eine endliche offene Überdeckung $\mathfrak{R}'$ existiert, die feiner als $\mathfrak{R}$ ist und für die gilt, daß die Vereinigung F der Ränder der Mengen von $\mathfrak{R}'$ höchstens $(n - 1)$-dimensional ist. Danach zeige man, daß eine endliche Überdeckung $\mathfrak{R}''$ von F durch in X offene Mengen existiert, von denen jede in einer Menge von $\mathfrak{R}'$ enthalten ist und deren Nerv höchstens $(n - 1)$-dimensional ist. (Man kann (12.6.2) benutzen und weiter durch vollständige Induktion schließen, nachdem man die Mengen von $\mathfrak{R}'$ in einer endlichen Folge angeordnet hat.)

b) Man zeige, daß der Raum X höchstens n-dimensional ist.

21. Man zeige, daß die topologische Dimension einer abgeschlossenen Teilmenge X von $\boldsymbol{R}^n$ genau dann gleich n ist, wenn ihr innerer Kern nicht leer ist. (Man führe das Problem auf den Fall zurück, daß X kompakt und daher in einem hinreichend großen Simplex P enthalten ist. Den Beweis für die Notwendigkeit der Bedingung führe man indirekt, indem man eine simpliziale Zerlegung $\mathfrak{S}$ von P betrachtet, deren Simplexe beliebig klein sind, und Aufgabe 8 sowie Aufgabe 10 benutzt, um zu zeigen, daß X höchstens $(n - 1)$-dimensional wäre.)

22. Es sei $(X, \mathfrak{S})$ ein in einem Raum $\boldsymbol{R}^N$ enthaltener euklidischer simplizialer Komplex, und es sei Γ eine *kommutative* Untergruppe von $\boldsymbol{GL}(N, \boldsymbol{R})$, die jedes Simplex aus $\mathfrak{S}$ in ein Simplex aus $\mathfrak{S}$ überführt. Es sei $(Y, \mathfrak{T})$ ein Teilkomplex von $(X, \mathfrak{S})$, d. h., es gilt $\mathfrak{T} \subset \mathfrak{S}$ für diese simplizialen Komplexe; wir setzen weiter voraus, daß jedes Simplex aus $\mathfrak{S}$ das Bild eines Simplex aus $\mathfrak{T}$ vermöge einer Abbildung aus Γ ist.

a) Man nehme an, daß für eine ganze Zahl $p \geqq 1$ die Beziehung $H_p(Y; \Lambda) = \{0\}$ für *jeden* kommutativen Ring Λ gilt. Dann zeige man, daß $H_p(X; \boldsymbol{Z}) = \{0\}$ ist. (Man beachte, daß jede Kette der Zerlegung $\mathfrak{S}$ als Kette der Zerlegung $\mathfrak{T}$ mit Koeffizienten in der Gruppenalgebra $\boldsymbol{Z}[\Gamma]$ geschrieben werden kann, so daß $L_p(\mathfrak{S}; \boldsymbol{Z})$ mit der Struktur eines $\boldsymbol{Z}[\Gamma]$-Moduls versehen ist, für den die singulären Simplexe von $L_p(\mathfrak{T}; \boldsymbol{Z})$ ein Erzeugendensystem bilden; ist das Ideal $\mathfrak{a}$ aus $\boldsymbol{Z}[\Gamma]$ Annullator eines singulären Simplexes aus $L_p(\mathfrak{T}; \boldsymbol{Z})$, so gilt $H_p(Y; \boldsymbol{Z}[\Gamma]/\mathfrak{a}) = \{0\}$.)

b) Man nehme an, daß Y ein abgeschlossenes euklidisches Simplex der Dimension n ist und $\mathfrak{T}$ aus dessen Flächen besteht. Man zeige: Ist $\mathfrak{n}$ der Durchschnitt der Ideale von $\boldsymbol{Z}[\Gamma]$, die Annullatoren der $n + 1$ Seiten von Y sind, so gilt $H_p(X; \boldsymbol{Z}) = \{0\}$ für $1 \leqq p \leqq n - 1$, und $H_n(X; \boldsymbol{Z})$ ist zu dem $\boldsymbol{Z}$-Modul $\mathfrak{n}/\mathfrak{m}$ isomorph, wobei $\mathfrak{m}$ der Annullator von Y ist.

23. Im Raum $\boldsymbol{C}^{n+1}$, in dem die Koordinaten mit $z_0, z_1, \ldots, z_n$ bezeichnet seien, wird eine Teilmenge $V = V(v_0, v_1, \ldots, v_n)$ *Phamsche Mannigfaltigkeit* genannt, wenn diese durch eine Gleichung der Gestalt

$$z_0^{v_0} + z_1^{v_1} + \cdots + z_n^{v_n} = 1$$

definiert ist, wobei die v_j ganze Zahlen $\geqq 2$ sind $(0 \leqq j \leqq n)$; V ist eine holomorphe Untermannigfaltigkeit von $\boldsymbol{C}^{n+1}$ der (reellen) Dimension $2n$ (vgl. (16.8.9)). Es sei Γ die kommutative Untergruppe von $\boldsymbol{GL}(n + 1, \boldsymbol{C})$, die durch die $n + 1$ Drehungen

$$r_j\colon (z_0, \ldots, z_{j-1}, z_j, z_{j+1}, \ldots, z_n) \to (z_0, \ldots, z_{j-1}, e^{2\pi i/v_j} z_j, z_{j+1}, \ldots, z_n)$$

für $0 \leqq j \leqq n$ erzeugt wird.

a) Für jedes $\mathbf{z} = (z_0, z_1, \ldots, z_n) \in \boldsymbol{C}^{n+1}$ setze man $\operatorname{Re} \mathbf{z} = (\operatorname{Re} z_0, \operatorname{Re} z_1, \ldots, \operatorname{Re} z_n)$. Es sei H die komplexe Hyperebene mit der Gleichung $z_0 + z_1 + \cdots + z_n = 1$; dann ist die Abbildung $(\mathbf{z}, t) \to t \operatorname{Re} \mathbf{z} + (1 - t)\, \mathbf{z}$ von $H \times [0, 1]$ in H eine Homotopieretraktion von H in $H \cap \boldsymbol{R}^{n+1}$. Weiterhin zeige man, daß man in folgender Weise eine Homotopieretraktion F von $H \cap \boldsymbol{R}^{n+1}$ auf das abgeschlossene Simplex $\bar{\Delta}_n$ erhält: Es sei $\mathbf{x} = \sum_{j=0}^{n} x_j \mathbf{e}_j$ ein nicht zu $\bar{\Delta}_n$ gehörender Punkt aus $H \cap \boldsymbol{R}^{n+1}$, so daß $\sum_{j=0}^{n} x_j = 1$ gilt, es jedoch eine nichtleere Teilmenge J von $\{0, 1, \ldots, n\}$ gibt, die aus den Indizes j mit $x_j < 0$ besteht; man setze dann

$$F(\mathbf{x}, t) = (1 - t) \sum_{j \in J} x_j \mathbf{e}_j + \Bigl(1 - t + \Bigl(t / \sum_{k \notin J} x_k\Bigr)\Bigr) \sum_{k \notin J} x_k \mathbf{e}_k \qquad \text{für} \qquad 0 \leqq t \leqq 1.$$

Durch Zusammensetzung der beiden Abbildungen gelangt man daher zu einer Homotopieretraktion G von H in $\bar{\Delta}_n$.

b) Man zeige, daß eine Homotopieretraktion G_0 von V auf $g^{-1}(\bar{\Delta}_n)$ existiert mit $g(G_0(\mathbf{z}, t)) = G(g(\mathbf{z}), t)$. (Projiziert man $G(\mathbf{z}, t)$ auf jeden Faktor von $\boldsymbol{C}^{n+1}$, so braucht man nur zu zeigen, daß es für eine Homotopieretraktion G_j von $\boldsymbol{C}$ auf das Intervall $[0, 1]$ in $\boldsymbol{R}$ eine Homotopieretraktion G'_j von $\boldsymbol{C}$ auf das Urbild von $[0, 1]$ bezüglich der Abbildung $g_j\colon z \to z^{v_j}$ gibt mit $g_j(G'_j(z, t)) = G_j(g_j(z), t)$.)

c) Man zeige, daß $g^{-1}(\bar{\Delta}_n)$ zu demjenigen euklidischen simplizialen Komplex X homöomorph ist, der sich durch Vereinigung von $\bar{\Delta}_n$ mit seinen Bildern vermöge der Elemente von Γ ergibt. Unter Verwendung von Aufgabe 22 zeige man, daß $H_p(X; \boldsymbol{Z}) = \{0\}$ ist für $p \neq 0$ und $p \neq n$ und daß $H_n(V; \boldsymbol{Z})$ zu $\boldsymbol{Z}^{\varrho}$ isomorph ist mit $\varrho = \prod_{j=0}^{n} (v_j - 1)$. (Man zeige, daß die n-Zyklen von X die Vielfachen $\alpha \cdot 1_{\Delta_n}$ sind, wobei α das durch $(1 - r_0)(1 - r_1) \cdots (1 - r_n)$ erzeugte Hauptideal von $\boldsymbol{Z}[\Gamma]$ durchläuft.) (*Satz von Pham*).

24.29. Die singuläre Kohomologie

24.29.1. Es sei X ein hausdorffscher topologischer Raum. Für jede (additiv geschriebene) *kommutative Gruppe* G verstehen wir unter *singulären p-Koketten auf* X *mit Werten in* G die Homomorphismen der kommutativen Gruppe $S_p(X; \mathbf{Z})$ der singulären p-Ketten auf X (mit ganzzahligen Koeffizienten) in die kommutative Gruppe G. Diese bilden also eine kommutative Gruppe

24.29.1.1. $S^p(X; G) = \operatorname{Hom}\bigl(S_p(X; \mathbf{Z}), G\bigr)$.

Ist G die additive Gruppe eines kommutativen Ringes Λ, so schreibt man $S^p(X; \Lambda)$ anstelle von $S^p(X; G)$; offenbar ist $S^p(X; \Lambda)$ ein *Λ-Modul*, wobei das Produkt αf eines Elementes $\alpha \in \Lambda$ und einer p-Kokette f die p-Kokette $z \to \alpha f(z)$ ist; $S^p(X; \Lambda)$ ist also nichts weiter als der zu dem Λ-Modul $S_p(X; \Lambda)$ der singulären p-Ketten *duale* Λ-Modul $\bigl(S_p(X; \Lambda)\bigr)^*$.

Für jedes $p \geqq 0$ ist der formale Rand $\mathfrak{b}_0$ ein Homomorphismus der Gruppe $S_p(X; \mathbf{Z})$ in die Gruppe $S_{p-1}(X; \mathbf{Z})$; ihm entspricht in kanonischer Weise ein Homomorphismus

24.29.1.2. $d_0 \colon S^{p-1}(X; G) \to S^p(X; G)$,

der gleich $\operatorname{Hom}(\mathfrak{b}_0, 1_G)$ ist und der daher durch

24.29.1.3. $(d_0 f)(z) = f(\mathfrak{b}_0 z)$

für jedes $z \in S_p(X; \mathbf{Z})$ und jedes $f \in S^{p-1}(X; G)$ definiert ist; man nennt $d_0 f$ den *Korand* der singulären Kokette f. Für einen kommutativen Ring wird d_0 mit der *Transponierten* des formalen Randes $\mathfrak{b}_0$ identifiziert, aufgefaßt als Λ-lineare Abbildung des Λ-Moduls $S_p(X; \Lambda)$ in den Λ-Modul $S_{p-1}(X; \Lambda)$.

Aus der Definition des formalen Randes (vgl. (24.20.3.1)) ergibt sich für den Korand d_0

24.29.1.4. $(d_0 f)(s) = \sum_{j=0}^{p} (-1)^j f(s \circ \sigma_j)$

für jedes singuläre Simplex $s \in \mathscr{C}(\overline{\Delta}_p; X)$ und jede Kokette $f \in S^{p-1}(X; G)$.

Offenbar gilt $d_0 \circ d_0 = 0$, und folglich ist die direkte Summe

$$S^{\cdot}(X; G) = \bigoplus_{p \geqq 0} S^p(X; G)$$

eine *graduierte Differentialgruppe*, auf welche die allgemeinen, die Kohomologie betreffenden Definitionen angewendet werden können (vgl. (A.30.2)). Die graduierte Untergruppe $Z^{\cdot}(X; G)$ der *Kozyklen* von $S^{\cdot}(X; G)$ ist die direkte Summe

$$Z^{\cdot}(X; G) = \bigoplus_{p \geqq 0} Z^p(X; G),$$

wobei $Z^p(X; G)$ die Gruppe der p-Koketten f mit $d_0 f = 0$ ist. Die graduierte Untergruppe $B^{\cdot}(X; G)$ der *Koränder* von $S^{\cdot}(X; G)$ ist die direkte Summe

$$B^{\cdot}(X; G) = \bigoplus_{p \geqq 0} B^p(X; G),$$

wobei $B^p(X; G)$ die aus den p-Koketten $d_0 g$, $g \in S^{p-1}(X; G)$, bestehende Untergruppe von $Z^p(X; G)$ ist. Die graduierte Gruppe $H^{\cdot}(X; G) = \bigoplus_{p \geqq 0} H^p(X; G)$ mit

$$H^p(X; G) = Z^p(X; G)/B^p(X; G)$$

wird die (*totale*) *singuläre Kohomologiegruppe* von X mit Koeffizienten in G genannt, und $H^p(X; G)$ ist die *p-te singuläre Kohomologiegruppe* von X mit Koeffizienten in G. Für einen kommutativen Ring Λ ist $H^p(X; \Lambda)$ ein Λ-Modul. Offenbar gilt $H^{\cdot}(\emptyset; \Lambda) = \{0\}$.

24.29.2. Beispiele. So wie in (24.20.1) vereinbart wurde, $S_{-1}(X; \mathbf{Z}) = \{0\}$ zu setzen, gilt auch $S^{-1}(X; \mathbf{Z}) = \{0\}$. So wie $S_0(X; \mathbf{Z})$ mit der Gruppe $\mathbf{Z}^{(X)}$ der formalen Linearkombinationen der Punkte von X mit ganzzahligen Koeffizienten identifiziert werden kann, läßt sich $S^0(X; G)$ mit der Gruppe G^X *aller* Abbildungen von X in G identifizieren; die Untergruppe $B^0(X; G)$ besteht nur aus 0, und $H^0(X; G) = Z^0(X; G)$ ist die Untergruppe von G^X, die aus den Abbildungen $f: X \to G$ besteht derart, daß $f(x) = f(y)$ für jedes Paar von Punkten x, y aus X gilt, die *durch einen Weg verbunden* werden können. Ist X insbesondere eine *zusammenhängende differenzierbare Mannigfaltigkeit*, so sind die einzigen Funktionen mit dieser Eigenschaft die *Konstanten* (vgl. (16.26.10)), d. h., es ist

24.29.2.1. $H^0(X; G) \cong G$.

Es sei $(X_\alpha)_{\alpha \in A}$ eine Familie von paarweise disjunkten offenen Mengen in einem hausdorffschen Raum X derart, daß X die Vereinigung der X_α ist. So wie $S_p(X; \Lambda)$ mit der direkten Summe $\bigoplus_{\alpha \in A} S_p(X_\alpha; \Lambda)$ identifiziert werden kann (vgl. (24.22.5)), läßt sich $S^p(X; \Lambda)$ mit dem *Produktmodul* $\prod_{\alpha \in A} S^p(X_\alpha; \Lambda)$ identifizieren (vgl. (A.27.3)); man sieht unmittelbar, daß $f \in S^p(X; \Lambda)$ genau dann ein Kozyklus (bzw. Korand) ist, wenn jede Komponente von f auf den $S^p(X_\alpha; \Lambda)$ ein Kozyklus (bzw. Korand) ist. Daher kann $H^p(X; \Lambda)$ mit dem Produktmodul $\prod_{\alpha \in A} H^p(X_\alpha; \Lambda)$ für jedes $p \geqq 0$ identifiziert werden.

24.29.3. Es seien X, Y zwei hausdorffsche Räume sowie $u: X \to Y$ eine stetige Abbildung; wie wir in (24.20.1) gesehen haben, definiert u in kanonischer Weise einen Homomorphismus von $\mathbf{Z}$-Moduln

$$S_p(u): S_p(X; \mathbf{Z}) \to S_p(Y; \mathbf{Z});$$

diesem entspricht in kanonischer Weise ein Homomorphismus

24.29.3.1. $S^p(u): S^p(Y; G) \to S^p(X; G)$,

der gleich $\mathrm{Hom}\big(S_p(u), 1_G\big)$ ist und der daher durch

24.29.3.2. $\big(S^p(u)\,(f)\big)\,(z) = f\big(S_p(u)\,(z)\big)$

für jedes $z \in S_p(X; \mathbf{Z})$ und jedes $f \in S^p(Y; G)$ definiert ist. Ist v eine stetige Abbildung von Y in einen hausdorffschen Raum Z, so gilt $S^p(v \circ u) = S^p(u) \circ S^p(v)$. Ist G die additive Gruppe eines kommutativen Ringes Λ, so ist $S^p(u)$ eine Λ-lineare Abbildung.

Aus der Kommutativität des Diagramms (24.20.3.2) folgt, daß das „transponierte" Diagramm

24.29.3.3.

$$\begin{array}{ccc} S^p(Y;G) & \xrightarrow{d_0} & S^{p+1}(Y;G) \\ {\scriptstyle S^p(u)}\downarrow & & \downarrow{\scriptstyle S^{p+1}(u)} \\ S^p(X;G) & \xrightarrow[d_0]{} & S^{p+1}(X;G) \end{array}$$

ebenfalls kommutativ ist. Das Bild von $Z^p(Y; G)$ vermöge $S^p(u)$ ist daher in $Z^p(X; G)$ enthalten, und das Bild von $B^p(Y; G)$ liegt in $B^p(X; G)$; durch Faktorisierung leitet man hieraus daher einen kanonischen Homomorphismus von kommutativen Gruppen

$$u^*: H^p(Y; G) \to H^p(X; G)$$

her, der auch mit $H^p(u)$ bezeichnet wird, wenn Mißverständnisse entstehen könnten. Für jede stetige Abbildung $v: Y \to Z$ gilt $H^p(v \circ u) = H^p(u) \circ H^p(v)$.

Die Eigenschaft der Homotopieinvarianz (vgl. (24.22.2)) „überträgt" sich auf die singuläre Kohomologie:

24.29.4. *Es seien X, Y zwei hausdorffsche Räume sowie u und v zwei stetige Abbildungen von X in Y. Sind u und v homotop, so stimmen die Homomorphismen $H^p(u)$ und $H^p(v)$ von $H^p(Y; G)$ in $H^p(X; G)$ überein.*

Setzt man nämlich in den Bezeichnungen von (24.22.2.1) (für $A = \mathbf{Z}$)

$$h^{p+1} = \text{Hom}\,(h_p, 1_G): S^{p+1}(Y; G) \to S^p(X; G)$$

und

$$h'^p = \text{Hom}\,(h'_{p-1}, 1_G): S^p(Y; G) \to S^{p-1}(X; G),$$

so erhält man aus (24.22.2.2) die Beziehung

$$S^p(v) - S^p(u) = h^{p+1} \circ d_0 + d_0 \circ h'^p,$$

und folglich gilt, wenn c die Kohomologieklasse von $f \in Z^p(Y; G)$ bezeichnet,

$$H^p(v)\,(c) = H^p(u)\,(c),$$

da $d_0 f = 0$ ist.

24.29.5. Es seien G, G' zwei kommutative Gruppen sowie $h: G \to G'$ ein Gruppenhomomorphismus. Für jeden hausdorffschen Raum X leitet man hieraus einen Homomorphismus von graduierten Gruppen her:

$$h_* = \text{Hom}\,(1_{S_\cdot(X;\mathbf{Z})}, h): S^\cdot(X; G) \to S^\cdot(X; G'),$$

der jeder p-Kokette $f \in S^p(X; G)$ die p-Kokette $h \circ f \in S^p(X; G')$ zuordnet. Man erkennt unmittelbar, daß das Diagramm

$$\begin{array}{ccc} S^\cdot(X;G) & \xrightarrow{d_0} & S^\cdot(X;G) \\ {\scriptstyle h_*}\downarrow & & \downarrow{\scriptstyle h_*} \\ S^\cdot(X;G') & \xrightarrow[d_0]{} & S^\cdot(X;G') \end{array}$$

kommutativ und h_* folglich ein Homomorphismus von graduierten Differentialgruppen ist, woraus man einen Homomorphismus

$$h_*: H^\cdot(X; G) \to H^\cdot(X; G')$$

von graduierten Gruppen erhält (vgl. (A.30.3)).

Sind X, Y zwei hausdorffsche Räume und ist $u: X \to Y$ eine stetige Abbildung, so stellt man ohne Mühe fest, daß das Diagramm

$$\begin{array}{ccc} S^{\cdot}(Y; G) & \xrightarrow{h_*} & S^{\cdot}(Y; G') \\ {\scriptstyle S^{\cdot}(u)}\downarrow & & \downarrow{\scriptstyle S^{\cdot}(u)} \\ S^{\cdot}(X; G) & \xrightarrow[h_*]{} & S^{\cdot}(X; G') \end{array}$$

kommutativ ist, und man gelangt ausgehend hier von zu einem kommutativen Diagramm von Abbildungen graduierter Gruppen

24.29.5.1.
$$\begin{array}{ccc} H^{\cdot}(Y; G) & \xrightarrow{h_*} & H^{\cdot}(Y; G') \\ {\scriptstyle H^{\cdot}(u)}\downarrow & & \downarrow{\scriptstyle H^{\cdot}(u)} \\ H^{\cdot}(X; G) & \xrightarrow[h_*]{} & H^{\cdot}(X; G') \end{array}$$

Ist h injektiv (bzw. surjektiv), so gilt das für h_* im allgemeinen nicht.

Aufgaben

1. Es sei X ein hausdorffscher Raum derart, daß $H_{\cdot}(X; \boldsymbol{Z})$ ein graduierter freier $\boldsymbol{Z}$-Modul *endlichen Typs* ist. Man zeige, daß $H^{\cdot}(X; G)$ zu $H^{\cdot}(X; \boldsymbol{Z}) \otimes_{\boldsymbol{Z}} G$ kanonisch isomorph ist. Man gebe ein Beispiel an, in dem diese Aussage nicht gilt, obwohl $H_{\cdot}(X; \boldsymbol{Z})$ ein freier $\boldsymbol{Z}$-Modul ist.

2. Es sei $0 \to G' \xrightarrow{\lambda} G \xrightarrow{\mu} G'' \to 0$ eine exakte Sequenz von kommutativen Gruppen. Man zeige, daß es eine exakte Kohomologiesequenz

$$\cdots \to H^p(X; G') \xrightarrow{\lambda_*} H^p(X; G) \xrightarrow{\mu_*} H^p(X; G'') \xrightarrow{\partial} H^{p+1}(X; G') \to \cdots$$

gibt, die mit $0 \to H^0(X; G')$ beginnt; die Abbildung ∂ ist wie folgt definiert. Ist f'' ein p-Kozyklus aus $Z^p(X; G'')$, so kann dieser in der Gestalt $f'' = \mu(f)$ geschrieben werden, wobei f eine p-Kokette aus $S^p(X; G)$ ist; es gilt $d_0 f = \lambda(f')$, wobei f' eine $(p+1)$-Kokette aus $S^{p+1}(X; G')$ ist; der Operator ∂ ordnet der Kohomologieklasse von f'' die Kohomologieklasse von f' zu.

24.30. Struktur der Kohomologiegruppen

24.30.1. Es sei X ein hausdorffscher Raum. Die Definition (24.29.1.3) von d_0 zeigt, daß die p-Kozyklen $f \in Z^p(X; G)$ genau die Homomorphismen von $S_p(X; \boldsymbol{Z})$ in G sind, die *in* $B_p(X; \boldsymbol{Z})$ *verschwinden.* Ist andererseits $f = d_0 g$, $g \in S^{p-1}(X; G)$, so ist $d_0 g$ *in* $Z_p(X; \boldsymbol{Z})$ *gleich* 0, also vollständig durch seine Einschränkung auf einen *freien, zu* $Z_p(X; \boldsymbol{Z})$ *in* $S_p(X; \boldsymbol{Z})$ *komplementären* $\boldsymbol{Z}$-Modul E'_p bestimmt (vgl. (A.31.2)). Da $\mathfrak{b}_0$ ein Isomorphismus von E'_p auf $B_{p-1}(X; \boldsymbol{Z})$ ist, erkennt man, daß die Koränder $f \in B^p(X; G)$ gerade die Koketten der Gestalt $g \circ \mathfrak{b}_0$ sind, wobei g *ein Homomorphismus von* $B_{p-1}(X; \boldsymbol{Z})$ *in* G *ist, der zu einem Homomorphismus von* $Z_{p-1}(X; \boldsymbol{Z})$ *in* G *fortgesetzt werden kann*; hieraus folgt nämlich, daß g ebenfalls zu einer $(p-1)$-Kokette fortgesetzt werden kann, da $Z_{p-1}(X; \boldsymbol{Z})$ ein Komplement E'_{p-1} in $S_{p-1}(X; \boldsymbol{Z})$ besitzt.

Es sei daran erinnert (vgl. (A.31.5)), daß diese Beschreibung die Definition eines kanonischen Homomorphismus

24.30.1.1. $H^p(X; G) \to \operatorname{Hom}(H_p(X; \mathbf{Z}), G)$

sowie den Beweis des folgenden Satzes (vgl. (A.31.6)) gestattet:

24.30.2. *Der Homomorphismus* (24.30.1.1) *ist immer surjektiv; ist* $H_{p-1}(X; \mathbf{Z})$ *ein freier* $\mathbf{Z}$*-Modul, so ist der Homomorphismus* (24.30.1.1) *bijektiv.*

24.30.3. Bemerkung. Es seien X, Y zwei hausdorffsche Räume, und es sei $u: X \to Y$ eine stetige Abbildung; dann folgt aus den vorhergehenden Definitionen, daß das Diagramm

24.30.3.1.
$$\begin{array}{ccc} H^p(Y; G) & \to & \operatorname{Hom}(H_p(Y; \mathbf{Z}), G) \\ {\scriptstyle H^p(u)}\downarrow & & \downarrow{\scriptstyle \operatorname{Hom}(H_p(u), 1_G)} \\ H^p(X; G) & \to & \operatorname{Hom}(H_p(X; \mathbf{Z}), G) \end{array}$$

kommutativ ist.

24.30.4. Beispiele. Ist X ein *torsionsfreier* (vgl. (24.27.3.2)) hausdorffscher Raum, dann gilt $H^p(X; \Lambda) \cong (H_p(X; \Lambda))^*$ für *jedes* $p \geqq 0$ und *jeden* kommutativen Ring Λ. Sind X und Y zwei torsionsfreie Räume und ist $u: X \to Y$ eine stetige Abbildung, so folgt aus (24.30.3.1) außerdem, daß $H^p(u) = {}^tH_p(u)$ gilt, wobei ${}^tH_p(u)$ die *Transponierte* von $H_p(u)$ bezeichnet. Ist darüber hinaus $H_p(X; \mathbf{Z})$ *von endlichem Typ* (also zu einem $\mathbf{Z}^t$ isomorph), dann ist $H^p(X; \Lambda)$ zu $H^p(X; \mathbf{Z}) \otimes_{\mathbf{Z}} \Lambda$ (also zu Λ^t) kanonisch isomorph; ist der kanonische Homomorphismus $\mathbf{Z} \to \Lambda$ injektiv, so kann $H^p(X; \mathbf{Z})$ in kanonischer Weise mit einem $\mathbf{Z}$-Untermodul von $H^p(X; \Lambda)$ identifiziert werden, nämlich mit der Menge der Kohomologieklassen aller p-Kozyklen von $Z^p(X; \Lambda)$, die für die singulären Simplexe *ganzzahlige Werte* annehmen.

24.30.5. *Ist* Λ *ein kommutativer Körper, so ist der kanonische Homomorphismus*

24.30.5.1. $H^p(X; \Lambda) \to (H_p(X; \Lambda))^*$

für jeden hausdorffschen Raum X *und jedes* $p \geqq 0$ *bijektiv.*

Das ist ein Spezialfall von (A.32.4).

24.30.6. Wir betrachten jetzt den Fall, daß X eine kompakte reine differenzierbare Mannigfaltigkeit der Dimension n ist. Wir werden die in (24.27.4) beschriebenen Konstruktionen der $\mathbf{Z}$-Moduln E_p, F_p, G_p und F'_p derart modifizieren, daß wir die folgenden zusätzlichen Eigenschaften erhalten:

1° $G_p = F_p \cap B_p(X; \mathbf{Z})$ besitzt ein Komplement G'_p in $B_p(X; \mathbf{Z})$;

2° F'_p, der zu $F_p = E_p \cap Z_p(X; \mathbf{Z})$ komplementäre freie Untermodul von E_p, ist im freien Komplement E'_p von $Z_p(X; \mathbf{Z})$ in $S_p(X; \mathbf{Z})$ (vgl. (24.30.1)) enthalten und besitzt ein Komplement F''_p in E'_p.

Dazu bezeichnen wir in der Konstruktion von E_p für $p = 0$ mit E''_0 das Bild des $\mathbf{Z}$-Moduls der 0-Ketten der Zerlegung $\mathfrak{S}''$ in (24.27.1) vermöge $S_0(\pi)$. Dann ist $E''_0 \cap B_0(X; \mathbf{Z})$ ein Unter-$\mathbf{Z}$-Modul endlichen Typs des freien $\mathbf{Z}$-Moduls $B_0(X; \mathbf{Z})$ und wird daher durch Linearkombinationen einer *endlichen* Teilmenge einer Basis von $B_0(X; \mathbf{Z})$ erzeugt. Der durch diese endliche Teilmenge erzeugte Untermodul G_0

von $B_0(X;\boldsymbol{Z})$ besitzt also ein Komplement G_0' in $B_0(X;\boldsymbol{Z})$. Man setzt $E_0 = E_0'' + G_0$, und da $Z_0(X;\boldsymbol{Z}) = S_0(X;\boldsymbol{Z})$ ist, gilt hier $F_0 = E_0$, $E_0' = F_0' = F_0'' = \{0\}$.

Im weiteren nehmen wir an, E_p (und daher auch F_p und G_p) seien definiert und genügten den oben genannten Bedingungen 1° und 2°, und es sei E_{p+1}'' das Bild des $\boldsymbol{Z}$-Moduls der $p+1$ Zyklen aus $\mathfrak{S}''$ vermöge $S_{p+1}(\pi)$, der ein Untermodul endlichen Typs von $Z_{p+1}(X;\boldsymbol{Z})$ ist; wie oben stellt man fest, daß ein freier Untermodul endlichen Typs G_{p+1} von $B_{p+1}(X;\boldsymbol{Z})$ existiert, der $E_{p+1}'' \cap B_{p+1}(X;\boldsymbol{Z})$ enthält und ein Komplement G_{p+1}' in $B_{p+1}(X;\boldsymbol{Z})$ besitzt. Da andererseits $\mathfrak{b}_0$ eine bijektive Abbildung von E_{p+1}' auf $B_p(X;\boldsymbol{Z})$ ist, ist $F_{p+1}' = \mathfrak{b}_0^{-1}(G_p)$ ein Untermodul von E_{p-1}' mit einem Komplement F_{p+1}'' in E_{p+1}'. Man setzt dann $E_{p+1} = E_{p+1}'' + G_{p+1} + F_{p+1}'$, und wie man unmittelbar erkennt, sind die oben genannten Bedingungen 1° und 2° erfüllt.

Mit Hilfe der so gewählten E_p weisen wir nach, daß man für jeden kommutativen Ring Λ in der in (24.30.1) angegebenen Beschreibung von $H^p(X;\Lambda)$ *die* $\boldsymbol{Z}$*-Moduln* $S_p(X;\boldsymbol{Z})$, $Z_p(X;\boldsymbol{Z})$, $B_p(X;\boldsymbol{Z})$ *und* E_p' *durch* E_p, F_p, G_p *bzw.* F_p' *ersetzen kann.*

Dazu zeigen wir zuerst: Ist f eine p-Kokette, die in $Z_p(X;\boldsymbol{Z})$ und in F_p' verschwindet, dann ist f ein Korand. Da nämlich $G_{p-1} = \mathfrak{b}_0(F_p')$ gilt, kann die Einschränkung von f auf E_p' in der Gestalt $g \circ \mathfrak{b}_0$ geschrieben werden, wobei g ein Homomorphismus von $B_{p-1}(X;\boldsymbol{Z})$ in Λ ist, der in G_{p-1} verschwindet. Aufgrund der Beziehungen

$$Z_{p-1}(X;\boldsymbol{Z}) = F_{p-1} + B_{p-1}(X;\boldsymbol{Z}) \qquad \text{und} \qquad G_{p-1} = F_{p-1} \cap B_{p-1}(X;\boldsymbol{Z})$$

läßt sich g auf $Z_{p-1}(X;\boldsymbol{Z})$ fortsetzen, wobei es in F_{p-1} den Wert 0 annimmt. Vermittels (24.30.1) folgt hieraus unsere Behauptung.

Damit ist gezeigt, daß jeder p-Kozyklus f zu einem in F_p'' *verschwindenden* p-Kozyklus kohomolog ist; da ein derartiger Kozyklus in $B_{p-1}(X;\boldsymbol{Z})$ verschwindet, ist er durch seine Werte in $E_p = F_p \oplus F_p'$ vollständig bestimmt. Umgekehrt läßt sich ein Homomorphismus von E_p in Λ, der in G_p gleich 0 ist, auf $Z_p(X;\boldsymbol{Z})$ fortsetzen, indem er in $B_p(X;\boldsymbol{Z})$ gleich 0 gesetzt wird, und danach auf $S_p(X;\boldsymbol{Z})$, indem er in F_p'' gleich 0 gesetzt wird. Zwischen den p-Kozyklen f, die in F_p'' gleich 0 sind, und den Homomorphismen f_0 von E_p in Λ, die in G_p gleich 0 sind, besteht also eine umkehrbar eindeutige Zuordnung. Außerdem ist notwendig dafür, daß ein derartiger Homomorphismus f_0 Einschränkung eines p-Korandes $g \circ \mathfrak{b}_0$ ist, wenn g einen Homomorphismus von $B_{p-1}(X;\boldsymbol{Z})$ in Λ bezeichnet, der in G_{p-1}' den Wert 0 besitzt und auf $Z_{p-1}(X;\boldsymbol{Z})$ fortgesetzt werden kann, daß $f_0 = g_0 \circ \mathfrak{b}_0$ gilt, wobei g_0 ein Homomorphismus von G_{p-1} in Λ ist, der zu einem Homomorphismus g_0' von F_{p-1} in Λ fortgesetzt werden kann. Umgekehrt läßt sich aber ein derartiger Homomorphismus g_0 nur auf eine Weise zu einem in G_{p-1}' verschwindenden Homomorphismus g von $B_{p-1}(X;\boldsymbol{Z})$ in Λ fortsetzen. Daraufhin läßt sich g nur auf eine Art zu einem Homomorphismus g' von $Z_{p-1}(X;\boldsymbol{S})$ in Λ fortsetzen, der in F_{p-1} gleich g_0' ist. Das ergibt sich aus den Beziehungen $Z_{p-1}(X;\boldsymbol{Z}) = F_{p-1} + B_{p-1}(X;\boldsymbol{Z})$ und $G_{p-1} = F_{p-1} \cap B_{p-1}(X;\boldsymbol{Z})$. Damit ist die Behauptung bewiesen.

24.30.7. Die Möglichkeit, $H^p(X;\boldsymbol{Z})$ ausgehend von E_p, F_p, G_p und F_p' zu berechnen, gestattet es, diesen $\boldsymbol{Z}$-Modul ausgehend von $H_p(X;\boldsymbol{Z})$ und $H_{p-1}(X;\boldsymbol{Z})$ vollständig zu bestimmen. Dazu wählen wir als Ausgangspunkt die in (24.27.4) beschriebenen Basen von F_p und F_{p-1}. Die Basis des Λ-Moduls Hom (E_p, Λ) ist die zur Basis von E_p duale Basis, die aus den f_j $(1 \leqq j \leqq r+s+t)$ und den f_k' $(1 \leqq k \leqq u + v)$ besteht derart, daß $f_j(a_j^{(p)}) = 1$, $f_k'(a_k'^{(p)}) = 1$ gilt und die Werte von f_j (bzw. f_k') für die anderen Basiselemente von E_p gleich 0 sind. Der aus den in G_p verschwindenden Homomorphismen bestehende Untermodul von Hom (E_p, Λ) ist daher durch die Bedingung charakterisiert, daß in einem solchen Homomorphismus der Koeffizient von f_j für $1 \leqq j \leqq r$ gleich 0 ist, und der Koeffizient von f_{r+j} für $1 \leqq j \leqq s$ zum Annullator $\mathfrak{n}_j^{(p)}$ des Ideals $\Lambda\alpha_j^{(p)}$ in Λ gehört. Wir betrachten nun die Homomorphismen von E_p in Λ, die sich in der Gestalt $g_0 \circ \mathfrak{b}_0$ schreiben lassen, wobei g_0 ein Homomorphismus von G_{p-1} in Λ ist, der auf F_{p-1} fortgesetzt werden kann; der aus diesen Homomorphismen bestehende Untermodul von Hom (E_p, Λ) ist durch die Bedingung charakterisiert, daß in einem solchen Homomorphismus der Koeffizient von f_j für $1 \leqq j \leqq r + s + t$ gleich 0 ist und der Koeffizient von f'_{u+k} für $1 \leqq k \leqq v$ zu dem Ideal $\Lambda\alpha_k^{(p-1)}$ von Λ gehört. Man erhält also die folgende Regel:

24.30.8. *Der singuläre Kohomologie-Λ-Modul von X mit Koeffizienten in einem kommutativen Ring Λ ist, ausgehend von den Darstellungen* (24.27.4.1) *und* (24.27.4.2) *für $H_p(X; \mathbf{Z})$ und $H_{p-1}(X; \mathbf{Z})$, gegeben durch*

24.30.8.1. $H^p(X; \Lambda) \cong (\Lambda/\alpha_1^{(p-1)}\Lambda) \oplus \cdots \oplus (\Lambda/\alpha_v^{(p-1)}\Lambda) \oplus \Lambda^t \oplus \mathfrak{n}_1^{(p)} \oplus \cdots \oplus \mathfrak{n}_s^{(p)}$,

wobei $\mathfrak{n}_j^{(p)}$ für $1 \leqq j \leqq s$ das Annullatorideal von $\alpha_j^{(p)}\Lambda$ im Ring Λ ist.

Auch hier konnte unter Verwendung von weitentwickelten Methoden aus der homologischen Algebra gezeigt werden, daß $H^p(X; \Lambda)$ durch Angabe der $\mathbf{Z}$-Moduln $H_p(X; \mathbf{Z})$ und $H_{p-1}(X; \mathbf{Z})$ für jeden hausdorffschen Raum X und jeden kommutativen Ring Λ vollständig bestimmt ist [197].

24.30.8.2. Beispiel. *Kohomologie von $\mathbf{P}_2(\mathbf{R})$.* Die Regel (24.30.8.1) zeigt, zusammen mit der in (24.22.13.1) durchgeführten Bestimmung der $H_p(\mathbf{P}_2(\mathbf{R}); \mathbf{Z})$, daß folgende Isomorphien bestehen:

24.30.8.3.
$$\begin{cases} H^0(\mathbf{P}_2(\mathbf{R}); \Lambda) \cong \Lambda, \\ H^1(\mathbf{P}_2(\mathbf{R}); \Lambda) \cong \mathfrak{n}, \quad \textit{wobei } \mathfrak{n} \textit{ der Annullator von } 2\Lambda \textit{ in } \Lambda \textit{ ist}, \\ H^2(\mathbf{P}_2(\mathbf{R}); \Lambda) \cong \Lambda/2\Lambda. \end{cases}$$

24.30.8.4. Bemerkung. Die Formeln (24.27.4.1), (24.27.4.2) und (24.30.8.1) zeigen, daß umgekehrt die Homologiegruppe $H_p(X; \mathbf{Z})$ durch die Kenntnis der Gruppen $H^p(X; \mathbf{Z})$ und $H^{p+1}(X; \mathbf{Z})$ für eine kompakte reine Mannigfaltigkeit X vollständig bestimmt ist.

Aufgaben

1. Unter den Voraussetzungen und in den Bezeichnungen von (24.24.2) sowie (24.28.1) sei I das Intervall $[1, N]$ der Indizes aller Ecken $\mathbf{c}_k$ der Zerlegung $\mathfrak{S}$; die eine Basis von $L'_{\cdot}(\mathfrak{S}; \mathbf{Z})$ bildenden Simplexe können dann in der Gestalt $s_K = (\mathbf{c}_{k_1}\mathbf{c}_{k_2}\cdots\mathbf{c}_{k_p})$ geschrieben werden, wobei $k_1 < k_2 < \cdots < k_p$ die Elemente einer Teilmenge K von I sind. Der kanonischen injektiven Abbildung $j'\colon L'_{\cdot}(\mathfrak{S}; \mathbf{Z}) \to S_{\cdot}(X; \mathbf{Z})$ entspricht durch Transposition eine surjektive Abbildung ${}^tj'\colon S^{\cdot}(X; \mathbf{Z}) \to (L'_{\cdot}(\mathfrak{S}; \mathbf{Z}))^*$; $(L'_{\cdot}(\mathfrak{S}; \mathbf{Z}))^*$ ist ein graduierter Differential-$\mathbf{Z}$-Modul, dessen Korand d_0 für jedes Element $f \in (L'_p(\mathfrak{S}; \mathbf{Z}))^*$ durch die Formel

$$\langle d_0 f, s_K\rangle = \sum_{h=0}^{p+1} (-1)^h \langle f, s_{K-\{i_h\}}\rangle$$

gegeben ist, wenn K aus den Indizes $i_0 < i_1 < \cdots < i_{p+1}$ besteht. Die Abbildung ${}^tj'$ ergibt einen Kohomologieisomorphismus.

2. Die exakte Sequenz von $\mathbf{Z}$-Moduln

$$0 \to \mathbf{Z} \xrightarrow{2} \mathbf{Z} \xrightarrow{\varrho} \mathbf{Z}/2\mathbf{Z} \to 0,$$

wobei „2" die Multiplikation mit 2 in $\mathbf{Z}$ bezeichnet, führt auf eine exakte Kohomologiesequenz (vgl. Abschnitt 24.29, Aufgabe 2)

$$\cdots \to H^p(X;\mathbf{Z}) \xrightarrow{2_*} H^p(X;\mathbf{Z}) \xrightarrow{\varrho_*} H^p(X;\mathbf{F}_2) \xrightarrow{\beta} H^{p+1}(X;\mathbf{Z}) \to \cdots,$$

worin β der sogenannte *Bockstein-Homomorphismus* ist. Ist X eine kompakte Mannigfaltigkeit oder ein kompakter euklidischer simplizialer Komplex, so sind die Kohomologiemoduln von endlichem Typ; in den Bezeichnungen von (24.30.8) zeige man, daß das Bild von β die Menge der Elemente von $H^{p+1}(X;\mathbf{Z})$ der Ordnung 2 und die Dimension dieses Vektorraumes (über $\mathbf{F}_2$) gleich der Anzahl der durch 2 teilbaren $\alpha_j^{(p)}$ ist.

24.31. Der singuläre Kohomologiering

24.31.1. Es sei X ein hausdorffscher Raum und Λ ein kommutativer Ring. Für jedes Paar ganzer Zahlen $p \geqq 0$, $q \geqq 0$ wird eine Λ-bilineare Abbildung $(f, g) \to f \smile g$ (das sogenannte *Cup-Produkt*) von $S^p(X;\Lambda) \times S^q(X;\Lambda)$ in $S^{p+q}(X;\Lambda)$ definiert. Mit σ_p' bezeichnen wir die affine lineare Abbildung $(\mathbf{e}_0\, \mathbf{e}_1 \ldots \mathbf{e}_p)$ von Δ_p in Δ_{p+q} und mit σ_p'' die affine lineare Abbildung $(\mathbf{e}_p\, \mathbf{e}_{p+1} \ldots \mathbf{e}_{p+q})$ von Δ_q in Δ_{p+q}. Für jedes singuläre Simplex $s \in \mathscr{C}(\overline{\Delta}_{p+q}; X)$ wird dann

24.31.1.1. $\langle f \smile g, s\rangle = \langle f, s \circ \sigma_p'\rangle \langle g, s \circ \sigma_p''\rangle$

gesetzt, und durch lineare Fortsetzung erweitert man $f \smile g$ zu einer p-Kokette von $S^{p+q}(X;\Lambda)$.

Mittels linearer Fortsetzung definieren diese bilinearen Abbildungen $S^p(X;\Lambda) \times S^q(X;\Lambda) \to S^{p+q}(X;\Lambda)$ auf $S^{\cdot}(X;\Lambda) = \bigoplus_{p \geqq 0} S^p(X;\Lambda)$ eine Multiplikation, die diesen Λ-Modul zu einer *graduierten Λ-Algebra* macht. Für $f \in S^p(X;\Lambda)$, $g \in S^q(X;\Lambda)$, $h \in S^r(X;\Lambda)$ gilt, wie man leicht feststellt, $(f \smile g) \smile h = f \smile (g \smile h)$, oder anders ausgedrückt, $S^{\cdot}(X;\Lambda)$ ist eine *assoziative* Algebra; das Einheitselement in dieser Algebra ist die mit der konstanten Abbildung von X in Λ identifizierte 0-Kokette mit dem Wert 1 (vgl. (24.29.2)).

Anhand der Definition stellt man fest, daß für jede stetige Abbildung u von X in einen hausdorffschen Raum Y sowie für $f \in S^p(Y;\Lambda)$, $g \in S^q(Y;\Lambda)$

24.31.1.2. $S^{p+q}(u)\,(f \smile g) = \big(S^p(u)\,(f)\big) \smile \big(S^q(u)\,(g)\big)$

gilt, mit anderen Worten, die $S^p(u)$ definieren einen *Homomorphismus* von der graduierten *Algebra* $S^{\cdot}(Y;\Lambda)$ in die graduierte *Algebra* $S^{\cdot}(X;\Lambda)$; dieser Homomorphismus wird häufig mit u^* bezeichnet.

24.31.2. In denselben Bezeichnungen beweisen wir jetzt die Beziehung

24.31.2.1. $d_0(f \smile g) = (d_0 f) \smile g + (-1)^p f \smile (d_0 g)$.

Für jedes singuläre Simplex $s \in \mathscr{C}(\overline{\Delta}_{p+q+1}, X)$ gilt nämlich

$$\langle d_0(f \smile g), s\rangle = \langle f \smile g, \mathfrak{b}_0 s\rangle = \sum_{j=0}^{p+q+1} (-1)^j \langle f, s \circ \sigma_j \circ \sigma_p'\rangle \langle g, s \circ \sigma_j \circ \sigma_p''\rangle,$$

wobei wie gewöhnlich $\sigma_j = (\mathbf{e}_0 \ldots \hat{\mathbf{e}}_j \ldots \mathbf{e}_{p+q+1})$ ist für $0 \leqq j \leqq p + q + 1$. Nun ist

$$\begin{array}{lll} \sigma_j \circ \sigma'_p = (\mathbf{e}_0 \ldots \hat{\mathbf{e}}_j \ldots \mathbf{e}_{p+1}) & \text{für} & j \leqq p, \\ \sigma_j \circ \sigma'_p = (\mathbf{e}_0 \ldots \mathbf{e}_p) & \text{für} & j \geqq p+1, \\ \sigma_j \circ \sigma''_p = (\mathbf{e}_{p+1} \ldots \mathbf{e}_{p+q+1}) & \text{für} & j \leqq p, \\ \sigma_{p+k} \circ \sigma''_p = (\mathbf{e}_p \ldots \hat{\mathbf{e}}_{p+k} \ldots \mathbf{e}_{p+q+1}) & \text{für} & k \geqq 1. \end{array}$$

Wir setzen

$$\varrho'_{p+1} = (\mathbf{e}_0\, \mathbf{e}_1 \ldots \mathbf{e}_{p+1}), \qquad \varrho'_p = (\mathbf{e}_0\, \mathbf{e}_1 \ldots \mathbf{e}_p),$$

womit wir zwei affine lineare Abbildungen von Δ_{p+1} bzw. Δ_p in Δ_{p+q+1} erhalten, und

$$\varrho''_q = (\mathbf{e}_{p+1}\, \mathbf{e}_{p+2} \ldots \mathbf{e}_{p+q+1}), \qquad \varrho''_{q+1} = (\mathbf{e}_p\, \mathbf{e}_{p+1} \ldots \mathbf{e}_{p+q+1}),$$

womit wir zwei affine lineare Abbildungen von Δ_q bzw. Δ_{q+1} in Δ_{p+q+1} erhalten. In diesen Bezeichnungen kann

$$\begin{aligned} &\sum_{j=0}^{p} (-1)^j \langle f, s \circ \sigma_j \circ \sigma'_p \rangle \langle g, s \circ \sigma_j \circ \sigma''_q \rangle \\ &= \big(\langle f, \mathfrak{b}_0(s \circ \varrho'_{p+1}) \rangle - (-1)^{p+1} \langle f, s \circ \varrho'_p \rangle\big) \cdot \langle g, s \circ \varrho''_q \rangle \end{aligned}$$

und ebenso

$$\begin{aligned} &\sum_{k=1}^{q+1} (-1)^k \langle f, s \circ \sigma_{p+k} \circ \sigma'_p \rangle \langle g, s \circ \sigma_{p+k} \circ \sigma''_q \rangle \\ &= \langle f, s \circ \varrho'_p \rangle \cdot \big(\langle g, \mathfrak{b}_0(s \circ \varrho''_{q+1}) \rangle - \langle g, s \circ \varrho''_q \rangle\big) \end{aligned}$$

geschrieben werden. Da $\langle f, \mathfrak{b}_0(s \circ \varrho'_{p+1}) \rangle = \langle d_0 f, s \circ \varrho'_{p+1} \rangle$ und $\langle g, \mathfrak{b}_0(s \circ \varrho''_{q+1}) \rangle = \langle d_0 g, s \circ \varrho''_{q+1} \rangle$ gilt, ist damit (24.31.2.1) bewiesen.

Formel (24.31.2.1) zeigt daher, daß $S^{\cdot}(X; A)$ bezüglich der Korandabbildung eine *graduierte Differentialalgebra* ist; $Z^{\cdot}(X; A) = \bigoplus_{p \geqq 0} Z^p(X; A)$ ist daher eine graduierte Unteralgebra von $S^{\cdot}(X; A)$ und $B^{\cdot}(X; A) = \bigoplus_{p \geqq 0} B^p(X; A)$ ein graduiertes zweiseitiges Ideal in $Z^{\cdot}(X; A)$. Durch Faktorisierung wird folglich auf $H^{\cdot}(X; A) = \bigoplus_{p \geqq 0} H^p(X; A)$ die Struktur einer *graduierten Algebra* definiert, die sogenannte *singuläre Kohomologiealgebra* von X mit Koeffizienten in A, wobei die Multiplikation wieder *Cup-Produkt* heißt und mit $a \smile b$ bezeichnet wird. Aus (24.29.3.3) und (24.31.2.1) folgt darüber hinaus, daß $H^{\cdot}(u)$ für jede stetige Abbildung u von X in einen hausdorffschen Raum Y ein *Homomorphismus von graduierten Algebren* $H^{\cdot}(Y; A) \to H^{\cdot}(X; A)$ ist.

24.31.3. *Die graduierte Algebra* $H^{\cdot}(X; A)$ *ist antikommutativ, d. h., für* $a_p \in H^p(X; A)$ *und* $b_q \in H^q(X; A)$ *gilt*

24.31.3.1. $b_q \smile a_p = (-1)^{pq}\, a_p \smile b_q$.

Für jedes $p \geqq 0$ definieren wir folgendermaßen einen Endomorphismus τ_p von $S_p(X; A)$: Für jedes singuläre Simplex $s \in \mathscr{C}(\bar{\Delta}_p, X)$ werde

24.31.3.2. $\tau_p(s) = \eta_p s \circ (\mathbf{e}_p\, \mathbf{e}_{p-1} \cdots \mathbf{e}_1\, \mathbf{e}_0)$

gesetzt mit

24.31.3.3. $\eta_p = (-1)^{p(p+1)/2}$,

und man definiert danach τ_p in $S_p(X; \Lambda)$ durch lineare Fortsetzung. Dann gilt für jede Kette $z \in S_p(X; \Lambda)$

24.31.3.4. $\mathfrak{b}_0(\tau_p(z)) = \tau_{p-1}(\mathfrak{b}_0 z)$.

Es genügt nämlich zu zeigen, daß

$$\eta_p \sum_{j=0}^{p} (-1)^j s \circ (\mathbf{e}_p \ldots \hat{\mathbf{e}}_{p-j} \ldots \mathbf{e}_0) = \eta_{p-1} \sum_{j=0}^{p} (-1)^{p-j} s \circ (\mathbf{e}_p \ldots \hat{\mathbf{e}}_{p-j} \ldots \mathbf{e}_0)$$

gilt, und das folgt daraus, daß die Differenz

$$\left(\frac{p(p+1)}{2} + j\right) - \left(\frac{p(p-1)}{2} + p - j\right) = 2j$$

gerade ist.

Durch Transposition leitet man aus τ_p einen Endomorphismus ${}^t\tau_p$ von $S^p(X; \Lambda)$ her. Wir zeigen, daß für $f \in S^p(X; \Lambda)$ und $g \in S^q(X; \Lambda)$ folgende Beziehung gilt:

24.31.3.5. ${}^t\tau_{p+q}(f \smile g) = (-1)^{pq} \left({}^t\tau_q(g)\right) \smile \left({}^t\tau_p(f)\right)$.

Ist nämlich $s \in \mathscr{C}(\overline{\Delta}_{p+q}, X)$ ein singuläres Simplex, so gilt

$$\begin{aligned}\langle {}^t\tau_{p+q}(f \smile g), s\rangle &= \langle f \smile g, \tau_{p+q}(s)\rangle \\ &= \eta_{p+q}\langle f \smile g, s \circ (\mathbf{e}_{p+q}\ \mathbf{e}_{p+q-1} \ldots \mathbf{e}_0)\rangle.\end{aligned}$$

Nun kann aber

$$\begin{aligned} s \circ (\mathbf{e}_{p+q} \ldots \mathbf{e}_0) \circ (\mathbf{e}_0 \ldots \mathbf{e}_p) &= s \circ (\mathbf{e}_{p+q} \ldots \mathbf{e}_q) = \eta_p \tau_p(s \circ \sigma''_p), \\ s \circ (\mathbf{e}_{p+q} \ldots \mathbf{e}_0) \circ (\mathbf{e}_p \ldots \mathbf{e}_{p+q}) &= s \circ (\mathbf{e}_q \ldots \mathbf{e}_0) = \eta_q \tau_q(s \circ \sigma'_q)\end{aligned}$$

geschrieben werden, so daß man

$$\begin{aligned}\langle f \smile g, \tau_{p+q}(s)\rangle &= \eta_p\eta_q\eta_{p+q}\langle g, \tau_q(s \circ \sigma'_q)\rangle \langle f, \tau_p(s \circ \sigma''_p)\rangle \\ &= \eta_p\eta_q\eta_{p+q}\langle {}^t\tau_q(g), s \circ \sigma'_q\rangle \langle {}^t\tau_p(f), s \circ \sigma''_p\rangle\end{aligned}$$

erhält, und die Beziehung (24.31.3.5) ergibt sich aus Definition (24.31.1.1) sowie daraus, daß

$$\frac{p(p+1)}{2} + \frac{q(q+1)}{2} + \frac{(p+q)(p+q+1)}{2} = p(p+1) + q(q+1) + pq$$

dieselbe Parität besitzt wie pq.

Aufgrund von (24.31.3.5) genügt es daher zum Beweis von (24.31.3.1) zu zeigen, daß für jedes $p \geqq 0$ *jeder Kozyklus* $f \in Z^p(X, \Lambda)$ *zu* ${}^t\tau_p(f)$ *kohomolog ist*. Durch Transposition ergibt sich das aus dem folgenden Lemma:

24.31.3.6. *Für jedes* $p \geqq 0$ *existiert eine* Λ*-lineare Abbildung* h_p *von* $S_p(X; \Lambda)$ *in* $S_{p+1}(X; \Lambda)$ *derart, daß für jedes* $z \in S_p(X; \Lambda)$

24.31.3.7. $z - \tau_p(z) = h_{p-1}(\mathfrak{b}_0 z) + \mathfrak{b}_0(h_p(z))$

gilt und für jedes singuläre Simplex $s \in \mathscr{C}(\overline{\Delta}_p, X)$ *der Träger von* $h_p(s)$ *im Träger von* s *enthalten ist.*

Hieraus erhält man nämlich für jede Kokette $f \in S^p(X; A)$

$$f - {}^t\tau_p(f) = d_0({}^th_{p-1}(f)) + {}^th_p(d_0 f),$$

und für $d_0 f = 0$ folgert man hieraus, daß $f - {}^t\tau_p(f)$ ein Korand ist.

Zum Beweis von (24.31.3.6) bedient man sich wie in (24.26.3) vollständiger Induktion nach p. Für $p = 0$ wählt man $h_0(z) = 0$, da $\tau_0(z) = z$ ist. Wir nehmen an, die h_j seien für $j < p$ definiert; es genügt, $h_p(s)$ für jedes singuläre Simplex $s \in \mathscr{C}(\overline{\Delta}_p, X)$ zu definieren. Wir setzen

$$y = s - \tau_p(s) - h_{p-1}(\mathfrak{b}_0 s);$$

nach Definition von $\tau_p(s)$ (vgl. (24.31.3.2)) und aufgrund der Induktionsvoraussetzung ist der Träger von y im Träger von s enthalten. Wie in (24.26.3) stellt man fest, daß $\mathfrak{b}_0 y = 0$ ist. Nun kann y aber als ein singulärer p-Zyklus in dem *kontrahierbaren* Raum $s(\overline{\Delta}_p)$ aufgefaßt werden, so daß eine singuläre $(p + 1)$-Kette w existiert, deren Träger in $s(\overline{\Delta}_p)$ enthalten ist und für die $y = \mathfrak{b}_0 w$ gilt (vgl. (24.22.3)); es genügt dann, $h_p(s) = w$ zu setzen.

24.32. Singuläre Kohomologie kompakter euklidischer simplizialer Komplexe

24.32.1. Es sei X ein kompakter euklidischer simplizialer Komplex in einem Raum $\boldsymbol{R}^N$ und $\mathfrak{S}$ die ihn definierende simpliziale Zerlegung (vgl. (24.18.4)). In den Bezeichnungen von Abschnitt 24.26 haben wir gesehen (vgl. (24.28.2)), daß die kanonische injektive Abbildung $j'\colon L'_{\cdot}(\mathfrak{S}, \boldsymbol{Z}) \to S_{\cdot}(X; \boldsymbol{Z})$ einen Homologieisomorphismus ergibt; da $L'_{\cdot}(\mathfrak{S}; \boldsymbol{Z})$ in $S_{\cdot}(X; \boldsymbol{Z})$ ein freies Komplement besitzt, folgt hieraus, daß der transponierte Homomorphismus

$${}^tj'\colon S^{\cdot}(X; \boldsymbol{Z}) \to (L'_{\cdot}(\mathfrak{S}; \boldsymbol{Z}))^*$$

einen *Kohomologieisomorphismus* $H^{\cdot}(X; \boldsymbol{Z}) \to H^{\cdot}(\mathfrak{S}; \boldsymbol{Z})$ ergibt (vgl. A.31.8)). Man kann also die Kohomologie von X bestimmen, indem man $H^{\cdot}(\mathfrak{S}; \boldsymbol{Z})$ berechnet. Dabei ist folgendes zu beachten: Ist (s_i) die endliche Folge der Simplexe aus $\mathfrak{S}$, die eine Basis von $L'_{\cdot}(\mathfrak{S}; \boldsymbol{Z})$ bilden, dann ist die Basis (s_i^*) des dualen $\boldsymbol{Z}$-Moduls $(L'_{\cdot}(\mathfrak{S}; \boldsymbol{Z}))^*$ zu (s_i) dual und durch die Bedingungen $\langle s_i^*, s_j\rangle = \delta_{ij}$ definiert.

24.32.2. Beispiel. *Singuläre Kohomologiefundamentalklasse von* $\mathbf{S}_n$ $(n \geqq 1)$.

Zur Berechnung der singulären Kohomologie von $\mathbf{S}_n$ kann man $\mathbf{S}_n$ durch den „Hohlwürfel" A_n (vgl. (24.28.3)) ersetzen. In den Bezeichnungen von (24.28.3) stellt man unmittelbar fest, daß $s_1 = (\mathbf{e}_0\ \mathbf{e}_0 + \mathbf{e}_1 \ldots \mathbf{e}_0 + \mathbf{e}_1 + \cdots + \mathbf{e}_n)$ ein Basiselement von $L'_n(\mathfrak{S}; \boldsymbol{Z})$ ist; aufgrund der Definition der Orientierung von Δ_{n+1} (vgl. (24.18.3)) ist der Koeffizient von s_1 in dem Ausdruck (24.28.3.2) für y_n gleich 1. Ist s_1^* das entsprechende Element der dualen Basis von $(L'_n(\mathfrak{S}; \boldsymbol{Z}))^*$, so ist die Kohomologieklasse c_n^* des n-Kozyklus s_1^* eine *Basis* des $\boldsymbol{Z}$-Moduls $H^n(\mathfrak{S}; \boldsymbol{Z}) \cong \boldsymbol{Z}$, denn nach Definition von y_n gilt $\langle s_1^*, y_n\rangle = 1$, und bekanntlich kann $H^n(A_n; \boldsymbol{Z})$ mit dem zu $H_n(A_n; \boldsymbol{Z})$ dualen Modul identifiziert werden (vgl. (24.30.4)). Das Bild von c_n^* in $H^n(\mathbf{S}_n; \boldsymbol{Z})$, das ebenfalls mit c_n^* bezeichnet wird, heißt die *singuläre Kohomologiefundamentalklasse von* $\mathbf{S}_n$.

Die kanonische injektive Abbildung $j\colon L_{.}(\mathfrak{S};\boldsymbol{Z}) \to S_{.}(X;\boldsymbol{Z})$ ergibt aufgrund von (24.28.2.1) auch einen Homologieisomorphismus, so daß ${}^t j\colon S^{\cdot}(X;\boldsymbol{Z}) \to \big(L_{.}(\mathfrak{S};\boldsymbol{Z})\big)^*$ einen Kohomologieisomorphismus liefert; man kann daher s_1^* (auf unendlich viele Weisen) zu einem n-Kozyklus aus $Z^n(A_n;\boldsymbol{Z})$ fortsetzen, der *in* $L_n''(\mathfrak{S};\boldsymbol{Z})$ *gleich* 0 ist.

24.33. Singuläre Kohomologie einer differenzierbaren Mannigfaltigkeit

24.33.1. Es sei X eine *reine differenzierbare Mannigfaltigkeit* der Dimension n; mit $H^p_{DR}(X)$ bezeichnen wir vorläufig die Kohomologievektorräume über dem Körper $\boldsymbol{R}$, wie sie in (24.1.1) definiert (und dann mit $H^p(X)$ bezeichnet) worden sind. Für jedes $p \geqq 0$ gibt es eine *kanonische lineare Abbildung*

24.33.1.1. $h^{(p)}\colon H^p_{DR}(X) \to H^p(X;\boldsymbol{R})$,

wobei $H^p(X;\boldsymbol{R})$ den p-ten *singulären* Kohomologieraum von X mit Koeffizienten in $\boldsymbol{R}$ bezeichnet. Im Beweis von (24.12.10) wurde nämlich eine kanonische $\boldsymbol{R}$-lineare Abbildung

24.33.1.2. $H^p_{DR}(X) \to \big(H'_p(X)\big)^*$

definiert. Es genügt, $h^{(p)}$ als die zusammengesetzte lineare Abbildung

$$H^p_{DR}(X) \to \big(H'_p(X)\big)^* \to \big(H_p(X;\boldsymbol{R})\big)^* \to H^p(X;\boldsymbol{R})$$

zu definieren, wobei der erste Pfeil gerade (24.33.1.2) ist, der zweite die Transponierte des de-Rhamschen Isomorphismus $H_p(X;\boldsymbol{R}) \to H'_p(X)$ (zusammengesetzt aus (24.23.1.1) und dem zu (24.26.4.1) inversen Isomorphismus) und der dritte schließlich der zu (24.30.5.1) inverse Isomorphismus für $\Lambda = \boldsymbol{R}$.

Explizit kann $h^{(p)}$ in folgender Weise angegeben werden. Es sei α eine p-Differentialform der Klasse C^∞ auf X; diese definiert eine Linearform

24.33.1.3. $h_0^{(p)}(\alpha)\colon z \to \langle \alpha, \tilde{z} \rangle$

auf dem Vektorraum $S_p^\infty(X;\boldsymbol{R})$ der *glatten* p-Ketten auf X mit Koeffizienten in $\boldsymbol{R}$ (vgl. (24.20.2)); ist $d\alpha = 0$, so gilt $\langle \alpha, \tilde{z} \rangle = 0$ für jeden glatten p-*Rand* $z = \mathfrak{b}_0 w$, da dann $\tilde{z} = \mathfrak{b}\tilde{w}$ ist (vgl. (24.20.4.3)). Ist jetzt $a \in H^p_{DR}(X)$ die Kohomologieklasse einer geschlossenen p-Form α und ist $c \in H_p(X;\boldsymbol{R})$, so gibt es einen glatten p-Zyklus z, dessen Homologieklasse c ist, und man erhält (wenn man $H^p(X;\boldsymbol{R})$ mit $\big(H_p(X;\boldsymbol{R})\big)^*$ identifiziert)

24.33.1.4. $\langle h^{(p)}(a), c \rangle = \langle h_0^{(p)}(\alpha), z \rangle = \langle \alpha, \tilde{z} \rangle$.

Darüber hinaus folgt aus der Kommutativität der Diagramme (24.12.10.2), (24.30.3.1) und (nach Transposition) (24.26.5.1), daß das Diagramm

24.33.1.5.
$$\begin{array}{ccc} H^p_{DR}(Y) & \to & H^p(Y;\boldsymbol{R}) \\ {\scriptstyle H^p_{DR}(u)}\downarrow & & \downarrow{\scriptstyle H^p(u)} \\ H^p_{DR}(X) & \to & H^p(X;\boldsymbol{R}) \end{array}$$

(wobei $H^p_{DR}(u)$ den in (24.1.3) definierten Pfeil bezeichnet) für jede Abbildung u: $X \to Y$ der Klasse C^∞ kommutativ ist.

24.33.2. *Für jede reine Mannigfaltigkeit X und jedes $p \geqq 0$ ist die lineare Abbildung* (24.33.1.1) *bijektiv.*

Ist X orientierbar, so folgt das nämlich aus (24.12.10) und der Definition von $h^{(p)}$. Ist X nicht orientierbar, so betrachten wir seine kanonische orientierbare zweiblättrige Überlagerung $\tilde{X}$ sowie den Automorphismus s von $\tilde{X}$, der die beiden Blätter vertauscht (vgl. (24.1.4)). Bekanntlich (vgl. (24.1.4)) ist $H^p_{DR}(\tilde{X})$ direkte Summe der Eigenteilräume H^p_+ und H^p_- von $H^p_{DR}(s)$ für die Eigenwerte 1 und -1; ebenso findet man durch Transposition von (24.22.15), daß $H^p(\tilde{X}; \boldsymbol{R})$ direkte Summe der Eigenteilräume H'^p_+ und H'^p_- von $H^p(s)$ für die Eigenwerte 1 und -1 ist. Das Diagramm (24.33.1.5), angewandt auf den Automorphismus s von $\tilde{X}$, zeigt, daß der Isomorphismus $H^p_{DR}(\tilde{X}) \to H^p(\tilde{X}; \boldsymbol{R})$ den Teilraum H^p_+ auf H'^p_+ abbildet. Ist andererseits $\pi: \tilde{X} \to X$ die kanonische Abbildung, so bildet $H^p_{DR}(\pi)$ bekanntlich (vgl. (24.1.4)) $H^p_{DR}(X)$ auf H^p_+ ab und $H^p(\pi)$ (nach Transposition) $H^p(X; \boldsymbol{R})$ auf H'^p_+ (vgl. (24.22.15)); die Behauptung ergibt sich aus der Anwendung von Diagramm (24.33.1.5) auf π.

Aufgrund des Isomorphismus (24.33.1.1) führt es zu keinen Komplikationen, wenn wir sowohl $H^p_{DR}(X)$ als auch $H^p(X; \boldsymbol{R})$ mit $H^p(X)$ bezeichnen.

24.33.3. Bemerkungen. (i) Ist X eine *torsionsfreie* (vgl. (24.27.3.2)) reine Mannigfaltigkeit, so kann also jeder $\boldsymbol{Z}$-Modul $H^p(X; \boldsymbol{Z})$ mit dem Untermodul des Vektorraumes $H^p_{DR}(X)$ identifiziert werden, der aus den Kohomologieklassen der p-Differentialformen α besteht derart, daß $\langle \alpha, \tilde{s} \rangle$ für jedes glatte singuläre Simplex s eine *ganze* Zahl ist.

(ii) Insbesondere ergibt sich für $X = \boldsymbol{S}_n$ aus der in (24.28.4) vorgenommenen Identifizierung der singulären Homologiefundamentalklasse c_n von $\boldsymbol{S}_n$ mit $(-1)^n [\boldsymbol{S}_n]$, daß die singuläre Kohomologiefundamentalklasse c_n^* von $\boldsymbol{S}_n$ mit $(-1)^n e^*_{\boldsymbol{S}_n}$ identifiziert werden kann, wobei $e^*_{\boldsymbol{S}_n}$ die in (24.6.3.1) definierte Kohomologiefundamentalklasse ist.

(iii) Es sei u eine stetige Abbildung von $\boldsymbol{S}_n$ in sich; dann ist der Endomorphismus $H^n(u)$ von $H^n(\boldsymbol{S}_n; \boldsymbol{Z})$ die *Homothetie mit dem Dehnungsfaktor* $\deg u$ (vgl. (24.9.6)). Um sich davon zu überzeugen, kann man sich aufgrund von (16.26.6) und (24.29.4) auf den Fall beschränken, daß u zur Klasse C^∞ gehört. Da $H_n(\boldsymbol{S}_n; \boldsymbol{Z})$ zu $\boldsymbol{Z}$ isomorph ist, ist der Endomorphismus $H_n(u)$ von $H_n(\boldsymbol{S}_n; \boldsymbol{Z})$ eine Homothetie mit dem Dehnungsfaktor $c \in \boldsymbol{Z}$, und das trifft aufgrund von (24.30.2) und (24.30.3.1) daher auch auf den Endomorphismus $H^n(u)$ von $H^n(\boldsymbol{S}_n; \Lambda)$ für jeden Ring Λ zu. Die Behauptung ergibt sich also daraus, daß die horizontalen Pfeile in dem Diagramm (24.33.1.5) Isomorphismen sind und $H^n_{DR}(u)$ die Homothetie mit dem Dehnungsfaktor $\deg u$ ist (vgl. (24.9.1.1)).

24.33.4. Bezeichnet man mit $H^{\cdot}_{DR}(X)$ die in (24.1.1) definierte Kohomologie*algebra* (über $\boldsymbol{R}$) $\bigoplus_{p \geqq 0} H^p_{DR}(X)$, so definieren die kanonischen linearen Abbildungen $h^{(p)}$ einen *Isomorphismus von graduierten Vektorräumen*

24.33.4.1. $h: H^{\cdot}_{DR}(X) \to H^{\cdot}(X; \boldsymbol{R})$.

Wir beweisen die folgende schärfere Aussage:

24.33.5. *Die Abbildung h ist ein Isomorphismus von graduierten Algebren.*

Mit anderen Worten: Ist $a \in H^p_{DR}(X)$ und $b \in H^q_{DR}(X)$, so gilt

24.33.5.1. $h(a \smile b) = h(a) \smile h(b)$.

Es sei $\alpha \in Z^p(X)$ (bzw. $\beta \in Z^q(X)$) eine *geschlossene* p-Form (bzw. q-Form), deren Kohomologieklasse a (bzw. b) ist, und es sei $c \in H_{p+q}(X; \boldsymbol{R})$. Der Definition (24.33.1.3) von h und der Definition (24.31.1.1) des Cup-Produkts in $H^{\cdot}(X; \boldsymbol{R})$ zufolge gilt es zu zeigen, daß *ein glatter* $(p+q)$-*Zyklus* $z = \sum_l \lambda_l s_l$ *existiert* (wobei die s_l singuläre Simplexe sind), *dessen Homologieklasse* c *ist* und für den

24.33.5.2. $\langle \alpha \wedge \beta, \tilde{z} \rangle = \sum_l \lambda_l \langle \alpha, (s_l \circ \sigma_p')^{\sim} \rangle \cdot \langle \beta, (s_l \circ \sigma_q'')^{\sim} \rangle$

gilt.

Man beachte, daß keine der beiden Seiten von (24.33.5.2) von der Wahl des glatten $(p+q)$-Zyklus z in der Klasse c abhängt; das ergibt sich aus Formel (24.31.2.1) und der Tatsache, daß $\alpha \wedge \beta$ eine geschlossene $(p+q)$-Form und $h_0^{(p)}(\alpha) \smile h_0^{(q)}(\beta)$ ein Kozyklus ist.

Den recht umfangreichen Beweis führen wir in mehreren Schritten.

A) *Reduktion auf den Fall, daß X eine beschränkte offene Menge in $\boldsymbol{R}^n$ ist.*

Wir setzen (24.33.5.2) als bewiesen voraus, falls X eine beschränkte offene Menge in $\boldsymbol{R}^n$ ist, und beweisen diese Gleichung allgemein. In den weiter oben verwendeten Bezeichnungen kann angenommen werden, daß eine relativ kompakte offene Umgebung V des Trägers von z Untermannigfaltigkeit eines $\boldsymbol{R}^N$ ist (vgl. (16.25.1)); daher gibt es eine relativ kompakte offene Umgebung W von V in $\boldsymbol{R}^N$ und eine Submersion $\pi\colon W \to V$ der Klasse C^∞ mit den in (16.25.4) genannten Eigenschaften. Ersetzt man α und β durch ${}^t\pi(\alpha)$ und ${}^t\pi(\beta)$ sowie z durch $S_{p+q}(j)\,(z)$, wobei $j\colon V \to W$ die kanonische injektive Abbildung ist, so kann nach Voraussetzung (24.33.5.2) angewendet werden. Es gilt $\big(S_{p+q}(j)\,(z)\big)^{\sim} = j(\tilde{z})$ und ${}^t\pi(\alpha) \wedge {}^t\pi(\beta) = {}^t\pi(\alpha \wedge \beta)$, also

$$\big\langle {}^t\pi(\alpha) \wedge {}^t\pi(\beta), \big(S_{p+q}(j)\,(z)\big)^{\sim} \big\rangle = \langle {}^t\pi(\alpha \wedge \beta), j(\tilde{z}) \rangle = \langle \alpha \wedge \beta, \tilde{z} \rangle,$$

da $\pi \circ j = 1_V$ ist (vgl. (17.3.7)). Andererseits gilt $S_{p+q}(j)\,(s_l) \circ \sigma_p' = S_p(j)\,(s_l \circ \sigma_p')$, also aufgrund derselben Überlegungen

$$\big\langle {}^t\pi(\alpha), \big(S_{p+q}(j)\,(s_l) \circ \sigma_p'\big)^{\sim} \big\rangle = \big\langle {}^t\pi(\alpha), j\big((s_l \circ \sigma_p')^{\sim}\big) \big\rangle = \langle \alpha, (s_l \circ \sigma_p')^{\sim} \rangle,$$

und ebenso

$$\big\langle {}^t\pi(\beta), \big(S_{p+q}(j)\,(s_l) \circ \sigma_q''\big)^{\sim} \big\rangle = \langle \beta, (s_l \circ \sigma_q'')^{\sim} \rangle,$$

so daß sich gerade die Beziehung (24.33.5.2) ergibt.

Wir werden daher von nun an voraussetzen, daß X eine *beschränkte offene* Menge in $\boldsymbol{R}^n$ ist.

B) *Reduktion auf den Fall, daß z ein $(p+q)$-Zyklus einer simplizialen Zerlegung $\mathfrak{S}$ von X ist.* Aufgrund der einleitenden Bemerkung genügt es darauf hinzuweisen, daß jeder glatte $(p+q)$-Zyklus in X zu einem glatten $(p+q)$-Zyklus einer solchen Zerlegung homolog ist (vgl. (24.24.2, B))).

C) *Bestimmung einer Folge von Zyklen, die zu z homolog sind und für welche die Träger der darin vorkommenden singulären Simplexe beliebig klein sind.*

Für ein p-dimensionales geometrisches Simplex $A = \mathrm{Im}\,(\mathbf{a}_0\,\mathbf{a}_1 \ldots \mathbf{a}_p)$ in einem Raum $\boldsymbol{R}^n$ $(n \geqq p)$ bezeichnen wir mit $\mathrm{vol}_p\,(A)$ das Lebesguesche Maß eines Bildes $u(A)$ in $\boldsymbol{R}^p$, wobei u eine Bewegung des $\boldsymbol{R}^n$ ist mit $u(A) \subset \boldsymbol{R}^p$; diese Zahl hängt nicht von der gewählten Bewegung u ab, da das Lebesguesche Maß bezüglich Bewegungen invariant ist (vgl. (14.3.9)).

Wir wollen jetzt für jede ganze Zahl $k \geqq 1$ einen zu z *homologen* $(p+q)$-Zyklus $z_k = \sum_m \mu_{km} s_{km}$ definieren, wobei die singulären Simplexe s_{km} affin sind und als Träger geometrische Simplexe besitzen, die zu einer simplizialen Zerlegung $\mathfrak{S}_k$ einer in X enthaltenen abgeschlossenen Umgebung X_k des Trägers von z gehören; darüber hinaus stellen wir die folgenden drei Forderungen:

I. Der Durchmesser $\delta(s_{km}(\bar{\Delta}_{p+q}))$ ist höchstens gleich 2^{-k}.

II. Es gibt eine von k unabhängige Konstante C mit

$$\sum_m |\mu_{km}| \operatorname{vol}_{p+q}(s_{km}(\bar{\Delta}_{p+q})) \leqq C.$$

III. Es gibt eine von k unabhängige Konstante $C' > 0$ derart, daß für jedes $(p+q)$-dimensionale singuläre Simplex s_{km} und jede Darstellung von $s_{km}(\Delta_{p+q})$ in der Gestalt $\operatorname{Im}(\mathbf{a}_0\, \mathbf{a}_1 \ldots \mathbf{a}_{p+q})$

$$\operatorname{vol}_p(\operatorname{Im}(\mathbf{a}_0\, \mathbf{a}_1 \ldots \mathbf{a}_p)) \cdot \operatorname{vol}_q(\operatorname{Im}(\mathbf{a}_p\, \mathbf{a}_{p+1} \ldots \mathbf{a}_{p+q}))$$
$$\leqq C' \cdot \operatorname{vol}_{p+q}(\operatorname{Im}(\mathbf{a}_0\, \mathbf{a}_1 \ldots \mathbf{a}_{p+q}))$$

gilt (mit dieser dritten Bedingung wird die Wahl der baryzentrischen Unterteilungen $Sd^k(z)$ für die z_k *ausgeschlossen*).

Für jede ganze Zahl $h \geqq 1$ definieren wir zunächst eine Zellenzerlegung $\mathfrak{C}'_h$ von $\bar{\Delta}_{p+q}$. Dazu werden die $(p+q+1)(2^h-1)$ affinen Hyperebenen von $\boldsymbol{R}^{p+q+1}$ herangezogen, die durch die Gleichungen

$$\xi^j = u/2^h \qquad \text{für} \qquad 1 \leqq u \leqq 2^h - 1 \qquad \text{und} \qquad 0 \leqq j \leqq p+q$$

definiert sind, sowie die Durchschnitte dieser affinen Hyperebenen mit der affinen Hyperebene E_{p+q}, die durch Δ_{p+q} erzeugt wird und der Gleichung $\xi^0 + \xi^1 + \cdots + \xi^{p+q} = 1$ genügt. Diese Durchschnitte definieren eine Zellenzerlegung $\mathfrak{C}'_h$ von $\bar{\Delta}_{p+q}$ (vgl. (24.18.1.1)), deren sämtliche Polyeder einen Durchmesser $\leqq (p+q+1)^{1/2}\, 2^{-h}$ besitzen; außerdem sind die $(p+q)$-dimensionalen Polyeder von $\mathfrak{C}'_h$ die Durchschnitte von höchstens $3(p+q+1)$ Halbräumen, so daß die Anzahl ihrer Flächen durch eine *von h unabhängige* Zahl N_1 beschränkt ist. Ausgehend von $\mathfrak{C}'_h$ wird mit Hilfe der in (24.18.5.1) beschriebenen Methode eine simpliziale Zerlegung $\mathfrak{S}'_h$ von $\bar{\Delta}_{p+q}$ definiert, wobei zur Bildung der Simplexe dieser Zerlegung die *Schwerpunkte* der Polyeder von $\mathfrak{C}'_h$ benutzt werden. Aus dieser Definition folgt unmittelbar, daß $\mathfrak{S}'_h$ *invariant bezüglich Permutationen der Ecken von* Δ_{p+q} ist und aus Simplexen eines Durchmessers $\leqq (p+q+1)^{1/2}\, 2^{-h}$ besteht. Außerdem ist die Anzahl der abgeschlossenen $(p+q)$-dimensionalen Simplexe, deren Vereinigung die abgeschlossene Hülle eines $(p+q)$-dimensionalen Polyeders aus $\mathfrak{C}'_h$ ist, durch eine *von h unabhängige* Zahl N_2 beschränkt. Wir schätzen nun die Anzahl $N(h)$ der $(p+q)$-dimensionalen Simplexe von $\mathfrak{S}'_h$ nach oben ab; sie ist höchstens gleich $N_2 N'(h)$, wobei $N'(h)$ die Anzahl der $(p+q)$-dimensionalen Polyeder von $\mathfrak{C}'_h$ ist. Nun sind letztere die *nichtleeren* Durchschnitte von E_{p+q} mit den Kuben

$$K_{\mathbf{u},h}\colon 2^{-h} u_j < \xi^j < 2^{-h}(u_j + 1) \qquad \text{für} \qquad 0 \leqq j \leqq p+q,$$

wobei $\mathbf{u} = (u_j) \in \boldsymbol{Z}^{p+q+1}$ ist. Diejenigen unter diesen Kuben, welche E_{p+q} schneiden, sind paarweise disjunkt und in dem durch

$$\xi^0 > 0,\ \xi^1 > 0, \ldots, \xi^{p+q} > 0,$$
$$1 - (p+q+1)\, 2^{-h} < \xi^0 + \xi^1 + \cdots + \xi^{p+q} < 1 + (p+q+1)\, 2^{-h}$$

definierten Polyeder enthalten. Aufgrund von (14.3.10.2) ist das Volumen dieses Polyeders

$$V_h = \frac{\big(1 + (p+q+1)\,2^{-h}\big)^{p+q+1} - \big(1 - (p+q+1)\,2^{-h}\big)^{p+q+1}}{(p+q+1)!},$$

und man erhält folglich $N'(h) \leqq V_h/2^{-(p+q+1)h}$, woraus man die Existenz einer *von h unabhängigen* Konstanten C_1 herleitet mit

24.33.5.3. $N(h) \leqq C_1 2^{(p+q)h}$.

Der Zerlegung $\mathfrak{S}'_h$ ordnen wir die in (24.21.4) definierte $(p+q)$-Kette $R_h(1_{\Delta_{p+q}})$ zu. Läßt sich der $(p+q)$-Zyklus z in der Gestalt $z = \sum_l \lambda_l s_l$ schreiben, wobei die singulären Simplexe s_l paarweise disjunkt sind, so ist die $(p+q)$-Kette

24.33.5.4. $z'_h = \sum_l \lambda_l s_l \circ R_h(1_{\Delta_{p+q}})$

ein *zu z homologer Zyklus*; der Beweis ist mit dem in (24.22.7.2) identisch, wenn man darin nur Sd^m durch R_h ersetzt, und die Anwendung des Prismenkettenlemmas (vgl. (24.21.6)) ist dadurch gerechtfertigt, daß die Zerlegung $\mathfrak{S}'_h$ bezüglich Permutationen der Ecken von Δ_{p+q} *ivariant* ist. Schreibt man

24.33.5.5. $z' = \sum_l \sum_{m=1}^{N(h)} \lambda_{ml} s'_{ml}$,

wobei s'_{ml} für jedes l die aus s_l und einem der Terme aus $R_h(1_{\Delta_{p+q}})$ zusammengesetzte affine lineare Abbildung ist, so gilt $\lambda_{ml} = \pm\lambda_l$ und folglich

24.33.5.6. $\sum_{m,l} |\lambda_{ml}| \leqq N(h) \sum_l |\lambda_l| \leqq C_2 2^{(p+q)h}$,

wobei C_2 *nicht von h abhängt*. Der Träger von z'_h stimmt mit dem Träger von z überein; schließlich ist der Durchmesser von $s'_{ml}(\bar{\Delta}_{p+q})$ durch das Produkt des Durchmessers eines $(p+q)$-dimensionalen Simplexes aus $\mathfrak{S}'_h$ und einer nur von der affinen linearen Abbildung s_l abhängenden Zahl nach oben beschränkt. Es gibt daher eine *von h unabhängige* Konstante C_3 mit

24.33.5.7. $\delta\big(s'_{ml}(\bar{\Delta}_{p+q})\big) \leqq C_3 2^{-h}$.

Wir definieren jetzt die Zerlegung $\mathfrak{S}_k$. Man betrachtet die von den Kuben

$$K_{\mathbf{u},k}\colon 2^{-k}u_j < \xi^j < 2^{-k}(u_j + 1)$$

für $1 \leqq j \leqq n$ und $\mathbf{u} = (u_j) \in \boldsymbol{Z}^n$ sowie deren Flächen gebildete kubische Zerlegung von $\boldsymbol{R}^n$; danach betrachtet man die Vereinigung X_k der in X enthaltenen abgeschlossenen Kuben $\bar{K}_{\mathbf{u},k}$ und definiert die simpliziale Zerlegung $\mathfrak{S}_k$ ausgehend von der vorher beschriebenen kubischen Zerlegung von X_k mit Hilfe der Methode aus (24.18.5.1), wobei man die *Flächenschwerpunkte* der Kuben $K_{\mathbf{u},k}$ wählt, um die Simplexe dieser Zerlegung zu bilden. Die grundlegende Eigenschaft dieser Zerlegung besteht darin, daß jedes Simplex einer Dimension $r \leqq n$ aus $\mathfrak{S}_k$ *im Verhältnis* 2^{-k} *zu einem Simplex aus der Zerlegung des Einheitskubus* $\bar{K}_{\mathbf{0},0}\colon 0 \leqq \xi^j \leqq 1$ $(1 \leqq j \leqq n)$ *homothetisch* ist. Hieraus folgt insbesondere, daß eine *von k unabhängige* Konstante C_4 existiert derart, daß das Volumen jedes r-dimensionalen Simplexes aus $\mathfrak{S}_k$ höchstens gleich $C_4 2^{-rk}$ ist, denn die Anzahl der Simplexe der Zerlegung von $\bar{K}_{\mathbf{0},0}$ ist endlich und hängt nicht von k ab. Wir beschränken uns auf ganze Zahlen $k \geqq k_0$, wobei k_0 so gewählt sei, daß der Durchmesser $\sqrt{n} \cdot 2^{-k_0}$ der Kuben $K_{\mathbf{u},k_0}$ kleiner als der Abstand des Trägers von z zu $\boldsymbol{R}^n \setminus X$ ist; dann ist das Innere von X_k eine Umgebung des Trägers von z, denn jeder Punkt dieses Trägers schneidet einen in X enthaltenen abgeschlossenen Kubus $\bar{K}_{\mathbf{u},k+2}$ und ist daher innerer Punkt für einen in X enthaltenen Kubus $K_{\mathbf{u},k}$.

Es gibt eine endliche Anzahl Ecken $\mathbf{v}_1, \ldots, \mathbf{v}_t$ von Simplexen aus $\mathfrak{S}_k$ derart, daß die offenen Mengen $\mathrm{St}(\mathbf{v}_j)$ (vgl. (24.24.3)) eine offene Überdeckung des Trägers von z bilden; wir zeigen, daß es eine *von k unabhängige* Zahl ϱ_0 gibt derart, daß jede Kugel mit dem Radius $\varrho_0 \cdot 2^{-k}$ und dem Mittelpunkt im Träger von z in wenigstens einer der Mengen $\mathrm{St}(\mathbf{v}_j)$ enthalten ist. Es genügt nämlich, eine Zahl ϱ_1 zu wählen derart, daß jede Kugel mit dem Radius ϱ_1 und dem Mittelpunkt in einem Kubus $\bar{K}_{\mathbf{u},k_0}$ in einer der offenen Mengen $\mathrm{St}(\mathbf{w}_j)$ enthalten ist, wobei $\mathbf{w}_i$ die Eckenmenge der Simplexe aus $\mathfrak{S}_{k_0}$ durchläuft, die in einem Kubus $\bar{K}_{\mathbf{u}',k_0-2}$ liegen, zu dessen innerem Kern $\bar{K}_{\mathbf{u},k_0}$ gehört; eine Homothetie mit dem Dehnungsfaktor 2^{-k+k_0} zeigt, daß man $\varrho_0 = \varrho_1 \cdot 2^{k_0}$ setzen kann. Im übrigen kann man ϱ_0 durch irgendeine der Zahlen aus $]0, \varrho_0[$ ersetzen; zur Vereinfachung der Rechnungen wollen wir annehmen, daß ϱ_0 durch $\varrho < \varrho_0$ ersetzt ist mit $C_3/\varrho = 2^\nu$ für eine ganze Zahl $\nu \geqq 0$.

Davon ausgehend bestimmen wir für jede ganze Zahl $k \geqq k_0$ die ganze Zahl h durch die Bedingung $C_3 \cdot 2^{-h} = \varrho \cdot 2^{-k}$, was $h = k + \nu$ ergibt. Dann gilt für jedes in der Darstellung von z'_h vorkommende singuläre Simplex s'_{ml}

$$\delta\big(s'_{ml}(\bar{\Delta}_{p+q})\big) \leqq \varrho \cdot 2^{-k}.$$

Die simpliziale Approximationsmethode aus (24.24.4) ordnet jedem s'_{ml} ein singuläres Simplex $s_{ml} = (\mathbf{v}_{j_0}\, \mathbf{v}_{j_1} \ldots \mathbf{v}_{j_{p+q}})$ zu, wobei die $\mathbf{v}_j$ (nicht notwendig verschiedene) Ecken desselben Simplexes aus $\mathfrak{S}_k$ sind, und setzt man

$$z_k = \sum_{m,l} \lambda_{ml} s_{ml},$$

so ist z_k *ein zu z'_h, also zu z homologer glatter $(p+q)$-Zyklus. Die drei Bedingungen* I., II., III. *sind dann erfüllt:* Für I. ist das (24.33.5.7) zufolge und nach Konstruktion offensichtlich, und für III., weil diese Bedingung invariant bezüglich Homothetie ist. Schließlich findet man aufgrund von (24.33.5.6), daß

$$\sum_{m,l} |\lambda_{ml}| \operatorname{vol}_{p+q}\big(s_{ml}(\bar{\Delta}_{p+q})\big) \leqq C_2 \cdot 2^{(p+q)h} \cdot C_4 \cdot 2^{-(p+q)k} = C_2 C_4 2^{(p+q)\nu}$$

gilt, womit Eigenschaft II. nachgewiesen ist.

D) *Reduktion auf alternierende Zyklen.*

Wir benutzen die Bezeichnungen und Ergebnisse von (24.26.1). In eindeutiger Weise kann z_k in der Gestalt $z_k = z'_k + z''_k$ geschrieben werden mit $z'_k \in L'_{p+q}(\mathfrak{S}_k; \boldsymbol{R})$ und $z''_k \in L''_{p+q}(\mathfrak{S}_k; \boldsymbol{R})$ und folglich gilt $0 = \mathfrak{b}_0 z_k = \mathfrak{b}_0 z'_k + \mathfrak{b}_0 z''_k$; wie wir in (24.26.1) gesehen haben, ist aber $\mathfrak{b}_0 z'_k \in L'_{p+q-1}(\mathfrak{S}_k; \boldsymbol{R})$ und $\mathfrak{b}_0 z''_k \in L''_{p+q-1}(\mathfrak{S}_k; \boldsymbol{R})$. Hieraus ergibt sich $\mathfrak{b}_0 z'_k = 0$ und $\mathfrak{b}_0 z''_k = 0$. Aufgrund von (24.26.3) folgt daraus aber, daß z''_k ein *Rand* ist, also z'_k zu z_k homolog ist. Ersetzt man z_k durch z'_k, so kann man annehmen, daß $z_k = \sum_m \lambda_{km} s_{km}$ Linearkombination von affinen singulären Simplexen ist, deren Bilder $(p+q)$-*dimensionale* Simplexe in $\mathfrak{S}_k$ sind. Da der Übergang von z_k zu z'_k in einer Permutation der Ecken der s_{ml} besteht, deren Bilder $(p+q)$-dimensional sind (wobei das Vorzeichen von λ_{ml} nach Bedarf geändert wird), und im Weglassen der übrigen, ist die Bedingung II. auch für z'_k erfüllt.

Für jedes $s \in L_{p+q}(\mathfrak{S}_k; \boldsymbol{R})$ setzen wir jetzt $\boldsymbol{a}_{p+q}(s) = \dfrac{1}{(p+q+1)!} \sum\limits_{\pi} \varepsilon_\pi \pi(s)$, wobei π die Gruppe der Permutationen von $\{0, 1, \ldots, p+q\}$ durchläuft, und es sei

$$\boldsymbol{a}_{p+q}(z_k) = \sum_m \lambda_{km} \boldsymbol{a}_{p+q}(s_{km}).$$

Wir zeigen, daß $\boldsymbol{a}_{p+q}(z_k)$ wieder ein *zu* z_k, *also zu* z *homologer glatter* $(p+q)$*-Zyklus* ist. Das ergibt sich aus dem folgenden Lemma:

24.33.5.8. *Für jede simpliziale Zerlegung* $\mathfrak{S}$ *einer offenen (oder abgeschlossenen) Menge in* $\boldsymbol{R}^n$ *und jedes* $r \geqq 0$ *existiert eine* $\boldsymbol{R}$*-lineare Abbildung* h_r *von* $L_r(\mathfrak{S}; \boldsymbol{R})$ *in* $L_{r+1}(\mathfrak{S}; \boldsymbol{R})$ *derart, daß für jedes* $z \in L_r(\mathfrak{S}; \boldsymbol{R})$

24.33.5.9. $z - \boldsymbol{a}_r(z) = h_{r-1}(\mathfrak{b}_0 z) + \mathfrak{b}_0(h_r(z))$

gilt und der Träger von $h_r(s)$ *für jedes singuläre Simplex* $s \in L_r(\mathfrak{S}; \boldsymbol{R})$ *im Träger von* s *enthalten ist.*

Zuerst zeigen wir, daß für jedes singuläre Simplex $s \in L_r(\mathfrak{S}; \boldsymbol{R})$

24.33.5.10. $\mathfrak{b}_0(\boldsymbol{a}_r(s)) = \boldsymbol{a}_{r-1}(\mathfrak{b}_0 s)$

gilt; offenbar genügt es, diese Beziehung für $s = (\mathbf{e}_0\, \mathbf{e}_1 \ldots \mathbf{e}_r) = 1_{\Delta_r}$ zu beweisen. Dazu beachten wir, daß für jedes $i \in \{0, 1, \ldots, r\}$ und jede Permutation π_i der Menge $\{0, 1, \ldots, r\} \setminus \{i\}$ der Term

$$t = (\mathbf{e}_{\pi_i(0)} \ldots \mathbf{e}_{\pi_i(i-1)}\, \mathbf{e}_{\pi_i(i+1)} \ldots \mathbf{e}_{\pi_i(r)})$$

in $(r+1)!\, \boldsymbol{a}_{r-1}(\mathfrak{b}_0 s)$ mit dem Koeffizienten $(-1)^i \varepsilon_{\pi_i}(r+1)$ auftritt; er kommt $r+1$ Mal in $(r+1)!\, \mathfrak{b}_0(\boldsymbol{a}_r(s))$ mit den Koeffizienten $(-1)^j \varepsilon_\pi$ vor, und zwar für die $r+1$ Permutationen π von $\{0, 1, \ldots, r\}$ derart, daß $\pi(j) = i$ gilt und die Folge

$$(\pi(0), \pi(1), \ldots, \pi(j-1), \pi(j+1), \ldots, \pi(r))$$

mit der Folge $(\pi_i(0), \ldots, \pi_i(i-1), \pi_i(i+1), \ldots \pi_i(r))$ übereinstimmt. Wie man direkt feststellen könnte, sind diese $r+1$ Koeffizienten $(-1)^j \varepsilon_\pi$ alle gleich $(-1)^i \varepsilon_{\pi_i}$; das ist jedoch nicht nötig, denn es genügt zu bemerken, daß für die entsprechenden Ströme auf $\boldsymbol{R}^n$ die Beziehungen $(\varepsilon_\pi \pi(s))^\sim = \tilde{s}$ und $\varepsilon_{\pi_i} \tilde{t} = (\mathbf{e}_0\, \mathbf{e}_1 \ldots \mathbf{e}_{i-1}\, \mathbf{e}_{i+1} \ldots \mathbf{e}_r)^\sim$ gelten; es ist $(\mathfrak{b}_0(\boldsymbol{a}_r(s)))^\sim = \mathfrak{b}\tilde{s} = (\boldsymbol{a}_{r-1}(\mathfrak{b}_0 s))^\sim$, und es bestünde keine Gleichheit, wenn gewisse der $(-1)^j \varepsilon_\pi$ ein dem Vorzeichen von $(-1)^j \varepsilon_{\pi_i}$ entgegengesetztes Vorzeichen besäßen.

Im weiteren schließt man wie in (24.26.3), indem man die h_r durch Rekursion nach r definiert. Man wählt $h_0(z) = 0$ in $L_0(\mathfrak{S}; \boldsymbol{R})$; damit ist (24.33.5.9) für $r = 0$ erfüllt, da $\boldsymbol{a}_0(z) = z$ ist. Danach setzt man für ein singuläres Simplex $z = (\mathbf{v}_0\, \mathbf{v}_1 \ldots \mathbf{v}_r) \in L_r(\mathfrak{S}; \boldsymbol{R})$

$$y = z - \boldsymbol{a}_r(z) - h_{r-1}(\mathfrak{b}_0 z),$$

und die Rekursionsvoraussetzung sichert, daß der Träger von y im Träger von z enthalten ist. Wie man feststellt, ist $\mathfrak{b}_0 y = 0$, und man setzt $h_r(z) = C_{\mathbf{v}_0}(y)$, was zur Folge hat, daß der Träger von $h_r(z)$ im Träger von z enthalten ist und $y = \mathfrak{b}_0(C_{\mathbf{v}_0}(y))$ gilt, woraus sich $z - \boldsymbol{a}_r(z) = h_{r-1}(\mathfrak{b}_0 z) + \mathfrak{b}_0(h_r(z))$ ergibt.

Ersetzt man z_k durch $\boldsymbol{a}_{p+q}(z_k)$, so sind die Bedingungen I., II. und III. offenbar auch für $\boldsymbol{a}_{p+q}(z_k)$ erfüllt.

E) *Reduktion auf den Fall konstanter Differentialformen.*

Da die Differenz der beiden Seiten von (24.33.5.2) *nicht von k abhängt,* wenn man z durch das den Bedingungen I., II. und III. genügende $z_k = \sum_m \mu_{km} s_{km}$ ersetzt, läßt sich zeigen, daß für jedes $\varepsilon > 0$ ein k existiert derart, daß diese Differenz *dem absoluten Betrag nach höchstens gleich* ε ist; damit wäre der Beweis von (24.33.5) abgeschlossen.

Für jede r-Differentialform $\gamma = \sum_H f_H(x)\, dx^H$, wobei H die Menge der aus r ganzen Zahlen $i_1 < i_2 < \cdots < i_r$ bestehenden Teilmengen von $\{1, 2, \ldots, n\}$ durchläuft, $dx^H = d\xi^{i_1} \wedge d\xi^{i_2} \wedge \cdots \wedge d\xi^{i_r}$ gesetzt wurde und f_H eine Funktion der Klasse C^∞ ist, wird $|\gamma|_E = \sup_H \left(\sup_{\mathbf{x} \in E} |f_H(\mathbf{x})|\right)$ gesetzt für jede Teilmenge E von $\boldsymbol{R}^n$. Dann existiert eine Konstante C_r derart, daß für jede r-Differentialform γ der Klasse C^∞ und jedes r-dimensionale geometrische Simplex A in $\boldsymbol{R}^n$

24.33.5.11. $$\left|\int_A \gamma\right| \leqq C_r\, |\gamma|_A \cdot \mathrm{vol}_r\,(A)$$

gilt, wie das aus den Definitionen und der Tatsache folgt, daß die Elemente einer orthogonalen Matrix alle dem absoluten Betrag nach $\leqq 1$ sind. Zum anderen nennen wir eine Form γ *konstant,* wenn die f_H Konstanten sind. Davon ausgehend setzen wir $A_{km} = s_{km}(\bar{\Delta}_{p+q})$. Es existiert eine ganze Zahl k derart, daß aufgrund der Bedingung I.

$$|\alpha - \alpha^{(km)}|_{A_{km}} \leqq \varepsilon \qquad \text{und} \qquad |\beta - \beta^{(km)}|_{A_{km}} \leqq \varepsilon$$

gilt, wobei $\alpha^{(km)}$ und $\beta^{(km)}$ *konstante* Formen bezeichnen, die in einem Punkt von A_{km} gleich α bzw. β sind. Unter Berücksichtigung von (24.33.5.11) ergibt sich hieraus

$$|\langle \alpha \wedge \beta, \tilde{s}_{km}\rangle - \langle \alpha^{(km)} \wedge \beta^{(km)}, \tilde{s}_{km}\rangle| \leqq \varepsilon C_{p+q}(|\alpha|_{A_{km}} + |\beta|_{A_{km}})\, \mathrm{vol}_{p+q}\,(A_{km}),$$

und folglich aufgrund der Bedingung II.

$$\left|\langle \alpha \wedge \beta, \tilde{z}_k\rangle - \sum_m \mu_{km}\langle \alpha^{(km)} \wedge \beta^{(km)}, \tilde{s}_{km}\rangle\right| \leqq \varepsilon C C_{p+q}(|\alpha|_{X_1} + |\beta|_{X_1}).$$

Ebenso erhält man aus (24.33.5.11) und Bedingung III.

$$\begin{aligned}&|\langle \alpha, (s_{km} \circ \sigma_p')^\sim\rangle \langle \beta, (s_{km} \circ \sigma_q'')^\sim\rangle - \langle \alpha^{(km)}, (s_{km} \circ \sigma_p')^\sim\rangle \langle \beta^{(km)}, (s_{km} \circ \sigma_q'')^\sim\rangle| \\ &\leqq \varepsilon C' C_p C_q(|\alpha|_{A_{km}} + |\beta|_{A_{km}})\, \mathrm{vol}_{p+q}\,(A_{km})\end{aligned}$$

und folglich, wieder aufgrund der Bedingung II.,

$$\begin{aligned}&|\sum_m \mu_{km}\langle \alpha, (s_{km} \circ \sigma_p')^\sim\rangle \langle \beta, (s_{km} \circ \sigma_q'')^\sim\rangle \\ &- \sum_m \mu_{km}\langle \alpha^{(km)}, (s_{km} \circ \sigma_p')^\sim\rangle \langle \beta^{(km)}, (s_{km} \circ \sigma_q'')^\sim\rangle| \leqq \varepsilon C' C C_p C_q(|\alpha|_{X_1} + |\beta|_{X_1}).\end{aligned}$$

F) *Schluß des Beweises*

Damit ist gezeigt, daß das Problem letztlich auf den Beweis des folgenden Satzes zurückgeführt worden ist:

24.33.5.12. *Die Beziehung* (24.33.5.2) *gilt für konstante Differentialformen α und β sowie $z = \sum_\pi \varepsilon_\pi \pi(s)$, wobei $s = (\mathbf{e}_0\, \mathbf{e}_1 \ldots \mathbf{e}_{p+q})$ ist und π die Menge der Permutationen von $\{0, 1, \ldots, p + q\}$ durchläuft.*

Offenbar genügt es, (24.33.5.12) für $\alpha = dx^H$ und $\beta = dx^K$ zu beweisen, wobei H eine aus p Elementen und K eine aus q Elementen bestehende Teilmenge von $I = \{0, 1, \ldots, p+q\}$ ist. Allgemein gilt: Ist L eine aus r Elementen $i_1 < i_2 < \cdots < i_r$ bestehende Teilmenge von I und $t_M = (\mathbf{e}_{j_0}\, \mathbf{e}_{j_1} \ldots \mathbf{e}_{j_r})$ ein affines singuläres Simplex, dessen Ecken sämtlich verschieden sind (und dessen Dimension daher r ist), so kann $\langle dx^L, \tilde{t}_M\rangle \neq 0$ nur gelten, wenn $M = \{j_0, j_1, \ldots, j_r\}$ die Menge L enthält; in diesem Fall besteht $M \setminus L$ aber nur aus einem Element. Daher kann

$$\left\langle dx^H, \left(\pi(s) \circ \sigma_p'\right)^\sim \right\rangle \cdot \left\langle dx^K, \left(\pi(s) \circ \sigma_q''\right)^\sim \right\rangle \neq 0$$

nur gelten, wenn $H \cap K$ leer ist oder aus einem einzigen Element besteht, daß dann notwendigerweise $\pi(p)$ ist, da nur dieses Element zu den beiden Mengen $\{\pi(0), \pi(1), \ldots, \pi(p)\}$ und $\{\pi(p), \pi(p+1), \ldots, \pi(p+q)\}$ gehört. Wir wollen diese beiden Fälle gesondert betrachten.

I. $H \cap K = \emptyset$. Dann kann man annehmen, daß $H = \{1, 2, \ldots, p\}$ und $K = \{p+1, \ldots, p+q\}$ ist; nach Definition der Orientierung von Δ_{p+q} (vgl. (24.18.3)) ergibt sich daher unter Berücksichtigung von (24.17.2.1)

$$\langle dx^H \wedge dx^K, \tilde{s}\rangle = \int_{\Delta_{p+q}} d\xi^1 \wedge d\xi^2 \wedge \cdots \wedge d\xi^{p+q},$$

und Definition (16.24.2) zufolge ist dieses Integral das Lebesguesche Maß der in $\boldsymbol{R}^{p+q}$ durch die Beziehungen

$$\xi^1 \geqq 0, \xi^2 \geqq 0, \ldots, \xi^{p+q} \geqq 0, \qquad \xi^1 + \xi^2 + \cdots + \xi^{p+q} \leqq 1$$

definierten Menge und gleich $1/(p+q)!$ (vgl. (14.3.10.2)). Außerdem gilt $\left(\varepsilon_\pi \pi(s)\right)^\sim = \tilde{s}$ für jede Permutation π von I, also

$$\langle dx^H \wedge dx^K, \tilde{z}\rangle = (p+q+1)!/(p+q)! = p+q+1.$$

Andererseits kann das Produkt $\left\langle dx^H, \left(\pi(s) \circ \sigma_p'\right)^\sim \right\rangle \cdot \left\langle dx^K, \left(\pi(s) \circ \sigma_q''\right)^\sim \right\rangle$ nur dann von 0 verschieden sein, wenn *entweder* $\{\pi(0), \pi(1), \ldots, \pi(p)\} = \{0, 1, \ldots, p\}$ gilt und $\{\pi(p), \pi(p+1), \ldots, \pi(p+q)\} = \{j, p+1, \ldots, p+q\}$ für ein j mit $0 \leqq j \leqq p$ *oder* $\{\pi(0), \pi(1), \ldots, \pi(p)\} = \{p+k, 1, 2, \ldots, p\}$ für ein k mit $1 \leqq k \leqq q$ und

$$\{\pi(p), \pi(p+1), \ldots, \pi(p+q)\} = \{0, p+1, \ldots, p+q\}.$$

I. a) Im ersten Fall gilt notwendigerweise $\pi(p) = j$, die Einschränkung von π auf $\{0, 1, \ldots, p-1\}$ ist eine beliebige bijektive Abbildung auf $\{0, 1, \ldots, p\} \setminus \{j\}$ und die Einschränkung von π auf $\{p+1, \ldots, p+q\}$ eine beliebige Permutation dieser Menge. Es sei nun π_0 diejenige unter diesen Permutationen, für welche die Folge $\left(\pi(0), \ldots, \pi(p+q)\right)$ gegeben ist durch

$$(0, 1, \ldots, j-1, p, j+1, \ldots, p-1, j, p+1, \ldots, p+q),$$

so daß $\varepsilon_{\pi_0} = -1$, $\left(\pi_0(s) \circ \sigma_p'\right)^\sim = -(\mathbf{e}_0\, \mathbf{e}_1 \ldots \mathbf{e}_p)^\sim$ und

$$\left(\pi_0(s) \circ \sigma_q''\right)^\sim = (\mathbf{e}_j\, \mathbf{e}_{p+1} \ldots \mathbf{e}_{p+q})^\sim$$

gilt. Wie oben leitet man hieraus her, daß

$$\left\langle dx^H, \left(\pi_0(s) \circ \sigma_p'\right)^\sim \right\rangle = -1/p!, \qquad \left\langle dx^K, \left(\pi_0(s) \circ \sigma_q''\right)^\sim \right\rangle = 1/q!$$

und folglich

$$\varepsilon_{\pi_0}\langle dx^H, (\pi_0(s) \circ \sigma'_p)^\sim\rangle \cdot \langle dx^K, (\pi_0(s) \circ \sigma''_q)^\sim\rangle = 1/p!q!$$

gilt. Alle anderen in Betracht kommenden Permutationen π können in der Gestalt $\pi'\pi''\pi_0$ geschrieben werden, wobei π' eine Permutation ist, die j, $p+1, \ldots, p+q$ invariant läßt, und π'' läßt $0, 1, \ldots, p$ invariant; daher gilt $\varepsilon_\pi = \varepsilon_{\pi'}\varepsilon_{\pi''}\varepsilon_{\pi_0}$; andererseits ist

$$(\pi(s) \circ \sigma'_p)^\sim = (\pi'(\pi_0(s) \circ \sigma'_p))^\sim = \varepsilon_{\pi'}(\pi_0(s) \circ \sigma'_p)^\sim,$$

$$(\pi(s) \circ \sigma''_q)^\sim = (\pi''(\pi_0(s) \circ \sigma''_q))^\sim = \varepsilon_{\pi''}(\pi_0(s) \circ \sigma''_q)^\sim;$$

für alle (zu einem gegebenen Wert von j) betrachteten Permutationen π sind daher die Produkte $\varepsilon_\pi\langle dx^H, (\pi(s) \circ \sigma'_p)^\sim\rangle \cdot \langle dx^K, (\pi(s) \circ \sigma''_q)^\sim\rangle$ sämtlich gleich $1/p!q!$; ihre Summe ist also *gleich* 1.

I. b) Im zweiten Fall gilt notwendigerweise $\pi(p) = p + k$, die Einschränkung von π auf $\{0, 1, \ldots, p-1\}$ ist eine beliebige bijektive Abbildung auf $\{1, 2, \ldots, p\}$ und die Einschränkung von π auf $\{p+1, \ldots, p+q\}$ eine beliebige bijektive Abbildung auf

$$\{0, p+1, \ldots, p+q\} \setminus \{p+k\}.$$

Diesmal sei nun π_0 diejenige unter diesen Permutationen π, für welche die Folge $(\pi(0), \ldots, \pi(p+q))$ gegeben ist durch

$$(p, 1, 2, \ldots, p-1, p+k, p+1, \ldots, p+k-1, 0, p+k+1, \ldots, p+q),$$

so daß $\varepsilon_{\pi_0} = 1$, $(\pi_0(s) \circ \sigma'_p)^\sim = -(\mathbf{e}_{p+k}\, \mathbf{e}_1 \ldots \mathbf{e}_p)^\sim$ und

$$(\pi_0(s) \circ \sigma''_q)^\sim = -(\mathbf{e}_0\, \mathbf{e}_{p+1} \ldots \mathbf{e}_{p+q})^\sim$$

gilt. Wie im Fall I. a) stellt man dann fest, daß alle Produkte

$$\varepsilon_\pi\langle dx^H, (\pi(s) \circ \sigma'_p)^\sim\rangle \cdot \langle dx^K, (\pi(s) \circ \sigma''_q)^\sim\rangle$$

für einen gegebenen Wert von k gleich $1/p!q!$ sind und ihre Summe daher wieder *gleich* 1 ist.

Schließlich müssen $p + 1$ Werte für j und q Werte für k angegeben werden; die rechte Seite von (24.33.5.2) ist daher gleich $p + q + 1$, und die Gleichheit der beiden Seiten ist für diesen Fall nachgewiesen.

II. $H \cap K$ enthält ein einziges Element. Man kann annehmen, daß $H = \{1, 2, \ldots p\}$ und $K = \{p, p+1, \ldots, p+q-1\}$ ist; es gilt $dx^H \wedge dx^K = 0$, und die linke Seite von (24.33.5.2) ist 0. Das Produkt $\langle dx^H, (\pi(s) \circ \sigma'_p)^\sim\rangle \cdot \langle dx^K, (\pi(s) \circ \sigma''_q)^\sim\rangle$ kann nur von 0 verschieden sein, wenn *entweder* $\{\pi(0), \pi(1), \ldots, \pi(p)\} = \{0, 1, \ldots, p\}$ ist und $\{\pi(p), \pi(p+1), \ldots, \pi(p+q)\} = \{p, p+1, \ldots, p+q\}$ *oder*

$$\{\pi(0), \pi(1), \ldots, \pi(p)\} = \{p+q, 1, 2, \ldots, p\}$$

ist und $\{\pi(p), \pi(p+1), \ldots, \pi(p+q)\} = \{0, p, p+1, \ldots, p+q-1\}$. In jedem Fall ist $\pi(p) = p$.

II. a) Die Einschränkung von π auf $\{0, 1, 2, \ldots, p-1\}$ ist eine beliebige Permutation dieser Menge und die Einschränkung von π auf $\{p+1, \ldots, p+q\}$ eine beliebige Permutation dieser Menge. Ist π die Identität, so gilt $\varepsilon_\pi = 1$, $(\pi(s) \circ \sigma'_p)^\sim = (\mathbf{e}_0\, \mathbf{e}_1 \ldots \mathbf{e}_p)^\sim$ und $(\pi(s) \circ \sigma''_q)^\sim = (\mathbf{e}_p\, \mathbf{e}_{p+1} \ldots \mathbf{e}_{p+q})^\sim$, woraus man

$$\varepsilon_\pi \langle dx^H, (\pi(s) \circ \sigma'_p)^\sim \rangle \cdot \langle dx^K, (\pi(s) \circ \sigma''_q)^\sim \rangle = -1/p!q!$$

erhält. Alle anderen in Betracht kommenden Permutationen π sind dann die Permutationen $\pi'\pi''$, wobei π' die Zahlen $p, p+1, \ldots, p+q$ und π'' die Zahlen $0, 1, \ldots, p$ invariant läßt; wie in I. a) stellt man fest, daß für alle diese Permutationen das Produkt

$$\varepsilon_\pi \langle dx^H, (\pi(s) \circ \sigma'_p)^\sim \rangle \cdot \langle dx^K, (\pi(s) \circ \sigma''_q)^\sim \rangle = -1/p!q!$$

ist und die Summe dieser Produkte also gleich -1.

II. b) Die Einschränkung von π auf $\{0, 1, \ldots, p-1\}$ ist eine beliebige bijektive Abbildung dieser Menge auf $\{p+q, 1, 2, \ldots, p-1\}$, und die Einschränkung von π auf $\{p+1, \ldots, p+q\}$ ist eine beliebige bijektive Abbildung dieser Menge auf $\{0, p+1, \ldots, p+q-1\}$. Es sei π_0 diejenige unter diesen Permutationen π, für welche die Folge $(\pi(0), \ldots, \pi(p+q))$ gegeben ist durch $(p+q, 1, \ldots, p-1, p, p+1, \ldots, p+q-1, 0)$, so daß $\varepsilon_{\pi_0} = -1$, $(\pi_0(s) \circ \sigma'_p)^\sim = (\mathbf{e}_{p+q}\, \mathbf{e}_1 \ldots \mathbf{e}_p)^\sim$ und $(\pi_0(s) \circ \sigma''_q)^\sim = (\mathbf{e}_p\, \mathbf{e}_{p+1} \ldots \mathbf{e}_{p+q-1}\, \mathbf{e}_0)^\sim$ gilt. In diesem Fall ist

$$\langle dx^H, (\pi_0(s) \circ \sigma'_p)^\sim \rangle = 1/p!, \qquad \langle dx^K, (\pi_0(s) \circ \sigma''_q)^\sim \rangle = -1/q!,$$

woraus sich

$$\varepsilon_{\pi_0} \langle dx^H, (\pi_0(s) \circ \sigma'_p)^\sim \rangle \cdot \langle dx^K, (\pi_0(s) \circ \sigma''_q)^\sim \rangle = 1/p!q!$$

ergibt. Die übrigen in Betracht kommenden Permutationen π können in der Form $\pi = \pi'\pi''\pi_0$ geschrieben werden, wobei π' eine Permutation ist, die $0, p, p+1, \ldots, p+q-1$ invariant läßt, und π'' läßt $1, \ldots, p-1, p, p+q-1$ invariant. Ebenso wie oben zeigt man, daß für alle diese Permutationen wieder

$$\varepsilon_\pi \langle dx^H, (\pi(s) \circ \sigma'_p)^\sim \rangle \cdot \langle dx^K, (\pi(s) \circ \sigma''_q)^\sim \rangle = 1/p!q!$$

gilt und die Summe dieser Produkte daher gleich 1 ist. Die rechte Seite von (24.33.5.2) ist also 0, womit der Beweis von (24.33.5) abgeschlossen ist.

Aufgaben

1. Es sei X eine kompakte und zusammenhängende differenzierbare Mannigfaltigkeit der Dimension n. Für jede komplexwertige geschlossene p-Differentialform α der Klasse C^∞ auf X wird unter der *Periode* von α jede Zahl $\langle \alpha, \tilde{z} \rangle$ verstanden, wobei z ein glatter p-Zyklus auf X mit Koeffizienten in $\mathbf{Z}$ ist; die Perioden von α bilden einen $\mathbf{Z}$-Modul $\Omega(\alpha) \subset \mathbf{C}$, der von höchstens b_p Elementen erzeugt wird, wobei b_p die p-te Bettische Zahl von X ist. Die Differentialform α ist genau dann von der Form $d\beta$, wobei β eine $(p-1)$-Form ist, wenn $\Omega(\alpha)$ nur aus 0 besteht.

2. Es sei X eine zusammenhängende und kompakte differenzierbare Mannigfaltigkeit. Mit $L^1(X; \mathbf{C})$ werde die Menge der komplexwertigen 1-Differentialformen ω auf X von der Gestalt $\omega = df/f$ bezeichnet, wobei f eine Abbildung der Klasse C^∞ von X in $\mathbf{C}^*$ ist. $L^1(X; \mathbf{C})$ ist eine

additive Untergruppe des Vektorraumes $Z^1(X; \boldsymbol{C})$ der geschlossenen komplexwertigen 1-Formen und umfaßt den Vektorraum $B^1(X; \boldsymbol{C})$ der komplexwertigen 1-Formen, die Koränder sind.

a) Man zeige, daß jede Form $\omega \in L^1(X; \boldsymbol{C})$ zu einer Form dg/g kohomolog ist, wobei g eine Abbildung der Klasse C^∞ von X in den Einheitskreis $\boldsymbol{U}$ ist.

b) Man zeige, daß eine zu $Z^1(X; \boldsymbol{C})$ gehörende 1-Form ω genau dann zu $L^1(X; \boldsymbol{C})$ gehört, wenn ihre Periodengruppe (siehe Aufgabe 1) $\Omega(\omega)$ in $2\pi i\boldsymbol{Z}$ enthalten ist. (Zum Nachweis der Notwendigkeit benutze man a), indem man das inverse Bild von ω auf der universellen Überlagerung von X betrachtet. Um festzustellen, daß die Bedingung hinreichend ist, zeige man zunächst, daß die Zahl $\exp \int_\gamma \omega$ für einen stückweise glatten Weg γ in X nur vom Anfangs- und Endpunkt dieses Weges abhängt.)

c) Es seien $\gamma_1, \gamma_2, \ldots, \gamma_{b_1}$ glatte 1-Zyklen, deren Homologieklassen in $H_1(X; \boldsymbol{Z})$ eine Basis eines freien $\boldsymbol{Z}$-Moduls bilden, der zum Torsionsmodul von $H_1(X; \boldsymbol{Z})$ komplementär ist. Dann existieren b_1 reellwertige geschlossene 1-Formen ω_j mit $\int_{\gamma_k} \omega_j = 2\pi\delta_{jk}$ für $1 \leqq j, k \leqq b_1$; die Formen $i\omega_j$ bilden eine Basis eines $\boldsymbol{Z}$-Moduls, der in $L^1(X; \boldsymbol{C})$ zu $B^1(X; \boldsymbol{C})$ komplementär ist.

d) Man nehme an, auf X existiere eine reellwertige geschlossene 1-Form ω mit $\omega(x) \neq 0$ für jedes $x \in X$. Dann kann ω in der Gestalt $\omega = \sum_j c_j\omega_j + df$ geschrieben werden, wobei die c_j nicht sämtlich verschwindende reelle Konstanten sind und f eine reelle Funktion der Klasse C^∞ in X ist. Man zeige, daß dann eine reellwertige geschlossene 1-Form ω' existiert derart, daß $\omega'(x) \neq 0$ ist für jedes $x \in X$ und $i\omega'$ zu $L^1(X; \boldsymbol{C})$ gehört. (Aus Stetigkeitsgründen kann man sich auf den Fall beschränken, daß die c_j rational sind.) Hieraus leite man her, daß eine Submersion von X auf den Einheitskreis $\boldsymbol{U}$ existiert und daß X folglich zu einem Faserraum mit $\boldsymbol{U}$ als Basis diffeomorph ist (vgl. Abschnitt 20.8, Aufgabe 4).

3. Es sei X eine zusammenhängende und kompakte differenzierbare Mannigfaltigkeit der Dimension n. Man nehme an, die kanonische Abbildung der äußeren Algebra $\bigwedge H^1(X; \boldsymbol{R})$ in die Kohomologiealgebra $H^{\cdot}(X; \boldsymbol{R})$, welche die kanonische injektive Abbildung $H^1(X; \boldsymbol{R}) \to H^{\cdot}(X; \boldsymbol{R})$ fortsetzt, sei ein Isomorphismus von Algebren. Man zeige, daß eine Abbildung $f: X \to \boldsymbol{T}^n$ der Klasse C^∞ existiert derart, daß $f^*: H^{\cdot}(\boldsymbol{T}^n; \boldsymbol{R}) \to H^{\cdot}(X; \boldsymbol{R})$ ein Isomorphismus von Algebren ist. (Man benutze die in Aufgabe 2c) definierte Basis von $H^1(X; \boldsymbol{R})$.)

4. Es sei X ein metrisierbarer kompakter Raum, $(X_i)_{i\in I}$ eine aus abgeschlossenen Mengen bestehende endliche Überdeckung von X und $\mathfrak{N}$ die Menge der Teilmengen J von I derart, daß $X_J = \bigcap_{i\in I} X_i$ nicht leer ist. Man nehme an, daß X_J für jedes $J \in \mathfrak{N}$ in einer offenen Menge U_J enthalten ist, von denen jede *Homotopieretrakt eines Raumes* $\boldsymbol{R}^m$ ist, und daß $U_J \subset U_{J'}$ gilt, wenn $J \in \mathfrak{N}$, $J' \in \mathfrak{N}$ und $J \supset J'$ ist.

a) Für jede Teilmenge $\mathfrak{N}'$ von $\mathfrak{N}$ sei $Y(\mathfrak{N}')$ die Vereinigung der Mengen $X_J \times X_J \times [0, 1]$ für $J \in \mathfrak{N}'$; $Y(\mathfrak{N}')$ ist ein kompakter Teilraum von $X \times X \times [0, 1]$. Für ein $J_0 \in \mathfrak{N}$ nehme man an, daß $X_{J_0} \times X_{J_0} \times [0, 1]$ nicht in $Y(\mathfrak{N}')$ enthalten sei, daß aber $X_J \times X_J \times [0, 1]$ zu $Y(\mathfrak{N}')$ gehöre für jedes $J \in \mathfrak{N}$ mit $J \supset J_0$ und $J \neq J_0$. Es sei F eine stetige Abbildung von $Y(\mathfrak{N}')$ in X mit den folgenden Eigenschaften: Für $J \in \mathfrak{N}'$, $x \in X_J$, $y \in X_J$ ist $F(x, y, t) \in U_J$ und $F(x, x, t) = x$ für $t \in [0, 1]$, $F(x, y, 0) = x$ und $F(x, y, 1) = y$. Man zeige, daß eine stetige Abbildung G von $Y(\mathfrak{N}' \cup \{J_0\})$ in X existiert, die mit F in $Y(\mathfrak{N}') \cap (X_{J_0} \times X_{J_0} \times [0, 1])$ übereinstimmt und für die $G(x, y, t) \in U_{J_0}$, $G(x, x, t) = x$, $G(x, y, 0) = x$ und $G(x, y, 1) = y$ für $x \in X_{J_0}$, $y \in X_{J_0}$ und $t \in [0, 1]$ gilt sowie schließlich $G(x, y, t) \in U_{J'}$ für jedes $J' \in \mathfrak{N}$, falls x, y zu $X_{J_0} \cap X_{J'}$ gehören und $t \in [0, 1]$ ist.

b) Aus a) leite man her, daß eine stetige Abbildung F von $Y(\mathfrak{N})$ in X existiert mit folgenden Eigenschaften: Für *jede* Teilmenge $J \in N$ und für $x \in X_J$, $y \in X_J$ gilt $F(x, y, t) \in U_J$ und $F(x, x, t) = x$ für $t \in [0, 1]$, $F(x, y, 0) = x$ und $F(x, y, 1) = y$. (Man benutze absteigende Induktion nach der Anzahl der Elemente von $J \in \mathfrak{N}$.)

c) Es seien f, g zwei stetige Abbildungen eines topologischen Raumes E in X derart, daß für jedes $z \in E$ ein $i \in I$ existiert mit $f(z) \in X_i$ und $g(z) \in X_i$. Man zeige, daß f und g homotop sind.

5. Es sei X ein metrisierbarer kompakter Raum, $(U_i)_{i \in I}$ eine endliche offene Überdeckung von X, $\mathfrak{S}_0$ die aus den Mengen $H \subset I$ bestehende Teilmenge von $\mathfrak{P}(I)$, für welche der Durchschnitt $U_H = \bigcap_{i \in H} U_i$ nicht leer ist, sowie $(N, \mathfrak{S})$ der euklidische Nerv der Überdeckung (U_i) (vgl. Abschnitt 24.28, Aufgabe 11). Alle durch das Verfahren in Abschnitt 24.28, Aufgabe 11a) definierten Abbildungen f von X in $N \subset \boldsymbol{R}^I$ sind homotop.

a) Man nehme an, daß U_J für jede Teilmenge $J \in \mathfrak{S}_0$ *kontrahierbar* ist (vgl. (16.27.7)), so daß jede stetige Abbildung des Randes eines Simplex Δ_p in U_J stetig zu einer Abbildung von Δ_p in U_J fortgesetzt werden kann. Für jede Teilmenge $J \in \mathfrak{S}_0$ sei $\Sigma(J)$ das entsprechende euklidische Simplex der Zerlegung $\mathfrak{S}$ (vgl. Abschnitt 24.28, Aufgabe 11); für jede streng wachsende Folge $J_0 \subset J_1 \subset \cdots \subset J_m$ von Teilmengen aus $\mathfrak{S}_0$ sei $\Sigma(J_0, J_1, \ldots, J_m)$ das euklidische Simplex der dieser Folge entsprechenden baryzentrischen Unterteilung von $\Sigma(J_m)$ (vgl. (24.18.7)). Man zeige, daß eine stetige Abbildung g von N in X existiert derart, daß $g(\Sigma(J_0, J_1, \ldots, J_m)) \subset U_{J_0}$ für jede streng wachsende Folge $J_0 \subset J_1 \subset \cdots \subset J_m$ von Teilmengen aus $\mathfrak{S}_0$ gilt und daß zwei solche Abbildungen homotop sind. (Man definiere g auf den Simplexen der baryzentrischen Unterteilungen der $\Sigma(J)$ durch Rekursion nach der Dimension dieser Simplexe.)

b) Für jedes $i \in I$ sei $F_i \subset U_i$ die kompakte Menge, die man als Vereinigung der Mengen $g(\Sigma(J_0, J_1, \ldots, J_m))$ für alle streng wachsenden Folgen mit $i \in J_0$ erhält. Es existiert eine offene Überdeckung $(V_i)_{i \in I}$ von X mit $F_i \subset V_i$ und $\overline{V}_i \subset U_i$ für jedes $i \in I$. Es sei $(f_i)_{i \in I}$ eine der Überdeckung $(V_i)_{i \in I}$ untergeordnete stetige Zerlegung der Einheit, so daß $f_i(x) > 0$ für jedes $x \in F_i$ gilt. Es sei $f\colon x \to (f_i(x))_{i \in I}$ die entsprechende Abbildung von X in N (vgl. Abschnitt 24.28, Aufgabe 11).

Ist $(\mathbf{v}_i)_{i \in I}$ die Familie der Ecken der Simplexe aus $\mathfrak{S}$ und setzt man $\varphi_i(\mathbf{z}) = \inf\big(z_i, f_i(g(\mathbf{z}))\big)$ für jedes $\mathbf{z} = (z_i)_{i \in I}$ in N, so zeige man, daß $\varphi(\mathbf{z}) = \sum_i \varphi_i(\mathbf{z}) > 0$ für jedes $\mathbf{z} \in N$ gilt und daß die Funktionen $h_i(\mathbf{z}) = \varphi_i(\mathbf{z})/\varphi(\mathbf{z})$ eine stetige Zerlegung der Einheit bilden, die der aus den $\mathrm{St}(\mathbf{v}_i)$ bestehenden offenen Überdeckung von N untergeordnet ist. Man folgere, daß die Abbildung $\mathbf{z} \to (h_i(\mathbf{z}))_{i \in I}$ von N in N einerseits homotop zur identischen Abbildung ist und andererseits homotop zu der Abbildung $f \circ g$.

c) Man nehme außerdem an, daß jedes U_J *Homotopieretrakt eines Raumes* $\boldsymbol{R}^m$ ist. Für einen Punkt $x \in X$ sei J die Menge der $i \in I$ mit $f_i(x) > 0$. Man zeige, daß x und $g(f(x))$ beide zu V_i gehören, und leite daraus her, daß $g \circ f$ zur identischen Abbildung von X homotop ist. (Man benutze Aufgabe 4.) Man folgere, daß X *und* N *vom selben Homotopietyp sind* (vgl. Abschnitt 16.26, Aufgabe 2) und daß folglich die Kohomologieringe $H^{\cdot}(X; \Lambda)$ und $H^{\cdot}(N; \Lambda)$ für jeden kommutativen Ring Λ isomorph sind.

d) Ist X eine *kompakte reine differenzierbare Mannigfaltigkeit*, so existiert eine endliche offene Überdeckung $\mathfrak{U} = (U_i)_{i \in I}$ von X, welche die Bedingungen aus a) und c) erfüllt; folglich sind X und der euklidische Nerv N dieser Überdeckung *vom selben Homotopietyp*. (Man benutze (18.5.4) und (20.17.5).)

6. Es sei X eine kompakte reine differenzierbare Mannigfaltigkeit, I ein endliches Intervall aus $\boldsymbol{N}$ sowie $\mathfrak{U} = (U_i)_{i \in I}$ eine den Bedingungen a) und c) aus Aufgabe 5 genügende offene Überdeckung von X. Unter Beibehaltung der Bezeichnungen aus Aufgabe 5 bezeichne $\mathbf{e}_i$ für $i \in I$ die Ecken des euklidischen simplizialen Komplexes N.

a) Mit $\mathfrak{C}^{\cdot}(\mathfrak{U})$ werde die Menge $\boldsymbol{Z}^{\mathfrak{S}_0}$ aller Abbildungen der Menge $\mathfrak{S}_0$ in $\boldsymbol{Z}$ bezeichnet; zwischen dieser Menge und dem graduierten Differential-$\boldsymbol{Z}$-Modul $(L'(\mathfrak{S}; \boldsymbol{Z}))^*$ (zur Bezeichnung vgl. man die Aufgabe in Abschnitt 24.30) läßt sich eine umkehrbar eindeutige Zuordnung angeben: Einer Teilmenge $K \in \mathfrak{S}_0$ ordne man das Element s_K^* der zu der Basis $(s_J)_{J \in \mathfrak{S}_0}$ von $L'(\mathfrak{S}; \boldsymbol{Z})$ dualen Basis zu. Die Struktur eines graduierten Differential-$\boldsymbol{Z}$-Moduls wird von $(L'(\mathfrak{S}; \boldsymbol{Z}))^*$

auf $\mathfrak{C}^{\cdot}(\mathfrak{U})$ übertragen; bezeichnet man mit $g: N \to X$ die in Aufgabe 5a) definierte stetige Abbildung, so erhält man eine zusammengesetzte $\boldsymbol{Z}$-lineare Abbildung

$$r_{\mathfrak{U}}: S^{\cdot}(X; \boldsymbol{Z}) \xrightarrow[S^{\cdot}(g)]{} S^{\cdot}(N; \boldsymbol{Z}) \xrightarrow[r_{j'}]{} (L^{\prime}_{\cdot}(\mathfrak{S}; \boldsymbol{Z}))^* \xrightarrow{\sim} \mathfrak{C}^{\cdot}(\mathfrak{U})$$

derart, daß für $J \in \mathfrak{S}_0$ und $u \in S^{\cdot}(X; \boldsymbol{Z})$

$$\langle r_{\mathfrak{U}}(u), J\rangle = \langle u, g \circ s_J\rangle$$

gilt. Die Abbildung $r_{\mathfrak{U}}$ ergibt dann einen Kohomologie*isomorphismus* $\overset{*}{r}_{\mathfrak{U}}$, der von der Wahl der den Bedingungen aus Aufgabe 5a) genügenden Abbildung g unabhängig ist. Ist darüber hinaus I_1 eine solche Teilmenge von I, daß die Teilfamilie $\mathfrak{U}_1 = (U_i)_{i \in I_1}$ wieder eine Überdeckung von X ist, so gilt $\overset{*}{r}_{\mathfrak{U}_1} = \overset{*}{r}_{\mathfrak{U}}$.

b) Es sei X' eine zweite kompakte reine Mannigfaltigkeit sowie $h: X' \to X$ eine Abbildung der Klasse C^∞; für $i \in I$ bilden dann die Mengen $h^{-1}(U_i)$ eine offene Überdeckung $h^{-1}(\mathfrak{U})$ von X', und es existiert eine offene Überdeckung $\mathfrak{U}' = (U'_{i'})_{i' \in I'}$ mit denselben Eigenschaften wie $\mathfrak{U}$, die feiner als $h^{-1}(\mathfrak{U})$ ist; folglich gibt es eine Abbildung $\tau: I' \to I$ mit $U'_{i'} \subset U_{\tau(i')}$ für jedes $i' \in I'$. Aus τ leitet man in kanonischer Weise eine $\boldsymbol{Z}$-lineare Abbildung ${}^t\tau: \mathfrak{C}^{\cdot}(\mathfrak{U}) \to \mathfrak{C}^{\cdot}(\mathfrak{U}')$ her, die ein Homomorphismus graduierter Differential-$\boldsymbol{Z}$-Moduln vom Grad 0 ist und daher einen Homomorphismus

$$\tau^*: H^{\cdot}(\mathfrak{U}) \to H^{\cdot}(\mathfrak{U}')$$

für deren Kohomologiemoduln ergibt. Man zeige, daß das Diagramm

$$\begin{array}{ccc} H^{\cdot}(X; \boldsymbol{Z}) & \xrightarrow{\overset{*}{r}_{\mathfrak{U}}} & H^{\cdot}(\mathfrak{U}) \\ {\scriptstyle h^*}\downarrow & & \downarrow{\scriptstyle \tau^*} \\ H^{\cdot}(X'; \boldsymbol{Z}) & \xrightarrow[\overset{*}{r}_{\mathfrak{U}'}]{} & H^{\cdot}(\mathfrak{U}') \end{array}$$

kommutativ ist; insbesondere zeige man, daß τ^* eine bijektive Abbildung ist, wenn $X' = X$ gilt und h die identische Abbildung ist.

24.34. Die singuläre Kohomologie mit kompakten Trägern

24.34.1. Es sei X ein hausdorffscher Raum; $f \in S^p(X; G)$ heißt eine p-Kokette *mit kompaktem Träger,* wenn eine kompakte Teilmenge K von X existiert derart, daß $f(z) = 0$ für jede p-Kette $z \in S_p(X; \boldsymbol{Z})$ gilt, *deren Träger K nicht schneidet*; mit $S^p_c(X; G)$ wird die Menge dieser Koketten bezeichnet; sie ist offenbar eine Untergruppe von $S^p(X; G)$. Ist f eine p-Kokette mit kompaktem Träger, so ist $d_0 f$ eine $(p+1)$-Kokette mit kompaktem Träger, denn wenn der Träger von $z \in S_{p+1}(X; \boldsymbol{Z})$ die Menge K nicht schneidet, so gilt das auch für den Träger von $\mathfrak{b}_0 z$, also ist $(d_0 f)(z) = f(\mathfrak{b}_0 z) = 0$. Die Einschränkung von d_0 auf die graduierte Gruppe $S^{\cdot}_c(X; G) = \bigoplus_{p \geq 0} S^p_c(X; G)$ macht diese daher zu einer *graduierten Differentialgruppe,* deren Kohomologie ausgehend von den Kozyklen mit kompaktem Träger und den Korändern von Koketten mit kompaktem Träger definiert wird, d. h. über die Gruppen

$$Z^p_c(X; G) = Z^p(X; G) \cap S^p_c(X; G), \qquad B^p_c(X; G) = d_0\big(S^{p-1}_c(X; G)\big);$$

die graduierte Gruppe $H_c^{\cdot}(X; G) = \bigoplus_{p \geqq 0} H_c^p(X; G)$ mit

$$H_c^p(X; G) = Z_c^p(X; G)/B_c^p(X; G)$$

heißt die *Kohomologiegruppe mit kompakten Trägern* von X mit Koeffizienten in G; ist X kompakt, so gilt offenbar $H_c(X; G) = H^{\cdot}(X; G)$.

24.34.2. Beispiele. Ist X eine *zusammenhängende differenzierbare Mannigfaltigkeit*, so kann $Z^0(X; G)$ bekanntlich mit der Gruppe der *konstanten* Abbildungen von X in G identifiziert werden (vgl. (24.29.2)). Ist X *nicht kompakt*, so ist 0 die einzige konstante Abbildung von X in G mit kompaktem Träger, und es gilt daher $H_c^0(X; G) = \{0\}$.

Es sei X ein lokal zusammenhängender hausdorffscher Raum sowie $(X_\alpha)_{\alpha \in A}$ eine Familie paarweise disjunkter offener Mengen aus X, deren Vereinigung X ergibt. Da eine kompakte Menge $K \subset X$ nur eine endliche Anzahl von X_α schneiden kann, ist $S_c^p(X; G)$ zur direkten Summe der $S_c^p(X_\alpha; G)$ isomorph; daher kann $H_c^p(X; G)$ mit der *direkten Summe der* $H_c^p(X_\alpha; G)$ identifiziert werden.

24.34.3. Ist Λ ein kommutativer Ring, so folgt unmittelbar aus der Definition (24.31.1.1) des Cup-Produktes, daß $S_c^{\cdot}(X; \Lambda)$ bezüglich dieser Multiplikation eine *graduierte Differentialunteralgebra* von $S^{\cdot}(X; \Lambda)$ ist, die zwar assoziativ ist, jedoch kein Einheitselement besitzt, wenn X nicht kompakt ist. Hieraus leitet man auf $H_c^{\cdot}(X; \Lambda)$ die Struktur einer graduierten Algebra her, welche die *Kohomologiealgebra mit kompakten Trägern* von X mit Koeffizienten in Λ genannt wird. Dieselben Überlegungen wie in (24.31.3) zeigen, daß diese Algebra *antikommutativ* ist: Dazu genügt es nachzuprüfen, ob (in den Bezeichnungen von (24.31.3.6)) ${}^t h_p(f)$ für eine Kokette mit kompaktem Träger $f \in S_c^p(X; \Lambda)$ ebenfalls einen kompakten Träger besitzt. Für jedes singuläre Simplex $s \in S_{p+1}(X; \Lambda)$ gilt aber nach Definition $\langle {}^t h_p(f), s \rangle = \langle f, h_p(s) \rangle$; da der Träger von $h_p(s)$ im Träger von s enthalten ist, findet man: Wenn für jede p-Kette z, deren Träger eine kompakte Menge K nicht schneidet, $\langle f, z \rangle = 0$ gilt, dann ist auch $\langle {}^t h_p(f), y \rangle = 0$ für jede $(p + 1)$-Kette y, deren Träger K nicht schneidet.

24.35. Relative singuläre Homologie und Kohomologie

24.35.1. Es sei X ein hausdorffscher topologischer Raum sowie Y ein *Teilraum* von X. Ist $j: Y \to X$ die kanonische injektive Abbildung, so ist bekanntlich (vgl. (24.20.1)) für jedes $p \geqq 0$ die Abbildung $S_p(j)$ injektiv und identifiziert somit $S_p(Y; \Lambda)$ mit einem Unter-Λ-Modul von $S_p(X; \Lambda)$, der aus den *p-Ketten mit in Y enthaltenem Träger* besteht. Da der Träger des Randes einer solchen Kette ebenfalls in Y enthalten ist, bildet die Λ-lineare Abbildung $\mathfrak{b}_0: S_p(X; \Lambda) \to S_{p-1}(X; \Lambda)$ den Λ-Modul $S_p(Y; \Lambda)$ in $S_{p-1}(Y; \Lambda)$ ab und definiert folglich durch Faktorisierung eine Λ-lineare Abbildung

24.35.1.1. $\bar{\mathfrak{b}}_0: S_p(X; \Lambda)/S_p(Y; \Lambda) \to S_{p-1}(X; \Lambda)/S_{p-1}(Y; \Lambda)$;

offenbar gilt $\bar{\mathfrak{b}}_0 \circ \bar{\mathfrak{b}}_0 = 0$, und man hat damit also auf

$$S_{\cdot}(X, Y; \Lambda) = \bigoplus_{p \geqq 0} \big(S_p(X; \Lambda)/S_p(Y; \Lambda)\big)$$

die Struktur eines *graduierten Kodifferential-Λ-Moduls* definiert; folglich erhält man auch entsprechende Homologiemoduln $H_p(X, Y; \Lambda)$ (vgl. (A.30.7)); $H_p(X, Y; \Lambda)$ wird der *p-te relative Homologiemodul von X modulo Y* mit Koeffizienten in Λ genannt.

Diese Moduln können in folgender Weise beschrieben werden: Ist $Z_p(X, Y; \Lambda)$ das inverse Bild des Kerns der Abbildung (24.35.1.1) in $S_p(X; \Lambda)$ und $B_p(X, Y; \Lambda)$ das inverse Bild des Bildes $\bar{\mathfrak{b}}_0(S_{p+1}(X; \Lambda)/S_{p+1}(Y; \Lambda))$ in $S_p(X; \Lambda)$, dann ist $H_p(X, Y; \Lambda)$ zu $Z_p(X, Y; \Lambda)/B_p(X, Y; \Lambda)$ isomorph. Wie die Definition von $\bar{\mathfrak{b}}_0$ zeigt, ist $Z_p(X, Y; \Lambda)$ der Untermodul aller p-Ketten aus $S_p(X; \Lambda)$, *für die der Träger ihres Randes in Y enthalten ist*; diese p-Ketten werden auch die *relativen p-Zyklen modulo Y* genannt. Ebenso ist $B_p(X, Y; \Lambda)$ der Untermodul aller p-Ketten, die *zu einer p-Kette mit in Y enthaltenem Träger homolog* sind; diese p-Ketten heißen die *relativen p-Ränder modulo Y*. Ist $Y = \emptyset$, so gilt $H_{\cdot}(X, Y; \Lambda) = H_{\cdot}(X; \Lambda)$; für $Y = X$ ist $H_{\cdot}(X, X; \Lambda) = \{0\}$.

24.35.2. Beispiel. Es sei X eine *zusammenhängende differenzierbare Mannigfaltigkeit* und Y eine *nichtleere* Teilmenge von X; dann gilt

24.35.2.1. $H_0(X, Y; \Lambda) = \{0\}$.

Ist nämlich $x_0 \in Y$, so existiert für jeden Punkt $x \in X$ ein singuläres Simplex $s: \bar{\Delta}_1 \to X$ mit $s(\mathbf{e}_1) = x$ und $s(\mathbf{e}_0) = x_0$ (vgl. (16.26.10)), so daß in $S_0(X; \Lambda) = Z_0(X; \Lambda)$, identifiziert mit dem Λ-Modul der formalen Linearkombinationen der Punkte von X (vgl. (24.22.4)), jeder Punkt $x \in X$ zu x_0 homolog ist; folglich gilt

$$B_0(X, Y; \Lambda) = Z_0(X, Y; \Lambda) = Z_0(X; \Lambda).$$

24.35.3. Wie die vorhergehenden Definitionen zeigen, sind die kanonischen Abbildungen in der exakten Sequenz

24.35.3.1. $0 \to S_{\cdot}(Y; \Lambda) \to S_{\cdot}(X; \Lambda) \to S_{\cdot}(X, Y; \Lambda) \to 0$

Homomorphismen von *graduierten Kodifferentialmoduln*. Daher ergibt sich hieraus (vgl. (A.30.5)) eine *exakte relative Homologiesequenz*

24.35.3.2. $\cdots \to H_p(Y; \Lambda) \xrightarrow{j_*} H_p(X; \Lambda) \xrightarrow{r} H_p(X, Y; \Lambda) \xrightarrow{\partial} H_{p-1}(Y; \Lambda) \to \cdots,$

die mit $H_0(X, Y; \Lambda) \to 0$ endet. Die Abbildung r ordnet der Homologieklasse eines p-Zyklus z (oder der „absoluten" Homologieklasse) seine relative Homologieklasse zu, wenn z als relativer p-Zyklus modulo Y aufgefaßt wird. Die Abbildung ∂ ist folgendermaßen definiert: Ist c die relative Homologieklasse eines relativen p-Zyklus z, so ist der Träger von $\mathfrak{b}_0 z$ in Y enthalten, und da $\mathfrak{b}_0(\mathfrak{b}_0 z) = 0$ gilt, ist $\mathfrak{b}_0 z$ ein $(p-1)$-Zyklus von Y; ∂c ist die Homologieklasse von $\mathfrak{b}_0 z$ in $H_{p-1}(Y; \Lambda)$.

24.35.4. Es sei $u: X \to X'$ eine stetige Abbildung von X in einen hausdorffschen Raum X', und es sei Y' ein Teilraum von X' *mit* $u(Y) \subset Y'$. Die lineare Abbildung $S_{\cdot}(u): S_{\cdot}(X; \Lambda) \to S_{\cdot}(X'; \Lambda)$ bildet dann $S_{\cdot}(Y; \Lambda)$ in $S_{\cdot}(Y'; \Lambda)$ ab und definiert daher durch Faktorisierung eine lineare Abbildung

$$S_{\cdot}(X; \Lambda)/S_{\cdot}(Y; \Lambda) \to S_{\cdot}(X'; \Lambda)/S_{\cdot}(Y'; \Lambda),$$

die wieder mit $S_{\cdot}(u)$ bezeichnet wird. Man stellt unmittelbar fest, daß das Bild von $Z_p(X, Y; \Lambda)$ (bzw. $B_p(X, Y; \Lambda)$) vermöge $S_p(u)$ in $Z_p(X', Y'; \Lambda)$ (bzw. $B_p(X', Y'; \Lambda)$)

enthalten ist; daher erhält man aus $S_p(u)$ durch Faktorisierung eine lineare Abbildung $H_p(u): H_p(X, Y; \Lambda) \to H_p(X', Y'; \Lambda)$, die auch mit u_* bezeichnet wird. Da das Diagramm

$$\begin{array}{ccccccccc} 0 \to & S_.(Y;\Lambda) & \to & S_.(X;\Lambda) & \to & S_.(X;\Lambda)/S_.(Y;\Lambda) & \to 0 \\ & \downarrow{\scriptstyle S_.(u)} & & \downarrow{\scriptstyle S_.(u)} & & \downarrow{\scriptstyle S_.(u)} & \\ 0 \to & S_.(Y';\Lambda) & \to & S_.(X';\Lambda) & \to & S_.(X';\Lambda)/S_.(Y';\Lambda) & \to 0 \end{array}$$

kommutativ ist, erhält man hieraus (vgl. (A.30.6)) ein kommutatives Diagramm für die exakten relativen Homologiesequenzen

24.35.4.1. $$\begin{array}{ccccccccc} \cdots \to & H_p(Y;\Lambda) & \to & H_p(X;\Lambda) & \to & H_p(X,Y;\Lambda) & \to & H_{p-1}(Y;\Lambda) & \to \cdots \\ & \downarrow{\scriptstyle H_p(u)} & & \downarrow{\scriptstyle H_p(u)} & & \downarrow{\scriptstyle H_p(u)} & & \downarrow{\scriptstyle H_{p-1}(u)} & \\ \cdots \to & H_p(Y';\Lambda) & \to & H_p(X';\Lambda) & \to & H_p(X',Y';\Lambda) & \to & H_{p-1}(Y';\Lambda) & \to \cdots \end{array}$$

24.35.4.2. Bemerkung. Sind $H_p(X, Y; \mathbf{Z})$ und $H_{p-1}(X, Y; \mathbf{Z})$ *freie* $\mathbf{Z}$-Moduln, so gibt es für jeden kommutativen Ring Λ einen kanonischen Isomorphismus (vgl. (A.31.4))

$$H_p(X, Y; \mathbf{Z}) \otimes_{\mathbf{Z}} \Lambda \to H_p(X, Y; \Lambda).$$

24.35.5. In den Bezeichnungen von (24.35.1) ist die Abbildung

$$S^p(j): S^p(X; \Lambda) \to S^p(Y; \Lambda)$$

surjektiv. Da nämlich die kanonische Basis von $S_p(Y; \mathbf{Z})$ eine Teilmenge der kanonischen Basis von $S_p(X; \mathbf{Z})$ ist, besitzt $S_p(Y; \mathbf{Z})$ ein Komplement in $S_p(X; \mathbf{Z})$, und jede p-Kokette auf Y kann daher zu einer p-Kokette auf X fortgesetzt werden. Bezeichnet man den *Kern* von $S^p(j)$ mit $S^p(X, Y; \Lambda)$, d. h. die Menge derjenigen Koketten aus $S^p(X; \Lambda)$, die *auf jedem singulären p-Simplex von Y verschwinden* (sogenannte *relative p-Koketten modulo Y*), so erhält man daher eine exakte Sequenz

24.35.5.1. $$0 \to S^{\cdot}(X, Y; \Lambda) \to S^{\cdot}(X; \Lambda) \xrightarrow{S^{\cdot}(j)} S^{\cdot}(Y; \Lambda) \to 0,$$

wobei $S^{\cdot}(X, Y; \Lambda) = \bigoplus_{p \geq 0} S^p(X, Y; \Lambda)$ ein *graduiertes Ideal* in $S^{\cdot}(X; \Lambda)$ ist.

Wieder kann gesagt werden, daß sich diese exakte Sequenz durch *Transposition* aus der *spaltenden* exakten Sequenz graduierter freier Λ-Moduln (24.35.3.1) ergibt, so daß $S^{\cdot}(X, Y; \Lambda)$ der zu dem graduierten freien Λ-Modul

$$S_.(X, Y; \Lambda) = S_.(X; \Lambda)/S_.(Y; \Lambda)$$

graduierte duale Λ-Modul ist.

Da $S^{\cdot}(j)$ ein Homomorphismus graduierter Differentialalgebren ist, stellt $S^{\cdot}(X, Y; \Lambda)$ bezüglich der Einschränkung des Differentials d_0 von $S^{\cdot}(X; \Lambda)$ einen graduierten Differentialmodul dar, für den die entsprechenden Kohomologiemoduln mit $H^p(X, Y; \Lambda)$ bezeichnet werden; $H^p(X, Y; \Lambda)$ wird der *p-te relative Kohomologiemodul von X modulo Y* mit Koeffizienten in Λ genannt. $H^p(X, Y; \Lambda)$ ist also der Faktormodul $Z^p(X, Y; \Lambda)/B^p(X, Y; \Lambda)$, wobei $Z^p(X, Y; \Lambda)$ der Untermodul von $Z^p(X; \Lambda)$ ist, welcher aus allen *p-Kozyklen auf X besteht, die auf jedem singulären p-Simplex von Y gleich* 0 *sind* (sogenannte *relative p-Kozyklen modulo Y*), und $B^p(X, Y; \Lambda)$ der Untermodul der *Koränder aller* $(p-1)$*-Koketten, die auf jedem singulären* $(p-1)$*-Simplex von Y gleich* 0 *sind* (sogenannte *relative p-Koränder modulo Y*). Ist $Y = \emptyset$, so ist $H^{\cdot}(X, Y; \Lambda) = H^{\cdot}(X; \Lambda)$. Für $Y = X$ gilt $H^{\cdot}(X, Y; \Lambda) = \{0\}$.

24.35.6. Beispiele. Ist X eine *zusammenhängende differenzierbare Mannigfaltigkeit* und Y eine *nichtleere* Teilmenge von X, so gilt

24.35.6.1. $H^0(X, Y; \Lambda) = \{0\}$.

Man kann nämlich $Z^0(X; \Lambda)$ mit dem Λ-Modul der in X *konstanten* Abbildungen $X \to \Lambda$ identifizieren (vgl. (24.29.2)); von diesen Abbildungen verschwindet nur 0 in Y.

Es sei $(X_\alpha)_{\alpha \in A}$ eine Familie von paarweise disjunkten offenen Mengen in einem hausdorffschen Raum X derart, daß X Vereinigung der X_α ist. Setzt man $Y_\alpha = Y \cap X_\alpha$ für jedes $\alpha \in A$, so kann $Z^p(X, Y; \Lambda)$ mit dem Produkt-Λ-Modul $\prod_\alpha Z^p(X_\alpha, Y_\alpha; \Lambda)$ und $B^p(X, Y; \Lambda)$ mit dem Produkt-Λ-Modul $\prod_\alpha B^p(X_\alpha, Y_\alpha; \Lambda)$ identifiziert werden; daher kann man $H^p(X, Y; \Lambda)$ mit dem Produktmodul $\prod_\alpha H^p(X_\alpha, Y_\alpha; \Lambda)$ identifizieren (vgl. (A.27.3)).

24.35.7. Da $S_p(X; \mathbf{Z})/S_p(Y; \mathbf{Z})$ ein freier $\mathbf{Z}$-Modul ist und die Einschränkung von d_0 auf $S^p(X, Y; \Lambda)$ als Transponierte des Homomorphismus $\bar{\mathfrak{b}}_0$ aufgefaßt werden kann, folgt aus (A.31.6), daß es einen kanonischen Homomorphismus

24.35.7.1. $H^p(X, Y; \Lambda) \to (H_p(X, Y; \Lambda))^*$

gibt, daß dieser Homomorphismus stets *surjektiv* ist und daß er *bijektiv* ist, wenn Λ ein *Körper* oder $H_{p-1}(X, Y; \mathbf{Z})$ ein *freier* $\mathbf{Z}$*-Modul* ist.

24.35.8. Da die Abbildungen in der Sequenz (24.35.5.1) Homomorphismen graduierter Differential-Λ-Moduln sind, erhält man daraus eine *exakte relative Kohomologiesequenz*

24.35.8.1. $\cdots \to H^p(X, Y; \Lambda) \xrightarrow{a} H^p(X; \Lambda) \xrightarrow{j^*} H^p(Y; \Lambda) \xrightarrow{\partial} H^{p+1}(X, Y; \Lambda) \to \cdots,$

die mit $0 \to H^0(X, Y; \Lambda)$ beginnt. Die Abbildung a ordnet der Kohomologieklasse eines „relativen" p-Kozyklus modulo Y die Kohomologieklasse dieses p-Kozyklus zu, aufgefaßt als Element von $Z^p(X; \Lambda)$ (oder als „absoluter" p-Kozyklus). Die Abbildung ∂ ist folgendermaßen definiert: Ist c die Kohomologieklasse eines p-Kozyklus g auf Y, so wird g zu einer p-Kokette f auf X fortgesetzt, und $d_0 f$ ist auf den singulären $(p+1)$-Simplexen von Y gleich 0; da $d_0(d_0 f) = 0$ gilt, ist $d_0 f$ ein $(p+1)$-Kozyklus auf X, gehört also zu $Z^{p+1}(X, Y; \Lambda)$, und ∂c ist seine „relative" Kohomologieklasse.

24.35.9. Es sei $u: X \to X'$ eine stetige Abbildung von X in einen hausdorffschen Raum X', und es sei Y' ein Teilraum von X' *mit* $u(Y) \subset Y'$. Dann ist das Bild von $S^{\cdot}(X', Y'; \Lambda)$ vermöge $S^{\cdot}(u): S^{\cdot}(X'; \Lambda) \to S^{\cdot}(X; \Lambda)$ in $S^{\cdot}(X, Y; \Lambda)$ enthalten, was unmittelbar aus der Definition von $S^{\cdot}(u)$ folgt (vgl. (24.29.3.1)); außerdem ist das Bild von $Z^p(X', Y'; \Lambda)$ (bzw. $B^p(X', Y'; \Lambda)$) vermöge $S^p(u)$ in $Z^p(X, Y; \Lambda)$ (bzw. $B^p(X, Y; \Lambda)$) enthalten, so daß man aus $S^p(u)$ durch Faktorisierung eine lineare Abbildung $H^p(u): H^p(X', Y'; \Lambda) \to H^p(X, Y; \Lambda)$ erhält (die auch mit u^* bezeichnet wird). Da das Diagramm von exakten Sequenzen

$$\begin{array}{ccccccccc} 0 & \to & S^{\cdot}(X', Y'; \Lambda) & \to & S^{\cdot}(X'; \Lambda) & \to & S^{\cdot}(Y'; \Lambda) & \to & 0 \\ & & \downarrow{\scriptstyle S^{\cdot}(u)} & & \downarrow{\scriptstyle S^{\cdot}(u)} & & \downarrow{\scriptstyle S^{\cdot}(u)} & & \\ 0 & \to & S^{\cdot}(X, Y; \Lambda) & \to & S^{\cdot}(X; \Lambda) & \to & S^{\cdot}(Y; \Lambda) & \to & 0 \end{array}$$

kommutativ ist, erhält man hieraus ein kommutatives Diagramm für die exakten relativen Kohomologiesequenzen

24.35.9.1.
$$\begin{array}{ccccccccccc} \cdots & \to & H^p(X', Y'; \Lambda) & \to & H^p(X'; \Lambda) & \to & H^p(Y'; \Lambda) & \to & H^{p+1}(X', Y'; \Lambda) & \to & \cdots \\ & & \downarrow{\scriptstyle H^p(u)} & & \downarrow{\scriptstyle H^p(u)} & & \downarrow{\scriptstyle H^p(u)} & & \downarrow{\scriptstyle H^{p+1}(u)} & & \\ \cdots & \to & H^p(X, Y; \Lambda) & \to & H^p(X; \Lambda) & \to & H^p(Y; \Lambda) & \to & H^{p+1}(X, Y; \Lambda) & \to & \cdots \end{array}$$

Es sei $v: X \to X'$ eine zweite stetige Abbildung mit $v(Y) \subset Y'$, und es werde angenommen, daß u und v bezüglich einer Homotopie $F: X \times [0, 1] \to X'$ homotop sind *derart, daß* $F(y, t) \in Y'$ *für jedes* $y \in Y$ *und jedes* $t \in [0, 1]$ *gilt.* Dann stimmen die Abbildungen $H^p(u)$ und $H^p(v)$ von $H^p(X', Y'; \Lambda)$ in $H^p(X, Y; \Lambda)$ überein; das ergibt sich aus (24.29.4), der exakten Kohomologiesequenz (24.35.9.1) und dem Fünferlemma (vgl. (A.29.4)).

24.35.10. Da $S^{\cdot}(X, Y; \Lambda)$ eine graduierte Differential*unteralgebra* von $S^{\cdot}(X; \Lambda)$ ist, definiert das Cup-Produkt aufgrund von (24.31.2.1) durch Faktorisierung auf $H^{\cdot}(X, Y; \Lambda)$ die Struktur einer *graduierten Algebra.* Diese Algebra ist wieder *antikommutativ*; in den Bezeichnungen von (24.31.3) findet man nämlich: τ_p bildet $S_p(Y; \Lambda)$ in sich ab, ergibt also durch Faktorisierung einen Endomorphismus $\bar{\tau}_p$ von $S_p(X; \Lambda)/S_p(Y; \Lambda)$ sowie nach Transposition einen Endomorphismus ${}^t\bar{\tau}_p$ von $S^p(X, Y; \Lambda)$. Da wieder $\bar{\mathfrak{b}}_0(\bar{\tau}_p(z)) = \bar{\tau}_{p-1}(\bar{\mathfrak{b}}_0 z)$ für jedes $z \in S_p(X; \Lambda)/S_p(Y; \Lambda)$ gilt, lassen sich die Überlegungen aus (24.31.3) ungeändert auf $H^{\cdot}(X, Y; \Lambda)$ anwenden, wobei zu beachten ist, daß h_p in Lemma (24.31.3.6) $S_p(Y; \Lambda)$ in $S_{p+1}(Y; \Lambda)$ abbildet.

Wie man unmittelbar erkennt, sind die Abbildungen a und j^* in der exakten Kohomologiesequenz (24.35.8.1) Homomorphismen graduierter Algebren; *das trifft aber nicht auf die Homomorphismen* ∂ *von* Λ*-Moduln zu.*

Darüber hinaus definieren die

$$H^p(u): H^p(X', Y'; \Lambda) \to H^p(X, Y; \Lambda)$$

unter den Voraussetzungen von (24.35.9) einen mit u^* oder $H^{\cdot}(u)$ bezeichneten Homomorphismus von der *graduierten Algebra* $H^{\cdot}(X', Y'; \Lambda)$ in die *graduierte Algebra* $H^{\cdot}(X, Y; \Lambda)$.

Schließlich bemerken wir, daß sich die Definitionen und Ergebnisse von (24.29.5) auf die relative Kohomologie verallgemeinern lassen: Für jeden Ringhomomorphismus $h: \Lambda \to \Lambda'$ erhält man einen Homomorphismus von graduierten Algebren $h_*: H^{\cdot}(X, Y; \Lambda) \to H^{\cdot}(X, Y; \Lambda')$ und unter den Voraussetzungen von (24.35.9) ein kommutatives Diagramm

24.35.10.1.
$$\begin{array}{ccc} H^{\cdot}(X', Y'; \Lambda) & \xrightarrow{h_*} & H^{\cdot}(X', Y'; \Lambda') \\ \downarrow{\scriptstyle H^{\cdot}(u)} & & \downarrow{\scriptstyle H^{\cdot}(u)} \\ H^{\cdot}(X, Y; \Lambda) & \xrightarrow[h_*]{} & H^{\cdot}(X, Y; \Lambda') \end{array}$$

24.35.11. Ferner haben wir festgestellt, daß $S^{\cdot}(X, Y; \Lambda)$ ein graduiertes *zwei-*

seitiges Ideal in der graduierten Algebra $S^{\cdot}(X; \Lambda)$ ist; für $f \in Z^{\cdot}(X; \Lambda)$ und $g \in Z^{\cdot}(X, Y; \Lambda)$ (bzw. $g \in B^{\cdot}(X, Y; \Lambda)$) gilt Formel (24.31.2.1) zufolge $f \smile g \in Z^{\cdot}(X, Y; \Lambda)$ (bzw. $f \smile g \in B^{\cdot}(X, Y; \Lambda)$); ebenso ergibt sich für $f \in B^{\cdot}(X, Y; \Lambda)$ und $g \in Z^{\cdot}(X, Y; \Lambda)$

$$f \smile g \in B^{\cdot}(X, Y; \Lambda).$$

Durch Faktorisierung leitet man daher aus dem Cup-Produkt eine bilineare Abbildung (die wieder *Cup-Produkt* genannt wird) $(x, y) \to x \smile y$ von $H^{\cdot}(X; \Lambda) \times H^{\cdot}(X, Y; \Lambda)$ in $H^{\cdot}(X, Y; \Lambda)$ her; diese macht $H^{\cdot}(X, Y; \Lambda)$ zu einem *graduierten Linksmodul* über dem graduierten Ring $H^{\cdot}(X; \Lambda)$. Sind x und y *beide* aus $H^{\cdot}(X, Y; \Lambda)$, so beachte man, daß in den Bezeichnungen von (24.35.8.1)

24.35.11.1. $a(x) \smile y = x \smile y$

gilt, wobei es sich auf der linken Seite für $H^{\cdot}(X, Y; \Lambda)$ um dessen Struktur eines $H^{\cdot}(X; \Lambda)$-Moduls handelt und auf der rechten Seite um seine Struktur einer Algebra (vgl. (24.35.10)): Für zwei relative Kozyklen f, g ist nämlich der relative Kozyklus $f \smile g$ derselbe, unabhängig davon, ob man f als „relativen" Kozyklus oder als „absoluten" Kozyklus auffaßt.

Unter den Voraussetzungen von (24.35.9) folgt aus der Tatsache, daß $S^{\cdot}(u)$ ein Homomorphismus graduierter Differentialalgebren ist, für $x \in H^{\cdot}(X'; \Lambda)$ und $y \in H^{\cdot}(X', Y'; \Lambda)$

24.35.11.2. $u^*(x \smile y) = u^*(x) \smile u^*(y)$.

24.35.12. Beispiel. Für jede ganze Zahl $n \geqq 1$ gilt

24.35.12.1. $\begin{cases} H_p(\boldsymbol{R}^n, \boldsymbol{R}^n \setminus \{0\}; \Lambda) = \{0\}, & \text{wenn } p \neq n \text{ ist,} \\ H_n(\boldsymbol{R}^n, \boldsymbol{R}^n \setminus \{0\}; \Lambda) \cong \Lambda. \end{cases}$

Für jedes $p \geqq 2$ sind nämlich die Endglieder in der exakten relativen Homologiesequenz

$$H_p(\boldsymbol{R}^n; \Lambda) \to H_p(\boldsymbol{R}^n, \boldsymbol{R}^n \setminus \{0\}; \Lambda) \to H_{p-1}(\boldsymbol{R}^n \setminus \{0\}; \Lambda) \to H_{p-1}(\boldsymbol{R}^n; \Lambda)$$

gleich 0 (vgl. (24.22.3.1)), und $\boldsymbol{S}_{n-1}$ ist ein Homotopieretrakt von $\boldsymbol{R}^n \setminus \{0\}$, also $H_{p-1}(\boldsymbol{R}^n \setminus \{0\}; \Lambda) \cong H_{p-1}(\boldsymbol{S}_{n-1}; \Lambda)$; unter Berücksichtigung von (24.22.9) ist damit (24.35.12.1) für $p \geqq 2$ bewiesen. Für $p = 1$ und $n \geqq 2$ ist $\boldsymbol{R}^n \setminus \{0\}$ zusammenhängend, die kanonische Abbildung $H_0(\boldsymbol{R}^n \setminus \{0\}; \Lambda) \to H_0(\boldsymbol{R}^n; \Lambda)$ also injektiv (vgl. (24.22.4)), und es ist folglich $H_1(\boldsymbol{R}^n, \boldsymbol{R}^n \setminus \{0\}; \Lambda) = \{0\}$. Für $p = n = 1$ schließlich besitzt $\boldsymbol{R} \setminus \{0\}$ zwei zusammenhängende Komponenten $\boldsymbol{R}_+^*$ sowie $-\boldsymbol{R}_+^*$, und aufgrund von (24.22.4), (24.35.2.1) und (24.35.3.2) ist jede der Abbildungen $H_0(\boldsymbol{R}_+^*; \Lambda) \to H_0(\boldsymbol{R}; \Lambda)$, $H_0(-\boldsymbol{R}_+^*; \Lambda) \to H_0(\boldsymbol{R}; \Lambda)$ bijektiv; daher ist der Kern $H_1(\boldsymbol{R}, \boldsymbol{R} \setminus \{0\}; \Lambda)$ der kanonischen Abbildung $H_0(\boldsymbol{R} \setminus \{0\}; \Lambda) \to H_0(\boldsymbol{R}; \Lambda) \cong \Lambda$ zu Λ isomorph. Der Fall $p = 0$ ist bereits behandelt worden (vgl. (24.35.2.1)).

Da alle $\boldsymbol{Z}$-Moduln $H_p(\boldsymbol{R}^n, \boldsymbol{R}^n \setminus \{0\}; \boldsymbol{Z})$ frei sind, ist der Homomorphismus (24.35.7.1) für $X = \boldsymbol{R}^n$ und $Y = \boldsymbol{R}^n \setminus \{0\}$ bijektiv, also

24.35.12.2. $\begin{cases} H^p(\boldsymbol{R}^n, \boldsymbol{R}^n \setminus \{0\}; \Lambda) = \{0\}, & \textit{wenn } p \neq n \textit{ ist,} \\ H^n(\boldsymbol{R}^n, \boldsymbol{R}^n \setminus \{0\}; \Lambda) \cong \Lambda. \end{cases}$

24.35.13. Bemerkung. Es sei u ein Automorphismus des Vektorraumes $\boldsymbol{R}^n$; dann ist der Automorphismus u^* von $H^n(\boldsymbol{R}^n, \boldsymbol{R}^n \setminus \{0\}; \boldsymbol{Z})$ die Identität, wenn det (u)

> 0 ist, und die Symmetrie $z \to -z$ im entgegengesetzten Fall. Um sich davon zu überzeugen, bemerkt man zunächst, daß u in $\boldsymbol{GL}(n, \boldsymbol{R})$ *zu einer orthogonalen Transformation homotop* ist: Aus der Einschränkung von (21.17.6) auf reelle Matrizen folgt nämlich, daß man $u = e^h \circ w$ schreiben kann, wobei w eine orthogonale Transformation und h ein Endomorphismus von $\boldsymbol{R}^n$ ist; hieraus ergibt sich unsere Aussage, indem man die Automorphismen $e^{sh} \circ w$ für $0 \leqq s \leqq 1$ betrachtet. Man kann sich also auf den Fall beschränken, daß w eine orthogonale Transformation ist, und in diesem Fall gilt $\deg w = \det w$ (vgl. (24.9.5)). Die Behauptung folgt dann aus (24.33.3 (ii)) und dem auf w angewandten Diagramm (24.35.9.1).

24.35.14. Bemerkung. Für $n \geqq 2$ verstehen wir unter der *Kohomologiefundamentalklasse von* $\boldsymbol{R}^n$ *modulo* $\boldsymbol{R}^n \setminus \{0\}$ die Erzeugende e_n^* von $H^n(\boldsymbol{R}^n, \boldsymbol{R}^n \setminus \{0\}; \boldsymbol{Z})$, welche das Bild der Kohomologiefundamentalklasse c_{n-1}^* von A_{n-1} (vgl. (24.32.2)) vermöge der kanonischen bijektiven Abbildung

$$H^{n-1}(A_{n-1}; \boldsymbol{Z}) \xrightarrow{\pi^*} H^{n-1}(\boldsymbol{R}^n \setminus \{0\}; \boldsymbol{Z}) \xrightarrow{\partial} H^n(\boldsymbol{R}^n, \boldsymbol{R}^n \setminus \{0\}; \boldsymbol{Z})$$

ist, wobei $\pi: \boldsymbol{R}^n \setminus \{0\} \to A_{n-1}$ die Projektion $x \to x/|x|_\infty$ bezeichnet.

Unter Berücksichtigung der Definition (24.28.3.1) der n-Kette x_n zeigt die Beziehung $\mathfrak{b}_0 x_n = y_{n-1}$, daß x_n ein relativer n-Zyklus auf $\boldsymbol{R}^n$ modulo $\boldsymbol{R}^n \setminus \{0\}$ ist, dessen relative Homologieklasse eine Basis von $H_n(\boldsymbol{R}^n, \boldsymbol{R}^n \setminus \{0\}; \boldsymbol{Z})$ darstellt (vgl. (24.35.3.2)). Also besitzen diejenigen relativen n-Kozyklen e_n^* als relative Kohomologieklasse, *deren Wert für den relativen n-Zyklus* x_n *gleich* 1 *ist*, da $H^n(\boldsymbol{R}^n, \boldsymbol{R}^n \setminus \{0\}; \boldsymbol{Z})$ mit dem zu $H_n(\boldsymbol{R}^n, \boldsymbol{R}^n \setminus \{0\}; \boldsymbol{Z})$ dualen Modul identifiziert werden kann.

Um einen derartigen relativen n-Kozyklus f_n zu definieren, gehen wir von dem in (24.32.2) mit s_1^* bezeichneten $(n-1)$-Kozyklus aus (wobei n durch $n-1$ zu ersetzen ist); dieser nimmt den Wert 1 für das singuläre Simplex s_1 an und den Wert 0 für alle anderen singulären $(n-1)$-Simplexe $(\mathbf{a}_0^\gamma \mathbf{a}_1^\gamma \ldots \mathbf{a}_{n-1}^\gamma)$ aus $\mathfrak{S}$ sowie in $L_{n-1}''(\mathfrak{S}; \boldsymbol{Z})$. Wir setzen s_*^1 (in beliebiger Weise) zu einem $(n-1)$-Kozyklus $g_{n-1} \in Z^{n-1}(A_{n-1}; \boldsymbol{Z})$ fort und setzen danach $f_{n-1}' = g_{n-1} \circ \pi$, dessen Kohomologieklasse in $H^{n-1}(\boldsymbol{R}^n \setminus \{0\}; \boldsymbol{Z})$ gerade $\pi^*(c_{n-1}^*)$ ist. Nach Definition des Homomorphismus ∂ (vgl. (24.35.8)) ist $e_n^* = \partial(\pi^*(c_{n-1}^*))$ die Klasse des relativen n-Kozyklus $f_n = d_0 f_{n-1}''$, wobei f_{n-1}'' die $(n-1)$-Kokette auf $\boldsymbol{R}^n$ ist, welche man bei Fortsetzung von f_{n-1}' durch 0 für alle singulären $(n-1)$-Simplexe von $\boldsymbol{R}^n$ erhält, deren Träger nicht in $\boldsymbol{R}^n \setminus \{0\}$ enthalten ist. Wie man dann unmittelbar feststellt, ist der Wert von f_n für das singuläre n-Simplex

$$(0\ \mathbf{e}_0\ \mathbf{e}_0 + \mathbf{e}_1 \ldots \mathbf{e}_0 + \mathbf{e}_1 + \cdots + \mathbf{e}_{n-1})$$

gleich 1, und für die anderen singulären Simplexe $(0\ \mathbf{a}_0^\gamma\ \mathbf{a}_1^\gamma \ldots \mathbf{a}_{n-1}^\gamma)$ aus $\mathfrak{S}_0$ sowie in $L_n''(\mathfrak{S}_0; \boldsymbol{Z})$ nimmt f_n den Wert 0 an. Daher gilt $\langle f_n, x_n \rangle = 1$, und die relative Kohomologieklasse von f_n ist e_n^*.

Für $n = 1$ definiert man e_1^* als das kanonische Bild des Elementes von $H^0(\mathfrak{S}_0; \boldsymbol{Z})$, das mit der Funktion identifiziert werden kann, welche im Punkt $+1$ gleich 1 und im Punkt -1 gleich 0 ist; das so definierte Element besitzt wieder dieselben Eigenschaften.

Setzt man für $0 \leqq k \leqq n$

24.35.14.1. $x_n^{(k)} = \sum\limits_{\gamma \in \Gamma} \eta_\sigma(\mathbf{a}_0^\gamma\ \mathbf{a}_1^\gamma \cdots \mathbf{a}_k^\gamma\ 0\ \mathbf{a}_{k+1}^\gamma \cdots \mathbf{a}_n^\gamma)$,

so gehört das Element $z = x_n - (-1)^{k+1} x_n^{(k)}$ zu $L_n''(\mathfrak{S}_0; \boldsymbol{Z})$, und es gilt daher

$$\langle f_n, x_n^{(k)} \rangle = (-1)^{k+1}.$$

Aufgaben

1. Es sei X ein hausdorffscher Raum und Y ein Teilraum von X. Sind zwei der $\mathbf{Z}$-Moduln $H_{\cdot}(X;\mathbf{Z})$, $H_{\cdot}(Y;\mathbf{Z})$, $H_{\cdot}(X, Y;\mathbf{Z})$ von endlichem Typ, so gilt dasselbe für den dritten. Man setze dann

$$\chi(X) = \sum_j (-1)^j \operatorname{rg}(H_j(X;\mathbf{Z})), \qquad \chi(X, Y) = \sum_j (-1)^j \operatorname{rg}(H_j(X, Y;\mathbf{Z}))$$

(„Euler-Poincaré-Charakteristik" von X bzw. von X bezüglich Y). Man zeige:

$$\chi(X) = \chi(Y) + \chi(X, Y).$$

2. Es sei X ein hausdorffscher Raum, X' ein Teilraum von X und X'' ein Teilraum von X'.

a) Man definiere eine exakte relative Homologiesequenz

$$\cdots \to H_p(X', X''; A) \to H_p(X, X''; A) \to H_p(X, X'; A) \to H_{p-1}(X', X''; A) \to \cdots$$

sowie eine exakte relative Kohomologiesequenz

$$\cdots \to H^p(X, X'; A) \to H^p(X, X''; A) \to H^p(X', X''; A) \to H^{p+1}(X, X'; A) \to \cdots.$$

b) Man nehme an, A sei ein *Körper*. Sind dann $H_p(X, X'; A)$ und $H_p(X', X''; A)$ für jedes $p \geqq 0$ endlichdimensional, so ist $H_p(X, X''; A)$ endlichdimensional, und es gilt

$$\dim(H_p(X, X''; A)) \leqq \dim(H_p(X, X'; A)) + \dim(H_p(X', X''; A)).$$

Ist für hinreichend großes p außerdem $H_p(X, X'; A) = \{0\}$ sowie $H_p(X', X''; A) = \{0\}$ und setzt man $\chi(X, X'; A) = \sum_{p=0}^{\infty} (-1)^p \dim(H_p(X, X'; A))$ und verfährt ebenso für $\chi(X', X''; A)$ sowie $\chi(X, X''; A)$, so gilt $\chi(X, X''; A) = \chi(X, X'; A) + \chi(X', X''; A)$.

3. Es sei X eine reine differenzierbare Mannigfaltigkeit und Y eine abgeschlossene Untermannigfaltigkeit von X. Für jede ganze Zahl $p \geqq 0$ bezeichne $\mathscr{E}_p(X, Y)$ den Teilraum von $\mathscr{E}_p(X)$, der aus den auf Y verschwindenden p-Formen besteht, und $\mathscr{A}^{\cdot}(X, Y)$ die graduierte Algebra, die sich als direkte Summe der $\mathscr{E}_p(X, Y)$ ergibt; diese Algebra ist bezüglich der äußeren Differentiation stabil, und man kann also ihre Kohomologie $H^{\cdot}_{DR}(X, Y)$ definieren. Man gebe einen kanonischen Isomorphismus

$$H^{\cdot}_{DR}(X, Y) \to H^{\cdot}(X, Y; \mathbf{R})$$

an. (Man weise die Existenz einer exakten Kohomologiesequenz für die $H^p_{DR}(X)$, $H^p_{DR}(Y)$ und $H^p_{DR}(X, Y)$ nach; man benutze (24.33.2) und das Fünferlemma.)

4. Es sei X ein hausdorffscher Raum und Y ein Teilraum von X.

a) Man zeige: Ist die kanonische Injektion $j\colon Y \to X$ eine Homotopieäquivalenz (vgl. Abschnitt 16.26, Aufgabe 2), so gilt $H_p(X, Y; A) = \{0\}$ und $H^p(X, Y; A) = \{0\}$ für jedes $p \geqq 0$.

b) Man nehme an, es existiere eine stetige Abbildung $f\colon X \to Y$ mit $f(y) = y$ für jedes $y \in Y$. Man zeige, daß in der exakten relativen Homologiesequenz (24.35.3.2) j_* injektiv, r surjektiv und $H_p(X; A)$ für jedes p zur direkten Summe $H_p(Y; A) \oplus H_p(X, Y; A)$ isomorph ist. In der exakten relativen Kohomologiesequenz (24.35.8.1) ist j^* surjektiv, a injektiv und $H^p(X; A)$ für jedes p isomorph zur direkten Summe $H^p(Y; A) \oplus H^p(X, Y; A)$. (Man beachte, daß $f_* \circ j_*$ die Identität ist, ebenso wie $j^* \circ f^*$.)

c) Man nehme an, es existiere eine stetige Abbildung F von $X \times [0, 1]$ in X derart, daß $F(x, 0) = x$ für jedes $x \in X$ gilt und $f\colon x \to F(x, 1)$ eine Abbildung von X in Y ist. Man zeige, daß in der exakten relativen Homologiesequenz (24.35.3.2) j_* surjektiv, ∂ injektiv und $H_p(Y; A)$

für jedes p zur direkten Summe $H_p(X; \Lambda) \oplus H_{p+1}(X, Y; \Lambda)$ isomorph ist. In der exakten relativen Kohomologiesequenz (**24.35.8.1**) ist j^* injektiv, ∂ surjektiv und $H^p(Y; \Lambda)$ für jedes p isomorph zur direkten Summe $H^p(X; \Lambda) \oplus H^p(X, Y; \Lambda)$. (Man beachte, daß $j_* \circ f_*$ die Identität ist, ebenso wie $f^* \circ j^*$.)

5. Es sei X ein hausdorffscher Raum und Λ ein kommutativer Ring. In den Bezeichnungen von (24.31.1) werde für jedes singuläre Simplex $s \in \mathscr{C}(\Delta_{p+q}; X)$ und jede Kokette $f \in S^p(X; \Lambda)$

$$s \frown f = \langle f, s \circ \sigma_p' \rangle (s \circ \sigma_q'')$$

gesetzt und so durch lineare Fortsetzung eine Λ-bilineare Abbildung $(z, f) \to z \frown f$ von $S_{p+q}(X; \Lambda) \times S^p(X; \Lambda)$ in $S_q(X; \Lambda)$ definiert, die *Cap-Produkt* genannt wird.

a) Man zeige für jede q-Kokette $g \in S^q(X; \Lambda)$

$$\langle z \frown f, g \rangle = \langle z, f \smile g \rangle.$$

b) Ist $z \in S_{p+q+r}(X; \Lambda)$, $f \in S^p(X; \Lambda)$, $g \in S^q(X; \Lambda)$, so gilt

$$z \frown (f \smile g) = (z \frown f) \frown g,$$

mit anderen Worten, $S_{\bullet}(X; \Lambda)$ ist ein $S^{\bullet}(X; \Lambda)$-*Rechtsmodul* bezüglich des Cap-Produkts.

c) Man zeige für $z \in S_{p+q}(X; \Lambda)$, $f \in S^p(X; \Lambda)$ die Beziehung

$$\mathfrak{b}_0(z \frown f) = (-1)^p \left((\mathfrak{b}_0 z) \frown f - z \frown (d_0 f)\right).$$

Hieraus leite man durch Faktorisierung eine Λ-bilineare Abbildung $(c, u) \to c \frown u$ von $H_{p+q}(X; \Lambda) \times H^p(X; \Lambda)$ in $H_q(X; \Lambda)$ her derart, daß $\langle c \frown u, v \rangle = \langle c, u \smile v \rangle$ gilt.

d) Es sei $f: X \to Y$ eine stetige Abbildung. Man zeige, daß für $a \in H_{p+q}(X; \Lambda)$ und $u \in H^p(Y; \Lambda)$

$$H_q(f)\left(a \frown (H^p(f)(u))\right) = (H_{p+q}(f)(a)) \frown u$$

gilt.

e) Man zeige, daß das Cap-Produkt für jede Teilmenge A von X durch Einschränkung Λ-bilineare Abbildungen

$$H_{p+q}(X, A; \Lambda) \times H^p(X, A; \Lambda) \to H_q(X; \Lambda),$$
$$H_{p+q}(X, A; \Lambda) \times H^p(X; \Lambda) \to H_q(X, A; \Lambda)$$

definiert.

f) Man zeige, daß für jede Klasse $a \in H_{p+q}(X, A; \Lambda)$ das Diagramm

$$\begin{array}{ccc} H^p(X, A; \Lambda) & \to & H^p(X; \Lambda) \\ {\scriptstyle a\frown}\downarrow & & \downarrow{\scriptstyle a\frown} \\ H_q(X; \Lambda) & \to & H_q(X, A; \Lambda) \end{array}$$

worin die horizontalen Pfeile die kanonischen Homomorphismen sind, kommutativ ist.

6. Es sei Y eine n-dimensionale reine Mannigfaltigkeit, U eine nichtleere offene Teilmenge in Y mit regulärem Rand und $X = \overline{U}$. In dem topologischen Raum $Y \times [0, 1]$ betrachte man den Produktteilraum $X \times [0, 1]$; sein Rand in $Y \times [0, 1]$ ist Vereinigung von $X \times \{0\}$, $X \times \{1\}$ und $\operatorname{Fr}(X) \times [0, 1]$; dieser Rand wird die *Verdoppelung* von X genannt und mit $2X$ bezeichnet.

a) Auf $2X$ definiere man die Struktur einer differenzierbaren Mannigfaltigkeit, die auf U und $\operatorname{Fr}(X)$ die gegebenen differenzierbaren Strukturen induziert. (Man wähle auf Y die Struktur einer Riemannschen Mannigfaltigkeit; in den Bezeichnungen von (23.48.4) betrachte man in einem Punkt $(x, 0)$ von $\operatorname{Fr}(X) \times \{0\}$ die Abbildung von $V \times]-\alpha, \alpha[$ in $2X$, die für $t \geqq 0$ gleich $(x, t) \to \exp(t\mathbf{n}(x))$ und für $t \leqq 0$ gleich $(x, t) \to (x, -t)$ ist.)

b) Man zeige: Ist Y orientierbar, so existiert für eine gegebene Orientierung auf Y eine Orientierung auf $2X$, welche die auf U gegebene Orientierung induziert.

c) Man zeige: Ist X kompakt, so gilt $\chi(2X) = 2\chi(X) - \chi(\mathrm{Fr}\,(X))$. (Man betrachte die offenen Mengen $V_1 = (X \times \{0\}) \cup (\mathrm{Fr}\,(X) \times [0, 1[)$ sowie $V_2 = (X \times \{1\}) \cup (\mathrm{Fr}\,(X) \times]0, 1])$ und benutze die exakte Mayer-Vietoris-Sequenz.)

d) Ist Y orientierbar und X kompakt, so zeige man, daß $\chi(\mathrm{Fr}\,(X))$ gerade ist. Hieraus leite man her, daß $\boldsymbol{P}_{2n}(\boldsymbol{R})$, $\boldsymbol{P}_{2n}(\boldsymbol{C})$ und $\boldsymbol{P}_{2n}(\boldsymbol{H})$ nicht Ränder offener Mengen in einer orientierbaren Mannigfaltigkeit sein können, deren Dimension die ihre um 1 übersteigt.

24.36. Relative Kohomologie und Kohomologie mit kompakten Trägern

24.36.1. Es sei X ein *kompakter* metrisierbarer Raum und Y ein von X verschiedener *abgeschlossener* Teilraum von X. Für jede *offene* Umgebung V von Y in X und jedes $p \geqq 0$ ist der Modul $Z^p(X, V; \Lambda)$ ein *Untermodul* von $Z_c^p(X \setminus Y; \Lambda)$, denn $X \times V$ ist kompakt und jeder p-Kozyklus, dessen Wert für jedes singuläre Simplex mit in V enthaltenem Träger 0 ist, gehört offenbar zu $Z_c^p(X \setminus Y; \Lambda)$. Aus demselben Grunde gilt $B^p(X, V; \Lambda) \subset B_c^p(X \setminus Y; \Lambda)$; durch Faktorisierung erhält man daher eine kanonische Λ-lineare Abbildung

24.36.1.1. $H^p(X, V; \Lambda) \to H_c^p(X \setminus Y; \Lambda)$.

Es sei hinzugefügt, daß die *Vereinigung der Bilder* der Abbildungen (24.36.1.1) *ganz* $H_c^p(X \setminus Y; \Lambda)$ ergibt, wenn V die Menge der offenen Umgebungen von Y durchläuft. Für jeden p-Kozyklus f aus $Z_c^p(X \setminus Y; \Lambda)$ gibt es nämlich eine kompakte Menge $K \subset X \setminus Y$, so daß f den Wert 0 in allen singulären Simplexen annimmt, deren Träger K nicht schneidet, was besagt, daß $f \in Z^p(X, X \setminus K; \Lambda)$ ist.

Ausgehend von diesen Bemerkungen gelangt man zu dem folgenden Satz:

24.36.2. *Es sei X ein kompakter metrisierbarer Raum und Y ein von X verschiedener abgeschlossener Teilraum von X. Unter der Voraussetzung, daß ein abnehmendes abzählbares Fundamentalsystem (V_m) offener Umgebungen von Y in X existiert derart, daß Y ein Homotopieretrakt* (vgl. (24.22.10)) *jeder der Umgebungen V_m ist, ergibt sich eine exakte Kohomologiesequenz*

24.36.2.1.

$$\cdots \to H_c^p(X \setminus Y; \Lambda) \xrightarrow{a} H^p(X; \Lambda) \xrightarrow{j^*} H^p(Y; \Lambda) \xrightarrow{\partial} H_c^{p+1}(X \setminus Y; \Lambda) \to \cdots,$$

die mit $0 \to H_c^0(X \setminus Y; \Lambda)$ beginnt.

Für $m \leqq n$ folgt nämlich aus (24.35.9.1), daß das Diagramm von exakten Sequenzen

24.36.2.2.

$$\begin{array}{ccccccc}
\cdots \to & H^p(X;\Lambda) & \to & H^p(V_m;\Lambda) & \to & H^{p+1}(X, V_m;\Lambda) & \to \\
& \Big\| \mathrm{Id} & & \Big\downarrow j_{nm}^* & & \Big\downarrow & \\
\cdots \to & H^p(X;\Lambda) & \to & H^p(V_n;\Lambda) & \to & H^{p+1}(X, V_n;\Lambda) & \to
\end{array}$$

$$\begin{array}{ccccc}
\to & H^{p+1}(X;\Lambda) & \to & H^{p+1}(V_m;\Lambda) & \to \cdots \\
& \Big\| \mathrm{Id} & & \Big\downarrow j_{nm}^* & \\
\to & H^{p+1}(X;\Lambda) & \to & H^{p+1}(V_n;\Lambda) & \to \cdots
\end{array}$$

kommutativ ist, wobei $j_{nm}\colon V_n \to V_m$ die kanonische injektive Abbildung bezeichnet.

Aus der Voraussetzung folgt, daß jede Abbildung $j_{nm}^*: H^p(V_m; \Lambda) \to H^p(V_n; \Lambda)$ bijektiv ist; denn sind $j_n: Y \to V_n$ und $j_m: Y \to V_m$ die kanonischen injektiven Abbildungen, so sind j_m^* und j_n^* bijektiv (vgl. (24.22.10)), also auch j_{nm}^*, da $j_m^* = j_n^* \circ j_{nm}^*$ gilt. Daher folgt aus dem Fünferlemma, daß jede der kanonischen Abbildungen $H^p(X, V_m; \Lambda) \to H^p(X, V_n; \Lambda)$ bijektiv ist. Setzt man nun aber diese Abbildung mit der kanonischen Abbildung (24.36.1.1) $H^p(X, V_n; \Lambda) \to H_c^p(X \setminus Y; \Lambda)$ zusammen, so erhält man die kanonische Abbildung $H^p(X, V_m; \Lambda) \to H_c^p(X \setminus Y; \Lambda)$; wie man hieraus entnimmt, stimmen sämtliche Bilder der kanonischen Abbildungen $H^p(X, V_m; \Lambda) \to H_c^p(X \setminus Y; \Lambda)$ in $H_c^p(X \setminus Y; \Lambda)$ überein, und aufgrund des in (24.36.1) Gesagten sind sie alle gleich $H_c^p(X \setminus Y; \Lambda)$. Es bleibt zu zeigen, daß die surjektiven Abbildungen

$$H^p(X, V_m; \Lambda) \to H_c^p(X \setminus Y; \Lambda)$$

auch injektiv sind. Ist nun $f \in Z^p(X, V_m; \Lambda)$ ein Korand von $B_c^p(X \setminus Y; \Lambda)$, so ist dieser gleich $d_0 g$, wobei g eine $(p-1)$-Kokette ist, deren (kompakter) Träger Y nicht schneidet. Es gibt daher ein $n \geqq m$ derart, daß dieser Träger V_n nicht schneidet (vgl. (12.6.2) und (3.17.11)); also ist $f \in B^p(X, V_n; \Lambda)$, und aufgrund der Bijektivität der Abbildung j_{nm}^* ist $f \in B^p(X, V_m; \Lambda)$, was beweist, daß die kanonischen Abbildungen $H^p(X, V_m; \Lambda) \to H_c^p(X \setminus Y; \Lambda)$ bijektiv sind. In der exakten relativen Kohomologiesequenz für X und seinen Teilraum V_m kann man daher $H^p(V_m; \Lambda)$ durch $H^p(Y; \Lambda)$ und $H^p(X, V_m; \Lambda)$ durch $H_c^p(X \setminus Y; \Lambda)$ ersetzen, und man erhält so die Sequenz (24.36.2.1). In dieser Sequenz ist $j: Y \to X$ die kanonische injektive Abbildung; die Abbildung a ordnet der Kohomologieklasse eines zu $H_c^p(X \setminus Y; \Lambda)$ gehörenden p-Kozyklus mit kompaktem Träger die Kohomologieklasse desselben Kozyklus zu, jedoch aufgefaßt als Element von $Z^p(X; \Lambda)$. Um schließlich die Abbildung ∂ zu definieren, wird von der Kohomologieklasse c eines p-Kozyklus f von Y ausgegangen. Man betrachtet zunächst den p-Kozyklus g von V_m, der f bei der Kontraktion von V_m auf Y entspricht; g wird (in beliebiger Weise) zu einer p-Kokette h auf X fortgesetzt, und $d_0 h$ ist ein $(p+1)$-Kozyklus mit kompaktem Träger auf $X \setminus Y$; ∂c ist seine Kohomologieklasse in $H_c^{p+1}(X \setminus Y; \Lambda)$.

Aufgrund des in (24.7.1) Bewiesenen ist der Satz (24.36.2) auf *jede kompakte reine differenzierbare Mannigfaltigkeit X und jede abgeschlossene Untermannigfaltigkeit Y von X* anwendbar.

24.36.2.3. Bemerkung. Ersetzt man in dem Diagramm (24.36.2.2) in der zweiten Zeile V_n durch Y, so daß j_{nm} in j_m übergeht, dann erkennt man, daß *$H^p(X, Y; \Lambda)$ zu $H_c^p(X \setminus Y; \Lambda)$ isomorph ist.*

24.36.3. Wir nehmen an, die Voraussetzungen von (24.36.2) seien erfüllt, und es sei $u: X' \to X$ eine stetige Abbildung eines kompakten Raumes X' in X; wir setzen $Y' = u^{-1}(Y)$ sowie $V'_m = u^{-1}(V_m)$ und *nehmen außerdem an*, daß Y' Homotopieretrakt eines jeden V'_m ist. Dann kann man in dem kommutativen Diagramm exakter Sequenzen (24.35.9.1)

$$\begin{array}{ccccccc} \cdots \to & H^p(X; \Lambda) & \to & H^p(V_m; \Lambda) & \to & H^{p+1}(X, V_m; \Lambda) & \to \\ & \downarrow & & \downarrow & & \downarrow & \\ \cdots \to & H^p(X'; \Lambda) & \to & H^p(V'_m; \Lambda) & \to & H^{p+1}(X', V'_m; \Lambda) & \to \end{array}$$

$$\begin{array}{ccccc} \to & H^{p+1}(X; \Lambda) & \to & H^{p+1}(V_m; \Lambda) & \to \cdots \\ & \downarrow & & \downarrow & \\ \to & H^{p+1}(X'; \Lambda) & \to & H^{p+1}(V'_m; \Lambda) & \to \cdots \end{array}$$

$H^p(V_m; \Lambda)$ (bzw. $H^p(V'_m; \Lambda)$) durch $H^p(Y; \Lambda)$ (bzw. $H^p(Y'; \Lambda)$) und $H^p(X, V_m; \Lambda)$ (bzw. $H^p(X', V'_m; \Lambda)$) durch $H^p_c(X \setminus Y; \Lambda)$ (bzw. $H^p_c(X' \setminus Y'; \Lambda)$) ersetzen; man erhält damit ein kommutatives Diagramm exakter Kohomologiesequenzen

24.36.3.1.

$$\begin{array}{ccccccccc} \cdots \to & H^p_c(X \setminus Y; \Lambda) & \to & H^p(X; \Lambda) & \to & H^p(Y; \Lambda) & \to & H^{p+1}_c(X \setminus Y; \Lambda) & \to \cdots \\ & \downarrow & & \downarrow & & \downarrow & & \downarrow & \\ \cdots \to & H^p_c(X' \setminus Y'; \Lambda) & \to & H^p(X'; \Lambda) & \to & H^p(Y'; \Lambda) & \to & H^{p+1}_c(X' \setminus Y'; \Lambda) & \to \cdots \end{array}$$

worin die vertikalen Pfeile in kanonischer Weise aus u und dessen Einschränkungen auf Y' bzw. $X' \setminus Y'$ hervorgehen.

24.36.4. Beispiel. *Kohomologie mit kompakten Trägern von* $\boldsymbol{R}^n$. Wir zeigen für jedes $n > 0$

24.36.4.1.
$$\begin{cases} H^p_c(\boldsymbol{R}^n; \Lambda) = \{0\} & \textit{für} \quad p \neq n, \\ H^n_c(\boldsymbol{R}^n; \Lambda) \cong \Lambda. \end{cases}$$

Dazu wenden wir die exakte Kohomologiesequenz (24.36.2.1) auf $X = \boldsymbol{S}_n$ und den auf einen Punkt x_0 reduzierten Teilraum Y an; für $p \geqq 2$ erhält man damit eine exakte Sequenz

$$0 = H^{p-1}(\{x_0\}; \Lambda) \to H^p_c(\boldsymbol{R}^n; \Lambda) \to H^p(\boldsymbol{S}_n; \Lambda) \to H^p(\{x_0\}; \Lambda) = 0,$$

d. h., es gilt $H^p_c(\boldsymbol{R}^n; \Lambda) \cong H^p(\boldsymbol{S}_n; \Lambda)$, und (24.22.9.1) sowie (24.30.4) zufolge ist damit (24.36.4.1) für $p \geqq 2$ bewiesen. Bekanntlich ist $H^0_c(\boldsymbol{R}^n; \Lambda) = \{0\}$ (vgl. (24.34.2)); daher ist die Sequenz

$$0 \to H^0(\boldsymbol{S}_n; \Lambda) \to H^0(\{x_0\}; \Lambda) \to H^1_c(\boldsymbol{R}^n; \Lambda) \to H^1(\boldsymbol{S}_n; \Lambda) \to 0$$

exakt. Da $H^0(\boldsymbol{S}_n; \Lambda)$ mit dem Modul der in $\boldsymbol{S}_n$ konstanten Funktionen identifiziert werden kann (vgl. (24.29.2)) und sich jede Funktion auf $\{x_0\}$ zu einer konstanten Funktion auf $\boldsymbol{S}_n$ fortsetzen läßt, ist die kanonische Abbildung $H^0(\boldsymbol{S}_n; \Lambda) \to H^0(\{x_0\}; \Lambda)$ surjektiv, also $H^1_c(\boldsymbol{R}^n; \Lambda) \cong H^1(\boldsymbol{S}_n; \Lambda)$, und damit (24.36.4.1) bewiesen.

24.36.5. Beispiel. *Kohomologie von* $\boldsymbol{P}_n(\boldsymbol{R})$. Wir zeigen:

24.36.5.1.
$$H_p(\boldsymbol{P}_n(\boldsymbol{R}); \boldsymbol{Z}) \cong \begin{cases} 0 \textit{ für } p > n, \textit{ für gerades } p \textit{ und } 2 \leqq p \leqq n, \\ \boldsymbol{Z}/2\boldsymbol{Z} \textit{ für ungerades } p \textit{ und } 1 \leqq p \leqq n-1, \\ \boldsymbol{Z} \textit{ für } p = 0 \textit{ und } p = n, \textit{ wenn } n \textit{ ungerade ist;} \end{cases}$$

24.36.5.2.
$$H^p(\boldsymbol{P}_n(\boldsymbol{R}); \boldsymbol{Z}) \cong \begin{cases} 0 \textit{ für } p > n, \textit{ für ungerades } p \textit{ und } 1 \leqq p \leqq n-1, \\ \boldsymbol{Z}/2\boldsymbol{Z} \textit{ für gerades } p \textit{ und } 2 \leqq p \leqq n, \\ \boldsymbol{Z} \textit{ für } p = 0 \textit{ und } p = n, \textit{ wenn } n \textit{ ungerade ist.} \end{cases}$$

Es sei daran erinnert (vgl. (24.30.8)), daß jede dieser Aussagen die andere nach sich zieht; wir beweisen (24.36.5.2) durch vollständige Induktion nach n. Die Aussage gilt offensichtlich für $n = 1$, da $\boldsymbol{P}_1(\boldsymbol{R})$ zu $\boldsymbol{S}_1$ homöomorph ist, und für $n = 2$ ergibt sie sich aus (24.30.8.3). Wir setzen sie für $n \leqq 2m$ als bewiesen voraus und beweisen sie nacheinander für $n = 2m + 1$ sowie $n = 2m + 2$.

I. $n = 2m + 1$. Die exakte Kohomologiesequenz (24.36.2.1) wird auf $X = \boldsymbol{P}_n(\boldsymbol{R})$ und $Y = \boldsymbol{P}_{n-1}(\boldsymbol{R})$ angewendet; da $\boldsymbol{P}_{n-1}(\boldsymbol{R})$ eine Hyperebene des projektiven Raumes $\boldsymbol{P}_n(\boldsymbol{R})$ ist, kann $X \setminus Y$ mit $\boldsymbol{R}^n$ identifiziert werden. Für $p < n-1$ oder $p > n$ erhält man daher aufgrund von (24.36.4.1) eine exakte Sequenz

24.36.5.3. $\quad 0 \to H^p(\boldsymbol{P}_n(\boldsymbol{R}); \boldsymbol{Z}) \to H^p(\boldsymbol{P}_{n-1}(\boldsymbol{R}); \boldsymbol{Z}) \to 0;$

es bleibt $H^p(\boldsymbol{P}_n(\boldsymbol{R}); \boldsymbol{Z})$ für $p = n-1$ und $p = n$ zu bestimmen. Ausgehend von der exakten Sequenz

24.36.5.4.

$$0 \to H^{n-1}(\boldsymbol{P}_n(\boldsymbol{R}); \boldsymbol{Z}) \to H^{n-1}(\boldsymbol{P}_{n-1}(\boldsymbol{R}); \boldsymbol{Z}) \to H^n_c(\boldsymbol{R}^n; \boldsymbol{Z}) \to H^n(\boldsymbol{P}_n(\boldsymbol{R}); \boldsymbol{Z}) \to 0,$$

findet man nach Induktionsvoraussetzung $H^{n-1}(\boldsymbol{P}_{n-1}(\boldsymbol{R}); \boldsymbol{Z}) \cong \boldsymbol{Z}/2\boldsymbol{Z}$; das Bild dieses Moduls in $H^n_c(\boldsymbol{R}^n; \boldsymbol{Z}) \cong \boldsymbol{Z}$ kann nur $\{0\}$ sein, so daß $H^{n-1}(\boldsymbol{P}_n(\boldsymbol{R}); \boldsymbol{Z}) \cong \boldsymbol{Z}/2\boldsymbol{Z}$ und $H^n(\boldsymbol{P}_n(\boldsymbol{R}); \boldsymbol{Z}) \cong \boldsymbol{Z}$ gilt, womit (24.36.5.2) für $n = 2m + 1$ bewiesen ist. Um (24.36.5.2) für $n = 2m + 2$ zu beweisen, müssen wir allerdings die Abbildung $\pi^*: H^n(\boldsymbol{P}_n(\boldsymbol{R}); \boldsymbol{Z}) \to H^n(\boldsymbol{S}_n; \boldsymbol{Z})$ für $n = 2m + 1$ präzisieren, wobei $\pi: \boldsymbol{S}_n \to \boldsymbol{P}_n(\boldsymbol{R})$ die kanonische Abbildung ist.

Dazu zeigen wir, daß man das Diagramm (24.36.3.1) auf $X = \boldsymbol{P}_n(\boldsymbol{R})$, $X' = \boldsymbol{S}_n$, die Abbildung π sowie auf $Y = \boldsymbol{P}_{n-1}(\boldsymbol{R})$ und $Y' = \boldsymbol{S}_{n-1}$ anwenden kann. Wir schreiben die Punkte von $\boldsymbol{S}_n$ in der Gestalt $\mathbf{x} = \mathbf{y}\cos\theta + \mathbf{e}_0 \sin\theta$ mit $\mathbf{y} \in \boldsymbol{S}_{n-1}$ und $-\pi/2 \leqq \theta \leqq \pi/2$; für jedes θ_0 mit $0 < \theta_0 < \pi/2$ sei $V'(\theta_0)$ die durch $-\theta_0 < \theta < \theta_0$ definierte offene Menge in $\boldsymbol{S}_n$; betrachtet man die Funktion $F(\mathbf{y}, \theta, t) = \mathbf{y}\cos t\theta + \mathbf{e}_0 \sin t\theta$ für $\mathbf{y} \in \boldsymbol{S}_{n-1}$, $-\theta_0 < \theta < \theta_0$ und $0 \leqq t \leqq 1$, so sieht man, daß $\boldsymbol{S}_{n-1}$ Homotopieretrakt von $V'(\theta_0)$ ist; außerdem ist $F(-\mathbf{y}, -\theta, t) = -F(\mathbf{y}, \theta, t)$, so daß $\boldsymbol{P}_{n-1}(\boldsymbol{R})$ Homotopieretrakt von $V(\theta_0)$ ist, falls $V(\theta_0) = \pi(V'(\theta_0))$ in $\boldsymbol{P}_n(\boldsymbol{R})$ gilt, und man erhält $V'(\theta_0) = \pi^{-1}(V(\theta_0))$. Es sei U (bzw. V) die aus den Paaren $(\mathbf{y}, \theta)$ mit $0 < \theta \leqq \pi/2$ (bzw. $-\pi/2 \leqq \theta < 0$) bestehende offene Teilmenge von $\boldsymbol{S}_n$; Anwendung von (24.36.3.1) ergibt das kommutative Diagramm exakter Sequenzen

24.36.5.5.

$$\begin{array}{ccccc}
0 \to H^{n-1}(\boldsymbol{P}_n(\boldsymbol{R}); \boldsymbol{Z}) & \to & H^{n-1}(\boldsymbol{P}_{n-1}(\boldsymbol{R}); \boldsymbol{Z}) & \to & \\
\downarrow & & \downarrow{\scriptstyle \pi^*} & & \\
0 & \longrightarrow & H^{n-1}(\boldsymbol{S}_{n-1}; \boldsymbol{Z}) & \to &
\end{array}$$

$$\begin{array}{ccccc}
\xrightarrow{\partial} & H^n_c(\boldsymbol{R}^n; \boldsymbol{Z}) & \xrightarrow{a} & H^n(\boldsymbol{P}_n(\boldsymbol{R}); \boldsymbol{Z}) & \to 0 \\
& \downarrow{\scriptstyle \pi^*} & & \downarrow{\scriptstyle \pi^*} & \\
\xrightarrow[\partial]{} & H^n_c(U; \boldsymbol{Z}) \oplus H^n_c(V; \boldsymbol{Z}) & \xrightarrow[a]{} & H^n(\boldsymbol{S}_n; \boldsymbol{Z}) & \to 0
\end{array}$$

Die Einschränkungen von π auf U und auf V sind Homöomorphismen dieser Räume auf $X \setminus Y = \boldsymbol{R}^n$; ist b_n eine Erzeugende von $H^n_c(\boldsymbol{R}^n; \boldsymbol{Z})$, so ist $\pi^*(b_n) = (b'_n, b''_n)$, wobei b'_n (bzw. b''_n) eine Erzeugende von $H^n_c(U; \boldsymbol{Z})$ (bzw. $H^n_c(V; \boldsymbol{Z})$) ist. Bezeichnet s den durch $\mathbf{x} \to -\mathbf{x}$ definierten Homöomorphismus von $\boldsymbol{S}_n$ auf sich, so ist $\deg s = 1$, da n ungerade ist (vgl. (24.9.5)); andererseits ist die Einschränkung von s auf U ein Homöomorphismus von U auf V mit $\pi \mid U = (\pi \mid V) \circ (s \mid U)$ und folglich $b''_n = s^*(b'_n)$. Man gewinnt somit aus (24.36.3.1) ein kommutatives Diagramm exakter Sequenzen

24.36.5.6.

$$\begin{array}{ccccccccc}
0 \to & H^{n-1}(\boldsymbol{S}_{n-1}; \boldsymbol{Z}) & \to & H^n_c(U; \boldsymbol{Z}) \oplus H^n_c(V; \boldsymbol{Z}) & \xrightarrow{a} & H^n(\boldsymbol{S}_n; \boldsymbol{Z}) & \to 0 \\
& \downarrow{\scriptstyle s^*} & & \downarrow{\scriptstyle s^*} & & \downarrow{\scriptstyle s^*} & \\
0 \to & H^{n-1}(\boldsymbol{S}_{n-1}; \boldsymbol{Z}) & \to & H^n_c(V; \boldsymbol{Z}) \oplus H^n_c(U; \boldsymbol{Z}) & \xrightarrow[a]{} & H^n(\boldsymbol{S}_n; \boldsymbol{Z}) & \to 0
\end{array}$$

Ist c'_n eine Erzeugende von $H^n(\boldsymbol{S}_n; \boldsymbol{Z}) \cong \boldsymbol{Z}$, so gilt $s^*(c'_n) = c'_n$ (vgl. (24.33.3 (ii))). Ist $a(b'_n) = \lambda c'_n$, so gilt folglich auch $a(b''_n) = \lambda c'_n$; da a surjektiv ist, kann das nur für $\lambda = \pm 1$ eintreten. Ersetzt man, falls nötig, c'_n durch $-c'_n$, so kann $\lambda = 1$ angenommen werden. Somit ergibt sich $a(\pi^*(b_n)) = 2c'_n = \pi^*(a(b_n))$. Nun ist aber $c_n = a(b_n)$ eine Erzeugende von $H^n(\boldsymbol{P}_n(\boldsymbol{R}); \boldsymbol{Z})$, so daß man $\pi^*(c_n) = 2c'_n$ erhält.

II. $n = 2m + 2$. Wiederum erhält man die exakte Sequenz (24.36.5.3) für $p < n - 1$ oder $p > n$ sowie die kommutativen Diagramme (24.36.5.5) und (24.36.5.6), jedoch ist diesmal $\deg s = -1$; für $a(b'_n) = \lambda c'_n$ gilt daher $a(b''_n) = -\lambda c'_n$. Bei geeigneter Wahl von c'_n kann $\lambda = 1$ vorausgesetzt werden, und der Kern der Abbildung

$$a: H^n_c(U; \boldsymbol{Z}) \oplus H^n_c(V; \boldsymbol{Z}) \to H^n(\boldsymbol{S}_n; \boldsymbol{Z})$$

wird daher durch (b'_n, b''_n) erzeugt. Folglich kann die Erzeugende c'_{n-1} von $H^{n-1}(\boldsymbol{S}_{n-1}; \boldsymbol{Z})$ so gewählt werden, daß $\partial(c'_{n-1}) = (b'_n, b''_n) = \pi^*(b_n)$ ist. Im Fall I. wurde aber gezeigt, daß es eine Erzeugende c_{n-1} von $H^{n-1}(\boldsymbol{P}_{n-1}(\boldsymbol{R}); \boldsymbol{Z})$ gibt mit $\pi^*(c_{n-1}) = 2c'_{n-1}$. Damit ist bereits nachgewiesen, daß $\pi^*: H^{n-1}(\boldsymbol{P}_{n-1}(\boldsymbol{R}); \boldsymbol{Z}) \to H^{n-1}(\boldsymbol{S}_{n-1}; \boldsymbol{Z}))$ ein injektiver Homomorphismus ist, aufgrund von (24.36.5.5) also $H^{n-1}(\boldsymbol{P}_n(\boldsymbol{R}); \boldsymbol{Z} = \{0\}$ gilt. Darüber hinaus ist $\pi^*(\partial(c_{n-1})) = 2(b'_n, b''_n)$, also $\partial(c_{n-1}) = 2b_n$; aus (24.36.5.5) folgert man nun $H^n(\boldsymbol{P}_n(\boldsymbol{R}); \boldsymbol{Z}) \cong \boldsymbol{Z}/2\boldsymbol{Z}$. Damit ist (24.36.5.2) bewiesen.

Aufgaben

1. Für $0 \leqq m < n$ bestimme man die Kohomologiegruppen $H^p_c(\boldsymbol{P}_n(\boldsymbol{R}) \setminus \boldsymbol{P}_m(\boldsymbol{R}); \boldsymbol{Z})$. (Unter Verwendung der exakten Sequenz aus Abschnitt 24.35, Aufgabe 2, schließe man mit Hilfe von vollständiger Induktion nach $n - m$.)

2. Man bestimme die Struktur des Kohomologieringes $H^{\cdot}(\boldsymbol{P}_n(\boldsymbol{R}); \boldsymbol{Z})$ und zeige insbesondere, daß für gerade Zahlen p, q mit $p + q \leqq n$ die Abbildung $(a, b) \to a \smile b$ von $H^p(\boldsymbol{P}_n(\boldsymbol{R}); \boldsymbol{Z}) \times H^q(\boldsymbol{P}_n(\boldsymbol{R}); \boldsymbol{Z})$ in $H^{p+q}(\boldsymbol{P}_n(\boldsymbol{R}); \boldsymbol{Z})$ surjektiv ist. (Man betrachte die kanonische Abbildung

$$H^{\cdot}(\boldsymbol{P}_n(\boldsymbol{R}); \boldsymbol{Z}) \to H^{\cdot}(\boldsymbol{P}_n(\boldsymbol{R}); \boldsymbol{F}_2)$$

und benutze (24.40.12) sowie die exakte Sequenz aus Abschnitt 24.30, Aufgabe 2, die der exakten Sequenz $0 \to \boldsymbol{Z} \to \boldsymbol{Z} \to \boldsymbol{Z}/2\boldsymbol{Z} \to 0$ entspricht.)

3. Es sei X ein metrisierbarer kompakter Raum und A eine abgeschlossene Teilmenge von X, die ein abzählbares Umgebungssystem (V_m) besitzt derart, daß A Homotopieretrakt jeder Menge V_m ist. Es sei X/A der Faktorraum von X bezüglich der Äquivalenzrelation, deren Äquivalenzklassen A und die Mengen $\{x\}$ sind, wobei x die Menge $X \setminus A$ durchläuft (vgl. Abschnitt 24.22, Aufgabe 8, und Abschnitt 12.5, Aufgabe 10). Man zeige: Für $p \geqq 1$ ist $H^p(X/A; \boldsymbol{Z}) \cong H^p_c(X \setminus A; \boldsymbol{Z})$, und es gilt $H^0(X/A; \boldsymbol{Z}) \cong H^0_c(X \setminus A; \boldsymbol{Z}) \oplus \boldsymbol{Z}$.

4. Es sei X ein metrisierbarer kompakter Raum. Man betrachte im Raum $X \times [0, 1]$ die Äquivalenzrelation, deren Klassen $X \times \{0\}$, $X \times \{1\}$ sowie die Mengen $\{(x, t)\}$ sind, wobei x den Raum X und t das offene Intervall $]0, 1[$ durchläuft. Der Faktorraum von $X \times [0, 1]$ bezüglich dieser Relation wird die *Einhängung* von X genannt und mit $\mathrm{S}X$ bezeichnet. Man zeige, daß $H^0(\mathrm{S}X; \boldsymbol{Z}) \cong \boldsymbol{Z}$ und $H^p(\mathrm{S}X; \boldsymbol{Z}) \cong H^{p-1}(X; \boldsymbol{Z})$ für $p \geqq 1$ gilt.

5. Es sei Y ein hausdorffscher Raum derart, daß $H_{\cdot}(Y; \boldsymbol{Z})$ ein $\boldsymbol{Z}$-Modul endlichen Typs ist. Man zeige: Erhält man X durch Verheftung von Y mit einer Kugel D_n, so gilt für die Euler-Poincaré-Charakteristiken die Beziehung

$$\chi(X) = \chi(Y) + (-1)^n.$$

6. Es sei X ein hausdorffscher Raum mit der folgenden Eigenschaft: Es existiert eine Folge $(Y_j)_{0 \leqq j \leqq m}$ abgeschlossener Teilräume von X derart, daß Y_0 aus α_0 Punkten besteht, Y_{j+1} sich aus Y_j für $0 \leqq j \leqq m-1$ durch Verheftung mit einer Kugel (von beliebiger Dimension) ergibt und $X = Y_m$ ist. Man zeige: Hat man unter diesen Voraussetzungen insgesamt α_q Kugeln der Dimension q $(1 \leqq q \leqq N)$ angeheftet, so gilt

$$\chi(X) = \sum_{q=0}^{N} (-1)^q \alpha_q .$$

7. Es sei X eine kompakte Teilmenge eines Raumes $\boldsymbol{R}^N$ mit einer Zellenzerlegung (vgl. Abschnitt 24.14). Ist die Anzahl der q-dimensionalen konvexen Polyeder für $0 \leqq q \leqq N$ in dieser Zerlegung α_q, so zeige man, daß

$$\chi(X) = \sum_{q=0}^{N} (-1)^q \alpha_q \qquad (\textit{Eulersche Formel})$$

gilt. Hieraus leite man her: Sind $X \subset \boldsymbol{R}^m$ und $Y \subset \boldsymbol{R}^n$ kompakte Teilräume, von denen jeder eine Zellenzerlegung besitzt, so besitzt $X \times Y \subset \boldsymbol{R}^{m+n}$ eine Zellenzerlegung, und es gilt $\chi(X \times Y) = \chi(X)\,\chi(Y)$.

8. Unter einem (endlichen) *Zellenkomplex* wird ein kompakter Raum X verstanden, der sich mit Hilfe des in Aufgabe 6 beschriebenen Verfahrens unter Berücksichtigung der folgenden zusätzlichen Bedingungen ergibt:

1° Erhält man Y_{j+1} durch Verheftung von Y_j mit D_{n_j} vermittels f_{j+1}, so ist die Folge der Dimensionen n_j wachsend (ohne notwendig streng wachsend zu sein).

2° Die Menge $f_{j+1}(\boldsymbol{S}_{n_j-1})$ schneidet keine der Mengen $f_{k+1}(\mathring{D}_{n_k})$ (die sogenannten *Zellen* von X) für Indizes $k < j$ mit $n_k = n_j$.

Euklidische simpliziale Komplexe sind Spezialfälle von Zellenkomplexen.

Man nehme an, der Raum X sei bogenzusammenhängend, und betrachte eine d-blättrige bogenzusammenhängende C^0-Überlagerung X' von X (vgl. Abschnitt 16.25, Aufgabe 8) sowie deren Projektion $\pi\colon X' \to X$.

a) Es sei $x_0 \in X$; x_0 gehört für nur einen Wert von j zu einer Menge $f_{j+1}(\mathring{D}_{n_j})$. Es seien x'_h $(1 \leqq h \leqq d)$ die verschiedenen Punkte aus $\pi^{-1}(x_0)$. Man zeige, daß es d stetige Abbildungen $g_{j+1,h}\colon D_{n_j} \to X'$ gibt mit $g_{j+1,h}(f_{j+1}^{-1}(x_0)) = x'_h$ für $1 \leqq h \leqq d$ und $\pi \circ g_{j+1,h} = f_{j+1}$. Die d Bilder $g_{j+1,h}(D_{n_j})$ sind paarweise disjunkt, und die Einschränkung von $g_{j+1,h}$ auf $\mathring{D}_{n_j}$ ist ein Homöomorphismus dieser Scheibe auf ihr Bild in X'.

b) Aus a) leite man her, daß X' ein Zellenkomplex ist und daß $\chi(X') = d\chi(X)$ gilt.

9. a) Es sei X der durch $\xi^n \geqq 0$ definierte Halbraum in $\boldsymbol{R}^n$; man zeige, daß $H_c^p(X; \boldsymbol{Z}) = \{0\}$ für jedes $p \geqq 0$ gilt.

b) Man zeige: Ist F eine q-elementige Teilmenge von X, dann ist $H_c^1(X \setminus F; \boldsymbol{Z}) \cong \boldsymbol{Z}^q$ und $H_c^p(X \setminus F; \boldsymbol{Z}) = \{0\}$ für $p \geqq 2$.

c) Es sei Y der durch $0 \leqq \xi^n \leqq 1$ definierte abgeschlossene Teilraum von $\boldsymbol{R}^n$. Man zeige, daß $H_c^n(Y; \boldsymbol{Z}) \cong \boldsymbol{Z}$ und $H_c^p(Y; \boldsymbol{Z}) = \{0\}$ für $p \neq n$ ist. (Man betrachte X und Y als offene Teilräume einer abgeschlossenen Kugel.)

10. Es sei X ein metrisierbarer lokal kompakter und hausdorffscher Raum, und es sei (K_n) eine wachsende Folge kompakter Teilmengen derart, daß X Vereinigung der inneren Kerne der K_n ist (vgl. (3.18.3)). Für $m \leqq n$ gibt es dann einen kanonischen Homomorphismus $H^p(X, X \setminus K_m; \Lambda) \to H^p(X, X \setminus K_n; \Lambda)$, und die $H^p(X, X \setminus K_n; \Lambda)$ bilden bezüglich dieser Homomorphismen ein induktives System (vgl. Abschnitt 24.1, Aufgabe 2). Andererseits gibt es für jedes n einen kanonischen Homomorphismus

$$H^p(X, X \setminus K_n; \Lambda) \to H_c^p(X; \Lambda);$$

man zeige, daß diese Homomorphismen, wenn man zum induktiven Limes übergeht, einen kanonischen Isomorphismus

$$\varinjlim_{n} H^p(X, X \setminus K_n; \Lambda) \xrightarrow{\sim} H_c^p(X; \Lambda)$$

definieren.

11. Es sei X das Bouquet der beiden Mannigfaltigkeiten $\boldsymbol{P}_2(\boldsymbol{R})$ und $\boldsymbol{S}_3$ (vgl. (24.22.11)). Man zeige, daß der Kohomologiering $H^\cdot(X; \boldsymbol{Z})$ zu dem Kohomologiering $H^\cdot(\boldsymbol{P}_3(\boldsymbol{R}); \boldsymbol{Z})$ isomorph ist, jedoch der Kohomologiering $H^\cdot(X; \boldsymbol{F}_2)$ nicht zu dem Kohomologiering $H^\cdot(\boldsymbol{P}_3(\boldsymbol{R}); \boldsymbol{F}_2)$.

24.37. Ausschneidung und relative Mayer-Vietoris-Sequenz

24.37.1. Es sei X ein hausdorffscher Raum, und es seien X_1, X_2 zwei Teilräume von X. Für jeden kommutativen Ring Λ sind $S_\cdot(X_1; \Lambda)$ und $S_\cdot(X_2; \Lambda)$ graduierte Differentialunter-Λ-Moduln von $S_\cdot(X; \Lambda)$; dasselbe gilt daher für $S_\cdot(X_1; \Lambda) + S_\cdot(X_2; \Lambda)$ und $S_\cdot(X_1 \cap X_2; \Lambda) = S_\cdot(X_1; \Lambda) \cap S_\cdot(X_2; \Lambda)$, und man erhält eine exakte Sequenz

24.37.1.1.

$$0 \to S_\cdot(X_1 \cap X_2; \Lambda) \xrightarrow{v} S_\cdot(X_1; \Lambda) \oplus S_\cdot(X_2; \Lambda) \xrightarrow{u} S_\cdot(X_1; \Lambda) + S_\cdot(X_2; \Lambda) \to 0$$

mit $v(z) = (z, -z)$ und $u(z_1, z_2) = z_1 + z_2$ (vgl. (24.22.8)).

Von der kanonischen injektiven Abbildung $h: X_1 \to X_1 \cup X_2$ und ihrer Einschränkung $X_1 \cap X_2 \to X_2$ gelangt man zu den kanonischen Einbettungen

$$S_\cdot(h): S_\cdot(X_1; \Lambda) \to S_\cdot(X_1; \Lambda) + S_\cdot(X_2; \Lambda) \xrightarrow{j} S_\cdot(X_1 \cup X_2; \Lambda),$$
$$S_\cdot(h): S_\cdot(X_1 \cap X_2; \Lambda) \to S_\cdot(X_2; \Lambda),$$

und davon ausgehend zu Homomorphismen graduierter Faktordifferentialmoduln, die ein kommutatives Diagramm bilden:

24.37.1.2.

$$\begin{array}{ccc} S_\cdot(X_1; \Lambda)/S_\cdot(X_1 \cap X_2; \Lambda) & \xrightarrow{i} & \big(S_\cdot(X_1; \Lambda) + S_\cdot(X_2; \Lambda)\big)/S_\cdot(X_2; \Lambda) \\ & {\scriptstyle e}\searrow \quad \swarrow{\scriptstyle \bar{j}} & \\ & S_\cdot(X_1 \cup X_2; \Lambda)/S_\cdot(X_2; \Lambda) & \end{array}$$

24.37.2. *Die folgenden Eigenschaften sind äquivalent:*

(i) *Die injektive Abbildung* $j: S_\cdot(X_1; \Lambda) + S_\cdot(X_2; \Lambda) \to S_\cdot(X_1 \cup X_2; \Lambda)$ *ergibt einen Homologieisomorphismus* j^* (vgl. (A.30.3)).

(ii) *Der Homomorphismus*

$$e: S_\cdot(X_1; \Lambda)/S_\cdot(X_1 \cap X_2; \Lambda) \to S_\cdot(X_1 \cup X_2; \Lambda)/S_\cdot(X_2; \Lambda)$$

ergibt einen Homologieisomorphismus $e_* = H_\cdot(h): H_\cdot(X_1, X_1 \cap X_2; \Lambda) \to H_\cdot(X_1 \cup X_2, X_2; \Lambda)$. ($H_\cdot(h)$ ist wie in (24.35.4) definiert.)

Da $S_\cdot(X_1 \cap X_2; \Lambda) = S_\cdot(X_1; \Lambda) \cap S_\cdot(X_2; \Lambda)$ gilt, ist der Homomorphismus i im Diagramm (24.37.1.2) bijektiv, und i_* ist daher ein Isomorphismus; folglich bedeutet es dasselbe, ob man e_* einen Isomorphismus nennt oder $\tilde{\jmath}_*$. Es kommt daher nur darauf an zu zeigen, daß $\tilde{\jmath}_*$ ein Isomorphismus ist, wenn j_* ein Isomorphismus ist, und umgekehrt. Berücksichtigt man nun aber das kommutative Diagramm exakter Sequenzen

$$\begin{array}{l} 0 \to S_.(X_2; \Lambda) \to S_.(X_1; \Lambda) + S_.(X_2; \Lambda) \to \\ \quad\ \Big\Vert \mathrm{Id} \qquad\qquad\qquad \Big\downarrow j \\ 0 \to S_.(X_2; \Lambda) \to S_.(X_1 \cup X_2; \Lambda) \to \\ \qquad\qquad \to \big(S_.(X_1; \Lambda) + S_.(X_2; \Lambda)\big)/S_.(X_2; \Lambda) \to 0 \\ \qquad\qquad\qquad\qquad\qquad \Big\downarrow \tilde{\jmath} \\ \qquad\qquad \to S_.(X_1 \cup X_2; \Lambda)/S_.(X_2; \Lambda) \to 0 \end{array}$$

so ergibt sich die Behauptung aus (A.30.6) und dem Fünferlemma.

Wenn die äquivalenten Eigenschaften aus (24.37.2) für jeden kommutativen Ring Λ erfüllt sind, nennt man (X_1, X_2) ein *Ausschneidungspaar* von Teilräumen aus X.

24.37.3. *Jedes Paar* (X_1, X_2) offener *Teilräume von* X *ist ein Ausschneidungspaar.*

Das ist gerade der in (24.22.8) benutzte Spezialfall von (24.22.7), als für $X_1 \cup X_2$ die aus X_1 und X_2 bestehende Überdeckung $\mathfrak{U}$ gewählt wurde; in diesem Fall ist die in (24.22.6) definierte Abbildung $r_.^{\mathfrak{U}}$ gerade j_*.

24.37.4. *Es sei* U *eine offene Teilmenge von* X *und* A *eine abgeschlossene Teilmenge von* X *mit* $A \subset U$*; dann ist der aus der kanonischen injektiven Abbildung* $h: X \setminus A \to X$ (vgl. (24.35.4)) *abgeleitete kanonische relative Homologiehomomorphismus* (vgl. (24.35.4.1))

24.37.4.1. $h_*: H_.(X \setminus A, U \setminus A; \Lambda) \to H_.(X, U; \Lambda)$

bijektiv (Ausschneidungssatz).

Setzt man nämlich $X_1 = U$, $X_2 = X \setminus A$, so gilt $X_1 \cup X_2 = X$, $X_1 \cap X_2 = U \setminus A$; der Homomorphismus (24.37.4.1) ist gerade der Homomorphismus e_* aus (24.37.2), und dieser ist aufgrund von (24.37.3) bijektiv.

24.37.5. Beispiel. Für jede reine differenzierbare Mannigfaltigkeit X einer Dimension $n \geqq 1$ und jeden Punkt $x \in X$ gilt

24.37.5.1. $$\begin{cases} H_p(X, X \setminus \{x\}; \Lambda) = \{0\} & \text{für} \quad p \neq n, \\ H_n(X, X \setminus \{x\}; \Lambda) \cong \Lambda. \end{cases}$$

Es sei etwa V eine zu $\boldsymbol{R}^n$ homöomorphe offene Umgebung von x. Dann kann (24.37.4) angewendet werden, indem man U durch $X \setminus \{x\}$ und A durch $X \setminus V$ ersetzt; aufgrund von (24.35.12.1) gilt daher

$$H_p(X, X \setminus \{x\}; \Lambda) = H_p(V, V \setminus \{x\}; \Lambda) \cong H_p(\boldsymbol{R}^n, \boldsymbol{R}^n \setminus \{0\}; \Lambda),$$

und es genügt (24.35.12.1) anzuwenden.

Die Tatsache, daß die injektive Abbildung j aus (24.37.2) für ein Ausschneidungspaar einen Homologieisomorphismus ergibt, ermöglicht es, die exakte Mayer-Vietoris-Sequenz (24.22.8.4) auf jedes Ausschneidungspaar auszudehnen. Unter Rückgriff auf die relative Homologie gelangt man aber zu einer allgemeineren Aussage:

24.37.6. *In einem hausdorffschen Raum X seien X_1, X_2, A_1, A_2 vier Mengen derart, daß $A_1 \subset X_1$, $A_2 \subset X_2$ gilt und die beiden Paare (X_1, X_2), (A_1, A_2) Ausschneidungspaare sind. Dann ist*

24.37.6.1.
$$\cdots \to H_p(X_1 \cap X_2, A_1 \cap A_2; \Lambda) \to H_p(X_1, A_1; \Lambda) \oplus H_p(X_2, A_2; \Lambda) \to$$
$$\to H_p(X_1 \cup X_2, A_1 \cup A_2; \Lambda) \to H_{p-1}(X_1 \cap X_2, A_1 \cap A_2; \Lambda) \to \cdots$$

eine exakte relative Homologiesequenz, die mit $H_0(X_1 \cup X_2, A_1 \cup A_2; \Lambda) \to 0$ endet (*exakte Mayer-Vietoris-Sequenz* für die relative Homologie).

Der Beweis ergibt sich aus den beiden folgenden Aussagen:

I. Die Sequenz graduierter Kodifferential-Λ-Moduln

24.37.6.2.
$$0 \to S_.(X_1 \cap X_2; \Lambda)/S_.(A_1 \cap A_2; \Lambda) \to$$
$$\to \big(S_.(X_1; \Lambda)/S_.(A_1; \Lambda)\big) \oplus \big(S_.(X_2; \Lambda)/S_.(A_2; \Lambda)\big) \to$$
$$\to \big(S_.(X_1; \Lambda) + S_.(X_2; \Lambda)\big)/\big(S_.(A_1; \Lambda) + S_.(A_2; \Lambda)\big) \to 0$$

ist exakt.

II. Der Homomorphismus graduierter Kodifferentialmoduln

24.37.6.3.
$$\big(S_.(X_1; \Lambda) + S_.(X_2; \Lambda)\big)/\big(S_.(A_1; \Lambda) + S_.(A_2; \Lambda)\big) \to$$
$$\to S_.(X_1 \cup X_2; \Lambda)/S_.(A_1 \cup A_2; \Lambda)$$

ergibt einen Homologieisomorphismus.

Man kann nämlich die exakte Homologiesequenz auf die exakte Sequenz graduierter Kodifferentialmoduln in I. anwenden und danach vermöge II. in der Sequenz die Homologiemoduln von $\big(S_.(X_1; \Lambda) + S_.(X_2; \Lambda)\big)/\big(S_.(A_1; \Lambda) + S_.(A_2; \Lambda)\big)$ durch die von $S_.(X_1 \cup X_2; \Lambda)/S_.(A_1 \cup A_2; \Lambda)$ ersetzen, was (24.37.6) ergibt.

Um I. zu beweisen, genügt es zu bemerken, daß in dem kommutativen Diagramm (worin zur Vereinfachung Λ weggelassen und $\frac{G}{H}$ für G/H geschrieben wurde)

24.37.6.4.
$$\begin{array}{ccccccc}
 & & 0 & & 0 & & 0 \\
 & & \downarrow & & \downarrow & & \downarrow \\
0 & \to & S_.(A_1 \cap A_2) & \to & S_.(A_1) \oplus S_.(A_2) & \to & S_.(A_1) + S_.(A_2) \to 0 \\
 & & \downarrow & & \downarrow & & \downarrow \\
0 & \to & S_.(X_1 \cap X_2) & \to & S_.(X_1) \oplus S_.(X_2) & \to & S_.(X_1) + S_.(X_2) \to 0 \\
 & & \downarrow & & \downarrow & & \downarrow \\
0 & \to & \dfrac{S_.(X_1 \cap X_2)}{S_.(A_1 \cap A_2)} & \to & \dfrac{S_.(X_1)}{S_.(A_1)} \oplus \dfrac{S_.(X_2)}{S_.(A_2)} & \to & \dfrac{S_.(X_1) + S_.(X_2)}{S_.(A_1) + S_.(A_2)} \to 0 \\
 & & \downarrow & & \downarrow & & \downarrow \\
 & & 0 & & 0 & & 0
\end{array}$$

die Spalten sowie die ersten beiden Zeilen exakt sind (vgl. (A.29.3)).

Um II. zu beweisen, beachtet man, daß in dem kommutativen Diagramm exakter Sequenzen

24.37.6.5.
$$\begin{array}{ccc} 0 \to S_.(A_1) + S_.(A_2) & \to & S_.(X_1) + S_.(X_2) \to \\ \downarrow & & \downarrow \\ 0 \to S_.(A_1 \cup A_2) & \longrightarrow & S_.(X_1 \cup X_2) \to \end{array}$$
$$\begin{array}{c} \to \big(S_.(X_1) + S_.(X_2)\big)/\big(S_.(A_1) + S_.(A_2)\big) \to 0 \\ \downarrow \\ \longrightarrow S_.(X_1 \cup X_2)/S_.(A_1 \cup A_2) \to 0 \end{array}$$

die ersten beiden vertikalen Pfeile nach Voraussetzung Homologieisomorphismen ergeben; (A.30.6) und dem Fünferlemma zufolge gilt dann dasselbe für den dritten Pfeil.

24.37.7. Da die drei in der exakten Sequenz (24.37.1.1) vorkommenden graduierten Moduln graduierte freie Moduln sind, *spaltet* diese Sequenz (vgl. (A.29.2)), und die Sequenz der transponierten Homomorphismen von *graduierten dualen Moduln*

$$0 \to \big(S_.(X_1; \Lambda) + S_.(X_2; \Lambda)\big)^* \to S^{\cdot}(X_1; \Lambda) \oplus S^{\cdot}(X_2; \Lambda) \to S^{\cdot}(X_1 \cap X_2; \Lambda) \to 0$$

ist exakt und spaltet. Andererseits spaltet aber auch die exakte Sequenz (24.35.3.1), so daß $S^{\cdot}(X, Y; \Lambda) = \big(S^{\cdot}(X; \Lambda)/S^{\cdot}(Y; \Lambda)\big)^*$ gilt, wie wir bereits in (24.35.5) gesehen haben. Schließlich sei an folgendes erinnert: Sind $A_. = (A_n)$ und $B_. = (B_n)$ zwei graduierte freie Kodifferential-$\boldsymbol{Z}$-Moduln derart, daß $A_n \subset B_n$ gilt und A_n für jedes n in B_n ein freies Komplement besitzt, und ergibt die injektive Abbildung $u: A_. \to B_.$ einen Homologieisomorphismus, dann liefert der Homomorphismus $\operatorname{Hom}(u, 1): \operatorname{Hom}(B_., \Lambda) \to \operatorname{Hom}(A_., \Lambda)$ von graduierten Differentialmoduln einen Kohomologieisomorphismus (vgl. (A.31.8)).

Ist (X_1, X_2) ein Ausschneidungspaar, dann resultiert aus diesen Feststellungen zunächst, daß die Homomorphismen von graduierten Differential-Λ-Moduln

$$^t j: S^{\cdot}(X_1 \cup X_2; \Lambda) \to \big(S_.(X_1; \Lambda) + S_.(X_2; \Lambda)\big)^*,$$
$$^t e: S^{\cdot}(X_1 \cup X_2, X_2; \Lambda) \to S^{\cdot}(X_1, X_1 \cap X_2; \Lambda)$$

Kohomologieisomorphismen ergeben, wobei der zweite gerade der Homomorphismus $H^{\cdot}(h) = h^*$ ist, welcher der injektiven Abbildung $h: X_1 \to X_1 \cup X_2$ entspricht (vgl. (24.35.9)). Insbesondere erhält man für die Kohomologie einen *Ausschneidungsisomorphismus*:

24.37.8. *Es sei U eine offene Teilmenge von X, A eine abgeschlossene Teilmenge von X; dann ist der aus der kanonischen injektiven Abbildung $h: X \setminus A \to A$ abgeleitete relative Kohomologiehomomorphismus* (vgl. (24.35.9))

24.37.8.1. $h^*: H^{\cdot}(X, U; \Lambda) \to H^{\cdot}(X \setminus A, U \setminus A; \Lambda)$

bijektiv.

Zweitens erhält man eine *exakte Mayer-Vietoris-Sequenz* für die relative Kohomologie:

24.37.9. *In einem hausdorffschen Raum X seien X_1, X_2, A_1, A_2 vier Mengen derart, daß $A_1 \subset X_1$, $A_2 \subset X_2$ gilt und die beiden Paare (X_1, X_2), (A_1, A_2) Ausschneidungspaare sind. Dann ist*

24.37.9.1. $$\cdots \to H^p(X_1 \cup X_2, A_1 \cup A_2; \Lambda) \xrightarrow{u} H^p(X_1, A_1; \Lambda) \oplus H^p(X_2, A_2; \Lambda)$$
$$\xrightarrow{v} H^p(X_1 \cap X_2, A_1 \cap A_2; \Lambda) \xrightarrow{\partial} H^{p+1}(X_1 \cup X_2, A_1 \cup A_2; \Lambda) \to \cdots$$

eine mit $0 \to H^0(X_1 \cup X_2, A_1 \cup A_2; \Lambda)$ *beginnende exakte relative Kohomologiesequenz.*

Die Beweismethode ist dieselbe wie für (24.37.6); man muß nachweisen, daß

I. die Sequenz graduierter Differential-Λ-Moduln

$$0 \to \big((S_.(X_1; \Lambda) + S_.(X_2; \Lambda))/(S_.(A_1; \Lambda) + S_.(A_2; \Lambda))\big)^* \to$$
$$\to S^{\cdot}(X_1, A_1; \Lambda) \oplus S^{\cdot}(X_2, A_2; \Lambda) \to S^{\cdot}(X_1 \cap X_2, A_1 \cap A_2; \Lambda) \to 0$$

exakt ist;

II. der Homomorphismus von graduierten Differentialmoduln

$$S^{\cdot}(X_1 \cup X_2, A_1 \cup A_2; \Lambda) \to \big((S_.(X_1; \Lambda) + S_.(X_2; \Lambda))/(S_.(A_1; \Lambda) + S_.(A_2; \Lambda))\big)^*$$

einen Kohomologieisomorphismus ergibt.

Zum Beweis von I. bemerkt man, daß in dem Diagramm (24.37.6.4) alle exakten Sequenzen spalten, da diese aus freien Moduln bestehen (vgl. (A.29.2)); es genügt dann, die Sequenz der transponierten Homomorphismen von graduierten dualen Moduln aus (24.37.6.2) zu wählen. Zum Beweis von II. beachtet man analog, daß die exakten Sequenzen in (24.37.6.5) aus freien Moduln bestehen und man daher ein kommutatives Diagramm exakter Sequenzen erhält, wenn man die transponierten Homomorphismen von graduierten dualen Moduln wählt; weiter schließt man dann wie oben, wobei man von der Tatsache Gebrauch macht, daß die Homomorphismen

$$S^{\cdot}(X_1 \cup X_2; \Lambda) \to (S_.(X_1; \Lambda) + S_.(X_2; \Lambda))^*,$$
$$S^{\cdot}(A_1 \cup A_2; \Lambda) \to (S_.(A_1; \Lambda) + S_.(A_2; \Lambda))^*$$

nach Voraussetzung Kohomologieisomorphismen ergeben (vgl. (24.37.7)).

24.37.10. In der exakten Sequenz (24.37.9.1) hält man den Homomorphismus u beim Übergang zur relativen Kohomologie (vgl. (24.35.9)) aus den kanonischen injektiven Abbildungen $X_1 \to X_1 \cup X_2$ und $X_2 \to X_1 \cup X_2$; genauer: Bezeichnet c die relative Kohomologieklasse eines relativen p-Kozyklus g auf $X_1 \cup X_2$ modulo $A_1 \cup A_2$, so ist $u(c)$ das Paar $(c_1, -c_2)$, wobei c_1 (bzw. c_2) die relative Kohomologieklasse der Einschränkung g_1 von g auf X_1 (bzw. der Einschränkung g_2 von g auf X_2) modulo A_1 (bzw. modulo A_2) ist. Ebenso erhält man den Homomorphismus v beim Übergang zur relativen Kohomologie aus den kanonischen injektiven Abbildungen $X_1 \cap X_2 \to X_1$ und $X_1 \cap X_2 \to X_2$; genauer: Besteht das Paar (b_1, b_2) aus der relativen Kohomologieklasse b_1 (bzw. b_2) eines relativen p-Kozyklus h_1 (bzw. h_2) auf X_1 (bzw. X_2) modulo A_1 (bzw. A_2), so ist $v(b_1, b_2)$ die Summe der relativen Kohomologieklassen der Einschränkungen von h_1 und h_2 auf $X_1 \cap X_2$ modulo $A_1 \cap A_2$. Der Homomorphismus ∂ schließlich wird folgendermaßen definiert: Ist a die relative Kohomologieklasse eines relativen p-Kozyklus f auf $X_1 \cap X_2$ modulo $A_1 \cap A_2$, so wird f zu einer Linearform f_1 auf dem Λ-Modul

$$(S_p(X_1; \Lambda) + S_p(X_2; \Lambda))/(S_p(A_1; \Lambda) + S_p(A_2; \Lambda))$$

fortgesetzt; ∂a ist die relative Kohomologieklasse von $d_0 f_1$, wobei die Kohomologie von $S^{\cdot}(X_1 \cup X_2, A_1 \cup A_2; \Lambda)$ mit der Kohomologie von

$$\Big(\big(S.(X_1;\Lambda) + S.(X_2;\Lambda)\big)/\big(S.(A_1;\Lambda) + S.(A_2;\Lambda)\big)\Big)^*$$

kanonisch identifiziert wurde.

24.37.11. Setzt man $A_1 = A_2 = \emptyset$ in (24.37.9), so erhält man die exakte Mayer-Vietorissche Kohomologiesequenz, die sich beispielsweise anwenden läßt, wenn X_1 und X_2 offene Mengen in X sind (vgl. (24.37.3)).

24.37.12. Beispiel. Für jede reine differenzierbare Mannigfaltigkeit X einer Dimension $n \geqq 1$, jeden Punkt $x \in X$ und jeden kommutativen Ring Λ gilt

24.37.12.1.
$$\begin{cases} H^p(X, X \setminus \{x\}; \Lambda) = \{0\} & \text{für} \quad p \neq n, \\ H^n(X, X \setminus \{x\}; \Lambda) \cong \Lambda. \end{cases}$$

Der Beweis wird analog zu dem in (24.37.5) geführt; man zeigt, daß für eine zu $\boldsymbol{R}^n$ homöomorphe offene Umgebung V von x vermöge des Ausschneidungsisomorphismus (24.37.8.1) die folgenden Beziehungen gelten:

$$H^p(X, X \setminus \{x\}; \Lambda) \cong H^p(V, V \setminus \{x\}; \Lambda) \cong H^p(\boldsymbol{R}^n, \boldsymbol{R}^n \setminus \{0\}; \Lambda).$$

Eingehender wollen wir den Fall untersuchen, daß X eine *kompakte, zusammenhängende* und *orientierte* Mannigfaltigkeit und $\Lambda = \boldsymbol{R}$ ist. Aus der exakten relativen Kohomologiesequenz (24.35.8.1) erhält man insbesondere die exakte Sequenz

$$H^n(X, X \setminus \{x\}; \boldsymbol{R}) \xrightarrow{a} H^n(X; \boldsymbol{R}) \to H^n(X \setminus \{x\}; \boldsymbol{R}).$$

Berücksichtigt man die Identifizierung von $H^{\cdot}(X;\boldsymbol{R})$ mit $H^{\cdot}_{DR}(X)$, so findet man mit Hilfe der Poincaré-Dualität und von (24.1.2), daß $H^n(X;\boldsymbol{R}) \cong \boldsymbol{R}$ sowie $H^n(X \setminus \{x\}; \boldsymbol{R}) = \{0\}$ ist, so daß die Abbildung $a\colon H^n(X, X \setminus \{x\}; \boldsymbol{R}) \to H^n(X;\boldsymbol{R})$ *bijektiv* ist. Wir zeigen, daß das Bild der relativen Kohomologiefundamentalklasse e_n^* (vgl. (24.35.14)) vermöge der zusammengesetzten Abbildung

$$H^n(\boldsymbol{R}^n, \boldsymbol{R}^n \setminus \{0\}; \boldsymbol{R}) \xrightarrow{\varphi^*} H^n(X, X \setminus \{x\}; \boldsymbol{R}) \xrightarrow{a} H^n(X;\boldsymbol{R})$$

die *Kohomologiefundamentalklasse* e_X^* *von* X ist (vgl. (24.6.3)), vorausgesetzt, der Diffeomorphismus $\varphi\colon V \to \boldsymbol{R}^n$ mit $\varphi(x) = 0$ wird so gewählt, daß er *die Orientierung erhält.* Ist nämlich B das Bild des Kubus $|\mathbf{x}|_\infty < 1$ in $\boldsymbol{R}^n$ vermöge φ und z die n-Kette $\varphi \circ x_n$ mit dem Träger $\overline{B}$ (zu den Bezeichnungen vgl. (24.28.3.1)), so ist $\varphi^*(e_n^*)$ die relative Kohomologieklasse eines relativen n-Kozyklus f mit $\langle f, z\rangle = 1$. Da wir gesehen haben, daß alle relativen n-Kozyklen mit dieser Eigenschaft kohomolog sind, zeigt die Definition des Ausschneidungsisomorphismus (vgl. (24.37.7)), daß das Bild von $\varphi^*(e_n^*)$ in $H^n(X, X \setminus \{x\}; \boldsymbol{R})$ die relative Kohomologieklasse eines relativen n-Kozyklus g ist mit $\langle g, z\rangle = 1$ (wenn z als eine n-Kette in X aufgefaßt wird) und mit $\langle g, z'\rangle = 0$ für die n-Ketten z', deren Träger in $X \setminus \{x\}$ enthalten ist. Um nun die Homologie von X zu berechnen, kann man sich darauf beschränken, nur die in (24.27.4) ausgehend von einer Einbettung von X in einen Raum $\boldsymbol{R}^N$ definierten Ketten zu betrachten; diese Einbettung (vgl. (16.25.1)) kann so gewählt werden, daß die einzigen singulären Simplexe, welche man bei dieser Methode zu betrachten hat und deren Träger in $X \setminus \{x\}$ enthalten ist, tatsächlich einen *in* $X \setminus \overline{B}$ *enthaltenen* Träger besitzen. (Es genügt, in (16.25.1) die von φ verschiedenen Karten zu betrachten, deren

Definitionsbereich $\overline{B}$ nicht schneidet, was immer möglich ist.) Dann ist g (aufgefaßt als „absoluter" Kozyklus) kohomolog zu einem mit einer n-Differentialform γ der Klasse C^∞ auf X identifizierten Kozyklus mit in $\overline{B}$ enthaltenem Träger; da ferner $\int_B \gamma = 1$ gilt, ist die Kohomologieklasse von γ gerade e_X^*.

Man beachte, daß damit außerdem bewiesen wurde, daß das in $H^n(X, X \setminus \{x\}; \boldsymbol{R})$ liegende Bild e_x^* von $\varphi^*(e_n^*)$ vermöge des Ausschneidungsisomorphismus von der Wahl von φ und V unabhängig ist, denn es gilt $a(e_x^*) = e_X^*$.

24.37.13. Bemerkung. Die in (24.35.10) und (24.35.11) definierten Cup-Produkte sind Spezialfälle einer allgemeineren Definition. Es seien A_1, A_2 zwei Teilräume eines hausdorffschen topologischen Raumes X, die ein *Ausschneidungspaar* (vgl. (24.37.1)) bilden. Dann kann man für jedes Paar ganzer Zahlen $p \geqq 0$, $q \geqq 0$ eine Λ-bilineare Abbildung $(c_1, c_2) \to c_1 \smile c_2$ von $H^p(X, A_1; \Lambda) \times H^q(X, A_2; \Lambda)$ in $H^{p+q}(X, A_1 \cup A_2; \Lambda)$ definieren. Sind nämlich $f_1 \in S^p(X, A_1; \Lambda)$, $f_2 \in S^q(X, A_2; \Lambda)$ relative Kozyklen aus den Klassen c_1 bzw. c_2, so verschwindet der $(p+q)$-Kozyklus $f_1 \smile f_2$ aufgrund von Definition (24.31.1.1) in $S_{p+q}(A_1; \Lambda)$ sowie in $S_{p+q}(A_2; \Lambda)$, gehört also zu $\big(S_{p+q}(X; \Lambda)/\big(S_{p+q}(A_1; \Lambda) + S_{p+q}(A_2; \Lambda)\big)\big)^*$. Da aber (A_1, A_2) ein Ausschneidungspaar ist, zeigt der Beweis von (24.37.9), daß die Kohomologie von $\big(S_.(X; \Lambda)/\big(S_.(A_1; \Lambda) + S_.(A_2; \Lambda)\big)\big)^*$ zu der von $S^{\cdot}(X, A_1 \cup A_2; \Lambda)$ kanonisch isomorph ist; durch Faktorisierung ergibt $f_1 \smile f_2$ daher eine mit einem Element von $H^{p+q}(X, A_1 \cup A_2; \Lambda)$ identifizierte Kohomologieklasse.

Aus dieser Definition folgt: Sind $a_p\colon H^p(X, A_1; \Lambda) \to H^p(X; \Lambda)$, $a_q\colon H^q(X, A_2; \Lambda) \to H^q(X; \Lambda)$ sowie $a_{p+q}\colon H^{p+q}(X, A_1 \cup A_2; \Lambda) \to H^{p+q}(X; \Lambda)$ die kanonischen Abbildungen (24.35.8), so gilt

24.37.13.1. $a_{p+q}(c_1 \smile c_2) = a_p(c_1) \smile a_q(c_2)$,

wobei das Produkt auf der rechten Seite im Kohomologiering $H^{\cdot}(X; \Lambda)$ gebildet wird.

Aufgaben

1. a) Es sei X ein hausdorffscher Raum, und es seien A, U zwei Teilmengen von X mit $A \subset U$. Es seien $z \in S_p(X \setminus A; \Lambda)$, $z' \in S_p(U; \Lambda)$, $w_1 \in S_{p+1}(X \setminus A; \Lambda)$, $w_2 \in S_{p+1}(U; \Lambda)$ mit $z - z' = \mathfrak{b}_0(w_1 + w_2)$. Man zeige, daß $z \in Z_p(X \setminus A, U \setminus A; \Lambda)$ gilt.

b) Es sei Y eine Teilmenge von X. Man zeige: Ist $z \in Z_p(X, Y; \Lambda)$, so gehört $Sd^m(z) - z$ zu $B_p(X, Y; \Lambda)$. (Man verallgemeinere die Überlegungen aus (24.22.7.2).)

c) Aus a) und b) leite man her, daß die kanonische Abbildung $H_.(X \setminus A, U \setminus A; \Lambda) \to H_.(X, U; \Lambda)$ bijektiv ist, wenn $\overline{A}$ im inneren Kern von U liegt. (Man betrachte die aus $X \setminus \mathring{A}$ und U bestehende offene Überdeckung von X und schließe wie in (24.22.7).)

d) Man zeige: Sind X_1, X_2 zwei Teilmengen von X derart, daß die Vereinigung der inneren Kerne von X_1 und X_2 gleich X ist, dann ist (X_1, X_2) ein Ausschneidungspaar.

2. Es sei X die durch die Beziehungen $|x| \leqq 2/3\pi$, $-1 \leqq y \leqq 2$ definierte Teilmenge von $\boldsymbol{R}^2$, und es sei C ihr Rand in $\boldsymbol{R}^2$. Es sei U die in X enthaltene offene Teilmenge von $\boldsymbol{R}^2$, die aus den (x, y) mit $x = 0$, $1 < y < 2$ oder $0 < |x| < 2/3\pi$, $\sin 1/x < y < 2$ besteht. Man setze $F = X \setminus U$ (F ist abgeschlossen in X), $B = \overline{U} \cap F$ (B ist der Rand von F) und $A = F \setminus B$ (A ist der innere Kern von F).

a) Man zeige, daß das Bild eines in B enthaltenen singulären 1-Simplexes entweder im Segment D der Punkte (x, y) enthalten ist mit $x = 0$, $|y| \leqq 1$ oder in $B \setminus D$. Hieraus leite man her, daß $H_0(B; \boldsymbol{Z}) \cong \boldsymbol{Z} \oplus \boldsymbol{Z}$ und $H_1(B; \boldsymbol{Z}) = \{0\}$ ist.

b) Man zeige, daß C ein Homotopieretrakt von F ist, und leite daraus $H_2(X, F; \boldsymbol{Z}) \cong \boldsymbol{Z}$ her.

c) Man zeige, daß $H_2(X \setminus A, F \setminus A; \boldsymbol{Z}) = \{0\}$ gilt, obwohl $A \subset F$ ist; mit anderen Worten, F und $X \setminus A$ bilden kein Ausschneidungspaar.

3. Es sei X ein metrisierbarer Raum, der ein Umgebungsretrakt ist (vgl. Abschnitt 24.22, Aufgabe 1), und es sei F ein abgeschlossener Teilraum von X, der ebenfalls ein Umgebungsretrakt ist. Man zeige, daß für jede Teilmenge A von F der kanonische Homomorphismus $H_\cdot(X \setminus A, F \setminus A; \Lambda) \to H_\cdot(X, F; \Lambda)$ bijektiv ist; mit anderen Worten, $(X \setminus A, F)$ ist ein Ausschneidungspaar. (Man benutzt die Tatsache, daß F Homotopieretrakt einer in X offenen Umgebung von F ist (vgl. Abschnitt 24.22, Aufgabe 1), Aufgabe 1 oben sowie das Diagramm (24.35.4.1).) Insbesondere können für X und F kompakte differenzierbare Mannigfaltigkeiten (vgl. Abschnitt 24.22, Aufgabe 2) oder kompakte euklidische Komplexe (vgl. Abschnitt 24.28, Aufgabe 7) gewählt werden.

4. Es sei X ein metrisierbarer Raum, und es seien A, B, C drei abgeschlossene Teilmengen von X mit $X = A \cup B$ und $A \cap B \subset C$. Man nehme an, daß X, A, B, C, $A \cup C$ und $B \cup C$ Umgebungsretrakte sind. Man zeige, daß $H^r(X, C; \Lambda)$ für jedes $r \geqq 0$ zur direkten Summe $H^r(A, A \cap C; \Lambda) \oplus H^r(B, B \cap C; \Lambda)$ isomorph ist. (Man betrachte das kommutative Diagramm

$$\begin{array}{ccccc} H^r(X, B \cup C; \Lambda) & \to & H^r(X, C; \Lambda) & \to & H^r(B \cup C, C; \Lambda) \\ & & \downarrow & \nearrow & \\ & & H^r(X, A \cup C; \Lambda) & & \end{array}$$

worin die Pfeile die kanonischen Abildungen sind.)

5. a) Es sei X ein bogenzusammenhängender hausdorffscher Raum (vgl. Abschnitt 16.27, Aufgabe 1). Ferner sei x ein Punkt von X, zu dem es eine kontrahierbare Umgebung V gibt. Man zeige, daß $H_p(X, X \setminus \{x\}; \boldsymbol{Z})$ für $p \geqq 2$ zu $H_{p-1}(V \setminus \{x\}; \boldsymbol{Z})$ isomorph ist; besitzt $V \setminus \{x\}$ q bogenzusammenhängende Komponenten, so ist $H_1(X, X \setminus \{x\}; \boldsymbol{Z})$ zu $\boldsymbol{Z}^{q-1}$ isomorph.

b) Man nehme an, $(X, \mathfrak{S})$ sei ein kompakter euklidischer simplizialer Komplex (vgl. (24.18.4)). Für $\mathbf{x} \in X$ bezeichne $\mathfrak{S}_{\mathbf{x}}$ die Menge der Simplexe aus der Zerlegung $\mathfrak{S}$, für die $\mathbf{x}$ Berührungspunkt ist, und es sei $C_{\mathbf{x}}$ die Vereinigung der Flächen aller Simplexe aus $\mathfrak{S}_{\mathbf{x}}$, für die $\mathbf{x}$ kein Berührungspunkt ist. Man zeige, daß $H_p(X, X \setminus \{\mathbf{x}\}; \boldsymbol{Z})$ für $p \geqq 2$ zu $H_{p-1}(C_{\mathbf{x}}; \boldsymbol{Z})$ und $H_1(X, X \setminus \{\mathbf{x}\}; \boldsymbol{Z})$ zu $\boldsymbol{Z}^{q-1}$ isomorph ist, wenn $C_{\mathbf{x}}$ aus q zusammenhängenden Komponenten besteht.

c) Unter den Voraussetzungen von b) sei $n \geqq 2$ die größte Dimension der Simplexe aus $\mathfrak{S}$. Ist n die Dimension des $\mathbf{x}$ enthaltenden Simplexes aus $\mathfrak{S}$, so gilt $H_n(X, X \setminus \{\mathbf{x}\}; \boldsymbol{Z}) \cong \boldsymbol{Z}$ und $H_p(X, X \setminus \{\mathbf{x}\}; \boldsymbol{Z}) = \{0\}$ für $p \neq n$. Ist das $\mathbf{x}$ enthaltende Simplex aus $\mathfrak{S}$ $(n-1)$-dimensional, so gilt $H_p(X, X \setminus \{\mathbf{x}\}; \boldsymbol{Z}) = \{0\}$ für $p \neq n$ und $H_n(X, X \setminus \{\mathbf{x}\}; \boldsymbol{Z}) \cong \boldsymbol{Z}^{r-1}$, wenn $\mathbf{x}$ Berührungspunkt für $r \geqq 1$ n-dimensionale Simplexe aus $\mathfrak{S}$ ist; ist $\mathbf{x}$ für kein n-dimensionales Simplex aus $\mathfrak{S}$ Berührungspunkt, so gilt $H_p(X, X \setminus \{\mathbf{x}\}; \boldsymbol{Z}) = \{0\}$ für $p \neq n-1$ und $H_{n-1}(X, X \setminus \{\mathbf{x}\}; \boldsymbol{Z}) \cong \boldsymbol{Z}$.

6. Unter den Voraussetzungen und in den Bezeichnungen von Aufgabe 5 sei $i(U)$ für jede offene Teilmenge U von X die größte ganze Zahl i derart, daß $H_i(X, X \setminus \{\mathbf{y}\}; \boldsymbol{Z}) \neq \{0\}$ für mindestens einen Punkt $\mathbf{y} \in U$ gilt; für jedes $\mathbf{x} \in X$ sei $i(\mathbf{x})$ die untere Grenze der ganzen Zahlen $i(V)$, wenn V die Menge der offenen Umgebungen von $\mathbf{x}$ in X durchläuft. Man zeige, daß $i(\mathbf{x})$ die größte ganze Zahl j ist derart, daß $\mathbf{x}$ Berührungspunkt eines j-dimensionalen Simplexes $\mathfrak{S}$ ist.

7. Unter einer (kompakten) *Pseudomannigfaltigkeit* versteht man einen Raum, der zu einem kompakten euklidischen simplizialen Komplex $(X, \mathfrak{S})$ mit den folgenden Eigenschaften homöomorph ist:

(PV 1) Ist n die größte Dimension der Simplexe aus $\mathfrak{S}$, so ist jeder Punkt von X Berührungspunkt von mindestens einem n-dimensionalen Simplex aus $\mathfrak{S}$. (Mit anderen Worten, es ist $i(\mathbf{x}) = n$ (vgl. Aufgabe 5) für jedes $\mathbf{x} \in X$.)

(PV 2) Jedes $(n-1)$-dimensionale Simplex aus $\mathfrak{S}$ ist Seite von zwei n-dimensionalen Simplexen aus $\mathfrak{S}$.

(PV 3) Sind A_1, A_2 zwei n-dimensionale Simplexe aus $\mathfrak{S}$, so existiert eine Folge $(B_j)_{0 \leqq j \leqq r}$ von n-dimensionalen Simplexen aus $\mathfrak{S}$ derart, daß $B_0 = A_1$, $B_r = A_2$ gilt und B_j und B_{j+1} für $0 \leqq j \leqq r-1$ eine Seite gemeinsam haben.

Man kann zeigen, daß jede kompakte und zusammenhängende differenzierbare Mannigfaltigkeit eine Pseudomannigfaltigkeit ist [242]. Ein Bouquet von Sphären derselben Dimension $n \geqq 2$ ist zusammenhängend und besitzt die Eigenschaften (PV 1) und (PV 2), ist aber keine Pseudomannigfaltigkeit.

a) Man gebe ein Beispiel für eine Pseudomannigfaltigkeit mit $n \geqq 2$ an, in der ein Punkt x und eine zusammenhängende offene Umgebung V von x in X existiert derart, daß $V \setminus \{x\}$ nicht zusammenhängend ist.

b) Man zeige, daß die Einhängung (vgl. Abschnitt 24.36, Aufgabe 4) einer Pseudomannigfaltigkeit eine Pseudomannigfaltigkeit ist. Hieraus leite man ein Beispiel für eine Pseudomannigfaltigkeit mit $n \geqq 3$ her derart, daß für jedes $x \in X$ die Beziehung $H_n(X, X \setminus \{x\}; \boldsymbol{Z}) \cong \boldsymbol{Z}$ gilt, aber $H_{n-1}(X, X \setminus \{x\}; \boldsymbol{Z}) \neq \{0\}$ ist. (Man vergleiche Aufgabe 6.)

c) Es seien $A_1, \ldots, A_m$ die n-dimensionalen Simplexe aus $\mathfrak{S}$. Man nennt X *orientierbar*, wenn auf jedem A_j eine Orientierung existiert derart, daß für jedes $(n-1)$-dimensionale Simplex aus $\mathfrak{S}$ die Orientierungen entgegengesetzt sind, die sich auf diesem Simplex aus den Orientierungen der beiden n-dimensionalen Simplexe ergeben, deren Seite es ist. Man zeige: Ist X orientierbar, so gilt $H_n(X; \boldsymbol{Z}) \cong \boldsymbol{Z}$, und ist X nicht orientierbar, so gilt $H_n(X; \boldsymbol{Z}) = \{0\}$ (man benutze (24.28.2)); in jedem Fall ist $H_n(X, \boldsymbol{F}_2) \cong \boldsymbol{F}_2$.

8. Es sei X ein lokal kompakter, metrisierbarer und separabler Raum, und es seien U, V zwei offene Teilmengen von X derart, daß $U \cap V$ nicht leer ist. Man definiere in kanonischer Weise eine exakte Mayer-Vietoris-Sequenz für die singuläre Kohomologie mit kompaktem Träger

$$\cdots \to H_c^p(U \cup V; A) \to H_c^p(U; A) \oplus H_c^p(V; A) \to H_c^p(U \cap V; A)$$
$$\to H_c^{p+1}(U \cup V; A) \to \cdots.$$

(Es sei (K_n) (bzw. (L_n)) eine wachsende Folge kompakter Mengen derart, daß U (bzw. V) Vereinigung der inneren Kerne der K_n (bzw. L_n) ist. Man betrachte die Mayer-Vietoris-Sequenzen für die relative Kohomologie

$$\cdots \to H^p(U \cup V, (U \setminus K_n) \cap (V \setminus L_n); A) \to H^p(U, U \setminus K_n; A) \oplus H^p(V, V \setminus L_n; A)$$
$$\to H^p(U \cap V, (U \setminus K_n) \cap (V \setminus L_n); A) \to H^{p+1}(U \cup V, (U \setminus K_n) \cup (V \setminus L_n); A) \to \cdots$$

und gehe zum Limes über (vgl. Abschnitt 24.1, Aufgabe 2, und Abschnitt 24.36, Aufgabe 10).)

9. a) Es sei X eine n-dimensionale reine *orientierte* differenzierbare Mannigfaltigkeit. Für jedes $x \in X$ zeige man, daß eine einzige Erzeugende μ_x von $H_n(X, X \setminus \{x\}; \boldsymbol{Z})$ existiert mit der folgenden Eigenschaft: Für jede in einer offenen Umgebung V von x definierte Karte φ von X im Punkt x mit $\varphi(x) = 0$, $\varphi(V) = \boldsymbol{R}^n$, welche die Orientierung erhält, ist das Bild von μ_x vermöge des zusammengesetzten Homomorphismus

$$H_n(X, X \setminus \{x\}; \boldsymbol{Z}) \to H_n(V, V \setminus \{x\}; \boldsymbol{Z}) \xrightarrow{\varphi_*} H_n(\boldsymbol{R}^n, \boldsymbol{R}^n \setminus \{0\}; \boldsymbol{Z})$$

die relative Homologieklasse e_n des in (24.28.3.1) definierten n-Zyklus $\boldsymbol{x}_n$.

b) Man zeige, daß es für jedes $x \in X$ eine kompakte Umgebung U von x in X sowie eine Klasse $\mu_U \in H_n(X, X \setminus U; \boldsymbol{Z})$ gibt derart, daß für jedes $y \in U$ das Bild von μ_U vermöge der kanonischen Abbildung

$$j_y^U : H_n(X, X \setminus U; \boldsymbol{Z}) \to H_n(X, X \setminus \{y\}; \boldsymbol{Z})$$

gleich μ_y ist. (Man beachte, daß für jede offene Umgebung W von x in X, die der Definitionsbereich einer Karte φ mit $\varphi(x) = 0$ und $\varphi(W) = \boldsymbol{R}^n$ ist, eine in W enthaltene offene Umgebung V von x existiert derart, daß der kanonische Homomorphismus $H_n(W, W \setminus V; \boldsymbol{Z}) \to H_n(W, W \setminus \{y\}; \boldsymbol{Z})$ für jedes $y \in V$ bijektiv ist; man benutze (24.35.9).)

10. Es sei X eine n-dimensionale reine differenzierbare Mannigfaltigkeit, und es sei K eine nichtleere kompakte Teilmenge von X. Man beweise die folgende Eigenschaft:

P(K) Gilt für eine Klasse $a \in H_n(X, X \setminus K; \boldsymbol{Z})$, daß für jedes $x \in K$ das Bild von a vermöge der kanonischen Abbildung $H_n(X, X \setminus K; \boldsymbol{Z}) \to H_n(X, X \setminus \{x\}; \boldsymbol{Z})$ gleich 0 ist, so ist $a = 0$.

Der Beweis könnte folgendermaßen geführt werden:

α) Sind für zwei kompakte Mengen K_1, K_2 aus X die Aussagen P(K_1), P(K_2) und P($K_1 \cap K_2$) wahr, so ist P($K_1 \cup K_2$) wahr.

β) P(K) ist wahr, wenn $X = \boldsymbol{R}^n$ und K ein Produkt von kompakten Intervallen aus $\boldsymbol{R}$ ist (die aus einem einzigen Punkt bestehen können). (Man benutze (24.35.9).)

γ) P(K) ist wahr, wenn $X = \boldsymbol{R}^n$ ist. (Man kann annehmen, daß a die relative Homologieklasse eines Zyklus ist, dessen Träger keine kompakte Umgebung N von K schneidet; dann überdecke man K mit einer endlichen Anzahl von in N enthaltenen kompakten Quadern und benutze α) und β).)

δ) X ist beliebig, K ist in einer zu $\boldsymbol{R}^n$ homöomorphen offenen Menge enthalten.

Schließlich wende man α) an.

11. Es sei X eine n-dimensionale reine *orientierte* differenzierbare Mannigfaltigkeit. Man zeige, daß für jede kompakte Menge $K \subset X$ genau eine Klasse (die sogenannte *Fundamentalklasse*) $\mu_{X,K} \in H_n(X, X \setminus K; \boldsymbol{Z})$ existiert derart, daß für jedes $x \in K$ das Bild von $\mu_{X,K}$ vermöge des kanonischen Homomorphismus j_x^K (vgl. Aufgabe 9) gleich μ_x ist. (Die Eindeutigkeit von $\mu_{X,K}$ ergibt sich aus Aufgabe 10. Um die Existenz von $\mu_{X,K}$ zu beweisen, betrachte man K als Vereinigung einer endlichen Anzahl von hinreichend kleinen kompakten Mengen; danach benutze man Aufgabe 9 und die relative Mayer-Vietoris-Sequenz (24.37.6).)

Ist K' eine in K enthaltene kompakte Menge, so ist das Bild von $\mu_{X,K}$ vermöge der kanonischen Abbildung $H_n(X, X \setminus K; \boldsymbol{Z}) \to H_n(X, X \setminus K'; \boldsymbol{Z})$ die Klasse $\mu_{X,K'}$.

Ist X eine *kompakte*, reine und orientierte Mannigfaltigkeit, so setzt man $\mu_X = \mu_{X,X}$; die Klasse μ_X gehört zu $H_n(X; \boldsymbol{Z})$. Man zeige: Ist X überdies *zusammenhängend*, so ist das kanonische Bild von μ_X in $H_n(X; \boldsymbol{R})$, das mit dem Vektorraum $H'_n(X)$ der Homologie der Ströme identifiziert werde, die Fundamentalklasse $[X]$ der Homologie der Ströme.

12. Es sei X eine n-dimensionale reine *orientierte* differenzierbare Mannigfaltigkeit. Für jedes p, $0 \leqq p \leqq n$, werde ein Homomorphismus

$$D_X : H_c^p(X; \boldsymbol{Z}) \to H_{n-p}(X; \boldsymbol{Z})$$

definiert, und zwar folgendermaßen. Man betrachte eine wachsende Folge (K_m) kompakter Mengen derart, daß X Vereinigung der inneren Kerne der K_m ist (vgl. (3.18.3)); für jedes K_m sei $\mu_{X,K_m} \in H_n(X,X \setminus K_m; \boldsymbol{Z})$ die Fundamentalklasse (vgl. Aufgabe 11), und es sei z_m ein relativer Zyklus, dessen Klasse μ_{X,K_m} ist. Für jeden p-Kozyklus mit kompaktem Träger $f \in Z_c^p(X; \boldsymbol{Z})$ ist die Klasse des Cap-Produkts $z_m \frown f$ in $H_{n-p}(X; \boldsymbol{Z})$ (vgl. Abschnitt 24.35, Aufgabe 5) für alle hinreichend großen Zahlen m dieselbe und hängt nur von der Klasse c von f in $H_c^p(X; \boldsymbol{Z})$ ab; eben diese Klasse werde mit $D_X c$ bezeichnet.

Man zeige, daß D_X ein Isomorphismus ist (*Poincaré-Dualität*). (Man verfahre wie in (24.6.2) und benutze Aufgabe 8 sowie die exakte relative Mayer-Vietorissche Homologiesequenz (vgl. (24.37.6)).)

Insbesondere gilt $H^n(X; \boldsymbol{Z}) \cong \boldsymbol{Z}$, wenn X eine n-dimensionale kompakte zusammenhängende orientierte Mannigfaltigkeit ist.

13. Für eine *beliebige* reine differenzierbare Mannigfaltigkeit X der Dimension n definiere man analog für jede kompakte Menge $K \subset X$ eine Fundamentalklasse $\mu_{X,K} \in H_n(X, X \setminus K; \boldsymbol{F}_2)$ und „Dualitätsisomorphismen"

$$H_c^p(X; \boldsymbol{F}_2) \to H_{n-p}(X; \boldsymbol{F}_2).$$

14. Es sei X eine reine kompakte *orientierte* differenzierbare Mannigfaltigkeit der Dimension n und Y ein abgeschlossener Teilraum von X, der die Voraussetzungen von (24.36.2) erfüllt. Dann bilden die $H^p(V_m; \boldsymbol{Z})$ ein induktives System.

a) Man zeige, daß die Homomorphismen $H^p(V_m; \boldsymbol{Z}) \to H^p(Y; \boldsymbol{Z})$ beim Übergang zum induktiven Limes einen kanonischen Isomorphismus

$$\varinjlim_m H^p(V_m; \boldsymbol{Z}) \xrightarrow{\simeq} H^p(Y; \boldsymbol{Z})$$

definieren.

b) Für jedes m ist der kanonische Homomorphismus $H_n(V_m, V_m \setminus Y; \boldsymbol{Z}) \to H_n(X, X \setminus Y; \boldsymbol{Z})$ bijektiv; es sei $\mu_{Y,m}$ das inverse Bild der Klasse μ_Y (vgl. Aufgabe 11) vermöge dieses Isomorphismus. Man betrachte den Homomorphismus $c \to \mu_{Y,m} \frown c$ von $H^p(V_m; \boldsymbol{Z})$ in $H_{n-p}(V_m, V_m \setminus Y; \boldsymbol{Z})$ (vgl. Abschnitt 24.35, Aufgabe 5e)), der, zusammengesetzt mit dem Isomorphismus $H_{n-p}(V_m, V_m \setminus Y; \boldsymbol{Z}) \xrightarrow{\simeq} H_{n-p}(X, X \setminus Y; \boldsymbol{Z})$, einen Homomorphismus $H^p(V_m; \boldsymbol{Z}) \to H_{n-p}(X, X \setminus Y; \boldsymbol{Z})$ ergibt. Diese Homomorphismen definieren beim Übergang zum induktiven Limes einen Homomorphismus

$$D_Y: H^p(Y; \boldsymbol{Z}) \to H_{n-p}(X, X \setminus Y; \boldsymbol{Z}).$$

Man zeige, daß D_Y bijektiv ist (*Alexander-Dualität*). (Man benutze das Diagramm

$$\begin{array}{ccccccccc}
\cdots \to & H_c^p(X \setminus Y; \boldsymbol{Z}) & \longrightarrow & H^p(X; \boldsymbol{Z}) & \longrightarrow & H^p(Y; \boldsymbol{Z}) & \longrightarrow & H_c^{p+1}(X \setminus Y; \boldsymbol{Z}) & \to \cdots \\
& \downarrow{\scriptstyle D_{X\setminus Y}} & & \downarrow{\scriptstyle D_X} & & \downarrow{\scriptstyle D_Y} & & \downarrow{\scriptstyle D_{X\setminus Y}} & \\
\cdots \to & H_{n-p}(X \setminus Y; \boldsymbol{Z}) & \to & H_{n-p}(X; \boldsymbol{Z}) & \to & H_{n-p}(X, X \setminus Y; \boldsymbol{Z}) & \to & H_{n-p-1}(X \setminus Y; \boldsymbol{Z}) & \to \cdots
\end{array}$$

und die Poincaré-Dualität.)

15. Für eine *beliebige* reine kompakte differenzierbare Mannigfaltigkeit der Dimension n definiere man analog „Dualitätsisomorphismen"

$$D_Y: H^p(Y; \boldsymbol{F}_2) \xrightarrow{\simeq} H_{n-p}(X, X \setminus Y; \boldsymbol{F}_2).$$

16. Es sei Y ein kompakter Teilraum von $\boldsymbol{R}^n$, der ein Umgebungsretrakt ist (vgl. Abschnitt 24.22, Aufgabe 1).

a) Man zeige, daß es für $p \neq n - 1$ einen kanonischen Isomorphismus

$$H^p(Y; \boldsymbol{Z}) \xrightarrow{\simeq} H_{n-p-1}(\boldsymbol{R}^n \setminus Y; \boldsymbol{Z})$$

gibt und daß $H^{n-1}(Y; \boldsymbol{Z}) \cong \boldsymbol{Z}^{q-1}$ gilt, wenn q die Anzahl der zusammenhängenden Komponenten von $\boldsymbol{R}^n \setminus Y$ ist. (Man betrachte Y als Teilraum von $\boldsymbol{S}_n$.)

b) Man erhält dieselben Eigenschaften, wenn man $\boldsymbol{Z}$ durch $\boldsymbol{F}_2$ ersetzt. Hieraus folgere man: Ist Y eine reine kompakte Mannigfaltigkeit der Dimension $n - 1$, so ist die Anzahl der zusammenhängenden Komponenten von Y gleich $q - 1$. (Man beachte, daß $H_0(Y; \boldsymbol{F}_2)$ zu $H^{n-1}(Y; \boldsymbol{F}_2)$ isomorph ist.)

c) Man zeige, daß keine $(n - 1)$-dimensionale reine kompakte Untermannigfaltigkeit Y von $\boldsymbol{R}^n$ existiert, die nichtorientierbar wäre. (Man beachte, daß die Ränge der (nicht notwendig freien) $\boldsymbol{Z}$-Moduln $H_{n-1}(Y; \boldsymbol{Z})$ und $H^{n-1}(Y; \boldsymbol{Z})$ übereinstimmen und daß andererseits der Rang von $H^{n-1}(Y; \boldsymbol{Z})$ kleiner als k ist, wenn k die Anzahl der zusammenhängenden Komponenten von Y bezeichnet; man benutze dazu Aufgabe 1 aus Abschnitt 24.7; mit Hilfe von a) und b) leite man einen Widerspruch her.)

17. Es sei Y eine n-dimensionale reine Mannigfaltigkeit und U eine nichtleere relativ kompakte offene Menge, deren Rand in Y regulär ist; es sei $X = \bar{U}$. Man zeige, daß $H^p(X; \boldsymbol{Z})$ zu $H_{n-p}(X, \mathrm{Fr}\,(X); \boldsymbol{Z})$ kanonisch isomorph ist. (Man benutze die in Abschnitt 24.35, Aufgabe 6 eingeführten offenen Mengen V_1 und V_2, um zu zeigen, daß $H_{n-p}(X, \mathrm{Fr}\,(X); \boldsymbol{Z})$ zu $H_{n-p}(2X, 2X \setminus X; \boldsymbol{Z})$ isomorph ist.)

18. Es seien $Y \subset X$ zwei kompakte Teilmengen eines Raumes $\boldsymbol{R}^n$, und es seien (V_m), (U_m) zwei Fundamentalsysteme von Umgebungen von Y bzw. X mit $V_m \subset U_m$ für jedes m. Für jeden kommutativen Ring Λ bilden die Kohomologiemoduln $H^{\cdot}(U_m, V_m; \Lambda)$ bezüglich der kanonischen Homomorphismen ein induktives System; ihr induktiver Limes wird mit $\check{H}^{\cdot}(X, Y; \Lambda)$ bezeichnet und der *Čechsche Kohomologie-Λ-Modul* von X bezüglich Y genannt. Insbesondere gilt $\check{H}^p(X, Y; \Lambda) = \{0\}$ für $p > n$.[1])

a) Man untersuche, ob die Eigenschaften der singulären Kohomologie auch für die Čechsche Kohomologie gelten.

b) Man zeige, daß für jede kompakte Teilmenge Y von $\boldsymbol{R}^n$ und $p \neq n - 1$ ein Dualitätsisomorphismus $\check{H}^p(Y; \boldsymbol{Z}) \to H_{n-p-1}(\boldsymbol{R}^n \setminus Y; \boldsymbol{Z})$ existiert.

c) Der induktive Limes der kanonischen Homomorphismen $H^{\cdot}(U_m, V_m; \Lambda) \to H^{\cdot}(X, Y; \Lambda)$ ist ein kanonischer Homomorphismus $\check{H}^{\cdot}(X, Y; \Lambda) \to H^{\cdot}(X, Y; \Lambda)$.

19. Man betrachte den in Abschnitt 24.22, Aufgabe 11 definierten kompakten Raum X („Hawaii-Gehänge“).

a) Für jedes n ist der kanonische Homomorphismus $H^1(X; \boldsymbol{Z}) \to H^1(A_n; \boldsymbol{Z})$ surjektiv.

b) Für jedes n sei $c_n \in H^1(A_n; \boldsymbol{Z})$. Man zeige, daß eine Kohomologieklasse $c \in H^1(X; \boldsymbol{Z})$ existiert, deren Bild in jedem $H^1(A_n; \boldsymbol{Z})$ gleich c_n ist. (Zunächst konstruiere man rekursiv einen 1-Kozyklus $z_n \in Z^1(B_n; \boldsymbol{Z})$, wobei B_n der Teilraum ist, der sich als Vereinigung der A_m für $m \leqq n$ ergibt; z_p sei die Einschränkung von z_q für $p < q$, und das Bild der Kohomologieklasse von z_n in $H^1(A_m; \boldsymbol{Z})$ sei für jedes $m < n$ gleich c_m. Man zeige, daß ein 1-Kozyklus $z \in Z^1(X; \boldsymbol{Z})$ existiert, der alle z_n fortsetzt, indem man berücksichtigt, daß z auf allen Rändern $\mathfrak{b}_0 s$ gleich 0 gesetzt werden kann, wobei s ein singuläres 2-Simplex ist, dessen Träger unendlich viele der Mengen $A_n \setminus \{0\}$ schneidet.)

c) Aus b) leite man her, daß der kanonische Homomorphismus $\check{H}^1(X; \boldsymbol{Z}) \to H^1(X; \boldsymbol{Z})$ nicht surjektiv ist. (Man zeige: Gehört c zum Bild von $\check{H}^1(X; \boldsymbol{Z})$, so ist das Bild von c in $H^1(A_n; \boldsymbol{Z})$ gleich 0, ausgenommen für endlich viele Werte von n.)

20. Es sei B der in Aufgabe 2 definierte kompakte Teilraum von $\boldsymbol{R}^2$. Man zeige, daß $\check{H}^1(B; \boldsymbol{Z}) \cong \boldsymbol{Z}$ gilt und folglich der Homomorphismus $\check{H}^1(B; \boldsymbol{Z}) \to H^1(B; \boldsymbol{Z})$ nicht injektiv ist.

21. Es sei X eine zusammenhängende reine differenzierbare Mannigfaltigkeit einer Dimension $n \geqq 2$ und a ein Punkt aus X. Man zeige, daß für $p \leqq n - 2$

$$H_p(X \setminus \{a\}; \boldsymbol{Z}) \cong H_p(X; \boldsymbol{Z}) \qquad \text{und} \qquad H^p(X \setminus \{a\}; \boldsymbol{Z}) \cong H^p(X; \boldsymbol{Z})$$

gilt und die beiden Sequenzen

$$0 \to H_n(X \setminus \{a\}; \boldsymbol{Z}) \to H_n(X; \boldsymbol{Z}) \to \boldsymbol{Z} \to H_{n-1}(X \setminus \{a\}; \boldsymbol{Z}) \to H_{n-1}(X; \boldsymbol{Z}) \to 0,$$

$$0 \to H^{n-1}(X; \boldsymbol{Z}) \to H^{n-1}(X \setminus \{a\}; \boldsymbol{Z}) \to \boldsymbol{Z} \to H^n(X; \boldsymbol{Z}) \to H^n(X \setminus \{a\}; \boldsymbol{Z}) \to 0$$

exakt sind.

---

[1]) Dagegen gibt es in Räumen $\boldsymbol{R}^n$ abgeschlossene Mengen derart, daß *unendlich* viele singuläre Homologiegruppen $\neq \{0\}$ sind (vgl. [191]).

22. Es sei X eine zusammenhängende reine differenzierbare Mannigfaltigkeit einer Dimension $n \geqq 2$ und a ein Punkt aus X. Mit Y werde die Mannigfaltigkeit bezeichnet, die man ausgehend von X durch *Aufblasen des Punktes a* (vgl. Abschnitt 16.11, Aufgabe 3) erhält. Man zeige, daß für $p \leqq n - 2$

$$H_p(Y; \mathbf{Z}) \cong H_p(X; \mathbf{Z}) \oplus H_p(\mathbf{P}_{n-1}(\mathbf{R}); \mathbf{Z})$$

gilt und die Sequenz

$$0 \to H_n(X \setminus \{a\}; \mathbf{Z}) \to H_n(Y; \mathbf{Z}) \to \mathbf{Z}$$
$$\to H_{n-1}(X \setminus \{a\}; \mathbf{Z}) \oplus H_{n-1}(\mathbf{P}_{n-1}(\mathbf{R}); \mathbf{Z}) \to H_{n-1}(Y; \mathbf{Z}) \to 0$$

exakt ist.

23. Es sei X ein hausdorffscher Raum; ein nichtleerer Teilraum A von X heißt (*in* X) *in einen Punkt deformierbar*, wenn die kanonische injektive Abbildung $j: A \to X$ zu einer konstanten Abbildung $x \to a$ von A in X homotop ist; mit anderen Worten, wenn eine stetige Abbildung $f: A \times [0, 1] \to X$ existiert mit $f(x, 0) = a$ und $f(x, 1) = x$ für jedes $x \in A$; jeder nichtleere Teilraum $B \subset A$ ist dann ebenfalls in einen Punkt deformierbar.

Man sagt, ein Teilraum Y von X sei von *endlicher* (*Ljusternik- Schnirelmann-*) *Kategorie in* X, wenn er endliche Vereinigung von Teilräumen ist, von denen jeder (in X) in einen Punkt deformierbar ist. Die kleinste Anzahl solcher Teilräume, deren Vereinigung Y ergibt, wird die *Kategorie von* Y *in* X genannt und mit $\text{cat}_X(Y)$ bezeichnet; es werde $\text{cat}(X) = \text{cat}_X(X)$ gesetzt. Wenn Y nicht von endlicher Kategorie in X ist, setze man $\text{cat}_X(Y) = +\infty$.

a) Sind $Y \subset Z$ zwei nichtleere Teilräume von X, so gilt $\text{cat}_X(Y) \leqq \text{cat}_X(Z)$; insbesondere ist $\text{cat}_X(Y) = 1$ für jedes $Y \subset X$, wenn X kontrahierbar ist.

b) Für jedes $n \geqq 0$ gilt $\text{cat}(\mathbf{S}_n) = 2$.

c) Sind Y, Z zwei nichtleere Teilräume von X, so gilt $\text{cat}_X(Y \cup Z) \leqq \text{cat}_X(Y) + \text{cat}_X(Z)$. Ist X bogenzusammenhängend und darüber hinaus $\overline{Y} \cap \overline{Z} = \emptyset$, so ist $\text{cat}_X(Y \cup Z) = \sup(\text{cat}_X(Y), \text{cat}_X(Z))$.

24. Es sei X eine reine differenzierbare Mannigfaltigkeit und A eine in einen Punkt deformierbare kompakte Teilmenge von X, so daß eine stetige Abbildung $f: A \times [0, 1] \to X$ existiert mit $f(x, 0) = a \in X$ und $f(x, 1) = x$ für jedes $x \in A$. Man zeige, daß eine offene Umgebung U von A in X existiert derart, daß $\overline{U}$ in einen Punkt deformierbar ist. (Ist B die kompakte Menge, die man als Bild von f erhält, so kann man annehmen, daß eine relativ kompakte offene Umgebung V von B in X existiert, die in einen Raum $\mathbf{R}^N$ eingebettet ist (vgl. (16.25.1)). Dann setze man f zu einer stetigen Abbildung g von $V \times [0, 1]$ in $\mathbf{R}^N$ fort (vgl. (4.5.1)) mit $g(x, 0) = a$ und $g(x, 1) = x$ für $x \in V$; nun benutze man (16.25.4).)

25. Es sei X eine reine differenzierbare Mannigfaltigkeit, A eine relativ kompakte Teilmenge von X und $(U_i)_{i \in I}$ eine offene Überdeckung von A in X derart, daß jeder Unterraum $\overline{U}_i$ in X in einen Punkt deformierbar ist. Für jede Teilmenge J von I werde $V_J = \bigcap_{i \in J} \overline{U}_i$ gesetzt, und man nehme an, daß für jede Teilmenge J von I mit $n + 2$ Elementen $V_J = \emptyset$ gelte. Man zeige dann, daß $\text{cat}_X(A) \leqq n + 1$ ist. (Man betrachte die Vereinigung B der V_J für $\text{Card}(J) = n + 1$ und berücksichtige, daß $\text{cat}_X(B) = 1$ gilt, wenn B nicht leer ist; weiter schließe man mittels vollständiger Induktion nach n, wobei man $A \cap \complement B$ betrachte.)

26. Aus Aufgabe 25 leite man her, daß für jede kompakte Teilmenge A einer reinen differenzierbaren Mannigfaltigkeit X die Beziehung $\text{cat}_X(A) \leqq \dim(A) + 1$ gilt, wobei $\dim(A)$ die topologische Dimension (vgl. Abschnitt 24.22, Aufgabe 6) von A bezeichnet.

27. a) Es sei X ein hausdorffscher Raum und Y ein in X in einen Punkt deformierbarer Teilraum von X. Man zeige, daß für jedes $p \geqq 1$ die kanonische Abbildung $H^p(X, Y; \Lambda) \to H^p(X; \Lambda)$ für jeden kommutativen Ring Λ surjektiv ist. (Man benutze (24.29.4).)

b) Man zeige: Ist X eine kompakte reine differenzierbare Mannigfaltigkeit mit $\operatorname{cat}(X) = n$, so ist in $H^{\cdot}(X; \Lambda)$ das Cup-Produkt von n Elementen, deren jedes zu einem $H^p(X; \Lambda)$ mit $p \geqq 1$ gehört (p hängt von dem betrachteten Element ab), gleich 0. (Man benutze a) sowie die Relation (24.37.13.1), indem man das Problem mit Hilfe von Aufgabe 24 auf den Fall einer Überdeckung von X durch in X in einen Punkt deformierbare offene Mengen zurückführt.)

c) Unter Benutzung von b) und Aufgabe 26 sowie von (24.40.12) zeige man, daß $\operatorname{cat}(\boldsymbol{T}^n) = n + 1$ und $\operatorname{cat}(\boldsymbol{P}_n(\boldsymbol{R})) = n + 1$ ist.

28. Es sei X ein n-dimensionaler Zellenkomplex (vgl. Abschnitt 24.36, Aufgabe 8). Für jedes $p \leqq n$ bezeichne X_p die Vereinigung der Y_j einer Dimension $\leqq p$.

a) Für jeden kommutativen Ring Λ zeige man, daß $H_i(X_p, X_{p-1}; \Lambda) = \{0\}$ ist für $i \neq p$ und $H_p(X_p, X_{p-1}; \Lambda) \cong \Lambda^r$, wobei r die Anzahl der ganzen Zahlen n_j bezeichnet, die gleich p sind. (Es sei S eine endliche Menge, deren Durchschnitt mit jeder der „Zellen" $f_{j+1}(D_{n_j})$ für $n_j = p$ nur aus einem Punkt besteht; man zeige, daß $H_i(X_p, X_{p-1}; \Lambda) \cong H_i(X_p, X_p \setminus S; \Lambda)$ gilt, wobei man benutze, daß X_{p-1} ein Homotopieretrakt von $X_p \setminus S$ ist. Bezeichnet E die Vereinigung der $f_{j+1}(D_{n_j})$ für die $n_j = p$, so gilt

$$H_i(X_p, X_p \setminus S; \Lambda) \cong H_i(E, E \setminus S; \Lambda).)$$

b) Aus a) leite man her, daß $H_i(X_p; \Lambda)$ für $i > p$ gleich 0 und für $i < p$ isomorph zu $H_i(X; \Lambda)$ ist.

c) Man setze $C_p(X) = H_p(X_p, X_{p-1}; \Lambda)$; die exakte Homologiesequenz aus Abschnitt 24.35, Aufgabe 2, definiert eine kanonische Abbildung $b\colon C_p(X) \to C_{p-1}(X)$ derart, daß $b \circ b = 0$ gilt und die $C_p(X)$ einen graduierten Kodifferential-Λ-Modul bilden. Man zeige, daß $\operatorname{Ker}(b)$ gleich $H_p(X_p, X_{p-2}; \Lambda)$ und der p-te Homologiemodul von $C_{\cdot}(X)$ zu $H_p(X_{p+1}, X_{p-2}; \Lambda)$ isomorph ist. (Man benutze Aufgabe 2 aus Abschnitt 24.35 für die Tripel (X_p, X_{p-1}, X_{p-2}) und (X_{p+1}, X_p, X_{p-2}). Mit Hilfe von b) folgere man, daß $H_p(X_{p+1}, X_{p-2}; \Lambda)$ zu $H_p(X_{p+1}; \Lambda)$, also zu $H_p(X; \Lambda)$ isomorph ist.

d) Man beweise die analogen Resultate für die Kohomologie eines Zellenkomplexes.

29. Unter den Voraussetzungen und in den Bezeichnungen von Abschnitt 24.22, Aufgabe 16, zeige man, daß $H_p(M_\varepsilon, M_{-\varepsilon}; \Lambda) = \{0\}$ ist für $p \geqq 1$, $p \neq k$, und $H_k(M_\varepsilon, M_{-\varepsilon}; \Lambda) \cong \Lambda$. (Man benutze (24.7.1.1) sowie das Ausschneidungstheorem (24.37.4).)

30. Es sei M eine n-dimensionale kompakte reine Mannigfaltigkeit und f eine reellwertige Funktion der Klasse C^∞ in M, die nur eine endliche Anzahl von kritischen Punkten besitzt, welche alle nicht ausgeartet seien. Es sei c_k die Anzahl dieser Punkte, deren Morse-Index (vgl. Abschnitt 16.5, Aufgabe 3) gleich k ist. Bezeichnet b_k die k-te Bettische Zahl von M, so beweise man die *Morse-Ungleichungen* $b_k \leqq c_k$ für $0 \leqq k \leqq n$ sowie die Relation $\chi(M) = c_0 - c_1 + c_2 - \cdots + (-1)^n c_n$. (Sind $v_1, \ldots, v_m$ die Werte von f in den kritischen Punkten, so betrachte man Zahlen a_j $(0 \leqq j \leqq m)$ mit

$$a_0 < v_1 < a_1 < v_2 < \cdots < a_{m-1} < v_m < a_m.$$

Man benutze Aufgabe 5 aus Abschnitt 20.8, Aufgabe 16 aus Abschnitt 24.22 sowie Aufgabe 2 und Aufgabe 29 oben.)

24.38. Kohomologie von Produktmannigfaltigkeiten und Faserräumen

24.38.1. *Es sei X eine m-dimensionale reine differenzierbare Mannigfaltigkeit, Y eine n-dimensionale reine differenzierbare Mannigfaltigkeit, Y_0 eine (eventuell leere) offene Teilmenge von Y und Λ ein kommutativer Ring. Man nehme an, daß* *sämtliche relativen Kohomologiemoduln* $H^p(Y, Y_0; \Lambda)$ *frei von endlichem Typ sind. Dann existiert ein kanonischer Isomorphismus* $k_X: H^{\cdot}(X; \Lambda) \otimes_\Lambda H^{\cdot}(Y, Y_0; \Lambda) \to H^{\cdot}(X \times Y, X \times Y_0; \Lambda)$ *von graduierten* Λ*-Moduln derart, daß für* $a \in H^p(X; \Lambda)$ *und* $b \in H^q(Y, Y_0; \Lambda)$

24.38.1.1. $k_X(a \otimes b) = \mathrm{pr}_1^*(a) \smile \mathrm{pr}_2^*(b) \in H^{p+q}(X \times Y, X \times Y_0; \Lambda)$

gilt.

Hierbei bezeichnen pr_1 und pr_2 die beiden Projektionen von $X \times Y$, so daß $\mathrm{pr}_1^*(a) \in H^p(X \times Y; \Lambda)$ ist; da $\mathrm{pr}_2(X \times Y_0) \subset Y_0$ gilt, ist $\mathrm{pr}_2^*(b) \in H^q(X \times Y, X \times Y_0; \Lambda)$. Zur Definition des Cup-Produkts vgl. (24.35.11).

Dieses Ergebnis ist ein Spezialfall des allgemeinen *Satzes von Künneth* über die singuläre Kohomologie eines Produkts von Räumen, den wir nicht beweisen wollen (vgl. [197]). Den Beweis von (24.38.1) führen wir, wie den von (24.5.4), in mehreren Etappen.

I. $X = \boldsymbol{R}^n$. Wir identifizieren Y und Y_0 mit $\{0\} \times Y$ bzw. $\{0\} \times Y_0$; dann ist Y (bzw. Y_0) ein Homotopieretrakt von $X \times Y$ (bzw. $X \times Y_0$). Das kommutative Diagramm (24.35.9.1) exakter Sequenzen

$$\begin{array}{ccccccc}
\cdots \to & H^p(Y;\Lambda) & \longrightarrow & H^p(Y_0;\Lambda) & \longrightarrow & H^{p+1}(Y, Y_0;\Lambda) & \to \\
& \downarrow{\scriptstyle \mathrm{pr}_2^*} & & \downarrow{\scriptstyle \mathrm{pr}_2^*} & & \downarrow{\scriptstyle \mathrm{pr}_2^*} & \\
\cdots \to & H^p(X \times Y;\Lambda) & \to & H^p(X \times Y_0;\Lambda) & \to & H^{p+1}(X \times Y, X \times Y_0;\Lambda) & \to
\end{array}$$

$$\begin{array}{ccccc}
\to & H^{p+1}(Y;\Lambda) & \longrightarrow & H^{p+1}(Y_0;\Lambda) & \to \cdots \\
& \downarrow{\scriptstyle \mathrm{pr}_2^*} & & \downarrow{\scriptstyle \mathrm{pr}_2^*} & \\
\to & H^{p+1}(X \times Y;\Lambda) & \to & H^{p+1}(X \times Y_0;\Lambda) & \to \cdots
\end{array}$$

und das Fünferlemma zeigen daher, daß $\mathrm{pr}_2^*: H^{\cdot}(Y, Y_0; \Lambda) \to H^{\cdot}(X \times Y, X \times Y_0; \Lambda)$ ein Isomorphismus von graduierten Λ-Moduln ist. Da im übrigen $H^p(\boldsymbol{R}^n; \Lambda) = \{0\}$ für $p \geqq 1$ gilt und $H^0(\boldsymbol{R}^m; \Lambda)$ mit dem Raum der konstanten Abbildungen von $\boldsymbol{R}^m$ in Λ identifiziert werden kann, ist k_X die zusammengesetzte Abbildung

$$\Lambda \otimes_\Lambda H^{\cdot}(Y, Y_0; \Lambda) \to H^{\cdot}(Y, Y_0; \Lambda) \xrightarrow{\mathrm{pr}_2^*} H^{\cdot}(X \times Y, X \times Y_0; \Lambda),$$

wobei der erste Pfeil die kanonische Abbildung bezeichnet (vgl. A.28.2).

II. *X ist endliche Vereinigung von offenen Quadern aus* $\boldsymbol{R}^n$. Man schließt durch vollständige Induktion nach der Anzahl dieser Quader und hat das folgende Lemma zu beweisen:

24.38.1.2. *Es seien U, V zwei offene Teilmengen einer m-dimensionalen reinen Mannigfaltigkeit X; sind die kanonischen Abbildungen k_U, k_V und $k_{U \cap V}$ (für $U \cap V \neq \emptyset$) bijektiv, so gilt das auch für $k_{U \cup V}$.*

Das Lemma gilt offenbar, wenn $U \cap V \neq \emptyset$ ist; man berücksichtige nur die Beschreibung der Koketten auf einem nichtzusammenhängenden Raum (vgl. (24.29.2)). Es werde also $U \cap V \neq \emptyset$ vorausgesetzt, und zur Vereinfachung der Schreibweise setzen wir $M^p(X) = \bigoplus_{q+r=p} \big(H^q(X; \Lambda) \otimes_\Lambda H^r(Y, Y_0; \Lambda)\big)$ sowie

$N^p(X) = H^p(X \times Y, X \times Y_0; \Lambda)$. Wir zeigen, daß dann

$$\begin{array}{ccccccc}
\cdots \to & M^p(U) \oplus M^p(V) & \to & M^p(U \cap V) & \to & M^{p+1}(U \cup V) & \to \\
& \downarrow{\scriptstyle k_U \oplus k_V} & & \downarrow{\scriptstyle k_{U\cap V}} & & \downarrow{\scriptstyle k_{U\cup V}} & \\
\cdots \to & N^p(U) \oplus N^p(V) & \to & N^p(U \cap V) & \to & N^{p+1}(U \cup V) & \to
\end{array}$$

$$\begin{array}{ccccc}
\to & M^{p+1}(U) \oplus M^{p+1}(V) & \to & M^{p+1}(U \cap V) & \to \cdots \\
& \downarrow{\scriptstyle k_U \oplus k_V} & & \downarrow{\scriptstyle k_{U\cap V}} & \\
\to & N^{p+1}(U) \oplus N^{p+1}(V) & \to & N^{p+1}(U \cap V) & \to \cdots
\end{array}$$

ein kommutatives Diagramm exakter Sequenzen ist. In diesem Diagramm ist die untere Zeile gerade die Mayer-Vietoris-Sequenz (24.37.9) für $X_1 = U \times Y$, $X_2 = V \times Y$, $A_1 = U \times Y_0$ und $A_2 = V \times Y_0$. Um die obere Zeile zu erhalten, betrachtet man die Mayer-Vietoris-Sequenz (24.37.9) für $X_1 = U$, $X_2 = V$, $A_1 = A_2 = \emptyset$ und setzt sie für negative Exponenten durch Nullen fort; darauf tensoriert man sie nacheinander mit den $n + 1$ freien Moduln $H^r(Y, Y_0; \Lambda)$ für $0 \leqq r \leqq n$, was auf $n + 1$ exakte Sequenzen führt (vgl. (A.29.5)), und bildet schließlich die *direkte Summe* dieser $n + 1$ Sequenzen, was wiederum eine exakte Sequenz ergibt, wenn man die Moduln mit gleichem $q + r$ zusammenfaßt. Zu beweisen bleibt die Kommutativität des Diagramms; wir verifizieren beispielsweise die Kommutativität von

$$\begin{array}{ccc}
H^q(U \cap V; \Lambda) \otimes_\Lambda H^r(Y, Y_0; \Lambda) & \xrightarrow{\partial \otimes 1} & H^{q+1}(U \cup V; \Lambda) \otimes_\Lambda H^r(Y, Y_0; \Lambda) \\
\downarrow{\scriptstyle k_{U\cap V}} & & \downarrow{\scriptstyle k_{U\cup V}} \\
H^{q+r}\big((U \cap V) \times Y, (U \cap V) \times Y_0; \Lambda\big) & \xrightarrow{\partial} & H^{q+r+1}\big((U \cup V) \times Y, (U \cup V) \times Y_0; \Lambda\big)
\end{array}$$

Es seien also $a \in H^q(U \cap V; \Lambda)$, $b \in H^r(Y, Y_0; \Lambda)$ Klassen von Kozyklen f bzw. g. Auf $S_q(U; \Lambda) + S_q(V; \Lambda)$ wird eine Linearform f_1 betrachtet, die f fortsetzt, und ∂a ist die Kohomologieklasse von $d_0 f_1$, so daß $k_{U\cup V}(\partial a \otimes b)$ die relative Kohomologieklasse von $\big((d_0 f_1) \circ \mathrm{pr}_1\big) \smile (g \circ \mathrm{pr}_2)$ ist; andererseits ist $k_{U\cap V}(a \otimes b)$ die relative Kohomologieklasse von $(f_1 \circ \mathrm{pr}_1) \smile (g \circ \mathrm{pr}_2)$. Da $d_0(f_1 \circ \mathrm{pr}_1) = (d_0 f_1) \circ \mathrm{pr}_1$ und $d_0(g \circ \mathrm{pr}_2) = (d_0 g) \circ \mathrm{pr}_2 = 0$ gilt, ergibt sich daher aus Formel (24.31.2.1) die Gleichung

$$\partial\big(k_{U\cap V}(a \otimes b)\big) = k_{U\cup V}(\partial a \otimes b).$$

Die übrigen Kommutativitäten lassen sich noch einfacher nachprüfen. Zum Beweis von (24.38.1.2) genügt es dann das Fünferlemma anzuwenden.

III. *X ist eine offene Teilmenge von $\mathbf{R}^n$.* Wie in (24.5.4.3) wird X als Vereinigung einer wachsenden Folge offener Mengen V_j ($j \geqq 0$) dargestellt, deren jede endliche Vereinigung von offenen Quadern ist und für die $V_j \cap V_k = \emptyset$ für $|k - j| > 1$ gilt; mit U wird die Vereinigung der V_{2j} ($j \geqq 0$) und mit U' die Vereinigung der V_{2j+1} ($j \geqq 0$) bezeichnet, so daß $X = U \cup U'$ gilt, U Vereinigung der paarweise disjunkten V_{2j}, U' Vereinigung der paarweise disjunkten V_{2j+1} und $U \cap U'$ schließlich Vereinigung der paarweise disjunkten $V_{2j} \cap V_{2j+1}$ ist. In diesem Fall ergibt sich (24.38.1) daher aus Lemma (24.38.1.2), angewandt auf U und U', sowie aus dem folgenden Lemma:

24.38.1.3. *Ist X Vereinigung einer Familie (U_α) nichtleerer paarweise disjunkter offener Mengen und ist jede der Abbildungen k_{U_α} bijektiv, so ist auch k_X bijektiv.*

Da nämlich $H^{\cdot}(X; \Lambda)$ mit dem *Produkt* $\prod_\alpha H^{\cdot}(U_\alpha; \Lambda)$ identifiziert werden kann und $H^{\cdot}(Y, Y_0; \Lambda)$ ein *freier Modul endlichen Typs* ist, kann $H^{\cdot}(X; \Lambda) \otimes_\Lambda H^{\cdot}(Y, Y_0; \Lambda)$ mit dem Produkt $\prod_\alpha \big(H^{\cdot}(U_\alpha; \Lambda) \otimes_\Lambda H^{\cdot}(Y, Y_0; \Lambda)\big)$ identifiziert werden (vgl. (A.28.5)). Ebenso läßt sich $H^{\cdot}(X \times Y, X \times Y_0; \Lambda)$ aufgrund von (24.35.6) kanonisch mit dem Produkt $\prod_\alpha H^{\cdot}(U_\alpha \times Y, U_\alpha \times Y_0; \Lambda)$ identifizieren; hieraus ergibt sich unmittelbar das Lemma.

IV. *Allgemeiner Fall.* Aus III. und Lemma (24.38.1.2) folgt, daß der Satz gilt, wenn X Vereinigung einer *endlichen* Anzahl von Definitionsbereichen von Karten ist. Im allgemeinen Fall wird X als Vereinigung einer Folge offener Mengen V_j geschrieben, deren jede endliche Vereinigung von Definitionsbereichen von Karten ist mit $V_j \cap V_k = \emptyset$ für $|k - j| > 1$; unter Verwendung von Lemma (24.38.1.3) führt man den Beweis dann wie in III. zu Ende.

24.38.2. Bemerkung. Da $H^{\cdot}(X; \Lambda)$ und $H^{\cdot}(Y, Y_0; \Lambda)$ graduierte antikommutative Algebren sind (vgl. (24.31.2) und (24.35.10)) kann auf dem Λ-Modul $H^{\cdot}(X; \Lambda) \otimes_\Lambda H^{\cdot}(Y, Y_0; \Lambda)$ die *Linkstensorprodukt*-Struktur dieser Algebren definiert werden (vgl. (A.30.9)). Bezüglich dieser Struktur ist k_X ein *Isomorphismus graduierter Algebren* von $H^{\cdot}(X; \Lambda) \,{}^g\!\otimes_\Lambda H^{\cdot}(Y, Y_0; \Lambda)$ auf $H^{\cdot}(X \times Y, X \times Y_0; \Lambda)$. Um sich davon zu überzeugen, genügt es nämlich, wie in (24.5.2) vorzugehen, wobei man $\mathcal{A}^{\cdot}(X)$ (bzw. $\mathcal{A}^{\cdot}(Y)$) durch $S^{\cdot}(X; \Lambda)$ (bzw. $S^{\cdot}(Y, Y_0; \Lambda)$), das äußere Produkt durch das Cup-Produkt und die äußere Ableitung d durch d_0 zu ersetzen hat.

24.38.3. Es sei $\xi = (X, B, \pi)$ ein *Faserbündel*, worin B eine m-dimensionale reine differenzierbare Mannigfaltigkeit ist und alle Fasern zu ein und derselben n-dimensionalen reinen differenzierbaren Mannigfaltigkeit F diffeomorph sind. Es sei X_0 eine offene Teilmenge von X, die leer sein kann oder für die $(X_0, B, \pi \mid X_0)$ wieder ein Faserbündel ist; mit anderen Worten, wir nehmen an, daß in F eine (eventuell leere) offene Menge F_0 existiert derart, daß es für jedes $b \in B$ eine offene Umgebung U von b in B und einen Diffeomorphismus $\varphi\colon U \times F \to \pi^{-1}(U)$ gibt derart, daß $\big(\pi\varphi(y, t)\big) = y$ für $y \in U$ und $t \in F$ sowie $\varphi(U \times F_0) = \pi^{-1}(U) \cap X_0$ gilt.

Dann existiert für jedes $b \in B$ ein Diffeomorphismus $j_b\colon F \to \pi^{-1}(b) = X_b$ mit $j_b(F_0) = X_b \cap X_0$; im allgemeinen ist dieser Diffeomorphismus nicht eindeutig bestimmt.

24.38.4. (Leray-G. Hirsch). *Unter den Voraussetzungen und in den Bezeichnungen von* (24.38.3) *sei Λ ein kommutativer Ring, und wir nehmen darüber hinaus an, daß*

1° *jeder Λ-Modul* $H^p(F, F_0; \Lambda)$ frei von endlichem Typ *ist;*

2° *für jede ganze Zahl $p \geqq 0$ in $H^p(X, X_0; \Lambda)$ eine Familie $(a_{p1}, \ldots, a_{p,r_p})$ existiert derart, daß für jedes $b \in B$ die Elemente $j_b^*(a_{p1}), \ldots, j_b^*(a_{p,r_p})$* (wobei j_b als injektive Abbildung von F in X aufgefaßt wird) *eine (von der Wahl von j_b abhängige) Basis des Λ-Moduls $H^p(F, F_0; \Lambda)$ bilden.*

Betrachtet man dann $H^{\cdot}(X, X_0; \Lambda)$ als einen $H^{\cdot}(B; \Lambda)$-Modul bezüglich der Aktion

24.38.4.1. $(c, a) \to \pi^*(c) \smile a$

(wobei es sich hier um das Cup-Produkt handelt, das auf $H^{\cdot}(X, X_0; \Lambda)$ die Struktur eines $H^{\cdot}(X; \Lambda)$-Moduls definiert (vgl. (24.35.11))), *so ist dieser Modul* frei *und besitzt die Familie $(a_{pk})_{1 \leqq k \leqq r_p, 1 \leqq p \leqq n}$ als Basis.*

Der Beweis erfolgt wieder in mehreren Schritten.

I. *Der Fall, daß B zusammenhängend ist, $X = B \times F$ und $X_0 = B \times F_0$.* In den Bezeichnungen von (24.38.1) ist der Λ-Modul $k_B^{-1}(H^{\cdot}(X, X_0; \Lambda))$ direkte Summe der Λ-Moduln $H^p(B; \Lambda) \otimes_\Lambda H^q(F, F_0; \Lambda)$ für $0 \leqq p \leqq m$ und $0 \leqq q \leqq n$. Es genügt zu zeigen, daß für $0 \leqq q \leqq n$ eine Basis $(a'_{qh})_{1 \leqq h \leqq r_q}$ von $H^q(F, F_0; \Lambda)$ existiert mit

24.38.4.2. $\mathrm{pr}_2^* (a'_{qh}) = a_{qh}$

für $1 \leqq h \leqq r_q$. Die Existenz der a'_{qh} beweisen wir durch Induktion nach q. Für $q = 0$ beachten wir, daß $H^0(B; \Lambda)$ kanonisch mit Λ identifiziert werden kann, da B zusammenhängend ist (vgl. (24.29.2)), wobei die Abbildung $k_B\colon H^0(B; \Lambda) \otimes_\Lambda H^0(F, F_0; \Lambda) \to H^0(X, X_0; \Lambda)$ mit dem Isomorphismus $\lambda \otimes a' \to \lambda\, \mathrm{pr}_2^* (a')$ identifiziert wird. Daher existieren wohlbestimmte Elemente a'_{0h} $(1 \leqq h \leqq r_0)$ aus $H^0(F, F_0; \Lambda)$ mit $\mathrm{pr}_2^* (a'_{0h}) = a_{0h}$; da angenommen werden kann, daß $\mathrm{pr}_2 \circ j_b$ die Identität von F ist, erhält man $a'_{0h} = j_b^*(\mathrm{pr}_2^* (a'_{0h})) = j_b^*(a_{0h})$, und nach Voraussetzung bilden die a'_{0h} daher eine Basis von $H^0(F, F_0; \Lambda)$.

Wir setzen jetzt die Existenz der Basen (a'_{ih}) für $i < q$ als bewiesen voraus. Da $k_B^{-1}(H^q(X, X_0; \Lambda))$ direkte Summe der $H^i(B; \Lambda) \otimes_\Lambda H^{q-i}(F, F_0; \Lambda)$ für $0 \leqq i \leqq q$ ist und $H^0(B; \Lambda)$ sich kanonisch mit Λ identifizieren läßt, kann für $1 \leqq h \leqq r_q$

$$k_B^{-1}(a_{qh}) = 1 \otimes a'_{qh} + \sum_{i=1}^{q} \Big(\sum_{1 \leqq l \leqq r_i} c_{ihl} \otimes a'_{q-i,l} \Big)$$

geschrieben werden, wobei die $a'_{qh} \in H^q(F, F_0; \Lambda)$ und die $c_{ihl} \in H^i(B; \Lambda)$ für $1 \leqq i \leqq q$ und $1 \leqq l \leqq r_i$ wohlbestimmt sind. Folglich ist

$$a_{qh} = 1 \smile \mathrm{pr}_2^* (a'_{qh}) + \sum_{i=1}^{q} \Big(\sum_{1 \leqq l \leqq r_i} \mathrm{pr}_1^* (c_{ihl}) \smile \mathrm{pr}_2^* (a'_{q-i,l}) \Big).$$

Wir benutzen jetzt die Tatsache, daß $\mathrm{pr}_2 \circ j_b$ die Identität von F ist und daß $\mathrm{pr}_1 \circ j_b$ die Faser F auf den nur aus einem Punkt bestehenden Raum $\{b\}$ abbildet. Für $i \geqq 1$ ist daher $j_b^*(\mathrm{pr}_1^* (c_{ihl})) = 0$, und da $j_b^*(\mathrm{pr}_2^* (a'_{qh})) = a'_{qh}$ gilt, erhält man $j_b^*(a_{qh}) = a'_{qh}$, denn j_b^* ist ein Homomorphismus von Algebren; aus der Voraussetzung folgt daher, daß $(a'_{qh})_{1 \leqq h \leqq r_q}$ eine Basis des Λ-Moduls $H^q(F, F_0; \Lambda)$ ist, und (24.38.4) ist in diesem Fall bewiesen.

II. *B ist beliebig, $X = B \times F$ und $X_0 = B \times F_0$.* Es sei (B_α) die Familie der zusammenhängenden Komponenten von B, und für jedes α sei $i_\alpha\colon B_\alpha \to B$ die kanonische injektive Abbildung; setzt man $a_{pk}^{(\alpha)} = i_\alpha^*(a_{pk})$ für $1 \leqq k \leqq r_p$, $0 \leqq p \leqq m$, so setzt man $j_b^*(a_{pk}) = j_{b\alpha}^*(a_{pk}^{(\alpha)})$ für jedes $b \in B_\alpha$, wobei $j_{b\alpha}$ die Abbildung j_b ist, aufgefaßt als injektive Abbildung von F in $\pi^{-1}(B_\alpha)$.

Wendet man den Fall I. auf jedes B_α, den Faserraum $X_\alpha = \pi^{-1}(B_\alpha)$ und die offene Menge $X_{0\alpha} = X_0 \cap X_\alpha$ an, so ist jedes $H^{\cdot}(X_\alpha, X_{0\alpha}; \Lambda)$ ein freier $H^{\cdot}(B_\alpha; \Lambda)$-Modul mit der Familie $(a_{pk}^{(\alpha)})$ als Basis. Da $H^{\cdot}(X, X_0; \Lambda)$ mit dem Produkt-Λ-Modul $\prod_\alpha H^{\cdot}(X_\alpha, X_{0\alpha}; \Lambda)$ identifiziert werden kann, und zwar so, daß jedes a_{pk} mit der Familie $(a_{pk}^{(\alpha)})$ (vgl. (24.35.6)) und $H^{\cdot}(B; \Lambda)$ mit der Produkt-Λ-Algebra $\prod_\alpha H^{\cdot}(B_\alpha; \Lambda)$ identifiziert wird, findet man, daß (a_{pk}) eine Basis des $H^{\cdot}(B; \Lambda)$-Moduls $H^{\cdot}(X, X_0; \Lambda)$ ist.

III. *Allgemeiner Fall.* Für jede offene Menge $U \subset B$ bezeichnen wir mit X_U den Faserraum $\pi^{-1}(U)$ über der Basis U und mit π_U seine Projektion; ist $i_U\colon X_U \to X$ die kanonische injektive Abbildung, so setzen wir $a_{pk}^U = i_U^*(a_{pk})$ für $1 \leqq k \leqq r_p$,

$0 \leqq p \leqq m$. Für jede ganze Zahl s, $0 \leqq s \leqq m + n$, setzen wir zur Abkürzung

$$M^s(U) = \bigoplus_{p=0}^{m} \big(H^p(U; \Lambda)\big)^{r_{s-p}} \qquad (\text{mit } \big(H^p(U; \Lambda)\big)^{r_{s-p}} = \{0\} \text{ für } s - p < 0)$$

sowie

$$N^s(U) = H^s(X_U, X_U \cap X_0; \Lambda)$$

und definieren eine Λ-lineare Abbildung $g_U^s \colon M^s(U) \to N^s(U)$, indem wir für $0 \leqq p \leqq m$ und jedes Element $(c_{ph})_{1 \leqq h \leqq r_{s-p}} \in \big(H^p(U; \Lambda)\big)^{r_{s-p}}$

$$g_U^s\big((c_{ph})_{1 \leqq h \leqq r_{s-p}}\big) = \sum_{h=1}^{r_{s-p}} \pi_U^*(c_{ph}) \smile a_{s-p,h}^U$$

setzen.

Es gilt zu zeigen, daß für $U = B$ jede der Abbildungen g_B^s *bijektiv* ist. Aufgrund von II. sind die g_U^s bijektiv, wenn U eine offene Umgebung eines Punktes $b \in B$ ist, welche die Bedingungen aus (24.38.3) erfüllt; zur Abkürzung werden wir diese offenen Mengen *ausgezeichnet* nennen. Offenbar ist jede nichtleere offene Teilmenge einer ausgezeichneten Menge ausgezeichnet. Hiervon ausgehend, verfährt man wie in (24.5.4) und (24.38.1), indem man zunächst die folgenden beiden Hilfssätze beweist:

24.38.4.3. *Ist U Vereinigung einer Familie (U_α) von paarweise disjunkten offenen Mengen und sind die $g_{U_\alpha}^s$ bijektiv, so ist auch g_U^s bijektiv.*

Man kann nämlich $M^s(U)$ mit dem Produkt $\prod_\alpha M^s(U_\alpha)$ und $N^s(U)$ mit dem Produkt $\prod_\alpha N^s(U_\alpha)$ identifizieren, wobei man jedes a_{pk}^U mit der Familie $(a_{pk}^{U_\alpha})$ identifiziert; dann wird g_U^s mit der Familie von Abbildungen $(g_{U_\alpha}^s)$ identifiziert, woraus die Behauptung folgt.

24.38.4.4. *Sind U, V zwei offene Mengen derart, daß die g_U^s, g_V^s und $g_{U \cap V}^s$ bijektiv sind, dann sind auch die $g_{U \cup V}^s$ bijektiv.*

Aufgrund von (24.38.4.3) kann man sich auf den Fall beschränken, daß $U \cap V \neq \emptyset$ ist. Man erhält dann ein kommutatives Diagramm exakter Sequenzen

$$\begin{array}{ccccccc}
\cdots \to & M^s(U) \oplus M^s(V) & \longrightarrow & M^s(U \cap V) & \longrightarrow & M^{s+1}(U \cup V) & \to \\
& \downarrow{\scriptstyle g_U^s \oplus g_V^s} & & \downarrow{\scriptstyle g_{U \cap V}^s} & & \downarrow{\scriptstyle g_{U \cup V}^{s+1}} & \\
\cdots \to & N^s(U) \oplus N^s(V) & \longrightarrow & N^s(U \cap V) & \longrightarrow & N^{s+1}(U \cup V) & \to
\end{array}$$

$$\begin{array}{ccccc}
\to & M^{s+1}(U) \oplus M^{s+1}(V) & \to & M^{s+1}(U \cap V) & \to \cdots \\
& \downarrow{\scriptstyle g_U^{s+1} \oplus g_V^{s+1}} & & \downarrow{\scriptstyle g_{U \cap V}^{s+1}} & \\
\to & N^{s+1}(U) \oplus N^{s+1}(V) & \to & N^{s+1}(U \cap V) & \to \cdots
\end{array}$$

In diesem Diagramm ist die untere Zeile die exakte Mayer-Vietories-Sequenz (vgl. (24.37.9.1)) für die Paare offener Mengen (X_U, X_V) und $(X_U \cap X_0, X_V \cap X_0)$; die obere Zeile ist die direkte Summe von $r_0 + r_1 + \cdots + r_n$ exakten Mayer-Vietoris-Sequenzen für das Paar (U, V) (vgl. (24.37.11)), die für negative Exponenten durch Nullen fortgesetzt werden und worin die demselben Wert von s entsprechenden Glieder zusammengefaßt sind (unter Beachtung von $r_{(s+1)-(p+1)} = r_{s-p}$). Wir beweisen die Kommutativität der die Homomorphismen ∂ enthaltenden Quadrate; es ist zu zeigen, daß

$$\partial\left(\pi^*_{U\cap V}(c_{ph}) \smile a^{U\cap V}_{s-p,h}\right) = \pi^*_{U\cup V}(\partial c_{ph}) \smile a^{U\cup V}_{s-p,h}$$

gilt. Dazu sei einerseits u ein relativer $(s-p)$-Kozyklus auf X, modulo X_0, dessen relative Kohomologieklasse $a_{s-p,h}$ ist; andererseits sei v ein p-Kozyklus auf $U \cap V$, dessen Kohomologieklasse c_{ph} ist. Dann ist

$$e = \pi^*_{U\cap V}(c_{ph}) \smile a^{U\cap V}_{s-p,h}$$

die relative Kohomologieklasse des relativen s-Kozyklus $(v \circ \pi) \smile (u \mid X_{U\cap V})$. Um ∂e zu bilden, wird v zu einer Linearform v_1 auf $S_p(U; \Lambda) + S_p(V; \Lambda)$ fortgesetzt, und man kann dann $(v \circ \pi) \smile (u \mid X_{U\cap V})$ zu einer Linearform $(v_1 \circ \pi) \smile u_1$ fortsetzen, wobei u_1 die Einschränkung von u auf

$$\left(S_{s-p}(X_U; \Lambda) + S_{s-p}(X_V; \Lambda)\right)/\left(S_{s-p}(X_U \cap X_0; \Lambda) + S_{s-p}(X_V \cap X_0; \Lambda)\right)$$

ist; da $d_0 u$ ein relativer Korand ist, haben $d_0\left((v_1 \circ \pi) \smile u_1\right)$ und $\left((d_0 v_1) \circ \pi\right) \smile u_1$ dieselbe relative Kohomologieklasse (vgl. (24.31.2.1)), nämlich $\pi^*_{U\cup V}(\partial c_{ph}) \smile a^{U\cup V}_{s-p,h}$. Die Vertifikation der übrigen Kommutativitäten verläuft analog und ist einfacher; um den Beweis des Lemmas abzuschließen genügt es, das Fünferlemma anzuwenden.

Ausgehend von diesen Hilfssätzen beweist man nacheinander in den folgenden drei Fällen, daß die g^s_U bijektiv sind:

A) *U ist endliche Vereinigung ausgezeichneter offener Mengen.* Man schließt mittels vollständiger Induktion nach der Anzahl t dieser offenen Mengen und wendet für $U \cap V \neq \emptyset$ Lemma (24.38.4.4) auf den Fall an, daß U Vereinigung von $t-1$ ausgezeichneten offenen Mengen und V eine ausgezeichnete offene Menge ist, sowie Lemma (24.38.4.3) für $U \cap V = \emptyset$.

B) *U ist Vereinigung einer Familie (U_α) von disjunkten offenen Mengen, wobei jedes U_α endliche Vereinigung von ausgezeichneten offenen Mengen ist.* Man wendet Lemma (24.38.4.3) an.

C) $U = B$. Wie in (24.5.4.3) wird B als Vereinigung einer Folge (V_j) offener Mengen angesehen, deren jede endliche Vereinigung von ausgezeichneten offenen Mengen ist und für die $V_j \cap V_k = \emptyset$ gilt, wenn $|k - j| > 1$ ist; man führt den Beweis wie in (24.38.1) zu Ende, indem man die Hilfssätze (24.38.4.3) und (24.38.4.4) anwendet.

Aufgaben

1. Man betrachte die beiden Mannigfaltigkeiten $X = \mathbf{P}_3(\mathbf{R}) \times \mathbf{S}_2$, $Y = \mathbf{P}_2(\mathbf{R}) \times \mathbf{S}_3$ und zeige, daß für jedes $n \geqq 1$ die Homotopiegruppen $\pi_n(X)$ und $\pi_n(Y)$ isomorph sind. (Man benutze Aufgabe 7 aus Abschnitt 16.30.) Dagegen zeige man, daß $H_n(X; \mathbf{Z})$ für $2 \leqq n \leqq 5$ nicht zu $H_n(Y; \mathbf{Z})$ isomorph ist.

2. Man betrachte die beiden Mannigfaltigkeiten $X = \mathbf{S}_2 \times \mathbf{S}_4$, $Y = \mathbf{P}_3(\mathbf{C})$ und zeige, daß für jedes $n \geqq 0$ die Homologiegruppen $H_n(X; \mathbf{Z})$ und $H_n(Y; \mathbf{Z})$ isomorph sind. Dagegen zeige man, daß $\pi_4(Y) = \{0\}$ ist (man betrachte $\mathbf{S}_7$ als Hauptfaserbündel über der Basis $\mathbf{P}_3(\mathbf{C})$ (vgl. (16.14.10)) und benutze Aufgabe 6 aus Abschnitt 16.30), während $\pi_4(X)$ nicht nur aus dem neutralen Element besteht (man benutze Abschnitt 16.30, Aufgabe 9b)).

3. Es sei $X = \boldsymbol{S}_1 \times \boldsymbol{S}_2$ und Y das Bouquet der drei Sphären $\boldsymbol{S}_1$, $\boldsymbol{S}_2$, $\boldsymbol{S}_3$. Man zeige, daß $H^p(X; \boldsymbol{Z})$ und $H^p(Y; \boldsymbol{Z})$ für $0 \leqq p \leqq 3$ zu $\boldsymbol{Z}$ isomorph sind; ist aber a eine Erzeugende von $H^1(X; \boldsymbol{Z})$ und b eine Erzeugende von $H^2(X; \boldsymbol{Z})$, so gilt $a \smile b \neq 0$, während $a' \smile b' = 0$ für eine Erzeugende a' von $H^1(Y; \boldsymbol{Z})$ und eine Erzeugende b' von $H^2(Y; \boldsymbol{Z})$ gilt, so daß die Kohomologieringe $H^{\cdot}(X; \boldsymbol{Z})$ und $H^{\cdot}(Y; \boldsymbol{Z})$ nicht isomorph sind.

4. Es seien X und Y zwei reine Mannigfaltigkeiten, Λ ein kommutativer Ring. Man zeige: Ist jeder der Kohomologie-Λ-Moduln mit kompakten Trägern $H_c^p(Y; \Lambda)$ frei von endlichem Typ, so existiert ein kanonischer Isomorphismus

$$H_c^{\cdot}(X; \Lambda) \, {}^g\!\oplus_\Lambda H_c^{\cdot}(Y; \Lambda) \xrightarrow{\sim} H_c^{\cdot}(X \times Y; \Lambda).$$

(Man verfahre wie in (24.5.4).)

5. In dieser Aufgabe bezeichnet Λ einen kommutativen *Körper*.

a) Es seien X, Y zwei reine differenzierbare Mannigfaltigkeiten. Man zeige, daß für $p \geqq 0$, $q \geqq 0$ genau eine bilineare Abbildung $(u, a) \to u/a$ von $H^{p+q}(X \times Y; \Lambda) \times H_q(Y; \Lambda)$ in $H^p(X; \Lambda)$ mit der folgenden Eigenschaft existiert: Für $v \in H^p(X; \Lambda)$ und $w \in H^q(Y; \Lambda)$ ist $(\mathrm{pr}_1^*(v) \smile \mathrm{pr}_2^*(w))/a = \langle w, a\rangle v$. Hieraus leite man $(\mathrm{pr}_1^*(s) \smile u)/a = s \smile (u/a)$ für $s \in H^r(X; \Lambda)$ her.

b) Es sei $u \in H^p(X \times Y; \Lambda)$, $v \in H^r(X; \Lambda)$, $w \in H^s(Y; \Lambda)$, $a \in H_q(Y; \Lambda)$ mit $q \leqq p$ und $q \leqq s$. Man zeige, daß

$$(\mathrm{pr}_1^*(v) \smile \mathrm{pr}_2^*(w) \smile u)/a = (-1)^{s(p-q+s)} \big(v \smile (u/(a \frown w))\big)$$

gilt. (Vgl. Abschnitt 24.35, Aufgabe 5.)

c) Man nehme an, X und Y seien kompakt, zusammenhängend sowie orientiert, und es sei $\Lambda = \boldsymbol{R}$. Man zeige: Ist Y n-dimensional, so gilt $u/[Y] = \overset{*}{\underset{Y}{\int}} u$ für jedes $u \in H^{p+n}(X \times Y; \boldsymbol{R})$ (zu den Bezeichnungen vgl. (24.5.9.4)).

6. Es sei $(E, \boldsymbol{S}_n, \pi)$ ein Faserbündel mit der Sphäre $\boldsymbol{S}_n$ $(n \geqq 1)$ als Basis und dem Fasertyp F, und es sei b ein Punkt von $\boldsymbol{S}_n$ sowie $i_b\colon F \to E_b$ ein Diffeomorphismus. Man zeige, daß es für jeden kommutativen Ring Λ eine (mit $0 \to H^0(E; \Lambda)$ beginnende) exakte Sequenz

$$\cdots \to H^p(E; \Lambda) \xrightarrow{i_b^*} H^p(F; \Lambda) \to H^{p-n+1}(F; \Lambda) \to H^{p+1}(E; \Lambda) \to \cdots$$

gibt (*Wangsche Sequenz*). (Man verallgemeinere die Methode aus Abschnitt 24.5, Aufgabe 6; man benutze (24.38.1) und das folgende elementare Lemma aus der Algebra: Sind $u_1\colon M_1 \to N$, $u_2\colon M_2 \to N$ zwei bijektive Abbildungen von Λ-Moduln und ist $u = u_1 + u_2\colon M_1 \oplus M_2 \to N$, so ist $M_1 \oplus M_2$ direkte Summe von Ker (u) und einem zu M_1 und M_2 isomorphen Λ-Modul.)

7. a) Man zeige, daß auf der Stiefelschen Mannigfaltigkeit $\boldsymbol{S}_{n,k}(\boldsymbol{C})$ (vgl. (16.11.6)) eine Faserung $(\boldsymbol{S}_{n,k}(\boldsymbol{C}), \boldsymbol{S}_{2n-1}, \pi)$ existiert, deren Faser für $n \geqq 2$ und $2 \leqq k \leqq n$ zu $\boldsymbol{S}_{n-1,k-1}(\boldsymbol{C})$ diffeomorph ist. (Man benutze, daß $\boldsymbol{S}_{n,k}(\boldsymbol{C})$ zu $\boldsymbol{U}(n)/\boldsymbol{U}(n-k)$ isomorph ist, sowie (16.14.9).)

b) Man zeige, daß $H^{\cdot}(\boldsymbol{S}_{n,k}(\boldsymbol{C}); \boldsymbol{Z})$ ein freier $\boldsymbol{Z}$-Modul ist und daß für $1 \leqq \nu \leqq k$ in $H^{2(n+\nu-k)-1}(\boldsymbol{S}_{n,k}(\boldsymbol{C}); \boldsymbol{Z})$ ein Element $x_\nu \neq 0$ existiert derart, daß die Algebra $H^{\cdot}(\boldsymbol{S}_{n,k}(\boldsymbol{C}); \boldsymbol{Z})$ zur äußeren Algebra des freien $\boldsymbol{Z}$-Moduls $\bigoplus_{\nu=1}^{k} \boldsymbol{Z}x_\nu$ isomorph ist. (Man führe den Beweis mittels vollständiger Induktion nach k. Aus der exakten Wangschen Sequenz (vgl. Aufgabe 6) leite man her, daß für $1 \leqq \nu \leqq k-1$

$$i_b^*\colon H^{2(n+\nu-k)-1}(\boldsymbol{S}_{n,k}(\boldsymbol{C}); \boldsymbol{Z}) \to H^{2(n+\nu-k)-1}(\boldsymbol{S}_{n-1,k-1}(\boldsymbol{C}); \boldsymbol{Z})$$

bijektiv ist. Sind $y_1, \ldots, y_{k-1}$ die Elemente von $H^{\cdot}(\boldsymbol{S}_{n-1,k-1}(\boldsymbol{C}); \boldsymbol{Z})$ derart, daß diese Algebra zur äußeren Algebra von $\bigoplus_{\nu=1}^{k-1} \boldsymbol{Z} y_\nu$ isomorph ist, so zeige man, daß die Elemente $x_\nu = (i_b^*)^{-1}(y_\nu)$ vom Punkt b unabhängig sind. Danach wende man den Satz von LERAY-HIRSCH (vgl. (24.38.4)) an und wähle $x_k = \pi^*(c_{2n-1}^*)$, wobei c_{2n-1}^* die singuläre Kohomologiefundamentalklasse von $\boldsymbol{S}_{2n-1}$ ist (vgl. (24.32.2)). Um zu zeigen, daß $x_\nu \smile x_\nu = 0$ gilt, benutze man die Antikommutativität von $H^\cdot(\boldsymbol{S}_{n,p}(\boldsymbol{C}); \boldsymbol{Z})$ und die Tatsache, daß diese Algebra ein freier $\boldsymbol{Z}$-Modul ist.)

c) Man formuliere und beweise die entsprechenden Ergebnisse für $\boldsymbol{S}_{n,k}(\boldsymbol{H})$.

8. Unter den Voraussetzungen von (24.38.4) nehme man an, daß Λ ein kommutativer *Körper* ist. Man zeige, daß $H_\cdot(X, X_0; \Lambda)$ ein zu dem Tensorprodukt $H_\cdot(B; \Lambda) \oplus_\Lambda H_\cdot(F, F_0; \Lambda)$ kanonisch isomorpher Λ-Vektorraum ist; identifiziert man dieses Tensorprodukt mit $H_\cdot(X, X_0; \Lambda)$, dann ergibt sich für $b \in H_\cdot(B; \Lambda)$, $f \in H_\cdot(F, F_0; \Lambda)$, $u \in H^\cdot(B; \Lambda)$ und $v \in H^\cdot(F, F_0; \Lambda)$

$$\langle \pi^*(u) \smile v, b \otimes f \rangle = \langle u, b \rangle \cdot \langle v, f \rangle.$$

24.39. Gysinsche Sequenz und Eulersche Klasse

24.39.1. Es sei B eine m-dimensionale reine Mannigfaltigkeit, E ein *reelles Vektorbündel* vom Rang N mit der Basis B und der Projektion $\pi: E \to B$; ferner sei E_0 die zum *Nullschnitt* von E (vgl. (16.15.1)) komplementäre offene Menge in E. Das Faserbündel $\xi = (E, B, \pi)$ und die offene Menge E_0 erfüllen dann die Bedingungen von (24.38.3) mit $F = \boldsymbol{R}^N$ und $F_0 = \boldsymbol{R}^N \setminus \{0\}$. Wie in (24.35.12.2) gezeigt wurde, gilt für jeden kommutativen Ring Λ

$$H^p(\boldsymbol{R}^N, \boldsymbol{R}^N \setminus \{0\}; \Lambda) = \{0\} \quad \text{für} \quad p \neq N$$

und $H^N(\boldsymbol{R}^N, \boldsymbol{R}^N \setminus \{0\}; \Lambda) \cong \Lambda$; daher ist die Bedingung 1° des Satzes von LERAY-HIRSCH (vgl. (24.38.4)) für das Faserbündel ξ erfüllt. Die Bedingung 2° ist genau dann erfüllt, wenn in $H^N(E, E_0; \Lambda)$ ein Element u existiert derart, daß $j_b^*(u)$ für jedes $b \in B$ eine *Erzeugende* des zyklischen Λ-Moduls $H^N(\boldsymbol{R}^N, \boldsymbol{R}^N \setminus \{0\}; \Lambda)$ ist. In diesem Fall sagt man, *das Faserbündel ξ* sei *Λ-orientierbar*, und jedes Element u mit obiger Eigenschaft heißt *Λ-Orientierungsklasse* von ξ. Man achte darauf, diesen Begriff nicht mit der *Orientierung* der differenzierbaren Mannigfaltigkeit E (vgl. (16.2.1)) zu verwechseln; ist beispielsweise das Vektorbündel E *trivialisierbar*, so ist das Faserbündel ξ aufgrund von (24.38.1) stets Λ-orientierbar, wohingegen die Mannigfaltigkeit E nur orientierbar ist, wenn B orientierbar ist (vgl. (16.21.9.3)).

Ist das Faserbündel ξ Λ-orientierbar, so ergibt sich aus dem Satz von LERAY-HIRSCH, daß *die Λ-lineare Abbildung*

24.39.1.1. $\Phi_u: c \to \pi^*(c) \smile u$

für jede Λ-Orientierungsklasse u von ξ und jede ganze Zahl $p \in \boldsymbol{Z}$ *ein Isomorphismus von $H^p(B; \Lambda)$ auf $H^{p+N}(E, E_0; \Lambda)$ ist* (wobei wie gewöhnlich die Kohomologiemoduln einer Dimension < 0 durch $\{0\}$ ersetzt werden).

24.39.2. Für E und E_0 betrachten wir jetzt die exakte relative Kohomologiesequenz (vgl. (24.35.8.1))

24.39.2.1.

$$\cdots \to H^r(E, E_0; \Lambda) \xrightarrow{a} H^r(E; \Lambda) \xrightarrow{i^*} H^r(E_0; \Lambda) \xrightarrow{\partial} H^{r+1}(E, E_0; \Lambda) \to \cdots,$$

wobei $i\colon E_0 \to E$ die kanonische injektive Abbildung ist und a die Abbildung, die der relativen Kohomologieklasse eines relativen Kozyklus seine „absolute“ Kohomologieklasse zuordnet. Man beachte ferner, daß B, identifiziert mit dem Nullschnitt von E, ein *Homotopieretrakt* von E (vgl. (24.2.7)), und folglich die Abbildung $\pi^*\colon H^\cdot(B;\Lambda) \to H^\cdot(E;\Lambda)$ *bijektiv* ist und als inverse Abbildung die Abbildung „Nullschnitt“

$$\mathbf{0}^*\colon H^\cdot(E;\Lambda) \to H^\cdot(B;\Lambda)$$

besitzt. Unter Verwendung dieser Isomorphismen und der Isomorphismen (24.39.1.1) gelangt man zu dem folgenden Ergebnis:

24.39.3. *Es sei E ein reelles Vektorbündel vom Rang N mit der Basis B und der Projektion π derart, daß das Faserbündel $\xi = (E, B, \pi)$ Λ-orientierbar ist. Dann gibt es für jede Λ-Orientierungsklasse u eine exakte Sequenz*

24.39.3.1.

$$\cdots \to H^p(B;\Lambda) \xrightarrow{\smile e_u(\xi)} H^{p+N}(B;\Lambda) \xrightarrow{\pi_0^*} H^{p+N}(E_0;\Lambda) \xrightarrow{\Psi_u} H^{p+1}(B;\Lambda) \to \cdots,$$

die mit $0 \to H^{-N}(B;\Lambda)$ beginnt; in dieser Sequenz ist $\pi_0 = \pi \circ i\colon E_0 \to B$ die kanonische Projektion, $\smile e_u(\xi)$ die Abbildung $c \to c \smile e_u(\xi)$ mit $e_u(\xi) = \mathbf{0}^*\big(a(u)\big) \in H^N(B;\Lambda)$, und $\Psi_u = \Phi_u^{-1} \circ \partial$ (exakte Gysinsche Sequenz). (Man schreibt auch $e_u(E)$ anstelle von $e_u(\xi)$.)

Nach Definition ist nämlich die in dieser Sequenz vorkommende Abbildung $H^p(B;\Lambda) \to H^{p+N}(B;\Lambda)$ die zusammengesetzte Abbildung

$$H^p(B;\lambda) \xrightarrow{\Phi_u} H^{p+N}(E, E_0;\Lambda) \xrightarrow{a} H^{p+N}(E;\Lambda) \xrightarrow{\mathbf{0}^*} H^{p+N}(B;\Lambda),$$

für die daher $c \to \mathbf{0}^*\Big(a\big(\pi^*(c) \smile u\big)\Big)$ geschrieben werden kann; nach Definition (24.35.11) ist aber $a\big(\pi^*(c) \smile u\big) = \pi^*(c) \smile a(u)$, also

$$\mathbf{0}^*\Big(a\big(\pi^*(c) \smile u\big)\Big) = \mathbf{0}^*\big(\pi^*(c) \smile a(u)\big) = c \smile \mathbf{0}^*\big(a(u)\big).$$

Um (24.39.3) anwenden zu können, benötigt man Kriterien für die Λ-Orientierbarkeit.

24.39.4. *Für jedes reelle Vektorbündel E vom Rang N über einer reinen Mannigfaltigkeit B ist das Faserbündel $\xi = (E, B, \pi)$ $\boldsymbol{F}_2$-orientierbar, und es existiert in $H^N(E, E_0; \boldsymbol{F}_2)$ eine einzige $\boldsymbol{F}_2$-Orientierungsklasse.*

Der Beweis erfolgt in denselben Schritten wie in (24.38.4).

I. *Der Fall, in dem $E = B \times \boldsymbol{R}^N$, $E_0 = B \times (\boldsymbol{R}^N \setminus \{0\})$ ist.* Da die Menge $H^N(\boldsymbol{R}^N, \boldsymbol{R}^N \setminus \{0\}; \boldsymbol{F}_2)$ aus zwei Elementen 0 und v besteht, ergibt sich aus (24.38.1), daß die Abbildung $c \to \mathrm{pr}_1^*(c) \smile u$ mit $u = \mathrm{pr}_2^*(v)$ ein Isomorphismus von $H^0(B;\boldsymbol{F}_2)$ auf $H^N(E, E_0;\boldsymbol{F}_2)$ ist. Bezeichnet (B_α) die Familie der zusammenhängenden Komponenten von B, so läßt sich ein Element $c \in H^0(B;\boldsymbol{F}_2)$ mit der Familie (c_α) seiner Einschränkungen auf die B_α identifizieren, und da $H^0(B_\alpha;\boldsymbol{F}_2)$ mit $\boldsymbol{F}_2$ identifiziert ist, kann nur $c_\alpha = 0$ oder $c_\alpha = 1$ gelten; für ein $b \in B_\alpha$ gilt aber $j_b^*\big(\mathrm{pr}_1^*(c) \smile u\big) = 1$ nur, wenn $c_\alpha = 1$ ist. Damit ist gezeigt, daß u die einzige $\boldsymbol{F}_2$-Orientierungsklasse von E ist.

II. Wir sagen, eine offene Menge $U \subset B$ besitze die Eigenschaft $\mathrm{P}(U)$, wenn die Aussage (24.39.4) für die durch ξ auf $\pi^{-1}(U)$ induzierte Faserung ξ_U gilt und darüber hinaus

$$H^p(\pi^{-1}(U), \pi^{-1}(U) \cap E_0; \boldsymbol{F}_2) = \{0\} \quad \text{für} \quad p < N$$

ist. Aus I. und (24.38.1) ergibt sich, daß $\mathrm{P}(U)$ gilt, wenn E über U trivialisierbar ist. Aus denselben Gründen wie in (24.38.4) läßt sich das Problem auf den Beweis der folgenden beiden Hilfssätze zurückführen:

24.39.4.1. *Ist U Vereinigung einer Familie (U_α) von paarweise disjunkten offenen Mengen und gilt $\mathrm{P}(U_\alpha)$ für jedes α, so gilt $\mathrm{P}(U)$.*

Das trifft offenbar zu, was das Verschwinden der Kohomologiemoduln für Dimensionen $< N$ anbelangt (vgl. (24.35.6)); ist andererseits u_α ein Element von $H^N(\pi^{-1}(U_\alpha), \pi^{-1}(U_\alpha) \cap E_0; \boldsymbol{F}_2)$ und $u = (u_\alpha)$, so sind die Aussagen „$j_b^*(u) \neq 0$ für jedes $b \in U$" und „$j_b^{(\alpha)*}(u) \neq 0$ für jedes α und jedes $b \in U_\alpha$" äquivalent, wobei $j_b^{(\alpha)}$ die injektive Abbildung j_b bezeichnet, aufgefaßt als Abbildung von $\boldsymbol{R}^N$ auf $\pi^{-1}(b)$, das als Faser von $\pi^{-1}(U_\alpha)$ angesehen wird.

24.39.4.2. *Sind U, V zwei offene Mengen aus B mit $U \cap V \neq \emptyset$ und gelten $\mathrm{P}(U)$, $\mathrm{P}(V)$ sowie $\mathrm{P}(U \cap V)$, so gilt auch $\mathrm{P}(U \cup V)$.*

Wir setzen $M^p(U) = H^p(\pi^{-1}(U), \pi^{-1}(U) \cap E_0; \boldsymbol{F}_2)$. Dann zeigt die exakte Mayer-Vietoris-Sequenz $M^{p-1}(U \cap V) \to M^p(U \cup V) \to M^p(U) \oplus M^p(V)$ für $p < N$, daß $M^p(U \cup V) = \{0\}$ ist. Für $p = N$ ergibt sich die exakte Mayer-Vietoris-Sequenz

$$0 \to M^N(U \cup V) \xrightarrow{f} M^N(U) \oplus M^N(V) \xrightarrow{g} M^N(U \cap V).$$

Es seien u, v die $\boldsymbol{F}_2$-Orientierungsklassen für die Faserbündel ξ_U bzw. ξ_V. Nach Voraussetzung sind ihre Einschränkungen auf $\pi^{-1}(U \cap V)$ beide gleich der $\boldsymbol{F}_2$-Orientierungsklasse von $\xi_{U \cap V}$; nach Definition von g (vgl. (24.37.10)) ist daher $g(u, -v) = 0$. Das bedeutet aber, daß $(u, -v)$ zum Bild von f gehört, und da f injektiv ist, gibt es genau eine Klasse $w \in M^N(U \cup V)$, deren Einschränkungen auf $\pi^{-1}(U)$ und $\pi^{-1}(V)$ die Klassen u bzw. v sind; w ist daher die $\boldsymbol{F}_2$-Orientierungsklasse von $\xi_{U \cup V}$.

24.39.5. Der in (16.21.1) definierte Begriff der orientierbaren Mannigfaltigkeit läßt sich in folgender Weise verallgemeinern: In den Bezeichnungen von (24.39.1) sei daran erinnert, daß sich für zwei Repère-Abbildungen $\varphi: U \times \boldsymbol{R}^N \to \pi^{-1}(U)$, $\varphi': U' \times \boldsymbol{R}^N \to \pi^{-1}(U')$ von E der Übergangsdiffeomorphismus von φ' nach φ in der Gestalt (vgl. (16.15.1.1))

24.39.5.1. $(x, \mathbf{t}) \to (x, \mathrm{A}(x) \cdot \mathbf{t})$

schreiben läßt, wobei $x \to \mathrm{A}(x)$ eine Abbildung der Klasse C^∞ von $U \times U'$ in $\boldsymbol{GL}(N, \boldsymbol{R})$ ist. Man erhält dann den folgenden, (16.21.1) verallgemeinernden Satz:

24.39.6. *Die folgenden Bedingungen sind äquivalent:*

a) *Es existiert ein stetiger Schnitt $\boldsymbol{w}$ von $\bigwedge^N E$ über B mit $\boldsymbol{w}(x) \neq 0$ für jedes $x \in B$.*

b) *Es existiert eine offene Überdeckung $\mathfrak{U}$ von B derart, daß für jedes $U \in \mathfrak{U}$ das Vektorbündel E über U trivialisierbar ist und daß für U, U' aus $\mathfrak{U}$ mit $U \cap U' \neq \emptyset$ der Übergangsdiffeomorphismus (24.39.5.1) die Eigenschaft besitzt, daß $\det(\mathrm{A}(x)) > 0$ ist für jedes $x \in U \cap U'$.*

Wenn E das Kotangentialbündel $T(B)^*$ ist, so erhält man Satz (16.21.1) wieder, dessen Beweis wir auch kopieren wollen. Zunächst zeigen wir, daß b) aus a) folgt.

Dazu wählen wir eine offene Überdeckung $\mathfrak{U}$ von B, deren sämtliche Elemente zusammenhängend sind. Ist $\varphi\colon (y, \xi^1, \ldots, \xi^N) \to \xi^1 \mathbf{s}_1(y) + \cdots + \xi^N \mathbf{s}_N(y)$ eine Repère-Abbildung von E über U (vgl. (16.15.1)), so kann die Einschränkung von $\boldsymbol{w}$ auf U in der Gestalt

$$y \to w_U(y) \, \big(\mathbf{s}_1(y) \wedge \cdots \wedge \mathbf{s}_N(y)\big)$$

geschrieben werden, wobei w_U eine stetige Abbildung von U in $\boldsymbol{R}$ ist. Da in U nach Voraussetzung $w_U(y) \neq 0$ gilt und U zusammenhängend ist, kann $w_U(y) > 0$ in U (vgl. (3.19.8)) vorausgesetzt werden (notwendigenfalls ändert man das Vorzeichen von $\mathbf{s}_1$). Sind dann U, U' aus $\mathfrak{U}$ und ist $U \cap U' \neq \emptyset$, so gilt $w_U(y) = \det\big(\mathrm{A}(y)\big)\, w_{U'}(y)$ für jedes $y \in U \cap U'$.

Um zu beweisen, daß a) aus b) folgt, kann man annehmen, indem man $\mathfrak{U}$ durch eine feinere offene Überdeckung ersetzt, daß $\mathfrak{U}$ eine höchstens abzählbare lokal endliche Familie (U_k) ist, für die es zu jedem Index k eine Repère-Abbildung

$$(y, \xi^1, \ldots, \xi^N) \to \xi^1 \mathbf{s}_{1k}(y) + \cdots + \xi^N \mathbf{s}_{Nk}(y)$$

gibt. Es sei (f_k) eine (U_k) untergeordnete und aus Funktionen der Klasse C^∞ bestehende Zerlegung der Einheit auf B; setzt man $\boldsymbol{w}_k(x) = 0$ für $x \notin U_k$ und $\boldsymbol{w}_k(x) = f_k(x)\, \mathbf{s}_{1k}(x) \wedge \cdots \wedge \mathbf{s}_{Nk}(x)$ für $x \in U_k$, so ist $\boldsymbol{w}_k$ ein stetiger Schnitt von $\bigwedge^N E$ über B. Da jedes $x \in B$ eine Umgebung besitzt, die nur endlich viele der U_k schneidet, ist die Summe $\boldsymbol{w} = \sum_k \boldsymbol{w}_k$ definiert und ein stetiger Schnitt von $\bigwedge^N E$ über B; es bleibt zu zeigen, daß $\boldsymbol{w}(x) \neq 0$ gilt für jedes $x \in B$. Es seien $h_0, h_1, \ldots, h_m$ die Indizes k mit $x \in U_k$. Nach Voraussetzung kann für jedes j, $1 \leqq j \leqq m$,

$$\mathbf{s}_{1,h_j}(x) \wedge \cdots \wedge \mathbf{s}_{N,h_j}(x) = g_j \mathbf{s}_{1,h_0}(x) \wedge \cdots \wedge \mathbf{s}_{N,h_0}(x)$$

mit $g_j(x) > 0$ geschrieben werden; daher ist

$$\boldsymbol{w}(x) = \left(f_{h_0}(x) + \sum_{j=1}^{m} g_j(x)\, f_{h_j}(x)\right) \mathbf{s}_{1,h_0}(x) \wedge \cdots \wedge \mathbf{s}_{N,h_0}(x);$$

da die $f_k(x)$ nicht negativ sind und $f_{h_0}(x) + \sum_{j=1}^{m} f_{h_j}(x) = 1$ gilt, ist wenigstens ein f_{h_i} *für* $0 \leqq i \leqq m$ größer als 0, woraus $\boldsymbol{w}(x) \neq 0$ folgt.

24.39.7. Wir nennen *das Faserbündel* $\xi = (E, B, \pi)$ *orientierbar*, wenn die äquivalenten Bedingungen von (24.39.6) erfüllt sind. Ist E *trivialisierbar*, so ist ξ offenbar orientierbar. Für ein orientierbares Faserbündel ξ definieren wir eine *Äquivalenzrelation* auf den stetigen Schnitten von $\bigwedge^N E$ über B, die in jedem Punkt $\neq 0$ sind: Zwei derartige Schnitte $\boldsymbol{w}_1$, $\boldsymbol{w}_2$ sind äquivalent, wenn in der Gleichung $\boldsymbol{w}_1(x) = \lambda(x)\, \boldsymbol{w}_2(x)$ der Skalar $\lambda(x)$ in jedem Punkt $x \in B$ größer als 0 ist. Die dieser Relation entsprechenden Äquivalenzklassen heißen *Orientierungen von* ξ, und das aus ξ und einer seiner Orientierungen bestehende Paar wird ein *orientiertes Faserbündel* genannt. Gehört $\boldsymbol{w}$ zu einer Orientierung, so gehört $-\boldsymbol{w}$ zur *entgegengesetzten* Orientierung. Die Angabe einer Orientierung von ξ definiert auf jedem Vektorraum E_x, der Faser von E im Punkt $x \in B$, eine Orientierung, und zwar die durch den N-Vektor $\boldsymbol{w}(x)$ definierte, wobei $\boldsymbol{w}$ ein beliebiger, zur betrachteten Orientierung gehörender stetiger Schnitt von $\bigwedge^N E$ ist.

Ferner beachte man hier, daß ein *Faserbündel* ξ nichtorientierbar sein kann, obwohl die *Mannigfaltigkeit* E orientierbar ist (vgl. Abschnitt 16.21, Aufgabe 4).

Ist eine n-dimensionale reine *Mannigfaltigkeit* X orientierbar, so bedeutet das offenbar, daß das *Faserbündel* $(T(X), X, o_X)$ orientierbar ist; die Wahl einer Orientierung auf X, d. h. einer n-Form v mit $v(x) \neq 0$ in jedem Punkt, bestimmt in kanonischer Weise eine Orientierung von $(T(X), X, o_X)$ durch die Wahl eines Schnittes $\boldsymbol{w}$ von $\overset{n}{\wedge} T(X)$ mit $\langle v(x), \boldsymbol{w}(x)\rangle = 1$ für jedes $x \in X$.

24.39.8. Ist E ein *komplexes* Vektorbündel mit der Basis B und dem komplexen Rang N und bezeichnet $E_{\boldsymbol{R}}$ das E unterliegende *reelle* Vektorbündel vom Rang $2N$ (vgl. (16.15.1)), so ist das Faserbündel $\xi = (E_{\boldsymbol{R}}, B, \pi)$ *orientierbar* und besitzt eine *kanonische Orientierung.* Man braucht nämlich nur *Repère-Abbildungen von E* (und nicht von $E_{\boldsymbol{R}}$) zu betrachten, für die $\mathrm{A}(x)$ in (24.39.5.1) ein *Endomorphismus von* $\boldsymbol{C}^N$ ist; dann weiß man (vgl. (16.21.13.2)), daß $\det(\mathrm{A}(x)) > 0$ gilt, wenn man $\mathrm{A}(x)$ als Endomorphismus von $\boldsymbol{R}^{2N}$ auffaßt. Die in (24.39.6) angegebene Konstruktion des Schnittes $\boldsymbol{w}$, bei der nur Repère-Abbildungen von E verwendet wurden, zeigt daher, daß alle so konstruierten Schnitte *äquivalent* sind; ihre Äquivalenzklasse ist die *kanonische Orientierung* von ξ (oder von E).

24.39.9. Für *jeden* kommutativen Ring Λ *sind die orientierbaren Faserbündel* Λ*-orientierbar.* Um dieses ((24.39.4) verallgemeinernde) Ergebnis genauer formulieren zu können, sei daran erinnert, daß wir in $H^N(\boldsymbol{R}^N, \boldsymbol{R}^N \setminus \{0\}; \boldsymbol{Z})$ eine ausgezeichnete Erzeugende e_N^* definiert hatten, die sogenannte *Kohomologiefundamentalklasse von* $\boldsymbol{R}^N$ *modulo* $\boldsymbol{R}^N \setminus \{0\}$ (vgl. (24.35.14)); für jeden kommutativen Ring Λ wird das kanonische Bild von e_N^* in $H^N(\boldsymbol{R}^N, \boldsymbol{R}^N \setminus \{0\}; \Lambda) = H^N(\boldsymbol{R}^N, \boldsymbol{R}^N \setminus \{0\}; \boldsymbol{Z}) \otimes_{\boldsymbol{Z}} \Lambda$ wiederum *Kohomologiefundamentalklasse* (*mit Koeffizienten in* Λ) genannt und mit e_N^* bezeichnet.

Ist ein Vektorbündel $\xi = (E, B, \pi)$ *orientiert,* so wird für jedes $b \in B$ die Auswahl der injektiven Abbildungen $j_b\colon \boldsymbol{R}^N \to E$ (vgl. (24.38.3)) auf diejenigen *eingeschränkt,* für welche $j_b(\mathbf{e}_1) \wedge \cdots \wedge j_b(\mathbf{e}_N)$ bezüglich der kanonischen Basis $(\mathbf{e}_k)_{1 \leq k \leq N}$ Produkt von $\boldsymbol{w}(b)$ mit *einem Skalar* > 0 ist, und zwar für jeden zur Orientierung von ξ gehörenden Schnitt $\boldsymbol{w}$. (Mit anderen Worten, j_b, aufgefaßt als eine bijektive Abbildung von $\boldsymbol{R}^N$ auf E_b, *erhält die Orientierung.*)

Ist j_b' eine zweite injektive Abbildung mit dieser Eigenschaft, so gilt offenbar $j_b' = j_b \circ \mathrm{A}(b)$, wobei $\det(\mathrm{A}(b))$ für den Endomorphismus $\mathrm{A}(b)$ von $\boldsymbol{R}^N$ positiv ist; da der Endomorphismus $(\mathrm{A}(b))^*$ von $H^N(\boldsymbol{R}^N, \boldsymbol{R}^N \setminus \{0\}; \boldsymbol{Z})$ dann die Identität ist (vgl. (24.35.13)), erhält man $j_b'^* = j_b^*$.

Ausgehend von diesen Präzisierungen ergibt sich:

24.39.10. *Es sei* $\xi = (E, B, \pi)$ *ein orientiertes Vektorbündel vom Rang N. Für jeden kommutativen Ring* Λ *existiert in* $H^N(E, E_0; \Lambda)$ *genau eine* Λ*-Orientierungsklasse u derart, daß* $j_b^*(u)$ *für jedes* $b \in B$ *die Kohomologiefundamentalklasse in* $H^N(\boldsymbol{R}^N, \boldsymbol{R}^N \setminus \{0\}; \Lambda)$ *ist.*

Es genügt, den Beweis von (24.39.4) Punkt für Punkt zu wiederholen und dabei überall „die $\boldsymbol{F}_2$-Orientierungsklasse" durch „die Λ-Orientierungsklasse, deren Bilder vermöge der Abbildungen j_b^* gleich der relativen Kohomologiefundamentalklasse sind" zu ersetzen. Man nennt u wieder die *kanonische* Λ*-Orientierungsklasse* in $H^N(E, E_0; \Lambda)$; ersetzt man die Orientierung von ξ durch die entgegengesetzte Orientierung, so ändert u das Vorzeichen.

24.39.10.1. Bemerkung. Aus der Kommutativität des Diagramms (24.35.10.1) sowie der Definition der Kohomologiefundamentalklasse in $H^N(\boldsymbol{R}^N, \boldsymbol{R}^N \setminus \{0\}; \Lambda)$ folgt, daß das kanonische Bild der kanonischen $\boldsymbol{Z}$-Orientierungsklasse vermöge des kanonischen Homomorphismus

$$H^N(E, E_0; \boldsymbol{Z}) \to H^N(E, E_0; \Lambda)$$

die kanonische Λ-Orientierungsklasse ist.

24.39.11. Unter den Voraussetzungen von (24.39.10) und in denselben Bezeichnungen wird unter der *Eulerschen Klasse* des orientierten Faserbündels $\xi = (E, B, \pi)$ das in (24.39.3) mit $e_u(\xi)$ bezeichnete *Element von* $H^N(B; \boldsymbol{Z})$ verstanden und mit $e(\xi)$ oder $e(E)$ bezeichnet, wobei u die *kanonische* $\boldsymbol{Z}$*-Orientierungsklasse* von ξ ist. Aus dieser Definition ergibt sich, daß $e(\xi)$ *sein Vorzeichen ändert*, wenn die Orientierung von ξ durch die entgegengesetzte Orientierung ersetzt wird.

Für jeden kommutativen Ring Λ ist das Bild von $e(\xi)$ vermöge des kanonischen Homomorphismus $H^N(B; \boldsymbol{Z}) \to H^N(B; \Lambda)$ das Element $e_v(\xi)$, wobei v die kanonische Λ-Orientierungsklasse ist; $e_v(\xi)$ wird die *Eulersche Klasse mit Koeffizienten in* Λ (*reelle* Eulersche Klasse für $\Lambda = \boldsymbol{R}$) von ξ oder von E genannt.

Existiert ein *orientierungserhaltender B-Isomorphismus* (vgl. Abschnitt 16.12) g von einem orientierten Faserbündel $\xi' = (E', B, \pi')$ auf ein orientiertes Faserbündel $\xi = (E, B, \pi)$, so gilt für ihre Eulerschen Klassen $e(\xi') = e(\xi)$. Für jedes $b \in B$ kann nämlich angenommen werden, daß für die injektiven Abbildungen $j_b\colon \boldsymbol{R}^N \to E$ und $j'_b\colon \boldsymbol{R}^N \to E'$ die Beziehung $j_b = g \circ j'_b$ gilt, also $j'^*_b(g^*(u)) = j^*_b(u)$ ist für die kanonische $\boldsymbol{Z}$-Orientierungsklasse u von ξ, was nach (24.39.10) zeigt, daß $g^*(u)$ die kanonische $\boldsymbol{Z}$-Orientierungsklasse von ξ' ist; da $a(g^*(u)) = g^*(a(u))$ ist und $\pi'^* = g^* \circ \pi^*$, gilt

$$e(\xi') = (\pi'^*)^{-1}\big(g^*(a(u))\big) = (\pi^*)^{-1}\big(a(u)\big) = e(\xi).$$

Eine äquivalente Definition von $e(\xi)$ ist die folgende: Bezeichnet man den Isomorphismus $H^N(B; \boldsymbol{Z}) \to H^{2N}(E, E_0; \boldsymbol{Z})$ aus (24.39.1.1) mit Φ_u, so gilt

24.39.11.1. $e(\xi) = \Phi_u^{-1}(u \smile u)$.

Nach Definition ist nämlich $e(\xi) = (\pi^*)^{-1}\big(a(u)\big)$, also $\Phi_u\big(e(\xi)\big) = a(u) \smile u$; (24.35.11.1) zufolge gilt in der Algebra $H^\bullet(E, E_0; \boldsymbol{Z})$ aber $a(u) \smile u = u \smile u$.

Aus dieser Formel ergibt sich das folgende Korollar:

24.39.12. *Ist der Rang N von E ungerade, so gilt $2e(\xi) = 0$ im $\boldsymbol{Z}$-Modul $H^N(B; \boldsymbol{Z})$.*

Die Algebra $H^\bullet(E, E_0; \boldsymbol{Z})$ ist nämlich antikommutativ (vgl. (24.35.10)), also $u \smile u = (-1)^{N^2} u \smile u$, und folglich $2(u \smile u) = 0$.

24.39.13. *Besitzt E über B einen stetigen Schnitt, der in jedem Punkt $\neq 0$ ist, so gilt $e(\xi) = 0$.*

Die Voraussetzung besagt, daß ein stetiger Schnitt $f\colon B \to E_0$ des Faserraums E_0 existiert, oder auch, daß die zusammengesetzte Abbildung

$$B \xrightarrow{f} E_0 \xrightarrow{i} E \xrightarrow{\pi} B$$

(wobei $i\colon E_0 \to E$ die kanonische injektive Abbildung bezeichnet) die Identität ist.

Folglich ergibt die entsprechende zusammengesetzte Abbildung

$$H^N(B;\boldsymbol{Z}) \xrightarrow{\pi^*} H^N(E;\boldsymbol{Z}) \xrightarrow{i^*} H^N(E_0;\boldsymbol{Z}) \xrightarrow{f^*} H^N(B;\boldsymbol{Z})$$

ebenfalls die Identität. Es gilt aber $\pi^*(e(\xi)) = a(u)$ und aufgrund der Exaktheit der Sequenz (24.39.2.1) $i^*(a(u)) = 0$; also ist $e(\xi) = 0$.

24.39.14. *Es sei $f\colon B' \to B$ eine Abbildung der Klasse C^∞ von einer reinen Mannigfaltigkeit B' in eine reine Mannigfaltigkeit B, und es sei E ein Vektorbündel vom Rang N über der Basis B, dessen Faserbündel $\xi = (E, B, \pi)$ orientierbar ist. Dann ist das Faserbündel $\xi' = (f^*(E), B', \pi')$ orientierbar. Ist $\boldsymbol{w}$ ein zu einer Orientierung von ξ gehörender Schnitt von $\overset{N}{\wedge} E$ und $\boldsymbol{w}' = f^*(\boldsymbol{w})$, so gehört $\boldsymbol{w}'$ zu einer Orientierung von ξ'. Wenn man ξ und ξ' mit diesen Orientierungen versieht, erhält man für die Eulerschen Klassen die Beziehung*

24.39.14.1. $e(f^*(E)) = f^*(e(E))$.

Ist $\boldsymbol{w}$ ein stetiger Schnitt von $\overset{N}{\wedge} E$ über B, der in jedem Punkt $\neq 0$ ist, so kann sein inverses Bild $f^*(\boldsymbol{w})$ mit einem stetigen Schnitt von $\overset{N}{\wedge} f^*(E)$ identifiziert werden (vgl. (16.19.3)), der offenbar in jedem Punkt von B' von 0 verschieden ist; hieraus folgt die erste Behauptung. Wir setzen $E' = f^*(E)$, und es sei $g\colon E' \to E$ der kanonische Morphismus (vgl. Abschnitt 16.19), dessen Einschränkung auf B' gleich f ist, wenn man B (bzw. B') mit dem Nullschnitt von E (bzw. E') identifiziert; es sei $E_0' = g^{-1}(E_0)$ das Komplement von B' in E'. Aufgrund der Wahl der Orientierungen von ξ und ξ' kann $j_{f(b')} = g \circ j_{b'}$ für jedes $b' \in B'$ angenommen werden (vgl. (24.39.9)). Daher ist $j_{b'}^*(g^*(u)) = j_{f(b')}^*(u)$ die Kohomologiefundamentalklasse aus $H^N(\boldsymbol{R}^N, \boldsymbol{R}^N \setminus \{0\};\boldsymbol{Z})$; $u' = g^*(u)$ ist folglich die kanonische $\boldsymbol{Z}$-Orientierungsklasse von E'. Der Satz folgt dann aus der Definition der Eulerschen Klasse und den kommutativen Diagrammen (vgl. (24.35.9.1))

$$\begin{array}{ccccc}
H^N(E, E_0;\boldsymbol{Z}) & \xrightarrow{a} & H^N(E;\boldsymbol{Z}) & \xleftarrow{\pi^*} & H^N(B;\boldsymbol{Z}) \\
\downarrow{\scriptstyle g^*} & & \downarrow{\scriptstyle g^*} & & \downarrow{\scriptstyle g^*} \\
H^N(E', E_0';\boldsymbol{Z}) & \xrightarrow[a']{} & H^N(E';\boldsymbol{Z}) & \xleftarrow[\pi'^*]{} & H^N(B';\boldsymbol{Z})
\end{array}$$

Die wichtigste Eigenschaft der Eulerschen Klassen ist die folgende:

24.39.15. *Es sei B eine reine Mannigfaltigkeit, E', E'' seien zwei reelle Vektorbündel mit der Basis B und dem Rang N' bzw. N''. Sind die Faserbündel von E' und E'' orientierbar, so auch das Faserbündel von $E = E' \oplus E''$, und ist $\boldsymbol{w}'$ (bzw. $\boldsymbol{w}''$) ein überall von 0 verschiedener stetiger Schnitt von $\overset{N'}{\wedge} E'$ (bzw. $\overset{N''}{\wedge} E''$), so ist $\boldsymbol{w} = \boldsymbol{w}' \otimes \boldsymbol{w}''$ ein überall von 0 verschiedener stetiger Schnitt von $\overset{N'+N''}{\wedge} E$. Versieht man die Faserbündel von E', E'' und E mit den durch $\boldsymbol{w}'$, $\boldsymbol{w}''$ bzw. $\boldsymbol{w}$ definierten Orientierungen, so erhält man für die Eulerschen Klassen die Beziehung*

24.39.15.1. $e(E' \oplus E'') = e(E') \smile e(E'')$.

Zunächst beachten wir, daß $\overset{N'+N''}{\wedge} E$ kanonisch mit $\left(\overset{N'}{\wedge} E'\right) \otimes \left(\overset{N''}{\wedge} E''\right)$ identifiziert werden kann (vgl. (A.30.9)); ist $\boldsymbol{w}'$ (bzw. $\boldsymbol{w}''$) ein überall von 0 verschiedener stetiger Schnitt von $\bigwedge^{N'} E'$ (bzw. $\bigwedge^{N''} E''$) über B, so ist daher $\boldsymbol{w}' \otimes \boldsymbol{w}''$ ein überall von 0 verschiedener stetiger Schnitt von $\bigwedge^{N'+N''} E$, womit gezeigt ist, daß das Faserbündel von E orientierbar ist. Wir identifizieren B nun mit den Nullschnitten der betrachteten Vektorraumbündel und bezeichnen mit E_0', E_0'' und E_0 die jeweiligen Komplemente von B in E', E'' bzw. E. Es sei daran erinnert (vgl. (16.16.1)), daß es kanonische injektive B-Morphismen $i' : E' \to E$, $i'' : E'' \to E$ und kanonische surjektive B-Morphismen $p' : E \to E'$, $p'' : E \to E''$ gibt. Dieselbe Überlegung wie in (24.2.7) zeigt, daß $i' \circ p'$ (bzw. $i'' \circ p''$) zur Identität homotop ist; sind $i_0' : E_0' \to E \setminus E''$, $i_0'' : E_0'' \to E \setminus E'$ die Einschränkungen von i' und i'', $p_0' : E \setminus E'' \to E_0'$, $p_0'' : E \setminus E' \to E_0''$ die Einschränkungen von p' und p'', so sind $i_0' \circ p_0'$ und $i_0'' \circ p_0''$ ebenfalls zur Identität homotop. Aus (24.35.9.1) und dem Fünferlemma ergibt sich dann, daß die kanonischen Homomorphismen

$$p'^* : H^{\cdot}(E', E_0'; \boldsymbol{Z}) \to H^{\cdot}(E, E \setminus E''; \boldsymbol{Z}), \qquad p''^* : H^{\cdot}(E'', E_0''; \boldsymbol{Z}) \to H^{\cdot}(E, E \setminus E'; \boldsymbol{Z})$$

bijektiv sind. Es seien nun $u' \in H^{N'}(E', E_0'; \boldsymbol{Z})$, $u'' \in H^{N''}(E'', E_0''; \boldsymbol{Z})$ die kanonischen $\boldsymbol{Z}$-Orientierungsklassen von E' und E'', und wir betrachten ihre Bilder

$$p'^*(u') \in H^{N'}(E, E \setminus E''; \boldsymbol{Z}) \quad \text{sowie} \quad p''^*(u'') \in H^{N''}(E, E \setminus E'; \boldsymbol{Z});$$

da $E \setminus E'$ und $E \setminus E''$ offene Mengen in E sind, bilden sie ein Ausschneidungspaar (vgl. (24.37.3)), und ihre Vereinigung ergibt E_0; also ist das Cup-Produkt $p'^*(u') \smile p''^*(u'')$ definiert und ein Element aus $H^{N'+N''}(E, E_0; \boldsymbol{Z})$ (vgl. (24.37.13)). Ist u die kanonische $\boldsymbol{Z}$-Orientierungsklasse von E, so zeigen wir nun, daß

24.39.15.2. $u = p'^*(u') \smile p''^*(u'')$

gilt. Es genügt nachzuweisen, daß für jedes $b \in B$ das Element $j_b^*(p'^*(u') \smile p''^*(u''))$ die Kohomologiefundamentalklasse in $H^{N'+N''}(\boldsymbol{R}^{N'+N''}, \boldsymbol{R}^{N'+N''} \setminus \{0\}; \boldsymbol{Z})$ ist. Nun gilt aufgrund der Definition (24.37.12) und (24.31.1.2) zufolge

$$j_b^*(p'^*(u') \smile p''^*(u'')) = j_b^*(p'^*(u')) \smile j_b^*(p''^*(u'')).$$

Es seien $\pi' : \boldsymbol{R}^{N'+N''} \to \boldsymbol{R}^{N'}$, $\pi'' : \boldsymbol{R}^{N'+N''} \to \boldsymbol{R}^{N''}$ die kanonischen Projektionen; es kann angenommen werden, daß die injektiven Abbildungen $j_b' : \boldsymbol{R}^{N'} \to E'$, $j_b'' : \boldsymbol{R}^{N''} \to E''$ so gewählt sind, daß $p' \circ j_b = j_b' \circ \pi'$ und $p'' \circ j_b = j_b'' \circ \pi''$ ist, also

$$j_b^*(p'^*(u')) \smile j_b^*(p''^*(u'')) = \pi'^*(j_b'^*(u')) \smile \pi''^*(j_b''^{**}(u'')).$$

Nach Voraussetzung sind aber $j_b'^*(u') = e_{N'}^*$, $j_b''^*(u'') = e_{N''}^*$ Kohomologiefundamentalklassen. Der Beweis von (24.39.15.2) ist also auf den Fall zurückgeführt, daß B *nur aus einem Punkt besteht*, was von nun an auch angenommen wird.

Es seien $f_{N'}$ und $f_{N''}$ die in (24.35.14) definierten Kozyklen, deren relative Kohomologieklassen $e_{N'}^*$ und $e_{N''}^*$ sind; der $(N' + N'')$-Kozyklus $F = (f_{N'} \circ \pi') \smile (f_{N''} \circ \pi'')$ ist ein Kozyklus des Differential-$\boldsymbol{Z}$-Moduls

24.39.15.3. $\big(S_{\cdot}(\boldsymbol{R}^{N'+N''}; \boldsymbol{Z}) / \big(S_{\cdot}(\boldsymbol{R}^{N'+N''} \setminus \boldsymbol{R}^{N''}; \boldsymbol{Z}) + S_{\cdot}(\boldsymbol{R}^{N'+N''} \setminus \boldsymbol{R}^{N'}; \boldsymbol{Z})\big)\big)^*;$

es muß gezeigt werden, daß seine entsprechende Kohomologieklasse das Bild von

$e^*_{N'+N''}$ vermöge des für die Kohomologie aus der kanonischen Abbildung

$$S^{\cdot}(\boldsymbol{R}^{N'+N''}, \boldsymbol{R}^{N'+N''} \setminus \{0\}; \boldsymbol{Z})$$
$$\to \big(S_{\cdot}(\boldsymbol{R}^{N'+N''}; \boldsymbol{Z})/(S_{\cdot}(\boldsymbol{R}^{N'+N''} \setminus \boldsymbol{R}^{N''}; \boldsymbol{Z}) + S_{\cdot}(\boldsymbol{R}^{N'+N''} \setminus \boldsymbol{R}^{N'}; \boldsymbol{Z}))\big)^*$$

abgeleiteten Isomorphismus (vgl. (24.37.6.3)) ist, wobei benutzt wird, daß $\boldsymbol{R}^{N'+N''} \setminus \{0\} = (\boldsymbol{R}^{N'+N''} \setminus \boldsymbol{R}^{N''}) \cup (\boldsymbol{R}^{N'+N''} \setminus \boldsymbol{R}^{N'})$ ist und die beiden Mengen auf der rechten Seite offen sind. Aus der Tatsache, daß man ausgehend von dieser Abbildung zu einem Isomorphismus für die Kohomologie gelangt, folgt, daß es in $S^{\cdot}(\boldsymbol{R}^{N'+N''}, \boldsymbol{R}^{N'+N''} \setminus \{0\}; \boldsymbol{Z})$ einen $(N' + N'')$-Kozyklus g gibt und *in dem Differential-$\boldsymbol{Z}$-Modul* (24.39.15.3) eine $(N' + N'' - 1)$-Kokette h mit $F = g + d_0 h$. Es muß gezeigt werden, daß $e^*_{N'+N''}$ die Kohomologieklasse von g ist; in den Bezeichnungen von (24.35.14) genügt es dazu nachzuweisen, daß $\langle g, x_{N'+N''}\rangle = 1$ ist. Nun gilt $\langle d_0 h, x_{N'+N''}\rangle = \langle h, \mathfrak{b}_0 x_{N'+N''}\rangle = \langle h, y_{N'+N''-1}\rangle$ (zu den Bezeichnungen vgl. (24.28.3)), und nach Definition ist der Träger jedes in $y_{N'+N''-1}$ vorkommenden singulären Simplexes entweder in $\boldsymbol{R}^{N'+N''} \setminus \boldsymbol{R}^{N''}$ oder in $\boldsymbol{R}^{N'+N''} \setminus \boldsymbol{R}^{N'}$ enthalten; da h nach Definition für alle diese singulären Simplexe verschwindet, bleibt zu zeigen, daß $\langle F, x_{N'+N''}\rangle = 1$ gilt, was aufgrund von (24.35.14) äquivalent zum Beweis der Beziehung $\langle F, x^{(N')}_{N'+N''}\rangle = (-1)^{N'+1}$ ist.

Wir betrachten nun ein singuläres Simplex (vgl. (24.28.3))

$$s = (\varepsilon_0 \mathbf{e}_{\sigma(0)}\ \varepsilon_0 \mathbf{e}_{\sigma(0)} + \varepsilon_1 \mathbf{e}_{\sigma(1)} \ldots \varepsilon_0 \mathbf{e}_{\sigma(0)} + \cdots + \varepsilon_{N'-1} \mathbf{e}_{\sigma(N'-1)}\ 0$$
$$\varepsilon_0 \mathbf{e}_{\sigma(0)} + \cdots + \varepsilon_{N'} \mathbf{e}_{\sigma(N')} \ldots \varepsilon_0 \mathbf{e}_{\sigma(0)} + \cdots + \varepsilon_{N'+N''-1} \mathbf{e}_{\sigma(N'+N''-1)}),$$

das in $x^{(N')}_{N'+N''}$ vorkommt. Definition (24.31.1.1) zufolge ist

$$\langle F, s\rangle = \langle f_{N'}, s'\rangle \langle f_{N''}, s''\rangle,$$

wobei

$$s' = \big(\varepsilon_0 \pi'(\mathbf{e}_{\sigma(0)}) \ldots \varepsilon_0 \pi'(\mathbf{e}_{\sigma(0)}) + \cdots + \varepsilon_{N'-1} \pi'(\mathbf{e}_{\sigma(N'-1)})\ 0\big),$$
$$s'' = \big(0\ \varepsilon_0 \pi''(\mathbf{e}_{\sigma(0)}) + \cdots + \varepsilon_{N'} \pi''(\mathbf{e}_{\sigma(N')})$$
$$\cdots \varepsilon_0 \pi''(\mathbf{e}_{\sigma(0)}) + \cdots + \varepsilon_{N'+N''-1} \pi''(\mathbf{e}_{\sigma(N'+N''-1)})\big)$$

gesetzt wurde.

Zunächst findet man $\langle F, s\rangle = 0$, wenn einer der Vektoren $\pi'(\mathbf{e}_{\sigma(j)})$ für einen Index j, $0 \leqq j \leqq N' - 1$, gleich 0 ist, denn dann sind wenigstens zwei Ecken des singulären Simplexes s' gleich, und es gilt daher $\langle f_{N'}, s'\rangle = 0$ (vgl. (24.35.14)); für $0 \leqq j \leqq N' - 1$ müssen daher alle $\mathbf{e}_{\sigma(j)}$ in $\boldsymbol{R}^{N'}$ liegen, und das einzige singuläre Simplex s' mit $\langle f_{N'}, s'\rangle \neq 0$ ist dann (vgl. (24.35.14))

$$s' = (\mathbf{e}_0\ \mathbf{e}_0 + \mathbf{e}_1 \ldots \mathbf{e}_0 + \mathbf{e}_1 + \cdots + \mathbf{e}_{N'-1}\ 0),$$

für das $\langle f_{N'}, s'\rangle = (-1)^{N'+1}$ gilt. Man braucht daher nur diejenigen Permutationen σ zu betrachten, für welche $\sigma(j) = j$ gilt für $0 \leqq j \leqq N' - 1$, woraus folgt, daß die $\mathbf{e}_{\sigma(k)}$ für $N' \leqq k \leqq N' + N'' - 1$ in $\boldsymbol{R}^{N''}$ liegen. Das einzige singuläre Simplex s'' mit $\langle f_{N''}, s''\rangle \neq 0$ ist dann aber (vgl. (24.35.14))

$$s'' = (0\ \mathbf{e}_{N'}\ \mathbf{e}_{N'} + \mathbf{e}_{N'+1} \ldots \mathbf{e}_{N'} + \cdots + \mathbf{e}_{N'+N''-1}),$$

und für letzteres gilt $\langle f_{N''}, s''\rangle = 1$. Damit ist (24.39.15) bewiesen.

24.39.16. Für ein reelles Vektorbündel E vom Rang N (mit *orientierbarem oder nichtorientierbarem* Faserbündel) über einer reinen Mannigfaltigkeit B wird unter der *Eulerschen Klasse modulo* 2 von E (oder von dem Faserbündel $\xi = (E, B, \pi)$) das in (24.39.3) mit $e_u(\xi)$ bezeichnete Element aus $H^N(B; \boldsymbol{F}_2)$ verstanden und mit $e_2(E)$ oder $e_2(\xi)$ bezeichnet, wobei u die $\boldsymbol{F}_2$-Orientierungsklasse in $H^N(E, E_0; \boldsymbol{F}_2)$ ist (vgl. (24.39.4)). Die Aussagen (24.39.11.1), (24.39.13), (24.39.14) und (24.39.15) bleiben gültig, wenn man darin e durch e_2 ersetzt; es genügt nämlich, in den Beweisen überall $\boldsymbol{Z}$ durch $\boldsymbol{F}_2$ zu ersetzen und diese ansonsten unverändert zu lassen. Wenn E orientiert ist, stimmt $e_2(E)$ mit der in (24.39.11) definierten Eulerschen Klasse mit Koeffizienten in $\boldsymbol{F}_2$ überein.

24.39.17. *Es sei B eine* kompakte *reine Mannigfaltigkeit und E ein reelles Vektorbündel vom Rang N über B derart, daß das Faserbündel $\xi = (E, B, \pi)$ orientierbar ist. Dann ist der $\boldsymbol{Z}$-Modul $H^{\cdot}(E_0; \boldsymbol{Z})$ von endlichem Typ, und für die $\boldsymbol{Z}$-Moduln endlichen Typs* Im (π_0^*) *sowie* Coker (π_0^*) *gilt*

24.39.17.1. $$\operatorname{rg}\big(\operatorname{Im}(\pi_0^*)\big) = \operatorname{rg}\big(\operatorname{Coker}(\pi_0^*)\big) = \frac{1}{2}\operatorname{rg}\big(H^{\cdot}(E_0; \boldsymbol{Z})\big).$$

Wie in der Gysinschen Sequenz (24.39.3.1) $H^{p+N}(B; \boldsymbol{Z})$ und $H^{p+1}(B; \boldsymbol{Z})$ von endlichem Typ sind (vgl. (24.27.1)), so sind die Bilder von $H^{p+N}(B; \boldsymbol{Z})$ und von $H^{p+N}(E_0; \boldsymbol{Z})$ von endlichem Typ. $H^{p+N}(E_0; \boldsymbol{Z})$ ist ein Untermodul von $H^{p+1}(B; \boldsymbol{Z})$; dieser ist aber isomorph zum Kokern von $\pi_0^*: H^{p+N}(B; \boldsymbol{Z}) \to H^{p+N}(E_0; \boldsymbol{Z})$ und daher $H^{p+N}(E_0; \boldsymbol{Z})$ von endlichem Typ. Dasselbe trifft auf $H^{\cdot}(E_0; \boldsymbol{Z})$ zu, da die $H^p(B; \boldsymbol{Z})$ für hinreichend großes p gleich 0 sind. Betrachtet man den Homomorphismus

$$\smile e(\xi): H^{\cdot}(B; \boldsymbol{Z}) \to H^{\cdot}(B; \boldsymbol{Z}),$$

so zeigt die Gysinsche Sequenz ferner, daß $\operatorname{Im}(\pi_0^*) \cong \operatorname{Coker}\big(\smile e(\xi)\big)$ und $\operatorname{Coker}(\pi_0^*) \cong \operatorname{Ker}\big(\smile e(\xi)\big)$ gilt; andererseits ist $\operatorname{rg}\big(\operatorname{Coker}(\smile e(\xi))\big) = \operatorname{rg}\big(\operatorname{Ker}(\smile e(\xi))\big)$ (vgl. (A.34.4)) und

$$\operatorname{rg}\big(\operatorname{Im}(\pi_0^*)\big) + \operatorname{rg}\big(\operatorname{Coker}(\pi_0^*)\big) = \operatorname{rg}\big(H^{\cdot}(E_0; \boldsymbol{Z})\big)$$

(vgl. (A.34.3)), woraus die Behauptung folgt.

24.39.18. Ebenso stellt man fest, daß für ein Vektorbündel E (mit orientierbarem oder nichtorientierbarem Faserbündel) über einer *kompakten* reinen Mannigfaltigkeit B der $\boldsymbol{F}_2$-Vektorraum $H^{\cdot}(E_0; \boldsymbol{F}_2)$ endlichdimensional ist und daß für die Dimensionen der $\boldsymbol{F}_2$-Vektorräume Im (π_0^*) sowie Coker (π_0^*) die Beziehung

24.39.18.1. $$\dim\big(\operatorname{Im}(\pi_0^*)\big) = \dim\big(\operatorname{Coker}(\pi_0^*)\big) = \frac{1}{2}\dim\big(H^{\cdot}(E_0; \boldsymbol{F}_2)\big)$$

gilt.

Anwendung: *Eulersche Klasse eines Normalenbündels und Lefschetzsche Klasse*

24.39.19. *Es sei X eine reine n-dimensionale Riemannsche Mannigfaltigkeit, Y eine reine kompakte p-dimensionale Untermannigfaltigkeit, N das Normalenbündel von Y bezüglich X* (vgl. (20.12.2)) *und N_0 die zum Nullschnitt komplementäre* (*und mit Y identifizierte*) *offene Teilmenge von N. Dann existiert ein kanonischer Isomorphismus $H^{\cdot}(X, X \setminus Y; \Lambda) \xrightarrow{\sim} H^{\cdot}(N, N_0; \Lambda)$.*

In (24.7.1.1) wurde gezeigt: Bezeichnet $N(\varepsilon)$ die aus den Vektoren $\mathbf{h}_y$ mit $\|\mathbf{h}_y\| < \varepsilon$ bestehende offene Umgebung von Y in N, so ist die Einschränkung der Exponentialabbildung von X auf $N(\varepsilon)$ für hinreichend kleines ε ein Diffeomorphismus auf eine offene Umgebung V_ε von Y in X; es gibt also einen Ausschneidungsisomorphismus (vgl. (24.37.7))

$$H^{\cdot}(X, X \setminus Y; \Lambda) \xrightarrow{\sim} H^{\cdot}(V_\varepsilon, V_\varepsilon \setminus Y; \Lambda),$$

da die Vereinigung der offenen Mengen $X \setminus Y$ und V_ε gleich X und ihr Durchschnitt gleich $V_\varepsilon \setminus Y$ ist. Andererseits definiert die Exponentialabbildung durch Strukturübertragung einen Isomorphismus $H^{\cdot}(V_\varepsilon, V_\varepsilon \setminus Y; \Lambda) \xrightarrow{\sim} H^{\cdot}(N(\varepsilon), N(\varepsilon) \setminus Y; \Lambda)$; da schließlich die Vereinigung der offenen Mengen $N \setminus Y = N_0$ und $N(\varepsilon)$ gleich N und ihr Durchschnitt gleich $N(\varepsilon) \setminus Y$ ist, erhält man wieder einen Ausschneidungsisomorphismus $H^{\cdot}(N(\varepsilon), N(\varepsilon) \setminus Y; \Lambda) \xrightarrow{\sim} H^{\cdot}(N, N_0; \Lambda)$. Die Unabhängigkeit des zusammengesetzten Isomorphismus von der Wahl von ε ergibt sich daraus, daß für $\eta < \varepsilon$ der Isomorphismus $H^{\cdot}(X, X \setminus Y; \Lambda) \xrightarrow{\sim} H^{\cdot}(V_\eta, V_\eta \setminus Y; \Lambda)$ aus den Ausschneidungsisomorphismen

$$H^{\cdot}(X, X \setminus Y; \Lambda) \xrightarrow{\sim} H^{\cdot}(V_\varepsilon, V_\varepsilon \setminus Y; \Lambda) \xrightarrow{\sim} H^{\cdot}(V_\eta, V_\eta \setminus Y; \Lambda)$$

zusammengesetzt ist, sowie aus der analogen Eigenschaft in N.

Wir setzen jetzt voraus, daß das Normalenbündel N *orientiert* ist, und es sei u seine Λ-Orientierungsklasse (vgl. (24.39.10)); u ist also das Bild einer wohlbestimmten relativen Kohomologieklasse

24.39.19.1. $u_Y \in H^{n-p}(X, X \setminus Y; \Lambda)$.

24.39.20. *Wir nehmen an, das Normalenbündel N sei orientiert, und es sei $j\colon Y \to X$ die kanonische injektive Abbildung; dann ist das Bild der Klasse u_Y vermöge des zusammengesetzten Homomorphismus*

24.39.20.1. $H^{n-p}(X, X \setminus Y; \Lambda) \xrightarrow{a} H^{n-p}(X; \Lambda) \xrightarrow{j^*} H^{n-p}(Y; \Lambda)$

die Kohomologieklasse $e_u(N)$.

Unter Beibehaltung der im Beweis von (24.39.19) verwendeten Bezeichnungen erkennt man unmittelbar, daß die Abbildung $f\colon \mathbf{h}_y \to \exp\left(\dfrac{\varepsilon \mathbf{h}_y}{1 + \|\mathbf{h}_y\|}\right)$ ein Diffeomorphismus von N auf V_ε ist, der die Punkte von Y fest läßt; man erhält daher ein kommutatives Diagramm

$$\begin{array}{ccccc}
H^{n-p}(N, N_0; \Lambda) & \xrightarrow{a} & H^{n-p}(N; \Lambda) & \xrightarrow{0^*} & H^{n-p}(Y; \Lambda) \\
{\scriptstyle f^*}\downarrow\wr & & {\scriptstyle f^*}\downarrow\wr & & \| \\
H^{n-p}(V_\varepsilon, V_\varepsilon \setminus Y; \Lambda) & \xrightarrow[a]{} & H^{n-p}(V_\varepsilon; \Lambda) & \xrightarrow[j'^*]{} & H^{n-p}(Y; \Lambda)
\end{array}$$

wobei $0\colon Y \to N$ der Nullschnitt von N ist und j' dieselbe Abbildung, aufgefaßt als injektive Abbildung von Y in V_ε. Weiterhin ergibt sich ein Diagramm linearer

Abbildungen

$$\begin{array}{ccccc} H^{n-p}(V_\varepsilon, V_\varepsilon \setminus Y; \Lambda) & \xrightarrow{a} & H^{n-p}(V_\varepsilon; \Lambda) & \xrightarrow{j'^*} & H^{n-p}(Y; \Lambda) \\ {\scriptstyle i^*}\downarrow\wr & & {\scriptstyle i^*}\downarrow\wr & & \| \\ H^{n-p}(X, X \setminus Y; \Lambda) & \xrightarrow[a]{} & H^{n-p}(X; \Lambda) & \xrightarrow[j^*]{} & H^{n-p}(Y; \Lambda) \end{array}$$

wobei $i\colon V_\varepsilon \to X$ und $j\colon Y \to X$ die kanonischen injektiven Abbildungen sind und der linke vertikale Pfeil der Ausschneidungsisomorphismus; offenbar ist das rechte Quadrat kommutativ, und die Kommutativität des linken Quadrats ist eine Folgerung aus (24.35.9.1).

Berücksichtigt man die Definition $e_u(N) = \mathbf{0}^*\big(a(u)\big)$ (vgl. (24.39.3)), so ergibt sich der Satz aus den beiden vorhergehenden Diagrammen.

24.39.21. Es sei X eine reine n-dimensionale Riemannsche Mannigfaltigkeit; ist $\boldsymbol{g}$ die Riemannsche Metrik von X, so läßt sich folgendermaßen in kanonischer Weise auf der Produktmannigfaltigkeit $X \times X$ eine Riemannsche Metrik $\boldsymbol{g}_2$ definieren. Für jeden Punkt $(x, y) \in X \times X$ wird der Tangentialraum $T_{(x,y)}(X \times X)$ kanonisch mit $T_x(X) \times T_y(X)$ identifiziert; sind $\mathbf{h}_1$, $\mathbf{k}_1$ Vektoren aus $T_x(X)$, $\mathbf{h}_2$, $\mathbf{k}_2$ Vektoren aus $T_y(X)$, so wird

24.39.21.1. $\langle \boldsymbol{g}_2(x, y), (\mathbf{h}_1, \mathbf{h}_2) \otimes (\mathbf{k}_1, \mathbf{k}_2)\rangle = \langle \boldsymbol{g}(x), \mathbf{h}_1 \otimes \mathbf{k}_1\rangle + \langle \boldsymbol{g}(y), \mathbf{h}_2 \otimes \mathbf{k}_2\rangle$

gesetzt; man erkennt unmittelbar, daß $\boldsymbol{g}_2$ eine Riemannsche Metrik ist.

In der so definierten Riemannschen Mannigfaltigkeit $X \times X$ betrachten wir nun die abgeschlossene Untermannigfaltigkeit $\Delta(X)$, die sogenannte *Diagonale*; es sei daran erinnert (vgl. (16.8.13)), daß die Diagonalabbildung $\delta\colon x \to (x, x)$ ein Diffeomorphismus von X auf $\Delta(X)$ ist. Außerdem gilt:

24.39.22. *Es existiert ein kanonischer Isomorphismus (δ, ϱ) des Tangentialbündels $T(X)$ auf das Normalenbündel N von $\Delta(X)$ bezüglich $X \times X$.*

Ein Tangentialvektor $(\mathbf{h}_1, \mathbf{h}_2)$ an $X \times X$ im Punkt (x, x) ist nämlich genau dann tangential zu $\Delta(X)$, wenn $\mathbf{h}_1 = \mathbf{h}_2$ gilt; (24.39.21.1) zufolge ist daher ein Vektor $(\mathbf{h}_1, \mathbf{h}_2)$ aus $T_{(x,x)}(X \times X)$ genau dann normal zu $\Delta(X)$, wenn $(\mathbf{h}_1 + \mathbf{h}_2 \mid \mathbf{k})$ für jedes $\mathbf{k} \in T_x(X)$ gleich 0 ist, d. h., wenn $\mathbf{h}_1 = -\mathbf{h}_2$ gilt. Den gesuchten kanonischen Isomorphismus erhält man also, indem man $\varrho(\mathbf{h}_x) = (-\mathbf{h}_x, \mathbf{h}_x)$ setzt für jedes $\mathbf{h}_x \in T_x(X)$; die Definition der Tangentialbündel (vgl. (16.15.4)) zeigt nämlich unmittelbar, daß ϱ zur Klasse C^∞ gehört.

Hieraus folgt insbesondere, daß das Normalenbündel N genau dann *orientierbar* ist, wenn das Faserbündel $\big(T(X), X, o_X\big)$ orientierbar ist, d. h., *wenn die Mannigfaltigkeit X orientierbar ist.*

24.39.23. Wir wollen uns jetzt auf den Fall beschränken, daß X eine n-dimensionale *kompakte, zusammenhängende* und *orientierte* Mannigfaltigkeit sowie $\Lambda = \boldsymbol{R}$ ist. Das Normalenbündel N von $\Delta(X)$ in $X \times X$ orientieren wir durch Strukturübertragung vermittels des kanonischen Isomorphismus (δ, ϱ) durch die Orientierung von $T(X)$; daher gibt es in $H^n(N, N_0; \boldsymbol{R})$ eine wohlbestimmte $\boldsymbol{R}$-Orientierungsklasse u, und ihr entspricht (24.39.19) zufolge in

$$H^n\big(X \times X, X \times X \setminus \Delta(X); \boldsymbol{R}\big)$$

eine wohlbestimmte Kohomologieklasse $u_{\Delta(X)}$.

24.39.24. *Unter den Voraussetzungen von* (24.39.23) *sei* i_x *für jedes* $x \in X$ *die Abbildung* $y \to (x, y)$ *von* X *in* $X \times X$. *Dann gilt*

24.39.24.1. $i_x^*(u_{\Delta(X)}) = e_x^*$

in $H^n(X, X \setminus \{x\}; \boldsymbol{R})$ (vgl. (24.37.12)).

Man benutzt (24.39.19), wobei X durch $X \times X$ und Y durch $\Delta(X)$ ersetzt wird. Zunächst beachten wir, daß die Exponentialabbildung der Riemannschen Mannigfaltigkeit $X \times X$ gerade die Abbildung $(\mathbf{h}_1, \mathbf{h}_2) \to (\exp(\mathbf{h}_1), \exp(\mathbf{h}_2))$ ist, wobei auf der rechten Seite die Exponentialabbildung von X steht. Das ergibt sich unmittelbar aus der Definition (24.39.21.1) und der Tatsache, daß $(x, y) \to (\mathbf{e}_1'(x), \ldots, \mathbf{e}_n'(x), \mathbf{e}_1''(y), \ldots, \mathbf{e}_n''(y))$ ein Repèrefeld von $X \times X$ in der Umgebung von (x_0, y_0) ist, wenn $x \to (\mathbf{e}_1'(x), \ldots, \mathbf{e}_n'(x))$ ein Repèrefeld von X in der Umgebung von x_0 und $y \to (\mathbf{e}_1''(y), \ldots, \mathbf{e}_n''(y))$ ein Repèrefeld von X in der Umgebung von y_0 ist; die lokale Darstellung (vgl. (20.9.6)) des der Metrik $\boldsymbol{g}_2$ entsprechenden Levi-Civita-Zusammenhangs sowie die Gleichung der Geodätischen in lokalen Koordinaten (vgl. (18.6.1.3)) zeigen dann sogleich, daß jede Geodätische in $X \times X$ von der Gestalt $t \to (v_1(t), v_2(t))$ ist, wobei $t \to v_1(t)$ und $t \to v_2(t)$ Geodätische in X sind; damit ist die Behauptung bewiesen.

Die Umgebungen $N(\varepsilon)$ von $\Delta(X)$ in N und V_ε von $\Delta(X)$ in $X \times X$ seien wie im Beweis von (24.39.19) definiert, und es seien u' sowie $u'_{\Delta(X)}$ die Bilder von u und $u_{\Delta(X)}$ vermöge der Ausschneidungsisomorphismen in $H^n(N(\varepsilon), N(\varepsilon) \setminus \Delta(X); \boldsymbol{R})$ und $H^n(V_\varepsilon, V_\varepsilon \setminus \Delta(X); \boldsymbol{R})$, so daß $\exp^*(u'_{\Delta(X)}) = u'$ ist (hierbei handelt es sich um die Exponentialabbildung von $X \times X$). Es sei $j_{(x,x)}$ eine orientierungserhaltende lineare Isometrie von $\boldsymbol{R}^n$ auf die Faser $N_{(x,x)}$ von N im Punkt (x, x). Wird $j_{(x,x)}$ als eine injektive Abbildung von $\boldsymbol{R}^n$ in N aufgefaßt, so ist nach Definition $j_{(x,x)}^*(u) = e_n^*$, d. h. gleich der relativen Kohomologiefundamentalklasse in $H^n(\boldsymbol{R}^n, \boldsymbol{R}^n \setminus \{0\}; \boldsymbol{R})$ (vgl. (24.39.10)); folglich ist $j_{(x,x)}^*(u') = e_n'^*$, d. h. gleich dem Bild von e_n^* vermöge des Ausschneidungsisomorphismus in $H^n(B_\varepsilon, B_\varepsilon \setminus \{0\}; \boldsymbol{R})$, wobei B_ε die offene Kugel mit dem Mittelpunkt 0 und dem Radius ε in $\boldsymbol{R}^n$ ist, denn $j_{(x,x)}(B_\varepsilon)$ ist der Durchschnitt

$$N_{(x,x),\varepsilon} = N_{(x,x)} \cap N(\varepsilon).$$

Aufgrund von (24.37.12) und unter Berücksichtigung der Ausschneidungsisomorphismen genügt es zu zeigen, daß es einen orientierungserhaltenden Diffeomorphismus ψ von B_ε auf eine offene Umgebung W_ε von x in X gibt, für den

$$\psi^*(i_x^*(u'_{\Delta(X)})) = e_n'^*$$

gilt, wobei i_x hier die Abbildung $y \to (x, y)$ von W_ε in V_ε bezeichnet.

Nun wurde in (24.39.22) eine orientierungserhaltende lineare bijektive Abbildung $\varrho_x\colon \mathbf{h}_x \to (-\mathbf{h}_x, \mathbf{h}_x)$ des Tangentialraumes $T_x(X)$ auf $N_{(x,x)}$ definiert; das Bild von $N_{(x,x),\varepsilon}$ vermöge ϱ_x^{-1} ist die offene Kugel $T_{x,\varepsilon/\sqrt{2}}\colon \|\mathbf{h}_x\| < \varepsilon/\sqrt{2}$ in $T_x(X)$. Man kann ε hinreichend klein voraussetzen, so daß die Abbildung $\exp_x$ (wobei es sich um die Exponentialabbildung von X handelt) ein Diffeomorphismus von $T_{x,\varepsilon/\sqrt{2}}$ auf eine offene Umgebung W_ε von x in X ist (vgl. (18.4.6)). Wir wollen zeigen, daß die zusammengesetzte Abbildung

$$\psi\colon B_\varepsilon \xrightarrow{j_{(x,x)}} N_{(x,x)} \xrightarrow{\varrho_x^{-1}} T_{x,\varepsilon/\sqrt{2}} \xrightarrow{\exp_x} W_\varepsilon,$$

welche die Orientierung erhält, das Gewünschte leistet.

Mit $\exp_{(x,x)}$ bezeichnen wir die Einschränkung der Exponentialabbildung von $X \times X$ auf $N_{(x,x)}$; es genügt nachzuweisen, daß die Abbildungen $\psi^* \circ i_x^*$ und $j_{(x,x)}^* \circ \exp^* = j_{(x,x)}^* \circ \exp_{(x,x)}^*$ *übereinstimmen.* Aufgrund der Definition von ψ erhalten wir das daraus, daß die Abbildungen $\exp_{(x,x)}$ und $i_x \circ \exp_x \circ \varrho_x^{-1}$ von $N_{(x,x)}$ in V_ε *homotop* sind vermöge einer x fest lassenden Homotopie (vgl. (24.35.9)). Nun können diese Abbildungen den eingangs gemachten Bemerkungen zufolge in der Gestalt

$$\mathbf{k} \to \left(\exp_x\left(-\varrho_x^{-1}(\mathbf{k})\right), \exp_x\left(\varrho_x^{-1}(\mathbf{k})\right)\right) \quad \text{und} \quad \mathbf{k} \to \left(x, \exp_x\left(\varrho_x^{-1}(\mathbf{k})\right)\right)$$

geschrieben werden; die Abbildung $(\mathbf{k}, t) \to \left(\exp_x\left(-t\varrho_x^{-1}(\mathbf{k})\right), \exp_x\left(\varrho_x^{-1}(\mathbf{k})\right)\right)$ von $N_{(x,x),\varepsilon} \times [0,1]$ in V_ε liefert die gesuchte Homotopie. Damit ist der Beweis abgeschlossen.

24.39.25. *Unter den Voraussetzungen von* (24.39.23) *ist das kanonische Bild* $a(u_{\Delta(X)})$ *in* $H^n(X \times X; \boldsymbol{R})$ *die Lefschetzsche Klasse* l_X (vgl. (24.6.10)).

Wir verifizieren für diese Kohomologieklasse die Bedingung (24.6.11), welche die Lefschetzsche Klasse charakterisiert. Als erstes findet man das kommutative Diagramm

$$\begin{array}{ccc} H^n\big(X \times X, X \times X \setminus \Delta(X); \boldsymbol{R}\big) & \xrightarrow{a} & H^n(X \times X; \boldsymbol{R}) \\ \downarrow{\scriptstyle i_x^*} & & \downarrow{\scriptstyle i_x^*} \\ H^n(X, X \setminus \{x\}; \boldsymbol{R}) & \xrightarrow[a]{} & H^n(X; \boldsymbol{R}) \end{array}$$

(vgl. (24.35.9.1)); da das Bild $a(e_x^*)$ bekanntlich (vgl. (24.37.12.1)) die Kohomologiefundamentalklasse e_X^* von X ist, gilt (24.39.24.1) zufolge $i_x^*\big(a(u_{\Delta(X)})\big) = e_X^*$. Aus diesem Ergebnis leiten wir zunächst her, daß in den Bezeichnungen von (24.5.9)

24.39.25.1. $\overset{*}{\underset{X}{⨍}} a(u_{\Delta(X)}) = 1$

gilt, wobei 1 hier das Einheitselement von $H^0(X; \boldsymbol{R})$ bezeichnet (partielle Integration über den zweiten Faktor von $X \times X$). Es sei etwa ω eine n-Differentialform der Klasse C^∞ auf $X \times X$, deren Kohomologieklasse $a(u_{\Delta(X)})$ ist. In den Bezeichnungen von (24.5.8) erkennt man unmittelbar, daß in der lokalen Darstellung von ω die einzigen Glieder, die einen Beitrag $\neq 0$ in $\underset{X}{⨍} g_i\omega$ liefern, die Glieder in $c(x, y)\, dy^1 \wedge \cdots \wedge dy^n$ sind, d. h. die Glieder der n-Form ${}^t i_X(\omega)$, so daß sich $\left(\underset{X}{⨍} \omega\right)(x) = \int_X {}^t i_x(\omega)$ ergibt; die Beziehung $i_x^*\big(a(u_{\Delta(X)})\big) = e_X^*$ besagt aber, daß letzteres Integral gleich 1 ist (vgl. (24.6.3)), woraus Formel (24.39.25.1) folgt.

Um die Bedingung (24.6.11) zu verifizieren genügt es, folgendes Lemma zu beweisen:

24.39.25.2. *Für jede Kohomologieklasse* $c \in H^p(X; \boldsymbol{R})$ *gilt*

24.39.25.3. $a(u_{\Delta(X)}) \smile \mathrm{pr}_1^*(c) = a(u_{\Delta(X)}) \smile \mathrm{pr}_2^*(c)$.

Aus (24.5.10.1) ergibt sich nämlich, daß aufgrund von (24.39.25.1)

$$\overset{*}{\underset{X}{⨍}} \left(a(u_{\Delta(X)}) \smile \mathrm{pr}_1^*(c)\right) = \left(\overset{*}{\underset{X}{⨍}} a(u_{\Delta(X)})\right) \smile c = c$$

gilt und damit

$$\overset{*}{\underset{X}{f}} \left(a(u_{\Delta(X)}) \smile \mathrm{pr}_2^* (c)\right) = c.$$

Beim Beweis von Lemma (24.39.25.2) beachten wir: Ist $j\colon V_\varepsilon \to X \times X$ (in den Bezeichnungen von (24.39.24)) die kanonische injektive Abbildung, so gilt für den Ausschneidungsisomorphismus

$$j^*\colon H^{n+p}\big(X \times X, X \times X \setminus \Delta(X); \boldsymbol{R}\big) \to H^{n+p}\big(V_\varepsilon, V_\varepsilon \setminus \Delta(X); \boldsymbol{R}\big)$$

aufgrund von (24.35.11.2) $j^*(b \smile u_{\Delta(X)}) = j^*(b) \smile u'_{\Delta(X)}$ für jede Kohomologieklasse $b \in H^p(X \times X; \boldsymbol{R})$. Wendet man dieses Ergebnis auf $b = \mathrm{pr}_1^* (c)$ und $b = \mathrm{pr}_2^* (c)$ an, so braucht man nur zu zeigen, daß $j^*\big(\mathrm{pr}_1^* (c)\big) = j^*\big(\mathrm{pr}_2^* (c)\big)$ ist, und dazu genügt es nachzuweisen, daß die Abbildungen $\mathrm{pr}_1 \circ j$ und $\mathrm{pr}_2 \circ j$ von V_ε in X homotop sind vermöge einer die Punkte von $\Delta(X)$ fest lassenden Homotopie (vgl. (24.35.9)). Wählt man ε hinreichend klein und benutzt man den durch die Exponentialabbildung von $X \times X$ gegebenen Diffeomorphismus von $N(\varepsilon)$ auf V_ε sowie den Diffeomorphismus ϱ von $T(X)$ auf N (vgl. (24.39.22)), so gelangt man durch Strukturübertragung dahin, zu beweisen, daß die beiden Abbildungen $\mathbf{k} \to \exp(\mathbf{k})$, $\mathbf{k} \to \exp(-\mathbf{k})$ einer Umgebung U von X in $T(X)$ homotop sind vermöge einer die Punkte von X fest lassenden Homotopie (hier ist exp die Exponentialabbildung von X). Offenbar ist aber die Abbildung $(\mathbf{k}, t) \to \exp(t\mathbf{k})$ von $U \times [-1, 1]$ in X eine solche Homotopie. Damit ist der Beweis abgeschlossen.

Aus diesem Ergebnis erhält man das folgende Korollar:

24.39.26. (i) *Für jede kompakte zusammenhängende orientierte reine Mannigfaltigkeit X der Dimension n ist die reelle Eulersche Klasse $e\big(T(X)\big)$ des Tangentialbündels $T(X)$ in $H^n(X; \boldsymbol{R})$ gegeben durch*

24.39.26.1. $e\big(T(X)\big) = \delta^*(l_X)$

wobei $\delta\colon x \to (x, x)$ die Diagonalabbildung und l_X die Lefschetzsche Klasse von X ist.

(ii) *Es gilt*

24.39.26.2. $\big\langle e\big(T(X)\big), [X]\big\rangle = \chi(X)$,

wobei $\chi(X)$ die Euler-Poincaré-Charakteristik von X ist (was auch die Bezeichnung „Eulersche Klasse" rechtfertigt).

Die Formel (24.39.26.2) ist eine unmittelbare Folgerung aus (24.39.26.1) und der Definition (24.6.10.1) der Lefschetzschen Klasse. Daher genügt es, (i) zu beweisen. Ist $h\colon \Delta(X) \to X \times X$ die kanonische injektive Abbildung, so ergibt sich aus (24.39.20), daß $h^*(l_X) = \mathbf{0}^*\big(a(u)\big)$ für die Orientierungsklasse u von N gilt. Ausgehend von (24.39.22) gelangt man aber zu einem kommutativen Diagramm

$$\begin{array}{ccccc}
H^n(N, N_0; \boldsymbol{R}) & \xrightarrow{\;a\;} & H^n(N; \boldsymbol{R}) & \xrightarrow{\;\mathbf{0}^*\;} & H^n\big(\Delta(X); \boldsymbol{R}\big) \\
\wr\big\downarrow \varrho^* & & \wr\big\downarrow \varrho^* & & \wr\big\downarrow \varrho^* \\
H^n\big(T(X), T(X) \setminus X; \boldsymbol{R}\big) & \xrightarrow[a]{} & H^n\big(T(X); \boldsymbol{R}\big) & \xrightarrow[\mathbf{0}^*]{} & H^n(X; \boldsymbol{R})
\end{array}$$

worin die vertikalen Pfeile bijektiv sind; $\varrho^*(u)$ ist daher die Orientierungsklasse von $T(X)$, und da $\mathbf{0}^*\big(a(\varrho^*(u))\big)$ nach Definition die Eulersche Klasse $e\big(T(X)\big)$ ist (vgl. (24.39.3)), erhält man Formel (24.39.26.1).

Aufgaben

1. Es sei X eine kompakte zusammenhängende nichtorientierbare Mannigfaltigkeit der Dimension n.

a) Man verallgemeinere die Ergebnisse von (24.37.12) und (24.39.24) auf die Mannigfaltigkeit X, und zwar für die Kohomologie mit Koeffizienten in $\boldsymbol{F}_2$.

b) Man verallgemeinere Lemma (24.39.25.2) auf jede Kohomologieklasse $c \in H^p(X; \boldsymbol{F}_2)$.

c) Es sei μ_X die Homologiefundamentalklasse in $H_n(X; \boldsymbol{F}_2)$ (vgl. Abschnitt 24.37, Aufgabe 13); aus a) und b) leite man her, daß $(a(u_{\Delta(X)}) \smile \mathrm{pr}_2^* c)/\mu_X = c$ für jede Kohomologieklasse $c \in H^p(X; \boldsymbol{F}_2)$ gilt (zu den Bezeichnungen vgl. Abschnitt 24.38, Aufgabe 5).

2. Die Voraussetzungen und Bezeichnungen von Aufgabe 1 werden beibehalten.

a) Es sei $(b_i)_{1 \leqq i \leqq r}$ eine Basis von $H^{\cdot}(X; \boldsymbol{F}_2)$, die sich als Vereinigung von Basen der $H^p(X; \boldsymbol{F}_2)$ ergibt. Man zeige, daß $a(u_{\Delta(X)}) = \sum_{i=1}^{r} \mathrm{pr}_1^*(b_i) \smile \mathrm{pr}_2^*(c_i)$ ist, wobei für jedes i folgendes gilt: Ist $b_i \in H^p(X; \boldsymbol{F}_2)$, so ist $c_i \in H^{n-p}(X; \boldsymbol{F}_2)$, $\langle b_i \smile c_i, \mu_X\rangle = 1$ und $\langle b_i \smile c_j, \mu_X\rangle = 0$ für $j \neq i$.

b) Man verallgemeinere Satz (24.39.20) auf nichtorientierbare Mannigfaltigkeiten und leite aus der Verallgemeinerung her, daß die Eulersche Klasse $e_2(T(X))$ gleich $\sum_{i=1}^{r} b_i \smile c_i$ und $\langle e_2(T(X)), \mu_X\rangle$ der Rest von $\chi(X)$ modulo 2 ist.

c) Man zeige, daß das Inverse des in Abschnitt 24.37, Aufgabe 13, definierten Dualitätsisomorphismus der Homomorphismus $z \to a(u_{\Delta(X)})/z$ ist.

d) Man formuliere und beweise die analogen Ergebnisse für orientierte kompakte Mannigfaltigkeiten sowie die singuläre Homologie und Kohomologie mit Koeffizienten in einem beliebigen *Körper* Λ.

3. Man nennt ein C^0-Faserbündel (vgl. Abschnitt 16.25, Aufgabe 8) ein *Kugelfaserbündel* (bzw. *Sphärenfaserbündel*), wenn der „Fasertyp" F in der Definition (vgl. (16.12.1), wobei die differenzierbaren Mannigfaltigkeiten durch topologische Räume und die Diffeomorphismen durch Homöomorphismen ersetzt werden) eine abgeschlossene Kugel (bzw. Sphäre) in einem euklidischen Raum $\boldsymbol{R}^n$ ist; der Raum X wird dann *Kugelbündel* (bzw. *Sphärenbündel*) genannt.

a) Es sei (X, B, π) ein Kugelfaserbündel und F die Kugel $\|\mathbf{x}\| \leqq 1$ in $\boldsymbol{R}^n$. Für jedes $b \in B$ und jede offene Umgebung U von b in B, für die ein Homöomorphismus $\varphi\colon U \times F \to \pi^{-1}(U)$ mit $\pi(\varphi(y, \mathbf{t})) = y$ existiert, zeige man, daß das Bild der Sphäre $\boldsymbol{S}_{n-1}$ vermöge $\mathbf{t} \to \varphi(b, \mathbf{t})$ eine abgeschlossene Teilmenge X_b^0 der Faser X_b ist, die *nicht* von der Umgebung U von b und dem gewählten Homöomorphismus φ abhängt. (Man benutze Aufgabe 6 aus Abschnitt 24.37.) Ist X^0 die Vereinigung der Fasern X_b^0 für $b \in B$, so ist $(X^0, B, \pi \mid X^0)$ ein Sphärenfaserbündel.

b) Es sei umgekehrt (Y, B, π_0) ein Sphärenfaserbündel und F die Sphäre $\boldsymbol{S}_{n-1}$. In dem Raum $Y \times [0, 1]$ betrachte man die Äquivalenzrelation, deren Klassen die Mengen $\{(y, t)\}$ für $t \neq 0$ sind und die Mengen $Y_b \times \{0\}$ für $b \in B$. Es sei X der Faktorraum von $Y \times [0, 1]$ bezüglich dieser Äquivalenzrelation; ist x die Klasse von (y, t) in X, so hängt $\pi_0(y)$ nur von x ab, und schreibt man dafür $\pi(x)$, so ist (X, B, π) ein Kugelfaserbündel derart, daß das in a) definierte entsprechende Sphärenfaserbündel $(X^0, B, \pi \mid X^0)$ zu (Y, B, π_0) B-isomorph ist.

c) Für einen kommutativen Ring Λ definiere man den Begriff des Λ-orientierbaren Sphärenbündels, und man bestimme für ein derartiges Faserbündel (Y, B, π_0), dessen Fasern zu $\boldsymbol{S}_{n-1}$ homöomorph sind, eine *exakte Gysinsche Sequenz*

$$\cdots \to H^p(B;\Lambda) \to H^{p+n}(B;\Lambda) \to H^{p+n}(Y;\Lambda) \to H^{p+1}(B;\Lambda) \to \cdots.$$

d) Es sei E ein reelles Vektorbündel vom Rang n über einer differenzierbaren Mannigfaltigkeit B als Basis und $\pi: E \to B$ seine Projektion. Das Vektorbündel E werde mit einer euklidischen Struktur versehen (die wie die hermitesche Struktur über einem komplexen Vektorbündel in (23.27.2) definiert ist), und mit Y werde die Untermannigfaltigkeit von E bezeichnet, die aus den Vektoren $\mathbf{u} \in E_b$ mit $\|\mathbf{u}\| = 1$ besteht, wobei b ganz B durchläuft. Dann ist Y genau dann ein Λ-orientierbares Sphärenbündel, wenn (E, B, π) Λ-orientierbar ist, und es gilt

$$H^k(Y;\Lambda) \cong H^k(E_0;\Lambda).$$

4. a) Es sei Y_{2n-3} das Sphärenbündel, welches sich aus dem Tangentialbündel an die mit ihrer gewöhnlichen Riemannschen Struktur versehene Sphäre $\boldsymbol{S}_{n-1}$ in kanonischer Weise ergibt (vgl. Abschnitt 20.9, Aufgabe 3e)). Man zeige: Ist π die Projektion $Y_{2n-3} \to \boldsymbol{S}_{n-1}$, so ist die Abbildung $\mathbf{h} \to (\pi(\mathbf{h}), \tau_{\pi(\mathbf{h})}^{-1}(\mathbf{h}))$ ein Diffeomorphismus von Y_{2n-3} auf die Stiefelsche Mannigfaltigkeit $\boldsymbol{S}_{n,2}(\boldsymbol{R})$. Insbesondere ist Y_3 diffeomorph zur Gruppe $\boldsymbol{SO}(3)$.

b) Aus a) leite man her, daß für $n \geqq 3$ folgendes gilt:

α) Ist $n = 2m$ gerade, so gilt $H^p(\boldsymbol{S}_{n,2}(\boldsymbol{R});\boldsymbol{Z}) = \{0\}$, außer für $p = 0, 2m-2, 2m-1$ und $4m-3$, wo $H^p(\boldsymbol{S}_{n,2}(\boldsymbol{R});\boldsymbol{Z}) \cong \boldsymbol{Z}$ gilt; die Algebra $H^{\cdot}(\boldsymbol{S}_{n,2}(\boldsymbol{R});\boldsymbol{Z})$ ist zum Linkstensorprodukt $H^{\cdot}(\boldsymbol{S}_{2m-1};\boldsymbol{Z}) \,{}^g\!\otimes\, H^{\cdot}(\boldsymbol{S}_{2m-2};\boldsymbol{Z})$ isomorph.

β) Ist $n = 2m+1$ ungerade, so ist $H^p(\boldsymbol{S}_{n,2}(\boldsymbol{R});\boldsymbol{Z}) = \{0\}$, außer für $p = 0, 2m$ und $4m-1$; es gilt $H^0(\boldsymbol{S}_{n,2}(\boldsymbol{R});\boldsymbol{Z}) \cong H^{4m-1}(\boldsymbol{S}_{n,2}(\boldsymbol{R});\boldsymbol{Z}) \cong \boldsymbol{Z}$ und $H^{2m}(\boldsymbol{S}_{n,2}(\boldsymbol{R});\boldsymbol{Z}) \cong \boldsymbol{Z}/2\boldsymbol{Z}$. (Man benutze die Gysinsche Sequenz und die Tatsache, daß die Eulersche Klasse von $T(\boldsymbol{S}_{n-1})$ gleich 0 ist für gerades n und gleich $2c_{n-1}^*$ für ungerades n (vgl. (24.39.26)); für die Algebrastruktur benutze man den Satz von LERAY-HIRSCH.)

5. Es sei (X, B, π) ein Faserbündel, für das X und B reine *orientierbare* differenzierbare Mannigfaltigkeiten sind und dessen Fasern alle zu derselben *zusammenhängenden* differenzierbaren Mannigfaltigkeit F diffeomorph sind; es werde ferner angenommen, daß für einen kommutativen Ring Λ die Algebra $H^{\cdot}(F;\Lambda)$ zu $H^{\cdot}(\boldsymbol{S}_n;\Lambda)$ isomorph ist. Man zeige, daß $H^{\cdot}(X;\Lambda)$ eine zu $H^{\cdot}(B;\Lambda) \,{}^g\!\otimes_\Lambda\, H^{\cdot}(F;\Lambda)$ isomorphe Algebra ist. (Man gehe wie in (24.39.10) vor, um den Satz von LERAY-HIRSCH anwenden zu können.) Ist dagegen X eine zweiblättrige zusammenhängende orientierbare Überlagerung einer zusammenhängenden orientierbaren Mannigfaltigkeit B und faßt man (X, B, π) als ein nulldimensionales Sphärenfaserbündel auf, so ist dieses Faserbündel *niemals* $\boldsymbol{Z}$-orientierbar.

6. Man zeige, daß das Poincarésche Polynom der Stiefelschen Mannigfaltigkeit $\boldsymbol{S}_{n,k}(\boldsymbol{R})$ durch die folgenden Formeln gegeben ist:

$$n = 2m, \quad k = 2l+1 < n, \quad P(\boldsymbol{S}_{n,k}(\boldsymbol{R})) = (1 + X^{2m-1}) \prod_{j=1}^{l} (1 + X^{4m-4j-1});$$

$$n = 2m+1, \quad k = 2l < n, \quad P(\boldsymbol{S}_{n,k}(\boldsymbol{R})) = \prod_{j=1}^{l} (1 + X^{4m-4j+3});$$

$$n = 2m, \quad k = 2l < n, \quad P(\boldsymbol{S}_{n,k}(\boldsymbol{R})) = (1 + X^{2m-2})(1 + X^{2m-1}) \prod_{j=1}^{l-1} (1 + X^{4m-4j-1});$$

$$n = 2m+1, \quad k = 2l+1 < n, \quad P(\boldsymbol{S}_{n,k}(\boldsymbol{R})) = (1 + X^{2m-2}) \prod_{j=1}^{l-1} (1 + X^{4m-4j+3}).$$

(Man schließe induktiv nach $k < n$; ist $n - k$ ungerade, so betrachte man $\boldsymbol{S}_{n,k}(\boldsymbol{R})$ als Faserbündel über $\boldsymbol{S}_{n,k-2}(\boldsymbol{R})$ mit $\boldsymbol{S}_{n-k+2,2}(\boldsymbol{R})$ als Faser und benutze die Aufgaben 4 und 5; ist $n - k$

gerade, so betrachte man $\boldsymbol{S}_{n,k}(\boldsymbol{R})$ als Sphärenbündel über $\boldsymbol{S}_{n,k-1}(\boldsymbol{R})$ und benutze Aufgabe 5; man berücksichtige Aufgabe 1 aus Abschnitt 16.21.)

7. Es sei $\xi = (E, B, \pi)$ ein orientiertes Faserbündel mit $2e(\xi) \neq 0$ in $H^N(B; \boldsymbol{Z})$. Man zeige, daß es kein Vektorteilbündel F von ungeradem Rang in E geben kann derart, daß das Faserbündel (F, B, π) orientierbar wäre.

8. Ist X eine kompakte reine differenzierbare Untermannigfaltigkeit von $\boldsymbol{R}^n$ und N ihr Normalenbündel, so zeige man, daß $e(N) = 0$ gilt, wenn X orientierbar ist, und $e_2(N) = 0$ anderenfalls.

9. Es sei X eine zweiblättrige zusammenhängende Überlagerung einer zusammenhängenden Mannigfaltigkeit B; man zeige, daß in der exakten Gysinschen Sequenz (vgl. Aufgabe 3) der Homomorphismus $1 \to e$ von $H^0(B; \boldsymbol{F}_2)$ in $H^1(B; \boldsymbol{F}_2)$ notwendigerweise injektiv ist.

10. Man zeige, daß die Kohomologie $H^{\cdot}(Q_{p,q}; \boldsymbol{F}_2)$ der reellen projektiven Quadrik (vgl. Abschnitt 24.5, Aufgabe 7) für $p \geqq q$ folgendermaßen gegeben ist:

a) Ist $p > q$, so gilt $H^j(Q_{p,q}; \boldsymbol{F}_2) \cong \boldsymbol{F}_2$ für $0 \leqq j \leqq q - 1$ und $p - 1 \leqq j \leqq p + q - 2$, $H^j(Q_{p,q}; \boldsymbol{F}_2) = \{0\}$ für $q \leqq j \leqq p - 2$.

b) Ist $p = q$, so gilt $H^j(Q_{p,q}; \boldsymbol{F}_2) \cong \boldsymbol{F}_2$ für $0 \leqq j \leqq p - 2$, $p \leqq j \leqq 2p - 2$, und $H^{p-1}(Q_{p,q}; \boldsymbol{F}_2) \cong \boldsymbol{F}_2^2$. (Man benutze die Tatsache, daß $Q_{p,q}$ eine zweiblättrige zusammenhängende Überlagerung der Mannigfaltigkeit $\boldsymbol{P}_{p-1}(\boldsymbol{R}) \times \boldsymbol{P}_{q-1}(\boldsymbol{R})$ ist; in den Bezeichnungen von Aufgabe 9 zeige man, indem man $H^{\cdot}(\boldsymbol{P}_{p-1}(\boldsymbol{R}) \times \boldsymbol{P}_{q-1}(\boldsymbol{R}); \boldsymbol{F}_2)$ mit

$$H^{\cdot}(\boldsymbol{P}_{p-1}(\boldsymbol{R}); \boldsymbol{F}_2) \otimes H^{\cdot}(\boldsymbol{P}_{q-1}(\boldsymbol{R}); \boldsymbol{F}_2)$$

identifiziert, daß $e = c_{p-1} \otimes 1 + 1 \otimes c_{q-1}$ gilt, wobei c_k die Erzeugende der Algebra $H^{\cdot}(\boldsymbol{P}_k(\boldsymbol{R}); \boldsymbol{F}_2)$ ist (vgl. (24.40.12)).)

11. Unter den Voraussetzungen von (24.39.3) werde überdies angenommen, daß Λ ein Körper ist, B *kompakt* und *orientiert* und das Faserbündel ξ orientierbar, so daß E eine orientierbare Mannigfaltigkeit ist. Unter Fundamentalklassen *mit Koeffizienten in* Λ werden wieder die in den Homologieräumen mit Koeffizienten in Λ liegenden kanonischen Bilder der in Abschnitt 24.37, Aufgabe 11, definierten Fundamentalklassen verstanden. Man zeige, daß die Fundamentalklasse $\mu_{E,B}$ (vgl. Abschnitt 24.38, Aufgabe 8) mit dem Tensorprodukt $\mu_B \otimes e_N$ identifiziert werden kann, wobei e_N die relative Homologiefundamentalklasse in $H_N(\boldsymbol{R}^N, \boldsymbol{R}^N \setminus \{0\}; \Lambda)$ ist, die man als Klasse des in (24.28.3.1) mit x_N bezeichneten relativen N-Zyklus erhält, wenn man auf E eine geeignete Orientierung wählt.

Hieraus leite man her, daß

$$\mu_{E,B} \frown u = \mu_B$$

gilt, wenn u die für ξ gewählte Λ-Orientierungsklasse ist (vgl. Abschnitt 24.35, Aufgabe 5).

12. Es sei X eine n-dimensionale reine kompakte orientierte Mannigfaltigkeit und Y eine p-dimensionale reine kompakte orientierte Untermannigfaltigkeit von X derart, daß das Normalenbündel N von Y bezüglich X orientierbar ist. In den Bezeichnungen von (24.39.20) zeige man, daß $D_X(a(u_Y)) = \mu_X \frown a(u_Y) = j_*(\mu_Y)$ für eine geeignete Orientierung von N gilt. (Man benutze die Kommutativität des Diagramms

$$\begin{array}{ccc} H_n(X; \Lambda) \otimes_\Lambda H^{n-p}(X, X \setminus Y; \Lambda) & \xrightarrow{r \otimes 1} & H_n(X, X \setminus Y; \Lambda) \otimes_\Lambda H^{n-p}(X, X \setminus Y; \Lambda) \\ \Big\downarrow {\scriptstyle 1 \otimes a} & & \Big\downarrow {\scriptstyle \frown} \\ H_n(X; \Lambda) \otimes_\Lambda H^{n-p}(X; \Lambda) & \longrightarrow & H_p(X; \Lambda) \end{array}$$

und Aufgabe 11.)

Man formuliere und beweise die analogen Ergebnisse für nicht notwendig orientierbare Mannigfaltigkeiten mit $\Lambda = \boldsymbol{F}_2$.

24.40. Kohomologie Graßmannscher Mannigfaltigkeiten

24.40.1. Für $1 \leqq p \leqq n$ können zur Untersuchung der Kohomologie der Graßmannschen Mannigfaltigkeit $\boldsymbol{G}_{n,p}(\boldsymbol{C})$ aller komplexen p-dimensionalen Vektorteilräume von $\boldsymbol{C}^n$ (vgl. (16.11.9)) gewisse mit $\boldsymbol{G}_{n,p}(\boldsymbol{C})$ kanonisch verbundene Vektorbündel herangezogen werden, auf welche die Gysinsche Sequenz (vgl. (24.39.3.1)) angewandt wird.

Im folgenden wird vorausgesetzt, daß der Raum $\boldsymbol{C}^n$ mit dem kanonischen Skalarprodukt $(\mathbf{x} \mid \mathbf{y}) = \sum_{j=1}^{n} \xi^j \overline{\eta}^j$ versehen ist. Wir betrachten das triviale komplexe Vektorbündel $E = \boldsymbol{G}_{n,p}(\boldsymbol{C}) \times \boldsymbol{C}^n$ mit der Basis $\boldsymbol{G}_{n,p}(\boldsymbol{C})$ und dem Rang n, und es sei $U_{n,p}(\boldsymbol{C})$ die aus den Paaren $(v, \mathbf{x})$ bestehende Teilmenge von E, wobei $v \in \boldsymbol{G}_{n,p}(\boldsymbol{C})$ ist und *der Vektor* $\mathbf{x}$ *zu dem Teilraum* v *von* $\boldsymbol{C}^n$ *gehört*. Wir zeigen zunächst, daß $U_{n,p}(\boldsymbol{C})$ ein *Vektorteilbündel* vom Rang p in E ist.

Dazu bezeichnen wir für jede Teilmenge J von $\{1, 2, \ldots, n\}$ mit $\boldsymbol{C}^J$ den Vektorteilraum von $\boldsymbol{C}^n$, dessen Basis aus den Elementen $\mathbf{e}_j$ der kanonischen Basis von $\boldsymbol{C}^n$ mit $j \in J$ besteht, und mit J' das Komplement von J. Bekanntlich (vgl. (16.11.10)) ist für jede p-elementige Teilmenge J von $\{1, 2, \ldots, n\}$ die Menge V_J der Teilräume $v \in \boldsymbol{G}_{n,p}(\boldsymbol{C})$ mit $v \cap \boldsymbol{C}^{J'} = \{0\}$ (v ist also komplementär zu $\boldsymbol{C}^{J'}$) eine offene Menge in $\boldsymbol{G}_{n,p}(\boldsymbol{C})$, und die V_J bilden eine Überdeckung von $\boldsymbol{G}_{n,p}(\boldsymbol{C})$. Für jedes $v \in V_J$ und jedes $j \in J$ sei $\mathbf{s}_j(v) = \mathbf{e}_j + \sum_{k \in J'} \eta_{jk} \mathbf{e}_k$ der eindeutig bestimmte Vektor aus v, der auf $\mathbf{e}_j$ in $\boldsymbol{C}^J$ projiziert wird. Für $k \in J'$ setzen wir $\mathbf{s}_k(v) = \mathbf{e}_k$; dann bilden die n Schnitte $\mathbf{s}_j$ (für $j \in J$) und $\mathbf{s}_k$ (für $k \in J'$) ein *Repère* von E über V_J (vgl. (16.15.1)); da die p Vektoren $\mathbf{s}_j(v)$ für $j \in J$ eine Basis des Teilraumes v für jedes $v \in V_J$ bilden, ist unsere Behauptung bewiesen (vgl. (16.17.1)). Man nennt $U_{n,p}(\boldsymbol{C})$ das *kanonische* (oder *tautologische*) *Vektorbündel* über $\boldsymbol{G}_{n,p}(\boldsymbol{C})$.

24.40.2. Für jeden Teilraum $v \in \boldsymbol{G}_{n,p}(\boldsymbol{C})$ sei $v^\perp \in \boldsymbol{G}_{n,n-p}(\boldsymbol{C})$ der (komplexe) Vektorteilraum, der (bezüglich des kanonischen Skalarprodukts) zu v *orthogonal* ist. Die Abbildung $\omega: v \to v^\perp$ von $\boldsymbol{G}_{n,p}(\boldsymbol{C})$ auf $\boldsymbol{G}_{n,n-p}(\boldsymbol{C})$ ist offenbar bijektiv; wir zeigen, daß ω ein *Diffeomorphismus* ist. Für jede p-elementige Teilmenge J von $\{1, 2, \ldots, n\}$, jedes $v \in V_J$ mit $\mathbf{s}_j(v) = \mathbf{e}_j + \sum_{k \in J'} \eta_{jk} \mathbf{e}_k$ für $j \in J$ und jeden Index $k \in J'$ existiert ein eindeutig bestimmter Vektor $\mathbf{e}_k + \sum_{j \in J} \zeta_{jk} \mathbf{e}_j$, der auf $\mathbf{e}_k$ in $C^{J'}$ projiziert wird und zu v orthogonal ist; wie man nämlich unmittelbar feststellt, reduzieren sich die Relationen $\left(\mathbf{e}_k + \sum_{j \in J} \zeta_{jk} \mathbf{e}_j \,\middle|\, \mathbf{s}_h(v)\right) = 0$ für jedes $h \in J$ auf $\zeta_{jk} = -\overline{\eta}_{jk}$. Mit anderen Worten, für jedes $k \in J'$ gilt $\mathbf{s}_k(v^\perp) = \mathbf{e}_k - \sum_{j \in J} \overline{\eta}_{jk} \mathbf{e}_j$, und damit ist gezeigt, daß die Einschränkung von ω auf V_J ein Diffeomorphismus von V_J auf $V_{J'}$ ist, woraus sich die Behauptung ergibt.

24.40.3. Es sei jetzt $U_{n,p}^\perp(\boldsymbol{C})$ die aus den Paaren $(v, \mathbf{x})$ bestehende Teilmenge von E, worin $v \in \boldsymbol{G}_{n,p}(\boldsymbol{C})$ und $\mathbf{x}$ *ein zu* v *orthogonaler Vektor aus* $\boldsymbol{C}^n$ *ist*. Wir zeigen, daß $U_{n,p}^\perp(\boldsymbol{C})$ ein *zu* $\omega^*(U_{n,n-p}(\boldsymbol{C}))$ *isomorphes (komplexes) Vektorteilbündel von* E ist. Nach Definition (16.12.8) ist $\omega^*(U_{n,n-p}(\boldsymbol{C}))$ nämlich die aus den Tripeln $(v, v^\perp, \mathbf{x})$ mit $\mathbf{x} \in v^\perp$ bestehende Untermannigfaltigkeit von

$$\boldsymbol{G}_{n,p}(\boldsymbol{C}) \times \boldsymbol{G}_{n,n-p}(\boldsymbol{C}) \times \boldsymbol{C}^n.$$

Die Projektion von $\omega^*(U_{n,n-p}(\boldsymbol{C}))$ in $E = \boldsymbol{G}_{n,p}(\boldsymbol{C}) \times \boldsymbol{C}^n$ ist ein Diffeomorphismus, da die Projektion des Graphen von ω in $\boldsymbol{G}_{n,p}(\boldsymbol{C}) \times \boldsymbol{G}_{n,n-p}(\boldsymbol{C})$ auf $\boldsymbol{G}_{n,p}(\boldsymbol{C})$ ein Diffeomorphismus ist (vgl. (16.8.13)); damit ist ein Isomorphismus des Faserraums $\omega^*(U_{n,n-p}(\boldsymbol{C}))$ auf den Faserraum $U_{n,p}^{\perp}(\boldsymbol{C})$ definiert.

24.40.4. Für jedes $v \in \boldsymbol{G}_{n,p}(\boldsymbol{C})$ und jedes $\mathbf{x} \neq 0$ in v ist das orthogonale Komplement $(\boldsymbol{C}\mathbf{x})^{\perp} \cap v$ der Geraden $\boldsymbol{C}\mathbf{x}$ in v ein komplexer Vektorteilraum der Dimension $p - 1$. Mit $(U_{n,p}(\boldsymbol{C}))_0$ und $(U_{n,p}^{\perp}(\boldsymbol{C}))_0$ bezeichnen wir die Komplemente des Nullschnitts in den Vektorbündeln $U_{n,p}(\boldsymbol{C})$ und $U_{n,p}^{\perp}(\boldsymbol{C})$. Dann ist die Abbildung

24.40.4.1. $f\colon (v, \mathbf{x}) \to ((\boldsymbol{C}\mathbf{x})^{\perp} \cap v, \mathbf{x})$

ein *Diffeomorphismus von* $(U_{n,p}(\boldsymbol{C}))_0$ *auf* $(U_{n,p-1}^{\perp}(\boldsymbol{C}))_0$. Offenbar handelt es sich dabei nämlich um eine bijektive Abbildung, deren Inverse

24.40.4.2. $f^{-1}\colon (w, \mathbf{x}) \to (\boldsymbol{C}\mathbf{x} + w, \mathbf{x})$

ist. Es genügt zu zeigen, daß die Abbildung $(w, \mathbf{x}) \to \boldsymbol{C}\mathbf{x} + w$ von $(U_{n,p-1}^{\perp}(\boldsymbol{C}))_0$ in $\boldsymbol{G}_{n,p}(\boldsymbol{C})$ und die Abbildung $(v, \mathbf{x}) \to (\boldsymbol{C}\mathbf{x})^{\perp} \cap v$ von $(U_{n,p}(\boldsymbol{C}))_0$ in $\boldsymbol{G}_{n,p-1}(\boldsymbol{C})$ der Klasse C^∞ angehören. Was nun die erste Abbildung betrifft, so sei daran erinnert, daß $\boldsymbol{G}_{n,p}(\boldsymbol{C})$ mit dem Bild der Menge der von 0 verschiedenen zerlegbaren p-Vektoren $\mathbf{x}_1 \wedge \mathbf{x}_2 \wedge \cdots \wedge \mathbf{x}_p$ vermöge der kanonischen Abbildung $\varrho\colon \bigwedge^p(\boldsymbol{C}^n) \setminus \{0\} \to \boldsymbol{P}\left(\bigwedge^p(\boldsymbol{C}^n)\right)$ (die der Klasse C^∞ angehört) identifiziert werden kann. Es sei $\pi_0\colon (U_{n,p-1}^{\perp}(\boldsymbol{C}))_0 \to \boldsymbol{G}_{n,p-1}(\boldsymbol{C})$ die kanonische Projektion, und wir betrachten eine Teilmenge J von $\{1, 2, \ldots, n\}$ mit $p - 1$ Elementen $i_1 < i_2 < \cdots < i_{p-1}$; dann kann die Einschränkung der Abbildung $(w, \mathbf{x}) \to \boldsymbol{C}\mathbf{x} + w$ auf $\pi_0^{-1}(V_J)$ in der Gestalt

24.40.4.3. $(w, \mathbf{x}) \to \varrho(\mathbf{x} \wedge \mathbf{s}_{i_1}(w) \wedge \cdots \wedge \mathbf{s}_{i_{p-1}}(w))$

geschrieben werden. Ist nun $\mathbf{s}_j(w) = \mathbf{e}_j + \sum_{k \in J'} \eta_{jk}\mathbf{e}_k$ für $j \in J$, so kann man $\mathbf{x}$ in der Gestalt $\mathbf{x} = \sum_{k \in J'} \xi^k \mathbf{s}_k(w^{\perp})$ schreiben, und die in (24.40.2) ausgeführte Berechnung der $\mathbf{s}_k(w^{\perp})$ zeigt, daß die Komponenten des p-Vektors $\mathbf{x} \wedge \mathbf{s}_{i_1}(w) \wedge \cdots \wedge \mathbf{s}_{i_{p-1}}(w)$ *Polynome* mit ganzzahligen Koeffizienten in den η_{jk}, $\bar{\eta}_{jk}$ und ξ^k sind; das heißt aber gerade, daß (24.40.4.3) der Klasse C^∞ angehört. Derselbe Schluß zeigt, daß $(v, \mathbf{x}) \to (\boldsymbol{C}\mathbf{x})^{\perp} \cap v$ eine Abbildung der Klasse C^∞ ist, denn es kann $(\boldsymbol{C}\mathbf{x})^{\perp} \cap v = (\boldsymbol{C}\mathbf{x} + v^{\perp})^{\perp}$ geschrieben werden, und wie wir in (24.40.2) gesehen haben, ist $v \to v^{\perp}$ ein Diffeomorphismus; daher ist $(v, \mathbf{x}) \to (v^{\perp}, \mathbf{x})$ ein Diffeomorphismus von $(U_{n,p}(\boldsymbol{C}))_0$ auf $(U_{n,n-p}^{\perp}(\boldsymbol{C}))_0$.

24.40.5. Die vorhergehenden Konstruktionen sollen nun genutzt werden, die Kohomologie von $\boldsymbol{G}_{n,p}(\boldsymbol{C})$ durch Induktion nach p zu untersuchen. Für $p = 1$ gilt $\boldsymbol{G}_{n,1}(\boldsymbol{C}) = \boldsymbol{P}_{n-1}(\boldsymbol{C})$, und den $\boldsymbol{Z}$-Modul $H^{\cdot}(\boldsymbol{P}_n(\boldsymbol{C}); \boldsymbol{Z})$ haben wir bereits bestimmt (vgl. (24.22.14) und (24.30.8)): Es gilt $H^k(\boldsymbol{P}_n(\boldsymbol{C}); \boldsymbol{Z}) = \{0\}$ außer für gerades k mit $0 \leq k \leq 2n$, und dann ist $H^k(\boldsymbol{P}_n(\boldsymbol{C}); \boldsymbol{Z}) \cong \boldsymbol{Z}$. Man kann nun weiter gehen und den Kohomologie*ring* $H^{\cdot}(\boldsymbol{P}_n(\boldsymbol{C}); \boldsymbol{Z})$ bestimmen; dazu betrachten wir die *Eulersche Klasse* e (vgl. (24.39.11)) des reellen Vektorbündels F vom Rang 2, das dem (komplexen) kanonischen Bündel $U_{n+1,1}(\boldsymbol{C})$ unterliegt, wobei das entsprechende Faserbündel *kanonisch* orientiert ist (vgl. (24.39.8)); daher gilt $e \in H^2(\boldsymbol{P}_n(\boldsymbol{C}); \boldsymbol{Z})$.

24.40.6. *Der Kohomologiering* $H^{\cdot}(\boldsymbol{P}_n(\boldsymbol{C}); \boldsymbol{Z})$ *wird durch* e *erzeugt und ist zu dem Faktorring* $\boldsymbol{Z}[T]/(T^{n+1})$ *isomorph.*

Nach Definition (24.40.1) ist $\left(U_{n+1,1}(\boldsymbol{C})\right)_0$ der aus den Paaren $(v, \mathbf{x})$ mit $\mathbf{x} \in v$ bestehende Teilraum von $\boldsymbol{P}_n(\boldsymbol{C}) \times (\boldsymbol{C}^{n+1} \setminus \{0\})$; die Projektion $g\colon (v, \mathbf{x}) \to \mathbf{x}$ ist eine *bijektive* Abbildung von $\left(U_{n+1,1}(\boldsymbol{C})\right)_0$ auf $\boldsymbol{C}^{n+1} \setminus \{0\}$, deren Inverse $\mathbf{x} \to \left(\varrho(\mathbf{x}), \mathbf{x}\right)$ ist, wobei $\varrho\colon \boldsymbol{C}^{n+1} \setminus \{0\} \to \boldsymbol{P}_n(\boldsymbol{C})$ die kanonische Abbildung bezeichnet. Offenbar sind g und g^{-1} Abbildungen der Klasse C^∞, so daß g ein Diffeomorphismus ist und folglich

$$H^{\cdot}(F_0; \boldsymbol{Z}) \simeq H^{\cdot}(\boldsymbol{S}_{2n+1}; \boldsymbol{Z}).$$

Daher sind die Außenglieder in der exakten Gysinschen Sequenz (vgl. (24.39.3.1))

$$H^{k+1}(F_0; \boldsymbol{Z}) \to H^k\left(\boldsymbol{P}_n(\boldsymbol{C}); \boldsymbol{Z}\right) \xrightarrow{\smile e} H^{k+2}\left(\boldsymbol{P}_n(\boldsymbol{C}); \boldsymbol{Z}\right) \xrightarrow{\pi_0^*} H^{k+2}(F_0; \boldsymbol{Z})$$

für $0 \leqq k \leqq 2n - 2$ gleich 0, woraus sich der Satz unmittelbar ergibt, wenn man noch beachtet, daß $H^{2k}\left(\boldsymbol{P}_n(\boldsymbol{C}); \boldsymbol{Z}\right)$ für $1 \leqq k \leqq n$ von $e^{\smile k}$ erzeugt wird.

24.40.7. Wir setzen $n = p + q$ und bezeichnen die $U_{p+q,p}(\boldsymbol{C})$ und $U^{\perp}_{p+q,p-1}(\boldsymbol{C})$ unterliegenden reellen Vektorbündel mit M bzw. N; die den komplexen Vektorbündeln entsprechenden Faserbündel seien mit der kanonischen Orientierung versehen (vgl. (24.39.8)). Da die Ränge von M und N gleich $2p$ bzw. $2(q + 1)$ sind, ergeben sich die Gysinschen Sequenzen

24.40.7.1. $$\cdots \to H^k\left(\boldsymbol{G}_{p+q,p}(\boldsymbol{C}); \boldsymbol{Z}\right) \xrightarrow{\smile e(M)} H^{k+2p}\left(\boldsymbol{G}_{p+q,p}(\boldsymbol{C}); \boldsymbol{Z}\right) \xrightarrow{\alpha^*} H^{k+2p}(M_0; \boldsymbol{Z}) \to H^{k+1}\left(\boldsymbol{G}_{p+q,p}(\boldsymbol{C}); \boldsymbol{Z}\right) \to \cdots,$$

24.40.7.2. $$\cdots \to H^k\left(\boldsymbol{G}_{p+q,p-1}(\boldsymbol{C}); \boldsymbol{Z}\right) \xrightarrow{\smile e(N)} H^{k+2(q+1)}\left(\boldsymbol{G}_{p+q,p-1}(\boldsymbol{C}); \boldsymbol{Z}\right) \xrightarrow{\beta^*} H^{k+2(q+1)}(N_0; \boldsymbol{Z}) \to H^{k+1}\left(\boldsymbol{G}_{p+q,p-1}(\boldsymbol{C}); \boldsymbol{Z}\right) \to \cdots$$

wobei $\alpha\colon M_0 \to \boldsymbol{G}_{p+q,p}(\boldsymbol{C})$ und $\beta\colon N_0 \to \boldsymbol{G}_{p+q,p-1}(\boldsymbol{C})$ die Projektionen sind.

Setzt man in der ersten Sequenz $k = -2p, -2p + 1, \ldots, -2$, so stellt man fest, daß die Abbildungen $\alpha^*\colon H^j\left(\boldsymbol{G}_{p+q,p}(\boldsymbol{C}); \boldsymbol{Z}\right) \to H^j(M_0; \boldsymbol{Z})$ *für* $0 \leqq j \leqq 2p - 2$ *Isomorphismen* sind. Andererseits wissen wir (vgl. (24.40.4)), daß es einen kanonischen Diffeomorphismus $f\colon M_0 \to N_0$ gibt. Man gelangt somit zu dem folgenden Ergebnis:

24.40.8. (i) *Für jedes j sind die $\boldsymbol{Z}$-Moduln $H^j\left(\boldsymbol{G}_{p+q,p}(\boldsymbol{C}); \boldsymbol{Z}\right)$ frei.*

(ii) *Für jeden Index j mit $1 \leqq j \leqq p$ existiert in $H^{2j}\left(\boldsymbol{G}_{p+q,p}(\boldsymbol{C}); \boldsymbol{Z}\right)$ ein Element $c_j^{p,q}$ derart, daß die $c_j^{p,q}$ für $1 \leqq j \leqq p$ (zusammen mit dem Einheitselement) den Kohomologiering $H^{\cdot}\left(\boldsymbol{G}_{p+q,p}(\boldsymbol{C}); \boldsymbol{Z}\right)$ erzeugen. Ferner gilt*

24.40.8.1. $c_p^{p,q} = e(M)$;

24.40.8.2. $\alpha^*(c_j^{p,q}) = f^*\left(\beta^*(c_j^{p-1,q+1})\right)$ *für* $1 \leqq j \leqq p - 1$.

Insbesondere ist $H^{2j+1}\left(\boldsymbol{G}_{p+q,p}(\boldsymbol{C}); \boldsymbol{Z}\right) = \{0\}$ für jedes j.

Wir schließen induktiv nach p; für $p = 1$ ergibt sich die Aussage aus (24.40.6). Wir betrachten die Homomorphismen von graduierten $\boldsymbol{Z}$-Moduln

$$\begin{array}{ccccc} H^{\cdot}\left(\boldsymbol{G}_{p+q,p}(\boldsymbol{C}); \boldsymbol{Z}\right) & \xrightarrow{\smile e(M)} & H^{\cdot}\left(\boldsymbol{G}_{p+q,p}(\boldsymbol{C}); \boldsymbol{Z}\right) & \xrightarrow{\alpha^*} & H^{\cdot}(M_0; \boldsymbol{Z}) \\ & & & & \uparrow \wr f^* \\ H^{\cdot}\left(\boldsymbol{G}_{p+q,p-1}(\boldsymbol{C}); \boldsymbol{Z}\right) & \xrightarrow{\smile e(N)} & H^{\cdot}\left(\boldsymbol{G}_{p+q,p-1}(\boldsymbol{C}); \boldsymbol{Z}\right) & \xrightarrow{\beta^*} & H^{\cdot}(N_0; \boldsymbol{Z}) \end{array}$$

und setzen den Satz für $\boldsymbol{G}_{p+q,p-1}(\boldsymbol{C})$ als bewiesen voraus. Da $H^{\cdot}(\boldsymbol{G}_{p+q,p-1}(\boldsymbol{C});\boldsymbol{Z})$ ein *freier graduierter* $\boldsymbol{Z}$-Modul ist, gilt dasselbe für seinen Untermodul Ker $(\cup e(N))$ und folglich auch für Coker (β^*), das aufgrund von (24.40.7.2) zu diesem isomorph ist; man erhält daher (vgl. (A.29.2)) einen Isomorphismus

$$H^{\cdot}(N_0;\boldsymbol{Z}) \cong \operatorname{Im}(\beta^*) \oplus \operatorname{Coker}(\beta^*),$$

und da f^* ein Isomorphismus ist, findet man ebenso

$$H^{\cdot}(M_0;\boldsymbol{Z}) \cong \operatorname{Im}(f^* \circ \beta^*) \oplus \operatorname{Coker}(f^* \circ \beta^*),$$

denn Coker $(f^* \circ \beta^*)$ ist frei. Dann *definieren* wir die Elemente $c_j^{p,q}$ für $1 \leqq j \leqq p$ durch die Formeln (24.40.8.1) und (24.40.8.2), was zulässig ist, da $\alpha^*: H^{2j}(\boldsymbol{G}_{p+q,p}(\boldsymbol{C});\boldsymbol{Z}) \to H^{2j}(M_0;\boldsymbol{Z})$ für $1 \leqq j \leqq p-1$ *bijektiv* ist. Nach Induktionsvoraussetzung *erzeugen* die Elemente $\beta^*(c_j^{p-1,q+1})$ den Unterring Im (β^*); der Unterring Im (α^*) von $H^{\cdot}(M_0;\boldsymbol{Z})$, der die Elemente $\alpha^*(c_j^{p,q}) = f^*(\beta^*(c_j^{p-1,q+1}))$ für $1 \leqq j \leqq p-1$ enthält, *umfaßt* daher Im $(f^* \circ \beta^*)$. Wir wenden jetzt (24.39.17.1) auf die beiden Sequenzen (24.40.7.1) und (24.40.7.2) an; damit gelangen wir zu den Beziehungen

$$\operatorname{rg}(\operatorname{Im}(\alpha^*)) = \frac{1}{2}\operatorname{rg}(H^{\cdot}(M_0;\boldsymbol{Z})) = \frac{1}{2}\operatorname{rg}(H^{\cdot}(N_0;\boldsymbol{Z})) = \operatorname{rg}(\operatorname{Im}(f^* \circ \beta^*)).$$

Wäre der $\boldsymbol{Z}$-Modul Im (α^*) von seinem Untermodul Im $(f^* \circ \beta^*)$ verschieden, so wäre der Faktormodul Im (α^*)/Im $(f^* \circ \beta^*)$ also ein $\boldsymbol{Z}$-Torsionsmodul; dabei handelt es sich aber um einen Untermodul des *freien* $\boldsymbol{Z}$-Moduls Coker $(f^* \circ \beta^*)$, so daß dieser Untermodul gleich 0 ist (vgl. (A.26.2)), Im $(\alpha^*) =$ Im $(f^* \circ \beta^*)$ gilt und Coker $(\alpha^*) \cong$ Coker $(f^* \circ \beta^*)$ *frei* ist.

Daher ist der $\boldsymbol{Z}$-Modul Ker $(\cup e(M))$ frei, denn er ist (24.40.7.1) zufolge zu Coker (α^*) isomorph. Hieraus folgert man, daß auch $H^{\cdot}(\boldsymbol{G}_{p+q,p}(\boldsymbol{C});\boldsymbol{Z})$ *frei* ist; anderenfalls existierte nämlich in diesem graduierten $\boldsymbol{Z}$-Modul endlichen Typs ein zu einem nichtfreien $H^j(\boldsymbol{G}_{p+q,p}(\boldsymbol{C});\boldsymbol{Z})$ gehörendes Element $z \neq 0$, und es gäbe *kein* Element mit diesen Eigenschaften in den $H^k(\boldsymbol{G}_{p+q,p}(\boldsymbol{C});\boldsymbol{Z})$ für $k > j$. Also wäre $z \cup e(M) = 0$, denn $z \cup e(M)$ gehört zu $H^{j+2p}(\boldsymbol{G}_{p+q,p}(\boldsymbol{C});\boldsymbol{Z})$ und ist offenbar nicht frei; das ist aber ein Widerspruch, denn hieraus folgte $z \in$ Ker $(\cup e(M))$, und das ist frei.

Damit ist Aussage (i) bewiesen. Darüber hinaus wurde gezeigt, daß für jedes $j = k + 2p$ jedes Element von $H^j(\boldsymbol{G}_{p+q,p}(\boldsymbol{C});\boldsymbol{Z})$ Summe eines Polynoms mit ganzzahligen Koeffizienten in den $c_i^{p,q}$ für $i \leqq p-1$ und eines Elementes aus Ker (α^*) ist. Um hieraus Aussage (ii) herzuleiten, d. h., daß jedes Element von $H^j(\boldsymbol{G}_{p+q,p}(\boldsymbol{C});\boldsymbol{Z})$ gleich einem Polynom mit ganzzahligen Koeffizienten in *allen* $c_i^{p,q}$ ist, wenden wir Induktion nach j an. Die Aussage ist für $j \leqq 2p-2$ offensichtlich, da der Kern von α^* in $H^j(\boldsymbol{G}_{p+q,p}(\boldsymbol{C});\boldsymbol{Z})$ in diesem Fall gleich 0 ist. Gilt die Aussage aber für einen Index j, so ist sie auch für $j + 2p$ wahr; der Untermodul Ker (α^*) von $H^{j+2p}(\boldsymbol{G}_{p+q,p}(\boldsymbol{C});\boldsymbol{Z})$ ist nämlich gleich dem Bild von $H^j(\boldsymbol{G}_{p+q,p}(\boldsymbol{C});\boldsymbol{Z})$ vermöge der Abbildung $z \to z \cup e(M)$ von $H^j(\boldsymbol{G}_{p+q,p}(\boldsymbol{C});\boldsymbol{Z})$, so daß sich die Behauptung aus der Definition von $c_p^{p,q}$ ergibt.

24.40.9. Wir sagen, ein Polynom aus $\boldsymbol{Z}[T_1, T_2, \ldots, T_p]$ sei *isobar vom Gewicht* j, wenn es Linearkombination von Monomeren $T_1^{\nu_1}T_2^{\nu_2}\cdots T_p^{\nu_p}$ ist mit

$$2\nu_1 + 4\nu_2 + \cdots + 2p\nu_p = j.$$

Da $c_i^{p,q} \in H^{2i}(\boldsymbol{G}_{p+q,p}(\boldsymbol{C});\boldsymbol{Z})$ ist, ergibt sich aus (24.40.8), daß jedes Element aus $H^j(\boldsymbol{G}_{p+q,p}(\boldsymbol{C});\boldsymbol{Z})$ gleich einem *isobaren Polynom vom Gewicht* j bezüglich $c_1^{p,q}, \ldots, c_p^{p,q}$

ist. Das Beispiel des $\boldsymbol{P}_n(\boldsymbol{C})$ (vgl. (24.40.6)), worin $e^{\smile j} = 0$ für $j > n$ galt, zeigt, daß ein derartiges Polynom im allgemeinen nicht eindeutig bestimmt ist. Es gilt jedoch:

24.40.10. (i) *Für jeden Index j mit $j \leqq q$ gibt es eine kanonische exakte Sequenz*

24.40.10.1. $$0 \to H^{2(j-p)}\big(\boldsymbol{G}_{p+q,p}(\boldsymbol{C}); \boldsymbol{Z}\big) \xrightarrow{\smile c_p^{p,q}} H^{2j}\big(\boldsymbol{G}_{p+q,p}(\boldsymbol{C}); \boldsymbol{Z}\big) \xrightarrow{\lambda} H^{2j}\big(\boldsymbol{G}_{p+q,p-1}(\boldsymbol{C}); \boldsymbol{Z}\big) \to 0.$$

(ii) *Das einzige isobare Polynom $P \in \boldsymbol{Z}[T_1, \ldots, T_p]$ von einem Gewicht $2j \leqq 2q$ mit $P(c_1^{p,q}, c_2^{p,q}, \ldots, c_p^{p,q}) = 0$ ist $P = 0$.*

(i) Aus (24.40.7.2) folgt, daß die Abbildung

$$\beta^*: H^{k+2(q+1)}\big(\boldsymbol{G}_{p+q,p-1}(\boldsymbol{C}); \boldsymbol{Z}\big) \to H^{k+2(q+1)}(N_0; \boldsymbol{Z})$$

für $k \leqq -2$ bijektiv ist; berücksichtigt man, daß die Kohomologiemoduln von $\boldsymbol{G}_{p+q,p}(\boldsymbol{C})$ für *ungerade* Dimensionen gleich 0 sind, so erhält man die exakte Sequenz (24.40.10.1) aus (24.40.7.1) mit $\lambda = (f^* \circ \beta^*)^{-1} \circ \alpha^*$.

(ii) Für $p = 1$ ergibt sich die Aussage aus (24.40.6); wir schließen weiter mit Hilfe von vollständiger Induktion nach p sowie für jedes p mit Induktion nach $j \leqq q$, wobei die Aussage für $j = 0$ offensichtlich ist. Das Polynom P kann in der Gestalt

$$P_1(T_1, \ldots, T_{p-1}) + T_p P_2(T_1, \ldots, T_p)$$

geschrieben werden, wobei P_1 vom Gewicht $2j$ und P_2 vom Gewicht $2(j-p)$ ist. Aufgrund der exakten Sequenz (24.40.10.1) gilt $\lambda\big(P_1(c_1^{p,q}, \ldots, c_{p-1}^{p,q})\big) = 0$, da $P_2(c_1^{p,q}, \ldots, c_p^{p,q}) \in H^{2(j-p)}\big(\boldsymbol{G}_{p+q,p}(\boldsymbol{C}); \boldsymbol{Z}\big)$ ist und $c_p^{p,q} \smile P_2(c_1^{p,q}, \ldots, c_p^{p,q})$ daher zu Ker (λ) gehört; es gilt $P_1(c_1^{p-1,q+1}, \ldots, c_{p-1}^{p-1,q+1}) = 0$, aufgrund der Definition von λ und von (24.40.8.2), denn α^*, β^* und f^* sind Homomorphismen von *Algebren*. Aus der Induktionsvoraussetzung für p folgt daher $P_1 = 0$. Da andererseits die Abbildung $\smile c_p^{p,q}$ nach (24.40.10.1) injektiv ist, folgt aus der Beziehung $c_p^{p,q} \smile P_2(c_1^{p,q}, \ldots, c_p^{p,q}) = 0$, daß $P_2(c_1^{p,q}, \ldots, c_p^{p,q}) = 0$ gilt; da P_2 vom Gewicht $2(j-p)$ ist, erhält man $P_2 = 0$ aus der Induktionsvoraussetzung für j.

24.40.11. Sämtliche in den Abschnitten (24.40.1) bis (24.40.4) angestellten Überlegungen lassen sich auf den Fall übertragen, daß $\boldsymbol{C}$ durch $\boldsymbol{R}$ und das Skalarprodukt durch $\sum_{j=1}^{n} \xi^j \eta^j$ ersetzt wird. Das wollen wir ausnutzen, um die Kohomologie von $\boldsymbol{G}_{n,p}(\boldsymbol{R})$ *mit Koeffizienten in* $\boldsymbol{F}_2$ zu untersuchen, wobei wir rekursiv nach p vorgehen werden. Für $p = 1$ könnte man den $\boldsymbol{F}_2$-Vektorraum $H^{\cdot}\big(\boldsymbol{P}_n(\boldsymbol{R}); \boldsymbol{F}_2\big)$ ausgehend von (24.36.5) direkt angeben, wobei man den Übergang von der Homologie mit Koeffizienten in $\boldsymbol{Z}$ zur Kohomologie mit Koeffizienten in $\boldsymbol{F}_2$ (vgl. (24.30.8)) zu benutzen hätte. Man kann aber den *Kohomologiering* $H^{\cdot}\big(\boldsymbol{P}_n(\boldsymbol{R}); \boldsymbol{F}_2\big)$ direkt bestimmen, wenn man wie in (24.40.5) schließt; man betrachtet die *Eulersche Klasse* e_2 *modulo* 2 des reellen Vektorbündels $F = U_{n+1,1}(\boldsymbol{R})$ vom Rang 1. Es gilt also $e_2 \in H^1\big(\boldsymbol{P}_n(\boldsymbol{R}); \boldsymbol{F}_2\big)$.

24.40.12. *Die Kohomologiealgebra $H^{\cdot}\big(\boldsymbol{P}_n(\boldsymbol{R}); \boldsymbol{F}_2\big)$ wird von e_2 erzeugt und ist zu der Faktoralgebra $\boldsymbol{F}_2[T]/(T^{n+1})$ isomorph.*

In den Bezeichnungen von (24.40.5) erkennt man, daß F_0 zu $\boldsymbol{R}^{n+1} \setminus \{0\}$ diffeomorph ist, also $H^{\cdot}(F_0; \boldsymbol{F}_2) \cong H^{\cdot}(\boldsymbol{S}_n; \boldsymbol{F}_2)$ gilt. Diesmal sind in der Gysinschen Sequenz

24.40.12.1. $$H^k(F_0; \boldsymbol{F}_2) \to H^k\big(\boldsymbol{P}_n(\boldsymbol{R}): \boldsymbol{F}_2\big) \xrightarrow{\smile e_2} H^{k+1}\big(\boldsymbol{P}_n(\boldsymbol{R}); \boldsymbol{F}_2\big) \xrightarrow{\pi_0^*} H^{k+1}(F_0; \boldsymbol{F}_2)$$

die äußeren Glieder für $1 \leqq k \leqq n - 2$ gleich 0. Für $k = 0$ liefert der Anfang der Gysinschen Sequenz eine exakte Sequenz

$$0 \to H^0(\boldsymbol{P}_n(\boldsymbol{R}); \boldsymbol{F}_2) \to H^0(F_0; \boldsymbol{F}_2) \to H^0(\boldsymbol{P}_n(\boldsymbol{R}); \boldsymbol{F}_2)$$
$$\xrightarrow{\smile e_2} H^1(\boldsymbol{P}_n(\boldsymbol{R}); \boldsymbol{F}_2) \to H^1(F_0; \boldsymbol{F}_2),$$

worin die ersten drei Glieder gleich $\boldsymbol{F}_2$ sind, so daß $\smile e_2$ injektiv ist; für $n \geqq 2$ ist das letzte Glied gleich 0, so daß $\smile e_2$ auch surjektiv ist; für $n = 1$ sind $H^0(\boldsymbol{P}_1(\boldsymbol{R}); \boldsymbol{F}_2)$ und $H^1(\boldsymbol{P}_1(\boldsymbol{R}); \boldsymbol{F}_2)$ zu $\boldsymbol{F}_2$ isomorph, so daß $\smile e_2$ wieder bijektiv ist. Für $k = n - 1$ erhält man die exakte Sequenz

$$0 \to H^{n-1}(\boldsymbol{P}_n(\boldsymbol{R}); \boldsymbol{F}_2) \xrightarrow{\smile e_2} H^n(\boldsymbol{P}_n(\boldsymbol{R}); \boldsymbol{F}_2) \xrightarrow{\pi_0^*} H^n(F_0; \boldsymbol{F}_2) \to H^n(\boldsymbol{P}_n(\boldsymbol{R}); \boldsymbol{F}_2) \to 0;$$

$\smile e_2$ ist also injektiv und folglich $H^n(\boldsymbol{P}_n(\boldsymbol{R}); \boldsymbol{F}_2) \neq 0$; da $H^n(F_0; \boldsymbol{F}_2) \simeq \boldsymbol{F}_2$ gilt, erkennt man, daß $H^n(\boldsymbol{P}_n(\boldsymbol{R}); \boldsymbol{F}_2)$ und $\boldsymbol{F}_2$ isomorph sind. Also ist $\smile e_2$ bijektiv und der Beweis damit abgeschlossen.

24.40.13. Wir setzen wieder $n = p + q$, $M = U_{p+q,p}(\boldsymbol{R})$ und $N = U^{\perp}_{p+q,p-1}(\boldsymbol{R})$, wobei M und N reelle Vektorbündel vom Rang p bzw. $q + 1$ sind. Für M und N ergeben sich die Gysinschen Sequenzen

24.40.13.1. $\cdots \to H^k(\boldsymbol{G}_{p+q,p}(\boldsymbol{R}); \boldsymbol{F}_2) \xrightarrow{\smile e_2(M)} H^{k+p}(\boldsymbol{G}_{p+q,p}(\boldsymbol{R}); \boldsymbol{F}_2)$
$\xrightarrow{\alpha^*} H^{k+p}(M_0; \boldsymbol{F}_2) \to H^{k+1}(\boldsymbol{G}_{p+q,p}(\boldsymbol{R}); \boldsymbol{F}_2) \to \cdots,$

24.40.13.2. $\cdots \to H^k(\boldsymbol{G}_{p+q,p-1}(\boldsymbol{R}); \boldsymbol{F}_2) \xrightarrow{\smile e_2(N)} H^{k+q+1}(\boldsymbol{G}_{p+q,p-1}(\boldsymbol{R}); \boldsymbol{F}_2)$
$\xrightarrow{\beta^*} H^{k+q+1}(N_0; \boldsymbol{F}_2) \to H^{k+1}(\boldsymbol{G}_{p+q,p-1}(\boldsymbol{R}); \boldsymbol{F}_2) \to \cdots,$

wobei $\alpha\colon M_0 \to \boldsymbol{G}_{p+q,p}(\boldsymbol{R})$ und $\beta\colon N_0 \to \boldsymbol{G}_{p+q,p-1}(\boldsymbol{R})$ die Projektionen sind.

Dem Satz (24.40.8) entspricht der folgende Satz:

24.40.14. *Für jeden Index j mit $1 \leqq j \leqq p$ existiert in $H^j(\boldsymbol{G}_{p+q,p}(\boldsymbol{R}); \boldsymbol{F}_2)$ ein Element $w_j^{p,q}$ derart, daß die $w_j^{p,q}$ für $1 \leqq j \leqq p$ (zusammen mit dem Einheitselement) die Kohomologiealgebra $H^{\cdot}(\boldsymbol{G}_{p+q,p}(\boldsymbol{R}); \boldsymbol{F}_2)$ erzeugen. Ferner gilt*

24.40.14.1. $w_p^{p,q} = e_2(M)$;

24.40.14.2. $\alpha^*(w_j^{p,q}) = f^*(\beta^*(w_j^{p-1,q+1}))$ *für* $1 \leqq j \leqq p - 1$,

wobei $f\colon M_0 \to N_0$ der kanonische Diffeomorphismus ist (vgl. (24.40.4)).

Den Beweis führen wir wieder mit vollständiger Induktion nach p, denn für $p = 1$ folgt der Satz aus (24.40.12). Man betrachtet wieder die Homomorphismen von $\boldsymbol{F}_2$-Vektorräumen

24.40.14.3.
$$\begin{array}{ccccc} H^{\cdot}(\boldsymbol{G}_{p+q,p}(\boldsymbol{R}); \boldsymbol{F}_2) & \xrightarrow{\smile e_2(M)} & H^{\cdot}(\boldsymbol{G}_{p+q,p}(\boldsymbol{R}); \boldsymbol{F}_2) & \xrightarrow{\alpha^*} & H^{\cdot}(M_0; \boldsymbol{F}_2) \\ & & & & \uparrow \wr f^* \\ H^{\cdot}(\boldsymbol{G}_{p+q,p-1}(\boldsymbol{R}); \boldsymbol{F}_2) & \xrightarrow{\smile e_2(N)} & H^{\cdot}(\boldsymbol{G}_{p+q,p-1}(\boldsymbol{R}); \boldsymbol{F}_2) & \xrightarrow{\beta^*} & H^{\cdot}(N_0; \boldsymbol{F}_2) \end{array}$$

Setzt man in (24.40.13.1) $k = -p, -p + 1, \ldots, -2$, so erkennt man, daß die Abbildungen $\alpha^*\colon H^j(\boldsymbol{G}_{p+q,p}(\boldsymbol{R}); \boldsymbol{F}_2) \to H^j(M_0; \boldsymbol{F}_2)$ *für* $0 \leqq j \leqq p - 2$ *Isomorphis-*

men sind; für $k = -1$ dagegen kann man aus (24.40.13.1) nur folgern, daß $\alpha^*: H^{p-1}(\boldsymbol{G}_{p+q,p}(\boldsymbol{R}); \boldsymbol{F}_2) \to H^{p-1}(M_0; \boldsymbol{F}_2)$ *injektiv* ist.

Für $1 \leqq j \leqq p-2$ kann man dann durch die Formel (24.40.14.2) die Elemente $w_j^{p,q}$ *definieren*; um so auch *für* $j = p-1$ verfahren zu können, muß man allerdings das folgende Lemma beweisen:

24.40.14.4. *Das Bild von* $H^{p-1}(\boldsymbol{G}_{p+q,p-1}(\boldsymbol{R}); \boldsymbol{F}_2)$ *vermöge* $f^* \circ \beta^*$ *ist in dem Bild von* $H^{p-1}(\boldsymbol{G}_{p+q,p}(\boldsymbol{R}); \boldsymbol{F}_2)$ *vermöge* α^* *enthalten.*

Wir nehmen an, das Lemma sei bewiesen; dann *erzeugen* die Elemente $\beta^*(w_j^{p-1,q+1})$ nach Induktionsvoraussetzung die Unteralgebra $\mathrm{Im}(\beta^*)$ von $H^{\cdot}(N_0; \boldsymbol{F}_2)$ und die Unteralgebra $\mathrm{Im}(\alpha^*)$ von $H^{\cdot}(M_0; \boldsymbol{F}_2)$, welche die $\alpha^*(w_j^{p,q})$ für $1 \leqq j \leqq p-1$ *enthält*, also auch $\mathrm{Im}(f^* \circ \beta^*)$. Wendet man aber (24.39.18.1) auf die beiden Sequenzen (24.40.13.1) und (24.40.13.2) an, so erhält man

$$\dim\bigl(\mathrm{Im}(\alpha^*)\bigr) = \frac{1}{2}\dim\bigl(H^{\cdot}(M_0; \boldsymbol{F}_2)\bigr) = \frac{1}{2}\dim\bigl(H^{\cdot}(N_0; \boldsymbol{F}_2)\bigr) = \dim\bigl(\mathrm{Im}(f^* \circ \beta^*)\bigr),$$

woraus $\mathrm{Im}(\alpha^*) = \mathrm{Im}(f^* \circ \beta^*)$ folgt. Wie man daher erkennt, ist für jedes $j = k + p$ jedes Element aus $H^j(\boldsymbol{G}_{p+q,p}(\boldsymbol{R}); \boldsymbol{F}_2)$ Summe eines Polynoms in den $w_i^{p,q}$ vom Index $i \leqq p-1$ mit Koeffizienten aus $\boldsymbol{F}_2$ und eines Elements aus $\mathrm{Ker}(\alpha^*)$. Um zu zeigen, daß jedes Element aus $H^j(\boldsymbol{G}_{p+q,p}(\boldsymbol{R}); \boldsymbol{F}_2)$ gleich einem Polynom in *allen* $w_i^{p,q}$ ist, benutzen wir Induktion nach j. Die Behauptung ist offensichtlich für $j \leqq p-1$, da der Kern von α^* in $H^j(\boldsymbol{G}_{p+q,p}(\boldsymbol{R}); \boldsymbol{F}_2)$ dann nur aus 0 besteht; wenn die Behauptung aber für einen Index j gilt, dann ist sie auch für $j + p$ wahr, denn der Untermodul $\mathrm{Ker}(\alpha^*)$ von $H^{j+p}(\boldsymbol{G}_{p+q,p}(\boldsymbol{R}); \boldsymbol{F}_2)$ ist gleich dem Bild von $H^j(\boldsymbol{G}_{p+q,p}(\boldsymbol{R}); \boldsymbol{F}_2)$ vermöge der Abbildung $z \to z \smile e_2(M)$, und die Behauptung ergibt sich aus der Definition von $w_p^{p,q}$.

Wir müssen nun noch (24.40.14.4) beweisen; nach Definition der Gysinschen Sequenz (vgl. (24.39.3.1)) ist dazu äquivalent der Nachweis, daß die zusammengesetzte Abbildung

$$H^{p-1}(\boldsymbol{G}_{p+q,p-1}(\boldsymbol{R}); \boldsymbol{F}_2) \xrightarrow{\beta^*} H^{p-1}(N_0; \boldsymbol{F}_2) \xrightarrow{f^*} H^{p-1}(M_0; \boldsymbol{F}_2) \xrightarrow{\partial} H^p(M, M_0; \boldsymbol{F}_2)$$

gleich 0 ist. Dazu betrachten wir einen Punkt $v \in \boldsymbol{G}_{p+q,p}(\boldsymbol{R})$ und die zugehörige injektive Abbildung $j_v: \boldsymbol{R}^p \to M$ in die Faser von M im Punkt v. Das Diagramm (24.35.9.1) von exakten relativen Kohomologiesequenzen liefert das kommutative Diagramm

$$\begin{array}{ccc} H^{p-1}(M_0; \boldsymbol{F}_2) & \xrightarrow{\quad\partial\quad} & H^p(M, M_0; \boldsymbol{F}_2) \\ \Big\downarrow{\scriptstyle j_v^*} & & \Big\downarrow{\scriptstyle j_v^*} \\ H^{p-1}(\boldsymbol{R}^p \setminus \{0\}; \boldsymbol{F}_2) & \xrightarrow[\partial]{} & H^p(\boldsymbol{R}^p, \boldsymbol{R}^p \setminus \{0\}; \boldsymbol{F}_2) \end{array}$$

In diesem Diagramm ist der untere Pfeil für $p \geqq 2$ ein Isomorphismus (vgl. (24.35.8.1)), und dasselbe gilt für den zweiten vertikalen Pfeil aufgrund von (24.39.4), angewendet auf das Vektorbündel M, wobei man beachtet, daß $\boldsymbol{G}_{p+q,p}(\boldsymbol{R})$ zusammenhängend ist (vgl. (16.11.9)) und daher $H^0(\boldsymbol{G}_{p+q,p}(\boldsymbol{R}); \boldsymbol{F}_2) \cong \boldsymbol{F}_2$. Demzufolge hat man also zu beweisen, daß die zusammengesetzte Abbildung

$$H^{p-1}(\boldsymbol{G}_{p+q,p-1}(\boldsymbol{R}); \boldsymbol{F}_2) \xrightarrow{\beta^*} H^{p-1}(N_0; \boldsymbol{F}_2) \xrightarrow{f^*} H^{p-1}(M_0; \boldsymbol{F}_2)$$
$$\xrightarrow{j_v^*} H^{p-1}(\boldsymbol{R}^p \setminus \{0\}; \boldsymbol{F}_2)$$

gleich 0 ist. Nun ordnet die zusammengesetzte Abbildung $\beta \circ f \circ j_v$ einem Vektor $\mathbf{x} \neq 0$ aus $\boldsymbol{R}^p \setminus \{0\}$, wobei $\boldsymbol{R}^p$ vermöge j_v mit dem Vektorteilraum $v = M_v$ von $\boldsymbol{R}^{p+q}$ identifiziert wird, den zu $\boldsymbol{R}\mathbf{x}$ in v orthogonalen Teilraum $(\boldsymbol{R}\mathbf{x})^\perp$ zu, der ein Element aus $\boldsymbol{G}_{p+q,p-1}(\boldsymbol{R})$ ist. Da $(\boldsymbol{R}\mathbf{x})^\perp$ nur von $\boldsymbol{R}\mathbf{x}$ abhängt, kann $\beta \circ f \circ j_v = g \circ \varrho$ geschrieben werden, wobei

$$\varrho : \boldsymbol{R}^p \setminus \{0\} \to \boldsymbol{P}_{p-1}(\boldsymbol{R})$$

die kanonische Abbildung ist und $g : \boldsymbol{P}_{p-1}(\boldsymbol{R}) \to \boldsymbol{G}_{p+q,p-1}(\boldsymbol{R})$ eine stetige Abbildung (vgl. (24.40.4) und (16.10.4)). Da $j_v^* \circ f^* \circ \beta^* = \varrho^* \circ g^*$ gilt, ist (24.40.14.4) für $p \geqq 3$ bewiesen, wenn wir gezeigt haben, daß die Abbildung

$$\varrho^* : H^{p-1}(\boldsymbol{P}_{p-1}(\boldsymbol{R}); \boldsymbol{F}_2) \to H^{p-1}(\boldsymbol{R}^p \setminus \{0\}; \boldsymbol{F}_2)$$

für $p \geqq 3$ *gleich* 0 ist. Nun ist $\varrho^* : H^{\cdot}(\boldsymbol{P}_{p-1}(\boldsymbol{R}); \boldsymbol{F}_2) \to H^{\cdot}(\boldsymbol{R}^p \setminus \{0\}; \boldsymbol{F}_2)$ ein Homomorphismus von $\boldsymbol{F}_2$-*Algebren*, und $H^{\cdot}(\boldsymbol{P}_{p-1}(\boldsymbol{R}); \boldsymbol{F}_2)$ wird durch ein Element $e_2 \in H^1(\boldsymbol{P}_{p-1}(\boldsymbol{R}); \boldsymbol{F}_2)$ erzeugt (vgl. (24.40.12)); $H^{p-1}(\boldsymbol{P}_{p-1}(\boldsymbol{R}); \boldsymbol{F}_2)$ besitzt daher eine aus dem Element e_2^{p-1} bestehende Basis. Nun ist aber $\varrho^*(e_2) \in H^1(\boldsymbol{R}^p \setminus \{0\}; \boldsymbol{F}_2) \cong H^1(\boldsymbol{S}_{p-1}; \boldsymbol{F}_2)$ für $p \geqq 3$ gleich 0, also $\varrho^*(e_2^{p-1}) = 0$. Für $p = 2$ dagegen ist ϱ^* bijektiv, und dieser Schluß läßt sich nicht mehr anwenden, doch gilt dann, wie wir sehen werden, $g^* = 0$. Es ist nämlich $\boldsymbol{G}_{q+2,1}(\boldsymbol{R}) = \boldsymbol{P}_{q+1}(\boldsymbol{R})$, und g setzt sich zusammen aus der kanonischen injektiven Abbildung $i : \boldsymbol{P}_1(\boldsymbol{R}) \to \boldsymbol{P}_{q+1}(\boldsymbol{R})$, die sich durch Faktorisierung aus der kanonischen injektiven Abbildung $i_0 : \boldsymbol{R}^2 \setminus \{0\} \to \boldsymbol{R}^{q+2} \setminus \{0\}$ ergibt, und dem Diffeomorphismus $\boldsymbol{R}\mathbf{x} \to (\boldsymbol{R}\mathbf{x})^\perp$ von $\boldsymbol{P}_1(\boldsymbol{R})$ auf sich; daher genügt es zu zeigen, daß $i^* = 0$ ist. Berücksichtigt man nun das kommutative Diagramm

$$\begin{array}{ccc} H^1(\boldsymbol{P}_{q+1}(\boldsymbol{R}); \boldsymbol{F}_2) & \xrightarrow{i^*} & H^1(\boldsymbol{P}_1(\boldsymbol{R}); \boldsymbol{F}_2) \\ \downarrow{\scriptstyle \varrho^*} & & \downarrow{\scriptstyle \varrho^*} \\ H^1(\boldsymbol{R}^{q+2} \setminus \{0\}; \boldsymbol{F}_2) & \xrightarrow[i_0^*]{} & H^1(\boldsymbol{R}^2 \setminus \{0\}; \boldsymbol{F}_2) \end{array}$$

sowie, daß $H^1(\boldsymbol{R}^{q+2} \setminus \{0\}; \boldsymbol{F}_2) \cong H^1(\boldsymbol{S}_{q+1}; \boldsymbol{F}_2) = \{0\}$ gilt für $q \geqq 1$ und der zweite vertikale Pfeil des Diagramms bijektiv ist, so erhält man gerade $i^* = 0$. Damit ist der Beweis abgeschlossen.

24.40.15. Wir wollen hier ein Polynom aus $\boldsymbol{F}_2[T_1, T_2, \ldots, T_p]$ *isobar vom Gewicht* j nennen, wenn es Linearkombination von Monomen $T_1^{\nu_1} T_2^{\nu_2} \cdots T_p^{\nu_p}$ ist mit $\nu_1 + 2\nu_2 + \cdots + p\nu_p = j$. Da $w_i^{p,q} \in H^i(\boldsymbol{G}_{p+q,p}(\boldsymbol{R}); \boldsymbol{F}_2)$ ist, ergibt sich aus (24.40.14), daß jedes Element aus $H^j(\boldsymbol{G}_{p+q,p}(\boldsymbol{R}); \boldsymbol{F}_2)$ gleich einem *isobaren Polynom vom Gewicht* j bezüglich $w_1^{p,q}, \ldots, w_p^{p,q}$ ist. In Analogie zu (24.40.10) erhält man den Satz:

24.40.16. (i) *Für jeden Index* j *mit* $j < q$ *gibt es eine kanonische exakte Sequenz*

24.40.16.1. $$0 \to H^{j-p}(\boldsymbol{G}_{p+q,p}(\boldsymbol{R}); \boldsymbol{F}_2) \xrightarrow{\smile w_p^{p,q}} H^j(\boldsymbol{G}_{p+q,p}(\boldsymbol{R}); \boldsymbol{F}_2) \xrightarrow{\lambda} H^j(\boldsymbol{G}_{p+q,p-1}(\boldsymbol{R}); \boldsymbol{F}_2) \to 0.$$

(ii) *Das einzige isobare Polynom* $P \in \boldsymbol{F}_2[T_1, \ldots, T_p]$ *von einem Gewicht* $j < q$ *mit* $P(w_1^{p,q}, w_2^{p,q}, \ldots, w_p^{p,q}) = 0$ *ist* $P = 0$.

Aus (24.40.13.2) ergibt sich, daß für $k < -2$ die Abbildung

$$\beta^* : H^{k+q+1}(\boldsymbol{G}_{p+q,p-1}(\boldsymbol{R}); \boldsymbol{F}_2) \to H^{k+q+1}(N_0; \boldsymbol{F}_2)$$

bijektiv ist. Wie wir im Beweis von (24.40.14) gesehen haben, ist

$$\operatorname{Im}(\alpha^*) = \operatorname{Im}(f^* \circ \beta^*),$$

und für $j \leqq q - 1$ leitet man daraus her, daß die Abbildung

$$\alpha^*: H^j(\boldsymbol{G}_{p+q,p}(\boldsymbol{R}); \boldsymbol{F}_2) \to H^j(M_0; \boldsymbol{F}_2)$$

surjektiv ist; aus der exakten Gysinschen Sequenz

$$H^{j-1}(\boldsymbol{G}_{p+q,p}(\boldsymbol{R}); \boldsymbol{F}_2) \xrightarrow{\alpha^*} H^{j-1}(M_0; \boldsymbol{F}_2) \to H^{j-p}(\boldsymbol{G}_{p+q,p}(\boldsymbol{R}); \boldsymbol{F}_2)$$
$$\xrightarrow{\smile w_p^{p,q}} H^j(\boldsymbol{G}_{p+q,p}(\boldsymbol{R}); \boldsymbol{F}_2)$$

ergibt sich, daß für $j \leqq q - 1$ die Abbildung

$$H^{j-p}(\boldsymbol{G}_{p+q,p}(\boldsymbol{R}); \boldsymbol{F}_2) \xrightarrow{\smile w_p^{p,q}} H^j(\boldsymbol{G}_{p+q,p}(\boldsymbol{R}); \boldsymbol{F}_2)$$

injektiv ist. Man erhält also gerade die exakte Sequenz (24.40.16.1), mit $\lambda = (f^* \circ \beta^*)^{-1} \circ \alpha^*$. Der Beweis von (ii) ist dann eine Kopie des Beweises von (24.40.10 (ii)), wobei die exakte Sequenz (24.40.10.1) durch (24.40.16.1) ersetzt wird.

Aufgaben

1. Für $m < n$ werde $\boldsymbol{R}^m$ mit dem durch die ersten m Vektoren der kanonischen Basis $(\mathbf{e}_i)_{1 \leqq i \leqq n}$ von $\boldsymbol{R}^n$ erzeugten Vektorteilraum von $\boldsymbol{R}^n$ identifiziert. Es bezeichne H_n den aus den Punkten mit n-ter Koordinate > 0 bestehenden offenen Halbraum von $\boldsymbol{R}^n$.

a) Für $p < n$ wird unter dem *Schubertschen Symbol* p-ter Ordnung jede Folge $\sigma = (\sigma_j)_{1 \leqq j \leqq p}$ von ganzen Zahlen mit $1 \leqq \sigma_1 \leqq \sigma_2 < \cdots < \sigma_p \leqq n$ verstanden. Mit $e(\sigma)$ wird die Menge der Vektorteilräume $X \in \boldsymbol{G}_{n,p}(\boldsymbol{R})$ mit der Eigenschaft

$$\dim(X \cap \boldsymbol{R}^{\sigma_i}) = i, \qquad \dim(X \cap \boldsymbol{R}^{\sigma_i - 1}) = i - 1 \qquad \text{für} \qquad 1 \leqq i \leqq p$$

bezeichnet. Ebenso könnte man fordern, daß X eine Basis $(\mathbf{x}_1, \mathbf{x}_2, \ldots, \mathbf{x}_p)$ mit $\mathbf{x}_i \in H_{\sigma_i}$ für $1 \leqq i \leqq p$ besitze.

b) Man zeige: Ist $X \in e(\sigma)$, so existiert für X eine *eindeutig bestimmte orthonormale Basis* $(\mathbf{x}_1, \mathbf{x}_2, \ldots, \mathbf{x}_n)$ mit $x_i \in H_{\sigma_i}$ für $1 \leqq i \leqq p$.

2. In den Bezeichnungen von Aufgabe 1 sei $B(\sigma)$ die Menge der Orthonormalsysteme $(\mathbf{x}_1, \ldots, \mathbf{x}_p)$ in der Stiefelschen Mannigfaltigkeit $\boldsymbol{S}_{n,p}(\boldsymbol{R})$ (vgl. (16.11.9)) derart, daß $x_i \in H_{\sigma_i}$ für $1 \leqq i \leqq p$ gilt. Es ist $(\mathbf{e}_{\sigma_1}, \mathbf{e}_{\sigma_2}, \ldots, \mathbf{e}_{\sigma_p}) \in B(\sigma)$.

a) Sind zwei Vektoren $\mathbf{u}, \mathbf{v}$ aus $\boldsymbol{R}^n$ gegeben mit $\|\mathbf{u}\| = \|\mathbf{v}\| = 1$ und $\mathbf{v} \neq -\mathbf{u}$, so existiert genau eine Drehung $\mathrm{R}(\mathbf{u}, \mathbf{v}) \in \boldsymbol{SO}(n)$, die $\mathbf{u}$ in $\mathbf{v}$ überführt und die zu $\mathbf{u}$ und $\mathbf{v}$ orthogonalen Vektoren fest läßt. Die Abbildung $(\mathbf{x}, \mathbf{u}, \mathbf{v}) \to \mathrm{R}(\mathbf{u}, \mathbf{v}) \cdot \mathbf{x}$ ist für $\mathbf{x} \in \boldsymbol{R}^n$, $\|\mathbf{u}\| = \|\mathbf{v}\| = 1$ und $\mathbf{u} \neq -\mathbf{v}$ stetig. Gehören $\mathbf{u}$ und $\mathbf{v}$ für $k < n$ zu $\boldsymbol{R}^k$, so gehört darüber hinaus $\mathrm{R}(\mathbf{u}, \mathbf{v}) \cdot \mathbf{x} - \mathbf{x}$ für jedes $\mathbf{x} \in \boldsymbol{R}^n$ zu $\boldsymbol{R}^k$.

b) Für jeden Punkt $(\mathbf{x}_1, \mathbf{x}_2, \ldots, \mathbf{x}_p) \in \overline{B(\sigma)}$ betrachte man die (ebenfalls mit R bezeichnete) Drehung

$$\mathrm{R}(\mathbf{x}_1, \mathbf{x}_2, \ldots, \mathbf{x}_p) = (\mathrm{R}\mathbf{e}_{\sigma_p}, \mathbf{x}_p) \circ \mathrm{R}(\mathbf{e}_{\sigma_{p-1}}, \mathbf{x}_{p-1}) \circ \cdots \circ \mathrm{R}(\mathbf{e}_{\sigma_1}, \mathbf{x}_1),$$

für die $\mathrm{R} \cdot \mathbf{e}_{\sigma_i} = \mathbf{x}_i$ für $1 \leqq i \leqq p$ gilt. Es sei σ_{p+1} so gewählt, daß $\sigma_p < \sigma_{p+1} \leqq n$ ist, und es sei D die Menge der zu $\mathbf{e}_{\sigma_i}$ für $1 \leqq i \leqq p$ orthogonalen Vektoren $\mathbf{u} \in \overline{H}_{\sigma_{p+1}}$ mit $\|\mathbf{u}\| = 1$. Man zeige, daß die Abbildung

$$f\colon ((\mathbf{x}_1, \ldots, \mathbf{x}_p), \mathbf{u}) \to (\mathbf{x}_1, \ldots, \mathbf{x}_p, \mathrm{R}(\mathbf{x}_1, \ldots, \mathbf{x}_p) \cdot \mathbf{u})$$

ein Homöomorphismus von $\overline{B(\sigma)} \times D$ auf $\overline{B(\sigma')}$ mit $\sigma' = (\sigma_1, \ldots, \sigma_p, \sigma_{p+1})$ ist. Hieraus leite man her, daß $\overline{B(\sigma)}$ zu einer abgeschlossenen Kugel in einem Raum der Dimension

$$(\sigma_1 - 1) + (\sigma_2 - 2) + \cdots + (\sigma_p - p)$$

homöomorph ist und $B(\sigma)$ zum inneren Kern dieser Kugel. (Man benutze Induktion nach p.)

c) Es sei $\pi\colon \boldsymbol{S}_{n,p}(\boldsymbol{R}) \to \boldsymbol{G}_{n,p}(\boldsymbol{R})$ die kanonische Projektion (vgl. (16.11.9)). Man zeige, daß die Einschränkung von π auf $B(\sigma)$ ein Homöomorphismus von $B(\sigma)$ auf $e(\sigma)$ ist. (Man beachte: Gehört $(\mathbf{x}_1, \ldots, \mathbf{x}_p)$ zu $\overline{B(\sigma)} \setminus B(\sigma)$, so kann das Bild dieses Punktes vermöge π nicht zu $e(\sigma)$ gehören.)

d) Aus c) leite man her, daß $\boldsymbol{G}_{n,p}(\boldsymbol{R})$ ein Zellenkomplex ist (vgl. Abschnitt 24.36, Aufgabe 8), dessen Zellen die $e(\sigma)$ sind. Man zeige, daß die Anzahl dieser Zellen einer Dimension r gleich der Anzahl $d(r)$ der wachsenden Folgen $1 \leqq i_1 \leqq i_2 \leqq \cdots \leqq i_s \leqq n - p$ mit $s \leqq p$ und $i_1 + i_2 + \cdots + i_s = r$ ist.

e) Man zeige, daß die Dimension von $H^r(\boldsymbol{G}_{p+q,p}(\boldsymbol{R}); \boldsymbol{F}_2)$ für $r < q$ gleich $d(r)$ und $H^r(\boldsymbol{G}_{p+q,p}(\boldsymbol{R}); \boldsymbol{Z})$ für jedes r ein $\boldsymbol{Z}$-Modul von einem Rang $\leqq d(r)$ ist. (Man benutze d) sowie (24.40.15) und ordne jeder Folge ganzer Zahlen $\geqq 0$ mit $\nu_1 + 2\nu_2 + \cdots + p\nu_p = r$ die Folge der ganzen Zahlen

$$\nu_p, \nu_p + \nu_{p-1}, \ldots, \nu_p + \nu_{p-1} + \cdots + \nu_1$$

zu. Man wende die Ergebnisse aus Abschnitt 24.37, Aufgabe 28 an.)

3. Man formuliere und beweise für die Graßmannschen Mannigfaltigkeit $\boldsymbol{G}_{n,p}(\boldsymbol{C})$ und $\boldsymbol{G}_{n,p}(\boldsymbol{H})$ die zu den Aussagen in den Aufgaben 1 und 2 entsprechenden Aussagen. (Für H_n wähle man die Menge der Punkte aus $\boldsymbol{C}^n$ (bzw. $\boldsymbol{H}^n$), deren n-te Koordinate eine *reelle* Zahl > 0 ist.) Unter Verwendung von Aufgabe 28 aus Abschnitt 24.37 zeige man, daß $H^r(\boldsymbol{G}_{p+q,p}(\boldsymbol{C}); \boldsymbol{Z})$ (bzw. $H^r(\boldsymbol{G}_{p+q,p}(\boldsymbol{H}); \boldsymbol{Z})$) für jedes r ein freier $\boldsymbol{Z}$-Modul ist, der verschwindet, wenn r kein Vielfaches von 2 (bzw. von 4) ist, und dessen Rang sonst gleich $d(r/2)$ (bzw. $d(r/4)$) ist. (Man beachte, daß die „Zellen" alle eine durch 2 (bzw. 4) teilbare Dimension haben.)

4. a) Es sei Q eine nichtdegenerierte komplexe Quadrik der komplexen Dimension $n - 1$ in $\boldsymbol{P}_n(\boldsymbol{C})$, die durch die Gleichung $\xi_0^2 + \xi_1^2 + \cdots + \xi_n^2 = 0$ definiert ist. Man zeige, daß Q zu der Graßmannschen Mannigfaltigkeit $\boldsymbol{G}'_{n+1,2}(\boldsymbol{R})$ der orientierten Ebenen von $\boldsymbol{R}^{n+1}$ (vgl. Abschnitt 16.21, Aufgabe 1) diffeomorph ist. (Man zerlege die ξ_j in Real- und Imaginärteil.)

b) Die Stiefelsche Mannigfaltigkeit $\boldsymbol{S}_{n+1,2}(\boldsymbol{R})$ kann als Sphärenbündel über der Basis $\boldsymbol{G}'_{n+1,2}(\boldsymbol{R})$ aufgefaßt werden. Hieraus leite man her:

α) Ist $n = 2m$ gerade, so gilt $H^p(Q; K) = \{0\}$ für ungerades p und jeden Körper K sowie $H^p(Q; K) \cong K$ für gerades p mit $0 \leqq p \leqq 4m - 2$ und jeden Körper K. (Man benutze Aufgabe 4 aus Abschnitt 24.39 und die Gysinsche Sequenz.)

β) Ist $n = 2m + 1$ ungerade, so gilt $H^p(Q; \boldsymbol{Z}) = \{0\}$ für ungerades p, $H^p(Q; \boldsymbol{Z}) \cong \boldsymbol{Z}$ für gerades p mit $0 \leqq p \leqq 4m$ und $p \neq 2m$ sowie $H^{2m}(Q; \boldsymbol{Z}) \cong \boldsymbol{Z}^2$. (Man benutze dieselbe Methode.)

5. Man zeige, daß $H^1(\boldsymbol{G}'_{p+q,p}(\boldsymbol{R}); \boldsymbol{F}_2) = \{0\}$ ist und daß für jeden Index j mit $2 \leqq j \leqq p$ in $H^j(\boldsymbol{G}'_{p+q,p}(\boldsymbol{R}); \boldsymbol{F}_2)$ ein Element $w_j'^{p,q}$ existiert derart, daß die $w_j'^{p,q}$ für $2 \leqq j \leqq p$ (zusammen mit dem Einheitselement) die Kohomologiealgebra $H^{\cdot}(\boldsymbol{G}'_{p+q,p}(\boldsymbol{R}); \boldsymbol{F}_2)$ erzeugen und daß das einzige isobare Polynom von einem Gewicht $j < q$ mit $P(w_2'^{p,q}, \ldots, w_p'^{p,q}) = 0$ das Polynom $P = 0$ ist. (Um nachzuweisen, daß $H^1(\boldsymbol{G}'_{p+q,p}(\boldsymbol{R}); \boldsymbol{F}_2) = \{0\}$ ist, betrachte man $\boldsymbol{G}'_{p+q,p}(\boldsymbol{R})$ als ein Faserbündel über $\boldsymbol{G}_{p+q,p}(\boldsymbol{R})$, auf welches die Gysinsche Sequenz für die nulldimensionalen Sphärenbündel angewendet werden kann (vgl. Abschnitt 24.39, Aufgaben 3 und 9); die anderen Aussagen betreffend schließe man unter Verwendung von Aufgabe 4 wie in (24.40.14) induktiv nach p.)

24.41. Chernsche Klassen

24.41.1. Es sei B eine reine Mannigfaltigkeit und E ein *komplexes* Vektorbündel vom (komplexen) Rang N über der Basis B. Im folgenden beschreiben wir ein Verfahren, das dem Vektorbündel E in *kanonischer Weise* ein komplexes Vektorbündel $\tilde{E}$ *vom Rang* $N - 1$ *über der offenen Menge* E_0 *aus* E *als Basis* zuordnet, wobei E_0 das Komplement des Nullschnitts in E ist. Dazu betrachten wir zunächst das Vektorbündel $E \oplus E$ über B (vgl. (16.16.1)), und es sei $p_1: E \oplus E \to E$ die Abbildung mit der Eigenschaft, daß $p_1(\mathbf{u}_x \oplus \mathbf{v}_x) = \mathbf{u}_x$ für jeden Punkt $\mathbf{u}_x \oplus \mathbf{v}_x$ einer Faser $(E \oplus E)_x$ von $E \oplus E$ gilt. Dann ist $(E \oplus E, E, p_1)$ ein komplexes Vektorbündel vom Rang N über der Basis E; da es sich nämlich um ein über B lokales Problem handelt, kann E als trivial vorausgesetzt werden; also kann man $E \oplus E$ mit $(B \times \mathbf{C}^N) \times \mathbf{C}^N$ identifizieren und E mit $B \times \mathbf{C}^N$, wobei p_1 die erste Projektion ist. Es sei $H = p_1^{-1}(E_0)$ das durch dieses Vektorbündel über der offenen Menge E_0 aus E induzierte Faserbündel (vgl. (16.12.9)), und wir betrachten für jedes $x \in B$ die aus den Vektoren $\mathbf{u}_x \oplus t\mathbf{u}_x$ bestehende Teilmenge F_x von $(E \oplus E)_x$, wobei $\mathbf{u}_x \neq 0$ in E_x und $t \in \mathbf{C}$ ist; variiert x in B, so ist die Vereinigung F der F_x ein *komplexes Vektorteilbündel vom Rang* 1 in H. Man kann sich nämlich wieder auf den Fall beschränken, daß E trivial ist, so daß H mit $\big(B \times (\mathbf{C}^N \setminus \{0\})\big) \times \mathbf{C}^N$ identifiziert werden kann; für $1 \leqq j \leqq N$ sei V_j die aus den Punkten $\mathbf{z} = (z^1, z^2, \ldots, z^N) \in \mathbf{C}^N$ mit $z^j \neq 0$ bestehende offene Menge in $\mathbf{C}^N \setminus \{0\}$. Dann definiert man in $B \times V_j$ Schnitte der Klasse C^∞ von H über dieser offenen Menge, wenn man $\mathbf{s}_j(x, \mathbf{u}) = \mathbf{u}$ setzt und $\mathbf{s}_k(x, \mathbf{u}) = \mathbf{e}_k$ für $k \neq j$ (wobei mit $\mathbf{e}_1, \ldots, \mathbf{e}_N$ die Vektoren der kanonischen Basis von $\mathbf{C}^N$ bezeichnet werden); aufgrund der Definition von V_j bilden die N Schnitte $\mathbf{s}_k$ $(1 \leqq k \leqq N)$ ein *Repère* von H über $B \times V_j$ (vgl. (16.15.1)); für jedes $x \in B$ und jedes $\mathbf{u}_x \in V_j$ ist die Menge der $\mathbf{u}_x \oplus t\mathbf{u}_x$, $t \in \mathbf{C}$, darüber hinaus ein komplexer Vektorteilraum der Dimension 1 von $H_{(x,\mathbf{u}_x)}$, und $\mathbf{s}_j(x, \mathbf{u}_x) = \mathbf{u}_x$ ist darin eine Basis. Damit ist gezeigt, daß F ein Vektorteilbündel von H (vgl. (16.17.1)) vom (komplexen) Rang 1 ist. Das Bündel $\tilde{E}$ über E_0 wird dann als das *Faktorbündel* H/F (vgl. (16.17.2)) vom (komplexen) Rang $N - 1$ definiert. Da diese Definition kanonisch ist, ergibt sich aus jedem B-Isomorphismus $g: E \to E'$ von komplexen Vektorbündeln kanonisch ein Isomorphismus $(g, \tilde{g})$ von $\tilde{E}$ auf das Bündel $\tilde{E}'$: Setzt man $g_1(\mathbf{u}_x \oplus \mathbf{v}_x) = g(\mathbf{u}_x) \oplus g(\mathbf{v}_x)$, so ist (g, g_1) ein Isomorphismus von H auf das analoge Faserbündel H' über der Basis E_0', und das Bild von F vermöge dieses Isomorphismus ist das in analoger Weise definierte Teilbündel F' von H'; durch Faktorisierung ergibt sich hieraus ein Isomorphismus $(g, \tilde{g})$ von H/F auf H'/F'.

24.41.2. Wir nehmen an, auf E sei eine *hermitesche Struktur* (vgl. (23.27.2)) gewählt. Dann definiert man auf dem Bündel H über E_0 eine hermitesche Struktur, wenn man

$$(\mathbf{u}_x \oplus \mathbf{v}_x' \mid \mathbf{u}_x \oplus \mathbf{v}_x'') = (\mathbf{v}_x' \mid \mathbf{v}_x'')$$

als hermitesches Skalarprodukt in der Faser $H_{\mathbf{u}_x}$ nimmt. Man definiert einen E_0-Morphismus des Faserbündels H in das triviale Bündel $E_0 \times \mathbf{C}$ über E_0, indem man $\mathbf{u}_x \oplus \mathbf{v}_x$ das Paar $\big(\mathbf{u}_x, (\mathbf{v}_x \mid \mathbf{u}_x)\big)$ zuordnet; nach Definition von E_0 ist dieser Morphismus surjektiv; sein Kern K ist also ein Vektorteilbündel von H über der Basis E_0 vom komplexen Rang $N - 1$ (vgl. (16.17.5)), dessen Faser in $\mathbf{u}_x$ der zu der (komplexen) Geraden $F_{\mathbf{u}_x}$ (bezüglich der hermiteschen Struktur) *orthogonale* Teilraum von $H_{\mathbf{u}_x}$

ist. Bezeichnet man jetzt für jeden Punkt $\mathbf{u}_x \oplus \mathbf{v}_x \in H_{\mathbf{u}_x}$ mit $p_{\mathbf{u}_x}(\mathbf{u}_x \oplus \mathbf{v}_x)$ die *orthogonale Projektion* dieses Punktes in die komplexe Hyperebene $K_{\mathbf{u}_x}$, dann ist die Abbildung $\mathbf{u}_x \oplus \mathbf{v}_x \to p_{\mathbf{u}_x}(\mathbf{u}_x \oplus \mathbf{v}_x)$ ein E_0-Morphismus des Vektorbündels H auf das Vektorbündel K, was man unmittelbar erkennt, schränkt man die Betrachtungen (in den Bezeichnungen von (24.41.1)) auf eine offene Menge in E_0 von der Form $B \times V_j$ ein (falls E als trivial vorausgesetzt ist, worauf man das Problem jedoch immer zurückführen kann). Der Kern dieses E_0-Morphismus ist das Bündel F, so daß K zu H/F isomorph ist (vgl. (16.17.5)) und man daher $\tilde{E} = H/F$ und K in den Untersuchungen identifizieren kann.

24.41.3. Mit $e(E)$ bezeichnen wir die Eulersche Klasse des E unterliegenden reellen Vektorbündels, das mit der kanonischen Orientierung versehen sei (vgl. (24.39.8)). Die exakte Gysinsche Sequenz (vgl. (24.39.3.1)), angewandt auf dieses reelle Vektorbündel,

$$\cdots \to H^p(B;\mathbf{Z}) \xrightarrow{\smile e(E)} H^{p+2N}(B;\mathbf{Z}) \xrightarrow{\pi_0^*} H^{p+2N}(E_0;\mathbf{Z}) \to H^{p+1}(B;\mathbf{Z}) \to \cdots$$

zeigt, daß $\pi_0^*\colon H^{2(N-i)}(B;\mathbf{Z}) \to H^{2(N-i)}(E_0;\mathbf{Z})$ für $1 \leqq i \leqq N$ (dem entspricht $-2N \leqq p \leqq -2$) ein *Isomorphismus* ist. Dies gestattet, mit Hilfe der Konstruktion aus (24.41.1) rekursiv nach N die *Chernschen Klassen eines komplexen Vektorbündels E vom Rang N über der Basis B* zu definieren: Das sind N Elemente

24.41.3.1. $c_i(E) \in H^{2i}(B;\mathbf{Z}) \qquad$ für $\qquad 1 \leqq i \leqq N,$

die folgendermaßen definiert sind. Für $i = N$ ist $c_N(E)$ die *Eulersche Klasse* $e(E) \in H^{2N}(B;\mathbf{Z})$ (vgl. (24.39.11)). Für $1 \leqq i < N$ wird das in (24.41.1) konstruierte komplexe Vektorbündel $\tilde{E}$ vom Rang $N-1$ über der Basis E_0 betrachtet, und man setzt

24.41.3.2. $c_i(E) = (\pi_0^*)^{-1}\big(c_i(\tilde{E})\big) \qquad$ für $\qquad 1 \leqq i \leqq N-1,$

was sinnvoll ist, da π_0^* eine bijektive Abbildung von $H^{2i}(B;\mathbf{Z})$ auf $H^{2i}(E_0;\mathbf{Z})$ ist. Es ist zweckmäßig, $c_i(E) = 0$ für $i > N$ und $c_0(E) = 1$ (Einheitselement von $H^{\cdot}\big(B;\mathbf{Z})\big)$ zu setzen; das Element

24.41.3.3. $c(E) = 1 + c_1(E) + \cdots + c_N(E) = \sum_{i=0}^{\infty} c_i(E)$

aus dem Ring $H^{\cdot}(B;\mathbf{Z})$ wird *totale Chernsche Klasse* von E genannt.

Für jeden kommutativen Ring Λ werden unter *Chernschen Klassen von E mit Werten in $H^{\cdot}(B;\Lambda)$* wieder die kanonischen Bilder (vgl. (24.29.5)) der Chernschen Klassen $c_k(E) \in H^{2k}(B;\mathbf{Z})$ vermöge des Homomorphismus $H^{2k}(B;\mathbf{Z}) \to H^{2k}(B;\Lambda)$ verstanden, der dem kanonischen Homomorphismus $\mathbf{Z} \to \Lambda$ entspricht.

24.41.4. *Es sei $f\colon B' \to B$ eine Abbildung der Klasse C^∞ von einer reinen Mannigfaltigkeit B' in B; dann gilt für $1 \leqq i \leqq N$*

24.41.4.1. $f^*\big(c_i(E)\big) = c_i\big(f^*(E)\big).$

Man schließt induktiv nach N; für $i = N$ ist (24.41.4.1) gerade die Beziehung (24.39.14.1) zwischen den Eulerschen Klassen der E und $E' = f^*(E)$ unterliegenden reellen Bündel; es genügt, folgendes zu bemerken. Ist $\boldsymbol{w}$ ein zur kanonischen Orientierung von $\xi = (E, B, \pi)$ gehörender Schnitt, so gehört $f^*(\boldsymbol{w})$ zur kanonischen

Orientierung von $f^*(\xi)$; das ergibt sich unmittelbar aus den Konstruktionen in (24.39.6) und (24.39.8). Für $i < N$ betrachten wir den kanonischen Morphismus (f, f') von $f^*(\xi)$ in ξ (vgl. (16.12.8)), so daß f' eine Abbildung der Klasse C^∞ von der Mannigfaltigkeit E' in E ist. Offenbar ist ihre Einschränkung f'_0 auf E'_0 (das Komplement des Nullschnitts von E') eine Abbildung von E'_0 in E_0; da das Diagramm

$$\begin{array}{ccc} E'_0 & \xrightarrow{f'_0} & E_0 \\ {\scriptstyle \pi'_0}\downarrow & & \downarrow{\scriptstyle \pi_0} \\ B' & \xrightarrow[f]{} & B \end{array}$$

kommutativ ist, genügt es aufgrund von Definition (24.41.3.2) und der Induktionsvoraussetzung zu zeigen, daß (in den Bezeichnungen von (24.41.1))

24.41.4.2. $\tilde{E}' = f_0'^*(\tilde{E})$

gilt. Wenn F das in (24.41.1) definierte Bündel vom Rang 1 über E_0 und F' das analoge Bündel über E'_0 ist, dann genügt es aufgrund von (16.19.3) und wegen der Existenz eines Komplements zu einem Vektorteilbündel (vgl. (16.17.3)) nachzuweisen, daß $F' = f_0'^*(F)$ gilt. Nun ist $f'_{x'}: E'_{x'} \to E_{f(x')}$ für jedes $x' \in B'$ eine lineare bijektive Abbildung (vgl. Abschnitt 16.19); daher ist das inverse Bild von $F_{f(x')}$ vermöge $f'_{x'}$ die aus den Vektoren $\mathbf{u}'_{x'} \oplus t\mathbf{u}'_{x'}$ mit $t \in \boldsymbol{C}$ und $\mathbf{u}'_{x'} \neq 0$ in $E'_{x'}$ bestehende Teilmenge von $(E' \oplus E')_{x'}$, d. h. $F'_{x'}$.

24.41.4.3. Ist $g: E' \to E$ ein *B-Isomorphismus* von komplexen Vektorbündeln, so erhält g die kanonische Orientierung der unterliegenden reellen Vektorbündel; daher gilt $e(E') = e(E)$ (vgl. (24.39.11)). Weiter haben wir gesehen (vgl. (24.41.1)), daß sich aus g kanonisch ein Isomorphismus $(g, \tilde{g})$ von $\tilde{E}'$ auf $\tilde{E}$ ergibt; faktorisieren wir $\tilde{g}$ in $\tilde{E}' \to g^*(\tilde{E}) \to \tilde{E}$ (vgl. (16.19.1)), so erhält man aus (24.41.4) durch Induktion nach N, daß $c(E') = c(E)$ ist.

24.41.5. Beispiel: *Chernsche Klassen komplexer Graßmannscher Mannigfaltigkeiten.* In (24.40.8) wurde ein Erzeugendensystem $c_j^{p,q}$ für den Kohomologiering $H^{\cdot}(\boldsymbol{G}_{p+q,p}(\boldsymbol{C}); \boldsymbol{Z})$ einer komplexen Graßmannschen Mannigfaltigkeit angegeben. Diese Elemente sind nichts anderes als *Chernsche Klassen*; genauer gesagt:

24.41.5.1. *Für* $1 \leqq j \leqq p$ *gilt* $c_j^{p,q} = c_j(U_{p+q,p}(\boldsymbol{C}))$.

Für $j = p$ ergibt sich der Satz aus der Definition (24.41.3) von $c_p(U_{p+q,p}(\boldsymbol{C}))$ und Formel (24.40.8.1). Für $j < p$ schließen wir induktiv nach p, wobei wir uns wieder der Bezeichnungen aus (24.40.7) bedienen; unter Berücksichtigung von (24.41.4) sowie der die $c_j^{p,q}$ für $j \leqq p - 1$ definierenden Relation (24.40.8.2) genügt es zu zeigen, daß $f^*(\tilde{N})$ für den Diffeomorphismus $f: \boldsymbol{M}_0 \to N_0$ zu $\tilde{\boldsymbol{M}}$ isomorph ist; $\tilde{M}$ und $\tilde{N}$ konstruieren wir hier unter Benutzung von (24.41.2), wobei die hermiteschen Strukturen auf M und N durch das kanonische Skalarprodukt auf $\boldsymbol{C}^{p+q}$ (vgl. (24.40.1)) definiert seien. Aus den Definitionen ergibt sich nämlich, daß für jeden Punkt $(v, \mathbf{x}) \in \boldsymbol{M}_0$ die Faser $\tilde{M}_{(v,\mathbf{x})}$ die Menge der Tripel $(v, \mathbf{x}, \mathbf{y})$ ist, wobei $\mathbf{y}$ den Teilraum $(\boldsymbol{C}\mathbf{x})^\perp \cap v$ der zu $\mathbf{x}$ orthogonalen Vektoren in v durchläuft. Andererseits ist für jeden Punkt $(w, \mathbf{x}') \in N_0$ mit $\mathbf{x}' \in w^\perp$ die Faser $\tilde{N}_{(w,\mathbf{x}')}$ die Menge der Tripel $(w, \mathbf{x}', \mathbf{z})$, wobei $\mathbf{z}$ den Teilraum w durchläuft. Da $f((v, \mathbf{x})) = ((\boldsymbol{C}\mathbf{x})^\perp \cap v, \mathbf{x})$ gilt und f ein Diffeomorphismus von M_0 auf N_0 ist, erkennt man, daß das Paar (f, g) mit

$$g((v, \mathbf{x}), \mathbf{y}) = (((\boldsymbol{C}\mathbf{x})^{\perp} \cap v, \mathbf{x}), \mathbf{y})$$

ein *Isomorphismus* von $\tilde{M}$ auf $\tilde{N}$ ist, woraus folgt, daß $f^*(\tilde{N})$ und $\tilde{M}$ isomorph sind (vgl. (16.19.1)).

Aufgaben

1. In den Bezeichnungen von (24.40.6) sei Y eine projektive lineare Untermannigfaltigkeit von $\boldsymbol{P}_n(\boldsymbol{C})$ der (komplexen) Dimension p. Ist $j: Y \to \boldsymbol{P}_n(\boldsymbol{C})$ die kanonische injektive Abbildung, so zeige man

$$e_Y^* = (-1)^p j^*(e^p).$$

2. Es sei Y eine holomorphe abgeschlossene Untermannigfaltigkeit einer komplexen Dimension $p \leqq n - 1$ in $\boldsymbol{P}_n(\boldsymbol{C})$.

a) In den Bezeichnungen von (24.39.20) zeige man, daß $a(u_Y) = (-1)^{n-p} d \cdot e^{n-p}$ gilt, wobei d der Grad von Y ist (vgl. Abschnitt 24.16, Aufgabe 5). (Man benutze Aufgabe 12 aus Abschnitt 24.39.)

b) Man nehme an, Y sei eine Hyperfläche ($p = n - 1$). Man zeige, daß für die totale Chernsche Klasse von $T(Y)$

$$c(T(Y)) = j^*((1 - e)^{n+1}/(1 - d \cdot e))$$

gilt. (Man beachte, daß $e^{n+1} = 0$ ist.)

24.42. Eigenschaften der Chernschen Klassen

24.42.1. Wir zeigen nun, daß die Chernschen Klassen eines *beliebigen* komplexen Vektorbündels über einer *kompakten* reinen Mannigfaltigkeit als Basis mit Hilfe der Chernschen Klassen $c_j^{p,q}$ der *komplexen Graßmannschen Mannigfaltigkeiten* definiert werden können. Das ergibt sich aus (24.41.4) und dem folgenden Satz:

24.42.2. *Es sei B eine* kompakte *reine Mannigfaltigkeit sowie E ein komplexes Vektorbündel mit der Basis B, dem komplexen Rang p und der Projektion π. Dann existiert eine Abbildung f der Klasse C^∞ von B in eine Graßmannsche Mannigfaltigkeit $\boldsymbol{G}_{p+q,p}(\boldsymbol{C})$ derart, daß E zu dem Bündel $f^*(U_{p+q,p}(\boldsymbol{C}))$ B-isomorph ist.*

Es existiert eine endliche Überdeckung $(V_j)_{1 \leqq j \leqq m}$ von B, die aus trivialisierenden offenen Mengen für E besteht; für jeden Index j gibt es daher einen Diffeomorphismus

$$h_j: \pi^{-1}(V_j) \to V_j \times \boldsymbol{C}^p,$$

der zu einer Repére-Abbildung über V_j invers ist (vgl. (16.15.1)). Es sei $(W_j)_{1 \leqq j \leqq m}$ eine offene Überdeckung von B mit $\overline{W}_j \subset V_j$ für jedes j (vgl. (12.6.2)), und für jedes j sei g_j eine Funktion der Klasse C^∞ auf B mit Werten in $[0, 1]$, die in W_j gleich 1 ist und deren Träger in V_j liegt (vgl. (16.4.2)). Für jedes $\mathbf{u} \in E$ setzen wir

$$f_j'(\mathbf{u}) = g_j(\pi(\mathbf{u}))\, \mathrm{pr}_2\,(h_j(\mathbf{u})),$$

wenn $\mathbf{u} \in \pi^{-1}(V_j)$ ist, und sonst $f'_j(\mathbf{u}) = 0$. Offenbar ist f'_j eine Abbildung der Klasse C^∞ von E in $\boldsymbol{C}^p$, deren Einschränkung auf jede Faser $\pi^{-1}(x)$ *$\boldsymbol{C}$-linear* ist. Darauf definieren wir die Abbildung f' von E in $\boldsymbol{C}^{mp}$ durch

$$f'(\mathbf{u}) = \big(f'_1(\mathbf{u}), f'_2(\mathbf{u}), \ldots, f'_m(\mathbf{u})\big);$$

die Einschränkung von f' auf jede Faser $\pi^{-1}(x)$ ist eine $\boldsymbol{C}$-lineare *bijektive* Abbildung auf einen p-dimensionalen Vektorteilraum von $\boldsymbol{C}^{mp}$, denn x gehört zu wenigstens einer der Mengen W_j; daher gilt für einen Vektor $\mathbf{u}_x \neq 0$ aus $\pi^{-1}(x)$ nach Konstruktion $f'_j(\mathbf{u}_x) \neq 0$. Also ist f' in $\pi^{-1}(x)$ injektiv. Für jedes $x \in B$ setzen wir hierauf $f(x) = f'\big(\pi^{-1}(x)\big) \in \boldsymbol{G}_{mp,p}(\boldsymbol{C})$ und zeigen, daß (f, f') ein *Morphismus* des Vektorbündels E in $U_{mp,p}(\boldsymbol{C})$ ist. Dazu genügt es offenbar nachzuweisen, daß f eine Abbildung der Klasse C^∞ ist. Nun ist offensichtlich f' eine Abbildung der Klasse C^∞, und bezeichnet π' die Projektion von $U_{mp,p}(\boldsymbol{C})$ auf $\boldsymbol{G}_{mp,p}(\boldsymbol{C})$, so erhält man $\pi' \circ f' = f \circ \pi$; also gehört $f \circ \pi$ der Klasse C^∞ an, und das trifft folglich auch auf f zu, denn π ist eine surjektive Submersion (vgl. (16.7.7)). Um den Beweis abzuschließen genügt es, (16.19.1) heranzuziehen, denn die Einschränkung von f' auf die Faser E_x ist eine bijektive Abbildung auf die Faser von $U_{mp,p}(\boldsymbol{C})$ im Punkt $f(x)$.

24.42.2.1. Bemerkung. In der Formulierung von (24.42.2) kann q *beliebig groß* gewählt werden, da man m beliebig groß wählen kann (indem man beispielsweise eine der Mengen V_j mehrfach wiederholt).

24.42.3. *Es sei B eine kompakte reine Mannigfaltigkeit, und E', E'' seien zwei komplexe Vektorbündel über der Basis B von konstantem Rang. Dann gilt für die totalen Chernschen Klassen die Beziehung*

24.42.3.1. $c(E' \oplus E'') = c(E') \smile c(E'')$.

(Das Produkt wird im Kohomologiering $H^\cdot(B; \boldsymbol{Z})$ gebildet; da die Chernschen Klassen zu Kohomologiemoduln von *gerader* Dimension gehören, ist die Ordnung der Faktoren auf der rechten Seite unwichtig).

Wir beweisen zunächst einen Spezialfall von (24.42.3.1) (der für *jede* reine Mannigfaltigkeit B gilt)

24.42.3.2. *Ist das Faserbündel E'' trivialisierbar und von konstantem Rang, so gilt*

24.42.3.3. $c(E' \oplus E'') = c(E')$.

Es kann vorausgesetzt werden, daß $E'' = B \times \boldsymbol{C}^k$ ist, und es genügt offenbar, induktiv nach k zu schließen, so daß man sich auf den Fall $k = 1$ beschränken kann. Zunächst beachten wir, daß $s\colon x \to (x, 1)$ ein Schnitt der Klasse C^∞ von $E'' = B \times \boldsymbol{C}$ (und folglich von $E' \oplus E''$) über B ist, der überall $\neq 0$ ist; daher (vgl. (24.39.13)) gilt $e(E' \oplus E'') = 0$, d. h. $c_{n+1}(E' \oplus E'') = c_{n+1}(E') = 0$, wenn n der Rang von E' ist. Die Anwendung der Konstruktion aus (24.41.1) auf $E' \oplus E''$ ergibt hier als Menge H_x die Menge der $\big(\mathbf{u}_x \oplus (x, t')\big) \oplus \big(\mathbf{v}_x \oplus (x, t'')\big)$, wobei zum einen $\mathbf{u}_x \neq 0$ in E'_x oder $t' \neq 0$ in $\boldsymbol{C}$ und zum anderen $\mathbf{v}_x \in E'_x$ und $t'' \in \boldsymbol{C}$ ist; die Faser $F_{(x,1)}$ ist die aus den Elementen $(x, 1) \oplus t(x, 1)$ mit $t \in \boldsymbol{C}$ bestehende Teilmenge von H_x. Für $x \in B$ und $\mathbf{u}_x \in E'_x$ setzen wir $s'(\mathbf{u}_x) = \mathbf{u}_x \oplus (x, 1)$. Offenbar ist (s, s') ein *Morphismus* des Vektorbündels E' über der Basis B in das Vektorbündel H über der Basis $(E' \oplus E'')_0$, und verknüpft man den kanonischen Morphismus $H \to H/F$ mit diesem Morphismus, so erhält man einen Morphismus (s, f') von E' in $(E' \oplus E'')^\sim$. Da $s'(E'_x)$

(die Menge der $\mathbf{u}_x \oplus (x, 1)$ für $\mathbf{u}_x \in E'_x$) und $F_{(x,1)}$ komplementäre Teilräume in der Faser $H_{(x,1)}$ von H sind, ist die Einschränkung f'_x von f' auf E'_x eine bijektive Abbildung auf die Faser von $(E' \oplus E'')^\sim$ im Punkt $s(x)$, woraus folgt (vgl. (16.19.1)), daß E' zu $s^*\big((E' \oplus E'')^\sim\big)$ isomorph ist. Aufgrund von (24.41.4) gilt daher

$$s^*\Big(c_i\big((E' \oplus E'')^\sim\big)\Big) = c_i(E') \qquad \text{für} \qquad 1 \leqq i \leqq n.$$

Nach Definition gilt für diese Werte von i aber $c_i\big((E' \oplus E'')^\sim\big) = \pi_0^*\big(c_i(E' \oplus E'')\big)$, wobei π_0 die Projektion $E' \oplus E'' \to B$ ist (vgl. (24.41.3.2)); da $\pi_0 \circ s$ die Identität von B ist, erhält man für $1 \leqq i \leqq n$ gerade $c_i(E' \oplus E'') = c_i(E')$.

Als nächstes beweisen wir das folgende Ergebnis:

24.42.3.4. *Für jedes Paar ganzer Zahlen $m > 0$, $n > 0$ existiert genau ein Polynom $P_{m,n} \in \boldsymbol{Z}[S_1, \ldots, S_m, T_1, \ldots, T_n]$ in $m + n$ Unbestimmten, das Summe von isobaren Polynomen in den S_i und T_j (im Sinne von (24.40.9)) von einem Gewicht $\leqq 2(m + n)$ ist derart, daß für jede kompakte reine Mannigfaltigkeit B und jedes Paar komplexer Vektorbündel E', E'' über der Basis B, wobei E' vom Rang m und E'' vom Rang n ist, in der Algebra $H^\cdot(B; \boldsymbol{Z})$*

24.42.3.5. $c(E' \oplus E'') = P_{m,n}\big(c_1(E'), \ldots, c_m(E'), c_1(E''), \ldots, c_n(E'')\big)$

gilt.

Aufgrund von (24.42.2) gibt es eine ganze Zahl $q > m + n$ sowie zwei Abbildungen $f\colon B \to \boldsymbol{G}_{m+q,m}(\boldsymbol{C})$, $g\colon B \to \boldsymbol{G}_{n+q,n}(\boldsymbol{C})$ derart, daß E' zu $f^*\big(U_{m+q,m}(\boldsymbol{C})\big)$ und E'' zu $g^*\big(U_{n+q,n}(\boldsymbol{C})\big)$ isomorph ist. Wir betrachten den (kompakten) Produktraum $X = \boldsymbol{G}_{m+q,m}(\boldsymbol{C}) \times \boldsymbol{G}_{n+q,n}(\boldsymbol{C})$ und auf diesem Raum die beiden Faserbündel

$$E'_{m,q} = \mathrm{pr}_1^*\,\big(U_{m+q,m}(\boldsymbol{C})\big) \qquad \text{sowie} \qquad E''_{n,q} = \mathrm{pr}_2^*\,\big(U_{n+q,n}(\boldsymbol{C})\big).$$

Aufgrund von (24.41.4) und (24.41.5) ist $c_i(E'_{m,q}) = \mathrm{pr}_1^*\,(c_i^{m,q})$ für $1 \leqq i \leqq m$ und $c_j(E''_{n,q}) = \mathrm{pr}_2^*\,(c_j^{n,q})$ für $1 \leqq j \leqq n$. Nun erzeugen die $c_i^{m,q}$ (bzw. $c_j^{n,q}$) bekanntlich (vgl. (24.40.8)) den Kohomologiering von $\boldsymbol{G}_{m+q,m}(\boldsymbol{C})$ (bzw. $\boldsymbol{G}_{n+q,n}(\boldsymbol{C})$); aufgrund von (24.38.1) erzeugen daher die Produkte $c_i(E'_{m,q}) \smile c_j(E''_{n,q})$ den Ring $H^\cdot(X; \boldsymbol{Z})$, und es existiert folglich ein Polynom

$$P_{m,n,q} \in \boldsymbol{Z}[S_1, \ldots, S_m, T_1, \ldots, T_n]$$

mit

$$c(E'_{m,q} \oplus E''_{n,q}) = P_{m,n,q}\big(c_1(E'_{m,q}), \ldots, c_m(E'_{m,q}), c_1(E''_{n,q}), \ldots, c_n(E''_{n,q})\big).$$

Zerlegt man ferner $P_{m,n,q}$ in seine isobaren Komponenten bezüglich der S_i und der T_j, so kann man annehmen, daß diese Polynome bis auf die vom Gewicht $\leqq 2(m + n)$ alle 0 sind; da $H^\cdot(X; \boldsymbol{Z})$ zu $H^\cdot\big(\boldsymbol{G}_{m+q,m}(\boldsymbol{C}); \boldsymbol{Z}\big) \otimes_{\boldsymbol{Z}} H^\cdot\big(\boldsymbol{G}_{n+q,n}(\boldsymbol{C}); \boldsymbol{Z}\big)$ isomorph ist (vgl. (24.38.1)) und $q > m + n$ gewählt war, sind diese Polynome aufgrund von (24.40.10 (ii)) *eindeutig* bestimmt. Setzt man dann $h = (f, g)\colon B \to X$, so ergibt sich nach Definition, daß bis auf Isomorphie $E' = h^*(E'_{m,q})$ sowie $E'' = h^*(E''_{n,q})$ gilt, also $E' \oplus E'' = h^*(E'_{m,q} \oplus E''_{n,q})$ und folglich

$$c(E' \oplus E'') = P_{m,n,q}\big(c_1(E'), \ldots, c_m(E'), c_1(E''), \ldots, c_n(E'')\big).$$

Es bleibt nachzuweisen, daß das Polynom $P_{m,n,q}$ tatsächlich von der gewählten ganzen Zahl $q > m + n$ *unabhängig* ist. Es sei also $q' > m + n$ eine zweite ganze

Zahl, und wir setzen

$$X' = \boldsymbol{G}_{m+q',m}(\boldsymbol{C}) \times \boldsymbol{G}_{n+q',n}(\boldsymbol{C}).$$

Es gibt eine ganze Zahl $q'' > \sup(q, q')$ und Abbildungen der Klasse C^∞,

$$f_1: X \to \boldsymbol{G}_{m+q'',m}(\boldsymbol{C}), \quad g_1: X \to \boldsymbol{G}_{n+q'',n}(\boldsymbol{C}),$$
$$f_2: X' \to \boldsymbol{G}_{m+q'',m}(\boldsymbol{C}), \quad g_2: X' \to \boldsymbol{G}_{n+q'',n}(\boldsymbol{C})$$

derart, daß $E'_{m,q}$, $E''_{n,q}$, $E'_{m,q'}$ bzw. $E''_{n,q'}$ isomorph zu $f_1^*(U_{m+q'',m}(\boldsymbol{C}))$, $g_1^*(U_{n+q'',n}(\boldsymbol{C}))$, $f_2^*(U_{m+q'',m}(\boldsymbol{C}))$ bzw. $g_2^*(U_{n+q'',n}(\boldsymbol{C}))$ ist. Daher gilt

$$P_{m,n,q}(c_1(E'_{m,q}), \ldots, c_n(E''_{n,q})) = P_{m,n,q''}(c_1(E'_{m,q}), \ldots, c_n(E''_{n,q})).$$

Aufgrund von (24.38.1) und (24.40.10 (ii)) folgt daraus aber $P_{m,n,q} = P_{m,n,q''}$; ebenso weist man nach, daß $P_{m,n,q'} = P_{m,n,q''}$ gilt, also $P_{m,n,q'} = P_{m,n,q}$, und damit ist (24.42.3.4) bewiesen.

24.42.3.6. Zu beweisen bleibt die Beziehung

24.42.3.7. $P_{mn} = (1 + S_1 + \cdots + S_m)(1 + T_1 + \cdots + T_n)$.

Wir schließen induktiv nach m und n; für $m = n = 0$ ist die Formel klar, denn ein Vektorbündel vom Rang 0 über B kann mit B identifiziert werden, und für ein derartiges Bündel reduziert sich die totale Chernsche Klasse auf 1. Wir nehmen daher an, $P_{m-1,n}$ und $P_{m,n-1}$ seien durch (24.42.3.7) gegeben, wobei man darin jeweils m durch $m - 1$ und n durch $n - 1$ zu ersetzen hat. Über der Basis $Y = \boldsymbol{G}_{m-1+q,m-1}(\boldsymbol{C}) \times \boldsymbol{G}_{n+q,n}(\boldsymbol{C})$ (mit $q > m + n$) betrachten wir dann das Vektorbündel $E'_{m-1,q} \oplus E''_{n,q} \oplus E$, wobei $E = Y \times \boldsymbol{C}$ das triviale Bündel vom Rang 1 ist; man erhält also

$$c(E'_{m-1,q} \oplus E''_{n,q} \oplus E)$$
$$= P_{m,n}(c_1(E'_{m-1,q} \oplus E), \ldots, c_m(E'_{m-1,q} \oplus E), c_1(E''_{n,q}), \ldots, c_n(E''_{n,q})).$$

Satz (24.42.3.2) zufolge kann das auch in der Gestalt

$$c(E'_{m-1,q} \oplus E''_{n,q}) = P_{m,n}(c_1(E'_{m-1,q}), \ldots, c_{m-1}(E'_{m-1,q}), 0, c_1(E''_{n,q}), \ldots, c_n(E''_{n,q}))$$

geschrieben werden. Aufgrund der Induktionsvoraussetzung und der Eindeutigkeit der Polynome $P_{m,n}$ folgt daraus aber

$$P_{m,n}(S_1, \ldots, S_{m-1}, 0, T_1, \ldots, T_n) = (1 + S_1 + \cdots + S_{m-1})(1 + T_1 + \cdots + T_n).$$

Das bedeutet, daß das Polynom

$$P_{m,n}(S_1, \ldots, S_m, T_1, \ldots, T_n) - (1 + S_1 + \cdots + S_m)(1 + T_1 + \cdots + T_n)$$

durch S_m teilbar ist. Vertauscht man die Rollen von m und n, so sieht man, daß dieses Polynom auch durch T_n teilbar ist; es ist daher durch $S_m T_n$ teilbar, oder mit anderen Worten, es ist

$$P_{m,n}(S_1, \ldots, S_m, T_1, \ldots, T_n) = (1 + S_1 + \cdots + S_m)(1 + T_1 + \cdots + T_n) + R S_m T_n,$$

wobei R ein Polynom ist. Da $P_{m,n}$ aber Summe von isobaren Polynomen eines Gewichts $\leq 2(m + n)$ ist, muß R notwendigerweise eine ganze Zahl r sein. Insbesondere ergibt sich daher $c_{m+n}(E' \oplus E'') = (1 + r)\, c_m(E') \smile c_n(E'')$; da aber $c_m(E')$,

$c_n(E'')$ und $c_{m+n}(E' \oplus E'')$ die Eulerschen Klassen von E', E'' und $E' \oplus E''$ sind und alle drei für bestimmte Vektorbündel (beispielsweise $E'_{m,q}$ und $E''_{n,q}$ über X) Werte $\neq 0$ annehmen, ergibt sich aus (24.39.15.1) $r = 0$. Damit ist der Beweis abgeschlossen.

24.42.4. Ist V ein komplexer Vektorraum, so definiert man auf V eine andere komplexe Vektorraumstruktur, die zur gegebenen Struktur *konjugiert* genannt wird, indem man in V die Addition beibehält, jedoch eine neue Multiplikation $(\lambda, z) \to \lambda \odot z$ mit den Skalaren $\lambda \in \boldsymbol{C}$ definiert, wobei $\lambda \odot z = \bar{\lambda} z$ gesetzt wird; der so definierte komplexe Vektorraum wird mit $V^\dagger$ bezeichnet. V und $V^\dagger$ besitzen denselben unterliegenden reellen Vektorraum, der mit $V_{\boldsymbol{R}}$ bezeichnet wird. Ist $\{\mathbf{e}_1, \ldots, \mathbf{e}_N\}$ eine Basis von V über $\boldsymbol{C}$, so ist damit auch eine Basis von $V^\dagger$ über $\boldsymbol{C}$ gegeben, und durch $\varphi(\zeta_1\mathbf{e}_1 + \cdots + \zeta_N\mathbf{e}_N) = \bar{\zeta}_1\mathbf{e}_1 + \cdots + \bar{\zeta}_N\mathbf{e}_N$ wird eine $\boldsymbol{C}$*-lineare bijektive* Abbildung φ von V auf $V^\dagger$ definiert, da nach Definition $\bar{\zeta}_j\mathbf{e}_j = \zeta_j \odot \mathbf{e}_j$ gilt; φ überführt also die Basis $(\mathbf{e}_1, i\mathbf{e}_1, \mathbf{e}_2, i\mathbf{e}_2, \ldots, \mathbf{e}_N, i\mathbf{e}_N)$ von $V_{\boldsymbol{R}}$ in $(\mathbf{e}_1, -i\mathbf{e}_1, \mathbf{e}_2, -i\mathbf{e}_2, \ldots, \mathbf{e}_N, -i\mathbf{e}_N)$. Nach Definition der kanonischen Orientierung eines komplexen Vektorraums (vgl. (16.21.13)) erkennt man daher, daß φ *die kanonische Orientierung von* $V_{\boldsymbol{R}}$ *erhält, wenn* N *gerade ist, und sie umkehrt, wenn* N *ungerade ist.*

Wir betrachten jetzt ein komplexes Vektorbündel E vom Rang N über der Basis B mit der Projektion π. Versieht man jede Faser $\pi^{-1}(x)$ von E mit der Struktur des konjugiert komplexen Vektorraumes, so erhält man wieder ein komplexes Vektorbündel $E^\dagger$, das zu E *konjugierte Vektorbündel.*

Ist nämlich U eine offene Menge in B, über der ein Repère

$$\psi\colon (y, \zeta_1, \ldots, \zeta_N) \to \zeta_1\mathbf{s}_1(y) + \cdots + \zeta_N\mathbf{s}_N(y)$$

existiert, das ein Diffeomorphismus von $U \times \boldsymbol{C}^N$ auf $\pi^{-1}(U)$ ist, so ist die Abbildung

$$\psi^\dagger\colon (y, \zeta_1, \ldots, \zeta_N) \to \bar{\zeta}_1\mathbf{s}_1(y) + \cdots + \bar{\zeta}_N\mathbf{s}_N(y)$$

offenbar wieder ein Diffeomorphismus von $U \times \boldsymbol{C}^N$ auf $\pi^{-1}(U)$, und für jedes $y \in U$ ist $\varphi^\dagger(y, .)$ eine $\boldsymbol{C}$*-lineare* bijektive Abbildung von $\boldsymbol{C}^N$ auf den komplexen Vektorraum $(\pi^{-1}(y))^\dagger$, womit unsere Behauptung bewiesen ist (vgl. (16.15.1)). Berücksichtigt man, daß die $2N$ Schnitte $\mathbf{s}_1, i\mathbf{s}_1, \ldots, \mathbf{s}_N, i\mathbf{s}_N$ ein Repère des den komplexen Vektorraumbündeln E und $E^\dagger$ unterliegenden reellen Vektorbündels $E_{\boldsymbol{R}}$ bilden und die $2N$ Schnitte $\mathbf{s}_1, -i\mathbf{s}_1, \ldots, \mathbf{s}_N, -i\mathbf{s}_N$ ein weiteres Repère von $E_{\boldsymbol{R}}$ sind, so erkennt man, daß *die kanonische Orientierung von* E (vgl. (24.39.8)) *mit der Orientierung von* $E^\dagger$ *übereinstimmt, wenn* N *gerade ist, und für ungerades* N *zur kanonischen Orientierung von* $E^\dagger$ *entgegengesetzt ist.*

Ausgehend von diesen Feststellungen gelangt man zu dem folgenden Satz:

24.42.5. *Für jedes komplexe Vektorbündel* E *über der Basis* B *sind die Chernschen Klassen des konjugierten Bündels* $E^\dagger$ *gegeben durch*

24.42.5.1. $c_k(E^\dagger) = (-1)^k\, c_k(E)$ *für jedes* $k \geqq 1$.

Man schließt wieder induktiv nach dem Rang n von E. Da die Eulersche Klasse eines orientierten Faserbündels bekanntlich das Vorzeichen wechselt, wenn man die Orientierung durch die entgegengesetzte Orientierung ersetzt (vgl. (24.39.11)), erhält man (24.42.4) zufolge gerade $c_n(E^\dagger) = (-1)^n\, c_n(E)$. Andererseits gilt offenbar $(E \oplus E)^\dagger = E^\dagger \oplus E^\dagger$; führt man die Konstruktion aus (24.41.1) über $E^\dagger$ durch, so ergibt sich als Bündel vom Rang n über E_0 das Bündel $H^\dagger$ und als Teilbündel vom Rang 1 von $H^\dagger$ das Bündel $F^\dagger$; in den Bezeichnungen von (24.41.1) ist nämlich für $\mathbf{u}_x \in E_0$ die Menge der $\mathbf{u}_x \oplus (t \odot \mathbf{u}_x) \in H^\dagger_{(x,\mathbf{u}_x)}$ gleich $F^\dagger_{(x,\mathbf{u}_x)}$ (da $t \odot \mathbf{u}_x = \bar{t}\mathbf{u}_x$ ist), und es gilt $s \odot (\mathbf{u}_x \oplus (t \odot \mathbf{u}_x)) = \mathbf{u}_x \oplus ((st) \odot \mathbf{u}_x)$ für jedes $s \in \mathbf{C}$. Also ist $(E^\dagger)^\sim = (\tilde{E})^\dagger$; die Induktionsvoraussetzung zeigt, daß für $1 \leqq k \leqq n-1$

$$c_k((E^\dagger)^\sim) = (-1)^k c_k(\tilde{E})$$

gilt, woraus sich nach Definition der Chernschen Klassen $c_k(E^\dagger) = (\pi_0^{-1})^* (c_k((E^\dagger)^\sim)) = (-1^k)\, c_k(E)$ ergibt.

24.42.6. *Die Chernschen Klassen des dualen Bündels* $E^* = \operatorname{Hom}(E, B \times \mathbf{C})$ (vgl. (16.16.3)) *eines komplexen Vektorbündels E sind gleich den Chernschen Klassen des konjugierten Bündels* $E^\dagger$.

Es genügt zu zeigen, daß $E^\dagger$ zu E^* isomorph ist. Man kann annehmen, daß E mit einer hermiteschen Struktur versehen ist (vgl. (23.27.2)). Für jedes $x \in B$ und jedes $\mathbf{u}_x \in E_x$ sei $\tilde{\mathbf{u}}_x$ die Linearform $\mathbf{v}_x \to (\mathbf{v}_x \mid \mathbf{u}_x)$ auf E_x; mit $\mathbf{u}_x \to \tilde{\mathbf{u}}_x$ erhalten wir eine bijektive Abbildung von E_x auf $(E^*)_x$ (vgl. (6.3.2)), und es gilt $(\lambda \mathbf{u}_x)^\sim = \bar{\lambda}\tilde{\mathbf{u}}_x$, so daß $\mathbf{u}_x \to \tilde{\mathbf{u}}_x$ eine $\mathbf{C}$*-lineare* bijektive Abbildung von $(E^\dagger)_x$ auf $(E^*)_x$ ist. Offenbar definieren diese Abbildungen einen Isomorphismus von $E^\dagger$ auf E^*.

24.42.7. Beispiel. *Chernsche Klassen des Tangentialbündels an* $\mathbf{P}_n(\mathbf{C})$. In den Bezeichnungen von (24.40.1) und (24.40.2) beweisen wir zunächst die folgenden vorbereitenden Aussagen:

24.42.7.1. (i) *Das komplexe Vektorbündel* $\operatorname{End}(U_{n+1,1}(\mathbf{C}))$ *ist trivialisierbar.*

(ii) *Das komplexe Tangentialbündel* $T(\mathbf{P}_n(\mathbf{C}))$ *ist zu* $E = \operatorname{Hom}(U_{n+1,1}(\mathbf{C}), U^\perp_{n+1,1}(\mathbf{C}))$ *kanonisch isomorph.*

(i) Es sei $\boldsymbol{i}$ der Schnitt von $\operatorname{End}(U_{n+1,1}(\mathbf{C}))$ über $\mathbf{P}_n(\mathbf{C})$ mit der Eigenschaft, daß $\boldsymbol{i}(v)$ für jede Gerade $v \in \mathbf{P}_n(\mathbf{C})$ die identische Abbildung ist; zum Beweis von (i) genügt es zu bemerken, daß $\boldsymbol{i}$ ein Schnitt der Klasse C^∞ ist, der ein Repère des Vektorbündels $\operatorname{End}(U_{n+1,1}(\mathbf{C}))$ vom Rang 1 über ganz $\mathbf{P}_n(\mathbf{C})$ bildet.

(ii) Die Faser von $E = \operatorname{Hom}(U_{n+1,1}(\mathbf{C}), U^\perp_{n+1,1}(\mathbf{C}))$ im Punkt $v \in \mathbf{P}_n(\mathbf{C})$ ist der Vektorraum $\operatorname{Hom}(v, v^\perp)$. Für jedes $\mathbf{x} \in v \setminus \{0\}$ und jedes $\mathbf{u}_v \in \operatorname{Hom}(v, v^\perp)$ ist das Paar $(\mathbf{x}, \mathbf{u}_v(\mathbf{x}))$ ein Punkt des Tangentialraums an $\mathbf{C}^{n+1} \setminus \{0\}$ im Punkt $\mathbf{x}$. Bezeichnet $\pi\colon \mathbf{C}^{n+1} \setminus \{0\} \to \mathbf{P}_n(\mathbf{C})$ die kanonische Projektion, so ist $T_{\mathbf{x}}(\pi) \cdot (\mathbf{x}, \mathbf{u}_v(\mathbf{x}))$ ein Tangentialvektor an $\mathbf{P}_n(\mathbf{C})$ im Punkt $v = \pi(\mathbf{x})$, *der nur von* $\mathbf{u}_v$ *abhängt*; für jedes $t \in \mathbf{C}$ gilt nämlich $\mathbf{u}_v(t\mathbf{x}) = t\mathbf{u}_v(\mathbf{x})$ und $\pi(t\mathbf{x}) = \pi(\mathbf{x}) = v$, für $\mathbf{h} \in \mathbf{C}^{n+1}$ daher $T_{t\mathbf{x}}(\pi) \cdot (t\mathbf{x}, t\mathbf{h}) = T_{\mathbf{x}}(\pi) \cdot (\mathbf{x}, \mathbf{h})$ (vgl. (16.5.4.1)) und insbesondere

$$T_{t\mathbf{x}}(\pi) \cdot (t\mathbf{x}, \mathbf{u}_v(t\mathbf{x})) = T_{\mathbf{x}}(\pi) \cdot (\mathbf{x}, \mathbf{u}_v(\mathbf{x})).$$

Wir setzen $g(\mathbf{u}_v) = T_{\mathbf{x}}(\pi) \cdot (\mathbf{x}, \mathbf{u}_v(\mathbf{x}))$ für ein beliebiges $\mathbf{x}$ aus $v \setminus \{0\}$; g ist also eine Abbildung von E in $T(\mathbf{P}_n(\mathbf{C}))$, deren Einschränkung auf irgendeine Faser $E_v = \operatorname{Hom}(v, v^\perp)$ eine $\mathbf{C}$-lineare *bijektive* Abbildung auf den Tangentialraum $T_v(\mathbf{P}_n(\mathbf{C}))$ im Punkt v ist. Schränkt man nämlich π auf die affine Hyperebene $\mathbf{x} + v^\perp \subset \mathbf{C}^{n+1} \setminus \{0\}$ für ein $\mathbf{x} \in v \setminus \{0\}$ ein, so ist π im Punkt $\mathbf{x}$ vom Rang n, die Abbildung $\mathbf{h} \to T_{\mathbf{x}}(\pi) \cdot (\mathbf{x}, \mathbf{h})$ also eine $\mathbf{C}$-lineare bijektive Abbildung von $v^\perp$ auf $T_v(\mathbf{P}_n(\mathbf{C}))$, und ebenso ist die Abbildung, die jedem $\mathbf{h} \in v^\perp$ den Homomorphismus $\mathbf{u}_v$ mit $\mathbf{u}_v(\mathbf{x}) = \mathbf{h}$ zuordnet, eine $\mathbf{C}$-lineare bijektive Abbildung von $v^\perp$ auf $\operatorname{Hom}(v, v^\perp)$.

Es bleibt zu zeigen, daß g der Klasse C^∞ angehört, was eine lokale Eigenschaft auf $\boldsymbol{P}_n(\boldsymbol{C})$ ist. Für $1 \leqq j \leqq n+1$ sei V_j die aus den Punkten mit den homogenen Koordinaten $(\zeta^1, \zeta^2, \ldots, \zeta^{n+1})$ mit $\zeta^j \neq 0$ bestehende offene Menge in $\boldsymbol{P}_n(\boldsymbol{C})$. Wir zeigen, daß g in $\pi_E^{-1}(V_j)$ der Klasse C^∞ angehört; der Einfachheit halber kann $j = n+1$ angenommen werden. Dann kann man $\zeta^1, \ldots, \zeta^n$ in V_{n+1} als die lokalen Koordinaten des Punktes v mit den homogenen Koordinaten $\zeta^1, \ldots, \zeta^n$, 1 nehmen; der Schnitt $v \to \mathbf{s}_{n+1}(v)$ von $U_{n+1,1}(\boldsymbol{C})$ über V_{n+1}, dessen lokale Darstellung durch $(\zeta^1, \ldots, \zeta^n) \to \mathbf{e}_{n+1} + \sum_{k=1}^{n} \zeta^k \mathbf{e}_k$ gegeben ist, bildet ein Repère von $U_{n+1,1}(\boldsymbol{C})$ über V_{n+1}, und die Schnitte $v \to \mathbf{s}_k(v)$ von $U_{n+1,1}^\perp(\boldsymbol{C})$ über V_{n+1} mit den lokalen Darstellungen $(\zeta^1, \ldots, \zeta^n) \to \mathbf{e}_k - \bar{\zeta}^k \mathbf{e}_{n+1}$ $(1 \leqq k \leqq n)$ bilden eine Repère von $U_{n+1,1}^\perp(\boldsymbol{C})$ über V_{n+1}. Definiert man die Schnitte $v \to u_k(v)$ von E über V_{n+1} durch die Bedingung $u_k(v) \cdot \mathbf{s}_{n+1}(v) = \mathbf{s}_k(v)$ für $1 \leq k \leq n$, so bilden diese ein Repère von E über V_{n+1}. Ausgehend hiervon zeigt eine einfache Rechnung, daß die Einschränkung von π auf die affine Hyperebene $\mathbf{x} + v^\perp \subset \boldsymbol{C}^{n+1} \setminus \{0\}$ jedem Punkt $\mathbf{x} + \sum_{k=1}^{n} \eta^k \mathbf{s}_k(v)$ aus dieser Hyperebene den Punkt aus $\boldsymbol{P}_n(\boldsymbol{C})$ mit den homogenen Koordinaten

$$\frac{\zeta^1 + \eta^1}{1 - \sum_{h=1}^{n} \bar{\zeta}^h \eta^h}, \ldots, \quad \frac{\zeta^n + \eta^n}{1 - \sum_{h=1}^{n} \bar{\zeta}^h \eta^h}, 1$$

zuordnet. Die lineare Abbildung $\mathbf{h} \to T_{\mathbf{x}}(\pi) \cdot (\mathbf{x}, \mathbf{h})$ von $v^\perp$ auf $T(\boldsymbol{P}_n(\boldsymbol{C}))$ ist daher gegeben durch

$$\sum_{k=1}^{n} \eta^k \mathbf{s}_k(v) \to \big((\zeta^1, \ldots, \zeta^n), (\eta^1, \ldots, \eta^n)\big),$$

wenn man $T_v(\boldsymbol{P}_n(\boldsymbol{C}))$ mit $\{v\} \times \boldsymbol{C}^n$ für $v \in V_{n+1}$ identifiziert; folglich ist die Abbildung g, eingeschränkt auf $\pi_E^{-1}(V_{n+1})$, gegeben durch

$$\sum_{k=1}^{n} \eta^k u_k(v) \to \big((\zeta^1, \ldots, \zeta^n), (\eta^1, \ldots, \eta^n)\big),$$

womit der Beweis von (24.42.7.1) abgeschlossen ist.

24.42.7.2. *Die totale Chernsche Klasse $c\big(T(\boldsymbol{P}_n(\boldsymbol{C}))\big)$ des Tangentialbündels an $\boldsymbol{P}_n(\boldsymbol{C})$ ist in dem Ring $H^\cdot(\boldsymbol{P}_n(\boldsymbol{C}); \boldsymbol{Z})$ gleich $\big(1 - c_1(U_{n+1,1}(\boldsymbol{C}))\big)^{n+1}$.*

Wir bemerken, daß das Summenbündel $U_{n+1,1}(\boldsymbol{C}) \oplus U_{n+1,1}^\perp(\boldsymbol{C})$ nach Definition das triviale Bündel $L = \boldsymbol{P}_n(C) \times \boldsymbol{C}^{n+1}$ vom Rang $n+1$ ist; das Bündel

$$M = \operatorname{Hom}\big(U_{n+1,1}(\boldsymbol{C}), U_{n+1,1}(\boldsymbol{C}) \oplus U_{n+1,1}^\perp(\boldsymbol{C})\big)$$

ist daher zu $(n+1) \cdot \operatorname{Hom}\big(U_{n+1,1}(\boldsymbol{C}), \boldsymbol{P}_n(\boldsymbol{C}) \times \boldsymbol{C}\big) = (n+1) \cdot \big(U_{n+1,1}(\boldsymbol{C})\big)^*$ isomorph; nach (24.42.7.1 (i)) ist M aber zu $E \oplus \operatorname{End}\big(U_{n+1,1}(\boldsymbol{C})\big)$ isomorph, also auch zu $E \oplus \big(\boldsymbol{P}_n(\boldsymbol{C}) \times \boldsymbol{C}\big)$. Hieraus schließt man, daß (24.42.3.2) zufolge $c(e) = c(M)$ gilt, also nach (24.42.6), (24.42.5) und (24.42.3)

$$c(E) = c\big((n+1) \cdot (U_{n+1,1}(\boldsymbol{C}))^*\big) = \big(1 - c_1(U_{n+1,1}(\boldsymbol{C}))\big)^{n+1}.$$

Die Behauptung ergibt sich daher aus der Isomorphie von E und $T(\boldsymbol{P}_n(\boldsymbol{C}))$ (vgl. (24.42.7.1 (ii)).

24.42.7.3. (i) *Die Eulersche Klasse* $e(U_{2,1}(\boldsymbol{C}))$ *ist gleich* $-e^*_{\boldsymbol{P}_1(\boldsymbol{C})}$, *der zu der Kohomologiefundamentalklasse von* $\boldsymbol{P}_1(\boldsymbol{C})$ *entgegengesetzten Klasse, wenn* $\boldsymbol{P}_1(\boldsymbol{C})$ *mit seiner kanonischen Orientierung versehen ist* (vgl. (24.6.3)).

(ii) *Bezüglich einer Orientierung auf der Sphäre* $\boldsymbol{S}_2$ *ist die Eulersche Klasse* $e(T(\boldsymbol{S}_2))$ *des mit der entsprechenden Orientierung* (vgl. (24.39.7)) *versehenen Tangentialbündels* $T(\boldsymbol{S}_2)$ *das Doppelte* $2e^*_{\boldsymbol{S}_2}$ *der Kohomologiefundamentalklasse der orientierten Mannigfaltigkeit* $\boldsymbol{S}_2$.

(i) Aufgrund von (24.42.7.2) ist nämlich $e(T(\boldsymbol{P}_1(\boldsymbol{C}))) = -2e(U_{2,1}(\boldsymbol{C}))$; wie wir aber in (24.39.26.2) gesehen haben, ist $\langle e(T(\boldsymbol{P}_1(\boldsymbol{C}))), [\boldsymbol{P}_1(\boldsymbol{C})]\rangle = \chi(\boldsymbol{P}_1(\boldsymbol{C})) = 2$, woraus sich die Behauptung aufgrund der Definition von $e^*_{\boldsymbol{P}_1(\boldsymbol{C})}$ (vgl. (24.12.10.4)) ergibt.

(ii) Es existiert ein Diffeomorphismus f von $\boldsymbol{P}_1(\boldsymbol{C})$ auf $\boldsymbol{S}_2$ (vgl. (16.11.12)); erhält f die Orientierung (bzw. kehrt f die Orientierung um), so erhält die lineare Tangentialabbildung $T(f)$ die Orientierung (bzw. kehrt sie um), und f^* führt daher $e(T(\boldsymbol{S}_2))$ in $e(T(\boldsymbol{P}_1(\boldsymbol{C})))$ (bzw. $-e(T(\boldsymbol{P}_1(\boldsymbol{C})))$) über; (16.24.5.1) zufolge führt f^* aber auch $e^*_{\boldsymbol{S}_2}$ in $e^*_{\boldsymbol{P}_1(\boldsymbol{C})}$ (bzw. $-e^*_{\boldsymbol{P}_1(\boldsymbol{C})}$) über, woraus die Behauptung folgt.

Aufgaben

1. a) Für ein komplexes Vektorbündel E vom (komplexen) Rang n über einer reinen differenzierbaren Mannigfaltigkeit B mit der Projektion π verallgemeinere man die in Abschnitt 16.19, Aufgabe 9, für die reellen Vektorraumbündel gegebene Definition des *projektiven Faserbündels* $\boldsymbol{P}(E)$ über der Basis B. Bezeichnet $p: \boldsymbol{P}(E) \to B$ die Projektion dieses Bündels, so definiert man das *kanonische Vektorbündel* $L_E(1)$ vom Rang 1 über $\boldsymbol{P}(E)$ als die Menge der Paare $(z, \mathbf{u}) \in \boldsymbol{P}(E) \times E$ derart, daß $p(z) = \pi(\mathbf{u})$ gilt und entweder $\mathbf{u} = 0$ in $E_{p(z)}$ oder $z = \varrho(\mathbf{u})$ ist, wobei ϱ die kanonische Abbildung von $E_0 = E \setminus \boldsymbol{O}(B)$ auf $\boldsymbol{P}(E)$ ist. Für jedes $b \in B$ sei j_b ein Isomorphismus von Vektorräumen, der $\boldsymbol{C}^n$ auf E_b abbildet, und es sei j'_b die Abbildung, die das Diagramm

$$\begin{array}{ccc} \boldsymbol{C}^n \setminus \{0\} & \xrightarrow{j_b} & (E_0)_b \\ \downarrow & & \downarrow \varrho \\ \boldsymbol{P}_{n-1}(\boldsymbol{C}) & \xrightarrow[j'_b]{} & (\boldsymbol{P}(E))_b \end{array}$$

kommutativ macht.

Dann ist das durch das inverse Bild $j'^*_b(L_E(1))$ (wobei j'_b als injektive Abbildung von $\boldsymbol{P}_{n-1}(\boldsymbol{C})$ in $\boldsymbol{P}(E)$ aufgefaßt wird) gegebene Vektorbündel zu dem kanonischen Bündel $U_{n,1}(\boldsymbol{C})$ (vgl. (24.40.1)) isomorph.

b) Es sei a_E die Chernsche Klasse $c_1(L_E(1)) \in H^2(\boldsymbol{P}(E); \boldsymbol{Z})$. Man zeige, daß $H^{\cdot}(\boldsymbol{P}(E); \boldsymbol{Z})$ ein freier $H^{\cdot}(B; \boldsymbol{Z})$-Modul mit einer aus den Elementen $1, a_E, a_E^2, \ldots, a_E^{n-1}$ bestehenden Basis ist. (Man wende den Satz von LERAY-HIRSCH unter Benutzung von a) an.)

2. a) In den Bezeichnungen von Aufgabe 1 findet man, daß $L_E(1)$ ein komplexes Vektorteilbündel vom Rang 1 in dem inversen Bild $p^*(E)$ ist, einem Vektorbündel vom Rang n über der Basis $\boldsymbol{P}(E)$; daher existiert in $p^*(E)$ ein Komplement von $L_E(1)$, dessen Rang gleich $n - 1$ ist (vgl. (16.17.3)).

b) Man zeige, daß es eine reine Mannigfaltigkeit B_1 sowie eine Abbildung $f\colon B_1 \to B$ der Klasse C^∞ gibt derart, daß das inverse Bild $f^*(E)$ zu einer direkten Summe $L_1 \oplus L_2 \oplus \cdots \oplus L_n$ von n Vektorbündeln vom Rang 1 über der Basis B_1 isomorph und $f^*\colon H^\cdot(B; \boldsymbol{Z}) \to H^\cdot(B_1; \boldsymbol{Z})$ *injektiv* ist. (Man schließe induktiv nach n und benutze dabei a) sowie Aufgabe 1.) Ist B kompakt, so kann man B_1 kompakt wählen; dann ist $c(f^*(E)) = (1 + c_1(L_1))\,(1 + c_1(L_2)) \cdots (1 + c_1(L_n))$. Man nennt f eine *Zerlegungsabbildung* für das Bündel E.

3. Es sei X eine kompakte reine Mannigfaltigkeit und L ein *komplexes Geradenbündel* über der Basis X (ein komplexes Bündel vom komplexen Rang 1). Ferner sei $\mathfrak{U} = (U_i)_{i \in I}$ eine offene Überdeckung von X mit den in Abschnitt 24.33, Aufgabe 6, genannten Eigenschaften derart, daß L über jeder der Mengen U_i trivialisierbar ist.

a) Hat man für jedes $i \in I$ eine Repère-Abbildung φ_i für L gewählt (vgl. (16.15.1)), so gibt es zu jedem Paar (i, j) verschiedener Elemente aus I mit $U_i \cap U_j \neq \emptyset$ einen Übergangsdiffeomorphismus

$$(x, z) \to (x, \zeta_{ij}(x)\, z)$$

von $(U_i \cap U_j) \times \boldsymbol{C}$ in sich, wobei ζ_{ij} eine Abbildung der Klasse C^∞ von $U_i \cap U_j$ in $\boldsymbol{C}^*$ ist. Es gilt $\zeta_{ji} = \zeta_{ij}^{-1}$, und sind i, j, k drei verschiedene Elemente aus I mit $U_i \cap U_j \cap U_k \neq \emptyset$, so gilt in dieser Menge $\zeta_{ij}\zeta_{jk}\zeta_{ki} = 1$.

In jeder einfach zusammenhängenden offenen Menge $U_i \cap U_j \neq \emptyset$ mit $i < j$ werde mit $\log_{ij} \zeta_{ij}$ eine stetige Funktion mit der Eigenschaft bezeichnet, daß $\exp\left(\log_{ij} \zeta_{ij}(x)\right) = \zeta_{ij}(x)$ für jedes $x \in U_i \cap U_j$ gilt; eine solche Funktion ist nur bis auf ganzzahlige Vielfache von $2\pi i$ definiert (vgl. (16.28.9)). Man zeige: Für drei Indizes $i < j < k$ aus I mit $U_i \cap U_j \cap U_k \neq \emptyset$ ist die Funktion

$$x \to \frac{1}{2\pi i}\left(\log_{ij} \zeta_{ij}(x) + \log_{jk} \zeta_{jk}(x) + \log_{ki} \zeta_{ki}(x)\right)$$

in $U_i \cap U_j \cap U_k$ konstant und gleich einer positiven oder negativen ganzen Zahl c_{ijk}; außerdem definieren die c_{ijk} einen 2-*Kozyklus* von $\mathfrak{C}^2(\mathfrak{U})$. Ferner beweise man: 1° Die Kohomologieklasse $e(\mathfrak{U})$ dieses Kozyklus hängt nicht von der Wahl der Logarithmen ab; 2° sie hängt nicht von der Wahl der Repère-Abbildungen φ_i ab. Schließlich zeige man, daß die Kohomologieklasse $e'(L) = (r_{\mathfrak{U}}^*)^{-1}\,(e(\mathfrak{U}))$ in $H^2(X; \boldsymbol{Z})$ (zu den Bezeichnungen vgl. Abschnitt 24.33, Aufgabe 6) nicht von der betrachteten Überdeckung $\mathfrak{U}$ abhängt.

b) Es sei $f\colon X' \to X$ eine Abbildung der Klasse C^∞, wobei X' eine kompakte reine Mannigfaltigkeit ist, und $L' = f^*(L)$ das inverse Bild des komplexen Geradenbündels L. Man zeige, daß $f^*(e'(L)) = e'(L')$ in $H^2(X; \boldsymbol{Z})$ gilt. (Man benutze Aufgabe 6 aus Abschnitt 24.33.)

4. Man zeige, daß die in Aufgabe 3 definierte Kohomologieklasse $e'(L)$ die *Eulersche Klasse* $e(L)$ des komplexen Geradenbündels L ist.

a) Zuerst zeige man, daß sich das Problem auf den Fall zurückführen läßt, daß $X = \boldsymbol{P}_n(\boldsymbol{C})$ und $L = U_{n+1,1}(\boldsymbol{C})$ ist. (Man benutze Aufgabe 3b) und (24.42.2).) Dann gilt $e'(L) = c_n e(L)$, wobei c_n eine ganze Zahl ist.

b) Man zeige, daß c_n von n unabhängig ist. (Man betrachte für $m < n$ die kanonische injektive Abbildung von $\boldsymbol{P}_m(\boldsymbol{C})$ in $\boldsymbol{P}_n(\boldsymbol{C})$.).

c) Für $n = 1$ berechne man $e'(L)$ mit Hilfe einer Überdeckung $\mathfrak{U}$ von $\boldsymbol{P}_1(\boldsymbol{C})$ (das mit der Vereinigung von $\boldsymbol{C}$ und dem Punkt ∞ identifiziert werde), die aus den folgenden Mengen besteht: 1° aus drei offenen Scheiben vom Radius 2 mit dem Mittelpunkt 1, $\exp(2\pi i/3)$ bzw. $\exp(4\pi i/3)$; 2° aus dem Komplement der abgeschlossenen Scheibe vom Radius 2 mit dem Mittelpunkt 0. (Man benutze (24.42.7.3).)

5. In dieser Aufgabe sind die betrachteten Chernschen Klassen die *rationalen* Chernschen Klassen, deren Werte in $H^\cdot(B; \boldsymbol{Q})$ liegen für eine reine kompakte Mannigfaltigkeit B.

a) Es sei E ein komplexes Vektorbündel vom Rang n über der Basis B. Man zeige, daß in $H^{\cdot}(B; \mathbf{Q})$ ein wohlbestimmtes Element $\operatorname{ch}(E)$, der sogenannte *Chernsche Charakter* von E, mit der folgenden Eigenschaft existiert: Für jede Zerlegungsabbildung (vgl. Aufgabe 2) $f: B_1 \to B$ des Bündels E derart, daß $f^*(E)$ zu $L_1 \oplus L_2 \oplus \cdots \oplus L_n$ isomorph ist, wobei die L_j komplexe Bündel vom Rang 1 sind, gilt

$$f^*(\operatorname{ch}(E)) = \exp(c_1(L_1)) + \exp(c_1(L_2)) + \cdots + \exp(c_1(L_n)).$$

(Die Exponentialabbildung $\exp(z) = \sum_{m=0}^{\infty} \frac{1}{m!} z^m$ ist in der Algebra $H^{\cdot}(B_1; \mathbf{Q})$ definiert, da jedes $z \in H^{\cdot}(B_1; \mathbf{Q})$ nilpotent ist.)

b) Man zeige, daß für zwei Vektorbündel E_1, E_2 von konstantem Rang über der Basis B

$$\operatorname{ch}(E_1 \oplus E_2) = \operatorname{ch}(E_1) + \operatorname{ch}(E_2), \qquad \operatorname{ch}(E_1 \otimes E_2) = \operatorname{ch}(E_1) \smile \operatorname{ch}(E_2)$$

gilt. (Mit Hilfe von Aufgabe 2 führe man das Problem auf den Fall zurück, daß E_1 und E_2 vom Rang 1 sind. Für die zweite Formel benutze man die in Aufgabe 3 beschriebene Berechnung der Eulerschen Klasse.)

6. Man zeige, daß das Tangentialbündel $T(\mathbf{P}_n(\mathbf{C}))$ nicht zu seinem konjugierten Bündel isomorph ist.

7. a) Es sei k eine ganze Zahl > 0. Eine *Zerlegung* von k ist eine fallende Folge $I = \{\alpha_1 \geqq \alpha_2 \geqq \cdots \geqq \alpha_m\}$ ganzer Zahlen > 0 mit $k = \alpha_1 + \alpha_2 + \cdots + \alpha_m$. Für $N > k$ und jede Permutation σ von $\{1, 2, \ldots, N\}$ setze man $T^{\sigma(I)} = T^{\alpha_1}_{\sigma(1)} T^{\alpha_2}_{\sigma(2)} \cdots T^{\alpha_m}_{\sigma(m)}$ in $\mathbf{Z}[T_1, \ldots, T_N]$; dann existiert ein eindeutig bestimmtes ganzzahliges Polynom M_I in k Unbestimmten, das von $N > k$ unabhängig ist und für das

$$\sum_{\sigma \in \mathfrak{S}_N} T^{\sigma(I)} = M_I(S_1, \ldots, S_k)$$

gilt, wobei S_j das j-te elementarsymmetrische Polynom $\sum_{h_1 < h_2 < \cdots < h_j} T_{h_1} \cdots T_{h_j}$ bezeichnet.

b) Es sei B eine kompakte reine Mannigfaltigkeit und E ein komplexes Vektorbündel vom komplexen Rang n über der Basis B. Für jedes $k > 0$ und jede Zerlegung I von k werde mit $M_I(E)$ die Kohomologieklasse $M_I(c_1(E), \ldots, c_k(E))$ in $H^{2k}(B; \mathbf{Z})$ bezeichnet. Man zeige: Sind E_1 und E_2 zwei komplexe Vektorbündel über der Basis B, so gilt

$$M_I(E_1 \oplus E_2) = \sum_{J,K} M_J(E_1) \smile M_K(E_2),$$

wobei über alle Paare von Zerlegungen $J = \{\alpha_1 \geqq \alpha_2 \geqq \cdots \geqq \alpha_p\}$, $K = \{\beta_1 \geqq \beta_2 \geqq \cdots \geqq \beta_q\}$ summiert wird, für welche die $p + q$ ganzen Zahlen α_j und β_k, nach abnehmender Größe angeordnet, eine (mit JK bezeichnete) Zerlegung bilden, die gleich I ist.

8. a) Es sei B eine zusammenhängende kompakte *holomorphe* Mannigfaltigkeit der komplexen Dimension n. Für jede Zerlegung I von n werde die ganze Zahl

$$\langle M_I(T(B)), \mu_B \rangle$$

mit $M_I(B)$ bezeichnet, wobei μ_B die Homologiefundamentalklasse von B ist (vgl. Abschnitt 24.37, Aufgabe 11). Insbesondere bezeichne $M_n(B)$ die der einelementigen Zerlegung $\{n\}$ von n entsprechende ganze Zahl $M_I(B)$. Man zeige, daß $M_n(\mathbf{P}_n(\mathbf{C})) = (-1)^n (n + 1)$ gilt.

b) Ist B Produkt von zwei zusammenhängenden kompakten holomorphen Mannigfaltigkeiten B_1, B_2 der Dimensionen n_1 bzw. n_2, so gilt

$$M_I(B) = \sum_{I_1 I_2 = I} M_{I_1}(B_1)\, M_{I_2}(B_2).$$

wobei I_1 die Zerlegungen von n_1 und I_2 die Zerlegungen von n_2 durchläuft, die der Bedingung $I_1 I_2 = I$ genügen. Insbesondere gilt $M_n(B) = 0$ für $n_1 > 1$ und $n_2 > 1$. Daher ist der projektive Raum $\boldsymbol{P}_n(\boldsymbol{C})$ nicht zu einem Produkt von zwei holomorphen Mannigfaltigkeiten einer komplexen Dimension > 1 isomorph.

24.43. Pontrjaginsche Klassen

24.43.1. Es sei B eine reine Mannigfaltigkeit, E ein *reelles* Vektorbündel vom Rang N über der Basis B, und es werde seine *Komplexifizierung* $E_{(\boldsymbol{C})} = E \otimes (B \times \boldsymbol{C})$ (vgl. (16.18.5)) betrachtet, die ein *komplexes* Vektorbündel vom (komplexen) Rang N ist.

Ist $(E_{(\boldsymbol{C})})_{\boldsymbol{R}}$ das dem komplexen Vektorbündel $E_{(\boldsymbol{C})}$ *unterliegende* reelle Vektorbündel (vgl. (16.15.1)), so ist klar — wenn man $j'(\mathbf{u}_x) = \mathbf{u}_x \otimes 1$ und $j''(\mathbf{u}_x) = \mathbf{u}_x \otimes i$ für jedes $\mathbf{u}_x \in E$ setzt —, daß j' und j'' injektive Morphismen von E in $(E_{(\boldsymbol{C})})_{\boldsymbol{R}}$ sind und $(E_{(\boldsymbol{C})})_{\boldsymbol{R}}$ nach Definition isomorph zu $j'(E) \oplus j''(E)$ ist.

24.43.2. *Das komplexe Vektorbündel* $E_{(\boldsymbol{C})}$ *ist zu seinem konjugierten Bündel* $(E_{(\boldsymbol{C})})^\dagger$ (vgl. (24.42.4)) *kanonisch isomorph.*

Ist nämlich $u: (x, \xi) \to (x, \bar{\xi})$ der „Konjugationsautomorphismus" des trivialen *reellen* Vektorbündels $B \times \boldsymbol{C}$, dann ist $f = 1_E \otimes u$ ein Automorphismus des *reellen* Vektorbündels $E \otimes (B \times \boldsymbol{C})$. Für jeden der Klasse C^∞ angehörenden Schnitt $\mathbf{s}$ von E über einer offenen Menge U von B und jedes $\xi \in \boldsymbol{C}$ gilt $f_U(\mathbf{s} \otimes \xi) = \mathbf{s} \otimes \bar{\xi}$; aufgrund der komplexen Vektorbündelstruktur von $(E_{(\boldsymbol{C})})^\dagger$ (vgl. (24.42.4)) ist damit bewiesen, daß f ein Isomorphismus *komplexer* Vektorbündel von $E_{(\boldsymbol{C})}$ auf $(E_{(\boldsymbol{C})})^\dagger$ ist.

24.43.3. Aus dem Vorhergehenden sowie aus (24.42.5) leitet man her, daß für $1 \leqq k \leqq N$

24.43.3.1. $c_k(E_{(\boldsymbol{C})}) = (-1)^k \, c_k(E_{(\boldsymbol{C})})$

gilt, mit anderen Worten, für ungerades k sind die Chernschen Klassen $c_k(E_{(\boldsymbol{C})})$ in den Kohomologiegruppen $H^{2k}(B; \boldsymbol{Z})$ *Elemente der Ordnung* 2 *oder das Nullelement.*

Für jedes $j \geqq 1$ wird das zu $H^{4j}(B; \boldsymbol{Z})$ gehörende Element $(-1)^j c_{2j}(E_{(\boldsymbol{C})})$ die *Pontrjaginsche Klasse vom Index* j *des reellen Vektorbündels* E genannt und mit $p_j(E)$ bezeichnet; unter der *totalen Pontrjaginschen Klasse von* E wird das Element

24.43.3.2. $p(E) = 1 + p_1(E) + \cdots + p_{[N/2]}(E) = \sum_{j=0}^{\infty} p_j(E)$

des Rings $H^{\cdot}(B; \boldsymbol{Z})$ verstanden.

Die Eigenschaften der Chernschen Klassen ziehen die folgenden Eigenschaften der Pontrjaginschen Klassen nach sich:

24.43.4. (i) *Ist* $f: B' \to B$ *eine der Klasse* C^∞ *angehörende Abbildung von einer reinen Mannigfaltigkeit* B' *in* B, *so gilt für jedes reelle Vektorbündel* E *vom Rang* N *über der Basis* B

24.43.4.1. $f^*\big(p_j(E)\big) = p_j\big(f^*(E)\big) \quad$ für $\quad 1 \leqq j \leqq N/2$.

(ii) *Ist F ein trivialisierbares reelles Vektorbündel von konstantem Rang, so ist*

24.43.4.2. $p(E \oplus F) = p(E)$.

(iii) *Ist B kompakt, und sind E', E'' zwei reelle Vektorbündel von konstantem Rang über der Basis B, so ist*

24.43.4.3. $2p(E' \oplus E'') = 2p(E') \smile p(E'')$.

Die Aussage (i) ergibt sich aus (24.41.4), angewandt auf $E_{(\mathbf{C})}$, sowie daraus, daß $f^*(E_{(\mathbf{C})})$ zu $(f^*(E))_{(\mathbf{C})}$ isomorph ist (vgl. (16.19.3)); (ii) ergibt sich aus der Isomorphie von $(E \oplus F)_{(\mathbf{C})}$ und $E_{(\mathbf{C})} \oplus F_{(\mathbf{C})}$ sowie (24.42.3.2); (iii) ergibt sich schließlich aus (24.42.3.1), angewandt auf $E'_{(\mathbf{C})}$ und $E''_{(\mathbf{C})}$, was auf

$$c_{2k}\big((E' \oplus E'')_{(\mathbf{C})}\big) = \sum_{i+j=2k} c_i(E'_{(\mathbf{C})})\, c_j(E''_{(\mathbf{C})})$$

führt. Multiplizieren wir beide Seiten mit 2 und berücksichtigen, daß die Klassen $c_h(E'_{(\mathbf{C})})$ und $c_h(E''_{(\mathbf{C})})$ für ungerades h gleich 0 oder von der Ordnung 2 sind, so erhalten wir

$$2c_{2k}\big((E' \oplus E'')_{(\mathbf{C})}\big) = 2 \sum_{i+j=k} c_{2i}(E'_{(\mathbf{C})})\, c_{2j}(E''_{(\mathbf{C})});$$

multiplizieren wir beide Seiten nun mit $(-1)^k = (-1)^i\,(-1)^j$, so ergibt sich

$$2p_k(E' \oplus E'') = 2 \sum_{i+j=k} p_i(E')\, p_j(E'')$$

für jedes k, was zu (24.43.4.3) äquivalent ist.

24.43.4.4. Beispiel. Auf der Sphäre $\mathbf{S}_n$, aufgefaßt als in $\mathbf{R}^{n+1}$ eingebettete Hyperfläche, ist das Normalenbündel N (vgl. (20.12.2)) *trivialisierbar*, denn die Abbildung $x \to \tau_x^{-1}(x)$ ist ein über $\mathbf{S}_n$ überall von 0 verschiedener Schnitt der Klasse C^∞ dieses Bündels vom Rang 1 (vgl. (16.5.2.1)); da $T(\mathbf{S}_n) \oplus N$ die Einschränkung des trivialen Bündels $T(\mathbf{R}^{n+1})$ auf $\mathbf{S}_n$ ist, ergibt sich $p\big(T(\mathbf{S}_n) \oplus N\big) = 1$, also $p\big(T(\mathbf{S}_n)\big) = 1$, so daß die Klassen $p_k\big(T(\mathbf{S}_n)\big)$ für $k \geqq 1$ alle 0 sind.

24.43.5. Wir betrachten jetzt ein *komplexes* Vektorbündel E vom (komplexen) Rang N über der Basis B sowie das *unterliegende* reelle Vektorbündel $E_{\mathbf{R}}$ vom Rang $2N$ (vgl. (16.15.1)); dann kann das *komplexe* Vektorbündel $(E_{\mathbf{R}})_{(\mathbf{C})}$ vom (komplexen) Rang $2N$ gebildet werden.

24.43.6. *Das komplexe Vektorbündel $(E_{\mathbf{R}})_{(\mathbf{C})}$ ist zu der direkten Summe $E \oplus E^\dagger$ kanonisch isomorph.*

In den Bezeichnungen von (24.43.1) setzen wir für jedes $\mathbf{u}_x \in E$

$$g(\mathbf{u}_x) = j'(\mathbf{u}_x) - j''(i\mathbf{u}_x), \qquad h(\mathbf{u}_x) = j'(\mathbf{u}_x) + j''(i\mathbf{u}_x).$$

Offenbar sind g und h injektive Morphismen von $E_{\mathbf{R}}$ in $\big((E_{\mathbf{R}})_{(\mathbf{C})}\big)_{\mathbf{R}}$. Außerdem gilt $ij'(\mathbf{u}_x) = j''(\mathbf{u}_x)$, $ij''(\mathbf{u}_x) = -j'(\mathbf{u}_x)$ nach Definition von $(E_{\mathbf{R}})_{(\mathbf{C})}$; also ist

$$g(i\mathbf{u}_x) = j'(i\mathbf{u}_x) + j''(\mathbf{u}_x) = ij'(\mathbf{u}_x) - ij''(i\mathbf{u}_x) = ig(\mathbf{u}_x),$$
$$h(i\mathbf{u}_x) = j'(i\mathbf{u}_x) - j''(\mathbf{u}_x) = -ij'(\mathbf{u}_x) - ij''(i\mathbf{u}_x) = -ih(\mathbf{u}_x).$$

Folglich sind die Bilder $g(E_{\mathbf{R}})$ und $h(E_{\mathbf{R}})$ *komplexe* Vektorbündel, g ist ein Isomorphismus von E auf $g(E)$ und h ein Isomorphismus von $E^\dagger$ auf $h(E)$. Aus den Beziehungen

$$j'(\mathbf{u}_x) = {}^1/_2\big(g(\mathbf{u}_x) + h(\mathbf{u}_x)\big) \qquad \text{und} \qquad j''(i\mathbf{u}_x) = {}^1/_2(h(\mathbf{u}_x) - g(\mathbf{u}_x))$$

ergibt sich, daß $(E_{\boldsymbol{R}})_{(\boldsymbol{C})}$ nicht nur Summe von $j'(E)$ und $j''(E)$ ist, sondern auch von $g(E)$ und $h(E)$. Andererseits ist die Relation $g(\mathbf{u}_x) = h(\mathbf{v}_x)$ äquivalent zu

$$j'(\mathbf{u}_x) + j'(\mathbf{v}_x) = j''(i\mathbf{u}_x) + j''(i\mathbf{v}_x);$$

nun ist aber $(E_{\boldsymbol{R}})_{(\boldsymbol{C})}$ direkte Summe von $j'(E)$ und $j''(E)$, und die Abbildungen j', j'' sind injektiv; daher zieht die vorhergehende Relation $\mathbf{u}_x = \mathbf{v}_x$ sowie $i\mathbf{u}_x = -i\mathbf{v}_x$ nach sich, und es ist folglich $\mathbf{u}_x = \mathbf{v}_x = 0$. Hieraus schließt man, daß $(E_{\boldsymbol{R}})_{(\boldsymbol{C})}$ direkte Summe von $g(E)$ und $h(E)$ ist.

24.43.7. *Für jedes komplexe Vektorbündel E vom Rang N über der Basis B sind die Pontrjaginschen Klassen des unterliegenden reellen Bündels $E_{\boldsymbol{R}}$ vom Rang $2N$ gegeben durch die Formel*

24.43.7.1.
$$\begin{aligned} 1 - p_1(E_{\boldsymbol{R}}) + p_2(E_{\boldsymbol{R}}) - \cdots + (-1)^N p_N(E_{\boldsymbol{R}}) \\ = \big(1 - c_1(E) + c_2(E) - \cdots + (-1)^N c_N(E)\big)\big(1 + c_1(E) + \cdots + c_N(E)\big). \end{aligned}$$

Nach (24.43.6) ist nämlich $c\big((E_{\boldsymbol{R}})_{(\boldsymbol{C})}\big) = c(E \oplus E^\dagger)$, und aus (24.42.3.1) sowie (24.42.5) ergibt sich, daß $c(E \oplus E^\dagger)$ gleich der rechten Seite von (24.43.7.1) ist. Alle Ausdrücke in diesem Produkt gehören aber zu Kohomologiegruppen, deren Dimensionen Vielfache von 4 sind; daher verschwinden die Klassen $c_k\big((E_{\boldsymbol{R}})_{(\boldsymbol{C})}\big)$ für ungerades k, und da $c_{2k}\big((E_{\boldsymbol{R}})_{(\boldsymbol{C})}\big) = (-1)^k p_k(E_{\boldsymbol{R}})$ gilt, erhält man gerade Gleichung (24.43.7.1).

24.43.8. Beispiel. *Pontrjaginsche Klassen des Tangentialbündels an $\boldsymbol{P}_n(\boldsymbol{C})$.* Aus (24.42.7.2) ergibt sich $c_k\big(T(\boldsymbol{P}_n(\boldsymbol{C}))\big) = (-1)^k \binom{n+1}{k} a^k$, wenn $a = c_1\big(U_{n+1,1}(\boldsymbol{C})\big)$ gesetzt wird. Hieraus leitet man her, daß die rechte Seite von (24.43.7.1) für $E = T\big(\boldsymbol{P}_n(\boldsymbol{C})\big)$ gleich $(1-a)^{n+1}(1+a)^{n+1} = (1-a^2)^{n+1}$ ist; daraus folgt

24.43.8.1.
$$p_k\big(T(\boldsymbol{P}_n(\boldsymbol{C}))\big) = \binom{n+1}{k}\big(c_1(U_{n+1,1}(\boldsymbol{C}))\big)^{2k} \qquad \text{für} \qquad 1 \leqq k \leqq n/2.$$

24.43.9. *Es sei E ein* orientiertes *reelles Vektorbündel von geradem Rang $2N$ über der Basis B; dann ist die Pontrjaginsche Klasse $p_N(E)$ gleich dem Quadrat der Eulerschen Klasse $e(E)$ im Ring $H^{\cdot}(B; \boldsymbol{Z})$.*

Das Bündel $(E_{(\boldsymbol{C})})_{\boldsymbol{R}}$ ist nämlich direkte Summe von E und iE; wählt man auf iE diejenige Orientierung, welche sich aus der Orientierung von E durch Übertragung vermöge des B-Isomorphismus $u \to iu$ ergibt, und danach auf $E \oplus iE$ die in (24.39.15) definierte Orientierung, so gilt $e(E \oplus iE) = e(E) \smile e(iE) = \big(e(E)\big)^2$, da E und iE isomorph bei Erhaltung der Orientierung sind (vgl. (24.39.15) und (24.39.11)). Nun ist aber die kanonische Orientierung von $E_{(\boldsymbol{C})}$ nicht notwendig die eben beschriebene; genauer gesagt: Ist $\boldsymbol{s}_1, \boldsymbol{s}_2, \ldots, \boldsymbol{s}_{2N}$ eine direkte Folge von Schnitten des Bündels E über einer offenen Menge aus B, so ist die Folge $\boldsymbol{s}_1, i\boldsymbol{s}_1, \boldsymbol{s}_2, i\boldsymbol{s}_2, \ldots, \boldsymbol{s}_{2N}, i\boldsymbol{s}_{2N}$ bezüglich der kanonischen Orientierung von $E_{(\boldsymbol{C})}$ direkt, die Folge $\boldsymbol{s}_1, \boldsymbol{s}_2, \ldots, \boldsymbol{s}_{2N}, i\boldsymbol{s}_1, i\boldsymbol{s}_2, \ldots, i\boldsymbol{s}_{2N}$ dagegen bezüglich der oben definierten Orientierung von $E \oplus iE$; die beiden Orientierungen stimmen daher überein oder sind entgegengesetzt, je nachdem, ob

$$(2N-1) + (2N-2) + \cdots + 1 = N(2N-1)$$

gerade oder ungerade ist, d. h. letztlich, ob N gerade oder ungerade ist. Nun ist aber $p_N(E) = (-1)^N c_{2N}(E_{(C)}) = (-1)^N e(E_{(C)})$ (vgl. (24.41.3)), wobei auf $E_{(C)}$ die kanonische Orientierung gewählt wurde; hieraus schließt man unter Berücksichtigung von (24.39.11), daß $p_N(E) = \big(e(E)\big)^2$ gilt.

24.43.9.1. Bemerkung. Man beachte, daß die Pontrjaginschen Klassen eines orientierten reellen Vektorbündels nach Definition *unabhängig* von der gewählten Orientierung sind, im Gegensatz zur Eulerschen Klasse.

Aufgaben

1. Man zeige: Ist M eine orientierbare Hyperfläche in $\boldsymbol{R}^{n+1}$, so gilt $p_k(T(M)) = 0$ für jedes $k \geqq 1$.

2. a) Man verallgemeinere die Ergebnisse von Abschnitt 24.42, Aufgabe 7, auf Pontrjaginsche Klassen.

b) Es sei B eine orientierbare kompakte reine Mannigfaltigkeit der Dimension $n = 4k$. Für jede Zerlegung I von k werde mit $M_I(B)$ die ganze Zahl $\langle M_I(T(B)), \mu_B\rangle$ bezeichnet, wobei μ_B die Homologiefundamentalklasse von B und $M_I(T(B))$ die in a) mit Hilfe der Pontrjaginschen Klassen von $T(B)$ definierte Kohomologieklasse ist. Man zeige: Ist B zum (regulären) Rand einer offenen Menge in einer kompakten und orientierbaren zusammenhängenden Mannigfaltigkeit der Dimension $4k + 1$ diffeomorph, so gilt $M_I(B) = 0$ für jede Zerlegung I von k. (Man benutze den Satz von Stokes und beachte dabei, daß man die reellen Pontrjaginschen Klassen mit den Kohomologieklassen von geschlossenen Differentialformen identifizieren kann.)

c) Aus b) leite man her, daß es in einer kompakten und orientierbaren zusammenhängenden Mannigfaltigkeit keine offene Menge gibt, deren Rand zu einer disjunkten Vereinigung von Untermannigfaltigkeiten diffeomorph ist, die sämtlich gleich $\boldsymbol{P}_{2k}(\boldsymbol{C})$ für eine ganze Zahl $k \geqq 1$ sind.

3. Wie in Abschnitt 24.40 wird ein kanonisches Vektorbündel $U_{n+1,1}(\boldsymbol{H})$ vom reellen Rang 4 definiert, dessen Basis der projektive Quaternionenraum $\boldsymbol{P}_n(\boldsymbol{H})$ ist. Identifiziert man den Körper $\boldsymbol{C}$ mit einem durch 1 und i erzeugten Teilkörper von $\boldsymbol{H}$, so erhält $U_{n+1,1}(\boldsymbol{H})$ die Struktur eines komplexen Vektorbündels vom (komplexen) Rang 2, das mit E bezeichnet werde.

a) Man zeige: Ist u die Eulersche Klasse des dem Bündel E unterliegenden reellen Vektorbündels $E_{\boldsymbol{R}}$ vom Rang 4, so wird der Kohomologiering $H^{\cdot}(\boldsymbol{P}_n(\boldsymbol{H}); \boldsymbol{Z})$ durch u erzeugt und ist isomorph zu $\boldsymbol{Z}[T]/(T^{n+1})$. (Man gehe wie in (24.40.6) vor.)

b) Aus a) leite man her, daß die Pontrjaginsche Klasse $p_1(E_{\boldsymbol{R}}) = -2u$ von 0 verschieden ist.

c) Für $n = 1$ zeige man, daß zu jeder geraden ganzen Zahl $2k \in \boldsymbol{Z}$ ein reelles Vektorbündel F vom Rang 4 über der Basis $\boldsymbol{S}_4$ existiert mit $p_1(F) = 2ku$. (Man benutze die Tatsache, daß es Abbildungen $f\colon \boldsymbol{S}_4 \to \boldsymbol{S}_4$ der Klasse C^∞ von beliebigem Grad gibt (vgl. (24.9.5)).)

4. Man betrachte die Graßmannsche Mannigfaltigkeit $\boldsymbol{G}'_{p+q,p}(\boldsymbol{R})$ der p-dimensionalen orientierten Vektorteilräume in $\boldsymbol{R}^{p+q}$ als eine zweiblättrige Überlagerung von $\boldsymbol{G}_{p+q,p}(\boldsymbol{R})$ und bezeichne mit π,

$$\pi\colon \boldsymbol{G}'_{p+q,p}(\boldsymbol{R}) \to \boldsymbol{G}_{p+q,p}(\boldsymbol{R}),$$

die kanonische Projektion; es sei $U'_{p+q,p}(\boldsymbol{R}) = \pi^*(U_{p+q,p}(\boldsymbol{R}))$ (kanonisches Bündel vom Rang p über $\boldsymbol{G}'_{p+q,p}(\boldsymbol{R})$).

a) Man zeige, daß dieses Bündel orientierbar ist.

b) Es sei K ein Körper einer Charakteristik $\neq 2$; mit e werde die Eulersche Klasse mit Werten in K des mit einer Orientierung versehenen Bündels $U'_{p+q,p}(\boldsymbol{R})$ und mit p_k die Pontrjaginsche Klasse vom Index $k \leqq [p/2]$ mit Werten in K bezeichnet. Man zeige für $q > 2p$:

α) Ist $p = 2m$ gerade, so kann für $j < q$ jedes Element aus $H^j(\boldsymbol{G}'_{p+q,p}(\boldsymbol{R}); K)$ auf genau eine Weise als isobares Polynom bezüglich e und $p_1, p_2, \ldots, p_{m-1}$ mit Koeffizienten aus K geschrieben werden;

β) ist $p = 2m + 1$ ungerade, so kann für $j < q$ jedes Element aus $H^j(\boldsymbol{G}'_{p+q,p}(\boldsymbol{R}); K)$ auf genau eine Weise als isobares Polynom bezüglich $p_1, p_2, \ldots, p_m$ mit Koeffizienten aus K geschrieben werden.

(Man beachte: Ist p gerade, dann gilt $e = 0$, und darüber hinaus ist $\boldsymbol{G}'_{p+q,p}(\boldsymbol{R})$ zu der Sphäre $\boldsymbol{S}_q$ diffeomorph; man schließe induktiv nach p, wobei man der in (24.40.8) beschriebenen Methode folge.)

c) Aus b) leite man her, daß sich für $j < q$ jedes Element aus $H^j(\boldsymbol{G}_{p+q,p}(\boldsymbol{R}); K)$ auf genau eine Weise als isobares Polynom mit Koeffizienten aus K bezüglich der Pontrjaginschen Klassen von $U_{p+q,p}(\boldsymbol{R})$ mit Werten in K schreiben läßt. (Man benutze (24.22.15).)

5. a) Man zeige, daß für $j < q$ jedes Torsionselement eines $\boldsymbol{Z}$-Moduls $H^j(\boldsymbol{G}_{p+q,p}(\boldsymbol{R}); \boldsymbol{Z})$ von der Ordnung 2 ist. (Man schließe induktiv nach p, wobei man die exakten Gysinschen Sequenzen aus (24.40.13) sowie die analogen Sequenzen für die Kohomologie mit Koeffizienten in $\boldsymbol{Z}$ benutze; daneben verwende man Aufgabe 2 aus Abschnitt 24.30.)

b) Hieraus leite man her, daß für $j < q$ jeder Kohomologie-$\boldsymbol{Z}$-Modul $H^j(\boldsymbol{G}_{p+q,p}(\boldsymbol{R}); \boldsymbol{Z})$ direkte Summe einer gewissen Anzahl d_j von zu $\boldsymbol{F}_2$ isomorphen $\boldsymbol{Z}$-Moduln sowie einer gewissen Anzahl r_j von zu $\boldsymbol{Z}$ isomorphen $\boldsymbol{Z}$-Moduln ist; außerdem genügen diese Zahlen den Relationen

$$r_j = \dim\left(H^j(\boldsymbol{G}_{p+q,p}(\boldsymbol{R}); \boldsymbol{Q})\right), \qquad d_j + r_j + d_{j+1} = \dim\left(H^j(\boldsymbol{G}_{p+q,p}(\boldsymbol{R}); \boldsymbol{F}_2)\right)$$

und lassen sich mit Hilfe von Aufgabe 4c) sowie von (24.40.14) und (24.40.16) explizit berechnen.

24.44. Ergänzungen zu vektorwertigen Differentialformen und Hauptzusammenhängen

24.44.1. Die Definitionen aus (16.20.15) lassen sich folgendermaßen verallgemeinern. Es seien $V_1, \ldots, V_h, V$ reelle (bzw. komplexe) Vektorräume endlicher Dimension, und es sei

$$\Phi: V_1 \times V_2 \times \cdots \times V_h \to V$$

eine *h-lineare* Abbildung. Ferner sei M eine reine differenzierbare (bzw. holomorphe) Mannigfaltigkeit; für jede ganze Zahl $m \geqq 0$ und jeden reellen (bzw. komplexen) Vektorraum W endlicher Dimension bezeichnen wir mit $\mathscr{E}_m(M; W)$ den Vektorraum der *vektorwertigen m-Differentialformen* der Klasse C^∞ auf M mit Werten in W (vgl. (16.20.15)). Wie immer die positiven ganzen Zahlen $m_1, \ldots, m_h$ gewählt seien, es gibt eine eindeutig bestimmte h-lineare Abbildung, die mit

$$\boldsymbol{\Phi}: \mathscr{E}_{m_1}(M; V_1) \times \mathscr{E}_{m_2}(M; V_2) \times \cdots \times \mathscr{E}_{m_h}(M; V_h) \to \mathscr{E}_{m_1+m_2+\cdots+m_h}(M; V)$$

bezeichnet wird derart, daß für beliebige Vektoren $\mathbf{a}_{k i_k} \in V_k$ und reelle (bzw. komplexe) m_k-Formen $\alpha_{k i_k}$ für $1 \leqq k \leqq h$

24.44.1.1. $$\Phi\Big(\sum_{i_1}\alpha_{1i_1}\mathbf{a}_{1i_1}, \sum_{i_2}\alpha_{2i_2}\mathbf{a}_{2i_2}, \ldots, \sum_{i_h}\alpha_{hi_h}\mathbf{a}_{hi_h}\Big) = \sum_{i_1,i_2,\ldots,i_h}\alpha_{1i_1}\wedge\alpha_{2i_2}\wedge\cdots\wedge\alpha_{hi_h}\Phi(\mathbf{a}_{1i_1}, \mathbf{a}_{2i_2}, \ldots, \mathbf{a}_{hi_h})$$

gilt. Es genügt nämlich, die Abbildung Φ durch die Formel (24.44.1.1) zu *definieren*, wenn jede Familie $(\mathbf{a}_{ki_k})$ eine *Basis* von V_k für $1 \leq k \leq h$ ist; die allgemeine Formel (24.44.1.1) ergibt sich daraus durch lineare Fortsetzung.

Diese Definition verallgemeinert (16.20.15.7). Eine äquivalente, (16.20.15.5) verallgemeinernde Definition besteht in der Festlegung, daß für Formen

$$\omega_1 \in \mathcal{E}_{m_1}(M; V_1), \ldots, \omega_h \in \mathcal{E}_{m_h}(M; V_h)$$

der Wert der $(m_1 + m_2 + \cdots + m_h)$-Differentialform $\Phi(\omega_1, \omega_2, \ldots, \omega_h)$ für eine Familie $(\mathbf{u}_1, \ldots, \mathbf{u}_{m_1+m_2+\cdots+m_h})$ von Tangentialvektoren in einem Punkt $x \in M$ (in den Bezeichnungen von (A.12.2)) gegeben sei durch

24.44.1.2. $$\frac{1}{m_1!\,m_2!\cdots m_h!}\,a\Big(\Phi\big(\omega_1(x)\cdot(\mathbf{u}_1, \ldots, \mathbf{u}_{m_1}), \omega_2(x)\,(\mathbf{u}_{m_1+1}, \ldots, \mathbf{u}_{m_1+m_2}), \ldots, \omega_h(x)\,(\mathbf{u}_{m_1+\cdots+m_{h-1}+1}, \ldots, \mathbf{u}_{m_1+\cdots+m_h})\big)\Big).$$

24.44.2. Wir betrachten insbesondere den Fall, daß Φ der *Kommutator* $(\mathbf{x}, \mathbf{y}) \to [\mathbf{x}, \mathbf{y}]$ in einer reellen (bzw. komplexen) Lieschen Algebra $\mathfrak{g}$ ist. Ist dann ω_1 (bzw. ω_2) eine m_1-Differentialform (bzw. m_2-Differentialform) der Klase C^∞ auf M mit Werten in $\mathfrak{g}$, so stellt $[\omega_1, \omega_2]$ eine $(m_1 + m_2)$-Differentialform auf M mit Werten in $\mathfrak{g}$ dar, und aus (24.44.1.1) ergibt sich

24.44.2.1. $$[\omega_2, \omega_1] = (-1)^{m_1m_2+1}[\omega_1, \omega_2].$$

Ist ferner ω_3 eine m_3-Differentialform der Klasse C^∞ auf M mit Werten in $\mathfrak{g}$, so gilt die Jacobi-Identität

24.44.2.2. $$(-1)^{m_3m_1}\big[\omega_1, [\omega_2, \omega_3]\big] + (-1)^{m_1m_2}\big[\omega_2, [\omega_3, \omega_1]\big] + (-1)^{m_2m_3}\big[\omega_3, [\omega_1, \omega_2]\big] = 0.$$

24.44.3. Aus Definition (24.44.1.1) leitet man unmittelbar die Formel für das *äußere Differential* der $(m_1 + m_2 + \cdots + m_h)$-Form $\Phi(\omega_1, \omega_2, \ldots, \omega_h)$ mit Werten in V her (vgl. (17.15.8)):

24.44.3.1. $$d(\Phi(\omega_1, \omega_2, \ldots, \omega_h)) = \sum_{j=1}^{h}(-1)^{m_1+\cdots+m_{j-1}}\Phi(\omega_1, \ldots, \omega_{j-1}, d\omega_j, \omega_{j+1}, \ldots, \omega_h).$$

Ist ferner $f\colon M' \to M$ eine der Klasse C^∞ angehörende (bzw. holomorphe) Abbildung einer differenzierbaren (bzw. holomorphen) reinen Mannigfaltigkeit M' in M, so gilt aufgrund von (16.20.15.4)

24.44.3.2. $$^tf\big(\Phi(\omega_1, \ldots, \omega_h)\big) = \Phi\big({}^tf(\omega_1), \ldots, {}^tf(\omega_h)\big).$$

24.44.4. Es sei B eine reine differenzierbare Mannigfaltigkeit sowie X ein Hauptfaserbündel über der Basis B mit der Strukturgruppe G (vgl. (16.14.2)). Es sei B' eine zweite reine differenzierbare Mannigfaltigkeit, $f\colon B' \to B$ eine Abbildung der

Klasse C^∞, $X' = B' \times_B X$ das Hauptfaserbündel über der Basis B' mit der Strukturgruppe G, das inverse Bild von X vermöge f also (vgl. (16.14.6)), und $u\colon X' \to X$ der f entsprechende kanonische Morphismus (vgl. (16.12.8)).

Wir nehmen an, daß auf X ein *Hauptzusammenhang* P (vgl. (20.2.2)) gegeben ist, und es sei ω die auf X definierte 1-Differentialform des Zusammenhangs P (vgl. (20.2.3.4)) mit Werten in der Lieschen Algebra $\mathfrak{g}_e$. Wir zeigen, daß auf X' die 1-Differentialform $\omega' = {}^tu(\omega)$, das inverse Bild von ω, wieder die 1-Form eines Hauptzusammenhangs P' auf X' ist. Dazu wenden wir die Kriterien aus (20.2.5) an; nach Definition gilt $u(r'_{b'} \cdot s) = r_b \cdot s$ für jedes $r'_{b'} \in X'_{b'}$ und jedes $s \in G$, wenn man $b = f(b')$ und $r_b = u(r'_{b'})$ setzt (vgl. (16.14.6)). Hieraus folgt für jedes $\mathbf{h}' \in T_{r'_{b'}}(X')$ zum einen $T_{r'_{b'}\cdot s}(u) \cdot (\mathbf{h}' \cdot s) = (T_{r'_{b'}}(u) \cdot \mathbf{h}') \cdot s$, also $\omega'(r'_{b'} \cdot s) \cdot \mathbf{h}' = \omega(r_b \cdot s) \cdot \big((T_{r'_{b'}}(u) \cdot \mathbf{h}') \cdot s\big)$, womit gezeigt ist, daß ω' die Bedingung (20.2.5.1) erfüllt. Andererseits ergibt sich für jeden Vektor $\mathbf{v} \in \mathfrak{g}_e$, wenn man $Z'_{\mathbf{v}}(r'_{b'}) = r'_{b'} \cdot \mathbf{v}$ setzt, nach Definition (vgl. (16.10.1) und (19.3.7)) $Z'_{\mathbf{v}}(r'_{b'}) = T_e(\sigma_{r'_{b'}}) \cdot \mathbf{v}$, also

$$\begin{aligned}\omega'(r'_{b'}) \cdot Z'_{\mathbf{v}}(r'_{b'}) &= \omega(r_b) \cdot \big(T_{r'_{b'}}(u) \cdot Z'_{\mathbf{v}}(r'_{b'})\big)\\ &= \omega(r_b) \cdot \Big(\big(T_{r'_{b'}}(u) \cdot T_e(\sigma_{r'_{b'}})\big) \cdot \mathbf{v}\Big) = \omega(r_b) \cdot Z_{\mathbf{v}}(r_b) = \mathbf{v},\end{aligned}$$

wenn man die Beziehung $\sigma_{r_b} = u \circ \sigma_{r'_{b'}}$, die aus der Definition von $\sigma_x\colon s \to x \cdot s$ resultiert (vgl. (19.3.7)), berücksichtigt.

Man nennt den Hauptzusammenhang P' das *inverse Bild des Hauptzusammenhangs* P *vermöge* f; aus der Strukturgleichung (vgl. (20.3.3.1))

24.44.4.1. $$d\omega = -\frac{1}{2}[\omega, \omega] + \Omega$$

(wobei der Faktor $^1/_2$ aus der Definition (24.44.2) von $[\omega, \omega]$ herrührt, die von der in (16.20.15.8) getroffenen Vereinbarung abweicht) und aus (24.44.3.2) ergibt sich, daß die Krümmung des Zusammenhangs P' durch

24.44.4.2. $$\Omega' = {}^tu(\Omega)$$

als Funktion der Krümmung Ω von P gegeben ist.

24.45. Der Weilsche Homomorphismus

24.45.1. Es sei G eine reelle (bzw. komplexe) Liesche Gruppe; bekanntlich operiert G von links auf seiner Lieschen Algebra $\mathfrak{g}_e$ vermöge $(s, \mathbf{u}) \to \mathrm{Ad}(s) \cdot \mathbf{u}$. Also operiert G von links (vgl. (19.1.2.2)) auf dem Vektorraum der *p-linearen Abbildungen* von $\mathfrak{g}_e^p$ in einen reellen (bzw. komplexen) Vektorraum V vermöge der Formel

24.45.1.1. $$(s \cdot F)(\mathbf{x}_1, \mathbf{x}_2, \ldots, \mathbf{x}_p) = F(\mathrm{Ad}(s^{-1}) \cdot \mathbf{x}_1, \ldots, \mathrm{Ad}(s^{-1}) \cdot \mathbf{x}_p).$$

Für feste $\mathbf{x}_1, \ldots, \mathbf{x}_p$ leitet man aus (19.11.2) und der p-Linearität von F her, daß das Differential der Abbildung $s \to (s \cdot F)(\mathbf{x}_1, \ldots, \mathbf{x}_p)$ von G in V im Punkt e (vgl. (16.5.7)) gegeben ist durch

$$\mathbf{h} \to \sum_{j=1}^{p} F(\mathbf{x}_1, \ldots, \mathbf{x}_{j-1}, [\mathbf{h}, \mathbf{x}_j], \mathbf{x}_{j+1}, \ldots, \mathbf{x}_p).$$

Ist F insbesondere eine bezüglich G *invariante* p-lineare Abbildung, so gilt für jeden Vektor $\mathbf{y} \in \mathfrak{g}_e$

24.45.1.2. $$\sum_{j=1}^{p} F(\mathbf{x}_1, \ldots, \mathbf{x}_{j-1}, [\mathbf{y}, \mathbf{x}_j], \mathbf{x}_{j+1}, \ldots, \mathbf{x}_p) = 0,$$

wie immer die $\mathbf{x}_j \in \mathfrak{g}_e$ gewählt seien. (Man kann umgekehrt zeigen, daß F bezüglich G invariant ist, wenn diese Bedingung erfüllt und G *zusammenhängend* ist; dazu genügt es, wie in (19.8.11) zu schließen.)

Ist dann ω_j für $1 \leqq j \leqq p$ eine m_j-Differentialform der Klasse C^∞ mit Werten in $\mathfrak{g}_e$ und ω eine m-Differentialform der Klasse C^∞ mit Werten in $\mathfrak{g}_e$ (alle diese Formen seien über ein und derselben reinen Mannigfaltigkeit M definiert), so gilt für eine bezüglich G invariante p-lineare Abbildung $\boldsymbol{F}$ von $\mathfrak{g}_e^p$ in V

24.45.1.3. $$\sum_{j=1}^{p} (-1)^{m(m_1+\cdots+m_{j-1})} \boldsymbol{F}(\omega_1, \ldots, \omega_{j-1}, [\omega, \omega_j], \omega_{j+1}, \ldots, \omega_p) = 0.$$

24.45.1.4. Bemerkung. Durch das folgende, *Polarisierung* genannte Verfahren erhält man symmetrische *p-Linearformen F* auf $\mathfrak{g}_e^p$: Man geht aus von einem *homogenen Polynom* $\mathbf{x} \to P(\mathbf{x})$ *p-ten Grades* auf $\mathfrak{g}_e$, worunter eine ganze rationale Funktion mit reellen (bzw. komplexen) Koeffizienten in den auf eine beliebige Basis von $\mathfrak{g}_e$ bezogenen Koordinaten von $\mathbf{x}$ verstanden wird; dann ist $(t_1, t_2, \ldots, t_p) \to P(t_1\mathbf{x}_1 + t_2\mathbf{x}_2 + \cdots + t_p\mathbf{x}_p)$ für beliebige $\mathbf{x}_j \in \mathfrak{g}_e$ eine homogene ganze rationale Funktion p-ten Grades auf $\boldsymbol{R}^p$ (bzw. $\boldsymbol{C}^p$); bezeichnet man den Koeffizienten des Monoms $t_1 t_2 \cdots t_p$ in diesem Polynom mit $p!F(\mathbf{x}_1, \mathbf{x}_2, \ldots, \mathbf{x}_p)$, so ist F eine symmetrische p-Linearform auf $\mathfrak{g}_e^p$, die sogenannte *Polarisierung* von P, und es gilt $P(\mathbf{x}) = F(\mathbf{x}, \mathbf{x}, \ldots, \mathbf{x})$. Ist P invariant bezüglich G (d. h., gilt $P(\mathrm{Ad}(s^{-1}) \cdot \mathbf{x}) = P(\mathbf{x})$ für jedes $s \in G$), so ist auch F invariant bezüglich G.

24.45.2. Es sei B eine reine differenzierbare Mannigfaltigkeit, X ein Hauptfaserbündel mit der Basis B und der Strukturgruppe G sowie P ein *Hauptzusammenhang* auf X, für den ω die 1-Differentialform mit Werten in $\mathfrak{g}_e$ ist. Es bezeichne $\boldsymbol{\Omega}$ die *Krümmungsform* des Zusammenhangs P, eine 2-Differentialform mit Werten in $\mathfrak{g}_e$ also; differenziert man die Strukturgleichung (24.44.4.1) und setzt für $d\omega$ den durch (24.44.4.1) gegebenen Wert ein, so erhält man unter Berücksichtigung von (24.44.3.1) sowie der Tatsache, daß aufgrund der Jacobi-Identität (24.44.2.2) $[\omega, [\omega, \omega]] = 0$ gilt,

24.45.2.1. $$d\boldsymbol{\Omega} = \frac{1}{2}([\boldsymbol{\Omega}, \omega] - [\omega, \boldsymbol{\Omega}]) = [\boldsymbol{\Omega}, \omega] = -[\omega, \boldsymbol{\Omega}],$$

was nichts weiter als eine andere Schreibweise für die Identität von Bianchi (vgl. (20.3.4)) darstellt.

Ausgehend von diesem Ergebnis sowie von (24.45.1.3) gelangt man zu dem folgenden grundlegenden Resultat:

24.45.3. *Für jeden Hauptzusammenhang P auf X und jede* bezüglich G invariante *p-Linearform F auf $\mathfrak{g}_e^p$ ist die skalare $2p$-Differentialform $\boldsymbol{F}(\boldsymbol{\Omega}, \boldsymbol{\Omega}, \ldots, \boldsymbol{\Omega})$ (wobei $\boldsymbol{\Omega}$ die Krümmungsform von P ist) bezüglich der rechtsseitigen Operation von G auf $\bigwedge^2 T(X)$ invariant; darüber hinaus ist diese Form geschlossen.*

Die Formel (24.44.1.2) zeigt nämlich, daß für jedes $r \in X$ der Wert von $\boldsymbol{F}(\boldsymbol{\Omega}, \boldsymbol{\Omega}, \ldots, \boldsymbol{\Omega})$ für den $2p$-Vektor $\mathbf{h}_1 \wedge \mathbf{h}_2 \wedge \cdots \wedge \mathbf{h}_{2p}$, wobei die $\mathbf{h}_j$ Vektoren aus $T_r(X)$ sind, gegeben ist durch

24.45.3.1. $$\frac{1}{2p}\, a\Big(F\big(\boldsymbol{\Omega}(r) \cdot (\mathbf{h}_1 \wedge \mathbf{h}_2), \ldots, \boldsymbol{\Omega}(r) \cdot (\mathbf{h}_{2p-1} \wedge \mathbf{h}_{2p})\big)\Big).$$

Da aber $\boldsymbol{\Omega}$ bezüglich G invariant ist (vgl. (20.3.2)), gilt für jedes $s \in G$

$$\boldsymbol{\Omega}(r \cdot s) \cdot (\mathbf{h}_{2j-1} \cdot s \wedge \mathbf{h}_{2j} \cdot s) = \operatorname{Ad}(s^{-1}) \cdot (\boldsymbol{\Omega}(r) \cdot (\mathbf{h}_{2j-1} \wedge \mathbf{h}_{2j})),$$

so daß der Wert von $\boldsymbol{F}(\boldsymbol{\Omega}, \boldsymbol{\Omega}, \ldots, \boldsymbol{\Omega})$ für den $2p$-Vektor

$$(\mathbf{h}_1 \cdot s) \wedge (\mathbf{h}_2 \cdot s) \wedge \cdots \wedge (\mathbf{h}_{2p} \cdot s)$$

aufgrund der Invarianz von F (vgl. (24.45.1.1)) wiederum durch (24.45.3.1) gegeben ist. Zum Nachweis der Geschlossenheit von $\boldsymbol{F}(\boldsymbol{\Omega}, \boldsymbol{\Omega}, \ldots, \boldsymbol{\Omega})$ wenden wir (24.44.3.1) an, wobei alle Formen ω_j gleich ω sind, also sämtliche m_j gleich 2; hierbei ergibt sich

$$d\big(\boldsymbol{F}(\boldsymbol{\Omega}, \boldsymbol{\Omega}, \ldots, \boldsymbol{\Omega})\big) = \sum_{j=1}^{p} \boldsymbol{F}(\overbrace{\boldsymbol{\Omega}, \ldots, \boldsymbol{\Omega}}^{j-1}, d\boldsymbol{\Omega}, \boldsymbol{\Omega}, \ldots, \boldsymbol{\Omega}).$$

Hierin wird nun $d\boldsymbol{\Omega}$ durch seinen aus (24.45.2.1) abgeleiteten Wert $-[\omega, \boldsymbol{\Omega}]$ ersetzt; wendet man schließlich noch (24.45.1.3) mit $m = 1$ und den m_j gleich 2 an, so erhält man $d\big(\boldsymbol{F}(\boldsymbol{\Omega}, \boldsymbol{\Omega}, \ldots, \boldsymbol{\Omega})\big) = 0$.

24.45.4. Unter denselben Voraussetzungen wie in (24.45.3) zeigen wir nun, daß man, ausgehend von der geschlossenen $2p$-Differentialform $\boldsymbol{F}(\boldsymbol{\Omega}, \boldsymbol{\Omega}, \ldots, \boldsymbol{\Omega})$ *auf* X, in *kanonischer* Weise eine geschlossene $2p$-Differentialform $F_B(\boldsymbol{\Omega})$ *auf* B definieren kann. Dazu genügt es offenbar, die Einschränkung dieser Form auf jede offene Menge $U \subset B$ zu definieren, über der X *trivialisierbar* ist. Dann existiert über U ein der Klasse C^∞ angehörender Schnitt R von X, und man wählt

$$F_B(\boldsymbol{\Omega}) = {}^t\mathsf{R}\big(\boldsymbol{F}(\boldsymbol{\Omega}, \boldsymbol{\Omega}, \ldots, \boldsymbol{\Omega})\big) = \boldsymbol{F}\big({}^t\mathsf{R}(\boldsymbol{\Omega}), {}^t\mathsf{R}(\boldsymbol{\Omega}), \ldots, {}^t\mathsf{R}(\boldsymbol{\Omega})\big)$$

(vgl. (16.20.15.4) und (16.20.9.5)), was tatsächlich eine geschlossene $2p$-Form ist (vgl. (17.15.3.2)). Es genügt nachzuweisen, daß diese Form von dem gewählten Schnitt R *unabhängig* ist. Jeder andere der Klasse C^∞ angehörende Schnitt R' von X über U ist nämlich von der Gestalt $b \to \mathsf{R}(b) \cdot s(b)$, wobei s eine Abbildung der Klasse C^∞ von U in die Liesche Gruppe G ist; da $\boldsymbol{\Omega}$ eine bezüglich G *invariante* 2-Form ist (vgl. (20.3.2)), ergibt sich für beliebige Vektoren $\mathbf{h}$, $\mathbf{k}$ aus $T_{\mathsf{R}(b)}(X)$

$$\boldsymbol{\Omega}\big(\mathsf{R}(b) \cdot s(b)\big) \cdot \big(\mathbf{h} \cdot s(b) \wedge \mathbf{k} \cdot s(b)\big) = \operatorname{Ad}\big(s^{-1}(b)\big) \cdot \big(\boldsymbol{\Omega}(\mathsf{R}(b)) \cdot (\mathbf{h} \wedge \mathbf{k})\big).$$

Nun gilt für zwei Tangentialvektoren $\mathbf{u}$, $\mathbf{v}$ aus $T_b(B)$

$$\begin{aligned} {}^t\mathsf{R}(\boldsymbol{\Omega})\,(b) \cdot (\mathbf{u} \wedge \mathbf{v}) &= \boldsymbol{\Omega}\big(\mathsf{R}(b)\big) \cdot \big(T_b(\mathsf{R}) \cdot \mathbf{u} \wedge T_b(\mathsf{R}) \cdot \mathbf{v}\big), \\ {}^t\mathsf{R}'(\boldsymbol{\Omega})\,(b) \cdot (\mathbf{u} \wedge \mathbf{v}) &= \boldsymbol{\Omega}\big(\mathsf{R}'(b)\big) \cdot \big(T_b(\mathsf{R}') \cdot \mathbf{u} \wedge T_b(\mathsf{R}') \cdot \mathbf{v}\big). \end{aligned}$$

Es ist aber

$$\begin{aligned} T_b(\mathsf{R}') \cdot \mathbf{u} &= \big(T_b(\mathsf{R}) \cdot \mathbf{u}\big) \cdot s(b) + \mathsf{R}(b) \cdot \big(T_b(s) \cdot \mathbf{u}\big) \\ &= \big(T_b(\mathsf{R}) \cdot \mathbf{u}\big) \cdot s(b) + \mathsf{R}'(b) \cdot \big(s(b)^{-1} \cdot \big(T_b(s) \cdot \mathbf{u}\big)\big), \end{aligned}$$

und die rechte Seite ist ein im Punkt $\mathbf{R}'(b)$ *vertikaler* Vektor; da die Form $\boldsymbol{\Omega}$ *horizontal* ist (vgl. (20.3.2)), gilt

$$\begin{aligned}
&\boldsymbol{\Omega}(\mathbf{R}'(b)) \cdot (T_b(\mathbf{R}') \cdot \mathbf{u} \wedge T_b(\mathbf{R}') \cdot \mathbf{v}) \\
&= \boldsymbol{\Omega}(\mathbf{R}(b) \cdot s(b)) \cdot ((T_b(\mathbf{R}) \cdot \mathbf{u}) \cdot s(b) \wedge (T_b(\mathbf{R}) \cdot \mathbf{v}) \cdot s(b)) \\
&= \mathrm{Ad}\,(s(b)^{-1}) \cdot (\boldsymbol{\Omega}(\mathbf{R}(b)) \cdot (T_b(\mathbf{R}) \cdot \mathbf{u} \wedge T_b(\mathbf{R}) \cdot \mathbf{v})),
\end{aligned}$$

woraus sich schließlich

24.45.4.1. $\quad {}^t\mathbf{R}'(\boldsymbol{\Omega})\,(b) \cdot (\mathbf{u} \wedge \mathbf{v}) = \mathrm{Ad}\,(s(b)^{-1}) \cdot ({}^t\mathbf{R}(\boldsymbol{\Omega})\,(b) \cdot (\mathbf{u} \wedge \mathbf{v}))$

ergibt. Ausgehend hiervon ist der Wert von $F_B(\boldsymbol{\Omega})$ für einen $2p$-Vektor $\mathbf{u}_1 \wedge \mathbf{u}_2 \wedge \cdots \wedge \mathbf{u}_{2p}$, wobei die $\mathbf{u}_j$ Vektoren aus $T_b(B)$ sind, aufgrund von (24.45.3.1) gegeben durch

$$\frac{1}{2^p}\, \boldsymbol{a}(F({}^t\mathbf{R}(\boldsymbol{\Omega})\,(b) \cdot (\mathbf{u}_1 \wedge \mathbf{u}_2), \ldots, {}^t\mathbf{R}(\boldsymbol{\Omega})\,(b) \cdot (\mathbf{u}_{2p-1} \wedge \mathbf{u}_{2p}))).$$

Ersetzt man aber in dieser Formel $\mathbf{R}$ durch $\mathbf{R}'$, so ergibt sich aus (24.45.4.1) und der Invarianz von F (vgl. (24.45.1.1)), daß der Ausdruck ungeändert bleibt, woraus die Behauptung folgt.

24.45.5. *Es sei G eine reelle* (bzw. *komplexe*) *Liesche Gruppe. In den Bezeichnungen und unter den Voraussetzungen von* (24.45.3) *ist die Kohomologieklasse der geschlossenen $2p$-Form $F_B(\boldsymbol{\Omega})$ in $H^{2p}(B; \boldsymbol{R})$ (bzw. $H^{2p}(B; \boldsymbol{C})$) von dem auf X gewählten Zusammenhang $\mathbf{P}$ unabhängig.*

Es seien $\mathbf{P}_0$, $\mathbf{P}_1$ zwei Hauptzusammenhänge auf X, ω_0, ω_1 die entsprechenden Zusammenhangsformen und $\boldsymbol{\Omega}_0$, $\boldsymbol{\Omega}_1$ die zugehörigen Krümmungsformen. Wir betrachten die Mannigfaltigkeit $B' = B \times I$, wobei I ein offenes Intervall in $\boldsymbol{R}$ ist, das $[0, 1]$ enthält; es sei $X' = \mathrm{pr}_1^*(X)$ das inverse Bild des Hauptfaserbündels X vermöge der ersten Projektion (vgl. (16.14.6)). Ist $\pi\colon X \to B$ die kanonische Projektion, so kann X' mit dem Produkt $X \times I$ und die Projektion $X' \to B'$ mit $(r, t) \to (\pi(r), t)$ identifiziert werden, denn die Abbildung $(r, (\pi(r), t)) \to (r, t)$ ist ein Isomorphismus des Hauptfaserbündels $X' = X \times_B B'$ auf das Hauptfaserbündel $X \times I$ (vgl. (23.6.1)). Mit dieser Identifizierung sind $\omega_0' = {}^t\mathrm{pr}_1(\omega_0)$ und $\omega_1' = {}^t\mathrm{pr}_1(\omega_1)$ die Zusammenhangsformen von zwei Zusammenhängen auf $X' = X \times I$ (vgl. (24.44.4)). Wir zeigen, daß die 1-Form auf X'

$$\omega'\colon (r, t) \to t\omega_1'(r) + (1 - t)\,\omega_0'(r)$$

wieder die 1-Form eines Hauptzusammenhangs $\mathbf{P}'$ auf X' ist, indem wir die Bedingungen aus (20.2.5) verifizieren. Der Tangentialraum $T_{(r,t)}(X')$ kann nämlich mit $T_r(X) \times \boldsymbol{R}$ identifiziert werden; die Operation der Gruppe G auf diesem Tangentialraum ist dann gegeben durch $(\mathbf{h}, x) \cdot s = (\mathbf{h} \cdot s, x)$. Für jeden Tangentialvektor $(\mathbf{h}, x) \in T_{(r,t)}(X')$ gilt daher

$$\omega'(r, t) \cdot (\mathbf{h}, x) = t\omega_1(r) \cdot \mathbf{h} + (1 - t)\,\omega_0(r) \cdot \mathbf{h},$$

und andererseits ist das vermöge der Operation von G durch $X_{\mathbf{u}}$ übertragene Feld von vertikalen Vektoren (vgl. (19.3.3)) $(r, t) \to (Z_{\mathbf{u}}(r), 0)$ (vgl. (19.3.7)). Wie man nun unmittelbar erkennt, sind die Bedingungen (20.2.5.1) und (20.2.5.2) erfüllt.

Wir betrachten jetzt die beiden Abbildungen $i_0: b \to (b, 0)$ und $i_1: b \to (b, 1)$ von B in B'; da $\mathrm{pr}_1 \circ i_0$ und $\mathrm{pr}_1 \circ i_1$ gleich der Identität von B sind, gilt $X = i_0^*(X') = i_1^*(X')$, und der i_0 bzw. i_1 entsprechende Morphismus von X in X' ist $j_0: r \to (r, 0)$ bzw. $j_1: r \to (r, 1)$. Der Definition von ω' zufolge gilt $\omega_0 = {}^t j_0(\omega')$ und $\omega_1 = {}^t j_1(\omega')$; ist $\boldsymbol{\Omega}'$ die Krümmungsform des Zusammenhangs P' auf X', so gilt daher $\boldsymbol{\Omega}_0 = {}^t j_0(\boldsymbol{\Omega}')$ und $\boldsymbol{\Omega}_1 = {}^t j_1(\boldsymbol{\Omega}')$ (vgl. (24.44.4.2)). Setzen wir

$$\Phi_0 = \boldsymbol{F}(\boldsymbol{\Omega}_0, \boldsymbol{\Omega}_0, \ldots, \boldsymbol{\Omega}_0), \qquad \Phi_1 = \boldsymbol{F}(\boldsymbol{\Omega}_1, \boldsymbol{\Omega}_1, \ldots, \boldsymbol{\Omega}_1)$$

$$\text{sowie} \qquad \Phi' = \boldsymbol{F}(\boldsymbol{\Omega}', \boldsymbol{\Omega}', \ldots, \boldsymbol{\Omega}'),$$

so erhalten wir damit geschlossene $2p$-Formen; es ist $\boldsymbol{\Omega}_0 = {}^t j_0(\boldsymbol{\Omega}')$ sowie $\boldsymbol{\Omega}_1 = {}^t j_1(\boldsymbol{\Omega}')$, und aus der Homotopieformel (24.2.4.2) folgt, daß Φ_0 und Φ_1 *kohomolog* sind. Genauer gesagt, werden wir zeigen, daß

24.45.5.1. $\Phi_1 - \Phi_0 = d\Xi$

gilt, wobei Ξ eine *bezüglich G invariante* $(2p - 1)$-Form der Klasse C^∞ auf X ist. Die Formel (24.2.4.1) ergibt nämlich für Ξ den Ausdruck

24.45.5.2. $\Xi = \int_0^1 {}^t j_u(i_E \cdot \Phi')\, du,$

wobei j_u die injektive Abbildung $r \to (r, u)$ von X in X' ist. Es genügt offenbar nachzuweisen, daß $i_E \cdot \Phi'$ bezüglich der Operation von G auf X' invariant ist. Nun trifft das auf Φ' zu; andererseits kann jede $2p$-Differentialform der Klasse C^∞ auf X' auf genau eine Art in der Form

$$\gamma = \alpha_u \wedge du + \beta_u$$

geschrieben werden, wobei $r \to \alpha_u(r)$ bzw. $r \to \beta_u(r)$ für jedes $u \in I$ eine $(2p - 1)$-Form bzw. eine $2p$-Form auf X ist. Jeder zerlegbare $2p$-Vektor aus $\bigwedge^{2p} T_{(r,u)}(X')$ kann in der Gestalt

$$\begin{aligned} z &= (\mathbf{h}_1, x_1) \wedge (\mathbf{h}_2, x_2) \wedge \cdots \wedge (\mathbf{h}_{2p}, x_{2p}) \\ &= (\mathbf{h}_1 \wedge \mathbf{h}_2 \wedge \cdots \wedge \mathbf{h}_{2p}, 0) + \sum_{j=1}^{2p} (\mathbf{h}_1 \wedge \cdots \wedge \mathbf{h}_j \wedge \cdots \wedge \mathbf{h}_{2p}, x_j) \end{aligned}$$

geschrieben werden, wobei die $\mathbf{h}_j$ Vektoren aus $T_r(X)$ und die x_j reelle Zahlen sind; daher gilt

$$\begin{aligned} \langle \gamma(r, u), z \rangle &= \langle \beta_u(r), \mathbf{h}_1 \wedge \mathbf{h}_2 \wedge \cdots \wedge \mathbf{h}_{2p} \rangle \\ &\quad + \sum_{j=1}^{2p} \langle \alpha_u(r), \mathbf{h}_1 \wedge \cdots \wedge \hat{\mathbf{h}}_j \wedge \cdots \wedge \mathbf{h}_{2p} \rangle\, x_j, \end{aligned}$$

und da die x_j beliebig sind, zeigt die Definition der Operation von G auf X', daß aus der Invarianz von γ bezüglich G die Invarianz von α_u und β_u für jedes $u \in I$ folgt. Wie man sogleich feststellt, ist $i_E \cdot \gamma$ von der Gestalt $(r, u) \to \alpha_u(r)$, womit die Invarianz von Ξ bezüglich G nachgewiesen ist.

Ist R jetzt ein Schnitt der Klasse C^∞ von X über einer offenen Menge $U \subset B$, so zeigen dieselben Überlegungen wie in (24.45.4), daß ${}^t\mathsf{R}(\Xi)$ eine von der Wahl *von* R *unabhängige* $(2p - 1)$-Form auf U ist; aus dieser Eindeutigkeit ergibt sich unmittelbar, daß *auf* B eine $(2p-1)$-Form Ξ_B der Klasse C^∞ existiert derart, daß ${}^t\mathsf{R}(\Xi)$ für *jeden* Schnitt R der Klasse C^∞ von X über einer offenen Menge $U \subset B$ die Einschränkung von Ξ_B auf U ist. Aufgrund der Definition von $F_B(\boldsymbol{\Omega})$ (vgl. (24.45.4)) gilt

$$F_B(\boldsymbol{\Omega}_1) - F_B(\boldsymbol{\Omega}_0) = d\Xi_B,$$

womit (24.45.5) bewiesen ist.

Im weiteren bezeichnen wir für jeden Hauptzusammenhang P auf X mit $\boldsymbol{\Omega}$ als Krümmungsform mit $c_F(X)$ die Kohomologieklasse von $F_B(\boldsymbol{\Omega})$ in $H^{2p}(B;\boldsymbol{R})$ (bzw. $H^{2p}(B;\boldsymbol{C})$).

24.45.6. *Es seien B, B' zwei reine Mannigfaltigkeiten, $f\colon B' \to B$ eine Abbildung der Klasse C^∞, X ein Hauptfaserbündel mit der Basis B und $X' = f^*(X)$ das inverse Bild von X vermöge f. Dann gilt für jede bezüglich G invariante p-Linearform F auf $\mathfrak{g}_e^p$*

24.45.6.1. $c_F\big(f^*(X)\big) = f^*\big(c_F(X)\big)$.

Dazu betrachten wir auf X einen Hauptzusammenhang P, dessen Krümmungsform $\boldsymbol{\Omega}$ ist; es sei $g\colon X' \to X$ der f entsprechende kanonische Morphismus, und auf X' werde der Hauptzusammenhang P' betrachtet, der sich als inverses Bild von P vermöge g ergibt (vgl. (24.44.4)) und dessen Krümmungsform also $\boldsymbol{\Omega}' = {}^t g(\boldsymbol{\Omega})$ ist. Es genügt zu zeigen, daß $F_{B'}(\boldsymbol{\Omega}') = {}^t f\big(F_B(\boldsymbol{\Omega})\big)$ gilt (vgl. (24.1.3)). Es sei also R ein Schnitt der Klasse C^∞ von X über einer offenen Menge $U \subset B$, und wir betrachten den Schnitt $\mathsf{R}' = f^*(\mathsf{R})$ von X' über $f^{-1}(U)$, das inverse Bild von R vermöge f (vgl. (16.12.8)), so daß $g \circ \mathsf{R}' = \mathsf{R} \circ f$ gilt. Es ist $\boldsymbol{F}(\boldsymbol{\Omega}', \boldsymbol{\Omega}', \ldots, \boldsymbol{\Omega}') = {}^t g\big(\boldsymbol{F}(\boldsymbol{\Omega}, \boldsymbol{\Omega}, \ldots, \boldsymbol{\Omega})\big)$, woraus sich über $f^{-1}(U)$

$$\begin{aligned} F_{B'}(\boldsymbol{\Omega}') &= {}^t\mathsf{R}'\big(\boldsymbol{F}(\boldsymbol{\Omega}', \boldsymbol{\Omega}', \ldots, \boldsymbol{\Omega}')\big) = {}^t\mathsf{R}'\Big({}^t g\big(\boldsymbol{F}(\boldsymbol{\Omega}, \boldsymbol{\Omega}, \ldots, \boldsymbol{\Omega})\big)\Big) \\ &= {}^t f\Big(\mathsf{R}^t\big(\boldsymbol{F}(\boldsymbol{\Omega}, \boldsymbol{\Omega}, \ldots, \boldsymbol{\Omega})\big)\Big) = {}^t f\big(F_B(\boldsymbol{\Omega})\big) \end{aligned}$$

ergibt. Damit ist der Beweis abgeschlossen.

24.45.7. Ist F_1 eine reelle (bzw. komplexe) p-Linearform auf $\mathfrak{g}_e^p$ und F_2 eine reelle (bzw. komplexe) q-Linearform auf $\mathfrak{g}_e^q$, so ist die Abbildung

24.45.7.1. $F\colon (\mathbf{x}_1, \ldots, \mathbf{x}_{p+q}) \to F_1(\mathbf{x}_1, \ldots, \mathbf{x}_p)\, F_2(\mathbf{x}_{p+1}, \ldots, \mathbf{x}_{p+q})$

offenbar eine reelle (bzw. komplexe) $(p+q)$-Linearform auf $\mathfrak{g}_e^{p+q}$; sie ist bezüglich G *invariant*, wenn F_1 und F_2 es sind. Ist dies der Fall, so gilt unter den Voraussetzungen und in den Bezeichnungen von (24.45.3) offenbar

$$\boldsymbol{F}(\boldsymbol{\Omega}, \boldsymbol{\Omega}, \ldots, \boldsymbol{\Omega}) = \boldsymbol{F}_1(\boldsymbol{\Omega}, \boldsymbol{\Omega}, \ldots, \boldsymbol{\Omega}) \wedge \boldsymbol{F}_2(\boldsymbol{\Omega}, \boldsymbol{\Omega}, \ldots, \boldsymbol{\Omega}),$$

daher aufgrund von Definition (24.45.4) auch

$$F_B(\boldsymbol{\Omega}) = F_{1B}(\boldsymbol{\Omega}) \wedge F_{2B}(\boldsymbol{\Omega})$$

und folglich in der Kohomologiealgebra $H^{\cdot}(B;\boldsymbol{R})$ (bzw. $H^{\cdot}(B;\boldsymbol{C})$)

24.45.7.2. $c_F(X) = c_{F_1}(X) \smile c_{F_2}(X)$.

Mit $I(G)$ bezeichnen wir die *Menge der bezüglich G invarianten reellen* (bzw. *komplexen*) *Multilinearformen* auf der Lieschen Algebra $\mathfrak{g}_e$ von G; die Abbildung (24.45.7.1) definiert auf $I(G)$ die Struktur einer *assoziativen Algebra* über $\boldsymbol{R}$ (bzw. $\boldsymbol{C}$). Die Formel (24.45.7.2) besagt daher, daß die Abbildung

24.45.7.3. $F \to c_F(X)$

ein *Homomorphismus von der Algebra* $I(G)$ *in die Kohomologiealgebra* $H^{\cdot}(B; \mathbf{R})$ (bzw. $H^{\cdot}(B; \mathbf{C})$) ist. Die Abbildung (24.45.7.3) wird der dem Hauptfaserbündel X mit der Basis B und der Strukturgruppe G entsprechende *Weilsche Homomorphismus* genannt.

Aufgabe

Unter den Voraussetzungen von (24.45.3) werde angenommen, daß F eine symmetrische p-Linearform ist, die durch Polarisierung aus einem invarianten Polynom p-ten Grades über $\mathfrak{g}_e$ abgeleitet wurde. Für jedes t mit $0 \leqq t \leqq 1$ ist $\omega_t = \omega_0 + t(\omega_1 - \omega_0)$ eine Zusammenhangsform auf X, deren Krümmungsform mit Ω_t bezeichnet werde. Man zeige, daß in (24.45.5.2)

$$\Xi = p \cdot \int_0^1 \mathbf{F}(\omega_1 - \omega_0, \Omega_t, \ldots, \Omega_t)\, dt$$

gesetzt werden kann. (Man berechne die Ableitung von $t \to \mathbf{F}(\Omega_t, \Omega_t, \ldots, \Omega_t)$ und stelle sie mit Hilfe des äußeren Differentials $d(\mathbf{F}(\omega_1 - \omega_0, \Omega_t, \ldots, \Omega_t))$ dar.)

24.46. Krümmung und charakteristische Klassen

Die Ergebnisse von Abschnitt 24.45 ermöglichen es, Methoden zur Berechnung der Chernschen, Pontrjaginschen und Eulerschen Klassen anzugeben, die auf der Krümmung gewisser Zusammenhänge aufbauen.

24.46.1. I. *Berechnung der Chernschen Klassen.* Es sei E ein komplexes Vektorbündel vom (komplexen) Rang N und mit einer reinen Mannigfaltigkeit B als Basis. Es sei daran erinnert, daß dem Vektorbündel E kanonisch ein Hauptfaserbündel $X(E)$ mit der Basis B und der Strukturgruppe $\mathbf{GL}(N, \mathbf{C})$ zugeordnet ist, wenn $X(E) = \operatorname{Isom}(B \times \mathbf{C}^N, E)$ gesetzt wird (vgl. (20.1.1)); die Faser $(X(E))_b$ in einem Punkt $b \in B$ ist die Menge der Isomorphismen von $\mathbf{C}^N$ auf den Vektorraum E_b, und die Operation von $\mathbf{GL}(N, \mathbf{C})$ auf $X(E)$ ist für jeden Isomorphismus u_b von $\mathbf{C}^N$ auf E_b gegeben durch $(u_b, s) \to u_b \circ s$.

Es sei $f: B' \to B$ eine der Klasse C^∞ angehörende Abbildung von einer reinen Mannigfaltigkeit B' in B, und es sei $E' = f^*(E)$ das inverse Bild von E vermöge f; dann gilt bis auf einen kanonischen Isomorphismus

24.46.1.1. $X(f^*(E)) = f^*(X(E))$.

Das triviale Bündel $B' \times \mathbf{C}^N$ ist nämlich zu $f^*(B \times \mathbf{C}^N)$ vermöge der Abbildung

$$(b', t) \to (b', (f(b'), t))$$

kanonisch isomorph; ferner ist $f^*(\operatorname{Hom}(B \times \mathbf{C}^N, E))$ kanonisch B'-isomorph zu $\operatorname{Hom}(f^*(B \times \mathbf{C}^N), f^*(E))$ (vgl. (16.19.3)), und durch diesen Isomorphismus wird offenbar $f^*(\operatorname{Isom}(B \times \mathbf{C}^N, E))$ in $\operatorname{Isom}(f^*(B \times \mathbf{C}^N), f^*(E))$ übergeführt; hieraus ergibt sich die Behauptung.

24.46.2. Jeder bezüglich $\boldsymbol{GL}(N, \boldsymbol{C})$ invarianten p-Linearform F auf $(\mathfrak{gl}(N, \boldsymbol{C}))^p$ kann also durch das in (24.45.5) beschriebene Verfahren eine zu $H^{2p}(B; \boldsymbol{C})$ gehörende Kohomologieklasse $c_F(X(E))$ zugeordnet werden. Nun läßt sich $\mathfrak{gl}(N, \boldsymbol{C})$ bekanntlich (vgl. (19.11.2.4)) mit der Lieschen Algebra $\boldsymbol{M}_N(\boldsymbol{C})$ der quadratischen Matrizen der Ordnung N mit Elementen aus $\boldsymbol{C}$ identifizieren, wobei die Operation von $\boldsymbol{GL}(N, \boldsymbol{C})$ auf $\boldsymbol{M}_N(\boldsymbol{C})$ gegeben ist durch

$$(\mathrm{S}, \mathrm{X}) \to \mathrm{SXS}^{-1}.$$

Zur Definition von p-Linearformen auf $\boldsymbol{M}_N(\boldsymbol{C})$, die bezüglich $\boldsymbol{GL}(N, \boldsymbol{C})$ invariant sind, genügt es daher, *Polynome* in einer Unbestimmten $P \in \boldsymbol{C}[T]$ anzugeben derart, daß $P(\mathrm{SXS}^{-1}) = P(\mathrm{X})$ für jede Matrix $\mathrm{X} \in \boldsymbol{M}_N(\boldsymbol{C})$ und jede invertierbare Matrix $\mathrm{S} \in \boldsymbol{GL}(N, \boldsymbol{C})$ gilt, und aus jedem dieser Polynome durch Polarisierung (vgl. (24.45.1.4)) eine bezüglich G invariante Multilinearform herzuleiten. Nun gelangt man unmittelbar zu solchen Polynomen, wenn man die charakteristische Determinante

24.46.2.1. $$\det\left(t\mathrm{I}_N - \frac{1}{2\pi i}\mathrm{X}\right) = t^N + t^{N-1}\sigma_1(\mathrm{X}) + \cdots + \sigma_N(\mathrm{X})$$

betrachtet, denn die linke Seite dieser Gleichung bleibt ungeändert, wenn X durch SXS^{-1} ersetzt wird, und das trifft daher auch auf die Koeffizienten $\sigma_j(\mathrm{X})$ auf der rechten Seite zu. Ist $\sigma_j(\mathrm{X})$ ein homogenes Polynom j-ten Grades bezüglich der Elemente von X und F_j die aus $\sigma_j(\mathrm{X})$ durch Polarisierung abgeleitete j-Linearform, so erhält man auf diese Weise also N Kohomologieklassen

24.46.2.2. $$c_j'(E) = c_{F_j}(X(E)) \in H^{2j}(B; \boldsymbol{C}) \qquad \text{für} \qquad 1 \leqq j \leqq N.$$

Die Konstruktion der $2j$-Formen $F_{jB}(\boldsymbol{\Omega})$ auf B, für welche die $c_j'(E)$ die Kohomologieklassen sind, geschieht hier folgendermaßen. Man geht aus von N^2 *komplexwertigen* 1-Differentialformen ω_{hk} der Klassen C^∞ auf B. Es wird eine endliche Überdeckung (U_λ) von B durch offene Mengen betrachtet, wobei über jeder dieser offenen Mengen ein Schnitt R_λ der Klasse C^∞ des Hauptfaserbündels $X(E)$ existiert; aufgrund von (20.3.5) gibt es dann auf $\pi^{-1}(U_\lambda)$ (π ist die Projektion $X(E) \to B$) genau eine Zusammenhangsform $\boldsymbol{\omega}_\lambda$ derart, daß ${}^t\mathsf{R}(\boldsymbol{\omega}_\lambda)$ die Einschränkung der Form $\tilde{\omega} = (\omega_{hk})$ mit Werten in $\boldsymbol{M}_N(\boldsymbol{C})$ auf U ist. Ist (f_λ) eine der Überdeckung (U_λ) untergeordnete Zerlegung der Einheit, die aus Funktionen der Klasse C^∞ besteht, so ist $\boldsymbol{\omega} = \sum_\lambda (f_\lambda \circ \pi) \cdot \boldsymbol{\omega}_\lambda$ eine Zusammenhangsform auf $X(E)$, und als $\boldsymbol{\Omega}$ wird die Krümmungsform dieses Zusammenhangs gewählt. Die Form $F_{jB}(\boldsymbol{\Omega})$ ist dann folgendermaßen definiert: Man setzt

$$\Omega_{hk} = d\omega_{hk} + \sum_{l=1}^{N} \omega_{hl} \wedge \omega_{lk}$$

und erhält

24.46.2.3. $$F_{jB}(\boldsymbol{\Omega}) = \left(\frac{-1}{2\pi i}\right)^j \sum_{h_1 < h_2 < \cdots < h_j} \begin{vmatrix} \Omega_{h_1h_1} & \Omega_{h_1h_2} & \cdots & \Omega_{h_1h_j} \\ \Omega_{h_2h_1} & \Omega_{h_2h_2} & \cdots & \Omega_{h_2h_j} \\ \dots & \dots & \dots & \dots \\ \Omega_{h_jh_1} & \Omega_{h_jh_2} & \cdots & \Omega_{h_jh_j} \end{vmatrix}$$

(wobei die Determinanten wie üblich berechnet werden und das Produkt von zwei

Formen das äußere Produkt ist; die Reihenfolge der Faktoren ist unwesentlich, da es sich um 2-Formen handelt).

24.46.3. Es sei $f\colon B' \to B$ eine der Klasse C^∞ angehörende Abbildung von einer reinen Mannigfaltigkeit B' in B; dann ist

24.46.3.1. $c_j'(f^*(E)) = f^*(c_j'(E))$.

Das ergibt sich nämlich aus (24.46.1.1) und (24.45.6.1).

24.46.4. Wir wollen nun zeigen, daß für eine reine *kompakte* Mannigfaltigkeit B

24.46.4.1. $c_j'(E) = \tilde{c}_j(E) \qquad \text{für} \qquad 1 \leqq j \leqq N$

gilt, wobei die rechte Seite das kanonische Bild der *Chernschen Klasse* $c_j(E)$ (einem Element aus $H^{2j}(B; \boldsymbol{Z})$) in $H^{2j}(B; \boldsymbol{C})$ ist. Berücksichtigt man die Definition der Chernschen Klassen für kompakte Mannigfaltigkeiten (vgl. (24.42.2) sowie die Beziehungen (24.41.4.1) und (24.46.3.1), so sieht man, daß man sich darauf beschränken kann, (24.46.4.1) für hinreichend großes q für $B = \boldsymbol{G}_{q+N,N}(\boldsymbol{C})$ und $E = U_{q+N,N}(\boldsymbol{C})$ zu beweisen (wobei man in diesem Fall übrigens $\tilde{c}_j(E)$ durch $c_j(E)$ ersetzen kann, da $\boldsymbol{G}_{q+N,N}(\boldsymbol{C})$ torsionsfrei ist und $H^{\cdot}(B; \boldsymbol{Z})$ daher mit einem Unter-$\boldsymbol{Z}$-Modul von $H^{\cdot}(B; \boldsymbol{C})$ identifiziert werden kann). Wir unterscheiden mehrere Fälle.

24.46.5. A) *Der Fall* $N = 1$; dann stimmt $c_1(E)$ mit der Eulerschen Klasse $e(E)$ des dem Bündel E unterliegenden reellen Bündels vom Rang 2 überein, das mit der kanonischen Orientierung von E versehen ist. Da $H^2(\boldsymbol{P}_q(\boldsymbol{C}); \boldsymbol{C})$ über $\boldsymbol{C}$ eindimensional ist, gilt notwendigerweise

$$c_1'(U_{q+1,1}(\boldsymbol{C})) = a \cdot c_1(U_{q+1,1}(\boldsymbol{C})),$$

mit $a \in \boldsymbol{C}$ (weil $c_1(U_{q+1,1}(\boldsymbol{C})) \neq 0$ ist), und die Bemerkung in (24.46.4) zeigt, daß für jedes komplexe Vektorbündel E vom Rang 1 über $\boldsymbol{P}_q(\boldsymbol{C})$ ebenfalls

$$c_1'(E) = a \cdot c_1(E)$$

gilt, wobei die Konstante a *weder von* q *noch von* E abhängt; um nachzuweisen, daß $a = 1$ ist, kann man sich auf einen einzigen Spezialfall beschränken. Wir wählen $q = 1$, so daß $\boldsymbol{P}_1(\boldsymbol{C})$ zu $\boldsymbol{S}_2$ diffeomorph ist. Wir orientieren $\boldsymbol{S}_2$ nach außen und wählen für E das mit der entsprechenden Orientierung versehene Tangentialbündel $T(\boldsymbol{S}_2)$; versieht man die Sphäre $\boldsymbol{S}_2$ mit ihrer gewöhnlichen Riemannschen Struktur, so ist auf E (wie übrigens auf dem Tangentialbündel jeder orientierten Riemannschen Fläche) kanonisch die Struktur eines komplexen Vektorbündels gegeben: Für jeden Tangentialvektor $\mathbf{h}_x \in T_x(\boldsymbol{S}_2)$ ist $i\mathbf{h}_x$ der eindeutig bestimmte Vektor, der ebenso lang ist wie $\mathbf{h}_x$, zu $\mathbf{h}_x$ orthogonal ist und für den der 2-Vektor $\mathbf{h}_x \wedge i\mathbf{h}_x$ positiv ist. Als Zusammenhang wählen wir auf $X(E)$ den Levi-Civita-Hauptzusammenhang von $\boldsymbol{S}_2$, aufgefaßt als Zusammenhang auf einem Hauptfaserbündel mit der Strukturgruppe $\boldsymbol{C}^*$; ist $(\mathbf{e}_1, \mathbf{e}_2)$ ein orthonormales Repère auf der Riemannschen Mannigfaltigkeit $\boldsymbol{S}_2$, so ist nach dem Vorhergehenden $\mathbf{e}_2 = i\mathbf{e}_1$, und (20.10.9.5) zufolge ist daher die diesem Zusammenhang und dem nur aus dem Schnitt $\mathbf{e}_1$ bestehenden Repère entsprechende 1-Form $-i\omega_{12}$; also ist $-i\Omega_{12} = -iv$ die entsprechende Krümmungsform, wobei v die kanonische Volumenform (vgl. (20.8.6.4)) auf der Riemannschen Mannigfaltigkeit $\boldsymbol{S}_2$ ist; das ergibt sich aus (20.10.9.7), weil die Gaußsche Krümmung gleich 1 ist. Für die 2-Form $F_B(\Omega)$ erhält man damit den Wert

$\frac{1}{2\pi} v$; hieraus leitet man her, daß bezüglich der auf $\boldsymbol{S}_2$ gewählten Orientierung $\int_{\boldsymbol{S}_2} F_B(\boldsymbol{\Omega}) = 2$ gilt und $2e^*_{\boldsymbol{S}_2}$ die Kohomologieklasse von $F_B(\boldsymbol{\Omega})$ ist; (24.42.7.3) zufolge ist aber diese Klasse gerade gleich $e(E) = c_1(E)$.

24.46.6. B) Als zweiten Fall wählen wir $B = (\boldsymbol{P}_m(\boldsymbol{C}))^N$ für $m \geqq 1$; wird mit pr_j die Projektion von B auf den j-ten Faktor $\boldsymbol{P}_m(\boldsymbol{C})$ bezeichnet, so betrachten wir auf B die N komplexen Vektorbündel $E_j = \mathrm{pr}_j\big(U_{m+1,1}(\boldsymbol{C})\big)$ vom Rang 1 sowie das Bündel vom Rang N

$$E = E_1 \oplus E_2 \oplus \cdots \oplus E_N.$$

Ist $e \in H^2\big(\boldsymbol{P}_m(\boldsymbol{C}); \boldsymbol{Z}\big)$ die Eulersche Klasse von $U_{m+1,1}(\boldsymbol{C})$, so ist $e_j = \mathrm{pr}_j^*(e)$ die Eulersche Klasse $c_1(E_j)$, und für die totale Chernsche Klasse von E (vgl. (24.42.3)) ergibt sich daher

24.46.6.1. $c(E) = (1 + e_1)(1 + e_2) \cdots (1 + e_N)$.

Über dem Hauptfaserbündel $X\big(U_{m+1,1}(\boldsymbol{C})\big)$ betrachten wir eine Zusammenhangsform ω (mit Werten in $\boldsymbol{C}$); ist $p_j \colon X(E_j) \to X\big(U_{m+1,1}(\boldsymbol{C})\big)$ der kanonische Morphismus, so setzen wir $\omega_j = {}^t p_j(\omega)$, womit wir eine Zusammenhangsform auf $X(E_j)$ mit Werten in $\boldsymbol{C}$ erhalten (vgl. (24.44.4) und (24.46.1)); ist Ω_j die Krümmungsform dieses Zusammenhangs auf $X(E_j)$, so ergibt sich aus Fall A), daß $e_j = c_1(E_j)$ die Kohomologieklasse der geschlossenen 2-Form $F_B(\Omega_j)$ auf B ist; ist R_j ein Schnitt der Klasse C^∞ von $X(E_j)$ über einer offenen Menge $U \subset B$, dann beträgt der Wert von $F_B(\Omega_j)$ in einem Punkt von U bekanntlich $\frac{-1}{2\pi i}\, {}^t\mathsf{R}_j(\Omega_j)$ (vgl. (24.46.2.3)).

Ausgehend hiervon stellt man anhand der Kriterien (20.2.5) unmittelbar fest, daß die 1-Form auf $X(E)$ mit Werten in $\mathfrak{gl}(N, \boldsymbol{C}) = \boldsymbol{M}_N(\boldsymbol{C})$

$$\boldsymbol{\omega} = \mathrm{Diag}\,(\omega_1, \omega_2, \ldots, \omega_N)$$

die 1-Form eines Zusammenhangs auf $X(E)$ mit der Krümmungsform

$$\boldsymbol{\Omega} = \mathrm{Diag}\,(\Omega_1, \Omega_2, \ldots, \Omega_N)$$

ist. Ausgehend von Schnitten R_j des Hauptfaserbündels $X(E_j)$ über U $(1 \leqq j \leqq N)$ wird nun ein Schnitt $b \to \big(\mathsf{R}_1(b), \ldots, \mathsf{R}_N(b)\big)$ von $X(E)$ definiert. Dann ergibt Formel (24.46.2.3) für $1 \leqq j \leqq N$

$$F_{jB}(\boldsymbol{\Omega}) = \left(\frac{-1}{2\pi i}\right)^j \sum_{h_1 < h_2 < \cdots < h_j} {}^t\mathsf{R}_{h_1}(\Omega_{h_1}) \wedge {}^t\mathsf{R}_{h_2}(\Omega_{h_2}) \wedge \cdots \wedge {}^t\mathsf{R}_{h_j}(\Omega_{h_j}),$$

und aufgrund von (24.46.2.3) ist daher

$$\sum_{h_1 < h_2 < \cdots < h_j} e_{h_1} e_{h_2} \cdots e_{h_j} = c_j(E)$$

die Kohomologieklasse dieser Form.

24.46.7. C) Unter den Voraussetzungen und in den Bezeichnungen von B) sei jetzt daran erinnert (vgl. (24.40.6) und (24.38.1)), daß der Homomorphismus von Algebren, der jeder Unbestimmten T_j die Eulersche Klasse e_j zuordnet $(1 \leqq j \leqq N)$, ein *Isomorphismus* von der Algebra

$$\boldsymbol{C}[T_1, T_2, \ldots, T_N]/\left((T_1^{m+1}) + (T_2^{m+1}) + \cdots + (T_N^{m+1})\right)$$

auf die Kohomologiealgebra $H^{\cdot}\left((\boldsymbol{P}_m(\boldsymbol{C}))^N; \boldsymbol{C}\right)$ ist. Für $m + 1 > N$ ergibt sich hieraus, daß $P = 0$ das einzige Polynom $P \in \boldsymbol{C}[T_1, T_2, \ldots, T_N]$ *von einem Grad* $\leqq N$ ist, für das $P(e_1, e_2, \ldots, e_N) = 0$ gilt.

Daher halten wir eine ganze Zahl $m > N - 1$ fest; für eine hinreichend große ganze Zahl q existiert eine Abbildung $f: B \to \boldsymbol{G}_{q+N,N}(\boldsymbol{C})$ der Klasse C^∞ derart, daß E zu dem Bündel $f^*\left(U_{q+N,N}(\boldsymbol{C})\right)$ B-isomorph ist (vgl. (24.42.2)); folglich gilt (vgl. (24.41.5.1))

24.46.7.1. $c_j(E) = f^*(c_j^{q,N})$ für $1 \leqq j \leqq N$.

Auf $X\left(U_{q+N,N}(\boldsymbol{C})\right)$ wählen wir einen Hauptzusammenhang P, mit dessen Hilfe wir für $1 \leqq j \leqq N$ die Elemente $c_{F_j}\left(X\left(U_{q+N,N}(\boldsymbol{C})\right)\right) = c_j'^{q,N}$ ausgehend von $H^{2j}\left(\boldsymbol{G}_{q+N,N}(\boldsymbol{C}); \boldsymbol{C}\right)$ definieren (vgl. (24.46.2)). Ist $q > N$, so folgt aus (24.40.10 (ii)), 2aß *ein eindeutig bestimmtes* isobares Polynom $Q_{j,N} \in \boldsymbol{C}[T_1, T_2, \ldots, T_N]$ *vom Gewicht* dj existiert mit

$$c_j'^{q,N} = Q_{j,N}(c_1^{q,N}, c_2^{q,N}, \ldots, c_j^{q,N}).$$

Wählen wir dann auf $X(E)$ den Hauptzusammenhang, der sich als inverses Bild von P vermöge f ergibt, so folgt aus (24.46.3.1) unter Berücksichtigung von (24.46.7.1)

$$c_j'(E) = f^*(c_j'^{q,N}) = Q_{j,N}\left(c_1(E), c_2(E), \ldots, c_j(E)\right).$$

Wie wir in B) gesehen haben, ist $c_j'(E) = c_j(E)$, woraus man schließt, daß das isobare Polynom vom Gewicht $2j$ in den Unbestimmten S_k, $S_j - Q_{j,N}(S_1, S_2, \ldots, S_j)$ den Wert 0 annimmt, wenn man darin jedes S_k für $1 \leqq k \leqq j$ durch $c_k(E)$ ersetzt. Aufgrund von (24.46.6.1) bedeutet das: Ist $P(T_1, \ldots, T_N)$ das Polynom, welches man erhält, wenn man in $S_j - Q_{j,N}(S_1, \ldots, S_j)$ jedes S_k für $1 \leqq k \leqq j$ durch das „elementare symmetrische Polynom“ $\sum\limits_{h_1 < h_2 < \cdots < h_k} T_{h_1} T_{h_2} \cdots T_{h_k}$ ersetzt, so gilt $P(e_1, e_2, \ldots, e_N) = 0$; da P aber von einem Grad $\leqq N$ ist, gilt notwendig $P = 0$, und aus dem Satz über die symmetrischen Funktionen folgt, daß $S_j = Q_{j,N}(S_1, S_2, \ldots, S_j)$ und somit $c_j'^{q,N} = c_j^{q,N}$ für $1 \leqq j \leqq N$ ist. Damit ist der Beweis abgeschlossen.

24.46.8. II. *Berechnung der Pontrjaginschen Klassen.* Ist E ein *reelles* Vektorbündel vom Rang N über einer reinen Mannigfaltigkeit B als Basis, so lassen sich die Überlegungen aus (24.46.1) und (24.46.2) nach der Definition eines Hauptfaserbündels $X(E)$ mit der Basis B und der Strukturgruppe $\boldsymbol{GL}(N, \boldsymbol{R})$ zugrunde legen; dazu genügt es, überall $\boldsymbol{C}$ durch $\boldsymbol{R}$ zu ersetzen. Um zu Multilinearformen auf $\boldsymbol{M}_N(\boldsymbol{R})$ zu gelangen, die bezüglich $\boldsymbol{GL}(N, \boldsymbol{R})$ invariant sind, betrachtet man hier die charakteristische Determinante

24.46.8.1. $\det\left(t\mathrm{I}_N - \dfrac{1}{2\pi}\mathrm{X}\right) = t^N + t^{N-1}\sigma_1(\mathrm{X}) + \cdots + \sigma_N(\mathrm{X}),$

und unter Verwendung der j-Linearformen F_j, die sich aus den homogenen Polynomen j-ten Grades $\sigma_j(\mathrm{X})$ durch Polarisierung ergeben, erhält man N Kohomologieklassen

24.46.8.2. $c_j'(E) = c_{F_j}\left(X(E)\right) \in H^{2j}(B; \boldsymbol{R})$ für $1 \leqq j \leqq N$.

Den Ausdruck für $F_{jB}(\Omega)$ erhält man wie in (24.46.2), indem man die ω_{hk} durch *reellwertige* 1-Formen ersetzt, und es ist

$$\text{24.46.8.3.}\quad F_{jB}(\Omega) = \left(-\frac{1}{2\pi}\right)^j \sum_{h_1<h_2<\cdots<h_j} \begin{vmatrix} \Omega_{h_1h_1} & \Omega_{h_1h_2} & \cdots & \Omega_{h_1h_j} \\ \Omega_{h_2h_1} & \Omega_{h_2h_2} & \cdots & \Omega_{h_2h_j} \\ \cdots & \cdots & \cdots & \cdots \\ \Omega_{h_jh_1} & \Omega_{h_jh_2} & \cdots & \Omega_{h_jh_j} \end{vmatrix}$$

Wenn B eine reine *kompakte* Mannigfaltigkeit ist, so gilt diesmal

$$\text{24.46.8.4.}\quad c'_{2k+1}(E) = 0, \qquad c'_{2k}(E) = \tilde{p}_k(E) \in H^{4k}(B; \boldsymbol{R}),$$

wobei $\tilde{p}_k(E)$ das kanonische Bild der *Pontrjaginschen Klasse* $p_k(E) \in H^{4k}(B; \boldsymbol{Z})$ in $H^{4k}(B; \boldsymbol{R})$ ist. Um uns davon zu überzeugen, betrachten wir das komplexe Vektorbündel $E_{(\boldsymbol{C})}$ vom komplexen Rang N; zur Berechnung der Chernschen Klassen $c_j(E_{(\boldsymbol{C})})$ unter Verwendung von (24.46.4.1) kann man dieselben 1-Formen ω_{hk} wie oben benutzen, aufgefaßt als 1-Formen mit komplexen Werten. Wird $H^{\cdot}(B; \boldsymbol{R})$ als Vektorteilraum (über $\boldsymbol{R}$) von $H^{\cdot}(B; \boldsymbol{C})$ betrachtet, so ist die Kohomologieklasse der durch (24.46.8.3) definierten $2j$-Form also $i^j\tilde{c}_j(E_{(\boldsymbol{C})})$. In (24.43.3) haben wir aber gesehen, daß für $j = 2k + 1$ die Chernsche Klasse $c_{2k+1}(E_{(\boldsymbol{C})})$ in $H^{2(2k+1)}(B; \boldsymbol{Z})$ ein Element der Ordnung 2 (oder gleich 0) ist; also ist ihr kanonisches Bild in $H^{2(2k+1)}(B; \boldsymbol{C})$ immer 0. Für $j = 2k$ ist nach Definition (24.43.3) die Kohomologieklasse $i^j\tilde{c}_j(E_{(\boldsymbol{C})})$ $= (-1)^k\,\tilde{c}_{2k}(E_{(\boldsymbol{C})}) = \tilde{p}_k(E)$.

24.46.9. III. *Berechnung der Eulerschen Klassen.* Es sei E ein *orientiertes reelles* Vektorbündel vom Rang N über einer reinen Mannigfaltigkeit B als Basis. Wie in (23.27.2) wird auf E eine *Riemannsche Struktur* definiert; nach Definition handelt es sich dabei um einen der Klasse C^∞ angehörenden Schnitt $\boldsymbol{g}$ des Bündels $\operatorname{Hom}(E \otimes_{\boldsymbol{R}} E, \boldsymbol{R})$ derart, daß für jedes $x \in B$ die $\boldsymbol{R}$-bilineare Abbildung $(\mathbf{h}_1, \mathbf{h}_2) \to \boldsymbol{g}(x) \cdot (\mathbf{h}_1 \otimes \mathbf{h}_2)$ auf E_x ein *euklidisches Skalarprodukt* ist; die Existenz solcher Strukturen wird wie in (20.7.13) nachgewiesen, und man schreibt $(\mathbf{h}_1 \mid \mathbf{h}_2)_{\boldsymbol{g}}$ oder einfach $(\mathbf{h}_1 \mid \mathbf{h}_2)$ für das Skalarprodukt $\boldsymbol{g}(x) \cdot (\mathbf{h}_1 \otimes \mathbf{h}_2)$ in E_x. Es sei E' ein zweites orientiertes reelles Vektorbündel vom Rang N mit der Basis B, auf dem eine Riemannsche Struktur $\boldsymbol{g}'$ gegeben ist; ein *direkter Riemannscher Isomorphismus* $f: E \to E'$ ist ein orientierungserhaltender B-Isomorphismus, für den $\big(f_x(\mathbf{h}_1) \mid f_x(\mathbf{h}_2)\big)_{\boldsymbol{g}'} = (\mathbf{h}_1 \mid \mathbf{h}_2)_{\boldsymbol{g}}$ gilt, wie immer $x \in B$ und die Vektoren $\mathbf{h}_1$, $\mathbf{h}_2$ aus E_x gewählt seien.

Auf dem trivialen Bündel $B \times \boldsymbol{R}^N$ wird eine kanonische Riemannsche Struktur definiert, wenn man $\big((x, \mathbf{h}_1) \mid (x, \mathbf{h}_2)\big) = (\mathbf{h}_1 \mid \mathbf{h}_2)$ setzt, wobei auf der rechten Seite das kanonische Skalarprodukt steht. Dann bezeichne $X_0(E)$ die aus den direkten Riemannschen Isomorphismen von $B \times \boldsymbol{R}^N$ auf E bestehende Teilmenge des Vektorbündels

$$X(E) = \operatorname{Isom}(B \times \boldsymbol{R}^N, E).$$

Hier operiert die *spezielle orthogonale Gruppe* $\boldsymbol{SO}(N)$ auf $X_0(E)$ vermöge $(u_b, s) \to u_b \circ s$ für jedes $s \in \boldsymbol{SO}(N)$ und jeden orientierungserhaltenden Isomorphismus u_b von dem euklidischen Raum $\boldsymbol{R}^N$ auf den euklidischen Raum E_b. Für den Fall, daß E trivial ist, stellt man wie in (20.1.1) fest, daß $X_0(E)$ ein *Hauptfaserbündel* mit der Basis B und der Strukturgruppe $\boldsymbol{SO}(N)$ ist.

Es sei $f: B' \to B$ eine Abbildung der Klasse C^∞ von einer reinen Mannigfaltigkeit B' in B; auf $E' = f^*(E)$ wird eine Riemannsche Struktur definiert, *das inverse*

Bild der Riemannschen Struktur von E *vermöge* f, wenn man den Schnitt $\boldsymbol{g}'$ von $\mathrm{Hom}(E' \otimes_{\boldsymbol{R}} E', \boldsymbol{R})$ derart wählt, daß für jedes $x' \in B'$ und beliebige Vektoren $\mathbf{h}_1'$, $\mathbf{h}_2'$ aus E_x'

$$\boldsymbol{g}'(x') \cdot (\mathbf{h}_1' \otimes \mathbf{h}_2') = \boldsymbol{g}(f(x')) \cdot (f'(\mathbf{h}_1') \otimes f'(\mathbf{h}_2'))$$

gilt, wobei $f' : E' \to E$ der kanonische Morphismus ist. Wie in (24.46.1) prüft man dann nach, daß bis auf kanonische Isomorphismen

24.46.9.1. $X_0(f^*(E)) = f^*(X_0(E))$

gilt.

24.46.10. Die Liesche Algebra $\mathfrak{so}(N)$ der Gruppe $\boldsymbol{SO}(N)$ ist die aus den *alternierenden* Matrizen (vgl. (19.4.3)) bestehende Liesche Unteralgebra von $\boldsymbol{M}_N(\boldsymbol{R})$, wobei die Operation von $\boldsymbol{SO}(N)$ auf $\mathfrak{so}(N)$ wieder durch

$$(\mathrm{S}, \mathrm{X}) \to \mathrm{SXS}^{-1}$$

gegeben ist. Von jetzt an setzen wir voraus, daß der Rang N eine *gerade* Zahl $2m$ ist. Bekanntlich (vgl. (A.33.1)) definiert man dann auf $\mathfrak{so}(2m)$ ein *bezüglich* $\boldsymbol{SO}(2m)$ *invariantes Polynom* $\mathrm{X} \to \mathrm{Pf}(\mathrm{X})$ *vom Grad* m: Für $\mathrm{X} = (x_{hk})$ mit $x_{kh} = -x_{hk}$ ist

24.46.10.1. $\mathrm{Pf}(\mathrm{X}) = \sum_{(\mathbf{h},\mathbf{k})} \varepsilon_{\mathbf{h},\mathbf{k}} x_{h_1k_1} x_{h_2k_2} \cdots x_{h_mk_m}$,

wobei die Paare von Folgen $\mathbf{h} = (h_1, h_2, \ldots, h_m)$, $\mathbf{k} = (k_1, k_2, \ldots, k_m)$ die durch die beiden Bedingungen definierte Menge durchlaufen, daß die Menge $\{h_1, k_1, h_2, k_2, \ldots, h_m, k_m\}$ gleich $\{1, 2, \ldots, 2m\}$ ist und daß $h_j < k_j$ für $1 \leqq j \leqq m$ gilt; die Zahl $\varepsilon_{\mathbf{h},\mathbf{k}}$ ist gleich $+1$ oder -1, je nachdem, ob die Permutation von $\{1, 2, \ldots, 2m\}$, die jedes h_j auf $2j - 1$ und jedes k_j auf $2j$ abbildet, gerade oder ungerade ist.

Man definiert dann auf $X_0(E)$ eine Zusammenhangsform $\boldsymbol{\omega}$ mit Werten in $\mathfrak{so}(2m)$, indem man auf B beliebig $m(2m - 1)$ reellwertige 1-Formen ω_{hk} für $1 \leqq h < k \leqq 2m$ wählt, $\omega_{hk} = -\omega_{hk}$ für $k < h$ setzt und die 1-Form $\tilde{\boldsymbol{\omega}} = (\omega_{hk})$ mit Werten in $\mathfrak{so}(2m)$ in eine 1-Form $\boldsymbol{\omega}$ auf dem Hauptfaserbündel $X_0(E)$ mit Hilfe einer Zerlegung der Einheit und von Reperèfeldern wie in (24.46.2) „umbaut". Setzen wir dann

$$\Omega_{hk} = d\omega_{hk} + \sum_{i=1}^{2m} \omega_{hi} \wedge \omega_{ik}$$

und betrachten die $2m$-Form auf B

24.46.10.2. $F_{mB}(\boldsymbol{\Omega}) = \left(\frac{1}{2\pi}\right)^m \sum_{(\mathbf{h},\mathbf{k})} \varepsilon_{\mathbf{h},\mathbf{k}} \Omega_{h_1k_1} \wedge \Omega_{h_2k_2} \wedge \cdots \wedge \Omega_{h_mk_m}$,

so erhalten wir die Kohomologieklasse

24.46.10.3. $e_{2m}'(E) = c_{F_m}(X_0(E)) \in H^{2m}(B; \boldsymbol{R})$.

24.46.11. Wir zeigen nun, daß für eine *kompakte* reine Mannigfaltigkeit B

24.46.11.1. $e_{2m}'(E) = \bar{e}(E)$

gilt, wobei die rechte Seite das in $H^{2m}(B; \boldsymbol{R})$ liegende kanonische Bild der *Eulerschen Klasse* $e(E) \in H^{2m}(B; \boldsymbol{Z})$ des *orientierten* Vektorbündels E ist.

Für jede alternierende Matrix X der Ordnung $2m$ gilt $(\mathrm{Pf}(X))^2 = \det(X)$ (vgl. (A.33.3)). Der Weilsche Homomorphismus sowie der Vergleich der Formeln (24.46.8.3) und (24.46.10.2) zeigen, wenn man (24.46.8.4) berücksichtigt, daß in dem Ring $H^{\cdot}(B; \boldsymbol{R})$

$$(e'_{2m}(E))^2 = \tilde{p}_m(E)$$

gilt, und nach (24.43.9) ist bekanntlich $p_m(E) = (e(E))^2$.

Um $e'_{2m}(E) = \tilde{e}(E)$ zu beweisen, genügt es den Fall zu betrachten, daß $B = \boldsymbol{G}_{q+2m,2m}(\boldsymbol{C})$ ist und $E = U_{q+2m,2m}(\boldsymbol{C})_{\boldsymbol{R}}$ versehen mit der kanonischen Orientierung. Das ergibt sich nämlich aus (24.39.14), (24.46.9.1) und den Überlegungen in (24.42.2), worin man nur die h_j durch Isomorphismen von *reellen orientierten* Vektorbündeln zu ersetzen braucht. Da $q > 4m$ vorausgesetzt werden kann, erhält man aus der Beziehung $(e'_{2m}(E) - e(E))(e'_{2m}(E) + e(E)) = 0$ in $H^{\cdot}(B; \boldsymbol{R})$ (vgl. (24.40.10(ii))), daß $e_{2m}(E) = \pm e(E)$ ist. Daraus folgt dann, daß für *jede* kompakte reine Mannigfaltigkeit B und *jedes* orientierte reelle Faserbündel E mit der Basis B und dem Rang $2m$ die Beziehung $e'_{2m}(E) = \pm e(E)$ gilt, wobei das Vorzeichen von der Wahl von B und E *unabhängig* ist. Daher genügt es, dieses Vorzeichen anhand *eines einzigen* Beispiels zu bestimmen. Man verfährt dabei wie in (24.46.6): Es wird $B = (\boldsymbol{S}_2)^m$ gewählt, wobei $\boldsymbol{S}_2$ nach außen orientiert ist, und auf B das Produkt der Orientierungen der Faktoren betrachtet (vgl. (16.21.5)). Als Riemannsche Struktur auf B wählt man das Produkt der Riemannschen Strukturen der Faktoren, so daß (identifiziert man $E = T(B)$ mit $(T(\boldsymbol{S}_2))^m$) das Skalarprodukt gegeben ist durch

$$((\mathbf{h}'_1, \mathbf{h}'_2, \ldots, \mathbf{h}'_m) \mid (\mathbf{h}''_1, \mathbf{h}''_2, \ldots, \mathbf{h}''_m)) = (\mathbf{h}'_1 \mid \mathbf{h}''_1) + \cdots + (\mathbf{h}'_m \mid \mathbf{h}''_m).$$

Man braucht dann nur orthonormale Repères $(\mathbf{e}_1, \mathbf{e}_2, \ldots, \mathbf{e}_{2m})$ auf B zu betrachten derart, daß $(\mathbf{e}_{2j-1}, \mathbf{e}_{2j})$ für $1 \leqq j \leqq m$ auf dem j-ten Faktor von $T(B)$ in ein orthonormales Repère des j-ten Faktors $\boldsymbol{S}_2$ projiziert wird. Ist $\bar{\omega}_{2j-1,2j}$ die 1-Form des Levi-Civita-Zusammenhangs dieses Faktors bezüglich des von $(\mathbf{e}_{2j-1}, \mathbf{e}_{2j})$ projizierten Repères und $\omega_{2j-1,2j}$ ihr inverses Bild in B, so ergibt sich aus (20.6.6.3) unmittelbar, daß die 1-Form mit Werten in $\mathfrak{so}(2m)$

$$\omega = \begin{pmatrix} 0 & \omega_{12} & 0 & 0 & \ldots & 0 & 0 \\ -\omega_{12} & 0 & 0 & 0 & \ldots & 0 & 0 \\ 0 & 0 & 0 & \omega_{34} & \ldots & 0 & 0 \\ 0 & 0 & -\omega_{34} & 0 & \ldots & 0 & 0 \\ \multicolumn{7}{c}{\dotfill} \\ 0 & 0 & 0 & 0 & \ldots & 0 & \omega_{2m-1,2m} \\ 0 & 0 & 0 & 0 & \ldots & -\omega_{2m-1,2m} & 0 \end{pmatrix}$$

die 1-Form des Levi-Civita-Zusammenhangs bezüglich des Repères $(\mathbf{e}_1, \mathbf{e}_2, \ldots, \mathbf{e}_{2m})$ ist. Setzt man $d\omega_{2j-1,2j} = \Omega_{2j-2,2j}$, so ist die $2m$-Form (24.46.10.2) hier gleich

$$\left(\frac{1}{2\pi}\right)^m \Omega_{12} \wedge \Omega_{34} \wedge \cdots \wedge \Omega_{2m-1,2m}.$$

Nun ist $\Omega_{2j-1,2j}$ aber das inverse Bild der kanonischen Volumenform v_j des j-ten Faktors $\boldsymbol{S}_2$ (vgl. (20.10.9.7)); daher gilt

$$\int_B F_{mB}(\Omega) = \left(\frac{1}{2\pi}\right)^m \prod_{j=1}^{m} \left(\int_{\boldsymbol{S}_2} v_j\right) = 2^m.$$

Da andererseits die Eulersche Klasse von $T(\boldsymbol{S}_2)$ gleich $2e^*_{\boldsymbol{S}_2}$ ist, wobei $e^*_{\boldsymbol{S}_2}$ die Kohomologiefundamentalklasse von $\boldsymbol{S}_2$ bezeichnet, ergibt sich $e(E) = 2^m e^*_B$, wobei e^*_B die Kohomologiefundamentalklasse von B ist; somit erhält man gerade $e'_{2m}(E) = e(E)$.

Hieraus ergibt sich als Korollar:

24.46.12. *Es sei B eine kompakte, zusammenhängende und orientierte Riemannsche Mannigfaltigkeit von gerader Dimension $2m$. Es sei E das Tangentialbündel an B, $X_0(E)$ das entsprechende Hauptfaserbündel mit der Strukturgruppe* $\boldsymbol{SO}(2m)$ (vgl. (24.46.9)) *sowie Ω die 2-Form auf $X_0(E)$ mit Werten in $\mathfrak{so}(2m)$, welche die Krümmungsform des Levi-Civita-Zusammenhangs von B ist. Bezeichnet $F_{mB}(\Omega)$ die ausgehend von Ω durch die Formel* (24.46.10.2) *definierte $2m$-Form auf B, so ist*

24.46.12.1. $\int_B F_{mB}(\Omega) = \chi(B)$

die Euler-Poincaré-Charakteristik von B (Gauß-Bonnetsche Formel).

Das ergibt sich aus (24.39.26.2) und der Tatsache, daß die Kohomologieklasse von $F_{mB}(\Omega)$ die Eulersche Klasse von E ist.

Für $m = 1$ reduziert sich $F_{mB}(\Omega)$ auf $\frac{K}{2\pi}\, v$, wobei K die Gaußsche Krümmung und v die kanonische Volumenform (vgl. (20.10.9)) ist; hieraus erhält man die klassische Darstellung der Gauß-Bonnetschen Formel für Flächen

24.46.12.2. $\int_B Kv = 2\pi\chi(B)$.

Aufgabe

a) Es sei M eine n-dimensionale reine differenzierbare Mannigfaltigkeit sowie $x \to L_x$ ein *vollständig integrierbares* p-Richtungsfeld auf M (vgl. (18.8.5)). Für $x \in M$ sind die L_x dann die Fasern eines Vektorteilbündels L des Tangentialbündels $T(M)$ (vgl. (18.8.1)). Man zeige, daß man auf dem Faktorbündel $T(M)/L$ einen Zusammenhang definieren kann derart, daß folgendes gilt: Ist für jedes $x \in M$ das Feld $y \to L_y$ in einer Umgebung von x durch ein Pfaffsches System $\omega_j = 0$ $(1 \leqq j \leqq n - p)$ definiert, so sind die einem in der Umgebung von x definierten Repèrefeld entsprechenden $(n - p)^2$ Zusammenhangsformen (vgl. (20.6.5)) Linearkombinationen der ω_j. (Man führe das Problem auf den Fall zurück, daß M lokal ein Produkt ist (vgl. (18.14.3)).)

b) Man nehme an, M sei kompakt. Man zeige, daß unter den Voraussetzungen von a) die Pontrjaginschen Klassen $p_k(T(M)/L)$ für $k > 2(n - p)$ *gleich* 0 sind. (Man beachte, daß die Krümmungsformen des in a) betrachteten Zusammenhangs lokal zu einem Ideal gehören, das von den ω_j erzeugt wird.) (*Satz von Bott*).

24.47. Stiefel-Whitneysche Klassen

24.47.1. Es sei B eine reine Mannigfaltigkeit sowie E ein (*orientierbares oder nicht orientierbares*) *reelles* Vektorbündel vom Rang N über der Basis B. Die Konstruktion aus (24.41.1) läßt sich wiederholen, wenn man überall $\boldsymbol{C}$ durch $\boldsymbol{R}$ und komplexe Vektorbündel durch reelle Vektorbündel; ersetzt damit wird dem Vektorbündel E also kanonisch ein reelles Vektorbündel $\tilde{E}$ vom Rang $N-1$ über der offenen Menge E_0 aus E zugeordnet, die man als Komplement des Nullschnitts erhält. Wie in (24.41.2) kann man $\tilde{E}$ auch (bis auf Isomorphie) mit Hilfe einer Riemannschen Struktur (vgl. (24.46.9)) auf E definieren.

24.47.2. Es sei dann $e_2(E) \in H^N(B; \boldsymbol{F}_2)$ die *Eulersche Klasse modulo* 2 des Faserbündels E (vgl. (24.39.16)). Für $\Lambda = \boldsymbol{F}_2$ erhält man die exakte Gysinsche Sequenz (vgl. (24.39.3.1))

$$\cdots \to H^p(B; \boldsymbol{F}_2) \xrightarrow{\smile e_2(E)} H^{p+N}(B; \boldsymbol{F}_2) \xrightarrow{\pi_0^*} H^{p+N}(E_0; \boldsymbol{F}_2) \to H^{p+1}(B; \boldsymbol{F}_2) \to \cdots,$$

die zeigt, daß $\pi_0^*: H^{N-i}(B; \boldsymbol{F}_2) \to H^{N-i}(E_0; \boldsymbol{F}_2)$ für $2 \leqq i \leqq N$ (oder $-N \leqq p \leqq -2$) ein *Isomorphismus* ist und für $i = 1$ *injektiv*. Um die in (24.41.3) gegebene Definition der Chernschen Klassen übertragen zu können, benötigen wir noch das folgende Lemma:

24.47.2.1. *Für $N \geqq 2$ gehört die Eulersche Klasse $e_2(\tilde{E}) \in H^{N-1}(E_0; \boldsymbol{F}_2)$ zum Bild von $H^{N-1}(B; \boldsymbol{F}_2)$ vermöge π_0^*.*

Berücksichtigt man die Definition der Abbildung Ψ_u in der exakten Gysinschen Sequenz, so genügt es, die folgende Eigenschaft nachzuweisen:

24.47.2.2. *Das Bild von $e_2(\tilde{E}) \in H^{N-1}(E_0; \boldsymbol{F}_2)$ vermöge der Abbildung*

$$\partial: H^{N-1}(E_0; \boldsymbol{F}_2) \to H^N(E, E_0; \boldsymbol{F}_2)$$

ist gleich 0.

Man schließt wie in (24.40.14.4), indem man einen Punkt $b \in B$ wählt und das aus (24.35.9.1) abgeleitete folgende kommutative Diagramm betrachtet:

24.47.2.3.
$$\begin{array}{ccc} H^{N-1}(E_0; \boldsymbol{F}_2) & \xrightarrow{\quad\partial\quad} & H^N(E, E_0; \boldsymbol{F}_2) \\ \Big\downarrow{\scriptstyle j_b^*} & & \Big\downarrow{\scriptstyle j_b^*} \\ H^{n-1}(\boldsymbol{R}^N \setminus \{0\}; \boldsymbol{F}_2) & \xrightarrow[\partial]{} & H^N(\boldsymbol{R}^N, \boldsymbol{R}^N \setminus \{0\}; \boldsymbol{F}_2) \end{array}$$

Zunächst nehmen wir an, B sei *zusammenhängend*. Dann ist der untere horizontale Pfeil in diesem Diagramm für $N \geqq 2$ ein Isomorphismus (vgl. (24.35.8.1)), und dasselbe gilt aufgrund von (24.39.4) und der Tatsache, daß $H^0(B; \boldsymbol{F}_2) \cong \boldsymbol{F}_2$ ist, für den zweiten vertikalen Pfeil. Es genügt daher, $j_b^*\big(e_2(\tilde{E})\big) = 0$ zu beweisen. Berücksichtigt man (24.41.4.2), das uneingeschränkt für reelle Vektorbündel gilt, und (24.39.14), das für Eulersche Klassen modulo 2 gültig ist, so stellt man fest, daß man nur noch $e_2(\tilde{E}) = 0$ für den Fall zu beweisen hat, daß B *aus einem einzigen Punkt besteht*. Dann ist $E = \boldsymbol{R}^N$, $E_0 = \boldsymbol{R}^N \setminus \{0\}$; in den Bezeichnungen von (24.41.1) ist $H = (\boldsymbol{R}^N \setminus \{0\}) \times \boldsymbol{R}^N$, und betrachtet man auf $\boldsymbol{R}^N$ das gewöhnliche Skalarprodukt, so erkennt man, daß für jeden Vektor $\mathbf{u} \in \boldsymbol{R}^N \setminus \{0\}$ die Faser $\tilde{E}_{\mathbf{u}}$ die durch $\mathbf{u}$ gehende und zu $\mathbf{u}$ *orthogonale* affine Hyperebene ist. Mit anderen Worten: Ist $p: \boldsymbol{R}^N \setminus \{0\} \to \boldsymbol{S}_{N-1}$ die kanonische Projektion $\mathbf{x} \to \mathbf{x}/\|\mathbf{x}\|$, so gilt $\tilde{E} = p^*(T(\boldsymbol{S}_{N-1}))$, und nach erneuter Anwendung von (24.39.14) bleibt $e_2(T(\boldsymbol{S}_{N-1})) = 0$ zu zeigen. Diese Beziehung ergibt sich aber aus den Überlegungen in (24.43.4.4), wenn man dabei die für die Eulerschen Klassen modulo 2 gültigen Eigenschaften (24.39.13) und (24.39.15.1) berücksichtigt.

Falls B nicht zusammenhängend ist, wiederholt man die vorhergehende Überlegung für jede zusammenhängende Komponente von B.

24.47.3. Man kann jetzt wie in (24.41.3) Rekursion nach N anwenden, um die *Stiefel-Whitneyschen Klassen eines reellen Vektorbündels E vom Rang N über der Basis* B zu definieren. Es handelt sich dabei um N Elemente

24.47.3.1. $w_i(E) \in H^i(B; \boldsymbol{F}_2) \quad$ für $\quad 1 \leqq i \leqq N$,

die folgendermaßen definiert sind: Für $i = N$ ist $w_N(E)$ die *Eulersche Klasse modulo* 2 $e_2(E) \in H^N(B; \boldsymbol{F}_2)$. Für $1 \leqq i < N$ betrachtet man das Vektorbündel $\tilde{E}$ vom Rang $N - 1$ über der Basis E_0 und setzt

24.47.3.2. $w_i(E) = (\pi_0^*)^{-1}(w_i(\tilde{E})) \quad$ für $\quad 1 \leqq i \leqq N - 1$,

was sinnvoll ist, da $N \geqq 2$ und π_0^* bekanntlich injektiv ist sowie die $w_i(\tilde{E})$ für $1 \leqq i \leqq N - 1$ zum Bild von π_0^* gehören. Es wird wieder $w_i(E) = 0$ gesetzt für $i > N$, $w_0(E) = 1$, und unter der *totalen Stiefel-Whitneyschen Klasse* das Element

24.47.3.3. $w(E) = 1 + w_1(E) + \cdots + w_N(E) = \sum_{i=0}^{\infty} w_i(E)$

der Algebra $H^{\cdot}(B; \boldsymbol{F}_2)$ verstanden.

Die Stiefel-Whitneyschen Klassen haben analoge Eigenschaften wie die Chernschen Klassen:

24.47.4. (i) *Es sei $f: B' \to B$ eine Abbildung der Klasse C^∞ von einer reinen Mannigfaltigkeit B' in B; dann gilt für $1 \leqq i \leqq N$*

24.47.4.1. $f^*(w_i(E)) = w_i(f^*(E))$.

(ii) *Sind E_1 und E_2 zwei reelle Vektorbündel über der Basis B, die B-isomorph sind, so gilt $w(E_1) = w(E_2)$.*

(iii) *Es seien E', E'' zwei reelle Vektorbündel über der Basis B von konstantem Rang; ist E'' trivialisierbar, so gilt*

24.47.4.2. $w(E' \oplus E'') = w(E')$.

(iv) *Es sei B eine kompakte reine Mannigfaltigkeit, und es seien E', E'' zwei reelle Vektorbündel über B von konstantem Rang; dann gilt*

24.47.4.3. $w(E' \oplus E'') = w(E') \smile w(E'')$.

(v) *Für das kanonische Bündel $U_{p+q,p}(\boldsymbol{R})$ über der Graßmannschen Mannigfaltigkeit $\boldsymbol{G}_{p+q,p}(\boldsymbol{R})$ gilt $w_j(U_{p+q,p}(\boldsymbol{R})) = w_j^{p,q}$* (vgl. (24.40.14)).

Die Beweise von (i) und (ii) stimmen mit denen von (24.41.4) und (24.41.4.3) überein, wenn man darin $\boldsymbol{C}$ durch $\boldsymbol{R}$ ersetzt; ebenso erhält man den Beweis von (iii) aus dem von (24.42.3.2). Der Beweis von (v) erfolgt mittels vollständiger Induktion nach p wie der von (24.41.5.1), wobei (24.40.8) durch (24.40.10) zu ersetzen ist; um schließlich (iv) zu beweisen, verwendet man die auf reelle Vektorbündel bezogene Version von (24.42.2) und schließt wie in (24.42.3), wobei man (24.40.16 (ii)) benutzt anstelle von (24.40.10 (ii)).

24.47.5. *Für jedes reelle Vektorbündel E von konstantem Rang über einer reinen Mannigfaltigkeit B sind die Stiefel-Whitneyschen Klassen des dualen Bündels E^** $= \mathrm{Hom}(E, B \times \boldsymbol{R})$ (vgl. (16.16.3)) *gleich denen von E.*

Die Überlegungen in (24.42.6) zeigen nämlich, wenn man darin die hermitesche Struktur durch eine Riemannsche Struktur und $\boldsymbol{C}$ durch $\boldsymbol{R}$ ersetzt, daß E^* zu E isomorph ist.

24.47.6. Beispiel. *Stiefel-Whitneysche Klassen des Tangentialbündels an $\boldsymbol{P}_n(\boldsymbol{R}$*
Das Analogon zu (24.42.7.2) ist hier die Beziehung

24.47.6.1. $$w\big(T(\boldsymbol{P}_n(\boldsymbol{R}))\big) = \big(1 + w_1(U_{n+1,1}(\boldsymbol{R}))\big)^{n+1}$$

in der Algebra $H^{\cdot}\big(\boldsymbol{P}_n(\boldsymbol{R}); \boldsymbol{F}_2\big)$.

Der Beweis ist eine Kopie des Beweises von (24.42.7), worin man $\boldsymbol{C}$ durch $\boldsymbol{R}$ ersetzt und das hermitesche Skalarprodukt durch das euklidische Skalarprodukt.

Aufgaben

1. Es sei B eine kompakte reine differenzierbare Mannigfaltigkeit und E ein reelles Vektorbündel vom Rang N über B. Man zeige: Gibt es k linear unabhängige der Klasse C^∞ angehörende Schnitte von E, so gilt $w_m(E) = 0$ für $m > N - k$. (Man beachte, daß E direkte Summe eines Vektorteilbündels vom Rang $N - k$ und eines trivialisierbaren Vektorbündels ist.)

2. Es sei B eine kompakte reine Mannigfaltigkeit und E ein reelles Vektorbündel vom Rang N über der Basis B; da die Elemente der Kohomologiealgebra $H^{\cdot}(B; \boldsymbol{F}_2)$ nilpotent sind, besitzt die totale Stiefel-Whitneysche Klasse $w(E)$ in dieser Algebra ein Inverses $1 + \bar{w}_1(E) + \cdots + \bar{w}_k(E) + \cdots$ mit $\bar{w}_k(E) \in H^k(B; \boldsymbol{F}_2)$.

a) Man zeige, daß

$$\bar{w}_k(U_{n+1,1}^{\perp}(\boldsymbol{R})) = (w_1(U_{n+1,1}(\boldsymbol{R}))^k$$

ist.

b) Ist B n-dimensional und existiert eine Immersion von B in $\boldsymbol{R}^{n+k}$, so zeige man, daß $\bar{w}_j(T(B)) = 0$ für $j > k$ gilt. (Man betrachte das inverse Bild des Bündels $T(\boldsymbol{R}^{n+k})$ vermöge der Immersion.)

c) Aus b) leite man her: Ist $n = 2^r$ und existiert eine Immersion von $\boldsymbol{P}_n(\boldsymbol{R})$ in $\boldsymbol{R}^{n+k}$, so gilt notwendig $k \geqq 2r - 1$.

3. Man zeige, daß der projektive Raum $\boldsymbol{P}_n(\boldsymbol{R})$ nur dann eine parallelisierbare Mannigfaltigkeit (vgl. Abschnitt 16.15, Aufgabe 1) sein kann, wenn $n + 1$ eine Potenz von 2 ist.

4. a) Man zeige, daß in dem Tangentialbündel $T(\boldsymbol{P}_n(\boldsymbol{R}))$ genau dann ein Vektorteilbündel vom Rang 1 existiert, wenn n ungerade ist.

b) Man zeige, daß für $n = 4$ oder $n = 6$ in $T(\boldsymbol{P}_n(\boldsymbol{R}))$ keine Vektorteilbündel vom Rang 2 existieren.

5. Man setze $w_j = w_j(U_{p+q,p}(\boldsymbol{R}))$ für $1 \leqq j \leqq p$ und $\bar{w}_k = w_k(U_{p+q,q}(\boldsymbol{R}))$ für $1 \leqq k \leqq q$. Man zeige, daß $(1 + w_1 + \cdots + w_p)(1 + \bar{w}_1 + \cdots + \bar{w}_q) = 1$ gilt.

6. a) Man erweitere das Ergebnis von (24.39.20) auf den Fall, daß das Normalenbündel N nicht notwendig orientierbar ist, mit $\Lambda = \boldsymbol{F}_2$.

b) Aus a) leite man her: Ist eine n-dimensionale kompakte reine Mannigfaltigkeit B in $\boldsymbol{R}^{n+k}$ eingebettet, so gilt notwendig $\bar{w}_k(T(B)) = 0$. Ist insbesondere $n = 2^r$ und kann $\boldsymbol{P}_n(\boldsymbol{R})$ in $\boldsymbol{R}^{n+k}$ eingebettet werden, so gilt notwendig $k \geqq 2^r$. (Man vergleiche Aufgabe 2c).)

7. Es seien E_1, E_2 zwei reelle Vektorbündel über einer kompakten reinen Mannigfaltigkeit B, deren Rang gleich m bzw. n ist. Man zeige, daß

$$w(E_1 \otimes E_2) = P_{m,n}(w_1(E_1), \ldots, w_m(E_1), w_1(E_2), \ldots, w_n(E_2))$$

gilt, wobei $P_{m,n}(S_1, \ldots, S_m, S'_1, \ldots, S'_n)$ ein Polynom in $m + n$ Unbestimmten mit Koeffizienten in $\boldsymbol{F}_2$ bezeichnet, das von B, E_1 und E_2 unabhängig ist und durch die folgende Eigenschaft charakterisiert wird: Ersetzt man jedes S_j durch das j-te „elementarsymmetrische Polynom" in m Unbestimmten T_i $(1 \leqq i \leqq m)$ und jedes S'_k durch das k-te „elementarsymmetrische Polynom" in n Unbestimmten T'_l $(1 \leqq l \leqq n)$, so gilt

$$P_{m,n}(S_1, \ldots, S_m, S'_1, \ldots, S'_n) = \prod_{i=1}^{m} \prod_{l=1}^{n} (1 + T_i + T'_l).$$

(Man verfahre wie in Aufgabe 5 aus Abschnitt 24.42.)

8. Es sei B eine kompakte reine Mannigfaltigkeit und E ein orientierbares reelles Vektorbündel über der Basis B. Man zeige, daß $w_1(E) = 0$ ist. (Man verallgemeinere (24.42.2), indem man $\boldsymbol{G}_{p+q,p}(\boldsymbol{C})$ durch die Graßmannsche Mannigfaltigkeit $\boldsymbol{G}'_{p+q,p}(\boldsymbol{R})$ der orientierten Vektor teilräume und $U_{p+q,p}(\boldsymbol{C})$ durch $U'_{p+q,p}(\boldsymbol{R})$ ersetzt (vgl. Abschnitt 24.43, Aufgabe 4); danach benutze man Aufgabe 5 aus Abschnitt 24.40.)

9. Es sei E ein komplexes Vektorbündel über einer kompakten reinen Mannigfaltigkeit B. Man zeige, daß für das unterliegende reelle Bündel $E_{\boldsymbol{R}}$ die Beziehung $w_{2j+1}(E_{\boldsymbol{R}}) = 0$ gilt und daß $w_{2j}(E_{\boldsymbol{R}})$ das Bild der Chernschen Klasse $c_j(E)$ vermöge des kanonischen Homomorphismus $H^{2j}(B; \boldsymbol{Z}) \to H^{2j}(B; \boldsymbol{F}_2)$ ist.

24.48. Die Theorie von Hodge

24.48.1. Im folgenden wird gezeigt, daß sich die Kohomologie mit *komplexen* Koeffizienten für eine *kompakte* differenzierbare Mannigfaltigkeit mit Hilfe der Theorie der hermiteschen elliptischen Operatoren auf der Mannigfaltigkeit interpretieren läßt (vgl. Abschnitt 23.35).

Es sei X eine *kompakte* reine differenzierbare Mannigfaltigkeit einer Dimension $n > 0$, und es werde eine endliche Folge $(E_i)_{0 \leqq i \leqq N}$ von komplexen Vektorbündeln über der Basis B betrachtet. Außerdem werde vorausgesetzt, daß es für jeden Index i mit $0 \leqq i \leqq N - 1$ einen Pseudodifferentialoperator $d_i \colon E_i \to E_{i+1}$ von einer Ordnung $m > 0$ gibt. Da X kompakt ist, sind die zusammengesetzten Operatoren $d_{i+1} \circ d_i \colon E_i \to E_{i+2}$ definiert (vgl. (23.27.8)). Wir wollen annehmen, es sei

24.48.1.1. $d_i \circ d_{i-1} = 0$

für $1 \leqq i \leqq N - 1$.

Jeder Operator d_i definiert eine stetige lineare Abbildung (die wieder mit d_i bezeichnet wird) des Fréchetraums $\Gamma(E_i)$ in den Fréchetraum $\Gamma(E_{i+1})$ (vgl. (23.26.6)), und die Bedingung (24.48.1) besagt, daß die Sequenz von komplexen Vektorräumen und linearen Abbildungen

24.48.1.2. $\Gamma(E_0) \xrightarrow{d_0} \Gamma(E_1) \xrightarrow{d_1} \cdots \to \Gamma(E_{N-1}) \xrightarrow{d_{N-1}} \Gamma(E_N)$

auf der direkten Summe dieser Vektorräume die Struktur eines *graduierten Differentialraums* definiert. Wir werden sehen, wie man davon unter gewissen Voraussetzungen die Kohomologie berechnen kann.

24.48.2. Weiter werde vorausgesetzt, daß jeder Operator d_i ein *Hauptsymbol* σ_i besitzt (vgl. (23.29.4)). Für jedes $x \in X$ und jeden von 0 verschiedenen Kotangentialvektor $\mathbf{h}_x^* \in T_x(X)^*$ ist daher $\sigma_i(\mathbf{h}_x^*)$ eine lineare Abbildung von $(E_i)_x$ in $(E_{i+1})_x$, und nach (24.48.1.1) gilt $\sigma_{i+1}(\mathbf{h}_x^*) \circ \sigma_i(\mathbf{h}_x^*) = 0$. Wir setzen nun zusätzlich voraus, daß *für jedes $x \in X$ und jeden Kotangentialvektor $\mathbf{h}_x^* \neq 0$ die Sequenz*

24.48.2.1. $0 \to (E_0)_x \xrightarrow{\sigma_0(\mathbf{h}_x^*)} (E_1)_x \to \cdots \to (E_{N-1})_x \xrightarrow{\sigma_{N-1}(\mathbf{h}_x^*)} (E_N)_x \to 0$

exakt ist. Man sagt dann, die Sequenz der d_i sei ein *elliptischer Komplex* von Pseudodifferentialoperatoren m-ter Ordnung.

Für $N = 1$ und $E_0 = E_1$ stimmt der Begriff des elliptischen Komplexes mit dem des *elliptischen Operators* überein, der ein Hauptsymbol *vom bijektiven Typ* besitzt (vgl. (23.30.3)).

Das wichtigste Beispiel für einen elliptischen Komplex wird durch die Vektorbündel $E_j = \left(\bigwedge^j T(X)^*\right)_{(\mathbf{C})}$ geliefert, die Komplexifizierungen der Vektorbündel der j-Kotangentialvektoren an X (vgl. (17.3.1)), wobei die d_j hier Operatoren erster Ordnung sind und gleich dem *äußeren Differential* ($0 \leqq j < n$); sie erfüllen offenbar (vgl. (17.15.2)) die Bedingung (24.48.1.1), und man nennt die Sequenz der d_j den *de-Rhamschen Komplex* von X. Bekanntlich (vgl. (23.29.10)) ist $\sigma_j(\mathbf{h}_x^*)$ die lineare Abbildung $\mathbf{z}_x^* \to 2\pi i \cdot \mathbf{h}_x^* \wedge \mathbf{z}_x^*$; wählt man nun in $T_x(X)^*$ eine Basis, zu welcher der Vektor $\mathbf{h}_x^* \neq 0$ gehört, sowie die entsprechenden Basen in den äußeren Potenzen (vgl. (A.13.3)), so stellt man sogleich fest, daß die Relation $\mathbf{h}_x^* \wedge \mathbf{z}_x^* = 0$ für einen j-Kovektor $\mathbf{z}_x^*$ äquivalent ist zur Existenz eines $(j-1)$-Kovektors $\mathbf{u}_x^*$ mit $\mathbf{z}_x^* = \mathbf{h}_x^* \wedge \mathbf{u}_x^*$; damit ist die Exaktheit der Sequenz (24.48.2.1) bewiesen, d. h., der de-Rhamsche Komplex ist *elliptisch*.

24.48.3. Wir betrachten einen elliptischen Komplex (E_i, d_i) und versehen jedes E_i mit einer *hermiteschen Struktur* (vgl. (23.27.2)). Weiterhin wählen wir auf X ein Lebesguesches Maß ν, so daß auf jedem der Vektorräume $\Gamma(E_i)$ die Struktur eines *Praehilbertraumes* definiert ist (vgl. (23.27.3)), der im Hilbertraum $\tilde{\Gamma}_{L^2}(E_i)$ der Klassen von quadratisch integrierbaren Schnitten über X (vgl. (23.31.1)) überall dicht ist. Jedem Pseudodifferentialoperator $d_i \colon E_i \to E_{i+1}$ entspricht dann sein *adjungierter* Operator $d_i^* \colon E_{i+1} \to E_i$, der ein Pseudodifferentialoperator m-ter Ordnung ist (vgl. (23.27.4)) und ein Hauptsymbol σ_i^* besitzt derart, daß für jedes $x \in X$ und jeden Vektor $\mathbf{h}_x^* \neq 0$ aus $T_x(X)^*$ die lineare Abbildung $\sigma_i^*(\mathbf{h}_x^*)$ von $(E_{i+1})_x$ in $(E_i)_x$ die *Adjungierte* von $\sigma_i(\mathbf{h}_x^*)$ ist (vgl. (23.29.8)). Für $0 \leqq i \leqq N$ wird dann ein *Pseudodifferentialoperator* der Ordnung $2m$ von E_i *in sich* definiert,

24.48.3.1. $\Delta_i = d_i^* \circ d_i + d_{i-1} \circ d_{i-1}^*$, der sogenannte *Laplace-Hodge-Operator* (oder *Hodgesche Laplace-Operator*) auf E_i. (Es wird $d_{-1} = 0$ und $d_N = 0$ gesetzt.)

24.48.3.2. Beispiel. Für den de-Rhamschen Komplex (vgl. (24.48.1)) werde angenommen, X sei orientiert und mit einer Riemannschen Metrik versehen, und auf jedem $\overset{j}{\bigwedge} T(X)^*$ werde die entsprechende Riemannsche Struktur gewählt (vgl. (20.8.4.3)), von der man wie gewöhnlich durch Komplexifizierung zu einer hermiteschen Struktur auf E_j übergeht. Wir berechnen Δ_0, das hier gleich $d_0^* \circ d_0$ ist, da $d_{-1} = 0$ ist. Für zwei reelle Funktionen f, g der Klasse C^∞ auf X erhält man daher in den Bezeichnungen von (23.30.12)

$$(\Delta_0 f \mid g) = \int_X (df \mid dg)\, v = \int_X (\operatorname{grad} f \mid \operatorname{grad} g)\, v = \int_X (\theta_{\operatorname{grad} f} \cdot g)\, v.$$

Nun kann aber für jedes Vektorfeld Z der Klasse C^∞ auf X

$$(\theta_Z \cdot g)\, v = \theta_Z \cdot (gv) - g(\theta_Z \cdot v)$$

geschrieben werden, und da $d(gv) = 0$ ist, erhält man nach (17.15.3.4)

$$\theta_Z \cdot (gv) = d\big(i_Z \cdot (gv)\big);$$

für jede $(n-1)$-Form α auf X ist aber $\int_X d\alpha = 0$ (vgl. (17.15.5.1)); nach Definition der Divergenz (vgl. (23.30.12)) ist folglich

$$\int_X (\theta_{\operatorname{grad} f} \cdot g)\, v = -\int_X g(\theta_{\operatorname{grad} f} \cdot v) = -\int_X g\big(\operatorname{div}(\operatorname{grad} f)\big)\, v,$$

so daß man schließlich $\Delta_0 = -\Delta$ erhält, wobei Δ der *Laplace-Beltramische Operator* ist (vgl. (23.30.12.8)).

24.48.4. *Die Operatoren Δ_i sind positive hermitesche elliptische Operatoren und besitzen Hauptsymbole vom bijektiven Typ* (vgl. (23.30.3)).

Da für jeden Schnitt $\mathbf{s} \in \Gamma(E_i)$

24.48.4.1. $(\Delta_i \mathbf{s} \mid \mathbf{s}) = (d_i \mathbf{s} \mid d_i \mathbf{s}) + (d_{i-1}^* \mathbf{s} \mid d_{i-1}^* \mathbf{s}) \geqq 0$

gilt, braucht nur die letzte Behauptung bewiesen zu werden. Für ein $x \in X$ und einen von 0 verschiedenen Kovektor $\mathbf{h}_x^* \in T_x(X)^*$ setzen wir zur Vereinfachung $\mathrm{U}_i = \sigma_i(\mathbf{h}_x^*)$ und $\mathrm{U}_{i-1} = \sigma_{i-1}(\mathbf{h}_x^*)$, so daß das Hauptsymbol von Δ_i für den Kovektor $\mathbf{h}_x^*$ den Wert $\mathrm{U}_i^*\mathrm{U}_i + \mathrm{U}_{i-1}\mathrm{U}_{i-1}^*$ annimmt; es genügt offenbar zu beweisen, daß dieser Endomorphismus von $(E_i)_x$ *injektiv* ist (vgl. (A.4.19)); für $\mathbf{u}_x \in (E_i)_x$ gilt aber

$$\big((\mathrm{U}_i^*\mathrm{U}_i + \mathrm{U}_{i-1}\mathrm{U}_{i-1}^*) \cdot \mathbf{u}_x \mid \mathbf{u}_x\big) = (\mathrm{U}_i \cdot \mathbf{u}_x \mid \mathrm{U}_i \cdot \mathbf{u}_x) + (\mathrm{U}_{i-1}^* \cdot \mathbf{u}_x \mid \mathrm{U}_{i-1}^* \cdot \mathbf{u}_x),$$

und die linke Seite kann daher nur 0 sein, wenn gleichzeitig $\mathrm{U}_i \cdot \mathbf{u}_x = 0$ und $\mathrm{U}_{i-1}^* \cdot \mathbf{u}_x = 0$ gilt; die zweite Beziehung besagt aber, daß $(\mathbf{u}_x \mid \mathrm{U}_{i-1} \cdot \mathbf{v}_x) = 0$ für jeden Vektor $\mathbf{v}_x \in (E_{i-1})_x$ gilt. Nun ist aber $\operatorname{Ker} \mathrm{U}_i = \operatorname{Im} \mathrm{U}_{i-1}$ nach (24.48.2.1), woraus $(\mathbf{u}_x \mid \mathbf{u}_x) = 0$ und schließlich $\mathbf{u}_x = 0$ folgt.

24.48.5. Da X kompakt ist, sind die Ergebnisse von (23.35.2) auf jeden Operator Δ_i anwendbar. Der Hilbertraum $\tilde{\Gamma}_{L^2}(E_i)$ ist *Hilbertsche Summe* von $\operatorname{Ker} \Delta_i$ und einer unendlichen Folge $(L_k^{(i)})_{k=1,2,\ldots}$ von *endlichdimensionalen* Teilräumen; $\operatorname{Ker} \Delta_i$ sowie jedes $L_k^{(i)}$ ist *in* $\Gamma(E_i)$ *enthalten,* und es existiert eine *streng wachsende* Folge $\lambda_1^{(i)} < \lambda_2^{(i)} < \cdots < \lambda_k^{(i)} < \cdots$ von Zahlen > 0 derart, daß in jedem $L_k^{(i)}$ die Beziehung $\Delta_i \cdot \mathbf{s} = \lambda_k^{(i)}\mathbf{s}$ gilt.

Unmittelbar aus der Definition (24.48.3.1) von Δ_i sowie aus den Beziehungen $d_i \circ d_{i-1} = 0$ und $d_{i-1}^* \circ d_i^* = 0$ (die sich aus der vorhergehenden durch Übergang zu den Adjungierten ergibt (vgl. (23.27.8.1)) erhält man

24.48.5.1. $d_i\Delta_i = d_i d_i^* d_i = \Delta_{i+1}d_i, \quad \Delta_i d_i^* = d_i^* d_i d_i^* = d_i^*\Delta_{i+1}.$

Ausgehend hiervon gelangt man zu den folgenden Ergebnissen:

24.48.6. (i) *Es gilt* $\operatorname{Ker}\Delta_i = (\operatorname{Ker} d_i) \cap (\operatorname{Ker} d_{i-1}^*)$.

(ii) *Für jedes* $k \geqq 1$ *ist* $L_k^{(i)}$ *direkte Summe von zwei orthogonalen Teilräumen* $M_k^{(i)} = L_k^{(i)} \cap \operatorname{Ker} d_i$ *und* $N_k^{(i)} = L_k^{(i)} \cap \operatorname{Ker} d_{i-1}^*$, *von denen jeder gleich* $\{0\}$ *sein kann.*

(iii) $N_k^{(i)}$ *ist genau dann von* $\{0\}$ *verschieden, wenn ein* k' *existiert mit* $\lambda_{k'}^{(i+1)} = \lambda_k^{(i)}$, *und dann ist* $d_i(N_k^{(i)}) = M_{k'}^{(i+1)} = d_i(L_k^{(i)})$, *und* $d_i \mid N_k^{(i)}$ *ist eine Ähnlichkeitsabbildung mit dem Abbildungsverhältnis* $\pm(\lambda_k^{(i)})^{1/2}$ *von* $N_k^{(i)}$ *auf* $M_{k'}^{(i+1)}$. $M_k^{(i)}$ *ist genau dann von* $\{0\}$ *verschieden, wenn ein* k'' *existiert mit* $\lambda_{k''}^{(i-1)} = \lambda_k^{(i)}$, *und dann ist* $d_{i-1}^*(M_k^{(i)}) = N_{k''}^{(i-1)} = d_{i-1}^*(L_k^{(i)})$, *und* $d_{i-1}^* \mid M_k^{(i)}$ *ist eine Ähnlichkeitsabbildung mit dem Abbildungsverhältnis* $\pm(\lambda_k^{(i)})^{1/2}$ *von* $M_k^{(i)}$ *auf* $N_{k''}^{(i-1)}$.

(iv) *Die abgeschlossene Hülle von* $\operatorname{Ker} d_i$ *in* $\tilde{\Gamma}_{L^2}(E_i)$ *ist Hilbertsche Summe von* $\operatorname{Ker}\Delta_i$ *und der* $M_k^{(i)}$ *für* $k \geqq 1$, *und die abgeschlossene Hülle von* $\operatorname{Im} d_{i-1}$ *ist Hilbertsche Summe der* $M_k^{(i)}$ *für* $k \geqq 1$. *Die abgeschlossene Hülle von* $\operatorname{Ker} d_{i-1}^*$ *ist Hilbertsche Summe von* $\operatorname{Ker}\Delta_i$ *und der* $N_k^{(i)}$ *für* $k \geqq 1$, *und die abgeschlossene Hülle von* $\operatorname{Im} d_i^*$ *ist Hilbertsche Summe der* $N_k^{(i)}$ *für* $k \geqq 1$.

(v) $\tilde{\Gamma}_{L^2}(E_i)$ *ist Hilbertsche Summe von* $\operatorname{Ker}\Delta_i$, *der abgeschlossenen Hülle von* $\operatorname{Im} d_{i-1}$ *und der abgeschlossenen Hülle von* $\operatorname{Im} d_i^*$.

Für zwei Schnitte $\mathbf{s}, \mathbf{s}'$ von $\Gamma(E_i)$ gilt

24.48.6.1. $(\Delta_i\mathbf{s} \mid \mathbf{s}') = (d_i\mathbf{s} \mid d_i\mathbf{s}') + (d_{i-1}^*\mathbf{s} \mid d_{i-1}^*\mathbf{s}')$,

was zeigt, daß $\Delta_i\mathbf{s} = 0$ für $\mathbf{s} \in (\operatorname{Ker} d_i) \cap (\operatorname{Ker} d_{i-1}^*)$ gilt; die Umkehrung ergibt sich aus (24.48.4.1). Wir nehmen an, $M_k^{(i)}$ sei von $L_k^{(i)}$ verschieden, und es sei $N_k'^{(i)}$ das orthogonale Komplement von $M_k^{(i)}$ in $L_k^{(i)}$; die Einschränkung von d_i auf $N_k'^{(i)}$ ist also injektiv und $d_i(N_k'^{(i)}) = d_i(L_k^{(i)})$. Für jedes $\mathbf{s} \in N_k'^{(i)}$ gilt $\Delta_i\mathbf{s} = \lambda_k^{(i)}\mathbf{s}$, also (24.48.5.1) zufolge $\Delta_{i+1}(d_i\mathbf{s}) = \lambda_k^{(i)}d_i\mathbf{s}$, und da nach Voraussetzung $d_i\mathbf{s} \neq 0$ für $\mathbf{s} \neq 0$ aus $N_k'^{(i)}$ ist, kann das nur eintreten, wenn $d_i(N_k'^{(i)})$ in einem Eigenvektorraum $L_{k'}^{(i+1)}$ enthalten ist und $\lambda_{k'}^{(i+1)} = \lambda_k^{(i)}$ gilt (vgl. (A.32.7)). Für jedes $\mathbf{s}' \in L_{k'}^{(i+1)}$ ist dann (24.48.5.1) zufolge $\Delta_i(d_i^*\mathbf{s}') = \lambda_k^{(i)}d_i^*\mathbf{s}'$, also $d_i^*(L_{k'}^{(i+1)}) \subset L_k^{(i)}$. Insbesondere gilt $d_i(d_i^*d_i\mathbf{s} - \lambda_k^{(i)}\mathbf{s}) = 0$ für $\mathbf{s} \in N_k'^{(i)}$, oder mit anderen Worten

24.48.6.2. $d_i^*d_i\mathbf{s} = \lambda_k^{(i)}\mathbf{s} + \mathbf{s}''$

mit $\mathbf{s}'' \in M_k^{(i)}$. Nun gilt aber für jedes $\mathbf{s}' \in L_{k'}^{(i+1)}$ und jedes $\mathbf{s}'' \in M_k^{(i)}$

$$(d_i^*\mathbf{s}' \mid \mathbf{s}'') = (\mathbf{s}' \mid d_i\mathbf{s}'') = 0,$$

also $d_i^*(L_{k'}^{(i+1)}) \subset N_k'^{(i)}$; ferner ergibt sich aus (24.48.6.2), daß $d_i^*d_i\mathbf{s} = \lambda_k^{(i)}\mathbf{s}$ ist, also $N_k'^{(i)} = d_i^*(L_{k'}^{(i+1)})$, und die Einschränkung von d_i^* auf $d_i(N_k'^{(i)})$ ist eine *bijektive* Abbildung von diesem Teilraum auf $N_k'^{(i)}$. Andererseits folgt hieraus, daß $N_k'^{(i)}$ in $\operatorname{Ker} d_{i-1}^*$ enthalten ist, und da (i) zufolge $(\operatorname{Ker} d_{i-1}^*) \cap M_k^{(i)} = \{0\}$ ist, gilt notwendig

$N_k'^{(i)} = N_k^{(i)}$. Sind $\boldsymbol{s}$, $\boldsymbol{s}'$ aus $N_k^{(i)}$, so zeigt die Beziehung (24.48.6.1), daß

$$\lambda_k^{(i)}(\boldsymbol{s} \mid \boldsymbol{s}') = (d_i\boldsymbol{s} \mid d_i\boldsymbol{s}')$$

gilt, was besagt, daß die Einschränkung von d_i auf $N_k^{(i)}$ eine Ähnlichkeitsabbildung mit dem Abbildungsverhältnis $\pm(\lambda_k^{(i)})^{1/2}$ auf ihr Bild ist.

Ebenso beweist man, wenn $N_k^{(i)}$ von $L_k^{(i)}$ verschieden und $M_k^{(i)}$ das orthogonale Komplement von $N_k^{(i)}$ in $L_k^{(i)}$ ist, daß $d_{i-1}^*(M_k^{(i)}) = d_{i-1}^*(L_k^{(i)})$ in einem der Teilräume $L_{k''}^{(i-1)}$ enthalten ist, woraus $\lambda_{k''}^{(i-1)} = \lambda_k^{(i)}$ und $d_{i-1}d_{i-1}^*\boldsymbol{s} = \lambda_k^{(i)}\boldsymbol{s}$ für $\boldsymbol{s} \in M_k^{(i)}$ folgt, da die Einschränkung von d_{i-1}^* auf $M_k^{(i)}$ eine Ähnlichkeitsabbildung mit dem Abbildungsverhältnis $\pm(\lambda_k^{(i)})^{1/2}$ auf ihr Bild ist. Die übrigen Behauptungen aus (24.48.6) ergeben sich hieraus unmittelbar.

24.48.7. Mit P_i werde der orthogonale Projektionsoperator von $\tilde{\Gamma}_{L^2}(E_i)$ auf seinen endlichdimensionalen Teilraum Ker Δ_i bezeichnet; es handelt sich dabei um einen *Integraloperator* (vgl. die Abschnitte 23.3 und 23.4), dessen Kern der Schnitt

24.48.7.1. $$\mathsf{H}_i = \sum_{j=1}^{n_i} (\boldsymbol{\Phi}_\nu \cdot \boldsymbol{u}_j) \boxtimes \boldsymbol{u}_j$$

von $E_i' \boxtimes E_i$ ist, wobei $(\boldsymbol{u}_j)_{1 \leq j \leq n}$ eine orthonormale Basis von Ker Δ_i ist (zu den Bezeichnungen vgl. (23.35.6)). Offenbar ist H_i ein Schnitt der Klasse C^∞ und folglich P_i ein *regularisierender* Operator von E_i in sich (vgl. (23.28.11)).

24.48.8. *Für jedes $i \in [0, N]$ existiert ein stetiger linearer Operator*

$$\mathrm{Q}_i\colon \Gamma(E_{i+1}) \to \Gamma(E_i)$$

bezüglich der Fréchetraumtopologien (mit $\mathrm{Q}_{-1} = 0$ und $\mathrm{Q}_N = 0$) derart, daß die identische Abbildung im Raum $\Gamma(E_i)$ in der Gestalt

24.48.8.1. $$1_{\Gamma(E_i)} = \mathrm{P}_i + d_{i-1}\mathrm{Q}_{i-1} + \mathrm{Q}_i d_i$$

geschrieben werden kann.

In den Bezeichnungen von (24.48.6) wird ein *stetiger* Operator G_i von $\tilde{\Gamma}_{L^2}(E_i)$ in sich definiert, wenn G_i in Ker Δ_i gleich 0 und gleich der Homothetie mit dem Faktor $(\lambda_k^{(i)})^{-1}$ in jedem $L_k^{(i)}$ ($k \geq 1$) gesetzt wird; das ergibt sich aus (15.10.8.1). Ist $(\boldsymbol{u}_n^{(i)})$ eine Hilbertsche Basis von $\tilde{\Gamma}_{L^2}(E_i)$, die Vereinigung von Hilbertschen Basen der $L_k^{(i)}$ und von Ker Δ_i ist, und bilden die $\boldsymbol{u}_n^{(i)}$ für $n \leq n_i$ die Basis von Ker Δ_i, so kann man in äquivalenter Weise

24.48.8.2. $$\mathrm{G}_i \cdot \boldsymbol{s} = \sum_{n > n_i} \frac{1}{\mu_n^{(i)}} (\boldsymbol{s} \mid \boldsymbol{u}_n^{(i)})\boldsymbol{u}_n^{(i)}$$

schreiben, wobei $(\mu_n^{(i)})$ die Folge der Eigenwerte (d. h. $\Delta_i\boldsymbol{u}_n^{(i)} = \mu_n^{(i)}\boldsymbol{u}_n^{(i)}$) von Δ_i ist. Aus der Tatsache, daß die Folge $(\mu_n^{(i)})$ gegen $+\infty$ strebt, sowie aus (23.35.12 (iv)) folgt, daß mit $\boldsymbol{s}$ auch $\mathrm{G}_i \cdot \boldsymbol{s}$ zu $\Gamma(E_i)$ gehört; aus der Stetigkeit von G_i bezüglich der Topologie von $\tilde{\Gamma}_{L^2}(E_i)$ sowie aus (23.9.2.2) ergibt sich daher, daß G_i ein *stetiger Endomorphismus des Fréchetraumes* $\Gamma(E_i)$ ist. Wir zeigen jetzt, daß der stetige Operator

24.48.8.3. $$\mathrm{Q}_i = \mathrm{G}_i d_i^*$$

das Gewünschte leistet. Da die direkte Summe von Ker Δ_i und der $L_k^{(i)}$ in $\Gamma(E_i)$

dicht ist (vgl. (23.35.12 (v)), genügt es aus Stetigkeitsgründen nachzuweisen, daß die beiden Seiten von (24.48.8.1) in Ker Δ_i und in jedem $L_k^{(i)}$ denselben Wert annehmen. Für Ker Δ_i ergibt sich das unmittelbar, da dann $P_i \cdot s = s$, $d_i s = 0$ und $d_{i-1}^* s = 0$ ist. In $L_k^{(i)}$ gilt $P_i \cdot s = 0$; für $s \in M_k^{(i)}$ findet man $d_i s = 0$, und wie der Beweis von (24.48.6) gezeigt hat, ist $d_{i-1} d_{i-1}^* s = \lambda_k^{(i)} s$. Für $s \neq 0$ wurde außerdem festgestellt, daß $d_{i-1}^* s \in L_{k''}^{(i-1)}$ mit $\lambda_{k''}^{(i-1)} = \lambda_k^{(i)}$ ist, so daß sich $d_{i-1}(Q_{i-1} \cdot s) = s$ ergibt. Ist schließlich $s \in N_k^{(i)}$, so erhält man $d_{i-1}^* s = 0$ und $d_i^* d_i s = \lambda_k^{(i)} s$, also $Q_i \cdot (d_i s) = s$. Damit ist der Beweis abgeschlossen.

Setzt man für den graduierten Differentialraum (vgl. (24.48.1.2)) $Z(E_i) = \operatorname{Ker} d_i$, $B(E_i) = \operatorname{Im} d_{i-1}$ und $H(E_i) = Z(E_i)/B(E_i)$, so ist $\operatorname{Ker} \Delta_i \subset Z(E_i)$, und aus dem Ergebnis von (24.48.8) folgt als Korollar:

24.48.9. (Satz von HODGE). *Die kanonische Abbildung* Ker $\Delta_i \to H(E_i)$ *ist bijektiv, und* $H(E_i)$ *ist daher endlichdimensional.*

24.48.10. Für den de-Rhamschen Komplex (vgl. (24.48.2)), in dem auf den $\left(\bigwedge^j T(X)^*\right)_{(C)}$ die aus ein und derselben Riemannschen Metrik auf X abgeleiteten hermiteschen Strukturen gewählt wurden (vgl. (20.8.4.3)), werden die der Bedingung $\Delta_j \alpha = 0$ genügenden j-Differentialformen die *harmonischen j-Formen* (und für $j = 0$ die *harmonischen Funktionen*) *auf der Riemannschen Mannigfaltigkeit* X genannt. Nach Definition (24.1.1) ist dann $H(E_j) = H^j(X; \mathbf{C})$; der Raum Ker Δ_j der harmonischen j-Formen wird auch mit $\mathsf{H}^j(X)$ bezeichnet, und der Satz von HODGE zeigt, daß die kanonische Abbildung $\mathsf{H}^j(X) \to H^j(X; \mathbf{C})$ bijektiv ist, was wiederum besagt, daß *in jeder Kohomologieklasse von j-Formen auf X genau eine harmonische j-Form existiert* (die selbstverständlich von der auf X gewählten Metrik abhängt). Man beachte, daß damit ein weiterer Beweis für die Tatsache gegeben wurde, daß die Kohomologie räume $H^j(X)$ für eine kompakte Mannigfaltigkeit X *endlichdimensional* sind (vgl. (24.6.4)). Da bekanntlich für zusammenhängendes X der Raum $H^0(X)$ aus den konstanten Funktionen besteht (vgl. (24.1.2)), stellt man umgekehrt fest, daß auf einer zusammenhängenden und kompakten Riemannschen Mannigfaltigkeit die einzigen harmonischen Funktionen die Konstanten sind, was übrigens auch aus dem Maximumprinzip folgt (vgl. (23.61.2)).

24.49. Die Formel von Atiyah-Bott-Lefschetz

24.49.1. Es seien E, F zwei komplexe Vektorbündel über derselben n-dimensionalen Basis X. Ein Morphismus (f, g) von E in F, worin f nicht bijektiv ist, gestattet es im allgemeinen nicht, einem Schnitt von E einen Schnitt von F zuzuordnen. Im Gegensatz dazu werde angenommen, es sei eine Abbildung $f: X \to X$ der Klasse C^∞ sowie ein *X-Morphismus* $(1, \mathrm{M})$ vom inversen Bild $f^*(E)$ in F gegeben. Dann kann man jedem Schnitt s von E über X zunächst den inversen Schnitt $f^*(s): x \to \big(x, s(f(x))\big)$ von $f^*(E)$ zuordnen und dann mit $\gamma(s): x \to \mathrm{M}(x) \times \big(f^*(s)(x)\big)$ einen Schnitt von F. Gehört s der Klasse C^∞ an, so trifft das offenbar auch für $\gamma(s)$ zu; die $\mathbf{C}$-lineare Abbildung $\gamma: \Gamma(E) \to \Gamma(F)$ wird der durch das Paar (f, M) definierte Homomorphismus genannt. Aus (17.1.5) folgt, daß dieser Homomorphismus bezüglich der Fréchetraumtopologien $\Gamma(E)$ und $\Gamma(F)$ *stetig* ist.

24.49.2. Wir betrachten jetzt zum einen eine Abbildung $f: X \to X$ der Klasse C^∞ und zum anderen einen *elliptischen Komplex* $(E_i, d_i)_{0 \leqq i \leqq N}$ komplexer Vektorbündel über der Basis X (vgl. (24.48.2)), wobei die d_i hier *Differentialoperatoren* derselben Ordnung $m \geqq 1$ sind. Wir nehmen an, für jedes $i \in [0, N]$ sei ein X-*Morphismus*

$$\mathrm{M}_i: f^*(E_i) \to E_i$$

gegeben, und es sei $\gamma_i: \Gamma(E_i) \to \Gamma(E_i)$ der durch das Paar (f, M_i) definierte Vektorraumendomorphismus. Die Familie $(\gamma_i)_{0 \leqq i \leqq N}$ wird ein *geometrischer Endomorphismus* des elliptischen Komplexes (E_i, d_i) genannt, wenn das Diagramm

$$\begin{array}{ccccccccc}
\Gamma(E_0) & \xrightarrow{d_0} & \Gamma(E_1) & \xrightarrow{d_1} & \cdots & \to & \Gamma(E_{N-1}) & \xrightarrow{d_{N-1}} & \Gamma(E_N) \\
\downarrow{\scriptstyle \gamma_0} & & \downarrow{\scriptstyle \gamma_1} & & & & \downarrow{\scriptstyle \gamma_{N-1}} & & \downarrow{\scriptstyle \gamma_N} \\
\Gamma(E_0) & \xrightarrow[d_0]{} & \Gamma(E_1) & \xrightarrow[d_1]{} & \cdots & \to & \Gamma(E_{N-1}) & \xrightarrow[d_{N-1}]{} & \Gamma(E_N)
\end{array}$$

kommutativ ist, das heißt, wenn

24.49.2.1. $d_{i-1} \circ \gamma_{i-1} = \gamma_i \circ d_{i-1}$

für $1 \leqq i \leqq N$ gilt.

Aus diesen Beziehungen folgt sofort, daß (in den Bezeichnungen von (24.48.8)) $\gamma_i(Z(E_i)) \subset Z(E_i)$ und $\gamma_i(B(E_i)) \subset B(E_i)$ ist, so daß man von γ_i durch Faktorisierung zu einem *Endomorphismus*

24.49.2.2. $\gamma_i^*: H(E_i) \to H(E_i)$

des *endlichdimensionalen* Raumes $H(E_i)$ gelangt. Die Spur dieses Endomorphismus ist daher definiert; man nennt die Zahl

24.49.2.3. $L((\gamma_i)) = \sum_{i=0}^{N} (-1)^i \operatorname{Tr}(\gamma_i^*)$

Lefschetzzahl des geometrischen Endomorphismus (γ_i), und es geht darum, diese Zahl vermittels verschiedener Voraussetzungen über die Abbildung f und die Morphismen M_i zu berechnen. Falls f und die M_i die identischen Abbildungen sind, stellt man fest, daß die γ_i die identischen Abbildungen sind, und die Lefschetzzahl kann in der Gestalt

24.49.2.4. $\chi((E_i)) = \sum_{i=0}^{N} (-1)^i \dim (H(E_i))$

geschrieben werden; falls (E_i, d_i) der de-Rhamsche Komplex ist (vgl. (24.48.2)), ist diese Zahl gerade die Euler-Poincaré-Charakteristik von X (vgl. (24.1.1)); man spricht auch allgemein davon, daß $\chi((E_i))$ *die Euler-Poincaré-Charakteristik des elliptischen Komplexes* (E_i, d_i) ist. Für $N = 1$ ist $E_0 = E_1 = E$, so daß es sich also nur um einen einzigen elliptischen Operator $\mathrm{P}: E \to E$ mit einem Symbol vom bijektiven Typ handelt; in diesem Fall kann die Euler-Poincaré-Charakteristik in der Gestalt

$$\operatorname{ind}(\mathrm{P}) = \dim \operatorname{Ker} \mathrm{P} - \dim \operatorname{Ker} \mathrm{P}^*$$

geschrieben werden und wird der *Index* von P genannt.

24.49.3. In den Bezeichnungen von Abschnitt 24.48 betrachten wir für jedes $i \in [0, N]$ die orthonormale Basis $(\boldsymbol{u}_j^{(i)})_{1 \leqq j \leqq n_i}$ von Ker Δ_i. Aus (24.48.8.1) und (24.49.2.1) folgt

24.49.3.1. $\gamma_i(\boldsymbol{u}_j^{(i)}) - \mathrm{P}_i \cdot \big(\gamma_i(\boldsymbol{u}_j^{(i)})\big) \in B(E_i)$

für $1 \leqq j \leqq n_i$, denn es ist $d_i \boldsymbol{u}_j^{(i)} = 0$. Bezeichnet $\mathrm{cl}\,(\boldsymbol{u})$ die Klasse von $\boldsymbol{u} \in$ Ker Δ_i in dem Raum $H(E_i)$, so kann also

24.49.3.2. $\gamma_i^*\big(\mathrm{cl}\,(\boldsymbol{u}_j^{(i)})\big) = \sum_{k=1}^{n_i} (\gamma_i(\boldsymbol{u}_j^{(i)} \mid \boldsymbol{u}_k^{(i)})\ \mathrm{cl}\,(\boldsymbol{u}_k^{(i)})$

geschrieben werden, und da die Klassen der $\boldsymbol{u}_j^{(i)}$ eine Basis von $H(E_i)$ bilden, erhält man für die Spur von γ_i^* den Ausdruck

24.49.3.3. $\mathrm{Tr}\,(\gamma_i^*) = \sum_{k=1}^{n_i} (\gamma_i(\boldsymbol{u}_j^{(i)}) \mid \boldsymbol{u}_j^{(i)})\,,$

dessen wir uns zur Berechnung der Lefschetzzahl bedienen werden. Ist γ_i' die Einschränkung von γ_i auf den endlichdimensionalen Teilraum Ker Δ_i, so läßt sich die vorhergehende Formel auch in der Gestalt

24.49.3.4. $\mathrm{Tr}\,(\gamma_i^*) = \mathrm{Tr}\,(\mathrm{P}_i \circ \gamma_i') = \mathrm{Tr}\,(\gamma_i \circ \mathrm{P}_i)$

schreiben, und diese Darstellung ist sinnvoll, da $\gamma_i \circ \mathrm{P}_i$ ein Endomorphismus von endlichem Rang (also Summe einer endlichen Anzahl von Endomorphismen vom Rang 1) des Vektorraumes $\Gamma(E_i)$ ist (vgl. die Fußnote in (22.9.4)).

24.49.4. Wir werden nun den Projektionsoperator P_i mit Hilfe der Theorie der parabolischen Gleichungen (vgl. Abschnitt 23.64) durch einen von einem reellen Parameter abhängenden regularisierenden Operator *approximieren.* Dazu betrachten wir die Evolutionsgleichung für die Schnitte von E_i

24.49.4.1. $\dfrac{\partial \mathbf{s}}{\partial t} + \Delta_i \mathbf{s} = 0,$

auf welche die Theorie von Abschnitt 23.64 angewandt werden kann, denn wie wir in (24.48.4) gesehen haben, sind sämtliche Eigenwerte des Hauptsymbols von Δ_i reell und > 0, woraus unsere Behauptung folgt (vgl. (23.63.3)). Für jeden Schnitt $\boldsymbol{v} \in \Gamma(E_i)$ existiert *genau ein stetiger Schnitt* $(t, x) \to \mathbf{s}(t, x)$ von $[0, +\infty[\ \times E_i$ über $[0, +\infty[\ \times X$, der in $]0, +\infty[\ \times X$ der Klasse C^∞ angehört, *für* $t > 0$ der Gleichung (24.49.4.1) genügt und sich für $t = 0$ auf $\boldsymbol{v}$ reduziert. Für $t > 0$ kann

24.49.4.2. $\mathbf{s}(t, x) = \big(K_i(t) \cdot \boldsymbol{v}\big)\,(x)$

geschrieben werden, wobei $K_i(t)$ ein *regularisierender* Operator von E_i in sich ist; und *für jedes* $t \geqq 0$ ergibt sich (in den Bezeichnungen von (24.48.8))

24.49.4.3. $\mathbf{s}(t, x) = \sum_n \exp\,(-\mu_n^{(i)} t)\ (\boldsymbol{v} \mid \boldsymbol{u}_n^{(i)})\ \boldsymbol{u}_n^{(i)}\,,$

wobei die Reihe absolut konvergiert und *im Fréchetraum* $\Gamma(E_i)$ für $t \geqq 0$ konvergiert (vgl. (23.35.12)).

24.49.5. Bezeichnet man die orthogonale Projektion von $\boldsymbol{v}$ auf Ker Δ_i mit $\boldsymbol{v}_0$ und die orthogonale Projektion auf $L_k^{(i)}$ mit $\boldsymbol{v}_k$ (zu den Bezeichnungen vgl. (24.48.5)), so kann die Beziehung (24.49.4.3) auch in der Gestalt

$$\mathbf{s}(t, x) = \sum_{k \geqq 0} \exp\left(-\lambda_k^{(i)} t\right) \boldsymbol{v}_k$$

geschrieben werden, wobei $\lambda_0^{(i)} = 0$ gesetzt wird. Daher gilt $\mathrm{P}_i \cdot \mathbf{s}(t, x) = \boldsymbol{v}_0$, wofür man auch

24.49.5.1. $\mathrm{K}_i(t) \circ \mathrm{P}_i = \mathrm{P}_i \qquad (0 \leqq i \leqq N)$

für jedes $t > 0$ schreiben kann. Andererseits ergibt sich unter Berücksichtigung von (24.48.6), da d_i eine stetige Abbildung von $\Gamma(E_i)$ in $\Gamma(E_{i+1})$ ist,

$$d_i\bigl(\mathbf{s}(t, x)\bigr) = \sum_{k' \geqq 1} \exp\left(-\lambda_{k'}^{(i+1)} t\right) d_i \boldsymbol{v}_k,$$

wofür sich für $t > 0$ auch

24.49.5.2. $d_i \circ \mathrm{K}_i(t) = \mathrm{K}_{i+1}(t) \circ d_i \qquad (0 \leqq i \leqq N - 1)$

schreiben läßt.

Für $0 \leqq i \leqq N - 1$ und $t > 0$ setzen wir

24.49.5.3. $\mathrm{S}_i(t) = \mathrm{K}_i(t) \circ \mathrm{Q}_i,$

womit wir einen *regularisierenden* Operator von $\Gamma(E_{i+1})$ in $\Gamma(E_i)$ erhalten. Berücksichtigt man nämlich die Definition (24.48.8.3) von Q_i sowie (23.27.8), so genügt es zu zeigen, daß $\mathrm{K}_i(t) \circ \mathrm{G}_i$ ein regularisierender Operator von $\Gamma(E_i)$ in sich ist. Nun ist G_i gleich seinem Adjungierten, und $\mathrm{G}_i \circ \bigl(\mathrm{K}_i(t)\bigr)^*$ ist regularisierend aufgrund des Kriteriums (23.28.10) sowie der Stetigkeit von G_i; also ist auch $\mathrm{K}_i(t) \circ \mathrm{G}_i$ regularisierend.

Aus (24.48.8.1), (24.49.5.1) und (24.49.5.2) leitet man dann her, daß man für $t > 0$

24.49.5.4. $\mathrm{P}_i = \mathrm{K}_i(t) - d_{i-1}\mathrm{S}_{i-1}(t) - \mathrm{S}_i(t)\, d_i$

und folglich aufgrund von (24.49.2.1)

$$\gamma_i \circ \mathrm{P}_i = \gamma_i \circ \mathrm{K}_i(t) - d_{i-1}\bigl(\gamma_{i-1} \circ \mathrm{S}_{i-1}(t)\bigr) - \bigl(\gamma_i \circ \mathrm{S}_i(t)\bigr)\, d_i$$

schreiben kann. Wie das Kriterium (23.28.10) zeigt, sind die Operatoren $\gamma_i \circ \mathrm{S}_i(t)$ *regularisierend*. Man kann daher die *Spuren* der Operatoren auf beiden Seiten der vorhergehenden Gleichung betrachten (vgl. (23.4.11)), und unter Berücksichtigung der Beziehung (23.28.13.1) ergibt sich

24.49.5.5. $\operatorname{Tr}(\gamma_i \circ \mathrm{P}_i) = \operatorname{Tr}\bigl(\gamma_i \circ \mathrm{K}_i(t)\bigr) - \operatorname{Tr}\Bigl(d_{i-1}\bigl(\gamma_{i-1} \circ \mathrm{S}_{i-1}(t)\bigr)\Bigr) - \operatorname{Tr}\Bigl(d_i\bigl(\gamma_i \circ \mathrm{S}_i(t)\bigr)\Bigr);$

benutzt man (24.49.3.4), so erhält man für die Lefschetzzahl den Ausdruck

24.49.5.6. $L\bigl((\gamma_i)\bigr) = \sum_{i=0}^{N} (-1)^i \operatorname{Tr}\bigl(\gamma_i \circ \mathrm{K}_i(t)\bigr),$

denn die übrigen Glieder auf der rechten Seite von (24.49.5.5) heben sich für $0 \leqq i \leqq N$ gegenseitig auf. Die rechte Seite von (24.49.5.6) ist also *von $t > 0$ unabhängig.*

24.49.6. Ist $N = 1$, $E_0 = E_1 = E$ und sind γ_0 sowie γ_1 die Identität, während $\mathrm{P}: E \to E$ ein elliptischer *Differentialoperator* von einer Ordnung $m \geqq 1$ ist, so gilt $\Delta_0 = \mathrm{P}^*\mathrm{P}$ und $\Delta_1 = \mathrm{P}\mathrm{P}^*$. Ist $\boldsymbol{u} \in \Gamma(E)$ eine Eigenfunktion von Δ_0, die zu einem Eigenwert $\mu \neq 0$ gehört, so gilt $(\mathrm{PP}^*)\,\mathrm{P}\cdot\boldsymbol{u} = \mathrm{P}\cdot(\mu\boldsymbol{u}) = \mu\mathrm{P}\cdot\boldsymbol{u}$, mit anderen Worten (da $\mathrm{P}\cdot\boldsymbol{u} \neq 0$ ist wegen $\mathrm{P}^*\mathrm{P}\cdot\boldsymbol{u} = \mu\boldsymbol{u} \neq 0$), $\mathrm{P}\cdot\boldsymbol{u}$ ist Eigenfunktion von PP^* für *denselben* Eigenvektor. In dieser Bemerkung können die Rollen von P und P* vertauscht werden; beachtet man außerdem, daß für jedes $\boldsymbol{v} \in \Gamma(E)$ die Beziehung $(\mathrm{P}\cdot\boldsymbol{u}\,|\,\mathrm{P}\cdot\boldsymbol{v}) = (\mathrm{P}^*\mathrm{P}\cdot\boldsymbol{u}\,|\,\boldsymbol{v}) = \mu(\boldsymbol{u}\,|\,\boldsymbol{v})$ gilt, so erkennt man, daß in den Hilbertschen Summenzerlegungen von $\tilde{\Gamma}_{L^2}(E)$

$$\operatorname{Ker}\Delta_0 \oplus \bigoplus_{k\geqq 1} L_k^{(0)}, \qquad \operatorname{Ker}\Delta_1 \oplus \bigoplus_{k\geqq 1} L_k^{(1)}$$

$\operatorname{Ker}\Delta_0 = \operatorname{Ker}\mathrm{P}$, $\operatorname{Ker}\Delta_1 = \operatorname{Ker}\mathrm{P}^*$ sowie $\mathrm{P}(L_k^{(0)}) = L_k^{(1)}$, $\mathrm{P}^*(L_k^{(1)}) = L_k^{(0)}$ für jedes $k \geqq 1$ gilt. Bekanntlich (vgl. (23.64.4.4)) gibt es für die beiden regularisierenden Operatoren $\mathrm{K}_0(t)$ und $\mathrm{K}_1(t)$ für $t > 0$ in der Umgebung von 0 asymptotische Entwicklungen

$$\operatorname{Tr}\big(\mathrm{K}_0(t)\big) \sim a_{-n}t^{-n/2m} + a_{-n+1}t^{-(n-1)/2m} + \cdots + a_0 + a_1t^{1/2m} + \cdots,$$

$$\operatorname{Tr}\big(\mathrm{K}_1(t)\big) \sim b_{-n}t^{-n/2m} + b_{-n+1}t^{-(n-1)/2m} + \cdots + b_0 + b_1t^{1/2m} + \cdots.$$

Da $\operatorname{Tr}\big(\mathrm{K}_0(t)\big) - \operatorname{Tr}\big(\mathrm{K}_1(t)\big)$ von t unabhängig sein muß, gilt notwendig $a_j = b_j$ für $j \neq 0$ und folglich

24.49.6.1. $\operatorname{ind}(\mathrm{P}) = a_0 - b_0.$

Diese Formel stellt den Ausgangspunkt dar bei der Berechnung des Indexes von P mit Hilfe der *Formel von Atiyah-Singer* [243].

24.49.7. Wir wenden uns jetzt den einzelnen Endomorphismen γ_i zu. Als erstes setzen wir voraus, daß die Menge $\operatorname{Fix}(f)$ der Punkte $x \in X$ mit $f(x) = x$ *endlich* ist. Für einen Punkt $a \in \operatorname{Fix}(f)$ ist die Tangentialabbildung $T_a(f)$ ein Endomorphismus des Tangentialraumes $T_a(X)$; wir nehmen an, daß für jedes $a \in \operatorname{Fix}(f)$ die *Eigenwerte dieses Endomorphismus von* 1 *verschieden* sind; gleichbedeutend damit ist die Forderung, daß

24.49.7.1. $\det\big(\mathrm{I}_n - T_a(f)\big) \neq 0$

für jedes $a \in \operatorname{Fix}(f)$ gilt, wobei I_n die Identität in $T_a(X)$ ist.

Unter diesen Voraussetzungen wird nun jeder Ausdruck $\operatorname{Tr}\big(\gamma_i \circ \mathrm{K}_i(t)\big)$ für $t > 0$ *explizit* berechnet, worauf wir in der Formel (24.49.5.6) t gegen 0 streben lassen, um die Lefschetzzahl als Funktion der γ_i zu erhalten.

24.49.8. Zu dieser Berechnung wird eine hinreichend feine offene Überdeckung von X benutzt, die es gestattet, den $\mathrm{K}_i(t)$ entsprechenden Kernschnitt nach der in Abschnitt 23.63 angegebenen Methode zu berechnen. Dabei wird von einer endlichen offenen Überdeckung (W_λ) von X ausgegangen, die aus Definitionsbereichen von Karten von X besteht und die Eigenschaft besitzt, daß $W_\lambda \cup W_\mu$ für jedes Paar (λ, μ) trivialisierend für E_i ist (vgl. (23.3.2)). Es seien $a_1, a_2, \ldots, a_r$ die Punkte aus $\operatorname{Fix}(f)$; ist a_j in einem W_λ enthalten und ist $(W_\lambda, \varphi_\lambda, n)$ eine Karte mit $\varphi_\lambda(a_j) = 0$, so existiert eine offene Umgebung $W'_\lambda \subset W_\lambda$ von a_j mit $f(W'_\lambda) \subset W_\lambda$; aufgrund der Voraussetzung (24.49.7.1) und des Satzes über implizite Funktionen existiert eine offene Kugel $B_j \subset \boldsymbol{R}^n$ von hinreichend kleinem Radius und mit dem Mittelpunkt 0 sowie eine der Klasse C^∞ angehörende Abbildung $\mathbf{z}' \to u(\mathbf{z}')$ von B_j in $\varphi_\lambda(W'_\lambda)$ derart, daß für $\mathbf{z}' \in B_j$

24.49.8.1. $u_j(\mathbf{z}') - \varphi_\lambda\Big(f\big(\varphi_\lambda^{-1}(u_j(\mathbf{z}'))\big)\Big) = \mathbf{z}'$

gilt; es ist $u_j(0) = 0$, u_j ist injektiv und $u_j(B_j)$ eine Umgebung von 0 in $\boldsymbol{R}^n$. Darüber hinaus kann man die B_j so klein voraussetzen, daß die offenen Mengen $U'_j = \varphi_\lambda^{-1}\big(u_j(B_j)\big)$ in X paarweise disjunkt sind $(1 \leqq j \leqq r)$.

24.49.9. Zur Konstruktion der von uns gesuchten offenen Überdeckung von X kann vorausgesetzt werden, daß die Menge der Indizes α der offenen Mengen U_α dieser Überdeckung ein Intervall von $\boldsymbol{N}$ mit dem Anfangspunkt 1 ist. Zunächst werden die offenen Mengen U_j für $1 \leqq j \leqq r$ festgelegt: Man wählt sie derart, daß $\varphi_\lambda(U_j)$ eine in $u_j(B_j)$ enthaltene offene Kugel mit dem Mittelpunkt 0 ist. Danach wählt man für die Karte ψ_j ein skalares Vielfaches der Einschränkung $\varphi_\lambda \mid U_j$ derart, daß $\psi_j(U_j)$ die abgeschlossene Kugel $B'(0;1)$ enthält; wie in (23.63.5) setzt man $V_j = \psi_j^{-1}\big(B(0;{}^1\!/_2)\big)$ und $V'_j = \psi_j^{-1}\big(B(0;{}^1\!/_4)\big)$. Ist d ein die Topologie von X definierender Abstand, so existiert nach Definition eine Zahl $\varrho > 0$ mit $d(x, f(x)) > \varrho$ für jedes $x \in X \setminus \bigcup_{j=1}^{r} V'_j$; für $\alpha \geqq r+1$ werden die U_α dann so gewählt, daß sie in $X \setminus \bigcup_j V'_j$ liegen, ihr Durchmesser $< \varrho$ ist und sie eine Überdeckung von $X \setminus \bigcup_j V_j$ bilden. Die Karten ψ_α und die offenen Mengen V_α können für $\alpha \geqq r+1$ dann wie in (23.63.5) definiert werden (bei Anwendung von (12.6.2)).

24.49.10. Mit $\mathrm{E}_i(t)$ bezeichnen wir den Operator von E_i in sich, der dem Operator Δ_i sowie der Überdeckung (U_α) in ebensolcher Weise entspricht wie der in (23.63.5.3) definierte Operator $\mathrm{E}(t)$ dem Operator $-\mathrm{Q}$. Zunächst bemerken wir, daß es zur Berechnung von $\mathrm{Tr}\big(\gamma_i \circ \mathrm{K}_i(t)\big)$ (das von $t > 0$ unabhängig ist) genügt, $\mathrm{Tr}\big(\gamma_i \circ \mathrm{E}_i(t)\big)$ zu berechnen und davon den *Limes* für gegen 0 strebendes t zu bilden. Das resultiert aus der Tatsache, daß in Formel (23.64.1.1) der dem Operator $\mathrm{K}(t) - \mathrm{E}(t)$ entsprechende Kernschnitt *gleichmäßig gegen* 0 *strebt*, wenn t gegen 0 geht; das wurde nämlich in (23.63.11 C)) und im Beweis von (23.64.2) gezeigt.

24.49.11. Um die Berechnung ausführen zu können, muß zunächst der den regularisierenden Operator $\gamma_i \circ \mathrm{L}$ definierende Kernschnitt explizit angegeben werden, und zwar für einen regularisierenden Operator L von E_i in sich, der durch einen zu $\Gamma(E'_i \boxtimes E_i)$ gehörenden Kernschnitt $(y, x) \to \mathsf{L}(y, x)$ definiert ist. Dazu sei bemerkt, daß es erstens eine der Klasse C^∞ angehörende Abbildung $1 \times f$ von $X \times X$ in sich gibt und man daher das inverse Vektorbündel $(1 \times f)^*(E'_i \boxtimes E_i) = E'_i \boxtimes f^*(E_i)$ mit der Basis $X \times X$ betrachten kann. Zweitens definiert der X-Morphismus $(1, M_i)$ von $f^*(E_i)$ in E_i in kanonischer Weise einen $(X \times X)$-Morphismus $(1, \mathrm{I} \boxtimes \mathrm{M}_i)$ von $E'_i \boxtimes f^*(E_i)$ in $E'_i \boxtimes E_i$ (vgl. (16.16.1) und (16.19.1)). Also (vgl. (24.49.1)) definiert das Paar $(1 \times f, \mathrm{I} \boxtimes \mathrm{M}_i)$ eine $\boldsymbol{C}$-lineare Abbildung $\tilde{\gamma}_i \colon \Gamma(E'_i \boxtimes E_i) \to \Gamma(E'_i \boxtimes E_i)$, und *der den Operator* $\gamma_i \circ \mathrm{L}$ *definierende Kernschnitt ist gleich* $\tilde{\gamma}_i(\mathsf{L})$. Davon braucht man sich nämlich (vgl. (23.4.8)) nur für den Fall zu überzeugen, daß der Kernschnitt L die spezielle Form (23.4.7.1) besitzt, und das ist dann eine unmittelbare Folgerung aus den Definitionen.

24.49.12. Zur Berechnung von $\operatorname{Tr}(\gamma_i \circ \mathrm{E}_i(t))$ beginnt man, den Operator $\mathrm{E}_i(t)$ der Überdeckung (U_α) gemäß nach der (23.63.5.2) entsprechenden Formel für die Kernschnitte

24.49.12.1. $\mathsf{E}_i(t, x, y) = \sum_\alpha \mathsf{E}_{i\alpha}(t, x, y)$

zu zerlegen, und man hat nun jede der Zahlen $\operatorname{Tr}(\gamma_i \circ E_{i\alpha}(t))$ zu berechnen. Für alle $\alpha \geqq r + 1$ sind diese Zahlen aber *gleich* 0. Aufgrund der Wahl der U_α für $\alpha \geqq r+1$ (vgl. (24.49.9)) gilt für jedes $x \in U_\alpha$ nämlich $f(x) \in U_\alpha$, so daß (vgl. (23.63.5.1)) der Schnitt $(1 \times f)^* (\mathsf{E}_{i\alpha})$ von $E_i' \boxtimes f^*(E_i)$ *gleich* 0 ist, was unsere Behauptung beweist. Zu berechnen bleiben also für $1 \leqq j \leqq r$ die Zahlen $\operatorname{Tr}(\gamma_i \circ \mathrm{E}_{ij}(t))$. Die lokale Darstellung f_j' von f (für die der Karte ψ_j entsprechende Bündelkarte) ist eine Abbildung der Klasse C^∞ von $B(0; 1)$ in $\boldsymbol{R}^n$ mit $f_j'(0) = 0$; außerdem ist aufgrund der Wahl von U_j (vgl. (24 49.8)) $\mathbf{x}' \to \mathbf{x}' - f_j'(\mathbf{x}')$ ein *Diffeomorphismus* von $B(0)1$; auf eine offene Teilmenge von $\boldsymbol{R}^n$. Ferner ist die lokale Darstellung des X-Morphismus M_i eine Abbildung $\mathbf{x}' \to \mathrm{M}_{ij}'(\mathbf{x}')$ von $B(0; 1)$ in $\boldsymbol{M}_N(\boldsymbol{C})$, die der Klasse C^∞ angehört. Aus (24.49.11) und (23.63.5.1) ergibt sich dann, daß die lokale Darstellung des Kernschnitts $\tilde{\gamma}_i(\mathsf{E}_{ij})$, der den Operator $\gamma_i \circ \mathrm{E}_{ij}(t)$ definiert, gegeben ist durch

$$(t, \mathbf{x}', \mathbf{y}') \to g(\mathbf{x}', \mathbf{y}')\, \mathrm{M}_{ij}'(\mathbf{x}') \cdot \int_{\boldsymbol{R}^n} \exp\Big(t\sigma_j(\mathbf{y}', \xi) + 2\pi i\big(f_j'(\mathbf{x}') - \mathbf{y}' \,|\, \xi\big)\, \mathrm{I}_N\Big)\, d\xi,$$

wobei g eine Funktion aus $\mathscr{D}(\boldsymbol{R}^{2n})$ mit $g(0, 0) = 1$ ist, deren Träger in $B(0; 1) \times B(0; 1)$ enthalten ist, und $\sigma_j(\mathbf{y}', \xi)$ eine Matrix der Ordnung N, die den Bedingungen aus (23.62.4) genügt.

Ausgehend hiervon ergibt sich aus (23.4.11), daß

$$\operatorname{Tr}(\gamma_i \circ \mathrm{E}_{ij}(t)) = \int_{\boldsymbol{R}^n} d\mathbf{x}' \int_{\boldsymbol{R}^n} h(\mathbf{x}') \operatorname{Tr}\Big(\mathrm{M}_{ij}'(\mathbf{x}') \cdot \exp\Big(t\sigma_j(\mathbf{x}', \xi) + 2\pi i\big(f_j'(\mathbf{x}') - \mathbf{x}' \,|\, \xi\big)\, \mathrm{I}_N\Big)\Big)\, d\xi$$

ist, wobei der Träger von $h(\mathbf{x}') = g(\mathbf{x}', \mathbf{x}')$ in $B(0; 1)$ liegt; folglich kann das erste Integral auf ganz $\boldsymbol{R}^n$ ausgedehnt werden. Es sei V das Bild von $B(0; 1)$ vermöge des Diffeomorphismus $\mathbf{x}' \to \mathbf{x}' - f_j'(\mathbf{x}')$, und es sei $\mathbf{z}' \to v_j(\mathbf{z}')$ der inverse Diffeomorphismus. Da $\mathbf{z}' \to h(v_j(\mathbf{z}'))$ der Klasse C^∞ angehört und der Träger dieser Abbildung in V liegt, kann sie durch 0 außerhalb von V fortgesetzt werden, und unter Verwendung der Formel für die Variablentransformation (vgl. (16.22.1.1)) kann man

$$\begin{aligned}&\operatorname{Tr}(\gamma_i \circ \mathrm{E}_{ij}(t))\\ &= \int_{\boldsymbol{R}^n} d\mathbf{z}' \int_{\boldsymbol{R}^n} h(v_j(\mathbf{z}'))\, |J(\mathbf{z}')| \operatorname{Tr}\Big(\mathrm{M}_{ij}'(v_j(\mathbf{z}')) \cdot \exp\Big(t\sigma_j(v_j(\mathbf{z}'), \xi) - 2\pi i(\mathbf{z}' \,|\, \xi)\, \mathrm{I}_N\Big)\Big)\, d\xi\end{aligned}$$

schreiben, wobei $J(\mathbf{z}')$ die Funktionaldeterminante von v_j im Punkt $\mathbf{z}'$ ist. Da $\mathbf{z}' \to h(v_j(\mathbf{z}'))$ eine Funktion mit kompaktem Träger ist, lassen sich die für das Integral (23.62.10.8) angestellten Überlegungen auf das innere Integral in der vorhergehenden Formel anwenden und zeigen, daß dieses Integral *gegen die Fouriertransformierte der Funktion* $\mathbf{z}' \to h(v_j(\mathbf{z}'))\, |J(\mathbf{z}')| \operatorname{Tr}\big(\mathrm{M}_{ij}'(v_j(\mathbf{z}'))\big)$ *im Raum* $\mathscr{S}(\boldsymbol{R}^n)$ *strebt*, wenn t gegen 0 geht. Die Fouriersche Umkehrformel zeigt daher, daß

$$\lim_{t \to 0} \operatorname{Tr}(\gamma_i \circ \mathrm{E}_{ij}(t)) = h(0)\, |J(0)| \operatorname{Tr}(\mathrm{M}_{ij}'(0))$$

gilt. Da aber $h(0) = 1$ ist, $J(0)$ das Inverse der Funktionaldeterminante von $\mathbf{x}' \to \mathbf{x}' - f_j'(\mathbf{x}')$ im Punkt $\mathbf{x}' = 0$ ist und $f_j'(0) = 0$ gilt, ist der letzte Ausdruck gleich $\det\left(\mathrm{I}_n - T_{a_j}(f)\right)$. Schließlich kann die Faser von $f^*(E_i)$ im Punkt a_j mit der Faser von E_j identifiziert werden, da $f(a_j) = a_j$ ist; $M_i(a_j)$ ist daher ein Endomorphismus dieser Faser, so daß $\mathrm{Tr}\left(\mathrm{M}_{ij}'(0)\right) = \mathrm{Tr}\left(\mathrm{M}_i(a_j)\right)$ gilt. Abschließend erhält man damit den folgenden Satz:

24.49.13. *Wenn die Abbildung* $f\colon X \to X$ *und die X-Morphismen* $\mathrm{M}_i\colon f^*(E_i) \to E_i$ *die Vertauschbarkeitsbeziehung* (24.49.2.1) *und die Voraussetzungen von* (24.49.7) *erfüllen, dann gilt*

24.49.13.1. $$L\left((\gamma_i)\right) = \sum_{i=0}^{N} \sum_{a \in \mathrm{Fix}(f)} (-1)^i \,\mathrm{Tr}\left(\mathrm{M}_i(a)\right) \left|\det\left(\mathrm{I}_n - T_a(f)\right)\right|^{-1}$$

(*Formel von Atiyah-Bott*).

24.49.14. Speziell betrachten wir den Fall, daß (E_i, d_i) der de-Rhamsche Komplex ist (vgl. (24.48.2)); für jeden Index i, $0 \leqq i \leqq n$, entspricht dann jeder Abbildung $f\colon X \to X$ der Klasse C^∞ kanonisch ein X-Morphismus $\mathrm{M}_i\colon f^*(E_i) \to E_i$ derart, daß $(\mathrm{M}_i)_x$ für jedes $x \in X$ die zusammengesetzte lineare Abbildung

24.49.14.1. $$(f^*(E_i))_x \xrightarrow{v_x} (E_i)_{f(x)} \xrightarrow{\overset{i}{\wedge}\,({}^tT_x(f)) \otimes 1_{\boldsymbol{C}}} (E_i)_x$$

ist, wobei v_x die kanonische Abbildung aus (16.12.8(ii)) ist (vgl. (16.20.7)). Der durch das Paar (f, M_i) definierte Endomorphismus $\gamma_i\colon \Gamma(E_i) \to \Gamma(E_i)$ (vgl. (24.49.2)) ist daher gerade die in (16.20.9) und (16.20.15) definierte Abbildung $\alpha \to {}^tf(\alpha)$; für die γ_i ist die Vertauschbarkeitsbeziehung (24.49.2.1) dann eine unmittelbare Folgerung aus der Beziehung $d\left({}^tu(\alpha)\right) = {}^tu(d\alpha)$ aus (17.15.3.2). Da außerdem $H(E_i) = H^i(X; \boldsymbol{C})$ gilt, ist der Endomorphismus γ_i^* gerade der in (24.1.3) definierte Endomorphismus $H^i(f)$.

Ist $a \in \mathrm{Fix}\,(f)$ und setzt man $\mathrm{A} = T_a(f)$ (bekanntlich ist $T_a(f)$ ein Endomorphismus von $T_a(X)$), so ergibt sich nach (24.49.14.1) andererseits

$$\mathrm{Tr}\left(\mathrm{M}_i(a)\right) = \mathrm{Tr}\left(\overset{i}{\wedge}\,{}^t\left(T_a(f)\right) \otimes 1_{\boldsymbol{C}}\right) = \mathrm{Tr}\left(\overset{i}{\wedge}\,(\mathrm{A})\right).$$

Damit ist das Problem darauf zurückgeführt, in der Formel von Atiyah-Bott den Ausdruck $\sum_{i=0}^{n} (-1)^i \,\mathrm{Tr}\left(\overset{i}{\wedge}\,(\mathrm{A})\right)$ zu berechnen. Für jedes $t \in R$ gilt aber

24.49.14.2. $$\det\,(t\mathrm{I}_n + \mathrm{A}) = \sum_{k=0}^{n} t^k \,\mathrm{Tr}\left(\overset{n-k}{\wedge}\,(\mathrm{A})\right),$$

denn wie man unmittelbar feststellt (indem man A mit seiner Matrix bezüglich einer Basis von $T_a(X)$ identifiziert), ist der Koeffizient von t^k auf der rechten Seite die Summe der Hauptminoren A^{HH}, wobei H die Menge der $(n-k)$-elementigen Teilmengen von $\{1, 2, \ldots, n\}$ durchläuft; damit erhält man Formel (24.49.14.2) aus der in (A.13.4.1) angegebenen Darstellung der Matrix $\overset{i}{\wedge}\,(\mathrm{A})$. Setzt man $t = -1$ in (24.49.14.2), so ergibt sich aus der Formel von Atiyah-Bott:

24.49.15. *Es sei* $f\colon X \to X$ *eine Abbildung der Klasse* C^∞ *derart, daß* $\mathrm{Fix}\,(f)$ *endlich und für jedes* $a \in \mathrm{Fix}\,(f)$ *die Determinante* $\det\left(\mathrm{I}_n - T_a(f)\right)$ *von* 0 *verschieden ist. Dann gilt*

24.49.15.1. $\sum_{i=0}^{n} (-1)^i \operatorname{Tr}\left(H^i(f)\right) = \sum_{a \in \operatorname{Fix}(f)} \operatorname{sgn}\left(\det\left(\mathrm{I}_n - T_a(f)\right)\right)$

(*Lefschetzsche Formel*).

24.50. Anwendungen: I. Hopfsche Formel für Vektorfelder

24.50.1. Es sei M eine n-dimensionale kompakte reine differenzierbare Mannigfaltigkeit und X ein Vektorfeld der Klasse C^∞ auf M. Ein Punkt $a \in M$ mit $\mathrm{X}(a) = 0$ heißt *kritischer Punkt* von X. Wir betrachten in einem derartigen Punkt a die lokale Darstellung von X in bezug auf eine lokale Karte von M im Punkt a, die a auf $0 \in \boldsymbol{R}^n$ abbildet; sie ist von der Gestalt $\mathbf{y} \to (\mathbf{y}, \mathbf{G}(\mathbf{y}))$, wobei $\mathbf{y}$ zu einer offenen Umgebung V von 0 gehört und $\mathbf{y} \to \mathbf{G}(\mathbf{y})$ eine Abbildung der Klasse C^∞ von V in $\boldsymbol{R}^n$ ist; die Voraussetzung, daß a ein kritischer Punkt ist, besagt $\mathbf{G}(0) = 0$. Man nennt a einen *nichtausgearteten* kritischen Punkt, wenn die *Ableitung* $\mathrm{D}\mathbf{G}(0)$ eine *invertierbare* Matrix in $\boldsymbol{M}_n(\boldsymbol{R})$ ist. Diese Definition hängt nicht von der gewählten Karte ab; ist nämlich $\mathbf{y} \to (\mathbf{y}, \mathbf{G}_1(\mathbf{y}))$ die lokale Darstellung von X in bezug auf eine andere lokale Karte im Punkt a, so gilt $\mathbf{G}_1(\mathbf{y}) = \mathrm{A}(\mathbf{y}) \cdot \mathbf{G}(\mathbf{y})$, wobei $\mathbf{y} \to \mathrm{A}(\mathbf{y})$ eine der Klasse C^∞ angehörende Abbildung einer Umgebung von 0 in die Gruppe $\boldsymbol{GL}(n, \boldsymbol{R})$ der invertierbaren Matrizen ist (vgl. (16.15.4)). Folglich ist die Ableitung von $\mathbf{G}_1$

$$\mathbf{h} \to (\mathrm{DA}(\mathbf{y}) \cdot \mathbf{h}) \cdot \mathbf{G}(\mathbf{y}) + \mathrm{A}(\mathbf{y}) \cdot (\mathrm{D}\mathbf{G}(\mathbf{y}) \cdot \mathbf{h}),$$

also $\mathrm{D}\mathbf{G}_1(0) = \mathrm{A}(0) \circ \mathrm{D}\mathbf{G}(0)$, womit die Behauptung bewiesen ist.

Aus dem Satz über implizite Funktionen ergibt sich: Ist a ein nichtausgearteter kritischer Punkt von X, so ist in den vorhergehenden Bezeichnungen $\mathbf{G}$ ein Diffeomorphismus von einer Umgebung von 0 in $\boldsymbol{R}^n$ auf eine Umgebung von 0 in $\boldsymbol{R}^n$, und folglich liegt a in der Menge der kritischen Punkte *isoliert*.

24.50.2. Wir nehmen an, die Mannigfaltigkeit M sei *orientiert*; ist a dann ein nichtausgearteter kritischer Punkt von X und werden nur *orientierungserhaltende* lokale Karten im Punkt a benutzt ($\boldsymbol{R}^n$ sei kanonisch orientiert), so *hängt das Vorzeichen* von $\det(\mathrm{D}\mathbf{G}(0))$ in (24.50.1) *nicht* von der gewählten lokalen Karte ab. In den obigen Bezeichnungen findet man nämlich $\det(\mathrm{D}\mathbf{G}_1(0)) = \det(\mathrm{A}(0)) \det(\mathrm{D}\mathbf{G}\ 0))$ und $\det(\mathrm{A}(0)) > 0$ aufgrund von (16.21.3), woraus die Behauptung folgt. Daher kann man den *Index* $j(a)$ von X in einem nichtausgearteten kritischen Punkt a durch die Formel

24.50.2.1. $j(a) = \operatorname{sgn}\left(\det\left(\mathrm{D}\mathbf{G}(0)\right)\right)$

in bezug auf eine beliebige lokale Karte von M im Punkt a definieren. Ersetzt man die Orientierung von M durch die entgegengesetzte Orientierung, so wird $j(a)$ mit $(-1)^n$ multipliziert.

In diesen Bezeichnungen erhält man den folgenden Satz:

24.50.3. *Es sei M eine n-dimensionale orientierte kompakte reine differenzierbare Mannigfaltigkeit, und es sei X ein Vektorfeld der Klasse C^∞ auf M, das nur (notwendigerweise endlich viele) nichtausgeartete kritische Punkte $a_1, a_2, \ldots, a_r$ besitzt. Dann gilt*

24.50.3.1. $j(a_1) + j(a_2) + \cdots + j(a_r) = (-1)^n \chi(M)$

(*Formel von H. Hopf*). (Für ungerades n gilt $\chi(M) = 0$ (vgl. (24.6.8)), so daß man den Faktor $(-1)^n$ auf der rechten Seite von (24.50.3.1) weglassen kann.)

Dazu betrachten wir die *Strömung* (auch *Fluß*) $(x, t) \to F_X(x, t)$ des Feldes X (vgl. (18.2.2)), die hier in *ganz* $M \times \boldsymbol{R}$ definiert ist (vgl. (18.2.11)), und setzen $g_t(x) = F_X(x, t)$ für $t > 0$. Wir zeigen, daß sich (24.50.3) auf die Anwendung der Lefschetzschen Formel (vgl. (24.49.15.1)) für hinreichend nahe bei 0 gelegenes $t > 0$ zurückführen läßt; das ergibt sich aus dem folgenden Lemma:

24.50.3.2. *Es existiert eine Zahl $\alpha > 0$ derart, daß für $0 < t < \alpha$ die kritischen Punkte $a_1, a_2, \ldots, a_r$ die einzigen Fixpunkte der Abbildung g_t sind und in jedem dieser Punkte* $\det\left(\mathrm{I}_n - T_{a_j}(g_t)\right) \neq 0$ *gilt.*

Setzen wir dieses Lemma einmal als bewiesen voraus. Offenbar ist $(x, s) \to F_X(x, s)$ für $0 \leqq s \leqq t$ eine Homotopie der identischen Abbildung 1_M in g_t; also (vgl. (24.2.5)) sind die Endomorphismen $H^i(g_t)$ die identischen Abbildungen, und die linke Seite von (24.49.15.1), angewandt auf g_t, ist folglich die Euler-Poincaré-Charakteristik $\chi(M)$. Wählen wir andererseits eine lokale Karte von M in einem Punkt a_k, so ist (18.2.14.4) zufolge die lokale Darstellung von $T_{a_k}(g_t)$

24.50.3.3. $\mathrm{I}_n + t\mathrm{D}\mathbf{G}(0) + t\mathrm{W}(t)$,

wobei $\mathrm{W}(t)$ eine Matrix ist, die für gegen 0 gehendes t gegen 0 strebt; das Vorzeichen von $\det\left(\mathrm{I}_n - T_{a_j}(g_t)\right)$ stimmt daher mit dem Vorzeichen von $(-1)^n \det\left(\mathrm{D}\mathbf{G}(0)\right)$ überein, sobald t hinreichend klein ist, oder mit anderen Worten, es ist gleich $(-1)^n j(a_k)$; folglich ist die rechte Seite von (24.49.15.1) gleich $(-1)^n \left(j(a_1) + \cdots + j(a_r)\right)$, womit die Formel von H. Hopf bewiesen ist.

Es bleibt also nur noch Lemma (24.50.3.2) zu beweisen. Wir schließen indirekt und nehmen an, es existiere eine Folge (t_k) von gegen 0 strebenden Zahlen > 0 sowie eine Folge (x_k) von Punkten aus M, die von den kritischen Punkten verschieden sind derart, daß $F_X(x_k, t_k) = x_k$ gilt; aus Kompaktheitsgründen kann angenommen werden, daß die Folge (x_k) einen Limes $a \in M$ besitzt. Wir zeigen zunächst, daß a notwendig ein kritischer Punkt von X ist; (18.2.3.2) zufolge gilt nämlich auch $F_X(x_k, m_k t_k) = x_k$ für jede Folge (m_k) von ganzen Zahlen. Da man die m_k so wählen kann, daß die Folge $(m_k t_k)$ gegen irgendeine reelle Zahl strebt, gilt $F_X(a, t) = a$ für jedes $t \in \boldsymbol{R}$, was $\mathrm{X}(a) = 0$ bedeutet. Wir setzen daher $a = a_j$ voraus; wie wir dann feststellen, läßt die lineare Tangentialabbildung $T_{x_k}\left(F_X(., m_k t_k)\right)$ nach Definition den Vektor $\mathrm{X}(x_k) \neq 0$ invariant, mit anderen Worten, einer ihrer Eigenwerte ist gleich 1. Dasselbe trifft im Grenzwert daher auf $T_{a_j}(g_t)$ für jedes $t > 0$ zu; aufgrund der lokalen Darstellung (24.50.3.3) folgt daraus aber $\det\left(\mathrm{D}\mathbf{G}(0)\right) = 0$, entgegen der Voraussetzung. Dieselbe lokale Darstellung zeigt, daß $\det\left(\mathrm{I}_n - T_{a_j}(g_t)\right) \neq 0$ für hinreichend nahe bei 0 gelegenes t gilt.

24.50.4. Bemerkung. Die Hopfsche Formel zeigt, daß die einzigen orientierten reinen kompakten Mannigfaltigkeiten M, auf denen es Vektorfelder *ohne kritische Punkte* geben kann, die Mannigfaltigkeiten M mit $\chi(M) = 0$ sind.

24.51. Anwendungen: II. Die Bottschen Formeln für charakteristische Klassen

24.51.1. Es sei M eine n-dimensionale *kompakte* reine Mannigfaltigkeit und C ein linearer Zusammenhang auf M (vgl. (17.18.1)). Ferner sei X ein Vektorfeld der Klasse C^∞ auf M; dann ist die Strömung $(x, t) \to F_{\mathrm{X}}(x, t)$ dieses Feldes in ganz $M \times \boldsymbol{R}$ definiert (vgl. (18.2.11)), und für jedes $t \in \boldsymbol{R}$ ist $h_t: x \to F_{\mathrm{X}}(x, t)$ ein *Diffeomorphismus* von M auf sich mit $h_{t+t'} = h_t \circ h_{t'} = h_{t'} \circ h_t$ (vgl. (18.2.11)). Das Feld X wird ein *infinitesimaler Automorphismus* des Zusammenhangs C genannt, wenn die Diffeomorphismen h_t den Zusammenhang C *invariant* lassen.

24.51.2. *Es sei* X *ein infinitesimaler Automorphismus des Zusammenhangs* C. *Für jedes Vektorfeld* Y *der Klasse* C^∞ *auf* M *gilt*

24.51.2.1. $\theta_{\mathrm{X}} \circ \nabla_{\mathrm{Y}} - \nabla_{\mathrm{Y}} \circ \theta_{\mathrm{X}} = \nabla_{[\mathrm{X},\mathrm{Y}]}$.

Für jedes Vektorfeld Z der Klasse C^∞ auf M setzen wir

$$\mathrm{Z}_t(x) = T_{h_t(x)}(h_{-t}) \cdot \mathrm{Z}\big(h_t(x)\big),$$

so daß

24.51.2.2. $$(\theta_{\mathrm{X}} \cdot \mathrm{Z})\,(x) = \frac{d}{dt}\,\big(\mathrm{Z}_t(x)\big)_{t=0}$$

gilt (vgl. (18.2.14.2)). Mit Hilfe dieser Formel berechnen wir $\theta_{\mathrm{X}} \cdot (\nabla_{\mathrm{Y}} \cdot \mathrm{Z})$. Aus der Voraussetzung, daß h_t den Zusammenhang C invariant läßt, folgt durch Strukturübertragung

$$(\nabla_{\mathrm{Y}} \cdot \mathrm{Z})_t\,(x) = (\nabla_{\mathrm{Y}_t(x)} \cdot \mathrm{Z}_t)\,(x),$$

und durch lineare Fortsetzung

$$t^{-1}\big((\nabla_{\mathrm{Y}} \cdot \mathrm{Z})_t\,(x) - (\nabla_{\mathrm{Y}} \cdot \mathrm{Z})\,(x)\big) = (\nabla_{t^{-1}(\mathrm{Y}_t(x)-\mathrm{Y}(x))} \cdot \mathrm{Z}_t)\,(x) + \big(\nabla_{\mathrm{Y}(x)} \cdot \big(t^{-1}(\mathrm{Z}_t - \mathrm{Z})\big)\big)(x).$$

Aufgrund von (24.51.2.2) strebt aber das erste Glied auf der rechten Seite gegen $(\nabla_{\theta_{\mathrm{X}}\cdot\mathrm{Y}} \cdot \mathrm{Z})\,(x) = (\nabla_{[\mathrm{X},\mathrm{Y}]} \cdot \mathrm{Z})\,(x)$, wenn t gegen 0 geht, und das zweite Glied strebt gegen $\big(\nabla_{\mathrm{Y}} \cdot (\theta_{\mathrm{X}} \cdot \mathrm{Z})\big)\,(x)$. Da die linke Seite gegen $\big(\theta_{\mathrm{X}} \cdot (\nabla_{\mathrm{Y}} \cdot \mathrm{Z})\big)\,(x)$ strebt, ist (24.51.2.1) bewiesen.

24.51.3. Ist X ein *beliebiges* Vektorfeld der Klasse C^∞ auf M, so ist die $\boldsymbol{R}$-lineare Abbildung $\mathrm{Y} \to \theta_{\mathrm{X}} \cdot \mathrm{Y} - \nabla_{\mathrm{X}} \cdot \mathrm{Y}$ auch $\mathscr{E}(M)$-linear, d. h., für jede reelle Funktion f der Klasse C^∞ gilt $\theta_{\mathrm{X}}(f\mathrm{Y}) - \nabla_{\mathrm{X}}(f\mathrm{Y}) = f(\theta_{\mathrm{X}} \cdot \mathrm{Y} - \nabla_{\mathrm{X}} \cdot \mathrm{Y})$; das ergibt sich aus den Darstellungen (17.14.4.2) für $\theta_{\mathrm{X}} \cdot (f\mathrm{Y})$ und (17.18.1.4) für $\nabla_{\mathrm{X}} \cdot (f\mathrm{Y})$. Daher kann man diese Abbildung in der Gestalt $\mathrm{Y} \to \mathsf{A}_{\mathrm{X}} \cdot \mathrm{Y}$ schreiben, wobei A_{X} ein der Klasse C^∞ angehörender Schnitt über M des Bündels $\mathrm{End}\big(T(M)\big) = T(M)^* \otimes T(M)$ oder auch ein *Tensorfeld* aus $\mathscr{T}_1^1(M)$ ist.

Es sei $R(M)$ das *Repèrebündel* (*Bündel der Repères*) von M (vgl. (20.1.1)) sowie P der dem linearen Zusammenhang C assoziierte (vgl. (20.5.2)) *Hauptzusammenhang* auf $R(M)$; dem Tensorfeld A_{X} entspricht kanonisch eine der Klasse C^∞ angehörende *Abbildung* $\boldsymbol{A}_{\mathrm{X}}$ *von* $R(M)$ *in den Raum* $\mathrm{End}\,(\boldsymbol{R})^n$, die für jedes Repère $r_x: \boldsymbol{R}^n \to T_x(M)$ der Faser $R(M)_x$ durch die Formel

24.51.3.1. $\boldsymbol{A}_X(r_x) = r_x^{-1} \circ \mathsf{A}_X(x) \circ r_x$

definiert ist. Wir zeigen, daß für jeden Tangentialvektor $\mathbf{h}_x \in T_x(M)$

24.51.3.2. $\nabla_{\mathbf{h}_x} \cdot \mathsf{A}_X = r_x \circ \big(\mathrm{D}\boldsymbol{A}_X(r_x) \cdot \mathrm{rel}\,(\mathbf{h}_x)\big) \circ r_x^{-1}$

gilt, wobei D das kovariante äußere Differential bezüglich des Hauptzusammenhangs P bezeichnet (vgl. (20.3.2)) und rel($\mathbf{h}_x$) die horizontale Liftung von $\mathbf{h}_x$ im Punkt r_x (vgl. (20.2.2)). Aus (17.18.2) folgt nämlich für jedes Vektorfeld Z der Klasse C^∞ auf M

24.51.3.3. $(\nabla_{\mathbf{h}_x} \cdot \mathsf{A}_X) \cdot Z = \nabla_{\mathbf{h}_x} \cdot (\mathsf{A}_X \cdot Z) - \mathsf{A}_X(x) \cdot (\nabla_{\mathbf{h}_x} \cdot Z)$.

Wir setzen $\Psi(r_x) = r_x^{-1} \cdot Z(x)$, so daß Ψ eine Abbildung von $R(M)$ in $\boldsymbol{R}^n$ und $\Phi(r_x) = \boldsymbol{A}_X(r_x) \cdot \Psi(r_x)$ eine weitere Abbildung von $R(M)$ in $\boldsymbol{R}^n$ ist; die Anwendung von Formel (20.5.3.4) auf diese beiden Funktionen ergibt

$$\begin{aligned}
\nabla_{\mathbf{h}_x} \cdot Z &= r_x \cdot (\theta_{\mathrm{rel}(\mathbf{h}_x)} \cdot \Psi), \\
\nabla_{\mathbf{h}_x} \cdot (\mathsf{A}_X \cdot Z) &= r_x \cdot (\theta_{\mathrm{rel}(\mathbf{h}_x)} \cdot \Phi) \\
&= r_x \cdot \big((\theta_{\mathrm{rel}(\mathbf{h}_x)} \cdot \boldsymbol{A}_X) \cdot \Psi + \boldsymbol{A}_X(r_x) \cdot (\theta_{\mathrm{rel}(\mathbf{h}_x)} \cdot \Psi)\big),
\end{aligned}$$

und da nach Definition (vgl. (20.3.2.1)) $\theta_{\mathrm{rel}(\mathbf{h}_x)} \cdot \boldsymbol{A}_X = \mathrm{D}\boldsymbol{A}_X(r_x) \cdot \mathrm{rel}(\mathbf{h}_x)$ gilt, erhält man Formel (24.51.3.2) aus den beiden vorhergehenden Formeln sowie aus (24.51.3.3).

24.51.4. *Es sei* X *ein infinitesimaler Automorphismus von* C. *In den Bezeichnungen von* (24.51.3) *gilt*

24.51.4.1. $\mathrm{D}\boldsymbol{A}_X = i_{\mathrm{rel}(X)} \cdot \boldsymbol{\Omega}$,

wobei rel (X) *die horizontale Liftung des Feldes* X *in* $R(M)$ (vgl. (20.2.2)) *ist und* $\boldsymbol{\Omega}$ *die Krümmungsform des Hauptzusammenhangs* P (vgl. (20.3.2.2)).

Für jedes Paar von Vektorfeldern Y, Z der Klasse C^∞ auf M folgt nämlich aus (24.51.3.3), wenn man A_X durch seine Definition,

$$\begin{aligned}
(\nabla_Y \cdot \mathsf{A}_X) \cdot Z &= \nabla_Y \cdot (\mathsf{A}_X \cdot Z) - \mathsf{A}_X \cdot (\nabla_Y \cdot Z) \\
&= \nabla_Y \cdot (\theta_X \cdot Z - \nabla_X \cdot Z) - \theta_X \cdot (\nabla_Y \cdot Z) + \nabla_X \cdot (\nabla_Y \cdot Z),
\end{aligned}$$

ersetzt. Aufgrund von (24.51.2.1) und (17.20.4.1) ist letzterer Ausdruck gerade $\big(\boldsymbol{r} \cdot (X \wedge Y)\big) \cdot Z$, wobei $\boldsymbol{r}$ die Krümmung (vgl. (17.20.5)) des linearen Zusammenhangs C bezeichnet. Aus (20.6.6.8) und (20.6.6.10) leitet man jedoch her, daß für zwei Tangentialvektoren $\mathbf{h}_x$, $\mathbf{k}_x$ aus $T_x(M)$

$$\boldsymbol{r}(x) \cdot (\mathbf{h}_x \wedge \mathbf{k}_x) = r_x \circ \Big(\boldsymbol{\Omega}(r_x) \cdot \big(\mathrm{rel}\,(\mathbf{h}_x) \wedge \mathrm{rel}\,(\mathbf{k}_x)\big)\Big) \circ r_x^{-1}$$

gilt. Vergleicht man mit (24.51.3.2) und macht von der Tatsache Gebrauch, daß $\boldsymbol{\Omega}$ eine horizontale Form ist (vgl. (20.3.2)), so erhält man unter Berücksichtigung der Definition des inneren Produkts (vgl. (16.18.4.5)) die Behauptung.

24.51.5. Wir nehmen jetzt an, die kompakte Mannigfaltigkeit M sei mit einer *Riemannschen Struktur* versehen, und wählen für C den entsprechenden *Levi-Civita-Zusammenhang*. In den Bezeichnungen von (24.51.1) wird dann das Vektorfeld X eine *infinitesimale Isometrie* genannt, wenn der Diffeomorphismus h_t für jedes $t \in \boldsymbol{R}$ eine *Isometrie* von M ist; offenbar ist X dann auch ein infinitesimaler Automorphismus des Zusammenhangs $\mathbf{C}$. (Wenn M zusammenhängend und orientiert ist, kann man zeigen, daß auch die Umkehrung gilt; vgl. Abschnitt 20.10, Aufgabe 8.)

Ist $\boldsymbol{g}$ die Metrik von M, so folgt aus dieser Definition, daß die Anwendung von Formel (18.2.14.8) auf das Tensorfeld $\boldsymbol{g}$

24.51.5.1. $\theta_{\mathrm{X}} \cdot \boldsymbol{g} = 0$

ergibt. Für das Tensorfeld A_{X} folgt hieraus:

24.51.6. *Ist* X *eine infinitesimale Isometrie der kompakten Riemannschen Mannigfaltigkeit* M, *so gilt für zwei Vektorfelder* Y, Z *der Klasse* C^∞ *auf* M

25.51.6.1. $(A_{\mathrm{X}} \cdot \mathrm{Y} | \mathrm{Z}) + (\mathrm{Y} | A_{\mathrm{X}} \cdot \mathrm{Z}) = 0.$

Aus den Eigenschaften der Lie-Ableitung (vgl. (17.14.7)) und aus der Beziehung (24.51.5.1) folgt nämlich

24.51.6.2. $\theta_{\mathrm{X}}(\mathrm{Y} | \mathrm{Z}) = (\theta_{\mathrm{X}} \cdot \mathrm{Y} | \mathrm{Z}) + (\mathrm{Y} | \theta_{\mathrm{X}} \cdot \mathrm{Z}).$

Andererseits gilt aber (vgl. (20.9.5.3))

$$\theta_{\mathrm{X}}(\mathrm{Y} | \mathrm{Z}) = (\nabla_{\mathrm{X}} \cdot \mathrm{Y} | \mathrm{Z}) + (\mathrm{Y} | \nabla_{\mathrm{X}} \cdot \mathrm{Z});$$

faßt man die beiden vorhergehenden Beziehungen gliedweise zusammen, so erhält man (24.51.6.1).

24.51.7. Es sei $S(M) \subset R(M)$ das Bündel der orthonormalen Repères auf M mit der Strukturgruppe $\boldsymbol{O}(n)$, entsprechend der Metrik $\boldsymbol{g}$ auf M (vgl. (20.7.6)); ist X eine infinitesimale Isometrie, so bezeichnen wir mit $\boldsymbol{A}_{\mathrm{X}}$ auch die Einschränkung der durch (24.51.3.1) definierten Funktion $\boldsymbol{A}_{\mathrm{X}}$ auf $S(M)$. Da jedes $r_{\mathrm{X}} \in S(M)_x$ eine Isometrie von $\boldsymbol{R}^n$ auf $T_x(M)$ ist, folgt aus (24.51.6.1), daß die Funktion $\boldsymbol{A}_{\mathrm{X}}$ *ihre Werte in der Lieschen Algebra* $\mathfrak{so}(n)$ *der Gruppe* $\boldsymbol{O}(n)$ *annimmt*, die aus den antisymmetrischen Matrizen der Ordnung n besteht (vgl. (19.4.3.3)). Im weiteren wollen wir zeigen: Wenn auf M eine infinitesimale Isometrie X existiert, die nur eine endliche Anzahl von *nichtausgearteten kritischen Punkten* besitzt (vgl. (24.50.1)), dann ist es möglich, die Hopfsche Formel (vgl. (24.50.3)) zu verallgemeinern, um mit Hilfe des Tensors A_{X} gewisse Kohomologieklassen $c_F(S(M))$ zu erhalten (vgl. (24.45.5)).

24.51.8. Wir betrachten eine *symmetrische* p-*lineare* Abbildung F von $(\mathfrak{so}(n))^p$ in $\boldsymbol{R}$. Für jede ganze Zahl r mit $0 \leqq r \leqq p$ kann man

24.51.8.1. $\boldsymbol{F}^{(r)}(\boldsymbol{\Omega}) = \binom{p}{r} \boldsymbol{F}(\overbrace{\boldsymbol{A}_{\mathrm{X}}, \ldots, \boldsymbol{A}_{\mathrm{X}}}^{r}, \boldsymbol{\Omega}, \ldots, \boldsymbol{\Omega})$

definieren (vgl. (24.44.1)), wobei $\boldsymbol{\Omega}$ die Krümmungsform (auf $S(M)$) des Levi-Civita-Zusammenhangs ist; man erhält damit eine *skalare* $2(p-r)$-*Differentialform auf* $S(M)$. Da aufgrund der Identität von Bianchi (vgl. (20.3.4)) $\mathrm{D}\boldsymbol{\Omega} = 0$ gilt, erhält man, wenn man (24.51.4.1) sowie die Antiderivationseigenschaft des inneren Produkts (vgl. (16.18.4.9)) anwendet,

24.51.8.2. $\mathrm{D}\boldsymbol{F}^{(r)}(\boldsymbol{\Omega}) = i_{\mathrm{rel(X)}} \cdot \boldsymbol{F}^{(r-1)}(\boldsymbol{\Omega}) \qquad \text{für} \qquad 1 \leqq r \leqq p,$

und $\mathrm{D}\boldsymbol{F}^{(0)}(\boldsymbol{\Omega}) = 0.$

Wir beschränken uns auf den Fall, daß die kompakte Riemannsche Mannigfaltigkeit M *orientiert* ist, und fügen den bisherigen Voraussetzungen die Annahme hinzu, daß F *bezüglich der Gruppe* $\mathbf{SO}(n)$ *invariant* ist. Dann kann man wie in (24.45.4) kanonisch eine $2(p-r)$-Differentialform $F_M^{(r)}(\boldsymbol{\Omega})$ *auf der Mannigfaltigkeit* M definieren. Dazu sei U eine offene Teilmenge von M, über der ein direktes orthonormales Repère $\mathsf{R} = (\mathbf{e}_1, \ldots, \mathbf{e}_n)$, ein der Klasse C^∞ angehörender Schnitt von $S(M)$ also, definiert ist. Für jedes $x \in U$ setzen wir

24.51.8.3. $\boldsymbol{A}_X^{(\mathsf{R})}(x) = \boldsymbol{A}_X(\mathsf{R}(x)) = \mathsf{R}(x)^{-1} \circ \mathbf{A}_X(x) \circ \mathsf{R}(x)$

sowie $\boldsymbol{\Omega}^{(\mathsf{R})} = {}^t\mathsf{R}(\boldsymbol{\Omega})$. Dann ist die $2(p-r)$-Form

24.51.8.4. $$F_M^{(r)}(\boldsymbol{\Omega}) = {}^t\mathsf{R}(\boldsymbol{F}^{(r)}(\boldsymbol{\Omega})) = \binom{p}{r} \boldsymbol{F}(\boldsymbol{A}_X^{(\mathsf{R})}, \ldots, \boldsymbol{A}_X^{(\mathsf{R})}, \boldsymbol{\Omega}^{(\mathsf{R})}, \ldots, \boldsymbol{\Omega}^{(\mathsf{R})})$$

von der Wahl des Repères R über U *unabhängig*, was aus der Voraussetzung über F dem Ausdruck (24.51.8.3) sowie Formel (24.45.4.1) folgt.

Wir zeigen jetzt, daß für die skalaren Differentialformen $F_M^{(r)}(\boldsymbol{\Omega})$ auf M die Relationen

24.51.8.5. $dF_M^{(r)}(\boldsymbol{\Omega}) = i_X \cdot F_M^{(r-1)}(\boldsymbol{\Omega}) \quad$ für $\quad 1 \leqq r \leqq p$

und $dF_M^{(0)}(\boldsymbol{\Omega}) = 0$ gelten. Setzt man zur Vereinfachung $m = 2(p-r)$, $\alpha = \boldsymbol{F}^{(r)}(\boldsymbol{\Omega})$ und $\alpha^{(\mathsf{R})} = {}^t\mathsf{R}(\alpha)$, so folgt die Behauptung aus (24.51.8.2) und den Beziehungen

24.51.8.6. $d\alpha^{(\mathsf{R})} = {}^t\mathsf{R}(\mathrm{D}\alpha) \quad$ für $\quad 1 \leqq r \leqq p$,

24.51.8.7. $i_X \cdot \alpha^{(\mathsf{R})} = {}^t\mathsf{R}(i_{\mathrm{rel}(X)} \cdot \alpha) \quad$ für $\quad 0 \leqq r \leqq p-1$.

Zum Beweis von (24.51.8.6) betrachten wir $m+1$ linear unabhängige Tangentialvektoren $\mathbf{h}_1, \ldots, \mathbf{h}_{m+1}$ in einem Punkt $x \in U$ sowie $m+1$ in einer Umgebung $V \subset U$ von x definierte Vektorfelder $X_1, \ldots, X_{m+1}$ mit $X_j(x) = \mathbf{h}_j$ für $1 \leqq j \leqq m+1$; da α vom gewählten Repère R unabhängig ist, kann man überdies stets voraussetzen, daß die Vektorfelder $\mathsf{R}(y) \to T_y(\mathsf{R}) \cdot X_j(y)$ auf $\mathsf{R}(V)$ zu Vektorfeldern X_j' auf $S(M)$ fortgesetzt werden können mit $X_j'(\mathsf{R}(x)) = \mathrm{rel}\,(\mathbf{h}_j)$ für $1 \leqq j \leqq m+1$.

Es gilt
$$\langle d\alpha^{(\mathsf{R})}(x), \mathbf{h}_1 \wedge \mathbf{h}_2 \wedge \cdots \wedge \mathbf{h}_{m+1} \rangle = \langle d\alpha^{(\mathsf{R})}(x), X_1(x) \wedge \cdots \wedge X_{m+1}(x) \rangle.$$

Nun erhält man durch Strukturübertragung mit Hilfe von R, aufgefaßt als Diffeomorphismus von V auf $\mathsf{R}(V)$, die Beziehung $\langle d\alpha^{(\mathsf{R})}, X_1 \wedge \cdots \wedge X_{m+1} \rangle = \langle d\alpha_1, X_1' \wedge \cdots \wedge X_{m+1}' \rangle$ in $\mathsf{R}(V)$, und der Wert der rechten Seite im Punkt $\mathsf{R}(x)$ ist gerade

$$\langle d\alpha(\mathsf{R}(x)), \mathrm{rel}\,(\mathbf{h}_1) \wedge \cdots \wedge \mathrm{rel}\,(\mathbf{h}_{m+1}) \rangle = \langle \mathrm{D}\alpha(\mathsf{R}(x)), T_x(\mathsf{R}) \cdot \mathbf{h}_1 \wedge \cdots \wedge T_x(\mathsf{R}) \cdot \mathbf{h}_{m+1} \rangle,$$

womit (24.51.8.6) bewiesen ist. Andererseits gilt nach Definition (vgl. (16.18.4.5))

$$\langle (i_X \cdot \alpha^{(\mathsf{R})})(x), \mathbf{h}_1 \wedge \cdots \wedge \mathbf{h}_{m-1} \rangle = \langle \alpha(\mathsf{R}(x)), T_x(\mathsf{R}) \cdot X(x) \wedge T_x(\mathsf{R}) \cdot \mathbf{h}_1 \wedge \cdots \wedge T_x(\mathsf{R}) \cdot \mathbf{h}_{m-1} \rangle,$$

und da α horizontal und $m \geqq 1$ ist, kann man auf der rechten Seite $T_x(\mathsf{R}) \cdot \mathrm{X}(x)$ durch rel $(\mathrm{X}(x))$ ersetzen, was den Ausdruck

$$\langle (i_{\mathrm{rel(X)}} \cdot \alpha)\,(\mathsf{R}(x)),\, T_x(\mathsf{R}) \cdot \mathbf{h}_1 \wedge \cdots \wedge T_x(\mathsf{R}) \cdot \mathbf{h}_{m-1} \rangle$$

ergibt, woraus man (24.51.8.7) herleitet.

24.51.9. Nachdem diese Vorbereitungen getroffen sind, nehmen wir an, daß die kompakte Riemannsche Mannigfaltigkeit M zusammenhängend, orientiert und $2m$-dimensional ist. Darüber hinaus nehmen wir an, daß auf M eine *infinitesimale Isometrie* X existiert, die nur *eine endliche Anzahl von nichtausgearteten kritischen Punkten* (vgl. (24.50.1)) $a_1, \ldots, a_r$ besitzt. In einem dieser Punkte a_j gilt $\nabla_{\mathrm{X}(a_j)} \cdot \mathrm{Y} = 0$, weil $\mathrm{X}(a_j) = 0$ ist (vgl. (17.17.2.2)), so daß $\mathsf{A}_\mathrm{X}(a_j) \cdot \mathrm{Y}(a_j) = (\theta_\mathrm{X} \cdot \mathrm{Y})\,(a_j)$ gilt; zur Vereinfachung bezeichnen wir den Endomorphismus $\mathsf{A}_\mathrm{X}(a_j)$ des Vektorraumes $T_{a_j}(M)$ mit L_j; für das skalare Produkt auf $T_{a_j}(M)$ gilt daher $\mathrm{L}_j^* = -\mathrm{L}_j$. Setzt man das euklidische Skalarprodukt auf $T_{a_j}(M)$ kanonisch zu einem hermiteschen Skalarprodukt auf der Komplexifizierung $(T_{a_j}(M))_{(\boldsymbol{C})}$ fort, so ist die kanonische Fortsetzung von L_j ein $\boldsymbol{C}$-linearer Endomorphismus (der wieder mit L_j bezeichnet wird) mit $(i\mathrm{L}_j)^* = i\mathrm{L}_j$, d. h., $i\mathrm{L}_j$ ist hermitesch; bezeichnet c die Konjugation $\mathbf{x} + i\mathbf{y} \to \mathbf{x} - i\mathbf{y}$ in $(T_{a_j}(M))_{(\boldsymbol{C})}$, so ist L_j außerdem mit c vertauschbar; ist also $\mathbf{z}$ ein Eigenvektor von $i\mathrm{L}_j$ für den (reellen) Eigenwert μ, so ist $c(\mathbf{z})$ ein Eigenvektor von $i\mathrm{L}_j$ für den Eigenwert $-\mu$. Wie man ferner feststellt, folgt aus der Voraussetzung, daß a_j ein nichtausgearteter kritischer Punkt für X ist, aufgrund von (17.14.3.2), daß L_j bezüglich einer geeigneten Basis von $T_{a_j}(M)$ eine Matrix besitzt, die gleich der in (24.50.1) mit $-\mathrm{D}\mathbf{G}(0)$ bezeichneten Matrix ist; also ist L_j invertierbar. Als Folgerung aus diesen Feststellungen findet man, daß es in $(T_{a_j}(M))_{(\boldsymbol{C})}$ eine orthonormale Basis $(\mathbf{b}_k)_{1 \leqq k \leqq 2m}$ gibt mit $\mathrm{L}_j \cdot \mathbf{b}_{2k-1} = i\mu_k \mathbf{b}_{2k-1}$, $\mathbf{b}_{2k} = c(\mathbf{b}_{2k-1})$ und $\mathrm{L}_j \cdot \mathbf{b}_{2k} = -i\mu_k \mathbf{b}_{2k}$, wobei die μ_k reelle Zahlen > 0 sind; da die Vektoren $\mathbf{b}_{2k-1} + \mathbf{b}_{2k}$ sowie $i(\mathbf{b}_{2k-1} - \mathbf{b}_{2k})$ orthogonal sind und zu $T_{a_j}(M)$ gehören, ist damit schließlich gezeigt, daß es in $T_{a_j}(M)$ eine orthonormale Basis $(\mathbf{c}_k)_{1 \leqq k \leqq 2m}$ gibt mit

24.51.9.1. $\mathrm{L}_j \cdot \mathbf{c}_{2k-1} = \mu_k \mathbf{c}_{2k}, \qquad \mathrm{L}_j \cdot \mathbf{c}_{2k} = -\mu_k \mathbf{c}_{2k-1} \qquad$ für $\qquad 1 \leqq k \leqq m.$

Wir setzen nun

24.51.9.2.
$$\det\left(t\mathrm{I}_{2m} - \frac{1}{2\pi}\,\mathrm{L}_j\right) = \prod_{k=1}^{m}\left(t^2 + \frac{1}{4\pi^2}\,\mu_k^2\right) = t^{2m} + \sigma_2(a_j)\,t^{2m-2} + \cdots + \sigma_{2m}(a_j).$$

Ferner setzen wir

24.51.9.3. $\tau(a_j) = \left(\dfrac{1}{2\pi}\right)^m \operatorname{Pf}(\mathrm{L}_j)$,

was gleich $\left(\dfrac{1}{2\pi}\right)^m \mu_1\mu_2 \cdots \mu_m$ ist.

Schließlich bezeichnen wir zur Abkürzung mit $p_k(M)$ und $e(M)$ die reellen Pontrjaginschen Klassen bzw. die Eulersche Klasse des orientierten Bündels $T(M)$. In diesen Bezeichnungen erhält man das folgende Ergebnis:

24.51.10. (Bott). *Es sei M eine orientierte zusammenhängende kompakte Riemann-*

sche Mannigfaltigkeit und X *eine infinitesimale Isometrie auf* M *mit nur endlich vielen nichtausgearteten kritischen Punkten* $a_1, a_2, \ldots, a_r$. *Dann gilt für jedes System* $(\alpha_1, \alpha_2, \ldots, \alpha_h, \beta)$ *von ganzen Zahlen* $\geqq 0$ *mit* $2(\alpha_1 + 2\alpha_2 + \cdots + h\alpha_h) + \beta m = m$ *(woraus* $\beta = 0$ *oder* $\beta = 1$ *folgt)*

24.51.10.1. $\langle p_1(M)^{\alpha_1}\, p_2(M)^{\alpha_2} \cdots p_h(M)^{\alpha_h}\, e(M)^{\beta}, [M]\rangle$

$$= \sum_{j=1}^{r} \sigma_2(a_j)^{\alpha_1}\, \sigma_4(a_j)^{\alpha_2} \cdots \sigma_{2h}(a_j)^{\alpha_h}\, \tau(a_j)^{\beta-1}$$

(in den Bezeichnungen von (24.51.9)).

Man beachte, daß sich diese Formel für $\beta = 1$, wenn die α_k notwendig 0 sind, auf die Hopfsche Formel (vgl. (24.50.3.1)) reduziert, denn die Formeln (24.51.9.1) zeigen, daß der Index von X in jedem Punkt a_j gleich $+1$ ist.

Nach (24.46.8) und (24.46.11) sowie unter Berücksichtigung des Weilschen Homomorphismus (vgl. (24.45.7)) besitzt das homogene Polynom m-ten Grades

$$P(\mathrm{Z}) = \sigma_2(\mathrm{Z})^{\alpha_1}\, \sigma_4(\mathrm{Z})^{\alpha_2} \cdots \sigma_{2h}(\mathrm{Z})^{\alpha_h} \left(\left(\frac{1}{2\pi}\right)^m \operatorname{Pf}(\mathrm{Z})\right)$$

auf der Lieschen Algebra $\mathfrak{so}(2m)$ die folgende Eigenschaft: Ist F die Polarisierung von $P(\mathrm{Z})$, so ist das erste Glied von (24.51.10.1) gleich $\int_M F_M(\Omega)$, wobei Ω die Krümmung des Levi-Civita-Zusammenhangs von M ist. Zur Berechnung dieses Integrals hat man

1° eine $(2m - 1)$-Differentialform λ auf der offenen Menge

$$M' = M \setminus \{a_1, a_2, \ldots, a_r\}$$

zu konstruieren mit $F_M(\Omega) \mid M' = d\lambda$;

2° die Stokessche Formel (vgl. (24.14.2)) auf die offene Menge U_ε anzuwenden, die in M das Komplement der Vereinigung von (bezüglich eines geeigneten Abstands) abgeschlossenen Kugeln mit den Mittelpunkten $a_1, a_2, \ldots, a_r$ und dem Radius ε ist;

3° ε gegen 0 streben zu lassen.

Um die Form λ zu definieren, betrachten wir auf M' zunächst die 1-Differentialform γ derart, daß für jedes $\mathbf{h}_x \in T_x(M)$

24.51.10.2. $\gamma(\mathbf{h}_x) = (\mathrm{X}(x) \mid \mathbf{h}_x)/\|\mathrm{X}(x)\|^2$.

gilt.

Als erstes zeigen wir, daß $\theta_{\mathrm{X}} \cdot \gamma = 0$ ist. Für jedes Vektorfeld Y der Klasse C^∞ auf M' gilt nämlich

24.51.10.3. $\langle \theta_{\mathrm{X}} \cdot \gamma, \mathrm{Y}\rangle + \langle \gamma, \theta_{\mathrm{X}} \cdot \mathrm{Y}\rangle = \theta_{\mathrm{X}} \cdot \langle \gamma, \mathrm{Y}\rangle$.

Aus (24.51.6.2) ergibt sich aber $\theta_{\mathrm{X}} \cdot \|\mathrm{X}\|^2 = 0$ und $\theta_{\mathrm{X}} \cdot (\mathrm{X} \mid \mathrm{Y}) = (\mathrm{X} \mid [\mathrm{X}, \mathrm{Y}])$, also $\theta_{\mathrm{X}} \cdot \langle \gamma, \mathrm{Y}\rangle = (\mathrm{X} \mid [\mathrm{X}, \mathrm{Y}])/\|\mathrm{X}\|^2 = \langle \gamma, \theta_{\mathrm{X}} \cdot \mathrm{Y}\rangle$, so daß aus (24.51.10.3) $\langle \theta_{\mathrm{X}} \cdot \gamma, \mathrm{Y}\rangle = 0$ folgt.

Zweitens gelten die Beziehungen

24.51.10.4. $i_{\mathrm{X}} \cdot \gamma = 1, \qquad i_{\mathrm{X}} \cdot d\gamma = 0.$

Die erste Relation folgt aus Definition (24.51.10.2); benutzt man ferner die Tatsache, daß $\theta_X = i_X \circ d + d \circ i_X$ ist (vgl. (17.15.3.4)), so ergibt sich die zweite Beziehung in (24.51.10.4) aus der ersten und aus $\theta_X \cdot \gamma = 0$.

Benutzt man (24.51.10.4) und (24.51.8.5) sowie die Tatsache, daß i_X und d Antiderivationen sind, so erhält man für $0 \leqq r \leqq m - 1$

24.51.10.5.
$$\begin{aligned} i_X \cdot d\big(\gamma \wedge (d\gamma)^{\wedge r} \wedge F_M^{(r+1)}(\Omega)\big) &= i_X \cdot \big((d\gamma)^{\wedge(r+1)} \wedge F_M^{(r+1)}(\Omega) - \gamma \wedge (d\gamma)^{\wedge r} \wedge dF_M^{(r+1)}(\Omega)\big) \\ &= (d\gamma)^{\wedge(r+1)} \wedge \big(i_X \cdot F_M^{(r+1)}(\Omega)\big) - (d\gamma)^{\wedge r} \wedge \big(i_X \cdot F_M^{(r)}(\Omega)\big). \end{aligned}$$

Aus diesen Formeln folgt dann, daß die $(2m - 1)$-Form

24.51.10.6. $$\lambda = -\sum_{r=0}^{m-1} \big(\gamma \wedge (d\gamma)^{\wedge r} \wedge F_M^{(r+1)}(\Omega)\big)$$

das Gewünschte leistet. Es ist nämlich

$$i_X \cdot d\lambda = -(d\gamma)^{\wedge m} \wedge \big(i_X \cdot F_M^{(m)}(\Omega)\big) + i_X \cdot F_M^{(0)}(\Omega),$$

und da (24.51.8.1) zufolge $F_M^{(0)}(\Omega) = F_M(\Omega)$ gilt sowie

24.51.10.7. $F_M^{(m)}(\Omega) = F(A_X^{(R)}, A_X^{(R)}, \ldots, A_X^{(R)})$

für jedes Repèrefeld R eine skalare Funktion ist, bleibt

$$i_X \cdot \big(d\lambda - F_M(\Omega)\big) = 0.$$

In jedem Punkt $x \in M'$ gilt aber $X(x) \neq 0$, so daß sich jeder $2m$-Tangentialvektor in x in der Gestalt $X(x) \wedge \mathbf{z}_x$ schreiben läßt, wobei $\mathbf{z}_x$ ein $(2m - 1)$-Tangentialvektor ist. Aus der vorhergehenden Relation folgt somit gerade $d\lambda = F_M(\Omega)$ in M'.

24.51.11. Um die offene Menge U_ε zu definieren, setzen wir voraus, daß in der Umgebung eines jeden Punktes a_j eine Karte $(V_j, \varphi_j, 2m)$ mit $\varphi_j(a_j) = 0$ gewählt wurde derart, daß die lokale Darstellung der Metrik von M bezüglich dieser Karte eine symmetrische Matrix (g_{hk}) der Ordnung $2m$ ist, die sich im Punkt $0 = \varphi_j(a_j)$ auf die Einheitsmatrix reduziert. Ist $\mathbf{x} \to (\mathbf{x}, \mathbf{G}(\mathbf{x}))$ die lokale Darstellung des Feldes X bezüglich dieser Karte, so kann man bekanntlich (vgl. (24.51.9)) außerdem voraussetzen, daß für die Matrix $-D\mathbf{G}(0)$ die Beziehungen $-D\mathbf{G}(0) \cdot \mathbf{e}_{2k-1} = \mu_k \mathbf{e}_{2k}$ und $-D\mathbf{G}(0) \cdot \mathbf{e}_{2k} = \mu_k \mathbf{e}_{2k-1}$ gelten $(1 \leqq k \leqq m)$. Wie man anhand der Definition (24.51.10.2) sogleich feststellt, besitzt die lokale Darstellung $\tilde{\gamma}$ von γ bezüglich der vorhergehenden Karte die Eigenschaft, daß

24.51.11.1. $$\left(\sum_{k=1}^{m} \mu_k (x_{2k-1}^2 + x_{2k}^2)\right) \tilde{\gamma} = \sum_{k=1}^{m} \mu_k (x_{2k} dx_{2k-1} - x_{2k-1} dx_{2k}) + \|\mathbf{x}\|^2 \tilde{\gamma}_1$$

ist, wobei $\|\mathbf{x}\|$ die euklidische Norm bezeichnet und $\tilde{\gamma}_1$ eine stetige Differentialform in der Umgebung von 0. Durch die Variablentransformation

$$y_{2k} = \mu_k x_{2k}, \qquad y_{2k-1} = \mu_k x_{2k-1}$$

gelangt man zu einer neuen lokalen Darstellung von γ (die wieder mit $\tilde{\gamma}$ bezeichnet wird) mit

24.51.11.2. $\|\mathbf{y}\|^2 \tilde{\gamma} = \sum_{k=1}^{m} \frac{1}{\mu_k} (y_{2k} dy_{2k-1} - y_{2k-1} dy_{2k}) + \|\mathbf{y}\|^2 \tilde{\gamma}_1$,

woraus sich

24.51.11.3. $\|\mathbf{y}\|^2 d\tilde{\gamma} = \sum_{k=1}^{m} \frac{2}{\mu_k} dy_{2k} \wedge dy_{2k-1} + \|\mathbf{y}\|^2 \xi$

ergibt, wobei ξ eine in der Umgebung von 0 stetige 2-Form ist. Für hinreichend kleines ε bezeichne $B_\varepsilon(a_j)$ das inverse Bild der Kugel $\|\mathbf{y}\| \leqq \varepsilon$ in $\boldsymbol{R}^{2m}$ vermöge φ_j und $S_\varepsilon(a_j)$ ihren Rand, der das inverse Bild der Sphäre $\|\mathbf{y}\| = \varepsilon$ vermöge φ_j ist. Man wählt selbstverständlich ε deshalb klein, damit die Mengen $B_\varepsilon(a_j)$ paarweise disjunkt sind, und U_ε ist dann das Komplement der Vereinigung der $B_\varepsilon(a_j)$ für $1 \leqq j \leqq r$. Aus der Stokesschen Formel erhält man nun

24.51.11.4. $\int_{U_\varepsilon} F_M(\Omega) = \sum_{j=1}^{r} \int_{S_\varepsilon(a_j)} \lambda$,

wobei jeder Rand $S_\varepsilon(a_j)$ nach außen orientiert ist (vgl. (24.14.1)).

24.51.12. Aufgrund der Darstellung (24.51.10.6) von λ basiert die Behandlung des Integrals $\int_{S_\varepsilon(a_j)} \lambda$ auf der Untersuchung jeder der $(2r+1)$-Formen $\tilde{\gamma} \wedge (d\tilde{\gamma})^{\wedge r}$ in der Umgebung von 0, wobei zu berücksichtigen ist, daß die lokale Darstellung von $F_M^{(r+1)}(\Omega)$ in der Umgebung von 0 stetig ist. Nun ergibt sich aus (24.51.11.2) und (24.51.11.3) unmittelbar, daß

$$\tilde{\gamma} \wedge (d\tilde{\gamma})^{\wedge r} = \|\mathbf{y}\|^{-(2r+1)} \eta$$

geschrieben werden kann, wobei η eine in der Umgebung von 0 stetige $(2r+1)$-Form bezeichnet. Da die Größe der Sphäre $\|\mathbf{y}\| = \varepsilon$ zu ε^{2m-1} proportional ist, erkennt man, daß in dem Integral alle Glieder aus (24.51.10.6) Zahlen ergeben, die mit ε gegen 0 streben, ausgenommen das letzte. In diesem ist $F_M^{(m)}(\Omega)$ die skalare Funktion (24.51.10.7), deren lokale Darstellung gegen $P(\mathrm{L}_j)$ strebt, wenn x gegen 0 geht. Damit ist das Problem auf die Berechnung des Integrals $-\int_{\|\mathbf{y}\|=\varepsilon} \left(\tilde{\gamma} \wedge (d\tilde{\gamma})^{\wedge(m-1)}\right)$ zurückgeführt; aufgrund der Formeln (24.51.11.2) und (24.51.11.3) ist klar, daß dieses Integral für gegen 0 strebendes ε gegen $C/(\mu_1\mu_2 \cdots \mu_m)$ strebt, wobei C eine *von a_j und der Funktion F unabhängige* Konstante ist. Damit ist Formel (24.51.10.1) bewiesen, wenn man davon absieht, daß die rechte Seite mit der Konstanten C multipliziert ist. Nun haben wir aber weiter oben bemerkt, daß diese Formel für $\beta = 1$ in die Hopfsche Formel übergeht, so daß sich $C = 1$ ergibt. Damit ist der Beweis abgeschlossen.

24.52. Kohomologie Liescher Gruppen

24.52.1. Wir wollen jetzt zeigen, wie sich die Kohomologie $H^\cdot(G; \boldsymbol{R})$ einer *kompakten und zusammenhängenden* Lieschen Gruppe G mit Hilfe ihrer Lieschen Algebra $\mathfrak{g}_e$ berechnen läßt. Da gezeigt werden kann, daß jede zusammenhängende Liesche Gruppe zum Produkt einer zusammenhängenden kompakten Gruppe und eines Raumes $\boldsymbol{R}^m$ diffeomorph ist (vgl. Abschnitt 21.23, Aufgabe 8), läßt sich auf diesem Wege daher im Prinzip die Kohomologie mit *reellen* Koeffizienten für jede Liesche Gruppe berechnen.

Im weiteren identifizieren wir $H^{\cdot}(M; \mathbf{R})$ (für jede differenzierbare Mannigfaltigkeit M) aufgrund von (24.33.5) kanonisch mit der ausgehend von den Differentialformen definierten Kohomologiealgebra $H^{\cdot}(M)$ (vgl. (24.1.1)).

24.52.2. Es sei G eine n-dimensionale zusammenhängende kompakte Liesche Gruppe. Ferner sei M eine differenzierbare Mannigfaltigkeit, auf der G *von rechts* differenzierbar operiert; die Operation von G auf M wird mit $(x, s) \to m(x, s) = x \cdot s$ bezeichnet. Die Gruppe G operiert somit äquilinear auf jedem Raum $\mathcal{E}_p(M)$ (bzw. $\mathcal{D}_p(M)$) von reellen p-Differentialformen der Klasse C^∞ (bzw. mit kompaktem Träger) (vgl. (19.1.9)); diese Operation wird mit $(\omega, s) \to \omega \cdot s$ (oder $\delta(s)\,\omega$) bezeichnet. Mit $\mathcal{E}_p^G(M)$ (bzw. $\mathcal{D}_p^G(M)$) bezeichnen wir die Vektorteilräume der bezüglich dieser Operation invarianten p-Formen.

Wir erinnern daran (vgl. (19.16.4)), daß auf G eine *linksinvariante n-Form Ω* existiert, die auf G eine Orientierung bestimmt, bezüglich welcher $\int_G \Omega = 1$ gilt. Da G kompakt ist, ist für jede p-Differentialform $\alpha \in \mathcal{E}_p(M)$ *das partielle Integral über G*

24.52.2.1. $p_\Omega(\alpha) = \fint_G {}^t\mathrm{pr}_2\,(\Omega) \wedge {}^t m(\alpha)$

definiert (vgl. (24.5.7)) und stellt eine p-Form der Klasse C^∞ auf M dar (vgl. (24.5.8)).

24.52.3. *Die Abbildung p_Ω ist eine Projektion von $\mathcal{E}_p(M)$ auf $\mathcal{E}_p^G(M)$, die geschlossene* (bzw. *exakte*) *Formen in geschlossene* (bzw. *exakte*) *Formen überführt und für die $p_\Omega(\alpha)$ und α für jede geschlossene p-Form α kohomolog sind.*

Für jedes $x \in M$ kann aufgrund von (24.5.8)

$$p_\Omega(\alpha)\,(x) = \int_G \alpha(x \cdot s)\, ds$$

geschrieben werden, wobei $s \to \alpha(x \cdot s)$ eine Abbildung der Klasse C^∞ von G in den *Vektorraum* $\bigwedge^p T_x(M)^*$ ist und die Integration bezüglich des aus Ω abgeleiteten Haarschen Maßes erfolgt (das übrigens wegen der Kompaktheit von G auch rechtsinvariant ist (vgl. (14.3.3))). Daher ergibt sich für jedes $t \in G$ aufgrund der Invarianz des Haarschen Maßes

$$\big(\delta(t)\, p_\Omega(\alpha)\big)\,(x) = \int_G \alpha\big((x \cdot t) \cdot s\big)\, ds = p_\Omega(\alpha)\,(x),$$

d. h., $p_\Omega(\alpha) \in \mathcal{E}_p^G(M)$. Nimmt man an, daß bereits $\alpha \in \mathcal{E}_p^G(M)$ gilt, so ist $\alpha(x \cdot s) = \alpha(x)$ für jedes $x \in M$ und jedes $s \in G$, also $p_\Omega(\alpha) = \alpha$, da das Haarsche Maß eine Gesamtmasse 1 besitzt. Damit ist bewiesen, daß p_Ω ein *Projektionsoperator* ist. Da Ω eine n-Form ist, gilt $d\Omega = 0$, also $d\big({}^t\mathrm{pr}_2\,(\Omega)\big) = 0$ und $d\big({}^t\mathrm{pr}_2\,(\Omega) \wedge {}^t m(\alpha)\big) = (-1)^n\,\big({}^t\mathrm{pr}_2\,(\Omega) \wedge {}^t m(d\alpha)\big)$; aus (24.5.9.1) ergibt sich daher $d\big(p_\Omega(\alpha)\big) = (-1)^n\, p_\Omega(d\alpha)$, womit die ersten beiden Teile des Satzes bewiesen sind.

Zum Beweis der letzten Behauptung untersuchen wir die partiellen Integrale

24.52.3.1. $I_\omega(\xi) = \fint_G \big({}^t\mathrm{pr}_2\,(\omega) \wedge \xi\big)$

allgemeiner, wobei ω eine n-Form auf G mit $\int_G \omega = 1$ und ξ eine p-Form *auf* $M \times G$ ist. Dann gilt das folgende Lemma:

24.52.3.2. *Für jeden Punkt $b \in G$ sei j_b die Abbildung $x \to (x, b)$ von M in $M \times G$. Es gibt zwei lineare Abbildungen $\mathrm{K}_1 \colon \mathscr{E}_p(M \times G) \to \mathscr{E}_{p-1}(M)$ und $\mathrm{K}_2 \colon \mathscr{E}_{p+1}(M \times G) \to \mathscr{E}_p(M)$ derart, daß für jede Form $\xi \in \mathscr{E}_p(M \times G)$*

24.52.3.3. $I_\omega(\xi) - {}^t j_b(\xi) = d(\mathrm{K}_1 \cdot \xi) + \mathrm{K}_2 \cdot d\xi$

gilt.

Zunächst bemerken wir folgendes: Ist ω_1 eine zweite n-Form auf G mit $\int_G \omega_1 = 1$, so existiert eine $(n-1)$-Form $\zeta \in \mathscr{E}_{n-1}(G)$ mit $\omega - \omega_1 = d\zeta$, weil G zusammenhängend ist (vgl. (24.6.3.1)). Aus (24.5.9.1) ergibt sich dann

$$d\Big(\fint_G \big({}^t\mathrm{pr}_2(\zeta) \wedge \xi\big)\Big) = \fint_G \big({}^t\mathrm{pr}_2(\omega - \omega_1) \wedge \xi\big) + (-1)^{n-1} \fint_G \big({}^t\mathrm{pr}_2(\zeta) \wedge d\xi\big),$$

wofür auch

24.52.3.4. $I_\omega(\xi) - I_{\omega_1}(\xi) = d\Big(\fint_G \big({}^t\mathrm{pr}_2(\zeta) \wedge \xi\big)\Big) + (-1)^n \fint_G \big({}^t\mathrm{pr}_2(\zeta) \wedge d\xi\big)$

geschrieben werden kann.

Es sei U eine offene Umgebung von b in G, die zu einer offenen Kugel des $\boldsymbol{R}^n$ diffeomorph ist. Da die identische Abbildung von U zu der Abbildung $s \to b$ vermöge einer Homotopie der Klasse C^∞ homotop ist, ist die identische Abbildung von $M \times U$ zu der Abbildung $j_b \circ \mathrm{pr}_1$ von $M \times U$ auf $M \times \{b\}$ vermöge einer Homotopie der Klasse C^∞ homotop. Wir wählen dann für ω_1 eine n-Form mit *in U enthaltenem* Träger mit $\int_U \omega_1 = 1$; wie die Homotopieformel (vgl. (24.2.4.2)) zeigt, gilt für jede p-Form ξ der Klasse C^∞ auf $M \times U$

$${}^t\mathrm{pr}_2\big({}^t j_b(\xi)\big) - \xi = d(\mathrm{L} \cdot \xi) + \mathrm{L} \cdot d\xi,$$

wobei L eine lineare Abbildung von $\mathscr{A}^{\cdot}(M \times U)$ in sich vom Grad -1 ist. Berücksichtigt man die Tatsache, daß für jede p-Form α auf M aufgrund von (24.5.10.2) und (24.5.9.1) $I_{\omega_1}({}^t\mathrm{pr}_1(\alpha)) = \alpha$ gilt, so stellt man fest, daß

24.52.3.5. ${}^t j_b(\xi) - I_{\omega_1}(\xi) = d\big(I_{\omega_1}(\mathrm{L} \cdot (\xi \mid M \times U))\big) + I_{\omega_1}\big(\mathrm{L} \cdot d(\xi \mid M \times U)\big)$

ist für jede p-Form ξ der Klasse C^∞ auf $M \times G$ (man nutzt aus, daß der Träger von ${}^t\mathrm{pr}_2(\omega_1)$ in $M \times U$ enthalten ist). Subtrahiert man die beiden Seiten von (24.52.3.4) und (24.52.3.5) voneinander, so erhält man (24.52.3.3) mit

$$\mathrm{K}_1 \cdot \xi = \fint_G \big({}^t\mathrm{pr}_2(\zeta) \wedge \xi\big) - I_{\omega_1}\big(\mathrm{L} \cdot (\xi \mid M \times U)\big),$$

$$\mathrm{K}_2 \cdot \eta = (-1)^n \fint_G \big({}^t\mathrm{pr}_2(\zeta) \wedge \eta\big) - I_{\omega_1}\big(\mathrm{L} \cdot (\eta \mid M \times U)\big).$$

Wir wenden jetzt Lemma (24.52.3.2) auf $\omega = \Omega$, $b = e$ und auf $\xi = {}^t m(\alpha)$ für eine geschlossene p-Form α auf M an; man erhält

$$p_\Omega(\alpha) - \alpha = d\big(\mathrm{K}_1 \cdot {}^t m(\alpha)\big),$$

womit der Beweis von (24.52.3) abgeschlossen ist.

24.52.4. Klar ist, daß die direkte Summe $\mathscr{A}_G^{\cdot}(M)$ der $\mathscr{E}_p^G(M)$ bezüglich des äußeren Produkts und des äußeren Differentials eine graduierte Differentialalgebra ist, deren Kohomologiealgebra wir mit $H^{\cdot}_G(M)$ bezeichnen. Aus (24.52.3) folgt, daß man von p_Ω durch Faktorisierung zu einem Homomorphismus von graduierten Algebren $p^*_\Omega\colon H^{\cdot}(M) \to H^{\cdot}_G(M)$ gelangt, für den darüber hinaus gilt:

24.52.5. *Der Homomorphismus* $p^*_\Omega\colon H^{\cdot}(M) \to H^{\cdot}_G(M)$ *ist bijektiv* (für eine kompakte und zusammenhängende Liesche Gruppe G).

24.52.6. Es sei G eine n-dimensionale kompakte und zusammenhängende Liesche Gruppe. Dann ist $G \times G$ eine $2n$-dimensionale kompakte und zusammenhängende Liesche Gruppe, und diese operiert differenzierbar von rechts auf G vermöge der Operation

$$\bigl(x, (s, t)\bigr) \to s^{-1}xt.$$

Aus (24.52.5) folgt daher, daß es einen *kanonischen Isomorphismus*

$$p^*_\Omega\colon H^{\cdot}(G) \to H^{\cdot}_{G\times G}(G)$$

gibt.

Die Differentialalgebra $\mathcal{A}^{\cdot}_{G\times G}(G)$ besteht hier aus den äußeren Differentialformen auf G, *die gleichzeitig links- und rechtsinvariant sind* und die wieder *biinvariant* genannt werden. Der Vektorraum der linksinvarianten 1-Differentialformen kann mit dem *dualen Raum* $\mathfrak{g}^*$ der Lieschen Algebra $\mathfrak{g}$ der linksinvarianten Vektorfelder identifiziert werden (vgl. (19.16.3)); da $\alpha \to \alpha(e)$ eine bijektive Abbildung des Raumes der linksinvarianten p-Formen auf den Raum der p-Kotangentialvektoren im Punkt e ist (vgl. (19.2.2)), kann der Raum der linksinvarianten p-Formen mit $\bigwedge^p \mathfrak{g}^*$ identifiziert werden, und $\mathcal{A}^p_{G\times G}(G)$ ist derjenige Teilraum von $\bigwedge^p \mathfrak{g}^*$, welcher aus den zugleich *rechtsinvarianten p-Formen* besteht. Diese sind nun in folgender Weise charakterisiert:

24.52.7. *Eine p-Form $\alpha \in \bigwedge^p \mathfrak{g}^*$ ist genau dann rechtsinvariant, wenn $\theta_X \cdot \alpha = 0$ für jedes Vektorfeld $X \in \mathfrak{g}$ gilt; daraus folgt $d\alpha = 0$.*

Da α bereits linksinvariant ist, ist α genau dann rechtsinvariant, wenn $s \cdot \alpha \cdot s^{-1} = \alpha$ für jedes $s \in G$ gilt; das bedeutet, daß für p Tangentialvektoren $\mathbf{h}_1, \ldots, \mathbf{h}_p$ in einem Punkt x

$$\langle \alpha(sxs^{-1}), s \cdot \mathbf{h}_1 \cdot s^{-1} \wedge \cdots \wedge s \cdot \mathbf{h}_p \cdot s^{-1} \rangle = \langle \alpha(x), \mathbf{h}_1 \wedge \mathbf{h}_2 \wedge \cdots \wedge \mathbf{h}_p \rangle$$

gilt. Da $\mathbf{h}_j = x \cdot \mathbf{u}_j$ geschrieben werden kann mit $\mathbf{u}_j \in \mathfrak{g}_e = T_e(G)$, zeigt die Linksinvarianz von α, daß die vorhergehende Beziehung äquivalent ist zu

24.52.7.1. $\langle \alpha(e), \mathrm{Ad}\,(s) \cdot \mathbf{u}_1 \wedge \cdots \wedge \mathrm{Ad}\,(s) \cdot \mathbf{u}_p \rangle = \langle \alpha(e), \mathbf{u}_1 \wedge \cdots \wedge \mathbf{u}_p \rangle,$

was besagt, daß die linke Seite eine in G *konstante* Funktion von s ist, wie immer $\mathbf{u}_1, \ldots, \mathbf{u}_p$ gewählt seien. Hieraus folgt, daß das Differential dieser Funktion 0 ist. Ersetzt man s durch $\exp(\xi \mathbf{u})$ für $\mathbf{u} \in \mathfrak{g}_e$ und $\xi \in \boldsymbol{R}$, so erhält man insbesondere, wenn man die Ableitung nach ξ im Punkt $\xi = 0$ betrachtet und (19.11.2.2) benutzt,

24.52.7.2. $\sum_{j=1}^{p} \langle \alpha(e), \mathbf{u}_1 \wedge \cdots \wedge \mathbf{u}_{j-1} \wedge [\mathbf{u}, \mathbf{u}_j] \wedge \mathbf{u}_{j+1} \wedge \cdots \wedge \mathbf{u}_p \rangle = 0.$

Aufgrund der Linksinvarianz von α folgt hieraus, daß für $p + 1$ auf G linksinvariante Vektorfelder $X_0, X_1, \ldots, X_p$ folgende Beziehung gilt:

24.52.7.3. $\sum_{j=1}^{p} \langle \alpha, X_1 \wedge \cdots \wedge X_{j-1} \wedge [X_0, X_j] \wedge X_{j+1} \wedge \cdots \wedge X_p \rangle = 0.$

Andererseits ist jede der Funktionen $\langle \alpha, X_0 \wedge \cdots \wedge \hat{X}_j \wedge \cdots \wedge X_{pi} \rangle$ linksinvariant und daher konstant. Also zeigt Formel (17.14.7.7), daß $\theta_X \cdot \alpha = 0$ gilt für jedes Vektorfeld $X \in \mathfrak{g}$, und aus Formel (17.15.3.5) folgt $d\alpha = 0$.

Gilt umgekehrt $\theta_X \cdot \alpha = 0$ für jedes Vektorfeld $X \in \mathfrak{g}$, so ergibt Formel (17.14.7.7), daß die Beziehung (24.52.7.3) für alle Vektorfelder $X_0, X_1, \ldots, X_p$ in $\mathfrak{g}$ und folglich Beziehung (24.52.7.2) gilt, wie immer $\mathbf{u}, \mathbf{u}_1, \ldots, \mathbf{u}_p$ in $\mathfrak{g}_e$ gewählt seien. Da $\operatorname{Ad}(\exp(\xi + \eta)\,\mathbf{u}) = \operatorname{Ad}(\exp(\xi\mathbf{u})) \circ \operatorname{Ad}(\exp(\eta\mathbf{u}))$ ist, zeigt Beziehung (24.52.7.2), wenn man darin jedes $\mathbf{u}_j$ durch $\operatorname{Ad}(\exp(\eta\mathbf{u})) \cdot \mathbf{u}_j$ ersetzt, daß die Beziehung (24.52.7.1) für alle s gilt, die zu einer beliebigen einparametrigen Untergruppe von G gehören, welche Bild von $\boldsymbol{R}$ vermöge $\eta \to \exp(\eta\mathbf{u})$ ist; nach (19.9.15) und aufgrund der Beziehung $\operatorname{Ad}(st) = \operatorname{Ad}(s) \circ \operatorname{Ad}(t)$ findet man, daß (24.52.7.1) auch für alle Punkte s einer Umgebung von e in G gilt. Da G zusammenhängend ist, gilt diese Beziehung schließlich (12.8.8) zufolge für alle $s \in G$.

24.52.8. Die Tatsache, daß $d\alpha = 0$ ist für jede biinvariante äußere Differentialform, zieht nach sich, daß bei der Berechnung der Kohomologie $H^{\cdot}_{G\times G}(G)$ alle Koketten *Kozyklen* sind und alle Koränder *verschwinden*; mit anderen Worten:

24.52.9. *Der Isomorphismus p^*_Ω ist ein Isomorphismus von der graduierten Algebra $H^{\cdot}(G)$ auf die graduierte Algebra $\mathfrak{b}^*(G)$ der biinvarianten äußeren Differentialformen.*

Man beachte, daß die Bedingung (24.52.7.2) für alle Vektoren $\mathbf{u}, \mathbf{u}_1, \ldots, \mathbf{u}_p$ aus $\mathfrak{g}_e$ erfüllt ist, wenn dies für die Vektoren einer *Basis* von $\mathfrak{g}_e$ zutrifft. Die Kenntnis der Multiplikationstafel dieser Basis führt daher auf ein System linearer Gleichungen (24.52.7.2), welche die Vektoren $\alpha(e) \in \bigwedge^p \mathfrak{g}_e^*$ und folglich den Vektorraum $H^p(G)$ charakterisieren.

24.53. Primitive Elemente

24.53.1. Es sei G eine n-dimensionale zusammenhängende kompakte Liesche Gruppe. Wir erinnern daran (vgl. (24.5.4)), daß der Künneth-Homomorphismus $H^{\cdot}(G) \,{}^g\!\otimes H^{\cdot}(G) \to H^{\cdot}(G \times G)$ ein *Isomorphismus von* antikommutativen *graduierten Algebren* ist; im folgenden werden wir $H^{\cdot}(G \times G)$ vermöge dieses Isomorphismus mit $H^{\cdot}(G) \,{}^g\!\otimes H^{\cdot}(G)$ identifizieren.

Da die Abbildung $m: (s, t) \to st$ von $G \times G$ in G der Klasse C^∞ angehört, definiert sie in kanonischer Weise einen *Homomorphismus von graduierten Algebren*

24.53.1.1. $m^*: H^{\cdot}(G) \to H^{\cdot}(G \times G)$,

den wir daher als einen Homomorphismus $H^{\cdot}(G) \to H^{\cdot}(G) \,{}^g\!\otimes H^{\cdot}(G)$ auffassen können, der *Komultiplikation* genannt wird; er führt das Einheitselement $1 \in H^0(G) \cong \boldsymbol{R}$ aus $H^{\cdot}(G)$ in das Einheitselement $1 \otimes 1$ von $H^{\cdot}(G) \,{}^g\!\otimes H^{\cdot}(G)$ über.

Mit $H^+(G)$ bezeichnen wir die direkte Summe der $H^p(G)$ für $p \geqq 1$; $H^+(G)$ ist ein *graduiertes Ideal* in der Algebra $H^{\cdot}(G)$, so daß $H^{\cdot}(G) = \boldsymbol{R} \cdot 1 \oplus H^+(G)$ und

$$H^{\cdot}(G \times G) = \boldsymbol{R} \cdot (1 \otimes 1) \oplus \big(H^+(G) \otimes 1\big) \oplus \big(1 \otimes H^+(G)\big) \oplus \big(H^+(G) \otimes H^+(G)\big)$$

ist. Für jedes $x \in H^p(G)$, $p \geqq 1$, gilt daher

24.53.1.2. $m^*(x) = m_1(x) \otimes 1 + 1 \otimes m_2(x) + \sum_k y_k \otimes z_k,$

wobei $m_1(x)$ und $m_2(x)$ zu $H^p(G)$ gehören und die y_k und z_k (die durch x nicht eindeutig bestimmt sind) den Bedingungen $\deg y_k \geqq 1$, $\deg z_k \geqq 1$ sowie $\deg y_k + \deg z_k = p$ genügen.

24.53.2. Für die der Klasse C^∞ angehörenden Abbildungen $j_1: s \to (s, e)$ und $j_2: s \to (e, s)$ von G in $G \times G$ gilt $m \circ j_1 = m \circ j_2 = \text{id}$; sie ergeben daher Homomorphismen von graduierten Algebren

$$j_1^*: H^{\cdot}(G \times G) \to H^{\cdot}(G) \qquad \text{und} \qquad j_2^*: H^{\cdot}(G \times G) \to H^{\cdot}(G)$$

mit $j_1^* \circ m^* = j_2^* \circ m^* = \text{id}$. Andererseits gilt $\text{pr}_1 \circ j_1 = \text{pr}_2 \circ j_2 = \text{id}$, so daß $j_1^* \circ \text{pr}_1^* = j_2^* \circ \text{pr}_2^* = \text{id}$ und $\text{pr}_2\big(j_1(s)\big) = \text{pr}_1\big(j_2(s)\big) = e$ ist; daher sind $j_1^* \circ \text{pr}_2^*$ und $j_2^* \circ \text{pr}_1^*$ in $H^+(G)$ gleich 0 und in $H^0(G)$ die Identität. Für zwei Elemente y, z aus $H^+(G)$ ergibt sich daher aufgrund der Identifizierung von $y \otimes z$ mit $\text{pr}_1^*(y) \smile \text{pr}_2^*(z)$, daß $j_1^*(y \otimes z) = j_2^*(y \otimes z) = 0$ ist; wenden wir diese Bemerkung auf (24.53.1.2) an, so erhalten wir $m_1(x) = m_2(x) = x$ für $x \in H^+(G)$.

24.53.3. Wir zeigen jetzt, daß die vorhergehenden Eigenschaften allein bereits ausreichen, die Existenz eines graduierten Vektorteilraums E von $H^{\cdot}(G)$ nachzuweisen derart, daß die Algebra $H^{\cdot}(G)$ *zu der äußeren Algebra* $\bigwedge E$ *isomorph* ist.

Mit anderen Worten, wir betrachten das graduierte Ideal $H^+(G)^2$, das durch die Produkte von zwei beliebigen Elementen aus $H^+(G)$ erzeugt wird, und es sei E_p für jedes $p \geqq 1$ ein *zu* $H^p(G) \cap H^+(G)^2$ *komplementärer Vektorteilraum* von $H^p(G)$. Wir zeigen, daß $E_p = \{0\}$ für *gerades* p gilt und daß der Teilraum E, den man als (direkte) Summe von $\boldsymbol{R} \cdot 1$ und den E_p für ungerades p erhält, das Gewünschte leistet.

Dazu betrachten wir eine *Basis* von E, die aus 1 und der Vereinigung von Basen der E_p für $p \geqq 1$ besteht; wir ordnen die Elemente der Basis in einer Folge $1, x_1, x_2, \ldots, x_m$ an mit $\deg(x_j) \leqq \deg(x_{j+1})$ für jeden Index $j < m$. Dann genügt es, den folgenden Satz zu beweisen (wobei das Cup-Produkt in $H^{\cdot}(G)$ einfach mit xy bezeichnet werde):

24.53.4. *Die Grade sämtlicher x_k sind ungerade, und die Einheit sowie die Produkte $x_{j_1} x_{j_2} \cdots x_{j_h}$ für alle Indexfolgen $j_1 < j_2 < \cdots < j_h \leqq m$ bilden eine Basis des Vektorraumes $H^{\cdot}(G)$.*

Die Isomorphie der Algebra $H^{\cdot}(G)$ und der äußeren Algebra $\bigwedge E$ folgt dann nämlich aus der Definition von $\bigwedge E$ (vgl. (A.13.5)), der Tatsache, daß $x_k^2 = 0$ gilt und $x_j x_k = -x_k x_j$ aufgrund der Antikommutativität von $H^{\cdot}(G)$, sowie daraus, daß die Grade der x_k ungerade sind.

Durch Induktion nach $k \leqq m$ beweisen wir die folgende Eigenschaft:

(P_k) *Ist $x_k \in H^p(G)$, so ist p ungerade, die Produkte $x_{j_1} x_{j_2} \cdots x_{j_h}$ sind für alle streng wachsenden Folgen von Indizes $\leqq k$ linear unabhängig, und der durch 1 und diese Produkte erzeugte Vektorraum enthält die $H^q(G)$ für $q < p$.*

Offenbar folgt (24.53.4) aus (P_m).

Wir setzen also (P_{k-1}) als bewiesen voraus (für $k = 1$ hieße das, daß keine Voraussetzung gemacht wurde). Aus dieser Annahme folgt, daß die Menge der Linearkombinationen von 1 und den Produkten $x_{j_1} x_{j_2} \cdots x_{j_h}$ für alle streng wachsenden Folgen von Indizes $\leqq k-1$ eine *graduierte Unteralgebra* B_{k-1} von $H^{\cdot}(G)$ ist, für die die genannten Elemente eine *Basis* bilden. Mit $\mathfrak{a}_{k-1}$ bezeichnen wir das durch $B_{k-1} \cap H^{+}(G)$ erzeugte *graduierte Ideal* in $H^{\cdot}(G)$. Zunächst stellen wir fest, daß $x_k \notin \mathfrak{a}_{k-1}$ ist; anderenfalls gäbe es eine Relation der Gestalt $x_k = \sum_{j=0}^{r} c_j x_k^j$, wobei jedes c_j Produkt eines Elements aus $B_{k-1} \cap H^{+}(G)$ und eines Elements aus $H^{\cdot}(G)$ ist; ein Vergleich der Grade ergäbe $x_k = c_0$, so daß x_k entweder zu B_{k-1} gehörte oder Produkt von zwei Elementen mit Graden > 0 wäre; diese beiden Möglichkeiten sind aber durch die Definition der E_p ausgeschlossen.

Wir beweisen zunächst, daß p *ungerade* ist; dazu bemerken wir, daß $x_k^r = 0$ für hinreichend großes r gilt, da $H^{\cdot}(G)$ endlichdimensional ist. Wir weisen nach, daß eine solche Relation für gerades p ausgeschlossen wäre. Allgemeiner betrachten wir alle Relationen der Gestalt $\sum_{j=0}^{r} b_j x_k^j = 0$ für $b_j \in B_{k-1}$ mit $b_r \neq 0$, und darunter eine, deren Grad $r \geqq 1$ *kleinstmöglich* ist. Jetzt beachten wir, daß sich aufgrund von Formel (24.53.1.2) und von (24.53.2) aus der Voraussetzung (P_{k-1}) die Beziehungen

24.53.4.1. $m^*(x_k) \equiv x_k \otimes 1 + 1 \otimes x_k \bmod H^{\cdot}(G) \otimes \mathfrak{a}_{k-1}$,

24.53.4.2. $m^*(x_j) \equiv x_j \otimes 1 \bmod H^{\cdot}(G) \otimes \mathfrak{a}_{k-1}$ für $j < k$

ergeben und folglich für *jedes* $b \in B_{k-1}$

24.53.4.3. $m^*(b) \equiv b \otimes 1 \bmod H^{\cdot}(G) \otimes \mathfrak{a}_{k-1}$.

Also wäre

$$0 = m^*\left(\sum_{j=0}^{r} b_j x_k^j\right) \equiv \sum_{j=0}^{r} (b_j \otimes 1)(x_k \otimes 1 + 1 \otimes x_k)^j \bmod H^{\cdot}(G) \otimes \mathfrak{a}_{k-1}$$

$$\equiv \left(\sum_{j=1}^{r} j b_j x_k^{j-1}\right) \otimes x_k + \sum_{j=2}^{r} c_j \otimes x_k^j \bmod H^{\cdot}(G) \otimes \mathfrak{a}_{k-1}$$

mit $c_j \in H^{\cdot}(G)$; ein Vergleich der Grade ergäbe

$$0 \equiv \left(\sum_{j=1}^{r} j b_j x_k^{j-1}\right) \otimes x_k \bmod H^{\cdot}(G) \otimes \mathfrak{a}_{k-1},$$

und da $x_k \notin \mathfrak{a}_{k-1}$ ist, folgte hieraus $\sum_{j=1}^{r} j b_j x_k^{j-1} = 0$. Aufgrund der Wahl der b_j kann das aber für $r > 1$ nicht eintreten, und für $r = 1$ ergäbe sich hieraus $b_1 = 0$, entgegen der Voraussetzung.

Als zweites zeigen wir, daß die Produkte $x_{j_1} \cdots x_{j_h}$ für die Folgen von streng wachsenden Indizes $\leqq k$ linear unabhängig sind; wegen (P_{k-1}) ist das äquivalent zum Beweis der Tatsache, daß es keine Relation der Gestalt $b_0 + b_1 x_k = 0$ mit b_0, b_1 aus B_{k-1} und nicht beide gleich 0 geben kann; das folgt aber gerade aus der vorhergehenden Rechnung mit $r = 1$. Die letzte Behauptung aus (P_k) schließlich ergibt sich aus (P_{k-1}) für $x_{k-1} \in H^p(G)$; anderenfalls enthält B_{k-1} nach Voraussetzung die $H^q(G)$ für $q < p-1$ sowie E_{p-1}, nach Definition also auch $H^{p-1}(G)$. Damit ist der Beweis abgeschlossen.

24.53.5. Das vorhergehende Ergebnis läßt sich in vielfältiger Weise verallgemeinern, wenn man darin G durch sogenannte H-Räume ersetzt (vgl. Abschnitt

16.30, Aufgabe 1 sowie [215]). Für die zusammenhängenden kompakten Lieschen Gruppen jedoch kann der Satz (24.53.4) beträchtlich verschärft werden, und zwar in erster Linie zu folgender Aussage:

24.53.6. (E. Cartan). *Die Dimension des Vektorraumes E ist gleich dem Rang l* (vgl. (21.7.7.2)) *der Gruppe G.*

Offenbar genügt es zu zeigen, daß

24.53.6.1. $\dim(H^{\cdot}(G)) = 2^l$

ist.

Das läßt sich auch so ausdrücken, daß $P_G(1) = 2^l$ für das Poincarésche Polynom $P_G(X)$ von G (vgl. (24.1.1)) gilt. Zum Beweis dieser Beziehung bedienen wir uns einer Integraldarstellung des Poincaréschen Polynoms:

24.53.6.2. *Das Poincarésche Polynom einer zusammenhängenden kompakten Lieschen Gruppe G ist gegeben durch die Formel*

24.53.6.3. $$P_G(X) = \int_G \det(\mathrm{Ad}(s) + X\cdot \mathrm{I})\, dm_G(s),$$

wobei m_G das Haarsche Maß mit der Gesamtmasse 1 ist.

Wie wir nämlich gesehen haben (vgl. (24.52.7)), handelt es sich bei den biinvarianten p-Differentialformen auf G um diejenigen Formen, deren Wert in e ein p-Kovektor aus $\bigwedge^p \mathfrak{g}_e^*$ ist, welcher bezüglich der Automorphismen $\bigwedge^p ({}^t\mathrm{Ad}(s))$ für $s \in G$ *invariant* ist; die Dimension $b_p = \dim(H^p(G))$ des Raumes dieser Kovektoren ist daher die *Vielfachheit* der trivialen Darstellung von G in der Darstellung $s \to \bigwedge^p ({}^t\mathrm{Ad}(s))$; folglich (vgl. (21.4.4.1) und (21.3.2.6)) ist

24.53.6.4. $$b_p = \int_G \mathrm{Tr}\left(\bigwedge^p ({}^t\mathrm{Ad}(s))\right) dm_G(s) = \int_G \mathrm{Tr}\left(\bigwedge^p (\mathrm{Ad}(s))\right) dm_G(s).$$

Es genügt dann zu bemerken, daß für jeden Endomorphismus U eines r-dimensionalen reellen Vektorraumes F

24.53.6.5. $$\det(\mathrm{U} + X\cdot \mathrm{I}_r) = \sum_{k=0}^{r} \mathrm{Tr}\left(\bigwedge^k \mathrm{U}\right)\cdot X^{r-k}$$

gilt, was man übrigens auch erkennt, wenn man U als eine komplexe Matrix auffaßt und eine invertierbare Matrix Q mit komplexen Elementen wählt, so daß QUQ^{-1} eine Dreiecksmatrix ist (vgl. (A.6.10)).

Wir beachten jetzt, daß $\det(\mathrm{Ad}(s) + X\cdot \mathrm{I})$ eine Zentralfunktion auf G ist, da $\mathrm{Ad}(usu^{-1}) = \mathrm{Ad}(u)\,\mathrm{Ad}(s)\,\mathrm{Ad}(u)^{-1}$ gilt. Ist also T ein maximaler Torus von G, so zeigt die Weylsche Integrationsformel (vgl. (21.15.4.2)), daß

24.53.6.6. $$P_G(X) = (\mathrm{Card}(W))^{-1} \int_T \det(\mathrm{Ad}(t) + X\cdot \mathrm{I})\, |\Delta(t)|^2\, dm_T(t)$$

gilt. Wählt man nun in $\mathfrak{g}_e$ eine Basis, die aus einer Basis von $\mathfrak{t}$ und den in (21.8.3.1) definierten Elementen $\mathbf{y}_\alpha$ und $\mathbf{z}_\alpha$ besteht, so ergibt sich aus (21.8.3.3)

24.53.6.7. $\det\bigl(\mathrm{Ad}(t) + X \cdot \mathrm{I}\bigr) = (X+1)^l \prod_{\alpha \in S_+} (X + e^{-\alpha(t)})(X + e^{\alpha(t)})$

(wobei $\alpha\bigl(\exp(\mathbf{u})\bigr)$ anstelle von $\alpha(\mathbf{u})$ für $\mathbf{u} \in \mathfrak{t}$ geschrieben wurde (vgl. (21.13.6))). Wegen

$$|\Delta(t)|^2 = \prod_{\alpha \in S_+} |e^{\alpha(t)} - 1|^2 = \prod_{\alpha \in S_+} (e^{\alpha(t)} - 1)(e^{-\alpha(t)} - 1)$$

kann

$$\prod_{\alpha \in S_+} (X + e^{\alpha(t)})(X + e^{-\alpha(t)})\,|\Delta(t)|^2 = \sum_{p \in P} a_p(X)\, e^{p(t)}$$

geschrieben werden, wobei über das Gewicht von T (vgl. (21.13.6)) summiert wird und die $a_p(X)$ Polynome sind; dann leitet man aus (24.53.6.6)

24.53.6.8. $P_G(X) = \bigl(\mathrm{Card}\,(W)\bigr)^{-1} a_0(X)(X+1)^l$

her, woraus sich $P_G(1) = \bigl(\mathrm{Card}\,(W)\bigr)^{-1} a_0(1)\, 2^l$ ergibt. Schreibt man aber genauso $|\Delta(t)|^2 = \sum_{p \in P} c_p e^{p(t)}$, so findet man $\mathrm{Card}\,(W) = c_0$ (vgl. (21.15.4)), so daß also nur noch $a_0(1) = c_0$ zu zeigen ist. Nun gilt aber

$$\sum_{p \in P} a_p(1)\, e^{p(t)} = \prod_{\alpha \in S_+} (1 - e^{2\alpha(t)})(1 - e^{-2\alpha(t)}) = \sum_{p \in P} c_p e^{2p(t)}$$

und insbesondere $a_0(1) = c_0$.

24.53.7. Wir zeigen jetzt, daß sich für eine zusammenhängende kompakte Liesche Gruppe G der in (24.53.3) eingeführte Vektorteilraum E_p in *kanonischer* Weise wählen läßt.

Dazu bemerken wir zunächst, daß die graduierte Algebra $H^{\cdot}(G)$ nach (24.52.9) mit der graduierten Unteralgebra $\mathfrak{b}^*(G)$ der äußeren Algebra $\bigwedge \mathfrak{g}^*$ identifiziert werden kann, die aus den biinvarianten äußeren Differentialformen besteht; die Algebra $\bigwedge \mathfrak{g}^*$ wiederum kann mit der äußeren Algebra $\bigwedge \mathfrak{g}_e^*$ des dualen Raumes der Lieschen Algebra $\mathfrak{g}_e$ von G und $\mathfrak{b}^*(G)$ mit der entsprechenden graduierten Unteralgebra $\mathfrak{b}_e^*$ von $\bigwedge \mathfrak{g}_e^*$ identifiziert werden; im folgenden setzen wir voraus, daß diese Identifizierungen vorgenommen wurden. Die Algebra $\mathfrak{b}_e^*$ kann wieder als die Unteralgebra der Elemente von $\bigwedge \mathfrak{g}_e^*$ definiert werden, die *bezüglich der Automorphismen* ${}^t\mathrm{Ad}(s)$ von $\mathfrak{g}_e^*$ für jedes $s \in G$ invariant sind. Genauer gesagt, der von den zu $\mathfrak{b}_e^*$ gehörenden p-Kovektoren gebildete Teilraum $\mathfrak{b}_e^{*(p)}$ ist der Teilraum der *Invarianten* von $\bigwedge^p \mathfrak{g}_e^*$ bezüglich der *linearen Darstellung* $s \to \bigwedge^p \bigl({}^t\mathrm{Ad}(s)^{-1}\bigr)$ der Gruppe G in dem Vektorraum $\bigwedge^p \mathfrak{g}_e^*$.

24.53.8. Wir machen jetzt von der Tatsache Gebrauch, daß es auch eine kanonische *lineare Darstellung* $s \to \mathrm{Ad}(s)$ von G in der Lieschen Algebra $\mathfrak{g}_e$ gibt, woraus man für jedes $p \leqq n$ eine kanonische lineare Darstellung $s \to \bigwedge^p \bigl(\mathrm{Ad}(s)\bigr)$ von G in dem Vektorraum $\bigwedge^p \mathfrak{g}_e$ erhält. Bekanntlich (vgl. (21.4.3)) gibt es auf $\mathfrak{g}_e$ ein *Skalarprodukt, das bezüglich der Operation* $(s, \mathbf{u}) \to \mathrm{Ad}(s) \cdot \mathbf{u}$ *von* G *auf* $\mathfrak{g}_e$ *invariant* ist; ebenso könnte man sagen, daß es eine lineare bijektive Abbildung $\varphi\colon \mathfrak{g}_e \to \mathfrak{g}_e^*$ gibt, so daß für jedes $s \in G$

24.53.8.1. ${}^t\mathrm{Ad}(s^{-1}) \circ \varphi = \varphi \circ \mathrm{Ad}(s)$

gilt, wobei das Skalarprodukt $(\mathbf{u}\,|\,\mathbf{v}) = \langle \mathbf{u}, \varphi(\mathbf{v})\rangle$ ist. Aus φ gewinnt man einen *Isomorphismus von graduierten Algebren* $\bigwedge \varphi \colon \bigwedge \mathfrak{g}_e \to \bigwedge \mathfrak{g}_e^*$, womit man auf $\bigwedge \mathfrak{g}_e$ zu einem Skalarprodukt gelangt, welches das Skalarprodukt von $\mathfrak{g}_e$ fortsetzt und das durch $(\mathbf{z}\,|\,\mathbf{w}) = \langle \mathbf{z}, (\bigwedge \varphi)(\mathbf{w})\rangle$ definiert ist, sowie zu einem Skalarprodukt auf $\bigwedge \mathfrak{g}_e^*$ mit $(z^*\,|\,w^*) = \langle (\bigwedge \varphi)^{-1}(z^*), w^*\rangle$.

Ausgehend hiervon bezeichnen wir mit $\mathfrak{b}_e^{(p)}$ den Teilraum von $\overset{p}{\bigwedge} \mathfrak{g}_e$, der von den *bezüglich* $\overset{p}{\bigwedge}\big(\mathrm{Ad}\,(s)\big)$ für jedes $s \in G$ *invarianten* Elementen gebildet wird und der somit auf innere Weise definiert ist; aus (24.53.8.1) ergibt sich unmittelbar

24.53.8.2. $\left(\overset{p}{\bigwedge} \varphi\right)(\mathfrak{b}_e^{(p)}) = \mathfrak{b}_e^{*(p)}$.

Es sei $\mathfrak{b}_e^+$ (bzw. $\mathfrak{b}_e^{*+}$) das Ideal der Algebra $\mathfrak{b}_e$ (bzw. $\mathfrak{b}_e^*$), das sich als direkte Summe der $\mathfrak{b}_e^{(p)}$ (bzw. $\mathfrak{b}_e^{*(p)}$) für $p \geqq 1$ ergibt und Komplement von $\boldsymbol{R} \cdot 1$ in dieser Algebra ist; mit $\mathfrak{a}_e$ (bzw. $\mathfrak{a}_e^*$) bezeichnen wir das *Quadrat* dieses Ideals, das durch die Produkte von zwei Elementen aus $\mathfrak{b}_e^+$ (bzw. $\mathfrak{b}_e^{*+}$) erzeugt wird; offenbar gilt $(\bigwedge \varphi)(\mathfrak{a}_e) = \mathfrak{a}_e^*$, also auch

24.53.8.3. $\left(\overset{p}{\bigwedge} \varphi\right)(\mathfrak{a}_e \cap \mathfrak{b}_e^{(p)}) = \mathfrak{a}_e^* \cap \mathfrak{b}_e^{*(p)}$ für jedes $p \geqq 1$.

Der Teilraum $\mathfrak{b}_e^{*(p)}$ von $\mathfrak{b}_e^*$ ist dann *direkte Summe* von $\mathfrak{a}_e^* \cap \mathfrak{b}_e^{*(p)}$ und des dazu orthogonalen Teilraumes bezüglich des oben definierten Skalarprodukts; das ist aber gerade das *orthogonale* Komplement $(\mathfrak{a}_e \cap \mathfrak{b}_e^{(p)})^0$ von $\mathfrak{a}_e \cap \mathfrak{b}_e^{(p)}$ bezüglich der kanonischen Dualität zwischen $\overset{p}{\bigwedge} \mathfrak{g}_e$ und $\overset{p}{\bigwedge} \mathfrak{g}_e^*$ (vgl. (A.9.6)) und somit in innerer Weise definiert. Folglich kann $E_p = (\mathfrak{a}_e \cap \mathfrak{b}_e^{(p)})^0$ gewählt werden (bei kanonischer Identifizierung von $H^{\boldsymbol{\cdot}}(G)$ mit $\mathfrak{b}_e^*$).

24.53.9. Der so definierte Teilraum E von $H^{\boldsymbol{\cdot}}(G)$ kann auch anders charakterisiert werden. Dazu bezeichnen wir mit $\mathbf{e}_1^*, \mathbf{e}_2^*, \ldots, \mathbf{e}_l^*$ die Elemente der Basis von E, die in der Konstruktion aus (24.53.4) mit $x_1, x_2, \ldots, x_l$ bezeichnet worden waren, und für jede aus p Elementen $j_1 < j_2 < \cdots < j_p$ bestehende Teilmenge J von $\{1, 2, \ldots, l\}$ setzen wir $\mathbf{e}_J^* = \mathbf{e}_{j_1}^* \wedge \mathbf{e}_{j_2}^* \wedge \cdots \wedge \mathbf{e}_{j_p}^*$, so daß die 2^l Elemente $\mathbf{e}_J^*$ (für alle Teilmengen J von $\{1, 2, \ldots, l\}$) eine Basis von $\mathfrak{b}_e^*$ bilden. Mit $(\mathbf{e}_J)$ bezeichnen wir die duale Basis in $\mathfrak{b}_e$, so daß die $\mathbf{e}_J$ mit $\mathrm{Card}\,(J) \geqq 2$ und $\deg(\mathbf{e}_J) = p$ nach Konstruktion von E_p eine Basis von $\mathfrak{a}_e \cap \mathfrak{b}_e^{(p)}$ bilden. Es sei m die Multiplikation in der Algebra $\mathfrak{b}_e$, aufgefaßt als eine lineare Abbildung von $\mathfrak{b}_e \otimes \mathfrak{b}_e$ in $\mathfrak{b}_e$, so daß $m(\mathbf{u} \otimes \mathbf{v}) = \mathbf{u} \wedge \mathbf{v}$ gilt; da die Dualität zwischen $\mathfrak{b}_e$ und $\mathfrak{b}_e^*$ kanonisch eine Dualität zwischen $\mathfrak{b}_e \otimes \mathfrak{b}_e$ und $\mathfrak{b}_e^* \otimes \mathfrak{b}_e^*$ definiert (vgl. (A.10.5.4)), ist die *Transponierte* ${}^t m$ eine lineare Abbildung von $\mathfrak{b}_e^*$ in $\mathfrak{b}_e^* \otimes \mathfrak{b}_e^*$. Hiervon ausgehend zeigen wir, daß die Elemente von E die Elemente $\mathbf{u}^* \in \mathfrak{b}_e^*$ sind mit

24.53.9.1. ${}^t m(\mathbf{u}^*) = \mathbf{u}^* \otimes 1 + 1 \otimes \mathbf{u}^*$.

Dazu beweisen wir zunächst, daß die $\mathbf{e}_j^*$ für $1 \leqq j \leqq l$ der Beziehung (24.53.9.1) genügen. Man kann

24.53.9.2. ${}^t m(\mathbf{e}_j^*) = \mathbf{e}_j^* \otimes 1 + 1 \otimes \mathbf{e}_j^* + \sum c_{KL} \mathbf{e}_K^* \otimes \mathbf{e}_L^*$

schreiben, wobei über alle Paare (K, L) summiert wird mit $\deg \mathbf{e}_K^* \geqq 1$, $\deg \mathbf{e}_L^* \geqq 1$, $\deg \mathbf{e}_K^* + \deg \mathbf{e}_L^* = \deg \mathbf{e}_j^*$. Nach Konstruktion von E ist nun $\langle \mathbf{e}_j^*, \mathbf{e}_K \wedge \mathbf{e}_L\rangle = 0$, wofür auch $\langle \mathbf{e}_j^*, m(\mathbf{e}_K \otimes \mathbf{e}_L) \rangle = \langle {}^t m(\mathbf{e}_j^*), \mathbf{e}_K \otimes \mathbf{e}_L \rangle = 0$ geschrieben werden kann; ersetzt man ${}^t m(\mathbf{e}_j^*)$ durch seinen Wert (24.53.9.2), so erhält man gerade $c_{KL} = 0$.

Andererseits ist ${}^t m$ ein Homomorphismus von *Algebren* von $\mathfrak{b}_e^*$ in das Linkstensorprodukt $\mathfrak{b}_e^* \,{}^g\!\otimes \mathfrak{b}_e^*$, woraus sich sogleich ergibt, daß für jede Teilmenge J von $\{1, 2, \ldots, l\}$ mit Card $(J) \geqq 2$

$$ {}^t m(\mathbf{e}_J^*) = \sum_{K \cup L = J} \mathbf{e}_K^* \otimes \mathbf{e}_L^* $$

gilt und folglich für zwei verschiedene Teilmengen J, J' kein in der Darstellung von ${}^t m(\mathbf{e}_J^*)$ vorkommendes Tensorprodukt in der Darstellung von ${}^t m(\mathbf{e}_{J'}^*)$ auftritt. Damit ist gezeigt, daß kein Element aus $\mathfrak{b}_e^*$, das nicht zu E gehört, der Beziehung (24.53.9.1) genügen kann. Kehren wir zur Kohomologiealgebra $H^{\cdot}(G)$ und den Bezeichnungen aus (24.53.4) zurück, so stellen wir fest, daß wir das folgende Ergebnis bewiesen haben:

24.53.10. *Die Kohomologiealgebra $H^{\cdot}(G)$ einer zusammenhängenden kompakten Lieschen Gruppe G ist isomorph zur äußeren Algebra des l-dimensionalen Vektorteilraumes E von $H^{\cdot}(G)$, der aus den Elementen $z \in H^{\cdot}(G)$ mit*

24.53.10.1. $m^*(z) = z \otimes 1 + 1 \otimes z$

besteht, den sogenannten primitiven Elementen *von $H^{\cdot}(G)$; der Grad jedes solchen Elementes ist ungerade.*

Es ist möglich, die Dimensionen der Räume E_p für alle halbeinfachen kompakten Gruppen explizit anzugeben [192].

Aufgaben

1. Man zeige, daß die Poincaréschen Polynome der unitären und der orthogonalen Gruppen durch die folgenden Formeln gegeben sind:

$$ P_{\boldsymbol{U}(n,\boldsymbol{C})}(T) = \prod_{j=1}^{n} (1 + T^{2j-1}), \qquad P_{\boldsymbol{U}(n,\boldsymbol{H})}(T) = \prod_{j=1}^{n} (1 + T^{4j-1}), $$

$$ P_{\boldsymbol{SO}(2m)}(T) = (1 + T^{2m-1}) \prod_{j=1}^{m-1} (1 + T^{4j-1}), \qquad P_{\boldsymbol{SO}(2m+1)}(T) = \prod_{j=1}^{m} (1 + T^{4j-1}). $$

(Man benutze Aufgabe 7 aus Abschnitt 24.38 sowie Aufgabe 6 aus Abschnitt 24.39.)

2. a) Für jeden Punkt $z \in \boldsymbol{P}_{n-1}(\boldsymbol{C})$ werde mit X_z der Endomorphismus vom Rang 1

$$ \mathbf{x} \to (\mathbf{x} \mid \mathbf{a})\, \mathbf{a}/\|\mathbf{a}\|^2 $$

von $\boldsymbol{C}^n$ bezeichnet, wobei $\mathbf{a} \in \boldsymbol{C}^n \setminus \{0\}$ so gewählt sei, daß z sein kanonisches Bild in $\boldsymbol{P}_{n-1}(\boldsymbol{C})$ ist und $(\mathbf{x} \mid \mathbf{y})$ das gewöhnliche Hilbertsche Skalarprodukt darstellt; X_z hängt nicht von der Wahl des Repräsentanten $\mathbf{a}$ von z ab und ist positiv selbstadjungiert.

b) Man betrachte die Abbildung $g\colon (t, z) \to \exp(2\pi i t X_z)$ von $[0, 1] \times \boldsymbol{P}_{n-1}(\boldsymbol{C})$ in die Gruppe $\boldsymbol{U}(n)$ (vgl. (21.17.6)). Ist $\boldsymbol{SP}_{n-1}(\boldsymbol{C})$ die Einhängung von $\boldsymbol{P}_{n-1}(\boldsymbol{C})$ (vgl. Abschnitt 24.36, Aufgabe 4), so zeige man, daß g faktorisiert werden kann in

$$ [0, 1] \times \boldsymbol{P}_{n-1}(\boldsymbol{C}) \xrightarrow{\pi} \boldsymbol{SP}_{n-1}(\boldsymbol{C}) \xrightarrow{f} \boldsymbol{U}(n), $$

wobei π die kanonische Abbildung ist und f ein *Homöomorphismus* von $\boldsymbol{SP}_{n-1}(\boldsymbol{C})$ auf sein Bild.

c) Es sei $(\mathbf{e}_j)_{1 \leqq j \leqq n}$ die kanonische Basis von $\boldsymbol{C}^n$. Für $1 \leqq k \leqq n$ werde mit B_k die aus den Y mit $\mathrm{Y} \cdot \mathbf{e}_j = \mathbf{e}_j$ für $k + 1 \leqq j \leqq n$ bestehende Teilmenge von $f(\boldsymbol{SP}_{n-1}(\boldsymbol{C}))$ bezeichnet; B_0 bezeichne die Menge, die nur das neutrale Element I_n enthält. Man zeige, daß $B_k \setminus B_{k-1}$ zu $\boldsymbol{R}^{2k-1}$ homöomorph ist.

d) Für jede streng fallende Folge $\mathbf{k} = (k_1, k_2, \ldots, k_h)$ von ganzen Zahlen aus $[1, n]$ werde $C_{\mathbf{k}} = (B_{k_1} \setminus B_{k_1-1})(B_{k_2} \setminus B_{k_2-1}) \cdots (B_{k_h} \setminus B_{k_h-1})$ in der Gruppe $\boldsymbol{U}(n)$ gesetzt. Man zeige, daß $\boldsymbol{U}(n)$ auf diese Art als ein Zellenkomplex (vgl. Abschnitt 24.36, Aufgabe 7) beschrieben ist, für den B_0 und die $C_{\mathbf{k}}$ die Zellen sind und die Dimension der Zelle $C_{\mathbf{k}}$ gleich $\prod_{j=1}^{h} (2k_j - 1)$ ist. (Man benutze die Diagonalisierung der unitären Matrizen.)

3. Es sei $p\colon \boldsymbol{U}(n) \to \boldsymbol{U}(n)/\boldsymbol{U}(n-m)$ die kanonische Abbildung von $\boldsymbol{U}(n)$ auf die Stiefelsche Mannigfaltigkeit $\boldsymbol{S}_{n,m}(\boldsymbol{C})$ ($\boldsymbol{U}(n-m)$ werde mit der Untergruppe von $\boldsymbol{U}(n)$ identifiziert, welche die $\mathbf{e}_j$ für $n - m + 1 \leqq j \leqq n$ fest läßt). Die Bezeichnungen aus Aufgabe 2 werden beibehalten.

a) Man zeige: Für die Folgen $\mathbf{k}$, die aus zu $[n - m + 1, n]$ gehörenden ganzen Zahlen bestehen, ist p ein Homöomorphismus von $C_{\mathbf{k}}$ auf $p(C_{\mathbf{k}})$ und $\boldsymbol{S}_{n,m}(\boldsymbol{C})$ ein Zellenkomplex, dessen Zellen $p(B_0)$ und die den vorhergehenden Folgen entsprechenden $p(C_{\mathbf{k}})$ sind.

b) Es sei A_0 die Zelle $p(C_{\mathbf{k}})$ für die Folge $\mathbf{k} = (n, n-1, \ldots, n-m+1)$; A_0 ist eine zu $\boldsymbol{R}^{n^2-m^2}$ homöomorphe überall dichte offene Menge in $\boldsymbol{S}_{n,m}(\boldsymbol{C})$. Mit $\zeta_1, \zeta_2, \ldots, \zeta_m$ werden m verschiedene reelle Zahlen mit dem Absolutbetrag 1 bezeichnet. Man zeige, daß A_0 und die m offenen Mengen $\zeta_j^{-1} A_0$ eine Überdeckung von $\boldsymbol{S}_{n,m}(\boldsymbol{C})$ bilden. (Ist $\mathrm{Y} \notin A_0$, so zeige man, daß $\mathrm{Y} = p(\mathrm{X})$ gilt, wobei $\zeta_j \mathrm{X}$ für mindestens einen Index j keinen Eigenwert besitzt, der gleich 1 ist, und folglich $p(\zeta_j X)$ zu A_0 gehört.)

c) Aus b) leite man her, daß cat $(\boldsymbol{S}_{n,m}(\boldsymbol{C})) = m + 1$ ist. (Man benutze Aufgabe 27 aus Abschnitt 24.37 sowie (24.53.6).)

Anhang

Ergänzungen aus der Algebra

(Fortsetzung des Anhangs zu Band 5/6)

A.27. Unendliche Produkte von Moduln

A.27.1. Es sei A ein kommutativer Ring und $(E_\alpha)_{\alpha \in I}$ eine beliebige Familie von A-Moduln. Dann ist die Produktmenge $\prod_{\alpha \in I} E_\alpha$ kanonisch mit der Struktur eines A-Moduls versehen, so daß $(x_\alpha) + (y_\alpha) = (x_\alpha + y_\alpha)$ und $\lambda(x_\alpha) = (\lambda x_\alpha)$ für jedes $\lambda \in A$ gilt; die direkte Summe $\bigoplus_{\alpha \in I} E_\alpha$ (vgl. (A.1.5)) ist ein Untermodul dieses Produkts, der mit diesem übereinstimmt, wenn I endlich ist.

Für jedes $\alpha \in I$ sei F_α ein Untermodul von E_α; dann ist $\prod_{\alpha \in I} F_\alpha$ ein Untermodul von $\prod_{\alpha \in I} E_\alpha$.

A.27.2. Es seien $(M_\alpha)_{\alpha \in I}$, $(N_\alpha)_{\alpha \in I}$ zwei Familien von A-Moduln mit derselben Indexmenge, und für jedes $\alpha \in I$ sei $f_\alpha \colon M_\alpha \to N_\alpha$ eine lineare Abbildung. Dann ist die Abbildung

$$f = (f_\alpha) \colon (x_\alpha) \to \big(f_\alpha(x_\alpha)\big)$$

eine lineare Abbildung von $\prod_{\alpha \in I} M_\alpha$ in $\prod_{\alpha \in I} N_\alpha$. Unmittelbar aus dieser Definition folgt

$$\operatorname{Ker}(f) = \prod_{\alpha \in I} \operatorname{Ker}(f_\alpha), \qquad \operatorname{Im}(f) = \prod_{\alpha \in I} \operatorname{Im}(f_\alpha).$$

Ist insbesondere $(E_\alpha)_{\alpha \in I}$ eine Familie von A-Moduln und F_α für jedes $\alpha \in I$ ein Untermodul von E_α, so gibt es einen kanonischen Isomorphismus

A.27.2.1. $$\Big(\prod_{\alpha \in I} E_\alpha\Big) \Big/ \Big(\prod_{\alpha \in I} F_\alpha\Big) \xrightarrow{\sim} \prod_{\alpha \in I} (E_\alpha / F_\alpha),$$

den man durch Anwendung des vorher Gesagten auf die kanonischen Abbildungen $E_\alpha \to E_\alpha / F_\alpha$ erhält.

A.27.3. Es sei $(E_\alpha)_{\alpha \in I}$ eine Familie von A-Moduln und F ein A-Modul. Dann gibt es einen kanonischen Isomorphismus

A.27.3.1. $$\operatorname{Hom}\Big(\bigoplus_{\alpha \in I} E_\alpha, F\Big) \xrightarrow{\sim} \prod_{\alpha \in I} \operatorname{Hom}(E_\alpha, F),$$

der jeder linearen Abbildung $u \colon \bigoplus_{\alpha \in I} E_\alpha \to F$ die Familie $(u \circ j_\alpha)$ zuordnet, wobei $j_\alpha \colon E_\alpha \to \bigoplus_{\beta \in I} E_\beta$ die kanonische injektive Abbildung ist; das folgt unmittelbar aus (A.3.1). Insbesondere kann der *duale* Modul $\Big(\bigoplus_{\alpha \in I} E_\alpha\Big)^*$ kanonisch mit dem Produkt $\prod_{\alpha \in I} E_\alpha^*$ identifiziert werden.

A.27.4. Ist A kein Körper, so muß beachtet werden, daß (im Gegensatz zu den direkten Summen) ein unendliches Produkt von freien A-Moduln nicht notwendig ein freier A-Modul ist. Beispielsweise kann man zeigen, daß der $\mathbf{Z}$-Modul $\mathbf{Z}^N$ nicht frei ist [3, Kap. 7].

A.28. Tensorprodukte von Moduln

A.28.1. Es sei A ein kommutativer Ring, E ein freier A-Modul (endlichen Typs oder nicht) und F ein beliebiger A-Modul. Für zwei beliebige Elemente $x \in E$, $y \in F$ wird durch

A.28.1.1. $x^* \to \langle x, x^* \rangle y$

eine A-lineare Abbildung des *dualen* Moduls E^* in F definiert, die mit $x \otimes y$ bezeichnet wird; mit $E \otimes_A F$ oder einfach $E \otimes F$ wird der von den Elementen $x \otimes y$ erzeugte *Unter-A-Modul* von Hom (E^*, F) bezeichnet, und $x \otimes y$ heißt das *Tensorprodukt* von x und y und $E \otimes F$ das *Tensorprodukt* von E und F.

A.28.2. Es sei $(e_\alpha)_{\alpha\in I}$ eine Basis von E; dann kann jedes Element von $E \otimes F$ auf eine einzige Weise in der Gestalt $\sum_{\alpha\in I} (e_\alpha \otimes y_\alpha)$ geschrieben werden, wobei $(y_\alpha)_{\alpha\in I}$ eine Familie von Elementen aus F ist, die nur für endlich viele Indizes von 0 verschieden sind. Offenbar ist nämlich die Abbildung $(x, y) \to x \otimes y$ von $E \times F$ in $E \otimes F$ bilinear; da $x = \sum_{\alpha\in I} \xi_\alpha e_\alpha$ ist, gilt $x \otimes y = \sum_{\alpha\in I} (e_\alpha \otimes \xi_\alpha y)$. Ist andererseits $\sum_{\alpha\in I} (e_\alpha \otimes y_\alpha) = 0$, so bedeutet das, daß die lineare Abbildung

$$x^* \to \sum_{\alpha\in I} \langle e_\alpha, x^* \rangle y$$

gleich 0 ist; ist aber e_β^* die Linearform auf E mit $\langle e_\alpha, e_\beta^* \rangle = \delta_{\alpha\beta}$, so folgt aus der Voraussetzung $\sum_{\alpha\in I} \delta_{\alpha\beta} y_\alpha = 0$, d. h. $y_\beta = 0$ für jedes $\beta \in I$.

Für jedes $\alpha \in I$ ist daher $y \to e_\alpha \otimes y$ ein Isomorphismus von F auf einen Untermodul F_α von $E \otimes F$, und $E \otimes F$ ist *direkte Summe* der F_α. Insbesondere kann $A \otimes_A F$ mit F vermöge der Abbildung $y \to 1 \otimes y$ identifiziert werden.

Ist F_1 ein Untermodul von F, so ist offenbar die Menge der Summen $\sum_{\alpha\in I} e_\alpha \otimes y_\alpha$, wobei y_α zu F_1 gehört, ein zu $E \otimes F_1$ *isomorpher* Untermodul von $E \otimes F$, womit diese Menge im allgemeinen identifiziert wird.

Ist F direkte Summe einer Familie $(F_\lambda)_{\lambda\in L}$ von Untermoduln, so zeigt das bisher Gesagte, daß $E \otimes F$ mit der direkten Summe der Familie von Untermoduln $E \otimes F_\lambda$ identifiziert werden kann. Ist insbesondere F ein freier A-Modul und $(f_\lambda)_{\lambda\in L}$ eine Basis von F, so bilden die Elemente $e_\alpha \otimes f_\lambda$ eine Basis von $E \otimes F$, so daß in diesem Spezialfall die Definition von $E \otimes F$ bis auf einen kanonischen Isomorphismus mit der in Abschnitt A.20 angegebenen Definition des Tensorprodukts zweier Vektorräume übereinstimmt.

A.28.3. Es sei E_1 ein *freier* A-Modul, F_1 ein A-Modul, und es seien $u: E \to E_1$ sowie $v: F \to F_1$ zwei A-lineare Abbildungen; dann existiert genau eine A-lineare Abbildung $w: E \otimes F \to E_1 \otimes F_1$ mit

A.28.3.1. $w(x \otimes y) = u(x) \otimes v(y)$

für jedes Paar $(x, y) \in E \times F$. Betrachtet man nämlich die Transponierte ${}^t u \colon E_1^* \to E^*$, so kann man eine A-lineare Abbildung

A.28.3.2. $w_0 \colon f \to v \circ f \circ {}^t u$

von $\operatorname{Hom}(E^*, F)$ in $\operatorname{Hom}(E_1^*, F_1)$ definieren, und ist $f = x \otimes y$, so ist $w_0(x \otimes y)$ die lineare Abbildung

$$x_1^* \to v(\langle x, {}^t u(x_1^*)\rangle\, y) = \langle u(x), x_1^*\rangle\, v(y),$$

womit gezeigt ist, daß die Einschränkung w von w_0 auf $E \otimes F$ das Gewünschte leistet. Die Abbildung w heißt *Tensorprodukt* der linearen Abbildungen u und v und wird wieder mit $u \otimes v$ bezeichnet, wenn Mißverständnisse ausgeschlossen sind.

A.28.4. Wählt man für u insbesondere die identische Abbildung 1_E, so gilt für die Abbildung $1_E \otimes v$

$$(1_E \otimes v)\Bigl(\sum_{\alpha \in I} (e_\alpha \otimes y_\alpha)\Bigr) = \sum_{\alpha \in I} e_\alpha \otimes v(y_\alpha).$$

Hieraus erhält man unmittelbar die Beziehungen

A.28.4.1. $\operatorname{Im}(1_E \otimes v) = E \otimes \operatorname{Im}(v)$, $\quad \operatorname{Ker}(1_E \otimes v) = E \otimes \operatorname{Ker}(v)$.

A.28.5. Es sei E ein *freier* A-Modul *endlichen Typs* und $(F_\lambda)_{\lambda \in L}$ eine Familie von A-Moduln. Dann gibt es einen kanonischen Isomorphismus von $E \otimes \Bigl(\prod_{\lambda \in L} F_\lambda\Bigr)$ auf das Produkt $\prod_{\lambda \in L} (E \otimes F_\lambda)$, der jedem Tensorprodukt $x \otimes (y_\lambda)$ die Familie $(x \otimes y_\lambda)_{\lambda \in L}$ zuordnet. Um sich davon zu überzeugen, genügt es, eine (endliche) Basis $(e_i)_{1 \leq i \leq m}$ von E zu betrachten, so daß die Elemente von $E \otimes \Bigl(\prod_{\lambda \in L} F_\lambda\Bigr)$ eindeutig in der Gestalt $\sum_{i=1}^{m} \bigl(e_i \otimes (y_{i\lambda})\bigr)$ geschrieben werden können; ordnet man dem die Familie $\Bigl(\sum_{i=1}^{m} (e_i \otimes y_{i\lambda})\Bigr)_{\lambda \in L}$ zu, so hat man damit den gesuchten Isomorphismus definiert. Das Ergebnis verliert seine Gültigkeit, wenn E frei ist, aber eine unendliche Basis besitzt.

A.28.6. Es sei B ein kommutativer Ring und $\varphi \colon A \to B$ ein Homomorphismus von Ringen, der B zu einer A-Algebra macht. Ist E ein *freier* A-Modul, so kann man das Tensorprodukt $E \otimes_A B$ betrachten, wobei man B als einen A-Modul auffaßt. Diese Menge wird mit der eindeutig bestimmten Struktur eines *B-Moduls* versehen derart, daß $\mu(x \otimes \lambda) = x \otimes (\mu\lambda)$ für $x \in E$ und λ, μ aus B gilt. Ist nämlich $(e_\alpha)_{\alpha \in I}$ eine Basis von E, so daß jedes Element von $E \otimes_A B$ eindeutig in der Gestalt $\sum_{\alpha \in I} e_\alpha \otimes \lambda_\alpha$ geschrieben werden kann, so genügt es,

$$\mu\Bigl(\sum_{\alpha \in I} e_\alpha \otimes \lambda_\alpha\Bigr) = \sum_{\alpha \in I} e_\alpha \otimes (\mu\lambda_\alpha)$$

zu setzen. Offenbar ist $(e_\alpha \otimes 1)_{\alpha \in I}$ eine *Basis* des B-Moduls $E \otimes_A B$.

Es sei jetzt F ein *B-Modul*, den man bei Einschränkung der Skalare auch als einen A-Modul auffassen kann; ist dann $u \colon E \to F$ eine *A-lineare* Abbildung, so existiert genau eine *B-lineare* Abbildung $v \colon E \otimes_A B \to F$ mit $v(x \otimes \mu) = \mu u(x)$; in denselben Bezeichnungen wie oben definiert man v durch $v\Bigl(\sum_{\alpha \in I} e_\alpha \otimes \lambda_\alpha\Bigr) = \sum_{\alpha \in I} \lambda_\alpha u(e_\alpha)$.

A.29. Exakte Sequenzen

A.29.1. Es sei A ein kommutativer Ring, I ein (endliches oder unendliches) Intervall aus $\boldsymbol{Z}$, $(E_n)_{n\in I}$ eine Folge von A-Moduln, und für jedes von den Endpunkten von I verschiedene $n \in I$ (falls I endlich ist) sei $f_n: E_n \to E_{n+1}$ eine A-lineare Abbildung; man sagt, diese Abbildungen bilden eine *exakte Sequenz*, wenn

A.29.1.1. $\operatorname{Im}(f_n) = \operatorname{Ker}(f_{n+1})$

gilt, außer wenn $n + 1$ Endpunkt von I ist. Die so für ein Intervall I aus $\boldsymbol{Z}$ definierten Sequenzen von A-Moduln und linearen Abbildungen werden gewöhnlich (gleichgültig, ob sie exakt sind oder nicht) mit

A.29.1.2. $\cdots \to E_n \xrightarrow[f_n]{} E_{n+1} \xrightarrow[f_{n+1}]{} E_{n+2} \xrightarrow[f_{n+2}]{} E_{n+3} \to \cdots$

bezeichnet, wobei man stets mehrere Moduln aus der Sequenz aufführt. Eine fünf Terme umfassende exakte Sequenz der Gestalt

A.29.1.3. $0 \to E \xrightarrow{f} F \xrightarrow{g} G \to 0$

wird *kurze* exakte Sequenz genannt, und die Exaktheit einer solchen Sequenz besagt, daß f *injektiv*, g *surjektiv* und G isomorph zu $F/f(E)$ ist.

Die Aussage, daß die Sequenz (A.29.1.2) exakt ist, ist äquivalent dazu, daß $f_{n+1} \circ f_n = 0$ für jedes n gilt und jede kurze Sequenz

$$0 \to \operatorname{Ker} f_n \to E_n \to \operatorname{Ker} f_{n+1} \to 0$$

exakt ist.

Eine kurze exakte Sequenz (vgl. (A.29.1.3)) heißt *spaltend*, wenn der Untermodul $f(E)$ von F ein *Komplement* G_1 in F besitzt; die Einschränkung von g auf G_1 ist dann eine bijektive Abbildung von G_1 auf G, und F ist daher zu der direkten Summe $E \oplus G$ isomorph.

A.29.2. *Ist in einer kurzen exakten Sequenz* (vgl. (A.29.1.3)) G *ein freier A-Modul, so spaltet die Sequenz.*

Es sei $(e_\alpha)_{\alpha\in I}$ eine Basis von G. Da g surjektiv ist, existiert dann nämlich eine Familie $(a_\alpha)_{\alpha\in I}$ von Elementen aus F mit $g(a_\alpha) = e_\alpha$ für jedes $\alpha \in I$ (vgl. (1.4.5)), und diese Familie ist offenbar frei; sie erzeugt daher einen Untermodul G_1 von F, für den sie eine Basis ist. Für jedes $x \in F$ gilt $g(x) = \sum_{\alpha\in I} \lambda_\alpha e_\alpha$ für eine Familie von Skalaren (λ_α), d. h., es ist $g\left(x - \sum_{\alpha\in I} \lambda_\alpha a_\alpha\right) = 0$, was bedeutet, daß $x - \sum_{\alpha\in I} \lambda_\alpha a_\alpha \in f(E)$ ist oder daß $F = G_1 + f(E)$ gilt; darüber hinaus ist die Einschränkung von g auf G_1 ein Isomorphismus von G_1 auf G, so daß $G_1 \cap f(E) = G_1 \cap \operatorname{Ker}(g) = \{0\}$ gilt, was beweist, daß F direkte Summe von G_1 und $f(E)$ ist.

A.29.3. *In einem kommutativen Diagramm linearer Abbildungen*

A.29.3.1.

$$\begin{array}{ccccccccc} & & 0 & & 0 & & 0 & & \\ & & \downarrow & & \downarrow & & \downarrow & & \\ 0 & \to & E & \xrightarrow{f} & F & \xrightarrow{g} & G & \to & 0 \\ & & \downarrow{\scriptstyle u} & & \downarrow{\scriptstyle v} & & \downarrow{\scriptstyle w} & & \\ 0 & \to & E' & \xrightarrow{f'} & F' & \xrightarrow{g'} & G' & \to & 0 \\ & & \downarrow{\scriptstyle u'} & & \downarrow{\scriptstyle v'} & & \downarrow{\scriptstyle w'} & & \\ 0 & \to & E'' & \xrightarrow{f''} & F'' & \xrightarrow{g''} & G'' & \to & 0 \\ & & \downarrow & & \downarrow & & \downarrow & & \\ & & 0 & & 0 & & 0 & & \end{array}$$

werde vorausgesetzt, daß die Spalten und die ersten beiden Zeilen exakte Sequenzen sind; dann gilt das auch für die dritte Zeile.

Da $w' \circ g' = g'' \circ v'$ und w' surjektiv ist, gilt das auch für g''. Als zweites zeigen wir $\operatorname{Im} f'' \subset \operatorname{Ker} g''$. Es sei $x'' \in E''$; da u' surjektiv ist, existiert $x' \in E'$ mit $x'' = u'(x')$, also ist $f''(x'') = f''(u'(x')) = v'(f'(x'))$ und $g''(f''(x'')) = g''(v'(f'(x'))) = w'(g'(f'(x'))) = 0$. Darauf zeigen wir, daß umgekehrt $\operatorname{Ker} g'' \subset \operatorname{Im} f''$ gilt. Es sei $y'' \in F''$ mit $g''(y'') = 0$. Da v' surjektiv ist, existiert $y' \in F'$ mit $y'' = v'(y')$, also ist $g''(v'(y')) = w'(g'(y')) = 0$, und da $\operatorname{Ker} w' = \operatorname{Im} w$ ist, existiert $z \in G$ mit $g'(y') = w(z)$. Da g surjektiv ist, existiert $y \in F$ mit $z = g(y)$, also ist $g'(y') = w(g(y)) = g'(v(y))$, d. h. $y' - v(y) \in \operatorname{Ker} g'$. Da aber $\operatorname{Ker} g' = \operatorname{Im} f'$ ist, existiert $x' \in E'$ mit $y' = v(y) + f'(x')$, und folglich ist $y'' = v'(f'(x')) = f''(u'(x'))$.

Schließlich beweisen wir, daß f'' injektiv ist. Es sei $x'' \in E''$ mit $f''(x'') = 0$; da u' surjektiv ist, existiert $x' \in E'$ mit $x'' = u'(x')$; also ist $0 = f''(u'(x')) = v'(f'(x'))$, und da $\operatorname{Ker} v' = \operatorname{Im} v$ ist, existiert ein $y \in F$ mit $f'(x') = v(y)$. Dann ist $0 = g'(f'(x')) = g'(v(y)) = w(g(y))$, und da w injektiv ist, $g(y) = 0$. Da aber $\operatorname{Ker} g = \operatorname{Im} f$ ist, existiert ein $x \in E$ mit $y = f(x)$, also ist $f'(x') = v(f(x)) = f'(u(x))$, und da f' injektiv ist, $x' = u(x)$, woraus schließlich $x'' = u'(u(x)) = 0$ folgt.

A.29.4. (Fünferlemma). *In einem kommutativen Diagramm linearer Abbildungen*

A.29.4.1.

$$\begin{array}{ccccccccc} E_1 & \xrightarrow{f_1} & E_2 & \xrightarrow{f_2} & E_3 & \xrightarrow{f_3} & E_4 & \xrightarrow{f_4} & E_5 \\ \downarrow{\scriptstyle u_1} & & \downarrow{\scriptstyle u_2} & & \downarrow{\scriptstyle u_3} & & \downarrow{\scriptstyle u_4} & & \downarrow{\scriptstyle u_5} \\ F_1 & \xrightarrow[g_1]{} & F_2 & \xrightarrow[g_2]{} & F_3 & \xrightarrow[g_3]{} & F_4 & \xrightarrow[g_4]{} & F_5 \end{array}$$

werde vorausgesetzt, daß die beiden Zeilen exakt und u_1, u_2, u_4 sowie u_5 bijektiv sind. Dann ist u_3 bijektiv.

Wir zeigen zuerst, daß u_3 surjektiv ist. Es sei $y_3 \in F_3$; es existiert $x_4 \in E_4$ mit $g_3(y_3) = u_4(x_4)$, also ist $g_4(u_4(x_4)) = 0$ oder auch $u_5(f_4(x_4)) = 0$, woraus $f_4(x_4) = 0$ folgt. Daher existiert $x_3 \in E_3$ mit $x_4 = f_3(x_3)$, also ist $g_3(u_3(x_3)) = g_3(y_3)$. Da $\operatorname{Ker} g_3 = \operatorname{Im} g_2$ ist, existiert $y_2 \in F_2$ mit $y_3 - u_3(x_3) = g_2(y_2)$, und es existiert $x_2 \in E_2$ mit $y_2 = u_2(x_2)$, woraus $g_2(y_2) = u_3(f_2(x_2))$ folgt sowie schließlich $y_3 = u_3(x_3 + f_2(x_2))$.

Zweitens zeigen wir, daß u_3 injektiv ist. Es sei $x_3 \in E_3$ mit $u_3(x_3) = 0$; also ist $0 = g_3(u_3(x_3)) = u_4(f_3(x_3))$, d. h. $f_3(x_3) = 0$. Folglich existiert $x_2 \in E_2$ mit $x_3 = f_2(x_2)$; also ist $0 = u_3(f_2(x_2)) = g_2(u_2(x_2))$. Dann existiert $y_1 \in F_1$ mit $u_2(x_2) = g_1(y_1)$, und es existiert $x_1 \in E_1$ mit $y_1 = u_1(x_1)$; dann ist $u_2(x_2) = g_1(u_1(x_1)) = u_2(f_1(x_1))$, woraus $x_2 = f_1(x_1)$ folgt und schließlich $x_3 = f_2(f_1(x_1)) = 0$.

A.29.5. Es sei E ein *freier* A-Modul und

$$\cdots \to F_n \xrightarrow[f_n]{} F_{n+1} \xrightarrow[f_{n+1}]{} F_{n+2} \xrightarrow[f_{n+2}]{} F_{n+3} \to \cdots$$

eine exakte Sequenz. Dann ergibt sich unmittelbar aus (A.28.4.1), daß die Sequenz

$$\cdots \to E \otimes F_n \xrightarrow[1_E \otimes f_n]{} E \otimes F_{n+1} \xrightarrow[1_E \otimes f_{n+1}]{} E \otimes F_{n+2} \xrightarrow[1_E \otimes f_{n+2}]{} E \otimes F_{n+3} \to \cdots$$

exakt ist.

A.29.6. Wir setzen voraus, daß die linearen Abbildungen $f_n: E_n \to E_{n+1}$ eine exakte Sequenz bilden, und betrachten die *transponierten* (vgl. (A.9.3)) linearen Abbildungen ${}^tf_n: E^*_{n+1} \to E^*_n$. Setzt man $F_n = E^*_{-n-1}$ und ${}^tf_n = g_{-n-1}$, so gilt $g_{n+1} \circ g_n = 0$ für $n \in -I$, *jedoch bilden die* g_n *im allgemeinen nicht notwendig eine exakte Sequenz.* Betrachtet man allerdings eine *spaltende* kurze exakte Sequenz (vgl. (A.29.1.2)), so ist die Sequenz

$$0 \to G^* \xrightarrow{{}^tg} F^* \xrightarrow{{}^tf} E^* \to 0$$

exakt und spaltend. Das ergibt sich sofort aus (A.27.3), angewandt auf eine direkte Summe von zwei Moduln.

Allgemeiner ist dann für jeden A-Modul L die Sequenz

$$0 \to \operatorname{Hom}(G, L) \to \operatorname{Hom}(F, L) \to \operatorname{Hom}(E, L) \to 0$$

exakt und spaltend.

A.30. Kohomologie eines graduierten Differentialmoduls

A.30.1. Es sei A ein kommutativer Ring. Ein *graduierter A-Modul* ist die direkte Summe E einer Familie $(E_n)_{n\in\mathbf{Z}}$ von A-Moduln; die Elemente von E_n werden Elemente *vom Grad n* genannt. Ein *homogener Homomorphismus vom Grad* 0 (oder einfach ein *Homomorphismus*) von einem graduierten A-Modul $E = \bigoplus_{n\in\mathbf{Z}} E_n$ in einen graduierten A-Modul $F = \bigoplus_{n\in\mathbf{Z}} F_n$ ist eine A-lineare Abbildung $u: E \to F$ mit $u(E_n) \subset F_n$ für jedes $n \in \mathbf{Z}$.

Der *graduierte duale* Modul eines graduierten A-Moduls $E = \bigoplus_{n\in\mathbf{Z}} E_n$ ist die *direkte Summe* der dualen A-Moduln E^*_n für $n \in \mathrm{Z}$; dabei handelt es sich also um einen graduierten A-Modul, wenn man die Elemente von E^*_n als Elemente vom Grad $-n$ ansieht. Sind unendlich viele der E_n von 0 verschieden, so beachte man, daß der zu E duale graduierte Modul von E^* *verschieden* ist (vgl. (A.27.3)).

A.30.2. Ein *graduierter Differential-A-Modul* ist gegeben durch einen graduierten A-Modul $E = \bigoplus_{n\in\mathbf{Z}} E_n$ sowie für jedes n durch eine A-lineare Abbildung $d_n: E_n \to E_{n+1}$ derart, daß für jedes $n \in \mathbf{Z}$

A.30.2.1. $d_{n+1} \circ d_n = 0$

gilt, wofür auch $\operatorname{Im} d_n \subset \operatorname{Ker} d_{n+1}$ geschrieben werden kann; man sagt auch, die d_n stellten einen *Differentialoperator vom Grad* 1 dar. Im allgemeinen ist die Sequenz der Abbildungen d_n nicht exakt; man setzt

A.30.2.2. $Z^n = \operatorname{Ker} d_n, \qquad B^n = \operatorname{Im} d_{n-1}$

(wofür auch $Z^n(E)$ und $B^n(E)$ geschrieben wird) und nennt die Elemente von Z^n (bzw. B^n) die *Kozyklen* (bzw. die *Koränder*) vom Grad n. Der A-Modul

A.30.2.3. $H^n = Z^n/B^n$

(der auch mit $H^n(E)$ bezeichnet wird) heißt der *Kohomologiemodul* n-ten Grades von E; in gewissem Sinne „messen" diese Moduln den „Exaktheitsdefekt" der Sequenz der d_n. Mit $H^{\cdot}$ (oder $H^{\cdot}(E)$) wird der graduierte A-Modul bezeichnet, der sich als direkte Summe der H^n für $n \in \mathbf{Z}$ ergibt.

A.30.3. Es seien $E = \bigoplus_{n \in \mathbf{Z}} E_n$, $E' = \bigoplus_{n \in \mathbf{Z}} E'_n$ zwei graduierte Differential-A-Moduln, (d_n) und (d'_n) die sie definierenden linearen Abbildungen. Ein *Homomorphismus* $u: E \to E'$ *von graduierten Differential-A-Moduln* ist ein Homomorphismus von graduierten A-Moduln, für dessen Einschränkung $u_n: E_n \to E'_n$ auf E_n für jedes $n \in \mathbf{Z}$

A.30.3.1. $u_{n+1} \circ d_n = d'_n \circ u_n$

gilt, mit anderen Worten, das Diagramm

$$\begin{array}{ccc} E_n & \xrightarrow{u_n} & E'_n \\ {\scriptstyle d_n}\downarrow & & \downarrow{\scriptstyle d'_n} \\ E_{n+1} & \xrightarrow[u_{n+1}]{} & E'_{n+1} \end{array}$$

ist kommutativ. Aus diesen Bedingungen ergibt sich

$$u_n\big(Z^n(E)\big) \subset Z^n(E'), \qquad u_n\big(B^n(E)\big) \subset B^n(E');$$

durch Faktorisierung erhält man daher Homomorphismen für die Kohomologiemoduln

A.30.3.2. $H^n(u): H^n(E) \to H^n(E')$,

die auch mit u^* bezeichnet werden; die $H^n(u)$ definieren einen Homomorphismus von graduierten Moduln

$$H^{\cdot}(u): H^{\cdot}(E) \to H^{\cdot}(E'),$$

der ebenfalls mit u^* bezeichnet wird. Ist $v: E' \to E''$ ein weiterer Homomorphismus von graduierten Differential-A-Moduln, so gilt

A.30.3.3. $H^{\cdot}(v \circ u) = H^{\cdot}(v) \circ H^{\cdot}(u)$.

Man nennt $H^{\cdot}(u)$ den aus u durch *Übergang zur Kohomologie* abgeleiteten Homomorphismus.

A.30.4. Wir setzen jetzt voraus, es sei eine kurze *exakte Sequenz* von Homomorphismen *graduierter Differentialmoduln* gegeben,

A.30.4.1. $0 \to E' \xrightarrow{u} E \xrightarrow{v} E'' \to 0,$

die jeweils durch die Sequenzen linearer Abbildungen (d'_n), (d_n) und (d''_n) definiert sind; gleichwertig dazu ist die Aussage, daß für jedes n eine kurze exakte Sequenz linearer Abbildungen

A.30.4.2. $0 \to E'_n \xrightarrow{u_n} E_n \xrightarrow{v_n} E''_n \to 0$

mit $d_n \circ u_n = u_{n+1} \circ d'_n$ und $d''_n \circ v_n = v_{n+1} \circ d_n$ gegeben ist. Bereits unter diesen Voraussetzungen gelangt man daher zu zwei Folgen von linearen Abbildungen

$$H^n(u): H^n(E'_n) \to H^n(E_n), \qquad H^n(v): H^n(E_n) \to H^n(E''_n)$$

mit $H^n(v) \circ H^n(u) = 0$. Darüber hinaus zeigen wir, daß für jedes $n \in \mathbf{Z}$ eine A-lineare Abbildung

A.30.4.3. $\partial_n: H^n(E''_n) \to H^{n+1}(E'_n)$

definiert werden kann.

Dazu betrachten wir ein Element $c''_n \in H^n(E''_n)$, das Bild eines n-Kozyklus $z''_n \in Z^n(E''_n)$ ist. Es existiert ein $z_n \in E_n$ mit $z''_n = v_n(z_n)$, und es ist $0 = d''_n(v_n(z_n)) = v_{n+1}(d_n(z_n))$, so daß ein $z'_{n+1} \in E'_{n+1}$ existiert mit $d_n(z_n) = u_{n+1}(z'_{n+1})$.

Zuerst zeigen wir, daß z'_{n+1} ein Kozyklus ist; es gilt nämlich

$$0 = d_{n+1}(d_n(z_n)) = d_{n+1}(u_{n+1}(z'_{n+1})) = u_{n+1}(d'_{n+1}(z'_{n+1})),$$

so daß $d'_{n+1}(z'_{n+1}) = 0$ ist aufgrund der Injektivität von u_{n+2}. Wie wir sehen werden, ist die Restklasse $c'_{n+1} \in H^{n+1}(E')$ von z'_{n+1} durch c''_n *wohlbestimmt*. Zunächst ist z_n nämlich nur bis auf Addition eines Elementes $u_n(y'_n)$ für ein $y'_n \in E'_n$ bestimmt; es ist aber $d_n(u_n(y'_n)) = u_{n+1}(d'_{n+1}(y'_n))$, so daß z'_{n+1} bei Ersetzung von z_n durch $z_n + u_n(y'_n)$ in $z'_{n+1} + d'_{n+1}(y'_n)$ übergeht und c'_{n+1} ungeändert bleibt.

Zweitens sei y''_n ein Korand aus $B^n(E''_n)$, und es sei $y''_n = d''_{n-1}(y''_{n-1})$. Ist $y_n \in E_n$ ein Element mit $y''_n = v_n(y_n)$, so kann $v_n(y_n) = d''_{n-1}(v_{n-1}(y_{n-1}))$ für ein $y_{n-1} \in E_{n-1}$ geschrieben werden; also ist $v_n(y_n) = v_n(d_{n-1}(y_{n-1}))$ oder auch $y_n = d_{n-1}(y_{n-1}) + u_n(y'_n)$ für ein $y'_n \in E'_n$. Dann ist aber $d_n(y_n) = d_n(u_n(y'_n)) = u_{n+1}(d_{n+1}(y'_n))$, und ersetzt man z''_n durch $z''_n + y''_n$, so wird z'_{n+1} durch $z'_{n+1} + d'_{n+1}(y'_n)$ ersetzt, d. h., c'_{n+1} bleibt ungeändert.

Man erkennt unmittelbar, daß die so definierte Abbildung $c''_n \to \partial_n(c''_n) = c'_{n+1}$ A-linear ist.

A.30.5. Wir können jetzt den folgenden grundlegenden Satz formulieren:

Für jede kurze exakte Sequenz (vgl. (A.30.4.1)) *graduierter Differential-A-Moduln ist die unendliche Sequenz*

A.30.5.1. $\cdots \to H^n(E') \xrightarrow{H^n(u)} H^n(E) \xrightarrow{H^n(v)} H^n(E'') \xrightarrow{\partial_n} H^{n+1}(E') \to \cdots$

exakt (*exakte Kohomologiesequenz*).

Wie wir bereits wissen, ist $\operatorname{Im}(H^n(u)) \subset \operatorname{Ker}(H^n(v))$; es bleiben fünf Relationen zu verifizieren.

1. $\operatorname{Ker}(H^n(v)) \subset \operatorname{Im}(H^n(u))$. Es sei $c_n \in \operatorname{Ker}(H^n(v))$ die Klasse eines n-Kozyklus $z_n \in Z^n(E)$; also existiert $z''_{n-1} \in E''_{n-1}$ mit $v_n(z_n) = d''_{n-1}(z''_{n-1})$, danach $z_{n-1} \in E_{n-1}$ mit

$z''_{n-1} = v_{n-1}(z_{n-1})$. Folglich ist $v_n(z_n) = v_n(d_{n-1}(z_{n-1}))$ und $z_n = d_{n-1}(z_{n-1}) + u_n(z'_n)$ für ein $z'_n \in E'_n$. Da $0 = d_n(z_n)$ ist, ergibt sich $0 = d_n(u_n(z'_n)) = u_{n+1}(d'_{n+1}(z'_n))$, also $d'_{n+1}(z'_n) = 0$; somit ist z'_n ein Kozyklus und $c_n = H^n(u)\,(c'_n)$, wobei c'_n die Klasse von z'_n ist.

2. $\operatorname{Im}(H^n(v)) \subset \operatorname{Ker}(\partial_n)$. Das ist aufgrund der Definition von ∂_n unmittelbar einzusehen: Ist $z''_n = v_n(z_n)$, wobei z_n ein Kozyklus ist, so gilt in den Bezeichnungen von (A.30.4) $u_{n+1}(z'_{n+1}) = 0$, also $z'_{n+1} = 0$.

3. $\operatorname{Ker}(\partial_n) \subset \operatorname{Im}(H^n(v))$. In den Bezeichnungen von (A.30.4) bedeutet $\partial_n(c''_n) = 0$ nämlich, daß das Element z'_{n+1} von der Gestalt $d'_n(z'_n)$ ist für ein $z'_n \in E'_n$; also ist $d_n(z_n) = u_{n+1}(d'_n(z'_n)) = d_n(u_n(z'_n))$, d. h. $z_n - u_n(z'_n) \in Z^n(E)$. Folglich gehört $z''_n = v_n(z_n) = v_n(z_n - u_n(z'_n))$ zu $v_n(Z^n(E))$, was zeigt, daß $c''_n = H^n(v)\,(c_n)$ gilt, wobei c_n die Klasse von $z_n - u_n(z'_n)$ ist.

4. $\operatorname{Im}(\partial_n) \subset \operatorname{Ker}(H^{n+1}(u))$. In den bisherigen Bezeichnungen ergibt sich nämlich $u_{n+1}(z'_{n+1}) = d_n(z_n)$, woraus $H^{n+1}(u)\,(c'_{n+1}) = 0$ folgt.

5. $\operatorname{Ker}(H^{n+1}(u)) \subset \operatorname{Im}(\partial_n)$. Dazu sei $c'_{n+1} \in H^{n+1}(E')$ so gewählt, daß für ein Element z'_{n+1} aus der Klasse c'_{n+1} die Beziehung $u_{n+1}(z'_{n+1}) = d_n(z_n)$ für ein $z_n \in E_n$ gilt. Erstens ist $z''_n = v_n(z_n)$ ein Kozyklus, denn es gilt $d''_n(z''_n) = d''_n(v_n(z_n)) = v_{n+1}(d_n(z_n)) = v_{n+1}(u_{n+1}(z'_{n+1})) = 0$; wie aus der Definition von ∂_n folgt, ist dann $c'_{n+1} = \partial_n(c''_n)$, wobei c''_n die Klasse des Kozyklus z''_n ist.

A.30.6. Wir setzen jetzt voraus, es sei ein *kommutatives Diagramm* von Homomorphismen *graduierter Differentialmoduln* gegeben,

A.30.6.1.
$$\begin{array}{ccccccccc} 0 & \to & E' & \xrightarrow{u} & E & \xrightarrow{v} & E'' & \to & 0 \\ & & \downarrow{\scriptstyle f'} & & \downarrow{\scriptstyle f} & & \downarrow{\scriptstyle f''} & & \\ 0 & \to & F' & \xrightarrow[r]{} & F & \xrightarrow[s]{} & F'' & \to & 0 \end{array}$$

worin die beiden Zeilen *exakt* sind. Dann ergibt sich für die diesen beiden Zeilen entsprechenden exakten Kohomologiesequenzen das *kommutative Diagramm*

A.30.6.2.
$$\begin{array}{ccccccccc} \cdots \to & H^n(E') & \xrightarrow{H^n(u)} & H^n(E) & \xrightarrow{H^n(v)} & H^n(E'') & \xrightarrow{\partial_n} & H^{n+1}(E') & \to \cdots \\ & \downarrow{\scriptstyle H^n(f')} & & \downarrow{\scriptstyle H^n(f)} & & \downarrow{\scriptstyle H^n(f'')} & & \downarrow{\scriptstyle H^{n+1}(f')} & \\ \cdots \to & H^n(F') & \xrightarrow[H^n(r)]{} & H^n(F) & \xrightarrow[H^n(s)]{} & H^n(F'') & \xrightarrow[\partial_n]{} & H^{n+1}(F') & \to \cdots \end{array}$$

Da $f \circ u = r \circ f'$ und $f'' \circ v = s \circ f$ ist, gilt

$$H^n(f) \circ H^n(u) = H^n(r) \circ H^n(f') \quad \text{und} \quad H^n(f'') \circ H^n(v) = H^n(s) \circ H^n(f);$$

zu zeigen bleibt

A.30.6.3. $\partial_n \circ H^n(f'') = H^{n+1}(f') \circ \partial_n$.

Unter weiterer Beibehaltung der Bezeichnungen aus (A.30.4) gilt nun nach Voraussetzung $f''_n(z''_n) = f''_n(v_n(z_n)) = s_n(f_n(z_n))$ und $d_n(f_n(z_n)) = f_{n+1}(d_n(z_n)) = f_{n+1}(u_{n+1}(z'_{n+1})) = r_{n+1}(f'_{n+1}(z'_{n+1}))$. Aber $H^n(f'')\,(c''_n)$ ist die Klasse des Kozyklus $f''_n(z''_n)$, und nach Konstruktion ist $\partial_n(H^n(f'')\,(c''_n))$ die Klasse des Kozyklus $f'_{n+1}(z'_{n+1})$, d. h. $H^{n+1}(f')\,(c'_{n+1}) = H^{n+1}(f')\,(\partial_n(c''_n))$.

A.30.7. Zu der bisher dargestellten Theorie äquivalent ist die Theorie der *graduierten Kodifferential-A-Moduln*. Wiederum ist ein graduierter A-Modul $E = \bigoplus_{n \in \mathbf{Z}} E_n$ gegeben, diesmal jedoch für jedes n eine A-lineare Abbildung $d_n: E_n \to E_{n-1}$, die für jedes $n \in \mathbf{Z}$ die folgende Bedingung erfüllt:

A.30.7.1. $d_{n-1} \circ d_n = 0$ („Differentialoperator vom Grad -1").

Es genügt nämlich, $E'_n = E_{-n}$ und $d'_n = d_{-n}$ zu setzen, um den Begriff des graduierten Differential-A-Moduls wiederzuerhalten. Allerdings erweist es sich in den Anwendungen als bequem, eine andere Terminologie zu benutzen; man setzt

$$Z_n = \operatorname{Ker} d_n, \qquad B_n = \operatorname{Im} d_{n+1}$$

und nennt die Elemente von Z_n (bzw. B_n) die *Zyklen* (bzw. *Ränder*) vom Grad n. Der A-Modul

$$H_n = Z_n/B_n$$

wird dann der *Homologiemodul* n-ten Grades genannt. Man schreibt $H_n(u)$, $H_.(u)$ oder u_* anstelle von $H^n(u)$, $H^{\cdot}(u)$ und u^*, und die nach Änderung der Indizierung (A.30.5.1) entsprechende exakte Sequenz wird *exakte Homologiesequenz* genannt.

A.30.8. Es sei daran erinnert (vgl. (A.18.1)), daß eine assoziative *graduierte A-Algebra* ein graduierter A-Modul $E = \bigoplus_{n \in \mathbf{Z}} E_n$ ist, wobei $E_n = \{0\}$ für $n < 0$ gilt (man schreibt deshalb $E = \bigoplus_{n \geqq 0} E_n$), in dem eine assoziative Multiplikation definiert ist mit

A.30.8.1. $E_p E_q \subset E_{p+q}$ für $p \geqq 0$ und $q \geqq 0$.

Eine graduierte A-Algebra E wird eine *graduierte Differential-A-Algebra* genannt, wenn E ein graduierter Differential-A-Modul ist, in dem die A-linearen Abbildungen $d_n: E_n \to E_{n+1}$ außerdem *Antiderivationen vom Grad* 1 sind (vgl. (A.18.4)); mit anderen Worten, für $x_p \in E_p$, $x_q \in E_q$ gilt

A.30.8.2. $d_{p+q}(x_p x_q) = \big(d_p(x_p)\big)\, x_q + (-1)^p\, x_p\big(d_q(x_q)\big)$.

Unmittelbar aus dieser Beziehung ergibt sich

A.30.8.3. $Z^p Z^q \subset Z^{p+q}, \qquad B^p Z^q + Z^p B^q \subset B^{p+q}$

für $p \geqq 0$ und $q \geqq 0$. Hieraus leitet man her, daß die Abbildung $(x_p, x_q) \to x_p x_q$ von $Z^p \times Z^q$ in Z^{p+q} mit den Äquivalenzrelationen $x_p - x'_p \in B_p$ und $x_q - x'_q \in B_q$ verträglich ist und daher durch Faktorisierung eine bilineare Abbildung $(c_p, c_q) \to c_p c_q$ von $H^p \times H^q$ in H^{p+q} ergibt. Diese Abbildungen definieren somit auf der direkten Summe $H^{\cdot} = \bigoplus_{n \geqq 0} H^n$ die Struktur einer *graduierten Algebra*, und es ist klar, daß die Multiplikation in dieser Algebra assoziativ ist; die graduierte Algebra $H^{\cdot}$ wird die *Kohomologiealgebra* der graduierten Differentialalgebra E genannt.

Ein *Homomorphismus* $u: E \to E'$ *von graduierten Differential-A-Algebren* ist ein Homomorphismus von graduierten Differential-A-Moduln, der zugleich ein Homomorphismus von *Algebren* ist. Man stellt unmittelbar fest, daß $H^{\cdot}(u)$ ein Homomorphismus von *Algebren* ist.

A.30.9. Es seien $E = \bigoplus_{n \in \mathbf{Z}} E_n$, $F = \bigoplus_{n \in \mathbf{Z}} F_n$ zwei graduierte A-Moduln, und wir setzen voraus, daß jeder Modul E_n *frei* ist. Dann sind die Tensorprodukte $E_p \otimes F_q$ definiert, und $E \otimes F$ ist direkte Summe seiner Untermoduln $E_p \otimes F_q$ (vgl. (A.28.2)). Für jedes $n \in \mathbf{Z}$ sei G_n die direkte Summe der Moduln $E_p \otimes F_q$ für $p + q = n$; man definiert dann auf $E \otimes F$ die Struktur eines *graduierten A-Moduls*, wenn man als Modul der Elemente vom Grad n für jedes $n \in \mathbf{Z}$ den Untermodul G_n wählt.

Wir nehmen an, E und F seien zwei assoziative und *antikommutative graduierte Algebren*, d. h., wenn x_p und x_q homogene Elemente vom Grad p bzw. q aus einer diese Algebren sind, gilt

A.30.9.1. $x_q x_p = (-1)^{pq} x_p x_q$

(wie das beispielsweise für die äußeren Algebren (vgl. (A.13.2.2)) der Fall ist). Dann kann man auf dem A-Modul $E \otimes F$ die Struktur einer assoziativen und *antikommutativen graduierten Algebra* definieren, indem man die Produkte durch die Relationen

A.30.9.2. $(x_p \otimes y_q)(x_r \otimes y_s) = (-1)^{qr} (x_p x_r) \otimes (y_q y_s)$

definiert; man prüft diese Aussagen unmittelbar nach. Diese graduierte Algebra wird mit $E \,{}^g\!\otimes F$ bezeichnet und das *Linkstensorprodukt* der antikommutativen graduierten Algebren E und F genannt.

Ist M beispielsweise ein freier A-Modul endlichen Typs, der *direkte Summe* von zwei *freien* Untermoduln N, P ist, so erkennt man sofort, indem man Basen in N und P wählt (deren Vereinigung eine Basis von M ergibt), daß die äußere Algebra $\wedge M$ zum Linkstensorprodukt $(\wedge N) \,{}^g\!\otimes (\wedge P)$ isomorph ist.

A.30.10. Wir setzen jetzt voraus, daß E und F *graduierte Differential-A-Moduln* sind, die durch lineare Abbildungen $d_n: E_n \to E_{n+1}$ bzw. $d'_n: F_n \to F_{n+1}$ definiert werden, und nehmen darüber hinaus an, die E_n seien frei. Dann kann man auf $E \otimes F$ die Struktur eines *graduierten Differential-A-Moduls* definieren. Um die Abbildungen $d''_n: G_n \to G_{n+1}$ zu definieren, genügt es, diese in jedem der Moduln $E_p \otimes F_q$ für $p + q = n$ zu bestimmen. Man setzt für $x_p \in E_p$, $y_q \in F_q$

A.30.10.1. $d''_{p+q}(x_p \otimes y_q) = \big(d_p(x_p)\big) \otimes y_q + (-1)^p x_p \otimes \big(d'_q(y_q)\big)$.

Die Relationen

$$d''_{p+q+1} \circ d''_{p+q} = 0$$

prüft man unmittelbar nach.

Sind E und F außerdem *antikommutative* graduierte Differentialalgebren, so stellt man fest, daß die Definition (A.30.10.1) auf dem Linkstensorprodukt $E \,{}^g\!\otimes F$ die Struktur einer *graduierten Differentialalgebra* definiert.

A.31. Homologie und Kohomologie eines freien graduierten Kodifferential-Z-Moduls

A.31.1. Wie wir gesehen haben (vgl. (A.26.2)), ist jeder Untermodul eines freien $\mathbf{Z}$-Moduls endlichen Typs wieder frei. Der Beweis läßt sich ohne weiteres auf den Fall übertragen, daß der betrachtete freie $\mathbf{Z}$-Modul L eine abzählbare Basis $(a_n)_{n \in \mathbf{N}}$

besitzt. (Der einzige Unterschied ist, daß die durch $\langle a_m, a_n^* \rangle = \delta_{mn}$ definierten $a_n^* \in L^*$ keine Basis von L^* mehr bilden.) Tatsache ist, daß für *jeden* freien $\boldsymbol{Z}$-Modul L jeder Untermodul von L frei ist; wir setzen dieses Resultat als gegeben voraus. (Zum Beweis vergleiche man [3, Kap. 7], wobei es sich wieder um eine Übertragung des vorhergehenden Beweises handelt, jedoch die Basis von L „wohlgeordnet" werden muß.)

A.31.2. Ein graduierter A-Modul $E = \bigoplus_{n \in \boldsymbol{Z}} E_n$ heißt *freier graduierter Modul*, wenn *jeder* A-Modul E_n frei ist. Für einen freien graduierten Kodifferential-$\boldsymbol{Z}$-Modul E weist die Homologie wichtige Besonderheiten auf. Für jedes $n \in \boldsymbol{Z}$ sind nämlich der $\boldsymbol{Z}$-Modul B_n der Ränder und der $\boldsymbol{Z}$-Modul Z_n der Zyklen Untermoduln des freien $\boldsymbol{Z}$-Moduls E_n und (A.31.1) zufolge daher *frei*. Nun gibt es aber eine kurze exakte Sequenz

$$0 \to Z_{n+1} \to E_{n+1} \xrightarrow{d_{n+1}} B_n \to 0,$$

und diese Sequenz *spaltet* also (vgl. (A.29.2)); mit anderen Worten, der (freie) Modul Z_{n+1} besitzt ein (ebenfalls freies) *Komplement* F_{n+1} in E_{n+1}, wobei die Einschränkung von d_{n+1} auf F_{n+1} eine bijektive Abbildung auf B_n ist.

A.31.3. Es sei $E = \bigoplus_{n \in \boldsymbol{Z}} E_n$ ein freier graduierter Kodifferential-$\boldsymbol{Z}$-Modul; für *jeden* $\boldsymbol{Z}$-Modul G kann auf $E \otimes G = \bigoplus_{n \in \boldsymbol{Z}} (E_n \otimes G)$ (vgl. (A.28.2)) die Struktur eines Kodifferential-$\boldsymbol{Z}$-Moduls definiert werden, indem man die $d_n \otimes 1_G$ als $\boldsymbol{Z}$-lineare Abbildungen $E_n \otimes G \to E_{n-1} \otimes G$ wählt. Dann ist $E_n \otimes G$ für jedes *n direkte Summe* von $Z_n \otimes G$ und $F_n \otimes G$; die Abbildung $d_n \otimes 1_G$ ist in $Z_n \otimes G$ gleich 0 und eine surjektive Abbildung von $F_n \otimes G$ auf $B_{n-1}(E \otimes G)$. Es muß jedoch festgestellt werden, daß $B_{n-1}(E)$ im allgemeinen kein Komplement in E_{n-1} besitzt und die Einschränkung von $d_n \otimes 1_G$ einen nicht nur aus 0 bestehenden *Kern* Z_n' in $F_n \otimes G$; man kann also

A.31.3.1. $Z_n(E \otimes G) = \big(Z_n(E) \otimes G\big) \bigoplus Z_n'$

schreiben.

A.31.4. Unter den allgemeinen Voraussetzungen aus (A.31.3) zeigen wir jetzt, daß *$H_n(E \otimes G)$ und $H_n(E) \otimes G$ isomorph sind, wenn $H_n(E)$ und $H_{n-1}(E)$ freie $\boldsymbol{Z}$-Moduln sind.*

Aus der Voraussetzung, $H_n = H_n(E)$ sei frei, folgt nämlich, daß die exakte Sequenz

$$0 \to B_n \to Z_n \to H_n \to 0$$

spaltet, mit anderen Worten, B_n ein (freies) Komplement L_n in Z_n besitzt und folglich ein (freies) Komplement $F_n \bigoplus L_n$ in E_n. Dann kann aber das Bild $B_n(E \otimes G)$ von $E_{n+1} \otimes G$ vermöge $d_{n+1} \otimes 1_G$ mit $B_n \otimes G$ identifiziert werden, das ein mit $L_n \otimes G$ identifiziertes Komplement in $Z_n \otimes G$ besitzt; aufgrund von (A.31.3.1) ist dieses Komplement aber nicht notwendig zu $H_n(E \otimes G)$ isomorph.

Setzt man jedoch *außerdem* voraus, daß $H_{n-1}(E)$ frei ist, so ergibt sich hieraus, daß $B_{n-1}(E \otimes G)$ mit $B_{n-1}(E) \otimes G$ identifiziert werden kann und daß $d_n \otimes 1_G$ eine bijektive Abbildung von $F_n \otimes G$ auf $B_{n-1}(E) \otimes G$ ist. In den vorhergehenden Bezeichnungen ist somit $Z_n' = \{0\}$, $Z_n(E \otimes G) = Z_n(E) \otimes G$, und $L_n \otimes G$ kann mit $H_n(E) \otimes G$ identifiziert werden; damit ist der Beweis abgeschlossen.

A.31.5. Für jeden graduierten Kodifferential-A-Modul $E = \bigoplus_{n \in \mathbf{Z}} E_n$ und jeden A-Modul G wird auf dem graduierten A-Modul

$$E' = \bigoplus_{n \in \mathbf{Z}} \operatorname{Hom}(E_n, G)$$

kanonisch die Struktur eines *graduierten Differential-A-Moduls* definiert, wenn man als strukturdefinierende lineare Abbildungen die Abbildungen

$$\operatorname{Hom}(d_{n+1}, 1_G): f_n \to f_n \circ d_{n+1}$$

von $\operatorname{Hom}(E_n, G)$ in $\operatorname{Hom}(E_{n+1}, G)$ wählt; mit $H^{\cdot}(E; G)$ werde der entsprechende Kohomologie-A-Modul bezeichnet. Hinsichtlich der Beziehungen zwischen $H_{\cdot}(E)$ und $H^{\cdot}(E; G)$ beschränken wir uns auf den folgenden Satz:

A.31.6. *Es sei* $E = \bigoplus_{n \in \mathbf{Z}} E_n$ *ein freier graduierter Kodifferential-*$\mathbf{Z}$*-Modul; für jedes* n *existiert eine surjektive kanonische* $\mathbf{Z}$*-lineare Abbildung*

A.31.6.1. $H^n(E; G) \to \operatorname{Hom}(H_n(E), G)$;

ist $H_{n-1}(E)$ *außerdem frei, so ist die vorhergehende Abbildung bijektiv.*

Die vorhergehenden Definitionen zeigen, daß die Kozyklen und die Koränder von E' folgendermaßen charakterisiert werden können:

1. Die Menge $Z^n(E')$ der n-Kozyklen besteht aus den linearen Abbildungen f_n von E_n in G, die in $B_n(E)$ *verschwinden*;

2. Die Menge $B^n(E')$ der n-Koränder besteht aus den linearen Abbildungen $f_{n-1} \circ d_n$ mit $f_{n-1} \in \operatorname{Hom}(E_{n-1}, G)$; sie sind in $Z_n(E)$ gleich 0, jedoch ist eine in $Z_n(E)$ verschwindende $\mathbf{Z}$-lineare Abbildung von E_n in G nicht notwendig ein Korand.

Die Abbildung (A.31.6.1) erhält man, indem man einem n-Kozyklus f_n seine *Einschränkung* auf $Z_n(E)$ zuordnet, die in $B_n(E)$ verschwindet und daher durch Faktorisierung eine lineare Abbildung von $H_n(E) = Z_n(E)/B_n(E)$ in G ergibt; ist f_n ein Korand, so ist die Einschränkung von f_n auf $Z_n(E)$ gleich 0, und man definiert somit auf diese Weise eine $\mathbf{Z}$-lineare Abbildung von $H^n(E') = Z^n(E')/B^n(E')$ in $\operatorname{Hom}(H_n(E), G)$. Schließlich ist diese Abbildung surjektiv, denn $Z_n(E)$ besitzt ein Komplement F_n in E_n (vgl. (A.31.2)), und jede in $B_n(E)$ verschwindende $\mathbf{Z}$-lineare Abbildung von $Z_n(E)$ in G kann zu einer $\mathbf{Z}$-linearen Abbildung von E_n in G fortgesetzt werden (indem man sie beispielsweise in F_n gleich 0 setzt).

Wir nehmen jetzt an, $H_{n-1}(E)$ sei ein freier $\mathbf{Z}$-Modul; dann besitzt $B_{n-1}(E)$ bekanntlich (vgl. (A.31.4)) ein Komplement $F_{n-1} \oplus L_{n-1}$ in E_{n-1}. Wenn ein n-Kozyklus f_n in $Z_n(E)$ gleich 0 ist, kann seine Einschränkung auf F_n in der Gestalt $g_{n-1} \circ d_n$ geschrieben werden, wobei g_{n-1} eine lineare Abbildung von $B_{n-1}(E)$ in G ist; hier kann aber g_{n-1} zu einer linearen Abbildung f_{n-1} von E_{n-1} in G fortgesetzt werden, so daß sich $f_n = f_{n-1} \circ d_n \in B^n(E')$ ergibt; damit ist gezeigt, daß die Abbildung (A.31.6.1) bijektiv ist.

A.31.7. Wir betrachten jetzt zwei *freie* graduierte Kodifferential-$\mathbf{Z}$-Moduln $E = \bigoplus_{n \in \mathbf{Z}} E_n$ sowie $F = \bigoplus_{n \in \mathbf{Z}} F_n$ derart, daß $E_n \subset F_n$ gilt und E_n in F_n ein *freies Komplement* besitzt. Wir nehmen an, die kanonische injektive Abbildung $j: E \to F$

sei ein Homomorphismus von graduierten Kodifferentialmoduln. Setzt man $E' = \bigotimes_{n \in \mathbf{Z}} \operatorname{Hom}(E, G)$, $F' = \bigoplus_{n \in \mathbf{Z}} \operatorname{Hom}(F, G)$, so gelangt man von j zu einer **Z**-linearen Abbildung

$$j' = \operatorname{Hom}(j, 1_G)\colon F' \to E',$$

die ein *Homomorphismus von graduierten Differential-**Z**-Moduln* ist.

A.31.8. *Unter den Voraussetzungen aus* (A.31.7) *ergibt sich: Ist* $H_{.}(j)\colon H_{.}(E) \to H_{.}(F)$ *ein Isomorphismus, so ist* $H^{\cdot}(j')\colon H^{\cdot}(F') \to H^{\cdot}(E')$ *ein Isomorphismus.*

Die Voraussetzung bedeutet, daß für jedes $n \in \mathbf{Z}$

A.31.8.1. $Z_n(E) + B_n(F) = Z_n(F), \qquad Z_n(E) \cap B_n(F) = B_n(E)$

gilt, und darüber hinaus ist offenbar $Z_n(E) = E_n \cap Z_n(F)$.

Hieraus leiten wir her, daß $B_n(E)$ ein *freies Komplement* in $B_n(F)$ besitzt, das auch ein Komplement von $Z_n(E)$ in $Z_n(F)$ ist, da $Z_n(F)/Z_n(E)$ und $B_n(F)/B_n(E)$ nach (A.31.8.1) kanonisch isomorph sind. Dazu betrachten wir das kommutative Diagramm

$$\begin{array}{ccccccccc}
 & & 0 & & 0 & & 0 & & \\
 & & \downarrow & & \downarrow & & \downarrow & & \\
0 & \to & Z_n(E) & \longrightarrow & E_n & \xrightarrow{d_n} & B_{n-1}(E) & \longrightarrow & 0 \\
 & & \downarrow{\scriptstyle j} & & \downarrow{\scriptstyle j} & & \downarrow{\scriptstyle j} & & \\
0 & \to & Z_n(F) & \longrightarrow & F_n & \xrightarrow{d_n} & B_{n-1}(F) & \longrightarrow & 0 \\
 & & \downarrow & & \downarrow & & \downarrow & & \\
0 & \to & Z_n(F)/Z_n(E) & \to & F_n/E_n & \to & B_{n-1}(F)/B_{n-1}(E) & \to & 0 \\
 & & \downarrow & & \downarrow & & \downarrow & & \\
 & & 0 & & 0 & & 0 & &
\end{array}$$

in dem die Spalten und die ersten beiden Zeilen exakt sind; daher ist die dritte Zeile exakt (vgl. (A.29.3)). Da F_n/E_n frei ist, gilt dasselbe für den zu $B_n(F)/B_n(E)$ isomorphen Untermodul $Z_n(F)/Z_n(E)$ von F_n/E_n, woraus die Behauptung folgt (vgl. (A.29.2)). Ferner besitzt $E_n + Z_n(F)$ in F_n ein Komplement (vgl. (A.29.2)), da $B_{n-1}(F)/B_{n-1}(E)$ frei ist. Schließlich bemerkt man, daß $F_n = E_n \oplus L_n \oplus M_n$ geschrieben werden kann, wobei L_n Komplement von $B_n(E)$ in $B_n(F)$ ist.

Hiervon ausgehend beweisen wir zunächst, daß $H^n(j')$ surjektiv ist. Es sei $f_n \in Z^n(E')$, d. h. eine in $B_n(E)$ verschwindende lineare Abbildung von E_n in G. Die Abbildung f_n wird zu einer linearen Abbildung von F_n in G fortgesetzt, die in $L_n \oplus M_n$ gleich 0 ist und somit in $B_n(F)$ verschwindet; diese Abbildung liegt daher in $Z^n(F')$.

Schließlich beweisen wir, daß $H^n(j')$ injektiv ist. Es sei also $g_n \in Z^n(F')$ derart, daß die Einschränkung von g_n auf E_n zu $B^n(E')$ gehört, mit anderen Worten, es sei von der Gestalt $f_n \circ d_n$, wobei f_{n-1} eine lineare Abbildung von E_{n-1} in G ist. Dem oben Gezeigten zufolge ist die Einschränkung von d_n auf M_n eine bijektive Abbildung auf L_{n-1}. Wir setzen dann f_{n-1} zu einer linearen Abbildung g_{n-1} von F_{n-1} in G fort, die in L_{n-1} gleich $g_n \circ d_n^{-1}$ und in M_{n-1} beliebig ist. Offenbar gilt $g_n = g_{n-1} \circ d_n$, also $g_n \in B^n(F')$; damit ist der Beweis abgeschlossen.

A.32. Ergänzungen zu den Vektorräumen

A.32.1. Ist E ein Vektorraum und V ein Vektorteilraum derart, daß E von V und einer endlichen Familie $(x_i)_{1 \leq i \leq n}$ von Vektoren erzeugt wird, so existiert bekanntlich (vgl. (A.4.5)) eine Teilfamilie $(x_{i_k})_{1 \leq k \leq r}$, die Basis eines Komplements von V in E ist. Eine Beweisvariante besteht darin, schrittweise aus der Familie $(x_i)_{1 \leq i \leq n}$ die Vektoren zu entfernen, die Linearkombinationen der vorhergehenden und von Vektoren aus V sind; die übrig bleibenden Vektoren sind die x_{i_k}. Dieses Verfahren kann unverändert angewendet werden, wenn E durch V und eine *unendliche Folge* (x_n) von Vektoren erzeugt wird. Wenn E nämlich durch V und eine *beliebige* Familie $(x_\alpha)_{\alpha \in A}$ von Vektoren erzeugt wird, existiert eine Teilfamilie $(x_\alpha)_{\alpha \in J}$ von $(x_\alpha)_{\alpha \in A}$, die eine Basis eines Komplements von V in E darstellt; wir setzen dieses Resultat als gegeben voraus. (Zum Beweis vergleiche man [3, Kap. 2]; der Beweis ergibt sich aus dem vorigen durch „Wohlordnung" von A.)

A.32.2. Aus dem Vorhergehenden leitet man her, daß jedes Erzeugendensystem eines beliebigen Vektorraumes E eine Basis von E enthält und daß jeder Vektorteilraum von E ein Komplement in E besitzt; jedes freie System in E ist in einer Basis von E enthalten. Schließlich kann gezeigt werden [3], daß zwei Basen von E stets gleichmächtig sind.

A.32.3. Ist E ein beliebiger Vektorraum, V ein Vektorteilraum von E, W ein Komplement von V und sind $p: E \to V$ sowie $q: E \to W$ die kanonischen Projektionen, so geht die Identität $x = p(x) + q(x)$ durch Transposition über in die Identität $x^* = {}^tp(x^*) + {}^tq(x^*)$ für jedes $x^* \in E^*$, so daß E^* Summe der Teilräume ${}^tp(E^*)$ und ${}^tq(E^*)$ ist; diese Summe ist *direkt*, denn ist ${}^tp(y^*) = {}^tq(z^*)$, so gilt für $x \in V$, also $x = p(x)$ und $q(x) = 0$, $0 = \langle x, {}^tq(z^*)\rangle = \langle x, {}^tp(y^*)\rangle$, und ebenso ergibt sich für $x \in W$, also $x = q(x)$ und $p(x) = 0$, daß $0 = \langle x, {}^tp(y^*)\rangle = \langle x, {}^tq(z^*)\rangle$ ist, also ${}^tp(y^*) = {}^tq(z^*) = 0$. Ferner ist $V^0 = {}^tq(W^*)$ und $W^0 = {}^tp(V^*)$; hieraus erhält man

A.32.3.1. $(V^0)^0 = V$,

denn für $x \notin V$ ist $y = x - p(x) \in W$ nicht 0, kann also als Element einer Basis von W gewählt werden, und es existiert folglich ein $y^* \in W^*$ mit $\langle y, y^*\rangle = 1$, was auf $1 = \langle x - p(x), {}^tq(y^*)\rangle = \langle x, {}^tq(y^*)\rangle$, also $x \notin (V^0)^0$ führt.

A.32.4. Für Vektorräume spalten *alle* kurzen exakten Sequenzen. Dies sowie die Tatsache, daß jeder Vektorraum frei ist, zieht nach sich, daß alle Aussagen in Abschnitt A.31 über die Homologie und die Kohomologie von freien **Z**-Moduln unverändert gültig bleiben, wenn man überall „freier **Z**-Modul" durch „Vektorraum" ersetzt, wobei die einschränkenden Bedingungen aus (A.31.4) und (A.31.6) gegenstandslos, da von selbst erfüllt sind.

A.33. Die Pfaffsche Determinante

A.33.1. Es sei K ein kommutativer Körper der Charakteristik 0, E ein $2m$-dimensionaler Vektorraum über K und B eine *alternierende Bilinearform* auf $E \times E$ (vgl. (A.16.1)); ist $(e_i)_{1 \leq i \leq 2m}$ eine Basis von E und $(e_i^*)_{1 \leq i \leq 2m}$ die duale Basis von E^*, so kann

$$B = \sum_{1\leqq i<j\leqq 2m} \alpha_{ij} e_i^* \wedge e_j^* = \frac{1}{2} \sum_{1\leqq i,j\leqq 2m} \alpha_{ij} e_i^* \wedge e_j^*$$

geschrieben werden, wobei (α_{ij}) eine *alternierende* Matrix der Ordnung $2m$ ist, d. h., es gilt $\alpha_{ji} = -\alpha_{ij}$. ($B$ wird mit einem Bivektor aus $\overset{2}{\wedge} E^*$ identifiziert.) Offenbar ist die m-te äußere Potenz $B^{\wedge m}$ ein $2m$-Vektor aus $\overset{2m}{\wedge} E^*$, also von der Gestalt $\alpha \cdot e_1^* \wedge e_2^* \wedge \cdots \wedge e_{2m-1}^* \wedge e_{2m}^*$, wobei α ein Skalar ist, den wir berechnen wollen. Nach Definition ist $B^{\wedge m}$ Summe aller Ausdrücke

$$\alpha_{h_1k_1}\alpha_{h_2k_2}\cdots\alpha_{h_mk_m} e_{h_1}^* \wedge e_{k_1}^* \wedge e_{h_2}^* \wedge e_{k_2}^* \wedge \cdots \wedge e_{h_m}^* \wedge e_{k_m}^*$$

für alle Folgen von Indizes mit $h_j < k_j$, $1 \leqq j \leqq m$. Ein derartiger Ausdruck ist 0, wenn darin zwei gleiche e_i^* vorkommen, d. h., wenn die *Menge* $\{h_1, k_1, \ldots, h_m, k_m\}$ von $\{1, 2, \ldots, 2m\}$ *verschieden* ist. Vertauscht man ferner in dem obenstehenden Produkt *gleichzeitig* zum einen $e_{h_r}^*$ und $e_{h_{r+1}}^*$ sowie zum anderen $e_{k_r}^*$ und $e_{k_{r+1}}^*$, so ändert sich das Produkt nicht; es ändert sich also nicht bei einer Permutation der *Paare* $(h_1, k_1), \ldots, (h_m, k_m)$. Wir betrachten dann die Mengen (und nicht die Folgen) $S = \{(h_1, k_1), \ldots, (h_m, k_m)\}$ von Paaren (h_j, k_j) mit $1 \leqq h_j < k_j \leqq 2m$ für $1 \leqq j \leqq m$; es sei $\mathscr{S}$ die Menge dieser Paarmengen. Für jedes $S \in \mathscr{S}$ setzen wir

1° $\varepsilon(S) = 0$, wenn $\{h_1, k_1, \ldots, h_m, k_m\} \neq \{1, 2, \ldots, 2m\}$ ist;

2° $\varepsilon(S) = 1$ oder $\varepsilon(S) = -1$ im entgegengesetzten Fall, je nachdem, ob die Permutation von $\{1, 2, \ldots, 2m\}$, welche jedes h_j auf $2j-1$ und jedes k_j auf $2j$ abbildet, gerade ist oder ungerade.

In diesen Bezeichnungen erhält man daher

A.33.1.1. $$B^{\wedge m} = m! \sum_{S\in\mathscr{S}} \varepsilon(S) \Big(\prod_{(h,k)\in S} \alpha_{hk}\Big) e_1^* \wedge e_2^* \wedge \cdots \wedge e_{2m}^*.$$

Man nennt das Element aus K

A.33.1.2. $$\mathrm{Pf}\big((\alpha_{hk})\big) = \sum_{S\in\mathscr{S}} \varepsilon(S) \Big(\prod_{(h,k)\in S} \alpha_{hk}\Big)$$

die *Pfaffsche Determinante* der alternierenden Matrix $\mathrm{U} = (\alpha_{ij})$.

A.33.2. *Für jede alternierende Matrix* U *der Ordnung* $2m$ *über* K *und jede invertierbare quadratische Matrix* P *der Ordnung* $2m$ *über* K *gilt*

A.33.2.1. $\mathrm{Pf}\,({}^t\mathrm{P} \cdot \mathrm{U} \cdot \mathrm{P}) = (\det \mathrm{P})\, \mathrm{Pf}\,(\mathrm{U})$.

Zum Beweis setzen wir $\mathrm{P} = (\beta_{st})$, $\mathrm{U} = (\alpha_{ij})$, und es sei B die alternierende Bilinearform auf $E \times E$, deren Matrix bezüglich der Basis (e_i^*) gleich U ist; ferner betrachten wir ${}^t\mathrm{P}$ bezüglich der Basis (e_i^*) als die Matrix eines Endomorphismus f von E^*. Dann ist die alternierende Bilinearform mit der Matrix ${}^t\mathrm{P} \cdot \mathrm{U} \cdot \mathrm{P}$ mit dem Bivektor $\big(\overset{2}{\wedge} f\big)(B)$ identifiziert, denn sie ist nach Definition gleich

$$\frac{1}{2} \sum_{i,j,s,t} \beta_{is}\alpha_{ij}\beta_{jt} e_s^* \wedge e_t^*.$$

Aus den Definitionen (A.13.4) und (A.13.5) folgt, daß die Abbildung $\wedge f$ der äußeren

Algebra $\wedge E^*$ in sich, die in jedem $\overset{r}{\wedge} E^*$ gleich $\overset{r}{\wedge} f$ ist, ein Endomorphismus bezüglich der *Algebrastruktur* von $\wedge E^*$ ist und daß

$$\left(\left(\overset{2}{\wedge} f\right)(B)\right)^{\wedge m} = \left(\overset{2m}{\wedge} f\right)(B^{\wedge m})$$

gilt. Die Abbildung $\overset{2m}{\wedge} f$ ist aber die Homothetie mit dem Verhältnis det (f) in $\overset{2m}{\wedge} E^*$, so daß sich aus (A.33.1.1)

$$m!\,\mathrm{Pf}\,({}^t\mathrm{P}\cdot\mathrm{U}\cdot\mathrm{P}) = m!\,(\det \mathrm{P})\,\mathrm{Pf}\,(\mathrm{U})$$

ergibt.

A.33.3. *Für jede alternierende Matrix* U *der Ordnung* $2m$ *über* K *gilt*

A.33.3.1. $\det \mathrm{U} = (\mathrm{Pf}(\mathrm{U}))^2$.

Da $\det({}^t\mathrm{P}\cdot\mathrm{U}\cdot\mathrm{P}) = (\det \mathrm{P})^2(\det \mathrm{U})$ ist, genügt es, die Beziehung (A.33.3.1) aufgrund von (A.33.2) für die Matrix ${}^t\mathrm{P}\cdot\mathrm{U}\cdot\mathrm{P}$ bei geeigneter Wahl der invertierbaren Matrix P zu beweisen. Nun (vgl. (A.16.1)) kann man stets eine solche Matrix P finden, daß ${}^t\mathrm{P}\cdot\mathrm{U}\cdot\mathrm{P}$ die Matrix einer Form

$$B = e_1^* \wedge e_2^* + e_3^* \wedge e_4^* + \cdots + e_{2r-1}^* \wedge e_{2r}^*$$

ist. Aufgrund der Definitionen ergibt sich aber unmittelbar, daß für diese Form $\mathrm{Pf}\,(\mathrm{U}) = \det\,(\mathrm{U}) = 0$ für $r < m$ und $\mathrm{Pf}\,(\mathrm{U}) = \det\,(\mathrm{U}) = 1$ für $r = m$ gilt.

A.34. Ergänzungen zu den $\mathbf{Z}$-Moduln endlichen Typs

A.34.1. Es sei daran erinnert (vgl. (A.26.4)), daß ein $\mathbf{Z}$-Modul endlichen Typs E direkte Summe seines *Torsionsuntermoduls* T und eines freien $\mathbf{Z}$-Moduls ist, wobei T aus den $x \in E$ besteht, für die es eine ganze Zahl $n \neq 0$ gibt mit $n \cdot x = 0$; die Anzahl der Elemente einer Basis des freien Moduls E/T heißt der *Rang* von E und wird mit rg (E) bezeichnet.

A.34.2. Es sei E ein $\mathbf{Z}$-Modul endlichen Typs und F ein Untermodul von E; dann gilt

A.34.2.1. $\mathrm{rg}\,(F) + \mathrm{rg}\,(E/F) = \mathrm{rg}\,(E)$.

Ist G ein $\mathbf{Z}$-Modul endlichen Typs und H ein Untermodul seines Torsionsuntermoduls, so stellen wir zunächst fest, daß nach Definition $\mathrm{rg}\,(G) = \mathrm{rg}\,(G/H)$ gilt. Es sei nun T der Torsionsuntermodul von E. Da $(T + F)/F$ ein Untermodul des Torsionsmoduls von E/F ist, ergibt sich $\mathrm{rg}\,(E/F) = \mathrm{rg}\,(E/(T+F))$; andererseits ist $(T+F)/T$ zu $F/(T \cap F)$ isomorph, so daß man $\mathrm{rg}\,(F) = \mathrm{rg}\,((T+F)/T)$ erhält. Ist $E' = E/T$, $F' = (T+F)/T$, so ist daher $\mathrm{rg}\,(F') = \mathrm{rg}\,(F)$, $\mathrm{rg}\,(E'/F') = \mathrm{rg}\,(E/F)$ und $\mathrm{rg}\,(E') = \mathrm{rg}\,(E)$. Damit ist der Beweis von (A.34.2.1) zurückgeführt auf den Fall, daß E frei und F ein Untermodul von E ist, der dann ebenfalls frei ist (vgl. (A.26.2)); der Satz ist daher eine Folgerung aus dem Satz von den invarianten Faktoren (vgl. (A.26.3)).

A.34.3. Es seien E, F zwei $\mathbf{Z}$-Moduln endlichen Typs und $u: E \to F$ eine $\mathbf{Z}$-lineare Abbildung. Dann gilt

A.34.3.1. $\operatorname{rg}(\operatorname{Im} u) + \operatorname{rg}(\operatorname{Coker} u) = \operatorname{rg}(F)$.

Zum Beweis genügt es, (A.34.2.1) auf F und seinen Untermodul $\operatorname{Im} u$ anzuwenden.

A.34.4. Es sei jetzt E ein $\mathbf{Z}$-Modul endlichen Typs und $u: E \to E$ ein Endomorphismus von E. Dann gilt

A.34.4.1. $\operatorname{rg}(\operatorname{Ker} u) = \operatorname{rg}(\operatorname{Coker} u)$.

$E/\operatorname{Ker} u$ ist nämlich zu $\operatorname{Im} u$ isomorph, so daß nach (A.34.2.1)

$$\operatorname{rg}(\operatorname{Ker} u) + \operatorname{rg}(\operatorname{Im} u) = \operatorname{rg}(E)$$

gilt. Andererseits ist aber (vgl. (A.34.3.1))

$$\operatorname{rg}(\operatorname{Im} u) + \operatorname{rg}(\operatorname{Coker} u) = \operatorname{rg}(E).$$

Der Vergleich dieser beiden Beziehungen ergibt (A.34.4.1).

Bezeichnungen

Die erste Zahl bedeutet die Kapitelnummer, die zweite die Nummer des Abschnitts innerhalb dieses Kapitels.

$\mathscr{E}_{p,\mathbf{R}}(X)$, $\mathscr{E}_{p,\mathbf{C}}(X)$, $\mathscr{E}_p(X)$	Vektorraum der p-Differentialformen der Klasse C^∞ auf einer Mannigfaltigkeit X: 24.1
$\mathscr{D}_{p,\mathbf{R}}(X)$, $\mathscr{D}_{p,\mathbf{C}}(X)$, $\mathscr{D}_p(X)$	Vektorraum der p-Differentialformen der Klasse C^∞ mit kompaktem Träger: 24.1
$\mathscr{A}^{\cdot}_{\mathbf{R}}(X)$, $\mathscr{A}^{\cdot}_{\mathbf{C}}(X)$, $\mathscr{A}^{\cdot}(X)$	Differentialalgebra, direkte Summe der $\mathscr{E}_p(X)$: 24.1
$\mathscr{A}^{\cdot}_{c,\mathbf{R}}(X)$, $\mathscr{A}^{\cdot}_{c,\mathbf{C}}(X)$, $\mathscr{A}^{\cdot}_c(X)$	Differentialalgebra, direkte Summe der $\mathscr{D}_p(X)$: 24.1
$Z^p(X)$, $Z^{\cdot}(X)$	Räume der Kozyklen (geschlossenen Formen) von $\mathscr{A}^{\cdot}(X)$: 24.1
$B^p(X)$, $B^{\cdot}(X)$	Räume der Koränder (exakten Formen) von $\mathscr{A}^{\cdot}(X)$: 24.1
$H^p(X)$, $H^{\cdot}(X)$, $H^p(X;\mathbf{R})$, $H^p(X;\mathbf{C})$, $H^{\cdot}(X;\mathbf{R})$, $H^{\cdot}(X;\mathbf{C})$	Kohomologieräume, Kohomologiealgebra von X: 24.1
$\deg(a)$	Grad eines homogenen Elements von $H^{\cdot}(X)$: 24.1
$a \cup b$	Cup-Produkt in $H^{\cdot}(X)$: 24.1
b_p	p-te Bettische Zahl: 24.1
$P_X(T)$	Poincarésches Polynom; 24.1
$\chi(X)$	Euler-Poincaré-Charakteristik: 24.1
$Z^p_c(X)$, $Z^{\cdot}_c(X)$	Räume der Kozyklen von $\mathscr{A}^{\cdot}_c(X)$: 24.1
$B^p_c(X)$, $B^{\cdot}_c(X)$	Räume der Koränder von $\mathscr{A}^{\cdot}_c(X)$: 24.1
$H^p_c(X)$, $H^{\cdot}_c(X)$	Kohomologieräume mit kompakten Trägern, Kohomologiealgebra mit kompakten Trägern: 24.1
$E \cong F$	isomorphe Vektorräume: 24.1
u^*, $H^p(u)$, u^*_c	durch eine Abbildung u der Klasse C^∞ induzierte Kohomologiehomomorphismen: 24.1
$\mathscr{A}^{\cdot}_+(X)$, $\mathscr{A}^{\cdot}_-(X)$, $H^{\cdot}_+(X)$, $H^{\cdot}_-(X)$	bezüglich Permutation der beiden Blätter einer Überlagerung X invariante Teilräume: 24.1
$\varinjlim M_\alpha$, $\varinjlim u_\alpha$	induktive Limites von Moduln bzw. Homomorphismen: 24.1, Aufgabe 2
$\int_a^b \sigma_s ds$	Integral einer glatten Familie von Schnitten: 24.2

u^*	durch eine stetige Abbildung u von einer kompakten Mannigfaltigkeit in eine kompakte Mannigfaltigkeit induzierter Kohomologiehomomorphismus: 24.2
k	Homomorphismus von $\mathcal{A}^{\cdot}(X) \,{}^g\!\otimes \mathcal{A}^{\cdot}(Y)$ in $\mathcal{A}^{\cdot}(X \times Y)$: 24.5
k_c	Homomorphismus von $\mathcal{A}_c^{\cdot}(X) \,{}^g\!\otimes \mathcal{A}_c^{\cdot}(Y)$ in $\mathcal{A}_c^{\cdot}(X \times Y)$: 24.5
k_c^*	(Künneth-) Homomorphismus von $H_c^{\cdot}(X) \,{}^g\!\otimes H_c^{\cdot}(Y)$ in $H_c^{\cdot}(X \times Y)$: 24.5
δ	Diagonalabbildung $x \to (x, x)$: 24.5
ω_x	durch eine skalare $(p + n)$-Differentialform ω auf $X \times Y$ induzierte n-Differentialform auf Y mit Werten in $\overset{p}{\wedge}\big(T_x(X)^*\big)$: 24.5
$\displaystyle\fint_Y \omega$	partielles Integral über Y von einer skalaren $(p + n)$-Differentialform ω auf $X \times Y$: 24.5
$\displaystyle\overset{*}{\fint_Y}$	kanonische Abbildung von $H_c^{p+n}(X \times Y)$ in $H_c^p(X)$: 24.5
$B(a, b)$	kanonische Bilinearform auf $H^p(X) \times H_c^{n-p}(X)$: 24.6
D_X	Poincarésche Abbildung von $H^p(X)$ in $\big(H_c^{n-p}(X)\big)^*$: 24.6
i_X, $e_X^* = i_X(1)$	kanonische Abbildung $H_c^n(X) \to \boldsymbol{R}$, Kohomologiefundamentalklasse für eine orientierte zusammenhängende kompakte Mannigfaltigkeit X der Dimension n: 24.6
Sig (X)	Signatur einer orientierten reinen kompakten Mannigfaltigkeit: 24.6
l_X	Lefschetzsche Klasse in $H^n(X \times X)$ für eine orientierte reine kompakte Mannigfaltigkeit X der Dimension n: 24.6
deg f	Grad einer stetigen Abbildung $f\colon X \to Y$ für orientierte zusammenhängende kompakte Mannigfaltigkeiten X, Y derselben Dimension: 24.9
entrel (X, Y)	Verschlingungszahl zweier kompakter, zusammenhängender und orientierter Mannigfaltigkeiten in $\boldsymbol{R}^n$: 24.9
$\mathcal{E}'_{p,\boldsymbol{R}}(X)$, $\mathcal{E}'_{p,\boldsymbol{C}}(X)$, $\mathcal{E}'_p(X)$	Vektorraum der p-Ströme mit kompaktem Träger auf einer Mannigfaltigkeit X: 24.10
$\mathcal{A}'_{\cdot}(X)$	direkte Summe der $\mathcal{E}'_p(X)$: 24.10
$Z'_p(X)$, $Z'_{\cdot}(X)$	Raum der Zyklen von $\mathcal{A}'_{\cdot}(X)$: 24.10
$B'_p(X)$, $B'_{\cdot}(X)$	Raum der Ränder von $\mathcal{A}'_{\cdot}(X)$: 24.10
$H'_p(X)$, $H'_{\cdot}(X)$	Homologieräume der Ströme auf X: 24.10
u_*	durch eine Abbildung u der Klasse C^∞ induzierter Homologiehomomorphismus der Ströme: 24.10
j_p^*	kanonische Abbildung von $H_c^{n-p}(X)$ in $H'_p(X)$ für eine n-dimensionale orientierte reine Mannigfaltigkeit X: 24.11
D'_X	kanonische Abbildung von $H^p(X)$ in $\big(H'_p(X)\big)^*$ für eine orientierte reine Mannigfaltigkeit X: 24.12

$[X]$	Homologiefundamentalklasse der Ströme auf einer orientierten kompakten reinen Mannigfaltigkeit X: 24.12
$S \cdot T$	Schnittprodukt zweier Ströme: 24.13
Supp. sing (S)	singulärer Träger eines Stromes: 24.13
$(S \cdot T)$	Schnittzahl von zwei Strömen mit komplementären Dimensionen: 24.13
$\int_{\mathrm{Frr}(U)} \zeta$	Integral einer $(n-1)$-Form ζ auf dem regulären Rand einer offenen Menge: 24.14
$\deg_a f$	Grad einer der Klasse C^∞ angehörenden Abbildung $f: X \to Y$ in einem isolierten Punkt a, wobei X und Y von derselben Dimension sind: 24.14, Aufgabe 10
I_Γ	Integrationsstrom entlang einer algebraischen Kurve Γ auf einer glatten algebraischen Fläche: 24.16
$[\Gamma]$	Homologieklasse des Stromes I_Γ: 24.16
$(\Gamma_1 \cdot \Gamma_2)$, (Γ^2)	Schnittzahl von zwei algebraischen Kurven Γ_1, Γ_2 bzw. einer algebraischen Kurve Γ mit sich: 24.16
$\tilde{s}$	durch eine Abbildung $s: \bar{U} \to X$ der Klasse C^∞ definierter Strom auf X, wobei U ein relativ kompaktes konvexes offenes Polyeder ist: 24.17
$\mathscr{E}''_p(X)$	durch die zellulären Ströme erzeugter Teilraum von $\mathscr{E}'_p(X)$: 24.17
$\mathscr{A}''_\cdot(X)$	direkte Summe der $\mathscr{E}''_p(X)$: 24.17
$Z''_p(X)$, $Z''_\cdot(X)$	Raum der Zyklen von $\mathscr{A}''_\cdot(X)$: 24.17
$B''_p(X)$, $B''_\cdot(X)$	Raum der Ränder von $\mathscr{A}''_\cdot(X)$: 24.17
$H''_p(X)$, $H''_\cdot(X)$	Homologieraum der zellulären Ströme auf X: 24.17
Δ_n	n-dimensionales Standardsimplex: 24.18
$(\mathbf{a}_0\, \mathbf{a}_1 \ldots \mathbf{a}_n)$	affine lineare Abbildung von Δ_n in einen $\boldsymbol{R}^N$: 24.18
Im $(\mathbf{a}_0\, \mathbf{a}_1 \ldots \mathbf{a}_n)$	n-dimensionales geometrisches Simplex: 24.18
$\mathfrak{S}_1(\bar{A})$, $\mathfrak{S}_1(A)$	erste baryzentrische Unterteilung: 24.18
$\mathfrak{S}_k(\bar{A})$	k-te baryzentrische Unterteilung: 24.18
σ_j	affine lineare Abbildung $(\mathbf{e}_0 \ldots \hat{\mathbf{e}}_j \ldots \mathbf{e}_p)$ von Δ_{p-1} auf die Fläche F_j von Δ_p: 24.19
s_j	Abbildung $s \circ \sigma_j: \bar{\Delta}_{p-1} \to X$: 24.19
$\mathscr{C}(\bar{\Delta}_p; X)$	Menge der p-dimensionalen singulären Simplexe in X: 24.20
$S_p(X; \Lambda)$	Λ-Modul mit der Basis $\mathscr{C}(\bar{\Delta}_p; X)$: 24.20
$S_\cdot(X; \Lambda)$	direkte Summe der $S_p(X; \Lambda)$: 24.20
$S_p(f)$, $S_\cdot(f)$	durch eine stetige Abbildung $f: X \to Y$ definierte Λ-lineare Abbildung von $S_\cdot(X; \Lambda)$ in $S_\cdot(Y; \Lambda)$: 24.20
$\mathscr{E}(\bar{\Delta}_p; X)$	Menge der p-dimensionalen glatten singulären Simplexe: 24.20
$S_p^\infty(X; \Lambda)$	Λ-Modul mit der Basis $\mathscr{E}(\bar{\Delta}_p; X)$: 24.20
$\mathfrak{b}_0$	(formaler) Rand in $S_\cdot(X; \Lambda)$: 24.20

$Z_p(X;\Lambda)$, $Z_{\cdot}(X;\Lambda)$	Modul der Zyklen in $S_{\cdot}(X;\Lambda)$: 24.20
$B_p(X;\Lambda)$, $B_{\cdot}(X;\Lambda)$	Modul der Ränder in $S_{\cdot}(X;\Lambda)$: 24.20
$H_p(X;\Lambda)$, $H_{\cdot}(X;\Lambda)$	singulärer Homologiemodul von X mit Koeffizienten in Λ: 24.20
f_*, $H_{\cdot}(f)$	einer stetigen Abbildung $f\colon X \to Y$ entsprechende Λ-lineare Abbildung von $H_{\cdot}(X;\Lambda)$ in $H_{\cdot}(Y;\Lambda)$: 24.20
$Z_p^{\infty}(X;\Lambda)$	Modul der glatten Zyklen in $S_p^{\infty}(X;\Lambda)$: 24.20
$B_p^{\infty}(X;\Lambda)$	Modul der glatten Ränder in $S_p^{\infty}(X;\Lambda)$: 24.20
$H_p^{\infty}(X;\Lambda)$	glatter singulärer Homologiemodul von X: 24.20
$C_{\mathbf{c}}$	Abbildung „Kegel mit Spitze $\mathbf{c}$“: 24.21
Sd (z), Sd^m (z)	baryzentrische Unterteilungen einer Kette: 24.21
$\mathcal{C}^{\mathfrak{U}}(\bar{\Delta}_p; X)$	Menge der p-dimensionalen singulären Simplexe mit in einer Menge der Überdeckung $\mathfrak{U}$ enthaltenem Träger: 24.22
$S_p^{\mathfrak{U}}(X;\Lambda)$, $Z_p^{\mathfrak{U}}(X;\Lambda)$, $B_p^{\mathfrak{U}}(X;\Lambda)$, $H_p^{\mathfrak{U}}(X;\Lambda)$	Λ-Modul mit der Basis $\mathcal{C}^{\mathfrak{U}}(\bar{\Delta}_p; X)$, seine Zyklen-, Ränder- und Homologiemoduln: 24.22
$r_p^{\mathfrak{U}}$	kanonische Abbildung $H_p^{\mathfrak{U}}(X;\Lambda) \to H_p(X;\Lambda)$: 24.22
$H_p^{+}(X;\Lambda)$, $H_p^{-}(X;\Lambda)$	bezüglich Permutation der beiden Blätter einer Überlagerung X invariante Untermoduln von $H_p(X;\Lambda)$: 24.22
$L_p(\mathfrak{S};\Lambda)$	Modul der p-Ketten einer simplizialen Zerlegung $\mathfrak{S}$: 24.24
St $(\mathbf{v})$	Vereinigung der Simplexe einer Zerlegung, für die $\mathbf{v}$ eine Ecke ist: 24.24
dim (X)	topologische Dimension eines hausdorffschen Raumes X: 24.24, Aufgabe 6
$\tilde{L}_p(\mathfrak{S})$	Raum der p-Ströme einer Zerlegung $\mathfrak{S}$: 24.25
$\tilde{s}_i$	durch die p-dimensionalen Simplexe U_i der Zerlegung $\mathfrak{S}$ definierte Ströme: 24.25
$\mathcal{E}_p(\mathfrak{S})$	Menge der p-Differentialformen auf X, deren Träger kein Simplex aus $\mathfrak{S}$ von einer Dimension $< p$ schneidet: 24.25
$L_p'(\mathfrak{S};\Lambda)$, $L_p''(\mathfrak{S};\Lambda)$	komplementäre freie Untermoduln in $L_p(\mathfrak{S};\Lambda)$: 24.26
$L_{\cdot}(\mathfrak{S};\Lambda)$, $L_{\cdot}'(\mathfrak{S};\Lambda)$	direkte Summe der $L_p(\mathfrak{S};\Lambda)$ (bzw. der $L_p'(\mathfrak{S};\Lambda)$): 24.28
c_n	singuläre Homologiefundamentalklasse von $\mathbf{S}_n$: 24.28
$S^p(X;G)$, $S^{\cdot}(X;G)$	Gruppen von singulären Koketten auf X mit Werten in G: 24.29
d_0	Korand in $S^{\cdot}(X;G)$: 24.29
$Z^p(X;G)$, $Z^{\cdot}(X;G)$	Gruppe der Kozyklen von $S^{\cdot}(X;G)$: 24.29
$B^p(X;G)$, $B^{\cdot}(X;G)$	Gruppe der Koränder von $S^{\cdot}(X;G)$: 24.29
$H^p(X;G)$, $H^{\cdot}(X;G)$	singuläre Kohomologiegruppe von X mit Koeffizienten in G: 24.29
$S^p(u)$, $H^p(u)$, u^*	durch eine stetige Abbildung $u\colon X \to Y$ induzierte Abbildungen: 24.29
$f \smile g$, $a \smile b$	Cup-Produkt von Kozyklen, von singulären Kohomologieklassen: 24.31, 24.35 und 24.37
c_n^*	singuläre Kohomologiefundamentalklasse von $\mathbf{S}_n$: 24.32

$H^{\cdot}_{DR}(X)$	andere Bezeichnung für das in 24.1 definierte $H^{\cdot}(X)$: 24.33
$S^p_c(X; G)$, $Z^p_c(X; G)$, $B^p_c(X; G)$, $H^p_c(X; G)$	Gruppen der Koketten, Kozyklen, Koränder sowie singuläre Kohomologiegruppe mit kompakten Trägern: 24.34
$S_p(X, Y; \Lambda)$, $S_{\cdot}(X, Y; \Lambda)$	Faktormoduln $S_p(X; \Lambda)/S_p(Y; \Lambda)$ und $S_{\cdot}(X; \Lambda)/S_{\cdot}(Y; \Lambda)$: 24.35
$\bar{\mathfrak{b}}_0$	Rand in $S_{\cdot}(X, Y; \Lambda)$: 24.35
$Z_p(X, Y; \Lambda)$, $Z_{\cdot}(X, Y; \Lambda)$	Moduln von relativen Zyklen modulo Y: 24.35
$B_p(X, Y; \Lambda)$, $B_{\cdot}(X, Y; \Lambda)$	Moduln von relativen Rändern modulo Y: 24.35
$H_p(X, Y; \Lambda)$, $H_{\cdot}(X, Y; \Lambda)$	relative Homologiemoduln modulo Y: 24.35
r	kanonische Abbildung $H_p(X; \Lambda) \to H_p(X, Y; \Lambda)$: 24.35
$S_p(u)$, $H_p(u)$, u_*	von einer stetigen Abbildung $u: X \to X'$ mit $u(Y) \subset Y'$ induzierte kanonische Abbildungen: 24.35
$S^p(X, Y; \Lambda)$, $S^{\cdot}(X, Y; \Lambda)$	Moduln von relativen Koketten modulo Y: 24.35
$Z^p(X, Y; \Lambda)$, $Z^{\cdot}(X, Y; \Lambda)$	Moduln von relativen Kozyklen modulo Y: 24.35
$B^p(X, Y; \Lambda)$, $B^{\cdot}(X, Y; \Lambda)$	Moduln von relativen Korändern modulo Y: 24.35
$H^p(X, Y; \Lambda)$, $H^{\cdot}(X, Y; \Lambda)$	relative Kohomologiemoduln von X modulo Y: 24.35
$H^p(u)$, u^*	von einer stetigen Abbildung $u: X \to X'$ mit $u(Y) \subset Y'$ induzierte Abbildung $H^p(X', Y'; \Lambda) \to H^p(X, Y; \Lambda)$: 24.35
a	kanonische Abbildung $H^p(X, Y; \Lambda) \to H^p(X; \Lambda)$: 24.35
e^*_n	Kohomologiefundamentalklasse von $\mathbf{R}^n$ modulo $\mathbf{R}^n \setminus \{0\}$: 24.35
$z \frown f$, $c \frown u$	Cap-Produkt einer Kette z (bzw. einer Homologieklasse c) und einer Kokette f (bzw. einer Kohomologieklasse u): 24.35, Aufgabe 5
$2X$	Verdopplung der abgeschlossenen Hülle einer offenen Menge mit regulärem Rand: 24.35, Aufgabe 6
$\check{H}^p(X, Y; \Lambda)$	Čechscher Kohomologiemodul: 24.37, Aufgabe 18
$\mathrm{cat}_X(Y)$, $\mathrm{cat}(X)$	Ljusternik-Schnirelmann-Kategorie: 24.37, Aufgabe 23
$e_u(\xi)$, $e_u(E)$	Kohomologieklasse in $H^N(B; \Lambda)$, die einer Λ-Orientierungsklasse u für ein Faserbündel $\xi = (E, B, \pi)$ entspricht, wobei E ein reelles Vektorbündel vom Rang N ist: 24.39
$e(\xi)$, $e(E)$	Eulersche Klasse eines orientierten Faserbündels $\xi = (E, B, \pi)$: 24.39
$e_2(\xi)$, $e_2(E)$	Eulersche Klasse modulo 2: 24.39
$U_{n,p}(\mathbf{C})$	kanonisches Vektorbündel auf $\mathbf{G}_{n,p}(\mathbf{C})$: 24.40
$v^{\perp}$	zu $v \in \mathbf{G}_{n,p}(\mathbf{C})$ orthogonaler Teilraum von $\mathbf{C}^n$: 24.40

$U_{n,p}^{\perp}(\boldsymbol{C})$	Bündel der $(v, \mathbf{x})$ mit $\mathbf{x} \neq 0$ aus $v^{\perp}$: 24.40
$(U_{n,p}(\boldsymbol{C}))_0$, $(U_{n,p}^{\perp}(\boldsymbol{C}))_0$	Komplemente des Nullschnitts: 24.40
$c_j^{p,q}$	Erzeugende von $H^{\cdot}(\boldsymbol{G}_{p+q,p}(\boldsymbol{C}); \boldsymbol{Z})$: 24.40
$U_{n,p}(\boldsymbol{R})$, $U_{n,p}^{\perp}(\boldsymbol{R})$, $(U_{n,p}^{\perp}(\boldsymbol{R}))_0$, $(U_{n,p}(\boldsymbol{R}))_0$	Bündel auf $\boldsymbol{G}_{n,p}(\boldsymbol{R})$: 24.40
$w_j^{p,q}$	Erzeugende von $H^{\cdot}(\boldsymbol{G}_{p+q,p}(\boldsymbol{R}); \boldsymbol{F}_2)$: 24.40
$\widetilde{E}$	Vektorbündel vom Rang $N - 1$ mit der Basis E_0, das zum Nullschnitt in einem Vektorbündel E vom Rang N komplementär ist: 24.41
$e(E)$	Eulersche Klasse des einem komplexen Vektorbündel E unterliegenden reellen Vektorbündels bezüglich der kanonischen Orientierung: 24.41
$c_j(E)$, $c(E)$	Chernsche Klassen, totale Chernsche Klasse eines komplexen Vektorbündels E: 24.41
$V^{\dagger}$, $\odot$	konjugiert komplexer Vektorraum eines komplexen Vektorraumes V, seine Multiplikationsvorschrift mit einem Skalar: 24.42
$E^{\dagger}$	konjugiert komplexes Vektorbündel eines komplexen Vektorbündels E: 24.42
$p_j(E)$, $p(E)$	Pontrjaginsche Klassen, totale Pontrjaginsche Klasse eines reellen Vektorbündels E: 24.43
$\mathscr{E}_m(M; W)$	Raum der vektorwertigen m-Differentialformen der Klasse C^{∞} auf M mit Werten in W: 24.44
$\boldsymbol{\Phi}$	von einer h-linearen Abbildung Φ von $V_1 \times \cdots \times V_h$ in V induzierte Abbildung von $\mathscr{E}_{m_1}(M; V_1) \times \cdots \times \mathscr{E}_{m_h}(M; V_h)$ in $\mathscr{E}_{m_1+m_2+\cdots+m_h}(M; V)$: 24.44
$F_B(\boldsymbol{\Omega})$	geschlossene $2p$-Differentialform auf B, die von einem Hauptzusammenhang auf einem Hauptfaserbündel X mit der Basis B und der Strukturgruppe G sowie von einer bezüglich G invarianten p-Linearform F auf $\mathfrak{g}_e^p$ induziert wird: 24.45
$c_F(X)$	Kohomologieklasse von $F_B(\boldsymbol{\Omega})$ in $H^{2p}(B; \boldsymbol{R})$: 24.45
$I(G)$	Algebra der bezüglich G invarianten Multilinearformen auf G: 24.45
$w_j(E)$, $w(E)$	Stiefel-Whitneysche Klassen, totale Stiefel-Whitneysche Klasse eines reellen Vektorbündels E: 24.47
Δ_i	Laplace-Hodge-Operatoren in einem elliptischen Komplex: 24.48
$L_k^{(i)}$, $M_k^{(i)} = L_k^{(i)} \cap \operatorname{Ker} d_i$, $N_k^{(i)} = L_k^{(i)} \cap \operatorname{Ker} d_{i-1}^*$	Teilräume der kanonischen Zerlegung von $\widetilde{\Gamma}_{L^2}(E_i)$: 24.48
$\lambda_k^{(i)}$	voneinander verschiedene Eigenwerte > 0 von Δ_i: 24.48
$\mu_n^{(i)}$	ihrer Vielfachheit nach gezählte Eigenwerte von Δ_i: 24.48
$\mathbf{H}^j(X)$	Raum der komplexen harmonischen j-Formen auf der Riemannschen Mannigfaltigkeit X: 24.48

$L((\gamma_i))$	Lefschetz-Zahl eines geometrischen Endomorphismus (γ_i) eines elliptischen Komplexes (E_i, d_i): 24.49
Fix (f)	Menge der Fixpunkte von $f: X \to X$: 24.49
$j(a)$	Index eines Vektorfeldes in einem nicht ausgearteten kritischen Punkt a: 24.50
$\mathbf{A}_X$, $\boldsymbol{A}_X$	Tensorfeld aus $T_1^1(M)$ und Abbildung von $R(M)$ in End $(\boldsymbol{R}^n)$, die zu einem Vektorfeld X auf M und zu einem linearen Zusammenhang $\mathbf{C}$ auf M assoziiert sind: 24.51
$F_M^{(r)}(\underline{\Omega})$	$2(p - r)$-Differentialform auf einer orientierten kompakten Riemannschen Mannigfaltigkeit M der Dimension n, die zu einer symmetrischen p-linearen Abbildung F von $(\mathfrak{so}(n))^p$ in $\boldsymbol{R}$ assoziiert ist: 24.51
$\mathscr{E}_p^G(M)$	Vektorraum der p-Differentialformen der Klasse C^∞ auf M, die bezüglich der Operation der Gruppe G invariant sind: 24.52
p_Ω	kanonische Projektion von $\mathscr{E}_p(M)$ auf $\mathscr{E}_p^G(M)$: 24.52
$\mathscr{A}_G^{\cdot}(M)$, $H_G^{\cdot}(M)$	direkte Summe der $\mathscr{E}_p^G(M)$ und ihre Kohomologie: 24.52
p_Ω^*	kanonischer Homomorphismus $H^{\cdot}(M) \to H_G^{\cdot}(M)$: 24.52
$H^+(G)$	Ideal in $H^{\cdot}(G)$, direkte Summe der $H^p(G)$ für $p \geqq 1$: 24.53
$\mathfrak{b}^*(G)$	aus den biinvarianten Differentialformen bestehende graduierte Unteralgebra von $\wedge\, \mathfrak{g}^*$: 24.53
$\mathfrak{b}_e^*$	zu $\mathfrak{b}^*(G)$ isomorphe Unteralgebra von $\wedge\, \mathfrak{g}_e^*$: 24.53
$\prod_\alpha E_\alpha$	Produkt einer Familie von A-Moduln: A.27.1
$E \otimes_A F$, $E \otimes F$	Tensorprodukt eines freien A-Moduls E und eines A-Moduls F: A.28.1
$u \otimes v$	Tensorprodukt von zwei linearen Abbildungen: A.28.3
$Z^n(E)$, $B^n(E)$, $H^n(E)$	Modul der Kozyklen, der Koränder bzw. Kohomologiemodul eines graduierten Differentialmoduls E: A.30.2
$H^n(u)$, u^*, $H^{\cdot}(u)$	durch einen Homomorphismus u von graduierten Differentialmoduln durch Übergang zur Kohomologie induzierter Homomorphismus: A.30.3
$Z_n(E)$, $B_n(E)$, $H_n(E)$	Modul der Zyklen, der Ränder bzw. Homologiemodul eines graduierten Kodifferentialmoduls: A.30.7
$H_n(u)$, u_*, $H_{\cdot}(u)$	durch einen Homomorphismus u von graduierten Kodifferentialmoduln durch Übergang zur Homologie induzierter Homomorphismus: A.30.7
$E\ {}^g\!\otimes F$	Linkstensorprodukt von antikommutativen graduierten Algebren: A.30.9
Pf (U)	Pfaffsche Determinante einer alternierenden Matrix U: A.33.1
rg (E)	Rang eines $\mathbf{Z}$-Moduls endlichen Typs: A.34.1

Literatur

Band 1

[1] Ahlfors, L., Complex analysis. McGraw-Hill, New York 1953.
[2] Bachmann, H., Transfinite Zahlen (Ergebnisse der Math., Neue Folge, Heft 1). Springer-Verlag, Berlin 1955.
[3] Bourbaki, N., Eléments de mathématique. Livre I: Théorie des ensembles (Act. Scient. Ind., Chap. I, II, No. 1212; Chap. III, No. 1243). Hermann, Paris 1954–1956.
[4] Bourbaki, N., Eléments de mathématique. Livre II: Algèbre, Chap. II (Act. Scient. Ind., No. 1032, 1236, 2. éd.). Hermann, Paris 1955.
[5] Bourbaki, N., Eléments de mathématique. Livre III: Topologie générale (Act. Scient. Ind., Chap. I, II, No. 858, 1142, 4. éd.; Chap. IX, No. 1045, 2. éd.; Chap. X, No. 1084). Hermann, Paris 1958–1961.
[6] Bourbaki, N., Eléments de mathématique. Livre V: Espaces vectoriels topologiques (Act. Scient. Ind., Chap. I, II, No. 1189; Chap. III–V, No. 1229). Hermann, Paris 1953–1955.
[7] Cartan, E., Les systèmes différentiels extérieurs et leurs applications géométriques (Act. Scient. Ind., No. 994). Hermann, Paris 1945.
[8] Cartan, H., Séminaire de l'Ecole Normale Supérieure, 1951–1952: Fonctions analytiques et faisceaux analytiques.
[10] Chevalley, C., Theory of Lie groups I. Princeton Univ. Press, Princeton (N.J.) 1946.
[11] Coddington, E., and N. Levinson, Theory of ordinary differential equations. McGraw-Hill, New York 1955.
[12] Courant, R., und D. Hilbert, Methoden der mathematischen Physik. Band I, 2. Aufl. Springer, Berlin 1931.
[13] de Rham, G., Variétés différentiables (Act. Scient. Ind., No. 1222). Hermann, Paris 1955.
[14] Dunford, N., and J. Schwarz, Linear operators I: General theory. Interscience Publ., New York 1958.
[15] Halmos, P., Finite dimensional vector spaces, 2. ed. Van Nostrand, Princeton (N.J.) 1958.
[16] Ince, E., Ordinary differential equations. Dover Publications, New York 1949.
[17] Jacobson, N., Lectures in abstract algebra. Vol. II: Linear algebra. Van Nostrand, Princeton (N.J.) 1953.
[18] Kamke, E., Differentialgleichungen I, 6. Aufl. Akademische Verlagsgesellschaft, Leipzig 1969.
[19] Kelley, J., General topology. Van Nostrand, Princeton (N.J.) 1955.
[20] Landau, E., Grundlagen der Analysis. Akademische Verlagsgesellschaft, Leipzig 1930.
[21] Loomis, L., An introduction to abstract harmonic analysis. D. van Nostrand, New York 1955.
[22] Springer, G., Introduction to Riemann surfaces. Addison-Wesley, Reading (Mass.) 1957.
[23] Steenrod, N., Colloquium lectures.
[24] Taylor, A., Introduction to functional analysis. J. Wiley, New York 1958.
[25] Weil, A., Introduction à l'étude des variétés kählériennes (Act. Scient. Ind., No. 1267). Hermann, Paris 1958.

[26] Weyl, H., Die Idee der Riemannschen Fläche, 3. Aufl. B. G. Teubner, Stuttgart 1955.
[27] Whittaker, E., and G. Watson, A course of modern analysis, 4. ed. Cambridge Univ. Press, Cambridge 1935.

Zusatz bei der deutschen Ausgabe

[28] Achieser, N. I., und I. M. Glasmann, Theorie der linearen Operatoren im Hilbert-Raum, 4. Aufl. Akademie-Verlag, Berlin 1965 (Übersetzung aus dem Russischen).
[29] Alexandroff, P. S., Einführung in die Mengenlehre und in die allgemeine Topologie. VEB Deutscher Verlag der Wissenschaften, Berlin 1984 (Übersetzung aus dem Russischen).
[30] Boseck, H., Einführung in die Theorie der linearen Vektorräume, 5. Aufl. VEB Deutscher Verlag der Wissenschaften, Berlin 1984.
[31] Hausdorff, F., Mengenlehre, 3. Aufl. W. de Gruyter, Berlin 1934.
[32] Klaua, D., Allgemeine Mengenlehre. 1: Ein Fundament der Mathematik, 2. Aufl., Akademie-Verlag, Berlin 1968.
[33] Köthe, G., Topologische lineare Räume I. Springer-Verlag, Berlin—Göttingen—Heidelberg 1960.
[34] Kuroš, A. G., Vorlesungen über allgemeine Algebra. B. G. Teubner, Leipzig 1964 (Übersetzung aus dem Russischen).
[35] Lichnerowicz, A., Lineare Algebra und lineare Analysis. VEB Deutscher Verlag der Wissenschaften, Berlin 1956 (Übersetzung aus dem Französischen).
[36] Riesz, F., und B. Sz.-Nagy, Vorlesungen über Funktionalanalysis, 4. Aufl., VEB Deutscher Verlag der Wissenschaften, Berlin/1. Aufl., Harri Deutsch, Thun-Frankfurt a. M. 1982 (Übersetzung aus dem Französischen).
[37] Stepanow, W. W., Lehrbuch der Differentialgleichungen, 5. Aufl. VEB Deutscher Verlag der Wissenschaften, Berlin 1982 (Übersetzung aus dem Russischen).

Band 2

[38] Akhiezer, N., The classical moment problem. Oliver and Boyd, Edinburgh—London 1965.
[39] Arnold, V., et A. Avez, Théorie ergodique des systèmes dynamiques. Gauthier-Villars, Paris 1967.
[40] Bourbaki, N., Eléments de mathématique. Livre VI: Intégration, Act. Scient. Ind., Chap. I—IV, No. 1175 (2. éd.), Chap. V, No. 1244 (2. éd.), Chap. VII—VIII, No. 1306. Hermann, Paris 1963.
[41] Bourbaki, N., Eléments de mathématique: Théories spectrales, Chap. I—II, Act. Scient. Ind., No. 1332. Hermann, Paris 1967.
[42] Dixmier, J., Les algèbres d'opérateurs dans l'espace hilbertien. Gauthier-Villars, Paris 1957.
[43] Dixmier, J., Les C^*-algèbres et leurs représentations. Gauthier-Villars, Paris 1964.
[44] Dunford, N., and J. Schwartz, Linear operators, Part II: Spectral theory. Interscience Publ., New York—London 1963.
[44a] Garsia, A. M., Topics in almost everywhere convergence. Markham, Chicago 1970.
[45] Hadwiger, H., Vorlesungen über Inhalt, Oberfläche und Isoperimetrie. Springer-Verlag, Berlin—Göttingen—Heidelberg 1957.
[46] Halmos, P., Lectures on ergodic theory. Math. Soc. of Japan, Tokyo 1956.
[47] Hoffman, K., Banach spaces of analytic functions. New York 1962.

[48] JACOBS, K., Neuere Methoden und Ergebnisse der Ergodentheorie. Ergebnisse der Math., Neue Folge, Heft 29, Springer-Verlag, Berlin—Göttingen—Heidelberg 1960.
[49] KACZMARZ, S., und H. STEINHAUS, Theorie der Orthogonalreihen. New York 1951.
[50] KATO, T., Perturbation theory for linear operators. Springer-Verlag, Berlin 1966.
[51] MONTGOMERY, D., and L. ZIPPIN, Topological transformation groups. Interscience, New York 1955.
[52] NEUMARK, M., Normierte Algebren, 2. Aufl. VEB Deutscher Verlag der Wissenschaften, Berlin/1. Aufl., Verlag Harri Deutsch, Thun-Frankfurt a. M. 1988 (Übersetzung aus dem Russischen).
[53] RICKART, C., General theory of Banach algebras. D. van Nostrand, New York 1960.
[54] WEIL, A., Adeles and algebraic groups. The Institute for Advanced Study, Princeton 1961.

Zusatz bei der deutschen Ausgabe

[55] BOSECK, H., Grundlagen der Darstellungstheorie. VEB Deutscher Verlag der Wissenschaften, Berlin 1973.
[56] GELFAND, I. M., und G. E. SCHILOW, Verallgemeinerte Funktionen (Distributionen) I. 2. Aufl. VEB Deutscher Verlag der Wissenschaften, Berlin 1967 (Übersetzung aus dem Russischen).
[57] GELFAND, I. M., und G. E. SCHILOW, Verallgemeinerte Funktionen (Distributionen) II. 2. Aufl. VEB Deutscher Verlag der Wissenschaften, Berlin 1969 (Übersetzung aus dem Russischen).
[58] GELFAND, I. M., und G. E. SCHILOW, Verallgemeinerte Funktionen (Distributionen) III. VEB Deutscher Verlag der Wissenschaften, Berlin 1964 (Übersetzung aus dem Russischen).
[59] GELFAND, I. M., und N. J. WILENKIN, Verallgemeinerte Funktionen (Distributionen) IV. VEB Deutscher Verlag der Wissenschaften, Berlin 1964 (Übersetzung aus dem Russischen).
[60] SULANKE, R., und P. WINTGEN, Differentialgeometrie und Faserbündel. VEB Deutscher Verlag der Wissenschaften, Berlin/Birkhäuser Verlag, Basel 1972.
[61] TRIEBEL, H., Höhere Analysis. VEB Deutscher Verlag der Wissenschaften, Berlin 1972/ 2. Aufl., Verlag Harri Deutsch, Thun-Frankfurt a. M. 1980.

Band 3

[62] ABRAHAM, R., Foundations of mechanics. W. A. Benjamin, New York 1967.
[63] CARTAN, H., Séminaire de l'Ecole Normale Supérieure, 1949—1950: Homotopie; espaces fibrés.
[64] CHERN, S. S., Complex manifolds. Textos de matematica, No. 5, Univ. do Recife, 1959.
[65] GELFAND, I. M., und G. E. SCHILOW, Verallgemeinerte Funktionen (Distributionen) I, II. 2. Aufl. VEB Deutscher Verlag der Wissenschaften, Berlin 1967, 1969 (Übersetzung aus dem Russischen).
[66] GUNNING, R., Lectures on Riemann surfaces. Princeton Univ. Press, Princeton (N.J.) 1966.
[67] GUNNING, R., Lectures on vector bundles over Riemann surfaces. Princeton Univ. Press, Princeton (N.J.) 1967.
[68] HU, S. T., Homotopy theory. Academic Press, New York 1959.
[69] HUSEMOLLER, D., Fibre bundles, McGraw-Hill, New York 1966.
[70] KOBAYASHI, S., und K. NOMIZU, Foundations of differential geometry. Vol. I, II. Interscience, New York 1963, 1969.
[71] LANG, S., Introduction to differentiable manifolds. Interscience Publ., New York 1962.

[72] Porteous, I. R., Topological geometry. Van Nostrand, New York 1969.
[73] Steenrod, N., The topology of fibre bundles. Princeton Univ. Press, Princeton (N.J.) 1951.
[74] Schwartz, L., Théorie des distributions (nouv. éd.). Hermann, Paris 1966.
[75] Sternberg, S., Lectures on differential geometry. Prentice-Hall, Englewood Cliffs 1964.

Zusatz bei der deutschen Ausgabe

[76] Reichardt, H., Vorlesungen über Vektor- und Tensorrechnung. 2. Aufl. VEB Deutscher Verlag der Wissenschaften, Berlin 1968.
[77] Teleman, C., Topologie und differenzierbare Mannigfaltigkeiten. VEB Deutscher Verlag der Wissenschaften, Berlin 1968.
[78] Wladimirow, W. S., Gleichungen der mathematischen Physik. VEB Deutscher Verlag der Wissenschaften, Berlin 1972 (Übersetzung aus dem Russischen).

Band 4

[79] Abraham, R., and Robbin, J., Transversal mappings and flows. W. A. Benjamin, New York 1967.
[80] Berger, M., Lectures on Geodesics in Riemannian geometry. Tata Institute of Fundamental Research, Bombay 1965.
[81] Carathéodory, C., Calculus of variations and partial differential equations of the first order. 2 vol., Holden-Day 1965; Carathéodory, C., Variationsrechnung und partielle Differentialgleichungen erster Ordnung. Band I, 2. Aufl. B. G. Teubner Verlagsgesellschaft, Leipzig 1956.
[82] Cartan, E., Œuvres complètes. 6 vol., Gauthier-Villars, Paris 1952—1955.
[83] Cartan, E., Leçons sur la théorie des espaces à connexion projective. Gauthier-Villars, Paris 1937.
[84] Cartan, E., La théorie des groupes finis et continus et la géométrie différentielle traitées par la méthode du repère mobile. Gauthier-Villars, Paris 1937.
[85] Cartan, E., Les systèmes différentiels extérieurs et leurs applications géométriques. Hermann, Paris 1945.
[86] Gelfand, I., and S. Fomin, Calculus of variations. Prentice Hall, Englewood Cliffs 1963 (Übersetzung aus dem Russischen).
[87] Godbillon, C., Géométrie différentielle et mécanique analytique. Hermann, Paris 1969.
[88] Gromoll, D., W. Klingenberg und W. Meyer, Riemannsche Geometrie im Großen. Lecture Notes in Mathematics Nr. 55. Springer-Verlag, Berlin—Heidelberg—New York 1968.
[89] Guggenheimer, H., Differential geometry. McGraw-Hill, New York 1963.
[90] Helgason, S., Differential geometry and symmetric spaces. Academic Press, New York 1962.
[91] Hermann, R., Differential geometry and the calculus of variations. Academic Press, New York 1968.
[92] Hochschild, G., La structure des groupes de Lie. Dunod, Paris 1968.
[93] Klötzler, R., Mehrdimensionale Variationsrechnung. VEB Deutscher Verlag der Wissenschaften, Berlin 1969/Birkhäuser Verlag, Basel 1970.
[94] Loos, O., Symmetric spaces. 2 vol. W. A. Benjamin, New York 1969.
[95] Milnor, J., Morse theory. Princeton University Press, Princeton 1963.
[96] Morrey, C., Multiple integrals in the calculus of variations. Springer-Verlag, Berlin—Heidelberg—New York 1966.
[97] Reeb, G., Sur les variétés feuilletées. Hermann, Paris 1952.
[98] Rund, H., The differential geometry of Finsler spaces. Springer-Verlag, Berlin—Göttingen—Heidelberg 1959.

[99] SCHIROKOW, P. A., und A. P. SCHIROKOW, Affine Differentialgeometrie. B. G. Teubner Verlagsgesellschaft, Leipzig 1962 (Übersetzung aus dem Russischen).
[100] SERRE, J. P., Lie algebras and Lie groups. W. A. Benjamin, New York 1965.
[101] WOLF, J., Spaces of constant curvature. McGraw-Hill, New York 1967.

Zusatz bei der deutschen Ausgabe

[102] HAACK, W., und W. WENDLAND, Vorlesungen über partielle und Pfaffsche Differentialgleichungen. Birkhäuser-Verlag, Basel 1969.
[103] KULTZE, R., Garbentheorie, B. G. Teubner, Stuttgart 1970.
[104] RASCHEWSKI, P. K., Riemannsche Geometrie und Tensoranalysis. VEB Deutscher Verlag der Wissenschaften, Berlin 1959 (Übersetzung aus dem Russischen).
[105] VRÂNCEANU, G., Vorlesungen über Differentialgeometrie. Band I, II. Akademie-Verlag, Berlin 1961 (Übersetzung aus dem Rumänischen).

Band 5/6

[106] Algebraic groups and discontinuous subgroups (Proceedings of Symposia in Pure Mathematics, vol. IX). Amer. Math. Soc., Providence 1966.
[107] BELLMAN, R., A brief introduction to theta functions. Holt, Rinehart and Winston, New York 1961.
[108] BERNAT, P., et al., Représentations des groupes de Lie résolubles (Monographies de la Soc. math. de France, No. 4). Dunod, Paris 1972.
[109] BOREL, A., Linear algebraic groups. W. A. Benjamin, New York—Amsterdam 1969.
[110] BOREL, A., Introduction aux groupes arithmétiques. Hermann, Paris 1969.
[111] BOURBAKI, N., Eléments de mathématique. Groupes et algèbres de Lie, Act. Scient. Ind., Chap. I, No. 1285; Chap. II—III, No. 1349; Chap. IV—V—VI, No. 1337. Hermann, Paris 1960—1972.
[112] CARTER, R., Simple groups of Lie type. J. Wiley, New York 1972.
[113] CHEVALLEY, C., Classification des groupes de Lie algébriques. 2 vol., Séminaire de l'Ecole Normale Supérieure Paris 1956—1958.
[114] Conference on Harmonic Analysis (College Park 1971). Lecture Notes in Mathematics Nr. 266, Springer-Verlag, Berlin—Heidelberg—New York 1972.
[115] EDWARDS, R., Fourier Series. 2 Vol., Holt, Rinehart and Winston, New York 1967.
[116] GUNNING, R., Lectures on modular forms. Princeton University Press, Princeton (N.J.) 1962.
[117] HAUSNER, M., and J. SCHWARTZ, Lie groups, Lie algebras. Gordon and Breach, New York 1968.
[118] IGUSA, J. I., Theta functions. Springer-Verlag, Berlin—Heidelberg—New York 1972.
[119] KAHANE, J.-P., et R. SALEM, Ensembles parfaits et séries trigonométriques. Hermann, Paris 1963.
[120] KATZNELSON, Y., An introduction to harmonic analysis. J. Wiley, New York 1968.
[121] KAWATA, T., Fourier analysis in probability theory. Academic Press, New York 1972.
[122] MEYER, Y., Trois problèmes sur les sommes trigonométriques. Astérisque No. 1. 1973.
[123] MILLER, W., Lie theory and special functions. Academic Press, New York 1968.
[124] PUKANSKY, L., Leçons sur les représentations des groupes (Monographies de la Soc. math. de France, No. 2). Dunod, Paris 1967.
[125] RUDIN, W., Fourier analysis on groups. Interscience Publ., New York 1968.
[126] SERRE, J.-P., Cours d'arithmétique (Collection SUP). Presses Univ. de France, Paris 1970.
[127] STEIN, E., and G. WEISS, Introduction to Fourier analysis on Euclidean spaces. Princeton University Press, Princeton (N.J.) 1971.

[128] Виленкин, Н. Я., Специальные функции и теория представлений гвупп. Наука, Москва 1965 (französische Übersetzung: Dunod, Paris 1969).
[129] Warner, G., Harmonic analysis on semi-simple Lie groups. Vol. I and II, Springer-Verlag, Berlin—Heidelberg—New York 1972.
[130] Weil, A., Basic number theory. 2. ed., Springer-Verlag, Berlin—Heidelberg—New York 1973 (russische Übersetzung: Mir, Moskau 1972).
[131] Zygmund, A., Trigonometric series. 2. ed., 2 vol., Cambridge University Press, Cambridge 1968 (russische Übersetzung: Mir, Moskau 1965).

Band 7 und 8

[132] Abbott, M., An introduction to the method of characteristics. Thames and Hudson, London 1966.
[133] Agmons, S., Lectures on elliptic boundary value problems. Van Nostrand, Princeton 1965.
[134] Bateman, H., Partial differential equations of mathematical physics. Cambridge Univ. Press, Cambridge 1952.
[135] Bers, L., F. John, and M. Schechter, Partial differential equations. Interscience Publ., New York 1964.
[136] Bitsadze, A., Equations of the mixed type. Pergamon Press, Oxford 1954.
[137] Brelot, M., Eléments de la théorie classique du potentiel. Centre de Doc. Univ., Paris 1969.
[138] Brelot, M., Lectures on potential theory. Tata Institute of fundamental research, Bombay 1967.
[139] Carslaw, H., and J. Jaeger, Conduction of heat in solids. Clarendon Press, Oxford 1948.
[140] Courant, R., Dirichlet's principle, conformal mapping and minimal surfaces. Interscience, New York 1950.
[141] Courant, R., and D. Hilbert, Methods of mathematical physics. Vol. II, Interscience, New York 1962.
[142] Duff, G., and D. Naylor, Differential equations of applied mathematics. Wiley, New York 1966.
[143] Duistermaat, J., Fourier integral operators. Courant Inst. of Math. Sciences, New York University, New York 1973.
[144] Duistermaat, T., and V. Guillemin, The spectrum of positive elliptic operators and periodic bicharacteristics. Inventiones Math. 29 (1975), 39—79.
[145] Eidel'man, S., Parabolic equations. North Holland, Amsterdam 1969.
[146] El'sgol'c, L., and S. Norkin, Introduction to the theory and applications of differential equations with deviating arguments. Academic Press, New York 1973.
[147] Ewing, W., W. Jardetzky, and F. Press, Elastic waves in layered media. McGraw Hill, New York 1957.
[148] Fourier integral operators and partial differential equations. Lecture Notes in Mathematics Nr. 459, Springer-Verlag, Berlin—Heidelberg—New York 1975.
[149] Friedman, A., Generalized functions and partial differential equations. Prentice Hall, Englewood Cliffs 1963.
[150] Friedman, A., Partial differential equations. Holt, Winston and Rinehart, New York 1969.
[151] Friedman, A., Partial differential equations of parabolic type. Prentice Hall, Englewood Cliffs 1964.
[152] Fuglede, B., Finely harmonic functions. Lecture Notes in Mathematics Nr. 289, Springer-Verlag, Berlin—Heidelberg—New York 1972.
[153] Garabedian, P., Partial differential equations. J. Wiley, New York 1964.
[154] Gilbert, R., Function theoretic methods in partial differential equations. Academic Press, New York 1969.

[155] GILBERT, R., Constructive methods for elliptic equations. Lecture Notes in Mathematics Nr. 365, Springer-Verlag, Berlin—Heidelberg—New York 1974.
[156] HÖRMANDER, L., Linear partial differential operators. Springer-Verlag, Berlin—Göttingen—Heidelberg 1964.
[157] HÖRMANDER, L., On the existence and the regularity of solutions of linear pseudodifferential equations. L'Enseignement math., (2), 17 (1971), 99—163.
[158] JOHN, F., Plane waves and spherical means. Interscience Publ., New York 1955.
[159] KOSHLYAKOV, N., M. SMIRNOV, and E. GLINER, Differential equations of mathematical physics. North Holland, Amsterdam 1964.
[160] LAX, P., and R. PHILLIPS, Scattering theory. Academic Press, New York 1967.
[161] LIONS, J. L., Equations differentielles opérationnelles et problèmes aux limites. Springer-Verlag, Berlin—Göttingen—Heidelberg 1961.
[162] LIONS, J. L., and E. MAGENES, Problèmes aux limites non homogènes et applications. 3 vol., Dukod, Paris 1968.
[163] MASLOV, V., Theorie des perturbations et méthodes asymptotiques. Dunod, Paris 1972.
[164] MEYER, P. A., Probabilités et potentiel. Hermann, Paris 1966.
[165] MIKHLIN, S., Mathematical physics, an advanced course. North Holland, Amsterdam 1970.
[166] MIZOHATA, S., The theory of partial differential equations. Cambridge Univ. Press, Cambridge 1973.
[167] NOBLE, B., Methods based on the Wiener-Hopf techniques. Pergamon Press, London 1958.
[168] PÓLYA, G., and G. SZEGÖ, Isoperimetric inequalities in mathematical physics. Princeton Univ. Press, Princeton (N.J.) 1951.
[169] Potential theory. Centro Internationale matematico estivo, 1° Ciclo, 1969.
[170] PROTTER, M., and H. WEINBERGER, Maximum principles in differential equations. Prentice Hall, Englewood Cliffs 1967.
[171] RASULOV, M., Methods of contour integration. North Holland, Amsterdam 1967.
[172] REED, M., and B. SIMON, Methods of modern mathematical physics. 2 vol., Academic Press, New York 1972/1975.
[173] SCHECHTER, M., Spectra of partial differential equations. North Holland, Amsterdam 1971.
[174] SIMADER, C., On Dirichlet's boundary value problem. Lecture Notes in Mathematics Nr. 268, Springer-Verlag, Berlin—Heidelberg—New York 1972.
[175] SIMON, B., Quantum mechanics for Hamiltonians defined as quadratic forms. Princeton Univ. Press, Princeton (N.J.) 1971.
[176] TAYLOR, M., Pseudo-differential operators, Lecture Notes in Mathematics Nr. 416, Springer-Verlag, Berlin—Heidelberg—New York 1974.
[177] TIKHONOV, A., and A. SAMARSKIJ, Equations of mathematical physics. Pergamon Press, London 1963 (Übersetzung aus dem Russischen).
[178] TRÈVES, F., Linear partial differential equations with constant coefficients. Gordon and Breach, New York 1966.
[179] TRÈVES, F., Basic linear partial differential equations. Academic Press, New York 1975.
[180] VLADIMIROV, V., Equations of mathematical physics. M. Dekker, New York 1971 (Übersetzung aus dem Russischen). (vgl. [78]).

Zusatz bei der deutschen Ausgabe

[181] LANGENBACH, A., Monotone Potentialoperatoren. VEB Deutscher Verlag der Wissenschaften, Berlin 1976.
[182] TRIEBEL, H., Höhere Analysis. VEB Deutscher Verlag der Wissenschaften, Berlin 1972/2. Aufl., Verlag Harri Deutsch, Thun-Frankfurt a. M. 1980.
[183] TUTSCHKE, W., Partielle komplexe Differentialgleichungen in einer und in mehreren komplexen Variablen. VEB Deutscher Verlag der Wissenschaften, Berlin 1977.

[184] SCHULZE, B. W., und G. WILDENHAIN, Methoden der Potentialtheorie für elliptische Differentialgleichungen beliebiger Ordnung. Akademie-Verlag, Berlin 1977.

[185] WLOKA, J., Partielle Differentialgleichungen. B. G. Teubner, Stuttgart/BSB B. G. Teubner Verlagsgesellschaft, Leipzig 1982.

Band 9

[186] ADAMS, J. F., Algebraic topology. A student's guide. London, Math. Soc. Lecture Notes series, Nr. 4, Cambridge Univ. Press 1972.

[187] ADAMS, J. F., Infinite loop spaces (Ann. of Math. Studies, Nr. 90), Princeton Univ. Press 1978.

[188] ADAMS, J. F., Stable homotopy and generalized homology. Univ. of Chicago Press 1974.

[189] Algebraic Topology (Proceedings of Symposia in Pure Mathematics, vol. XXII), American Math. Soc., Providence 1971.

[190] Algebraic and geometric topology (Proceedings of Symposia in Pure Mathematics, vol. XXXII und XXXIII), American Math. Soc., Providence 1976.

[191] BARRATT, M., and J. MILNOR, An example of anomalous singular homology. Proc. Amer. Math. Soc. 13 (1962), 293–297.

[192] BOREL, A., Topology of Lie groups and characteristic classes. Bull. Amer. Math. Soc. 61 (1955), 397–432.

[193] BOREL, A., et al., Seminar on transformation groups (Ann. of Math. Studies, Nr. 46), Princeton Univ. Press 1960.

[194] BOTT, R., S. GITLER and I. M. JAMES, Lectures on algebraic and differential topology. Lecture Notes in Math., Nr. 279, Springer, Berlin–Heidelberg–New York 1972.

[195] BOUSFIELD, A., and D. KAN, Homotopy limits, completions and localizations. Lecture Notes in Math., Nr. 304, Springer, Berlin–Heidelberg–New York 1972.

[196] BROWDER, W., Surgery on simply connected manifolds. Ergebnisse der Math., Neue Folge, Heft 65, Springer, Berlin–Heidelberg–New York 1972.

[197] CARTAN, H., and S. EILENBERG, Homological algebra. Princeton Univ. Press 1956.

[198] CONNER, P., Lectures on the action of a finite group. Lecture Notes in Math., Nr. 73, Springer, Berlin–Heidelberg–New York 1968.

[199] COOKE, G., and R. FINNEY, Homology of cell complexes. Princeton Univ. Press 1967.

[200] CROWELL, R., and R. FOX, Introduction to knot theory. Ginn, Boston 1963.

[201] DIEUDONNÉ, J., Cours de géométrie algébrique. Vol. 2 (Collection SUP), Presse Univ. de France, Paris 1974.

[202] Differential topology, Foliations and Gelfand-Fuks cohomology. (Ed. P. SCHWEITZER), Lecture Notes in Math., Nr. 652, Springer, Berlin–Heidelberg–New York 1978.

[203] DUPONT, J. L., Curvature and characteristic classes. Lecture Notes in Math., Nr. 640, Springer, Berlin–Heidelberg–New York 1978.

[204] DYDAK, J., and J. SEGAL, Shape theory. Lecture Notes in Math., Nr. 688, Springer, Berlin–Heidelberg–New York 1978.

[205] ECKMANN, B., Homotopie et cohomologie. Presses Univ., Montréal 1965.

[206] EELLS, J., Singularities of smooth maps. Gordon and Breach, New York–London–Paris 1967.

[207] EILENBERG, S., and N. STEENROD, Foundations of algebraic topology. Princeton Univ. Press 1952.

[208] FEDERER, H., Geometric measure theory. Springer, Berlin–Heidelberg–New York 1969.

[209] Geometric applications of homotopy theory. (Ed. M. BARRATT ynd M. MAHOWALD), Lecture Notes in Math., Nrn. 657–658, Springer, Berlin–Heidelberg–New York 1978.

[210] GODEMENT, R., Topologie algébrique et théorie des faisceaux. Hermann, Paris 1958.

[211] GRAY, B., Homotopy theory. Academic Press, New York 1975.

[212] GRIFFITHS, P., and J. HARRIS, Algebraic geometry. Wiley, New York 1978.

[213] HILTON, P., G. MISLIN, and J. ROITBERG, Localizations of nilpotent groups and spaces. (Notas de Mat., Nr. 55), North Holland, Amsterdam 1975.
[214] HIRSCH, M. W., Differential topology. Springer, Berlin—Heidelberg—New York 1976.
[215] H-spaces. (Ed. F. SIGRIST), Lecture Notes in Math., Nr. 196, Springer, Berlin—Heidelberg—New York 1971.
[216] HSIANG, W. Y., Cohomology theory of topological transformation groups. Ergebnisse der Math., Neue Folge, Heft 85, Springer, Berlin—Heidelberg—New York 1975.
[217] HUDSON, J. F. P., Piecewise linear topology. Benjamin, New York—Amsterdam 1969.
[218] HUSAINI, S., The topology of classical groups and related topics. Gordon and Breach, New York—London—Paris 1969.
[219] HWA, R., and L. TEPLITZ, Homology and Feynman integrals. Benjamin, New York—Amsterdam 1966.
[220] JAMES, I. M., The topology of Stiefel manifolds. London Math. Soc. Lecture Notes series, Nr. 24, Cambridge Univ. Press 1976.
[221] KAMBER, F., and P. TONDEUR, Foliated bundles and characteristic classes. Lecture Notes in Math., Nr. 493, Springer, Berlin—Heidelberg—New York 1975.
[222] KAROUBI, M., K-theory. Springer, Berlin—Heidelberg—New York 1978.
[223] KIRBY, R., and L. SIEBENMANN, Foundational essays on topological manifolds, smoothings and triangulations. Princeton Univ. Press 1977.
[224] Knots, groups and 3-manifolds. (Ed. NEUWIRTH) (Ann. of Math. Studies, Nr. 84), Princeton Univ. Press 1975.
[225] LAMOTKE, K., Semisimpliziale algebraische Topologie. Springer, Berlin—Heidelberg—New York 1968.
[226] LANDELL, A., and S. WEINGRAM, The topology of CW-complexes. Van Nostrand, New York 1969.
[227] LAUDENBACH, F., Topologie de la dimension 3. Astérisque, Nr. 12.
[228] LEFSCHETZ, S., Applications of algebraic topology. Springer, Berlin—Heidelberg—New York 1975.
[229] LEHMANN, D., Théorie homotopique des formes differentielles. Astérisque, Nr. 45.
[230] LEMAIRE, J. M., Algèbres connexes et homologie des espaces de lacets. Lecture Notes in Math., Nr. 422, Springer, Berlin—Heidelberg—New York 1974.
[231] LLOYD, N., Degree theory. Cambridge tracts, Nr. 73, Cambridge Univ. Press 1978.
[232] Manifolds Tokyo, 1973. Proc. of a Conference, Tokyo Univ. Press 1975.
[233] MASSEY, W., Homology and cohomology theory. Dekker, New York 1978.
[234] MAY, J. P., Simplicial objects in algebraic geometry. Van Nostrand, New York 1967.
[235] MAY, J. P., The geometry of iterated loop spaces. Lecture Notes in Math., Nr. 271, Springer, Berlin—Heidelberg—New York 1972.
[236] MILNOR, J., Lectures on the h-cobordism theorem. Princeton Univ. Press 1965.
[237] MILNOR, J., and J. STASHEFF, Characteristic classes. (Ann. of Math. Studies, Nr. 76), Princeton Univ. Press 1974.
[238] NOVIKOV, S., The methods of algebraic topology from the viewpoint of cobordism theories. Izvest. Akad. Nauk SSSR 31 (1967), 855—961.
[239] PENROSE, R., Techniques of differential topology in Relativity. (CBMS Regional Conf. Series in applied Math., Nr. 7), SIAM, Philadelphia 1972.
[240] RUSHING, T. B., Topological embeddings. Academic Press, New York 1973.
[241] SEGAL, G., New developments in topology. London Math. Soc. Lecture Notes series, Nr. 11, Cambridge Univ. Press 1974.
[242] SEIFERT, H., und W. THRELFALL, Lehrbuch der Topologie. Teubner, Leipzig—Berlin 1934.
[243] SHANAHAN, P., The Atiyah-Singer index Theorem. Lecture Notes in Math., Nr. 638, Springer, Berlin—Heidelberg—New York 1978.
[244] SPANIER, E., Algebraic topology. McGraw Hill, New York 1966.
[245] STALLINGS, J., Group theory and 3-dimensional manifolds. Yale Univ. Press, New Haven 1971.

[246] STEENROD, N., and D. EPSTEIN, Cohomology operations. (Ann. of Math. Studies, Nr. 50), Princeton Univ. Press 1962.
[247] STONG, R., Notes on cobordism theory. Princeton Univ. Press 1968.
[248] SWITZER, R., Algebraic topology, homotopy and homology. Springer, Berlin—Heidelberg—New York 1975.
[249] TODA, H., Composition methods in homotopy groups of spheres. (Ann. of Math. Studies, Nr. 49), Princeton Univ. Press 1962.
[250] TODA, H., A survey of homotopy theory. Advances in Math. 10 (1973), 417—455.
[251] Topology of low-dimensional manifolds. (Ed. R. FENN), Lecture Notes in Math., Nr. 722, Springer, Berlin—Heidelberg—New York 1979.
[252] Topology of manifolds. Proc. of a conference at Univ. of Georgia in 1969, Markham, Chicago 1970.
[253] WALL, C. T. C., Surgery on compact manifolds. Academic Press, New York 1970.
[254] WELLS, R., Differential analysis on complex manifolds. Prentice-Hall, Englewood Cliffs, N.J., 1973.
[255] WELLS, R., Complex manifolds and mathematical physics. Bull. Amer. Math. Soc. 1 (New Series) (1979), 297—336.
[256] WHITEHEAD, G., Elements of homotopy theory, Springer, Berlin—Heidelberg—New York 1978.
[257] WHITEHEAD, G., Generalized homology theories. Trans. Amer. Math. Soc. 102 (1962), 227—283.
[258] WHITEHEAD, G., Recent advances in homotopy theory. (CBMS Regional Conf. Series in math., Nr. 5), Amer. Math. Soc., Providence 1970.
[259] WHITNEY, H., Geometric integration theory. Princeton Univ. Press 1957.
[260] WU-WEN-TSUN, Sur les espaces fibrés, Actual. Scient. Ind., Nr. 1183, Hermann, Paris 1952.

Sachverzeichnis

Die erste Zahl bedeutet die Kapitelnummer, die zweite die Nummer des Abschnitts innerhalb dieses Kapitels.

Made in the USA
Monee, IL
12 September 2025

25548385R00214